AutoCAD 全套图纸绘制系列丛书

AutoCAD 2014 全套室内设计施工图纸绘制

张日晶　主编

中国建筑工业出版社

图书在版编目(CIP)数据

AutoCAD 2014 全套室内设计施工图纸绘制/张日晶主编. —北京：中国建筑工业出版社，2014.7
(AutoCAD 全套图纸绘制系列丛书)
ISBN 978-7-112-16568-1

Ⅰ.①A… Ⅱ.①张… Ⅲ.①室内装饰设计-计算机辅助设计-AutoCAD 软件 Ⅳ.①TU238-39

中国版本图书馆 CIP 数据核字(2014)第 052584 号

本书以室内理论知识为基础，以典型的实际室内工程施工图为案例，带领读者全面学习 AutoCAD 2014 中文版，围绕两个典型的酒店中餐厅、洗浴中心全套图纸室内设计的绘制，讲解在室内设计工程实践的基本要求和思路。本书共分六篇 17 章，其中第一篇介绍 AutoCAD 2014 基础知识，包括室内设计制图的基本知识、CAD 入门知识、二维绘图命令、辅助绘图工具、二维编辑命令、文本图表与尺寸标注及模块化。第二篇与第三篇分别介绍大酒店中餐厅和洗浴中心室内设计施工图的绘制。主要使读者通过学习掌握平面图、布置图、顶棚图与地坪图、立面图及剖面图等绘制的基本知识。各章之间紧密联系，前后呼应。

本书适合作为从事室内建筑装饰设计和施工的相关工程人员的自学辅导教材，也适合作为相关学校的授课教材。

责任编辑：郭　栋　辛海丽
责任设计：董建平
责任校对：张　颖　赵　颖

AutoCAD 全套图纸绘制系列丛书
AutoCAD 2014 全套室内设计施工图纸绘制
张日晶　主编
*
中国建筑工业出版社出版、发行（北京西郊百万庄）
各地新华书店、建筑书店经销
北京科地亚盟排版公司制版
北京市密东印刷有限公司印刷
*
开本：787×1092 毫米　1/16　印张：46¼　字数：1150 千字
2014 年 11 月第一版　　2014 年 11 月第一次印刷
定价：**108.00** 元（含光盘）
ISBN 978-7-112-16568-1
(25421)

前　　言

AutoCAD是由美国Autodesk公司开发的通用计算机辅助设计（Computer Aided Design，CAD）软件，具有易于掌握、使用方便、体系结构开放等优点，能够绘制二维图形与三维图形、标注尺寸、渲染图形以及打印输出图纸，目前已广泛应用于建筑、机械、电子、航天、造船、石油化工、土木工程、冶金、地质、气象、纺织、轻工、商业等领域。

AutoCAD 2014是AutoCAD系列软件中的优秀版本，与AutoCAD先前的版本相比，它在性能和功能方面都有较大的增强，同时保证与低版本完全兼容。AutoCAD 2014软件为从事各种造型设计的客户提供了强大的功能和灵活性，可以帮助他们更好地完成设计和文档编制工作。AutoCAD 2014强大的三维环境，能够帮助您加速文档编制，共享设计方案，更有效地探索设计构想。AutoCAD 2014具有上千个即时可用的插件，能够根据您的特定需求轻松、灵活地进行定制。现在，您可以在设计上走得更远。

对一个室内设计师或技术人员来说，熟练掌握和运用AutoCAD创建室内装饰图形设计是非常必要的。本书以最新简体中文版AutoCAD 2014作为设计软件，结合各种室内装饰工程的特点，在详细介绍室内设计常见家具、洁具和电器等各种装饰配景图形绘制方法外，同时精心挑选常见的和具有代表性的建筑室内空间，如单元住宅、别墅、宾馆、办公室、餐厅、休闲娱乐场馆等多种室内形式，论述了在现代室内空间装饰设计中，如何使用AutoCAD绘制各种室内空间的平面、地面、顶棚和立面以及节点大样等相关装饰图的方法与技巧。

本书以工程理论知识为基础，以典型的实际室内工程施工图为案例，带领读者全面学习AutoCAD 2014中文版，希望读者能从本书中举一反三地理解AutoCAD的基本平面绘图知识，同时能够熟悉室内工程实际建设施工图绘制的基本要求和思路。本书共分六篇17章，具体内容如下：

第一篇介绍AutoCAD 2014基础知识，包括室内设计制图的基本知识、CAD入门知识、二维绘图命令、辅助绘图工具、二维编辑命令、文本图表与尺寸标注及模块化。通过本篇的学习，读者可以打下AutoCAD绘图的基础，为后面的具体室内设计技能学习进行必要的知识准备。

第二篇介绍大酒店中餐厅室内设计施工图的绘制。主要通过学习使读者掌握平面图、布置图、顶棚图与地坪图、立面图及剖面图等绘制的基本知识以及施工图实例的绘制，室内家具的要求进行了解，能正确进行室内墙体绘制、家具布置、标注等步骤。

第三篇介绍洗浴中心室内设计施工图的绘制。主要通过学习使读者掌握室内设计的基本步骤，复习平面图的绘制与布置。

本书所论述的知识和案例内容既翔实、细致，又丰富、典型；本书还密切结合工程实际，具有很强的操作性和实用性，十分适合建筑设计、室内外装饰装潢设计、环境设计、房地产等相关专业设计师、工程技术人员和在校师生，是学习AutoCAD绘制装饰图的参考书。

本书在介绍室内设计的各种方法和技巧的同时，由浅入深地介绍了 AutoCAD 2014 室内装潢设计的各个功能，书中使用了作者多年积累的各种不同的建筑图库，这些图库能大大提高制图效率。

为了方便读者学习，提高学习效果，本书随书配赠了多媒体光盘，包括全书所有实例的源文件、结果文件和全书所有实例操作过程的录音讲解动画文件，可以帮助读者形象直观地学习本书。

本书由三维书屋工作室策划，张日晶主编，参与编写的人员还有胡仁喜、康士廷、王敏、王艳池、张俊生、王培合、董伟、王义发、李瑞、王玉秋、周冰、王佩楷、袁涛、王兵学、路纯红、王渊峰、李鹏、周广芬、阳平华、孟清华、郑长松、王文平、孙立明、李兵、辛文彤、刘昌丽、孟培、闫聪聪、杨雪静等。

由于时间仓促，加之水平有限，疏漏之处在所难免，敬请读者朋友联系 win760520@126.com 批评指正！

目　录

第一篇　基础知识篇

第二篇 酒店中餐厅篇

第三篇　洗浴中心篇

1

AutoCAD是由美国Autodesk公司开发的通用计算机辅助设计（Computer Aided Design，CAD）软件，具有易于掌握、使用方便、体系结构开放等优点，能够绘制二维图形与三维图形、标注尺寸、渲染图形以及打印输出图纸，目前已广泛应用于机械、建筑、电子、航天、造船、石油化工、土木工程、冶金、地质、气象、纺织、轻工、商业等领域。

为了满足人们在室内环境中能舒适地生活和活动，而整体考虑环境和用具的布置设施。室内设计的根本目的在于创造满足物质与精神两方面需要的空间环境。因此，室内设计具有物质功能和精神功能的两重性，设计在满足物质功能合理的基础上，更重要的是要满足精神功能的要求，要创造风格、意境和情趣来满足人们的审美要求。

第一篇　基础知识篇

本篇主要介绍室内设计的一些基础知识与AutoCAD 2014基础知识。包括室内制图的基本知识、CAD入门、二维绘图命令、二维编辑命令、基本辅助绘图工具、文本图表和尺寸的标注方法及模块化绘图。通过本篇的学习，读者可以打下AutoCAD绘图在室内应用的基础，为后面的具体室内设计进行必要的知识准备。

第 1 章

室内设计图纸的准备知识

本章将简要讲述室内装饰及其装饰图设计的一些基本知识，包括：室内设计的内容、室内设计中的几个要素以及室内设计的创意与思路等，同时还介绍了室内设计制图基本知识。此外，并提供一些公共建筑和住宅建筑的工程案例供进行室内设计人员学习和欣赏。

- 室内设计基本知识
- 室内设计制图基本知识
- 室内装饰设计欣赏

1.1 室内设计基本知识

在进行室内设计前，要对室内设计有个大体的了解，包括设计前的准备工作，设计过程中应该考虑到的因素，例如空间布局，色彩和材料，以及家具的陈设等。

1. 设计前的准备工作

（1）明确设计任务及要求：功能要求、工程规模、装修等级标准、总造价、设计期限及进度、室内风格特征及室内氛围趋向、文化内涵等。

（2）现场收集实际第一手资料，收集必要的相关工程图样，查阅同类工程的设计资料或现场参观学习同类工程，获取设计素材。

（3）熟悉相关标准、规范和法规的要求，熟悉定额标准，熟悉市场的设计收费惯例。

（4）与业主签订设计合同，明确双方责任、权利及义务。

（5）考虑与各工种协调配合的问题。

2. 两个出发点和一个归宿

室内设计力图满足使用者各种物质上的需求和精神上的需求。在进行室内设计时，应注意两个出发点：一个出发点是室内环境的使用者；另一个出发点是既有的建筑条件，包括建筑空间情况、配套的设备条件（水、暖、电、通信等）及建筑周边环境特征。一个归宿是创造良好的室内环境。

第一个出发点是基于以人为本的设计理念提出的。对于装修工程，小到个人、家庭，大到一个集团的全体职员，都是设计师服务的对象。有的设计师比较倾向于表现个人艺术风格，而忽略了这一点。从使用者的角度考察，我们应注意以下几个方面：

（1）人体尺度。考察人体尺度，可以获得人在室内空间里完成各种活动时所需的动作范围，作为确定构成室内空间的各部分尺度的依据。在很多设计手册里都有各种人体尺度的参数，读者在需要时可以查阅。然而，仅仅满足人体活动的空间是不够的，确定空间尺度时还需考虑人的心理需求空间，它的范围比活动空间大。此外，在特意塑造某种空间意象时（例如高大、空旷、肃穆等），空间尺度还要作相应的调整。

（2）室内功能要求、装修等级标准、室内风格特征及室内氛围趋向、文化内涵要求等。一方面设计师可以直接从业主那里获得这些信息，另一方设计师也可以就这些问题给业主提出建议或者跟业主协商解决。

（3）造价控制及设计进度。室内设计要考虑客户的经济承受能力，否则无法实施。如今生活工作的节奏比较快，把握设计期限和进度，有利于按时完成设计任务、保证设计质量。

第二个出发点在于仔细把握现有的建筑客观条件，充分利用它的有利因素，局部纠正或规避不利因素。

3. 空间布局

在进行空间布局时，一般要注意动静分区、洁污分区、公私分区等问题。动静分区就是指相对安静的空间和相对嘈杂的空间应有一定程度的分离，以免互相干扰。例如在住宅里，餐厅、厨房、客厅与卧室相互分离；在宾馆里，客房部与餐饮部相互分离等。洁污分区，也叫干湿分区，指的是诸如卫生间、厨房这种潮湿环境应该跟其他清洁、干燥的空间分离。公私分区是针对空间的私密性问题提出来的，空间要体现私密、半私密、公开的层次特征。另外，还有主要空间和辅助空间之分。主要空间应争取布置在具有多个有利因素的位置上，辅助空间布置在次要位置上。这些是对空间布置上的普遍看法，在实际操作中则应具体问题具体分析，做到有理有据、灵活处理。

室内设计师直接参与建筑空间的布局和划分的机会较小。大多情况下，室内设计师面对的是已经布局好了的空间。比如在一套住宅里，起居厅、卧室、厨房等空间和它们之间的连接方式基本上已经确定；再如写字楼里办公区、卫生间、电梯间等空间及相对位置也已确定了。于是，室内设计师在把握建筑师空间布局特征的基础上，需要亲自处理的是更微观的空间布局。比如住宅里，应如何布置沙发、茶几、家庭影视设备，如何处理地面、墙面、顶棚等构成要素以完善室内空间；再如将一个建筑空间布置成快餐店，应考虑哪个区域布置就餐区、哪个区域布置服务台、哪个区域布置厨房、如何引导流线等。

4. 室内色彩和材料

（1）室内环境的色彩主要反映为空间各部件的表面颜色，以及各种颜色相互影响后的视觉感受，它们还受光源（天然光、人工光）的照度、光色和显色性等因素的影响。

（2）仔细结合材质、光线研究色彩的选用和搭配，使之协调统一，有情趣、有特色，能突出主题。

（3）考虑室内环境使用者的心理需求、文化倾向和要求等因素。

材料的选择，须注意材料的质地、性能、色彩、经济性、健康环保等问题。

5. 室内物理环境

（1）室内光环境。室内的光线，来源于两个方面，一方面是天然光，另一方面是人工光。天然光由直射太阳光和阳光穿过地球大气层时扩散而成的天空光组成。人工光主要是指各种电光源发出的光线。

尽量争取利用自然光满足室内的照度要求，在不能满足照度要求的地方辅助人工照明。我国大部分地区处在北半球，一般情况下，一定量的直射阳光照射到室内，有利于室内杀菌和人的身体健康，特别是在冬天；在夏天，炙热的阳光射到室内会使室内迅速升温，时间长了会使室内陈设物品褪色、变质等，所以应注意遮阳、隔热问题。

照明设计应注意以下几个因素：①合适的照度；②适当的亮度对比；③宜人的光色；④良好的显色性；⑤避免眩光；⑥正确的投光方向。除此之外，在选择灯具时，应注意其发光效率、寿命及是否便于安装等因素。目前国家出台的相关照明设计标准中规定有各种室内空间的平均照度标准值，许多设计手册中也提供了各种灯具的性能参数，读者可以参阅。

（2）室内声环境。室内声环境的处理，主要包括两个方面。一方面是室内音质的设计，如音乐厅、电影院、录音室等，目的是提高室内音质，满足应有的听觉效果；另一方面是隔声与降噪，旨在隔绝和降低各种噪声对室内环境的干扰。

（3）室内热工环境。室内热工环境由室内热辐射、室内温度、湿度、空气流速等因素综合影响。为了满足人们舒适、健康的要求，在进行室内设计时，应结合空间布局、材料构造、家具陈设、色彩、绿化等方面综合考虑。

6. 室内家具陈设

家具是室内环境的重要组成部分，也是室内设计需要处理的重点之一。在选购和设计家具时，应该注意以下几个方面：

（1）家具的功能、尺度、材料及做工等。

（2）形式美的要求，宜与室内风格、主题协调。

（3）业主的经济承受能力。

（4）充分利用室内空间。

室内陈设一般包括各种家用电器、运动器材、器皿、书籍、化妆品、艺术品及其他个人收藏等。处理这些陈设物品，宜适度、得体，避免庸俗化。

7. 室内绿化

绿色植物常常是生机盎然的象征，把绿化引进室内，有助于塑造室内环境。常见的室内绿化有盆栽、盆景、插花等形式，一些公共室内空间和一些居住空间也综合运用花木、山石、水景等园林手法来达到绿化目的，例如宾馆的中庭设计等。

绿化能够改善和美化室内环境，功能灵活多样。可以在一定程度上改善空气质量、改善人的心情，也可以利用它来分隔空间、引导空间、突出或遮掩局部位置。

进行室内绿化时，应该注意以下因素：

（1）植物是否对人体有害。注意植物散发的气味是否对身体有害，或者使用者对植物的气味是否过敏，有刺的植物不应让儿童接近等。

（2）植物的生长习性。注意植物喜阴还是喜阳、喜潮湿还是喜干燥、常绿还是落叶等习性，以及土壤需求、花期、生长速度等。

（3）植物的形状、大小和叶子的形状、大小、颜色等。注意选择合适的植物和合适的搭配。

（4）与环境协调，突出主题。

（5）精心设计、精心施工。

图 1-1　住宅装饰方案效果图

8. 室内设计制图

不管多么优秀的设计思想都要通过图样来传达。准确、清晰、美观的制图是室内设计不可缺少的部分，对能否中标和指导施工起着重要的作用，是设计师必备的技能。如图 1-1所示是某个住宅项目装饰方案效果图。如图 1-2 所示是某个住宅项目装饰平面施工图。

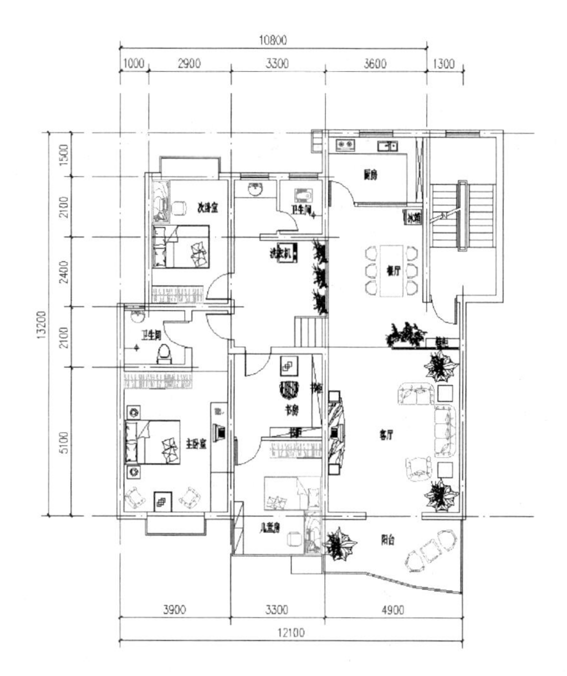

图 1-2　住宅装饰平面施工图

1.2　室内设计制图基本知识

室内设计图样是交流设计思想、传达设计意图的技术文件，是室内装饰施工的依据，所以，应该遵循统一制图规范，在正确的制图理论及方法的指导下完成，否则就会失去图样的意义。因此，即使是在当今大量采用计算机绘图的形势下，仍然有必要掌握基本绘图知识。

1.2.1　室内设计制图的要求及规范

1. 图幅、图标及会签栏

（1）图幅即图面的大小。根据国家标准的规定，按图面的长和宽的大小确定图幅的等级。室内设计常用的图幅有 A0（也称 0 号图幅，其余类推）、A1、A2、A3 及 A4，每种图幅的长宽尺寸见表 1-1，表中的尺寸代号意义如图 1-3 和图 1-4 所示。

图幅标准（单位：mm）　　**表 1-1**

图幅 代号 尺寸代号	A0	A1	A2	A3	A4
$b \times l$	841×1189	594×841	420×594	297×420	210×297
c	10			5	
a	25				

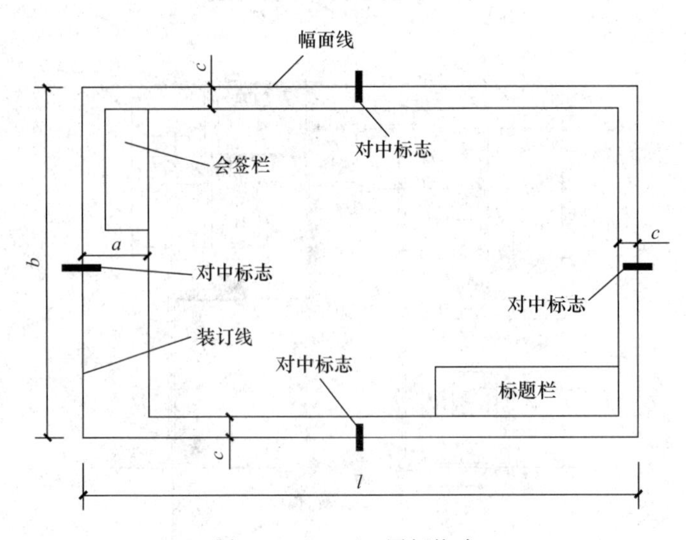

图 1-3　A0～A3 图幅格式

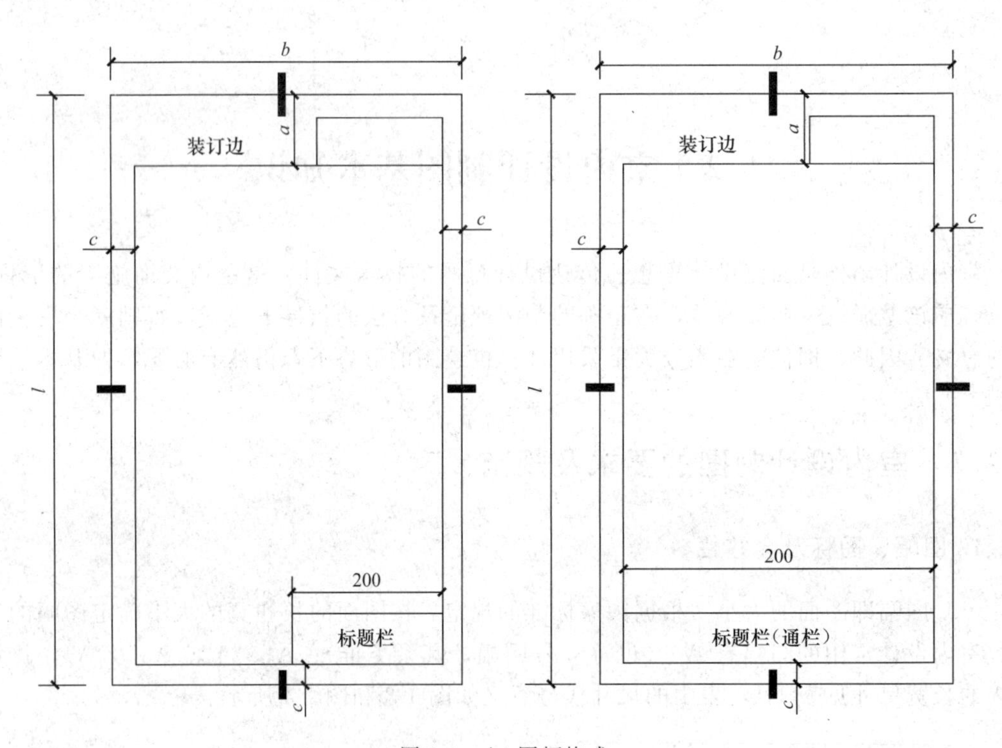

图 1-4　A4 图幅格式

（2）图标即图纸的图标栏，它包括设计单位名称、工程名称、签字区、图名区及图号区等内容。一般图标格式如图 1-5 所示，如今不少设计单位采用自己个性化的图标格式，但是仍必须包括这几项内容。会签栏是为各工种负责人审核后签名用的表格，它包括专业、姓名、日期等内容，具体内容根据需要设置，如图 1-6 所示为其中一种格式。对于不需要会签的图样，可以不设此栏。

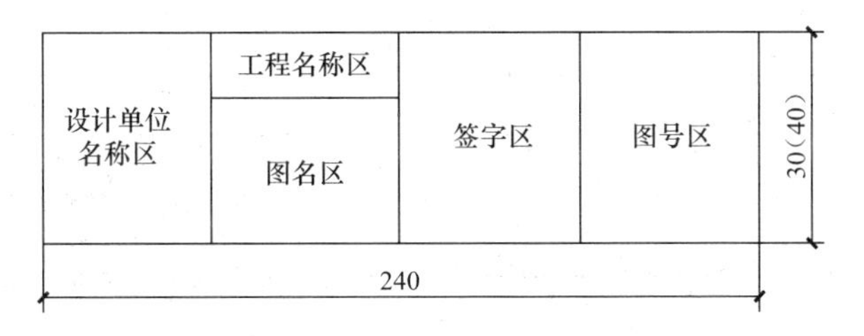

图 1-5 图标格式

（专业）	（实名）	（签名）	（日期）

25 25 25 25
100
5 5 5 5 20

图 1-6 会签栏格式

2. 线型要求

室内设计图主要由各种线条构成，不同的线型表示不同的对象和不同的部位，代表着不同的含义。为了图面能够清晰、准确、美观地表达设计思想，工程实践中采用了一套常用的线型，并规定了它们的使用范围，常用线型见表 1-2。在 AutoCAD 2014 中，可以通过“图层”中“线型”、“线宽”的设置来选定所需线型。

标准实线宽度 b=0.4～0.8mm。

3. 尺寸标注

具体在对室内设计图进行标注时要注意下面一些标注原则：

（1）尺寸标注应力求准确、清晰、美观大方。同一张图样中，标注风格应保持一致。

（2）尺寸线应尽量标注在图样轮廓线以外，从内到外依次标注从小到大的尺寸，不能将大尺寸标在内，而小尺寸标在外，如图 1-7 所示。

（3）最内一道尺寸线与图样轮廓线之间的距离不应小于 10mm，两道尺寸线之间的距离一般为 7～10mm。

（4）尺寸界线朝向图样的端头距图样轮廓的距离应≥2mm，不宜直接与之相连。

（5）在图线拥挤的地方，应合理安排尺寸线的位置，但不宜与图线、文字及符号相交；可以考虑将轮廓线用作尺寸界线，但不能作为尺寸线。

（6）对于连续相同的尺寸，可以采用“均分”或“（EQ）”字样代替，如图 1-8 所示。

常用线型 **表 1-2**

名称	线型		线宽	适用范围
实线	粗		b	1. 平、剖面图中被剖切的主要建筑构造（包括构配件）的轮廓线； 2. 建筑立面图或室内立面图的外轮廓线； 3. 建筑构造详图中被剖切的主要部分的轮廓线； 4. 建筑构配件详图中的外轮廓线； 5. 平、立、剖面的剖切符号
	中粗		$0.75b$	1. 平、剖面图中被剖切的次要建筑构造（包括构配件）的轮廓线； 2. 建筑平、立、剖面图中建筑构配件的轮廓线； 3. 建筑构造详图及建筑构配件详图中的一般轮廓线
	中		$0.5b$	小于 $0.7b$ 的图形线、尺寸线、尺寸界限、索引符号、标高符号、详图材料做法引出线、粉刷线、保温层线、地面、墙面的高差分界线等
	细		$0.25b$	图例填充线、家具线、纹样线等
虚线	中粗		$0.75b$	1. 建筑构造详图及建筑构配件不可见的轮廓线； 2. 平面图中的梁式起重机（吊车）轮廓线； 3. 拟建、扩建建筑物轮廓线
	中		$0.5b$	投影线、小于 $0.5b$ 的不可见轮廓线
	细		$0.25b$	图例填充线、家具线等
单点画线	细		$0.25b$	轴线、构配件的中心线、对称线等
折断线	细		$0.25b$	省画图样时的断开界线
波浪线	细		$0.25b$	构造层次的断开界线，有时也表示省略画出时的断开界线

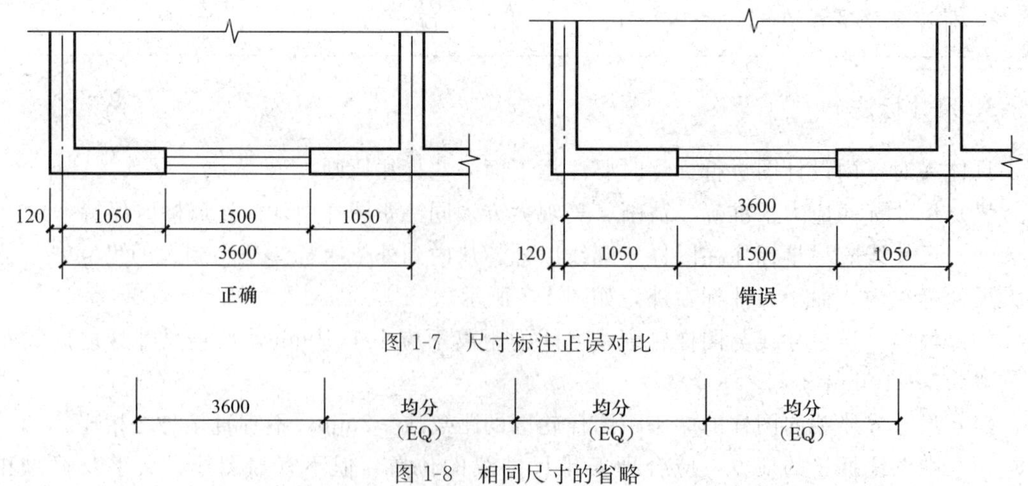

图 1-7　尺寸标注正误对比

图 1-8　相同尺寸的省略

4. 文字说明

在一幅完整的图样中用图线方式表现得不充分和无法用图线表示的地方，就需要进行文字说明，例如材料名称、构配件名称、构造做法、统计表及图名等。文字说明是图样内容的重要组成部分，制图规范对文字标注中的字体、字的大小、字体字号搭配等方面作了一些具体规定。

（1）一般原则：字体端正，排列整齐，清晰准确，美观大方，避免过于个性化的文字标注。

（2）字体：一般标注推荐采用仿宋字，标题可用楷体、隶书、黑体字等。例如：

仿宋：室内设计（小四）室内设计（四号）室内设计（二号）

黑体：**室内设计（四号）室内设计（小二）**

楷体：室内设计（四号）室内设计（二号）

隶书：**室内设计（三号）室内设计（一号）**

字母、数字及符号：0123456789abcdefghijk%@或

0123456789abcdefghijk%@

（3）字的大小：标注的文字高度要适中。同一类型的文字采用同一大小的字。较大的字用于较概括性的说明内容，较小的字用于较细致的说明内容。

（4）字体及大小的搭配注意体现层次感。

5. 常用图示标志

（1）详图索引符号及详图符号。室内平、立、剖面图中，在需要另设详图表示的部位，标注一个索引符号，以表明该详图的位置，这个索引符号就是详图索引符号。详图索引符号采用细实线绘制，圆圈直径10mm。如图1-9所示，图1-9（*d*）～（*g*）用于索引剖面详图，当详图就在本张图样时，采用图1-9（*a*）的形式，详图不在本张图样时，采用图1-9（*b*）～（*g*）的形式。

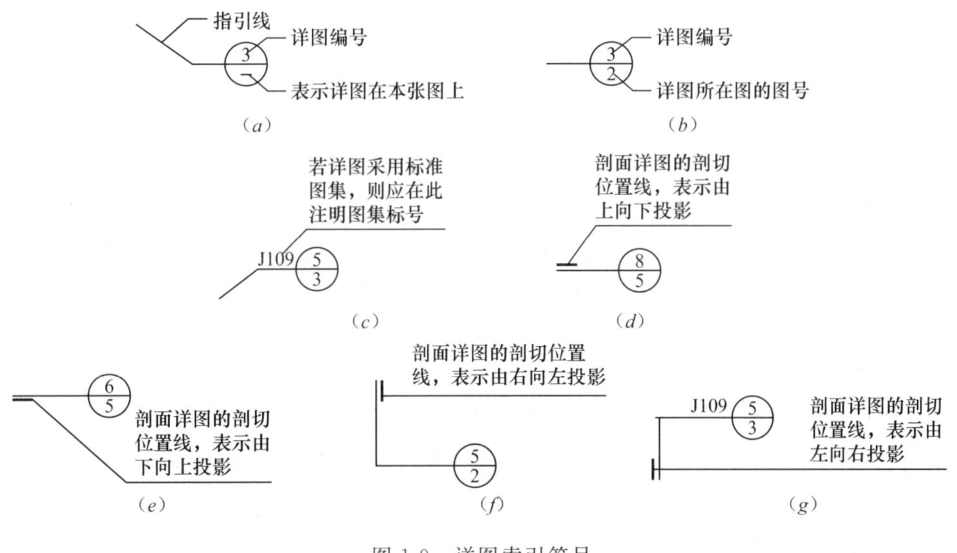

图1-9 详图索引符号

详图符号即详图的编号，用粗实线绘制，圆圈直径 14mm，如图 1-10 所示。

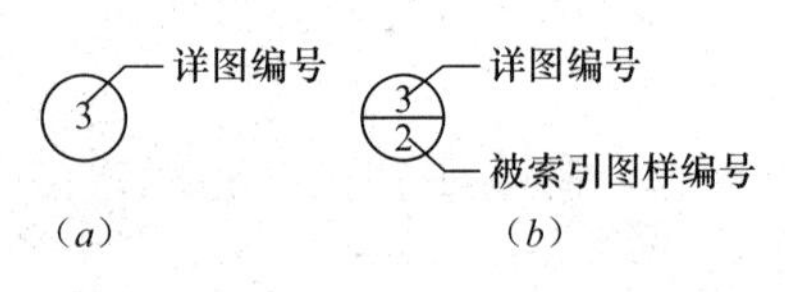

图 1-10　详图符号

(2) 引出线。由图样引出一条或多条线段指向文字说明，该线段就是引出线。引出线与水平方向的夹角一般采用 0°、30°、45°、60°、90°，常见的引出线形式如图 1-11 所示。图 1-11 (*a*)～(*d*) 为普通引出线，图 1-11 (*e*)～(*h*) 为多层构造引出线。使用多层构造引出线时，应注意构造分层的顺序要与文字说明的分层顺序一致。文字说明可以放在引出线的端头，如图 1-11 (*a*)～(*h*) 所示，也可放在引出线水平段之上，如图 1-11 (*i*) 所示。

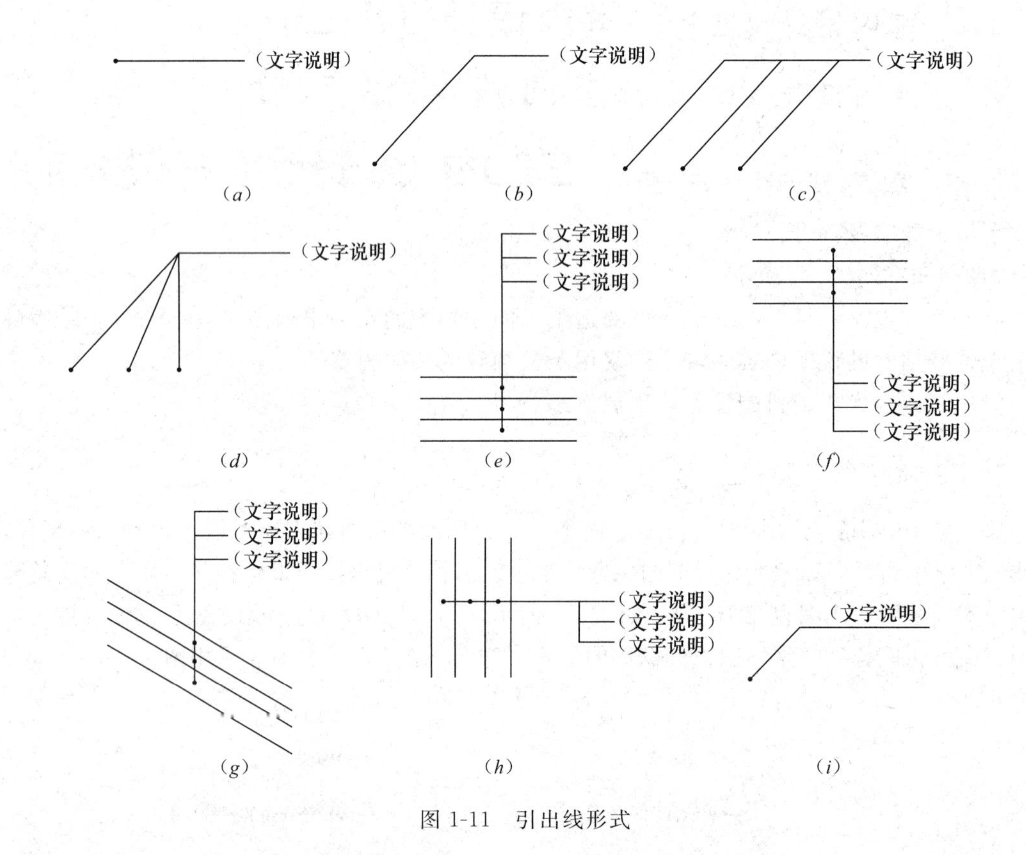

图 1-11　引出线形式

(3) 内视符号。在房屋建筑中，一个特定的室内空间领域总存在竖向分隔（隔断或墙体）来界定。因此，根据具体情况，就有可能绘制 1 个或多个立面图来表达隔断、墙体及家具、构配件的设计情况。内视符号标注在平面图中，包含视点位置、方向和编号 3 个信息，建立平面图和室内立面图之间的联系。内视符号的形式如图 1-12 所示。图中立面图编号可用英文字母或阿拉伯数字表示，黑色的箭头指向表示立面的方向；图 1-12 (*a*) 为单向内视符号，图 1-12 (*b*) 为双向内视符号，图 1-12 (*c*) 为四向内视符号，A、B、C、D 顺时针标注。

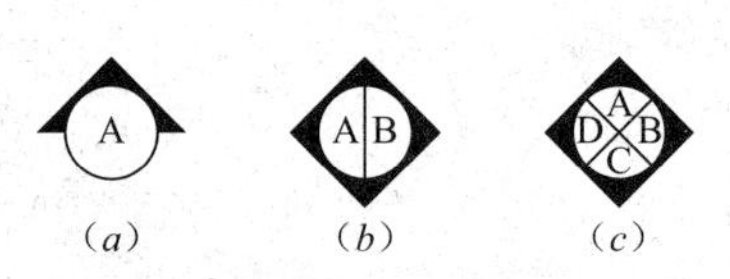

图 1-12　内视符号

为了方便读者查阅，将其他常用符号及其意义见表 1-3。

室内设计图常用符号图例　表 1-3

符　号	说　明	符　号	说　明
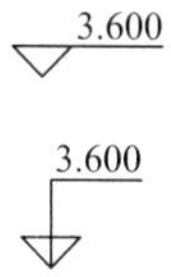 3.600 3.600	标高符号，线上数字为标高值，单位为 m 下面一种在标注位置比较拥挤时采用	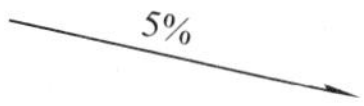 5%	表示坡度
1　1	标注剖切位置的符号，标数字的方向为投影方向，“1”与剖面图的编号“7-1”对应	2　2	标注绘制断面图的位置，标数字的方向为投影方向，“2”与断面图的编号“2-2”对应
	对称符号。在对称图形的中轴位置画此符号，可以省画另一半图形		指北针
	楼板开方孔	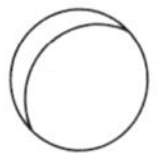	楼板开圆孔
@	表示重复出现的固定间隔，例如“双向木格栅@500”	Φ	表示直径，如 Φ30
平面图 1：100	图名及比例	 1　1：5	索引详图名及比例
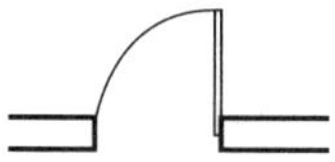	单扇平开门	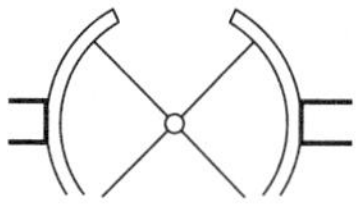	旋转门
	双扇平开门		卷帘门
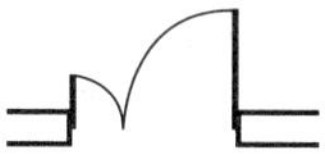	子母门		单扇推拉门
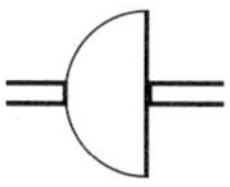	单扇弹簧门		双扇推拉门
	四扇推拉门		折叠门

符　号	说　明	符　号	说　明
	窗	上	首层楼梯
下	顶层楼梯	上 下	中间层楼梯

6. 常用材料符号

室内设计图中经常应用材料图例来表示材料，在无法用图例表示的地方，也采用文字说明。为了方便读者，将常用的图例汇集见表 1-4。

7. 常用绘图比例

（1）平面图：1∶50，1∶100 等。
（2）立面图：1∶20，1∶30，1∶50，1∶100 等。
（3）顶棚图：1∶50，1∶100 等。
（4）构造详图：1∶1，1∶2，1∶5，1∶10，1∶20 等。

1.2.2 室内设计制图的内容

如前所述，一套完整的室内设计图一般包括平面图、顶棚图、立面图、构造详图和透视图。下面简述各种图样的概念及内容。

1. 室内平面图

室内平面图是以平行于地面的切面在距地面 1.5mm 左右的位置将上部切去而形成的正投影图。室内平面图中应表达的内容有：

（1）墙体、隔断及门窗、各空间大小及布局、家具陈设、人流交通路线、室内绿化等；若不单独绘制地面材料平面图，则应该在平面图中表示地面材料。

常用材料图例　　**表 1-4**

材料图例	说　明	材料图例	说　明
	自然土壤		夯实土壤
	毛石砌体		普通砖

续表

材料图例	说明	材料图例	说明
	石材		砂、灰土
	空心砖		松散材料
	混凝土		钢筋混凝土
	多孔材料		金属
	矿渣、炉渣		玻璃
	纤维材料		防水材料 上下两种根据绘图比例大小选用
	木材		液体，须注明液体名称

(2) 标注各房间尺寸、家具陈设尺寸及布局尺寸，对于复杂的公共建筑，则应标注轴线编号。

(3) 注明地面材料名称及规格。

(4) 注明房间名称、家具名称。

(5) 注明室内地坪标高。

(6) 注明详图索引符号、图例及立面内视符号。

(7) 注明图名和比例。

(8) 若需要辅助文字说明的平面图，还要注明文字说明、统计表格等。

2. 室内顶棚图

室内设计顶棚图是根据顶棚在其下方假想的水平镜面上的正投影绘制而成的镜像投影图。顶棚图中应表达的内容有：

(1) 顶棚的造型及材料说明。

(2) 顶棚灯具和电器的图例、名称规格等说明。

(3) 顶棚造型尺寸标注、灯具、电器的安装位置标注。

（4）顶棚标高标注。
（5）顶棚细部做法的说明。
（6）详图索引符号、图名、比例等。

3. 室内立面图

以平行于室内墙面的切面将前面部分切去后，剩余部分的正投影图即室内立面图。
（1）墙面造型、材质及家具陈设在的立面上的正投影图。
（2）门窗立面及其他装饰元素立面。
（3）立面各组成部分尺寸、地坪吊顶标高。
（4）材料名称及细部做法说明。
（5）详图索引符号、图名、比例等。

4. 构造详图

为了放大个别设计内容和细部做法，多以剖面图的方式表达局部剖开后的情况，这就是构造详图。表达的内容有：
（1）以剖面图的绘制方法绘制出各材料断面、构配件断面及其相互关系。
（2）用细线表示出剖视方向上看到的部位轮廓及相互关系。
（3）标出材料断面图例。
（4）用指引线标出构造层次的材料名称及做法。
（5）标出其他构造做法。
（6）标注各部分尺寸。
（7）标注详图编号和比例。

5. 透视图

透视图是根据透视原理在平面上绘制出能够反映三维空间效果的图形，它与人的视觉空间感受相似。室内设计常用的绘制方法有一点透视、两点透视（成角透视）、鸟瞰图 3 种。

透视图可以通过人工绘制，也可以应用计算机绘制，它能直观表达设计思想和效果，故也称作效果图或表现图，是一个完整的设计方案不可缺少的部分。鉴于本书重点是介绍应用 AutoCAD 2014 绘制二维图形，因此本书中不包含这部分内容。

1.3 室内装饰设计欣赏

他山之石，可以攻玉。多看、多交流有助于提高设计水平和鉴赏能力。所以在进行室内设计前，先来看看别人的设计效果图。

室内设计要美化环境是无可置疑的，但如何达到美化的目的，有不同的手法：

1. 有的用装饰符号作为室内设计的效果。

2. 现代室内设计的手法，该手法即是在满足功能要求的情况下，利用材料、色彩、质感、光影等有序地布置创造美。

3. 空间分割。组织和划分平面与空间，这是室内设计的一个主要手法。利用该设计手法，巧妙地布置平面和利用空间，有时可以突破原有的建筑平面、空间的限制，满足室内需要。在另一种情况下，设计又能使室内空间流通、平面灵活多变。

4. 民族特色。在表达民族特色方面，应采用设计手法，使室内充满民族韵味，而不是民族符号、文字的堆砌。

5. 其他设计手法。如：突出主题、人流导向、制造气氛等都是室内设计的手法。

室内设计人员、往往首先拿到的是一个建筑的外壳，这个外壳或许是新建的，或许是老建筑，设计的魅力就在于在原有建筑的各种限制下做出最理想的方案。下面将列举介绍一些公共空间和住宅室内装饰效果图，供在室内装饰设计中学习参考和借鉴。

1.3.1 公共建筑空间室内设计效果欣赏

1. 大堂装饰效果图，如图 1-13 所示。

2. 餐馆装饰效果图，如图 1-14 所示。

图 1-13 大堂装饰效果图

图 1-14 餐馆装饰效果图

3. 电梯厅装饰效果图，如图 1-15 所示。

4. 商业展厅装饰效果图，如图 1-16 所示。

图 1-15 电梯厅装饰效果图

图 1-16 商业展厅装饰效果图

5. 店铺装饰效果图，如图 1-17 所示。

6. 办公室装饰效果图，如图 1-18 所示。

图 1-17 店铺装饰效果图

图 1-18 办公室装饰效果图

1.3.2 住宅建筑空间室内装修效果欣赏

1. 客厅装饰效果图，如图 1-19 所示。
2. 门厅装饰效果图，如图 1-20 所示。

图 1-19 客厅装饰效果图

图 1-20 门厅装饰效果图

3. 卧室装饰效果图，如图 1-21 所示。
4. 厨房装饰效果图，如图 1-22 所示。

图 1-21 卧室装饰效果图

图 1-22 厨房装饰效果图

5. 卫生间装饰效果图，如图 1-23 所示。

6. 餐厅装饰效果图，如图 1-24 所示。

图 1-23　卫生间装饰效果图

图 1-24　餐厅装饰效果图

7. 玄关装饰效果图，如图 1-25 所示。

8. 细部装饰效果图，如图 1-26 所示。

图 1-25　玄关装饰效果图

图 1-26　细部装饰效果图

AutoCAD 2014 入门

在本章中，我们开始循序渐进地学习 AutoCAD 2014 绘图的有关基本知识。了解如何设置图形的系统参数、样板图，熟悉建立新的图形文件、打开已有文件的方法等。为后面进入系统学习准备必要的前提知识。

- 操作界面
- 配置绘图系统
- 设置绘图环境
- 文件管理
- 基本输入操作

2.1 操作界面

AutoCAD 2014 的操作界面是 AutoCAD 显示、编辑图形的区域。为了便于学习和使用过 AutoCAD 2009 及以前版本的读者学习本书，我们采用 AutoCAD 经典风格的界面介绍。具体的转换方法是：单击界面左上角的“初始设置工作空间”按钮，打开“工作空间”选择菜单，从中选择“AutoCAD 经典”选项。一个完整的 AutoCAD 2014 的操作界面如图 2-1 所示，包括标题栏、绘图区、十字光标、菜单栏、工具栏、坐标系、命令行窗口、状态栏、状态托盘、布局标签和滚动条等。

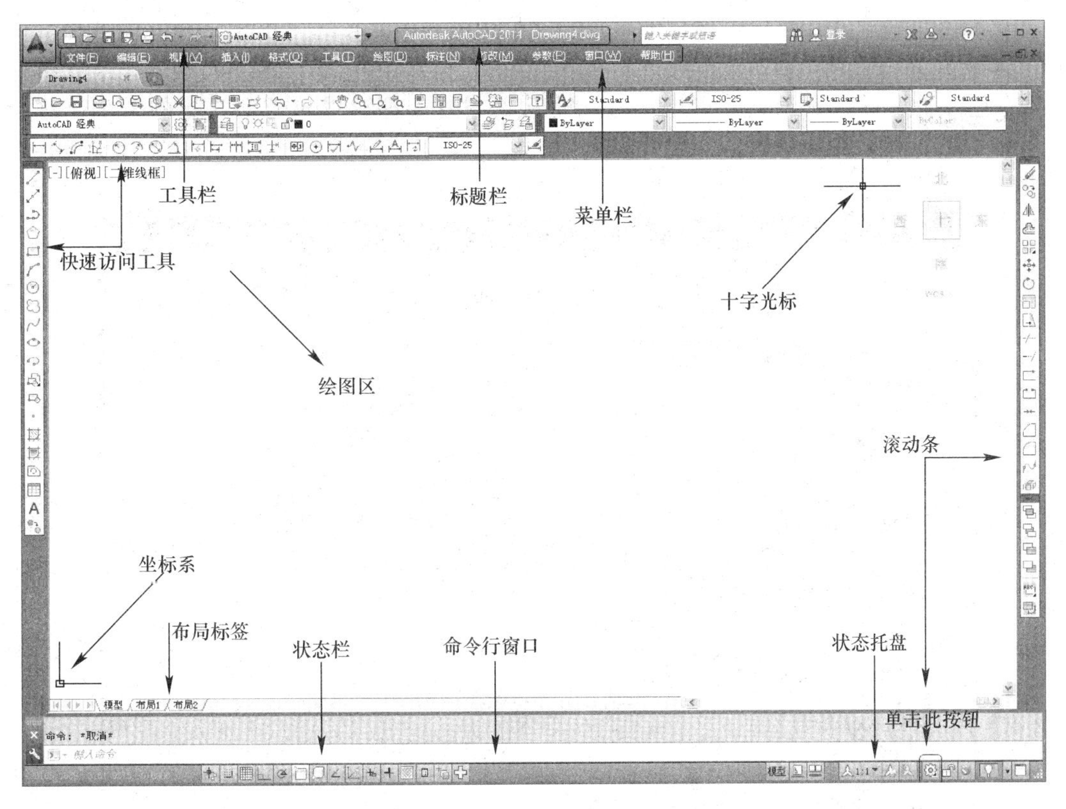

图 2-1 AutoCAD 2014 中文版的操作界面

2.1.1 标题栏

AutoCAD 2014 中文版绘图窗口的最上端是标题栏。在标题栏中，显示了系统当前正在运行的应用程序（AutoCAD 2014）和用户正在使用的图形文件。在用户第一次启动 AutoCAD 时，在 AutoCAD 2014 绘图窗口的标题栏中，将显示 AutoCAD 2014 在启动时创建并打开的图形文件的名字 Drawing1. dwg，如图 2-1 所示。

2.1.2 绘图区

绘图区是指在标题栏下方的大片空白区域，绘图区域是用户使用 AutoCAD 绘制图形的区域，用户完成一幅设计图形的主要工作都是在绘图区域中完成的。

在绘图区域中，还有一个作用类似光标的十字线，其交点反映了光标在当前坐标系中的位置。在 AutoCAD 中，将该十字线称为光标，如图 2-1 所示，AutoCAD 通过光标显示当前点的位置。十字线的方向与当前用户坐标系的 *X* 轴、*Y* 轴方向平行，十字线的长度系统预设为屏幕大小的 5%。

1. 修改图形窗口中十字光标的大小

光标的长度系统预设为屏幕大小的 5%，用户可以根据绘图的实际需要更改其大小。改变光标大小的方法：在绘图窗口中选择菜单栏中的“工具”→“选项”命令，屏幕上将弹出关于系统配置的“选项”对话框。打开“显示”选项卡，在“十字光标大小”区域中的编辑框中直接输入数值，或者拖动编辑框后的滑块，即可以对十字光标的大小进行调整，如图 2-2 所示。

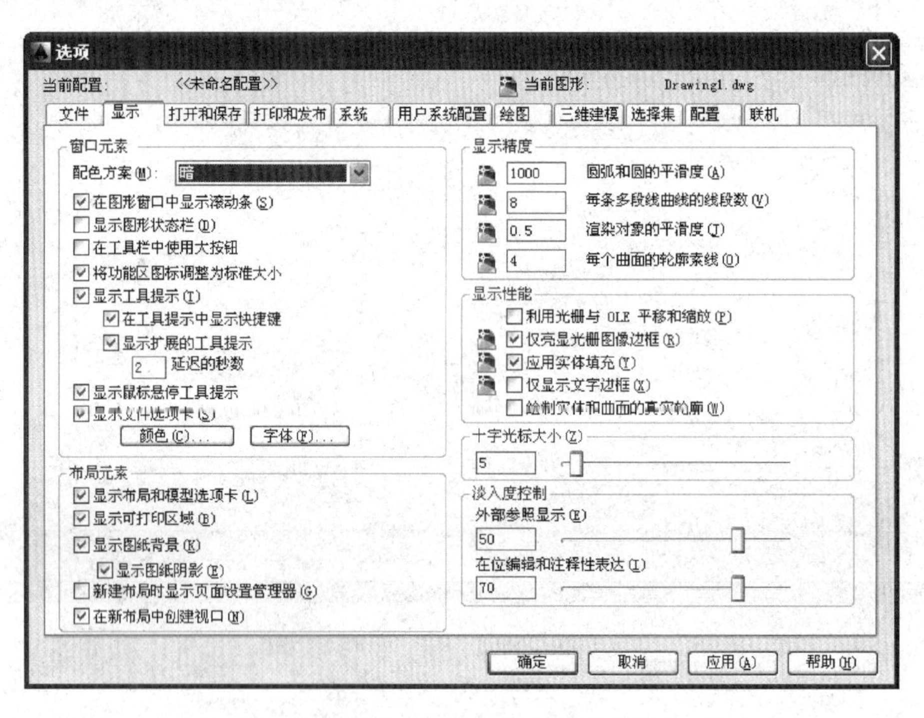

图 2-2 “选项”对话框中的“显示”选项卡

此外，还可以通过设置系统变量 CURSORSIZE 的值，实现对其大小的更改，其方法是在命令行中输入如下命令。

命令：CURSORSIZE

输入 CURSORSIZE 的新值<5>：

在提示下输入新值即可，默认值为 5%。

2. 修改绘图窗口的颜色

在默认情况下，AutoCAD的绘图窗口是黑色背景、白色线条，这不符合绝大多数用户的习惯，因此修改绘图窗口颜色是大多数用户都需要进行的操作。

修改绘图窗口颜色的步骤如下：

(1) 选择菜单栏中的“工具”→“选项”命令，打开“选项”对话框，选择如图2-2所示的“显示”选项卡，单击“窗口元素”区域中的“颜色”按钮，将打开如图2-3所示的“图形窗口颜色”对话框。

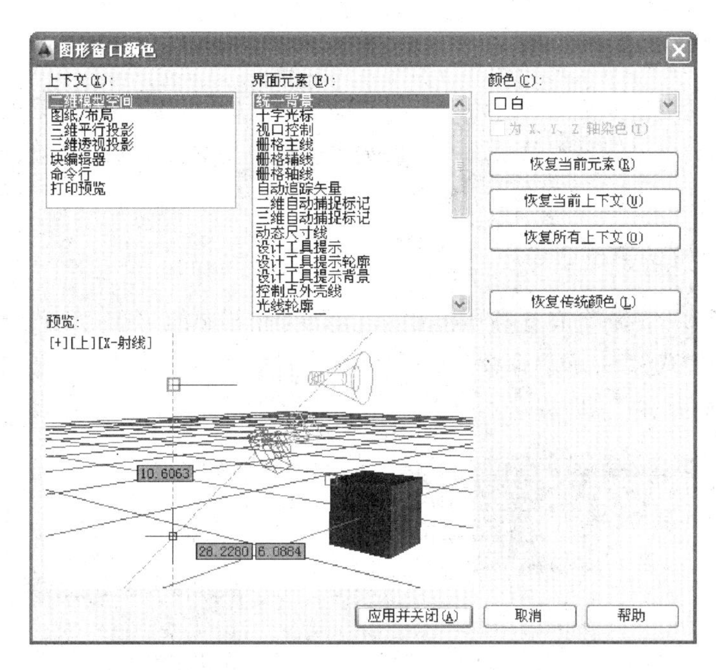

图2-3 “图形窗口颜色”对话框

(2) 单击“图形窗口颜色”对话框中“颜色”下拉箭头，在打开的下拉列表中，选择需要的窗口颜色，然后单击“应用并关闭”按钮，此时AutoCAD的绘图窗口变成了窗口背景色，通常按视觉习惯选择白色为窗口颜色。

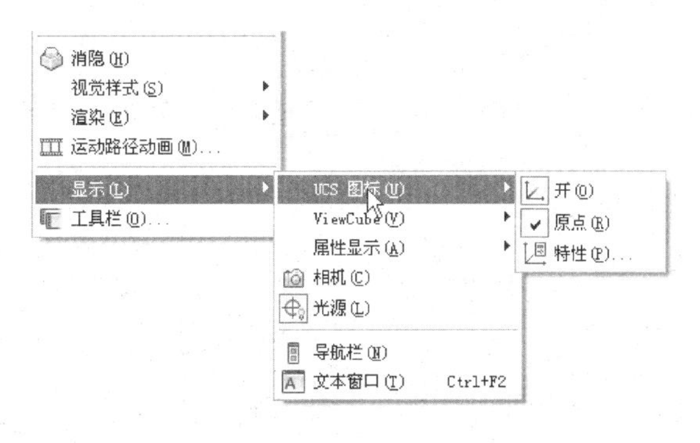

图2-4 “视图”菜单

2.1.3 坐标系图标

在绘图区域的左下角，有一个箭头指向图标，称之为坐标系图标，表示用户绘图时正使用的坐标系形式，如图2-1所示。坐标系图标的作用是为点的坐标确定一个参照系。根据工作需要，用户可以选择将其关闭，其方法是选择菜单栏中的“视图”→“显示”→“UCS图标”→“开”命令，如图2-4所示。

2.1.4 菜单栏

在 AutoCAD 绘图窗口标题栏的下方是 AutoCAD 的菜单栏。同其他 Windows 程序一样，AutoCAD 的菜单也是下拉形式的，并在菜单中包含子菜单。AutoCAD 的菜单栏中包含了 12 个菜单："文件"、"编辑"、"视图"、"插入"、"格式"、"工具"、"绘图"、"标注"、"修改"、"参数"、"窗口"和"帮助"，这些菜单几乎包含了 AutoCAD 的所有绘图命令，后面的章节将围绕这些菜单展开讲述，具体内容在此从略。一般来讲，AutoCAD 下拉菜单中的命令有以下三种。

1. 带有子菜单的菜单命令

这种类型的命令后面带有小三角形，例如单击菜单栏中的"绘图"菜单，指向其下拉菜单中的"圆"命令，屏幕上就会进一步显示出"圆"子菜单中所包含的命令，如图 2-5 所示。

2. 打开对话框的菜单命令

这种类型的命令后面带有省略号，例如，单击菜单栏中的"格式"菜单，选择其下拉菜单中的"文字样式（S）…"命令，如图 2-6 所示。屏幕上就会打开对应的"文字样式"对话框，如图 2-7 所示。

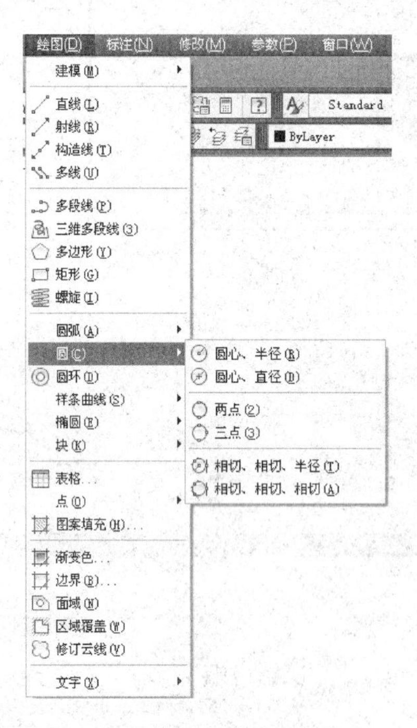

图 2-5 带有子菜单的菜单命令

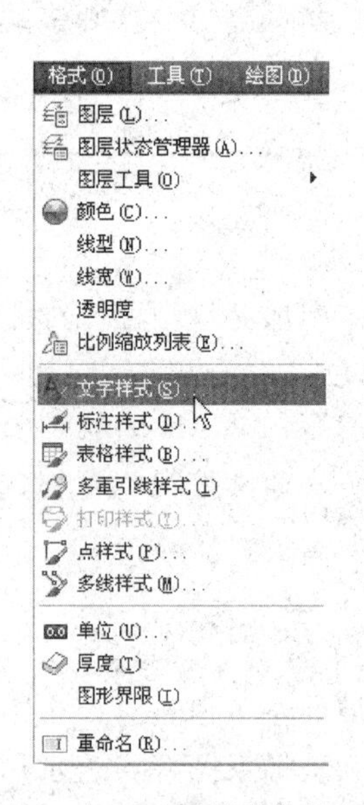

图 2-6 打开对话框的菜单命令

3. 直接执行操作的菜单命令

这种类型的命令后面既不带小三角形，也不带省略号，选择该命令将直接进行相应的操作。例如，选择菜单栏中的“视图”→“重画”命令，如图 2-8 所示，系统将刷新显示所有视口。

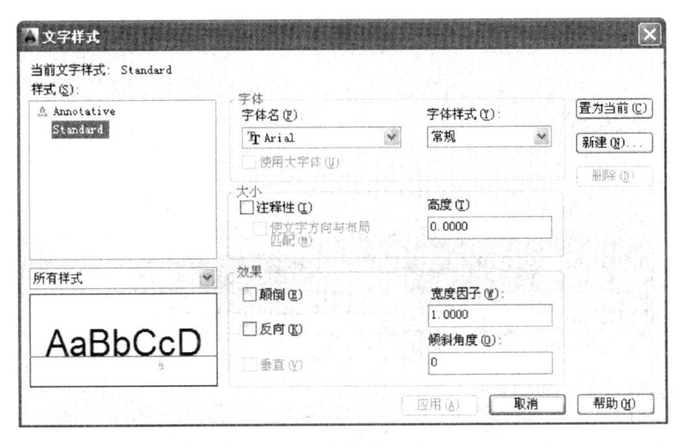

图 2-7 “文字样式”对话框

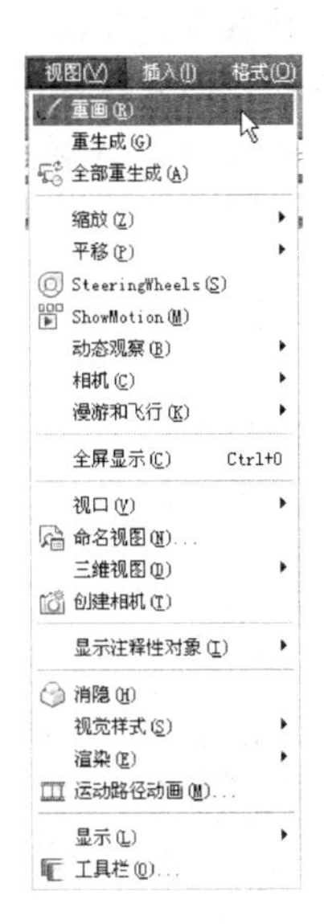

图 2-8 重画选项

2.1.5 工具栏

工具栏是一组图标型工具的集合，把光标移动到某个图标，稍停片刻即在该图标一侧显示相应的工具提示，同时在状态栏中，显示对应的说明和命令名。此时，点取图标也可以启动相应命令。在默认情况下，可以见到绘图区顶部的“标准”工具栏、“样式”工具栏、“特性”工具栏以及“图层”工具栏（如图 2-9 所示），以及位于绘图区左侧的“绘图”工具栏和右侧的“修改”工具栏、“绘图次序”工具栏（如图 2-10 所示）。

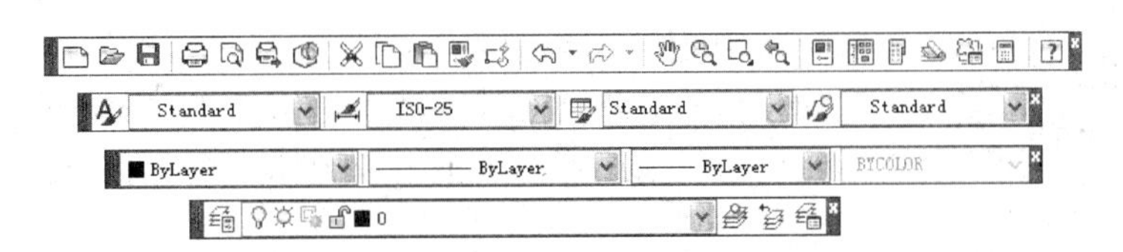

图 2-9 默认情况下出现的工具栏

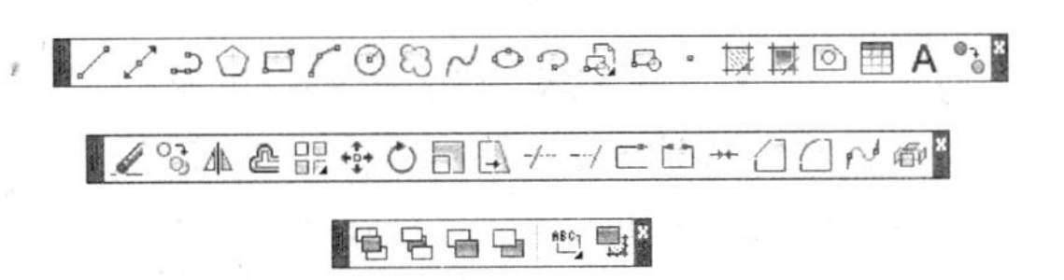

图 2-10 “绘图”、“修改”、“绘图次序”工具栏

1. 设置工具栏

AutoCAD 2014 的标准菜单提供有 36 种工具栏，将光标放在任一工具栏的非标题区，单击鼠标右键，系统会自动打开单独的工具栏标签，如图 2-11 所示。用鼠标左键单击某

一个未在界面显示的工具栏名，系统自动在界面打开该工具栏。反之，关闭工具栏。

2. 工具栏的“固定”、“浮动”

工具栏可以在绘图区“浮动”（如图 2-12 所示），此时显示该工具栏标题，并可关闭该工具栏，用鼠标可以拖动“浮动”工具栏到图形区边界，使它变为“固定”工具栏，此时该工具栏标题隐藏。也可以把“固定”工具栏拖出，使它成为“浮动”工具栏。

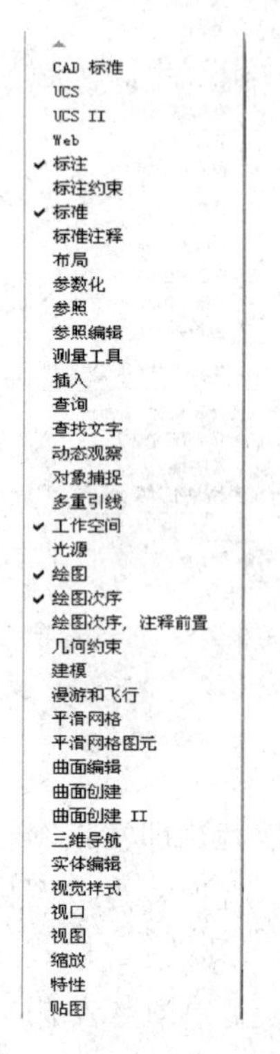

图 2-11　单独的工具栏标签

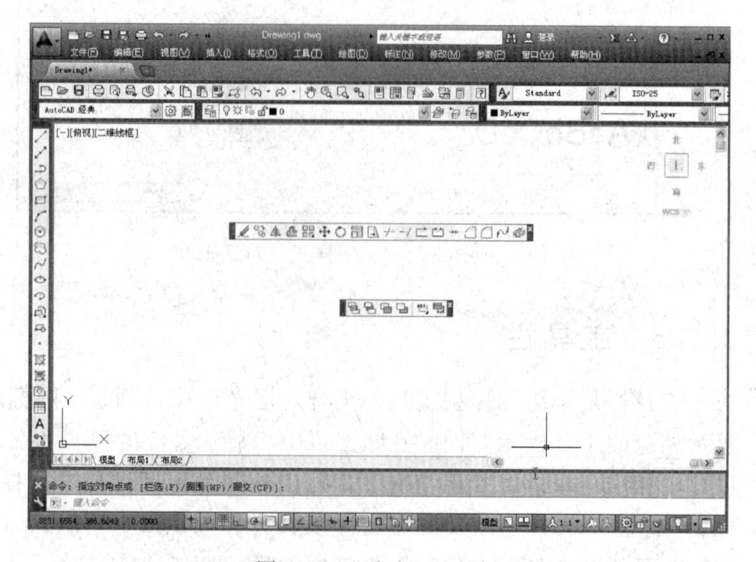

图 2-12　“浮动”工具栏

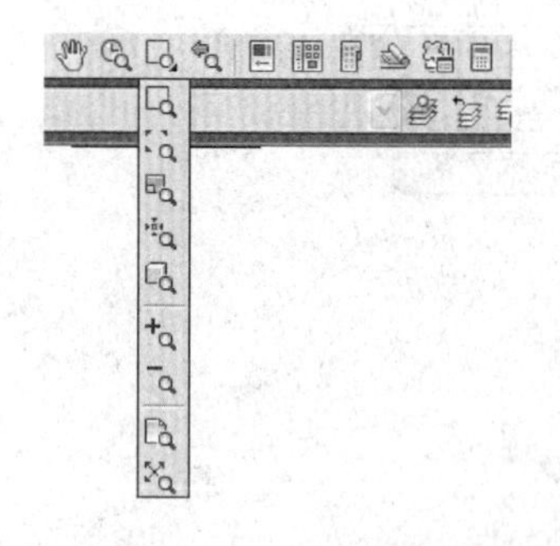

图 2-13　打开工具栏

3. 在有些图标的右下角带有一个小三角，按住鼠标左键会打开相应的工具栏，选择其中适用的工具单击鼠标左键，该图标就成为当前图标。单击当前图标，执行相应命令（如图 2-13 所示）。

2.1.6　命令行窗口

命令行窗口是输入命令名和显示命令提示的区域，默认的命令行窗口布置在绘图区下方，是若干文本行，如图 2-1 所示。对命令行窗口，有以下几点需要说明：

1. 移动拆分条，可以扩大与缩小命令行窗口。

2. 可以拖动命令行窗口，布置在屏幕上的其他位置。默认情况下，布置在图形窗口的下方。

3. 对当前命令行窗口中输入的内容，可以按 F2 键用文本编辑的方法进行编辑，如图 2-14所示。AutoCAD 文本窗口和命令窗口相似，它可以显示当前 AutoCAD 进程中命令的输入和执行过程，在执行 AutoCAD 某些命令时，它会自动切换到文本窗口，列出有关信息。

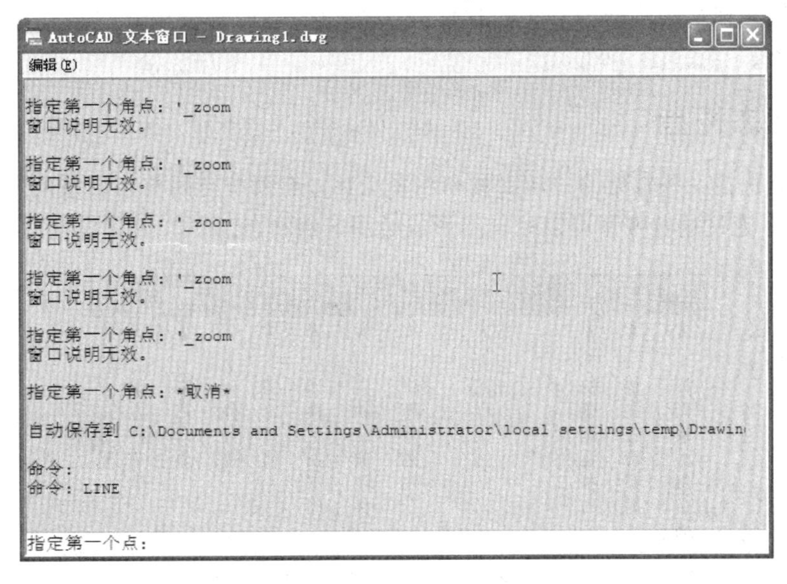

图 2-14　文本窗口

4. AutoCAD 通过命令行窗口，反馈各种信息，包括出错信息。因此，用户要时刻关注在命令窗口中出现的信息。

2.1.7　布局标签

AutoCAD 系统默认设定一个模型空间布局标签和“布局 1”、“布局 2”两个图样空间布局标签。在这里有两个概念需要解释一下。

1. 布局

布局是系统为绘图设置的一种环境，包括图样大小、尺寸单位、角度设定、数值精确度等，在系统预设的三个标签中，这些环境变量都按默认设置。用户可根据实际需要改变这些变量的值，在此暂且从略。用户也可以根据需要设置符合自己要求的新标签。

2. 模型

AutoCAD 的空间分为模型空间和图样空间。模型空间是我们通常绘图的环境，而在图样空间中，用户可以创建叫做“浮动视口”的区域，以不同视图显示所绘图形。用户可以在图样空间中调整浮动视口并决定所包含视图的缩放比例。如果选择图样空间，则可打印多个视图，用户可以打印任意布局的视图。AutoCAD 系统默认打开模型空间，用户可以通过鼠标左键单击选择需要的布局。

2.1.8　状态栏

状态栏在屏幕的底部，左端显示绘图区中光标定位点的坐标 X、Y，在右侧依次有“推断约束”、“捕捉模式”、“栅格显示”、“正交模式”、“极轴追踪”、“对象捕捉”、“对象捕捉追踪”、“允许/禁止动态 UCS”、“动态输入”、“显示/隐藏线宽”、“显示/隐藏透明度”、“选择循环”和“注视监视器”13 个功能开关按钮，如图 2-1 所示。左键单击这些开关按钮，可以实现这些功能的开关。这些开关按钮的功能与使用方法将在第 4 章详细介绍，在此从略。

2.1.9 状态托盘

状态托盘包括一些常见的显示工具和注释工具，有模型空间与布局空间转换工具，如图 2-15 所示，通过这些按钮可以控制图形或绘图区的状态。

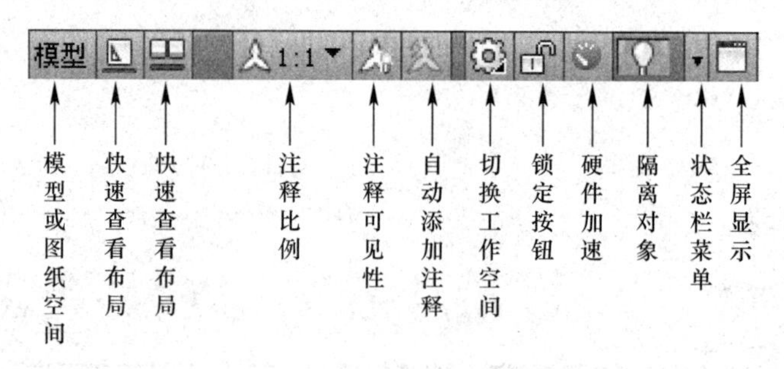

图 2-15 状态托盘工具

• 1:1
1:2
1:4
1:5
1:8
1:10
1:16
1:20
1:30
1:40
1:50
1:100
2:1
4:1
8:1
10:1
100:1
自定义...
✔ 隐藏外部参照比例

图 2-16 注释比例列表

1. 模型与布局空间按钮：在模型空间与布局空间之间进行转换。

2. 快速查看布局按钮：快速查看当前图形所在空间的布局。

3. 快速查看图形按钮：快速查看当前图形在模型空间的图形位置。

4. 注释比例按钮：左键单击注释比例右下角小三角符号弹出注释比例列表，如图 2-16所示，可以根据需要选择适当的注释比例。

5. 注释可见性按钮：当图标亮显时表示显示所有比例的注释性对象；当图标变暗时表示仅显示当前比例的注释性对象。

6. 自动添加注释按钮：注释比例更改时，自动将比例添加到注释对象。

7. 切换工作空间按钮：进行工作空间转换。

8. 锁定按钮：控制是否锁定工具栏或绘图区在操作界面中的位置。

9. 硬件加速按钮：设定图形卡的驱动程序以及设置硬件加速的选项。

10. 隔离对象按钮：当选择隔离对象时，在当前视图中显示选定对象。所有其他对象都暂时隐藏；当选择隐藏对象时，在当前视图中暂时隐藏选定对象。所有其他对象都可见。

11. 状态栏菜单按钮：单击该下拉按钮，如图 2-17 所示。可以选择打开或锁定相关选项位置。

12. 全屏显示按钮：单击该按钮可以清除操作界面中的标题栏、

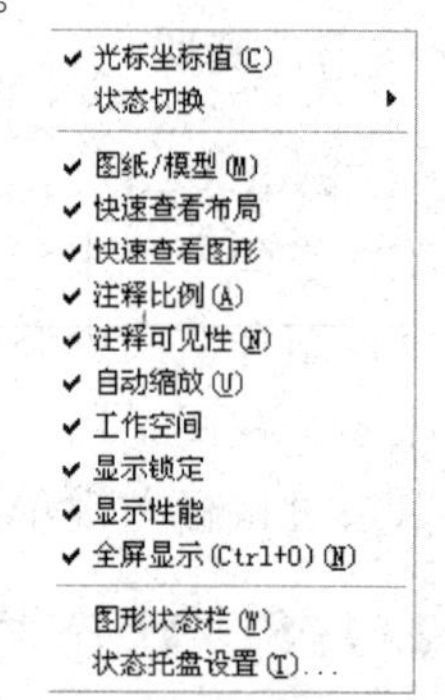

图 2-17 工具栏/窗口位置锁右键菜单

工具栏和选项板等界面元素，使 AutoCAD 的绘图区全屏显示，如图 2-18 所示。

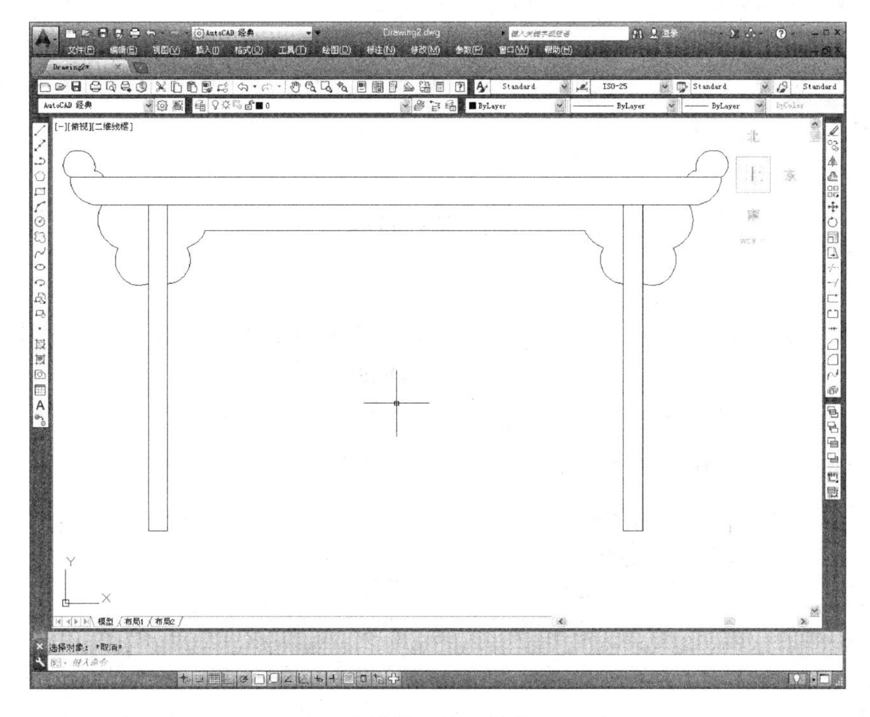

图 2-18　全屏显示

2.1.10　滚动条

在 AutoCAD 的绘图窗口中，在窗口的下方和右侧还提供了用来浏览图形的水平和竖直方向的滚动条。在滚动条中单击鼠标或拖动滚动条中的滚动块，用户可以在绘图窗口中按水平或竖直两个方向浏览图形。

2.1.11　快速访问工具栏和交互信息工具栏

1. 快速访问工具栏

该工具栏包括“新建”、“打开”、“保存”、“另存为”、“放弃”、“重做”和“打印”等几个最常用的工具。用户也可以单击本工具栏后面的下拉按钮设置需要的常用工具。

2. 交互信息工具栏

该工具栏包括“搜索”、“Autodesk360”、“Autodesk Exchange 应用程序”、“保持连接”和“帮助”等几个常用的数据交互访问工具。

2.1.12　功能区

包括“默认”、“插入”、“注释”、“参数化”、“视图”、“管理”、“输出”、“插件”和

“Autodesk 360”等几个功能区，每个功能区集成了相关的操作工具，方便了用户的使用。用户可以单击功能区选项后面的▣按钮控制功能的展开与收缩。

打开或关闭功能区的操作方式如下：

命令行：RIBBON（或 RIBBONCLOSE）

菜单栏：工具→选项板→功能区

2.2 配置绘图系统

由于每台计算机所使用的显示器、输入设备和输出设备的类型不同，用户喜好的风格及计算机的目录设置也是不同的，所以每台计算机都是独特的。一般来讲，使用 AutoCAD 2014 的默认配置就可以绘图，但为了使用用户的定点设备或打印机以及提高绘图的效率，AutoCAD 推荐用户在开始作图前先进行必要的配置。

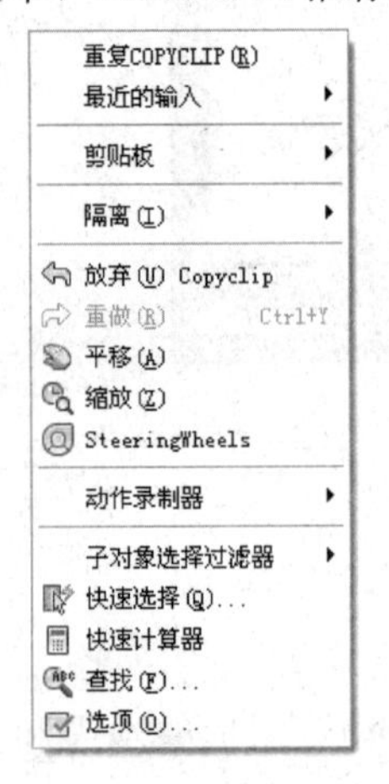

图 2-19 “选项”右键菜单

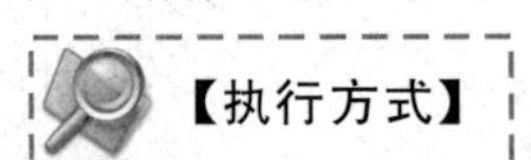

命令行：preferences

菜单栏：工具→选项

右键菜单：选项（单击鼠标右键，系统打开右键菜单，其中包括一些最常用的命令，如图 2-19 所示。）

执行上述命令后，系统自动打开“选项”对话框。用户可以在该对话框中选择有关选项，对系统进行配置。下面只就其中主要的几个选项卡作一下说明，其他配置选项，在后面用到时再作具体说明。

2.2.1 显示配置

在“选项”对话框中的第二个选项卡为“显示”，该选项卡控制 AutoCAD 窗口的外观。该选项卡设定屏幕菜单、滚动条显示与否、固定命令行窗口中文字行数、AutoCAD 2014 的版面布局设置、各实体的显示分辨率以及 AutoCAD 运行时的其他各项性能参数的设定等。前面已经讲述了屏幕菜单设定、屏幕颜色、光标大小等知识，其余有关选项的设置，读者可自己参照“帮助”文件学习。

在设置实体显示分辨率时，请务必记住，显示质量越高，即分辨率越高，计算机计算的时间越长，因此将显示质量设定在一个合理的程度上是很重要的。

2.2.2 系统配置

在“选项”对话框中的第五个选项卡为“系统”，如图 2-20 所示。该选项卡用来设置 AutoCAD 系统的有关特性。

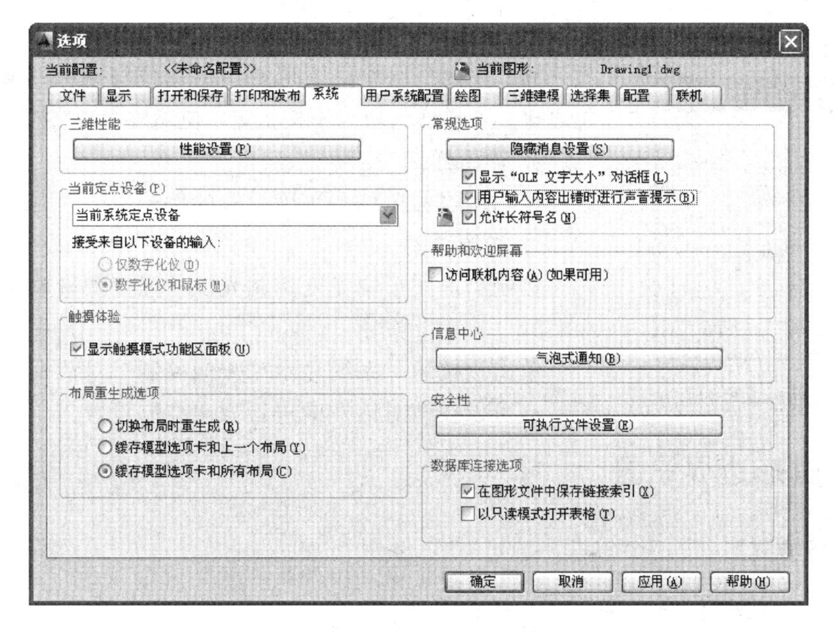

图 2-20 “系统”选项卡

2.3 设置绘图环境

启动 AutoCAD 2014，在 AutoCAD 中，可以利用相关命令对图形单位和图形边界以及工作工件进行具体设置。

2.3.1 绘图单位设置

【执行方式】

命令行：DDUNITS（或 UNITS）

菜单栏：格式→单位

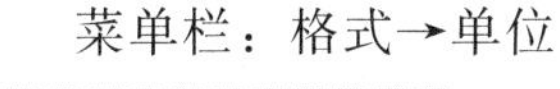

【操作步骤】

执行上述命令后，系统打开“图形单位”对话框，如图 2-21 所示。该对话框用于定义单位和角度格式。

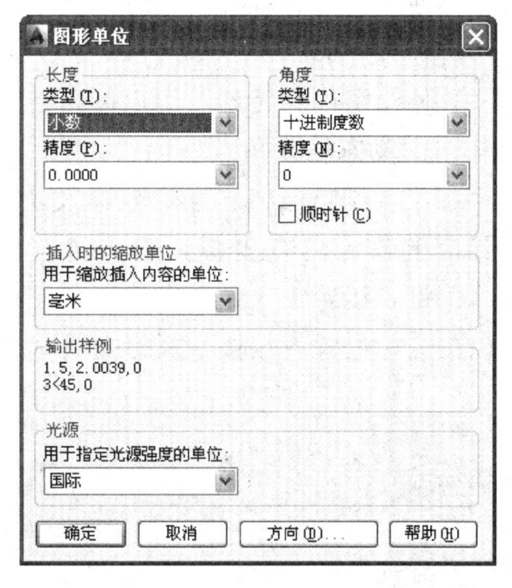

图 2-21 “图形单位”对话框

【选项说明】

1. “长度”与“角度”选项组

指定测量的长度与角度的当前单位及当前单位的精度。

2. “插入时的缩放单位”下拉列表框

控制使用工具选项板（例如 DesignCenter 或 i-drop）拖入当前图形的块的测量单位。如果块或图形创建时使用的单位与该选项指定的单位不同，则在插入这些块或图形时，将对其按比例缩放。插入比例是原块或图形使用的单位与目标图形使用的单位之比。如果插入块时不按指定单位缩放，请选择“无单位”。

图 2-22 “方向控制”对话框

3. 输出样例

显示用当前单位和角度设置的例子。

4. 光源

控制当前图形中光度控制光源的强度测量单位。

5. “方向”按钮

单击该按钮，系统显示“方向控制”对话框。如图 2-22 所示。可以在该对话框中进行方向控制设置。

2.3.2 图形边界设置

【执行方式】

命令行：LIMITS

菜单栏：格式→图形界限

【操作步骤】

命令：LIMITS

重新设置模型空间界限：

指定左下角点或［开（ON）/关（OFF）］＜0.0000，0.0000＞：（输入图形边界左下角的坐标后回车）

指定右上角点＜12.0000，9.0000＞：（输入图形边界右上角的坐标后回车）

【选项说明】

1. 开（ON）

使绘图边界有效。系统将在绘图边界以外拾取的点视为无效。

2. 关（OFF）

使绘图边界无效。用户可以在绘图边界以外拾取点或实体。

3. 动态输入角点坐标

AutoCAD 2014 的动态输入功能，可以直接在屏幕上输入角点坐标，输入了横坐标值后，按下“,”键，接着输入纵坐标值，如图 2-23 所示，也可以按光标位置直接按下鼠标左键确定角点位置。

图 2-23 动态输入角点坐标

2.4 文件管理

本节将介绍有关文件管理的一些基本操作方法，包括新建文件、打开已有文件、保存文件、删除文件等，这些都是进行 AutoCAD 2014 操作最基础的知识。

另外，在本节中，也将介绍安全口令和数字签名等涉及文件管理操作的 AutoCAD 2014 新增知识，请读者注意体会。

2.4.1 新建文件

命令行：NEW

菜单栏：文件→新建

工具栏：标准→新建

系统打开如图 2-24 所示“选择样板”对话框。

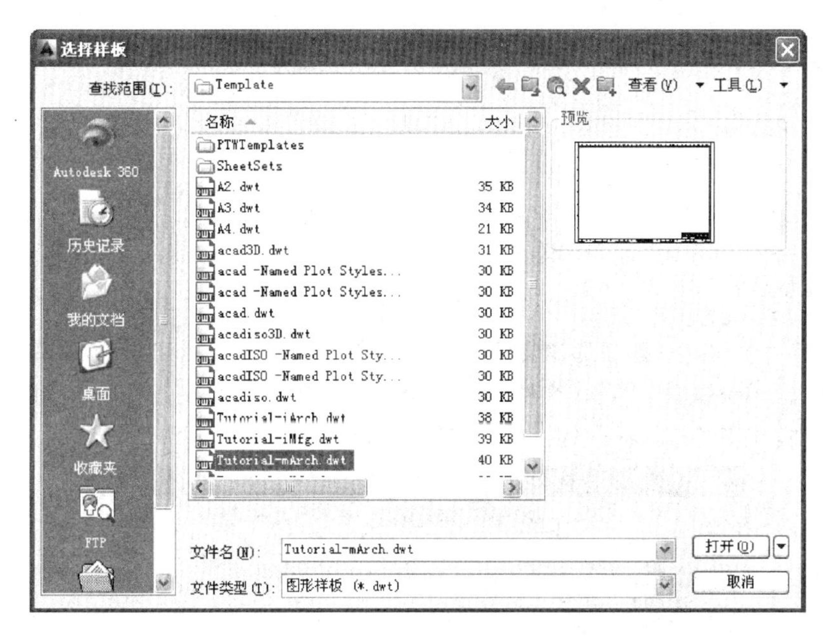

图 2-24 “选择样板”对话框

在运行快速创建图形功能之前必须进行如下设置：

1. 将 FILEDIA 系统变量设置为 1；将 STARTUP 系统变量设置为 0。

2. 从“工具”→“选项”菜单中选择默认图形样板文件。具体方法是：在“文件”选项卡下，单击标记为“样板设置”的节点下的“快速新建的默认样板文件”分节点，如图 2-25 所示。单击“浏览”按钮，打开与图 2-24 类似的“选择样板”对话框，然后选择需要的样板文件。

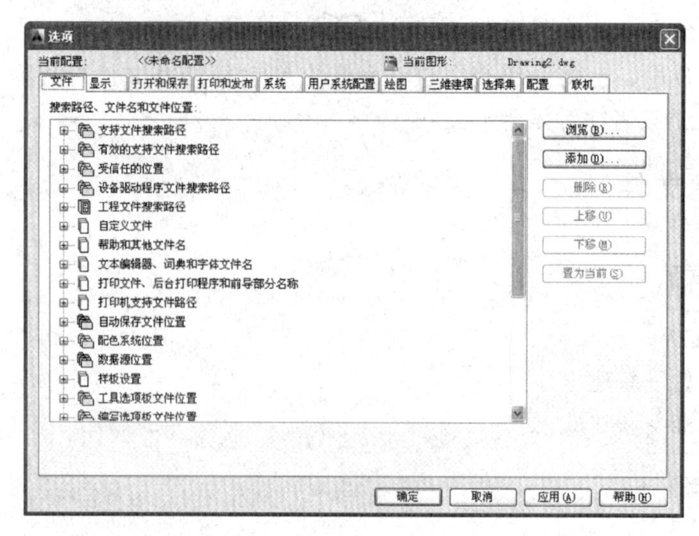

图 2-25 “选项”对话框的“文件”选项卡

2.4.2 打开文件

命令行：OPEN

菜单栏：文件→打开

工具栏：标准→打开

执行上述命令后，打开“选择文件”对话框（如图 2-26 所示），在“文件类型”列表框中用户可选 .dwg 文件、.dwt 文件、.dxf 文件和 .dws 文件。.dxf 文件是用文本形式存储的图形文件，能够被其他程序读取，许多第三方应用软件都支持 .dxf 格式。

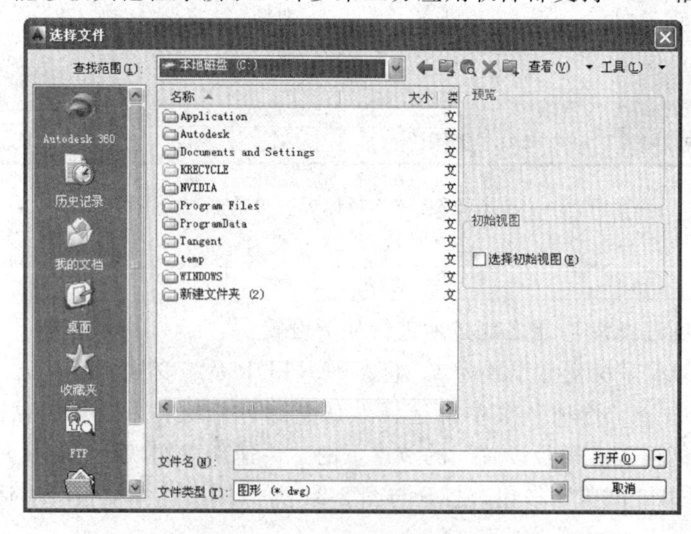

图 2-26 “选择文件”对话框

2.4.3 保存文件

命令名：QSAVE（或 SAVE）

菜单栏：文件→保存

工具栏：标准→保存

执行上述命令后，若文件已命名，则 AutoCAD 自动保存；若文件未命名（即为默认名 drawing1.dwg），则系统打开“图形另存为”对话框（如图 2-27 所示），用户可以命名保存。在“保存于”下拉列表框中可以指定保存文件的路径；在“文件类型”下拉列表框中可以指定保存文件的类型。

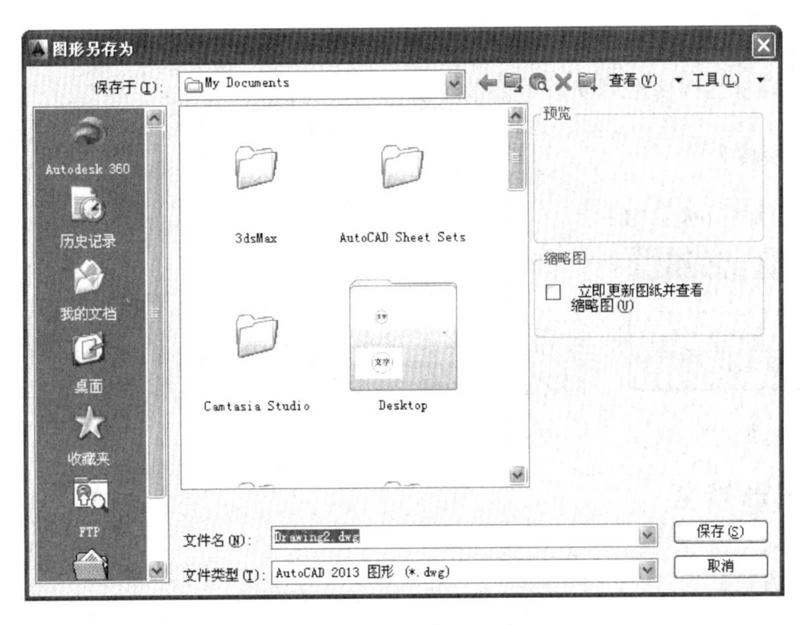

图 2-27 “图形另存为”对话框

为了防止因意外操作或计算机系统故障导致正在绘制的图形文件丢失，可以对当前图形文件设置自动保存。步骤如下：

1. 利用系统变量 SAVEFILEPATH 设置所有“自动保存”文件的位置，如：C:\HU\。

2. 利用系统变量 SAVEFILE 存储“自动保存”文件名。该系统变量储存的文件名文件是只读文件，用户可以从中查询自动保存的文件名。

3. 利用系统变量 SAVETIME 指定在使用“自动保存”时多长时间保存一次图形。

2.4.4 另存为

【执行方式】

命令行：SAVEAS

菜单栏：文件→另存为

【操作步骤】

执行上述命令后，打开“图形另存为”对话框（如图 2-27 所示），AutoCAD 用另存名保存，并把当前图形更名。

2.4.5 退出

【执行方式】

命令行：QUIT 或 EXIT

菜单栏：文件→退出

按钮：AutoCAD 操作界面右上角的“关闭”按钮

【操作步骤】

命令：QUIT（或 EXIT）

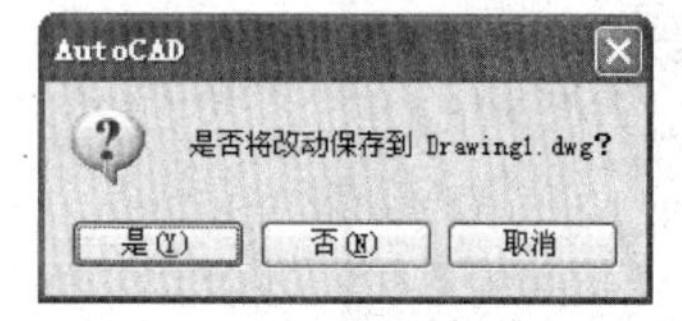

图 2-28 系统警告对话框

执行上述命令后，若用户对图形所作的修改尚未保存，则会出现图 2-28 所示的系统警告对话框。选择“是”按钮系统将保存文件，然后退出；选择“否”按钮系统将不保存文件。若用户对图形所作的修改已经保存，则直接退出。

2.4.6 图形修复

【执行方式】

命令行：DRAWINGRECOVERY

菜单栏：文件→图形实用工具→图形修复管理器

【操作步骤】

命令：DRAWINGRECOVERY

执行上述命令后，系统打开“图形修复管理器”，如图 2-29 所示，打开“备份文件”列表中的文件，可以重新保存，从而进行修复。

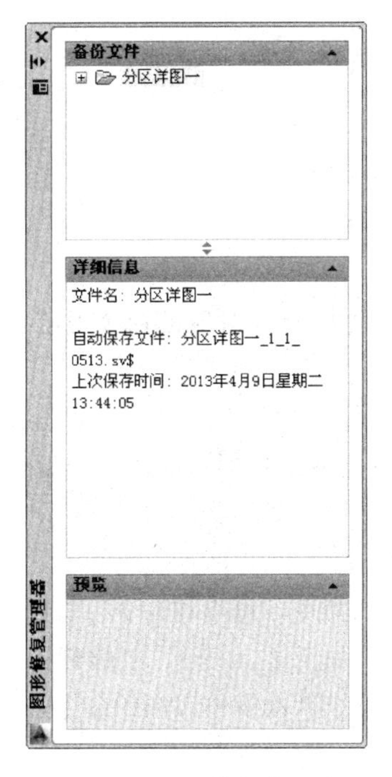

图 2-29　图形修复管理器

2.5　基本输入操作

在 AutoCAD 中，有一些基本的输入操作方法，这些基本方法是进行 AutoCAD 绘图的必备知识基础，也是深入学习 AutoCAD 功能的前提。

2.5.1　命令输入方式

AutoCAD 交互绘图必须输入必要的指令和参数。有多种 AutoCAD 命令输入方式（以画直线为例）：

1. 在命令窗口输入命令名

命令字符可不区分大小写。例如：命令：LINE，执行命令时，在命令行提示中经常会出现命令选项。如输入绘制直线命令“LINE”后，命令行中的提示如下：

命令：LINE↙

指定第一点：↙（在屏幕上指定一点或输入一个点的坐标）

指定下一点或［放弃（U）］：↙

选项中不带括号的提示为默认选项，因此可以直接输入直线段的起点坐标或在屏幕上指定一点，如果要选择其他选项，则应该首先输入该选项的标识字符，如“放弃”选项的标识字符“U”，然后按系统提示输入数据即可。在命令选项的后面有时候还带有尖括号，尖括号内的数值为默认数值。

2. 在命令窗口输入命令缩写字

如 L（Line）、C（Circle）、A（Arc）、Z（Zoom）、R（Redraw）、M（More）、CO（Copy）、PL（Pline）、E（Erase）等。

3. 选取绘图菜单直线选项

选取该选项后，在状态栏中可以看到对应的命令说明及命令名。

4. 选取工具栏中的对应图标

选取该图标后，在状态栏中也可以看到对应的命令说明及命令名。

5. 在命令行打开右键快捷菜单

如果在前面刚使用过要输入的命令，可以在命令行打开右键快捷菜单，在“最近使用的命令”子菜单中选择需要的命令，如图 2-30 所示。“最近的输入”子菜单中储存了最近使用的六个命令，如果经常重复使用某个六次操作以内的命令，这种方法就比较快速简洁。

6. 在绘图区右击鼠标

如果用户要重复使用上次使用的命令，可以直接在绘图区右击鼠标，系统立即重复执行上次使用的命令，如图 2-31 所示，这种方法适用于重复执行某个命令。

图 2-30　命令行右键快捷菜单

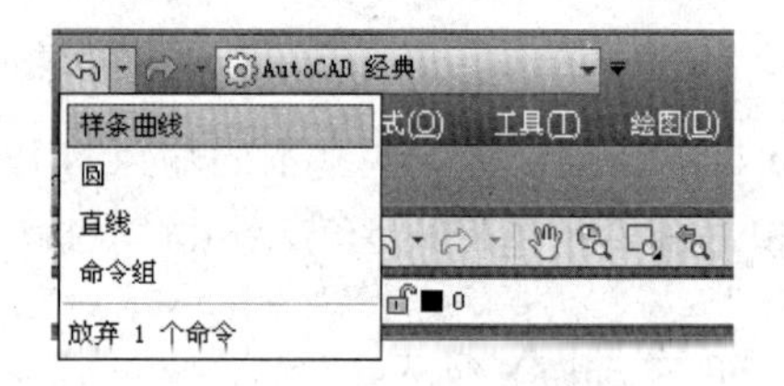

图 2-31　多重放弃或重做

2.5.2　命令的重复、撤销、重做

1. 命令的重复

在命令窗口中键入 Enter 键可重复调用上一个命令，不管上一个命令是完成了还是被取消了。

2. 命令的撤销

在命令执行的任何时刻都可以取消和终止命令的执行。

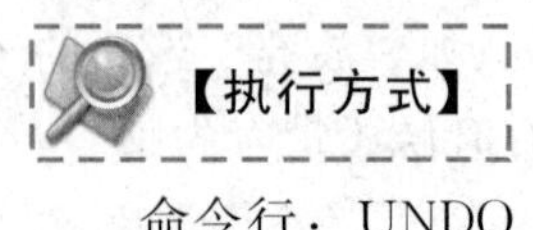

【执行方式】

命令行：UNDO

菜单栏：编辑→放弃

快捷键：Esc

3. 命令的重做

已被撤销的命令还可以恢复重做。只能恢复撤销的最后一个命令。

【执行方式】

命令行：REDO

菜单栏：编辑→重做

该命令可以一次执行多重放弃和重做操作。单击 UNDO 或 REDO 列表箭头，可以选择要放弃或重做的操作，如图 2-31 所示。

2.5.3 透明命令

在 AutoCAD 2014 中有些命令不仅可以直接在命令行中使用，而且还可以在其他命令的执行过程中，插入并执行，待该命令执行完毕后，系统继续执行原命令，这种命令称为透明命令。透明命令一般多为修改图形设置或打开辅助绘图工具的命令。

上述三种命令的执行方式同样适用于透明命令的执行，列举如下：

命令：ARC

指定圆弧的起点或［圆心（C)］：ZOOM（透明使用显示缩放命令 ZOOM）（执行 ZOOM 命令）

正在恢复执行 ARC 命令

指定圆弧的起点或［圆心（C)］：（继续执行原命令）

2.5.4 按键定义

在 AutoCAD 2014 中，除了可以通过在命令窗口输入命令、点取工具栏图标或点取菜单项来完成外，还可以使用键盘上的一组功能键或快捷键，通过这些功能键或快捷键，可以快速实现指定功能，如单击 F1 键，系统可以调用 AutoCAD 帮助对话框。

系统使用 AutoCAD 传统标准（Windows 之前）或 Microsoft Windows 标准解释快捷键。有些功能键或快捷键在 AutoCAD 的菜单中已经指出，如“粘贴”的快捷键为“Ctrl+V”，这些只要用户在使用的过程中多加留意，就会熟练掌握。快捷键的定义见菜单命令后面的说明。

2.5.5 命令执行方式

有的命令有两种执行方式，通过对话框或通过命令行输入命令。如果指定使用命令窗口方式，可以在命令名前加短画线来表示，如“-LAYER”表示用命令行方式执行“图层”命令。而如果在命令行输入“LAYER”，系统则会自动打开“图层特性管理器”对话框。

另外，有些命令同时存在命令行、菜单和工具栏三种执行方式，这时如果选择菜单或工具栏方式，命令行会显示该命令，并在前面加一下画线，如通过菜单或工具栏方式执行

“直线”命令时，命令行会显示“ _ line”，命令的执行过程和结果与命令行方式相同。

2.5.6 坐标系统与数据的输入方法

1. 坐标系

AutoCAD采用两种坐标系：世界坐标系（WCS）与用户坐标系。用户刚进入AutoCAD时的坐标系统就是世界坐标系，是固定的坐标系统。世界坐标系也是坐标系统中的基准，绘制图形时多数情况下都是在这个坐标系统下进行的。

【执行方式】

命令行：UCS

菜单栏：工具→UCS

工具栏：“标准”工具栏→坐标系

AutoCAD有两种视图显示方式：模型空间和图纸空间。模型空间是指单一视图显示法，我们通常使用的都是这种显示方式；图纸空间是指在绘图区域创建图形的多视图。用户可以对其中每一个视图进行单独操作。在缺省情况下，当前UCS与WCS重合。图2-32（*a*）为模型空间下的UCS坐标系图标，通常放在绘图区左下角处；如当前UCS和WCS重合，则出现一个W字，如图2-32（*b*）所示；也可以指定WCS放在当前UCS的实际坐标原点位置，此时出现一个十字，如图2-32（*c*）所示。图2-32（*d*）为图纸空间下的坐标系图标。

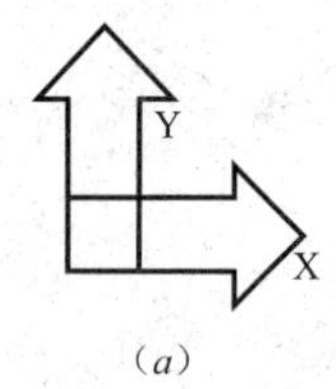

（*a*）

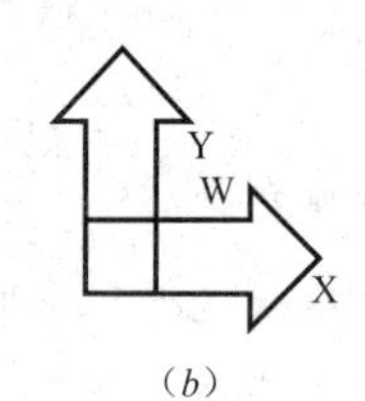

（*b*）

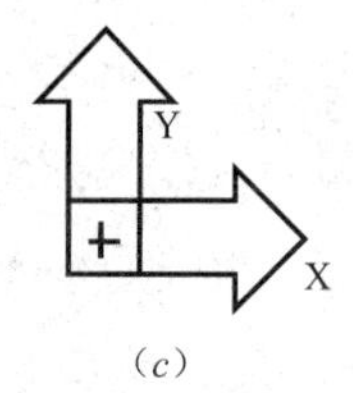

（*c*）

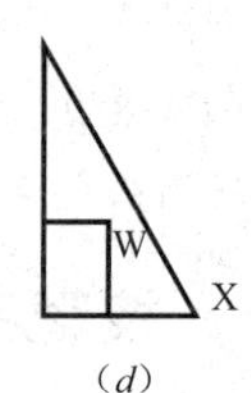

（*d*）

图2-32 坐标系图标

2. 数据输入方法

在AutoCAD 2014中，点的坐标可以用直角坐标、极坐标、球面坐标和柱面坐标表示，每一种坐标又分别具有两种坐标输入方式：绝对坐标和相对坐标。其中直角坐标和极坐标最为常用，下面主要介绍一下它们的输入。

（1）直角坐标法：用点的*X*、*Y*坐标值表示的坐标。

例如：在命令行中输入点的坐标提示下，输入“15，18”，则表示输入了一个*X*、*Y*的坐标值分别为15、18的点，此为绝对坐标输入方式，表示该点的坐标是相对于当前坐标原点的坐标值，如图2-33（*a*）所示。如果输入“@10，20”，则为相对坐标输入方式，表示该点的坐标是相对于前一点的坐标值，如图2-33（*b*）所示。

（2）极坐标法：用长度和角度表示的坐标，只能用来表示二维点的坐标。

在绝对坐标输入方式下，表示为：“长度<角度”，如“25<50”，其中长度为该点到坐标原点的距离，角度为该点至原点的连线与*X*轴正向的夹角，如图2-33（*c*）所示。

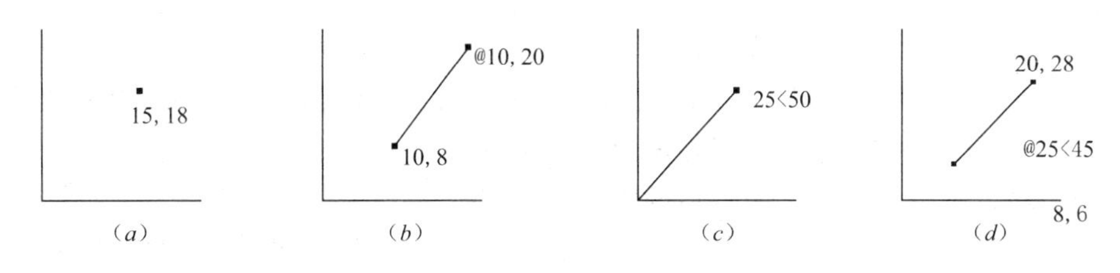

图 2-33 点的两种坐标输入方法

在相对坐标输入方式下，表示为："@长度<角度"，如"@25<45"，其中长度为该点到前一点的距离，角度为该点至前一点的连线与 X 轴正向的夹角，如图 2-33（d）所示。

3. 动态数据输入

选择状态栏上的"DYN"按钮，系统打开动态输入功能，可以在屏幕上动态地输入某些参数数据，例如，绘制直线时，在光标附近，会动态地显示"指定第一点"，以及后面的坐标框，当前显示的是光标所在位置，可以输入数据，两个数据之间以逗号隔开，如图 2-34所示。指定第一点后，系统动态显示直线的角度，同时要求输入线段长度值，如图 2-35所示，其输入效果与"@长度≤角度"方式相同。

图 2-34 动态输入坐标值　　图 2-35 动态输入长度值

下面分别讲述一下点与距离值的输入方法。

（1）点的输入

绘图过程中，常需要输入点的位置，AutoCAD 提供了如下几种输入点的方式。

1）用键盘直接在命令窗口中输入点的坐标。直角坐标有两种输入方式：x，y（点的绝对坐标值，例如：100，50）和@x，y（相对于上一点的相对坐标值，例如：@ 50，－30）。坐标值均相对于当前的用户坐标系。

极坐标的输入方式为：长度<角度（其中，长度为点到坐标原点的距离，角度为原点至该点连线与 X 轴的正向夹角，例如：20<45）或@长度<角度（相对于上一点的相对极坐标，例如：@50<－30）。

2）用鼠标等定标设备移动光标，单击左键在屏幕上直接取点。

3）用目标捕捉方式捕捉屏幕上已有图形的特殊点（如端点、中点、中心点、插入点、交点、切点、垂足点等，详见第 4 章）

4）直接距离输入：先用光标拖拉出橡筋线确定方向，然后用键盘输入距离。这样有利于准确控制对象的长度等参数，如要绘制一条 10mm 长的线段，方法如下：

命令：LINE

指定第一点：（在屏幕上指定一点）

指定下一点或［放弃（U）］：

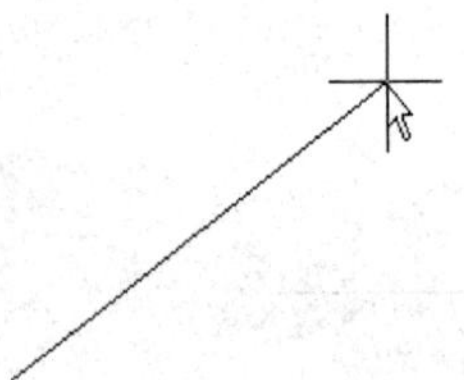
图 2-36 绘制直线

这时在屏幕上移动鼠标指明线段的方向，但不要单击鼠标左键确认，如图 2-36 所示，然后在命令行输入 10，这样就在指定方向上准确地绘制了长度为 10mm 的线段。

(2) 距离值的输入

在 AutoCAD 命令中，有时需要提供高度、宽度、半径、长度等距离值。AutoCAD 提供了两种输入距离值的方式：一种是用键盘在命令窗口中直接输入数值；另一种是在屏幕上拾取两点，以两点的距离值定出所需数值。

第3章 二维绘图命令

二维图形是指在二维平面空间绘制的图形，主要由一些图形元素组成，如点、直线、圆弧、圆、椭圆、矩形、正多边形、多段线、样条曲线、多线等几何元素。AutoCAD提供了大量的绘图工具，可以帮助用户完成二维图形的绘制。

学习要点

- 直线类
- 圆类图形
- 平面图形
- 点
- 多段线
- 样条曲线
- 多线
- 图案填充

3.1 直 线 类

直线类命令包括直线、射线和构造线等命令，这几个命令是 AutoCAD 中最简单的绘图命令。

3.1.1 绘制直线段

【执行方式】

命令行：LINE

菜单栏：绘图→直线

工具栏：绘图→直线

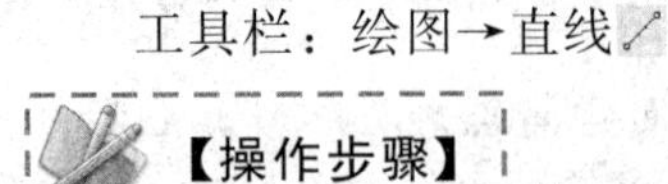

【操作步骤】

命令：LINE↙

指定第一点：↙（输入直线段的起点，用鼠标指定点或者给定点的坐标）

指定下一点或［放弃（U）］：↙（输入直线段的端点，也可以用鼠标指定一定角度后，直接输入直线段的长度）

指定下一点或［放弃（U）］：↙（输入下一直线段的端点。输入选项 U 表示放弃前面的输入；右击或按 Enter 键，结束命令）

指定下一点或［闭合（C）/放弃（U）］：↙（输入下一直线段的端点，或输入选项 C 使图形闭合，结束命令）

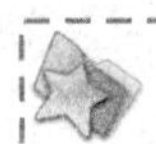【选项说明】

1. 若按 Enter 键响应“指定第一点：”的提示，则系统会把上次绘线（或弧）的终点作为本次操作的起始点。若上次操作为绘制圆弧，按 Enter 键响应后，绘出通过圆弧终点的与该圆弧相切的直线段，该线段的长度由鼠标在屏幕上指定的一点与切点之间线段的长度确定。

2. 在“指定下一点”的提示下，用户可以指定多个端点，从而绘出多条直线段。但是，每一条直线段都是一个独立的对象，可以进行单独的编辑操作。

3. 绘制两条以上的直线段后，若用选项“C”响应“指定下一点：”的提示，系统会自动链接起始点和最后一个端点，从而绘出封闭的图形。

4. 若用选项“U”响应提示，则会擦除最近一次绘制的直线段。

5. 若设置正交方式（单击状态栏上的“正交”按钮），则只能绘制水平直线段或垂直直线段。

6. 若设置动态数据输入方式（单击状态栏上的 DYN 按钮），则可以动态输入坐标或长度值。下面的命令同样可以设置动态数据输入方式，效果与非动态数据输入方式类似。除了特别需要（以后不再强调），否则只按非动态数据输入方式输入相关数据。

3.1.2 绘制构造线

【执行方式】

命令行：XLINE

菜单栏：绘图→构造线

工具栏：绘图→构造线

【操作步骤】

命令：XLINE↙

指定点或［水平（H）/垂直（V）/角度（A）/二等分（B）/偏移（O）］：↙（给出点）

指定通过点：↙（给定通过点2，画一条双向的无限长直线）

指定通过点：↙（继续给点，继续画线，按Enter键，结束命令）

【选项说明】

1. 执行选项中有“指定点”、“水平”、“垂直”、“角度”、“二等分”和“偏移”6种方式绘制构造线。

2. 这种线可以模拟手工绘图中的辅助绘图线。用特殊的线型显示，在绘图输出时，可不作输出。常用于辅助绘图。

3.1.3 实例——折叠门

绘制如图3-1所示的折叠门。

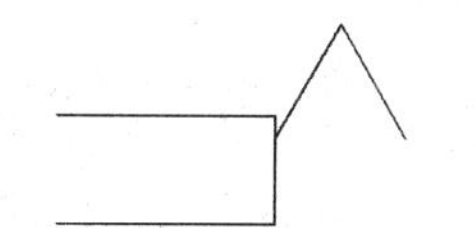
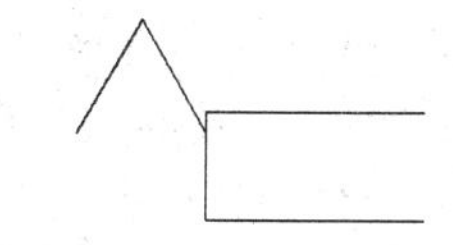

图3-1 折叠门

参见光盘 光盘\视频教学\第3章\折叠门.avi

【绘制步骤】

单击“绘图”工具栏中的按钮，绘制直线，命令行提示与操作如下：

命令：LINE↙

指定第一点：0，0↙

指定下一点或［放弃（U）］：100，0↙

指定下一点或［放弃（U）］：100，50↙

指定下一点或［闭合（C）/放弃（U）］：0，50↙

指定下一点或［闭合（C）/放弃（U）］：

结果如图3-2所示。

单击“绘图”工具栏中的按钮，绘制直线，命令行提示与操作如下：

命令：_line↙

指定第一点：440，0↙

指定下一点或［放弃（U）］：@－100，0↙（相对直角坐标数值输入方法，此方法便于控制线段长度）

指定下一点或［放弃（U）］：@0，50↙

指定下一点或[闭合(C)/放弃(U)]：@100，0↙

指定下一点或[闭合(C)/放弃(U)]：↙

结果如图 3-3 所示。

命令：↙（直接回车表示执行上一次执行的命令）

LINE 指定第一点：100，40↙

指定下一点或［放弃（U）］：@60<60↙（相对极坐标数值输入方法，此方法便于控制线段长度和倾斜角度）

指定下一点或［放弃（U）］：@60<－60↙

指定下一点或［闭合（C）/放弃（U）］：↙

图 3-2　绘制左门框　　　　图 3-3　绘制右门框

命令：L↙（在命令行输入 LINE 命令的缩写方式 L）

LINE 指定第一点：340，40↙

指定下一点或［放弃（U）］：@60<120↙

指定下一点或［放弃（U）］：@60<210↙

指定下一点或［闭合（C）/放弃（U）］：u↙（表示上一步执行错误，撤销该操作）

指定下一点或［放弃（U）］：@60<240↙（也可以按下状态栏上“动态输入”按钮，在鼠标位置为 240°时，动态输入 60，如图 3-4 所示，下同）

指定下一点或［闭合（C）/放弃（U）］：↙（回车结束直线命令）

最终结果如图 3-1 所示。

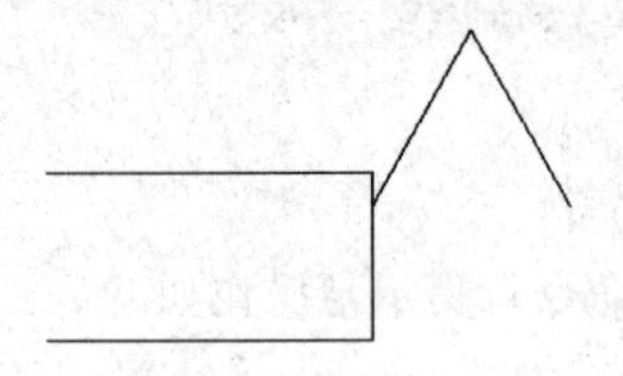

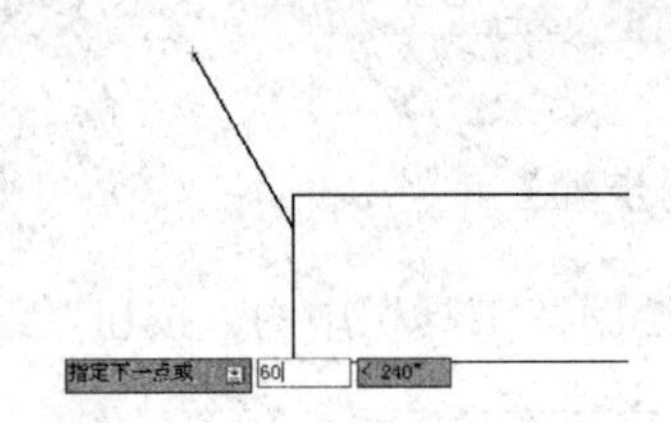

图 3-4　动态输入

技巧荟萃

一般每个命令有 3 种执行方式，这里只给出了命令行执行方式，其他两种执行方式的操作方法与命令行执行方式相同。

3.2 圆类图形

圆类命令主要包括“圆”、“圆弧”、“椭圆”、“椭圆弧”以及“圆环”等命令，这几个命令是 AutoCAD 中最简单的圆类命令。

3.2.1 绘制圆

【执行方式】

命令行：CIRCLE

菜单栏：绘图→圆

工具栏：绘图→圆

【操作步骤】

命令：CIRCLE↙

指定圆的圆心或［三点（3P）/两点（2P）/切点、切点、半径（T）］：↙（指定圆心）

指定圆的半径或［直径（D）］：↙（直接输入半径数值或用鼠标指定半径长度）

指定圆的直径<默认值>：↙（输入直径数值或用鼠标指定直径长度）

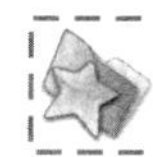
【选项说明】

1. 三点（3P）

用指定圆周上三点的方法画圆。

2. 两点（2P）

按指定直径的两端点的方法画圆。

3. 切点、切点、半径（T）

按先指定两个相切对象，后给出半径的方法画圆。

“绘图”→“圆”菜单中多了一种“相切、相切、相切”的方法，当选择此方式时，系统提示如下。

指定圆上的第一个点：_tan 到：（指定相切的第一个圆弧）

指定圆上的第二个点：_tan 到：（指定相切的第二个圆弧）

指定圆上的第三个点：_tan 到：（指定相切的第三个圆弧）

3.2.2 绘制圆弧

【执行方式】

命令行：ARC

菜单栏：绘图→圆弧

工具栏：绘图→圆弧

【操作步骤】

命令：ARC↙

指定圆弧的起点或［圆心（C）］：（指定起点）↙

指定圆弧的第二点或［圆心（C）/端点（E）］：（指定第二点）↙

指定圆弧的端点：（指定端点）↙

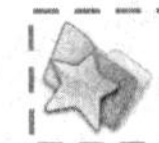【选项说明】

1. 用命令行方式绘制圆弧时，可以根据系统提示单击不同的选项，具体功能和单击菜单栏中的“绘图”→“圆弧”中子菜单提供的11种方式相似。这11种方式绘制的圆弧分别如图3-5（*a*）~（*k*）所示。

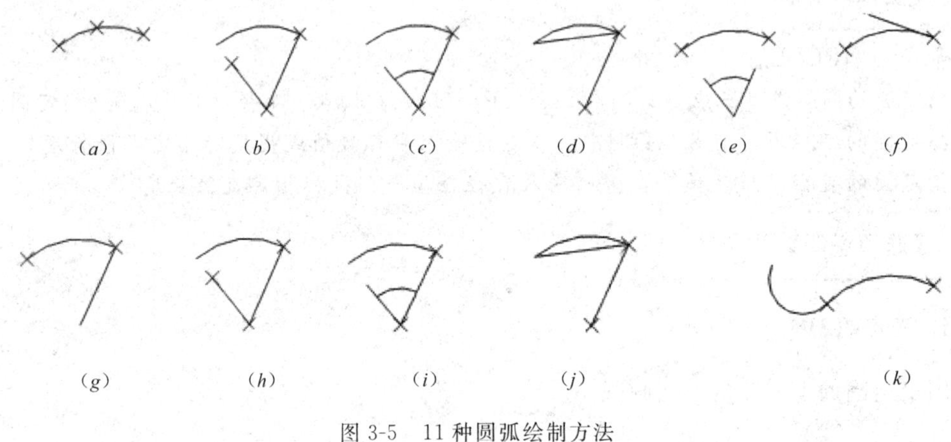

图3-5 11种圆弧绘制方法

2. 需要强调的是“继续”方式，绘制的圆弧与上一线段或圆弧相切，继续画圆弧段，因此提供端点即可。

3.2.3 实例——吧凳

本例绘制如图3-6所示的吧凳。

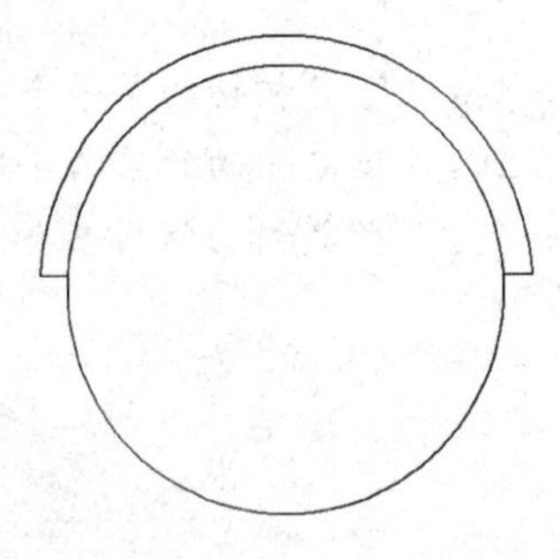

图3-6 吧凳

光盘\视频教学\第3章\吧登.avi

【绘制步骤】

1. 单击“绘图”工具栏中的“圆”按钮，绘制一个适当大小的圆，如图3-7所示。

2. 打开状态栏上的“对象捕捉”按钮和“对象捕捉追踪”按钮以及“正交”按钮。单击“绘图”工具栏中的“直线”按钮，命令行提示与操作如下：

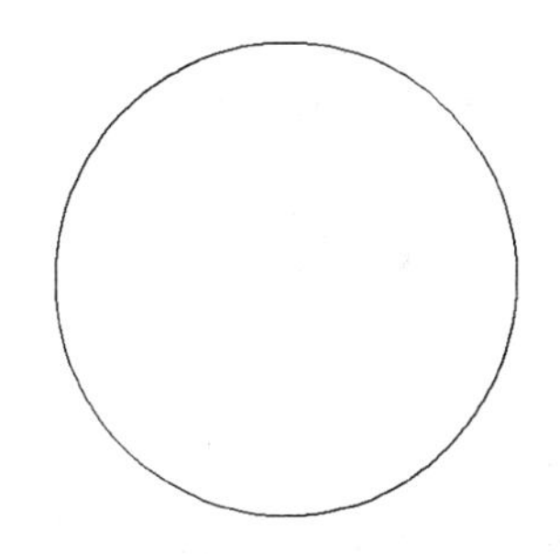

图3-7 绘制圆

命令：LINE↙

指定第一点：（用鼠标在刚才绘制的圆弧上左上方捕捉一点）

指定下一点或［放弃（U）］：（水平向左适当指定一点）

指定下一点或［放弃（U）］：

命令：LINE↙

指定第一点：（用鼠标捕捉到刚绘制的直线右端点，向右拖动鼠标，拉出一条水平追踪线，如图3-8所示，捕捉追踪线与右边圆弧的交点）↙

指定下一点或［放弃（U）］：（水平向右适当指定一点，使线段的长度与刚绘制的线段长度大概相等）↙

指定下一点或［放弃（U）］：↙

绘制结果如图3-9所示。

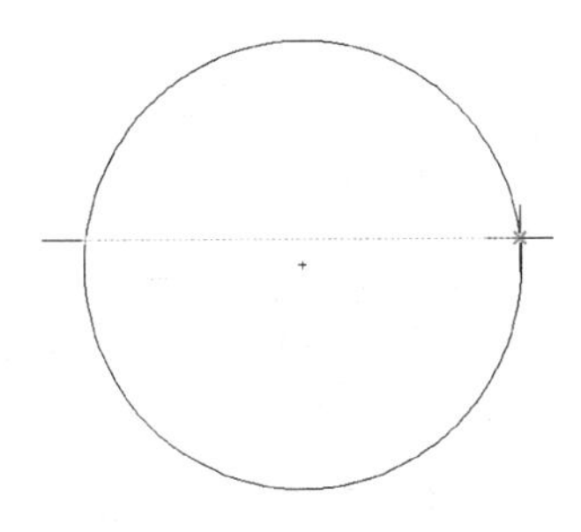

图3-8 捕捉追踪

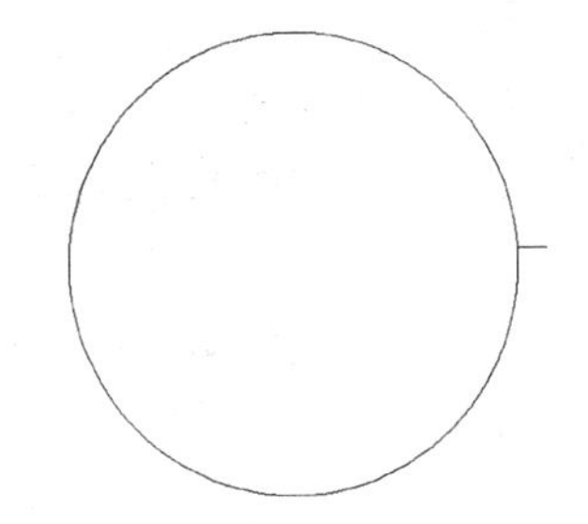

图3-9 绘制线段

3. 单击“绘图”工具栏中的“圆弧”按钮，命令行提示与操作如下：

命令：_arc↙

指定圆弧的起点或［圆心（C）］：（指定右边线段的右端点）↙

指定圆弧的第二个点或［圆心（C）/端点（E）］：e↙

指定圆弧的端点：（指定左边线段的左端点）↙

指定圆弧的圆心或［角度（A）/方向（D）/半径（R）］：（捕捉圆心）↙

绘制结果如图3-6所示。

技巧荟萃

绘制圆弧时，注意圆弧的曲率是遵循逆时针方向的，所以在选择指定圆弧两个端点和半径模式时，需要注意端点的指定顺序或指定角度的正负值，否则有可能导致圆弧的凹凸形状与预期的相反。

3.2.4 绘制圆环

【执行方式】

命令行：DONUT

菜单栏：绘图→圆环

【操作步骤】

命令：DONUT↙

指定圆环的内径＜默认值＞：↙（指定圆环内径）

指定圆环的外径＜默认值＞：↙（指定圆环外径）

指定圆环的中心点或＜退出＞：↙（指定圆环的中心点）

指定圆环的中心点或＜退出＞：↙（继续指定圆环的中心点，则继续绘制具有相同内外径的圆环。按 Enter 键、空格键或右击，结束命令）

【选项说明】

1. 若指定内径为零，则画出实心填充圆。

2. 用命令 FILL 可以控制圆环是否填充。

命令：FILL↙

输入模式［开（ON）/关（OFF）］＜开＞：（选择 ON 表示填充，选择 OFF 表示不填充）

3.2.5 绘制椭圆与椭圆弧

【执行方式】

命令行：ELLIPSE

菜单栏：绘制→椭圆→圆弧

工具栏：绘制→椭圆或绘制→椭圆弧

【操作步骤】

命令：ELLIPSE↙

指定椭圆的轴端点或［圆弧（A）/中心点（C）］：↙

指定轴的另一个端点：↙

指定另一条半轴长度或［旋转（R）］：↙

【选项说明】

1. 指定椭圆的轴端点

根据两个端点，定义椭圆的第一条轴。第一条轴的角度确定了整个椭圆的角度。第一条轴既可定义为椭圆的长轴也可定义为椭圆的短轴。

2. 旋转（R）

通过绕第一条轴旋转圆来创建椭圆。相当于，将一个圆绕椭圆轴翻转一个角度后的投影视图。

3. 中心点（C）

通过指定的中心点创建椭圆。

4. 椭圆弧（A）

该选项用于创建一段椭圆弧。与“工具栏：绘制→椭圆弧”功能相同。其中第一条轴的角度确定了椭圆弧的角度。第一条轴既可定义为椭圆弧长轴，也可定义为椭圆弧短轴。选择该选项，命令行提示与操作如下：

指定椭圆弧的轴端点或［中心点（C）］：（指定端点或输入C）↙

指定轴的另一个端点：（指定另一端点）↙

指定另一条半轴长度或［旋转（R）］：（指定另一条半轴长度或输入R）↙

指定起始角度或［参数（P）］：（指定起始角度或输入P）↙

指定终止角度或［参数（P）/包含角度（I）］：↙

其中各选项含义如下。

（1）角度：指定椭圆弧端点的两种方式之一，光标与椭圆中心点连线的夹角为椭圆弧端点位置的角度。

（2）参数（P）：指定椭圆弧端点的另一种方式，该方式同样是指定椭圆弧端点的角度，通过以下矢量参数方程式创建椭圆弧。

$$p(u) = c + a \times \cos(u) + b \times \sin(u)$$

其中 c 是椭圆的中心点，a 和 b 分别是椭圆的长轴和短轴，u 为光标与椭圆中心点连线的夹角。

（3）包含角度（I）：定义从起始角度开始的包含角度。

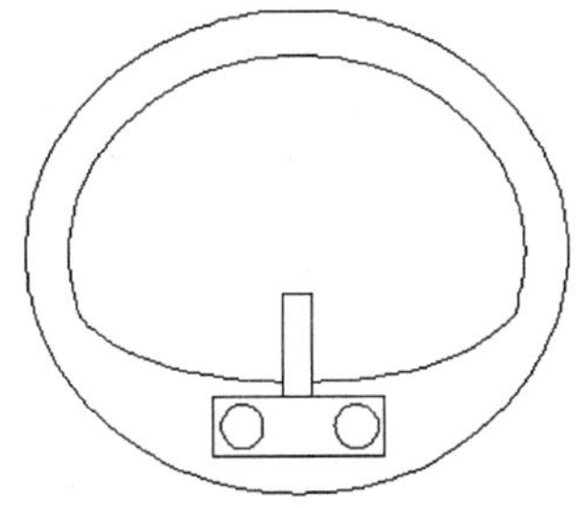
图 3-10　盥洗盆图形

3.2.6 实例——盥洗盆

绘制如图 3-10 所示的盥洗盆图形。

光盘\视频教学\第3章\盥洗盆.avi

【绘制步骤】

1. 单击“绘图”工具栏中的“直线”按钮，绘制水龙头图形。结果如图 3-11 所示。

2. 单击“绘图”工具栏中的“圆”按钮，绘制两个水龙头旋钮。结果如图 3-12 所示。

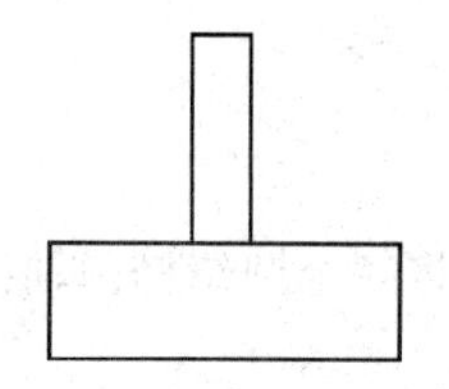
图 3-11　绘制水龙头

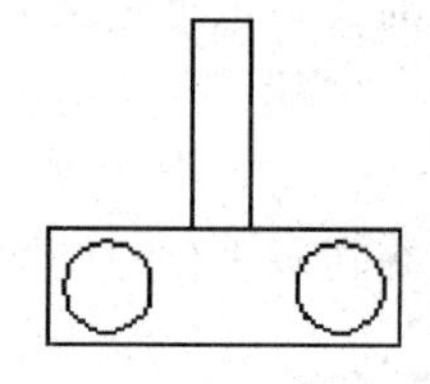
图 3-12　绘制旋钮

3. 单击“绘图”工具栏中的“椭圆”按钮，绘制脸盆外沿，命令行提示与操作如下：

命令：_ellipse

指定椭圆的轴端点或［圆弧（A）/中心点（C）］：(用鼠标指定椭圆轴端点)

指定轴的另一个端点：(用鼠标指定另一端点)

指定另一条半轴长度或［旋转（R）］：(用鼠标在屏幕上拉出另一半轴长度)

绘制结果如图 3-13 所示。

4. 单击“绘图”工具栏中的“椭圆弧”按钮，绘制脸盆部分内沿，命令行提示与操作如下：

命令：_ellipse（选择工具栏或绘图菜单中的椭圆弧命令）

指定椭圆的轴端点或［圆弧（A）/中心点（C）］：_a

指定椭圆弧的轴端点或［中心点（C）］：C

指定椭圆弧的中心点：(单击状态栏“对象捕捉”按钮，捕捉刚才绘制的椭圆中心点，关于“捕捉”，后面进行介绍)

指定轴的端点：(适当指定一点)

指定另一条半轴长度或［旋转（R）］：R

指定绕长轴旋转的角度：(用鼠标指定椭圆轴端点)

指定起始角度或［参数（P）］：(用鼠标拉出起始角度)

指定终止角度或［参数（P）/包含角度（I）］：(用鼠标拉出终止角度)

绘制结果如图 3-14 所示。

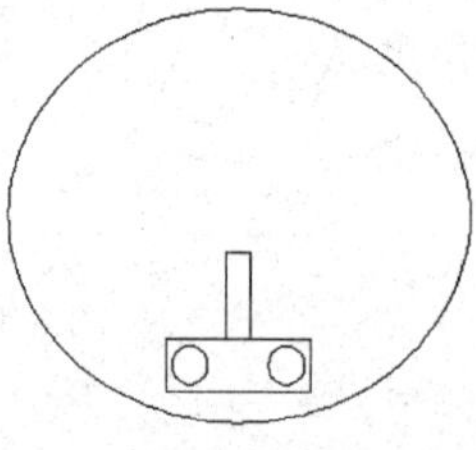
图 3-13　绘制脸盆外沿

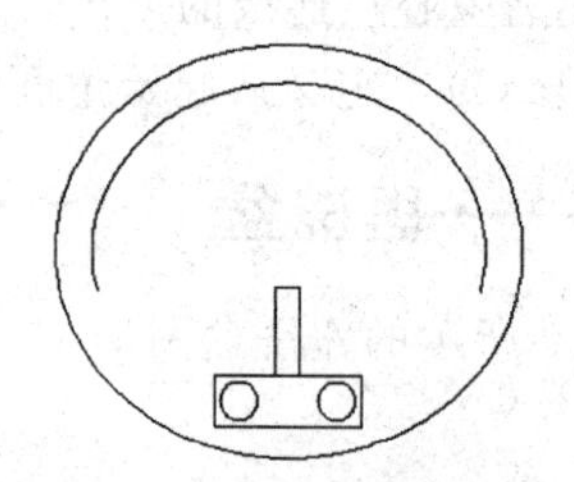
图 3-14　绘制脸盆部分内沿

5. 单击“绘图”工具栏中的“圆弧”按钮，绘制脸盆其他部分内沿。最终结果如图 3-10所示。

3.3 平面图形

简单的平面图形命令包括“矩形”命令和“多边形”命令。

3.3.1 绘制矩形

【执行方式】

命令行：RECTANG（缩写名：REC）

菜单栏：绘图→矩形

工具栏：绘图→矩形

【操作步骤】

命令：RECTANG↙

指定第一个角点或[倒角(C)/标高(E)/圆角(F)/厚度(T)/宽度(W)]：↙

指定另一个角点或[面积(A)/尺寸(D)/旋转(R)]：↙

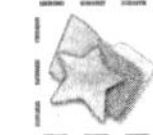

【选项说明】

1. 第一个角点

通过指定两个角点来确定矩形，如图 3-15（*a*）所示。

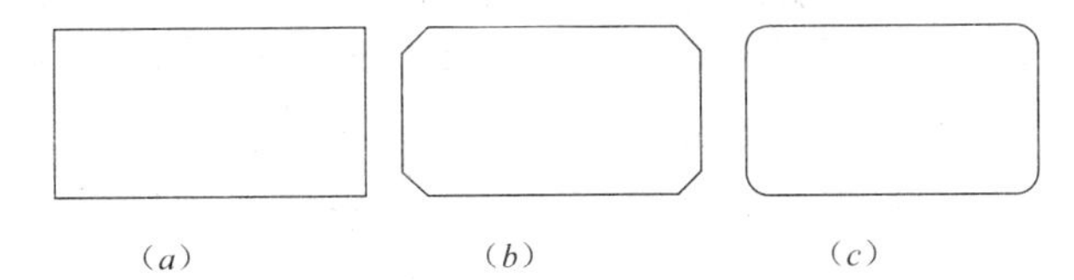

(*a*) (*b*) (*c*)

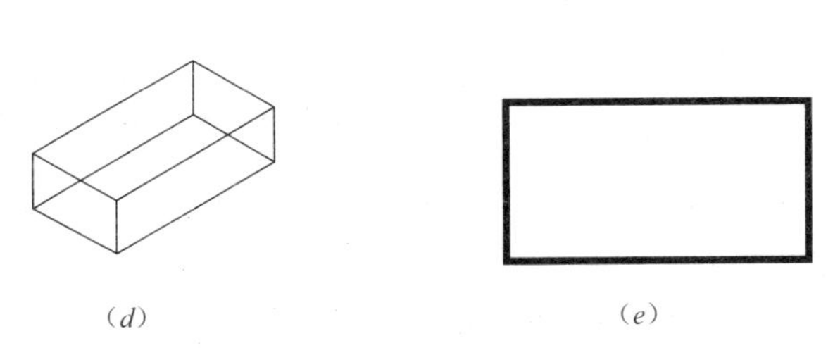

(*d*) (*e*)

图 3-15 绘制矩形

2. 倒角（C）

指定倒角距离，绘制带倒角的矩形，如图 3-15（*b*）所示，每一个角点的逆时针和顺时针方向的倒角可以相同，也可以不同，其中第一个倒角距离是指角点逆时针方向的倒角距离，第二个倒角距离是指角点顺时针方向的倒角距离。

3. 标高（E）

指定矩形标高（Z 坐标），即把矩形画在标高为 *Z*，和 *XOY* 坐标面平行的平面上，并作为后续矩形的标高值。

4. 圆角（F）

指定圆角半径，绘制带圆角的矩形，如图 3-15（*c*）所示。

5. 厚度（T）

指定矩形的厚度，如图 3-15（*d*）所示。

6. 宽度（W）

指定线宽，如图 3-15（*e*）所示。

7. 尺寸（D）

使用长和宽创建矩形。第二个指定点将矩形定位在与第一角点相关的四个位置之一内。

8. 面积（A）

通过指定面积和长或宽来创建矩形。选择该项，系统提示如下：

输入以当前单位计算的矩形面积<20.0000>：↙（输入面积值）

计算矩形标注时依据［长度（L）/宽度（W）］<长度>：↙（按 Enter 键或输入 W）

输入矩形长度<4.0000>：↙（指定长度或宽度）

指定长度或宽度后，系统自动计算出另一个维度后绘制出矩形。如果矩形被倒角或圆角，则在长度或宽度计算中，会考虑此设置，如图 3-16 所示。

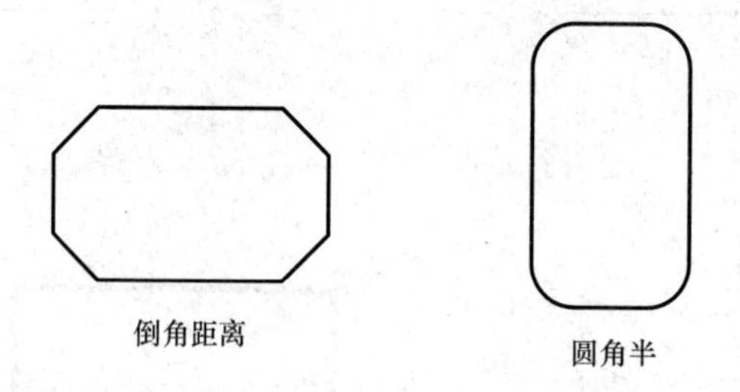

倒角距离（1,1），面积20，长度6　　圆角半径1.0，面积20，长度6

图 3-16　按面积绘制矩形

9. 旋转（R）

旋转所绘制矩形的角度。选择该项，系统提示如下：

指定旋转角度或［拾取点（P）］<135>：↙（指定角度）

指定另一个角点或［面积（A）/尺寸（D）/旋转（R）］：↙（指定另一个角点或选择其他选项）

指定旋转角度后，系统按指定旋转角度创建矩形，如图 3-17 所示。

3.3.2 实例——单扇平开门

本例绘制如图 3-18 所示的单扇平开门。

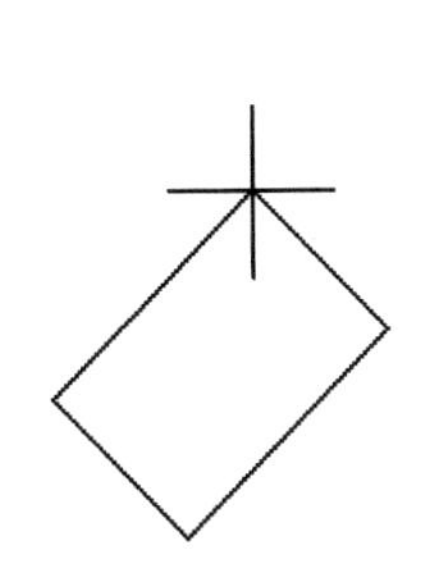

图 3-17 按指定旋转角度创建矩形

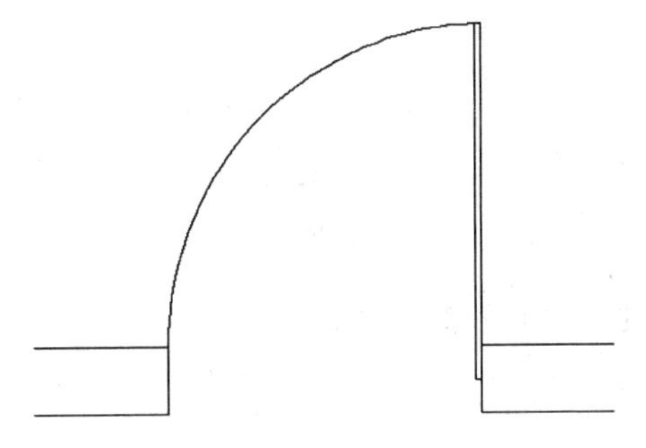

图 3-18 单扇平开门

光盘\视频教学\第 3 章\单扇平开门.avi

1. 单击“绘图”工具栏中的“直线”按钮，绘制门框，如图 3-19 所示。

2. 单击“绘图”工具栏中的“矩形”按钮，绘制门。命令行提示与操作如下：

命令：_rectang↙

指定第一个角点或［倒角（C）/标高（E）/圆角（F）/厚度（T）/宽度（W）］：340，25

指定另一个角点或［面积（A）/尺寸（D）/旋转（R）］：335，290↙

结果如图 3-20 所示。

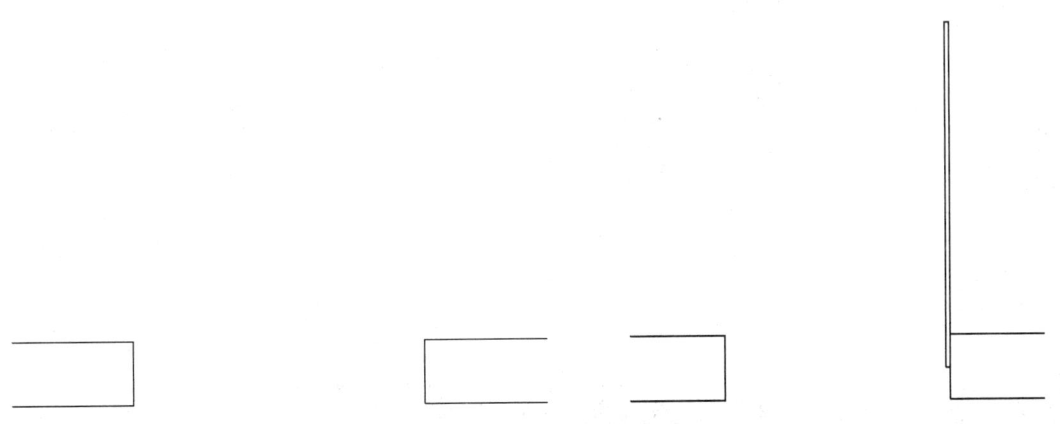

图 3-19 绘制门框

图 3-20 绘制门

3. 单击“绘图”工具栏中的“圆弧”按钮，绘制一段圆弧。命令行提示与操作如下：

命令：_arc↙

指定圆弧的起点或［圆心（C）］：335，290↙

指定圆弧的第二个点或[圆心(C)/端点(E)]：e

指定圆弧的端点：100，50↙

指定圆弧的圆心或[角度(A)/方向(D)/半径(R)]：340，50↙

最终结果如图 3-19 所示。

3.3.3 绘制多边形

【执行方式】

命令行：POLYGON

菜单栏：绘图→多边形

工具栏：绘图→多边形

【操作步骤】

命令：POLYGON↙

输入边的数目<4>：(指定多边形的边数，默认值为 4)↙

指定正多边形的中心点或 [边 (E)]：↙ (指定中心点)

输入选项 [内接于圆 (I) /外切于圆 (C)] <I>：↙ (指定是内接于圆或外切于圆，I 表示内接于圆，如图 3-22 (*a*) 所示；C 表示外切于圆，如图 3-22 (*b*) 所示)

指定圆的半径：↙ (指定外接圆或内切圆的半径)

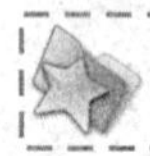【选项说明】

如果选择“边”选项，则只要指定多边形的一条边，系统就会按逆时针方向创建该正多边形，如图 3-21 (*c*) 所示。

3.3.4 实例——八角凳

绘制如图 3 22 所示的八角凳。

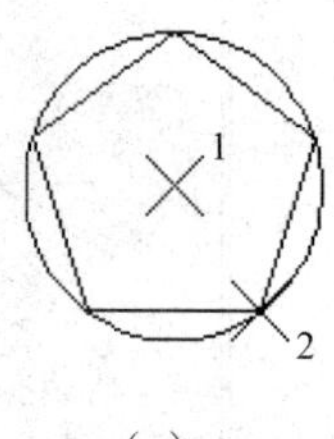

(*a*)

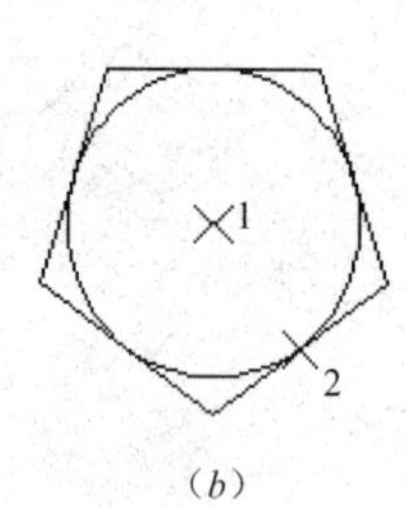

(*b*)

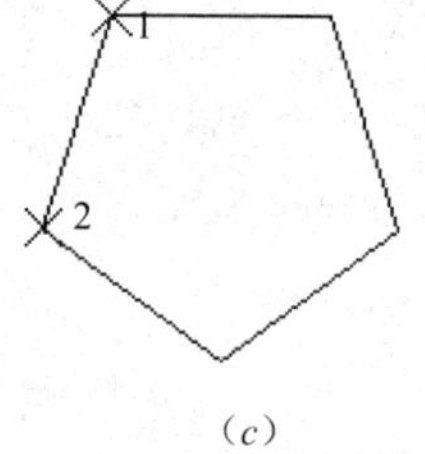

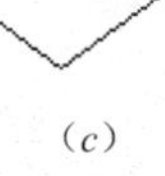
(*c*)

图 3-21 画正多边形

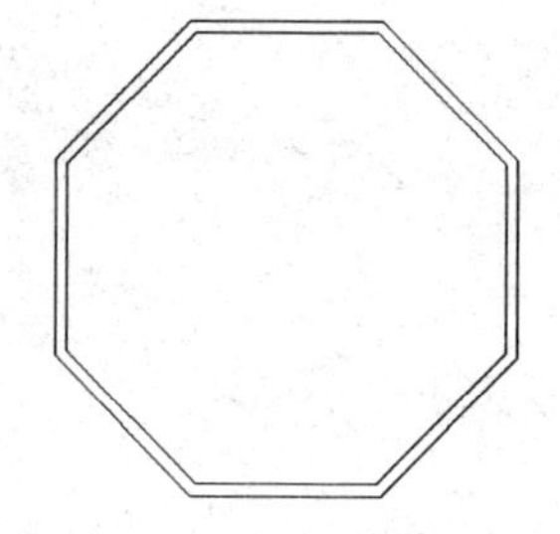

图 3-22 八角凳

光盘\视频教学\第 3 章\八角凳.avi

【绘制步骤】

1. 选择菜单栏中的“格式”→“图形界限”命令，设置图幅界限：297×210。

2. 绘制轮廓线

（1）单击“绘图”工具栏中的“多边形”按钮，绘制外轮廓线。命令行提示与操作如下：

命令：polygon

输入边的数目＜8＞：8

指定正多边形的中心点或[边(E)]：0，0

输入选项[内接于圆(I)/外切于圆(C)]＜I＞：c

指定圆的半径：100

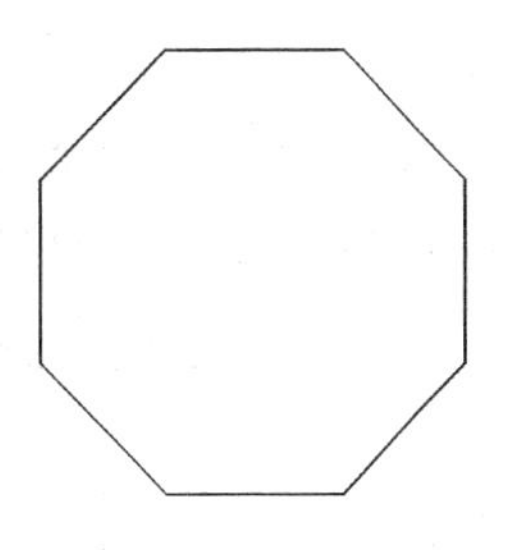

图 3-23 绘制轮廓线图

绘制结果如图 3-23 所示。

（2）单击“修改”工具栏中的“偏移”按钮，绘制内轮廓线。命令行提示与操作如下：

命令：offset

当前设置：删除源＝否 图层＝源 OFFSETGAPTYPE＝0

指定偏移距离或[通过(T)/删除(E)/图层(L)]＜通过＞：5

选择要偏移的对象，或[退出(E)/放弃(U)]＜退出＞：(选择轮廓线图)

指定要偏移的那一侧上的点，或[退出(E)/多个(M)/放弃(U)]＜退出＞：(用鼠标单击轮廓线图内一点)

选择要偏移的对象，或[退出(E)/放弃(U)]＜退出＞：*取消*

绘制结果如图 3-22 所示。

3.4 点

点在 AutoCAD 中有多种不同的表示方式，用户可以根据需要进行设置，也可以设置等分点和测量点。

3.4.1 绘制点

【执行方式】

命令行：POINT

菜单栏：绘制→点

工具栏：绘制→点

【操作步骤】

命令：POINT↙

当前点模式：PDMODE＝0 PDSIZE＝0.0000

指定点：↙（指定点所在的位置）

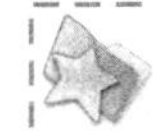

【选项说明】

1. 通过菜单方法进行操作时（如图 3-24 所示），“单点”命令表示只输入一个点，“多点”命令表示可输入多个点。

2. 可以单击状态栏中的“对象捕捉”开关按钮，设置点的捕捉模式，帮助用户拾取点。

3. 点在图形中的表示样式，共有 20 种。可通过命令 DDPTYPE 或拾取菜单：格式→点样式，打开“点样式”对话框来设置点样式，如图 3-25 所示。

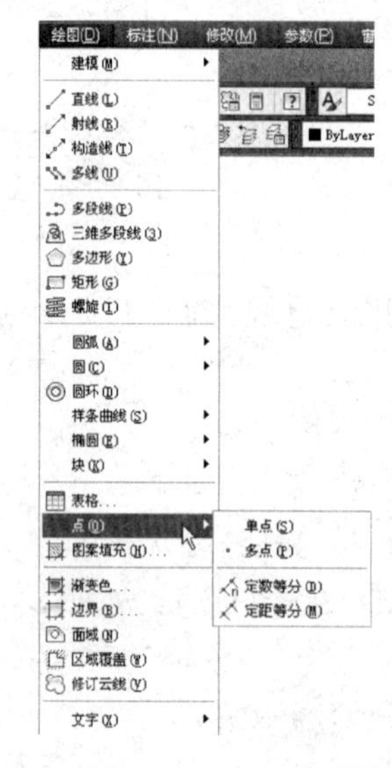

图 3-24 “点”子菜单

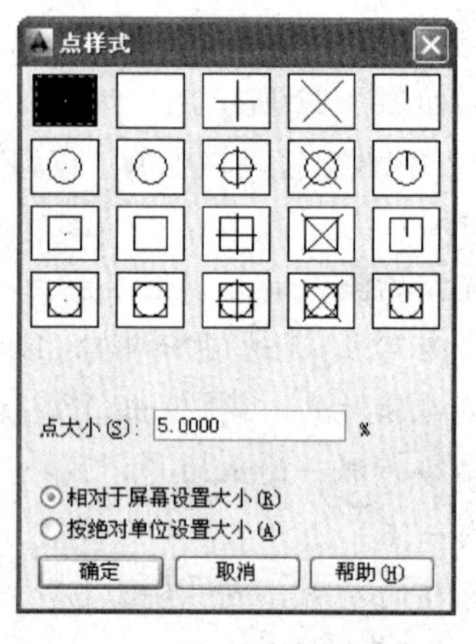

图 3-25 “点样式”对话框

3.4.2 绘制等分点

**【执行方式】**

命令行：DIVIDE（缩写名：DIV）

菜单栏：绘制→点→定数等分

**【操作步骤】**

命令：DIVIDE↙

选择要定数等分的对象：↙（选择要等分的实体）

输入线段数目或［块（B）］：↙（指定实体的等分数）

**【选项说明】**

1. 等分数范围 2～32767。

2. 在等分点处，按当前的点样式设置画出等分点。

3. 在第二提示行选择“块（B）”选项时，表示在等分点处插入指定的块（BLOCK）。

3.4.3 绘制测量点

**【执行方式】**

命令行：MEASURE（缩写名：ME）

菜单栏：绘制→点→定距等分

【操作步骤】

命令：MEASURE↙

选择要定距等分的对象：↙（选择要设置测量点的实体）

指定线段长度或［块（B）］：↙（指定分段长度）

【选项说明】

1. 设置的起点一般是指指定线段的绘制起点。

2. 在第二提示行选择“块（B）”选项时，表示在测量点处插入指定的块，后续操作与上节中等分点的绘制类似。

3. 在测量点处，按当前的点样式设置画出测量点。

4. 最后一个测量段的长度不一定等于指定分段的长度。

3.4.4 实例——地毯

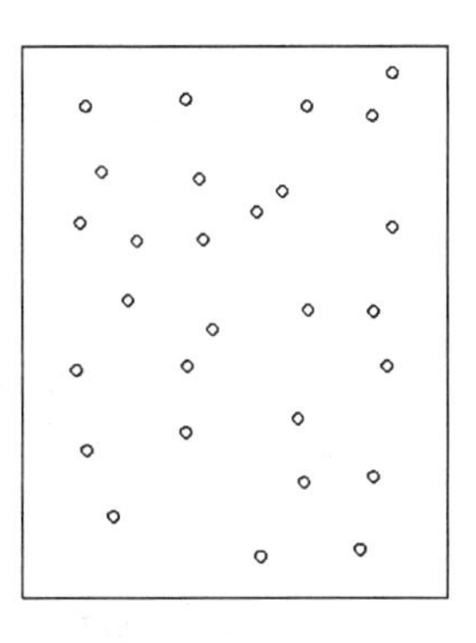

图 3-26 地毯

绘制如图 3-26 所示的地毯。

光盘\视频教学\第3章\地毯.avi

【绘制步骤】

1. 选择菜单栏中的“格式”→“点样式”命令，在弹出的“点样式”对话框中选择“O”样式。

2. 绘制轮廓线

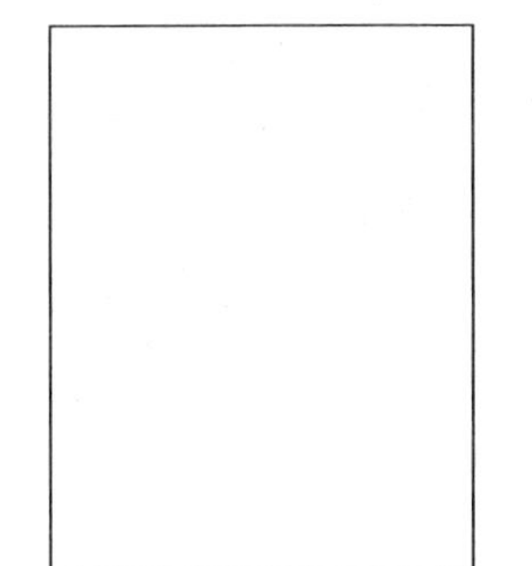

图 3-27 地毯外轮廓线

（1）单击“绘图”工具栏中的“矩形”按钮□，绘制地毯外轮廓线。命令行提示与操作如下：

命令：rectang

指定第一个角点或［倒角(C)/标高(E)/圆角(F)/厚度(T)/宽度(W)］：100，100

指定另一个角点或［面积(A)/尺寸(D)/旋转(R)］：@800，1000

绘制结果如图 3-27 所示。

（2）单击“绘图”工具栏中的“点”按钮·，绘制地毯内装饰点。命令行提示与操作如下：

命令：point

当前点模式：PDMODE=33　PDSIZE=20.0000

指定点：(在屏幕上单击)

绘制结果如图 3-26 所示。

3.5 多 段 线

多段线是一种由线段和圆弧组合而成的，具有不同线宽的线，由于其组合形式的多样和线宽的不同，弥补了直线或圆弧功能的不足，适合绘制各种复杂的图形轮廓，因而得到了广泛的应用。

3.5.1 绘制多段线

【执行方式】

命令行：PLINE（缩写名：PL）

菜单栏：绘图→多段线

工具栏：绘图→多段线

【操作步骤】

命令：PLINE↙

指定起点：（指定多段线的起点）↙

当前线宽为0.0000↙

指定下一个点或[圆弧(A)/半宽(H)/长度(L)/放弃(U)/宽度(W)]：↙（指定多段线的下一点）

【选项说明】

多段线主要由不同长度的连续的线段或圆弧组成，如果在上述提示中选择“圆弧”命令，则命令行提示与操作如下：

指定圆弧的端点或[角度(A)/圆心(CE)/方向(D)/半宽(H)/直线(L)/半径(R)/第二个点(S)/放弃(U)/宽度(W)]：

3.5.2 编辑多段线

【执行方式】

命令行：PEDIT（缩写名：PE）

菜单栏：修改→对象→多段线

工具栏：修改II→编辑多段线

快捷菜单：选择要编辑的多线段，在绘图区右击，从打开的右键快捷菜单上选择“多段线编辑”

【操作步骤】

命令：PEDIT↙

选择多段线或［多条（M）］：↙（选择一条要编辑的多段线）

输入选项[闭合(C)/合并(J)/宽度(W)/编辑顶点(E)/拟合(F)/样条曲线(S)/非曲线化(D)/线型生成(L)/反转(R)/放弃(U)]：↙

【选项说明】

1. 合并（J）

以选中的多段线为主体，合并其他直线段、圆弧或多段线，使其成为一条多段线。能合并的条件是各段线的端点首尾相连，如图 3-28 所示。

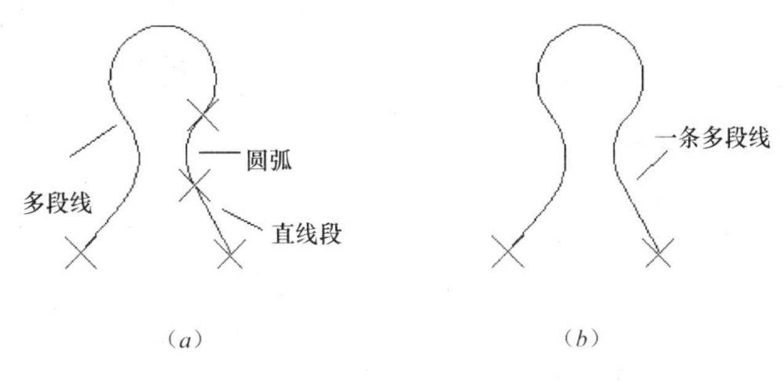

图 3-28 合并多段线
(a) 合并前；(b) 合并后

2. 宽度（W）

修改整条多段线的线宽，使其具有同一线宽，如图 3-29 所示。

3. 编辑顶点（E）

选择该项后，在多段线起点处出现一个斜的十字叉“×”，它为当前顶点的标记，并在命令行出现进行后续操作的提示。

[下一个(N)/上一个(P)/打断(B)/插入(I)/移动(M)/重生成(R)/拉直(S)/切向(T)/宽度(W)/退出(X)]<N>：

这些选项允许用户进行移动、插入顶点和修改任意两点间的线的线宽等操作。

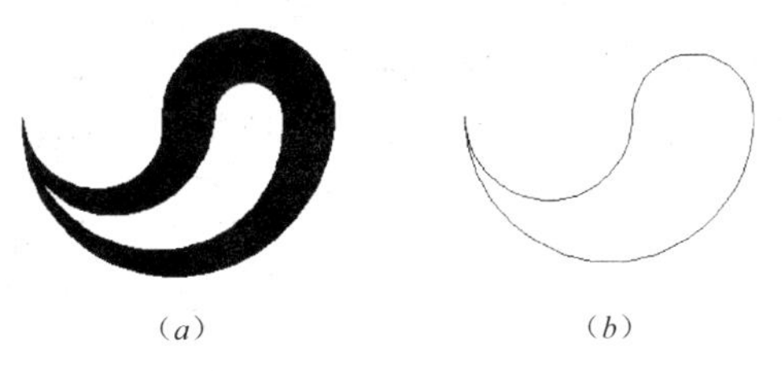

图 3-29 修改整条多段线的线宽
(a) 修改前；(b) 修改后

4. 拟合（F）

从指定的多段线中生成由光滑圆弧连接而成的圆弧拟合曲线，该曲线经过多段线的各顶点，如图 3-30 所示。

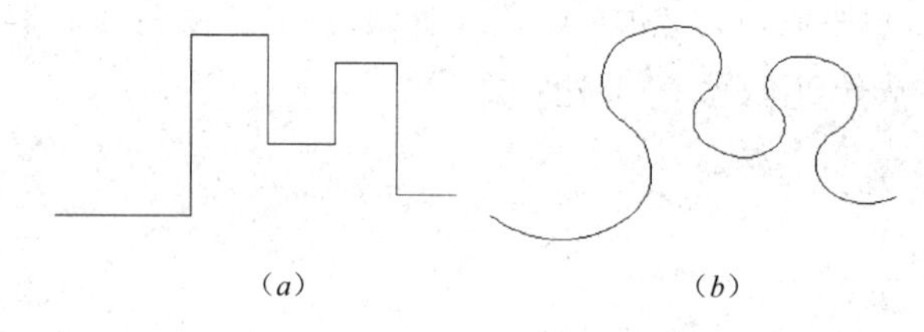

图 3-30 生成圆弧拟合曲线

(*a*) 修改前；(*b*) 修改后

5. 样条曲线（S）

以指定的多段线的各顶点作为控制点生成 B 样条曲线，如图 3-31 所示。

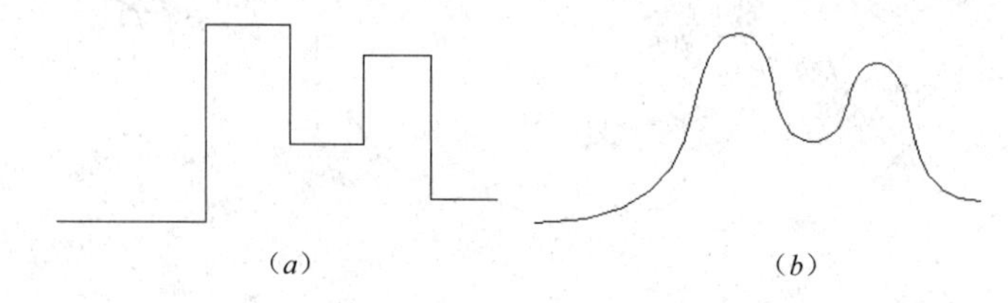

图 3-31 生成 B 样条曲线

(*a*) 修改前；(*b*) 修改后

6. 非曲线化（D）

用直线代替指定的多段线中的圆弧。对于选择“拟合（F）”选项或“样条曲线（S）”选项后生成的圆弧拟合曲线或样条曲线，删去其生成曲线时新插入的顶点，则恢复成由直线段组成的多段线。

7. 线型生成（L）

当多段线的线型为点画线时，控制多段线的线型生成方式的开关。选择此项，系统提示如下。

输入多段线线型生成选项[开(ON)/关(OFF)]<关>：

选择 ON 时，将在每个顶点处允许以短画开始或结束生成线型；选择 OFF 时，将在每个顶点处允许以长画开始或结束生成线型。“线型生成”不能用于包含带变宽的线段的多段线，如图 3-32 所示。

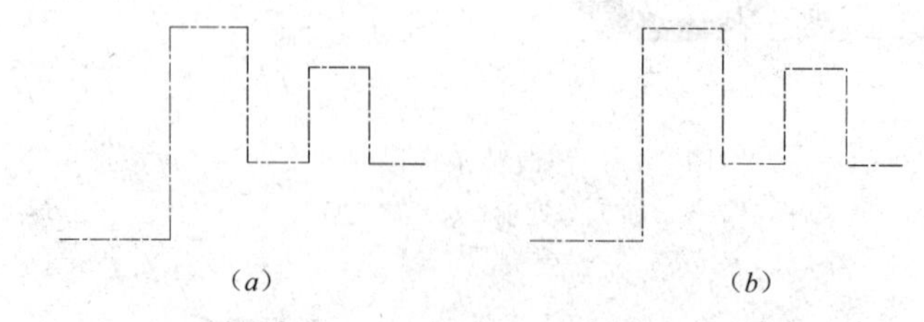

图 3-32 控制多段线的线型（线型为点画线时）

(*a*) OFF；(*b*) ON

8. 反转（R）

反转多段线顶点的顺序。使用此选项可反转使用包含文字线型的对象的方向。例如，根据多段线的创建方向，线型中的文字可能会倒置显示。

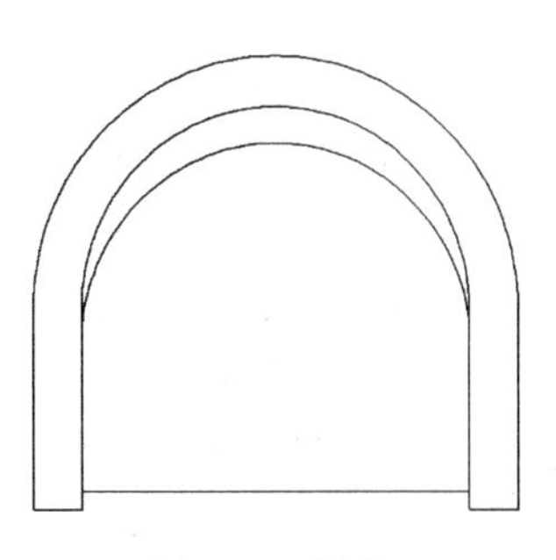

图 3-33　圈椅

3.5.3　实例——圈椅

绘制如图 3-33 所示的圈椅。

光盘\视频教学\第 3 章\圈椅.avi

【绘制步骤】

1. 单击“绘图”工具栏中的“多段线”按钮，绘制外部轮廓，命令行提示与操作如下。

命令：_pline↙

指定起点：(适当指定一点)↙

当前线宽为 0.0000

指定下一点或[圆弧(A)/半宽(H)/长度(L)/放弃(U)/宽度(W)]：@0，−600↙

指定下一点或[圆弧(A)/闭合(C)/半宽(H)/长度(L)/放弃(U)/宽度(W)]：@150，0↙

指定下一点或[圆弧(A)/闭合(C)/半宽(H)/长度(L)/放弃(U)/宽度(W)]：0，600↙

指定下一点或[圆弧(A)/闭合(C)/半宽(H)/长度(L)/放弃(U)/宽度(W)]：u↙（放弃，表示上步操作出错）

指定下一点或[圆弧(A)/闭合(C)/半宽(H)/长度(L)/放弃(U)/宽度(W)]：@0，600↙

指定下一点或[圆弧(A)/闭合(C)/半宽(H)/长度(L)/放弃(U)/宽度(W)]：a↙

指定圆弧的端点或[角度(A)/圆心(CE)/闭合(CL)/方向(D)/半宽(H)/直线(L)/半径(R)/第二个点(S)/放弃(U)/宽度(W)]：r↙

指定圆弧的半径：750↙

指定圆弧的端点或 [角度 (A)]：a↙

指定包含角：180↙

指定圆弧的弦方向＜90＞：180↙

指定圆弧的端点或[角度(A)/圆心(CE)/闭合(CL)/方向(D)/半宽(H)/直线(L)/半径(R)/第二个点(S)/放弃(U)/宽度(W)]：l↙

指定下一点或[圆弧(A)/闭合(C)/半宽(H)/长度(L)/放弃(U)/宽度(W)]：@0，−600↙

指定下一点或[圆弧(A)/闭合(C)/半宽(H)/长度(L)/放弃(U)/宽度(W)]：@150，0↙

指定下一点或[圆弧(A)/闭合(C)/半宽(H)/长度(L)/放弃(U)/宽度(W)]：@0，600↙

指定下一点或[圆弧(A)/闭合(C)/半宽(H)/长度(L)/放弃(U)/宽度(W)]：↙

绘制结果如图 3-34 所示。

2. 打开状态栏上的“对象捕捉”按钮，单击“绘图”工具栏中的“圆弧”按钮，绘制内圈。命令行提示与操作如下：

命令：_arc↙

指定圆弧的起点或［圆心（C）］：（捕捉右边竖线上端点）↙

指定圆弧的第二个点或［圆心(C)/端点(E)］：e↙

指定圆弧的端点：（捕捉左边竖线上端点）↙

指定圆弧的圆心或［角度(A)/方向(D)/半径(R)］：d↙

指定圆弧的起点切向：90↙

绘制结果如图 3-35 所示。

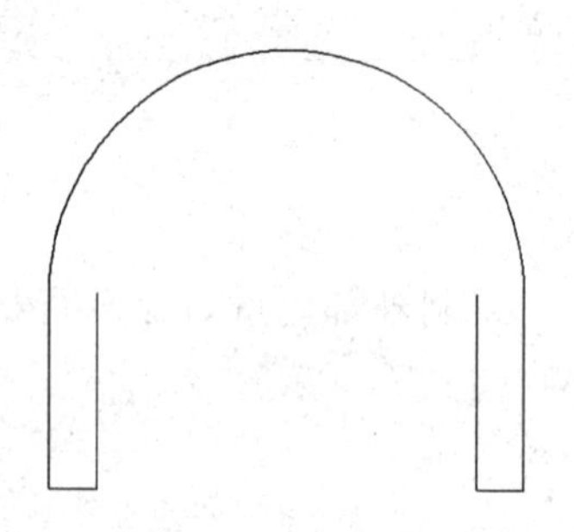

图 3-34 绘制外部轮廓

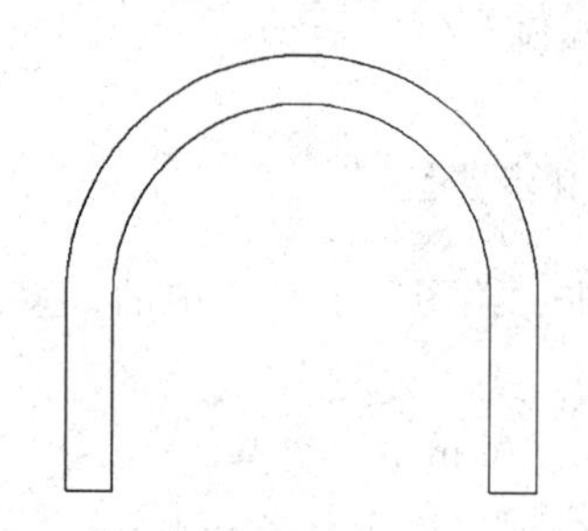

图 3-35 绘制内圈

3. 选择菜单栏中的“修改”→“对象”→“多段线”命令，命令行提示与操作如下：

命令：_pedit↙

选择多段线或［多条（M）］：（选择刚绘制的多段线）↙

输入选项［闭合(C)/合并(J)/宽度(W)/编辑顶点(E)/拟合(F)/样条曲线(S)/非曲线化(D)/线型生成(L)/反转(R)/放弃(U)］：j↙

选择对象：（选择刚绘制的圆弧）↙

选择对象：↙

多段线已增加 1 条线段

输入选项［打开(O)/合并(J)/宽度(W)/编辑顶点(E)/拟合(F)/样条曲线(S)/非曲线化(D)/线型生成(L)/反转(R)/放弃(U)］：↙

系统将圆弧和原来的多段线合并成一个新的多段线，选择该多段线，可以看出所有线条都被选中，说明已经合并为一体了，如图 3-36 所示。

4. 打开状态栏上的“对象捕捉”按钮，单击“绘图”工具栏中的“圆弧”按钮，绘制椅垫。命令行提示与操作如下：

命令：_arc↙

指定圆弧的起点或［圆心（C）］：（捕捉多段线左边竖线上适当一点）↙

指定圆弧的第二个点或［圆心(C)/端点(E)］：（向右上方适当指定一点）↙

指定圆弧的端点：（捕捉多段线右边竖线上适当一点，与左边点位置大约平齐）↙

绘制结果如图 3-37 所示。

5. 单击“绘图”工具栏中的“直线”按钮，捕捉适当的点为端点，绘制一条水平线，最终结果如图 3-33 所示。

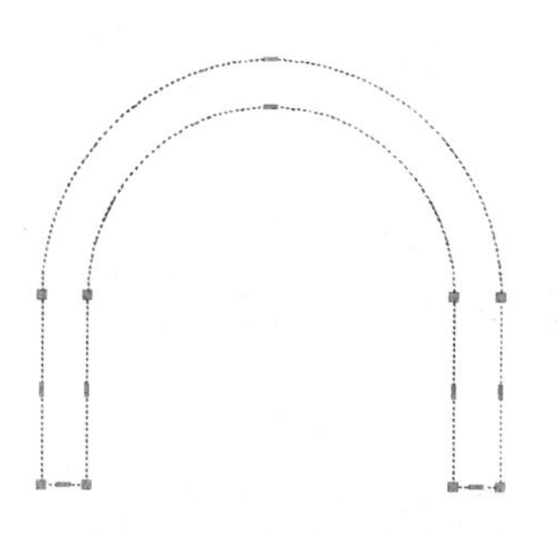

图 3-36 合并多段线

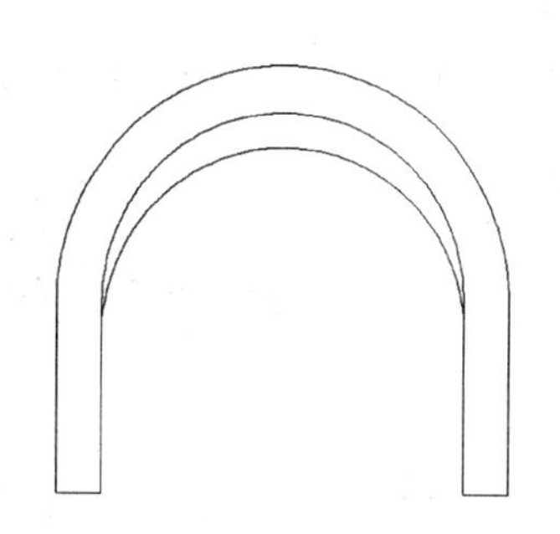

图 3-37 绘制椅垫

3.6 样条曲线

AutoCAD 2014 使用的是一种称为非一致有理 B 样条（NURBS）曲线的特殊样条曲线类型。NURBS 曲线在控制点之间产生一条光滑的样条曲线，如图 3-38 所示。样条曲线可用于创建形状不规则的曲线，例如，为地理信息系统（GIS）应用或汽车设计绘制轮廓线。

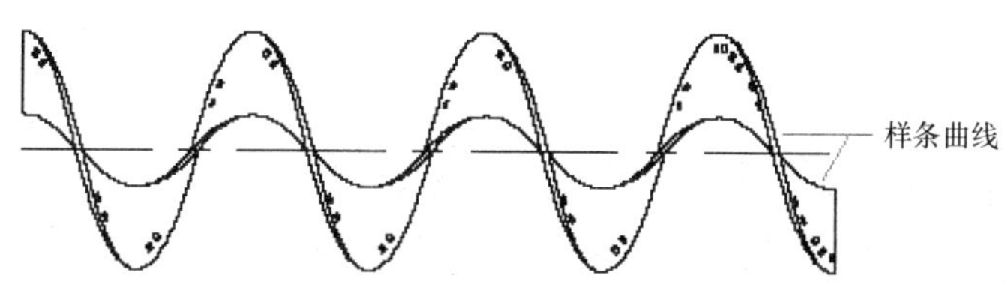

图 3-38 样条曲线

3.6.1 绘制样条曲线

【执行方式】

命令行：SPLINE

菜单栏：绘图→样条曲线

工具栏：绘图→样条曲线

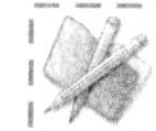

【操作步骤】

命令：SPLINE↙

当前设置：方式＝拟合 节点＝弦

指定第一个点或[方式(M)/节点(K)/对象(O)]：↙（指定一点或选择“对象（O）”选项）

输入下一个点或[起点相切(T)/公差(L)]：↙（指定一点）

输入下一个点或[端点相切(T)/公差(L)/放弃(U)/闭合(C)]：↙

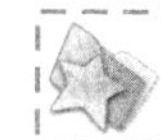

【选项说明】

1. 方式（M）

控制是使用拟合点还是使用控制点来创建样条曲线。选项会因您选择的是使用拟合点创建样条曲线还是使用控制点创建样条曲线而异。

2. 节点（K）

指定节点参数化，它会影响曲线在通过拟合点时的形状（SPLKNOTS 系统变量）。

3. 对象（O）

将二维或三维的二次或三次样条曲线拟合多段线转换为等价的样条曲线，然后（根据 DELOBJ 系统变量的设置）删除该多段线。

4. 起点相切（T）

基于切向创建样条曲线。

5. 公差（L）

指定距样条曲线必须经过指定拟合点的距离。公差应用于除起点和端点外的所有拟合点。

6. 端点相切（T）

停止基于切向创建曲线。可通过指定拟合点继续创建样条曲线。

选择“端点相切”后，将提示您指定最后一个输入拟合点的最后一个切点。

7. 闭合（C）

将最后一点定义为与第一点一致，并使它在连接处相切，这样可以闭合样条曲线。选择该项，系统继续提示如下。

指定切向：↙（指定点或按 Enter 键）

用户可以指定一点来定义切向矢量，或者使用“切点”和“垂足”对象捕捉模式使样条曲线与现有对象相切或垂直。

3.6.2 编辑样条曲线

【执行方式】

命令行：SPLINEDIT

菜单栏：修改→对象→样条曲线

快捷菜单：选择要编辑的样条曲线，在绘图区右键单击，从打开的右键快捷菜单上选择“编辑样条曲线”。

工具栏：修改 II →编辑样条曲线

【操作步骤】

命令：SPLINEDIT↙

选择样条曲线：↙（选择要编辑的样条曲线。若选择的样条曲线是用 SPLINE 命令创

建的，其近似点以夹点的颜色显示出来；若选择的样条曲线是用 PLINE 命令创建的，其控制点以夹点的颜色显示出来）

输入选项[闭合(C)/合并(J)/拟合数据(F)/编辑顶点(E)/转换为多段线(P)/反转(R)/放弃(U)/退出(X)]<退出>：↙

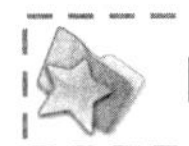
【选项说明】

1. 拟合数据（F）

编辑近似数据。选择该项后，创建该样条曲线时指定的各点将以小方格的形式显示出来。

2. 编辑顶点（E）

编辑样条曲线上的当前点。

3. 转换为多段线（P）

将样条曲线转换为多段线。

精度值决定生成的多段线与样条曲线的接近程度。有效值为介于 0～99 的任意整数。

4. 反转（R）

反转样条曲线的方向。该项操作主要用于应用程序。

3.6.3 实例——雨伞

绘制如图 3-39 所示的雨伞图形。

图 3-39 雨伞

参见光盘 光盘\视频教学\第 3 章\雨伞.avi

【绘制步骤】

1. 单击“绘图”工具栏中的“圆弧”按钮，绘制伞的外框，命令行提示与操作如下：

命令：ARC↙

指定圆弧的起点或［圆心（C)]：C↙

指定圆弧的圆心：(在屏幕上指定圆心)

指定圆弧的起点：(在屏幕上圆心位置右边指定圆弧的起点)

指定圆弧的端点或[角度(A)/弦长(L)]：A↙

指定包含角：180↙（注意角度的逆时针转向）

2. 单击“绘图”工具栏中的“样条曲线”按钮，绘制伞的底边，命令行提示与操作如下：

命令：SPLINE↙

指定第一个点或[方式(M)/节点(K)/对象(O)]：(指定样条曲线的起点)

输入下一个点或：[起点切向(T)/公差(L)]：(输入下一个点)

输入下一个点或[端点相切(T)/公差(L)/放弃(U)/闭合(C)]：(指定样条曲线的下一个点)

输入下一个点或[端点相切(T)/公差(L)/放弃(U)/闭合(C)]：(指定样条曲线的下一个点)

输入下一个点或[端点相切(T)/公差(L)/放弃(U)/闭合(C)]：(指定样条曲线的下一个点)

输入下一个点或[端点相切(T)/公差(L)/放弃(U)/闭合(C)]：(指定样条曲线的下一个点)

输入下一个点或[端点相切(T)/公差(L)/放弃(U)/闭合(C)]：(指定样条曲线的下一个点)

输入下一个点或[端点相切(T)/公差(L)/放弃(U)/闭合(C)]：↙

指定起点切向：(指定一点并右击鼠标确认)

指定端点切向：(指定一点并右击鼠标确认)

3. 单击“绘图”工具栏中的“圆弧”按钮，绘制伞面，命令行提示与操作如下：

命令：ARC↙

指定圆弧的起点或 [圆心 (C)]：(指定圆弧的起点)

指定圆弧的第二个点或[圆心(C)/端点(E)]：(指定圆弧的第二个点)

指定圆弧的端点：(指定圆弧的端点)

相同方法绘制另外4段圆弧，结果如图3-40所示。

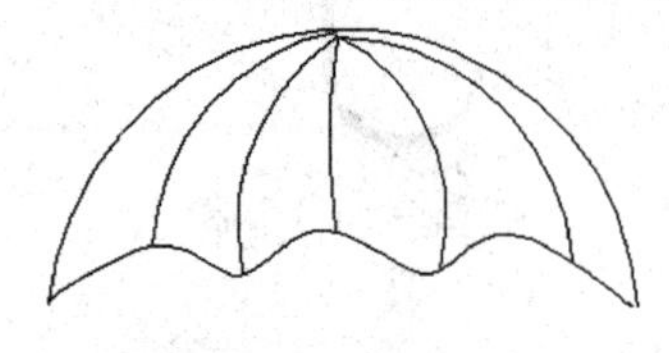

图3-40 绘制伞面

4. 单击“绘图”工具栏中的“多段线”按钮，绘制伞顶和伞把，命令行提示如下：

命令：PLINE↙

指定起点：(指定伞顶起点)

当前线宽为3.0000

指定下一个点或[圆弧(A)/半宽(H)/长度(L)/放弃(U)/宽度(W)]：W↙

指定起点宽度<3.0000>：4↙

指定端点宽度<4.0000>：2↙

指定下一个点或[圆弧(A)/半宽(H)/长度(L)/放弃(U)/宽度(W)]：(指定伞顶终点)

指定下一点或[圆弧(A)/闭合(C)/半宽(H)/长度(L)/放弃(U)/宽度(W)]：U (觉得位置不合适，取消)

指定下一个点或[圆弧(A)/半宽(H)/长度(L)/放弃(U)/宽度(W)]：(重新指定伞顶终点)

指定下一点或[圆弧(A)/闭合(C)/半宽(H)/长度(L)/放弃(U)/宽度(W)]：(右击鼠标确认)

命令：PLINE↙

指定起点：(指定伞把起点)

当前线宽为2.0000

指定下一个点或[圆弧(A)/半宽(H)/长度(L)/放弃(U)/宽度(W)]：H↙

指定起点半宽<1.0000>：1.5↙

指定端点半宽<1.5000>：↙

指定下一个点或[圆弧(A)/半宽(H)/长度(L)/放弃(U)/宽度(W)]：(指定下一点)

指定下一点或[圆弧(A)/闭合(C)/半宽(H)/长度(L)/放弃(U)/宽度(W)]：A

指定圆弧的端点或[角度(A)/圆心(CE)/闭合(CL)/方向(D)/半宽(H)/直线(L)/半径(R)/第二个点(S)/放弃(U)/宽度(W)]：(指定圆弧的端点)

指定圆弧的端点或[角度(A)/圆心(CE)/闭合(CL)/方向(D)/半宽(H)/直线(L)/半径(R)/第二个点(S)/放弃(U)/宽度(W)]：(右击鼠标确认)

最终绘制的图形如图 3-39 所示。

3.7 多 线

多线是一种复合线，由连续的直线段复合组成。多线的一个突出优点是能够提高绘图效率，保证图线之间的统一性。

3.7.1 绘制多线

【执行方式】

命令行：MLINE

菜单栏：绘图→多线

【操作步骤】

命令：MLINE↙

当前设置：对正=上，比例=20.00，样式=STANDARD

指定起点或[对正(J)/比例(S)/样式(ST)]：↙（指定起点）

指定下一点：↙（给定下一点）

指定下一点或 [放弃 (U)]：↙（继续给定下一点，绘制线段。输入“U”，则放弃前一段的绘制；右击或按 Enter 键，结束命令）

指定下一点或[闭合(C)/放弃(U)]：↙（继续给定下一点，绘制线段。输入“C”，则闭合线段，结束命令）

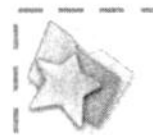【选项说明】

1. 对正 (J)

该项用于给定绘制多线的基准。共有 3 种对正类型：“上”、“无”和“下”。其中，“上 (T)”表示以多线上侧的线为基准，以此类推。

2. 比例（S）

选择该项，要求用户设置平行线的间距。输入值为零时，平行线重合；值为负时，多线的排列倒置。

3. 样式（ST）

该项用于设置当前使用的多线样式。

3.7.2　定义多线样式

【执行方式】

命令行：MLSTYLE

【操作步骤】

命令：MLSTYLE↙

系统自动执行该命令后，打开如图 3-41 所示的“多线样式”对话框。在该对话框中，用户可以对多线样式进行定义、保存和加载等操作。

3.7.3　编辑多线

【执行方式】

命令行：MLEDIT

菜单栏：修改→对象→多线

【操作步骤】

调用该命令后，打开“多线编辑工具”对话框，如图 3-42 所示。

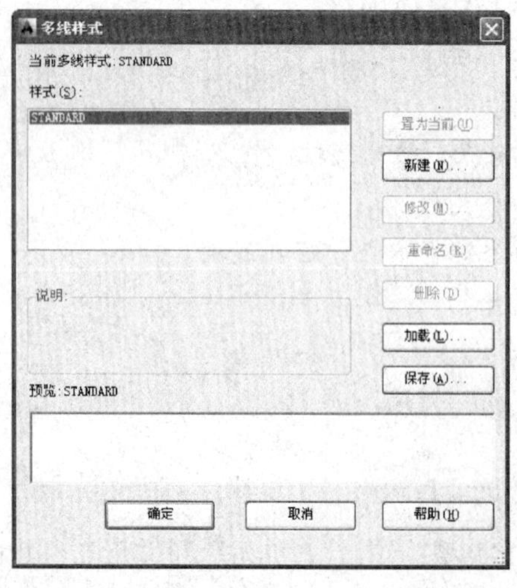

图 3-41　“多线样式”对话框

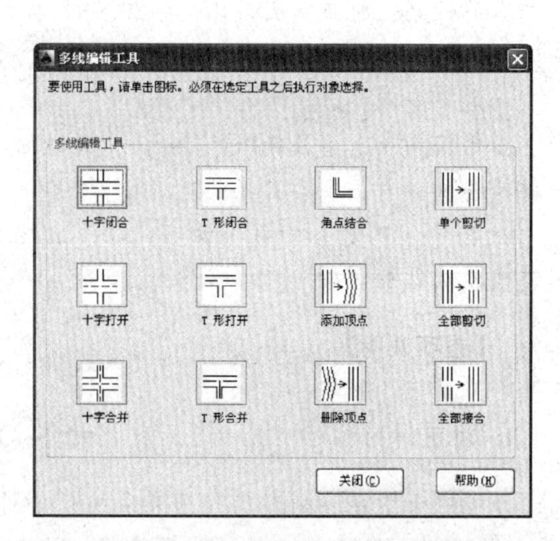

图 3-42　“多线编辑工具”对话框

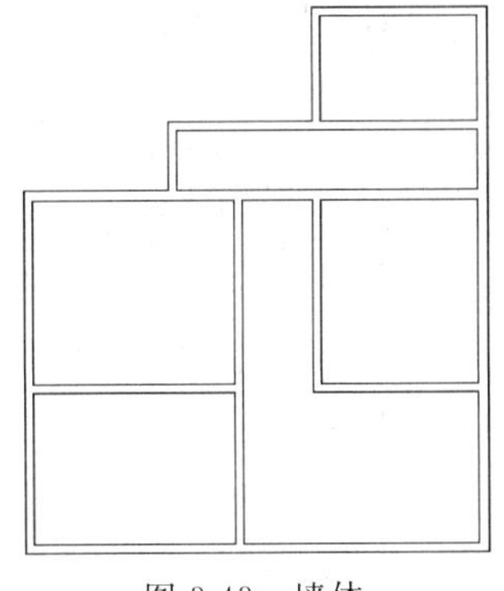
图 3-43　墙体

利用该对话框，可以创建或修改多线的模式。对话框中分四列显示了示例图形。其中，第一列管理十字交叉形式的多线，第二列管理 T 形多线，第三列管理拐角接合点和节点形式的多线，第四列管理多线被剪切或连接的形式。

单击选择某个示例图形，然后单击“关闭”按钮，就可以调用该项编辑功能。

3.7.4　实例——墙体

绘制如图 3-43 所示的墙体。

参见光盘　光盘\视频教学\第3章\墙体.avi

【绘制步骤】

1. 单击“绘图”工具栏中的“构造线”按钮，绘制出一条水平构造线和一条竖直构造线，组成“十”字构造线，如图 3-44 所示。继续绘制辅助线，命令行提示与操作如下：

图 3-44　“十”字构造线

命令：XLINE↙

指定点或[水平(H)/垂直(V)/角度(A)/二等分(B)/偏移(O)]：O↙

指定偏移距离或 [通过 (T)] <1.0000>：4500

选择直线对象：(选择刚绘制的水平构造线)

指定向哪侧偏移：(指定上边一点)

选择直线对象：(继续选择刚绘制的水平构造线)

2. 相同方法，将偏移得到的水平构造线依次向上偏移 5100、1800 和 3000，绘制的水平构造线如图 3-45 所示。同样方法绘制垂直构造线，向右偏移依次是 3900、1800、2100 和 4500，结果如图 3-46 所示。

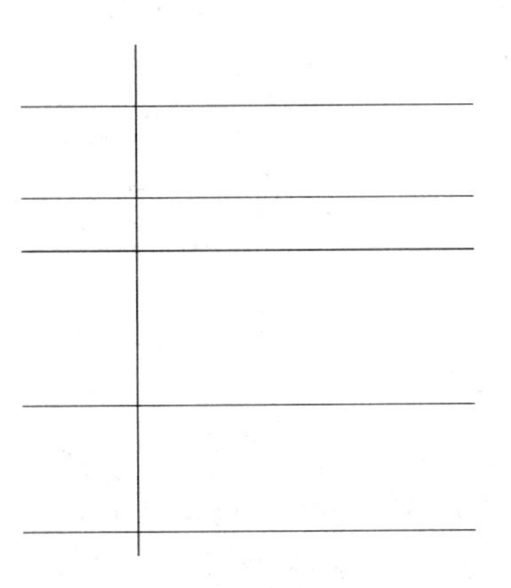
图 3-45　水平方向的主要辅助线

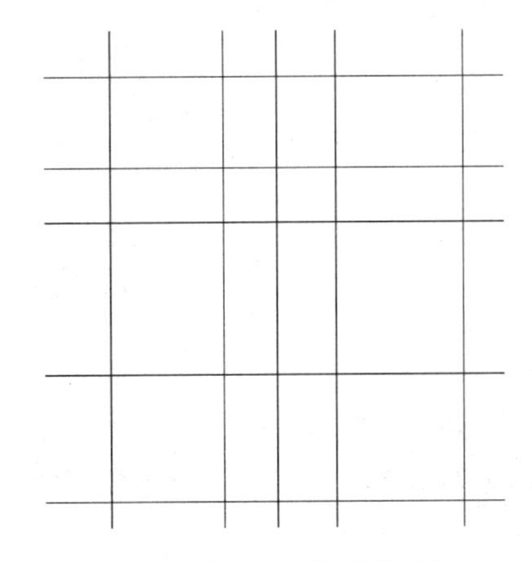
图 3-46　居室的辅助线网格

3. 选择菜单栏中的“格式”→“多线样式”命令，系统打开“多线样式”对话框，在该对话框中单击“新建”按钮，系统打开“创建新的多线样式”对话框，在该对话框的“新样式名”文本框中键入“墙体线”，单击“继续”按钮。系统打开“新建的多线样式”对话框，进行如图 3-47 所示的设置。

4. 选择菜单栏中的“绘图”→“多线”命令，绘制多线墙体。命令行提示与操作如下：

命令：MLINE

当前设置：对正＝上，比例＝20.00，样式＝STANDARD

指定起点或[对正(J)/比例(S)/样式(ST)]：S↙

输入多线比例<20.00>：1↙

当前设置：对正＝上，比例＝1.00，样式＝STANDARD

指定起点或[对正(J)/比例(S)/样式(ST)]：J↙

输入对正类型[上(T)/无(Z)/下(B)]<上>：Z↙

当前设置：对正＝无，比例＝1.00，样式＝STANDARD

指定起点或[对正(J)/比例(S)/样式(ST)]：(在绘制的辅助线交点上指定一点)

指定下一点：(在绘制的辅助线交点上指定下一点)

指定下一点或 [放弃 (U)]：(在绘制的辅助线交点上指定下一点)

指定下一点或[闭合(C)/放弃(U)]：(在绘制的辅助线交点上指定下一点)

指定下一点或[闭合(C)/放弃(U)]：C↙

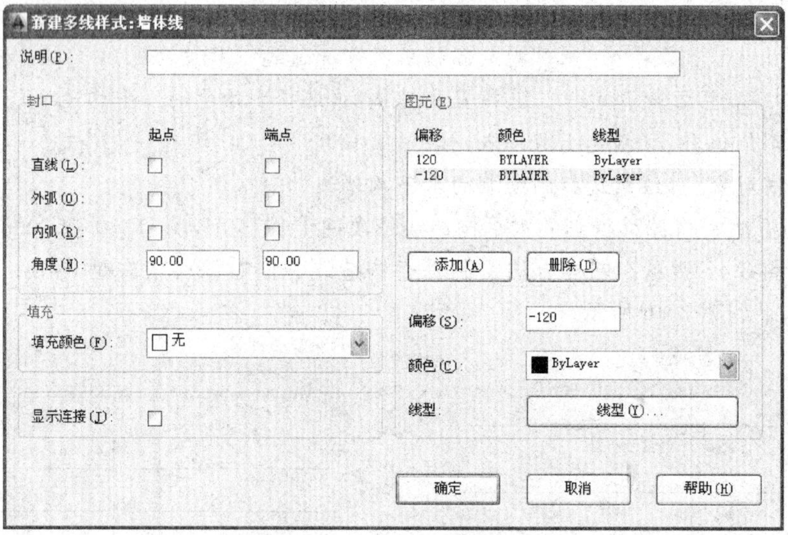

图 3-47　设置多线样式

相同方法根据辅助线网格绘制多线，绘制结果如图 3-48 所示。

5. 选择菜单栏中的“修改”→“对象”→“多线”，系统打开“多线编辑工具”对话框，编辑多线如图 3-49 所示。选择其中的“T 形合并”选项，确认后，命令行提示与操作如下：

命令：MLEDIT↙

选择第一条多线：(选择多线)

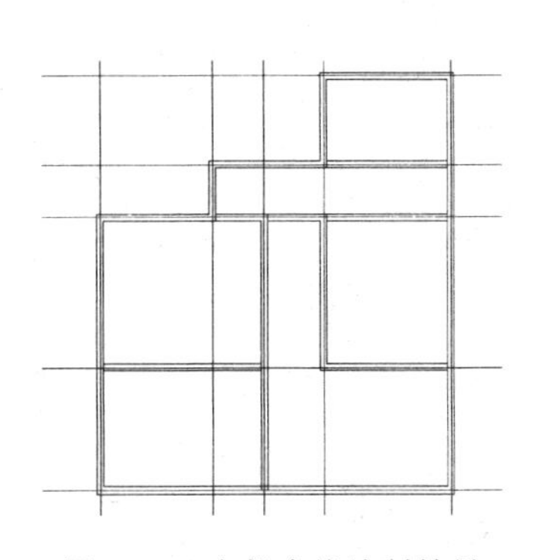

图 3-48 全部多线绘制结果

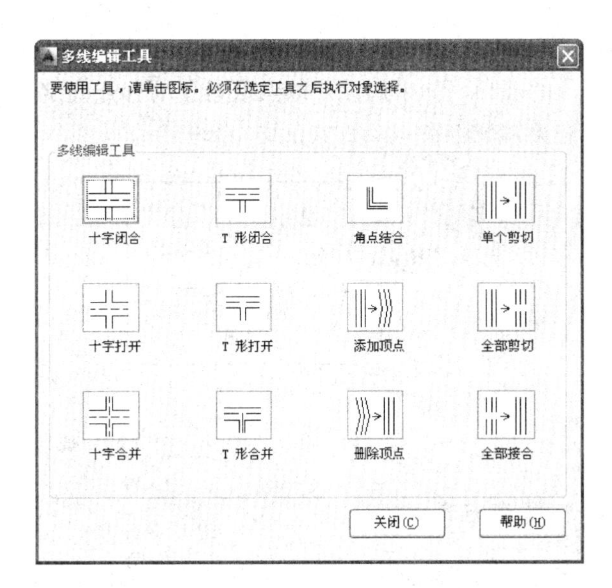

图 3-49 “多线编辑工具”对话框

选择第二条多线：(选择多线)

选择第一条多线或［放弃（U)］：(选择多线)

选择第一条多线或［放弃（U)］：↙

同样方法继续进行多线编辑，编辑的最终结果如图 3-43 所示。

6. 单击“快速访问”工具栏中的“保存”按钮，保存图形。命令行提示与操作如下：

命令：SAVEAS↙

将绘制完成的图形以“墙体.dwg”为文件名保存在指定的路径中。

3.8 图案填充

当用户需要用一个重复的图案（pattern）填充某个区域时，可以使用 BHATCH 命令建立一个相关联的填充阴影对象，即所谓的图案填充。

3.8.1 基本概念

1. 图案边界

当进行图案填充时，首先要确定图案填充的边界。定义边界的对象只能是直线、双向射线、单向射线、多段线、样条曲线、圆弧、圆、椭圆、椭圆弧、面域等对象或用这些对象定义的块，而且作为边界的对象，在当前屏幕上必须全部可见。

2. 孤岛

在进行图案填充时，我们把位于总填充区域内的封闭区域称为孤岛，如图 3-50 所示。在用 BHATCH 命令进行图案填充时，AutoCAD 允许用户以拾取点的方式确定填充边界，即在希望填充的区域内任意拾取一点，AutoCAD 会自动确定出填充边界，同时也确定该边界内的孤岛。如果用户是以点取对象的方式确定填充边界的，则必须确切地点取这些孤岛，有关知识将在 4.7.2 中介绍。

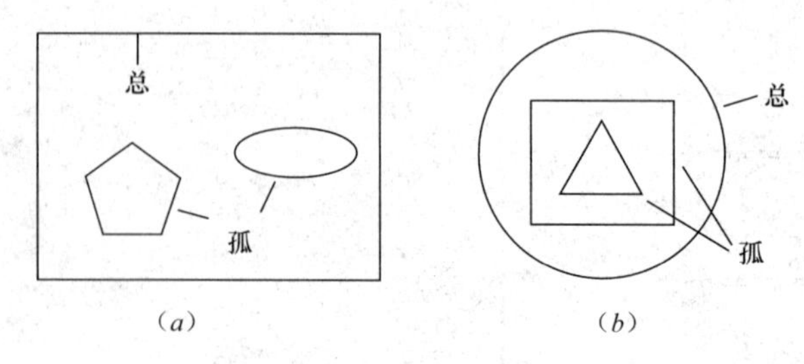

图 3-50 孤岛

3. 填充方式

在进行图案填充时，需要控制填充的范围，AutoCAD 系统为用户设置了以下 3 种填充方式，实现对填充范围的控制。

(1) 普通方式：如图 3-51 (*a*) 所示，该方式从边界开始，从每条填充线或每个剖面符号的两端向里画，遇到内部对象与之相交时，填充线或剖面符号断开，直到遇到下一次相交时再继续画。采用这种方式时，要避免填充线或剖面符号与内部对象的相交次数为奇数。该方式为系统内部的默认方式。

(2) 最外层方式：如图 3-51 (*b*) 所示，该方式从边界开始，向里画剖面符号，只要在边界内部与对象相交，则剖面符号由此断开，而不再继续画。

(3) 忽略方式：如图 3-51 (*c*) 所示，该方式忽略边界内部的对象，所有内部结构都被剖面符号覆盖。

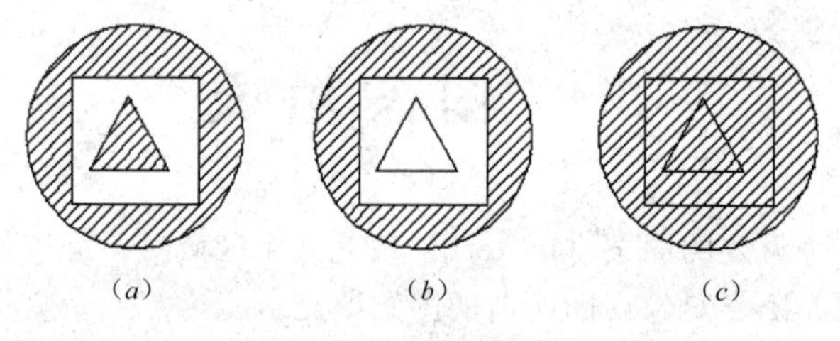

图 3-51 填充方式

3.8.2 图案填充的操作

【执行方式】

命令行：BHATCH

菜单栏：绘图→图案填充

工具栏：绘图→图案填充或绘图→渐变色

【操作步骤】

执行上述命令后，系统打开如图 3-52 所示的“图案填充和渐变色”对话框，各选项组和按钮含义如下。

1. “图案填充”标签

此标签中的各选项用来确定填充图案及其参数。单击此标签后，弹出如图 3-52 所示的左边选项组。其中各选项含义如下。

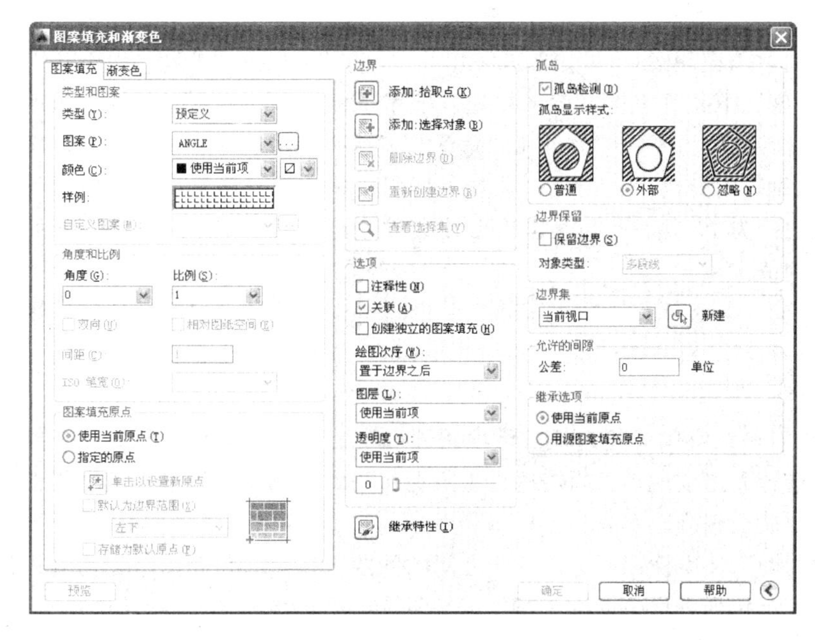

图 3-52 “图案填充和渐变色”对话框

(1)“类型”下拉列表框：此选项用于确定填充图案的类型。在“类型”下拉列表框中，“用户定义”选项表示用户要临时定义填充图案，与命令行方式中的“U”选项作用一样；“自定义”选项表示选用 ACAD. PAT 图案文件或其他图案文件（. PAT 文件）中的填充图案；“预定义”选项表示选用 AutoCAD 标准图案文件（ACAD. PAT 文件）中的填充图案。

(2)“图案”下拉列表框：此选项用于确定 AutoCAD 标准图案文件中的填充图案。在“图案”下拉列表中，用户可从中选取填充图案。选取所需要的填充图案后，在“样例”中的图像框内会显示出该图案。只有用户在“类型”下拉列表中选择了“预定义”选项后，此项才以正常亮度显示，即允许用户从 AutoCAD 标准图案文件中选取填充图案。

如果选择的图案类型是“预定义”，单击“图案”下拉列表框右边的...按钮，会弹出如图 3-53 所示的图案列表，该对话框中显示出所选图案类型所具有的图案，用户可从中确定所需要的图案。

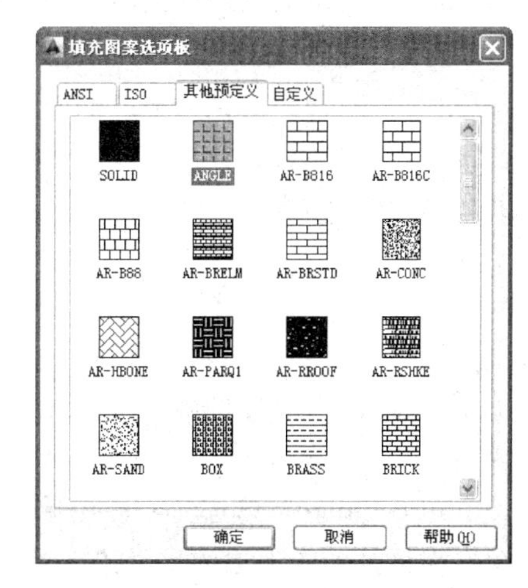

图 3-53 图案列表

(3)“颜色”下拉列表框：使用填充图案和实体

填充的指定颜色替代当前颜色。

(4)“样例”图像框：此选项用来给出样本图案。在其右面有一矩形图像框，显示出当前用户所选用的填充图案。可以单击该图像框迅速查看或选取已有的填充图案。

(5)“自定义图案”下拉列表框：此下拉列表框用于确定 ACAD. PAT 图案文件，或其他图案文件（. PAT）中的填充图案。只有在“类型”下拉列表框中选择了“自定义”项后，该项才以正常亮度显示，即允许用户从 ACAD. PAT 图案文件或其他图案件（. PAT）中选取填充图案。

(6)“角度”下拉列表框：此下拉列表框用于确定填充图案时的旋转角度。每种图案在定义时的旋转角度为零，用户可在“角度”下拉列表中选择所希望的旋转角度。

(7)“比例”下拉列表框：此下拉列表框用于确定填充图案的比例值。每种图案在定义时的初始比例为 1，用户可以根据需要放大或缩小，方法是在“比例”下拉列表框中选择相应的比例值。

(8)“双向”复选框：该项用于确定用户临时定义的填充线是一组平行线，还是相互垂直的两组平行线。只有在“类型”下拉列表框中选用“用户定义”选项后，该项才可以使用。

(9)“相对图纸空间”复选框：该项用于确定是否相对图纸空间单位来确定填充图案的比例值。选择此选项后，可以按适合于版面布局的比例方便地显示填充图案。该选项仅仅适用于图形版面编排。

(10)“间距”文本框：指定平行线之间的间距，在“间距”文本框内输入值即可。只有在“类型”下拉列表框中选用“用户定义”选项后，该项才可以使用。

(11)“ISO 笔宽”下拉列表框：此下拉列表框告诉用户根据所选择的笔宽确定与 ISO 有关的图案比例。只有在选择了已定义的 ISO 填充图案后，才可确定它的内容。图案填充的原点：控制填充图案生成的起始位置。填充这些图案（例如砖块图案）时需要与图案填充边界上的一点对齐。在默认情况下，所有填充图案原点都对应于当前的 UCS 原点，也可以选择“指定的原点”，通过其下一级的选项重新指定原点。

(12)使用当前原点：使用存储在 HPORIGIN 系统变量中的图案填充原点。

(13)指定的原点：使用该选项指定新的图案填充原点。

(14)单击以设置新原点：直接指定新的图案填充原点。

(15)默认为边界范围：根据图案填充对象边界的矩形范围计算新原点。可以选择该范围的四个角点及其中心。(HPORIGINMODE 系统变量)

(16)存储为默认原点：将新图案填充原点的值存储在 HPORIGIN 系统变量中。

2. “渐变色”标签

渐变色是指从一种颜色到另一种颜色的平滑过渡。渐变色能产生光的效果，可为图形添加视觉效果。单击该标签，AutoCAD 弹出如图 3-54 所示的“渐变色”标签，其中各选项含义如下。

(1)“单色”单选钮：应用单色对所选择的对象进行渐变填充。在“图案填充和渐变色”对话框的右上边的显示框中显示用户所选择的真彩色，单击□按钮，系统打开“选择颜色”对话框，如图 3-55 所示。该对话框将在第 5 章中详细介绍，这里不再赘述。

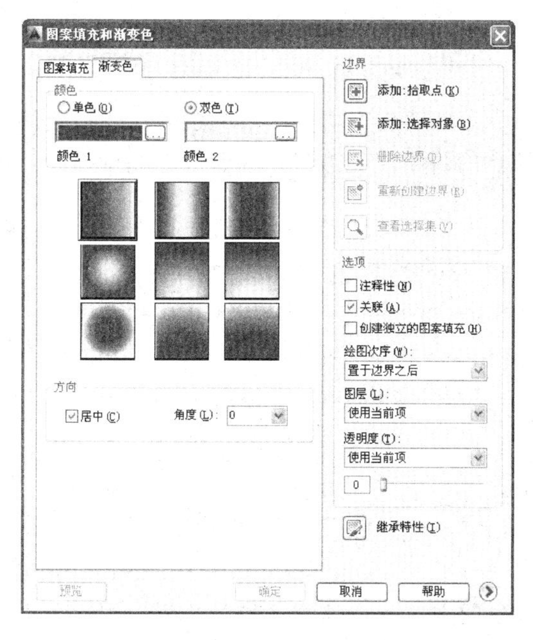

图 3-54 “渐变色”标签

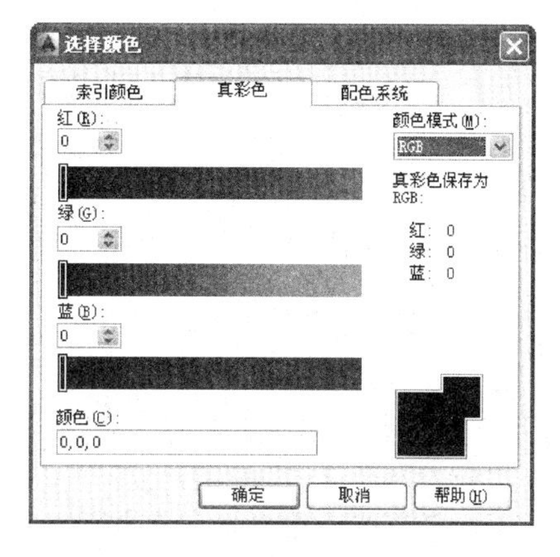

图 3-55 “选择颜色”对话框

(2)“双色”单选钮：应用双色对所选择的对象进行渐变填充。填充颜色将从颜色 1 渐变到颜色 2。颜色 1 和颜色 2 的选取与单色选取类似。

(3) 渐变方式样板：在“渐变色”标签的下方有 9 个渐变方式样板，分别表示不同的渐变方式，包括线形、球形和抛物线形等方式。

(4)“居中”复选框：该复选框决定渐变填充是否居中。

(5)“角度”下拉列表框：在该下拉列表框中选择角度，此角度为渐变色倾斜的角度。不同的渐变色填充如图 3-56 所示。

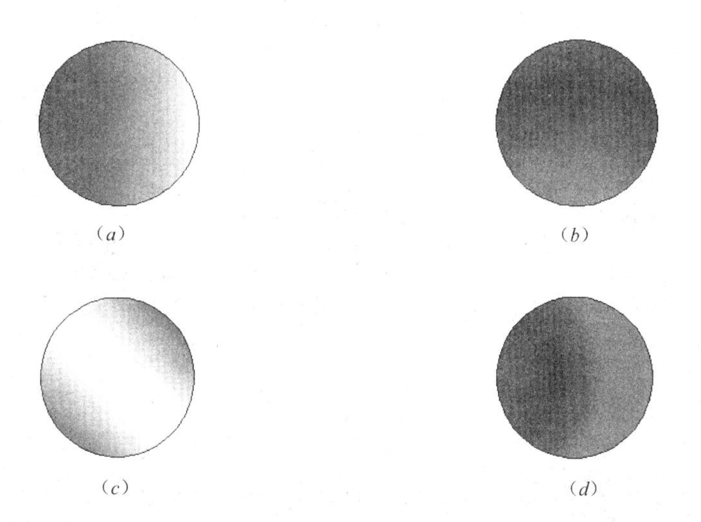

图 3-56 不同的渐变色填充

(*a*) 单色线形居中 0 角度渐变填；(*b*) 双色抛物线形居中 0 角度渐变填充；
(*c*) 单色线形居中 45 度渐变填充；(*d*) 双色球形不居中 0 角度渐变填充

3. “边界”选项组

（1）“添加：拾取点”按钮：以拾取点的形式自动确定填充区域的边界。在填充的区域内任意拾取一点，系统会自动确定出包围该点的封闭填充边界，并且以高亮度显示，如图 3-57 所示。

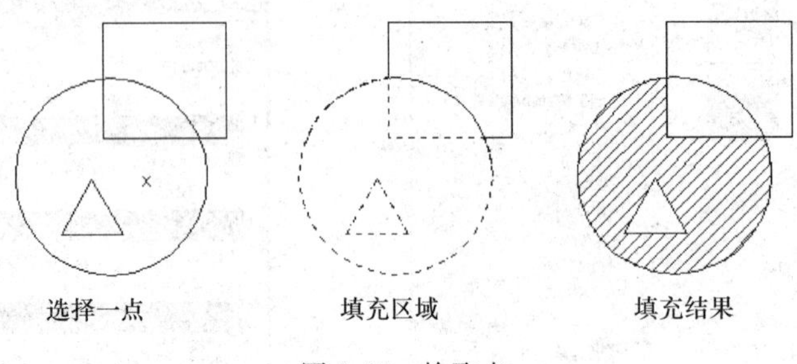

图 3-57 拾取点

（2）“添加：选择对象”按钮：以选择对象的方式确定填充区域的边界。用户可以根据需要选取构成填充区域的边界。同样，被选择的边界也会以高亮度显示，如图 3-58 所示。

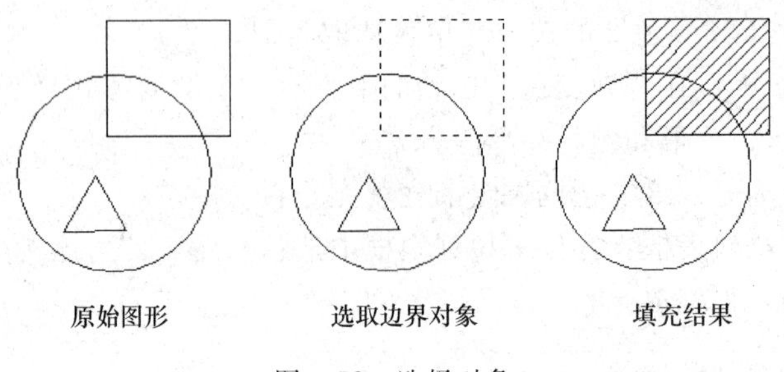

图 3-58 选择对象

（3）“删除边界”按钮：从边界定义中删除以前添加的所有对象，如图 3-59 所示。

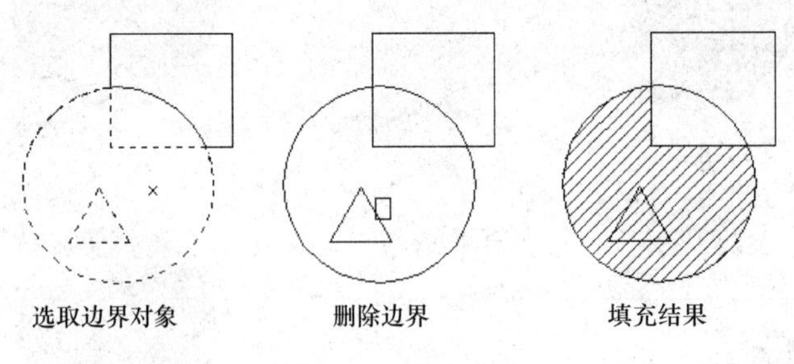

图 3-59 删除边界

（4）“重新创建边界”按钮：围绕选定的填充图案或填充对象创建多段线或面域。

（5）“查看选择集”按钮：查看填充区域的边界。单击该按钮，AutoCAD 临时切换到绘图屏幕，将所选择作为填充边界的对象以高亮度显示。只有通过“添加：拾取点”按钮或“添加：选择对象”按钮选取了填充边界，“查看选择集”按钮才可以使用。

4. “选项”选项组

(1)“注释性”复选框：指定填充图案为注释性。

(2)“关联”复选框：此复选框用于确定填充图案与边界的关系。若选择此复选框，那么填充图案与填充边界保持着关联关系，即图案填充后，当用钳夹（Grips）功能对边界进行拉伸等编辑操作时，AutoCAD会根据边界的新位置重新生成填充图案。

(3)“创建独立的图案填充”复选框：当指定了几个独立的闭合边界时，用来控制是创建单个图案填充对象，还是创建多个图案填充对象，如图3-60所示。

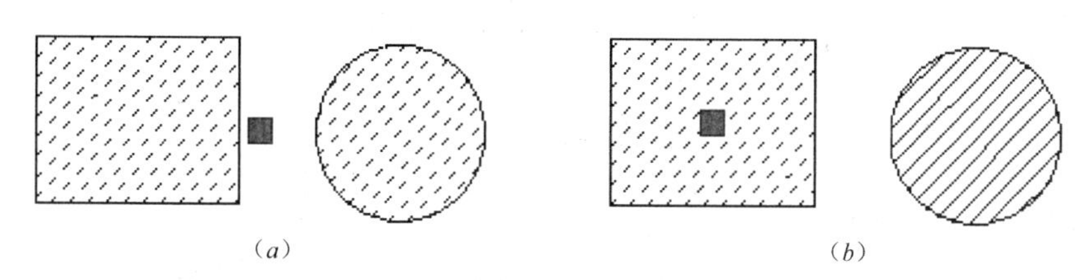

图3-60 设置图案填充对象
(*a*)不独立，选中时是一个整体；(*b*)独立，选中时不是一个整体

(4)“绘图次序”下拉列表框：指定图案填充的顺序。图案填充可以放在所有其他对象之后、所有其他对象之前、图案填充边界之后或图案填充边界之前。

5. “继承特性”按钮

此按钮的作用是图案填充的继承特性，即选用图中已有的填充图案作为当前的填充图案。

6. “孤岛”选项组

(1)“孤岛显示样式”列表：该选项组用于确定图案的填充方式。用户可以从中选取所需要的填充方式。默认的填充方式为“普通”。用户也可以在右键快捷菜单中选择填充方式。

(2)“孤岛检测”复选框：确定是否检测孤岛。

7. “边界保留”选项组

指定是否将边界保留为对象，并确定应用这些对象的对象类型是多段线还是面域。

8. “边界集”选项组

此选项组用于定义边界集。当单击“添加：拾取点”按钮以根据拾取点的方式确定填充区域时，有两种定义边界集的方式：一种方式是以包围所指定点的最近的有效对象作为填充边界，即“当前视口”选项，该项是系统的默认方式；另一种方式是用户自己选定一组对象来构造边界，即“现有集合”选项，选定对象通过其上面的“新建”按钮来实现，单击该按钮后，AutoCAD临时切换到绘图屏幕，并提示用户选取作为构造边界集的对象，此时若选取“现有集合”选项，AutoCAD会根据用户指定的边界集中的对象来构造一个封闭边界。

9. “允许的间隙”文本框

用于设置将对象用作填充图案边界时可以忽略的最大间隙。默认值为 0，此值指定对象必须为封闭区域且没有间隙。

10. “继承选项”选项组

使用“继承特性”创建填充图案时，控制图案填充原点的位置。

3.8.3 编辑填充的图案

利用 HATCHEDIT 命令，编辑已经填充的图案。

【执行方式】

命令行：HATCHEDIT

菜单栏：修改→对象→图案填充

工具栏：修改 II→编辑图案填充按钮

【操作步骤】

执行上述命令后，AutoCAD 会给出下列提示。

选择关联填充对象：

选取关联填充物体后，系统弹出如图 3-61 所示的“图案填充编辑”对话框。

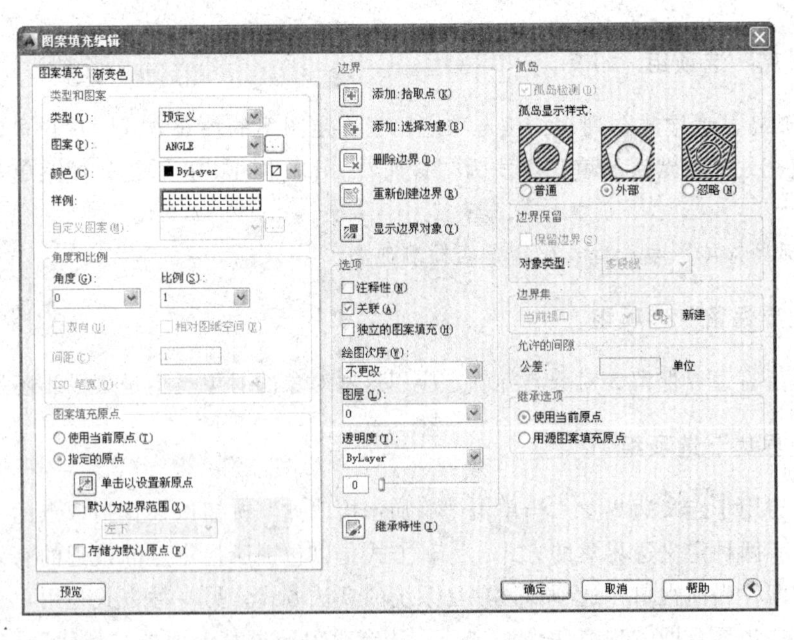

图 3-61 “图案填充编辑”对话框

在图 3-61 中，只有正常显示的选项，才可以对其进行操作。该对话框中各项的含义与图3-52所示的“图案填充和渐变色”对话框中各项的含义相同。利用该对话框，可以对已填充的图案进行一系列的编辑修改。

3.8.4 实例——音响组合

本例运用矩形、直线、圆、圆弧、圆角、图案填充等一些基础的绘图命令绘制图形。绘制结果如图3-62所示。

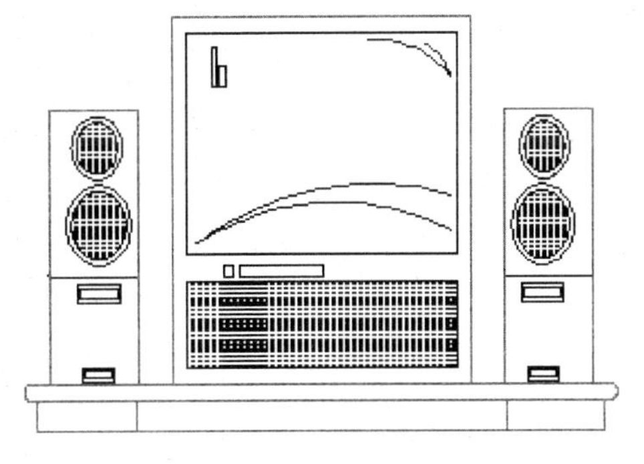

图3-62 音响组合

参见光盘 光盘\视频教学\第3章\音响组合.avi

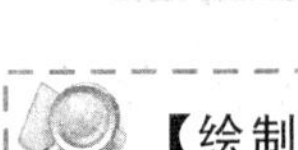

【绘制步骤】

1. 绘制轮廓线。绘制矩形，单击“绘图”工具栏中的“矩形”按钮□，命令行提示与操作如下：

命令：_rectang↙

指定第一个角点或[倒角(C)/标高(E)/圆角(F)/厚度(T)/宽度(W)]：0，0↙

指定另一个角点或[面积(A)/尺寸(D)/旋转(R)]：2300，100↙

2. 同样的方法，单击“绘图”工具栏中的“矩形”按钮，绘制4个矩形，端点坐标分别为：{(-50，100)，(2350，150)}、{(50，155)，(@360，900)}、{(2250，155)，(@-360，900)}、{(550，155)，(@1200，1200)}。

3. 单击“绘图”工具栏中的“直线”按钮⁄，坐标点为{(400，0)，(@0，100)}和{(1900，0)，(@0，100)}。绘制结果如图3-63所示。

4. 单击“绘图”工具栏中的“矩形”按钮□，命令行提示与操作如下：

命令：_rectang↙

指定第一个角点或[倒角(C)/标高(E)/圆角(F)/厚度(T)/宽度(W)]：604，585↙

指定另一个角点或[面积(A)/尺寸(D)/旋转(R)]：@1092，716↙

5. 同样的方法，绘制11个矩形，端点坐标分别为{(605，210)，(@1090，280)}、{(745，510)，(@37，35)}、{(810，510)，(@340，35)}、{(167，426)，(@171，57)}、{(177，436)，(@151，37)}、{(185，168)，(@124，46)}、{(195，178)，(@104，26)}、{(2133，426)，(@-171，57)}、{(2123，436)，(@-151，37)}、{(2115，168)，(@-124，46)}、{(2105，178)，(@-104，26)}。绘制结果如图3-64所示。

6. 单击“绘图”工具栏中的“圆”按钮⊙，绘制圆，圆心坐标为(251，677)，圆的半径分别为131，111。

同样的方法，单击“绘图”工具栏中的“圆”按钮⊙，绘制圆，圆心坐标为(244，930)，圆的半径分别为103，83。

同样的方法，单击“绘图”工具栏中的“圆”按钮⊙，绘制圆，圆心坐标为(2049，677)，圆的半径分别为131，111。

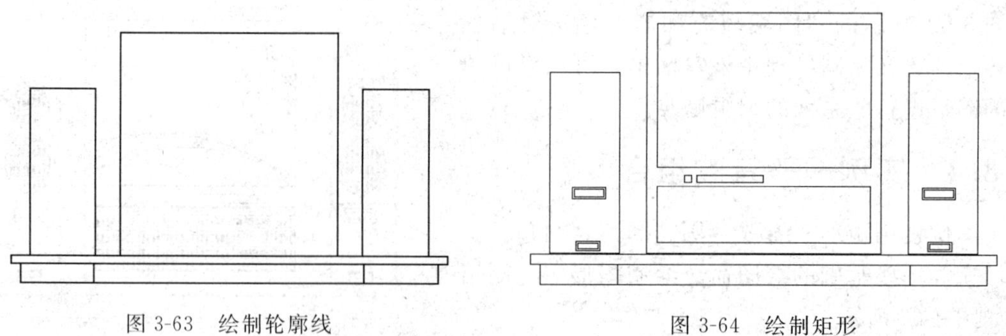

图 3-63　绘制轮廓线　　　图 3-64　绘制矩形

同样的方法，单击“绘图”工具栏中的“圆”按钮，绘制圆，圆心坐标为（2056，930），圆的半径分别为 103，83。

绘制结果如图 3-65 所示。

7. 单击“绘图”工具栏中的“直线”按钮，绘制两条直线。直线的端点坐标分别为 {（50，506），（@360，0）} 和 {（1890，506），（@360，0）}。

8. 单击“绘图”工具栏中的“矩形”按钮和“圆弧”按钮，完成如图 3-66 所示的图形。

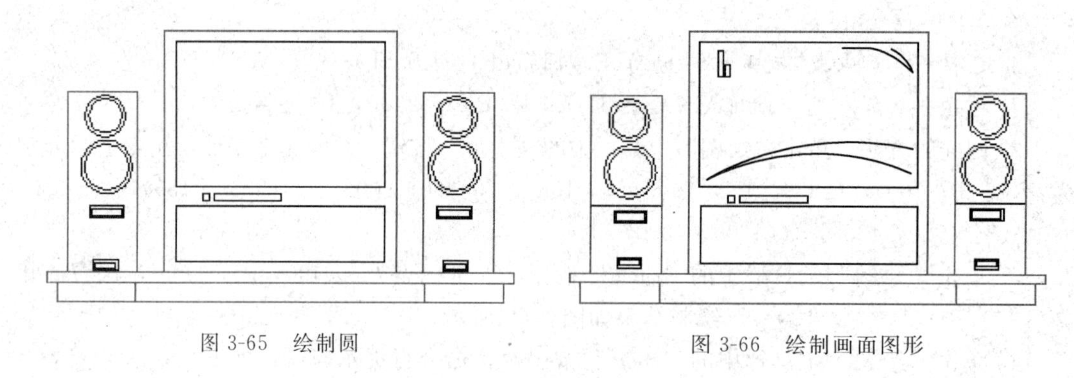

图 3-65　绘制圆　　　图 3-66　绘制画面图形

9. 单击“绘图”工具栏中的“圆角”按钮，圆角半径为 20，绘制结果如图 3-67 所示。

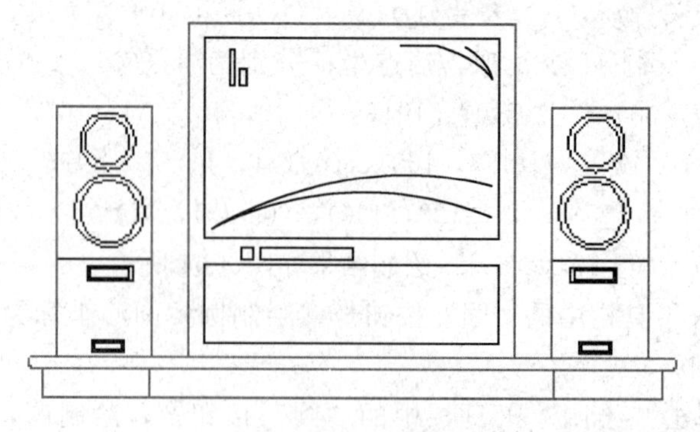

图 3-67　圆角处理

10. 单击“绘图”工具栏中的“图案填充”按钮，选择合适的填充图案和填充区域，绘制结果如图 3-62 所示。

辅助绘图工具

为了快捷准确地绘制图形，AutoCAD 提供了多种必要的和辅助的绘图工具，如工具栏、对象选择工具、对象捕捉工具、栅格和正交模式等。利用这些工具，用户可以方便、迅速、准确地实现图形的绘制和编辑，不仅可提高工作效率，而且能更好地保证图形的质量。本章主要内容包括捕捉、栅格、正交、对象捕捉、对象追踪、极轴、动态输入图形的缩放、平移以及布局与模型等。

- 精确定位工具
- 对象捕捉
- 对象追踪
- 设置图层
- 设置颜色
- 图层的线型
- 查询工具
- 对象约束

4.1 精确定位工具

精确定位工具是指能够帮助用户快速准确地定位某些特殊点（如端点、中点、圆心等）和特殊位置（如水平位置、垂直位置）的工具，包括“推断约束”、“捕捉模式”、“栅格显示”、“正交模式”、“极轴追踪”、“对象捕捉”、“三维对象捕捉”、“对象捕捉追踪”、“允许/禁止动态UCS”、“动态输入”、“显示/隐藏线宽”、“显示/隐藏透明度”、“快捷特性”、“选择循环”和注释监视器15个功能开关按钮，这些工具主要集中在状态栏上，如图4-1所示。

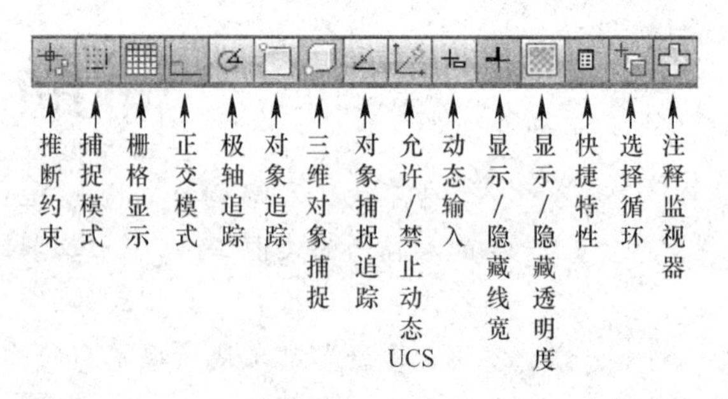

图4-1 状态栏按钮

4.1.1 正交模式

在使用AutoCAD绘图的过程中，经常需要绘制水平直线和垂直直线，但是用鼠标拾取线段的端点的方式很难保证两个点严格沿水平或垂直方向，为此，AutoCAD提供了正交功能，当启用正交模式，画线或移动对象时，只能沿水平方向或垂直方向移动光标，因此只能画平行于坐标轴的正交线段。

【执行方式】

命令行：ORTHO

状态栏：正交

快捷键：F8

【操作步骤】

命令：ORTHO↙

输入模式[开(ON)/关(OFF)]<开>：(设置开或关)

4.1.2 栅格工具

用户可以应用栅格工具使绘图区上出现可见的网格，它是一个形象的画图工具，就象传统的坐标纸一样。本节介绍控制栅格的显示及设置栅格参数的方法。

【执行方式】

菜单栏：工具→绘图设置

状态栏：栅格（仅限于打开与关闭）

快捷键：F7（仅限于打开与关闭）

【操作步骤】

执行上述命令后，系统打开“草图设置”对话框，打开“捕捉和栅格”标签，如图4-2所示。

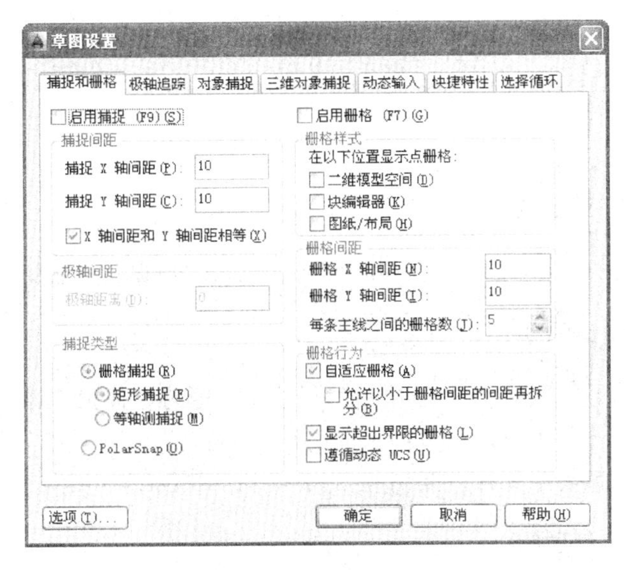

图4-2 “草图设置”对话框

在图4-2所示的“草图设置”对话框中的“捕捉与栅格”选项卡中，“启用栅格”复选框用来控制是否显示栅格。“栅格X轴间距”文本框和“栅格Y轴间距”文本框用来设置栅格在水平与垂直方向的间距，如果“栅格X轴间距”和“栅格Y轴间距”设置为0，则AutoCAD会自动将捕捉栅格间距应用于栅格，且栅格的原点和角度总是和捕捉栅格的原点和角度相同。还可以通过Grid命令在命令行设置栅格间距。在此不再赘述。

技巧荟萃

在“栅格X轴间距”和“栅格Y轴间距”文本框中输入数值时，若在“栅格X轴间距”文本框中输入一个数值后按Enter键，则AutoCAD会自动传送这个值给“栅格Y轴间距”，这样可减少工作量。

4.1.3 捕捉工具

为了准确地在屏幕上捕捉点，AutoCAD提供了捕捉工具，它可以在屏幕上生成一个隐含的栅格（捕捉栅格），这个栅格能够捕捉光标，并且约束它只能落在栅格的某一个节

点上，使用户能够高精确度地捕捉和选择这个栅格上的点。本节介绍捕捉栅格的参数设置方法。

【执行方式】

菜单栏：工具→绘图设置

状态栏：捕捉（仅限于打开与关闭）

快捷键：F9（仅限于打开与关闭）

【操作步骤】

执行上述命令后，系统打开“草图设置”对话框，打开其中的“捕捉与栅格”标签，如图 4-2 所示。

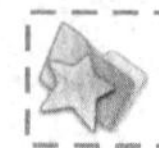
【选项说明】

1. “启用捕捉”复选框

控制捕捉功能的开关，与 F9 快捷键和状态栏上的“捕捉”功能相同。

2. “捕捉间距”选项组

设置捕捉的各参数。其中“捕捉 X 轴间距”文本框与“捕捉 Y 轴间距”文本框用来确定捕捉栅格点在水平与垂直两个方向上的间距。“角度”、“X 基点”和“Y 基点”使捕捉栅格绕指定的一点旋转给定的角度。

3. “捕捉类型”选项组

确定捕捉类型和样式。AutoCAD 提供了两种捕捉栅格的方式：“栅格捕捉”和“极轴捕捉”。“栅格捕捉”是指按正交位置捕捉位置点，而“极轴捕捉”则可以根据设置的任意极轴角来捕捉位置点。

“栅格捕捉”又分为“矩形捕捉”和“等轴测捕捉”两种方式。在“矩形捕捉”方式下，捕捉栅格是标准的矩形；在“等轴测捕捉”方式下，捕捉栅格和光标十字线不再互相垂直，而是成绘制等轴测图时的特定角度，这种方式对于绘制等轴测图是十分方便的。

4. “极轴间距”选项组

该选项组只有在“极轴捕捉”类型时才可用。可在“极轴距离”文本框中输入距离值。

也可以通过命令行命令 SNAP 设置捕捉的有关参数。

4.2 对象捕捉

在利用 AutoCAD 画图时，经常要用到一些特殊的点，如圆心、切点、线段或圆弧的端点、中点等，如果用鼠标拾取的话，要准确地找到这些点是十分困难的。为此，AutoCAD提供了一些识别这些点的工具，通过这些工具可以很容易地构造新的几何体，精确地画出创建的对象，其结果比传统的手工绘图更精确，更容易维护。在AutoCAD中，这种功能称之为对象捕捉功能。

4.2.1 特殊位置点捕捉

在使用AutoCAD绘制图形时，有时需要指定一些特殊位置的点，例如圆心、端点、中点、平行线上的点等，这些点如表4-1所示。可以通过对象捕捉功能来捕捉这些点。

特殊位置点捕捉 表4-1

捕捉模式	功　能
临时追踪点	建立临时追踪点
两点之间的中点	捕捉两个独立点之间的中点
自	建立一个临时参考点，作为指出后继点的基点
点过滤器	由坐标选择点
端点	线段或圆弧的端点
中点	线段或圆弧的中点
交点	线、圆弧或圆等的交点
外观交点	图形对象在视图平面上的交点
延长线	指定对象的延伸线
圆心	圆或圆弧的圆心
象限点	距光标最近的圆或圆弧上可见部分的象限点，即圆周上0°、90°、180°、270°位置上的点
切点	最后生成的一个点到选中的圆或圆弧上引切线的切点位置
垂足	在线段、圆、圆弧或它们的延长线上捕捉一个点，使之与最后生成的点的连线与该线段、圆或圆弧正交
平行线	绘制与指定对象平行的图形对象
节点	捕捉用Point或DIVIDE等命令生成的点
插入点	文本对象和图块的插入点
最近点	离拾取点最近的线段、圆、圆弧等对象上的点
无	关闭对象捕捉模式
对象捕捉设置	设置对象捕捉

AutoCAD提供了命令行、工具栏和快捷菜单3种执行特殊点对象捕捉的方法。

1. 命令行方式

绘图时，当命令行提示输入一点时，输入相应特殊位置点的命令，如表4-1所示，然后根据提示操作即可。

2. 工具栏方式

使用如图4-3所示的“对象捕捉”工具栏，可以使用户更方便地实现捕捉点的目的。当命令行提示输入一点时，单击“对象捕捉”工具栏上相应的按钮。当把鼠标放在某一图标上时，会显示出该图标功能的提示，然后根据提示操作即可。

3. 快捷菜单方式

快捷菜单可通过同时按下 Shift 键和鼠标右键来激活，菜单中列出了 AutoCAD 提供的对象捕捉模式，如图 4-4 所示。操作方法与工具栏相似，只要在命令行提示输入一点时，单击快捷菜单上相应的菜单项，然后按提示操作即可。

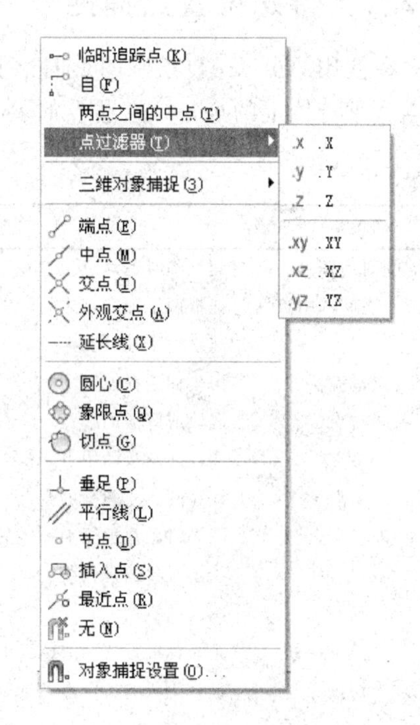

图 4-3 “对象捕捉”工具栏

图 4-4 对象捕捉快捷菜单

4.2.2 对象捕捉设置

在使用 AutoCAD 绘图之前，可以根据需要，事先设置并运行一些对象捕捉模式。绘图时，AutoCAD 能自动捕捉这些特殊点，从而加快绘图速度，提高绘图质量。

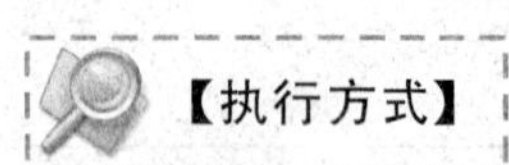
【执行方式】

命令行：DDOSNAP

菜单栏：工具→绘图设置

工具栏：对象捕捉→对象捕捉设置

状态栏：对象捕捉（功能仅限于打开与关闭）

快捷键：F3（功能仅限于打开与关闭）

快捷菜单栏：对象捕捉设置（如图 4-4 所示）

【操作步骤】

命令：DDOSNAP↙

执行上述命令后，系统打开“草图设置”对话框，在该对话框中，单击“对象捕捉”

标签，打开“对象捕捉”选项卡，如图4-5所示。利用此对话框可以对对象捕捉方式进行设置。

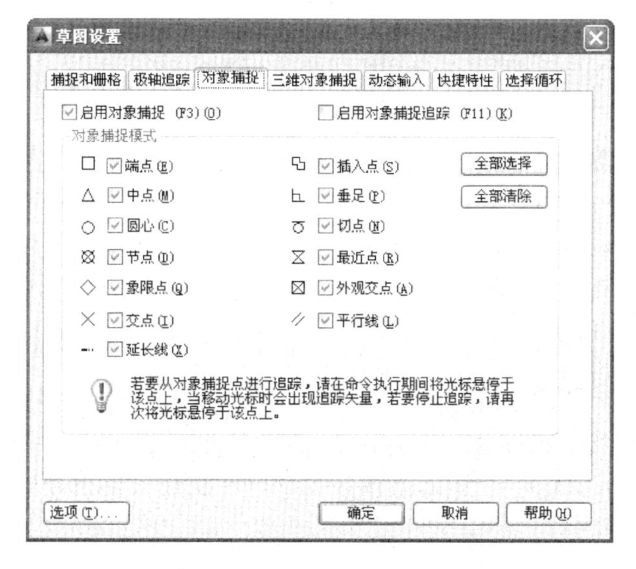

图4-5 “草图设置”对话框“对象捕捉”选项卡

1. “启用对象捕捉”复选框

打开或关闭对象捕捉方式。当选中此复选框时，在“对象捕捉模式”选项组中选中的捕捉模式处于激活状态。

2. “启用对象捕捉追踪”复选框

打开或关闭自动追踪功能。

3. “对象捕捉模式”选项组

此选项组中列出各种捕捉模式的单选钮，选中某模式的单选钮，则表示该模式被激活。单击“全部清除”按钮，则所有模式均被清除。单击“全部选择”按钮，则所有模式均被选中。

另外，在对话框的左下角有一个“选项（T）”按钮，单击它可打开“选项”对话框的“草图”选项卡，利用该对话框可决定对象捕捉模式的各项设置。

4.2.3 基点捕捉

在绘制图形时，有时需要指定以某个点为基点的一个点。这时，可以利用基点捕捉功能来捕捉此点。基点捕捉要求确定一个临时参考点作为指定后继点的基点，此参考点通常与其他对象捕捉模式及相关坐标联合使用。

【执行方式】

命令行：FROM

快捷菜单栏：自（如图 4-4 所示）

【操作步骤】

当在输入一点的提示下输入 From，或单击相应的工具图标时，命令行提示：

基点：(指定一个基点)

<偏移>：(输入相对于基点的偏移量)

则得到一个点，这个点与基点之间的坐标差为指定的偏移量。

说明：在“<偏移>：”提示后输入的坐标必须是相对坐标，如（@10，15）等。

4.2.4 点过滤器捕捉

利用点过滤器捕捉，可以由一个点的 X 坐标和另一点的 Y 坐标确定一个新点。在“指定下一点或［放弃（U）]：”提示下选择此项（在快捷菜单中选取，如图 4-5 所示），AutoCAD 提示：

.X 于：(指定一个点)

(需要 YZ)：(指定另一个点)

则新建的点具有第一个点的 X 坐标和第二个点的 Y 坐标。

4.3 对象追踪

对象追踪是指按指定角度或与其他对象的指定关系绘制对象。可以结合对象捕捉功能进行自动追踪，也可以指定临时点进行临时追踪。

4.3.1 自动追踪

利用自动追踪功能，可以对齐路径，有助于以精确的位置和角度来创建对象。自动追踪包括两种追踪方式：“极轴追踪”和“对象捕捉追踪”。“极轴追踪”是指按指定的极轴角或极轴角的倍数来对齐要指定点的路径；“对象捕捉追踪”是指以捕捉到的特殊位置点为基点，按指定的极轴角或极轴角的倍数来对齐要指定点的路径。

“极轴追踪”必须配合“极轴”功能和“对象追踪”功能一起使用，即同时打开状态栏上的“极轴”功能开关和“对象追踪”功能开关；“对象捕捉追踪”必须配合“对象捕捉”功能和“对象追踪”功能一起使用，即同时打开状态栏上的“对象捕捉”功能开关和“对象追踪”功能开关。

1. 对象捕捉追踪设置

命令行：DDOSNAP

菜单栏：工具→绘图设置

工具栏：对象捕捉→对象捕捉设置

状态栏：对象捕捉＋对象追踪

快捷键：F11

【操作步骤】

按照上述执行方式进行操作或者在“对象捕捉”开关或“对象追踪”开关上右击，在弹出的右键快捷菜单中选择“设置”命令，系统打开如图 4-5 所示的“草图设置”对话框的“对象捕捉”选项卡，选中“启用对象捕捉追踪”复选框，即完成了对象捕捉追踪设置。

2. 极轴追踪设置

【执行方式】

命令行：DDOSNAP

菜单栏：工具→绘图设置

工具栏：对象捕捉→对象捕捉设置

状态栏：对象捕捉＋极轴

快捷键：F10

【操作步骤】

按照上述执行方式进行操作或者在“极轴”开关上右击，在弹出的右键快捷菜单中选择“设置”命令，系统打开如图 4-6 所示的“草图设置”对话框的“极轴追踪”选项卡。

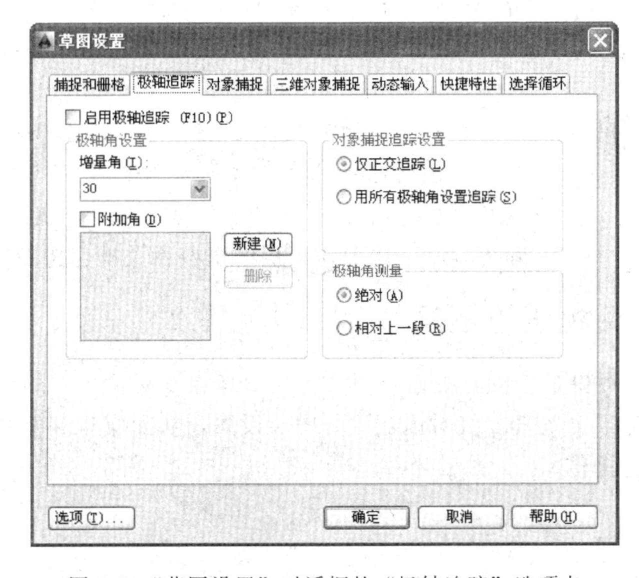

图 4-6 “草图设置”对话框的“极轴追踪”选项卡

【选项说明】

(1)“启用极轴追踪”复选框：选中该复选框，即启用极轴追踪功能。

(2)“极轴角设置”选项组：设置极轴角的值。可以在“增量角”下拉列表框中选择一个角度值。也可选中“附加角”复选框，单击“新建”按钮设置任意附加角，系统在进行极轴追踪时，同时追踪增量角和附加角，可以设置多个附加角。

(3)“对象捕捉追踪设置”选项组和“极轴角测量”选项组：按界面提示设置相应的单选钮选项。

4.3.2 临时追踪

绘制图形对象时，除了可以进行自动追踪外，还可以指定临时点作为基点进行临时追踪。

在命令行提示输入点时，输入 tt，或打开右键快捷菜单，如图 4-4 所示，选择其中的“临时追踪点”命令，然后指定一个临时追踪点。该点上将出现一个小的加号（+）。移动光标时，相对于这个临时点，将显示临时追踪对齐路径。要删除此点，请将光标移回到加号（+）上面。

4.4 设置图层

图层的概念类似投影片，将不同属性的对象分别画在不同的图层（投影片）上，例如将图形的主要线段、中心线、尺寸标注等分别画在不同的图层上，每个图层可设定不同的线型、线条颜色，然后把不同的图层堆栈在一起成为一张完整的视图，如此可使视图层次分明、有条理，方便图形对象的编辑与管理。一个完整的图形就是它所包含的所有图层上的对象叠加在一起，如图 4-7 所示。

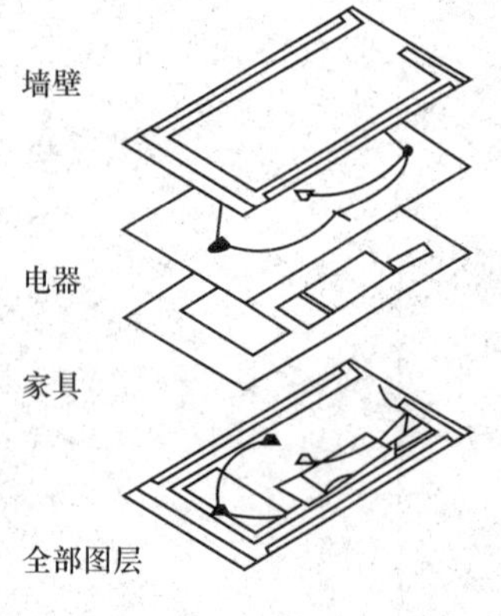

图 4-7 图层效果

在用图层功能绘图之前，首先要对图层的各项特性进行设置，包括建立和命名图层、设置当前图层、设置图层的颜色和线型、图层是否关闭、是否冻结、是否锁定以及图层删除等。本节主要对图层的这些相关操作进行介绍。

4.4.1 利用对话框设置图层

AutoCAD 2014 提供了详细直观的“图层特性管理器”对话框，用户可以方便地通过对该对话框中的各选项卡及其二级对话框进行图层设置，从而实现建立新图层、设置图层颜色及线型等的各种操作。

【执行方式】

命令行：LAYER

菜单栏：格式→图层

工具栏：图层→图层特性管理器

【操作步骤】

命令：LAYER↙

执行上述命令后，系统打开如图4-8所示的“图层特性管理器”对话框。

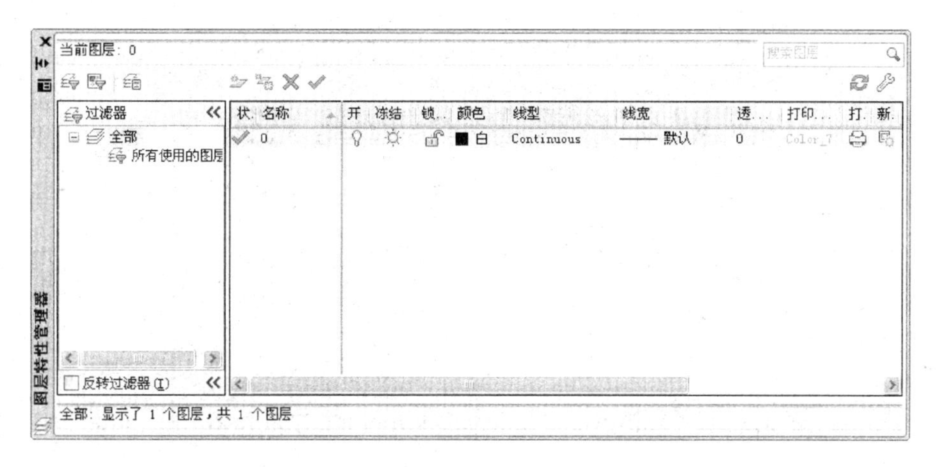

图4-8 “图层特性管理器”对话框

【选项说明】

1. “新特性过滤器”按钮

打开“图层过滤器特性”对话框，如图4-9所示。从中可以基于一个或多个图层特性创建图层过滤器。

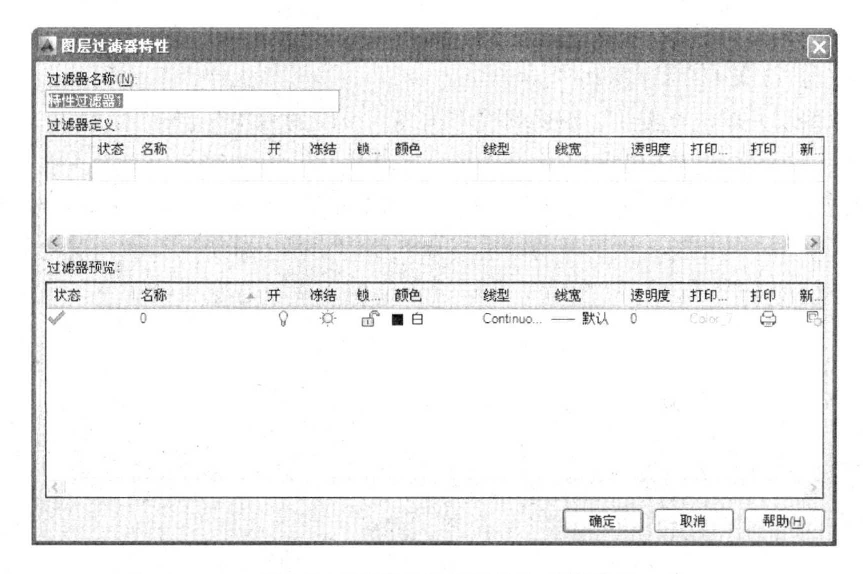

图4-9 “图层过滤器特性”对话框

2. “新建组过滤器”按钮

创建一个图层过滤器，其中包含用户选定并添加到该过滤器的图层。

3. “图层状态管理器”按钮

打开“图层状态管理器”对话框，如图 4-10 所示。从中可以将图层的当前特性设置保存到命名图层状态中，以后可以恢复这些设置。

图 4-10 “图层状态管理器”对话框

4. “新建图层”按钮

建立新图层。单击此按钮，图层列表中出现一个新的图层名字“图层 1”，用户可使用此名字，也可改名。要想同时产生多个图层，可在选中一个图层名后，输入多个名字，各名字之间以逗号分隔。图层的名字可以包含字母、数字、空格和特殊符号，AutoCAD 支持长达 255 个字符的图层名字。新的图层继承了建立新图层时所选中的图层的所有已有特性（颜色、线型、ON/OFF 状态等），如果建立新图层时没有图层被选中，则新的图层具有默认的设置。

5. “删除图层”按钮

删除所选图层。在图层列表中选中某一图层，然后单击此按钮，则把该图层删除。

6. “置为当前”按钮

设置所选图层为当前图层。在图层列表中选中某一图层，然后单击此按钮，则把该图层设置为当前图层，并在“当前图层”一栏中显示其名字。当前图层的名字被存储在系统变量 CLAYER 中。另外，双击图层名也可把该图层设置为当前图层。

7. “搜索图层”文本框

输入字符后，按名称快速过滤图层列表。关闭“图层特性管理器”对话框时，并不保存此过滤器。

8. “反转过滤器”复选框

打开此复选框，显示所有不满足选定的图层特性过滤器中条件的图层。

9. “指示正在使用的图层”复选框

在列表视图中显示图标以指示图层是否处于使用状态。在具有多个图层的图形中，清除此选项可提高性能。

10. “设置”按钮

打开“图层设置”对话框，如图 4-11 所示。此对话框包括“新图层通知设置”选项组和“对话框设置”选项组。

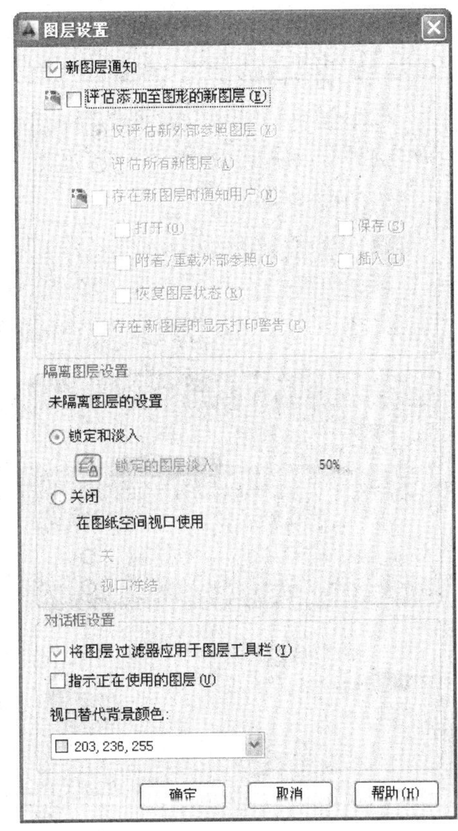

图 4-11 “图层设置”对话框

11. 图层列表区

显示已有的图层及其特性。要修改某一图层的某一特性，单击它所对应的图标即可。右击空白区域或使用快捷菜单可快速选中所有图层。列表区中各列的含义如下：

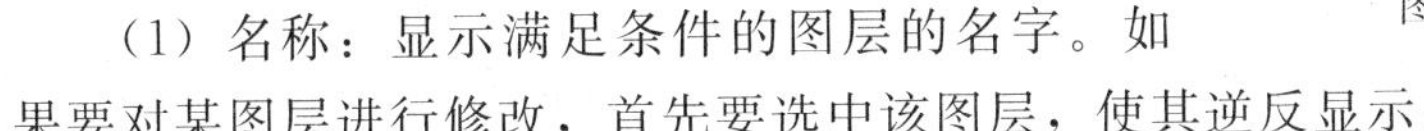

（1）名称：显示满足条件的图层的名字。如果要对某图层进行修改，首先要选中该图层，使其逆反显示。

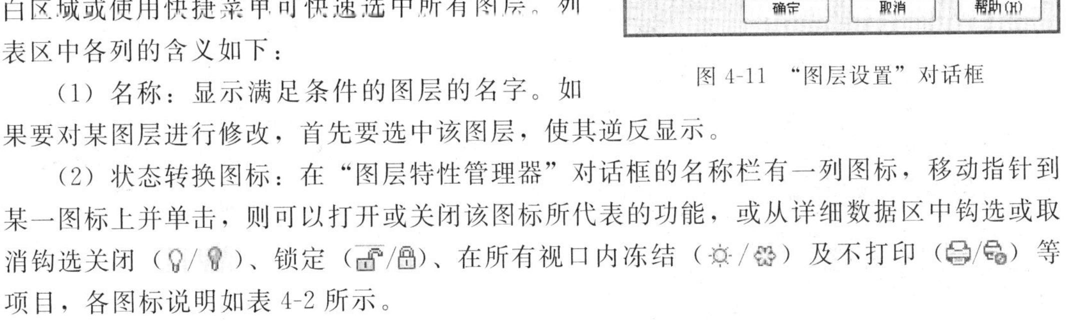

（2）状态转换图标：在“图层特性管理器”对话框的名称栏有一列图标，移动指针到某一图标上并单击，则可以打开或关闭该图标所代表的功能，或从详细数据区中钩选或取消钩选关闭（/）、锁定（/）、在所有视口内冻结（/）及不打印（/）等项目，各图标说明如表 4-2 所示。

图层列表区图标说明　　表 4-2

图　示	名　称	功能说明
/	打开/关闭	将图层设定为打开或关闭状态，当呈现关闭状态时，该图层上的所有对象将隐藏不显示，只有呈现打开状态的图层才会在屏幕上显示或由打印机中打印出来。因此，绘制复杂的视图时，先将不编辑的图层暂时关闭，可降低图形的复杂性

续表

图　示	名　称	功能说明
☼/❁	解冻/冻结	将图层设定为解冻或冻结状态。当图层呈现冻结状态时，该图层上的对象均不会显示在屏幕上或由打印机打出，而且不会执行重生（REGEN）、缩放（ROOM）、平移（PAN）等命令的操作，因此若将视图中不编辑的图层暂时冻结，可加快图形编辑的速度。而💡/💡（打开/关闭）功能只是单纯将对象隐藏，因此并不会加快执行速度
🔓/🔒	解锁/锁定	将图层设定为解锁或锁定状态。被锁定的图层，仍然显示在屏幕上，但不能以编辑命令修改被锁定的对象，只能绘制新的对象，如此可防止重要的图形被修改
🖨/🖨	打印/不打印	设定该图层是否可以打印图形

(3) 颜色：显示和改变图层的颜色。如果要改变某一图层的颜色，单击其对应的“颜色”图标，AutoCAD 就会打开如图 4-13 所示的“选择颜色”对话框，用户可从中选取自己需要的颜色。

(4) 线型：显示和修改图层的线型。如果要修改某一图层的线型，单击该图层的“线型”项，打开“选择线型”对话框，如图 4-14 所示，其中列出了当前可用的所有线型，用户可从中选取。具体内容下节详细介绍。

图 4-12　“选择颜色”对话框

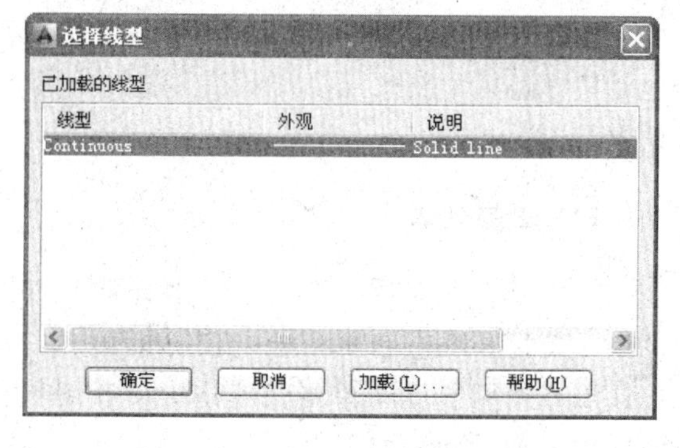

图 4-13　“选择线型”对话框

(5) 线宽：显示和修改图层的线宽。如果要修改某一层的线宽，单击该层的“线宽”项，打开“线宽”对话框，如图 4-14 所示，其中列出了 AutoCAD 设定的所有线宽值，用户可从中选取。“旧的”显示行显示前面赋予图层的线宽。当建立一个新图层时，采用默认线宽（其值为 0.01 英寸即 0.25mm），默认线宽的值由系统变量 LWDEFAULT 来设置。“新的”显示行显示当前赋予图层的线宽。

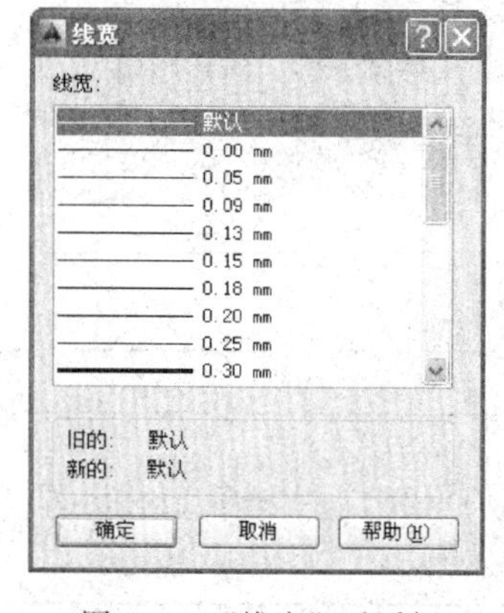

图 4-14　“线宽”对话框

(6) 打印样式：修改图层的打印样式，所谓打印样式是指打印图形时各项属性的设置。

4.4.2　利用工具栏设置图层

AutoCAD 提供了一个“特性”工具栏，如图 4-15 所示。用户可以通过控制和使用工具栏上的工具图标来快速地察看和改变所选对象的图层、颜色、线型和线宽等特性。“特性”工具栏上的图层、颜色、线型、线宽和打印样式的控制增强了察看和编辑对象属性的命令。在绘图屏幕上选择任何对象时，都将在工具栏上自动显示它所在的图层、颜色、线型等属性。下面把“特性”工具栏各部分的功能简单说明一下：

ByLayer　ByLayer　ByLayer　BYCOLOR

图 4-15 “特性”工具栏

1. “颜色控制”下拉列表框

单击右侧的向下箭头，弹出一个下拉列表，用户可从中选择一种颜色使之成为当前颜色，如果选择“选择颜色”选项，则 AutoCAD 打开“选择颜色”对话框以供用户选择其他颜色。修改当前颜色之后，不论在哪个图层上绘图都采用这种颜色，但对各个图层的颜色设置没有影响。

2. “线型控制”下拉列表框

单击右侧的向下箭头，弹出一个下拉列表，用户可从中选择一种线型使之成为当前线型。修改当前线型之后，不论在哪个图层上绘图都采用这种线型，但对各个图层的线型设置没有影响。

3. “线宽”下拉列表框

单击右侧的向下箭头，弹出一个下拉列表，用户可从中选择一种线宽使之成为当前线宽。修改当前线宽之后，不论在哪个图层上绘图都采用这种线宽，但对各个图层的线宽设置没有影响。

4. “打印类型控制”下拉列表框

单击右侧的向下箭头，弹出一个下拉列表，用户可从中选择一种打印样式使之成为当前打印样式。

4.5 设置颜色

AutoCAD 绘制的图形对象都具有一定的颜色，为使绘制的图形清晰明了，可把同一类的图形对象用相同的颜色进行绘制，而使不同类的对象具有不同的颜色，以示区分。为此，需要适当地对颜色进行设置。AutoCAD 允许用户为图层设置颜色，为新建的图形对象设置当前颜色，还可以改变已有图形对象的颜色。

命令行：COLOR

菜单栏：格式→颜色

命令：COLOR↙

单击相应的菜单项或在命令行输入 COLOR 命令后按 Enter 键，AutoCAD 打开“选择颜色”对话框。也可在图层操作中打开此对话框，具体方法在上节中已讲述。

4.5.1 “索引颜色”标签

打开此标签，用户可以在系统所提供的 255 种颜色索引表中选择自己所需要的颜色，如图 4-22 所示。

1. “颜色索引”列表框

依次列出了 255 种索引色。可在此选择所需要的颜色。

2. “颜色”文本框

所选择的颜色的代号值将显示在“颜色”文本框中，也可以通过直接在该文本框中输入自己设定的代号值来选择颜色。

3. ByLayer 按钮和 ByBlock 按钮

选择这两个按钮，颜色分别按图层和图块设置。只有在设定了图层颜色和图块颜色后，这两个按钮才可以使用。

4.5.2 “真彩色”标签

打开此标签，用户可以选择自己需要的任意颜色，如图 4-16 所示。可以通过拖动调色板中的颜色指示光标和“亮度”滑块来选择颜色及其亮度。也可以通过“色调”、“饱和度”和“亮度”调节钮来选择需要的颜色。所选择颜色的红、绿、蓝值将显示在下面的“颜色”文本框中，也可以通过直接在该文本框中输入自己设定的红、绿、蓝值来选择颜色。

在此标签的右边，有一个“颜色模式”下拉列表框，默认的颜色模式为 HSL 模式，即如图 4-16 所示的模式。如果选择 RGB 模式，则如图 4-17 所示。在该模式下选择颜色的方式与在 HSL 模式下选择颜色的方式类似。

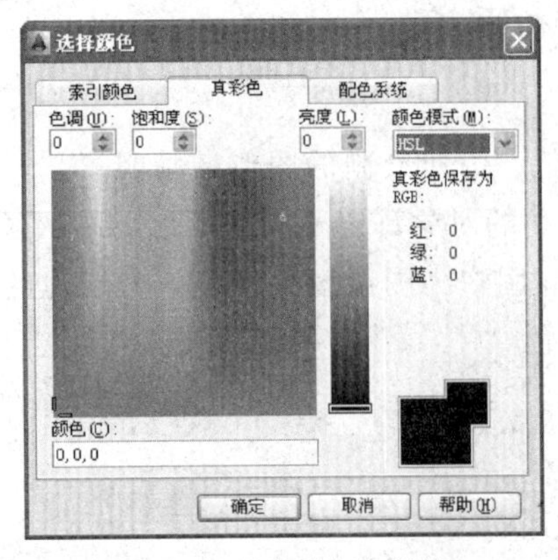

图 4-16 “真彩色”标签

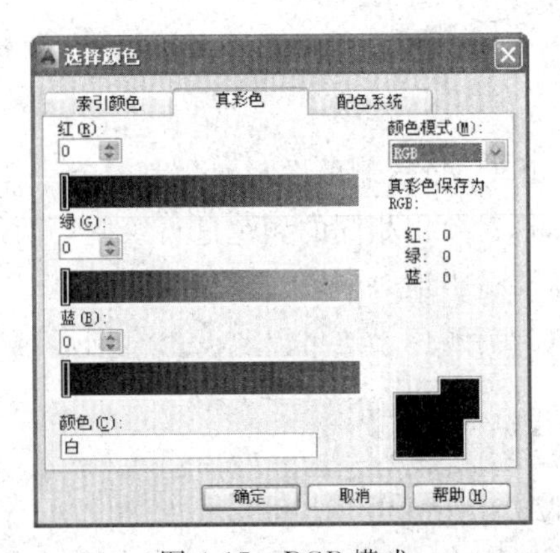

图 4-17 RGB 模式

4.5.3 “配色系统”标签

打开此标签，用户可以从标准配色系统（比如，Pantone）中选择预定义的颜色。如图4-18所示。用户可以在“配色系统”下拉列表框中选择需要的系统，然后通过拖动右边的滑块来选择具体的颜色，所选择的颜色编号显示在下面的“颜色”文本框中，也可以通过直接在该文本框中输入颜色编号来选择颜色。

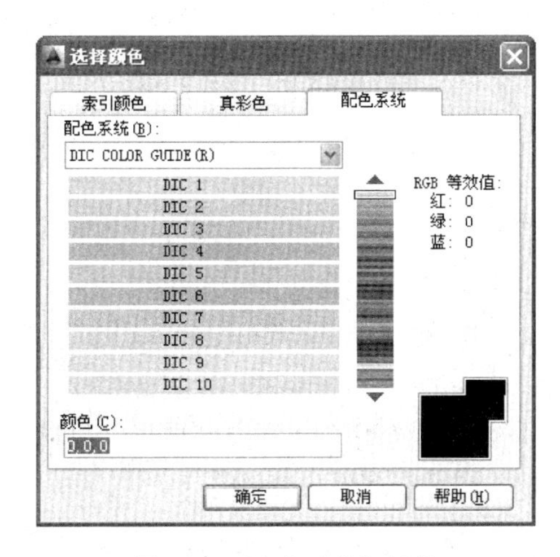

图4-18 “配色系统”标签

4.6 图层的线型

在室内图中不同的线型表示不同的对象和不同的部位，代表着不同的含义。在AutoCAD中，可以通过“图层”中“线型”、“线宽”的设置来选定所需线型。具体线性要求见1.2.1节中的表1-2。

4.6.1 在“图层特性管理器”对话框中设置线型

按照上节讲述的方法，打开“图层特性管理器”对话框。在图层列表的“线型项”下单击线型名，系统打开“选择线型”对话框。该对话框中各选项的含义如下：

1. “已加载的线型”列表框

显示在当前绘图中加载的线型，可供用户选用，其右侧显示出线型的外观。

2. “加载”按钮

单击此按钮，打开“加载或重载线型”对话框，如图4-19所示，用户可通过此对话框来加载线型并把它添加到线型列表中，但是加载的线型必须在线型库（LIN）文件中定义过。标准线型都保存在acad.lin文件中。

图 4-19 “加载或重载线型”对话框

4.6.2 直接设置线型

命令行：LINETYPE

在命令行输入上述命令后，系统打开“线型管理器”对话框，如图 4-20 所示。该对话框与前面讲述的相关知识相同，在此不再赘述。

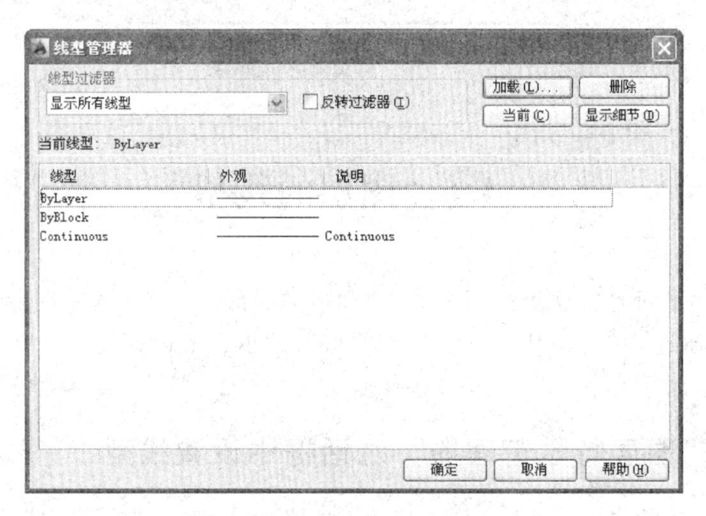

图 4-20 “线型管理器”对话框

4.7 查询工具

4.7.1 距离查询

命令行：MEASUREGEOM

菜单栏：工具→查询→距离

工具栏：查询

【操作步骤】

命令：MEASUREGEOM

输入选项[距离(D)/半径(R)/角度(A)/面积(AR)/体积(V)]<距离>：_distance

指定第一点：指定点

指定第二点或［多点］：指定第二点或输入 m 表示多个点

输入选项[距离(D)/半径(R)/角度(A)/面积(AR)/体积(V)/退出(X)]<距离>：退出

【选项说明】

多点：

如果使用此选项，将基于现有直线段和当前橡皮线即时计算总距离。

4.7.2 面积查询

【执行方式】

命令行：MEASUREGEOM

菜单栏：工具→查询→面积

工具栏：面积

【操作步骤】

命令：MEASUREGEOM

输入选项[距离(D)/半径(R)/角度(A)/面积(AR)/体积(V)]<距离>：_area

指定第一个角点或[对象(O)/增加面积(A)/减少面积(S)/退出(X)]<对象>：选择选项

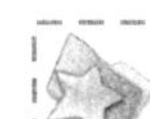

【选项说明】

在工具选项板中，系统设置了一些常用图形的选项卡，这些选项卡可以方便用户绘图。

1. 指定角点

计算由指定点所定义的面积和周长。

2. 增加面积

打开“加”模式，并在定义区域时即时保持总面积。

3. 减少面积

从总面积中减去指定的面积。

4.8 对象约束

约束能够用于精确地控制草图中的对象。草图约束有两种类型：尺寸约束和几何约束。

几何约束建立起草图对象的几何特性（如要求某一直线具有固定长度）或是两个或更多草图对象的关系类型（如要求两条直线垂直或平行，或是几个弧具有相同的半径）。在图形区用户可以使用“参数化”选项卡内的“全部显示”、“全部隐藏”或“显示”来显示有关信息，并显示代表这些约束的直观标记（如图 4-21 所示的水平标记和共线标记）。

尺寸约束建立起草图对象的大小（如直线的长度、圆弧的半径等等）或是两个对象之间的关系（如两点之间的距离）。如图 4-22 所示为一带有尺寸约束的示例。

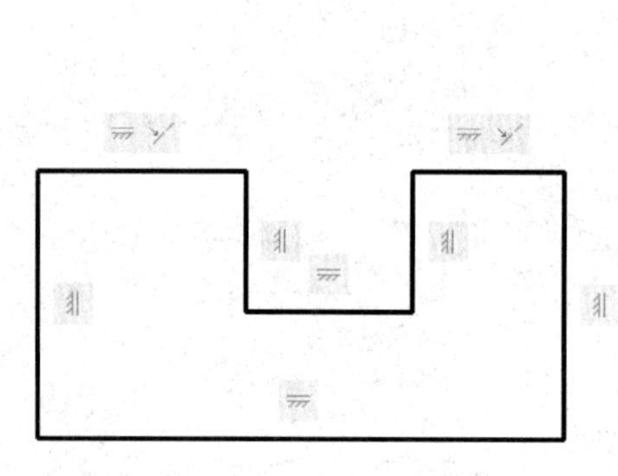
图 4-21 “几何约束”示意图

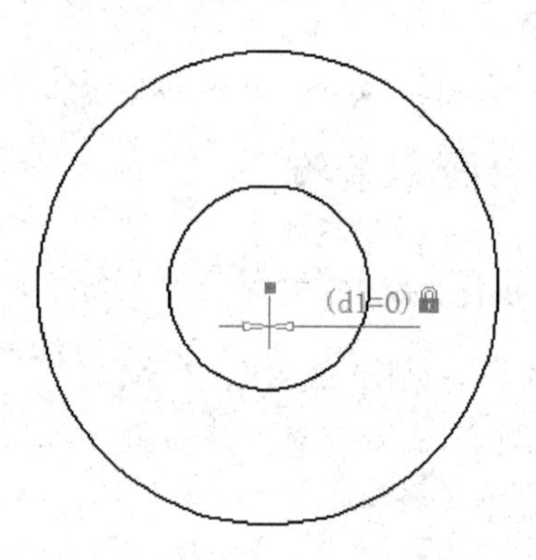

图 4-22 “尺寸约束”示意图

4.8.1 几何约束

使用几何约束，可以指定草图对象必须遵守的条件，或是草图对象之间必须维持的关系。几何约束面板及工具栏（面板在“参数化”标签内的“几何”面板中）如图 4-23 所示，其主要几何约束选项功能如表 4-3 所示。

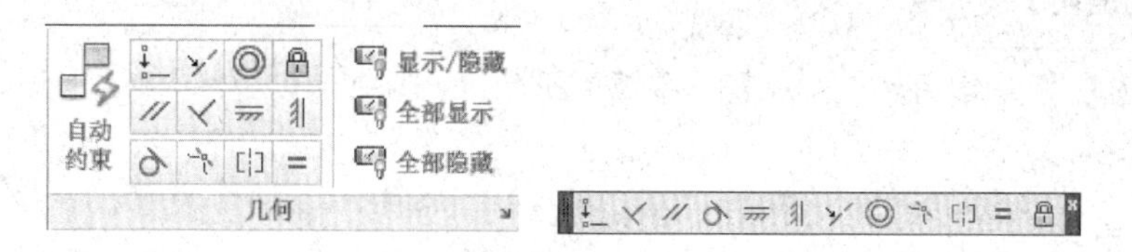

图 4-23 “几何约束”面板及工具栏

特殊位置点捕捉　　表 4-3

约束模式	功能
重合	约束两个点使其重合，或者约束一个点使其位于曲线（或曲线的延长线）上。可以使对象上的约束点与某个对象重合，也可以使其与另一对象上的约束点重合。
共线	使两条或多条直线段沿同一直线方向。

续表

约束模式	功　能
同心	将两个圆弧、圆或椭圆约束到同一个中心点。结果与将重合约束应用于曲线的中心点所产生的结果相同。
固定	将几何约束应用于一对对象时，选择对象的顺序以及选择每个对象的点可能会影响对象彼此间的放置方式。
平行	使选定的直线位于彼此平行的位置。平行约束在两个对象之间应用。
垂直	使选定的直线位于彼此垂直的位置。垂直约束在两个对象之间应用。
水平	使直线或点对位于与当前坐标系的 X 轴平行的位置。默认选择类型为对象。
竖直	使直线或点对位于与当前坐标系的 Y 轴平行的位置。
相切	将两条曲线约束为保持彼此相切或其延长线保持彼此相切。相切约束在两个对象之间应用。
平滑	将样条曲线约束为连续，并与其他样条曲线、直线、圆弧或多段线保持 G2 连续性。
对称	使选定对象受对称约束，相对于选定直线对称。
相等	将选定圆弧和圆的尺寸重新调整为半径相同，或将选定直线的尺寸重新调整为长度相同。

绘图中可指定二维对象或对象上的点之间的几何约束。之后编辑受约束的几何图形时，将保留约束。因此，通过使用几何约束，可以在图形中包括设计要求。

在用 AutoCAD 绘图时，使用“约束设置”对话框，如图 4-24 所示，可以控制约束栏上显示或隐藏的几何约束类型。

【执行方式】

命令行：CONSTRAINTSETTINGS

菜单栏：参数→约束设置

功能区：参数化→几何→几何约束设置

工具栏：参数化→约束设置

快捷键：CSETTINGS

【操作步骤】

命令：CONSTRAINTSETTINGS↙

系统打开“约束设置”对话框，在该对话框中，单击“几何”标签打开“几何”选项卡，如图 4-24 所示。利用此对话框可以控制约束栏上约束类型的显示。

【选项说明】

1. “约束栏设置”选项组：此选项组控制图形编辑器中是否为对象显示约束栏或约束点标记。例如，可以为水平约束和竖直约束隐藏约束栏的显示。

2. “全部选择”按钮：选择几何约束类型。

3. “全部清除”按钮：清除选定的几何约束类型。

4. “仅为处于当前平面中的对象显示约束栏”复选框：仅为当前平面上受几何约束的对象显示约束栏。

5. “约束栏透明度”选项组：设置图形中约束栏的透明度。

6. “将约束应用于选定对象后显示约束栏”复选框：手动应用约束后或使用 AUTO-CONSTRAIN 命令时显示相关约束栏。

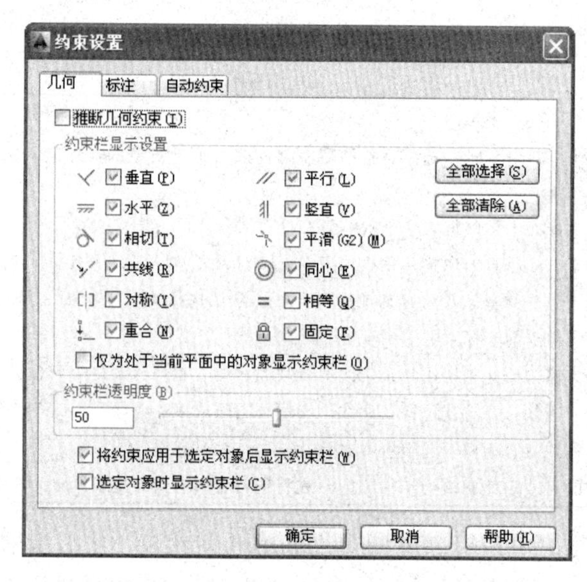

图 4-24 “约束设置”对话框“几何”选项卡

4.8.2 尺寸约束

建立尺寸约束是限制图形几何对象的大小，也就是与在草图上标注尺寸相似，同样设置尺寸标注线，与此同时在建立相应的表达式，不同的是可以在后续的编辑工作中实现尺寸的参数化驱动。标注约束面板及工具栏（面板在“参数化”标签内的“标注”面板中）如图 4-25 所示。

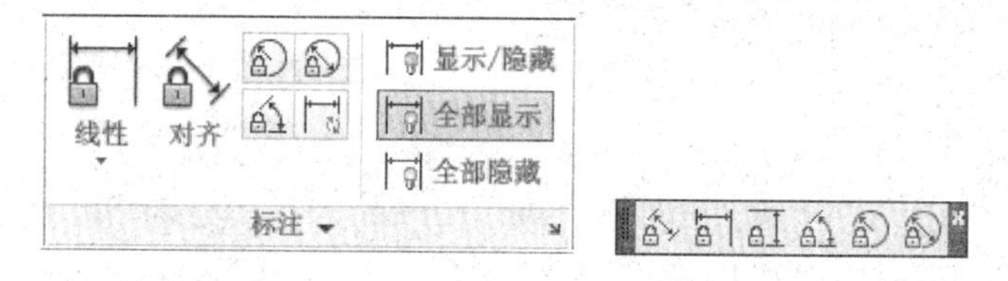

图 4-25 “标注约束”面板及工具栏

在生成尺寸约束时，用户可以选择草图曲线、边、基准平面或基准轴上的点，以生成水平、竖直、平行、垂直和角度尺寸。

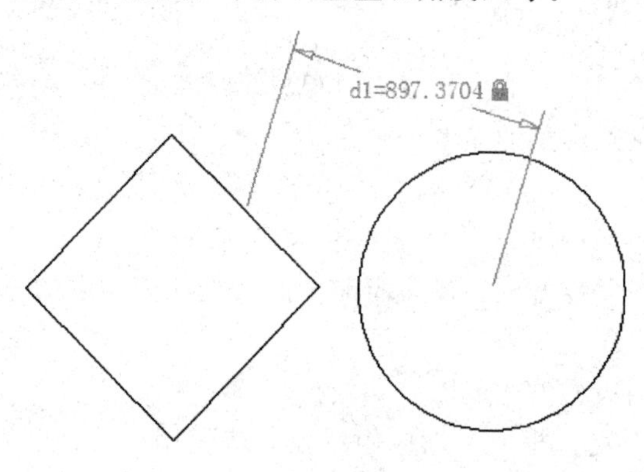

图 4-26 “尺寸约束编辑”示意图

生成尺寸约束时，系统会生成一个表达式，其名称和值显示在一弹出的对话框文本区域中，如图 4-26 所示，用户可以接着编辑该表达式的名和值。

生成尺寸约束时，只要选中了几何体，其尺寸及其延伸线和箭头就会全部显示出来。将尺寸拖动到位，然后单击左键。完成尺寸约束后，用户还可以随时更改尺寸约束。只需在图形区选中该值双击，然后可以使用生成过程所采用的同一方式，编辑其名称、值或位置。

在用 AutoCAD 绘图时，使用“约束设置”对话框内的“标注”选项卡，如图 4-27 所示，可控制显示标注约束时的系统配置。标注约束控制设计的大小和比例。它们可以约束以下内容：

1. 对象之间或对象上的点之间的距离。

2. 对象之间或对象上的点之间的角度。

【执行方式】

命令行：CONSTRAINTSETTINGS

菜单栏：参数→约束设置

功能区：参数化→标注→标注约束设置

工具栏：参数化→约束设置

快捷键：CSETTINGS

【操作步骤】

命令：CONSTRAINTSETTINGS↙

系统打开“约束设置”对话框，在该对话框中，单击“标注”标签打开“标注”选项卡，如图 4-27 所示。利用此对话框可以控制约束栏上约束类型的显示。

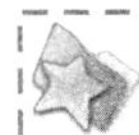【选项说明】

1. “显示所有动态约束”复选框：默认情况下显示所有动态标注约束。

2. “标注约束格式”选项组：该选项组内可以设置标注名称格式和锁定图标的显示。

3. “标注名称格式”下拉框：为应用标注约束时显示的文字指定格式。将名称格式设置为显示：名称、值或名称和表达式。例如：宽度=长度/2

4. “为注释性约束显示锁定图标”复选框：针对已应用注释性约束的对象显示锁定图标。

图 4-27 “约束设置”对话框“标注”选项卡

5. “为选定对象显示隐藏的动态约束”显示选定时已设置为隐藏的动态约束。

4.8.3 自动约束

在用 AutoCAD 绘图时，使用“约束设置”对话框内的“自动约束”选项卡，如图 4-28 所示，可将设定公差范围内的对象自动设置为相关约束。

【执行方式】

命令行：CONSTRAINTSETTINGS

菜单栏：参数→约束设置

功能区：参数化→标注→标注约束设置

工具栏：参数化→约束设置

快捷键：CSETTINGS

【操作步骤】

命令：CONSTRAINTSETTINGS↙

系统打开“约束设置”对话框，在该对话框中，单击“自动约束”标签打开“自动约束”选项卡，如图4-28所示。利用此对话框可以控制自动约束相关参数。

图4-28 “约束设置”对话框“自动约束”选项卡

【选项说明】

1. “自动约束”列表框：显示自动约束的类型以及优先级。可以通过“上移”和“下移”按钮调整优先级的先后顺序。可以单击✔符号选择或去掉某约束类型作为自动约束类型。

2. “相切对象必须共用同一交点”复选框：指定两条曲线必须共用一个点（在距离公差内指定）以便应用相切约束。

3. “垂直对象必须共用同一交点”复选框：指定直线必须相交或者一条直线的端点必须与另一条直线或直线的端点重合（在距离公差内指定）。

4. “公差”选项组：设置可接受的“距离”和“角度”公差值以确定是否可以应用约束。

第5章 二维编辑命令

二维图形的编辑操作配合绘图命令的使用可以进一步完成复杂图形对象的绘制工作，并可使用户合理安排和组织图形，保证绘图准确，减少重复，因此，对编辑命令的熟练掌握和使用有助于提高设计和绘图的效率。

- 选择对象
- 删除及恢复类命令
- 复制类命令
- 改变位置类命令
- 改变几何特性类命令
- 对象编辑

5.1 选择对象

AutoCAD 2014 提供了两种编辑图形的途径：

1. 先执行编辑命令，然后选择要编辑的对象。

2. 先选择要编辑的对象，然后执行编辑命令。

这两种途径的执行效果是相同的。AutoCAD 2014 提供了多种对象选择方法，如点取方法、用选择窗口选择对象、用选择线选择对象、用对话框选择对象等。AutoCAD 可以把选择的多个对象组成整体，如选择集和对象组，进行整体编辑与修改。

5.1.1 构造选择集

选择集可以仅由一个图形对象构成，也可以是一个复杂的对象组，如位于某一特定层上的具有某种特定颜色的一组对象。选择集的构造可以在调用编辑命令之前或之后进行。

AutoCAD 提供以下几种方法来构造选择集：

1. 先选择一个编辑命令，然后选择对象，按 Enter 键，结束操作。

2. 使用 SELECT 命令。在命令提示行输入 SELECT，然后根据选择的选项，出现选择对象提示，按 Enter 键，结束操作。

3. 用点取设备选择对象，然后调用编辑命令。

4. 定义对象组。

无论使用哪种方法，AutoCAD 都将提示用户选择对象，并且光标的形状由十字光标变为拾取框。

下面结合 SELECT 命令说明选择对象的方法。

SELECT 命令可以单独使用，也可以在执行其他编辑命令时被自动调用。此时屏幕提示如下：

选择对象：

等待用户以某种方式选择对象作为回答。AutoCAD 提供多种选择方式，可以键入“?”查看这些选择方式。选择选项后，会出现如下提示：

需要点或窗口(W)/上一个(L)/窗交(C)/框(BOX)/全部(ALL)/栏选(F)/圈围(WP)/圈交(CP)/编组(G)/添加(A)/删除(R)/多个(M)/前一个(P)/放弃(U)/自动(AU)/单个(SI)/子对象(SU)/对象(O)

选择对象：

上面各选项的含义如下：

(1) 点

该选项表示直接通过点取的方式选择对象。用鼠标或键盘移动拾取框，使其框住要选取的对象，然后单击，就会选中该对象并以高亮度显示。

(2) 窗口 (W)

用由两个对角顶点确定的矩形窗口选取位于其范围内部的所有图形，与边界相交的对象不会被选中。在指定对角顶点时应该按照从左向右的顺序，如图 5-1 所示。

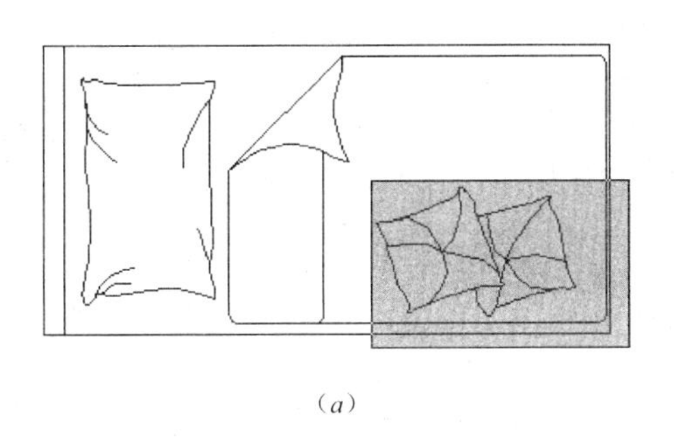
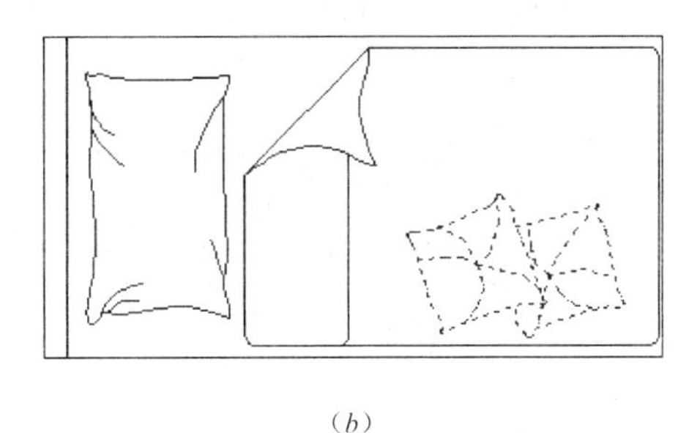

(a)　　(b)

图 5-1 “窗口”对象选择方式
(a) 图中深色覆盖部分为选择窗口；(b) 选择后的图形

(3) 上一个 (L)

在“选择对象:”提示下键入 L 后，按 Enter 键，系统会自动选取最后绘出的一个对象。

(4) 窗交 (C)

该方式与上述“窗口”方式类似，区别在于：它不但选中矩形窗口内部的对象，也选中与矩形窗口边界相交的对象。选择的对象如图 5-2 所示。

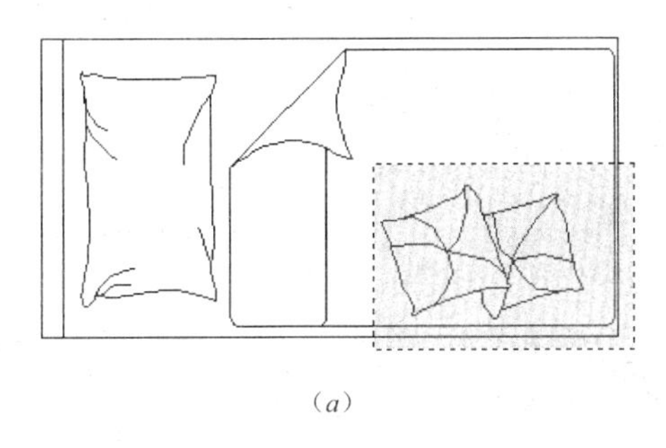
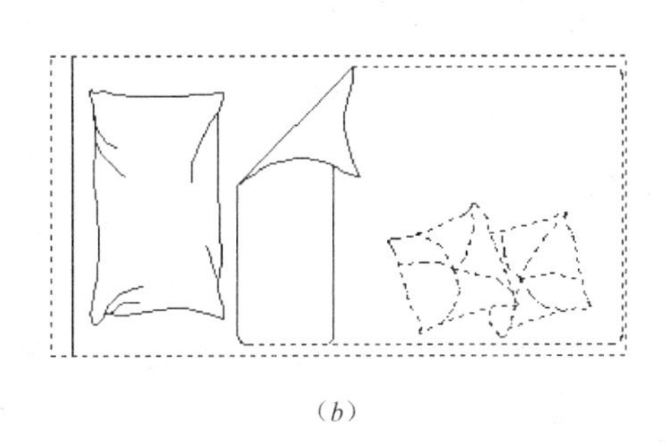

(a)　　(b)

图 5-2 “窗交”对象选择方式
(a) 图中深色覆盖部分为选择窗口；(b) 选择后的图形

(5) 框 (BOX)

使用时，系统根据用户在屏幕上给出的两个对角点的位置而自动引用“窗口”或“窗交”方式。若从左向右指定对角点，则为“窗口”方式；反之，则为“窗交”方式。

(6) 全部 (ALL)

选取图面上的所有对象。

(7) 栏选 (F)

用户临时绘制一些直线，这些直线不必构成封闭图形，凡是与这些直线相交的对象均被选中，执行结果如图 5-3 所示。

(8) 圈围 (WP)

使用一个不规则的多边形来选择对象。根据提示，用户顺次输入构成多边形的所有顶点的坐标，最后，按 Enter 键结束操作，系统将自动连接第一个顶点到最后一个顶点的各个顶点，形成封闭的多边形。凡是被多边形围住的对象均被选中（不包括边界）。执行结果如图 5-4 所示。

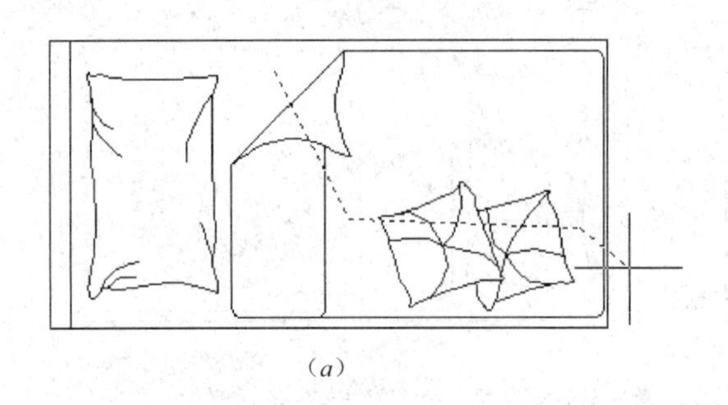

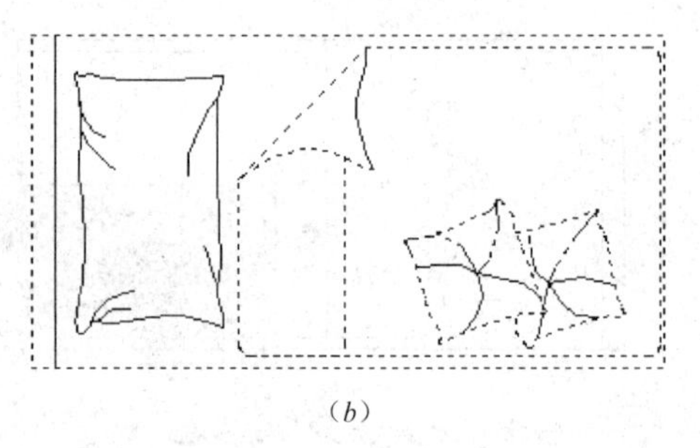

（a）　　　　　　　　　　　　　　　　（b）

图 5-3 “栏选”对象选择方式

（a）图中虚线为选择栏；（b）选择后的图形

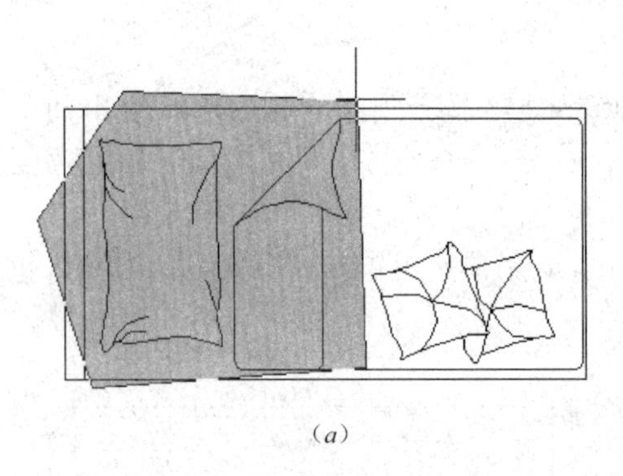

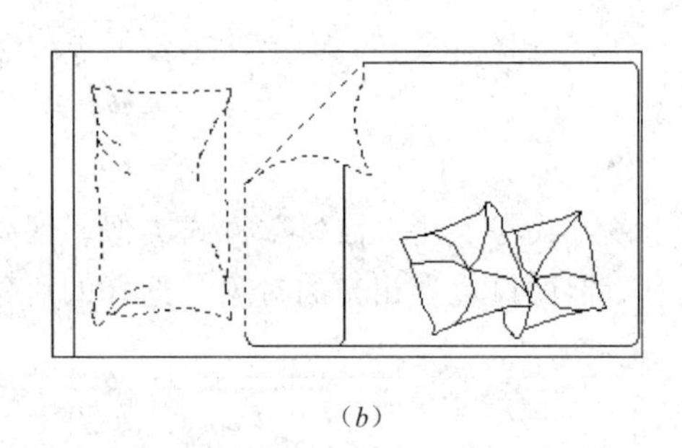

（a）　　　　　　　　　　　　　　　　（b）

图 5-4 “圈围”对象选择方式

（a）图中十字线所拉出的深色多边形为选择窗口；（b）选择后的图形

（9）圈交（CP）

类似于“圈围”方式，在“选择对象：”提示后键入 CP，后续操作与“圈围”方式相同。区别在于：与多边形边界相交的对象也被选中。

（10）编组（G）

使用预先定义的对象组作为选择集，事先将若干个对象组成对象组，用组名引用。

（11）添加（A）

添加下一个对象到选择集。也可用于从移走模式（Remove）到选择模式的切换。

（12）删除（R）

按住 Shift 键选择对象，可以从当前选择集中移走该对象。对象由高亮度显示状态变为正常显示状态。

（13）多个（M）

指定多个点，不亮显示对象。这种方法可以加快在复杂图形上的选择对象过程。若两个对象交叉，两次指定交叉点，则可以选中这两个对象。

（14）上一个（P）

用关键字 P 回应“选择对象：”的提示，则把上次编辑命令中的最后一次构造的选择集或最后一次使用 Select（DDSELECT）命令预置的选择集作为当前选择集。这种方法适用于对同一选择集进行多种编辑操作的情况。

（15）放弃（U）

用于取消加入选择集的对象。

(16) 自动(AU)

选择结果视用户在屏幕上的选择操作而定。如果选中单个对象，则该对象为自动选择的结果，如果选择点落在对象内部或外部的空白处，系统会提示如下。

指定对角点：

此时系统会采取一种窗口的选择方式。对象被选中后，变为虚线形式，并以高亮度显示。

技巧荟萃

若矩形框从左向右定义，即第一个选择的对角点为左侧的对角点，矩形框内部的对象被选中，框外部及与矩形框边界相交的对象不会被选中。若矩形框从右向左定义，矩形框内部及与矩形框边界相交的对象都会被选中。

(17) 单个(SI)

选择指定的第一个对象或对象集，而不继续提示进行下一步的选择。

5.1.2 快速选择

有时用户需要选择具有某些共同属性的对象来构造选择集，如选择具有相同颜色、线型或线宽的对象，用户当然可以使用前面介绍的方法来选择这些对象，但如果要选择的对象数量较多且分布在较复杂的图形中，则会导致很大的工作量。AutoCAD 2014 提供了 QSELECT 命令来解决这个问题。调用 QSELECT 命令后，打开"快速选择"对话框，利用该对话框可以根据用户指定的过滤标准快速创建选择集。"快速选择"对话框如图 5-5 所示。

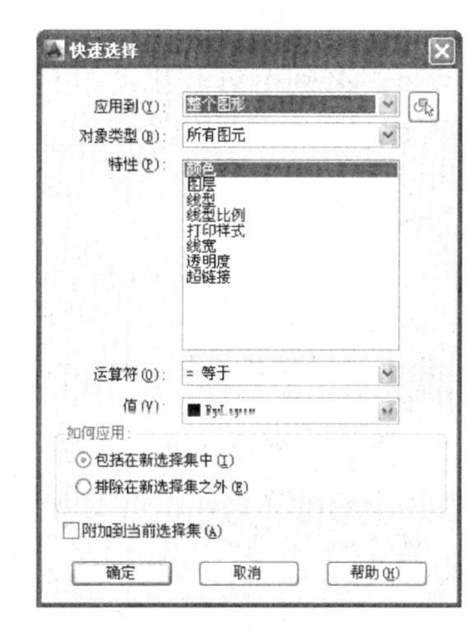

图 5-5 "快速选择"对话框

【执行方式】

命令行：QSELECT

菜单栏：工具→快速选择

快捷菜单：在绘图区右击，从打开的右键快捷菜单上单击"快速选择"命令（如图 5-6 所示）或"特性"选项板→快速选择（如图 5-7 所示）。

【操作步骤】

执行上述命令后，系统打开"快速选择"对话框。在该对话框中，可以选择符合条件的对象或对象组。

5.1.3 构造对象组

对象组与选择集并没有本质的区别，当我们把若干个对象定义为选择集并想让它们在以后的操作中始终作为一个整体时，为了简捷，可以给这个选择集命名并保存起来，这个

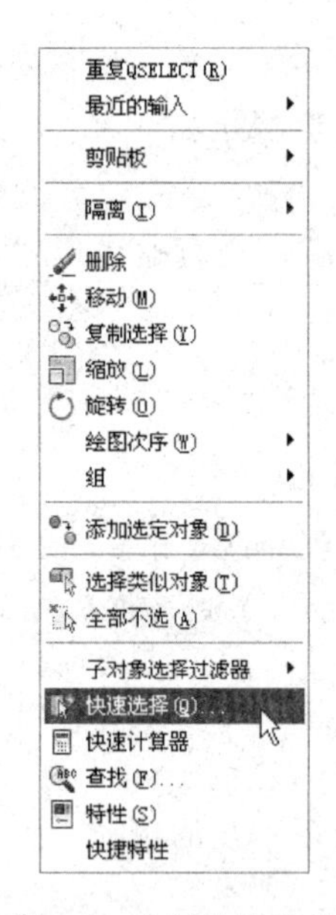

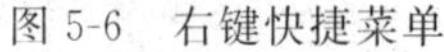

图 5-6　右键快捷菜单

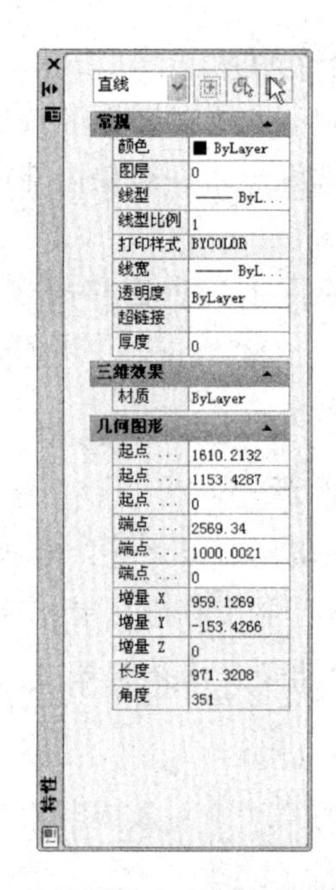

图 5-7　“特性”选项板中的快速选择

被命名的对象选择集就是对象组，它的名字称为组名。

如果对象组可以被选择（位于锁定层上的对象组不能被选择），那么可以通过它的组名引用该对象组，并且一旦组中任何一个对象被选中，那么组中的全部对象成员都被选中。

【执行方式】

命令行：GROUP

【操作步骤】

执行上述命令后，系统打开“对象编组”对话框。利用该对话框可以查看或修改存在的对象组的属性，也可以创建新的对象组。

5.2　删除及恢复类命令

这一类命令主要用于删除图形的某部分或对已被删除的部分进行恢复，包括删除、回退、重做、清除等命令。

5.2.1　删除命令

如果所绘制的图形不符合要求或错绘了图形，则可以使用删除命令 ERASE 把它删除。

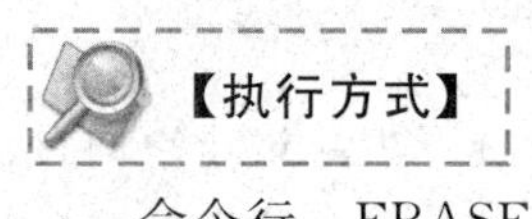

命令行：ERASE

菜单栏：修改→删除

快捷菜单：选择要删除的对象，在绘图区右击，从打开的右键快捷菜单上选择“删除”命令。

工具栏：修改→删除

【操作步骤】

可以先选择对象，然后调用删除命令；也可以先调用删除命令，然后再选择对象。选择对象时，可以使用前面介绍的各种对象选择的方法。

当选择多个对象时，多个对象都被删除；若选择的对象属于某个对象组，则该对象组的所有对象都被删除。

5.2.2 恢复命令

若误删除了图形，则可以使用恢复命令 OOPS 恢复误删除的对象。

【执行方式】

命令行：OOPS 或 U

工具栏：标准→回退

快捷键：Ctrl+Z

【操作步骤】

在命令行窗口的提示行上输入 OOPS，按 Enter 键。

5.2.3 清除命令

此命令与删除命令的功能完全相同。

【执行方式】

菜单栏：编辑→删除

快捷键：Del

【操作步骤】

用菜单或快捷键输入上述命令后，系统提示：

选择对象：(选择要清除的对象，按 Enter 键执行清除命令)

5.3 复制类命令

本节详细介绍 AutoCAD 2014 的复制类命令。利用这些复制类命令，可以方便地编辑绘制图形。

5.3.1 复制命令

【执行方式】

命令行：COPY

菜单栏：修改→复制

工具栏：修改→复制

快捷菜单：选择要复制的对象，在绘图区右击，从打开的右键快捷菜单上选择“复制选择”命令。

【操作步骤】

命令：COPY↙

选择对象：(选择要复制的对象)

选择一个或多个对象，按 Enter 键，结束选择操作。系统继续提示如下。

当前设置： 复制模式＝多个

指定基点或［位移（D)/模式（O)］〈位移〉：

指定第二个点或［阵列（A)］〈使用第一个点作为位移〉：↙

指定第二个点或［阵列 A（D)/退出 E（D)/放弃（U)］〈退出〉：↙

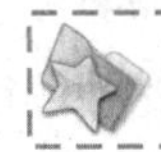

【选项说明】

1. 指定基点

指定一个坐标点后，AutoCAD 2014 把该点作为复制对象的基点，并提示如下：

指定位移的第二点或〈用第一点作位移〉：↙

指定第二个点后，系统将根据这两点确定的位移矢量把选择的对象复制到第二点处。如果此时直接按 Enter 键，即选择默认的“用第一点作位移”，则第一个点被当作相对于 X、Y、Z 的位移。例如，如果指定基点为（2，3）并在下一个提示下按 Enter 键，则该对象从它当前的位置开始，在 X 方向上移动 2 个单位，在 Y 方向上移动 3 个单位。复制完成后，系统会继续提示如下：

指定位移的第二点：↙

这时，可以不断指定新的第二点，从而实现多重复制。

2. 位移

直接输入位移值，表示以选择对象时的拾取点为基准，以拾取点坐标为移动方向，纵横比移动指定位移后所确定的点为基点。例如，选择对象时的拾取点坐标为（2，3），输入位移为 5，则表示以（2，3）点为基准，沿纵横比为 3∶2 的方向移动 5 个单位所确定的点为基点。

3. 模式

控制是否自动重复该命令。确定复制模式是单个还是多个。

5.3.2 实例——洗手盆

绘制如图 5-8 所示的洗手盆。

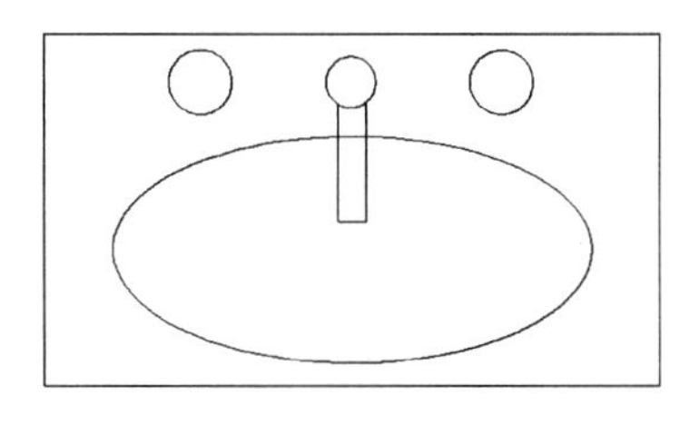

图 5-8 洗手盆

光盘\视频教学\第 5 章\洗手盆.avi

【绘制步骤】

1. 单击“修改”工具栏中的“矩形”按钮和“椭圆”按钮绘制初步图形，使椭圆圆心大约在矩形中线上，如图 5-9 所示。

2. 利用“圆”命令和“直线”命令配合对象捕捉功能绘制出水口，使其位置大约处于矩形中线上，如图 5-10 所示。

3. 单击“绘图”工具栏中的“圆”按钮，用对象追踪功能捕捉圆心，与刚绘制的出水口圆的圆心在一条直线上，以适当尺寸绘制左边旋钮，如图 5-11 所示。

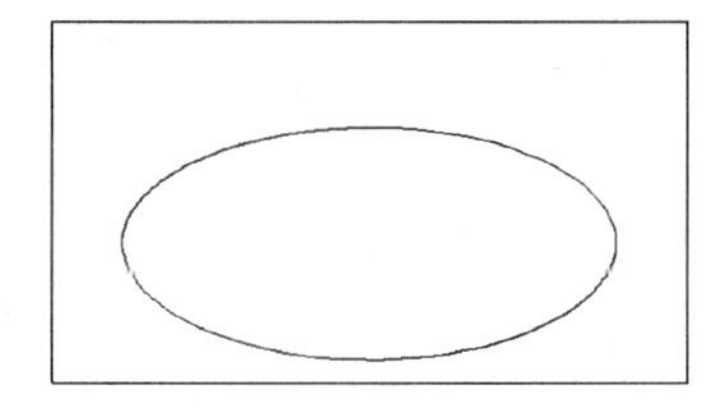

图 5-9 绘制初步图形

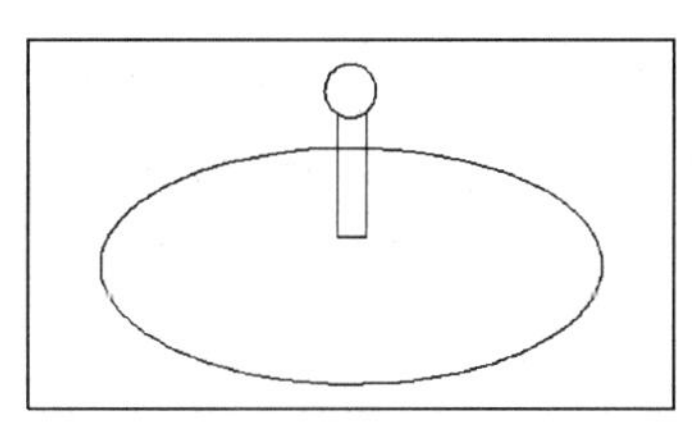

图 5-10 绘制出水口

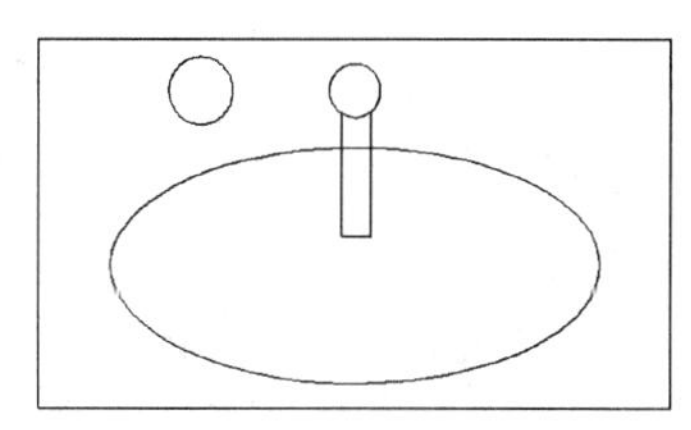

图 5-11 绘制旋钮

4. 单击“修改”工具栏中的“复制”按钮，复制绘制的所有圆，命令行提示与操作如下：

命令：_copy↙

选择对象：(选择刚绘制的圆)

选择对象：↙↙

当前设置：复制模式＝多个

指定基点或［位移（D)/模式(O)］〈位移〉：(捕捉圆心)

指定第二个点或［阵列（A)］〈使用第一个点作为位移〉：(水平向右大约位置指定一点)

指定第二个点或［阵列（A)/退出（E)/放弃（U)］〈退出〉：↙

绘制结果如图 5-8 所示。

5.3.3 镜像命令

镜像对象是指把选择的对象以一条镜像线为对称轴进行镜像后的对象。镜像操作完成后，可以保留原对象，也可以将其删除。

【执行方式】

命令行：MIRROR

菜单栏：修改→镜像

工具栏：修改→镜像

【操作步骤】

命令：MIRROR↙

选择对象：（选择要镜像的对象）

指定镜像线的第一点：（指定镜像线的第一个点）

指定镜像线的第二点：（指定镜像线的第二个点）

要删除源对象？［是（Y）/否（N）］〈N〉：（确定是否删除源对象）

两点确定一条镜像线，被选择的对象以该线为对称轴进行镜像。包含该线的镜像平面与用户坐标系统的 XY 平面垂直，即镜像操作工作在与用户坐标系统的 XY 平面平行的平面上进行。

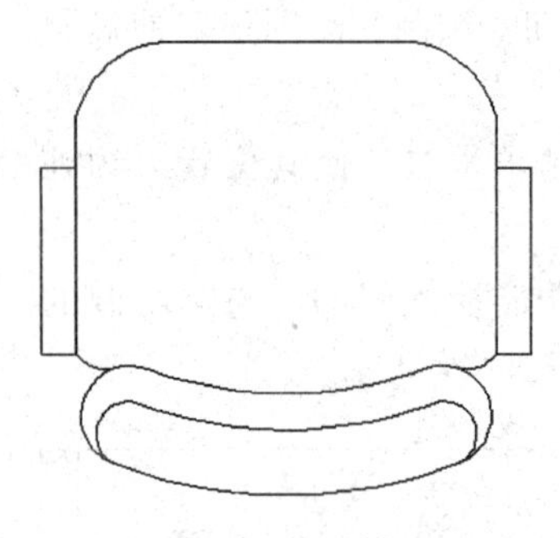

图 5-12　镜像图形

5.3.4 实例——办公椅

绘制如图 5-12 所示的办公椅。

参见光盘　光盘\视频教学\第 5 章\办公椅.avi

【绘制步骤】

1. 单击“绘图”工具栏中的“圆弧”按钮，绘制三条圆弧，采用“三点圆弧”的绘制方式，使 3 条圆弧形状相似，右端点大约在一条竖直线上，如图 5-13 所示。

2. 单击“绘图”工具栏中的“圆弧”按钮，绘制两条圆弧，采用“起点/端点/圆心”的绘制方式，起点和端点分别捕捉为刚绘制圆弧的左端点，圆心适当选取，使造型尽量光滑过渡，如图 5-14 所示。

3. 利用“矩形”、“圆弧”、“直线”等命令绘制扶手和外沿轮廓，如图 5-15 所示。

4. 单击“修改”工具栏中的“镜像”按钮，命令行提示与操作如下：

命令：MIRROR↙

选择对象：（选取绘制的所有图形）

选择对象：↙

指定镜像线的第一点：（捕捉最右边的点）

指定镜像线的第二点：（竖直向上指定一点）

要删除源对象吗？［是（Y）/否（N）］〈N〉：↙

绘制结果如图 5-12 所示。

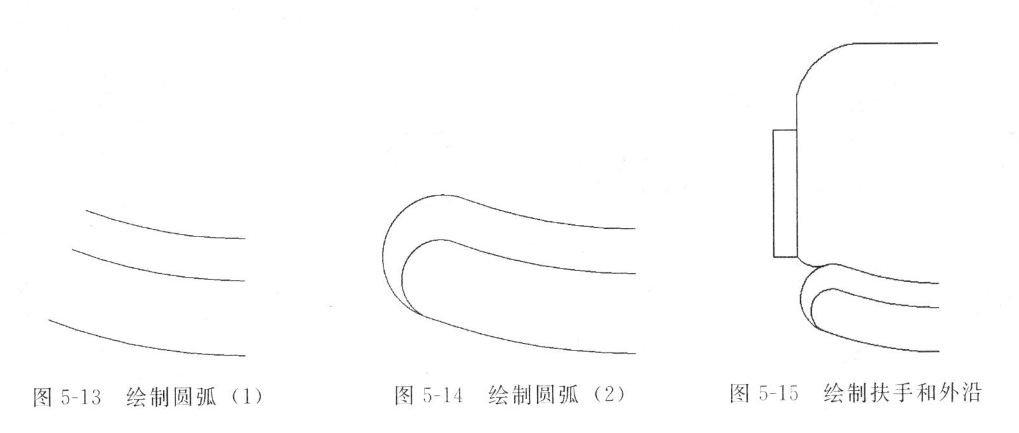

图 5-13 绘制圆弧（1） 图 5-14 绘制圆弧（2） 图 5-15 绘制扶手和外沿

5.3.5 偏移命令

偏移对象是指保持选择的对象的形状，在不同的位置以不同的尺寸大小新建的一个对象。

【执行方式】

命令行：OFFSET

菜单栏：修改→偏移

工具栏：修改→偏移

命令：OFFSET↙

当前设置：删除源＝否 图层＝源 OFFSETGAPTYPE＝0

指定偏移距离或［通过（T）/删除(E)/图层(L)］〈通过〉：(指定距离值)

选择要偏移的对象，或［退出（E）/放弃(U)］〈退出〉：(选择要偏移的对象。按 Enter 键，结束操作)

指定要偏移的那一侧上的点，或［退出（E）/多个(M)/放弃(U)］〈退出〉：(指定偏移方向)

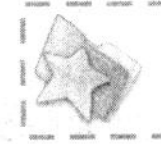【选项说明】

1. 指定偏移距离

输入一个距离值，或按 Enter 键，使用当前的距离值，系统将把该距离值作为偏移距离，如图 5-16 所示。

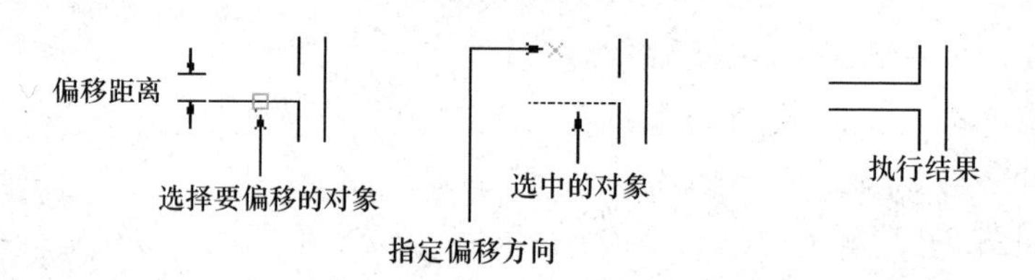

图 5-16　指定偏移对象的距离

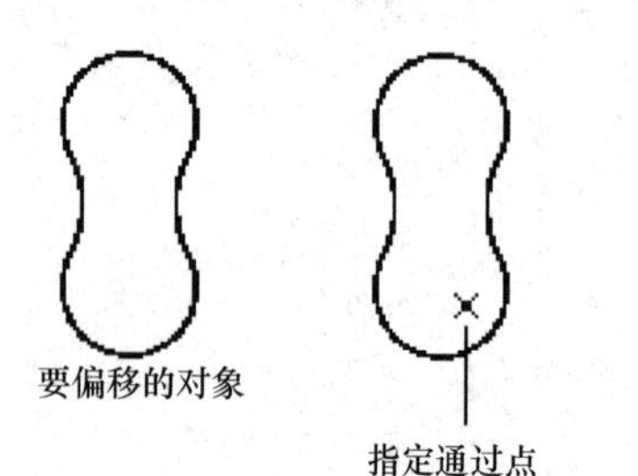

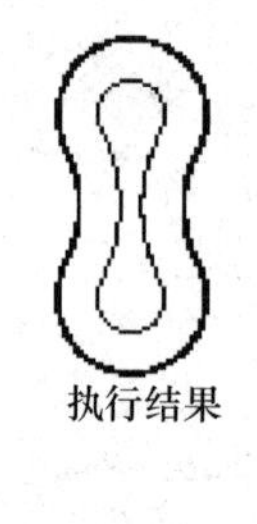

图 5-17　指定偏移对象的通过点

2. 通过（T）

指定偏移对象的通过点。选择该选项后出现如下提示：

选择要偏移的对象或〈退出〉：（选择要偏移的对象，按 Enter 键，结束操作）

指定通过点：（指定偏移对象的一个通过点）

操作完毕后，系统根据指定的通过点绘出偏移对象，如图 5-17 所示。

3. 删除（E）

偏移后，将源对象删除。选择该选项后出现如下提示：

要在偏移后删除源对象吗？[是（Y）/否（N）]〈当前〉：

4. 图层（L）

确定将偏移对象创建在当前图层上还是源对象所在的图层上。选择该选项后，出现如下提示：

输入偏移对象的图层选项 [当前（C）/源（S）]〈当前〉：

5.3.6　实例——单开门

本实例利用矩形命令绘制门外框，再利用偏移命令创建内框，最后利用直线、矩形、偏移命令绘制窗口等，绘制流程如图 5-18 所示。

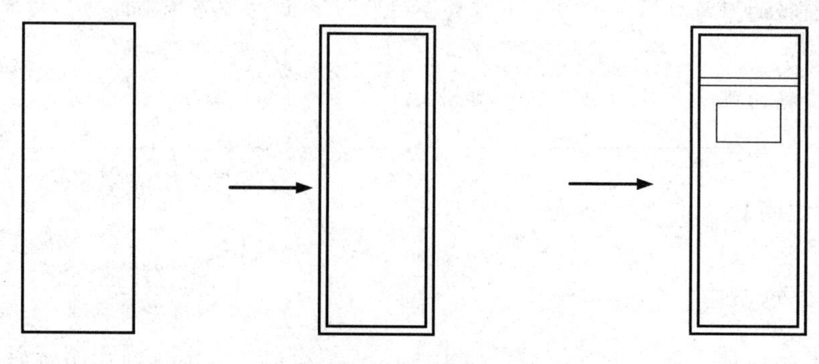

图 5-18　绘制单开门

参见光盘 光盘\视频教学\第 5 章\单开门.avi

【绘制步骤】

1. 单击“绘图”工具栏中的“矩形”按钮，绘制角点坐标分别为（0，0）和（@900，2400）的矩形，结果如图 5-19 所示。

2. 单击“修改”工具栏中的“偏移”按钮，将上步绘制的矩形进行偏移操作。命令行中的提示与操作如下：

命令：_offset↙

当前设置：删除源=否　图层=源　OFFSETGAPTYPE=0

指定偏移距离或［通过（T）/删除（E）/图层（L）］〈通过〉：　60↙

选择要偏移的对象，或［退出（E）/放弃（U）］〈退出〉：（选择上述矩形）

指定要偏移的那一侧上的点，或［退出（E）/多个（M）/放弃（U）］〈退出〉：（选择矩形内侧）

选择要偏移的对象，或［退出（E）/放弃（U）］〈退出〉：↙

结果如图 5-20 所示。

3. 单击“绘图”工具栏中的“直线”按钮，绘制端点坐标分别为（60，2000）和（@780，0）的直线。结果如图 5-21 所示。

4. 单击“修改”工具栏中的“偏移”按钮，将上一步绘制的直线向下偏移，偏移距离为 60，结果如图 5-22 所示。

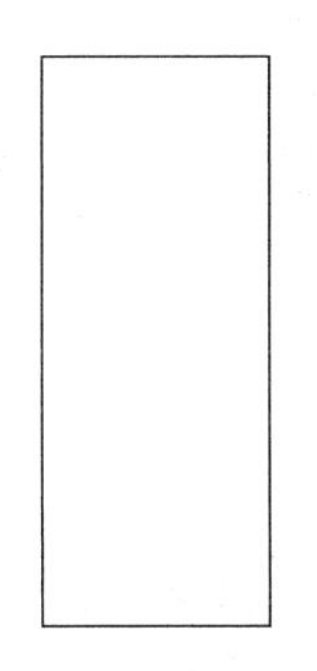
图 5-19　绘制矩形

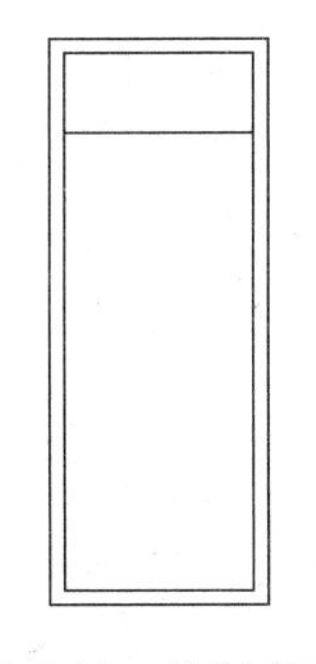
图 5-20　偏移操作

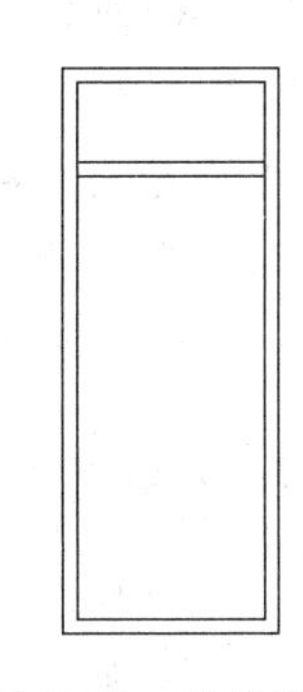
图 5-21　绘制直线

图 5-22　偏移操作

5. 单击“绘图”工具栏中的“矩形”按钮，绘制角点坐标分别为（200，1500）和（700，1800）的矩形。绘制结果如图 5-18 所示。

5.3.7　阵列命令

建立阵列是指多重复制选择的对象并把这些副本按矩形、路径或环形排列。把副本按矩形排列称为建立矩形阵列，把副本按路径排列称为建立路径阵列，把副本按环形排列称为建立极阵列。建立极阵列时，应该控制复制对象的次数和对象是否被旋转；建立矩形阵列时应该控制行和列的数量以及对象副本之间的距离。

【执行方式】

命令行：ARRAY

菜单栏：修改→阵列→矩形阵列/路径阵列/环形阵列

工具栏：修改→阵列→矩形阵列/路径阵列/环形阵列

【操作步骤】

命令：ARRAY↙

选择对象：(使用对象选择方法)↙

输入阵列类型[矩形(R)/路径(PA)/极轴(PO)]〈矩形〉：↙

【选项说明】

1. 矩形(R)

将选定对象的副本分布到行数、列数和层数的任意组合。选择该选项后出现如下提示：

选择夹点以编辑阵列或[关联(AS)/基点(B)/计数(COU)/间距(S)/列数(COL)/行数(R)/层数(L)/退出(X)]〈退出〉：(通过夹点，调整阵列间距、列数、行数和层数，也可以分别选择各选项输入数值)

2. 路径(PA)

沿路径或部分路径均匀分布选定对象的副本。选择该选项后出现如下提示：

选择路径曲线：(选择一条曲线作为阵列路径)

选择夹点以编辑阵列或[关联(AS)/方法(M)/基点(B)/切向(T)/项目(I)/行(R)/层(L)/对齐项目(A)/方向(Z)/退出(X)]〈退出〉：(通过夹点，调整阵行数和层数，也可以分别选择各选项输入数值)

3. 极轴(PO)

在绕中心点或旋转轴的环形阵列中均匀分布对象副本。选择该选项后出现如下提示：

指定阵列的中心点或[基点(B)/旋转轴(A)]：(选择中心点、基点或旋转轴)

选择夹点以编辑阵列或[关联(AS)/基点(B)/项目(I)/项目间角度(A)/填充角度(F)/行(ROW)/层(L)/旋转项目(ROT)/退出(X)]〈退出〉：(通过夹点，调整角度，填充角度，也可以分别选择各选项输入数值)

5.4 改变位置类命令

这一类编辑命令的功能是按照指定要求改变当前图形或图形的某部分的位置，主要包括移动、旋转和缩放等命令。

5.4.1 移动命令

【执行方式】

命令行：MOVE

菜单栏：修改→移动

工具栏：修改→移动

快捷菜单：选择要复制的对象，在绘图区右击，从打开的右键快捷菜单上选择“移动”命令。

【操作步骤】

命令：MOVE↙

选择对象：(选择对象)

用前面介绍的对象选择方法选择要移动的对象，按 Enter 键，结束选择。系统继续提示如下：

指定基点或位移：(指定基点或移至点)

指定基点或［位移（D)］〈位移〉:(指定基点或位移)

指定第二个点或〈使用第一个点作为位移〉:↙

命令的选项功能与“复制”命令类似。

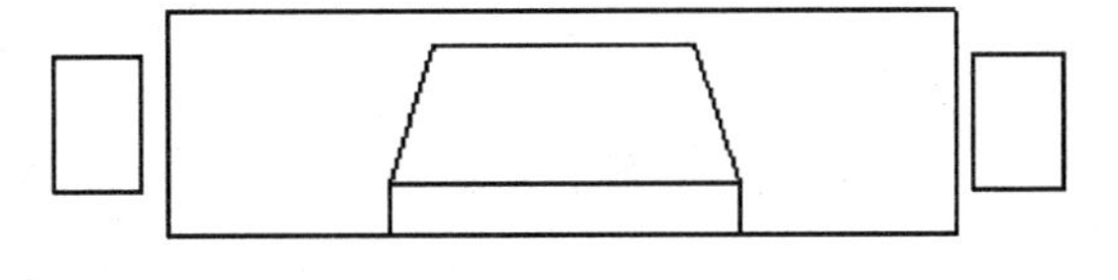

图 5-23 组合电视柜

5.4.2 实例——组合电视柜

绘制如图 5-23 所示的组合电视柜。

光盘\视频教学\第 5 章\组合电视柜.avi

【绘制步骤】

1. 打开源文件/第 5 章/电视柜图形，如图 5-24 所示。

2. 打开源文件/第 5 章/电视图形，如图 5-25 所示。

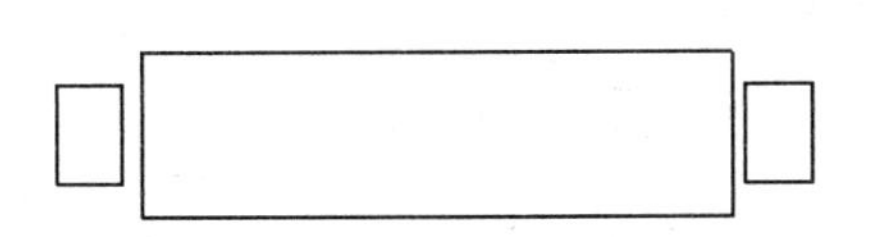

图 5-24 电视柜图形

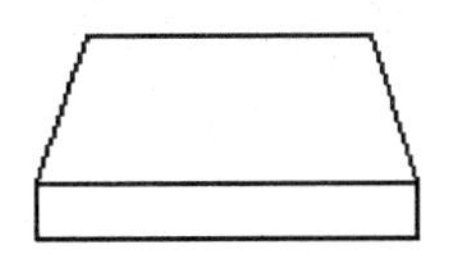

图 5-25 电视图形

3. 单击“修改”工具栏中的“移动”按钮，以电视图形外边的中点为基点，电视柜外边中点为第二点，将电视图形移动到电视柜图形上。

绘制结果如图 5-23 所示。

5.4.3 旋转命令

【执行方式】

命令行：ROTATE

菜单栏：修改→旋转

快捷菜单：选择要旋转的对象，在绘图区右击，从打开的右键快捷菜单上选择“旋转”命令。

工具栏：修改→旋转

【操作步骤】

命令：ROTATE↙

UCS 当前的正角方向： ANGDIR＝逆时针 ANGBASE＝0

选择对象：(选择要旋转的对象)

指定基点：(指定旋转的基点。在对象内部指定一个坐标点)

指定旋转角度，或［复制 (C)/参照 (R)］〈0〉：(指定旋转角度或其他选项)

【选项说明】

1. 复制 (C)

选择该选项，旋转对象的同时，保留原对象，如图 5-26 所示。

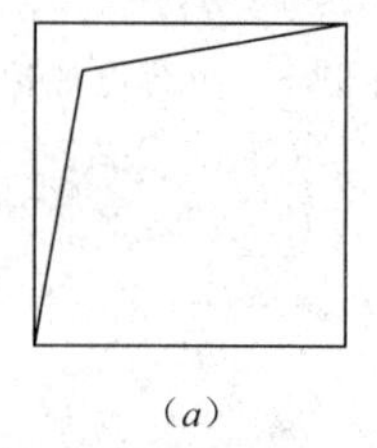

(*a*)

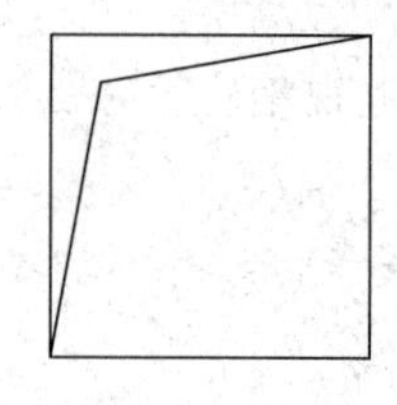

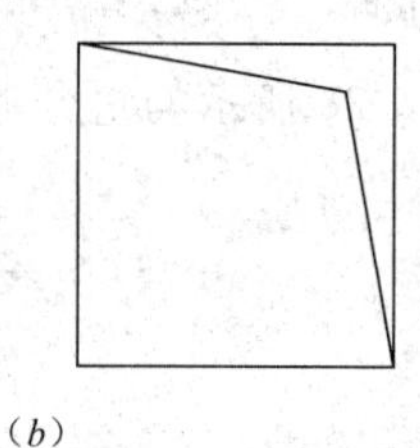

(*b*)

图 5-26 复制旋转

(*a*) 旋转前；(*b*) 旋转后

2. 参照 (R)

采用参照方式旋转对象时，系统提示如下：

操作完毕后，对象被旋转至指定的角度位置。

技巧荟萃

可以用拖动鼠标的方法旋转对象。选择对象并指定基点后，从基点到当前光标位置会出现一条连线，鼠标选择的对象会动态地随着该连线与水平方向的夹角的变化而旋转，按 Enter 键，确认旋转操作，如图 5-27 所示。

5.4.4 实例——接待台

绘制如图 5-28 所示的接待台。

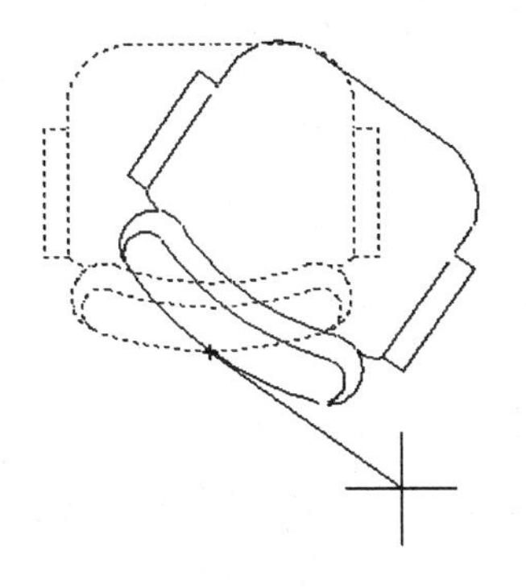

图 5-27 拖动鼠标旋转对象

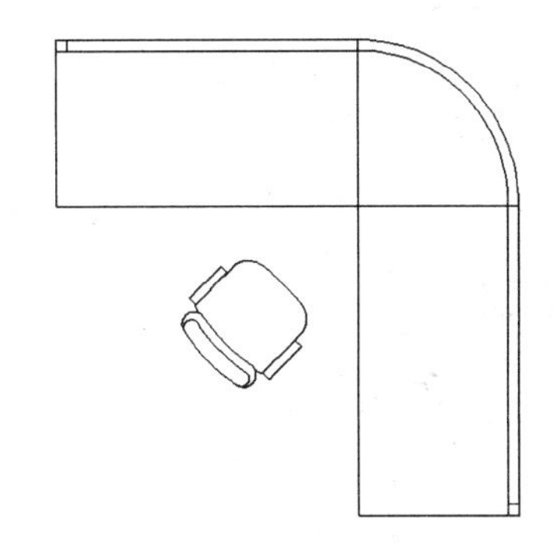

图 5-28 接待台

光盘\视频教学\第 5 章\接待台.avi

【绘制步骤】

1. 打开 5.3.4 小节绘制的办公椅图形，将其另存为“接待台.dwg”文件。

2. 单击“绘图”工具栏中的“矩形”按钮和“直线”按钮，绘制桌面图形，如图 5-29 所示。

3. 单击“修改”工具栏中的“镜像”按钮和“旋转”按钮，将桌面图形进行处理，利用“对象追踪”功能将对称线捕捉为过矩形右下角的 45°斜线，绘制结果如图 5-30 所示。

4. 单击“绘图”工具栏中的“圆弧”按钮，采取“圆心/起点/端点”的方式，绘制如图 5-31 所示的圆弧。

5. 单击“修改”工具栏中的“旋转”按钮，旋转绘制的办公椅。命令行提示与操作如下：

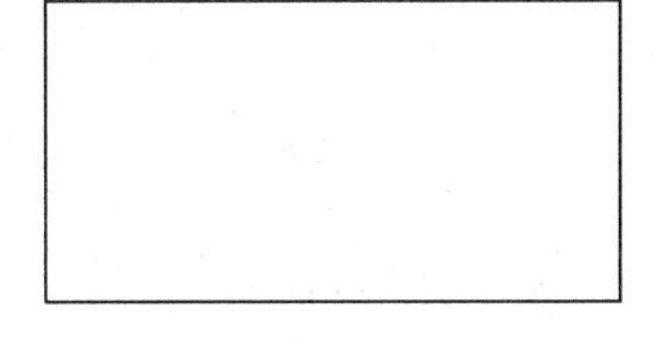

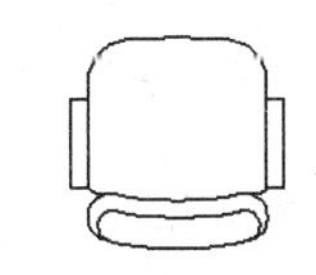

图 5-29 绘制桌面图形

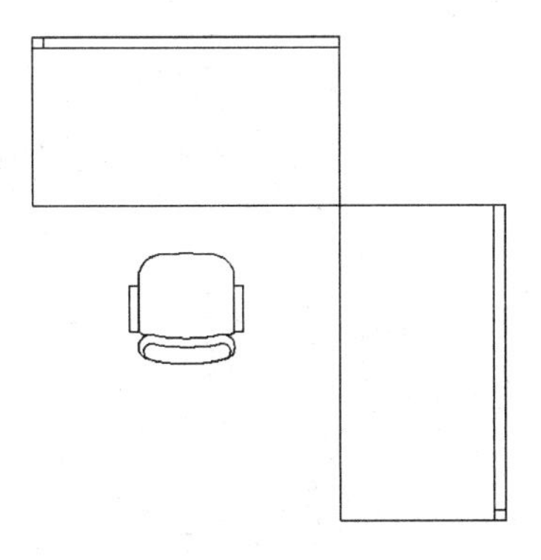

图 5-30 镜像处理

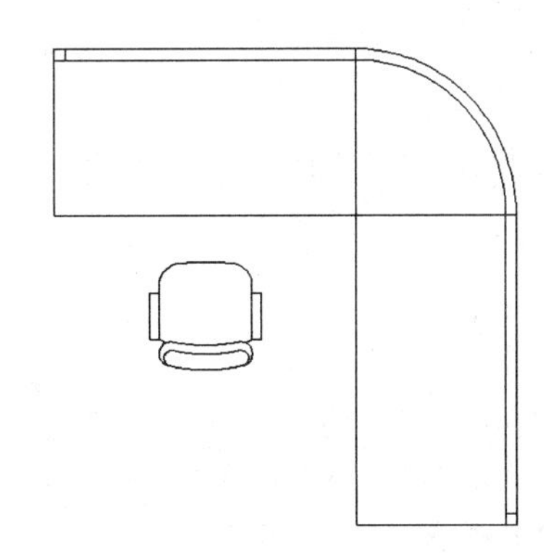

图 5-31 绘制圆弧

命令：_ rotate↙

UCS 当前的正角方向：　ANGDIR＝逆时针　ANGBASE＝0

选择对象：(选择办公椅)

选择对象：↙↙

指定基点：(指定椅背中点)

指定旋转角度或［复制（C）/参照（R）］〈0〉：-45↙

绘制结果如图 5-28 所示。

5.4.5 缩放命令

【执行方式】

命令行：SCALE

菜单栏：修改→缩放

工具栏：修改→缩放

快捷菜单：选择要缩放的对象，在绘图区右击，从打开的右键快捷菜单上选择“缩放”命令。

【操作步骤】

命令：SCALE↙

选择对象：(选择要缩放的对象)

指定基点：(指定缩放操作的基点)

指定比例因子或［复制（C）/参照（R）］〈1.0000〉：↙

【选项说明】

1. 指定比例因子

选择对象并指定基点后，从基点到当前光标位置会出现一条线段，线段的长度即为比例大小。鼠标选择的对象会动态地随着该连线长度的变化而缩放，按 Enter 键，确认缩放操作。

2. 复制（C）

选择“复制（C）”选项时，可以复制缩放对象，即缩放对象时，保留原对象，如图 5-32 所示。

3. 参照（R）

采用参考方向缩放对象时，系统提示如下：

指定参照长度〈1〉：(指定参考长度值)

指定新的长度或［点（P）］〈1.0000〉：(指定新长度值)

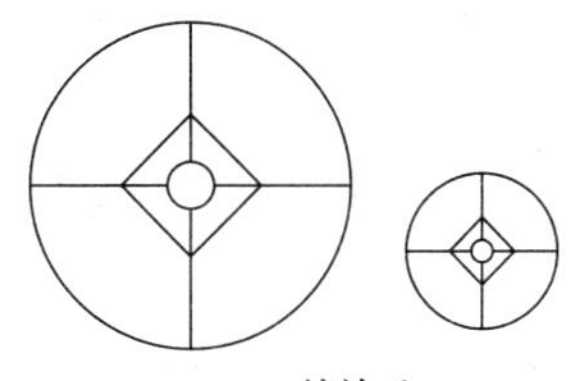

图 5-32　复制缩放

若新长度值大于参考长度值，则放大对象；否则，缩小对象。操作完毕后，系统以指定的基点按指定的比例因子缩放对象。如果选择“点（P）”选项，则指定两点来定义新的长度。

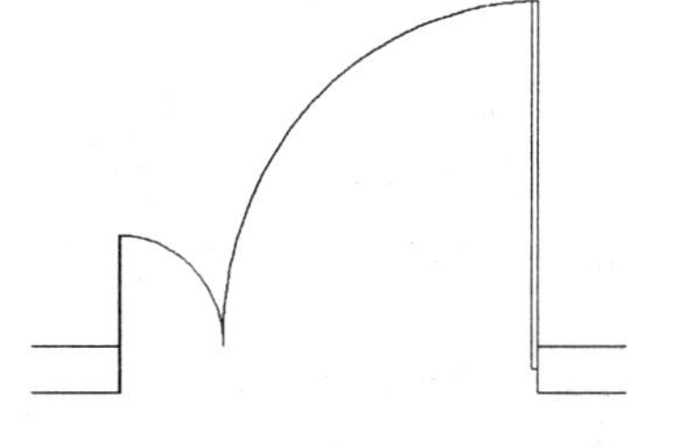

图 5-33　双扇平开门

5.4.6　实例——双扇平开门

绘制如图 5-33 所示的双扇平开门。

光盘\视频教学\第 5 章\双扇平开门.avi

【绘制步骤】

1. 利用所学知识绘制双扇平开门，如图 5-34 所示。
2. 单击“修改”工具栏中的“缩放”按钮，命令行提示与操作如下：

命令：SCALE↙
选择对象：（框选左边门扇）
选择对象：↙
指定基点：（指定左墙体右上角）
指定比例因子或［复制（C）/参照（R）］：0.5↙（结果如图 5-35 所示）
命令：SCALE↙
选择对象：（框选右边门扇）
选择对象：↙
指定基点：（指定右门右下角）
指定比例因子或［复制（C）/参照（R）］：1.5↙

最终结果如图 5-33 所示。

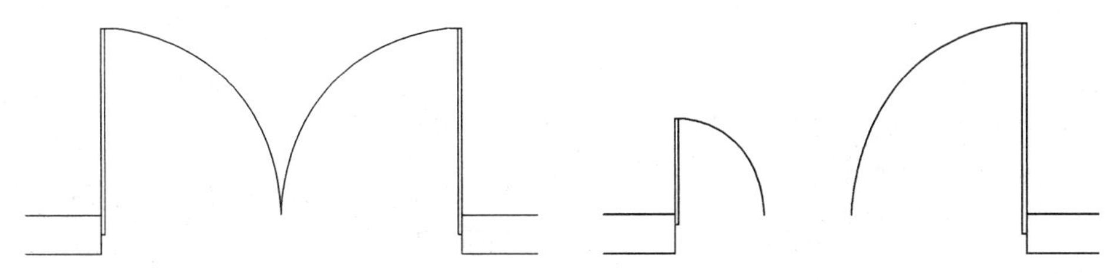

图 5-34　绘制初步双扇平开门　　　图 5-35　缩放左、右扇门

5.5 改变几何特性类命令

这一类编辑命令在对指定对象进行编辑后，使编辑对象的几何特性发生改变，包括倒角、圆角、打断、修剪、延伸、拉长、拉伸等命令。

5.5.1 圆角命令

圆角是指用指定的半径决定的一段平滑的圆弧连接两个对象。系统规定可以用圆角连接一对直线段、非圆弧的多段线段、样条曲线、双向无限长线、射线、圆、圆弧和椭圆。可以在任何时刻用圆角连接非圆弧多段线的每个节点。

【执行方式】

命令行：FILLET

菜单栏：修改→圆角

工具栏：修改→圆角

【操作步骤】

命令：FILLET↙

当前设置：模式＝修剪，半径＝0.0000

选择第一个对象或［放弃（U）/多段线（P）/半径（R）/修剪（T）/多个（M）］：（选择第一个对象或别的选项）

选择第二个对象，或按住 Shift 键选择对象以应用角点或［半径（R）］：（选择第二个对象）

【选项说明】

1. 多段线（P）

在一条二维多段线的两段直线段的节点处插入圆滑的弧。选择多段线后，系统会根据指定的圆弧的半径把多段线各顶点用圆滑的弧连接起来。

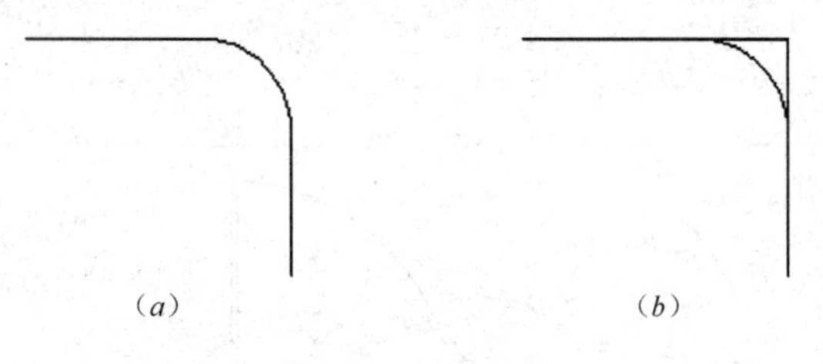

图 5-36 圆角连接

（a）修剪方式；（b）不修剪方式

2. 修剪（T）

决定在圆角连接两条边时，是否修剪这两条边，如图 5-36 所示。

3. 多个（M）

可以同时对多个对象进行圆角编辑，而不必重新起用命令。

4. 按住 Shift 键

按住 Shift 键并选择两条直线，可以快速创建零距离倒角或零半径圆角。

5.5.2 实例——坐便器

绘制如图 5-37 所示的坐便器。

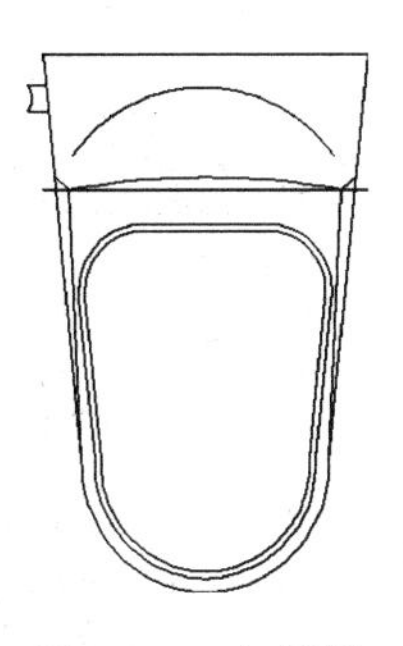

图 5-37 坐便器

光盘\视频教学\第 5 章\坐便器.avi

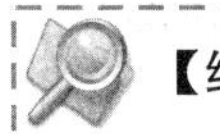

【绘制步骤】

1. 将 AutoCAD 中的捕捉工具栏激活，如图 5-38 所示，留待在绘图过程中使用。

图 5-38 对象捕捉工具栏

2. 单击“绘图”工具栏中的“直线”命令，在图中绘制一条长度为 50 的水平直线，重复“直线”命令，单击“对象捕捉”工具栏中的“捕捉到中点”按钮，单击水平直线的中点，此时水平直线的中点会出现一个黄色的小三角提示即为中点。绘制一条垂直的直线，并移动到合适的位置，作为绘图的辅助线，如图 5-39 所示。

3. 单击“绘图”工具栏中的“直线”按钮，单击水平直线的左端点，输入坐标点（@6，-60）绘制直线，如图 5-40 所示。

4. 单击修改工具栏中的“镜像”按钮，以垂直直线的两个端点为镜像点，将刚刚绘制的斜向直线镜像到另外一侧，如图 5-41 所示。

图 5-39 绘制辅助线　　图 5-40 绘制直线　　图 5-41 镜像图形

5. 单击“绘图”工具栏中的“圆弧”按钮，以斜线下端的端点为起点，如图 5-42 所示，以垂直辅助线上的一点为第二点，以右侧斜线的端点为端点，绘制弧线，如图 5-43 所示。

6. 在图中选择水平直线，然后单击“修改”工具栏中的“复制”按钮，选择其与垂直直线的交点为基点，然后输入坐标点（@0，-20），再次复制水平直线，输入坐标点（@0，-25），如图 5-44 所示。

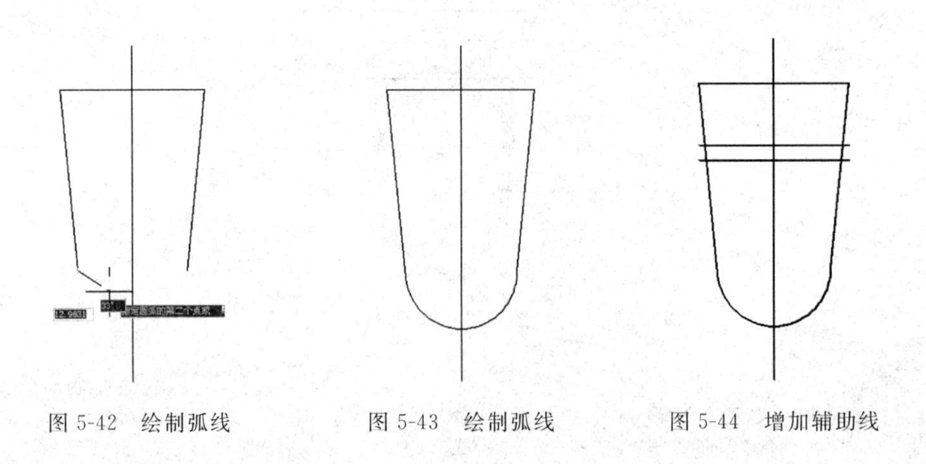

图 5-42　绘制弧线　　图 5-43　绘制弧线　　图 5-44　增加辅助线

7. 单击“修改”工具栏中的“偏移”按钮，将右侧斜向直线向左偏移 2，如图 5-45 所示。重复“偏移”命令，将圆弧和左侧直线复制到内侧，如图 5-46 所示。

8. 单击“绘图”工具栏中的“直线”按钮，将中间的水平线与内侧斜线的交点和外侧斜线的下端点连接起来，如图 5-47 所示。

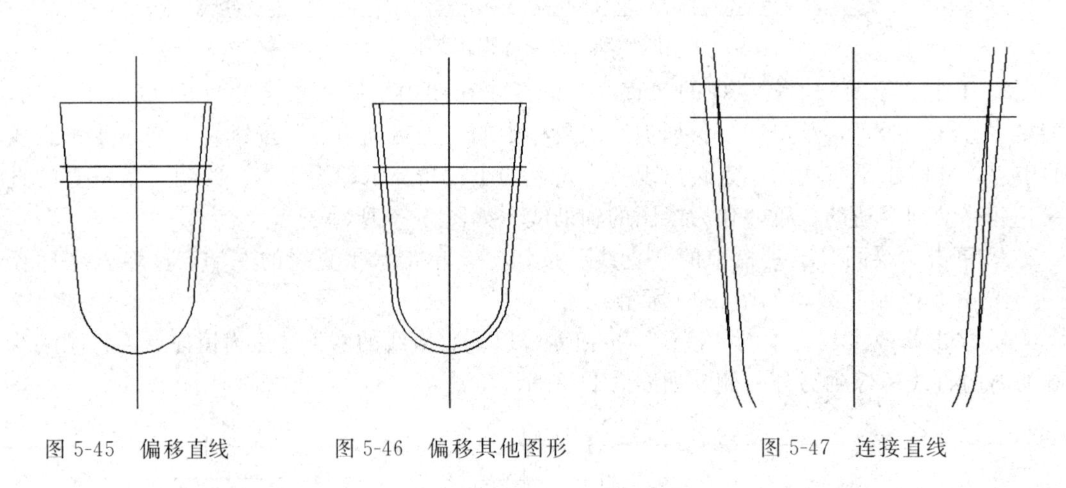

图 5-45　偏移直线　　图 5-46　偏移其他图形　　图 5-47　连接直线

9. 单击“修改”工具栏中的“圆角”按钮，指定倒角半径为 10，依次选择最下面的水平线，和半部分内侧的斜向直线，将其交点设置为倒圆角，如图 5-48 所示。依照此方法，将右侧的交点也设置为倒圆角，直径也是 10，如图 5-49 所示。

10. 单击“修改”工具栏中的“偏移”按钮，将椭圆部分偏移向内侧偏移 1，如图 5-50所示。

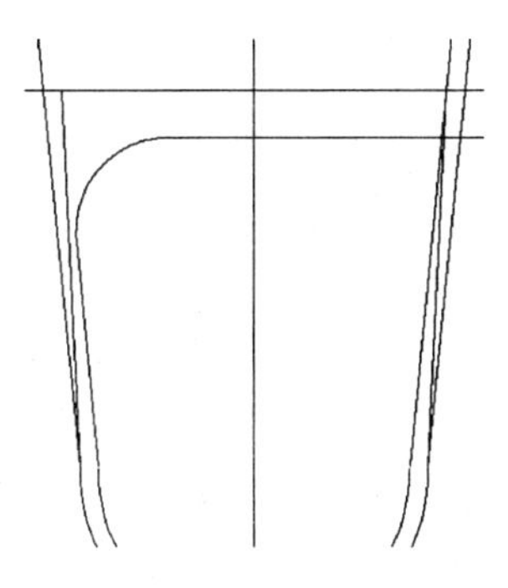

图 5-48　设置倒圆角

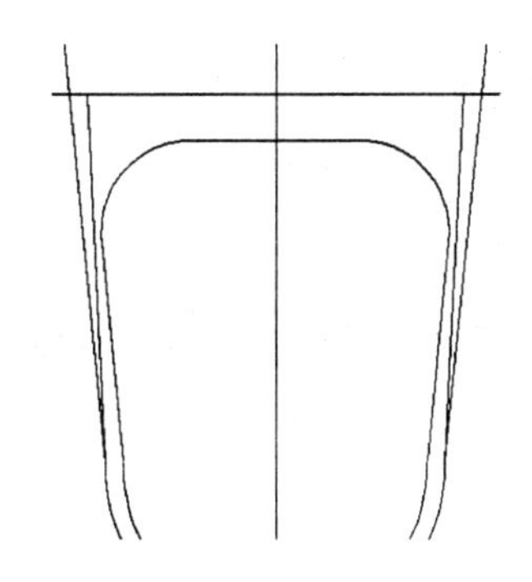

图 5-49　设置另外一侧倒圆角

11. 在上侧添加弧线和斜向直线，如图 5-51 方式，再在左侧添加冲水按钮，即完成了坐便器的绘制，最终如图 5-51 所示。

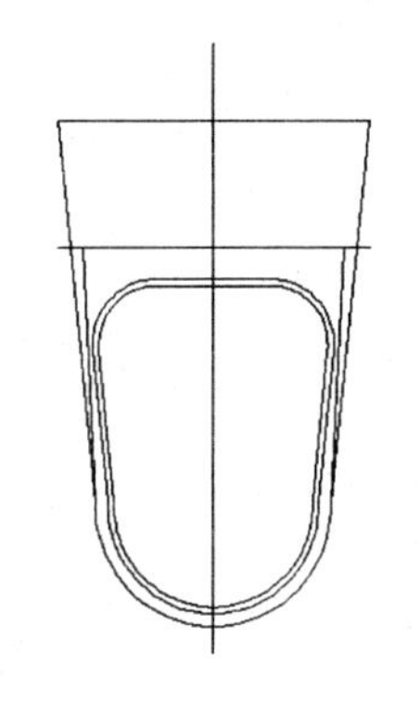

图 5-50　偏移内侧椭圆

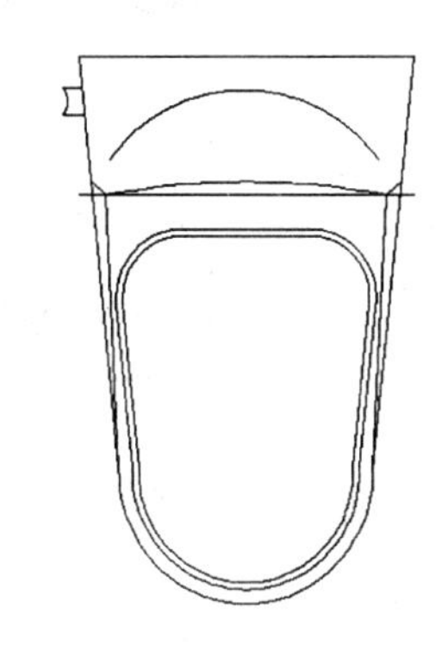

图 5-51　坐便器绘制完成

5.5.3　倒角命令

倒角是指用斜线连接两个不平行的线型对象。可以用斜线连接直线段、双向无限长线、射线和多段线。

【执行方式】

命令行：CHAMFER

菜单栏：修改→倒角

工具栏：修改→倒角

【操作步骤】

命令：CHAMFER↙

（“不修剪”模式）当前倒角距离 1=0.0000，距离 2=0.0000

选择第一条直线或［放弃（U）/多段线（P）/距离（D）/角度（A）/修剪（T）/方式（E）/多个（M）］：（选择第一条直线或别的选项）↙

选择第二条直线，或按住 Shift 键选择直线以应用角点或［距离（D）/角度（A）/方法（M）］：（选择第二条直线）

【选项说明】

1. 距离（D）

选择倒角的两个斜线距离。斜线距离是指从被连接的对象与斜线的交点到被连接的两对象的可能的交点之间的距离，如图 5-52 所示。这两个斜线距离可以相同也可以不相同，若二者均为 0，则系统不绘制连接的斜线，而是把两个对象延伸至相交，并修剪超出的部分。

2. 角度（A）

选择第一条直线的斜线距离和角度。采用这种方法连接对象时，需要输入两个参数：斜线与一个对象的斜线距离和斜线与该对象的夹角，如图 5-53 所示。

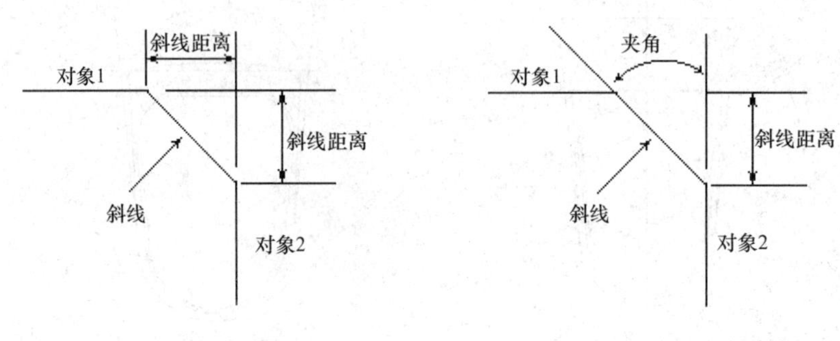

图 5-52　斜线距离　　图 5-53　斜线距离与夹角

3. 多段线（P）

对多段线的各个交叉点进行倒角编辑。为了得到最好的连接效果，一般设置斜线是相等的值。系统根据指定的斜线距离把多段线的每个交叉点都作斜线连接，连接的斜线成为多段线新添加的构成部分，如图 5-54 所示。

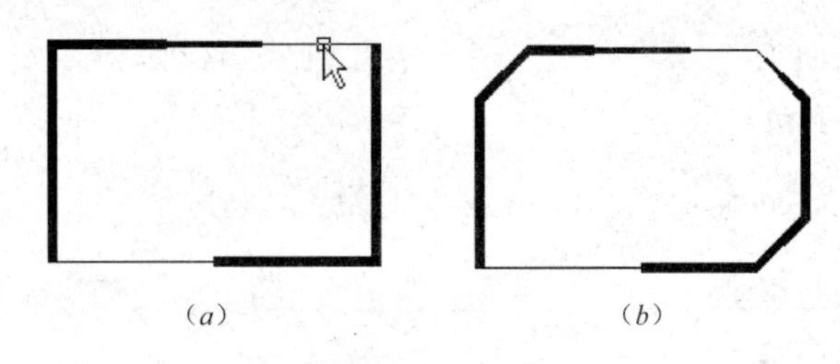

(*a*)　　(*b*)

图 5-54　斜线连接多段线

(*a*) 选择多段线；(*b*) 倒角结果

4. 修剪（T）

与圆角连接命令 FILLET 相同，该选项决定连接对象后，是否剪切源对象。

5. 方式（E）

决定采用“距离”方式还是“角度”方式来倒角。

6. 多个（M）

同时对多个对象进行倒角编辑。

技巧荟萃

有时用户在执行圆角和倒角命令时，发现命令不执行或执行后没什么变化，这是因为系统默认圆角半径和斜线距离均为0，如果不事先设定圆角半径或斜线距离，系统就以默认值执行命令，所以看起来好像没有执行命令。

5.5.4 实例——茶几

绘制如图5-55所示的茶几。

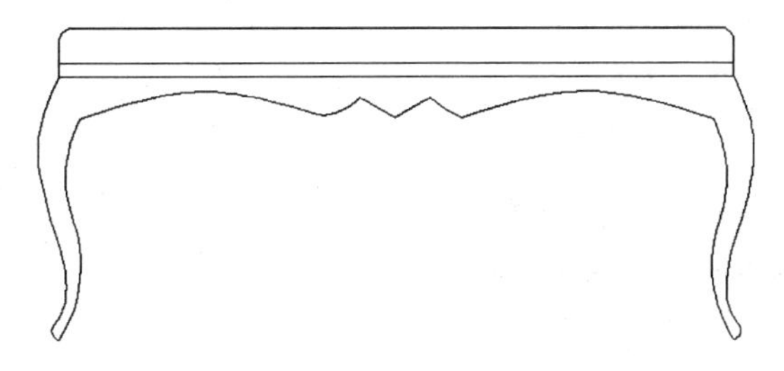

图5-55 茶几

光盘\视频教学\第5章\茶几.avi

【绘制步骤】

1. 单击“绘图”工具栏中的“矩形”按钮，绘制一个长1000、宽70的矩形。

2. 单击“绘图”工具栏中的“直线”按钮，利用对象捕捉功能的“捕捉自”命令辅助绘制直线，命令行提示与操作如下：

命令：_line↙
指定第一点：FROM↙
基点：（捕捉矩形左下角）
<偏移>：@0，20↙
指定下一点或［放弃（U）］：（捕捉矩形右边上的垂足，如图5-56所示）
指定下一点或［放弃（U）］：↙↙

结果如图5-57所示。

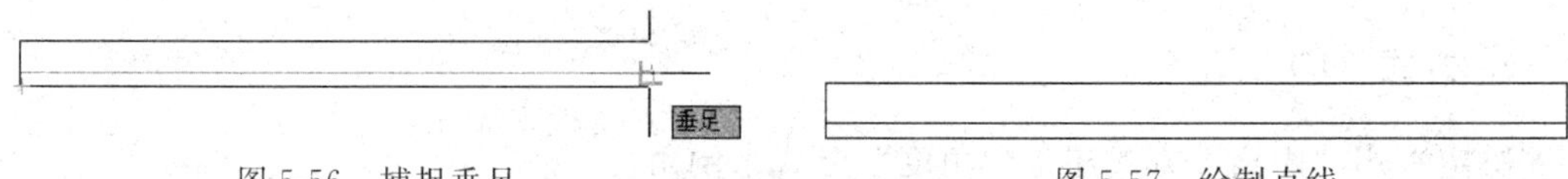

图 5-56 捕捉垂足　　图 5-57 绘制直线

3. 单击“修改”工具栏中的“圆角”按钮，命令行提示与操作如下：

命令：_fillet↙

当前设置：模式＝修剪，半径＝0.0000

选择第一个对象或［放弃（U）/多段线（P）/半径（R）/修剪（T）/多个（M）］：r↙

指定圆角半径〈0.0000〉：20↙

选择第一个对象或［放弃（U）/多段线（P）/半径（R）/修剪（T）/多个（M）］：（选择矩形左边）

选择第二个对象，或按住 Shift 键选择对象以应用角点或［半径（R）］：（选择矩形上边）

4. 这样矩形左上角就进行了倒圆角，用同样方法对矩形右上角进行倒圆角，结果如图 5-58 所示。

5. 利用“多段线”、“样条曲线”、“直线”等命令绘制茶几腿部造型，如图 5-59 所示。

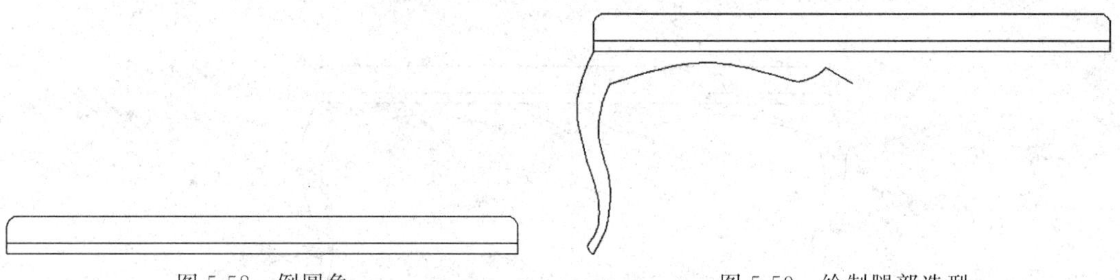

图 5-58 倒圆角　　图 5-59 绘制腿部造型

6. 单击“修改”工具栏中的“镜像”按钮，将刚绘制的腿部造型以矩形的中线（利用对象捕捉功能）为轴进行镜像处理，结果如图 5-55 所示。

5.5.5 修剪命令

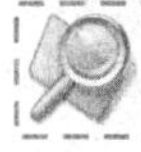

【执行方式】

命令行：TRIM

菜单栏：修改→修剪

工具栏：修改→修剪

【操作步骤】

命令：TRIM↙

当前设置：投影＝UCS，边＝无

选择剪切边...

选择对象或〈全部选择〉：（选择用作修剪边界的对象）

按 Enter 键，结束对象选择，系统提示如下。

选择要修剪的对象，或按住 Shift 键选择要延伸的对象，或［栏选（F）/窗交（C）/投

影（P）/边（E）/删除（R）/放弃（U）]：↙

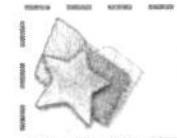

【选项说明】

1. 按 Shift 键

在选择对象时，如果按住 Shift 键，系统就自动将"修剪"命令转换成"延伸"命令，"延伸"命令将在 5.5.6 节介绍。

2. 边（E）

选择此选项时，可以选择对象的修剪方式：延伸和不延伸。

（1）延伸（E）：延伸边界进行修剪。在此方式下，如果剪切边没有与要修剪的对象相交，系统会延伸剪切边直至与要修剪的对象相交，然后再修剪，如图 5-60 所示。

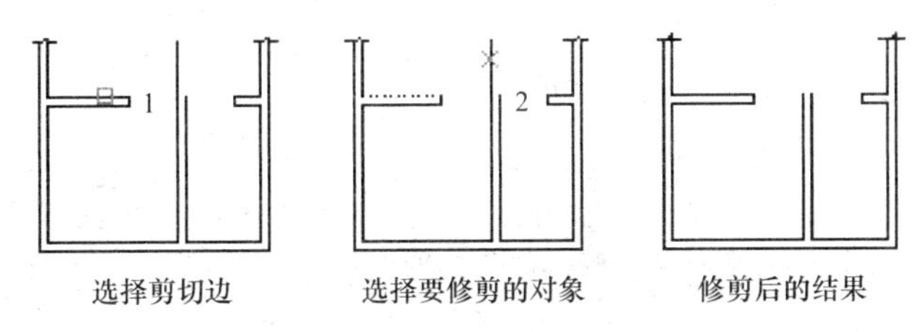

图 5-60 延伸方式修剪对象

（2）不延伸（N）：不延伸边界修剪对象。只修剪与剪切边相交的对象。

（3）栏选（F）：选择此选项时，系统以栏选的方式选择被修剪对象，如图 5-61 所示。

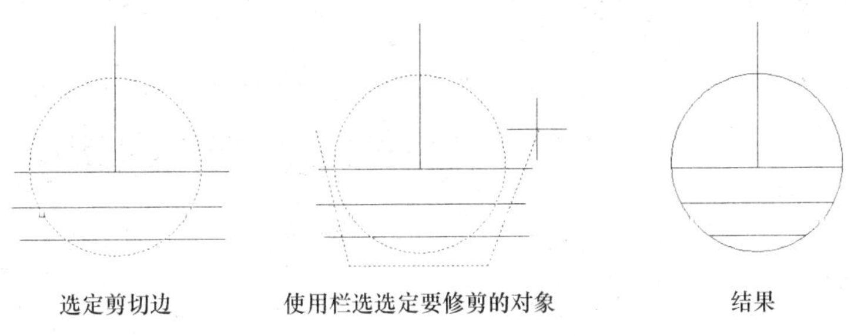

图 5-61 栏选选择修剪对象

（4）窗交（C）：选择此选项时，系统以窗交的方式选择被修剪对象，如图 5-62 所示。被选择的对象可以互为边界和被修剪对象，此时系统会在选择的对象中自动判断边界，如图 5-62 所示。

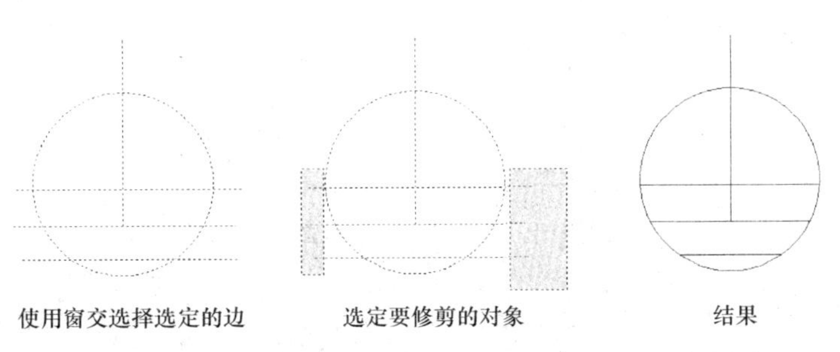

图 5-62 窗交选择修剪对象

5.5.6 实例——单人床

本例利用矩形命令绘制单人床的轮廓，再利用直线、圆弧等命令绘制床上用品，最后利用修剪命令将多余的线段删除，绘制流程图如图 5-63 所示。

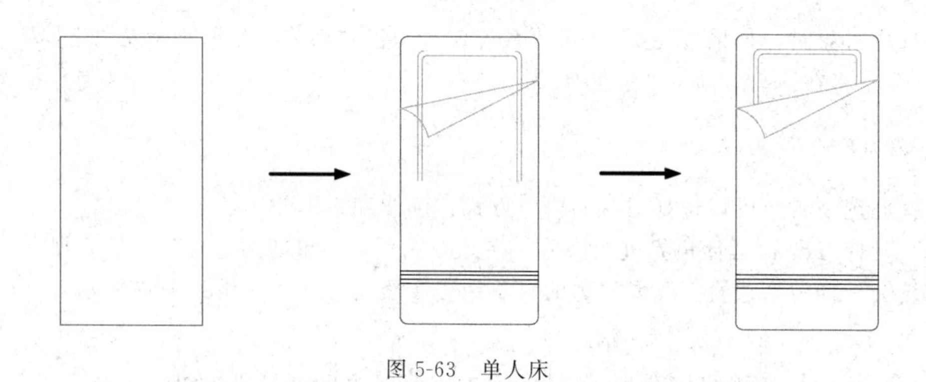

图 5-63 单人床

光盘\视频教学\第 5 章\单人床.avi

1. 单击“绘图”工具栏中的“矩形”按钮，绘制角点坐标为（0，0）、（@1000，2000）的矩形，如图 5-64 所示。

2. 单击“绘图”工具栏中的“直线”按钮，绘制图 5-65 所示的坐标点分别为{（125，1000），（125，1900）}、{（875，1900），（875，1000）}、{（155，1000），（155，1870）}、{（845，1870），（845，1000）}的直线。

3. 单击“绘图”工具栏中的“直线”按钮，绘制坐标点为（0，280）（@1000，0）的直线，绘制结果如图 5-65 所示。

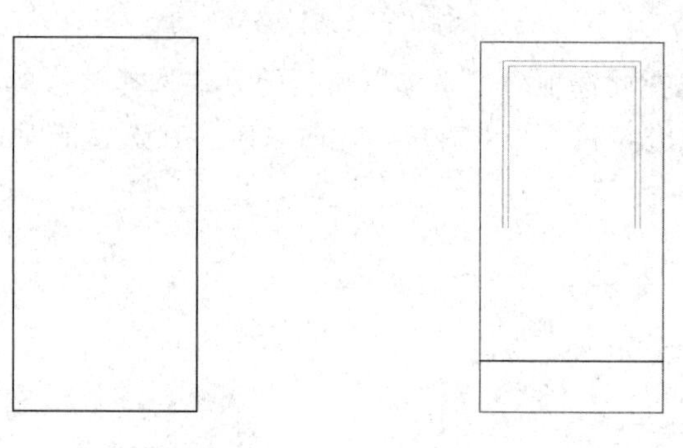

图 5-64 绘制矩形　　图 5-65 绘制直线

4. 单击“修改”工具栏中的“矩形阵列”按钮，对象为最近绘制的直线，行数为 4，列数为 1，行间距设为 30，绘制结果如图 5-66 所示。

5. 单击“修改”工具栏中的“圆角”按钮，将外轮廓线的圆角半径设为 50，内衬圆角半径为 40，绘制结果如图 5-67 所示。

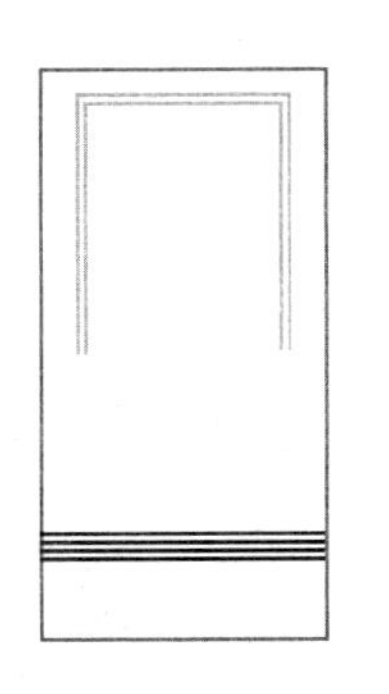
图 5-66 阵列处理

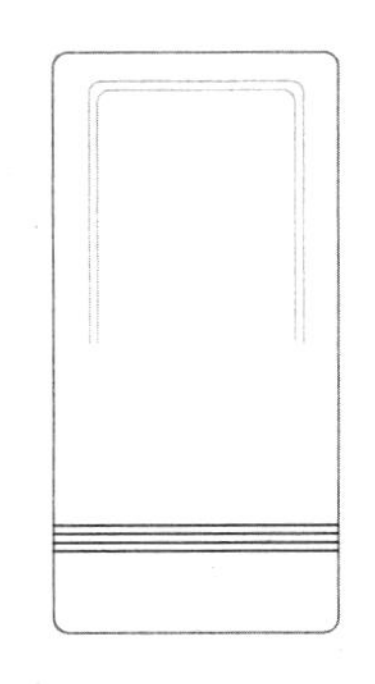
图 5-67 圆角处理

6. 单击“绘图”工具栏中的“直线”按钮，绘制坐标点为（0，1500）（@1000，200）（@-800，-400）的直线。

7. 单击“绘图”工具栏中的“圆弧”按钮，绘制起点为（200，1300）、第二点为（130，1430）、端点为（0，1500）的圆弧，绘制结果如图 5-68 所示。

8. 单击“修改”工具栏中的“修剪”按钮，修剪图形，命令行提示与操作如下：

命令：_trim↙

当前设置：投影＝UCS，边＝无

选择剪切边...

选择对象或〈全部选择〉：（选择上面斜线）

选择对象：↙

选择要修剪的对象，或按住 Shift 键选择要延伸的对象，或［栏选（F）/窗交（C）/投影（P）/边（E）/删除（R）/放弃（U）］：（依次选择与之相交的竖直直线下端）

选择要修剪的对象，或按住 Shift 键选择要延伸的对象，或［栏选（F）/窗交（C）/投影（P）/边（E）/删除（R）/放弃（U）］：↙

绘制结果如图 5-69 所示。

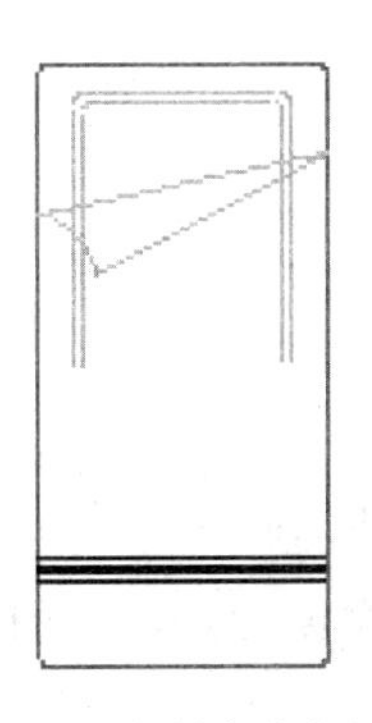
图 5-68 绘制直线与圆弧

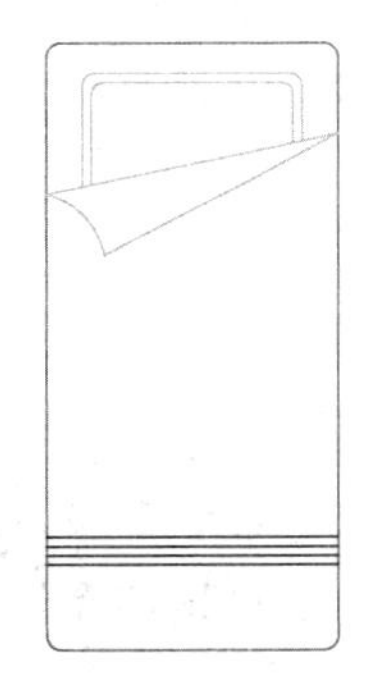
图 5-69 床

5.5.7 延伸命令

延伸对象是指将要延伸的对象延伸至另一个对象的边界线，如图 5-70 所示。

【执行方式】

命令行：EXTEND

菜单栏：修改→延伸

工具栏：修改→延伸

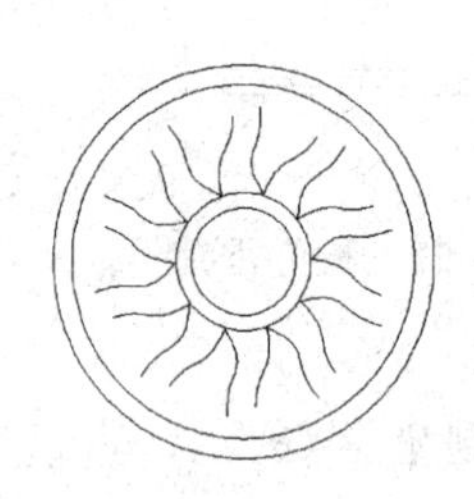

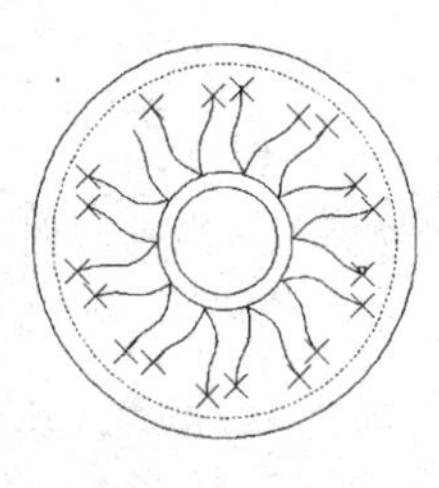

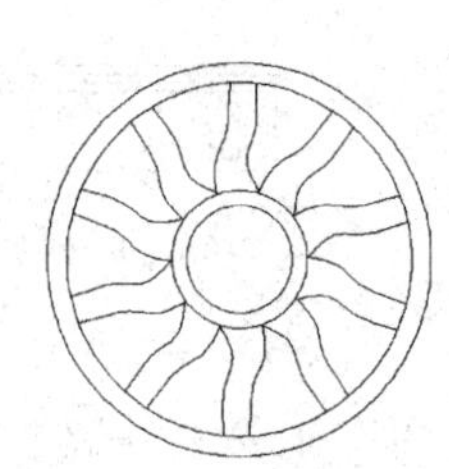

选择边界　　选择要延伸的对象　　执行结果

图 5-70　延伸对象

【操作步骤】

命令：EXTEND↙

当前设置：投影＝UCS，边＝无

选择边界的边...

选择对象或〈全部选择〉：(选择边界对象)

此时可以通过选择对象来定义边界。若直接按 Enter 键，则选择所有对象作为可能的边界对象。

系统规定可以用作边界对象的有：直线段、射线、双向无限长线、圆弧、圆、椭圆、二维和三维多段线、样条曲线、文本、浮动的视口、区域。如果选择二维多段线作为边界对象，系统会忽略其宽度而把对象延伸至多段线的中心线上。

选择边界对象后，命令行提示与操作如下：

选择要延伸的对象，或按住 Shift 键选择要修剪的对象，或［栏选 (F)/窗交 (C)/投影 (P)/边 (E)/放弃 (U)］：

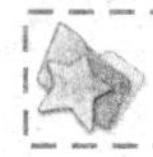【选项说明】

1. 如果要延伸的对象是适配样条多段线，则延伸后会在多段线的控制框上增加新节点。如果要延伸的对象是锥形多段线，系统会修正延伸端的宽度，使多段线从起始端平滑地延伸至新的终止端。如果延伸操作导致新终止端的宽度为负值，则取宽度值为 0，如图 5-71 所示。

2. 选择对象时，如果按住 Shift 键，系统就自动将“延伸”命令转换成“修剪”

命令。

5.5.8 实例——梳妆凳

绘制如图 5-72 所示的梳妆凳。

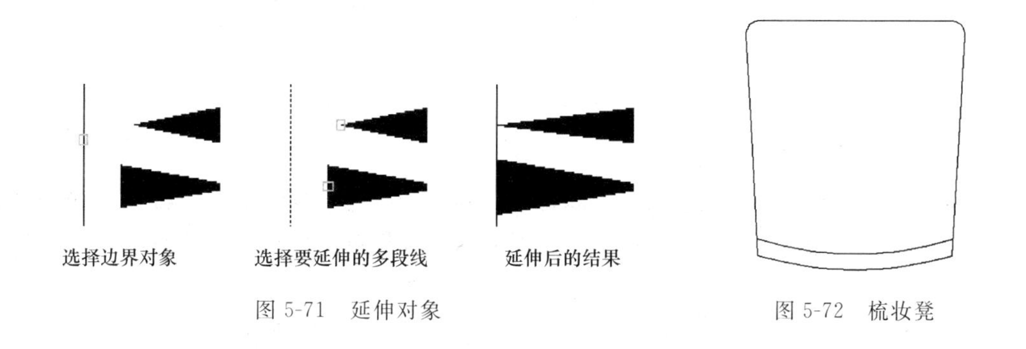

图 5-71 延伸对象

图 5-72 梳妆凳

光盘\视频教学\第 5 章\梳妆凳.avi

【绘制步骤】

1. 单击“绘图”工具栏中的“圆弧”按钮和“直线”按钮，绘制梳妆凳的初步轮廓，如图 5-73 所示。

2. 单击“修改”工具栏中的“偏移”按钮，将绘制的圆弧向内偏移一定距离，如图 5-74 所示。

3. 单击“修改”工具栏中的“延伸”按钮，命令行提示与操作如下：

命令：_ extend↙

当前设置：投影=UCS，边=无

选择边界的边...

选择对象或〈全部选择〉：(选择左右两条斜直线)

选择对象：↙

选择要延伸的对象，或按住 Shift 键选择要修剪的对象，或 [栏选 (F)/窗交 (C)/投影 (P)/边 (E)/放弃 (U)]：(选择偏移的圆弧左端)

选择要延伸的对象，或按住 Shift 键选择要修剪的对象，或 [栏选 (F)/窗交 (C)/投影 (P)/边 (E)/放弃 (U)]：(选择偏移的圆弧右端)

选择要延伸的对象，或按住 Shift 键选择要修剪的对象，或 [栏选 (F)/窗交 (C)/投影 (P)/边 (E)/放弃 (U)]：↙

结果如图 5-75 所示。

4. 单击“修改”工具栏中的“圆角”按钮，以适当的半径对上面两个角进行圆角处理，最终结果如图 5-72 所示。

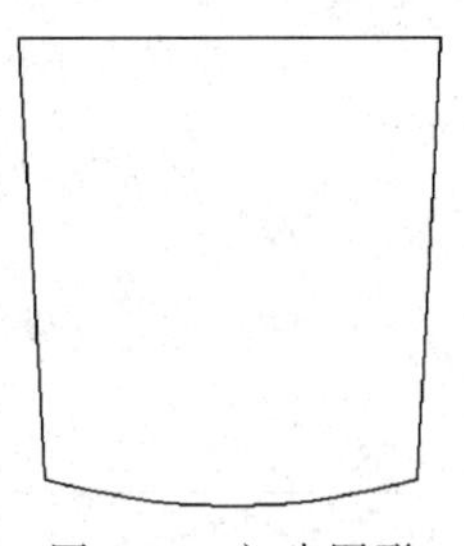

图 5-73 初步图形

图 5-74 偏移处理

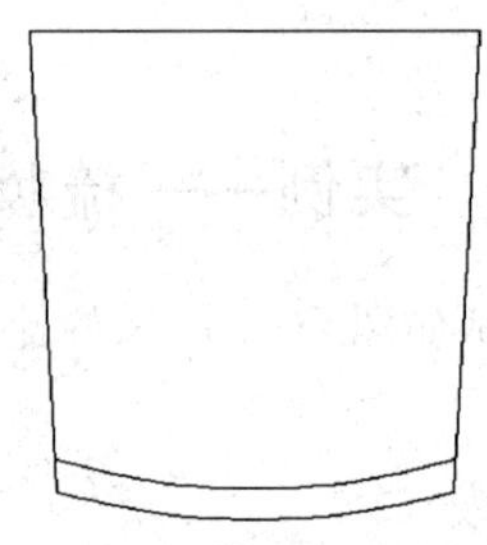
图 5-75 延伸处理

5.5.9 拉伸命令

拉伸对象是指被拖拉选择且形状发生改变的对象。拉伸对象时应指定拉伸的基点和移至点。利用一些辅助工具如捕捉、钳夹功能及相对坐标等可以提高拉伸的精度，如图 5-76 所示。

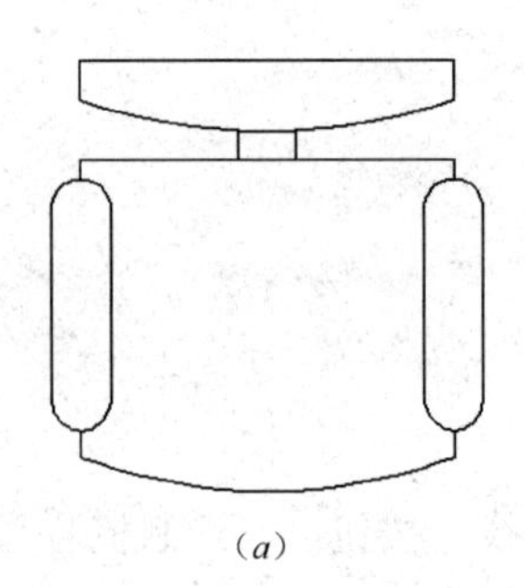
(*a*)

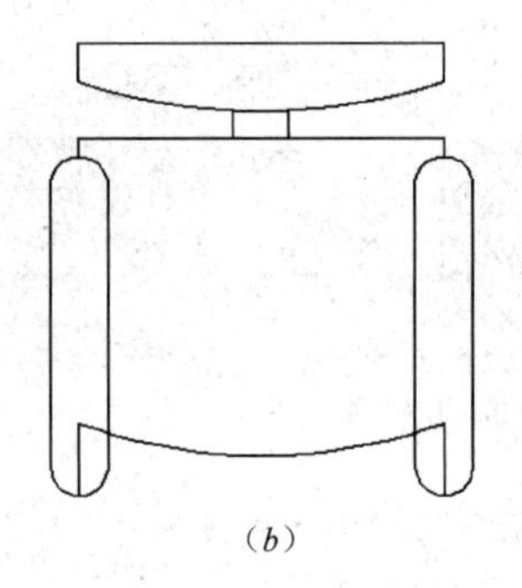
(*b*)

图 5-76 拉伸

(*a*) 选取对象；(*b*) 拉伸后

【执行方式】

命令行：STRETCH

菜单栏：修改→拉伸

工具栏：修改→拉伸

【操作步骤】

命令：STRETCH↙

以交叉窗口或交叉多边形选择要拉伸的对象...

选择对象：↙

指定第一个角点：↙

指定对角点：找到 2 个（采用交叉窗口的方式选择要拉伸的对象）

指定基点或［位移（D）］〈位移〉：（指定拉伸的基点）

指定第二个点或〈使用第一个点作为位移〉：（指定拉伸的移至点）

此时，若指定第二个点，系统将根据这两点决定拉伸对象的矢量。若直接按 Enter 键，系统会把第一个点作为 X 轴和 Y 轴的分量值。

STRETCH 仅移动位于交叉选择内的顶点和端点，不更改那些位于交叉选择外的顶点和端点。部分包含在交叉选择窗口内的对象将被拉伸。

技巧荟萃

执行 STRETCH 命令时，必须采用交叉窗口（C）或交叉多边形（CP）方式选择对象。用交叉窗口选择拉伸对象时，落在交叉窗口内的端点被拉伸，落在外部的端点保持不动。

5.5.10 拉长命令

【执行方式】

命令行：LENGTHEN

菜单栏：修改→拉长

【操作步骤】

命令：LENGTHEN↙

选择对象或［增量（DE）/百分数（P）/全部（T）/动态（DY）］：(选定对象)

当前长度：30.5001（给出选定对象的长度，如果选择圆弧则还将给出圆弧的包含角）

选择对象或［增量（DE）/百分数（P）/全部（T）/动态（DY）］：DE（选择拉长或缩短的方式。如选择“增量（DE）”方式）

输入长度增量或［角度（A）］〈0.0000〉：10（输入长度增量数值。如果选择圆弧段，则可输入选项“A”给定角度增量）

选择要修改的对象或［放弃（U）］：(选定要修改的对象，进行拉长操作)

选择要修改的对象或［放弃（U）］：(继续选择，按 Enter 键，结束命令)

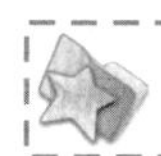

【选项说明】

1. 增量（DE）

用指定增加量的方法来改变对象的长度或角度。

2. 百分数（P）

用指定要修改对象的长度占总长度的百分比的方法来改变圆弧或直线段的长度。

3. 全部（T）

用指定新的总长度或总角度值的方法来改变对象的长度或角度。

4. 动态（DY）

在这种模式下，可以使用拖拉鼠标的方法来动态地改变对象的长度或角度。

5.5.11 实例——挂钟

绘制如图 5-77 所示的挂钟。

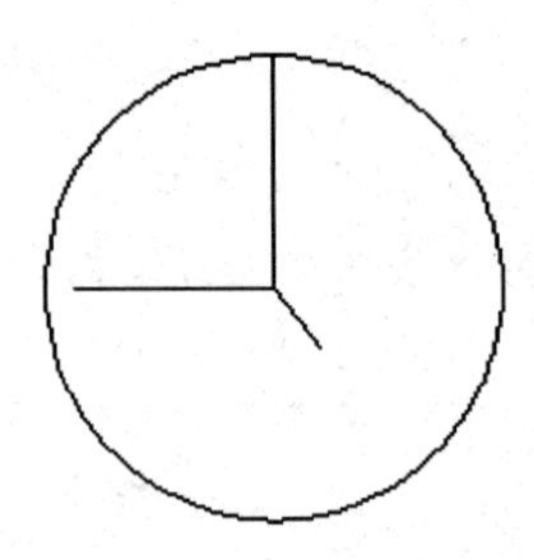

图 5-77 挂钟图形

光盘\视频教学\第 5 章\挂钟.avi

【绘制步骤】

1. 单击“绘图”工具栏中的“圆”按钮，以（100，100）为圆心，绘制半径为 20 的圆形作为挂钟的外轮廓线，如图 5-78 所示。

2. 单击“绘图”工具栏中的“直线”按钮，绘制坐标点为{（100，100），（100，120）}、{（100，100），（80，100）}、{（100，100），（105，94）}的 3 条直线作为挂钟的指针，结果如图 5-79 所示。

3. 选择菜单栏中的“修改”→“拉长”命令，将秒针拉长至圆的边，绘制挂钟完成，如图 5-77 所示。

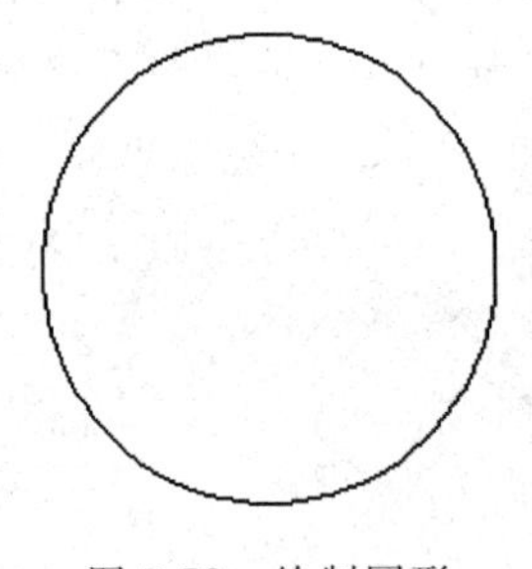

图 5-78 绘制圆形

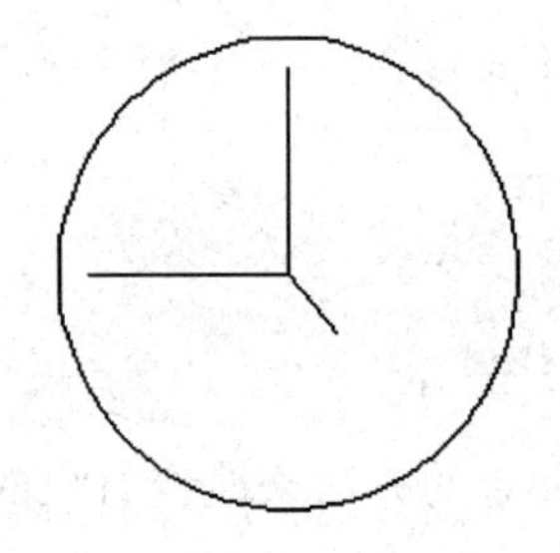

图 5-79 绘制指针

5.5.12 打断命令

【执行方式】

命令行：BREAK

菜单栏：修改→打断

工具栏：修改→打断

【操作步骤】

命令：BREAK↙

选择对象：（选择要打断的对象）

指定第二个打断点或［第一点（F）］：（指定第二个断开点或键入F）

【选项说明】

如果选择“第一点（F）”选项，系统将丢弃前面的第一个选择点，重新提示用户指定两个打断点。

5.5.13 打断于点

打断于点是指在对象上指定一点，从而把对象在此点拆分成两部分。此命令与打断命令类似。

【执行方式】

工具栏：修改→打断于点

【操作步骤】

输入此命令后，命令行提示与操作如下：

选择对象：（选择要打断的对象）

指定第二个打断点或［第一点（F）］：f（系统自动执行“第一点（F）”选项）

指定第一个打断点：（选择打断点）

指定第二个打断点：@（系统自动忽略此提示）

5.5.14 分解命令

【执行方式】

命令行：EXPLODE

菜单栏：修改→分解

工具栏：修改→分解

【操作步骤】

命令：EXPLODE↙

选择对象：（选择要分解的对象）

选择一个对象后，该对象会被分解。系统继续提示该行信息，允许分解多个对象。

5.5.15 合并命令

可以将直线、圆弧、椭圆弧和样条曲线等独立的对象合并为一个对象，如图5-80所示。

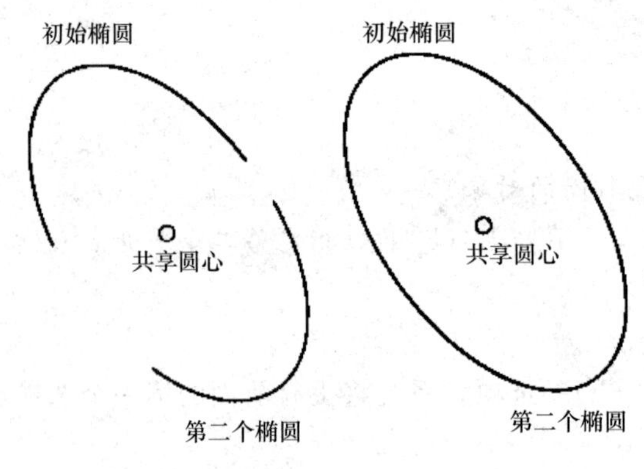

图 5-80　合并对象

【执行方式】

命令行：JOIN
菜单栏：修改→合并
工具栏：修改→合并

【操作步骤】

命令：JOIN↙
选择源对象或要一次合并的多个对象：(选择一个对象)
找到 1 个
选择要合并的对象：(选择另一个对象)
找到 1 个，总计 2 个
选择要合并的对象：↙
2 条直线已合并为 1 条直线

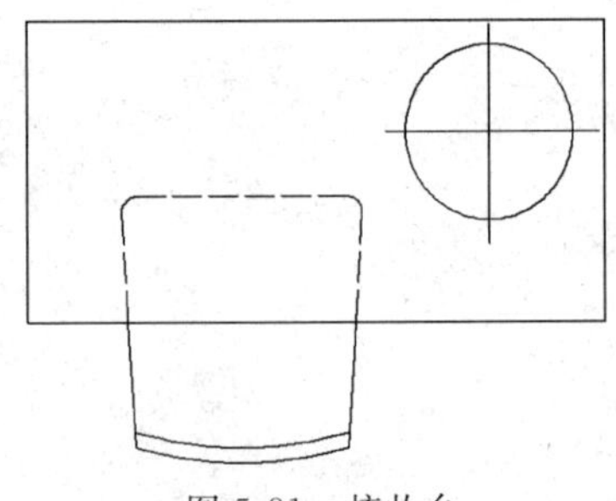

图 5-81　梳妆台

5.5.16　实例——梳妆台

绘制如图 5-81 所示的梳妆台。

光盘\视频教学\第 5 章\梳妆台.avi

【绘制步骤】

1. 打开源文件中的“梳妆凳”图形，将其另存为“梳妆台.dwg”文件。

2. 新建“实线”和“虚线”两个图层，如图 5-82 所示。将“虚线”层的线型设置为 ACAD_ISO02W100。

3. 利用“矩形”、“直线”和“圆”命令在梳妆凳图形旁边绘制桌子和台灯造型，如图 5-83 所示。

4. 单击“修改”工具栏中的“打断于点”按钮，命令行提示与操作如下：

命令：_break↙

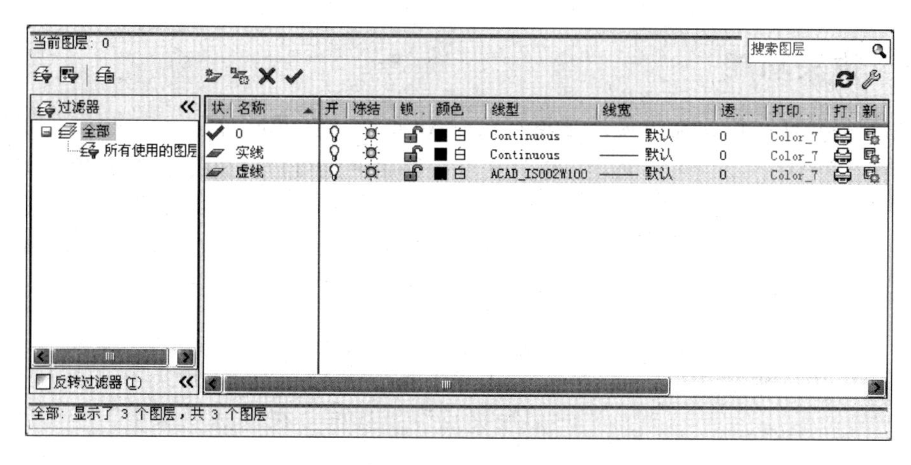

图 5-82 设置图层

选择对象：(选择梳妆凳被桌面盖住的侧边)

指定第二个打断点或［第一点（F)］：f↙

指定第一个打断点：(捕捉该侧边与桌面的交点)

指定第二个打断点：@

同样方法，打断另一侧的边。打断后，原来的侧边有一条线以打断点为界分成两段线。

5. 选择梳妆凳被桌面盖住的图线，然后单击图层工具栏的下拉按钮，在图层列表中选择“虚线”层，如图 5-84 所示。这部分图形的线型就随图层变为虚线了，最终结果如图 5-81 所示。

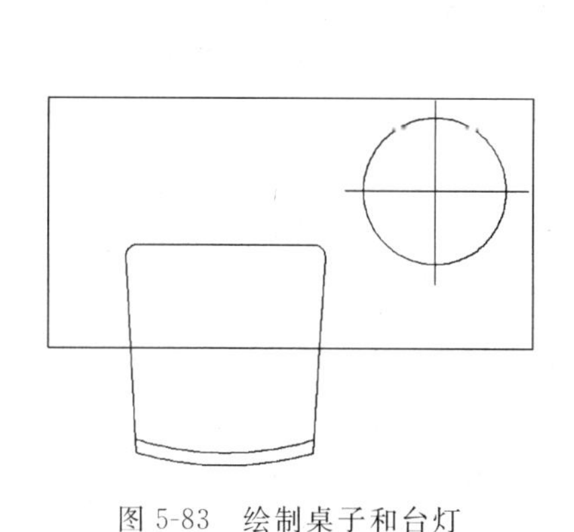

图 5-83 绘制桌子和台灯

图 5-84 改变图层

5.6 对象编辑

在对图形进行编辑时，还可以对图形对象本身的某些特性进行编辑，从而方便地进行图形绘制。

5.6.1 钳夹功能

利用钳夹功能可以快速方便地编辑对象。AutoCAD 在图形对象上定义了一些特殊点，称为夹点，利用夹点可以灵活地控制对象，如图 5-85 所示。

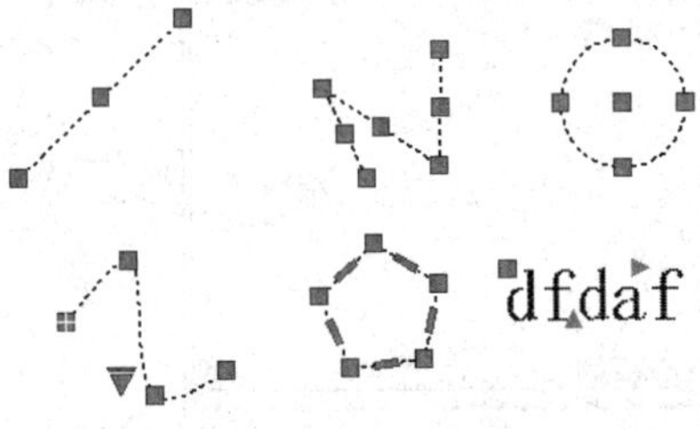

图 5-85 夹点

要使用钳夹功能编辑对象，必须先打开钳夹功能，打开方法是：单击“工具”→“选项”→“选择集”命令。

在“选项”对话框的“选择集”选项卡中，打开“启用夹点”复选框。在该选项卡中，还可以设置代表夹点的小方格的尺寸和颜色。

也可以通过 GRIPS 系统变量来控制是否打开钳夹功能，1 代表打开，0 代表关闭。

打开了钳夹功能后，应该在编辑对象之前先选择对象。夹点表示了对象的控制位置。

使用夹点编辑对象，要选择一个夹点作为基点，称为基准夹点。然后，选择一种编辑操作：删除、移动、复制选择、旋转和缩放。可以用空格键、Enter 键或键盘上的快捷键循环选择这些功能。

下面仅就其中的拉伸对象操作为例进行讲述，其他操作类似。

在图形上拾取一个夹点，该夹点改变颜色，此点为夹点编辑的基准夹点。这时系统提示：

拉伸

指定拉伸点或 [基点 (B)/复制 (C)/放弃 (U)/退出 (X)]：

在上述拉伸编辑提示下，输入“缩放”命令或右击，选择快捷菜单中的“缩放”命令，系统就会转换为“缩放”操作，其他操作类似。

5.6.2 修改对象属性

【执行方式】

命令行：DDMODIFY 或 PROPERTIES

菜单栏：修改→特性或工具→选项板→特性

工具栏：标准→特性

【操作步骤】

命令：DDMODIFY↙

打开 AutoCAD2014 “特性”工具板，如图 5-86 所示。利用它可以方便地设置或修改对象的各种属性。

不同对象的属性种类和值不同，修改属性值，对象将具有新的属性。

5.6.3 特性匹配

利用特性匹配功能可以将目标对象的属性与源对象的属性进行匹配，使目标对象的属性与源对象属性相同。利用特性匹配功能可以方便快捷地修改对象属性，并保持不同对象的属性相同。

图 5-86 “特性”工具板

【执行方式】

命令行：MATCHPROP

菜单栏：修改→特性匹配

【操作步骤】

命令：MATCHPROP↙

选择源对象：(选择源对象)

选择目标对象或［设置（S）]：(选择目标对象)

图 5-87（*a*）所示为两个属性不同的对象，以左边的圆为源对象，对右边的矩形进行特性匹配，结果如图 5-87（*b*）所示。

5.6.4 实例——吧椅

绘制如图 5-88 所示的吧椅。

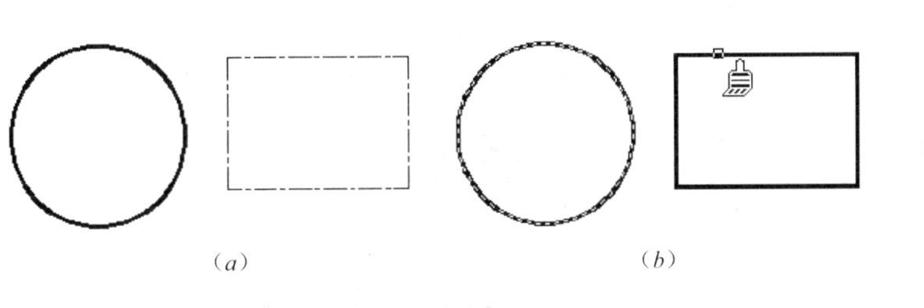

(*a*) (*b*)

图 5-87 特性匹配

(*a*) 原图；(*b*) 结果

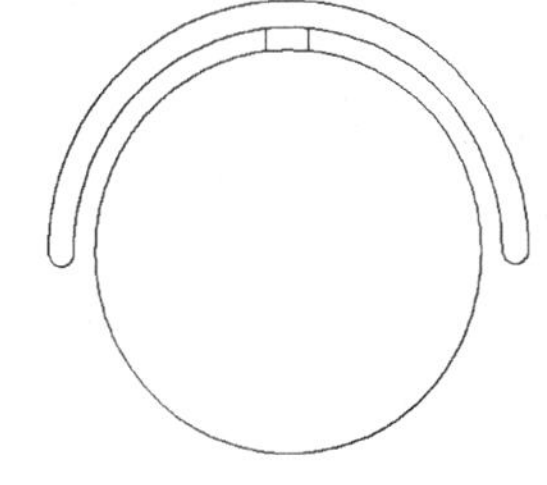

图 5-88 吧椅

光盘\视频教学\第5章\吧椅.avi

【绘制步骤】

1. 利用“圆”、“圆弧”和“直线”命令绘制初步图形，其中圆弧和圆同心，左右对称，如图 5-89 所示。

2. 利用“偏移”命令偏移刚绘制的圆弧，如图 5-90 所示。

3. 利用“圆弧”命令绘制扶手端部，采用“起点/端点/圆心”的形式，使造型光滑过渡，如图 5-91 所示。

4. 在绘制扶手端部圆弧的过程中，由于采用的是粗略的绘制方法，放大局部后，可能会发现图线不闭合。这时，双击鼠标左键，选择对象图线，出现钳夹编辑点，移动相应编辑点捕捉到需要闭合连接的相邻图线端点，如图 5-92 所示。

5. 用相同方法绘制扶手另一端的圆弧造型，结果如图 5-88 所示。

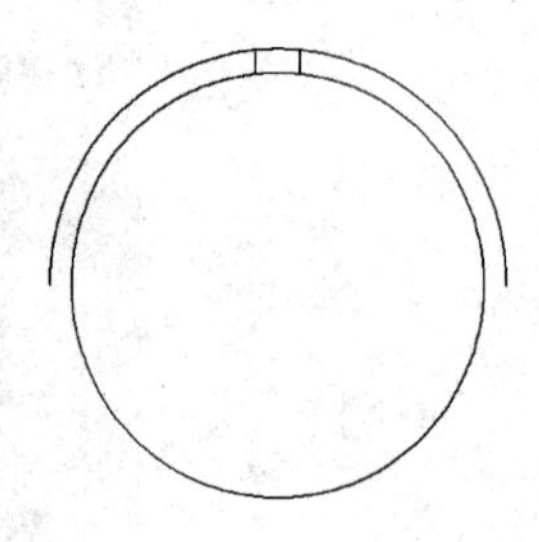

图 5-89　初步图形

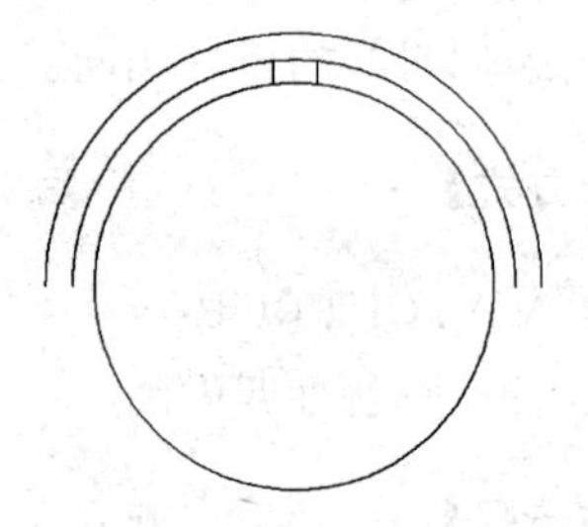

图 5-90　偏移处理

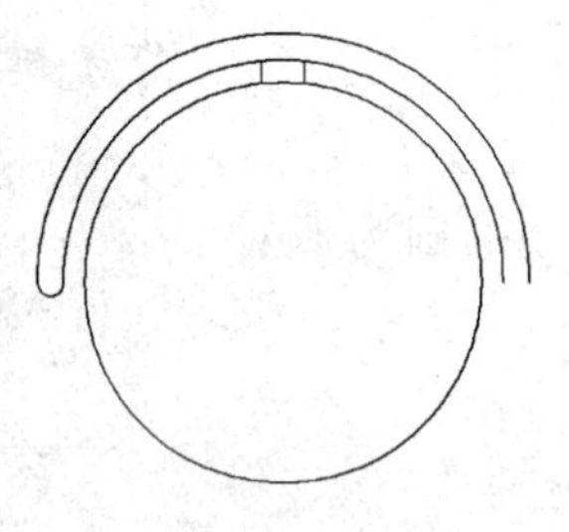

图 5-91　绘制圆弧

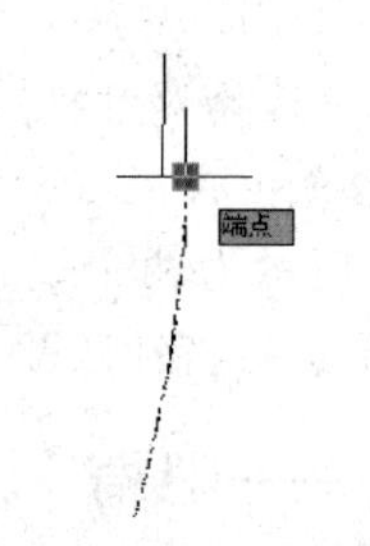

图 5-92　钳夹编辑

文本、图标与尺寸标注

文字注释是图形中很重要的一部分内容，进行各种设计时，通常不仅要绘出图形，还要在图形中标注一些文字，如注释说明等，对图形对象加以解释。AutoCAD 提供了多种写入文字的方法，本章将介绍文本的注释和编辑功能。图表在 AutoCAD 图形中也有大量的应用，如参数表和标题栏等。AutoCAD 的图表功能使绘制图表变得方便快捷，尺寸标注是绘图设计过程当中相当重要的一个环节。AutoCAD2014 提供了方便、准确的标注尺寸功能。

- 文本标注
- 尺寸标注
- 表格

6.1 文本标注

在制图过程中文字传递了很多设计信息，它可能是一个很长很复杂的说明，也可能是一个简短的文字信息。当需要标注的文本不太长时，可以利用 TEXT 命令创建单行文本。当需要标注很长、很复杂的文字信息时，可以用 MTEXT 命令创建多行文本。

6.1.1 设置文本样式

【执行方式】

命令行：STYLE 或 DDSTYLE

菜单栏：格式→文字样式

工具栏：文字→文字样式

执行上述命令，系统打开“文字样式”对话框，如图 6-1 所示。

利用该对话框可以新建文字样式或修改当前文字样式。图 6-2～图 6-4 为各种文字样式。

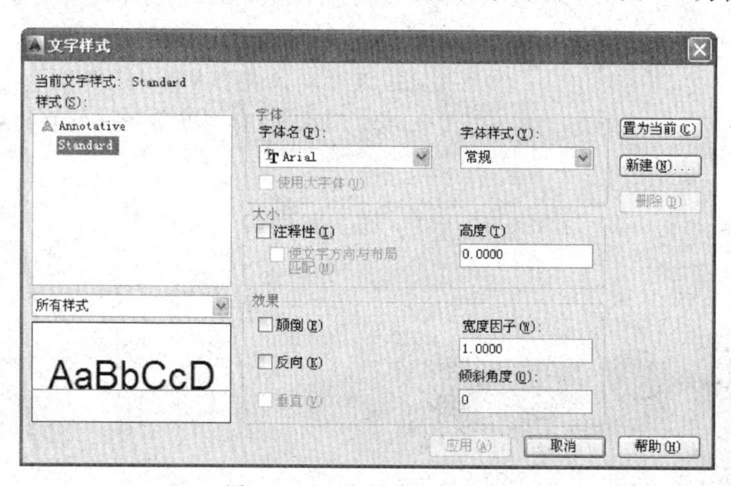

图 6-1 “文字样式”对话框

室内设计
室内设计
室内设计
室内设计
室内设计

图 6-2 不同宽度比例、倾斜角度、不同高度字体

ABCDEFGHIJKLMN

图 6-3 文字倒置标注与反向标注

abcd
a
b
c
d

图 6-4 水平标注与垂直标注文字

6.1.2 单行文本标注

【执行方式】

命令行：TEXT 或 DTEXT

菜单栏：绘图→文字→单行文字

工具栏：文字→单行文字 AI

【操作格式】

命令：TEXT↙

当前文字样式： Standard 当前文字高度： 0.2000 注释性： 否 对正： 左

指定文字的起点或［对正（J）/样式（S）］：

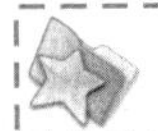

【选项说明】

1. 指定文字的起点：在此提示下直接在作图屏幕上点取一点作为文本的起始点，AutoCAD 提示：

指定高度〈0.2000〉：（确定字符的高度）

指定文字的旋转角度〈0〉：（确定文本行的倾斜角度）

输入文字：（输入文本）

输入文字：（输入文本或回车）

2. 对正（J）：在上面的提示下键入 J，用来确定文本的对齐方式，对齐方式决定文本的哪一部分与所选的插入点对齐。执行此选项，AutoCAD 提示：

输入选项［左（L）/居中（C）/右（R）/对齐（A）/中间（M）/布满（F）/左上（TL）/中上（TC）/右上（TR）/左中（ML）/正中（MC）/右中（MR）/左下（BL）/中下（BC）/右下（BR）］：

在此提示下选择一个选项作为文本的对齐方式。当文本串水平排列时，AutoCAD 为标注文本串定义了图 6-5 所示的顶线、中线、基线和底线，各种对齐方式如图 6-6 所示，图中大写字母对应上述提示中各命令。下面以“对齐”为例进行简要说明。

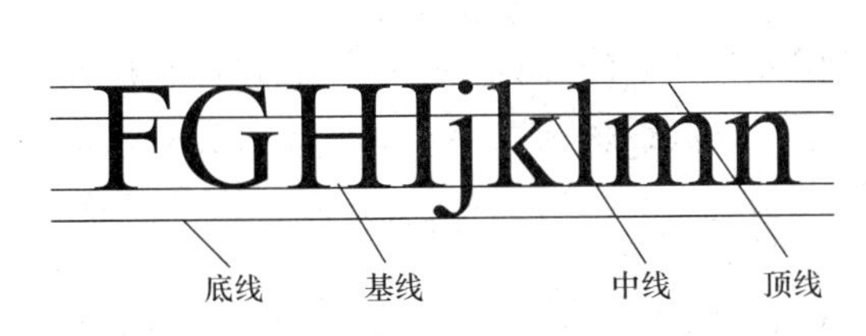

图 6-5 文本行的底线、基线、中线和顶线

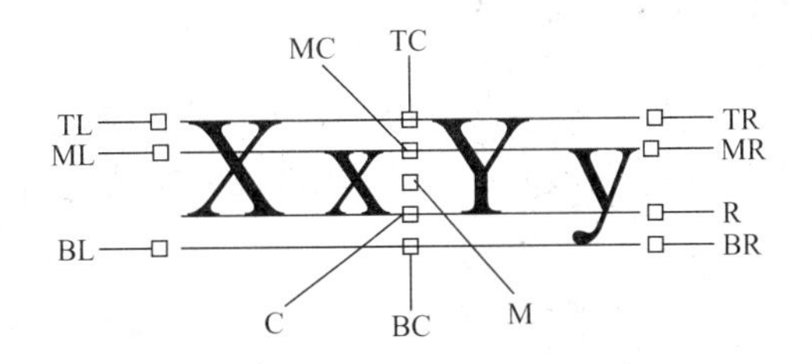

图 6-6 文本的对齐方式

实际绘图时，有时需要标注一些特殊字符，例如直径符号、上划线或下划线、温度符号等，由于这些符号不能直接从键盘上输入，AutoCAD 提供了一些控制码，用来实现这些要求。控制码用两个百分号（%%）加一个字符构成，常用的控制码见表 6-1。

AutoCAD 常用控制码　　表 6-1

符　号	功　能	符　号	功　能
%%O	上划线	\u+0278	电相位
%%U	下划线	\u+E101	流线
%%D	“度”符号	\u+2261	标识
%%P	正负符号	\u+E102	界碑线
%%C	直径符号	\u+2260	不相等
%%%	百分号%	\u+2126	欧姆
\u+2248	几乎相等	\u+03A9	欧米加
\u+2220	角度	\u+214A	低界线
\u+E100	边界线	\u+2082	下标 2
\u+2104	中心线	\u+00B2	平方
\u+0394	差值		

6.1.3　多行文本标注

【执行方式】

命令行：MTEXT

菜单栏：绘图→文字→多行文字

工具栏：绘图→多行文字A或文字→多行文字A

【操作格式】

命令：MTEXT↙

当前文字样式："Standard"　当前文字高度：1.9122　注释性：　否

指定第一角点：(指定矩形框的第一个角点)

指定对角点或［高度（H）/对正（J）/行距（L）/旋转？/样式（S）/宽度（W）/栏（C）］：

【选项说明】

1. 指定对角点：指定对角点后，系统打开图 6-7 所示的多行文字编辑器，可利用此对话框与编辑器输入多行文本并对其格式进行设置。该对话框与 Word 软件界面类似，不再赘述。

（1）其他选项：

（2）对正（J）：确定所标注文本的对齐方式。

（3）行距（L）：确定多行文本的行间距，这里所说的行间距是指相邻两文本行的基线之间的垂直距离。

（4）旋转（R）：确定文本行的倾斜角度。

（5）样式（S）：确定当前的文本样式。

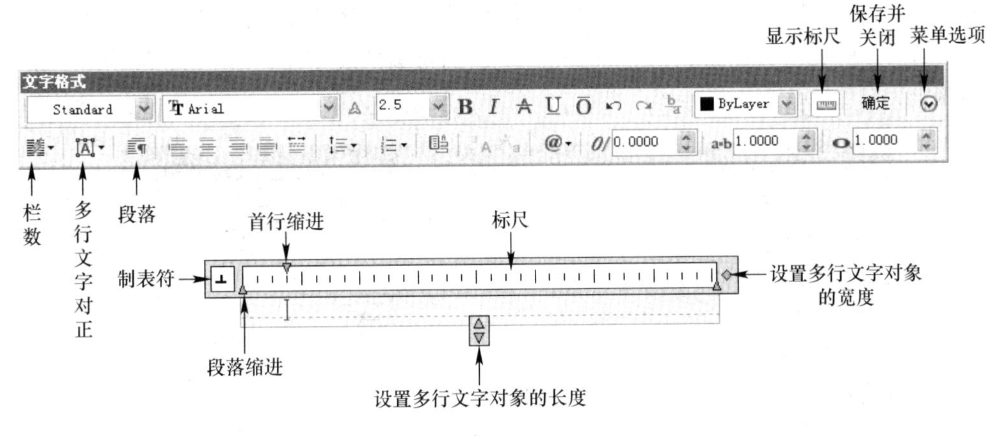

图 6-7 “文字格式”对话框和多行文字编辑器

(6) 宽度（W）：指定多行文本的宽度。

在多行文字绘制区域，单击鼠标右键，系统打开右键快捷菜单，如图 6-8 所示。该快捷菜单提供标准编辑选项和多行文字特有的选项。在多行文字编辑器中单击右键以显示快捷菜单。菜单顶层的选项是基本编辑选项：放弃、重做、剪切、复制和粘贴。后面的选项是多行文字编辑器特有的选项：

2. 插入字段：显示“字段”对话框，如图 6-9 所示。

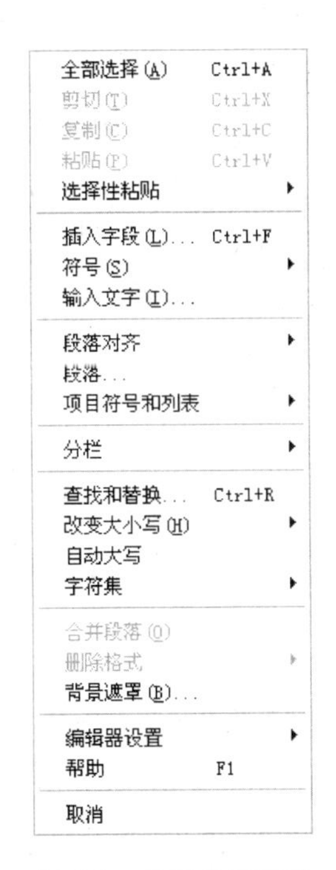

图 6-8 右键快捷菜单

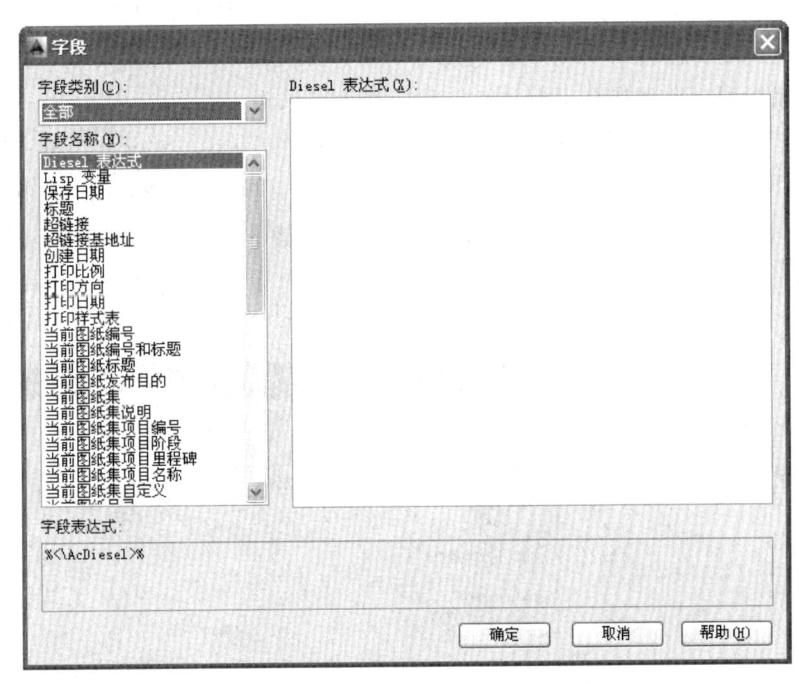

图 6-9 “字段”对话框

(1) 符号：显示可用符号的列表。也可以选择不间断空格，并打开其他符号的字符映射表。

(2) 输入文字：显示“选择文件”对话框（标准文件选择对话框）。如图 6-10 所示选择任意 ASCII 或 RTF 格式的文件。输入的文字保留原始字符格式和样式特性，但可以在编辑器中编辑输入的文字并设置其格式。选择要输入的文本文件后，可以替换选定的文字或全部文字，或在文字边界内将插入的文字附加到选定的文字中。输入文字的文件必须小于32KB。

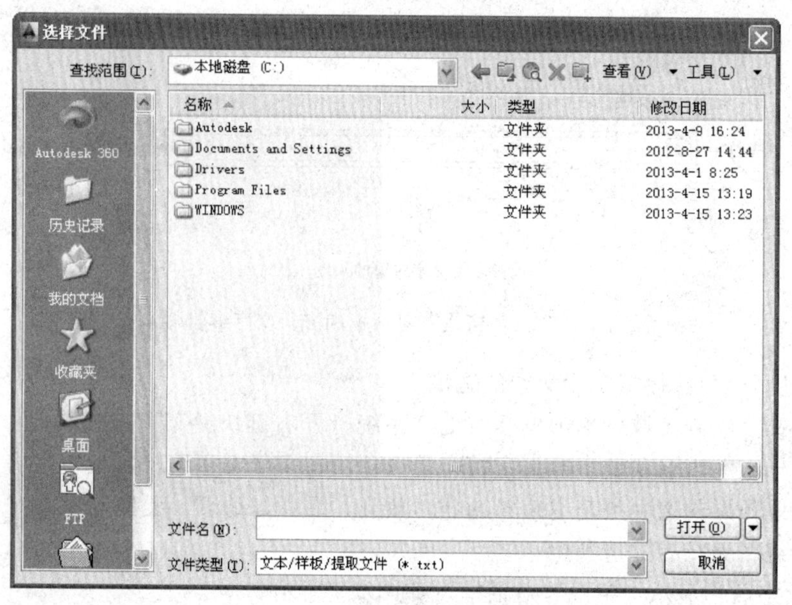

图6-10 “选择文件”对话框

编辑器自动将文字颜色设置为“BYLAYER”。当插入黑色字符且背景色是黑色时，编辑器自动将其修改为白色或当前颜色。

(3) 段落对齐：设置多行文字对象的对齐方式。可以选择将文本左对齐、居中或右对齐。“左对齐”选项是默认设置。可以对正文字，或者将文字的第一个和最后一个字与多行文字框的边界对齐，或使多行文字框的边界内的每行文字居中。在一行的末尾输入的空格是文字的一部分，并会影响该行的对正。

(4) 段落：显示段落格式的选项。请参见“段落”对话框，如图6-11所示。

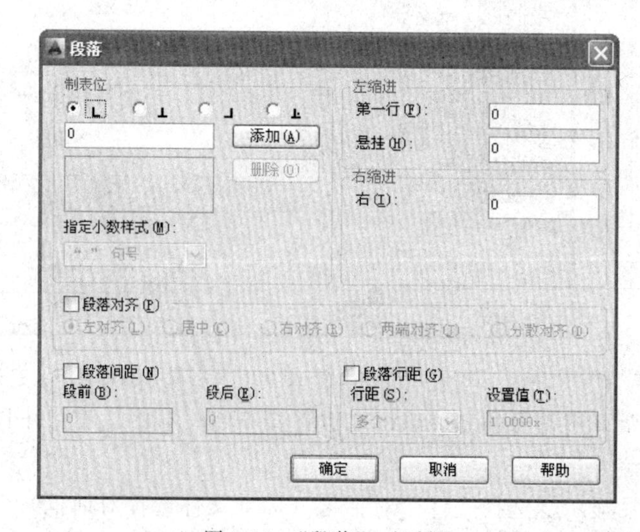

图6-11 “段落”对话框

（5）项目符号和列表：显示用于编号列表的选项。

（6）分栏：显示栏的选项。请参见“栏”菜单。

（7）查找和替换：显示“查找和替换”对话框，如图 6-12 所示。在该对话框中可以进行替换操作，操作方式与 Word 编辑器中替换操作类似，不再赘述。

（8）改变大小写：改变选定文字的大小写。可以选择“大写”和“小写”。

（9）自动大写：将所有新建文字和输入的文字转换为大写。自动大写不影响已有的文字。要更改现有文字的大小写，请选择文字并单击鼠标右键。单击“改变大小写”。

（10）字符集：显示代码页菜单。选择一个代码页并将其应用到选定的文字。

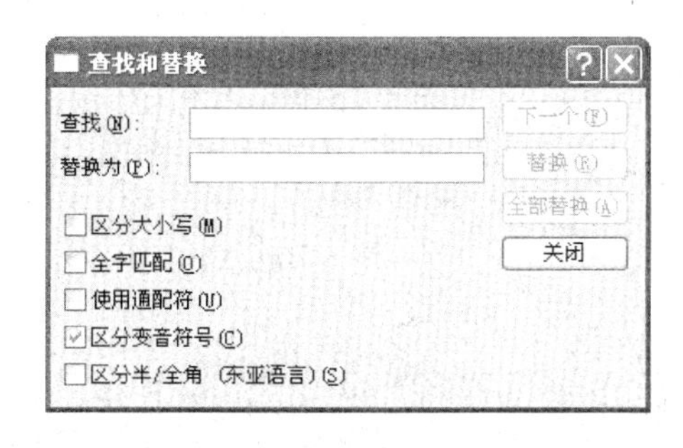

图 6-12 “查找和替换”对话框

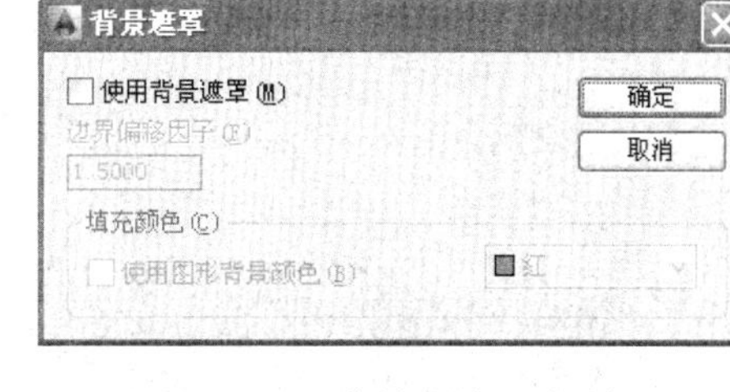

图 6-13 “背景遮罩”对话框

（11）合并段落：将选定的段落合并为一段并用空格替换每段的回车。

（12）删除格式：删除选定字符的字符格式，或删除选定段落的段落格式，或删除选定段落中的所有格式。

（13）背景遮罩：用设定的背景对标注的文字进行遮罩。单击该命令显示“背景遮罩”对话框，不适用于表格单元，如图 6-13 所示。

（14）编辑器设置：显示“文字格式”工具栏的选项列表。有关详细信息，请参见编辑器设置。

6.1.4 多行文本编辑

【执行方式】

命令行：DDEDIT

菜单栏：修改→对象→文字→编辑

工具栏：文字→编辑

【操作步骤】

命令：DDEDIT↙

选择注释对象或［放弃（U）］：

要求选择想要修改的文本，同时光标变为拾取框。用拾取框点击对象，如果选取的文本是用 TEXT 命令创建的单行文本，可对其直接进行修改。如果选取的文本是用 MTEXT 命令创建的多行文本，选取后则打开多行文字编辑器（图 6-7），可根据前面的介绍对各项设置或内容进行修改。

6.1.5 实例——酒瓶

绘制如图 6-14 所示的酒瓶。

图 6-14 酒瓶

光盘\视频教学\第 6 章\酒瓶.avi

【绘制步骤】

1. 单击“图层”工具栏中的“图层”按钮，打开“图层管理器”对话框，新建三个图层：

（1）“1”图层，颜色为绿色，其余属性默认。

（2）“2”图层，颜色为黑色，其余属性默认。

（3）“3”图层，颜色为蓝色，其余属性默认。

2. 选择菜单栏中的“视图”→“缩放”→“圆心”命令，将图形界面缩放至适当大小。

3. 将“3”图层置为当前图层，单击“绘图”工具栏中的“多段线”按钮。绘制多段线，命令行提示与操作如下：

命令：_pline↙

指定起点：40，0↙

当前线宽为 0.0000

指定下一个点或［圆弧（A）/半宽（H）/长度（L）/放弃（U）/宽度（W）］：@-40，0↙

指定下一点或［圆弧（A）/闭合（C）/半宽（H）/长度（L）/放弃（U）/宽度（W）］：@0，119.8

指定下一点或［圆弧（A）/闭合（C）/半宽（H）/长度（L）/放弃（U）/宽度（W）］：a↙

指定圆弧的端点或［角度（A）/圆心（CE）/闭合（CL）/方向（D）/半宽（H）/直线（L）/半径（R）/第二个点（S）/放弃

（U）/宽度（W）］：22，139.6↙

指定圆弧的端点或［角度（A）/圆心（CE）/闭合（CL）/方向（D）/半宽（H）/直线（L）/半径（R）/第二个点

(S)/放弃 (U)/宽度 (W)]：l↙

指定下一点或 [圆弧 (A)/闭合 (C)/半宽 (H)/长度 (L)/放弃 (U)/宽度 (W)]：29，190.7↙

指定下一点或 [圆弧 (A)/闭合 (C)/半宽 (H)/长度 (L)/放弃 (U)/宽度 (W)]：29，222.5↙

指定下一点或 [圆弧 (A)/闭合 (C)/半宽 (H)/长度 (L)/放弃 (U)/宽度 (W)]：a↙

指定圆弧的端点或 [角度 (A)/圆心 (CE)/闭合 (CL)/方向 (D)/半宽 (H)/直线 (L)/半径 (R)/第二个点 (S)/放弃 (U)/宽度 (W)]：s↙

指定圆弧上的第二个点：40，227.6↙

指定圆弧的端点：51.2，223.3↙

指定圆弧的端点或 [角度 (A)/圆心 (CE)/闭合 (CL)/方向 (D)/半宽 (H)/直线 (L)/半径 (R)/第二个点 (S)/放弃 (U)/宽度 (W)]：

绘制结果如图 6-15 所示。

4. 单击"修改"工具栏中的"镜像"按钮，镜像绘制的多段线，然后单击"修改"工具栏中的"修剪"按钮，修剪图形，结果如图 6-16 所示。

图 6-15 绘制多段线　　图 6-16 镜像处理

5. 将"2"图层置为当前图层，单击"绘图"工具栏中的"直线"按钮，绘制坐标点为 {(0，94.5)(@80，0)} {(0，92.5)(80，92.5)} {(0，48.6)，(@80，0)}、{(29，190.7)，(@22，0)}、{(0，50.6)，(@80，0)} 的直线，绘制结果如图 6-17 所示。

6. 单击"绘图"工具栏中的"椭圆"按钮，绘制中心点为 (40，120)，轴端点为 (@25，0)，轴长度为 (@0，10) 的椭圆。

7. 单击"绘图"工具栏中的"圆弧"按钮，以三点方式绘制坐标为 (22，139.6) (40，136) (58，139.6) 的圆弧，绘制结果如图 6-18 所示。

8. 单击"修改"工具栏中的"圆角"按钮，设置圆角半径为 10，将瓶底进行圆角处理。

9. 将"1"图层置为当前图层，单击"绘图"工具栏中的"多行文字"按钮 A，设置文字高度分别为 10 和 13，输入文字。如图 6-19 所示。

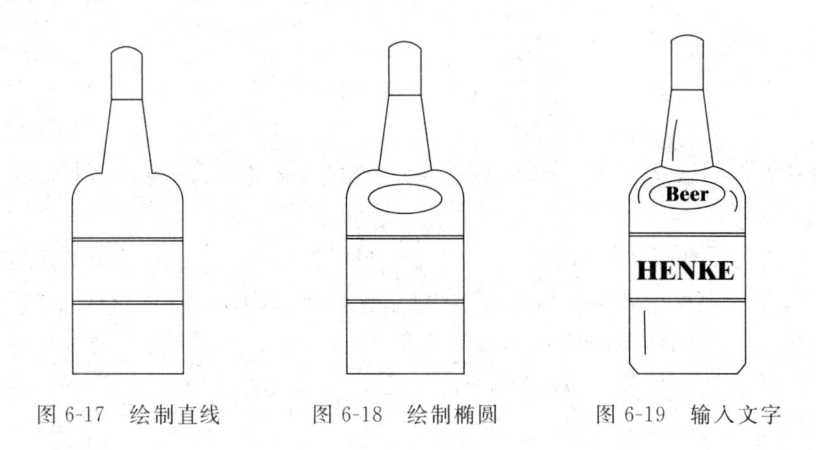

图 6-17　绘制直线　　图 6-18　绘制椭圆　　图 6-19　输入文字

6.2 尺寸标注

尺寸标注相关命令的菜单方式集中在“标注”菜单中，工具栏方式集中在“标注”工具栏中，如图 6-20 和图 6-21 所示。

6.2.1 设置尺寸样式

【执行方式】

命令行：DIMSTYLE

菜单栏：格式→标注样式或标注→样式

工具栏：标注→标注样式

【操作步骤】

执行上述命令，系统打开“标注样式管理器”对话框，如图 6-22 所示。利用此对话框可方便直观地定制和浏览尺寸标注样式，包括产生新的标注样式、修改已存在的样式、设置当前尺寸标注样式、样式重命名以及删除一个已有样式等。

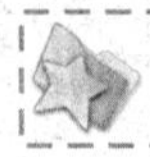
【选项说明】

1. “置为当前”按钮：点取此按钮，把在“样式”列表框选中样式设置为当前样式。

2. “新建”按钮：定义一个新的尺寸标注样式。单击此按钮，系统打开“创建新标注样式”对话框，如图 6-23 所示，利用此对话框可创建一个新的尺寸标注样式，单击“继续”按钮，系统打开“新建标注样式”对话框，如图 6-24 所示，利用此对话框可对新样式的各项特性进行设置。该对话框中各部分的含义和功能将在后面介绍。

3. “修改”按钮：修改一个已存在的尺寸标注样式。单击此按钮，系统打开“修改标注样式”对话框，该对话框中的各选项与“新建标注样式”对话框中完全相同，可以对已有标注样式进行修改。

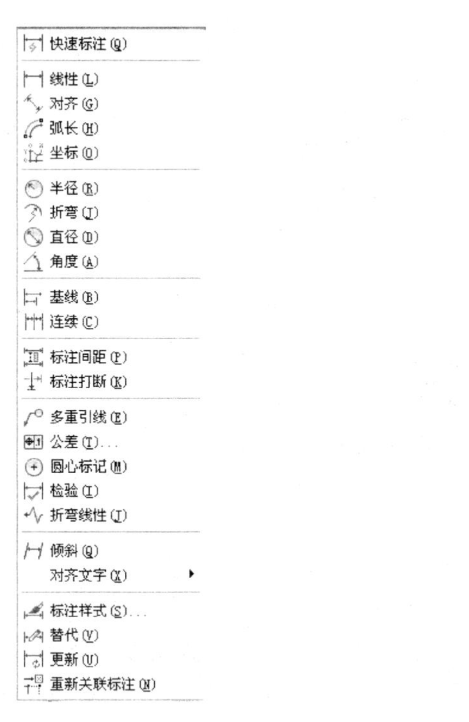

图 6-20 “标注”菜单　　　　图 6-21 “标注”工具栏

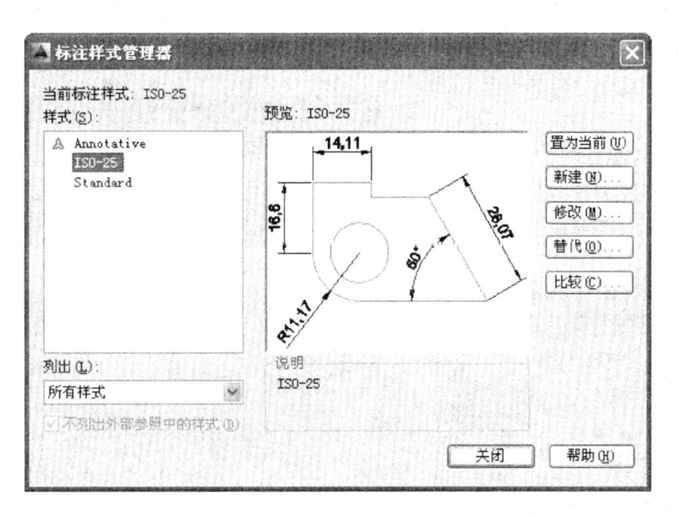

图 6-22 “标注样式管理器”对话框

4. “替代”按钮：设置临时覆盖尺寸标注样式。单击此按钮，系统打开“替代当前样式”对话框，该对话框中各选项与“新建标注样式”对话框完全相同，用户可改变选项的设置覆盖原来的设置，但这种修改只对指定的尺寸标注起作用，而不影响当前尺寸变量的设置。

5. “比较”按钮：比较两个尺寸标注样式在参数上的区别或浏览一个尺寸标注样式的参数设置。单击此按钮，系统打开“比较标注样式”对话框，如图 6-25 所示。可以把比

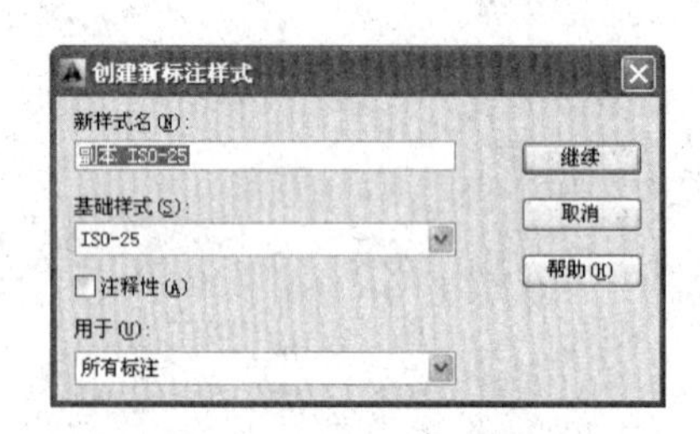

图 6-23 “创建新标注样式”对话框

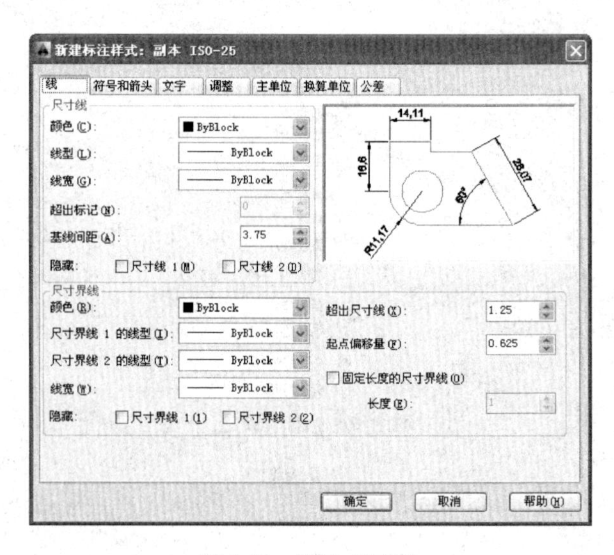

图 6-24 “线”选项卡

较结果复制到剪切板上，然后再粘贴到其他的 Windows 应用软件上。

6. 线：该选项卡对尺寸的尺寸线、尺寸界线的各个参数进行设置，如图 6-24 所示。包括尺寸线的颜色、线宽、超出标记、基线间距、隐藏等参数，尺寸界线的颜色、线宽、超出尺寸线、起点偏移量、隐藏等参数。

7. 符号和箭头：该选项卡对箭头、圆心标记以及弧长符号的各个参数进行设置，如图 6-26 所示，包括箭头的大小、引线、形状等参数，圆心标记的类型和大小，弧长符号的位置，折断标注的折断大小，线性折弯标注的折弯高度因子以及半径标注折弯角度等参数。

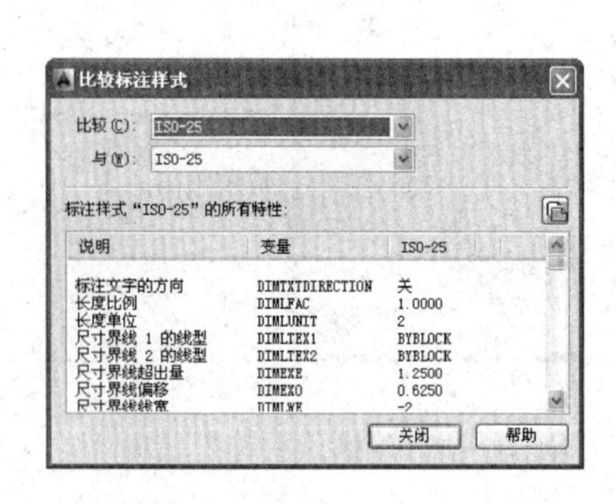

图 6-25 “比较标注样式”对话框

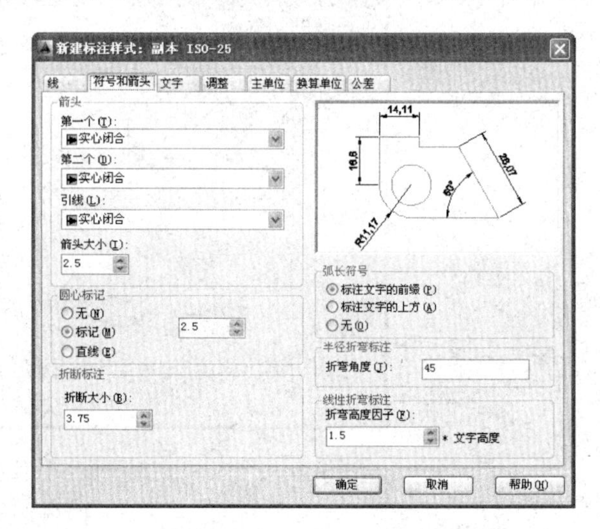

图 6-26 “符号和箭头”选项卡

8. 文字：该选项卡对文字的外观、位置、对齐方式等各个参数进行设置，如图 6-27 所示。包括文字外观的文字样式、颜色、填充颜色、文字高度、分数高度比例、是否绘制文字边框等参数，文字位置的垂直、水平和从尺寸线偏移量等参数。对齐方式有水平、与尺寸线对齐、ISO 标准 3 种方式。图 6-28 所示为尺寸在垂直方向的放置的 4 种不同情形，图 6-29 所示为尺寸在水平方向的放置的 5 种不同情形。

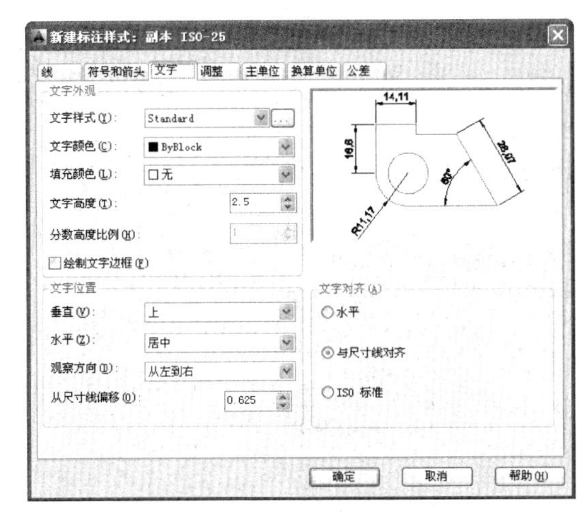

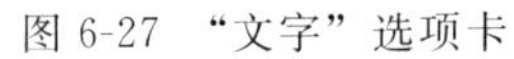
图 6-27　“文字”选项卡

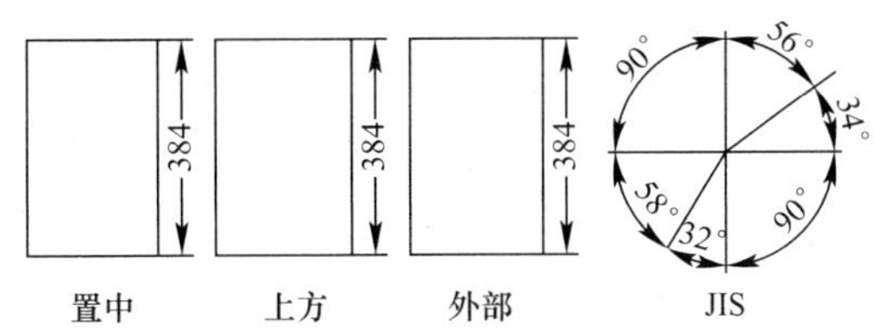

图 6-28　尺寸文本在垂直方向的放置

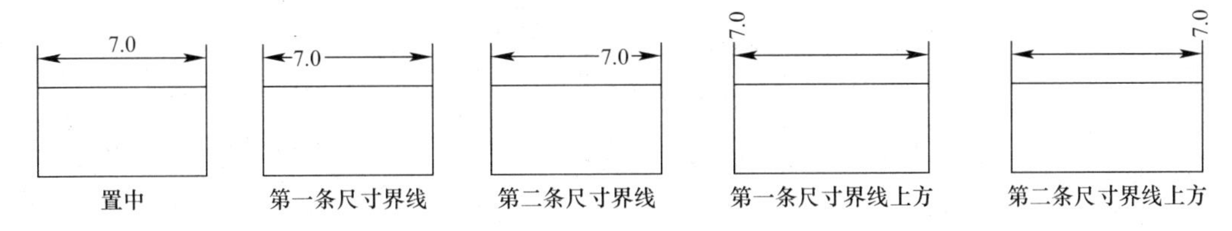

图 6-29　尺寸文本在水平方向的放置

9. 调整：该选项卡对调整选项、文字位置、标注特征比例、调整等各个参数进行设置，如图 6-30 所示。包括调整选项选择，文字不在默认位置时的放置位置，标注特征比例选择以及调整尺寸要素位置等参数。图 6-31 所示为文字不在默认位置时的放置位置的 3 种不同情形。

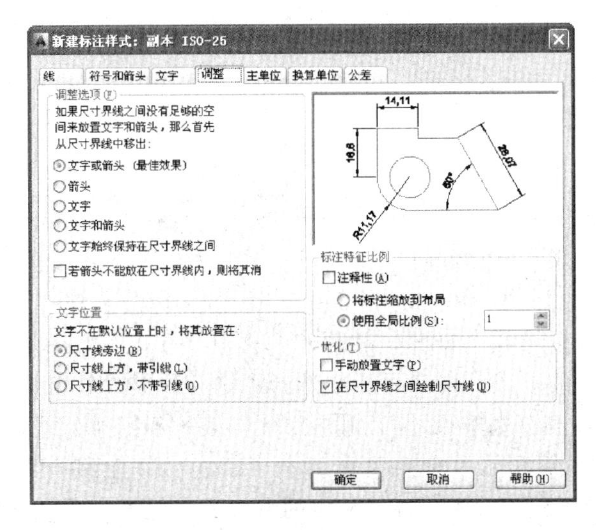

图 6-30　“调整”选项卡

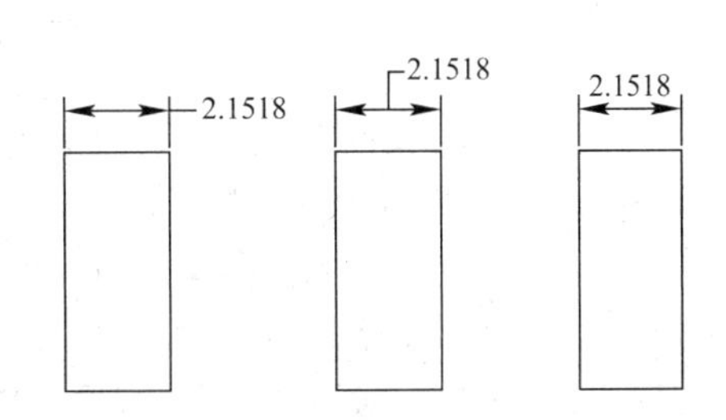

图 6-31　尺寸文本的位置“换算单位”选项卡

10. 主单位：该选项卡用来设置尺寸标注的主单位和精度，以及给尺寸文本添加固定的前缀或后缀。本选项卡含两个选项组，分别对长度型标注和角度型标注进行设置，如图 6-32所示。

11. 换算单位：该选项卡用于对替换单位进行设置，如图 6-33 所示。

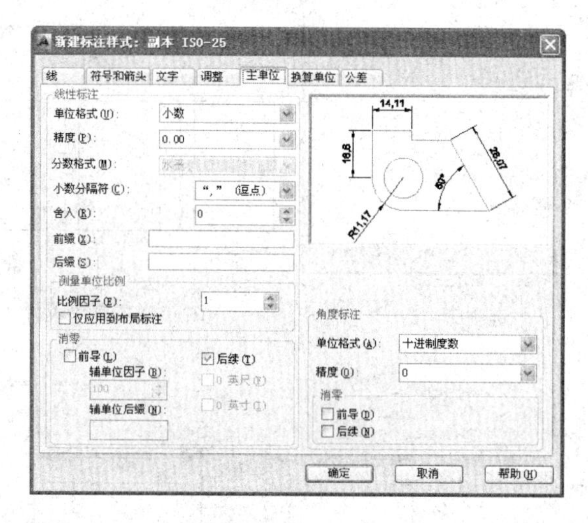

图 6-32 “主单位”选项卡

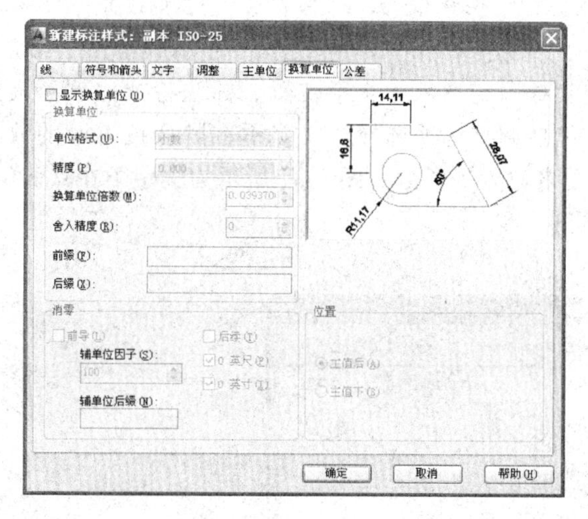

图 6-33 “换算单位”选项卡

12. 公差：该选项卡用于对尺寸公差进行设置，如图 6-34 所示。其中“方式”下拉列表框列出了 AutoCAD 提供的 5 种标注公差的形式，用户可从中选择。这 5 种形式分别是“无”、“对称”、“极限偏差”、“极限尺寸”和“基本尺寸”，其中“无”表示不标注公差，即我们上面的通常标注情形。其余 4 种标注情况如图 6-35 所示。在“精度”、“上偏差”、“下偏差”、“高度比例”、“垂直位置”等文本框中输入或选择相应的参数值。

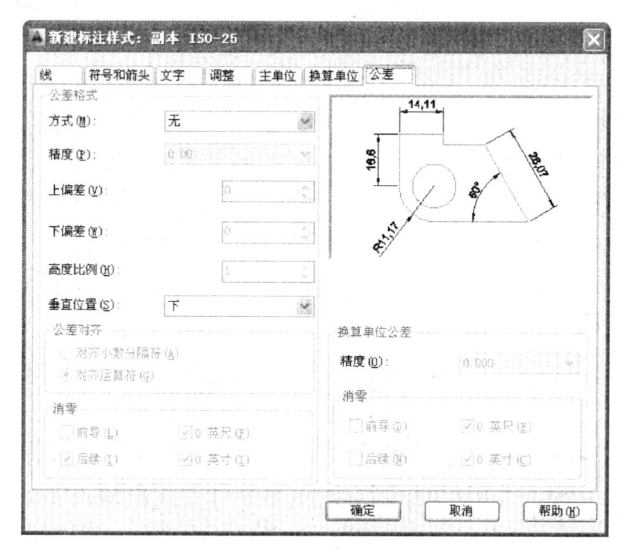

图 6-34 “新建标注样式”对话框的“公差”选项卡

技巧荟萃

系统自动在上偏差数值前加一“+”号，在下偏差数值前加一“—”号。如果上偏差是负值或下偏差是正值，都需要在输入的偏差值前加负号。如下偏差是+0.005，则需要在“下偏差”微调框中输入—0.005。

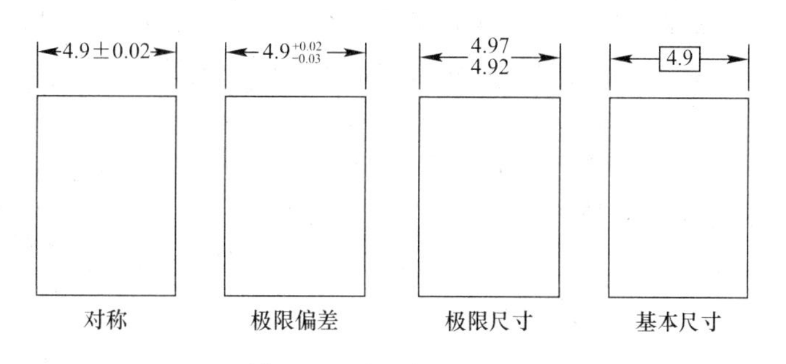

图 6-35 公差标注的形式

6.2.2 标注尺寸

1. 线性标注

【执行方式】

命令行：DIMLINEAR

菜单栏：标注→线性

工具栏：标注→线性⊢⊣

命令：DIMLINEAR↙

指定第一个尺寸界线原点或〈选择对象〉：

在此提示下有两种选择，直接回车选择要标注的对象或确定尺寸界线的起始点，回车并选择要标注的对象或指定两条尺寸界线的起始点后，系统继续提示：

指定尺寸线位置或［多行文字（M)/文字（T)/角度（A)/水平（H)/垂直（V)/旋转(R)］：

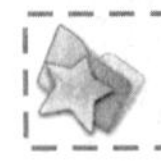【选项说明】

（1）指定尺寸线位置：确定尺寸线的位置。用户可移动鼠标选择合适的尺寸线位置，然后回车或单击鼠标左键，AutoCAD 则自动测量所标注线段的长度并标注出相应的尺寸。

（2）多行文字（M)：用多行文本编辑器确定尺寸文本。

（3）文字（T)：在命令行提示下输入或编辑尺寸文本。选择此选项后 AutoCAD 提示：

输入标注文字〈默认值〉：

其中的默认值是 AutoCAD 自动测量得到的被标注线段的长度，直接回车即可采用此长度值，也可输入其他数值代替默认值。当尺寸文本中包含默认值时，可使用尖括号“〈〉”表示默认值。

（4）角度（A)：确定尺寸文本的倾斜角度。

（5）水平（H)：水平标注尺寸，不论标注什么方向的线段，尺寸线均水平放置。

（6）垂直（V)：垂直标注尺寸，不论被标注线段沿什么方向，尺寸线总保持垂直。

（7）旋转（R)：输入尺寸线旋转的角度值，旋转标注尺寸。

对齐标注的尺寸线与所标注的轮廓线平行；坐标尺寸标注点的纵坐标或横坐标；角度标注两个对象之间的角度；直径或半径标注圆或圆弧的直径或半径；圆心标记则标注圆或圆弧的中心或中心线，具体由“新建（修改）标注样式”对话框“尺寸与箭头”选项卡“圆心标记”选项组决定。上面所述这几种尺寸标注与线性标注类似，不再赘述。

2. 基线标注

基线标注用于产生一系列基于同一条尺寸界线的尺寸标注，适用于长度尺寸标注、角度标注和坐标标注等。在使用基线标注方式之前，应该先标注出一个相关的尺寸，如图 6-36 所示。基线标注两平行尺寸线间距由“新建（修改）标注样式”对话框“尺寸与箭头”选项卡“尺寸线”选项组中“基线间距”文本框中的值决定。

【执行方式】

命令行：DIMBASELINE

菜单栏：标注→基线

工具栏：标注→基线

【操作格式】

命令：DIMBASELINE↙

指定第二条尺寸界线原点或［放弃（U）/选择（S）］〈选择〉：

直接确定另一个尺寸的第二条尺寸界线的起点，AutoCAD以上次标注的尺寸为基准标注，标注出相应尺寸。

直接回车，系统提示：

选择基准标注：（选取作为基准的尺寸标注）

连续标注又叫尺寸链标注，用于产生一系列连续的尺寸标注，后一个尺寸标注均把前一个标注的第二条尺寸界线作为它的第一条尺寸界线。与基线标注一样，在使用连续标注方式之前，应该先标注出一个相关的尺寸。其标注过程与基线标注类似，如图6-37所示。

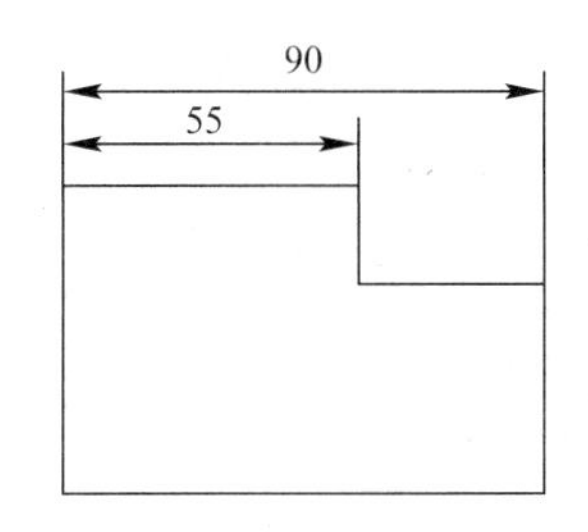

图6-36　基线标注

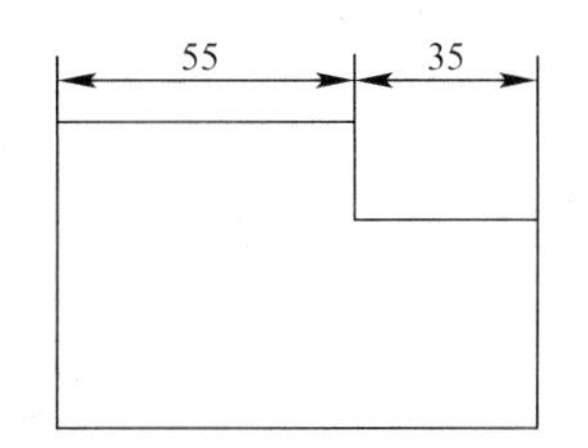

图6-37　连续标注

3. 快速标注

快速尺寸标注命令QDIM使用户可以交互地、动态地、自动化地进行尺寸标注。在QDIM命令中可以同时选择多个圆或圆弧标注直径或半径，也可同时选择多个对象进行基线标注和连续标注，选择一次即可完成多个标注，因此可节省时间，提高工作效率。

【执行方式】

命令行：QDIM

菜单栏：标注→快速标注

工具栏：标注→快速标注

【操作格式】

命令：QDIM↙

选择要标注的几何图形：（选择要标注尺寸的多个对象后回车）

指定尺寸线位置或［连续（C）/并列（S）/基线（B）/坐标（O）/半径（R）/直径（D）/基准点（P）/编辑（E）/设置（T）］〈连续〉：

【选项说明】

（1）指定尺寸线位置：直接确定尺寸线的位置，按默认尺寸标注类型标注出相应尺寸。

（2）连续（C）：产生一系列连续标注的尺寸。

（3）并列（S）：产生一系列交错的尺寸标注，如图 6-38 所示。

（4）基线（B）：产生一系列基线标注的尺寸。后面的“坐标（O）”、“半径（R）”、“直径（D）”含义与此类同。

（5）基准点（P）：为基线标注和连续标注指定一个新的基准点。

（6）编辑（E）：对多个尺寸标注进行编辑。系统允许对已存在的尺寸标注添加或移去尺寸点。选择此选项，AutoCAD 提示：

指定要删除的标注点或［添加（A）/退出（X）］〈退出〉：

在此提示下确定要移去的点之后回车，AutoCAD 对尺寸标注进行更新。如图 6-39 所示为图 6-38 删除中间 4 个标注点后的尺寸标注。

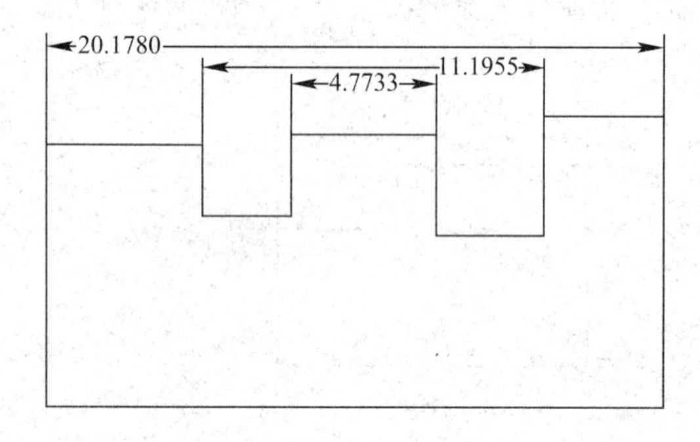

图 6-38　交错尺寸标注

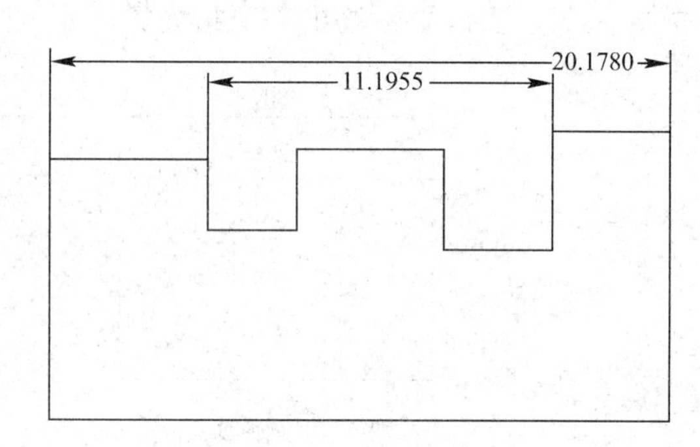

图 6-39　删除标注点

4. 引线标注

【执行方式】

命令行：QLEADER

【操作步骤】

命令：QLEADER↙

指定第一个引线点或［设置（S）］〈设置〉：

指定下一点：（输入指引线的第二点）

指定下一点：（输入指引线的第三点）

…

指定文字宽度〈0.0000〉：（输入多行文本的宽度）

输入注释文字的第一行〈多行文字（M）〉：（输入单行文本或回车打开多行文字编辑器输入多行文本）

输入注释文字的下一行：（输入另一行文本）

输入注释文字的下一行：（输入另一行文本或回车）

也可以在上面操作过程中选择“设置（S）”项打开“引线设置”对话框进行相关参数设置，如图 6-40 所示。

另外还有一个名为 LEADER 的命令行命令也可以进行引线标注，与 QLEADER 命令类似，不再赘述。

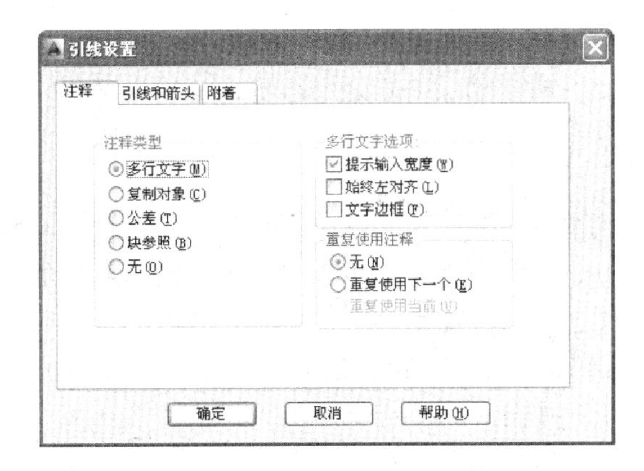

图 6-40 “引线设置”对话框

5. 形位公差标注

【执行方式】

命令行：TOLERANCE

菜单栏：标注→公差

工具栏：标注→公差

【操作格式】

执行上述命令，系统打开如图 6-41 所示的“形位公差”对话框。单击“符号”项下面的黑方块，系统打开图 6-42 所示的“特征符号”对话框，可从中选取公差代号。“公差 1（2）”项白色文本框左侧的黑块控制是否在公差值之前加一个直径符号，单击它，则出现一个直径符号，再单击则又消失。白色文本框用于确定公差值，在其中输入一个具体数值。右侧黑块用于插入“包容条件”符号，单击它，AutoCAD 打开图 6-43 所示的“附加符号”对话框，可从中选取所需符号。

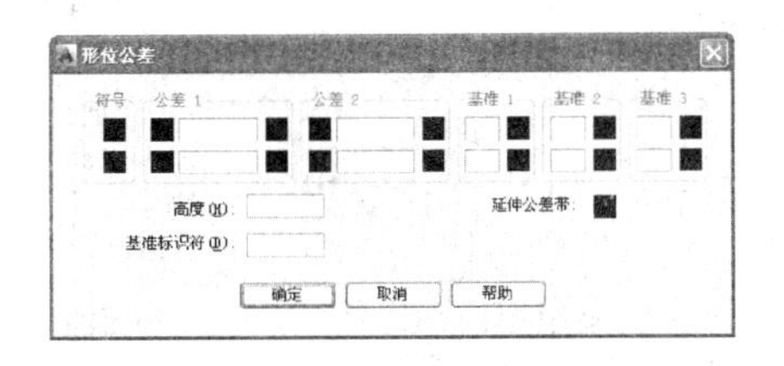

图 6-41 “形位公差”对话框

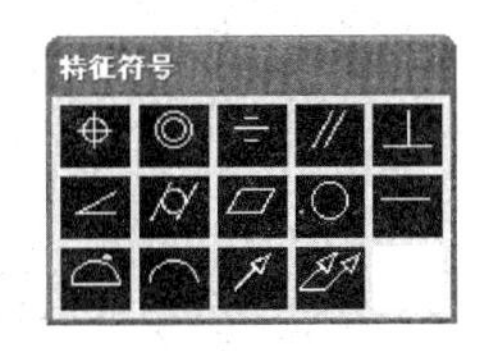

图 6-42 “特征符号”对话框

图 6-43 “附加符号”对话框

6.2.3 实例——给居室平面图标注尺寸

给如图 6-44 所示的户型平面图标注尺寸。

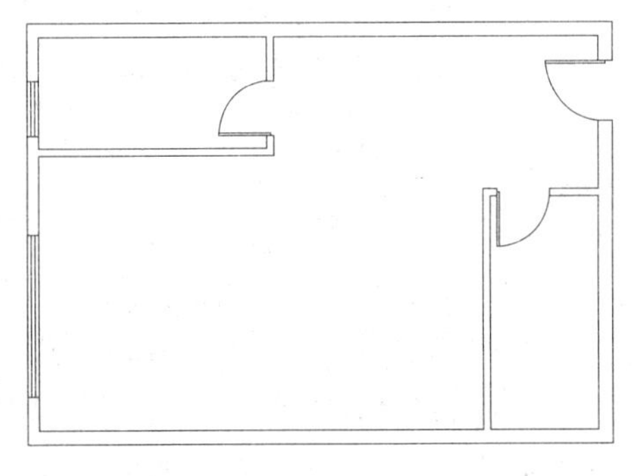

图 6-44 居室平面图

光盘\视频教学\第 6 章\给居室平面图标注尺寸.avi

【绘制步骤】

1. 绘制图形。单击“绘图”工具栏中的“直线”按钮、“矩形”按钮和“圆弧”按钮，选择菜单栏中的“绘图”→“多线”命令，以及单击“修改”工具栏中的“镜像”按钮、“复制”按钮、“偏移”按钮、“倒角”按钮和“旋转”按钮等绘制图形，如图 6-44 所示。

2. 设置尺寸标注样式。单击“样式”工具栏中的“标注样式”按钮，打开“标注样式管理器”对话框，如图 6-45 所示。单击“新建”按钮，在打开的“创建新标注样式”对话框中设置“新样式”名为“S _ 50 _ 轴线”。单击“继续”按钮，打开“新建标注样式”对话框。在如图 6-46 所示的“符号和箭头”选项卡中，设置箭头为“建筑标记”。其他设置默认，完成后确认退出。

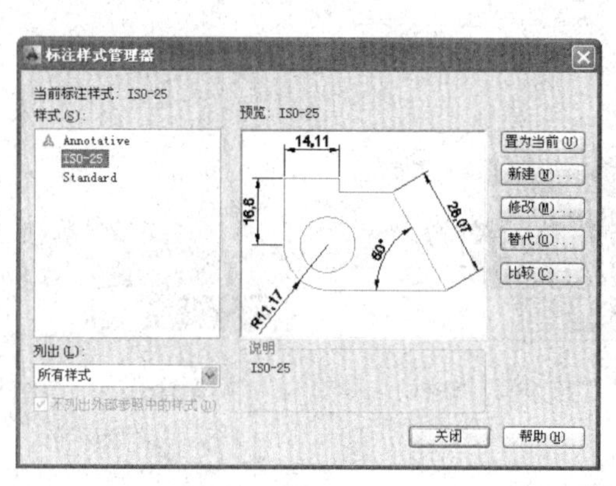

图 6-45 “标注样式管理器”对话框

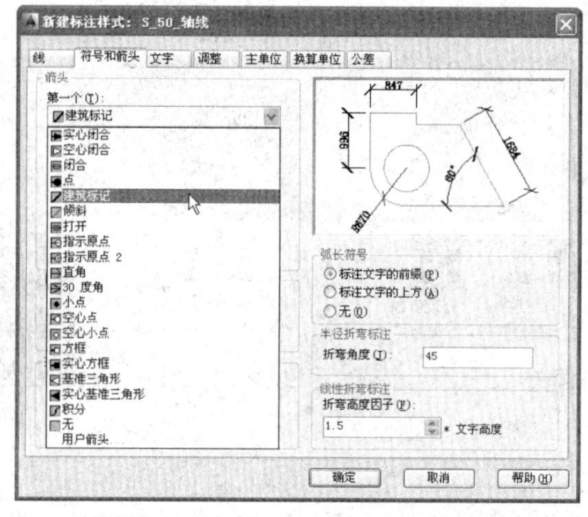

图 6-46 设置“符号和箭头”选项卡

3. 调出“标注”工具栏。将鼠标移到任一屏幕工具栏上，右击，打开快捷菜单，如图 6-47 所示。观察菜单发现，凡打钩的工具栏都已显示在屏幕上，选择“标注”命令，调出“标注”工具栏，如图 6-48 所示，并将它移动到合适的位置。

4. 水平轴线尺寸。将“S _ 50 _ 轴线”样式置为当前状态，并把墙体和轴线的上侧放大显示，如图 6-49 所示。然后单击“标注”工具栏上的“快速标注”按钮，当命令行提示“选择要标注的几何图形”时，依次选中竖向的 4 条轴线，右击确定选择，向外拖动鼠标到适当位置确定，该尺寸就标好了，如图 6-50 所示。

5. 竖向轴线尺寸。按照上步的方法完成竖向轴线尺寸的标准，结果如图 6-51 所示。

6. 门窗洞口尺寸。对于门窗洞口尺寸，有的地方用“快速标注”不太方便，现改用“线性标注”。单击“标注”工具栏上“线性”按钮，依次点取尺寸的两个界线源点，完成每一个需要标注的尺寸，结果如图 6-52 所示。

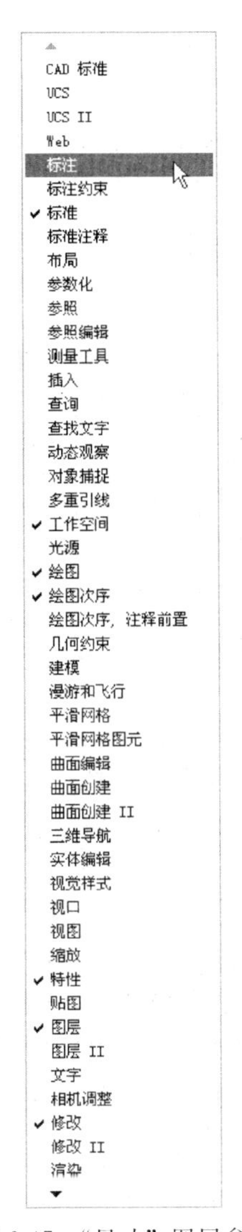

图 6-47 “尺寸”图层参数

图 6-48 “标注”工具栏

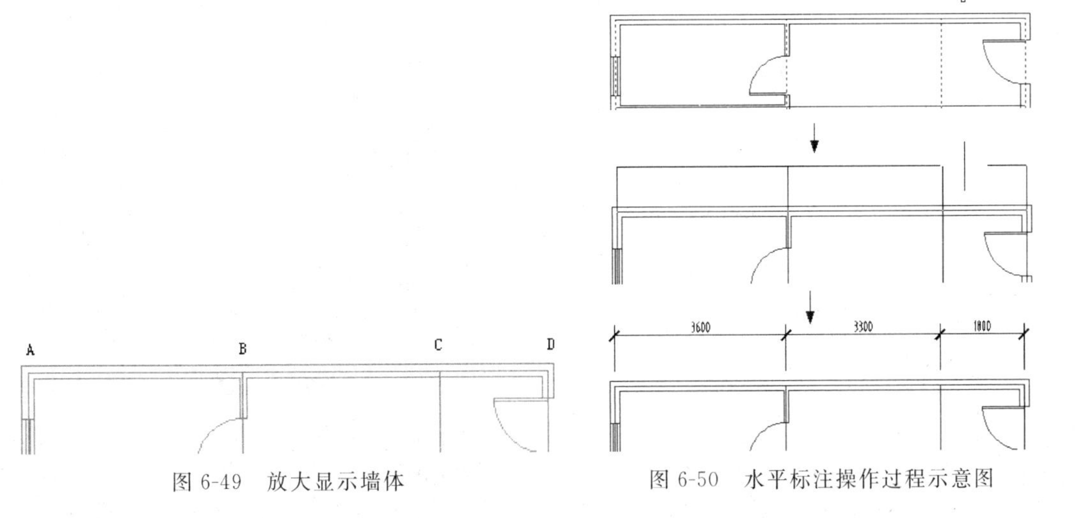

图 6-49 放大显示墙体

图 6-50 水平标注操作过程示意图

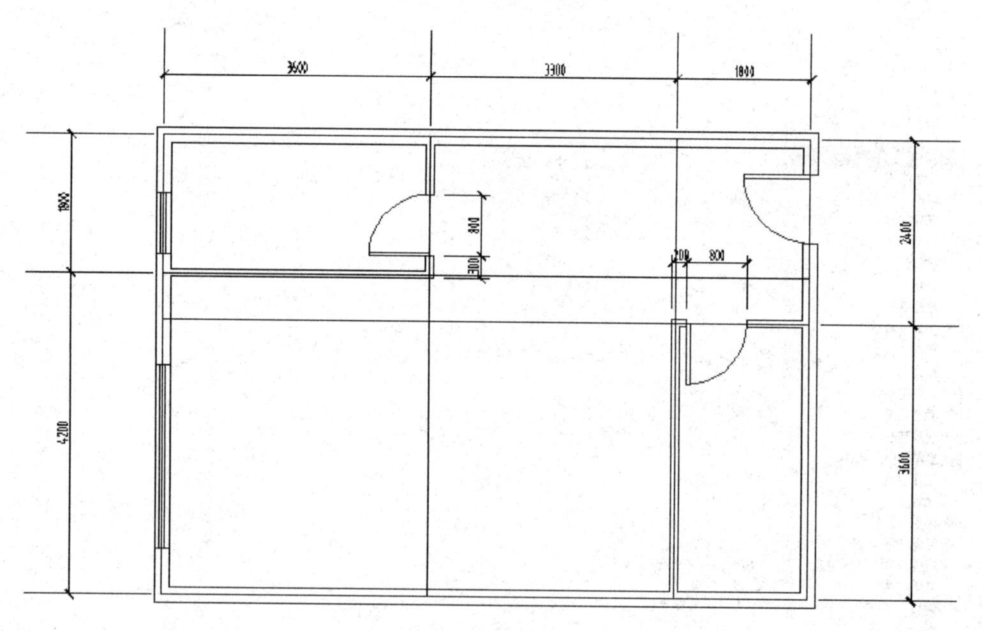

图 6-51　完成轴线标注

7. 标注编辑。对于其中自动生成指引线标注的尺寸值，单击“标注”工具栏上“编辑标注”按钮，选中尺寸值，将它们逐个调整到适当位置，结果如图 6-53 所示。为了便于操作，在调整时可暂时将“对象捕捉”关闭。

技巧荟萃

处理字样重叠的问题，亦可以在标注样式中进行相关设置，这样计算机会自动处理，但处理效果有时不太理想，也通过可以单击“标注”工具栏中的“编辑标注文字”按钮来调整文字位置，读者可以试一试。

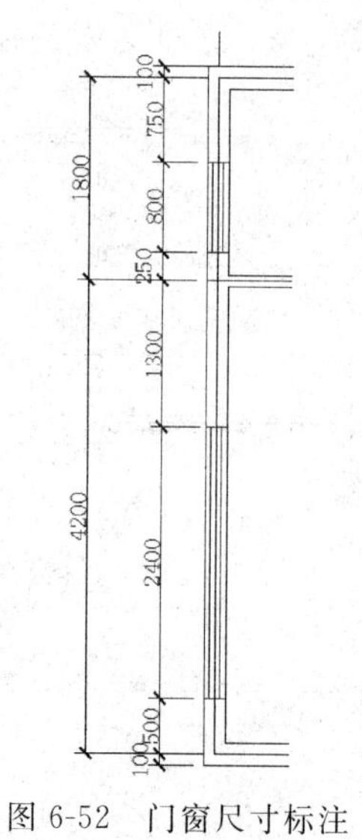

图 6-52　门窗尺寸标注

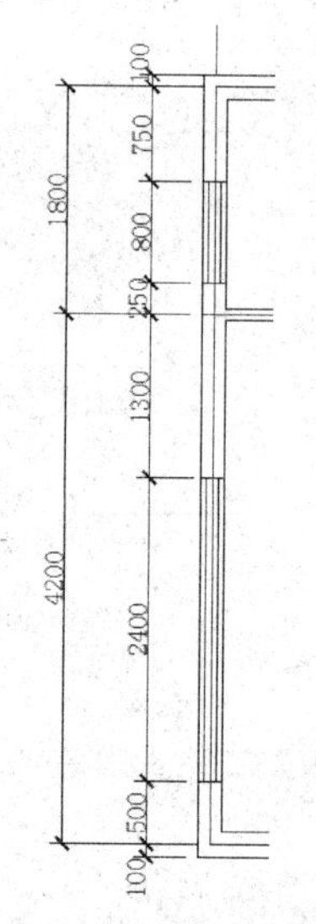

图 6-53　门窗尺寸调整

8. 其他细部尺寸和总尺寸。按照步骤6、7的方法完成其他细部尺寸和总尺寸的标注，结果如图6-54所示。注意总尺寸的标注位置。

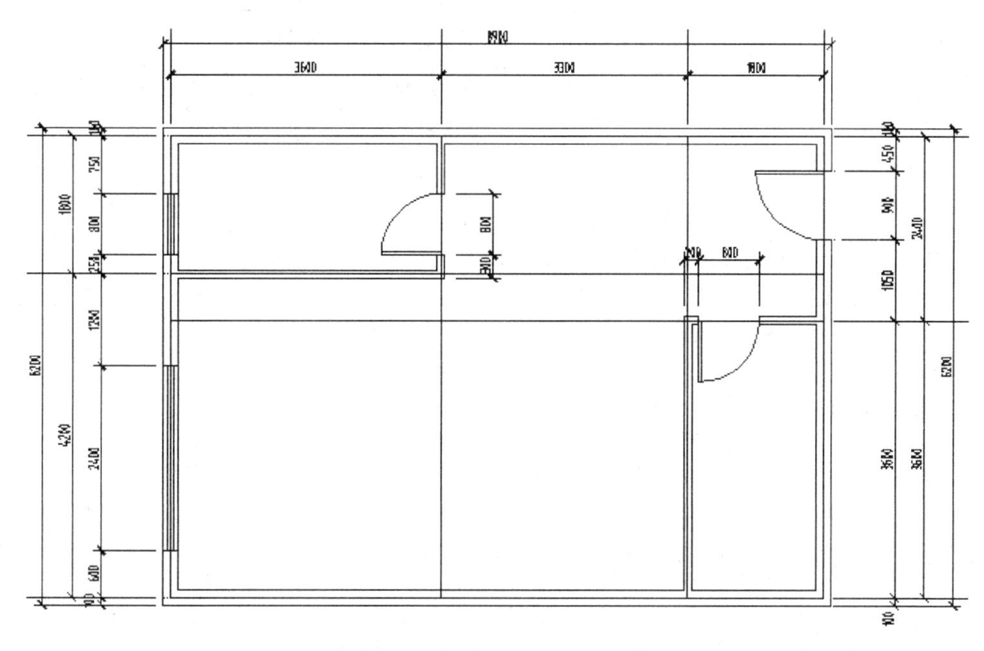

图6-54　标注居室平面图尺寸

6.3　表　　格

在以前的版本中，要绘制表格必须采用绘制图线或者图线结合偏移或复制等编辑命令来完成，这样的操作过程烦琐而复杂，不利于提高绘图效率。在AutoCAD2010以后的版本中，新增加了一个“表格”绘图功能，有了该功能，创建表格就变得非常容易，用户可以直接插入设置好样式的表格，而不用绘制由单独的图线组成的栅格。

6.3.1　设置表格样式

【执行方式】

命令行：TABLESTYLE

菜单栏：格式→表格样式

工具栏：样式→表格样式管理器

【操作步骤】

执行上述命令，系统打开“表格样式”对话框，如图6-55所示。

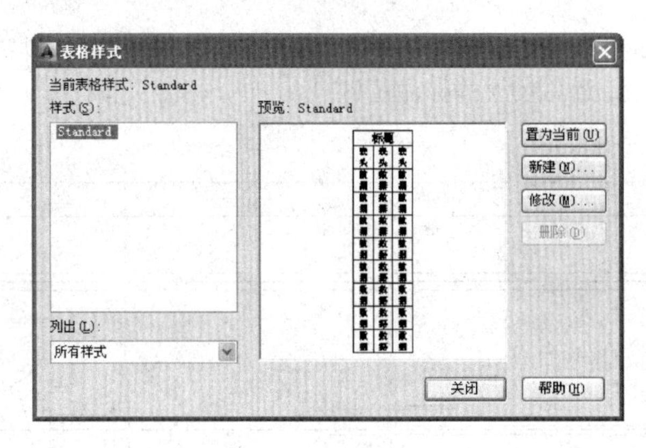

图 6-55 “表格样式”对话框

【选项说明】

1. 新建：单击该按钮，系统打开“创建新的表格样式”对话框，如图 6-56 所示。输入新的表格样式名后单击“继续”按钮，打开“新建表格样式”对话框，如图 6-57 所示，从中定义新的表格样式，分别控制表格中数据、列标题和总标题的有关参数，如图 6-58 所示。

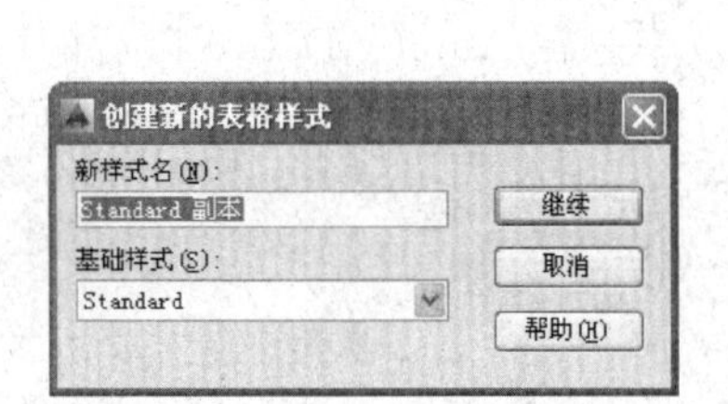

图 6-56 “创建新的表格样式”对话框

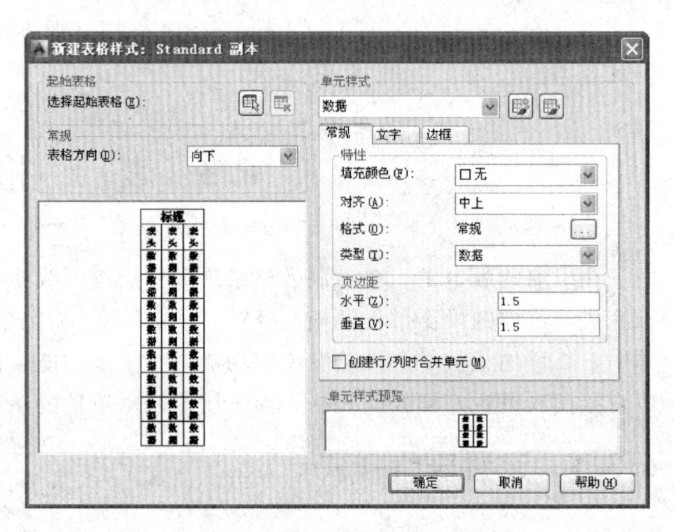

图 6-57 “新建表格样式”对话框

图 6-59 为数据文字样式为“standard”，文字高度为 4.5，文字颜色为“红色”，填充颜色为“黄色”，对齐方式为“右下”；标题文字样式为“standard”，文字高度为 6，文字颜色为“蓝色”，填充颜色为“无”，对齐方式为“正中”；表格方向为“上”，水平单元边距和垂直单元边距都为 1.5 的表格样式。

2. 修改：对当前表格样式进行修改，方式与新建表格样式相同。

标题		
表头	表头	表头
数据	数据	数据
数据	数据	数据
数据	数据	数据
数据	数据	数据
数据	数据	数据
数据	数据	数据
数据	数据	数据
数据	数据	数据

图 6-58 表格样式

数据	数据	数据
数据	数据	数据
数据	数据	数据
数据	数据	数据
数据	数据	数据
数据	数据	数据
数据	数据	数据
数据	数据	数据
数据	数据	数据
标题		

图 6-59 表格示例

6.3.2 创建表格

【执行方式】

命令行：TABLE

菜单栏：绘图→表格

工具栏：绘图→表格

【操作步骤】

执行上述命令，系统打开“插入表格”对话框，如图 6-60 所示。

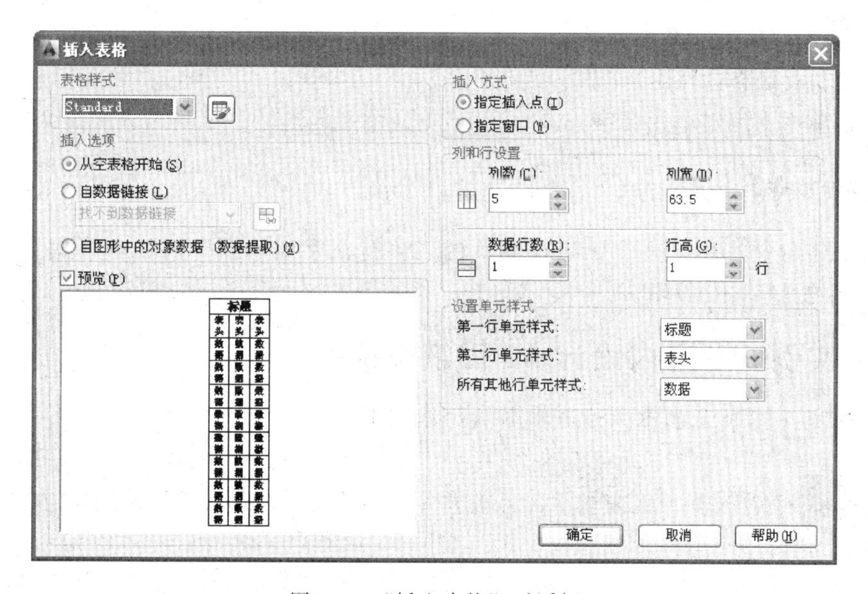

图 6-60 “插入表格”对话框

【选项说明】

1. “指定插入点”单选按钮：指定表格左上角的位置。可以使用定点设备，也可以在

命令行输入坐标值。如果表样式将表的方向设置为由下而上读取，则插入点位于表的左下角。

2. “指定窗口”单选按钮：指定表的大小和位置。可以使用定点设备，也可以在命令行输入坐标值。选定此选项时，行数、列数、列宽和行高取决于窗口的大小以及列和行设置。

3. 在上面的“插入表格”对话框中进行相应设置后，单击“确定”按钮，系统在指定的插入点或窗口自动插入一个空表格，并显示多行文字编辑器，用户可以逐行逐列输入相应的文字或数据，如图 6-61 所示。

	A	B	C	D	E
1					
2					
3					
4					
5					

图 6-61　多行文字编辑器

6.3.3　编辑表格文字

【执行方式】

命令行：TABLEDIT

定点设备：表格内双击

快捷菜单栏：编辑单元文字

【操作步骤】

执行上述命令，系统打开图 6-61 所示的“多行文字编辑器”对话框，用户可以对指定表格单元的文字进行编辑。

6.3.4　实例——室内设计 A3 图纸样板图

绘制如图 6-62 所示的室内设计制图 A3 样板图。

光盘\视频教学\第 6 章\室内设计 A3 图纸样板图.avi

【绘制步骤】

1. 设置单位和图形边界。

(1) 打开 AutoCAD 程序，则系统自动建立新图形文件。

(2) 选择菜单栏中的“格式”→“单位”命令，系统打开“图形单位”对话框，如图

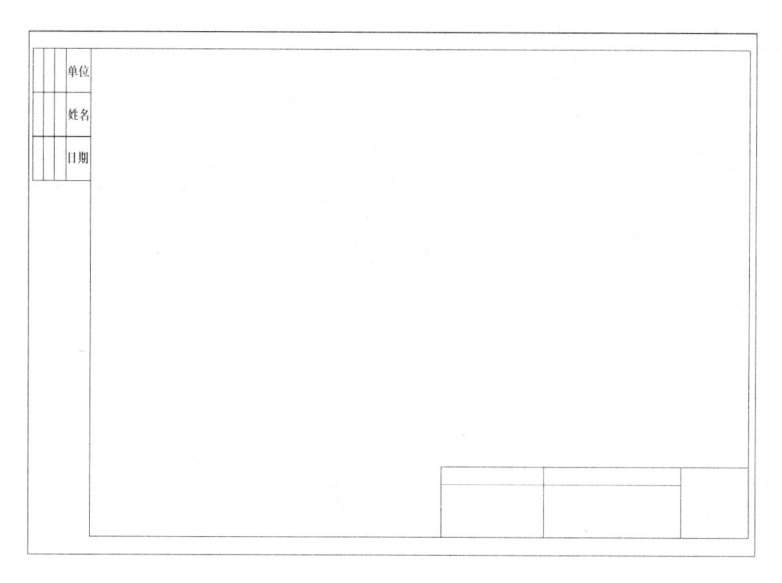

图 6-62 室内设计制图 A3 样板图

6-63 所示。设置“长度”的类型为“小数”，“精度”为 0；“角度”的类型为“十进制度数”，“精度”为 0，系统默认逆时针方向为正，单击“确定”按钮。

（3）设置图形边界。国家标准对图纸的幅面大小作了严格规定，在这里，不妨按国家标准 A3 图纸幅面设置图形边界。A3 图纸的幅面为 420mm×297mm，选择菜单栏中的“格式”→“图形界限”命令，命令行提示与操作如下：

命令：LIMITS↙

重新设置模型空间界限：

指定左下角点或［开（ON）/关（OFF）］〈0.0000，0.0000〉：

指定右上角点〈12.0000，9.0000〉：420，297↙

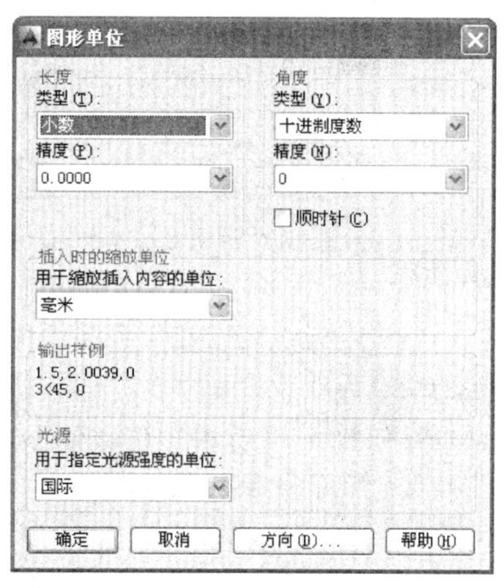

图 6-63 “图形单位”对话框

2. 设置图层。

（1）单击“图层”工具栏中的“图层特性管理器”按钮，系统打开“图层特性管理器”对话框，如图 6-64 所示。在该对话框中单击“新建”按钮，建立不同层名的新图层，这些不同的图层分别存放不同的图线或图形的不同部分。

（2）设置图层颜色。为了区分不同图层上的图线，增加图形不同部分的对比性，可以在“图层特性管理器”对话框中单击相应图层“颜色”标签下的颜色色块，打开“选择颜色”对话框，如图 6-65 所示。在该对话框中选择需要的颜色。

（3）设置线型。在常用的工程图样中，通常要用到不同的线型，这是因为不同的线型表示不同的含义。在“图层特性管理器”中单击“线型”标签下的线型选项，打开“选择线型”对话框，如图 6-66 所示，在该对话框中选择对应的线型，如果在“已加载的线型”

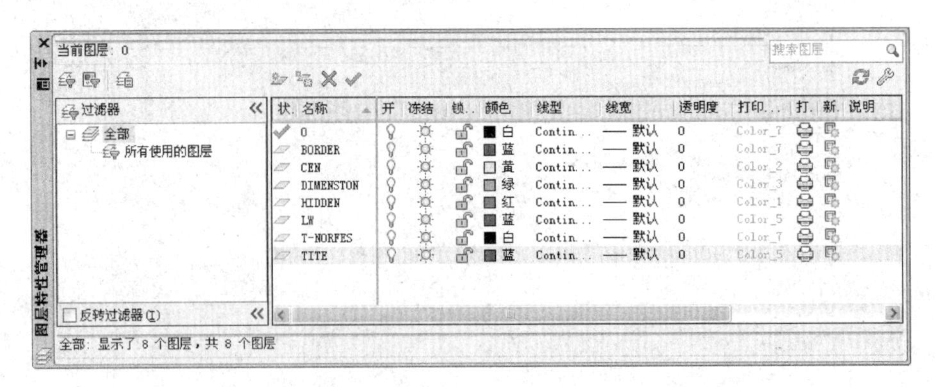

图 6-64 “图层特性管理器”对话框

列表框中没有需要的线型，可以单击“加载”按钮，打开“加载或重载线型”对话框加载线型，如图 6-67 所示。

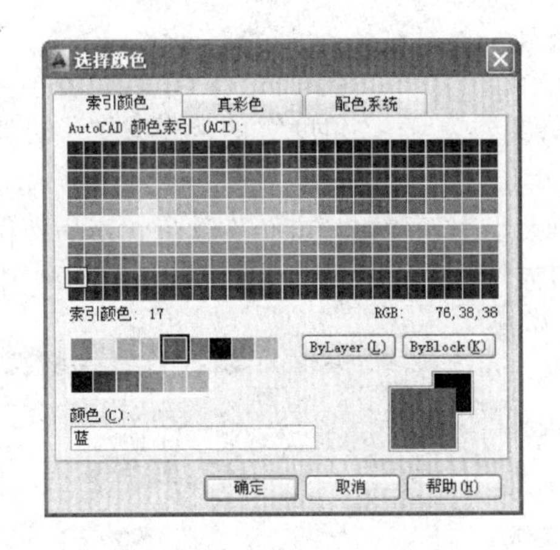

图 6-65 “选择颜色”对话框

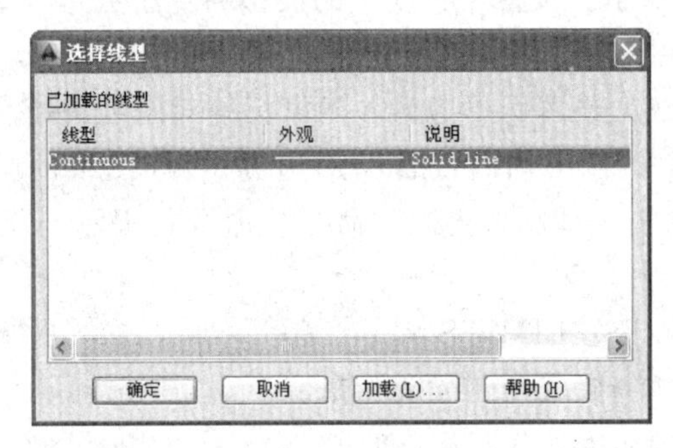

图 6-66 “选择线型”对话框

（4）设置线宽。在工程图纸中，不同的线宽也表示不同的含义，因此也要对不同的图层的线宽界线设置，单击“图层特性管理器”中“线宽”标签下的选项，打开“线宽”对话框，如图 6-68 所示。在该对话框中选择适当的线宽。需要注意的是，应尽量保持细线与粗线之间的比例大约为 1∶2。

3. 设置文本样式。下面列出一些本练习中的格式，请按如下约定进行设置：文本高度一般注释 7mm，零件名称 10mm，图标栏和会签栏中其他文字 5mm，尺寸文字 5mm，线型比例 1，图纸空间线型比例 1，单位十进制，小数点后 0 位，角度小数点后 0 位。

可以生成 4 种文字样式，分别用于一般注释、标题块中零件名、标题块注释及尺寸标注。

（1）单击“样式”工具栏中的“文字样式”按钮，系统打开“文字样式”对话框，单击“新建”按钮，系统打开“新建文字样式”对话框，如图 6-69 所示。接受默认的“样式 1”文字样式名，确认退出。

（2）系统回到“文字样式”对话框，在“字体名”下拉列表框中选择“宋体”选项；在“宽度比例”文本框中将宽度比例设置为 0.7；将文字高度设置为 5，如图 6-70 所示。

单击“应用”按钮，再单击“关闭”按钮。其他文字样式类似设置。

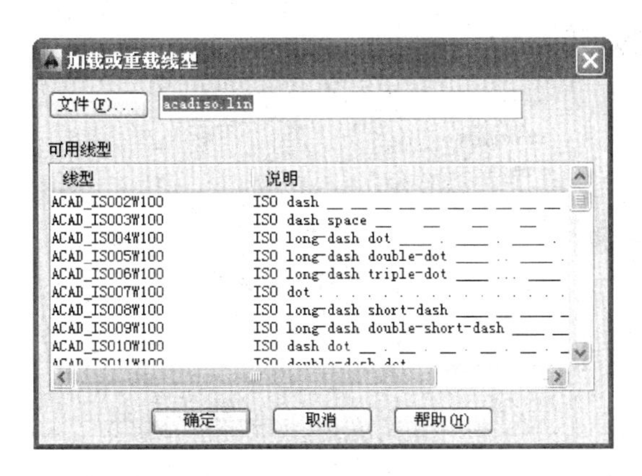

图 6-67 “加载或重载线型”对话框

图 6-68 “线宽”对话框

图 6-69 “新建文字样式”对话框

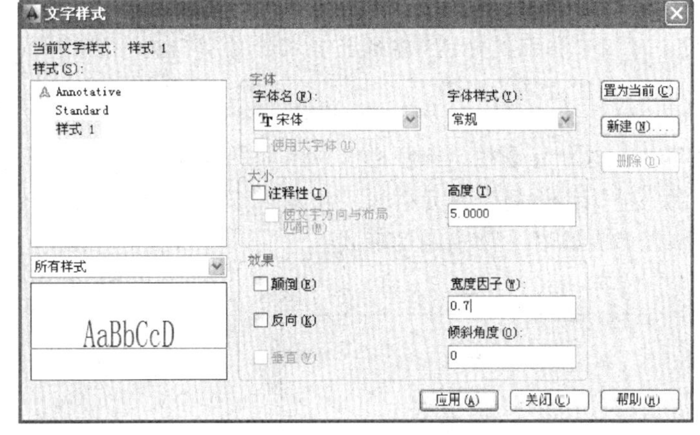

图 6-70 “文字样式”对话框

4. 设置尺寸标注样式。

（1）单击“样式”工具栏中的“标注样式”按钮，系统打开“标注样式管理器”对话框，如图 6-71 所示。在“预览”显示框中显示出标注样式的预览图形。

（2）单击“修改”按钮，系统打开“修改标注样式”对话框，在该对话框中对标注样式的选项按照需要进行修改，如图 6-72 所示。

（3）其中，在“线”选项卡中，设置“颜色”和“线宽”为“ByLayer”，“基线间距”为 6，其他不变。在“箭头和符号”选项卡中，设置“箭头大小”为 1，其他不变。在“文字”选项卡中，设置“颜色”为“ByLayer”，“文字高度”为 5，其他不变。在“主单位”选项卡中，设置“精度”为 0，其他不变。其他选项卡不变。

5. 绘制图框。单击“绘图”工具栏中的“矩形”按钮，绘制角点坐标为（25，10）和（410，287）的矩形，如图 6-73 所示。

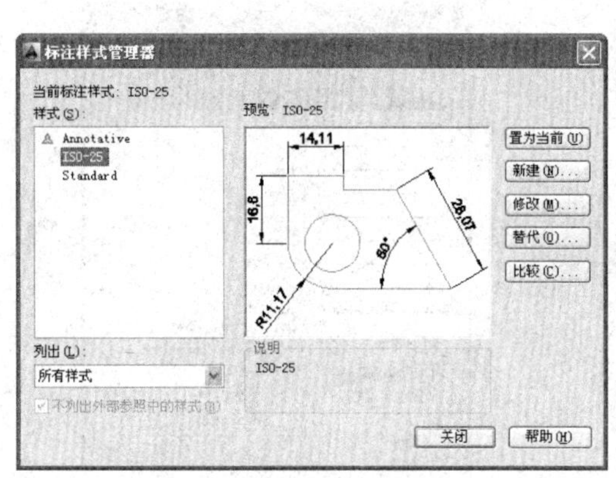

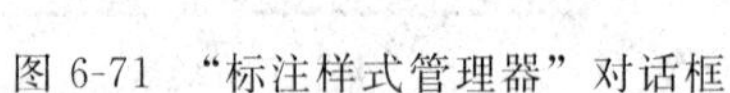
图 6-71 “标注样式管理器”对话框

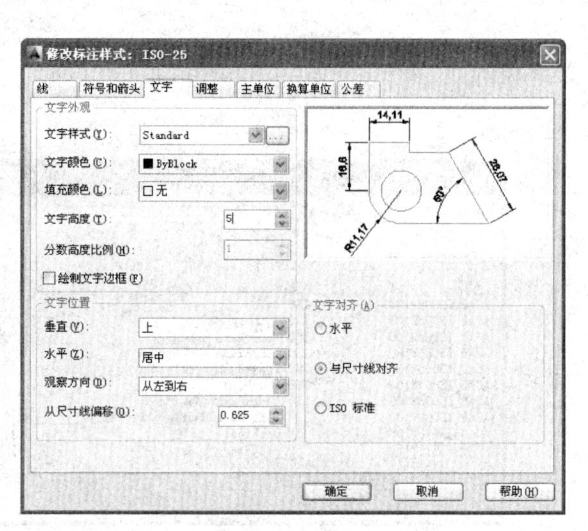

图 6-72 “修改标注样式”对话框

技巧荟萃

国家标准规定 A3 图纸的幅面大小是 420mm×297mm，这里留出了带装订边的图框到图纸边界的距离。

6. 绘制标题栏。标题栏示意图如图 6-75 所示，由于分隔线并不整齐，所以可以先绘制一个 9×4（每个单元格的尺寸是 0×10）的标准表格，然后在此基础上编辑或合并单元格以形成如图 6-74 所示的形式。

图 6-73 绘制矩形

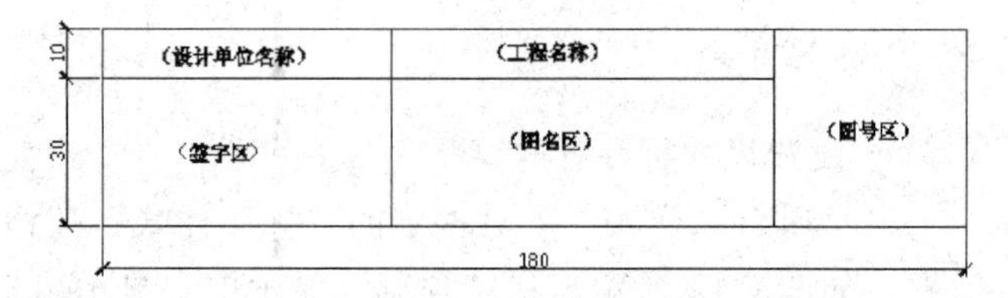

图 6-74 标题栏示意图

（1）单击“样式”工具栏中的“表格样式”按钮，系统打开“表格样式”对话框，如图 6-75 所示。

（2）单击“表格样式”对话框中的“修改”按钮，系统打开“修改表格样式”对话框，在“单元样式”下拉列表框中选择“数据”选项，在下面的“文字”选项卡中将“文字高度”设置为 6，如图 6-76 所示。再打开“常规”选项卡，将“页边距”选项组中的“水平”和“垂直”都设置成 1，如图 6-77 所示。

（3）系统回到“表格样式”对话框，单击“关闭”按钮，退出。

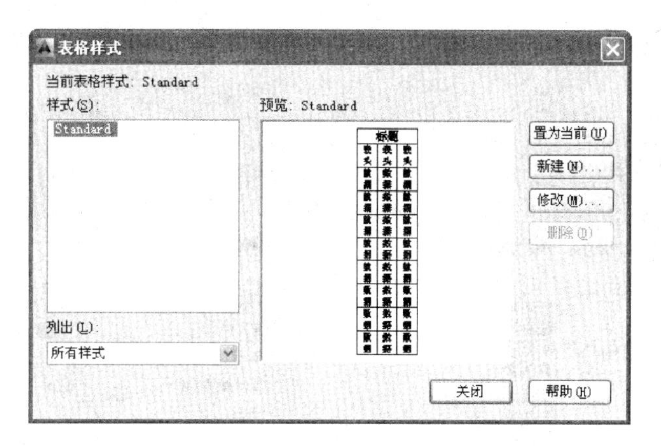

图 6-75 “表格样式”对话框

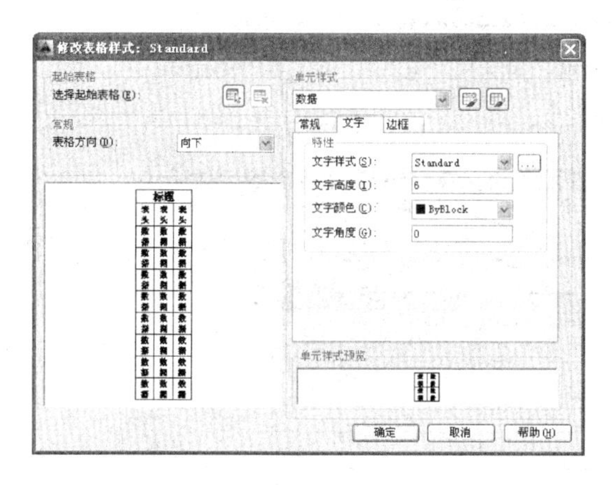

图 6-76 “修改表格样式”对话框

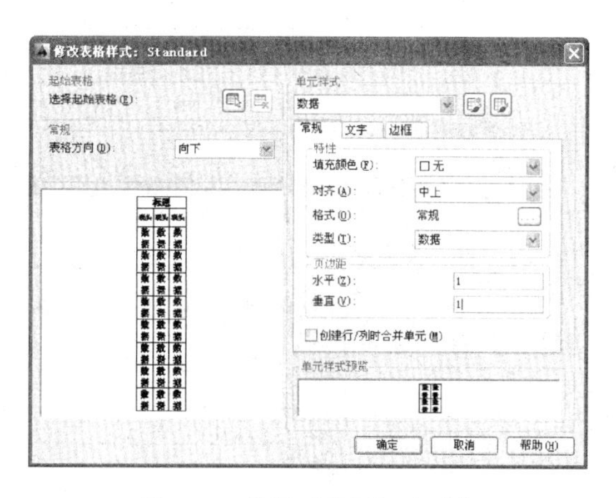

图 6-77 设置“常规”选项卡

(4) 单击“绘图”工具栏中的“表格”按钮，系统打开“插入表格”对话框。在“列和行设置”选项组中将“列”设置为9，将“列宽”设置为20，将“数据行”设置为2(加上标题行和表头行共4行)，将“行高”设置为1行(即为10)；在“设置单元样式”选项组中，将“第一行单元样式”、“第二行单元样式”和“所有其他行单元样式”都设置为“数据”，如图6-78所示。

(5) 在图框线右下角附近指定表格位置，系统生成表格，同时打开表格和文字编辑器，如图6-79所示，直接按Enter键，不输入文字，生成表格，如图6-80所示。

7. 移动标题栏。无法准确确定刚生成的标题栏与图框的相对位置，因此需要移动标题栏。单击“修改”工具栏中的“移动”按钮，将刚绘制的表格准确放置在图框的右下角，如图6-81所示。

8. 编辑标题栏表格。

(1) 单击标题栏表格A单元格，按住Shift键，同时选择B和C单元格，在“表格”编辑器中单击“合并单元格”命令下拉菜单中的“全部”命令，如图6-82所示。

(2) 重复上述方法，对其他单元格进行合并，结果如图6-83所示。

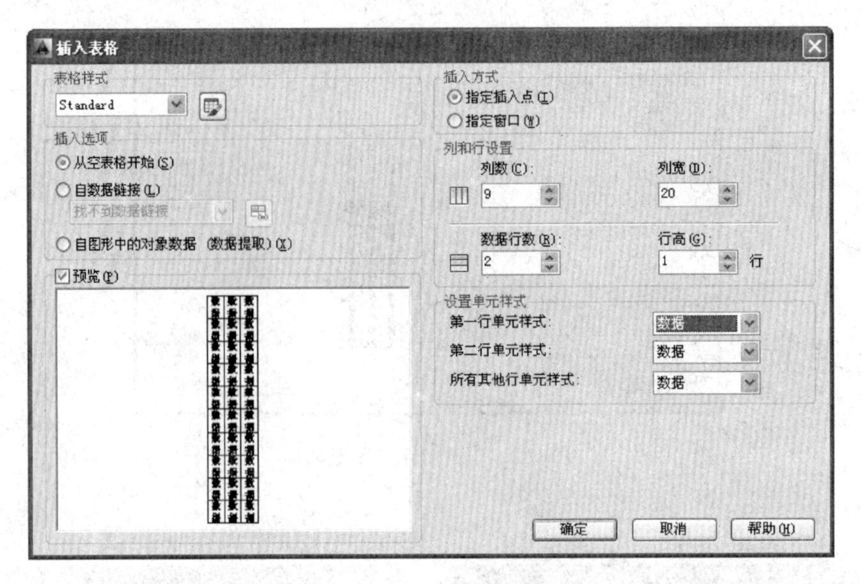

图 6-78 “插入表格”对话框

	A	B	C	D	E	F	G	H	I
1									
2									
3									
4									

图 6-79 表格和文字编辑器

图 6-80 生成表格

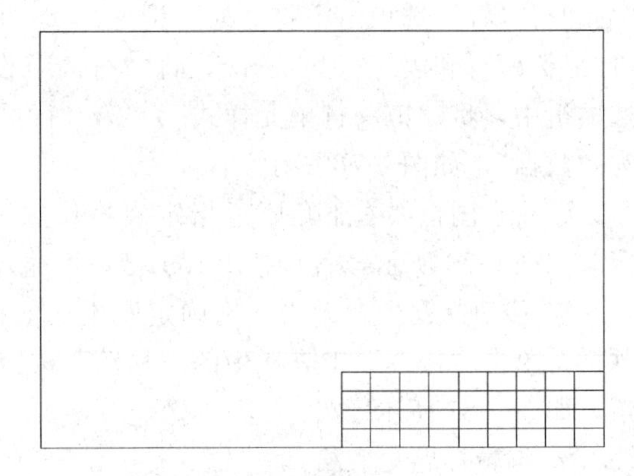

图 6-81 移动表格

9. 绘制会签栏。会签栏具体大小和样式如图 6-84 所示。用户可以采取和标题栏相同的绘制方法来绘制会签栏。

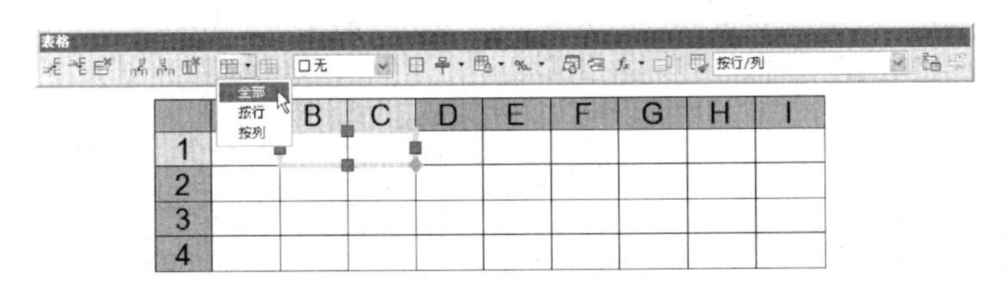

图 6-82 合并单元格

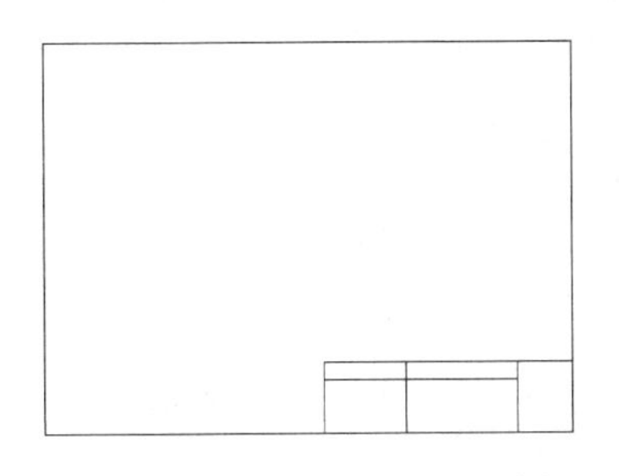

图 6-83 完成标题栏单元格编辑

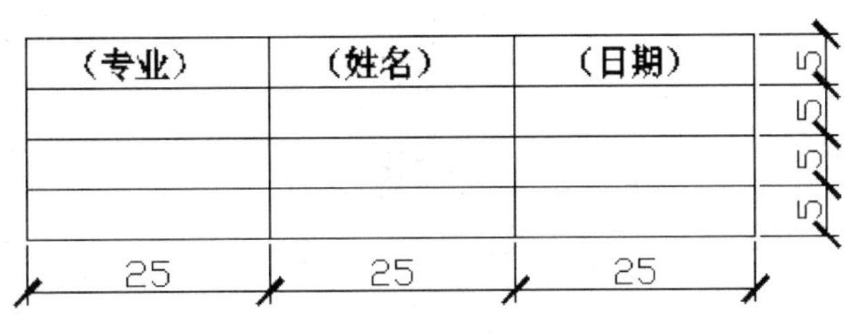

图 6-84 会签栏示意图

(1) 在“修改表格样式”对话框中的“文字”选项卡中，将“文字高度”设置为 4，如图 6-85 所示；再把“常规”选项卡中“页边距”选项组中“水平”和“垂直”都设置为 0.5。

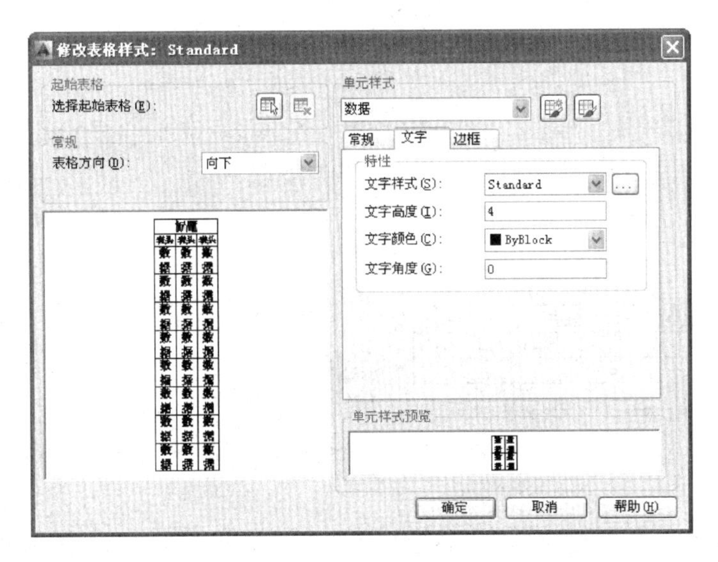

图 6-85 设置表格样式

(2) 单击“绘图”工具栏中的“表格”按钮▦，系统打开“插入表格”对话框，在“列和行设置”选项组中，将“列”设置为 3，“列宽”设置为 25，“数据行”设置为 2，“行高”设置为 1 行；在“设置单元样式”选项组中，将“第一行单元样式”、“第二行单元样式”和“所有其他行单元样式”都设置为“数据”，如图 6-86 所示。

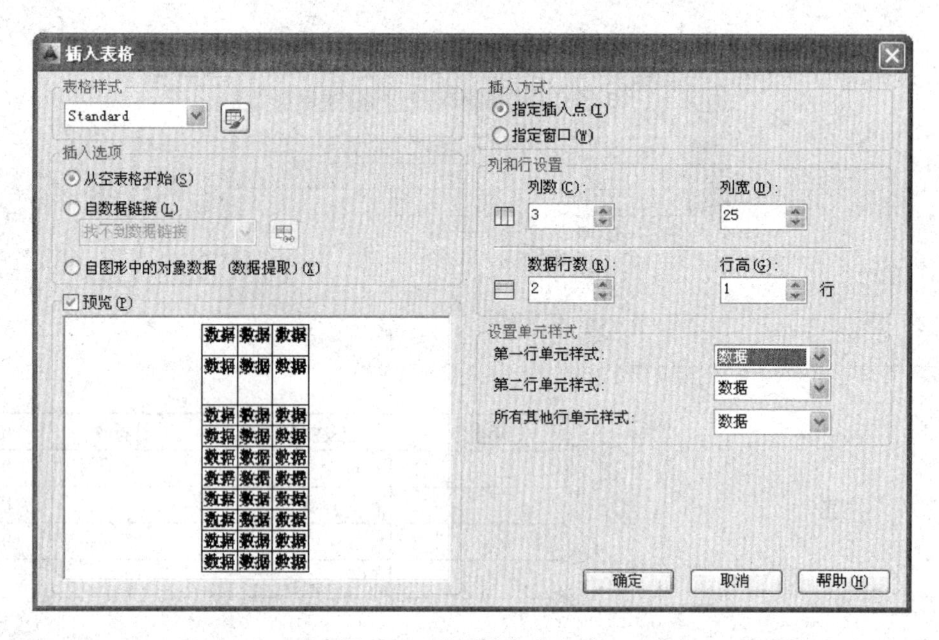

图 6-86　设置表格行和列

(3) 在表格中输入文字，结果如图 6-87 所示。

10. 旋转和移动会签栏。

(1) 单击“修改”工具栏中的“旋转”按钮，旋转会签栏，结果如图 6-88 所示。

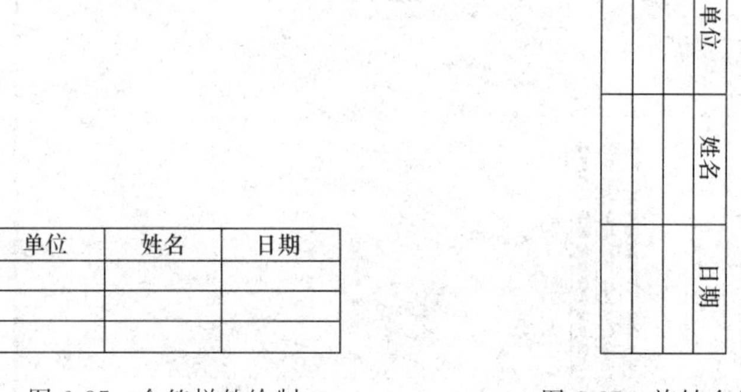

图 6-87　会签栏的绘制　　图 6-88　旋转会签栏

(2) 单击“修改”工具栏中的“移动”按钮，将会签栏移动到图框的左上角，结果如图 6-89 所示。

11. 绘制外框。单击“绘图”工具栏中的“矩形”按钮，在最外侧绘制一个 420×297 的外框，最终完成样板图的绘制，如图 6-62 所示。

12. 保存样板图。选择菜单栏中的“文件”→“另存为”命令，系统打开“图形另存为”对话框，将图形保存为 DWT 格式的文件即可，如图 6-90 所示。

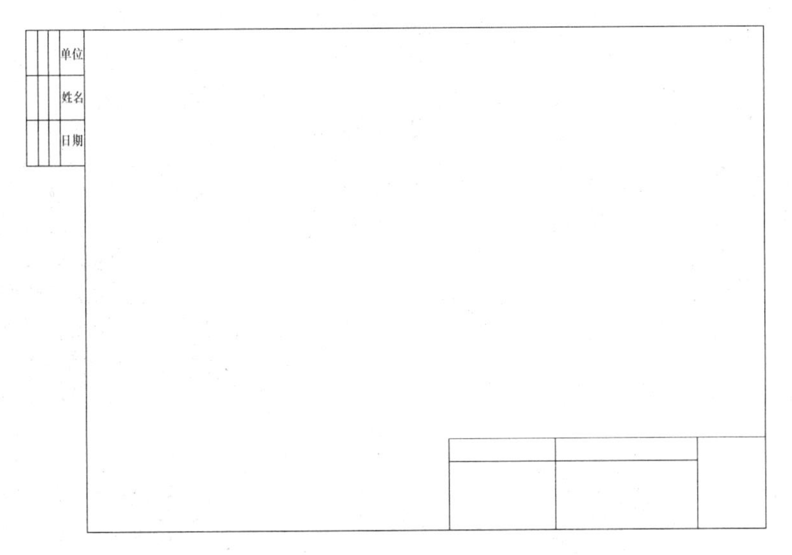

图 6-89 移动会签栏

图 6-90 “图形另存为”对话框

第7章 模块化绘图

为了方便绘图，提高绘图效率，AutoCAD 提供了一些快速绘图工具，包括图块及其属性、设计中心、工具选项板等。这些工具的一个共同特点是可以将分散的图形单元通过一定的方式组织成一个单元，在绘图时将这些单元插入到图形中，达到提高绘图速度和实现图形标准化的目的。

学习要点

- 图块及其属性
- 附着光栅图像
- 设计中心与工具选项板

7.1 图块及其属性

把一组图形对象组合成图块加以保存，需要的时候可以把图块作为一个整体以任意比例和旋转角度插入到图中任意位置，这样不仅避免了大量的重复工作，提高了绘图速度和工作效率，而且可大大节省磁盘空间。

7.1.1 图块操作

图块定义

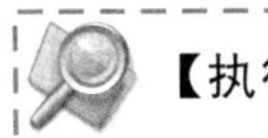

【执行方式】

命令行：BLOCK

菜单栏：绘图→块→创建

工具栏：绘图→创建块

【操作步骤】

执行上述命令，系统打开如图 7-1 所示“块定义”对话框，利用该对话框指定定义对象和基点及其他参数。

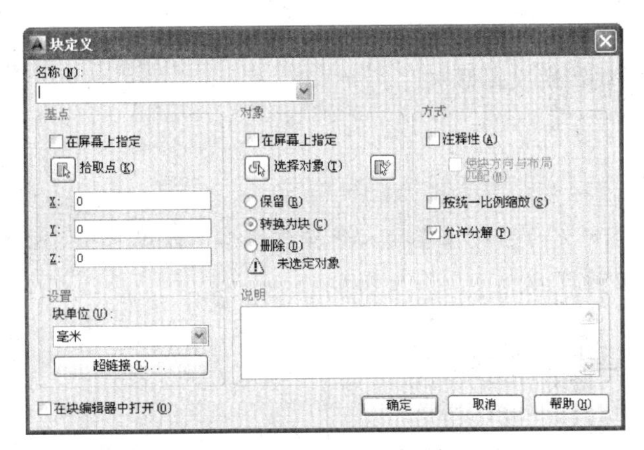

图 7-1 “块定义”对话框

7.1.2 实例——椅子图块

将如图 7-2 所示的图形定义为图块，取名为“椅子”。

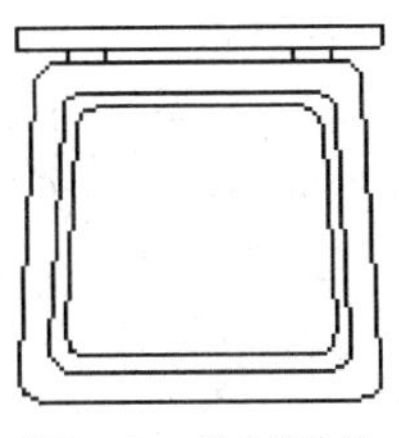

图 7-2 绘制图块

光盘\视频教学\第7章\椅子图块.avi

【绘制步骤】

1. 打开源文件中的椅子，单击“绘图”工具栏中的“创建块”按钮，打开“块定义”对话框，如图7-1所示。

2. 在“名称”下拉列表框中输入“椅子”。

3. 单击“拾取”按钮切换到作图屏幕，选择椅子下边直线边的中点为插入基点，返回“块定义”对话框。

4. 单击“选择对象”按钮切换到作图屏幕，选择图7-2中的对象后，回车返回“块定义”对话框。

5. 确认关闭对话框。

6. 图块保存。

【执行方式】

命令行：WBLOCK

【操作步骤】

执行上述命令，系统打开如图7-3所示的“写块”对话框，利用此对话框可把图形对象保存为图块或把图块转换成图形文件。

技巧荟萃

以BLOCK命令定义的图块只能插入到当前图形。以WBLOCK保存的图块则既可以插入到当前图形，也可以插入到其他图形。

7.1.3 实例——保存图块

光盘\视频教学\第7章\保存图块.avi

【绘制步骤】

将图7-2所示的图形保存为图块，取名为“椅子1”。

1. 在命令行中输入“WBLOCK”命令，系统打开如图7-3所示的“写块”对话框。

2. 单击“拾取点”按钮切换到作图屏幕，选择椅子下边直线边的中点为插入基点，返回“写块”对话框。

3. 单击“选择对象”按钮切换到作图屏幕，选择图7-2中的对象后，回车返回“写块”对话框。

4. 选中“对象”单选按钮，如果当前图形中还有别的图形时，可以只选择需要的对象；选中“保留”单选按钮，这样，就可以不破坏当前图形的完整性。

5. 指定“目标”保存路径和插入单位。

6. 确认关闭对话框。

【执行方式】

命令行：INSERT

菜单栏：插入→块

工具栏：插入→插入块或绘图→插入块

执行上述命令，系统打开“插入”对话框，如图 7-4 所示，利用此对话框设置了插入点位置、缩放比例以及旋转角度后，可以指定要插入的图块及插入位置。

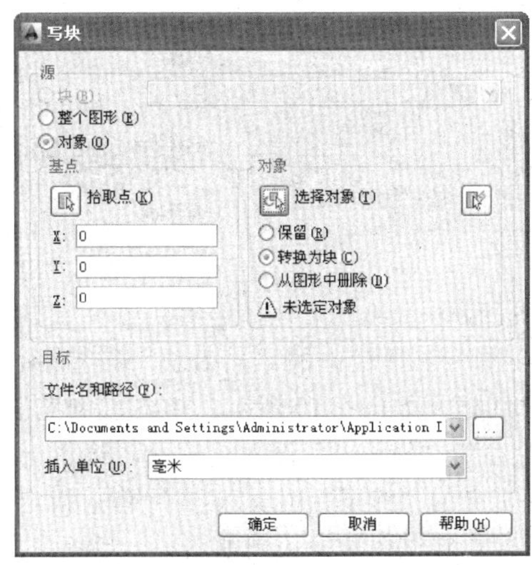

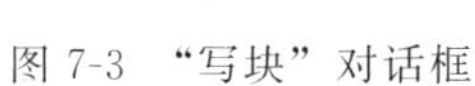

图 7-3 “写块”对话框

图 7-4 “插入”对话框

图 7-5～图 7-7 所示为取不同参数插入的情形。

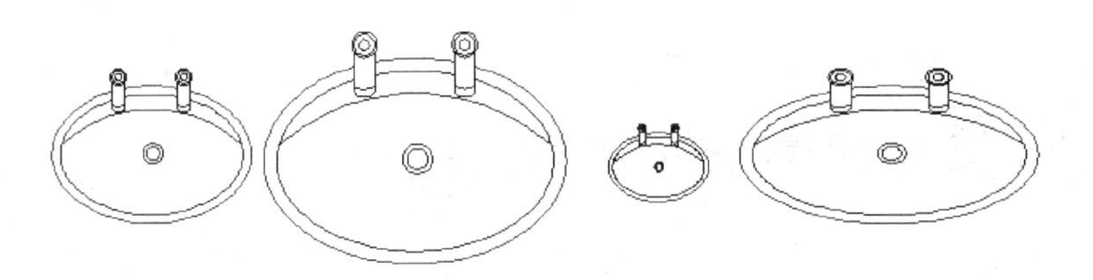

图 7-5 取不同缩放比例插入图块的效果

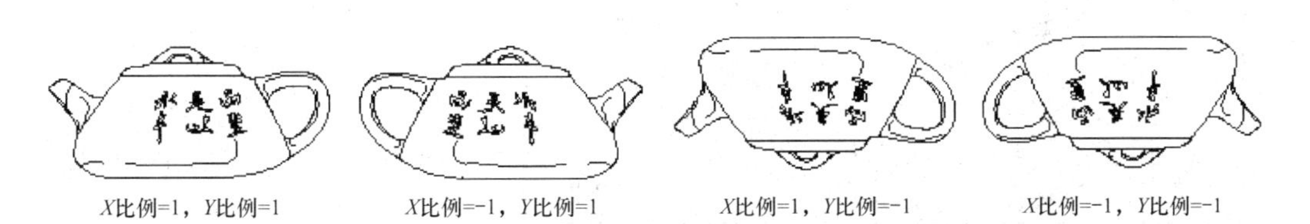

图 7-6 取缩放比例为负值插入图块的效果

7.1.4 实例——家庭餐桌布局

绘制如图 7-8 所示的家庭餐桌。

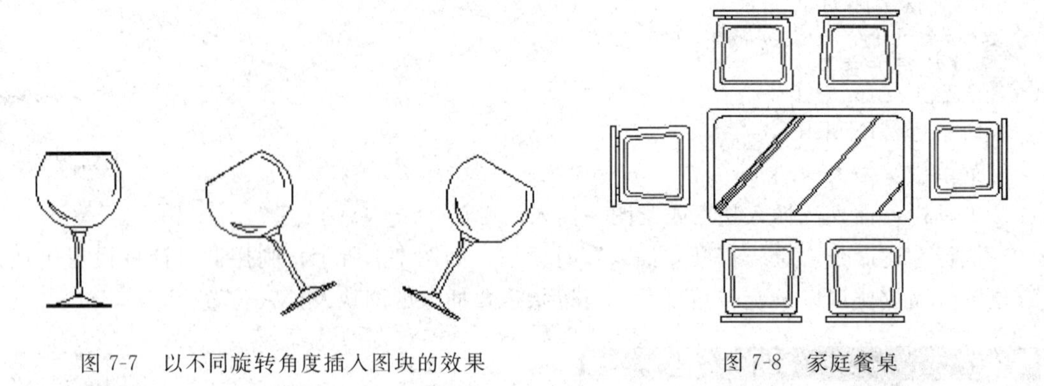

图 7-7 以不同旋转角度插入图块的效果　　　　图 7-8 家庭餐桌

光盘\视频教学\第 7 章\家庭餐桌布局.avi

【绘制步骤】

1. 利用前面所学的命令绘制一张餐桌，如图 7-9 所示。

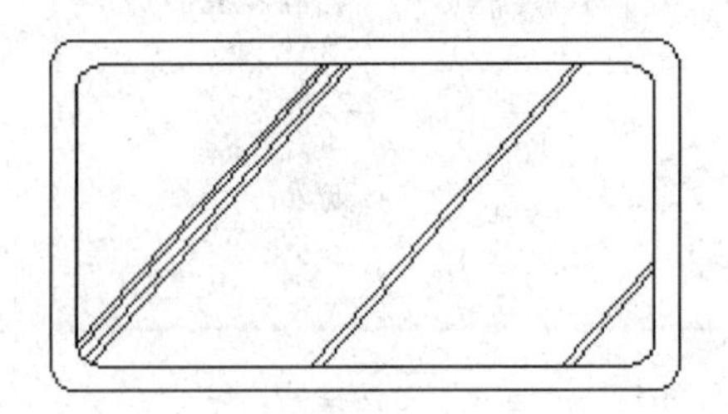

图 7-9 餐桌

2. 单击“绘图”工具栏中的“插入块”按钮，打开“插入”对话框，如图 7-10 所示。单击“浏览”按钮找到刚才保存的“椅子 1”图块（这时，读者会发现找不到上面定义的“椅子”图块），在屏幕上指定插入点和旋转角度，将该图块插入到如图 7-11 所示的图形中。

3. 可以继续插入“椅子 1”图块，也可以利用“复制”、“移动”和“旋转”命令复制、移动和旋转已插入的图块，绘制另外的椅子，最终图形如图 7-8 所示。

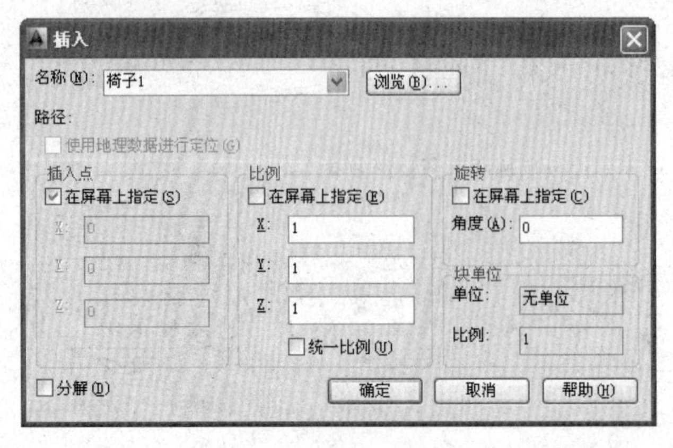

图 7-10 “插入”对话框

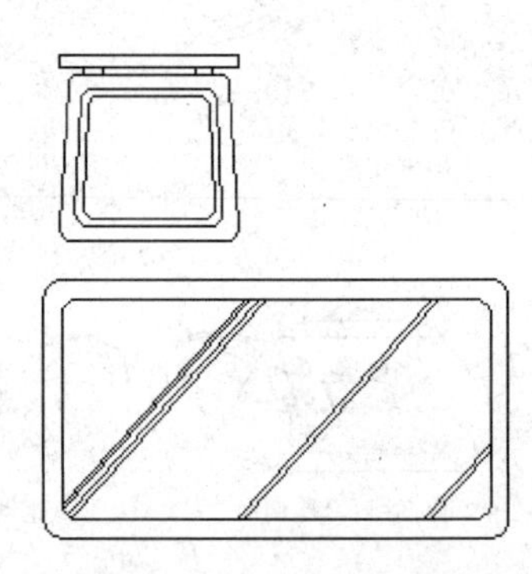

图 7-11 插入椅子图块

以矩阵形式插入图块

AutoCAD 允许将图块以矩形阵列的形式插入到当前图形中，而且插入时也允许指定缩放比例和旋转角度。如图 7-12（*a*）所示的屏风图形是把图 7-12（*c*）建立成图块后以 2×3 矩形阵列的形式插入到图形 7-12（*b*）中。

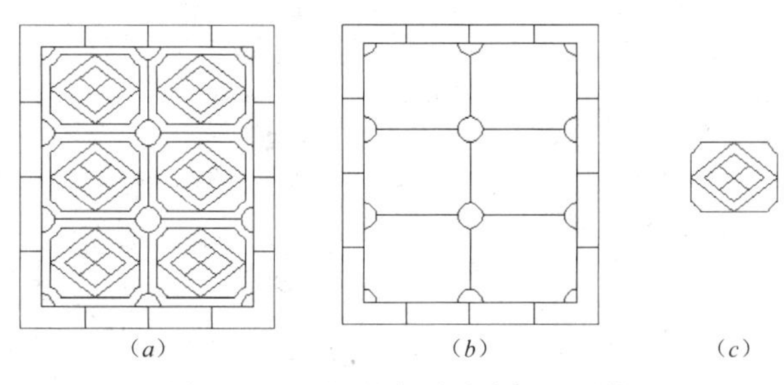

图 7-12 以矩形阵列形式插入图块

【执行方式】

命令行：MINSERT

【操作步骤】

命令：MINSERT↙

输入块名或［?］〈hu3〉：(输入要插入的图块名)

指定插入点或［比例（S)/X/Y/Z/旋转（R)/预览比例（PS)/PX/PY/PZ/预览旋转(PR)］：

在此提示下确定图块的插入点、缩放比例、旋转角度等，各项的含义和设置方法与 INSERT 命令相同。确定了图块插入点之后，AutoCAD 继续提示：

输入行数（---）〈1〉：(输入矩形阵列的行数)

输入列数（｜｜｜）〈1〉：(输入矩形阵列的列数)

输入行间距或指定单位单元（---）：(输入行间距)

指定列间距（｜｜｜）：(输入列间距)

所选图块按照指定的缩放比例和旋转角度以指定的行、列数和间距插入到指定的位置。

7.1.5 图块的属性

1. 属性定义

【执行方式】

命令行：ATTDEF

菜单栏：绘图→块→定义属性

【操作步骤】

执行上述命令，系统打开“属性定义”对话框，如图 7-13 所示。

图 7-13 “属性定义”对话框

各项含义如下：

（1）“模式”选项组

1）“不可见”复选框：选中此复选框则属性为不可见显示方式，即插入图块并输入属性值后，属性值在图中并不显示出来。

2）“固定”复选框：选中此复选框则属性值为常量，即属性值在属性定义时给定，在插入图块时 AutoCAD 不再提示输入属性值。

3）“验证”复选框：选中此复选框，当插入图块时 AutoCAD 重新显示属性值让用户验证该值是否正确。

4）“预设”复选框：选中此复选框，当插入图块时 AutoCAD 自动把事先设置好的默认值赋予属性，而不再提示输入属性值。

5）“锁定位置”：锁定块参照中属性的位置。解锁后，属性可以相对于使用夹点编辑的块的其他部分移动，并且可以调整多行文字属性的大小。

6）“多行”：指定属性值可以包含多行文字。选定此选项后，可以指定属性的边界宽度。

（2）“属性”选项组

1）“标记”文本框：输入属性标签。属性标签可由除空格和感叹号以外的所有字符组成，AutoCAD 自动把小写字母改为大写字母。

2）“提示”文本框：输入属性提示。属性提示是插入图块时 AutoCAD 要求输入属性值的提示，如果不在此文本框内输入文本，则以属性标签作为提示。如果在“模式”选项组中选中“固定”复选框，即设置属性为常量，则不需设置属性提示。

3）“默认”文本框：设置默认的属性值。可把使用次数较多的属性值作为默认值，也可不设默认值。

其他各选项组比较简单，不再赘述。

2. 修改属性的定义

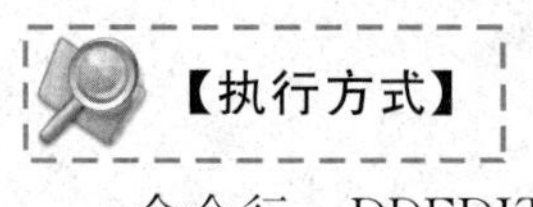
【执行方式】

命令行：DDEDIT

菜单栏：修改→对象→文字→编辑

【操作步骤】

命令：DDEDIT↙

选择注释对象或［放弃（U）］：

在此提示下选择要修改的属性定义，AutoCAD 打开“编辑属性定义”对话框，如图 7-14 所示。可以在该对话框中修改属性的定义。

3. 图块属性编辑

【执行方式】

命令行：EATTEDIT

菜单栏：修改→对象→属性→单个

工具栏：修改 II→编辑属性

【操作步骤】

命令：EATTEDIT↙

选择块：

选择块后，系统打开“增强属性编辑器”对话框，如图 7-15 所示。该对话框不仅可以编辑属性值，还可以编辑属性的文字选项和图层、线型、颜色等特性值。

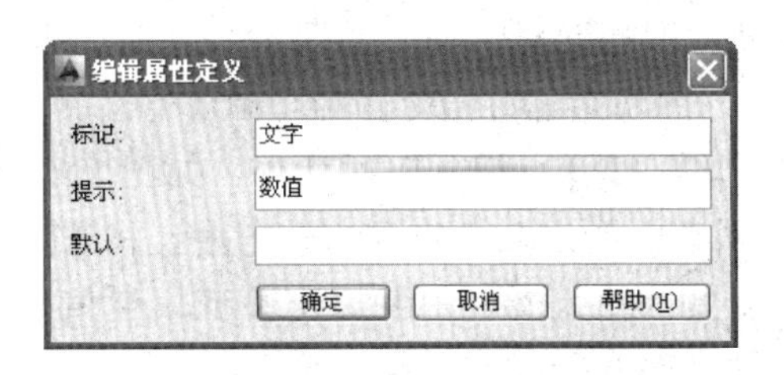

图 7-14 “编辑属性定义”对话框

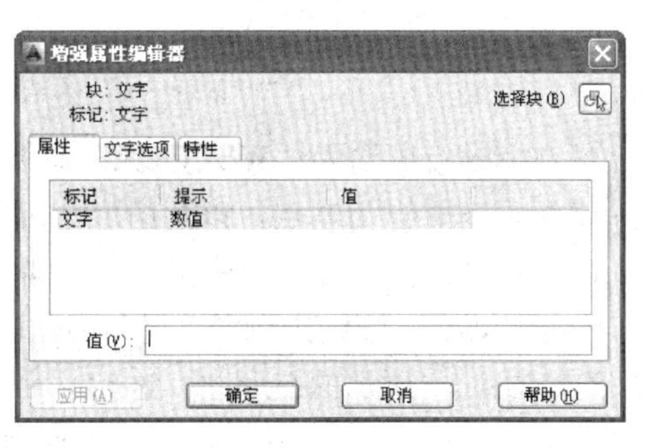

图 7-15 “增强属性编辑器”对话框

7.1.6 实例——标注标高符号

标注如图 7-16 所示穹顶展览馆立面图形中的标高符号。

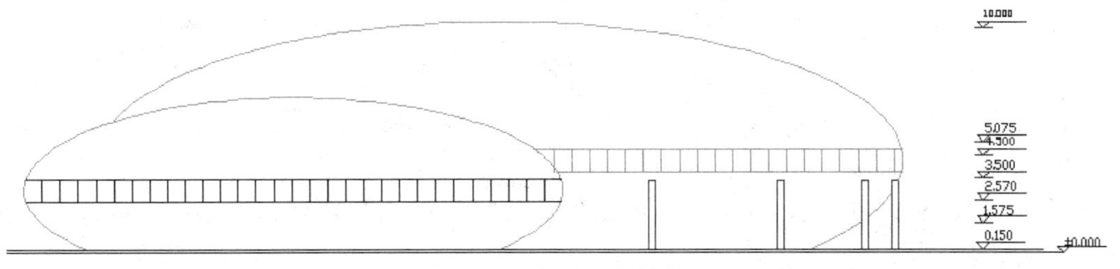

图 7-16 标注标高符号

光盘\视频教学\第 7 章\标注标高符号.avi

【绘制步骤】

1. 单击“绘图”工具栏中的“直线”按钮，绘制如图 7-17 所示的标高符号图形。

2. 选择菜单栏中的“绘图”→“块”→“定义属性”命令，系统打开“属性定义”对话框，进行如图 7-18 所示的设置，其中模式为“验证”，插入点为表面粗糙度符号水平线中点，确认退出。

图 7-17 绘制标高符号

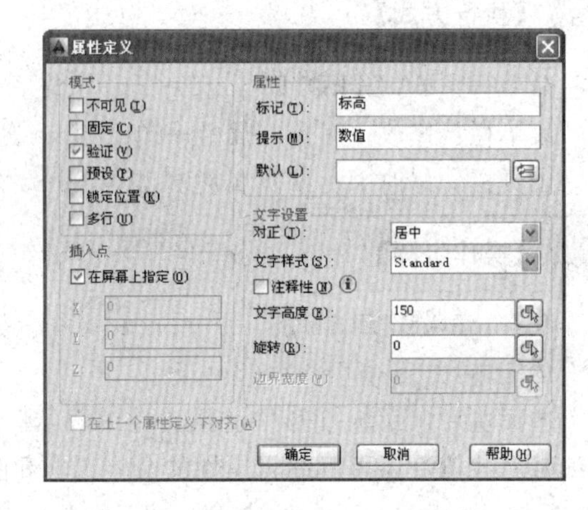

图 7-18 “属性定义”对话框

3. 在命令行中输入“WBLOCK”命令，打开“写块”对话框，如图 7-19 所示。拾取图 7-17 图形下尖点为基点，以此图形为对象，输入图块名称并指定路径，确认退出。

4. 单击“绘图”工具栏中的“插入块”按钮，打开“插入”对话框，如图 7-20 所示。单击“浏览”按钮找到刚才保存的图块，在屏幕上指定插入点和旋转角度，将该图块插入到如图 7-16 所示的图形中，这时，命令行会提示输入属性，并要求验证属性值，此时输入标高数值 0.150，就完成了一个标高的标注。命令行提示与操作如下：

命令：INSERT↙

指定插入点或［基点（b）/比例（S）/X/Y/Z/旋转（R）/

预览比例（PS）/PX/PY/PZ/预览旋转（PR）］：（在对话框中指定相关参数，如图 7-18 所示）

输入属性值

数值：0.150↙

验证属性值

数值〈0.150〉：↙

5. 插入标高符号图块，并输入不同的属性值作为标高数值，直到完成所有标高符号标注。

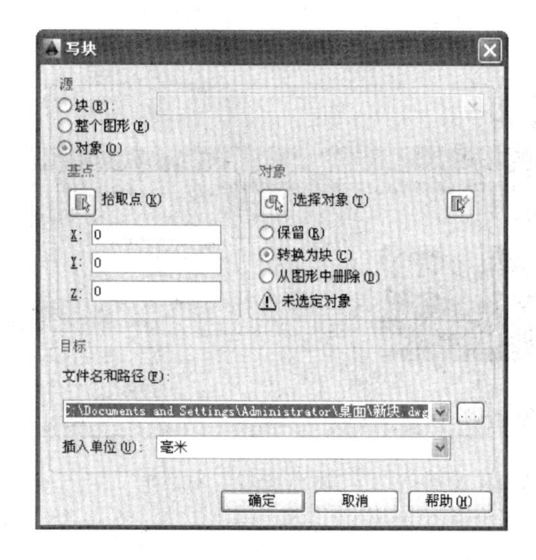

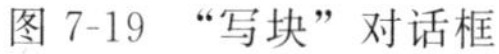
图 7-19 “写块”对话框

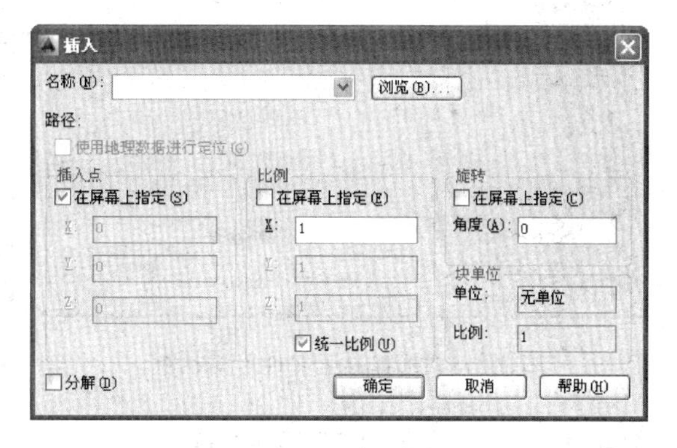

图 7-20 “插入”对话框

7.2 附着光栅图像

所谓光栅图像，是指由一些称为像素的小方块或点的矩形栅格组成的图像。AutoCAD2014 提供了对多数常见图像格式的支持，这些格式包括 bmp、jpeg、gif、pcx 等。

与许多其他 AutoCAD 图形对象一样，光栅图像可以复制、移动或剪裁。也可以通过夹点操作修改图像、调整图像的对比度、用矩形或多边形剪裁图像或将图像用作修剪操作的剪切边。

7.2.1 图像附着

【执行方式】

命令行：IMAGEATTACH（或 IAT）

菜单栏：插入→光栅图像参照

工具栏：参照→附着图像

【操作步骤】

命令：IMAGEATTACH↙

执行上述命令后，打开如图 7-21 所示的“选择参照文件”对话框。在该对话框中选择需要插入的光栅图像，单击“打开”按钮，打开的“附着图像”对话框，如图 7-22 所示。在该对话框中指定光栅图像的插入点、缩放比例和旋转角度等特性，若选中“在屏幕上指定”复选框，则可以在屏幕上用拖动图像的方法来指定；若单击“详细信息”按钮，则对话框将扩展，并列出选中图像的详细信息，如精度、图像像素尺寸等。设置完成后，单击“确定”按钮，即可将光栅图像附着到当前图形中。

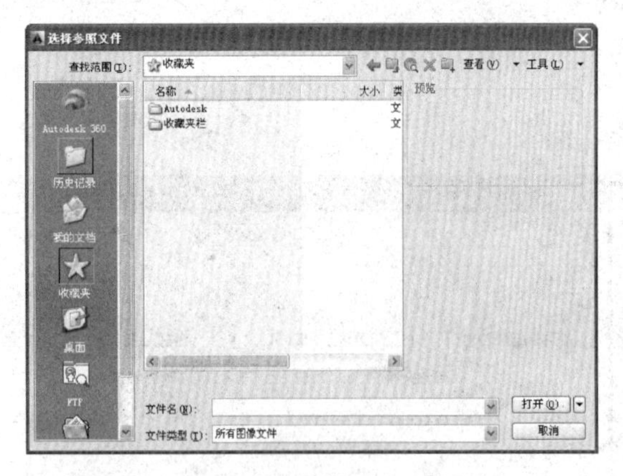

图 7-21 “选择参照文件”对话框　　图 7-22 “附着图像”对话框

7.2.2 实例——风景壁画

绘制如图 7-23 所示的图形。

图 7-23 风景壁画

光盘\视频教学\第 7 章\风景壁画.avi

【绘制步骤】

1. 单击“绘图”工具栏中的“矩形”按钮、“直线”按钮以及“修改”工具栏中的“偏移”按钮，绘制壁画外框的外形初步轮廓，如图 7-24 所示的。

2. 单击“修改”工具栏中的“偏移”按钮，绘制轮廓细部，如图 7-25 所示。

3. 选择最外部矩形框，单击“标准”工具栏上的“特性”按钮，打开“特性”工具板，将最外部矩形框线宽改为 0.30mm，结果如图 7-26 所示。

图 7-24 初步轮廓

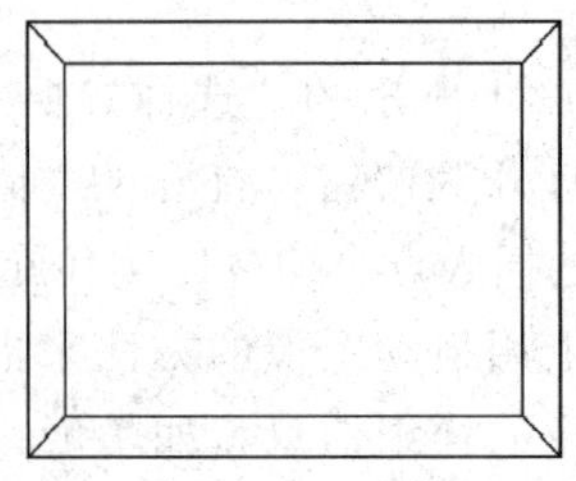

图 7-25 细化轮廓

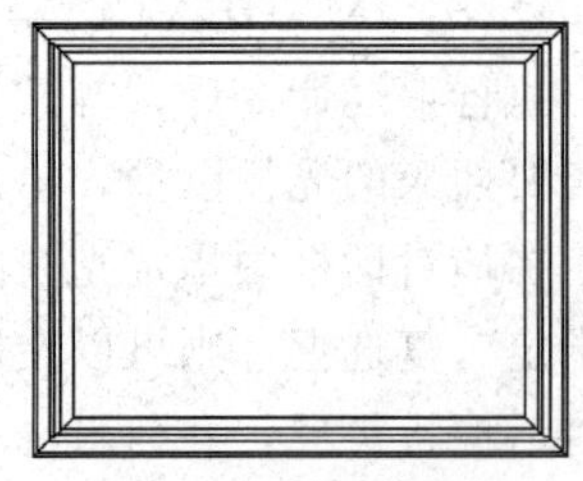

图 7-26 完成的外框

4. 附着山水图片。利用“图像附着”命令打开如图 7-21 所示的“选择图像文件”对话框。在该对话框中选择需要插入的光栅图像，单击“打开”按钮，打开的“图像”对话框，如图 7-22 所示。设置后，单击“确定”按钮确认退出。系统提示：

指定插入点〈0，0〉:（指定一点）

基本图像大小：宽：211.666667，高：158.750000，Millimeters

指定缩放比例因子或［单位（U）］〈1〉:（输入合适的比例）↙

附着的图形如图 7-27 所示。

5. 裁剪光栅图像。在命令行中输入“IMAGECLIP”命令，命令行提示与操作如下：

命令：IMAGECLIP↙

选择要剪裁的图像：（框选整个图形）

指定对角点：

已滤除 1 个。

输入图像剪裁选项［开（ON）/关（OFF）/删除（D）/新建边界（N）］〈新建边界〉：↙

输入剪裁类型［多边形（P）/矩形（R）］〈矩形〉：↙

指定第一角点：（捕捉矩形左下角）

指定对角点：（捕捉矩形右上角）

最终绘制的图形如图 7-23 所示。

图 7-27 附着图像的图形

7.3 设计中心与工具选项板

使用 AutoCAD 2014 设计中心可以很容易地组织设计内容，并把它们拖动到当前图形中。工具选项板是“工具选项板”窗口中选项卡形式的区域，是组织、共享和放置块及填充图案的有效方法。工具选项板还可以包含由第三方开发人员提供的自定义工具，也可以利用设计中的组织内容，并将其创建为工具选项板。设计中心与工具选项板的使用大大方便了绘图，提高了绘图的效率。

7.3.1 设计中心

1. 启动设计中心

【执行方式】

命令行：ADCENTER

菜单栏：工具→选项板→设计中心

工具栏：标准→设计中心

快捷键：Ctrl+2

【操作步骤】

执行上述命令，系统打开设计中心。第一次启动设计中心时，它默认打开的选项卡为“文件夹”。内容显示区采用大图标显示，左边的资源管理器采用 tree view 显示方式显示系统的树形结构，浏览资源的同时，在内容显示区显示所浏览资源的有关细目或内容，如图 7-28 所示。也可以搜索资源，方法与 Windows 资源管理器类似。

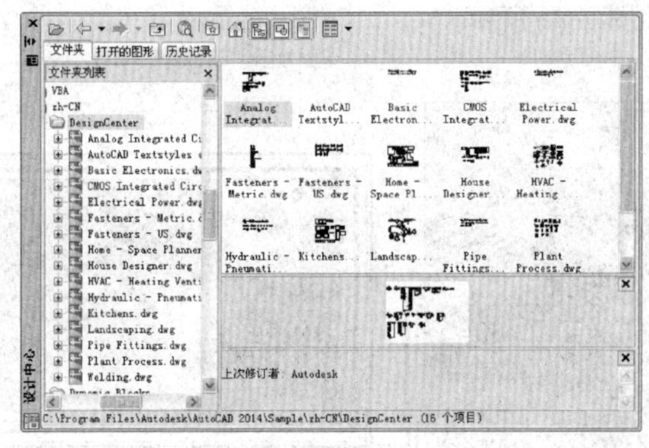

图 7-28 AutoCAD 2014 设计中心的资源管理器和内容显示区

2. 利用设计中心插入图形

设计中心一个最大的优点是它可以将系统文件夹中的 DWG 图形当成图块插入到当前图形中去。具体方法如下：

（1）从文件夹列表或查找结果列表框选择要插入的对象，拖动对象到打开的图形。

（2）在相应的命令行提示下输入比例和旋转角度等数值。

被选择的对象根据指定的参数插入到图形当中。

7.3.2 工具选项板

1. 打开工具选项板

【执行方式】

命令行：TOOLPALETTES

菜单栏：工具→选项板→工具选项板

工具栏：标准→工具选项板窗口

快捷键：Ctrl+3

【操作步骤】

执行上述命令，系统打开工具选项板窗口，如图 7-29 所示。该工具选项板上有系统预设置的 3 个选项卡。可以右击鼠标，在系统打开的快捷菜单中选择“新建工具选项板”命令，如图 7-30 所示。系统新建一个空白选项卡，可以命名该选项卡，如图 7-31 所示。

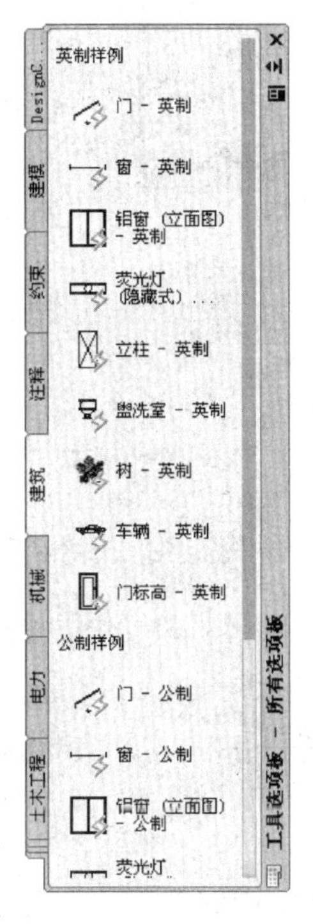

图 7-29 工具选项板窗口

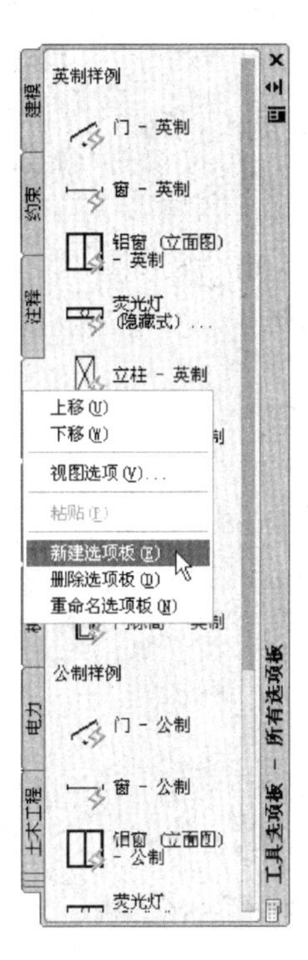

图 7-30 快捷菜单

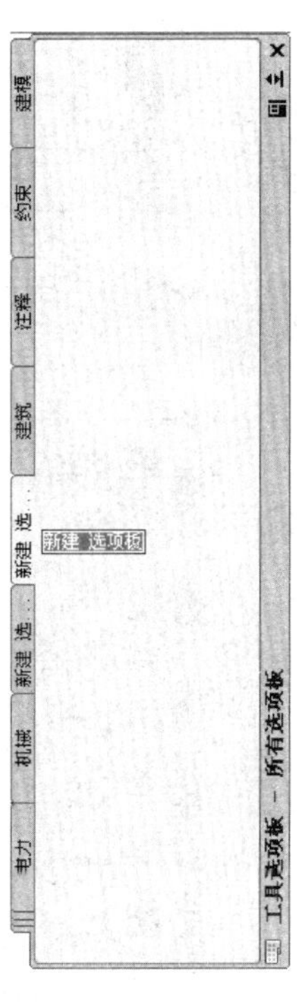

图 7-31 新建选项卡

2. 将设计中心内容添加到工具选项板

在 DesignCenter 文件夹上右击鼠标，系统打开右键快捷菜单，从中选择“创建块的工具选项板”命令，如图 7-32 所示。设计中心中储存的图元就出现在工具选项板中新建的 DesignCenter 选项卡上，如图 7-33 所示。这样就可以将设计中心与工具选项板结合起来，建立一个快捷方便的工具选项板。

3. 利用工具选项板绘图

只需要将工具选项板中的图形单元拖动到当前图形，该图形单元就以图块的形式插入到当前图形中。如图 7-34 所示就是将工具选项板中“办公室样例”选项卡中的图形单元拖动到当前图形绘制的办公室布置图。

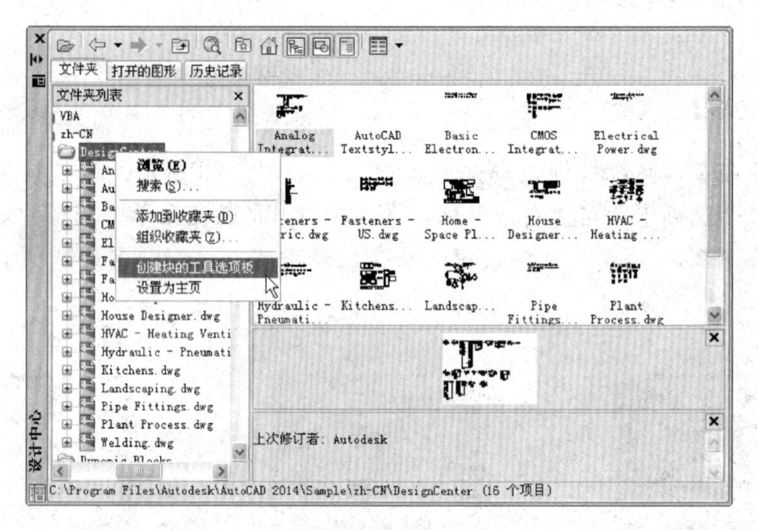

图 7-32　快捷菜单

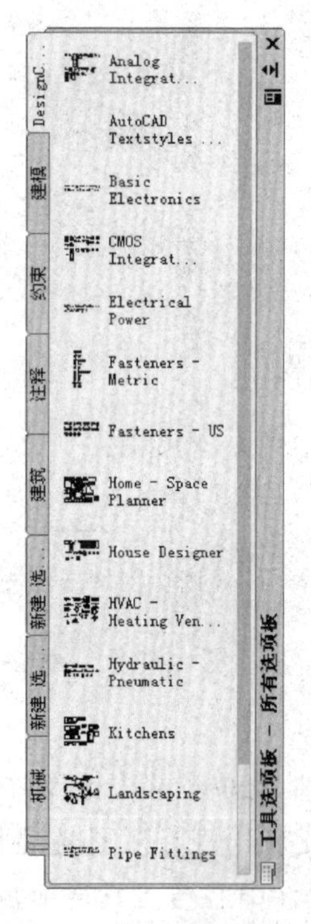

图 7-33　创建工具选项板

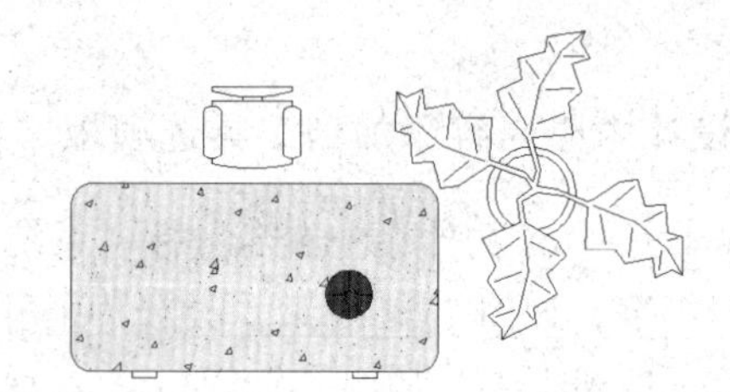

图 7-34　办公室布置图

7.3.3　实例——住房布局截面图

利用设计中心中的图块组合如图 7-35 所示的住房布局截面图。

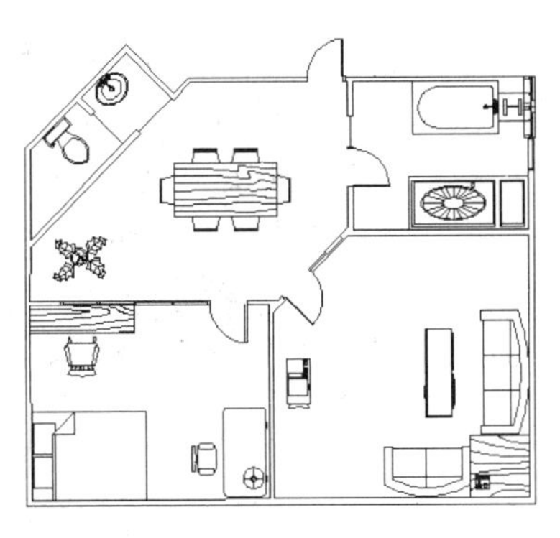

图 7-35 布置卫生间

光盘\视频教学\第7章\住房布局截面图.avi

【绘制步骤】

1. 单击“标准”工具栏的“工具选项板”按钮，打开“工具选项板窗口”对话框，如图 7-36 所示。打开工具选项板菜单，如图 7-37 所示。

2. 新建工具选项板。在工具选项板菜单中选择“新建工具选项板”命令，建立新的工具选项板选项卡。在新建工具栏名称栏中输入“住房”，确认。新建的“住房”工具选项板选项卡，如图 7-38 所示。

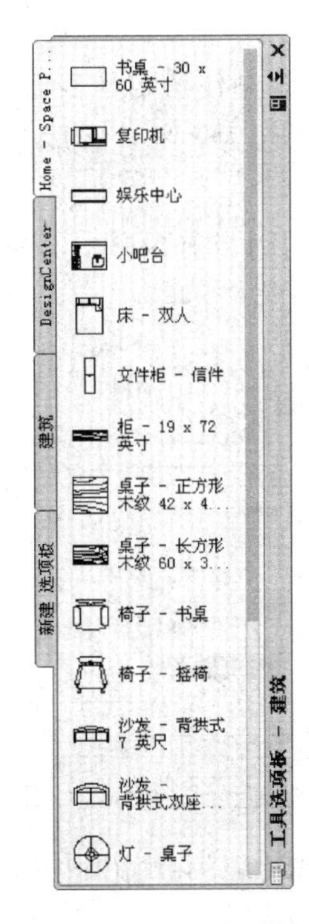

图 7-36 工具选项板

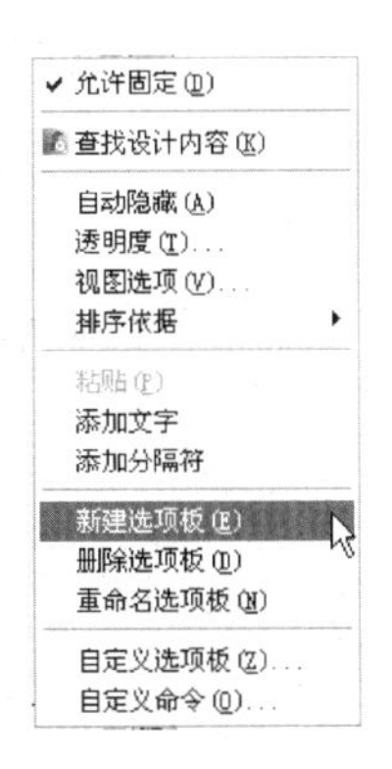

图 7-37 工具选项板菜单

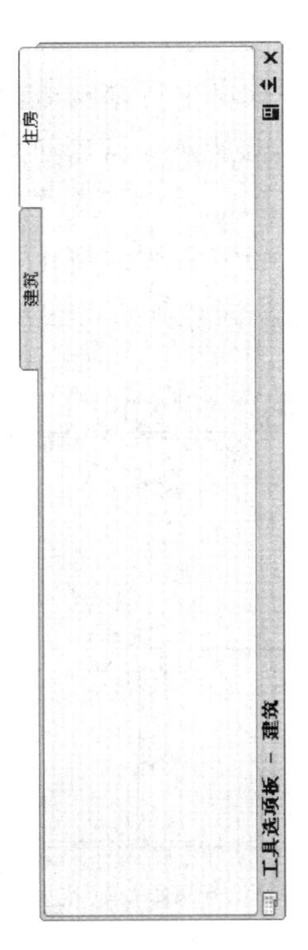

图 7-38 “住房”工具选项板选项卡

3. 向工具选项板插入设计中心图块。单击“标准”工具栏的“设计中心”按钮，打开设计中心，将设计中心中的 Kitchens、House Designer、Home Space Planner 图块拖动到工具选项板的“住房”选项卡，如图 7-39 所示。

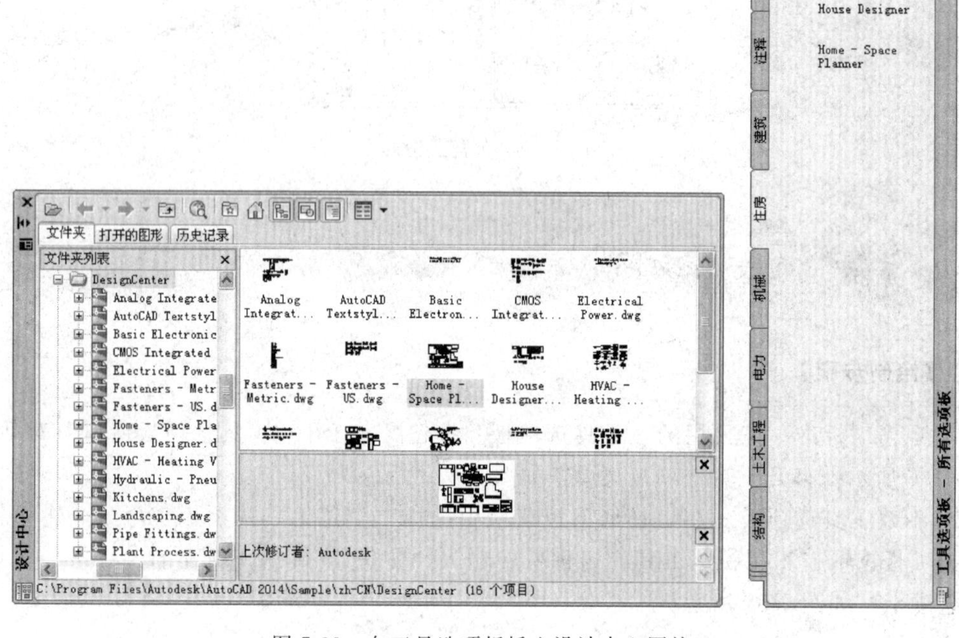

图 7-39 向工具选项板插入设计中心图块

4. 绘制住房结构截面图。利用以前学过的绘图命令与编辑命令绘制住房结构截面图，如图 7-40 所示。其中进门为餐厅，左边为厨房，右边为卫生间，正对为客厅，客厅左边为寝室。

5. 布置餐厅。将工具选项板中的 Home Space Planner 图块拖动到当前图形中，利用缩放命令调整所插入的图块与当前图形的相对大小，如图 7-41 所示。

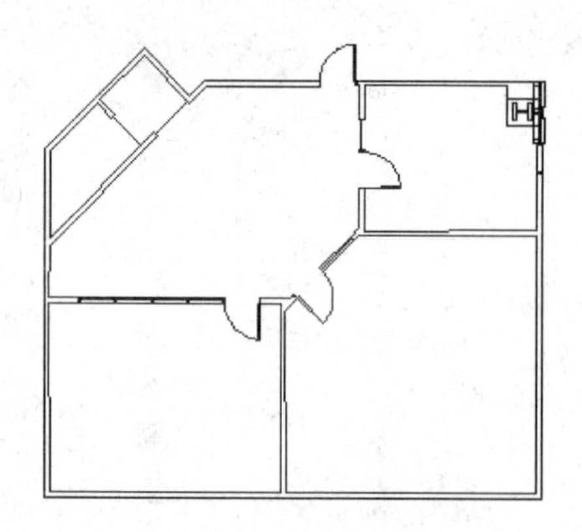

图 7-40 住房结构截面图

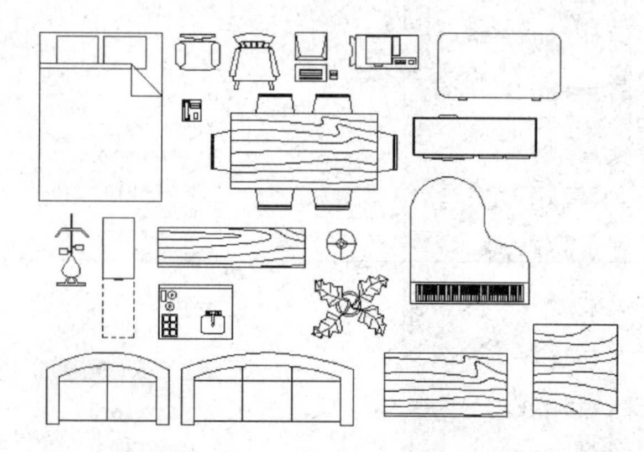

图 7-41 将 Home Space Planner 图块拖动到当前图形中

6. 对该图块进行分解操作，将 Home Space Planner 图块分解成单独的小图块集。将图块集中的“饭桌”和“植物”图块拖动到餐厅适当位置，如图7-42所示。

7. 布置寝室。将“双人床”图块移动到当前图形的寝室中，单击“修改”工具栏中的“旋转”按钮和“移动”按钮，进行位置调整。重复“旋转”、“移动”命令，将“琴桌”、“书桌”“台灯”和两个“椅子”图块移动并旋转到当前图形的寝室中，如图7-43所示。

8. 布置客厅。单击“修改”工具栏中的“旋转”按钮和“移动”按钮，将“转角桌”、“电视机”“茶几”和两个“沙发”图块移动并旋转到当前图形的客厅中，如图7-44所示。

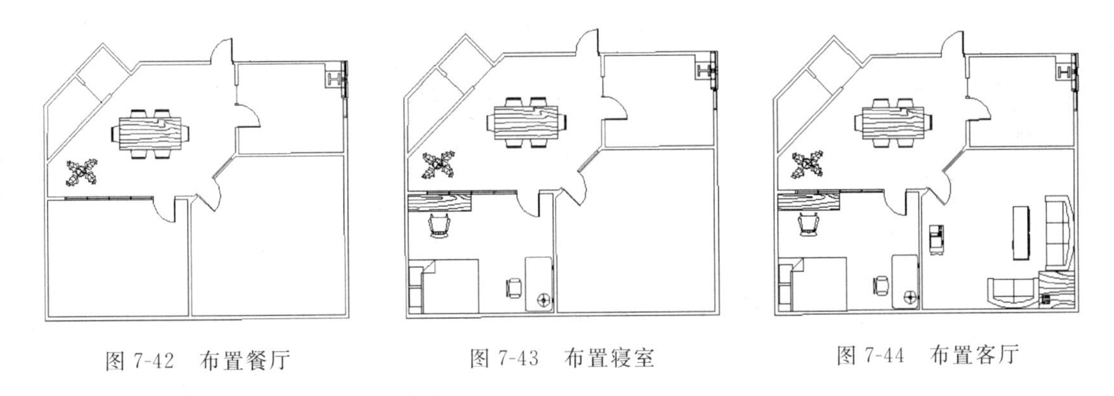

图7-42 布置餐厅　　图7-43 布置寝室　　图7-44 布置客厅

9. 布置厨房。将工具选项板中的House Designer图块拖动到当前图形中，单击“修改”工具栏中的“缩放”按钮，调整所插入的图块与当前图形的相对大小，如图7-45所示。

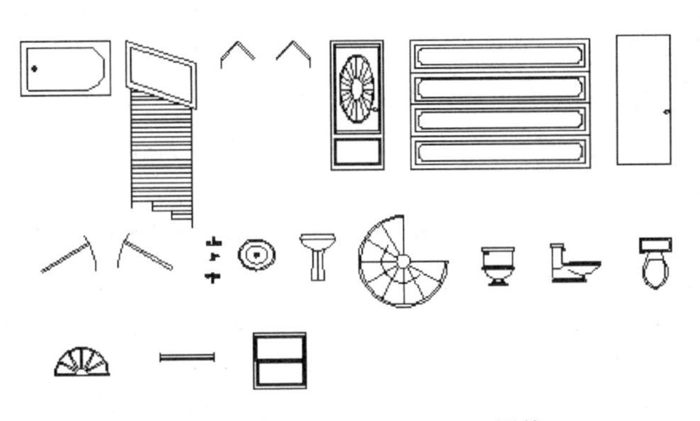

图7-45 插入House Designer图块

10. 单击“修改”工具栏中的“分解”按钮，对该图块进行分解操作，将House Designer图块分解成单独的小图块集。

11. 单击“修改”工具栏中的“旋转”按钮和“移动”按钮，将“灶台”、“洗菜盆”和“水龙头”图块移动并旋转到当前图形的厨房中，如图7-46所示。

12. 布置卫生间。单击“修改”工具栏中的“旋转”按钮和“移动”按钮，将“坐便器”和“洗脸盆”移动并旋转到当前图形的卫生间中，单击“修改”工具栏中的“复制”按钮，复制“水龙头”图块重复“旋转”、“移动”命令，将其旋转移动到洗脸

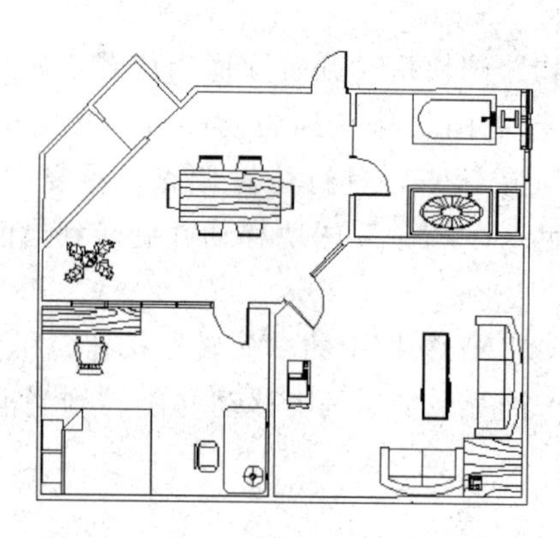

图 7-46 布置厨房

盆上。单击“修改”工具栏中的“删除”按钮，删除当前图形其他没有用处的图块，最终绘制出的图形如图 7-35 所示。

2

室内（INTERIOR）是指建筑物的内部空间，而室内设计（INTERIOR DESIGN）就是对建筑物的内部空间进行的环境和艺术设计。

酒店中餐厅室内布置整体设计就两个字概括——简约。这样的室内崇尚少即是多，装饰少，功能多，十分符合现代人渴求简单生活的心理。因而很受那些追求时尚又不希望受约束的青年人所喜爱。在平面功能布局上，方案设计严格按照本身提供的室内空间面积。以科学、理性、符合功能需求、人性化为布局原则，力争达到主次空间划分合理，空间转折节点清晰。

第二篇　酒店中餐厅篇

本篇围绕酒店中餐厅室内设计为核心展开讲述室内设计工程图绘制的操作步骤、方法和技巧等，包括平面图、装饰平面图、顶棚图、地坪图、立面图和剖面图等知识。

本篇内容通过实例加深读者对 AutoCAD 功能的理解和掌握，以及各种室内设计工程图的绘制方法。

中餐厅平面图的绘制

本章将以某大型酒店中餐厅平面图室内设计为例，详细讲述大型酒店中餐厅平面图的绘制过程。在讲述过程中，将逐步带领读者完成平面图的绘制，并讲述关于室内设计平面图绘制的相关理论知识和技巧。本章包括平面图绘制的知识要点，平面图的绘制步骤，装饰图块的绘制，尺寸文字标注等内容。

- 二层中餐厅平面图
- 三层中餐厅平面图

8.1　二层中餐厅平面图

某大型酒店二层为设计高档的中餐厅，主要由中餐大厅、控制室、多个包房、工作备餐间大厅及电梯厅茶室构成。下面我们主要讲述二层中餐厅平面图的绘制方法，如图 8-1 所示。

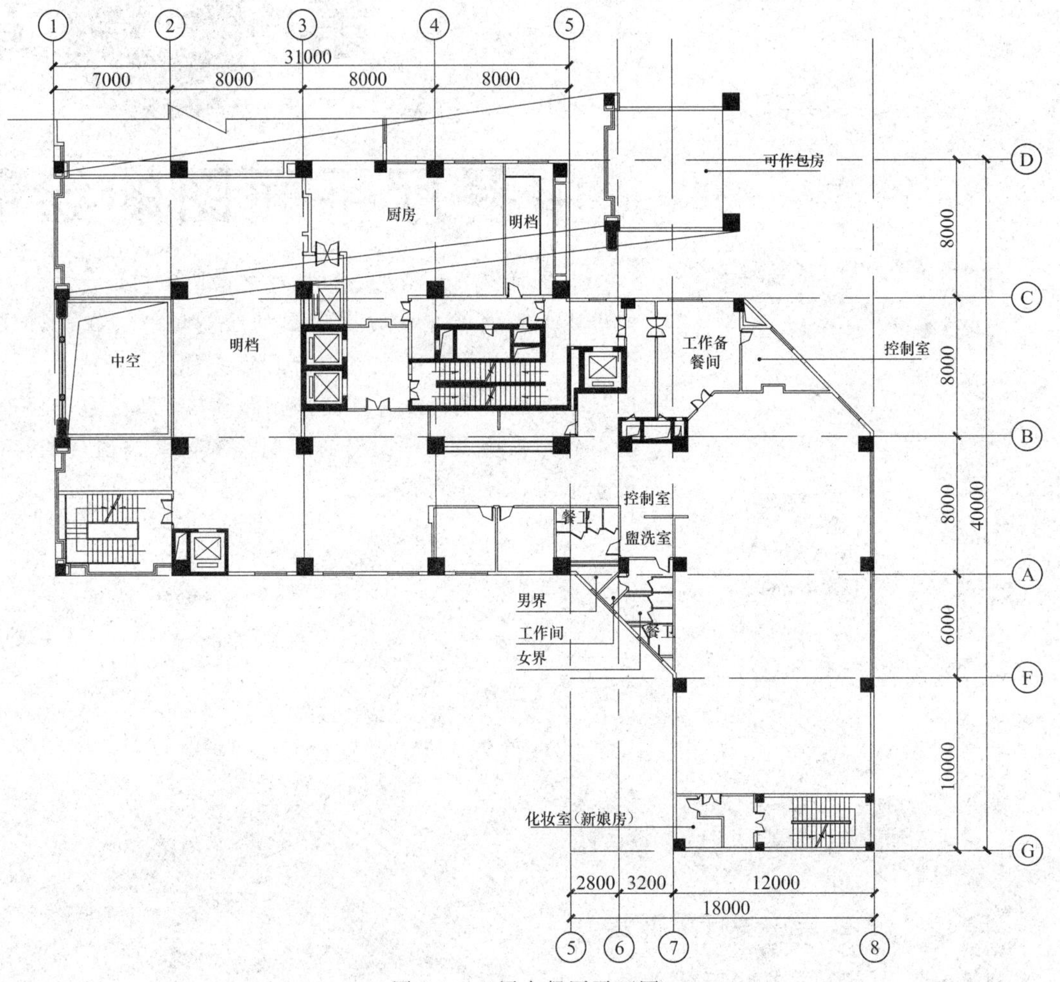

图 8-1　二层中餐厅平面图

光盘＼视频教学＼第 8 章＼二层中餐厅平面图的绘制.avi

8.1.1　绘图准备

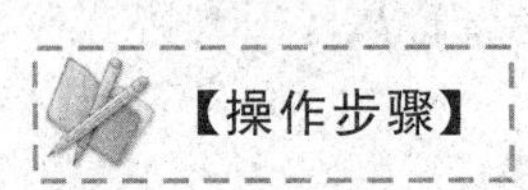

1. 打开 AutoCAD 2014 应用程序，单击“标准”工具栏中的“新建”按钮，弹出

“选择样板”对话框，如图 8-2 所示。以“acadiso. dwt”为样板文件，建立新文件。

2. 设置单位。选择菜单栏中的“格式”→“单位”命令，系统打开“图形单位”对话框，如图 8-3 所示。设置长度“类型”为“小数”、“精度”为“0”；设置角度“类型”为“十进制度数”，“精度”为“0”；系统默认方向为顺时针，插入时的缩放比例设置为“毫米”。

3. 在命令行中输入 LIMITS 命令设置图幅：420000×297000。命令行提示与操作如下：

命令：LIMITS

重新设置模型空间界限：

指定左下角点或［开（ON）/关（OFF）］〈0，0〉：

指定右上角点〈420，297〉：42000，29700

图 8-2 新建样板文件

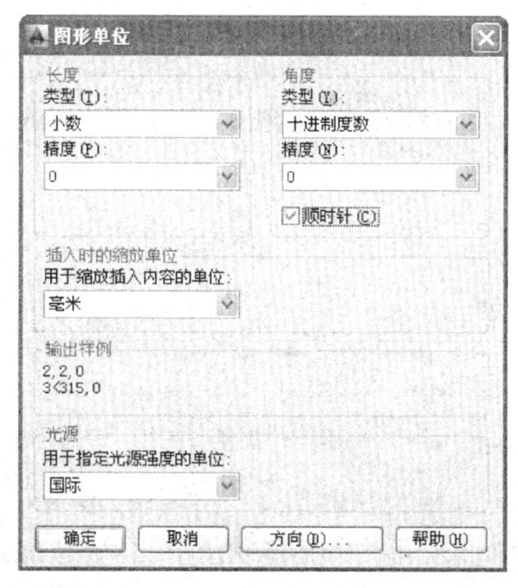

图 8-3 图形单位对话框

4. 新建图层

(1) 单击“图层”工具栏中的“图层特性管理器”按钮，弹出“图层特性管理器”对话框，如图 8-4 所示。

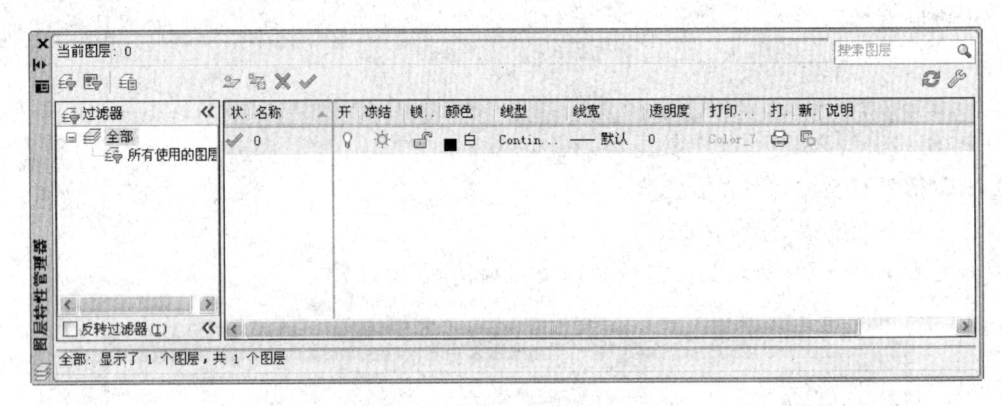

图 8-4 “图层特性管理器”对话框

技巧荟萃

在绘图过程中，往往有不同的绘图内容，如轴线、墙线、装饰布置图块、地板、标注、文字等等，如果将这些内容均放置在一起，绘图之后如果要删除或编辑某一类型的图形，将带来选取的困难。AutoCAD 提供了图层功能，为编辑带来了极大的方便。

在绘图初期可以建立不同的图层，将不同类型的图形绘制在不同的图层当中，在编辑时可以利用图层的显示和隐藏功能、锁定功能来操作图层中的图形，十分利于编辑运用。

(2) 单击“图层特性管理器”对话框中的“新建图层”按钮，新建一个图层，如图 8-5所示。

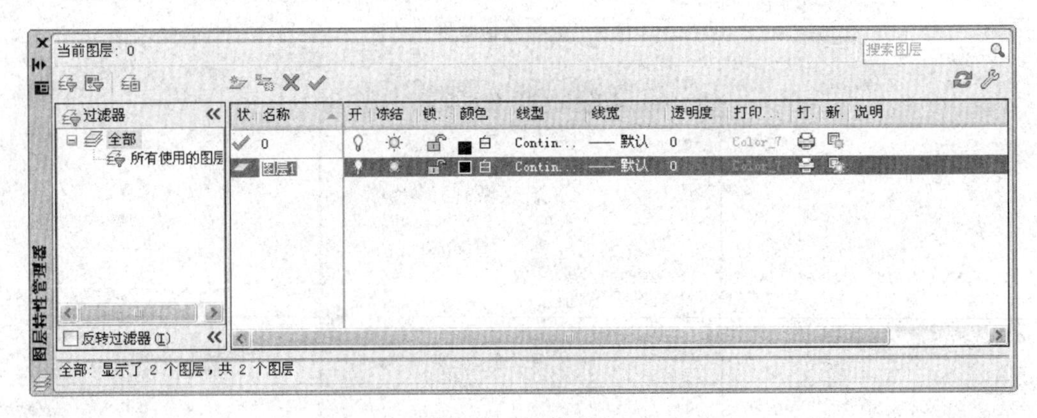

图 8-5 新建图层

(3) 新建图层的图层名称默认为“图层 1”，将其修改为“轴线”。图层名称后面的选项由左至右依次为：“开/关图层”、“在所有视口中冻结/解冻图层”、“锁定/解锁图层”、“图层默认颜色”、“图层默认线型”、“图层默认线宽”、“打印样式”等。其中，编辑图形时最常用的是“图层的开/关”、“锁定以及图层颜色”、“线型的设置”等。

（4）单击新建的“轴线”图层“颜色”栏中的色块，弹出“选择颜色”对话框，如图 8-6 所示，选择红色为轴线图层的默认颜色。单击“确定”按钮，返回“图层特性管理器”对话框。

（5）单击“线型”栏中的选项，弹出“选择线型”对话框，如图 8-7 所示。轴线一般在绘图中应用点画线进行绘制，因此应将“轴线”图层的默认线型设为中心线。单击“加载”按钮，弹出“加载或重载线型”对话框，如图 8-8 所示。

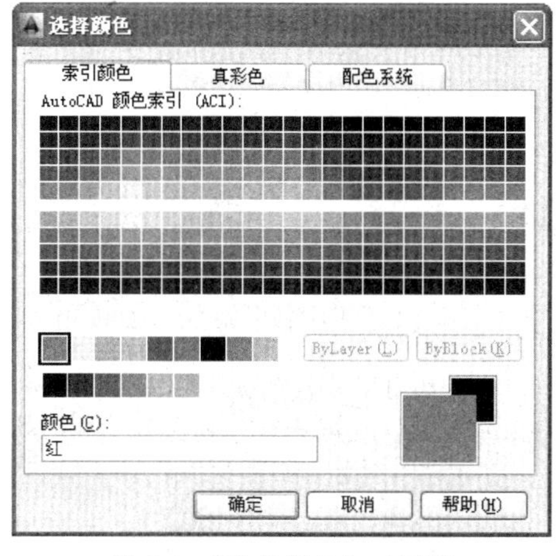

图 8-6 “选择颜色”对话框

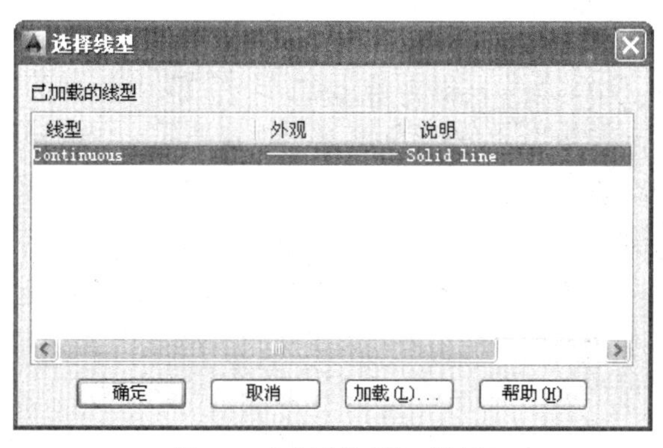

图 8-7 “选择线型”对话框

（6）在“可用线型”列表框中选择“CENTER”线型，单击“确定”按钮，返回“选择线型”对话框。选择刚刚加载的线型，如图 8-9 所示，单击“确定”按钮，轴线图层设置完毕。

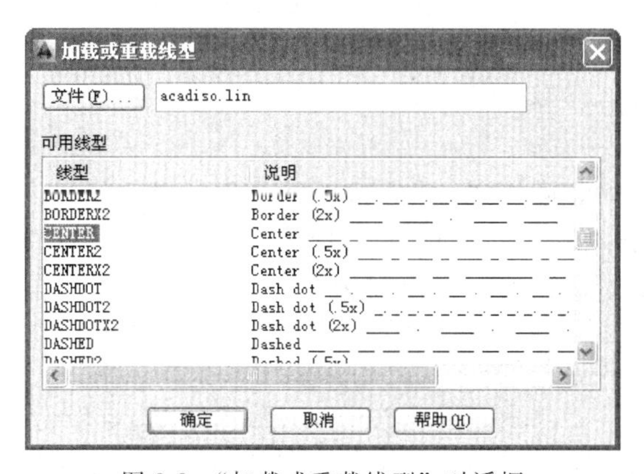

图 8-8 “加载或重载线型”对话框

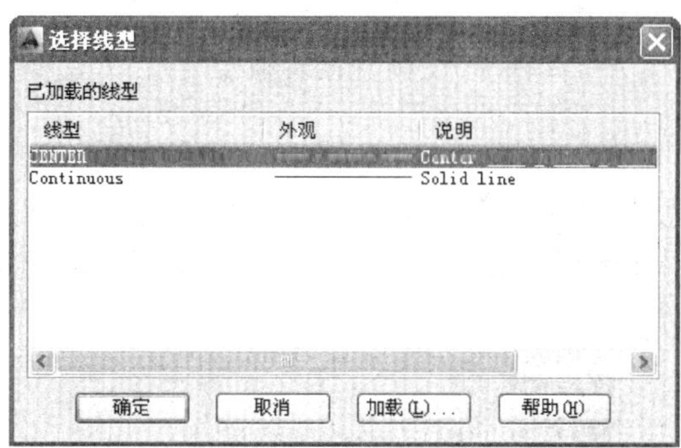

图 8-9 选择加载线型

技巧荟萃

修改系统变量 DRAGMODE，推荐修改为 AUTO。系统变量为 ON 时，再选定要拖动的对象后，仅当在命令行中输入 DRAG 后才在拖动时显示对象的轮廓；系统变量为 OFF 时，在拖动时不显示对象的轮廓；系统变量为 AUTO 时，在拖动时总是显示对象的轮廓。

(7) 采用相同的方法按照以下说明，新建其他几个图层。

1)“墙线”图层：颜色为白色，线型为实线，线宽为 0.3mm。

2)“门窗”图层：颜色为蓝色，线型为实线，线宽为默认。

3)“轴线”图层：颜色为红色，线型为 CENTER，线宽为默认。

4)“文字”图层：颜色为白色，线型为实线，线宽为默认。

5)“尺寸”图层：颜色为 94，线型为实线，线宽为默认。

6)“柱子”图层：颜色为白色，线型为实线，线宽为默认。

技巧荟萃

如何删除顽固图层？

方法 1：将无用的图层关闭，全选，COPY 粘贴至一新文件中，那些无用的图层就不会贴过来。如果曾经在这个不要的图层中定义过块，又在另一图层中插入了这个块，那么这个不要的图层是不能用这种方法删除的。

方法 2：选择需要留下的图形，然后选择文件菜单-〉输出-〉块文件，这样的块文件就是选中部分的图形了，如果这些图形中没有指定的层，这些层也不会被保存在新的图块图形中。

方法 3：打开一个 CAD 文件，把要删的层先关闭，在图面上只留下你需要的可见图形，点文件-另存为，确定文件名，在文件类型栏选*.DXF 格式，在弹出的对话窗口中点工具-选项-DXF 选项，再在选择对象处打钩，点确定，接着点保存，就可选择保存对象了，把可见或要用的图形选上就可以确定保存了，完成后退出这个刚保存的文件，再打开来看看，你会发现你不想要的图层不见了。

方法 4：用命令 laytrans，可将需删除的图层影射为 0 层即可，这个方法可以删除具有实体对象或被其他块嵌套定义的图层。

(8) 在绘制的平面图中，包括轴线、门窗、装饰、文字和尺寸标注几项内容，分别按照上面所介绍的方式设置图层。其中的颜色可以依照读者的绘图习惯自行设置，并没有具体的要求。设置完成后的“图层特性管理器”对话框如图 8-10 所示。

当前图层：图层1　　搜索图层

过滤器

全部

所有使用的图层

状.	名称	开	锁定	颜色	线型	线宽	透明度	打印...	打.	新.
	0			白	Continuous	默认	0	Color_7		
	门窗			蓝	Continuous	默认	0	Color_5		
	墙体			白	Continuous	默认	0	Color_7		
✔	文字			白	Continuous	默认	0	Color_7		
	尺寸			94	Continuous	默认	0	Colo...		
	柱子			白	Continuous	默认	0	Color_7		
	轴线			红	CENTER	默认	0	Color_1		

反转过滤器(I)

全部：显示了 7 个图层，共 7 个图层

图层特性管理器

图 8-10 设置图层

技巧荟萃

有时在绘制过程中需要删除不要的图层，我们可以将无用的图层关闭，全选，COPY粘贴至一新文件中，那些无用的图层就不会贴过来。如果曾经在这个不要的图层中定义过块，又在另一图层中插入了这个块，那么这个不要的图层是不能用这种方法删除的。

8.1.2 绘制轴线

【操作步骤】

1. 在“图层”工具栏的下拉列表中，选择“轴线”图层为当前层，如图8-11所示。

轴线 红 CENTER —— 默认 0 Color_1

图8-11 设置当前图层

2. 单击“绘图”工具栏中的“直线”按钮，在空白区域任选一点为直线起点，绘制一条长度为50800的竖直轴线。命令行提示与操作如下：

命令：LINE

指定第一点：(任选起点)

指定下一点或[放弃(U)]：@0，50800

如图8-12所示。

3. 单击“绘图”工具栏中的“直线”按钮，以上步绘制的竖直直线下端点为起点，向右绘制一条长度为57240的水平轴线。如图8-13所示。

图8-12 绘制竖直轴线

图8-13 绘制水平轴线

技巧荟萃

使用“直线”命令时，若为正交轴网，可按下“正交”按钮，根据正交方向提示，直接输入下一点的距离，即可，而不需要输入@符号，若为斜线，则可按下“极轴”按钮，设置斜线角度，此时，图形即进入了自动捕捉所需角度的状态，其可大大提高制图时直线输入距离的速度。注意，两者不能同时使用。

4. 此时，轴线的线型虽然为中心线，但是由于比例太小，显示出来还是实线的形式。选择刚刚绘制的轴线并右击，在弹出的快捷菜单中选择“特性”命令，如图 8-14 所示，弹出“特性”对话框，如图 8-15 所示。将“线型比例”设置为“100”，轴线显示如图 8-16 所示。

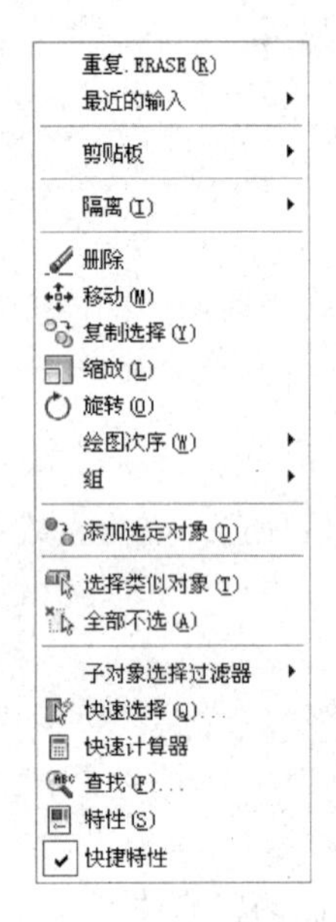

图 8-14　快捷菜单

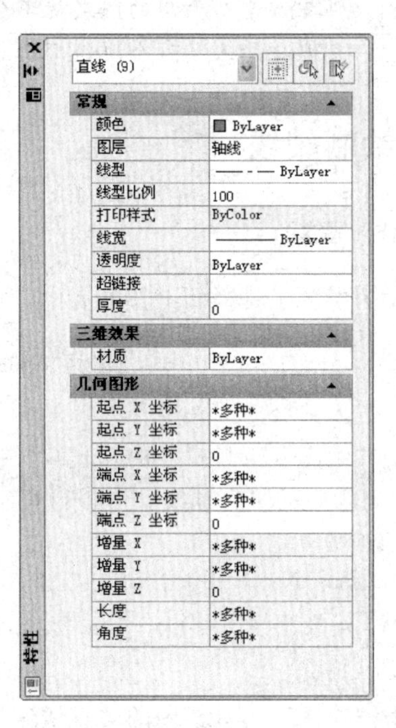

图 8-15　“特性”对话框

技巧荟萃

通过全局修改或单个修改每个对象的线型比例因子，可以以不同的比例使用同一个线型。默认情况下，全局线型和单个线型比例均设置为 1.0。比例越小，每个绘图单位中生成的重复图案就越多。例如，设置为 0.5 时，每一个图形单位在线型定义中显示重复两次的同一图案。不能显示完整线型图案的短线段显示为连续线。对于太短，甚至不能显示一个虚线小段的线段，可以使用更小的线型比例。

5. 单击“修改”工具栏中的“偏移”按钮，设置“偏移距离”为“7000”，回车确认后选择竖直直线为偏移对象，在直线右侧单击鼠标左键，将直线向右偏移“7000”的距离，命令行提示与操作如下：

命令：_offset

当前设置：删除源=否　图层=源　OFFSETGAPTYPE=0

指定偏移距离或［通过（T）/删除（E）/图层（L）］〈通过〉：7000

选择要偏移的对象或［退出（E）/放弃（U）］〈退出〉：(选择竖直直线)

指定要偏移的那一侧上的点或［退出（E）/多个（M）/放弃（U）］〈退出〉(在水平直线右侧单击鼠标左键)：

选择要偏移的对象或［退出（E）/放弃（U）］〈退出〉：

结果如图 8-17 所示。

图 8-16　修改轴线比例　　　　图 8-17　偏移竖直直线

6. 单击“修改”工具栏中的“偏移”按钮，继续向右偏移竖直直线，偏移的距离分别为：8000、8000、8000、2800、3200、12000，如图 8-18 所示。

7. 单击“修改”工具栏中的“偏移”按钮，设置“偏移距离”为“10000”，回车确认后选择水平直线为偏移对象，在直线上侧单击鼠标左键，将直线向上偏移“10000”的距离，命令行提示与操作如下：

命令：_offset

当前设置：删除源=否　图层=源　OFFSETGAPTYPE=0

指定偏移距离或［通过（T）/删除（E）/图层（L）］〈通过〉：10000

选择要偏移的对象或［退出（E）/放弃（U）］〈退出〉：(选择水平直线）

指定要偏移的那一侧上的点或［退出（E）/多个（M）/放弃（U）］〈退出〉：(在水平直线上侧单击鼠标左键）

选择要偏移的对象或［退出（E）/放弃（U）］〈退出〉：

结果如图 8-19 所示。

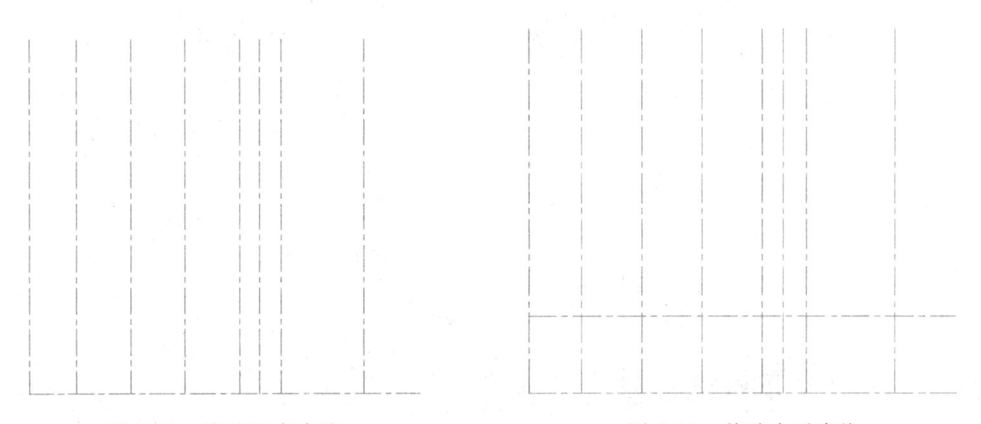

图 8-18　偏移竖直直线　　　　图 8-19　偏移水平直线

8. 单击“修改”工具栏中的“偏移”按钮，继续向上偏移，偏移距离为 6000、8000、8000、8000。如图 8-20 所示。

图 8-20 水平直线

技巧荟萃

依次选择“工具”→“选项”→“配置”→“重置”命令或按钮；或执行 MENU-LOAD 命令，然后点击“浏览”按钮，在打开的对话框中选择 ACAD. MNC 加载即可。

9. 单击“修改”工具栏中的“修剪”按钮，选择如图 8-21 所示的矩形区域为修剪区域，修剪轴线后，结果如图 8-22 所示，命令行提示与操作如下：

命令：TRIM

当前设置：投影=UCS，边=无

选择剪切边...

选择对象或〈全部选择〉：(框选所有轴线)

选择要修剪的对象，或按住 Shift 键选择要延伸的对象，或 [栏选 (F)/窗交 (C)/投影 (P)/边 (E)/删除 (R)/放弃 (U)]：(图 8-20 所示的矩形区域)

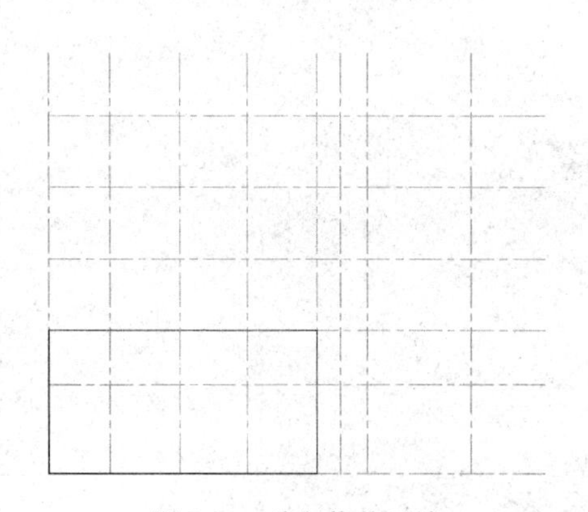

图 8-21 绘制修剪区域

图 8-22 修剪轴线

8.1.3 绘制及布置墙体柱子

【操作步骤】

1. 在“图层”工具栏的下拉列表中，选择“柱子”图层为当前层，如图 8-23 所示。

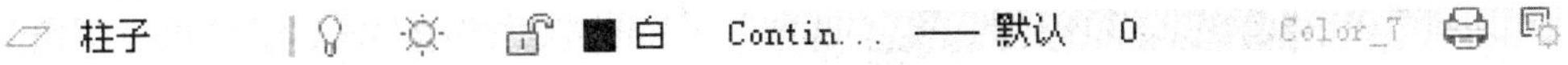

柱子 白 Contin... —— 默认 0 Color_7

图 8-23 设置当前图层

2. 单击“绘图”工具栏中的“矩形”按钮□，在图形空白区域任选一点为矩形起点，绘制一个 1000×1000 的矩形，命令行提示与操作如下：

命令：RECTANG

指定第一个角点或［倒角（C）/标高（E）/圆角（F）/厚度（T）/宽度（W）］：

指定另一个角点或［面积（A）/尺寸（D）/旋转（R）］：@1000，1000

如图 8-24 所示。

图 8-24 绘制矩形

3. 单击“绘图”工具栏中的“图案填充”按钮，系统打开“图案填充和渐变色”对话框，如图 8-25 所示。

4. 单击“图案”选项后面的按钮，系统打开“填充图案选项板”对话框，选择如图 8-26 所示的图案类型，单击“确定”按钮退出。

5. 回到“图案填充和渐变色”，对话框，单击对话框右侧的“添加：拾取点”按钮，选择上步绘制矩形为填充区域单击确定按钮，单击“确定”按钮完成柱子的图案填充，效果如图 8-27 所示。

图 8-25 “图案填充和渐变色”对话框

6. 单击“绘图”工具栏中的“矩形”按钮□，任选一点为矩形起点，在图形空白区域绘制一个“900×600”的矩形，如图 8-28 所示。

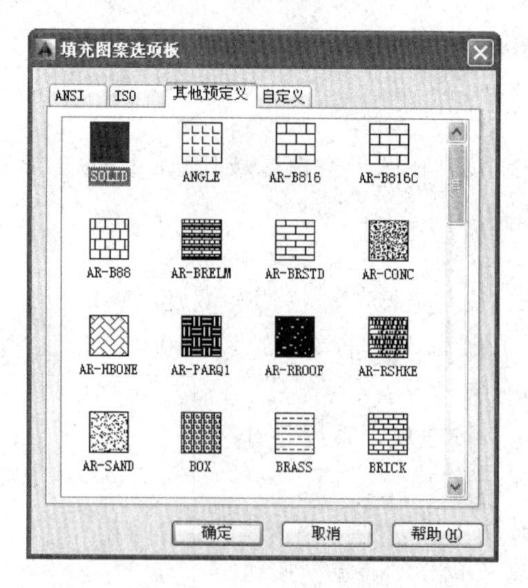

图 8-26 填充图案选项板

图 8-27 填充图形

7. 单击“绘图”工具栏中的“矩形”按钮▭，任选一点为矩形起点，在图形空白区域绘制，一个 500×1050 的矩形，如图 8-29 所示。

8. 单击“修改”工具栏中的“移动”按钮✥，选择上步绘制的矩形下步水平边终点为移动基点，选择“900×600”的矩形中点为第二点，结果如图 8-30 所示。

9. 单击“修改”工具栏中的“倒角”按钮◿，选择如图 6-31 所示的边为倒角边，倒角距离为 106，命令行提示与操作如下：

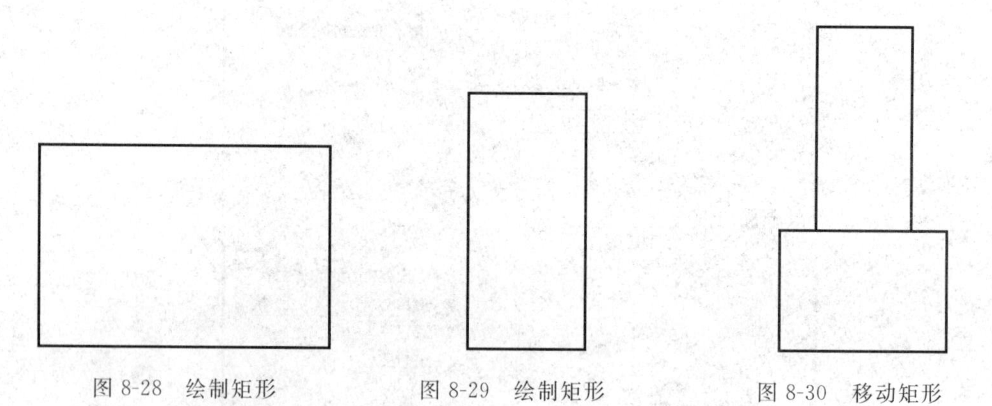
图 8-28 绘制矩形　　图 8-29 绘制矩形　　图 8-30 移动矩形

命令：_ chamfer

(“修剪”模式) 当前倒角距离 1=0，距离 2=0

选择第一条直线或［放弃 (U)/多段线 (P)/距离 (D)/角度 (A)/修剪 (T)/方式 (E)/多个 (M)］：D

指定第一个倒角距离〈0〉：106

指定第二个倒角距离〈106〉：

选择第一条直线或［放弃 (U)/多段线 (P)/距离 (D)/角度 (A)/修剪 (T)/方式 (E)/多个 (M)］：M

选择第一条直线或［放弃 (U)/多段线 (P)/距离 (D)/角度 (A)/修剪 (T)/方式

(E)/多个(M)]:(边1)

选择第二条直线，或按住Shift键选择直线以应用角点或[距离(D)/角度(A)/方法(M)]:(边2)

选择第一条直线或[放弃(U)/多段线(P)/距离(D)/角度(A)/修剪(T)/方式(E)/多个(M)]:(边2)

选择第二条直线，或按住Shift键选择直线以应用角点或[距离(D)/角度(A)/方法(M)]:(边3)

选择第一条直线或[放弃(U)/多段线(P)/距离(D)/角度(A)/修剪(T)/方式(E)/多个(M)]:

结果如图8-32所示。

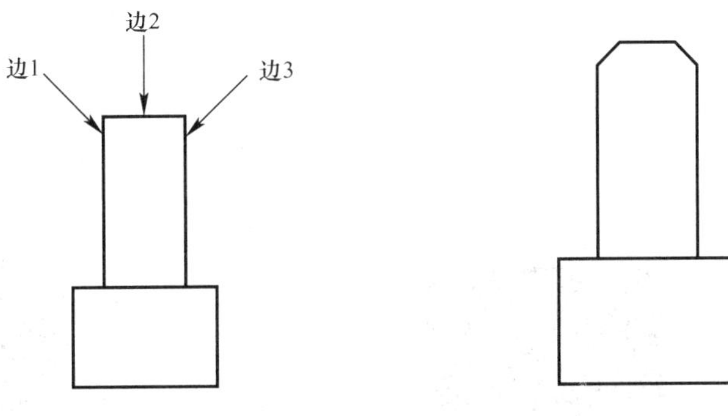

图8-31 倒角边　　图8-32 倒角柱子

10. 单击“绘图”工具栏中的“图案填充”按钮，系统打开“图案填充和渐变色”对话框，单击“图案”选项后面的按钮，系统打开“填充图案选项板”对话框，选择“Solid”图案类型，单击“确定”按钮退出。回到“图案填充和渐变色”对话框，在“图案填充和渐变色”对话框右侧单击“添加：拾取点”按钮，选择图8-32所示的两个矩形为填充区域，系统回到“图案填充和渐变色”对话框，单击“确定”按钮完成图案填充，效果如图8-33所示。

11. 利用上述绘制柱子的方法，绘制700×700的矩形柱子，并将绘制矩形填充“SOLID”图案，如图8-34所示。

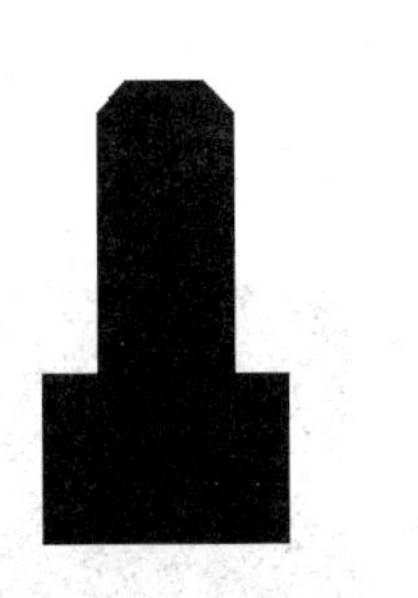

图8-33 填充矩形

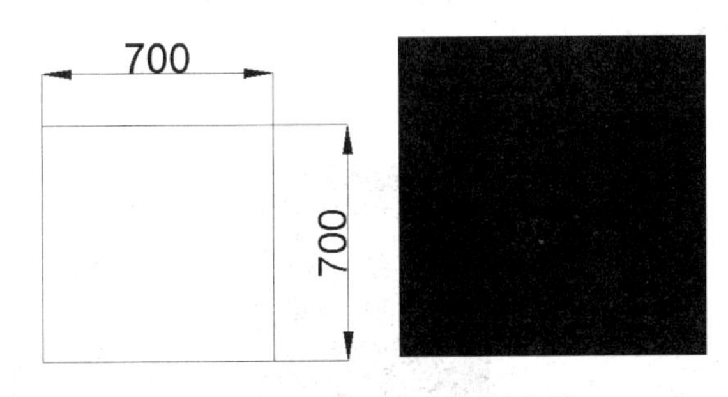

图8-34 绘制700×700的柱子

12. 利用上述绘制柱子的方法，绘制600×700的矩形柱子，并将绘制矩形填充“SOLID”图案，如图8-35所示。

13. 利用上述绘制柱子的方法，绘制500×500的矩形柱子，并将绘制矩形填充

“SOLID”图案，如图 8-36 所示。

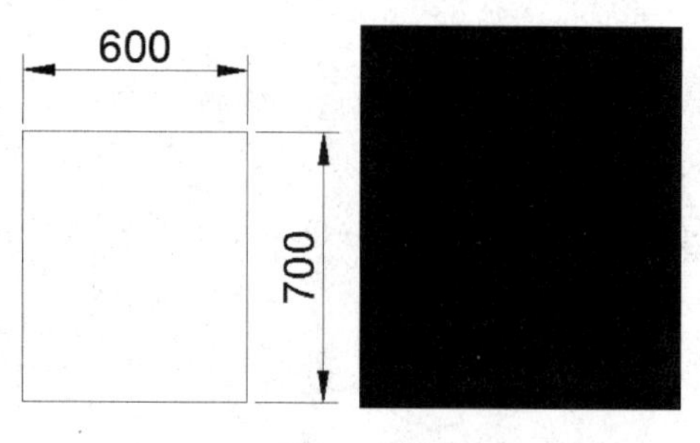

图 8-35　绘制 600×700 的柱子

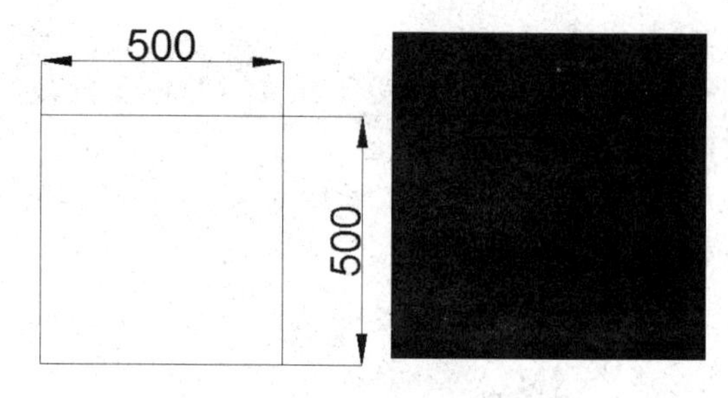

图 8-36　绘制 500×500 的柱子

14. 利用上述绘制柱子的方法，绘制 800×800 的矩形柱子，并将绘制矩形填充“SOLID”图案，如图 8-37 所示。

15. 利用上述绘制柱子的方法，绘制 900×900 的矩形柱子，并将绘制矩形填充“SOLID”图案，如图 8-38 所示。

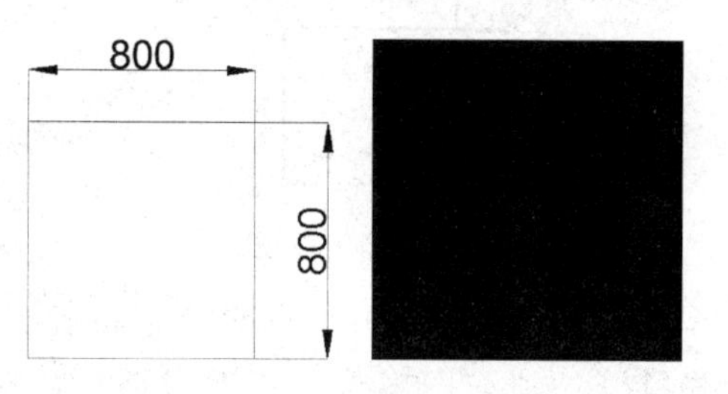

图 8-37　绘制 800×800 的柱子

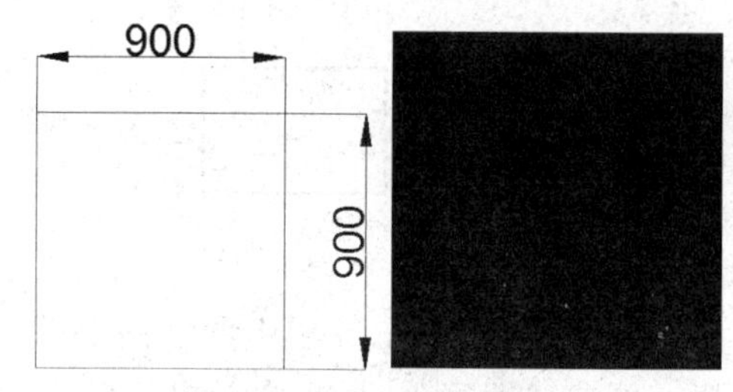

图 8-38　绘制 900×900 的柱子

16. 利用上述绘制柱子的方法，绘制 800×900 的矩形柱子，并将绘制矩形填充“SOLID”图案，如图 8-39 所示。

17. 利用上述绘制柱子的方法，绘制 800×600 的矩形柱子，并将绘制矩形填充“SOLID”图案，如图 8-40 所示。

18. 利用上述绘制柱子的方法，绘制 600×900 的矩形柱子，并将绘制矩形填充“SOLID”图案，如图 8-41 所示。

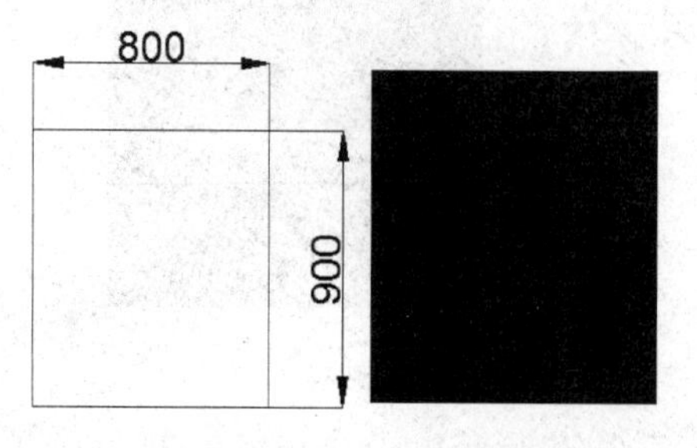

图 8-39　绘制 800×900 的柱子

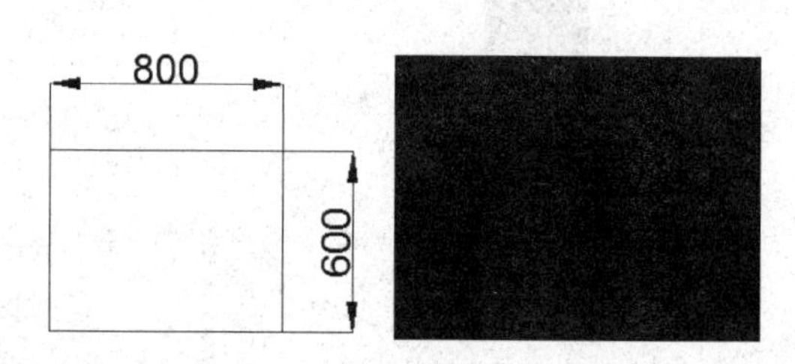

图 8-40　绘制 800×600 的柱子

19. 单击“修改”工具栏中的“移动”按钮，选择“1000×1000”的矩形柱子为移动对象，将其放置到前面绘制的轴网内，命令行提示与操作如下：

命令：MOVE

选择对象：找到 1 个（1000×1000 的矩形柱子）

指定基点或［位移（D）］〈位移〉：（柱子的左上角点）

指定第二个点或〈使用第一个点作为位移〉：

结果如图 8-42 所示。

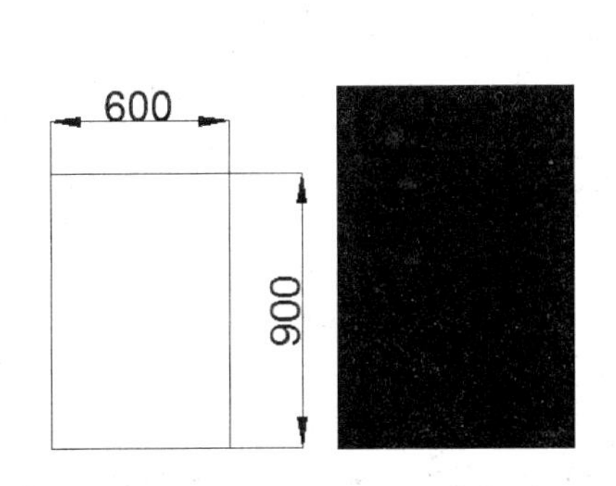

图 8-41 绘制 600×900 的柱子

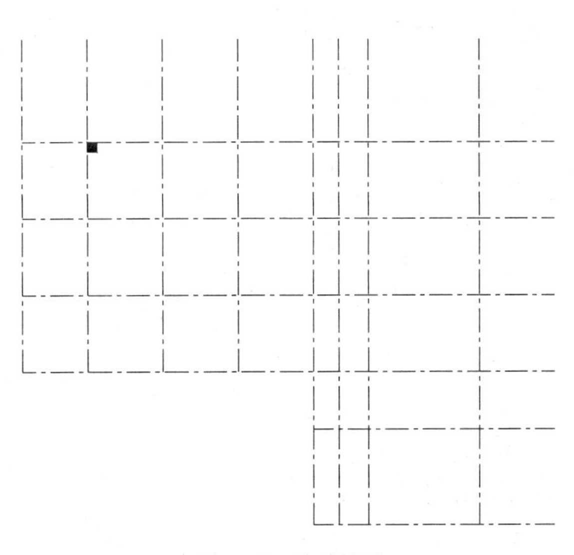

图 8-42 移动柱子

20. 单击“修改”工具栏中的“复制”按钮，选择上步移动的“1000×1000”柱子图形为复制对象，对其进行连续复制将其放置图形指定位置，命令行提示与操作如下：

命令：_copy

选择对象：（1000×1000 的矩形）

指定对角点：矩形的左上角点

选择对象：

当前设置： 复制模式＝多个

指定基点或［位移（D）/模式（O）］〈位移〉：

指定第二个点或［阵列（A）］〈使用第一个点作为位移〉： 〈正交关〉

指定第二个点或［阵列（A）/退出（E）/放弃（U）］〈退出〉：*取消*

完成 1000×1000 的柱子的布置，如图 8-43 所示。

21. 单击“修改”工具栏中的“复制”按钮，选择组合柱子图形为复制对象，对其进行连续复制，并将复制图形放置到指定位置，结果如图 8-44 所示。

22. 单击“修改”工具栏中的“分解”按钮，选择上步复制的组合柱子为分解对象，回车进行分解，使组合柱子边成为独立直线。命令行提示与操作如下：

命令：_explode

选择对象：（选择组合柱子）

选择对象：

23. 单击“修改”工具栏中的“偏移”按钮，选择分解的组合柱子各边分别向外偏移，偏移距离为 75，结果如图 8-45 所示。

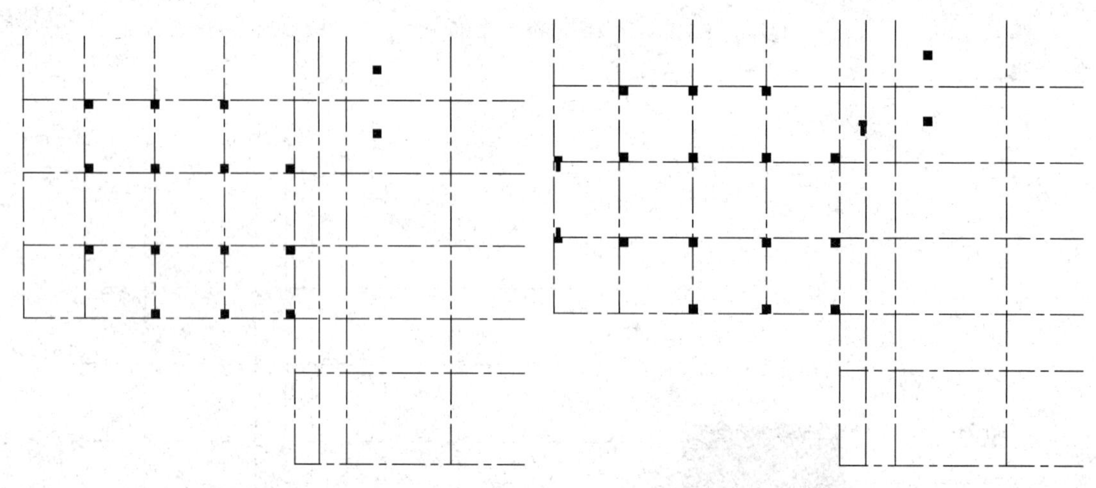

图 8-43 布置 1000×1000 的柱子　　　　图 8-44 布置组合的柱子

技巧荟萃

向外偏移的柱子线未连接，为断开的分离线，可利用“倒角”命令（设置倒角距离为 0），分别选择隔离的线段，可完成相交延伸。

24. 单击“修改”工具栏中的“移动”按钮，选择绘制的 700×700 的柱子图形为对象，将图形放置到指定位置，结果如图 8-46 所示。

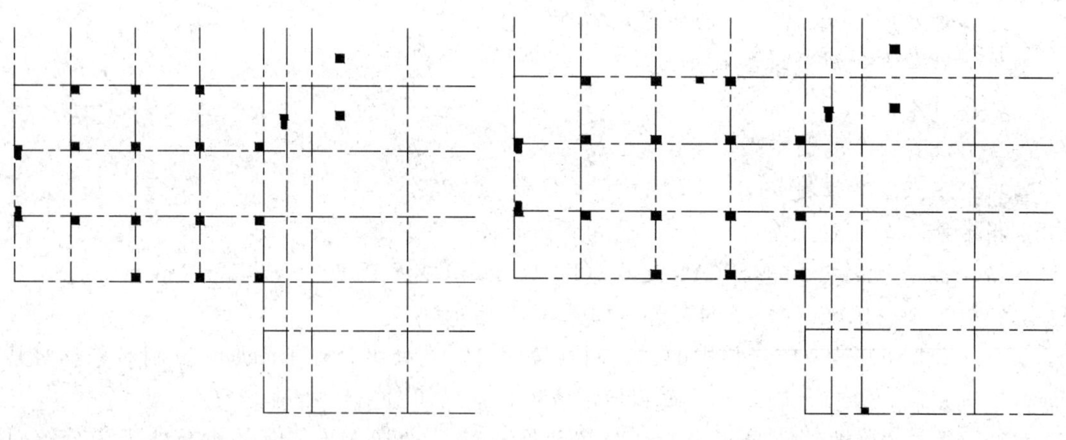

图 8-45 偏移柱边线　　　　图 8-46 布置 700×700 的柱子

25. 单击“修改”工具栏中的“复制”按钮，选择绘制的 600×700 的柱子图形为复制对象，对其进行连续复制，并将复制图形放置到指定位置，结果如图 8-47 所示。

26. 单击“修改”工具栏中的“复制”按钮，选择 500×500 的柱子图形为复制对象，对其进行连续复制，并将复制图形放置到指定位置，结果如图 8-48 所示。

27. 单击“修改”工具栏中的“复制”按钮，选择 800×800 的柱子图形为复制对象，对其进行连续复制，并将复制图形放置到指定位置，结果如图 8-49 所示。

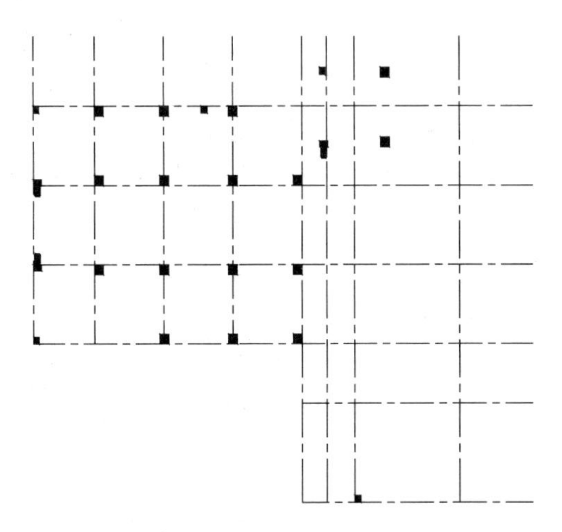

图 8-47　布置 600×700 的柱子

图 8-48　布置 500×500 的柱子

28. 单击“修改”工具栏中的“复制”按钮，选择 900×900 的柱子图形为复制对象，对其进行连续复制，并将复制图形放置到指定位置，结果如图 8-50 所示。

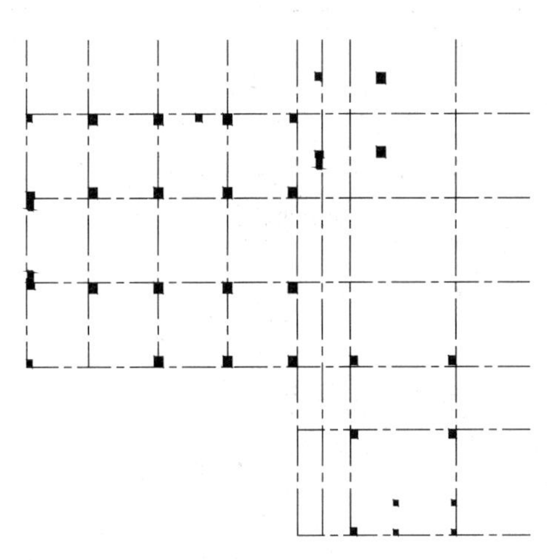

图 8-49　布置 800×800 的柱子

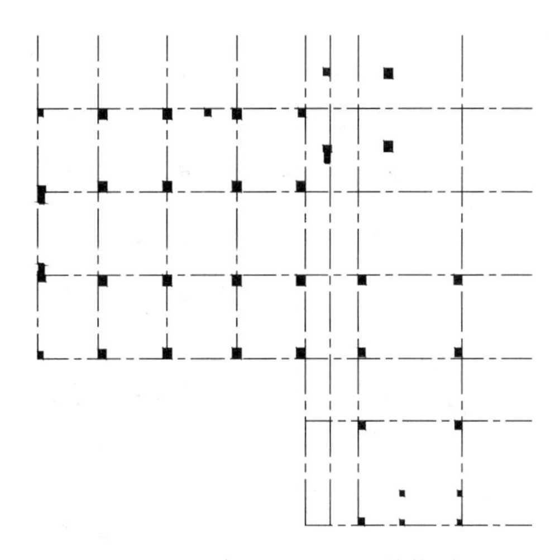

图 8-50　布置 900×900 的柱子

29. 单击“修改”工具栏中的“移动”按钮，选择 800×900 的柱子图形为移动对象，将图形放置到指定位置，结果如图 8-51 所示。

30. 单击“修改”工具栏中的“复制”按钮，选择 800×600 及剩余的柱子图形为复制对象，对其进行连续复制移动，并将复制图形放置到指定位置，如图 8-52 所示。

31. 单击“修改”工具栏中的“移动”按钮，选择 600×900 及剩余的柱子图形为复制对象，对其进行移动，并将复制图形放置到指定位置，最终完成图形中所有柱子图形的布置。如图 8-53 所示。

32. 单击“绘图”工具栏中的“直线”按钮，在左上角“600×700”的柱子外围绘制连续直线，如图 8-54 所示。

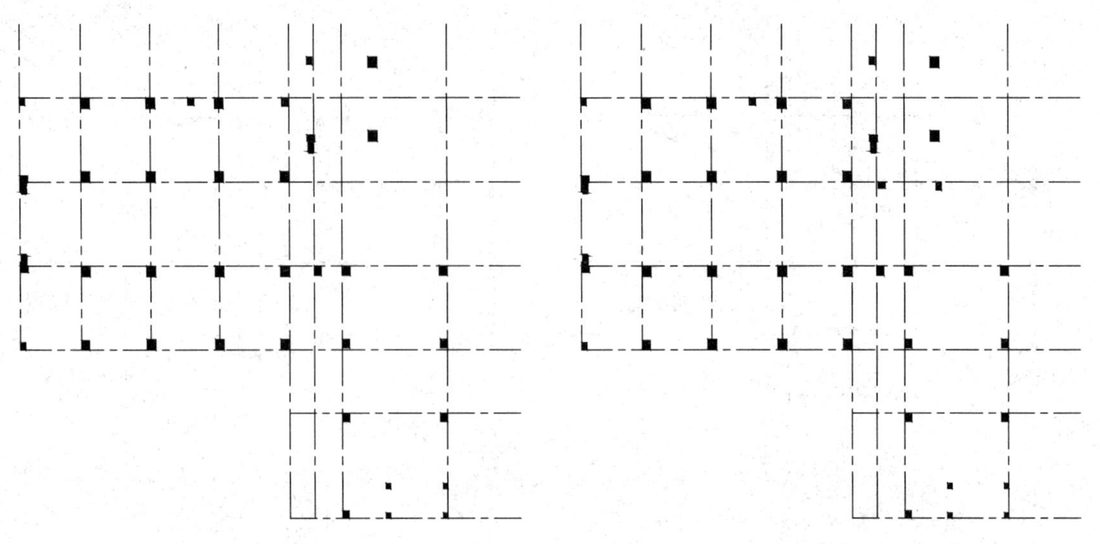

图 8-51　布置 800×900 的柱子　　　图 8-52　布置 800×600 柱子

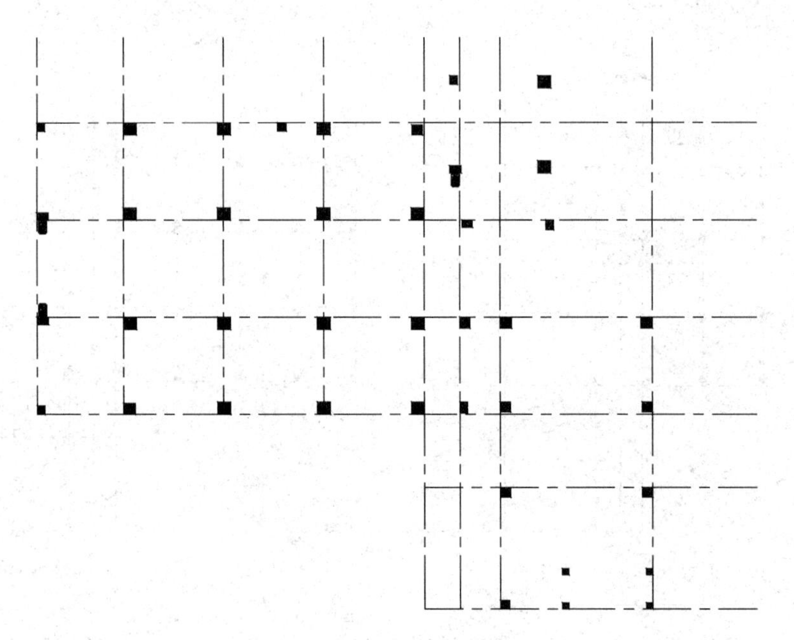

图 8-53　布置 600×900 柱子

33. 单击“修改”工具栏中的“偏移”按钮，选择上步绘制的柱外围线向内偏移，偏移距离为 100，结果如图 8-55 所示。

34. 单击“修改”工具栏中的“修剪”按钮，对上步偏移线段进行修剪，如图 8-56 所示。

35. 利用上述方法完成剩余相同柱外围柱线的绘制，结果如图 8-57 所示。

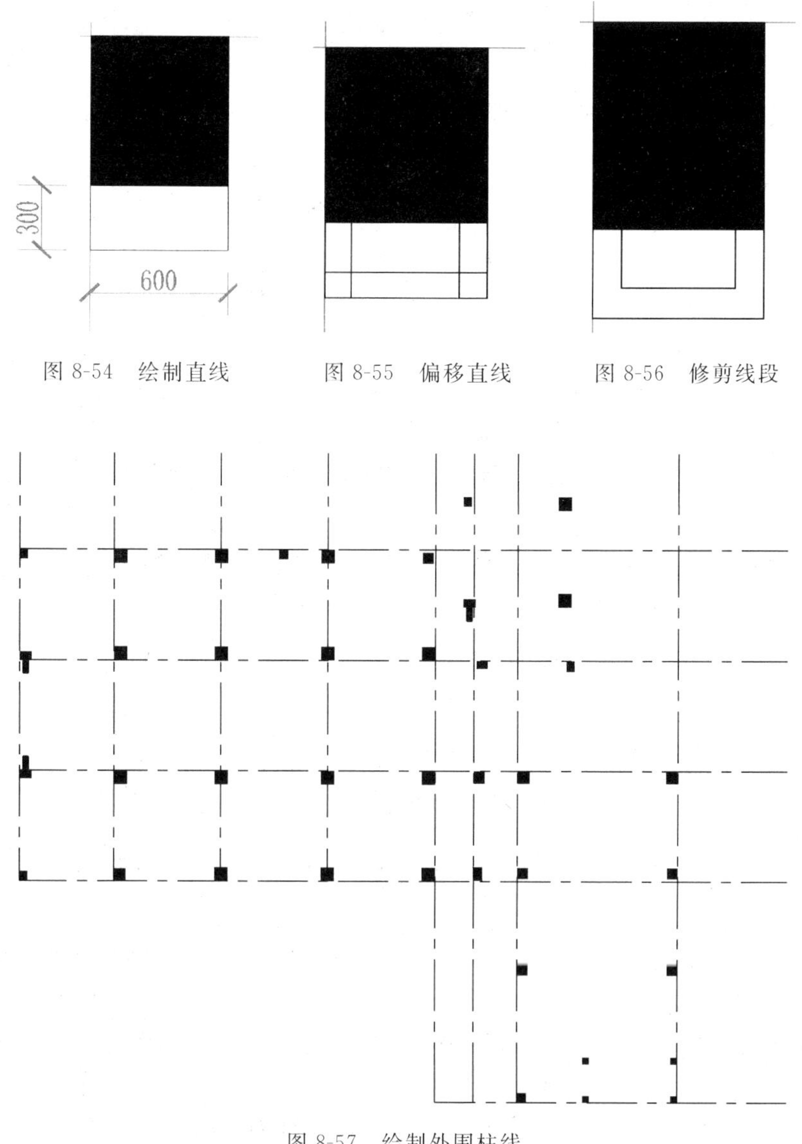

图 8-54 绘制直线　　图 8-55 偏移直线　　图 8-56 修剪线段

图 8-57 绘制外围柱线

8.1.4 绘制墙线

一般的建筑结构的墙线均可通过 AutoCAD 中的“多线”命令来绘制。本例将利用“多线”、“修剪”和“偏移”命令完成绘制。

【操作步骤】

1. 在“图层”工具栏的下拉列表中，选择“墙线”图层为当前层，如图 8-58 所示。
2. 设置多线样式

在建筑结构中，包括承载受力的承重结构和用来分割空间、美化环境的非承重墙。

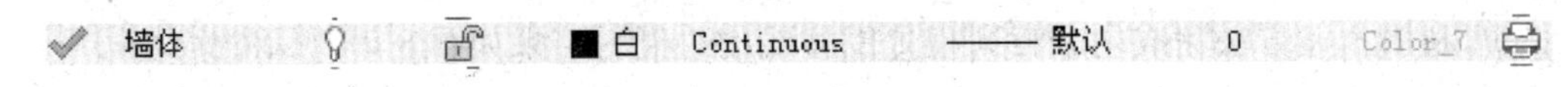

图 8-58　设置当前图层

（1）单击“绘图”工具栏中的“直线”按钮和“修改”工具栏中的“偏移”按钮，在图形中间位置绘制部分墙体，如图 8-59 所示。

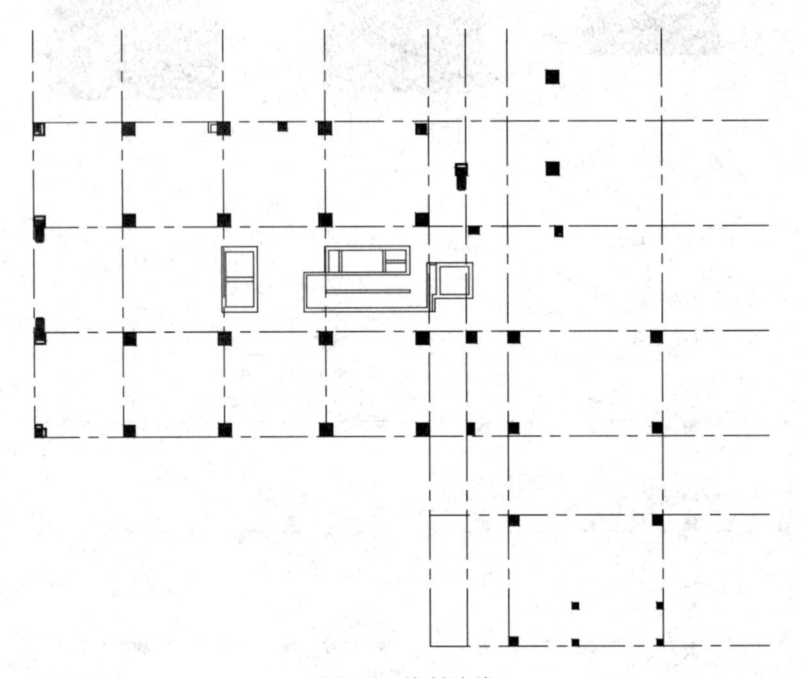

图 8-59　绘制墙线

（2）选取菜单栏“格式”→“多线样式”命令，打开“多线样式”对话框，如图 8-60 所示。

（3）在多线样式对话框中，样式栏中只有系统自带的 STANDARD 样式，单击右侧的“新建”按钮，打开创建多线样式对话框，如图 8-61 所示。在新样式名文本框中输入“200”，作为多线的名称。单击“继续”按钮，打开编辑多线的对话框，如图 8-62 所示。

（4）外墙的宽度为“200”，将偏移分别修改为“100”和“-100”，单击“确定”按钮回到“多线样式”对话框，单击“置为当前”按钮，将创建的多线样式设为当前多线样式，单击确定按钮，回到绘图状态。

3. 绘制墙线

（1）选取菜单栏中的“绘图”→“多线”命令，绘制二层中餐厅平面图中的 200 厚的墙体。命令行提示与操作如下：

命令：mline

当前设置：对正＝上，比例＝20.00，样式＝STANDARD

指定起点或［对正（J）/比例（S）/样式（ST）］：st（设置多线样式）

输入多线样式名或［?］：200（多线样式为墙 1）

当前设置：对正＝上，比例＝20.00，样式＝200

指定起点或［对正（J）/比例（S）/样式（ST）］：j

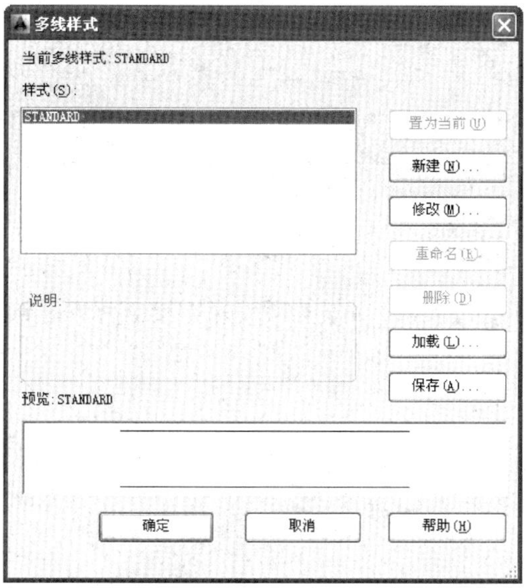

图 8-60 “多线样式”对话框

图 8-61 新建多线样式

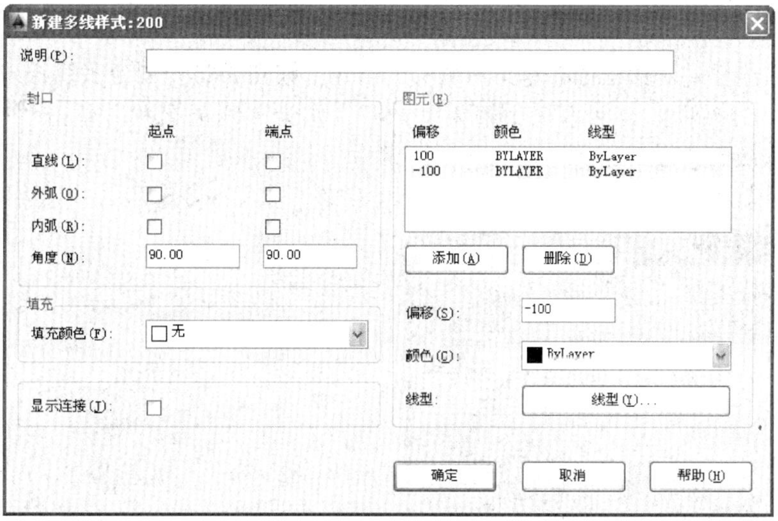

图 8-62 编辑新建多线样式

输入对正类型［上（T）/无（Z）/下（B）］〈上〉：T（设置对中模式为无）
当前设置：对正=无，比例=20.00，样式=200
指定起点或［对正（J）/比例（S）/样式（ST）］：S
输入多线比例〈20.00〉：1（设置线型比例为1）
当前设置：对正=无，比例=1.00，样式=200
指定起点或［对正（J）/比例（S）/样式（ST）］：（选择左侧竖直直线下端点）
指定下一点：指定下一点或［放弃（U）］：

（2）逐步完成200厚墙体进行绘制，完成后的结果如图8-63所示。

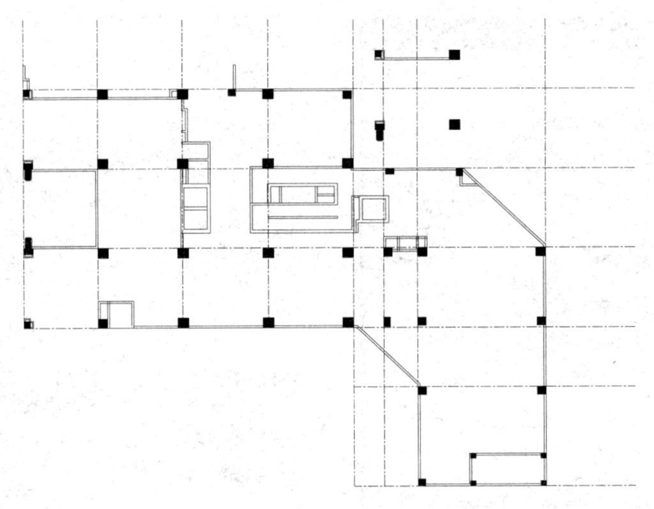

图 8-63　绘制 200 墙线

4. 设置多线样式

在建筑结构中，包括承载受力的承重结构和用来分割空间、美化环境的非承重墙。

（1）选取菜单栏“格式”→“多线样式”命令，打开“多线样式”对话框，如图 8-64 所示。

（2）在多线样式对话框中，单击右侧的“新建”按钮，打开创建多线样式对话框，如图 8-65 所示。在新样式名文本框中输入“120”，作为多线的名称。单击“继续”按钮，打开新建多线的对话框，如图 8-66 所示。

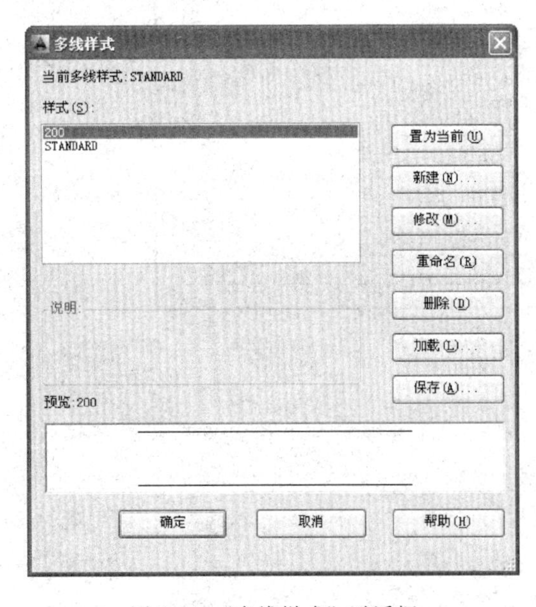

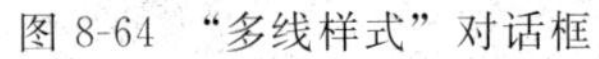
图 8-64　“多线样式”对话框

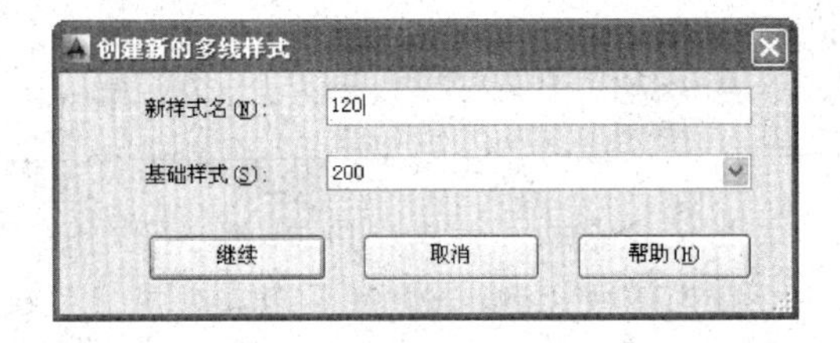

图 8-65　新建多线样式

（3）墙体的宽度为“120”，将偏移分别设置为“60”和“－60”，单击“置为当前”按钮，将创建的多线样式设为当前多线样式，单击确定按钮，回到绘图状态。

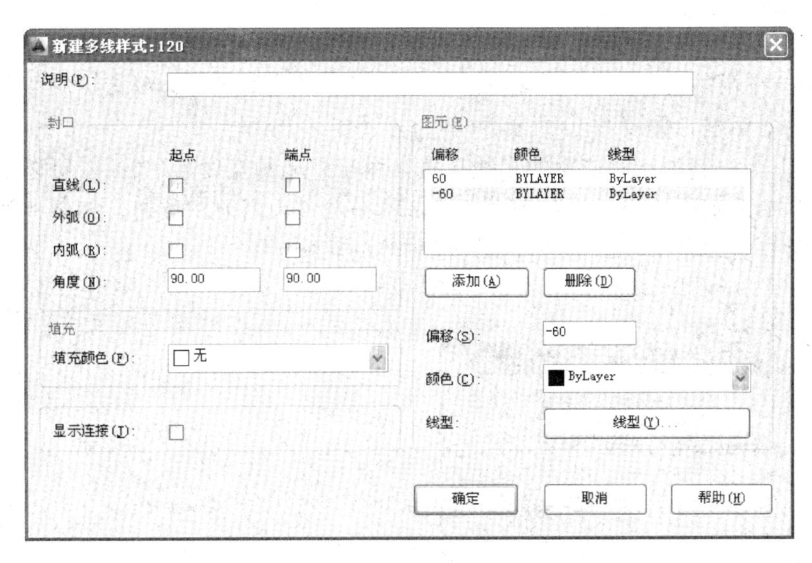

图 8-66　编辑新建多线样式

(4) 选择菜单栏"绘图"→"多线"命令，在图形适当位置绘制二层中餐厅平面图中120厚墙体，如图8-67所示。

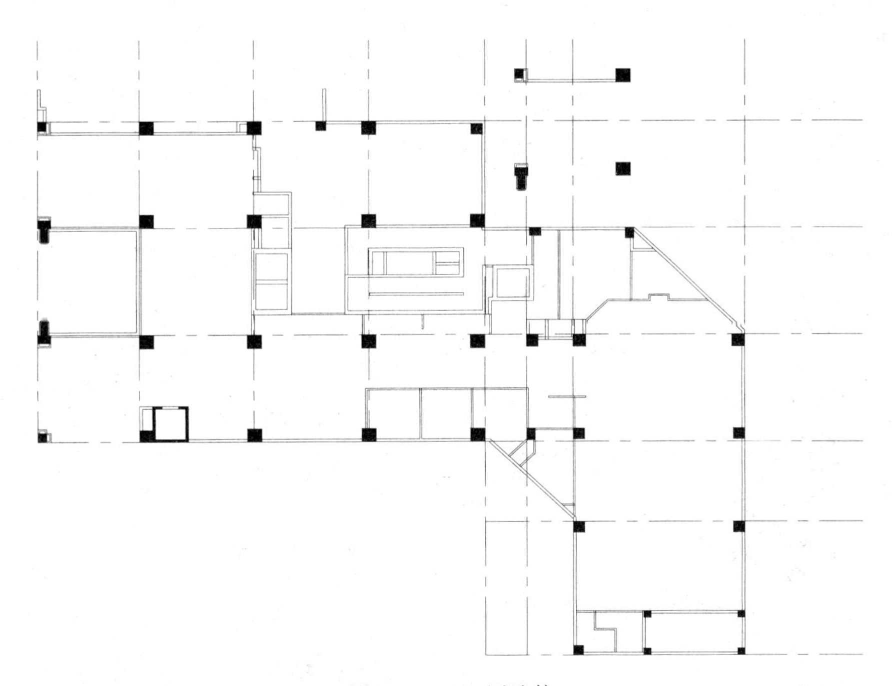

图 8-67　120厚墙体

5. 设置多线样式

在建筑结构中，包括承载受力的承重结构和用来分割空间、美化环境的非承重墙。

(1) 选取菜单栏"格式"→"多线样式"命令，打开"多线样式"对话框，如图8-68所示。

（2）在多线样式对话框中，单击右侧的“新建”按钮，打开创建多线样式对话框，如图 8-69 所示。在新样式名文本框中输入“60”，作为多线的名称。单击“继续”按钮，打开编辑多线的对话框，如图 8-70 所示。

（3）“墙”为绘制外墙时应用的多线样式，由于外墙的宽度为“60”，所以按照图 8-70 中所示，将偏移分别修改为“30”和“-30”，单击“置为当前”按钮，将创建的多线样式设为当前多线样式，单击“确定”按钮，回到绘图状态。

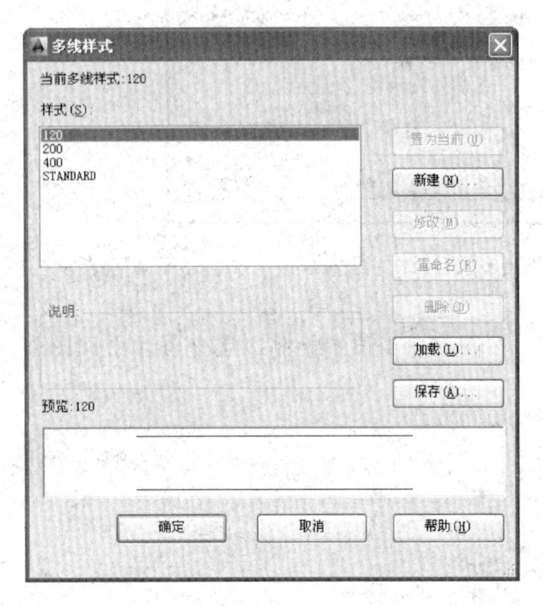

图 8-68 “多线样式”对话框

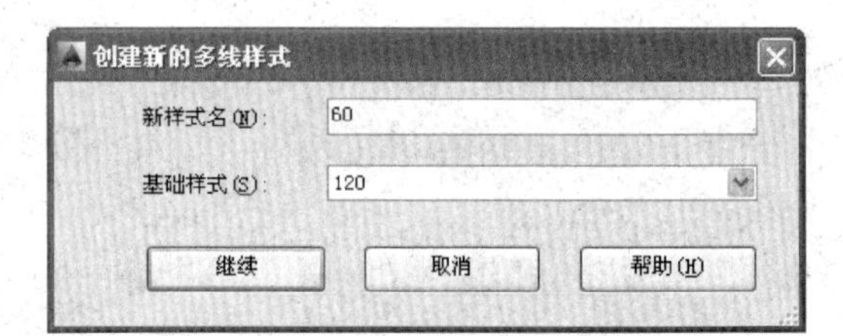

图 8-69 “创建多线样式”对话框

图 8-70 编辑新建多线样式

技巧荟萃

读者绘制墙体时需要注意墙体厚度不同，要对多线样式进行修改。

目前，国内对建筑CAD制图开发了多套适合我国规范的专业软件，如天正、广厦等。这些以AutoCAD为平台开发的制图软件，通常根据建筑制图的特点，对许多图形进行模块化、参数化、故在使用这些专业软件时，大大提高了CAD制图的速度，而且CAD制图格式规范统一，大大降低了一些单靠CAD制图易出现的小错误，给制图人员带来了极大的方便，节约了大量的制图时间，感兴趣的读者也可对相关软件试一试。

(4) 选取菜单栏"绘图"→"多线"命令，绘制二层中餐厅平面图中60厚墙体。如图8-71所示。

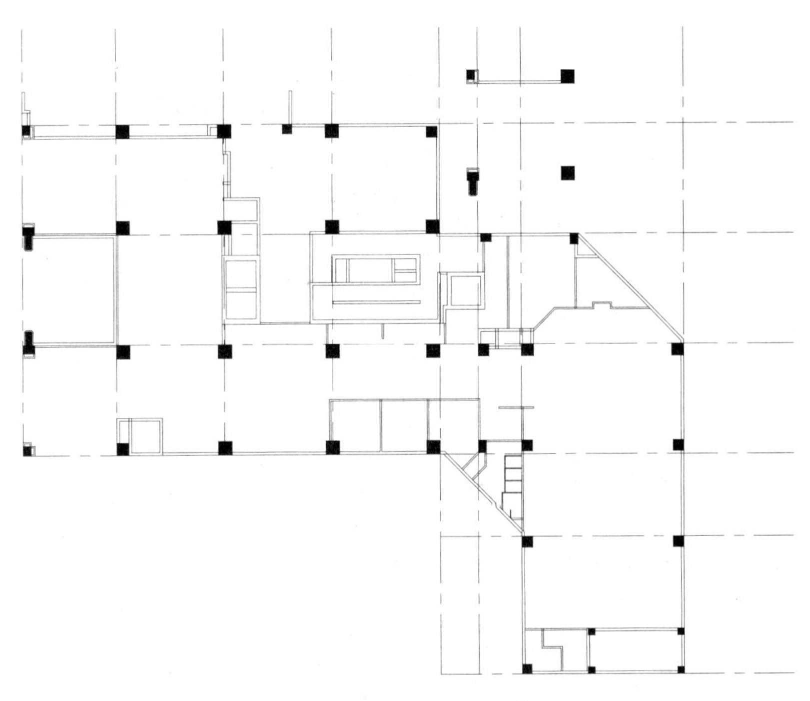

图8-71　绘制60厚墙体

(5) 选取菜单栏"格式"→"多线样式"命令，打开"多线样式"对话框，单击右侧的"新建"按钮，打开创建多线样式对话框在新样式名文本框中输入"75"，作为多线的名称。单击"继续"按钮，打开编辑多线的对话框，墙体宽度为"75"，将偏移分别修改为"32.5"和"-32.5"，单击"确定"按钮回到"多线样式"对话框，单击"置为当前"按钮，将创建的多线样式设为当前多线样式，单击确定按钮，回到绘图状态。

(6) 选取菜单栏"绘图"→"多线"命令，绘制二层中餐厅平面图中75厚墙体。如图8-72所示。

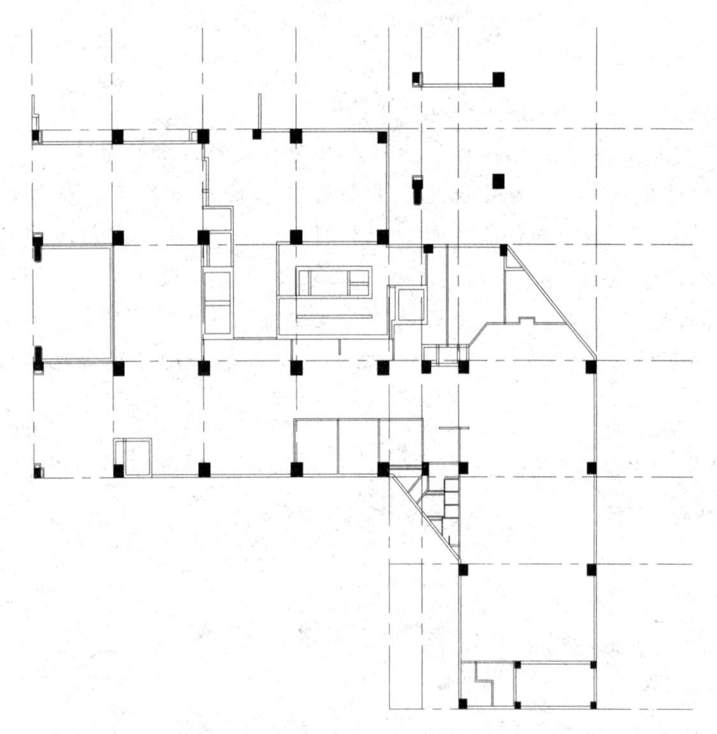

图 8-72　绘制 75 厚墙体

(7) 选取菜单栏“绘图”→“多线”命令，结合上述设置多线样式的方法，绘制图形中剩余墙体，如图 8-73 所示。

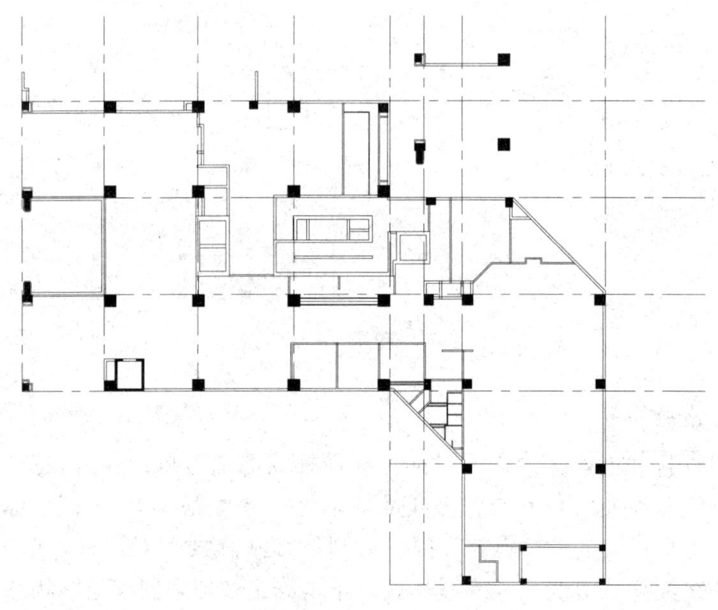

图 8-73　绘制剩余墙体

(8) 选取菜单栏“修改”→“对象”→“多线”命令，弹出“多线编辑工具”对话框，如图 8-74 所示。

(9) 单击对话框的“T 形合并”选项，选取多线进行操作，使两段墙体贯穿，完成多线修剪，如图 8-75 所示。

(10) 利用上述方法结合其他多线编辑命令，完成剩余墙线的编辑。如图 8-76 所示。

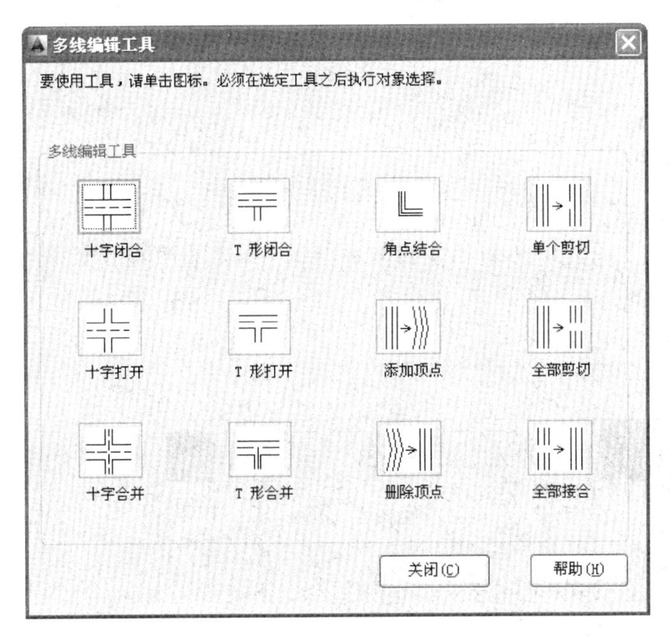

图 8-74 绘制墙体

图 8-75 T 形打开

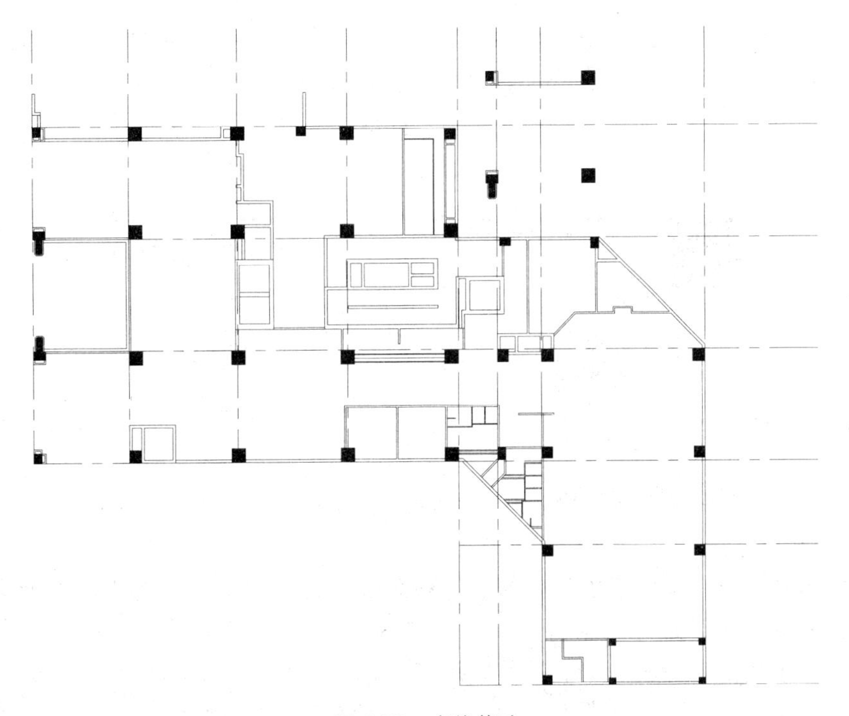

图 8-76 多线修改

技巧荟萃

有一些多线并不适合利用“多线编辑”命令修改，我们可以先将多线分解，直接利用“修剪”命令进行修改。

8.1.5 绘制门窗

【操作步骤】

1. 修剪窗洞

(1) 单击“绘图”工具栏中的“直线”按钮，在墙体上绘制一条竖直直线，如图 8-77 所示。

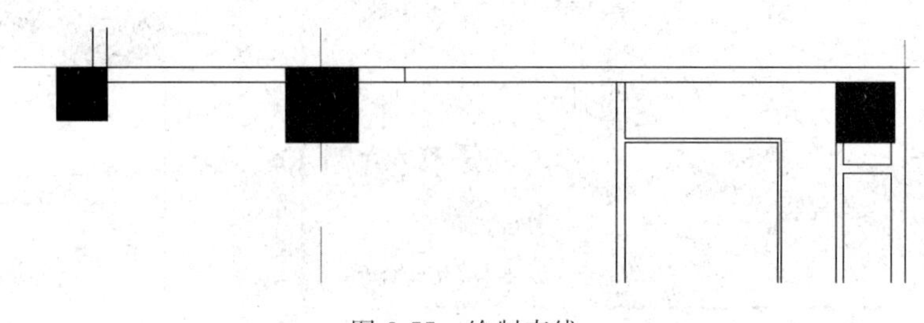

图 8-77 绘制直线

(2) 单击“修改”工具栏中的“偏移”按钮，选择上步绘制的竖直直线为偏移对象，向右进行偏移，偏移距离为 1800，结果如图 8-78 所示。

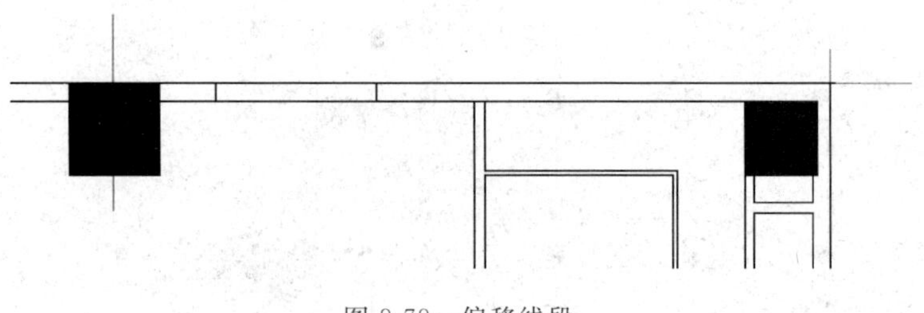

图 8-78 偏移线段

(3) 窗线的绘制方法基本相同，利用上述方法完成二层中餐厅平面图中剩余窗线的绘制，如图 8-79 所示。

(4) 单击“修改”工具栏中的“修剪”按钮，选取窗线间墙线为修剪区域进行修剪，完成窗洞的绘制，如图 8-80 所示。

(5) 利用上述方法完成二层中餐厅中剩余窗洞的绘制，如图 8-81 所示。

2. 在“图层”工具栏的下拉列表中，选择“窗线”图层为当前层，如图 8-82 所示。

3. 设置多线样式

(1) 选取菜单栏“格式”→“多线样式”命令，打开“多线样式”对话框，如图 8-83 所示。

(2) 在多线样式对话框中，单击右侧的“新建”按钮，打开创建多线样式对话框，如图 8-84 所示。在新样式名文本框中输入“窗户”，作为多线的名称。单击“继续”按钮，打开编辑多线的对话框，如图 8-85 所示。

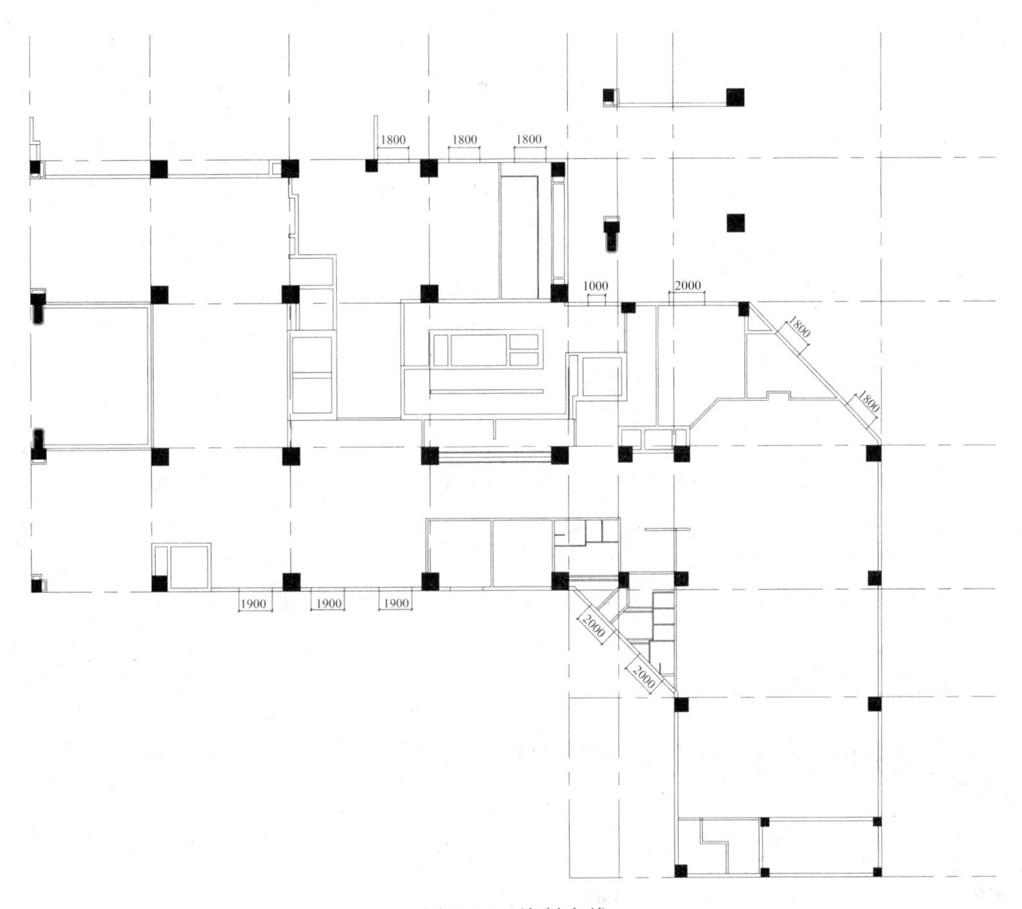

图 8-79 绘制窗线

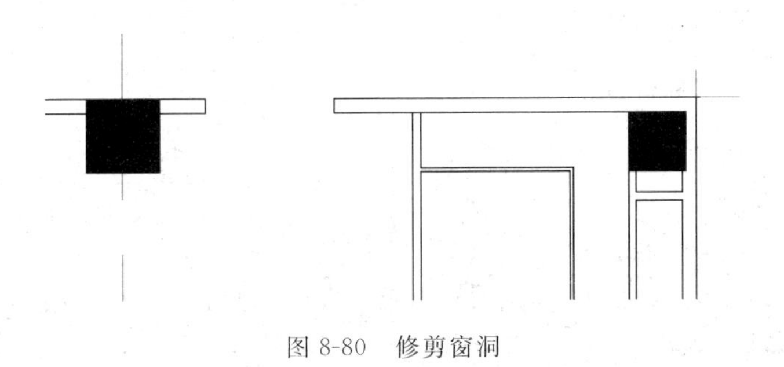

图 8-80 修剪窗洞

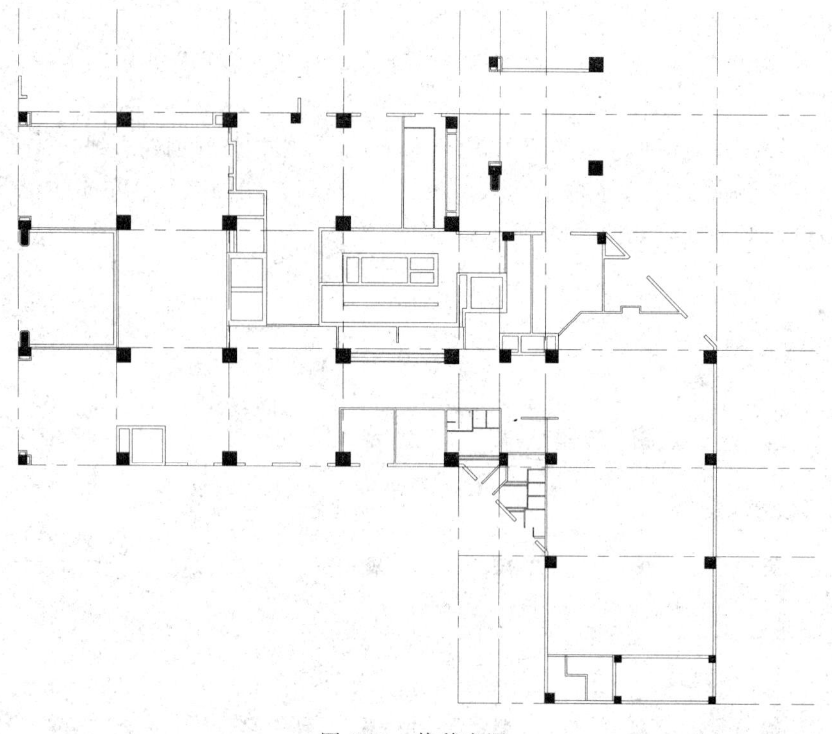

图 8-81 修剪窗洞

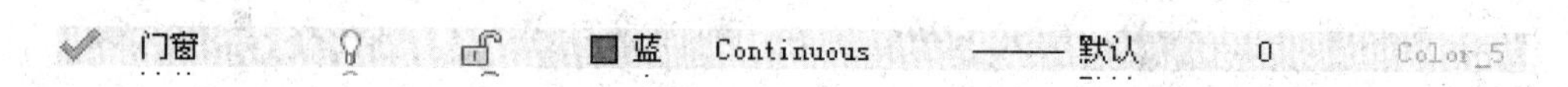

图 8-82 设置当前图层

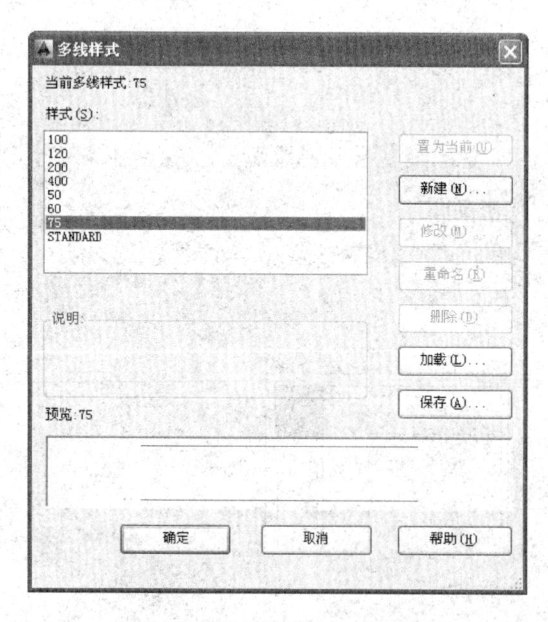

图 8-83 “多线样式”对话框

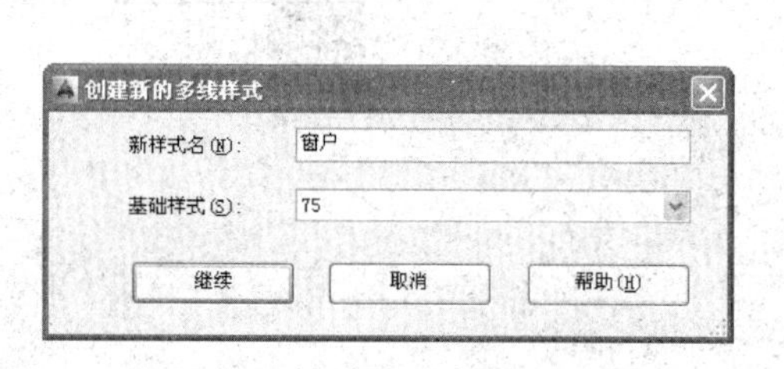

图 8-84 新建多线样式

（3）窗户所在墙体宽度为“200”，将偏移分别修改为100，0、和-100，单击“确定”按钮，回到多线样式对话框中，单击“置为当前”按钮，将创建的多线样式设为当前多线样式，如图8-85所示，单击确定按钮，回到绘图状态。

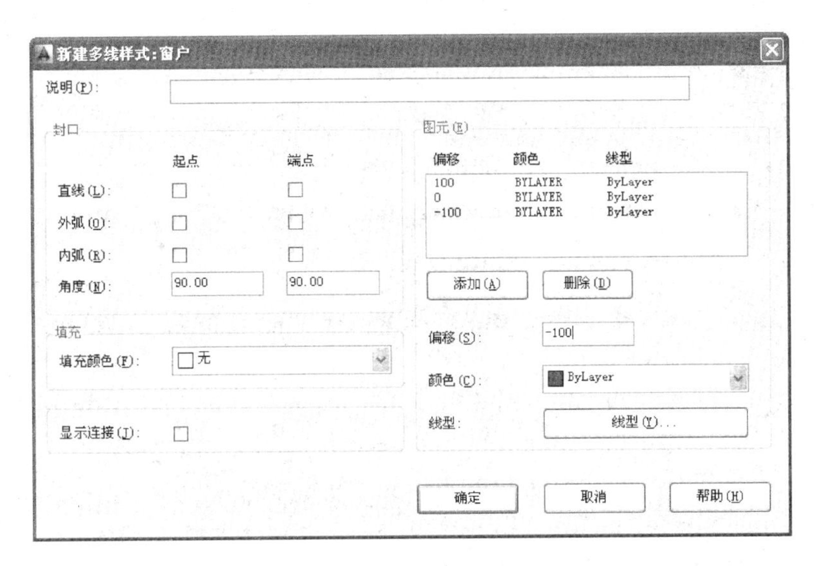

图8-85　编辑新建多线样式

（4）选择菜单栏“绘图”→“多线”命令，选取如图8-86所示的点1为多线起点，点2为多线终点，完成窗线的绘制，如图8-87所示。

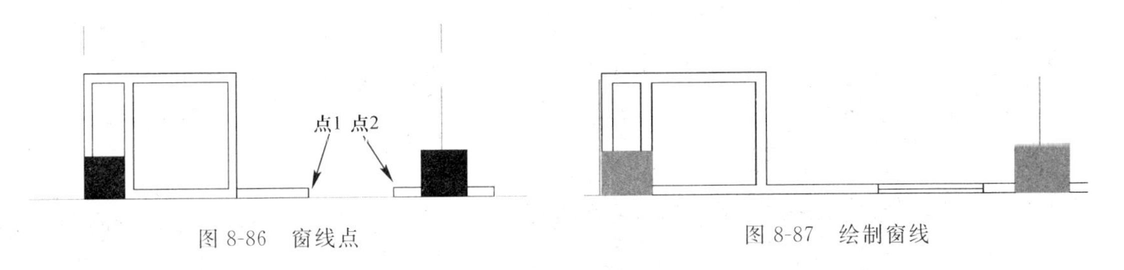

图8-86　窗线点

图8-87　绘制窗线

（5）利用上述方法完成二层中餐厅平面图中所有窗线的绘制，如图8-88所示。

4. 绘制门

（1）单击“绘图”工具栏中的“矩形”按钮□，在图形适当位置绘制一个“50×50”的矩形，如图8-89所示。

（2）单击“修改”工具栏中的“复制”按钮，选取上步绘制的矩形进行复制，复制距离为800，如图8-90所示。

（3）单击“绘图”工具栏中的“矩形”按钮□，选取上步左侧矩形右侧竖直边中点为起点向上绘制一个“50×800”的矩形，如图8-91所示。

（4）单击“绘图”工具栏中的“圆弧”按钮，选取如图8-92所示的点1为圆弧起点，矩形，点2为圆弧端点，并设置圆弧角度为90，绘制一段圆弧，如图8-93所示。

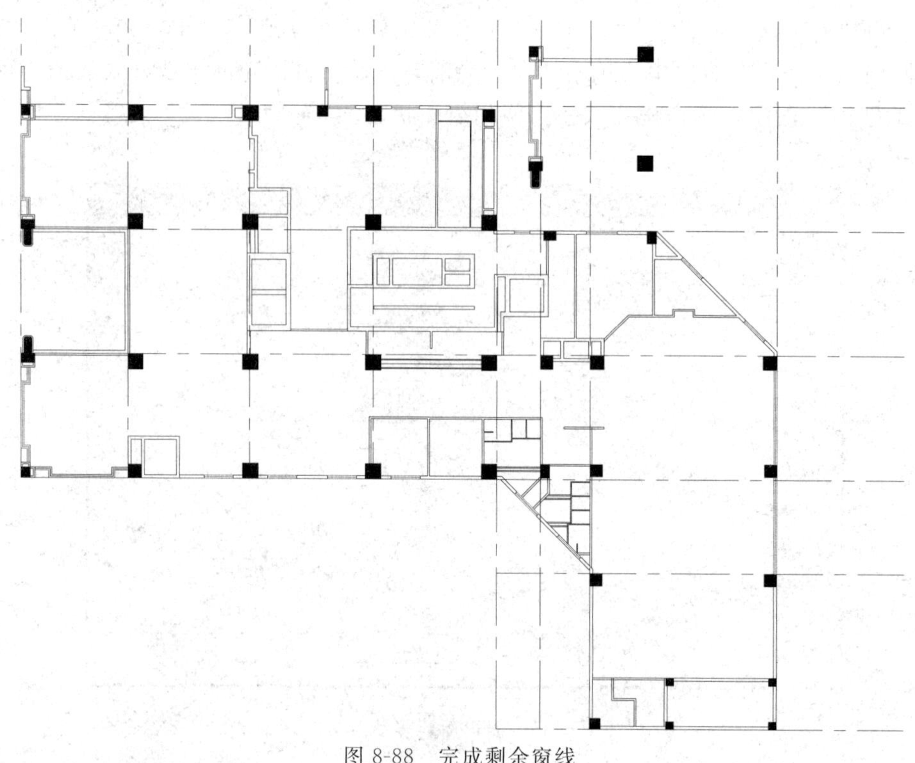

图 8-88　完成剩余窗线

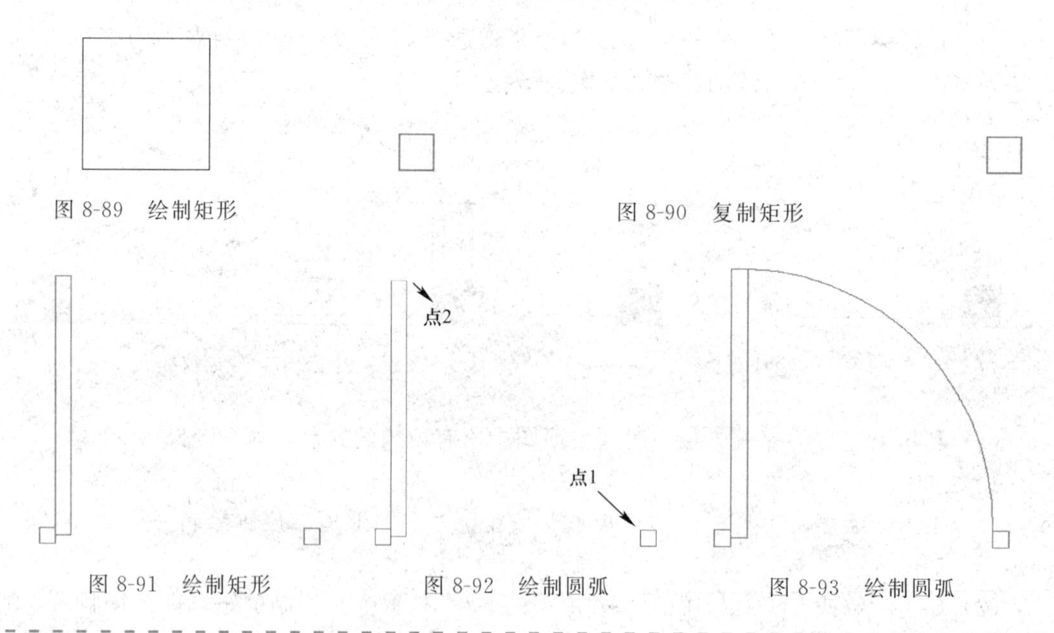

图 8-89　绘制矩形

图 8-90　复制矩形

图 8-91　绘制矩形

图 8-92　绘制圆弧

图 8-93　绘制圆弧

技巧荟萃

绘制圆弧时，注意指定合适的端点或圆心，指定端点的时针方向也即为绘制圆弧的方向。例如要绘制图示的下半圆弧，则起始端点应在左侧，终端点应在右侧，此时端点的时针方向为逆时针，则即得到相应的逆时针圆弧。

5. 绘制双开门

(1) 单击“绘图”工具栏中的“矩形”按钮及“修改”工具栏中的“复制”按钮，绘制两个间距为1200的50×50矩形。利用上述方法完成一侧双扇门的绘制，如图8-94所示。

(2) 单击“修改”工具栏中的“镜像”按钮，选取上步绘制的单扇门图形为镜像对象，选进行镜像，结果如图8-95所示。

(3) 单击“绘图”工具栏中的“矩形”按钮及“修改”工具栏中的“复制”按钮，绘制两个间距为1200的50×50的矩形。

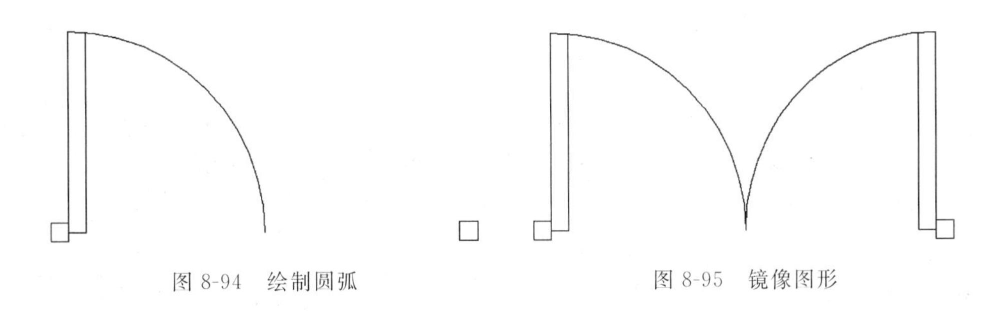

图8-94 绘制圆弧　　图8-95 镜像图形

6. 绘制双扇门

(1) 单击“绘图”工具栏中的“矩形”按钮，图形适当位置绘制一个“50×1100”的矩形。如图8-96所示。

(2) 单击“绘图”工具栏中的“直线”按钮，以上步绘制矩形左侧竖直边中点为起点，右侧竖直边中点为直线终点。绘制一条水平分割线，如图8-97所示。

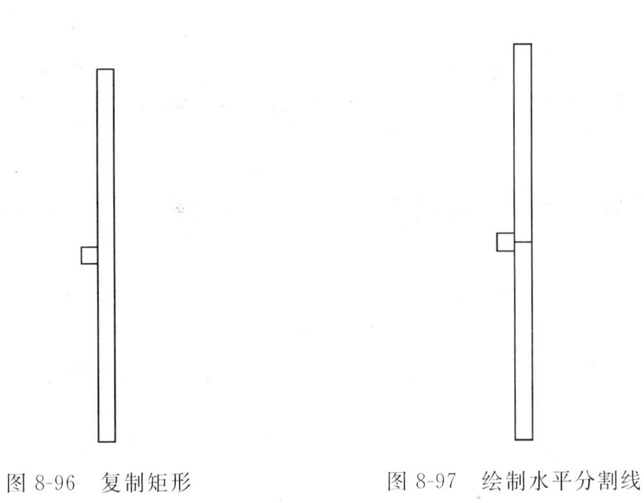

图8-96 复制矩形　　图8-97 绘制水平分割线

(3) 单击“绘图”工具栏中的“圆”按钮，以上步绘制水平直线中的起点为圆心，以矩形长边为半径绘制圆，如图8-98所示。

(4) 单击“修改”工具栏中“修剪”按钮，选择上步绘制的圆为修剪对象将其修剪为半圆，如图8-99所示。

(5) 利用上述方法，绘制另一侧半圆图形，如图8-100所示。

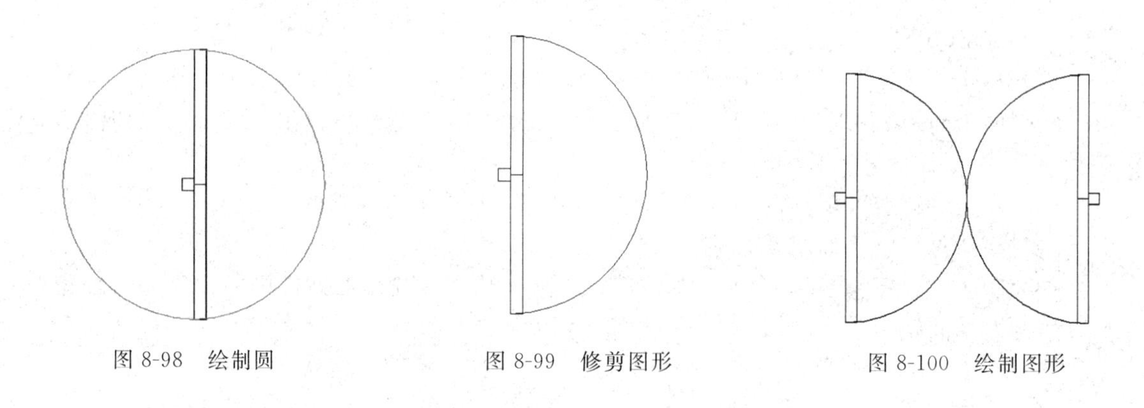

图 8-98　绘制圆　　图 8-99　修剪图形　　图 8-100　绘制图形

7. 绘制门洞线

（1）单击“绘图”工具栏中的“直线”按钮，在墙体上绘制一条竖直直线，然后单击“修改”工具栏中的“偏移”按钮，选择绘制竖直直线为偏移对象向右进行偏移，如图 8-101 所示。

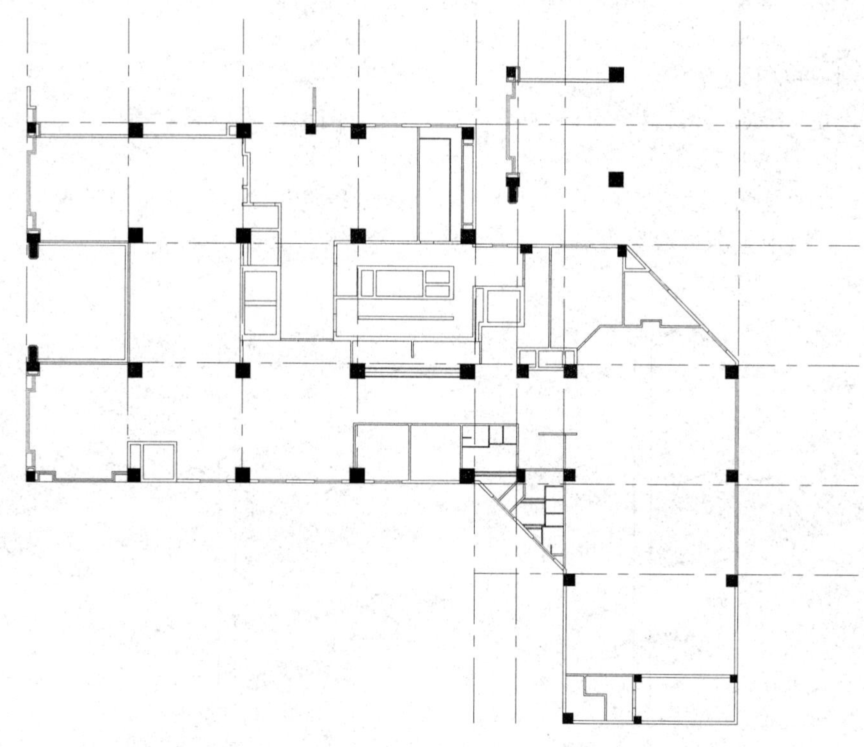

图 8-101　绘制门洞线

（2）单击“修改”工具栏中的“修剪”按钮，将上步偏移门洞线之间的墙体进行修剪，结果如图 8-102 所示。

（3）单击“绘图”工具栏中的“直线”按钮和“修改”工具栏中的“偏移”按钮，在图形过道位置处绘制长度为 150 的 120 宽垛墙，如图 8-103 所示。

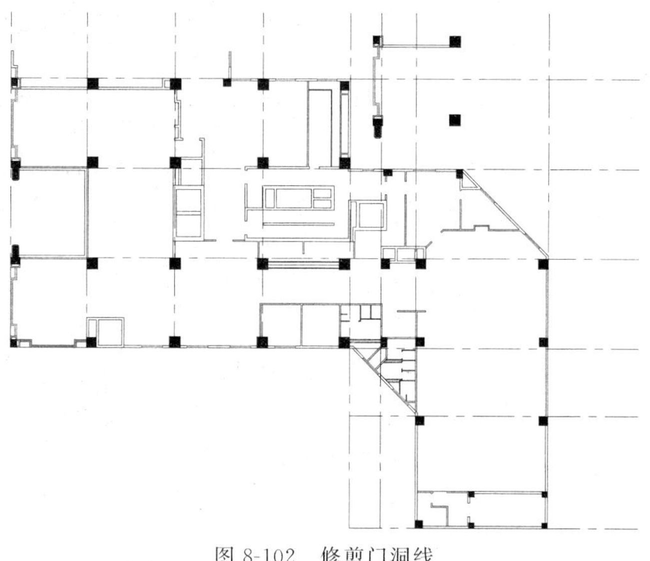

图 8-102 修剪门洞线

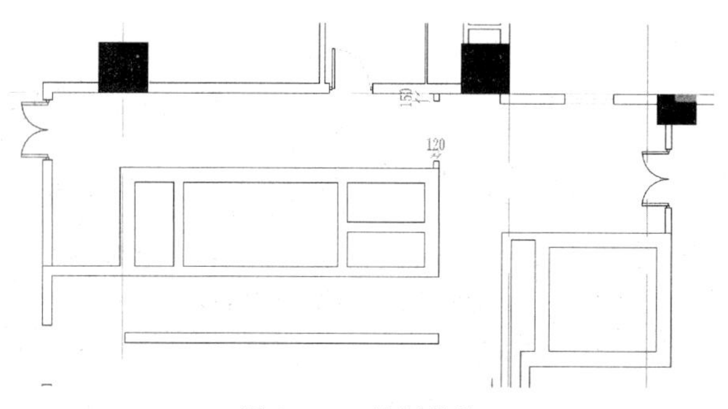

图 8-103 绘制垛墙

（4）单击“修改”工具栏中的“复制”按钮，选择前面章节中绘制的单扇门图形和双扇门图形为复制对象，将其放置到门洞中，结果如图 8-104 所示。

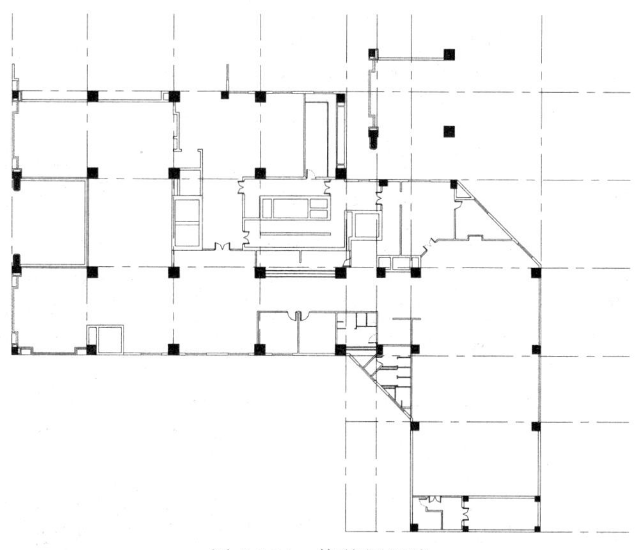

图 8-104 修剪门洞线

（5）单击“修改”工具栏中的“复制”按钮，选择前面绘制的入室大门放置到门洞内，如图 8-105 所示。

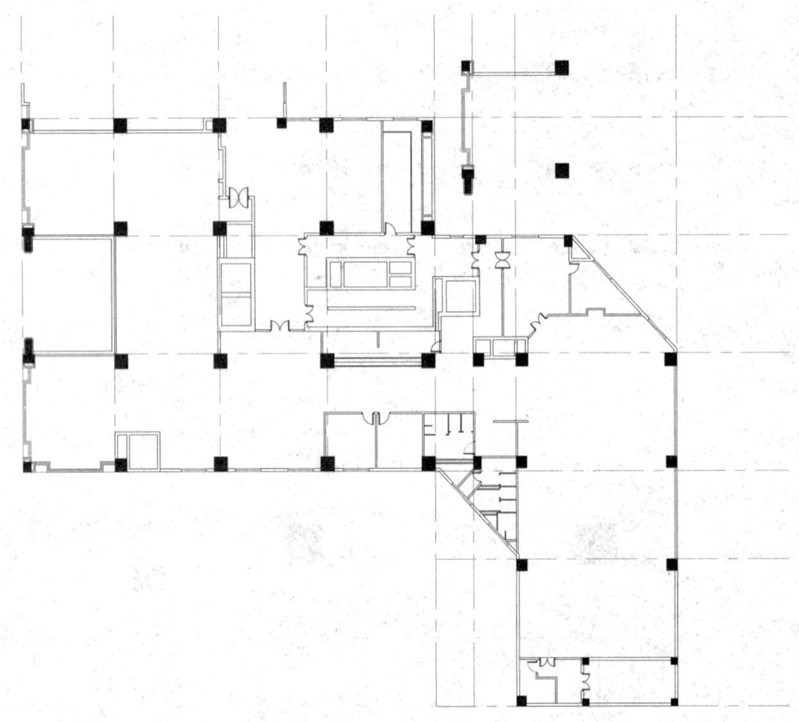

图 8-105 放置入室门

（6）单击“绘图”工具栏中的“直线”按钮，在门洞处绘制封闭直线，如图 8-106 所示。

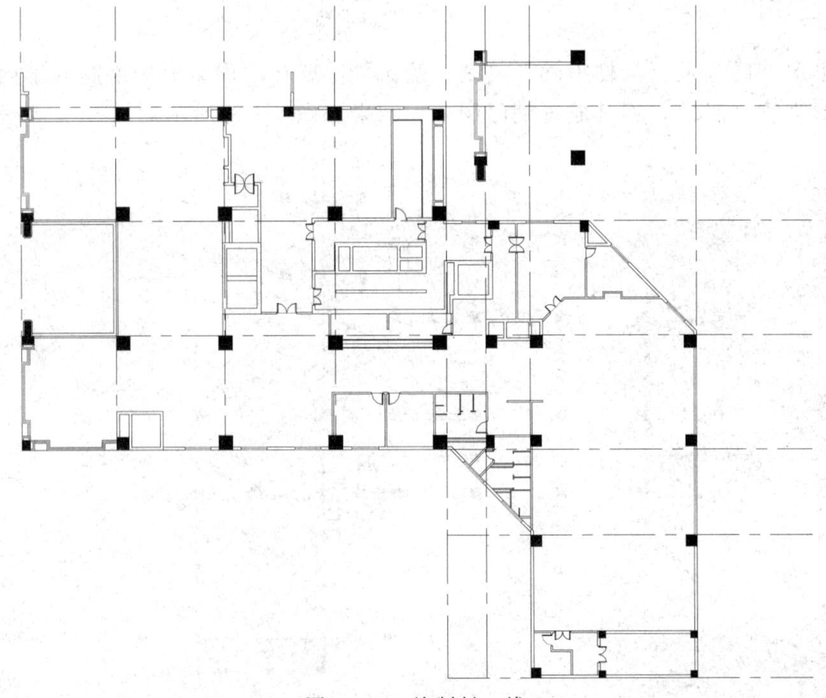

图 8-106 绘制封口线

(7) 单击“绘图”工具栏中的“直线”按钮，如图8-107所示的位置处绘制多条竖直的直线。

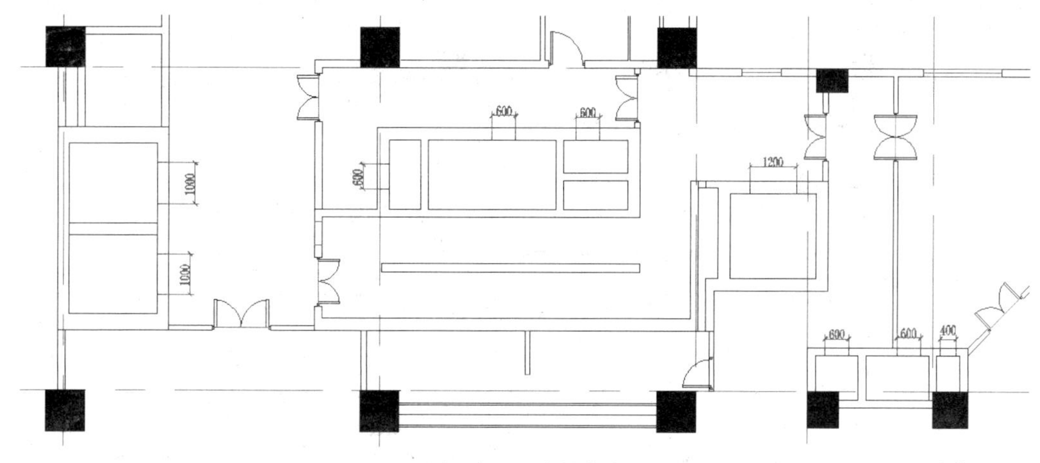

图8-107 绘制直线

(8) 单击“绘图”工具栏中的“图案填充”按钮，系统打开“图案填充和渐变色”对话框，单击“图案”选项后面的按钮，系统打开“填充图案选项板”对话框，选择“SOLID”的图案类型，单击“确定”按钮退出。

(9) 在“图案填充和渐变色”对话框右侧单击“添加：拾取点”按钮，选择填充区域单击确定按钮，系统回到“图案填充和渐变色”对话框，单击“确定”按钮完成图案填充，效果如图8-108所示。

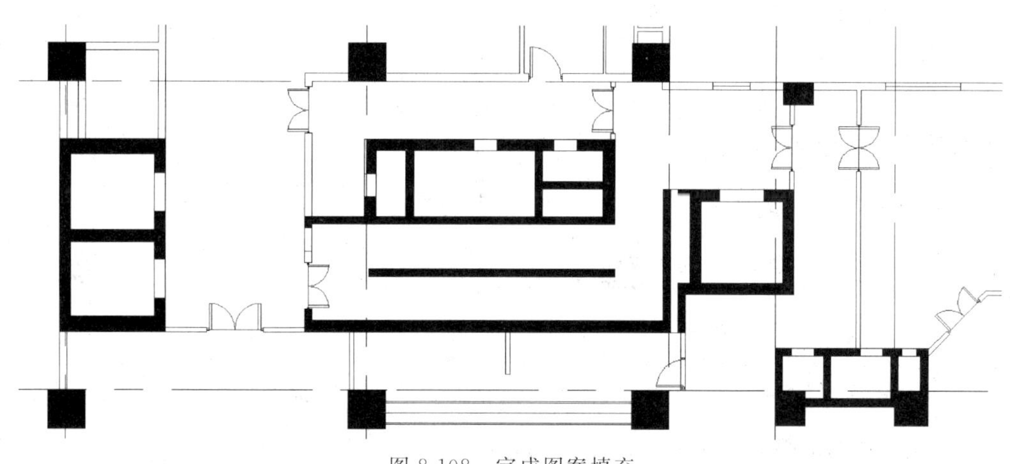

图8-108 完成图案填充

技巧荟萃

绘制圆弧时，注意指定合适的端点或圆心，指定端点的时针方向也即为绘制圆弧的方向。例如要绘制图示的下半圆弧，则起始端点应在左侧，终端点应在右侧，此时端点的时针方向为逆时针，则即得到相应的逆时针圆弧。

填充图形时填充区域必须是闭合区域。

(10) 单击“修改”工具栏中的“复制”按钮，选择图形中已有单扇门进行复制，放置到图形中的门洞处，结果如图 8-109 所示。

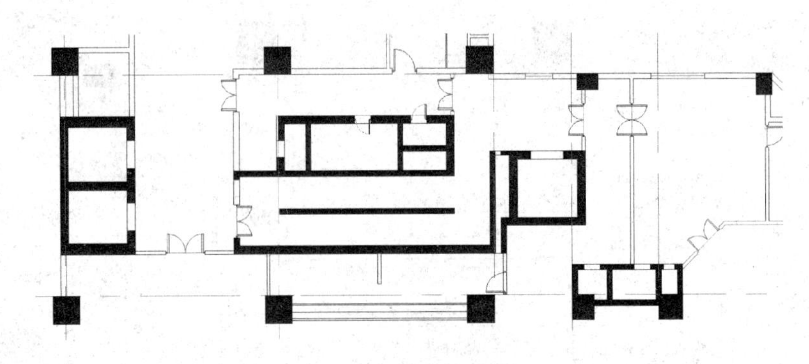

图 8-109　复制门图形

8. 单击“绘图”工具栏中的“矩形”按钮，在图形卫生间门洞处绘制一个“555×37”的矩形，如图 8-110 所示。

9. 单击“修改”工具栏中的“旋转”按钮，选择上步绘制的矩形为旋转对象，以矩形下右侧竖直直线下端点为旋转基点，将绘制矩形旋转-60°，结果如图 8-111 所示。

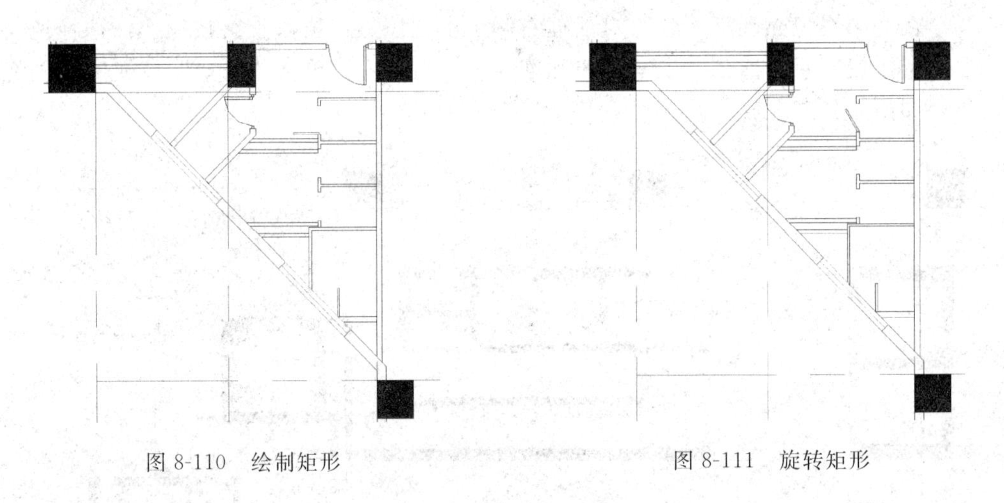

图 8-110　绘制矩形　　　　图 8-111　旋转矩形

10. 单击“绘图”工具栏中的“圆弧”按钮，选择适当两点为圆弧的起点和端点绘制一段适当半径的圆弧，如图 8-112 所示。

11. 单击“绘图”工具栏中的“直线”按钮，绘制一条墙延伸线，如图 8-113 所示。

12. 单击“修改”工具栏中的“修剪”按钮，对图形进行修剪使墙体贯通。

13. 单击“修改”工具栏中的“复制”按钮，选择已有的门图形进行复制，如图 8-114 所示。

14. 单击“修改”工具栏中的“修剪”按钮，对门内的墙线进行修剪，如图 8-115 所示。

15. 单击“绘图”工具栏中的“直线”按钮，绘制如图 8-116 所示的连续直线。

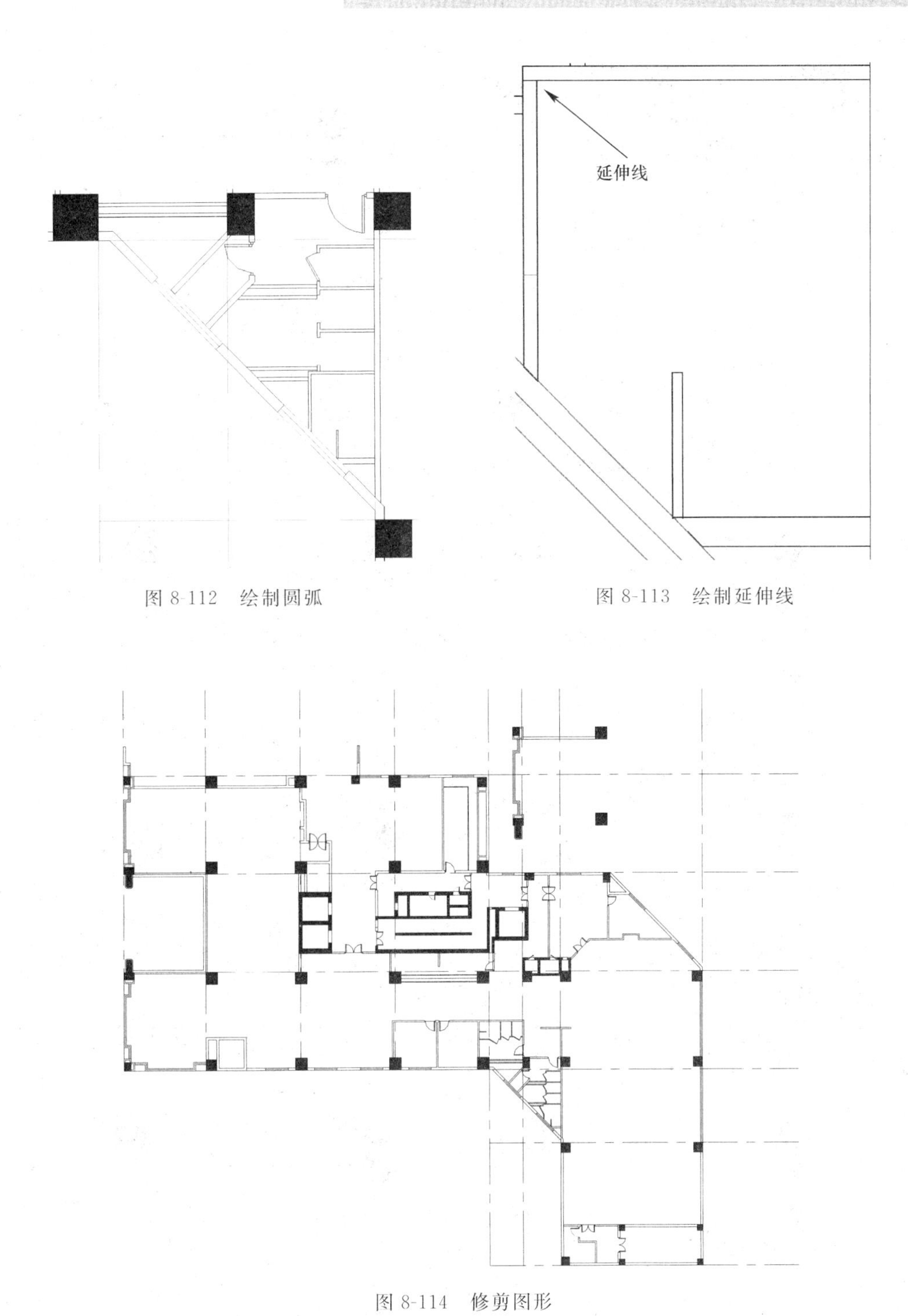

图 8-112 绘制圆弧

图 8-113 绘制延伸线

图 8-114 修剪图形

16. 单击“修改”工具栏中的“偏移”按钮，选择上步绘制的直线向右偏移，偏移距离为 150、50、150，如图 8-117 所示。

17. 单击“绘图”工具栏中的“多边形”按钮，在上步偏移的线段内绘制一个适当大小的八边形，如图 8-118 所示。

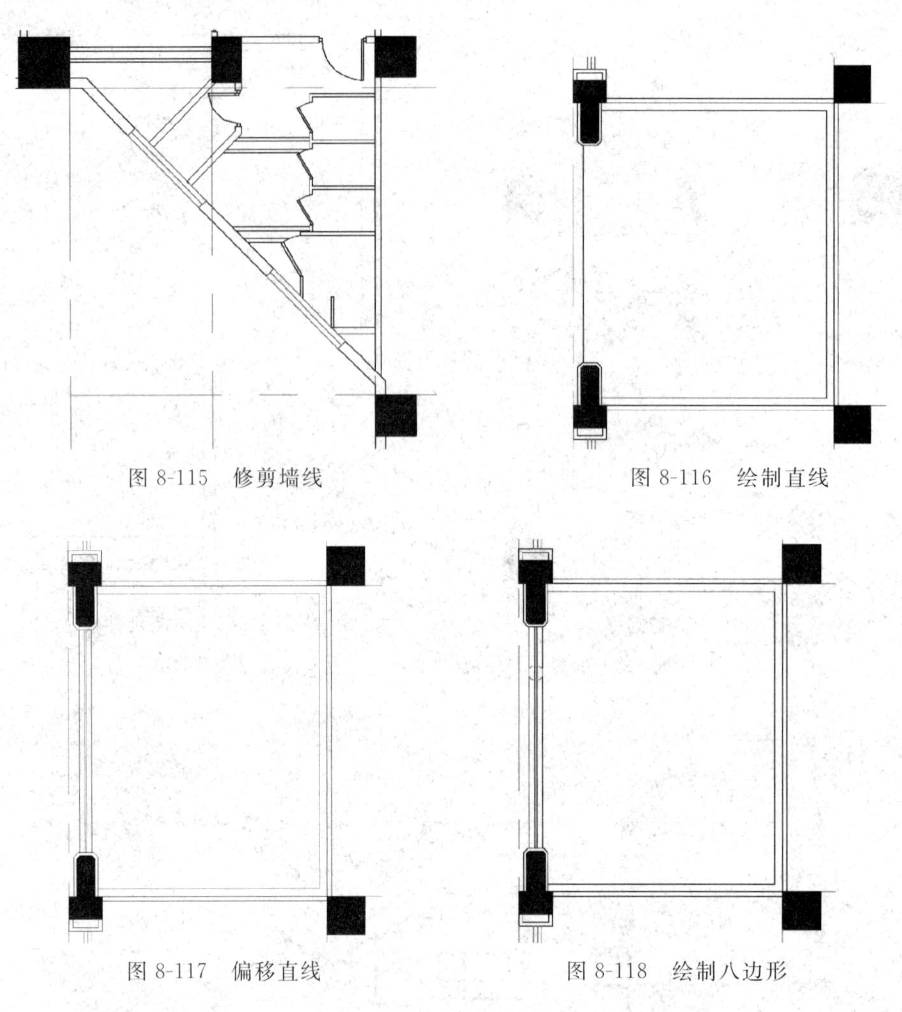

图 8-115　修剪墙线　　图 8-116　绘制直线

图 8-117　偏移直线　　图 8-118　绘制八边形

18. 单击“修改”工具栏中的“偏移”按钮，选择前面绘制的八边形为偏移对象向内偏移，偏移距离为 45，如图 8-119 所示。

19. 单击“修改”工具栏中的“修剪”按钮，对上步偏移的多边形内的多余线段进行修剪，如图 8-120 所示。

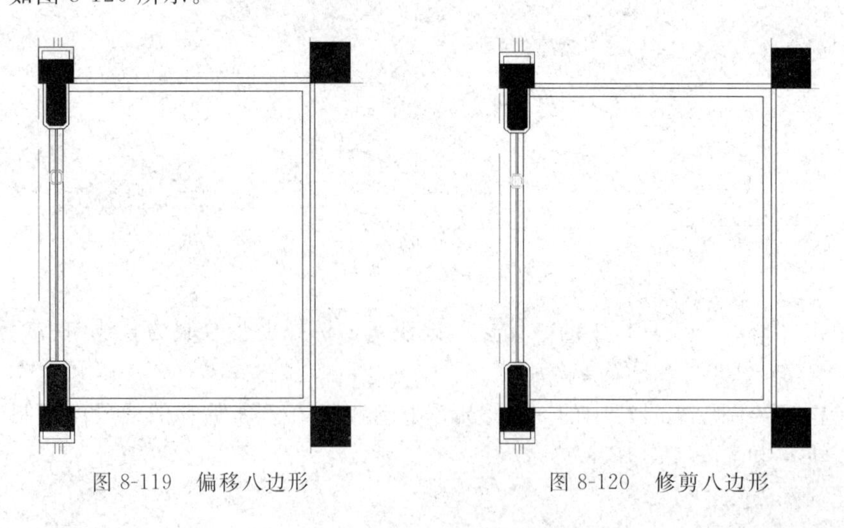

图 8-119　偏移八边形　　图 8-120　修剪八边形

20. 单击“绘图”工具栏中的“图案填充”按钮，系统打开“图案填充和渐变色”对话框单击“图案”选项后面的按钮，系统打开“填充图案选项板”对话框，选择“ANSI31”图案类型，设置填充比例为30，单击“确定”按钮退出。回到“图案填充和渐变色”，对话框，单击对话框右侧的“添加：拾取点”按钮，选择八边形内部为填充区域，单击“确定”按钮完成图形的图案填充，效果如图8-121所示。

21. 单击“修改”工具栏中的“复制”按钮，选择上步填充图形为复制对象，向下进行复制，如图8-122所示。

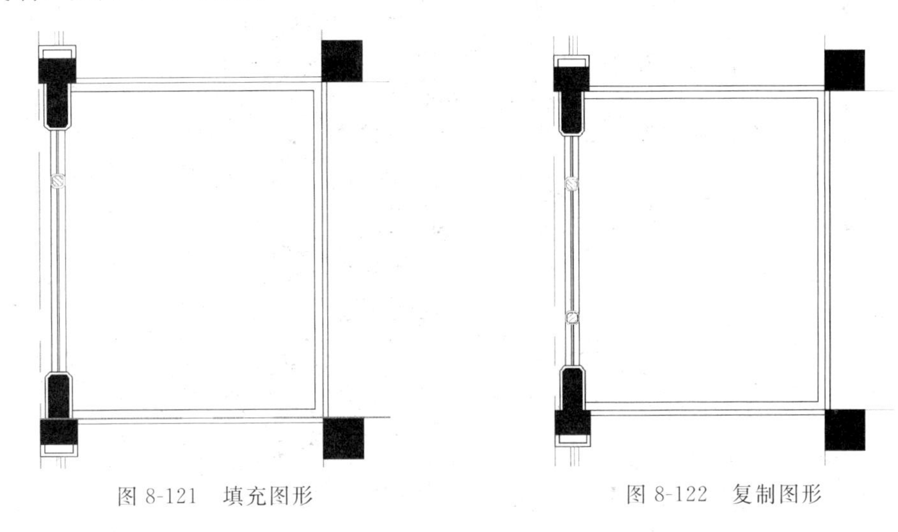

图8-121 填充图形　　图8-122 复制图形

22. 单击“绘图”工具栏中的“直线”按钮，在图形中空位置绘制斜向直线，如图8-123所示。

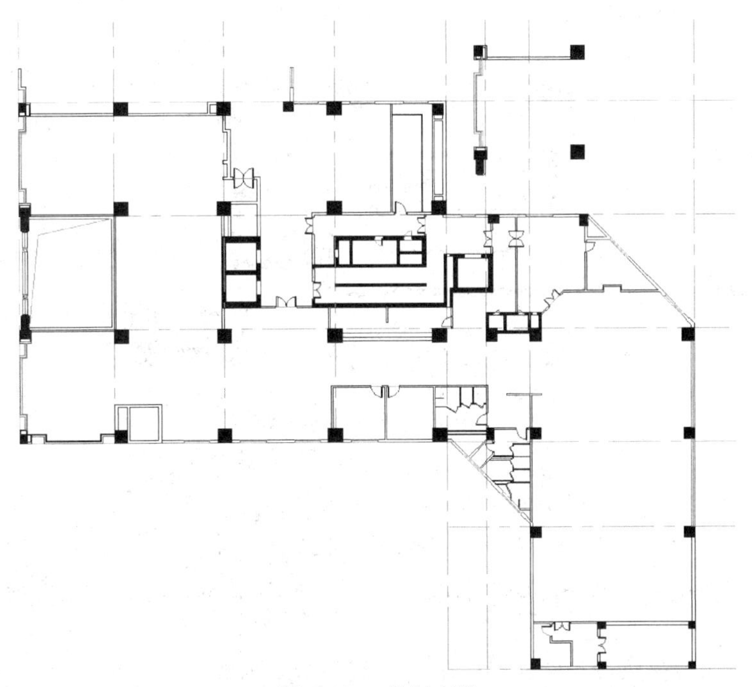

图8-123 绘制直线

23. 单击“绘图”工具栏中的“直线”按钮，多次执行操作，结果如图 8-124 所示。

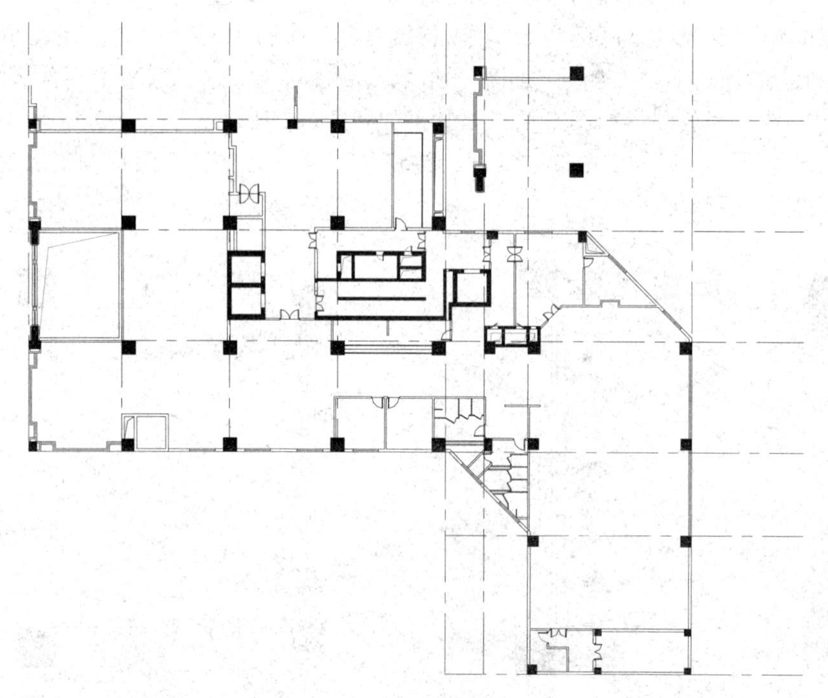

图 8-124　绘制图形

24. 单击“绘图”工具栏“矩形”按钮，如图 8-125 左侧所示的位置绘制一个“200×1230”的矩形。

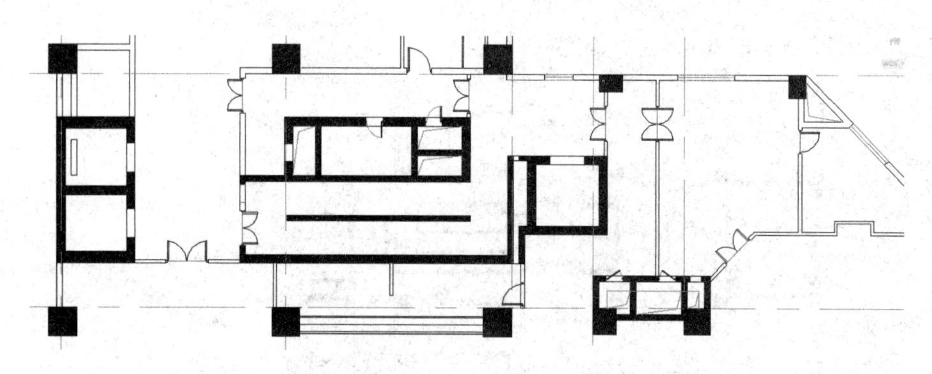

图 8-125　绘制矩形

25. 单击“绘图”工具栏中的“矩形”按钮，在上步绘制的矩形下侧任选一点为矩形起点，绘制一个“1600×1500”矩形，如图 8-126 所示。

26. 单击“绘图”工具栏中的“直线”按钮，在上步绘制的大矩形内绘制对角线，如图 8-127 所示。

27. 利用上述方法完成剩余相同图形的绘制，结果如图 8-128 所示。

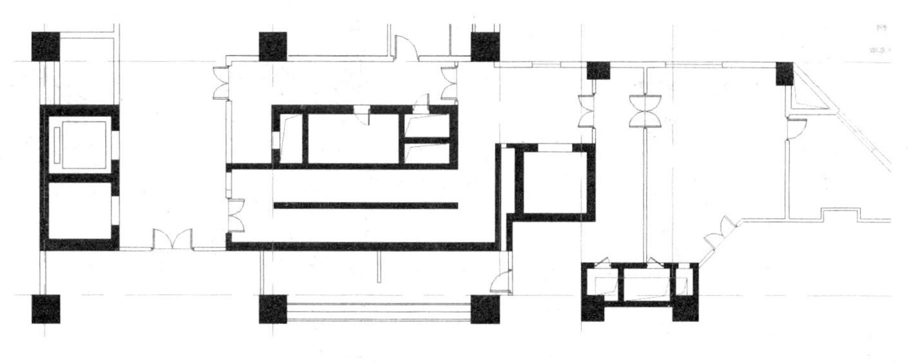

图 8-126 绘制矩形

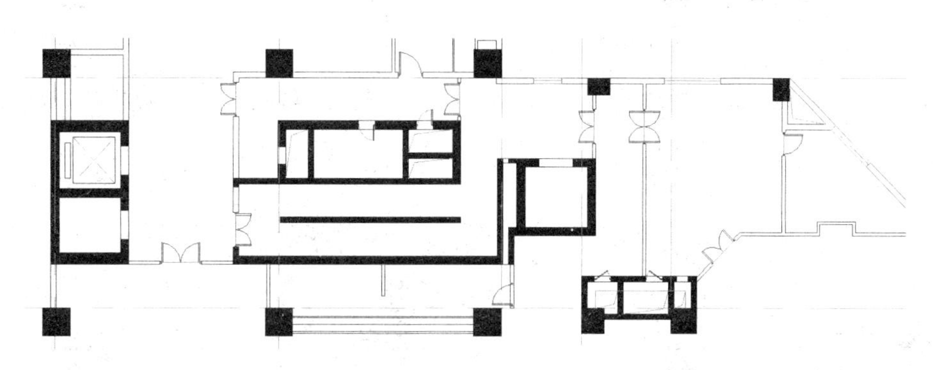

图 8-127 绘制直线

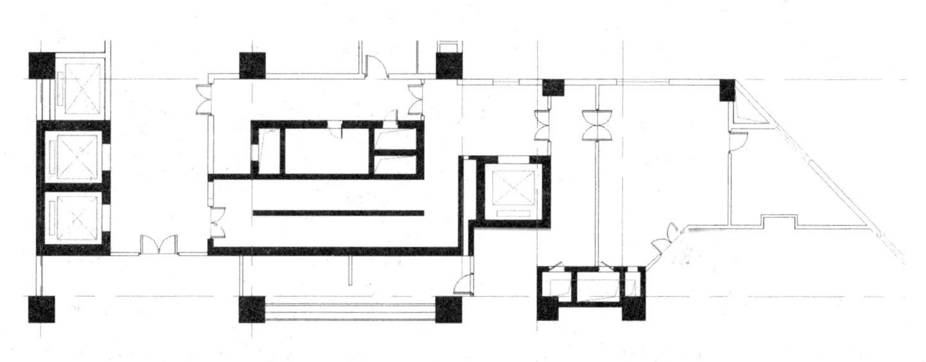

图 8-128 绘制直线

8.1.6 绘制楼梯

1. 单击“绘图”工具栏中的“直线”按钮，在左下角楼梯间位置处绘制一条长度为6800的水平直线和一条长度为2000竖直直线，如图8-129所示。

2. 单击“修改”工具栏中的“偏移”按钮，选择绘制的水平直线为偏移对象，向上侧进行偏移，偏移距离200。

3. 单击“修改”工具栏中的“偏移”按钮，选择竖直直线为偏移对象，向外侧进行偏移，偏移距离为100，如图8-130所示。

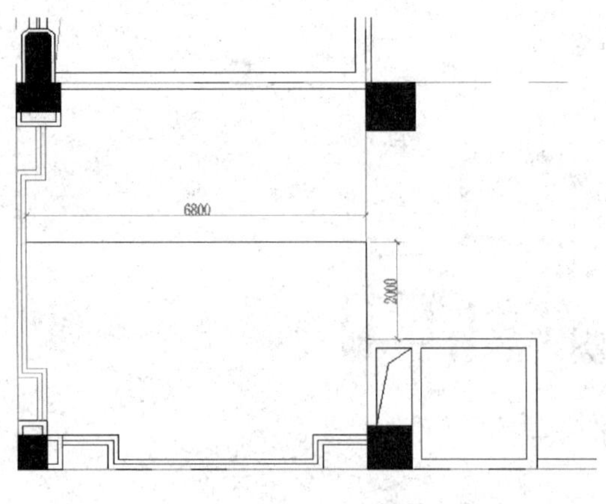

图 8-129 绘制直线

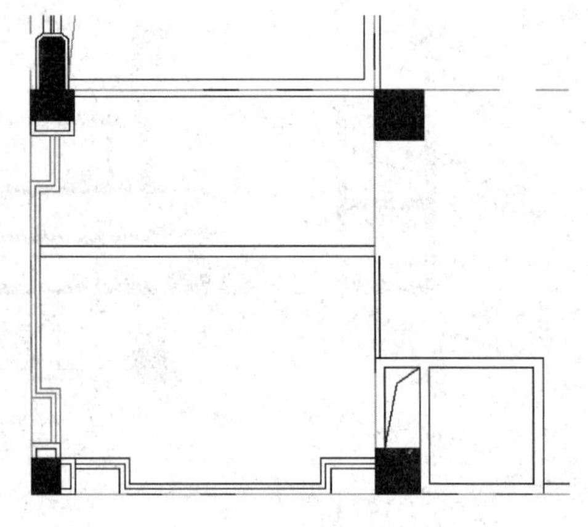

图 8-130 偏移直线

4. 单击“修改”工具栏中的“圆角”按钮，选择上步偏移外侧两边进行倒圆角处理，圆角半径为 0，将偏移两边闭合，如图 8-131 所示。

5. 单击“修改”工具栏中的“直线”按钮，在上步绘制的线段上绘制两条竖直直线，如图 8-132 所示。

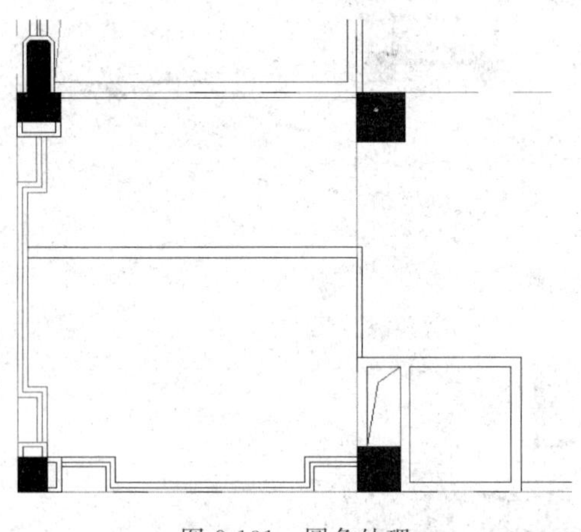

图 8-131 圆角处理

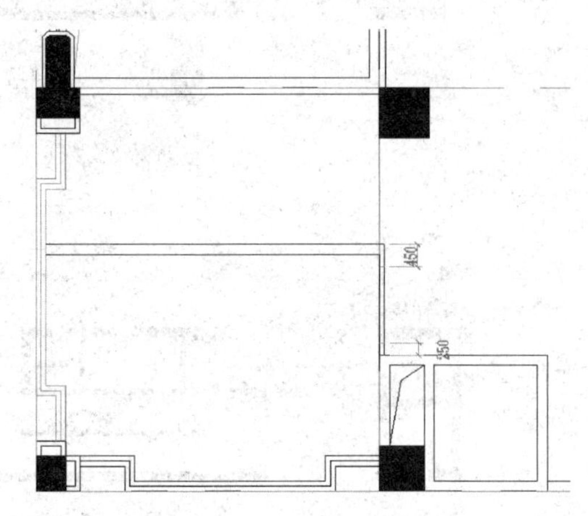

图 8-132 绘制直线

6. 单击“修改”工具栏中的“修剪”按钮，将上步绘制的直线之间的墙线修剪掉，完成楼梯间门洞的修剪，如图 8-133 所示。

7. 电梯门的绘制方法和前面讲述的双扇门的绘制方法基本相同，在这里不再详细阐述，如图 8-134 所示。

8. 单击“绘图”工具栏中的“矩形”按钮，在适当位置绘制矩形，如图 8-135 所示。

9. 单击“绘图”工具栏中的“直线”按钮，绘制填充区域分割线，如图 8-136 所示。

10. 单击“绘图”工具栏中的“图案填充”按钮，对楼梯间外侧墙体填充“SOLID”图案，如图 8-137 所示。

11. 单击“绘图”工具栏中的“多段线”按钮，在楼梯间内绘制连续直线，如图 8-138 所示。

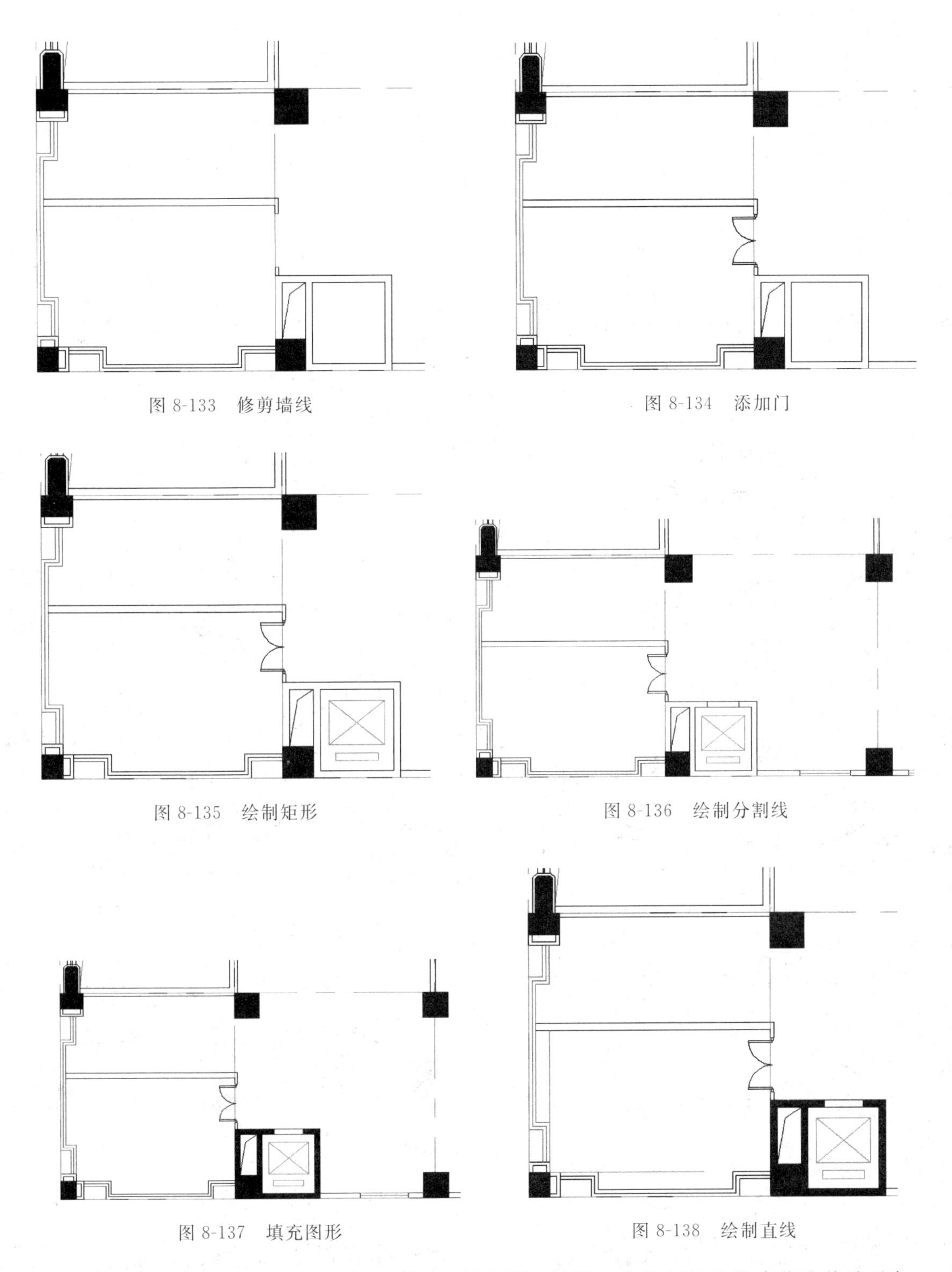

图 8-133 修剪墙线

图 8-134 添加门

图 8-135 绘制矩形

图 8-136 绘制分割线

图 8-137 填充图形

图 8-138 绘制直线

12. 单击“修改”工具栏中的“偏移”按钮，选择上步绘制的连续直线为偏移对象，向外侧进行偏移，偏移距离均为 30，如图 8-139 所示。

13. 单击“绘图”工具栏中的“直线”按钮，封闭上步偏移线段未封闭端口，如图 8-140所示。

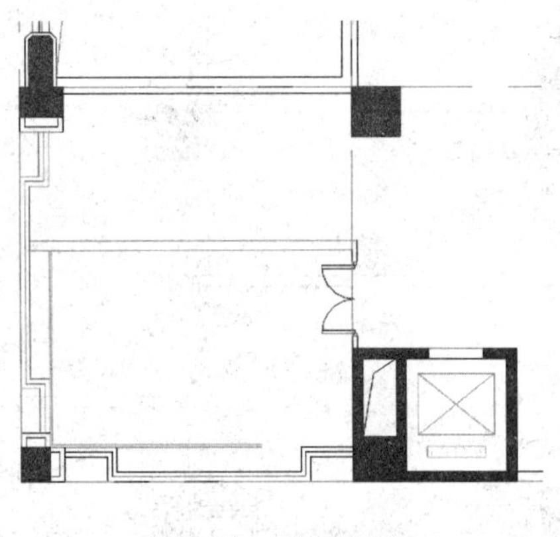

图 8-139　偏移直线

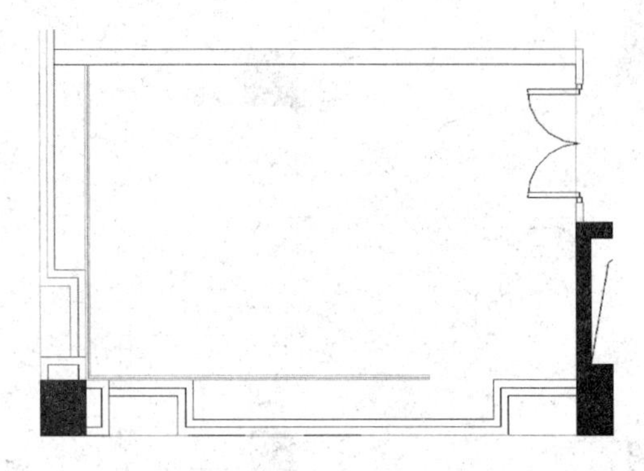

图 8-140　绘制直线

14. 单击“绘图”工具栏中的“矩形”按钮，在楼梯间内绘制一个“3100×1000”的矩形，如图 8-141 所示。

15. 单击“修改”工具栏中的“偏移”按钮，选取上步绘制的矩形为偏移对象，向内偏移，偏移距离为 60，如图 8-142 所示。

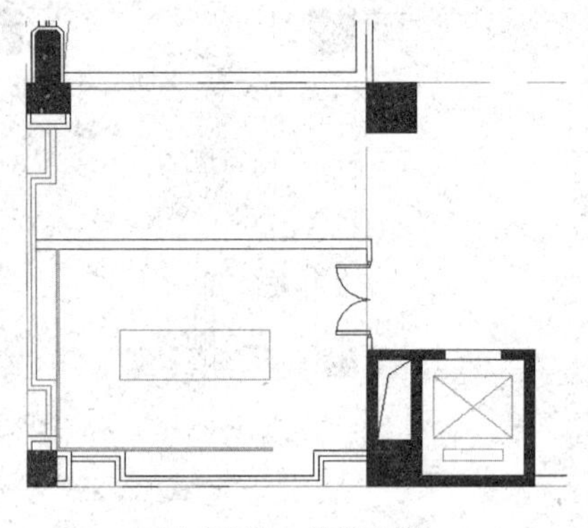

图 8-141　绘制矩形

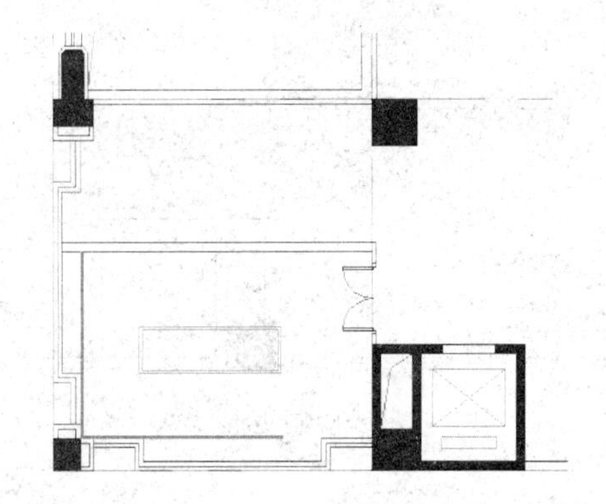

图 8-142　偏移距离

16. 单击“绘图”工具栏中的“直线”按钮，在楼梯间区域绘制两条竖直直线，如图 8-143 所示。

17. 单击“修改”工具栏中的“偏移”，选择上步绘制的两条竖直直线为偏移对象，连续向下偏移，进偏移距离为“300×10”，如图 8-144 所示。

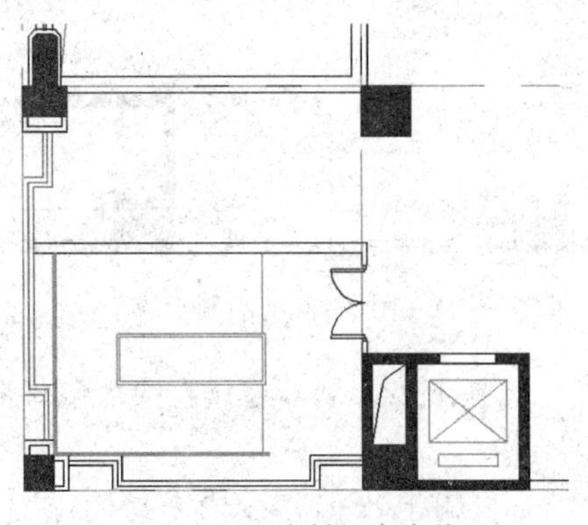

图 8-143　绘制竖直直线

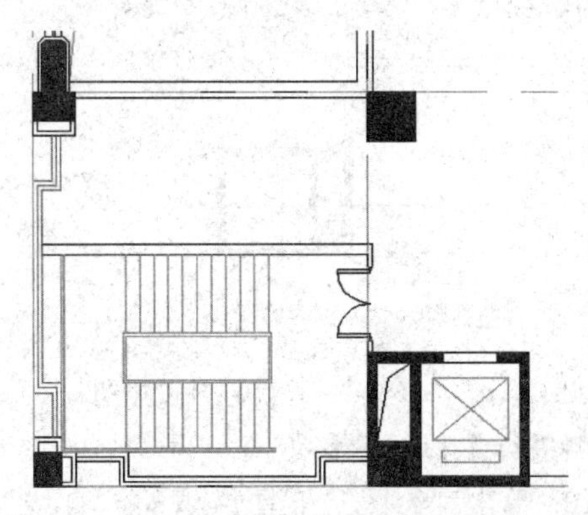

图 8-144　偏移线段

18. 单击“绘图”工具栏中的“直线”按钮，在楼梯间下部位置绘制一条水平直线，如图 8-145 所示。

19. 单击“修改”工具栏中的“偏移”按钮，选择上步直线向下偏移 3 次，偏移距离为 300，结果如图 8-146 所示。

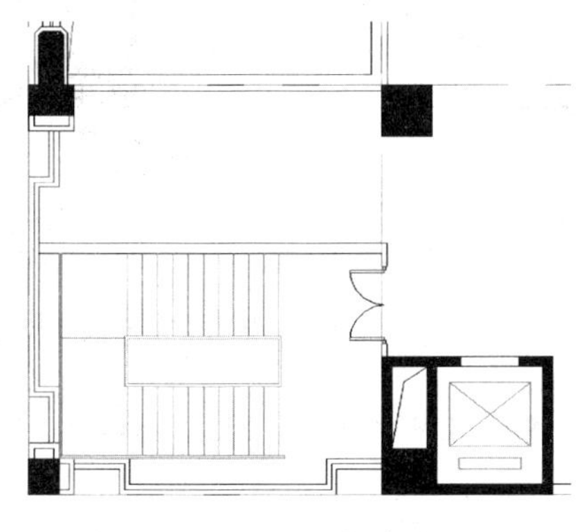
图 8-145　绘制直线

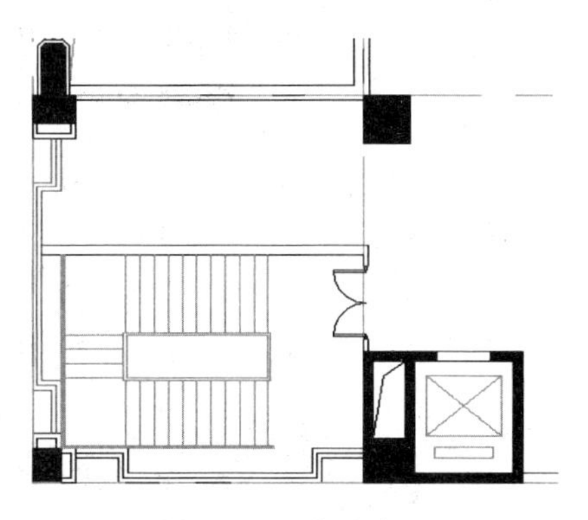
图 8-146　偏移线段

20. 单击“绘图”工具栏中的“直线”按钮，在绘制完的楼梯线上绘制连续直线，如图 8-147 所示。

21. 单击“绘图”工具栏中的“多段线”按钮，绘制楼梯指引箭头，结果如图 8-148 所示。

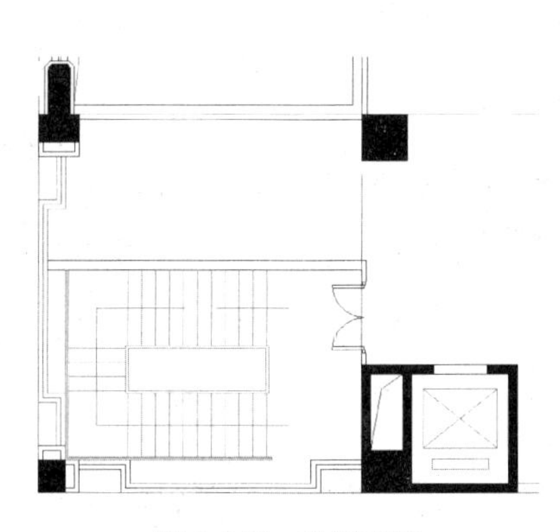
图 8-147　绘制直线

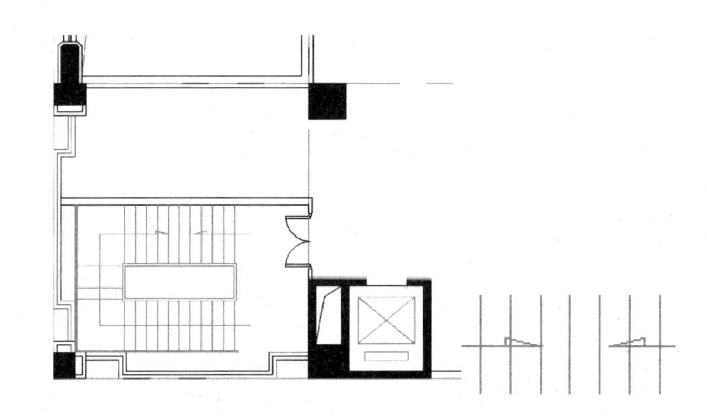
图 8-148　绘制指引箭头

22. 单击“绘图”工具栏中的“直线”按钮，在楼梯踏步位置处绘制两条斜向直线，如图 8-149 所示。

23. 单击“绘图”工具栏中的“直线”按钮，在上步绘制的斜向直线上绘制连续线条，如图 8-150 所示。

24. 单击“修改”工具栏中的“修剪”按钮，对上步绘制线段进行修剪，如图 8-151 所示。

25. 利用上述方法完成二层中餐厅平面图中剩余楼梯的绘制，如图 8-152 所示。

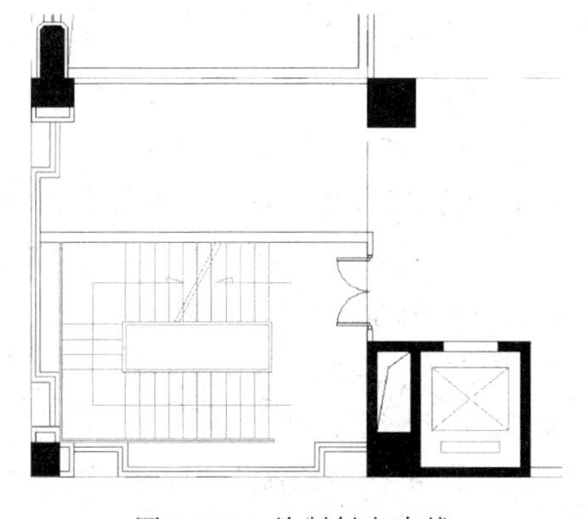
图 8-149　绘制斜向直线

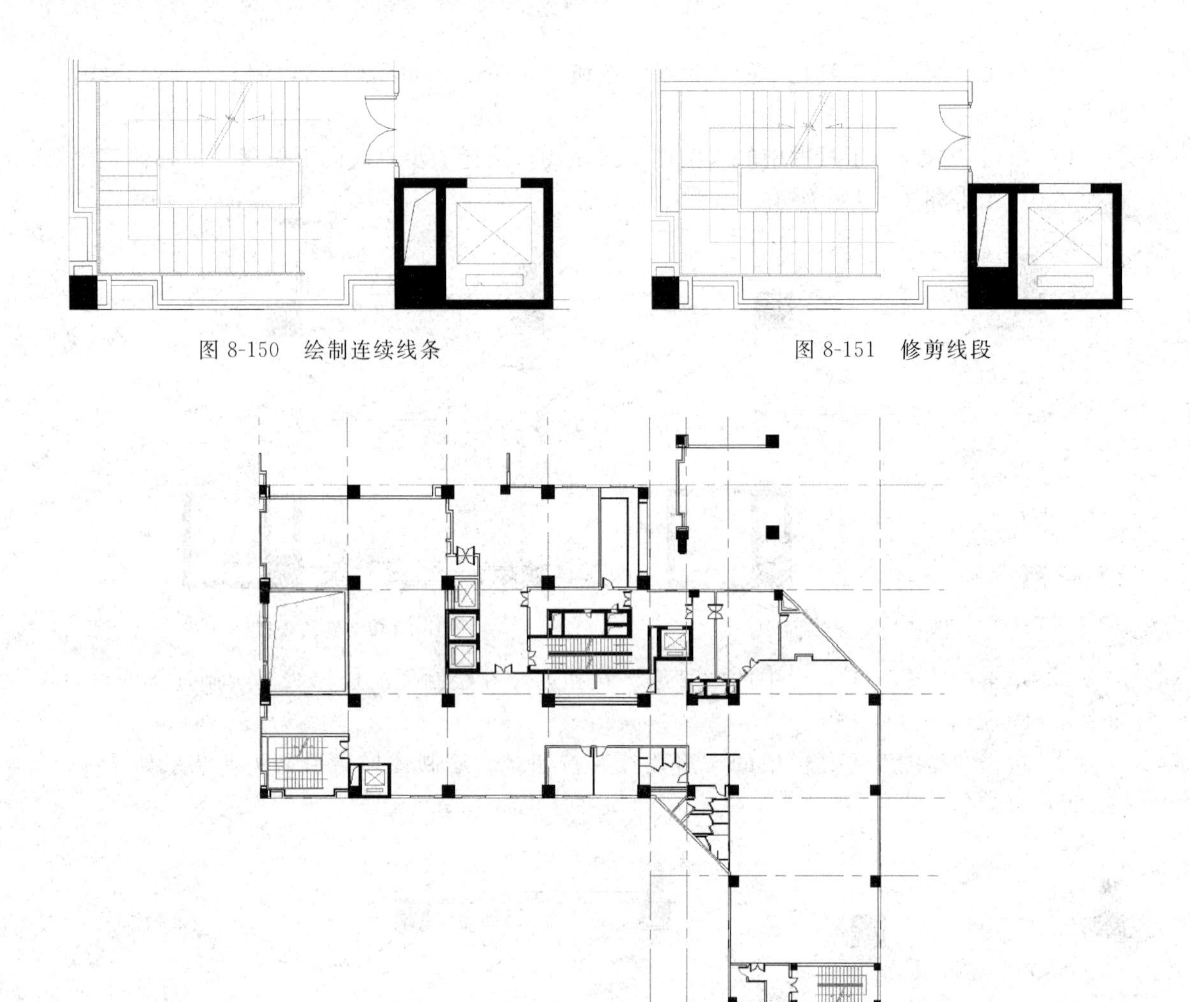

图 8-150　绘制连续线条

图 8-151　修剪线段

图 8-152　绘制楼梯

26. 单击“绘图”工具栏中的“直线”按钮，封闭右上角图形未闭合区域，如图 8-153 所示。

27. 单击“绘图”工具栏中的“直线”按钮，在平面图上部位置绘制三条斜向直线，如图 8-154 所示。

28. 单击“绘图”栏中的“直线”按钮，在包房墙体外侧绘制连续直线，如图 8-155 所示。

29. 单击“修改”工具栏中的“修剪”按钮，对上步绘制线段内部墙体进行修剪，将修建后的直线设置为“墙体”图层，如图 8-156 所示。

30. 单击“绘图”栏中的“直线”按钮，在平面图顶部绘制一条水平直线，如图 8-157所示。

31. 单击“绘图”工具栏中的“直线”按钮，在上步绘制的水平直线上绘制折弯线，如图 8-158 所示。

32. 单击“修改”工具栏中的“修剪”按钮，对上步绘制的折弯线段进行修剪，如图 8-159 所示。

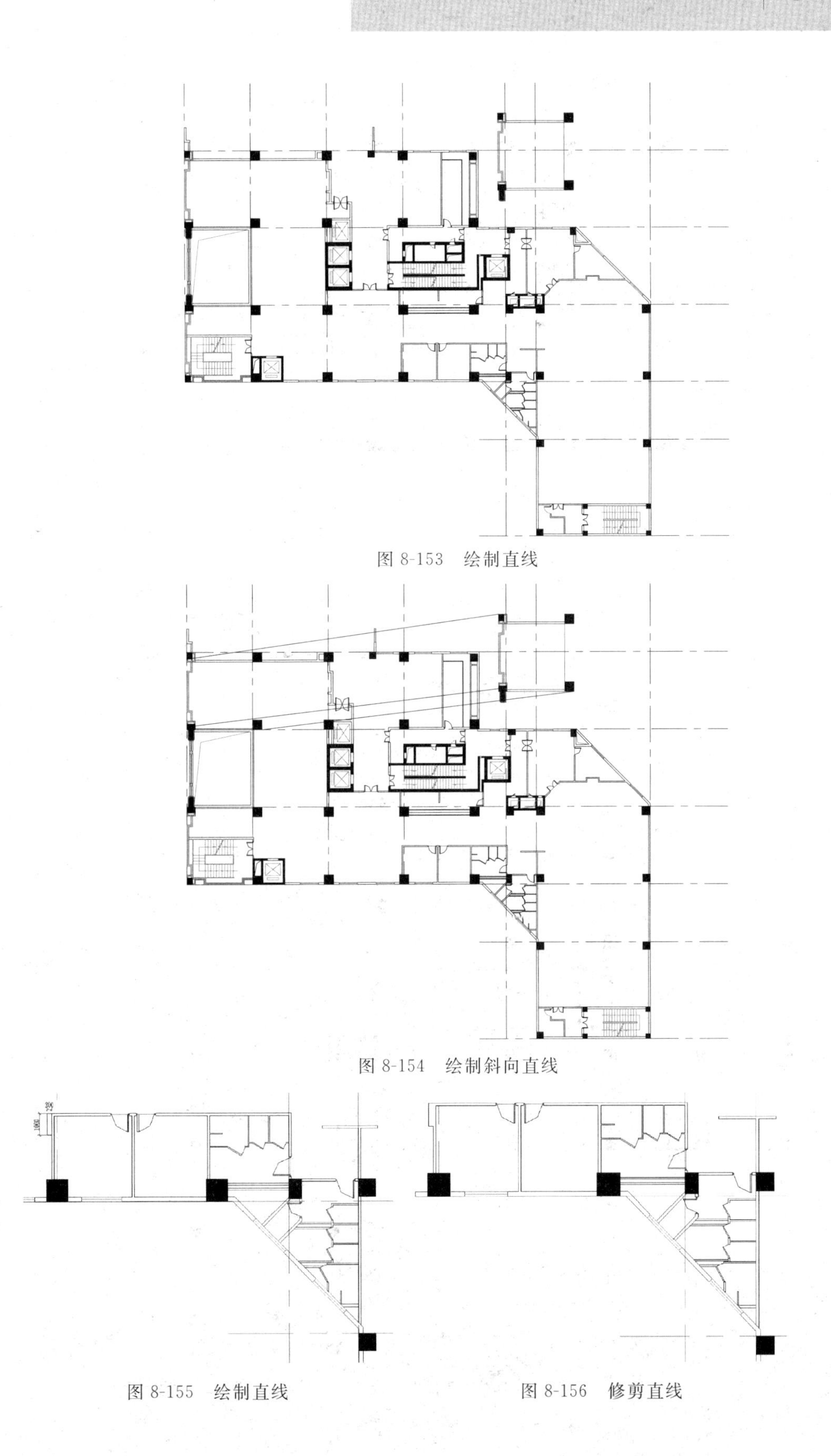

图 8-153 绘制直线

图 8-154 绘制斜向直线

图 8-155 绘制直线

图 8-156 修剪直线

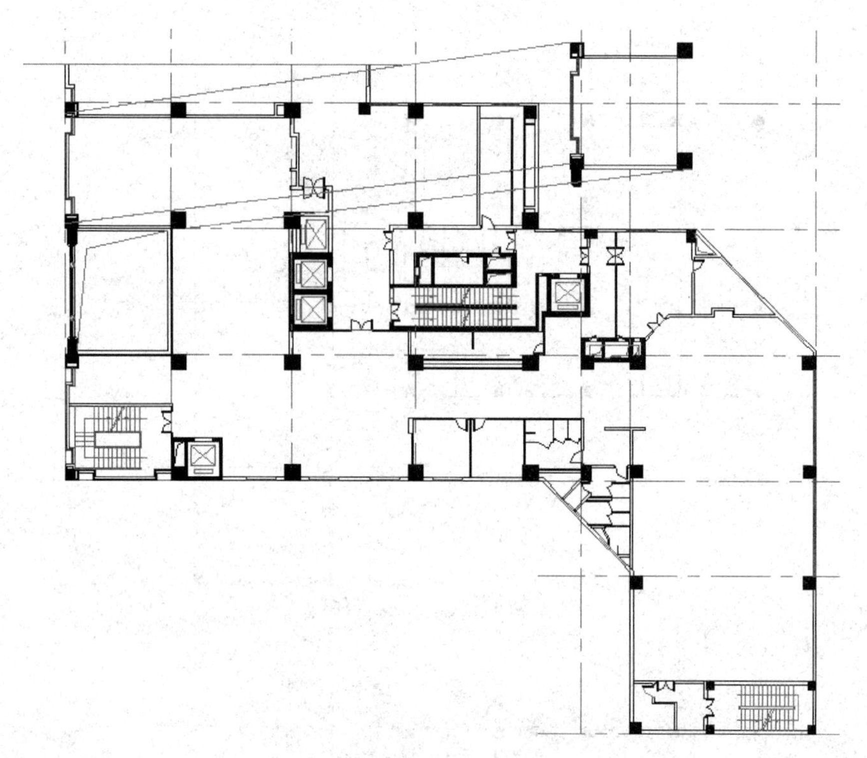

图 8-157　绘制直线

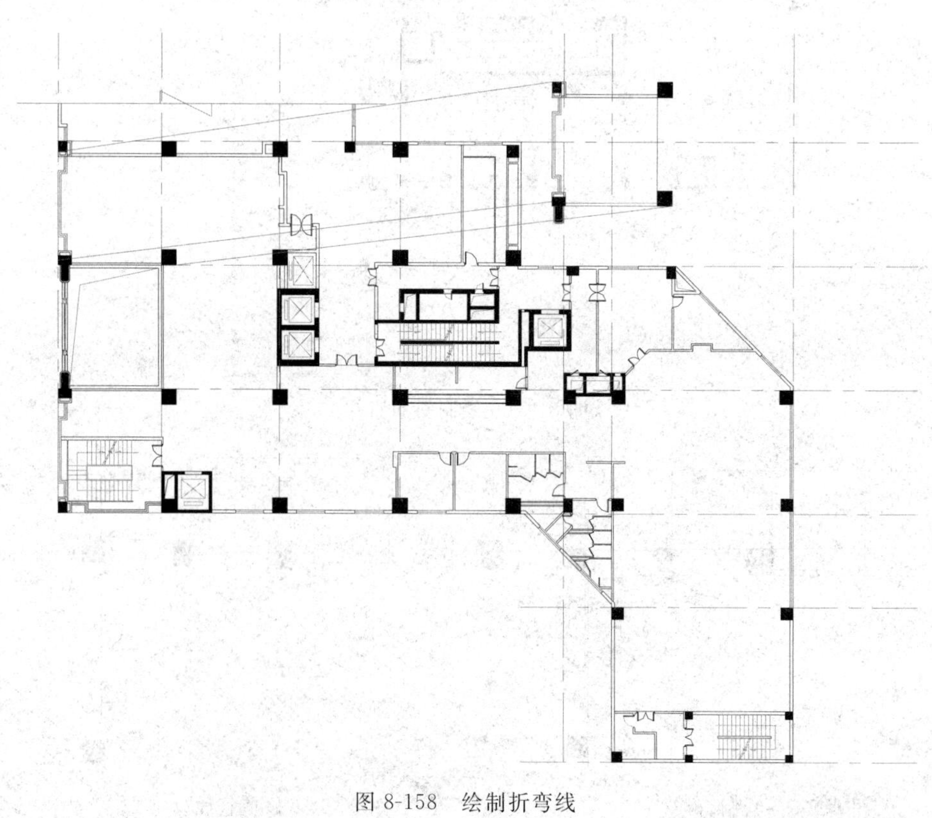

图 8-158　绘制折弯线

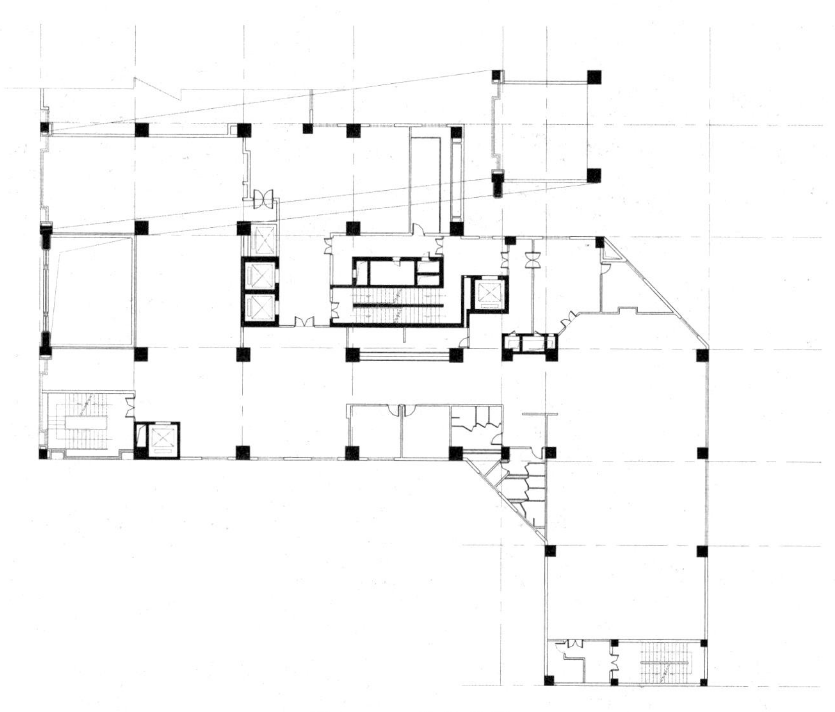

图 8-159　修剪线段

8.1.7 绘制电梯间

【操作步骤】

1. 单击“绘图”工具栏中的“直线”按钮，在电梯间位置连续直线，如图 8-160 所示。

2. 单击“修改”工具栏中的“偏移”按钮，选择上步绘制线段向外侧进行偏移，单击“修改”工具栏中的“修剪”按钮，对偏移线段进行修剪，如图 8-161 所示。

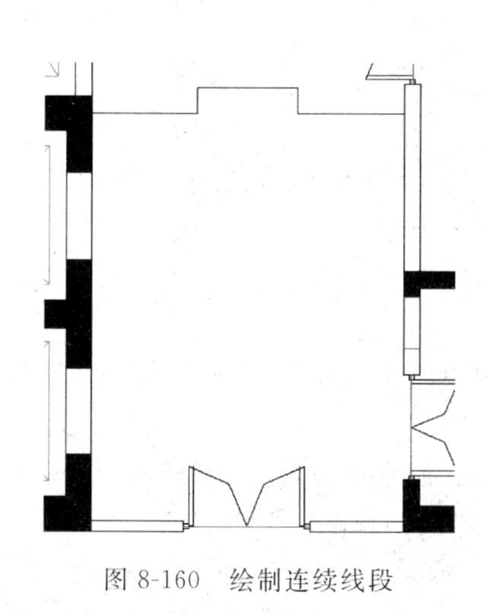

图 8-160　绘制连续线段

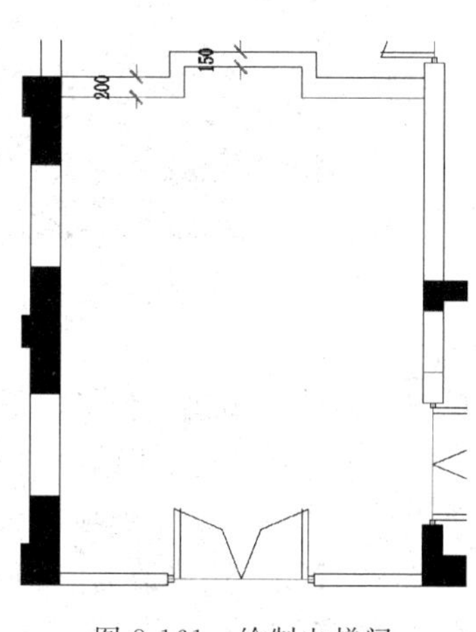

图 8-161　绘制电梯间

技巧荟萃

如果不事先设置线型，除了基本的 contiuous 线型外，其他的线型不会显示在“线型”选项后面的下拉列表框中。

8.1.8 尺寸标注

【操作步骤】

1. 在“图层”工具栏的下拉列表中，选择“尺寸”图层为当前层，如图 8-162 所示。

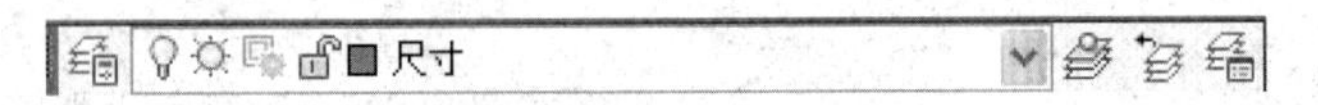

图 8-162 设置当前图层

2. 设置标注样式

(1) 选择菜单栏中的“标注”→“标注样式”命令，弹出“标注样式管理器”对话框，如图 8-163 所示。

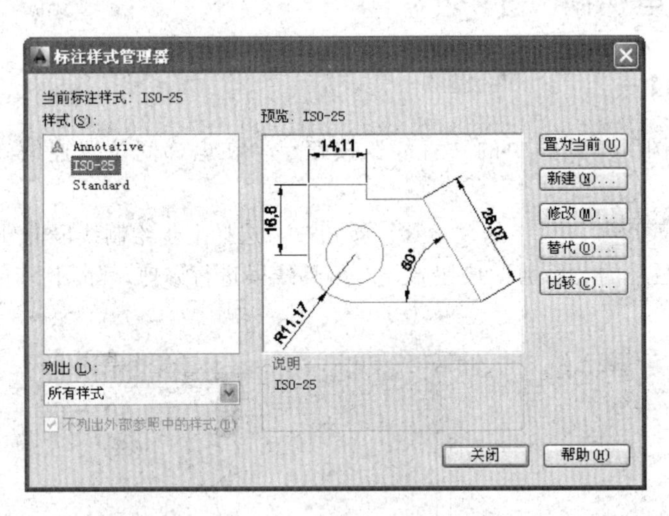

图 8-163 “标注样式管理器”对话框

(2) 单击“新建”按钮，弹出“创建新标注样式”对话框。单击“线”选项卡，对话框显示如图 8-164 所示，按照图中的参数修改标注样式。

(3) 单击“符号和箭头”选项卡，按照图 8-165 所示的设置进行修改，箭头样式选择为“建筑标记”，箭头大小修改为“500”，其他设置保持默认。

(4) 在“文字”选项卡中设置“文字高度”为“600”，其他设置保持默认，如图 8-166 所示。

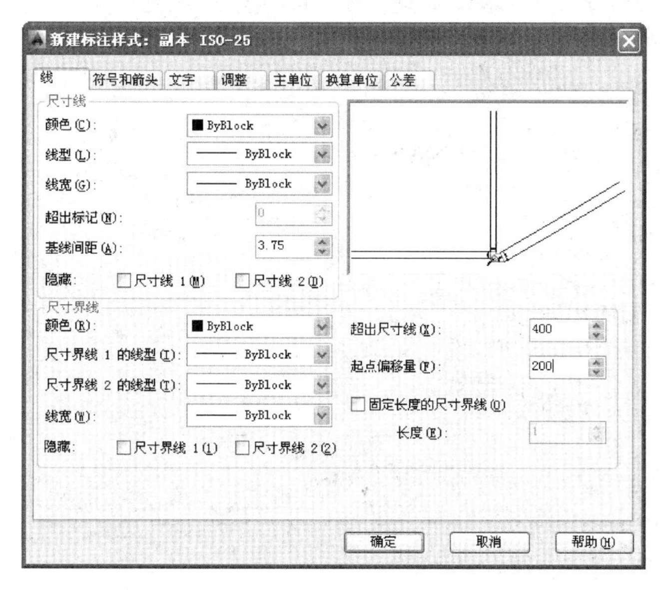

图 8-164 “线”选项卡

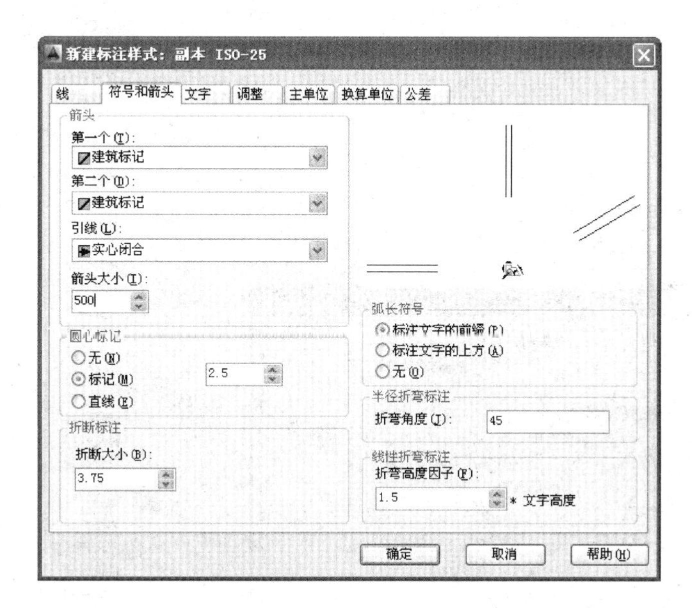

图 8-165 “符号和箭头”选项卡

（5）在“主单位”选项卡中设置单位精度为 0，如图 8-167 所述。

3. 在任意的工具栏处单击右键，在弹出的快捷菜单上选择“标注”选项，将“标注”工具栏显示在屏幕上，如图 8-168 所示。

4. 单击“标注”工具栏中的“线性”按钮和“连续”按钮，标注图形第一道尺寸，如图 8-169 所示。

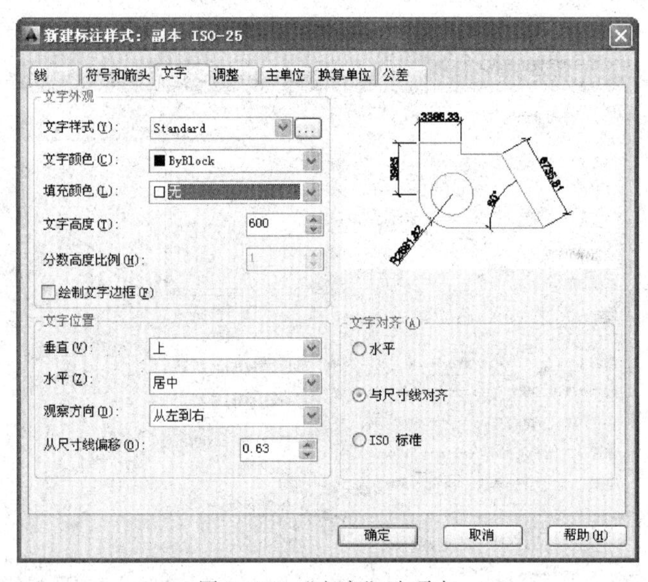

图 8-166 “文字”选项卡

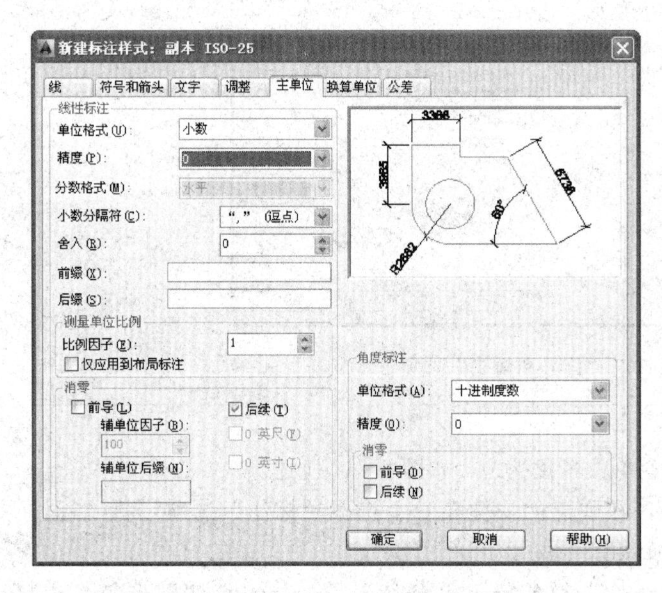

图 8-167 “主单位”选项卡

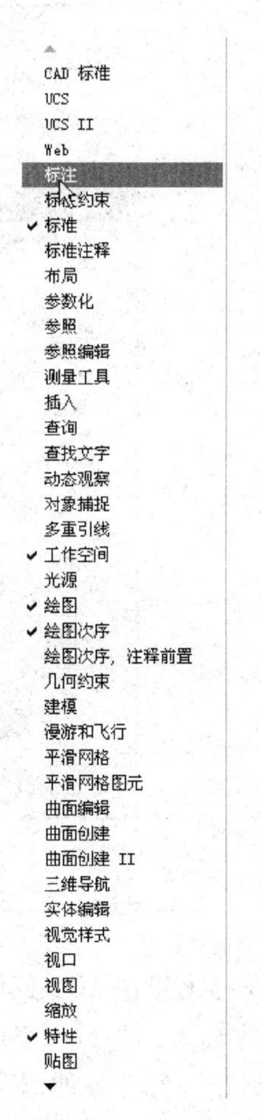

图 8-168 选择“标注”选项和“标注”工具栏

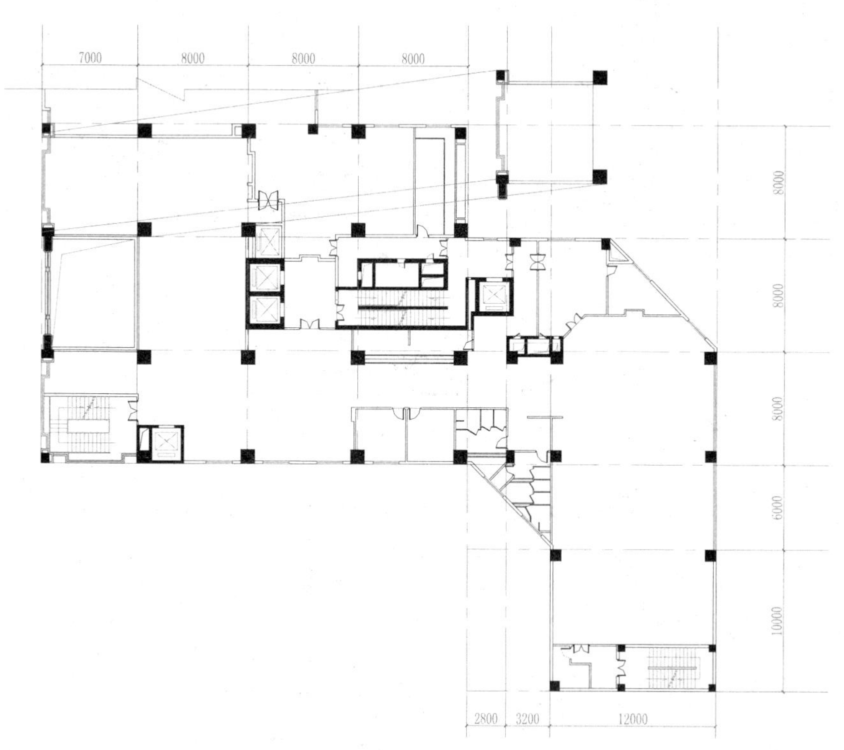

图 8-169 标注第一道尺寸

5. 单击“标注”工具栏中的“线性”按钮⊢, 标注图形总尺寸，如图 8-170 所示。

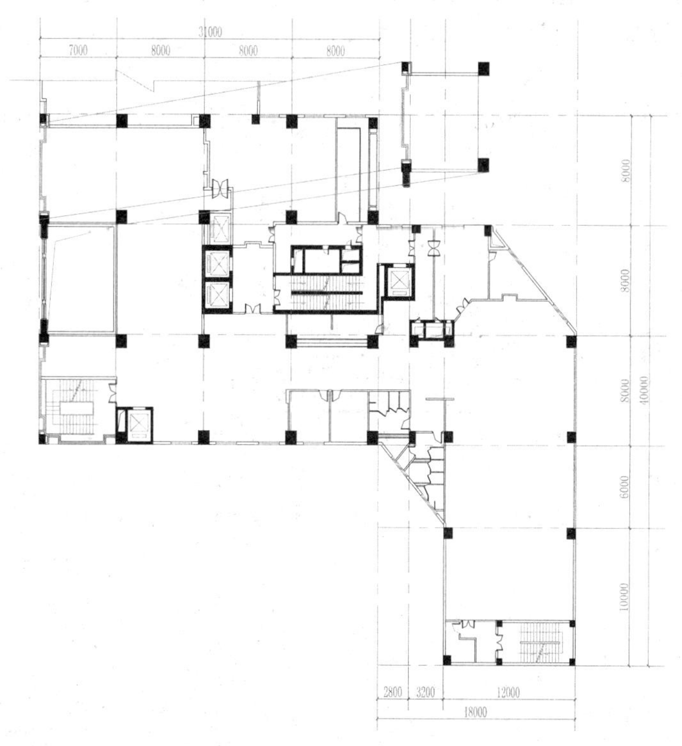

图 8-170 标注图形总尺寸

6. 单击“修改”工具栏中的“分解”按钮, 选取标注的总尺寸为分解对象，回车进行分解。

7. 单击“绘图”工具栏中的“直线”按钮，分别在尺寸线上方绘制直线，如图 8-171 所示。

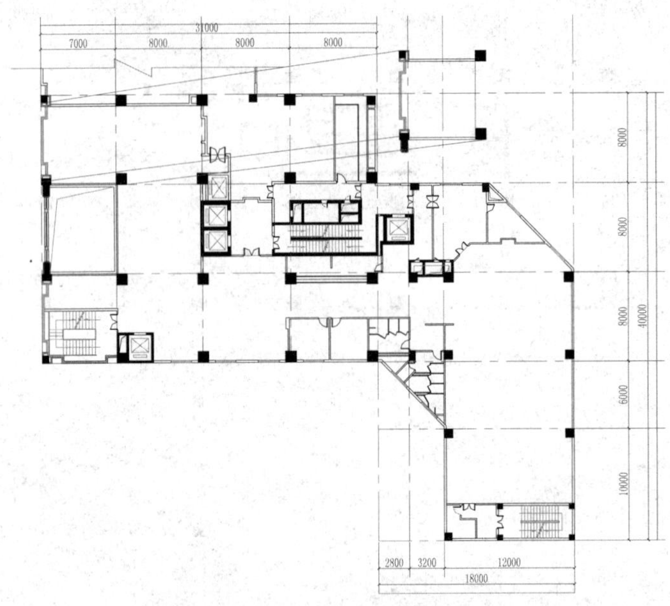

图 8-171　绘制直线

8. 单击“轴线”图层中的“开/关图层”按钮，使轴线层关闭。

9. 单击“修改”工具栏中的“延伸”按钮，选取分解后的竖直尺寸标注线，向上延伸，延伸至绘制的水平直线。

10. 单击“修改”工具栏中的“删除”按钮，删除绘制的直线。如图 8-172 所示。

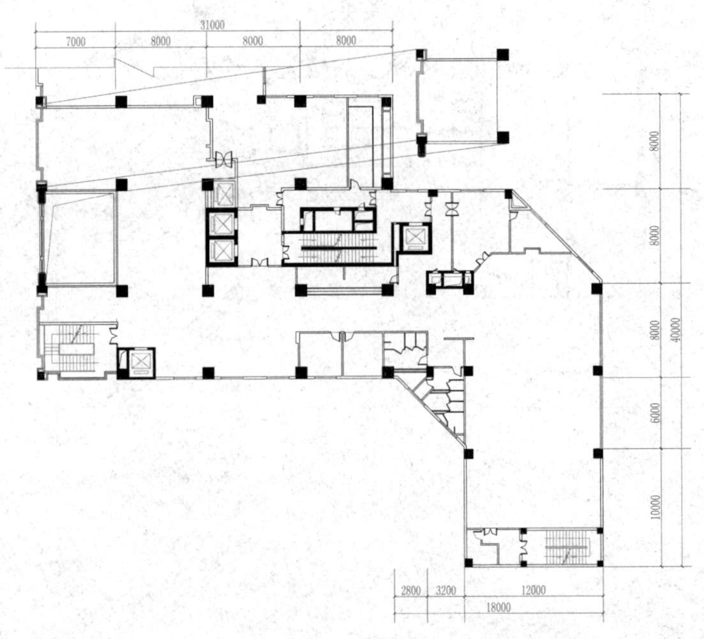

图 8-172　删除直线

8.1.9 添加轴号

1. 单击“绘图”工具栏中的“圆”按钮，如图 8-173 所示的位置处绘制一个半径为 800 的圆。

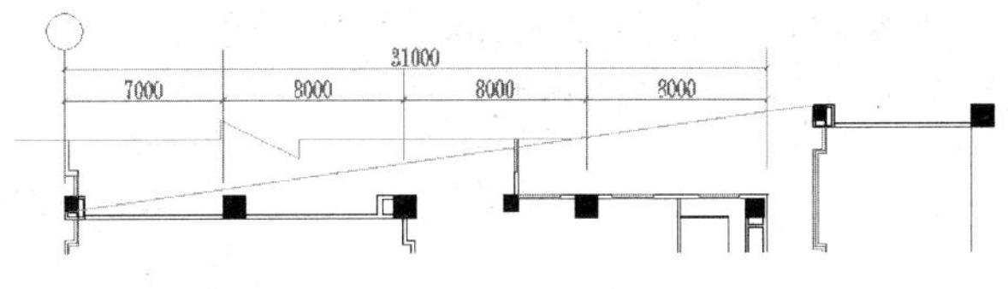

图 8-173 绘制圆

2. 选取菜单栏“绘图”→“块”→“定义属性”命令，弹出“属性定义”对话框，对对话框进行设置，如图 8-174 所示，单击“确定”按钮，在圆心位置，输入一个块的属性值。设置完成后结果，如图 8-175 所示。

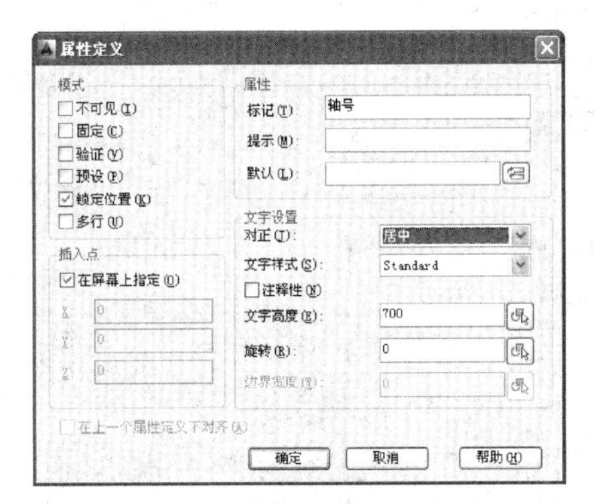

图 8-174 “属性定义”对话框

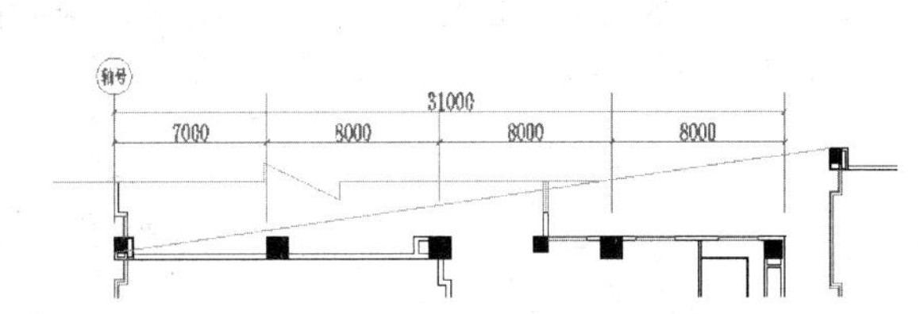

图 8-175 在圆心位置写入属性值

3. 单击“插入”工具栏中的“块定义”按钮，弹出“块定义”对话框，如图 8-176 所示。在“名称”文本框中输入“轴号”，指定绘制圆圆心为定义基点；选择圆和输入的“轴号”标记为定义对象，单击“确定”按钮，弹出如图 8-177 所示的“编辑属性”对话框，在轴号文本框内输入“1”，单击“确定”按钮，轴号效果图如图 8-178 所示。

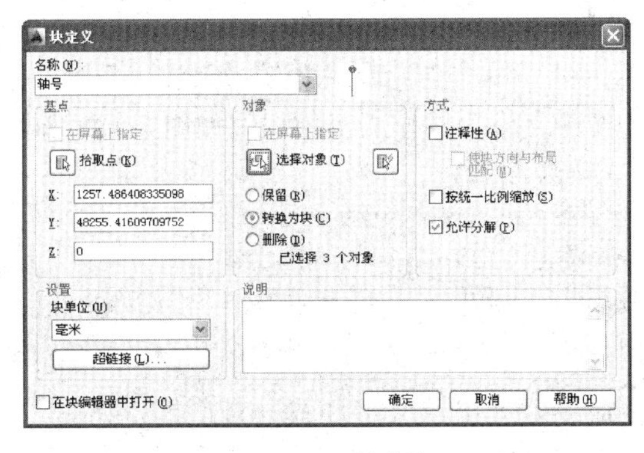

图 8-176 创建块

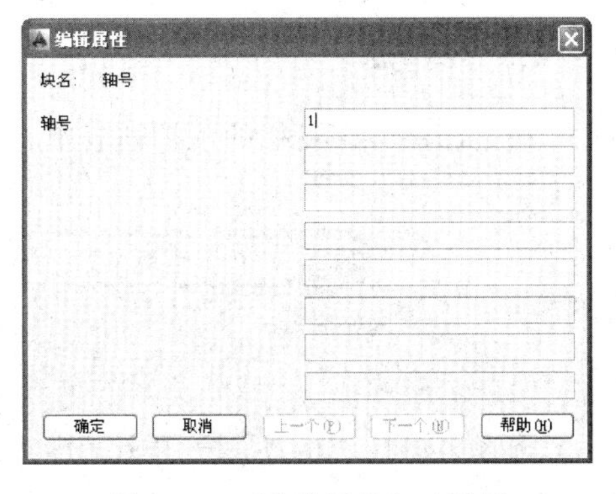

图 8-177 “编辑属性”对话框

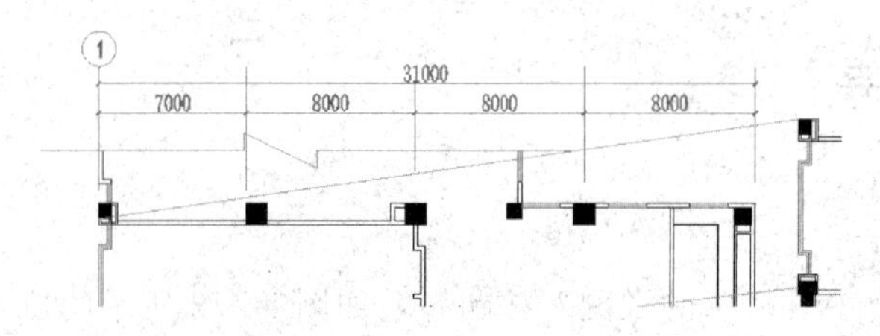

图 8-178 输入轴号

4. 单击“插入”工具栏中的“块”按钮，弹出“插入”对话框，将轴号图块插入到轴线上，依次插入并修改插入的轴号图块属性，最终完成图形中所有轴号的插入结果如图 8-179 所示。

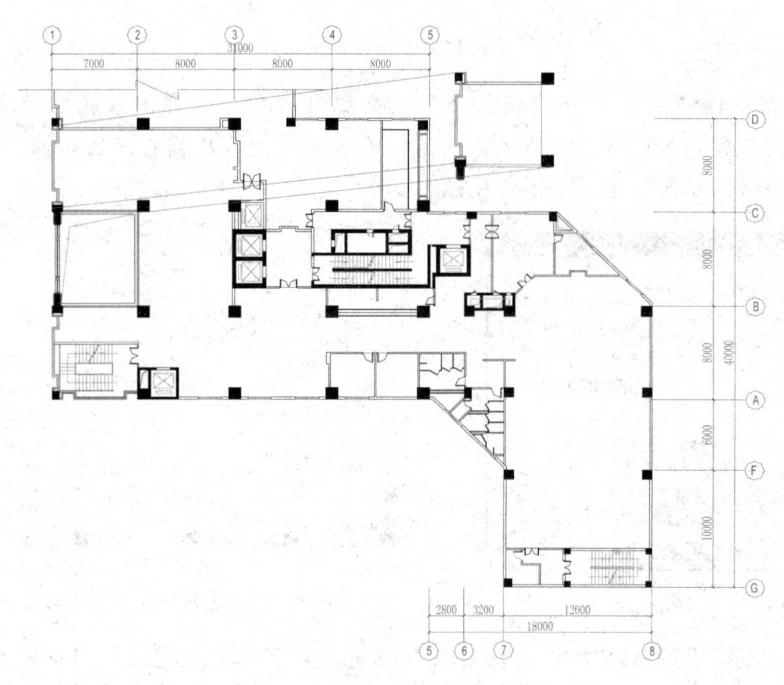

图 8-179 标注轴号

8.1.10 文字标注

1. 在“图层”工具栏的下拉列表中，选择“文字”图层为当前层，如图 8-180 所示。

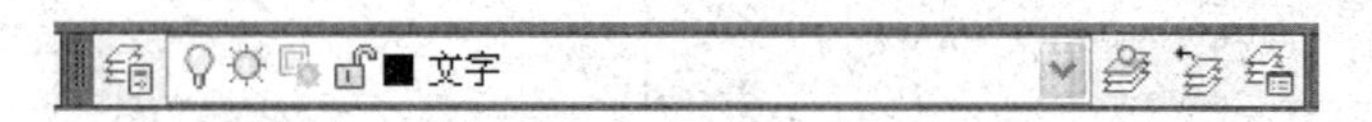

图 8-180 设置当前图层

2. 选择菜单栏“格式”→“文字样式”命令，弹出“文字样式”对话框，如图 8-181 所示。

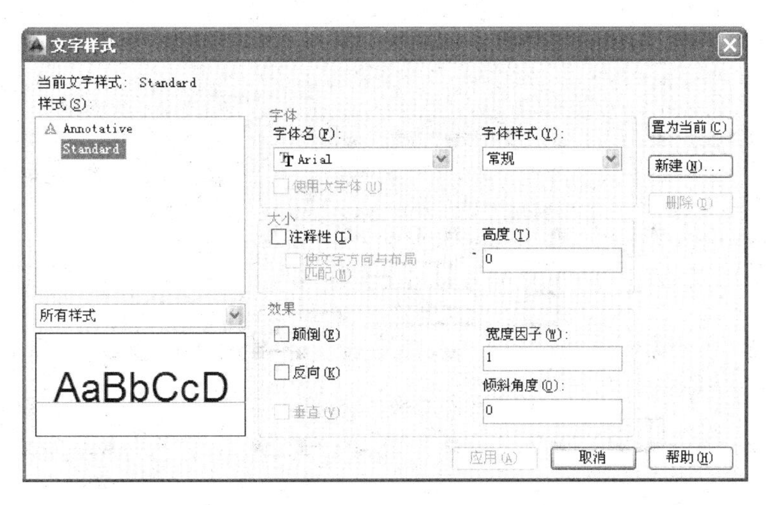

图 8-181 “文字格式”对话框

3. 单击“新建”按钮，弹出“新建文字样式”对话框，将文字样式命名为“说明”，如图 8-182 所示。

4. 单击“确定”按钮，在“文字样式”对话框中“字体名”下拉列表中选择“宋体”，高度设置为“500”，如图 8-183 所示。

图 8-182 “新建文字样式”对话框　　　　图 8-183 “文字样式”对话框

技巧荟萃

在 CAD 输入汉字时，可以选择不同的字体，在“字体名”下拉列表时，有些字体前面有“@”标记，如“@仿宋_GB2312”，这说明该字体是为横向输入汉字用的，即输入的汉字逆时针旋转 90°，如果要输入正向的汉字，不能选择前面带“@”标记的字体。

5. 打开“轴线”图层。单击“绘图”工具栏中的“多行文字”按钮 A，完成图形中文字的标注，如图 8-184 所示。

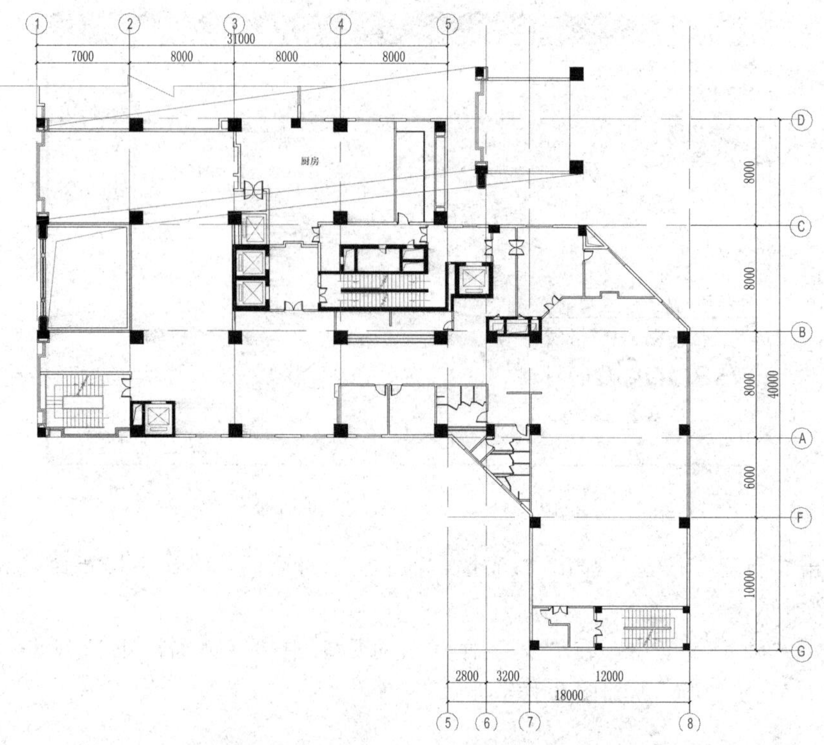

图 8-184　绘制多行文字

6. 在命令行中输入“qleader”，为图形添加带引线标注，如图 8-185 所示。

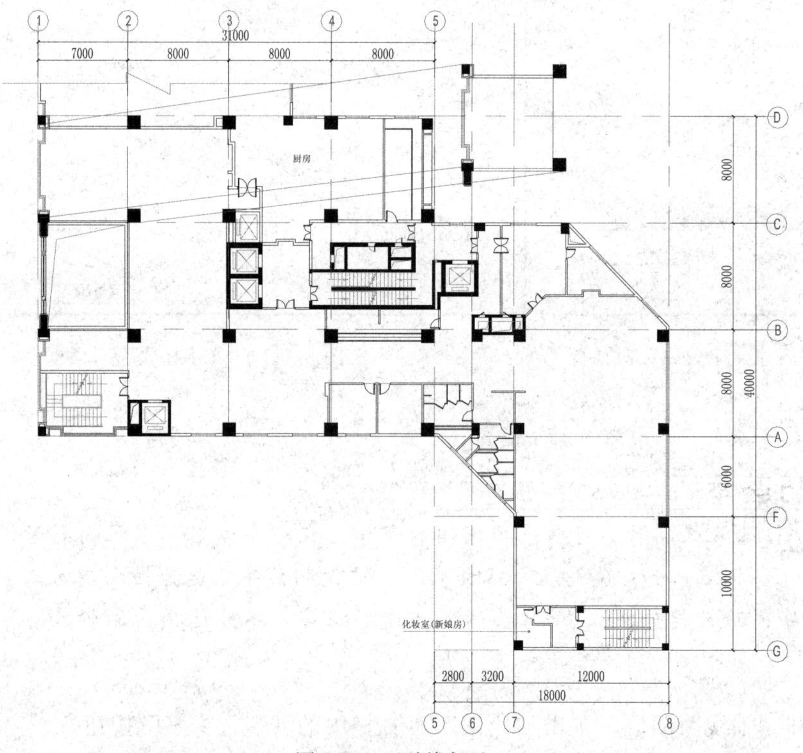

图 8-185　引线标注

7. 利用上述方法完成剩余引线的引线标注，最终完成二层中餐厅平面图的绘制，如图 8-1 所示。

8. 选择菜单栏“文件”→“另存为”命令，将图形保存为“二层中餐厅平面图”。

8.2 三层中餐厅平面图

本例三层中餐厅平面图与二层中餐厅基本构造相同，主要包括中餐大厅、控制室、多个包房、工作备餐间大厅、电梯厅及茶室。其平面图绘制可以在二层中餐厅平面图的基础上经过修改而来，下面主要讲述三层平面图的绘制方法，如图 8-186 所示。

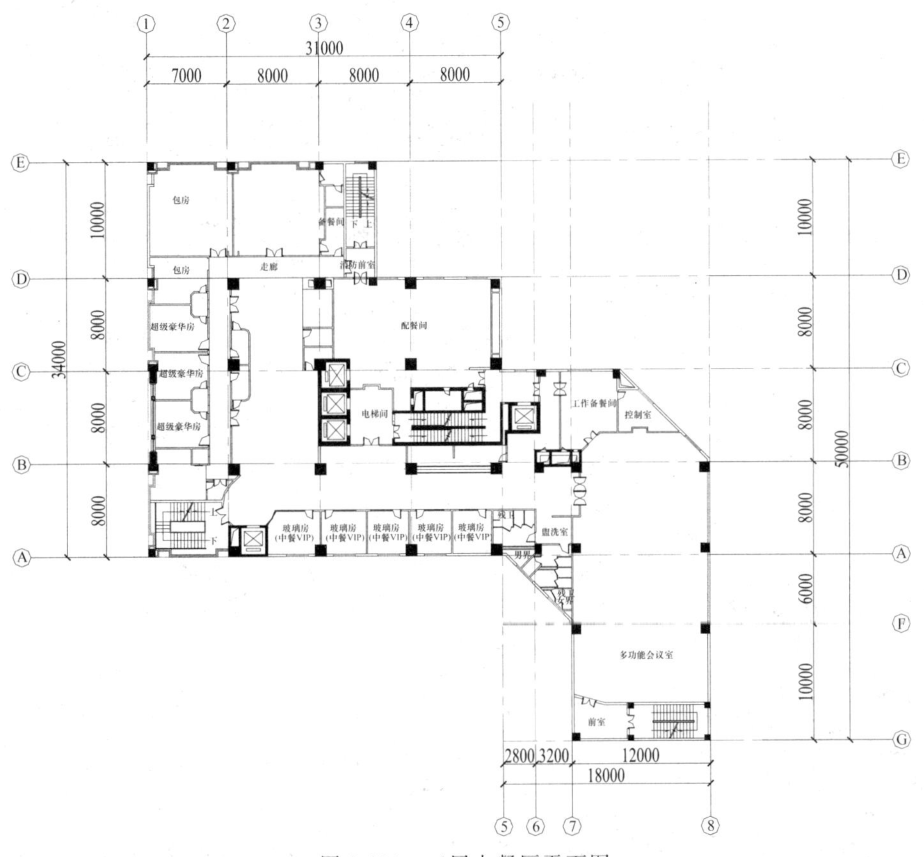

图 8-186 三层中餐厅平面图

参见光盘 光盘\视频教学\第 8 章\三层中餐厅平面图的绘制.avi

8.2.1 绘图准备

【操作步骤】

1. 单击“标准”工具栏中的“打开”按钮，弹出“选择文件”对话框，选择“源文件/二层中餐厅平面图”，单击“打开”按钮，打开绘制的二层中餐厅平面图。

2. 选择菜单栏“文件”→“另存为”命令，将打开的“二层中餐厅平面图”另存为“三层中餐厅平面图”。

3. 单击“尺寸”、“文字”及“轴线”图层中的“开/关图层”按钮，将图层关闭，如图 8-187 所示。

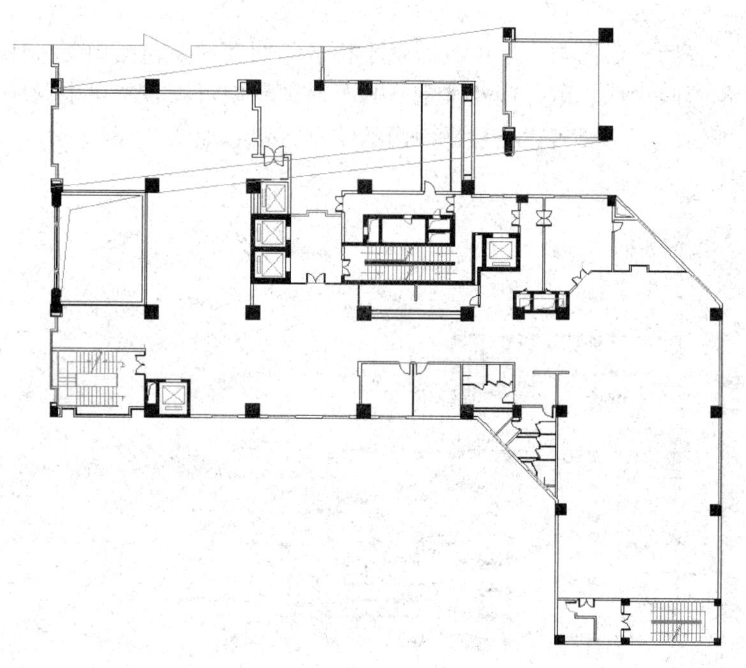

图 8-187　关闭图层

8.2.2　修改图形

1. 单击“修改”工具栏中的“删除”按钮，选择平面图中多余部分墙线进行删除，如图 8-188 所示。

2. 将“墙体”置为当前图层。单击“绘图”工具栏中的“直线”按钮，在墙线中绘制两条竖直直线，如图 8-189 所示。

3. 单击“绘图”工具栏中的“图案填充”按钮，系统打开“图案填充和渐变色”对话框单击“图案”选项后面的按钮，系统打开“填充图案选项板”对话框，选择“SOLID”图案类型，单击“确定”按钮退出。在“图案填充和渐变色”对话框右侧单击“添加：拾取点”按钮，选择填充区域单击确定按钮，系统回到“图案填充和渐变色”对话框，单击“确定”按钮完成图案填充，效果如图 8-190 所示。

4. 单击“轴线”图层中的“开/关图层”按钮，打开关闭的轴线层，如图 8-191 所示。

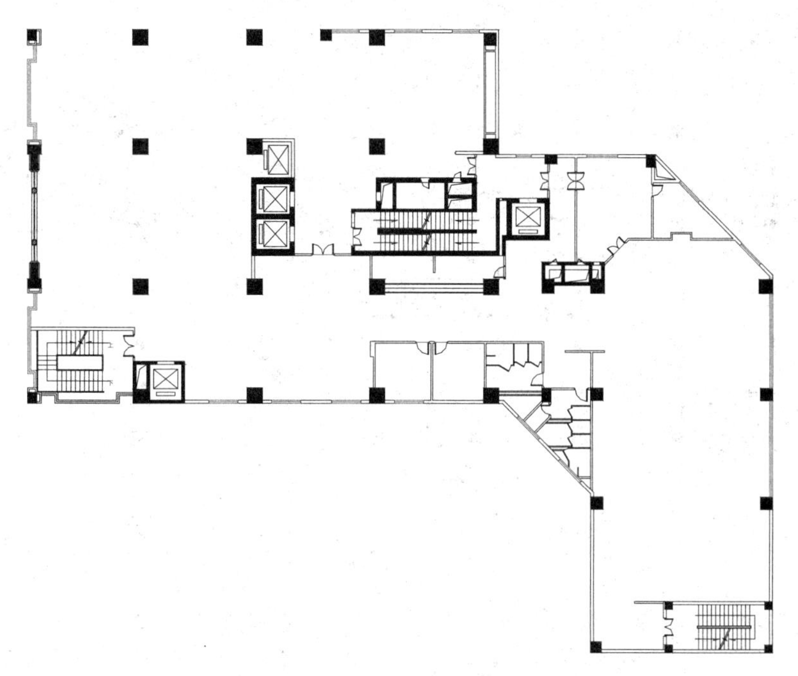

图 8-188 删除图形

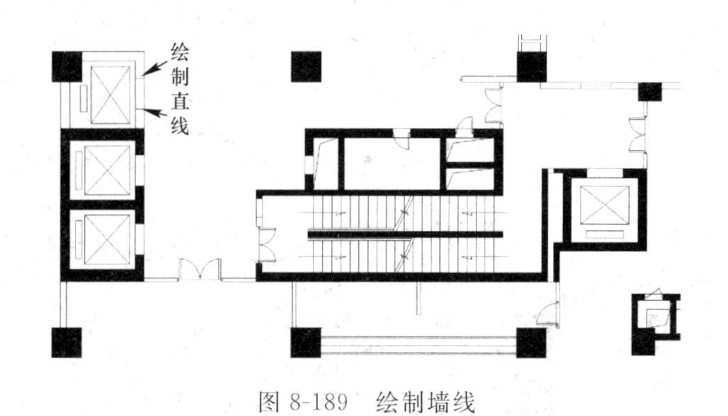

图 8-189 绘制墙线

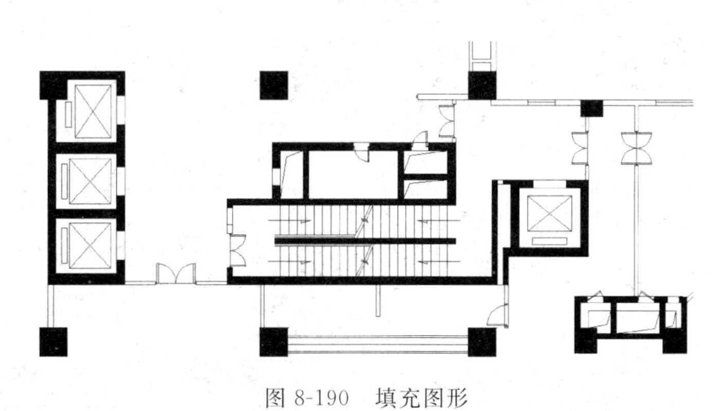

图 8-190 填充图形

5. 单击“修改”工具栏中的“偏移”按钮，选择最上边水平轴线为偏移对象向上偏移，偏移距离为 10000，如图 8-192 所示。

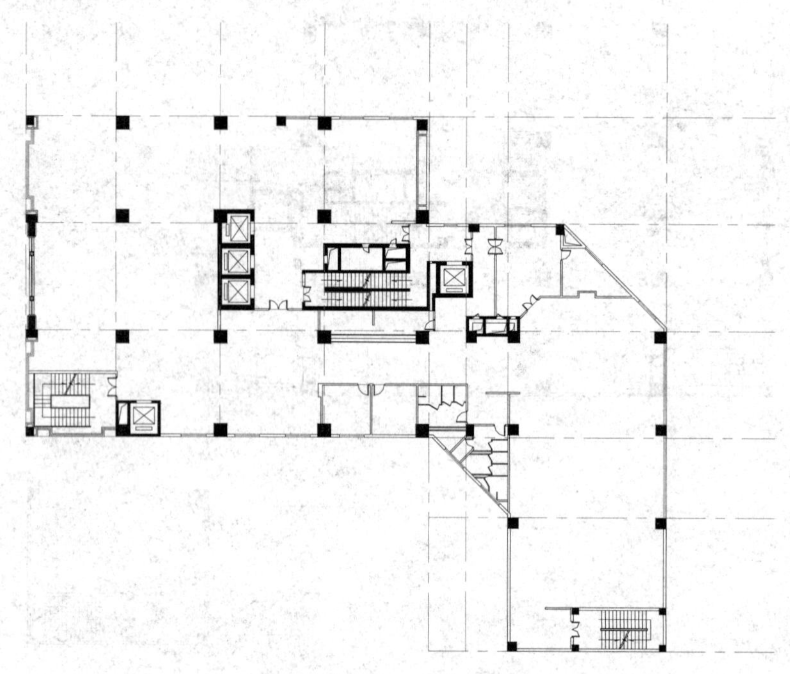

图 8-191　打开轴线

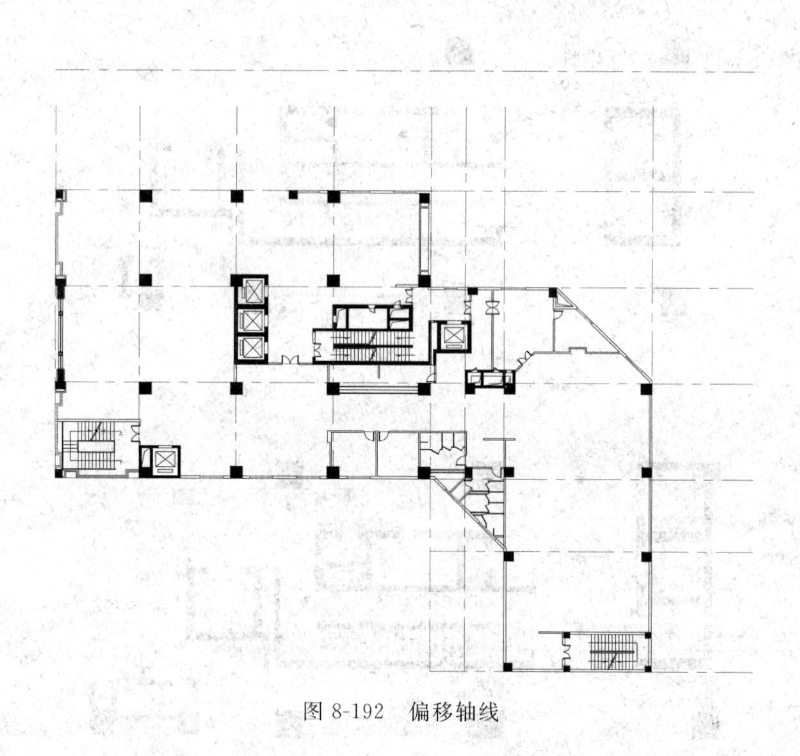

图 8-192　偏移轴线

6. 选择菜单栏中“修改”→“拉长”命令，选择平面图中所有竖直轴线为拉长对象向上拉长，拉长距离为 8000。命令行提示与操作如下：

命令：_lengthen

选择对象或［增量（DE）/百分数（P）/全部（T）/动态（DY）］：de
输入长度增量或［角度（A）］〈15000.0000〉：8000
选择要修改的对象或［放弃（U）］：（选择竖直轴线）
选择要修改的对象或［放弃（U）］：＊取消＊
结果如图 8-193 所示。

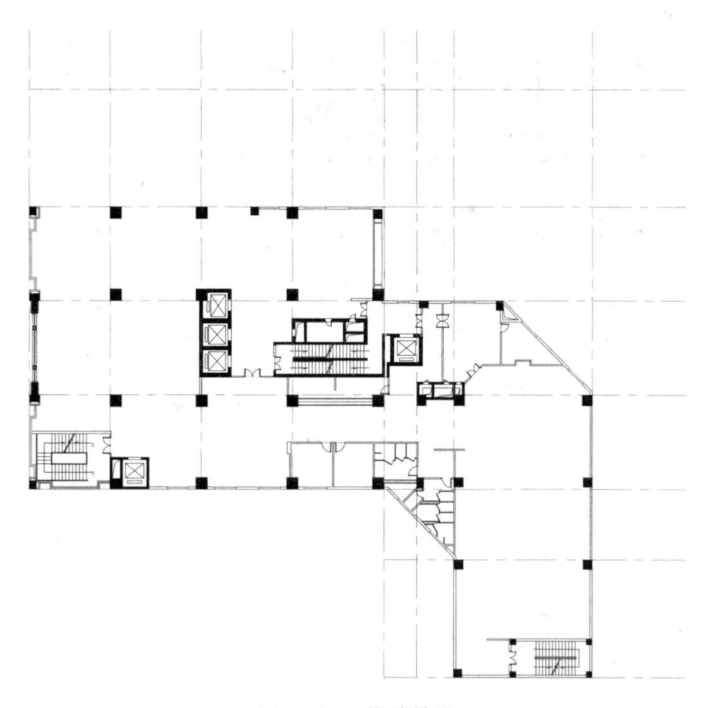

图 8-193 偏移轴线

8.2.3 绘制墙体

【操作步骤】

1. 单击“修改”工具栏中的“复制”按钮，选择平面图中已有的“700×600”和“700×700”的柱子进行复制，如图 8-194 所示。

2. 单击“修改”工具栏中的“删除”按钮和“延伸”按钮，对部分墙线进行休整。

3. 选择菜单栏中的“绘图”→“多线”命令，将平面图中保留的 200 和 120 墙体的多线样式设为当前多线样式，分别绘制图形中的 200 和 120 的墙体，如图 8-195 所示。

4. 单击“绘图”工具栏中的“圆弧”按钮，在如图 8-196 所示的位置绘制一段圆弧。

5. 单击“修改”工具栏中的“偏移”按钮，选择上步绘制的圆弧为偏移对象向内进行偏移，偏移距离为 120，如图 8-197 所示。

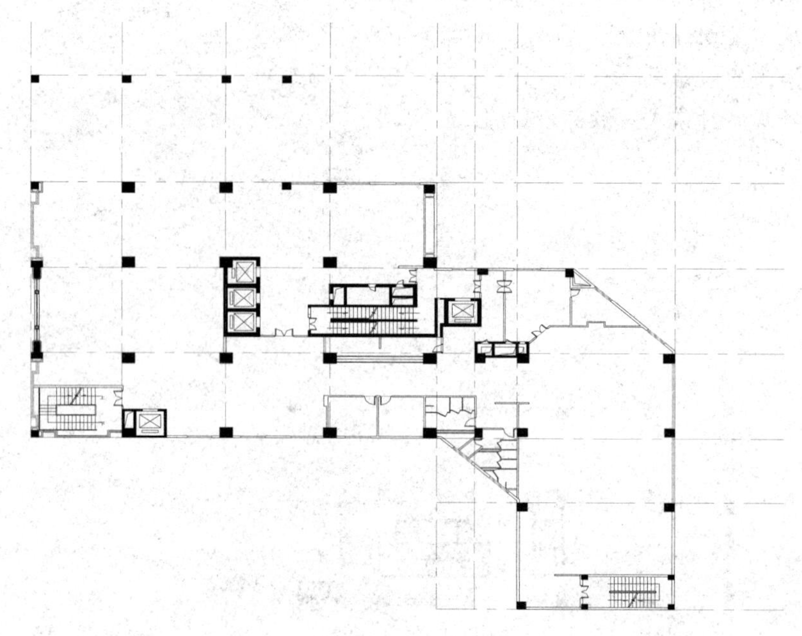

图 8-194　复制柱子

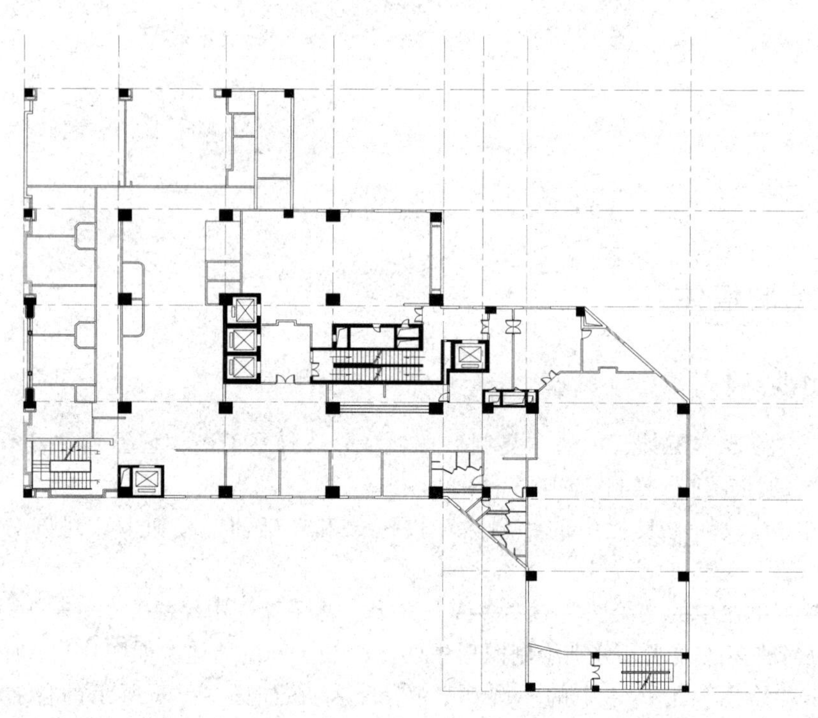

图 8-195　绘制墙体

6. 单击“修改”工具栏中的“修剪”按钮，对上步偏移的圆弧墙体，进行修剪，如图 8-198 所示。

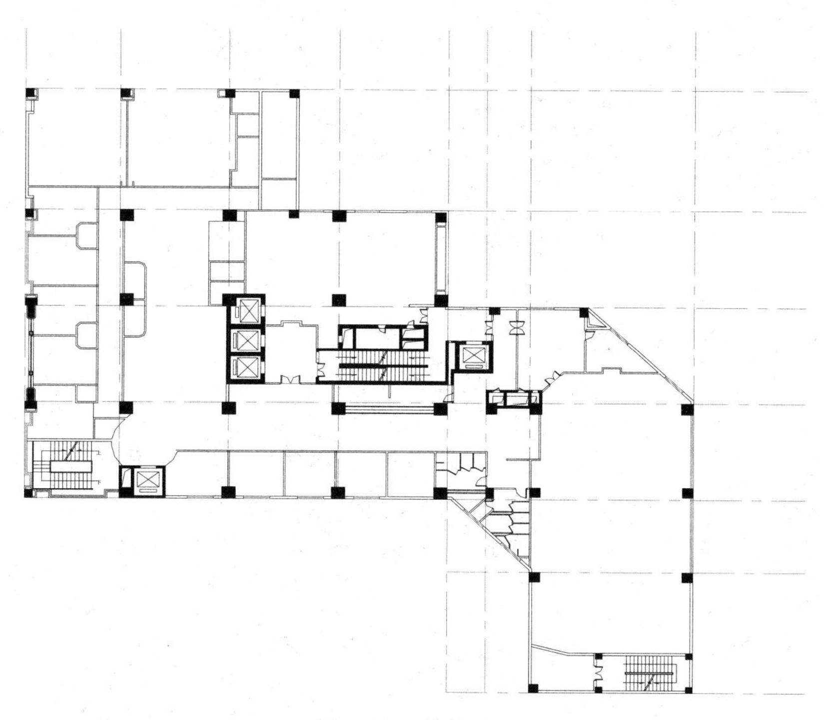

图 8-196 绘制圆弧

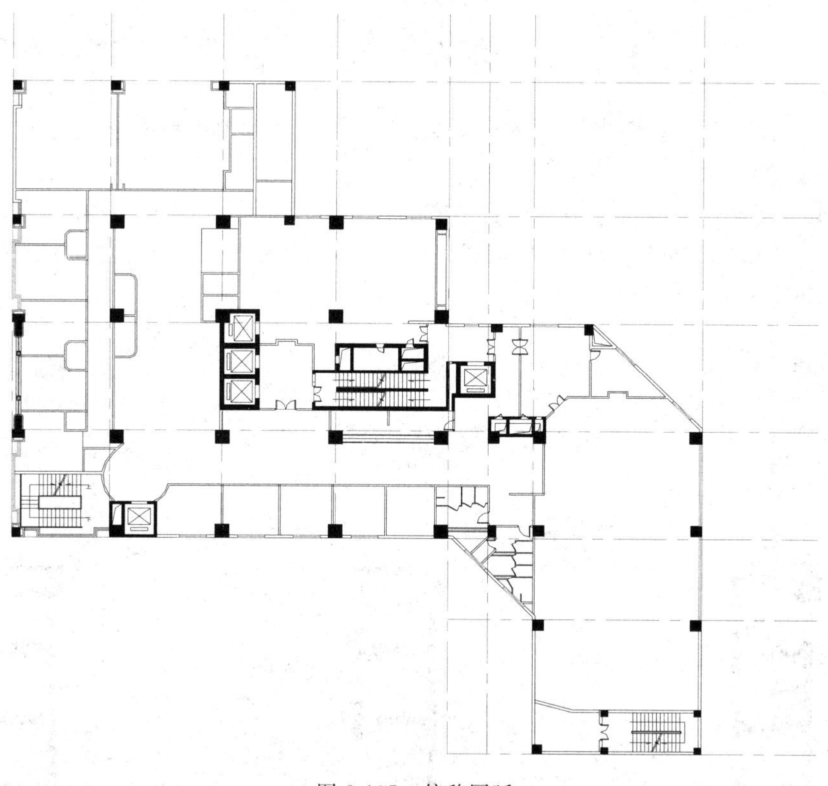

图 8-197 偏移圆弧

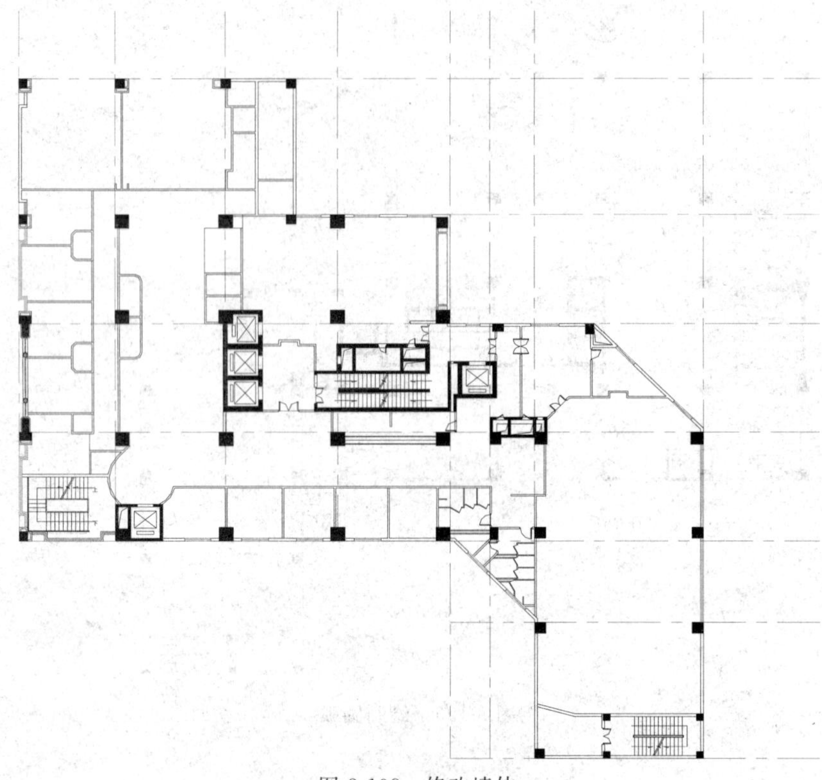

图 8-198　修改墙体

7. 单击“绘图”工具栏中的“直线”按钮，在图形适当位置绘制连续直线，如图 8-199 所示。

8. 单击“修改”工具栏中的“修剪”按钮，对上步绘制连续直线内的多余线段进行修剪，如图 8-200 所示。

9. 单击“修改”工具栏中的“分解”按钮，分解矩形。

10. 单击“修改”工具栏中的“偏移”按钮，选择绘制的直线边向内偏移，偏移距离为 200，如图 8-201 所示。

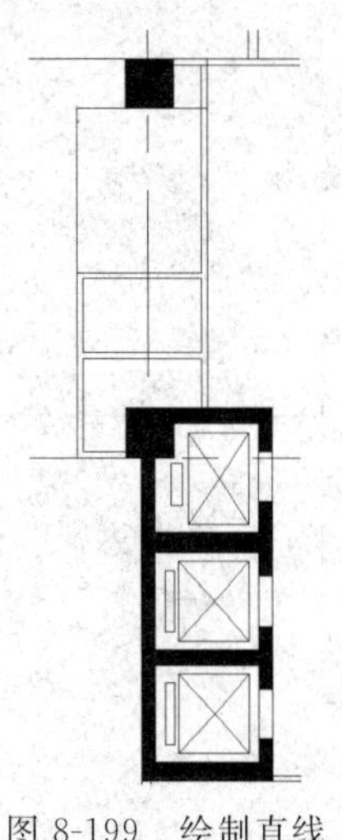

图 8-199　绘制直线

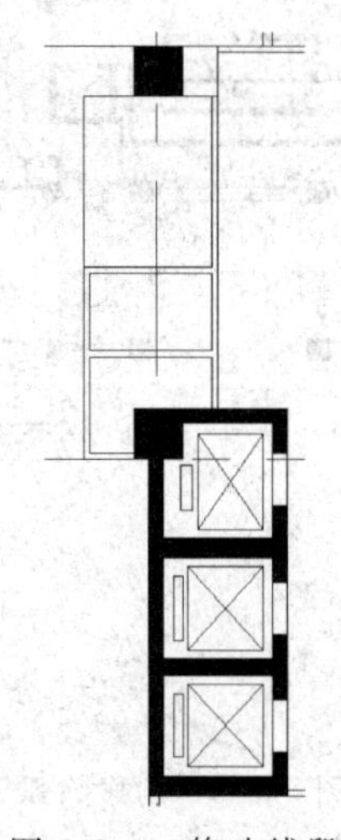

图 8-200　修改线段

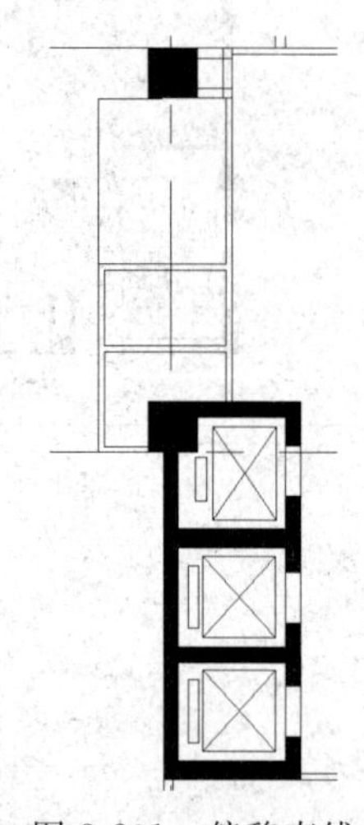

图 8-201　偏移直线

11. 单击“修改”工具栏中的“修剪”按钮，对上步偏移线段交叉部分进行修剪，如图 8-202 所示。

12. 单击“绘图”工具栏中的“直线”按钮，再上步修剪线段内，绘制连续直线，如图 8-203 所示。

13. 利用上述方法绘制另一侧相同图形，如图 8-204 所示。

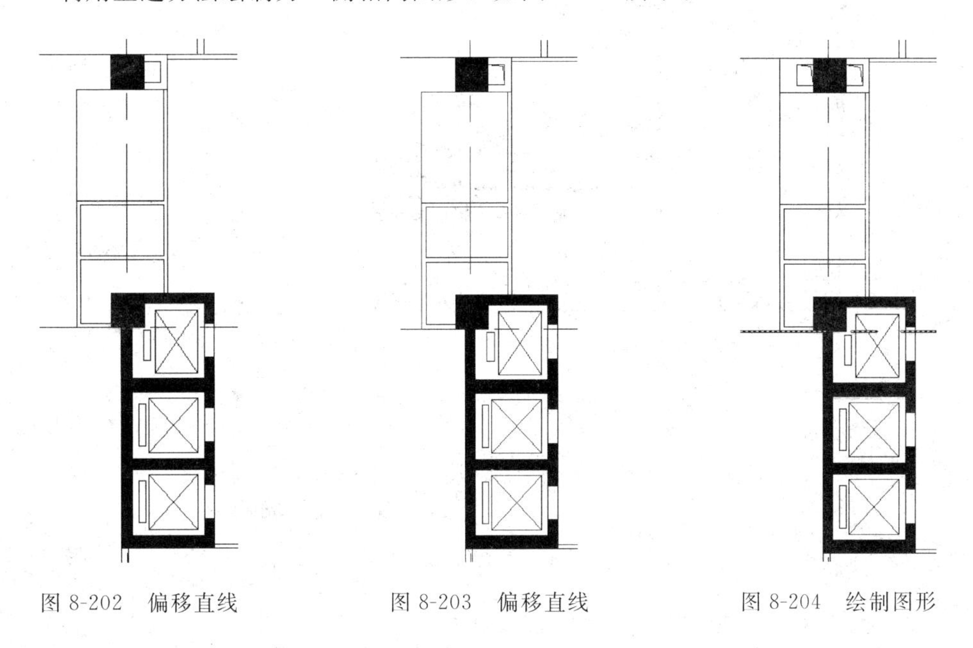

图 8-202　偏移直线　　图 8-203　偏移直线　　图 8-204　绘制图形

8.2.4　绘制门窗

【操作步骤】

1. 单击“绘图”工具栏中的“直线”按钮和“修改”工具栏中的“偏移”按钮，绘制出门窗洞口线，如图 8-205 所示。

2. 单击“修改”工具栏中的“修剪”按钮，对上步绘制的洞口之间的线段进行修剪，如图 8-206 所示。

3. 单击“绘图”工具栏中的“直线”按钮，补充图形中缺少的直线，如图 8-207 所示。

8.2.5　绘制补充窗线

【操作步骤】

1. 将“墙体”置为当前图层。选择菜单栏“格式”→“多线样式”命令，打开“多线样式”对话框，如图 8-208 所示。

2. 在多线样式对话框中，单击右侧的“新建”按钮，打开创建多线样式对话框。在新样式名文本框中输入“120 窗线”，作为多线的名称。单击“继续”按钮，打开“新建多线样式：120 窗线”对话框，如图 8-208 所示。

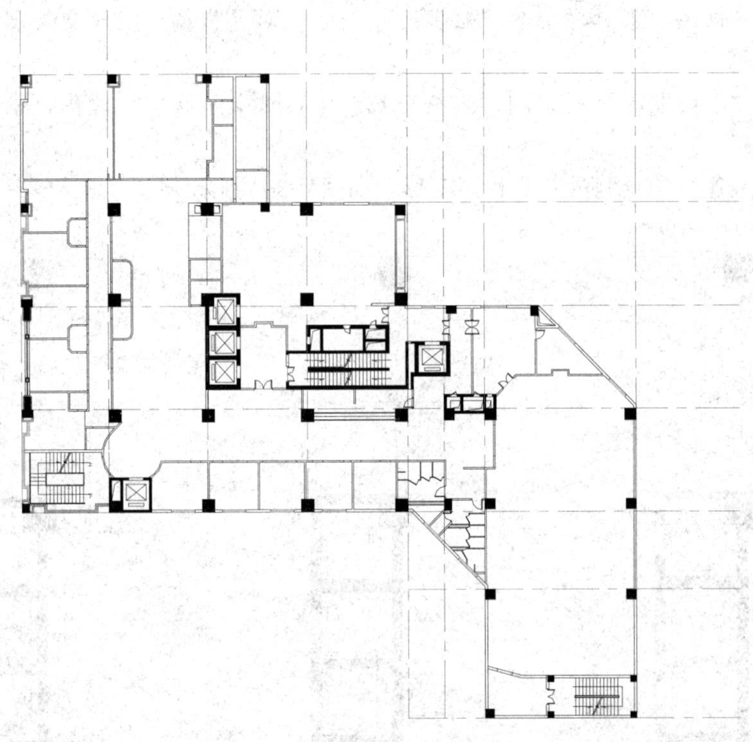

图 8-205　绘制窗线

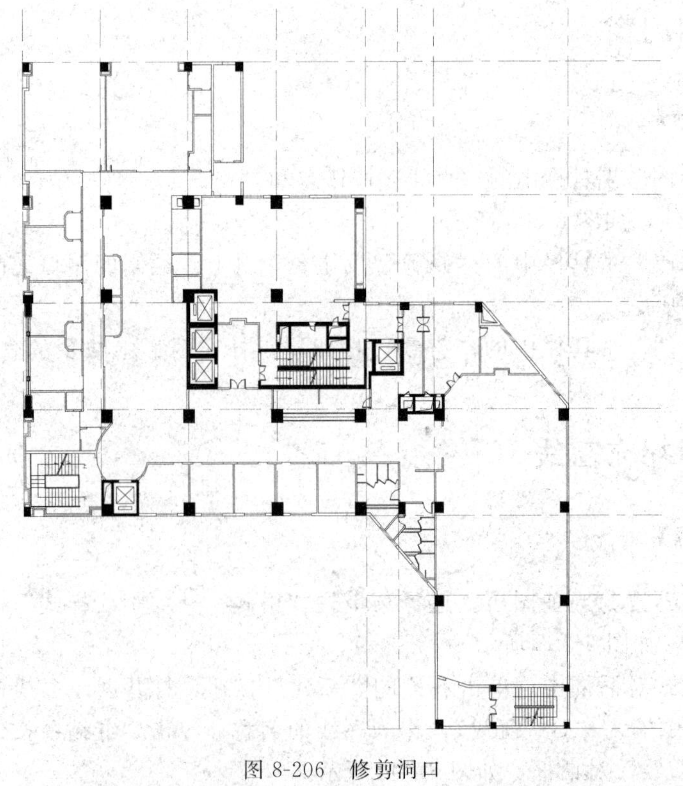

图 8-206　修剪洞口

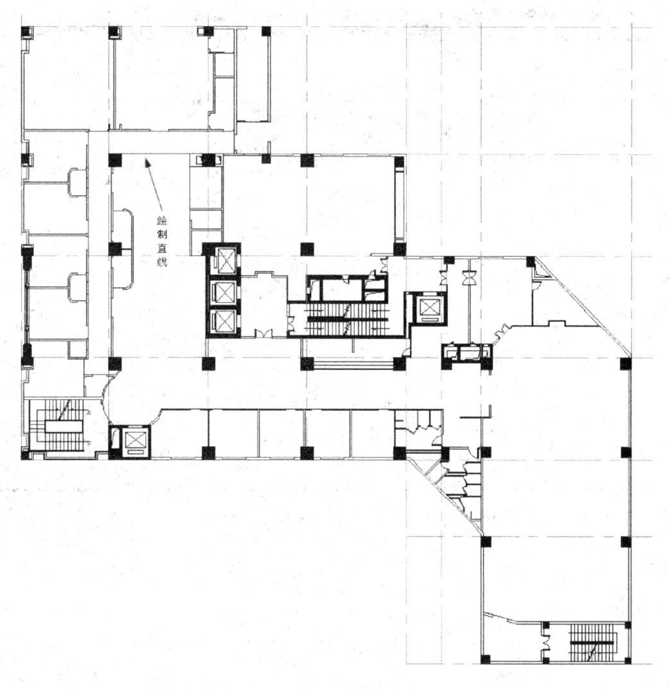

图 8-207　绘制直线

3. 窗所在墙体宽度为“120”，所以按照图 8-209 中所示，将偏移分别修改为“60”和“－60”，并将左端封口选项栏中的直线后面的两个复选框钩选，单击“确定”按钮，回到多线样式对话框中，如图 8-210 所示，单击“置为当前”按钮，将创建的多线样式设为当前多线样式，单击确定按钮，回到绘图状态。

图 8-208　“多线样式”对话框

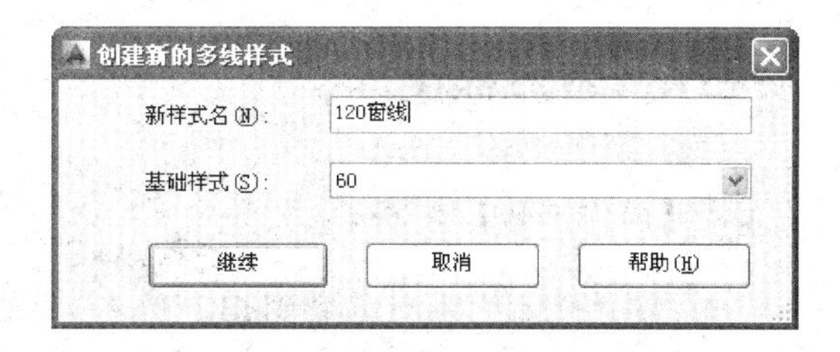

图 8-209　新建多线样式

4. 选择菜单栏中的“绘图”→“多线”命令，设置多线比例为 1，绘制 120 厚墙体的窗线，如图 8-211 所示。

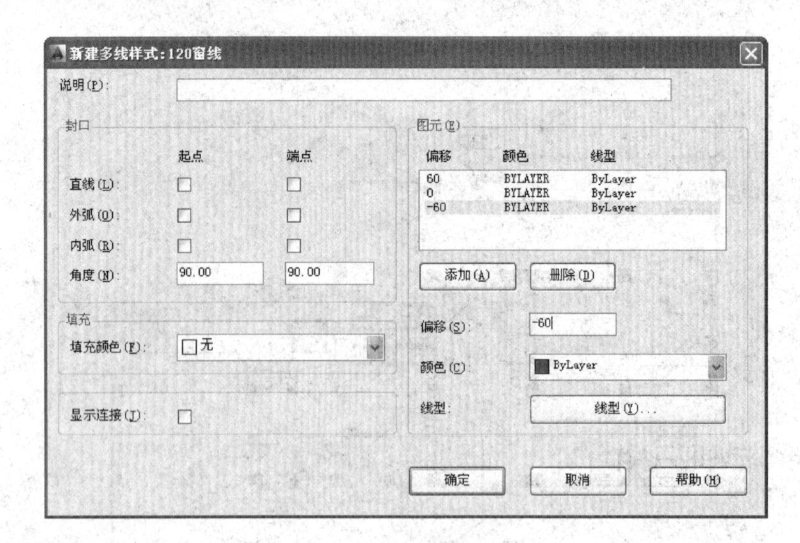

图 8-210　编辑新建多线样式

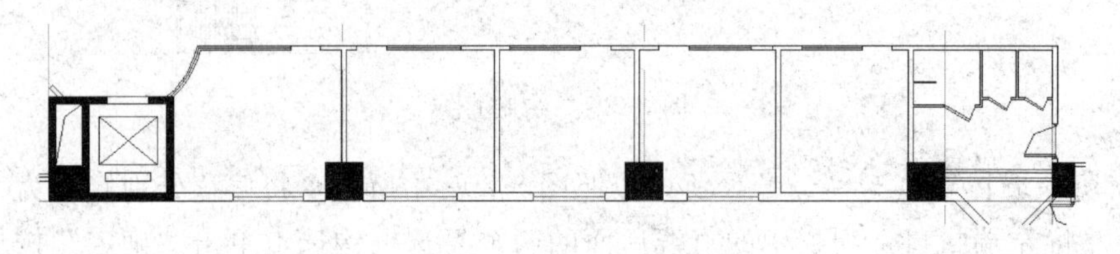

图 8-211　绘制 120 厚窗线

5. 选取菜单栏“格式”→“多线样式”命令，打开“多线样式”对话框，单击右侧的“新建”按钮，打开创建多线样式对话框。在新样式名文本框中输入“200 窗线”，作为多线的名称。单击“继续”按钮，打开编辑多线的对话框，

6. 将偏移分别修改为“100”和“－100”，并将左端封口选项栏中的直线后面的两个复选框钩选，单击“确定”按钮，回到多线样式对话框中，单击“确定”回到绘图状态。为图形添加窗线，如图 8-212 所示。

7. 利用 8.2.5 小节绘制门的方法，绘制图形中的单扇门和双扇门图形，如图 8-213 所示。

8. 利用 8.2.6 小节的方法绘制楼梯，如图 8-214 所示。

8.2.6　添加标注

1. 将“尺寸”置为当前图层，单击“标注”工具栏中的“线性”按钮和“连续”，为图形标注第一道尺寸，如图 8-215 所示。

2. 单击“标注”工具栏中的“线性”按钮，为图形标注第二道总尺寸，如图 8-216 所示。

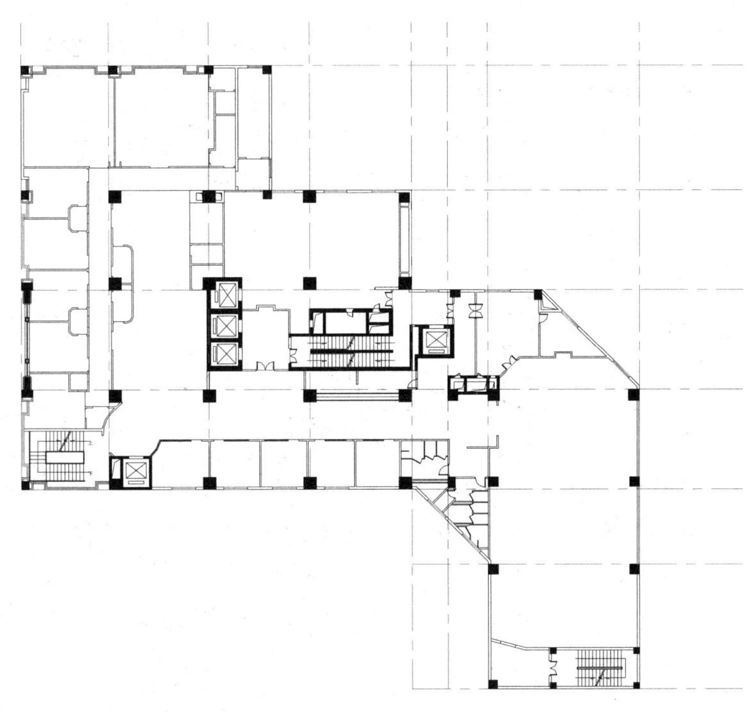

图 8-212 绘制 200 厚窗线

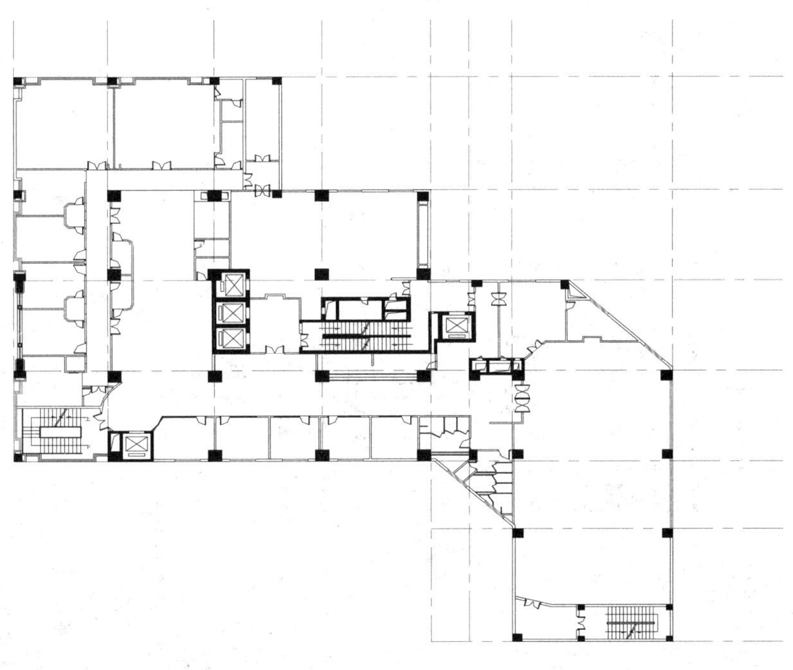

图 8-213 绘制门图形

3. 单击“修改”工具栏中的“分解”按钮，选取标注的总尺寸为分解对象，回车进行分解。

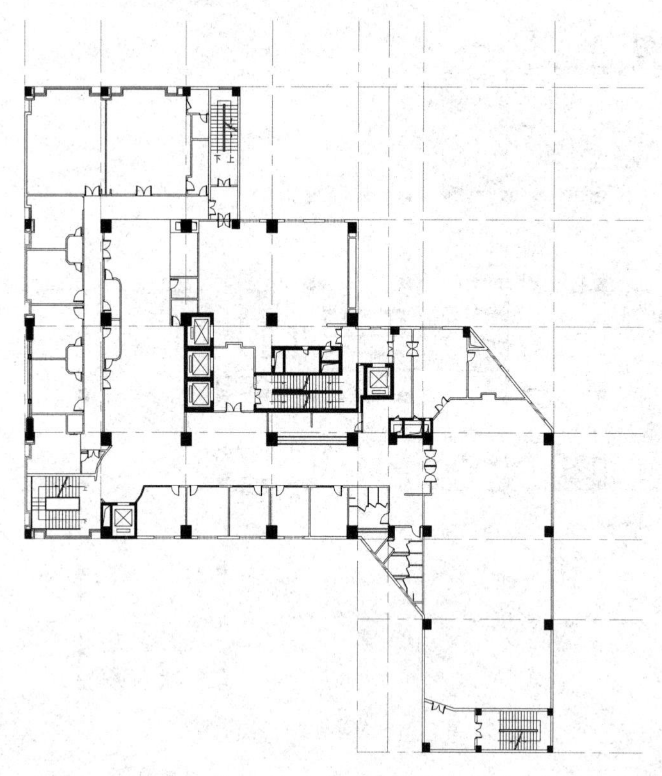

图 8-214　绘制楼梯

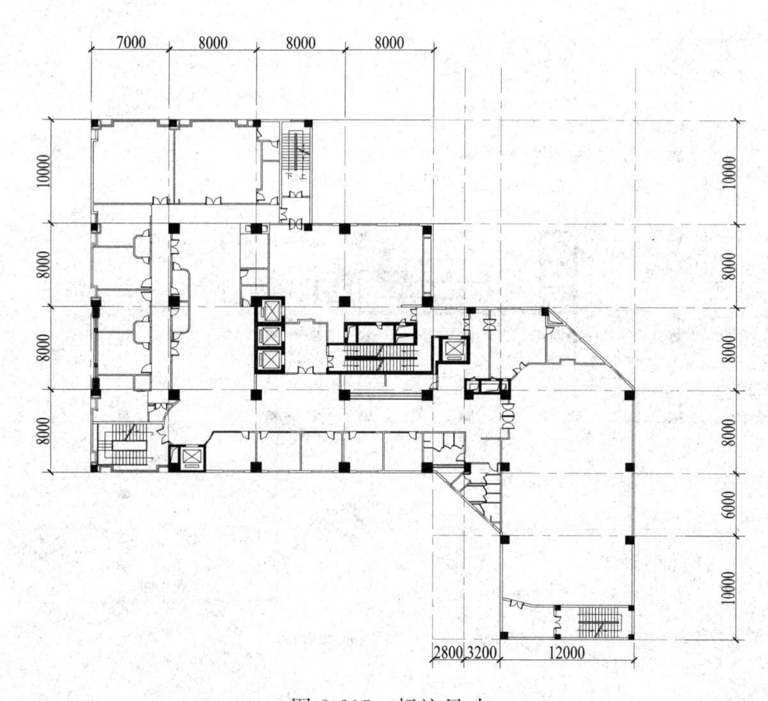

图 8-215　标注尺寸

4. 单击“绘图”工具栏中的“直线”按钮，分别在尺寸线上方绘制直线。

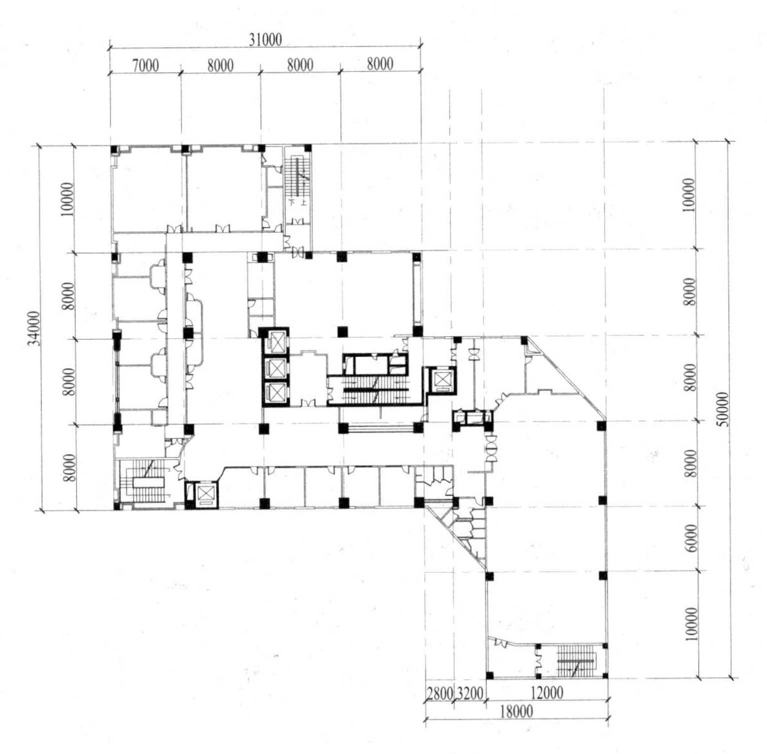

图 8-216 标注尺寸

5. 单击“修改”工具栏中的“延伸”按钮，选取分解后的竖直尺寸标注线，向上延伸，延伸至绘制的水平直线。

6. 单击“修改”工具栏中的“删除”按钮，删除绘制的直线。结果如图 8-217 所示。

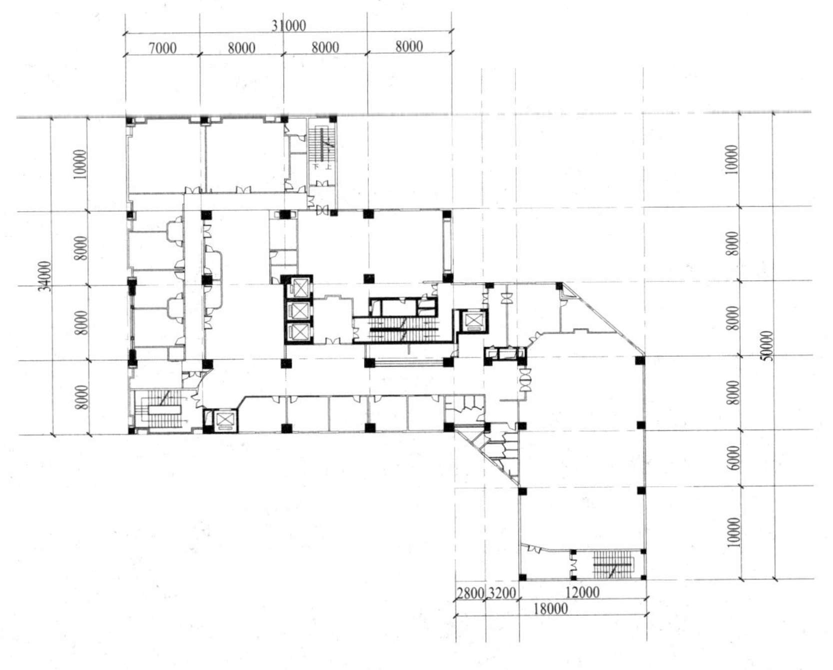

图 8-217 拉长轴线

7. 利用 8.2.9 小节添加轴号的方法为三层中餐厅平面图添加轴号。结果如图 8-218 所示。

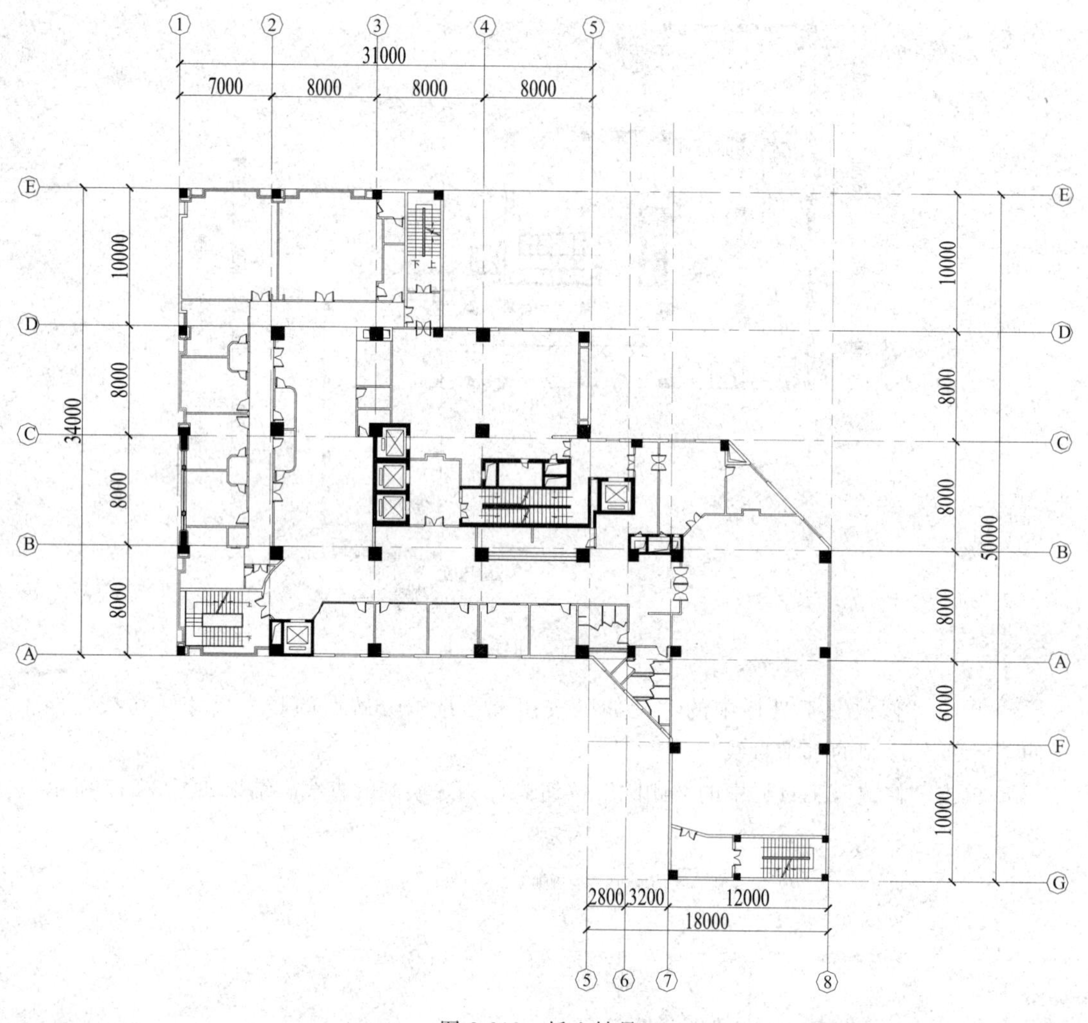

图 8-218 插入轴号

8.2.7 文字标注

将“文字”置为当前图层。单击“绘图”工具栏中的“多行文字”按钮 A，为图形添加文字说明。最终完成三楼中餐厅平面图的绘制，如图 8-186 所示。

中餐厅装饰平面图的绘制

装饰平面图是在建筑平面图基础上的深化和细化。装饰是室内设计的精髓所在，是对局部细节的雕琢和布置，最能体现室内设计的品位和格调。餐厅是酒店重要的公共活动场所，布置好餐厅，既能创造一个舒适的就餐环境，还会使酒店档次增色不少。下面主要讲解中餐厅装饰平面图的绘制方法。

- 二层中餐厅装饰平面图
- 三层中餐厅装饰平面图

9.1 二层中餐厅装饰平面图

中餐厅的装饰设计，主要包括桌、椅、条案、柜子等基本元素，通过对餐厅整体布局的把握，传出对现在生活的重视和对过去生活的怀旧与留念。本节主要讲述二层中餐厅装饰平面图的绘制方法，如图 9-1 所示。

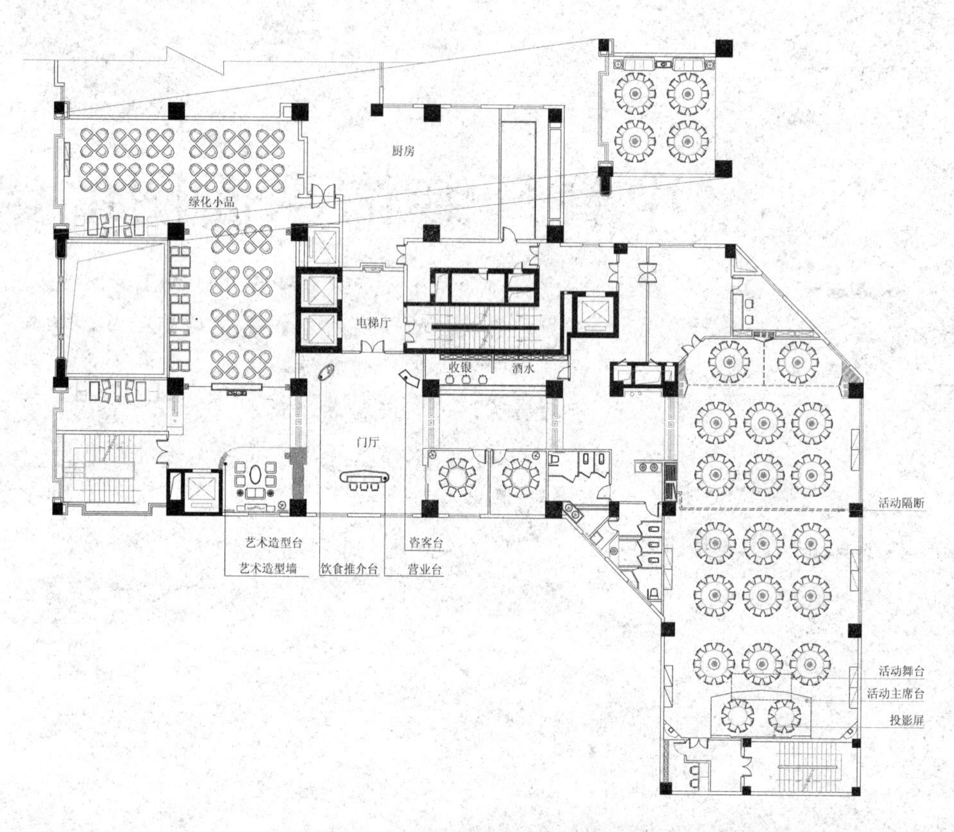

图 9-1 二层中餐厅装饰平面图

光盘\视频教学\第 9 章\二层中餐厅装饰平面图的绘制.avi

9.1.1 绘图准备

【操作步骤】

1. 单击“标准”工具栏中的“打开”按钮，弹出“选择文件”对话框，选择“源文件”/“二层中餐厅平面图”。打开绘制的二层中餐厅平面图。

2. 选择菜单栏“文件”→“另存为”命令，将打开的“二层中餐厅平面图”另存为“二层中餐厅装饰平面图”。

3. 单击“尺寸”及“轴线”等图形中不需要图层中的“开/关图层”按钮，将图层关闭，如图 9-2 所示。

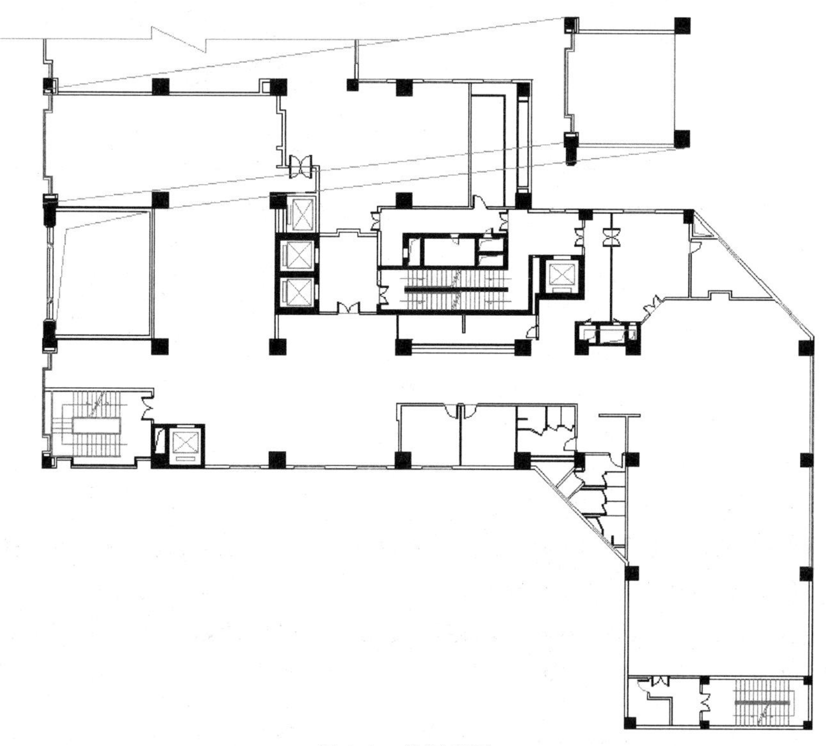

图 9-2 关闭图层

9.1.2 绘制家具图块

1. 单击“图层”工具栏“新建”按钮，新建“家具”图层并将其定义为当前图层，如图 9-3 所示。

家具 红 Contin... —— 默认 0 Color_1

图 9-3 设置当前图层

2. 绘制十人桌椅

(1) 单击“绘图”工具栏中的“圆”按钮，任选一点为圆心在图形适当位置绘制一个半径为 331 的圆，如图 9-4 所示。

(2) 单击“修改”工具栏中的“偏移”按钮，选择上步绘制的圆为偏移对象，向外侧进行偏移，偏移距离为 38、454、28，完成圆形餐桌的绘制，如图 9-5 所示。

(3) 单击“绘图”工具栏中的“直线”按钮，在图形空白区域分别绘制两条长为 342 的斜向线段，如图 9-6 所示。

(4) 单击“绘图”工具栏中的“圆弧”按钮，以上步绘制的左端直线上端点为圆弧起点，右端直线上端点为圆弧终点绘制圆弧，如图 9-7 所示。

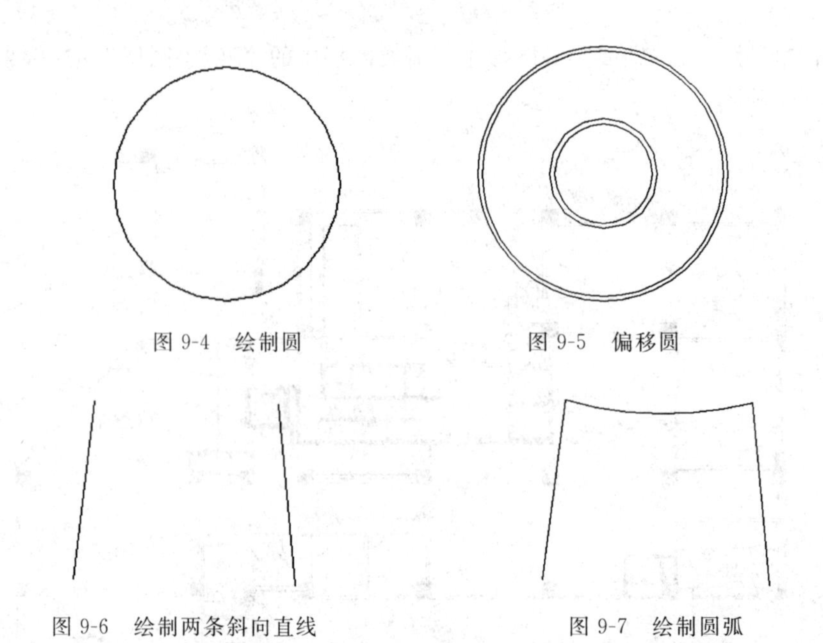

图 9-4　绘制圆　　图 9-5　偏移圆

图 9-6　绘制两条斜向直线　　图 9-7　绘制圆弧

(5) 单击“修改”工具栏中的“圆角”按钮，对上步绘制的圆弧和两条斜线进行圆角处理，圆角半径为 16，如图 9-8 所示。

(6) 单击“修改”工具栏中的“偏移”按钮，选择两斜线为偏移对象分别向外偏移，偏移距离为 26，如图 9-9 所示。

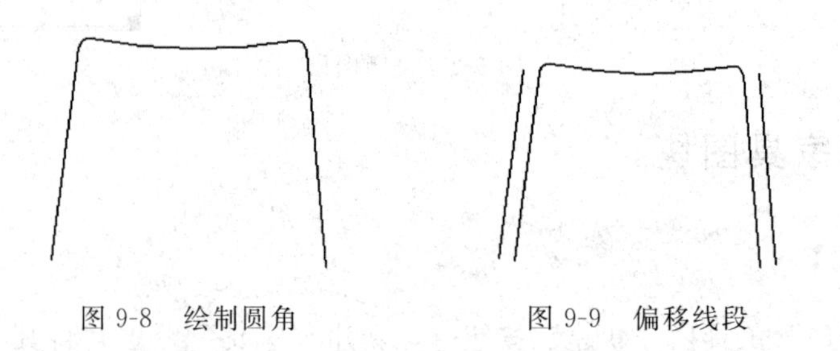

图 9-8　绘制圆角　　图 9-9　偏移线段

(7) 选择菜单栏中的“修改”→“拉长”命令，选择上步偏移的两条直线为拉长对象向上拉长 30，命令行提示与操作如下：

命令：_ lengthen

选择对象或 [增量 (DE)/百分数 (P)/全部 (T)/动态 (DY)]：DE

输入长度增量或 [角度 (A)] 〈0.0000〉：30

选择对象或 [增量 (DE)/百分数 (P)/全部 (T)/动态 (DY)]：选择左右两条直线

结果如图 9-10 所示。

(8) 单击“绘图”工具栏中的“圆弧”按钮，连接上步两拉长直线绘制圆弧，如图 9-11 所示。

(9) 单击“绘图”工具栏中的“直线”按钮，在两段圆弧之间绘制一条水平直线，如图 9-12 所示。

(10) 单击“修改”工具栏中的“偏移”按钮，选择上步绘制的直线向上偏移，偏移距离为 30，结果如图 9-13 所示。

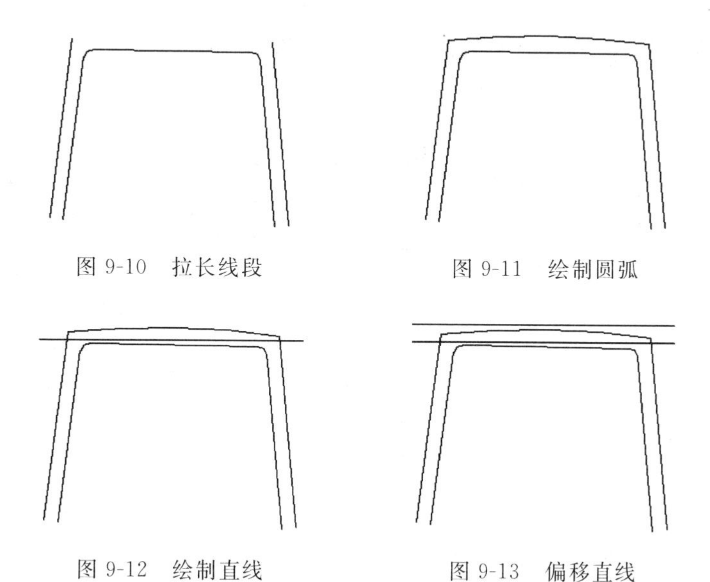

图 9-10 拉长线段 图 9-11 绘制圆弧

图 9-12 绘制直线 图 9-13 偏移直线

（11）单击“绘图”工具栏中的“圆”按钮，在上步偏移线段左右端分别绘制两个相同大小的圆，如图 9-14 所示。

（12）单击“绘图”工具栏中的“创建块”按钮，弹出“块定义”对话框，如图 9-15 所示。选择上步图形为定义对象，选择任意点为基点，将其定义为块，块名为“椅子”，如图 9-16 所示。

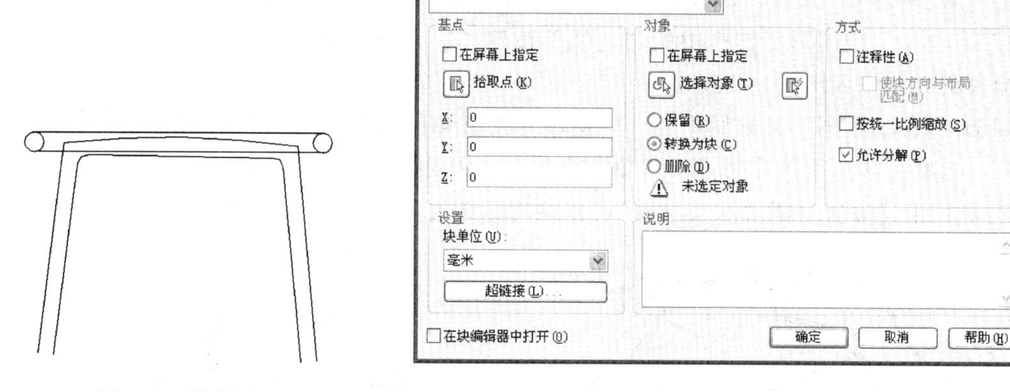

图 9-14 绘制圆 图 9-15 “块定义”对话框

（13）单击“修改”工具栏中的“旋转”按钮，选择定义的椅子图块为旋转对象，在椅子图块上选择一点为旋转基点，将其旋转适当的角度，并单击“修改”工具栏中的“移动”按钮，选择椅子图形为移动对象将其放置到圆形餐桌前，如图 9-17 所示。

（14）单击“修改”工具栏中的“环形阵列”按钮，选择上步旋转的椅子图形为阵列对象，进行圆周阵列，命令行提示与操作如下：

命令： _arraypolar

选择对象：指定对角点：找到 1 个

类型＝极轴 关联＝是

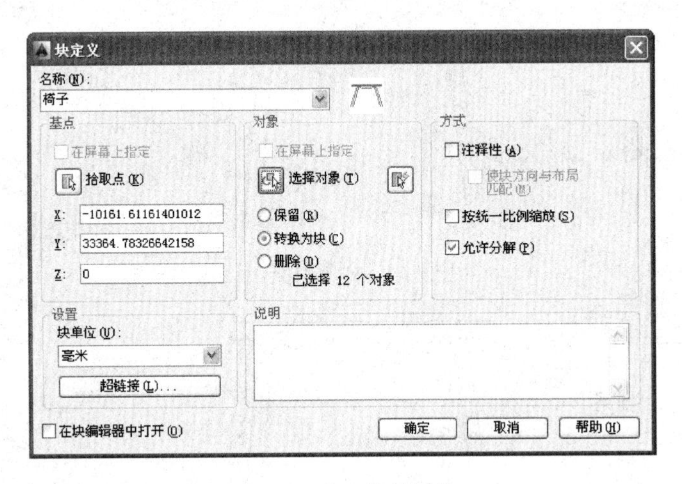

图 9-16　定义椅子图块

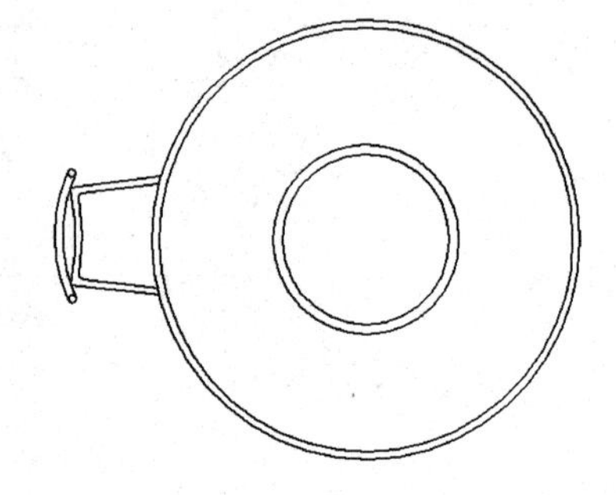

图 9-17　移动图形

指定阵列的中心点或［基点（B)/旋转轴（A)]:

选择夹点以编辑阵列或［关联（AS)/基点（B)/项目（I)/项目间角度（A)/填充角度（F)/行（ROW)/层（L)/旋转项目（ROT)/退出（X)]〈退出〉：i

输入阵列中的项目数或［表达式（E)]〈6〉：10

选择夹点以编辑阵列或［关联（AS)/基点（B)/项目（I)/项目间角度（A)/填充角度（F)/行（ROW)/层（L)/旋转项目（ROT)/退出（X)]〈退出〉：a

指定项目间的角度或［表达式（EX)]〈36〉：36

选择夹点以编辑阵列或［关联（AS)/基点（B)/项目（I)/项目间角度（A)/填充角度（F)/行（ROW)/层（L)/旋转项目（ROT)/退出（X)]〈退出〉：

（15）单击“绘图”工具栏中的“直线”按钮，在桌子中心绘制装饰物，最终完成十人桌椅的绘制，如图 9-18 所示。

（16）单击“绘图”工具栏中的“创建块”按钮，在上步绘制图形上任选一点为定义基点，选择上步所有图形为定义对象，将其定义为块，块名为“十人桌椅”。

3. 利用上述方法绘制“八人桌椅”，并将其定义为块，如图 9-19 所示。

图 9-18　十人桌椅

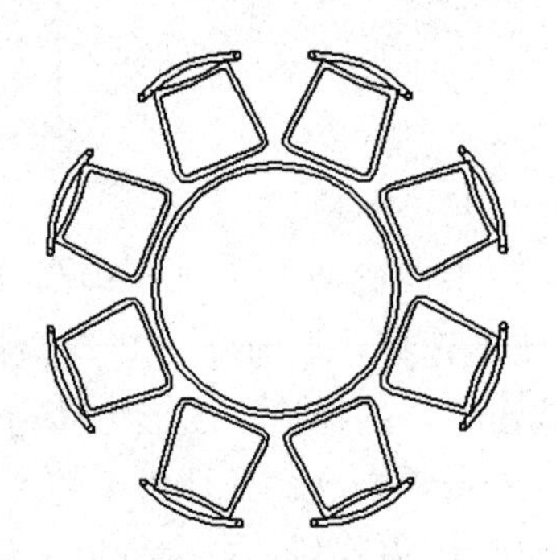

图 9-19　绘制八人桌椅

4. 绘制四人桌椅

（1）单击“绘图”工具栏中的“矩形”按钮，在图形适当位置绘制一个“500×

500”的矩形，如图 9-20 所示。

（2）单击“修改”工具栏中的“旋转”按钮，选择上步绘制的矩形下部水平边左端点为旋转基点，将其旋转 45°，结果如图 9-21 所示。

图 9-20 绘制矩形

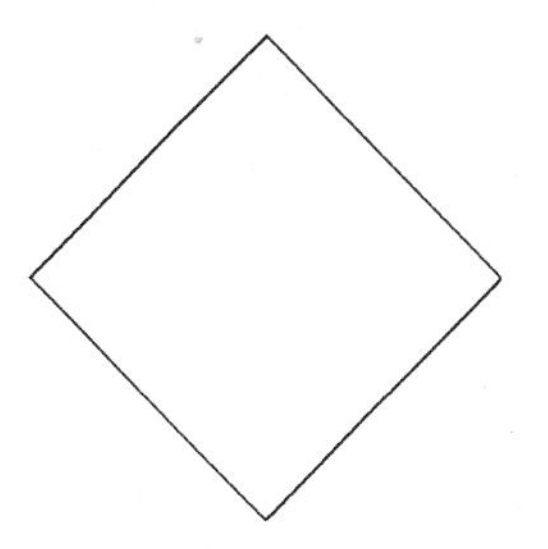

图 9-21 旋转矩形

（3）单击“绘图”工具栏中的“多段线”按钮，在绘图区域适当位置绘制连续多段线，如图 9-22 所示。

（4）单击“绘图”工具栏中的“多段线”按钮，在上步绘制图形内继续绘制连续多段线，如图 9-23 所示。

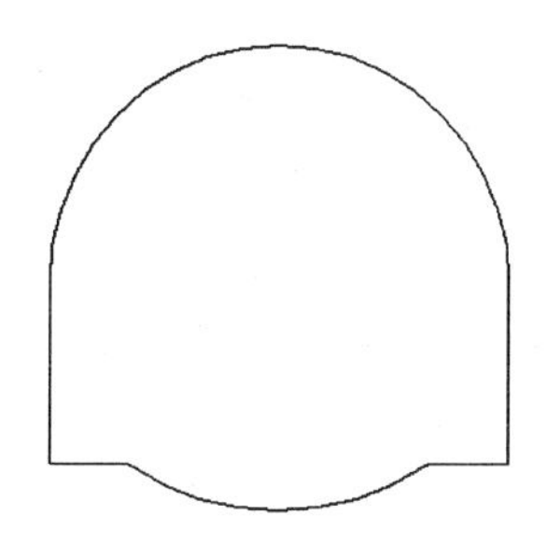

图 9-22 绘制多段线

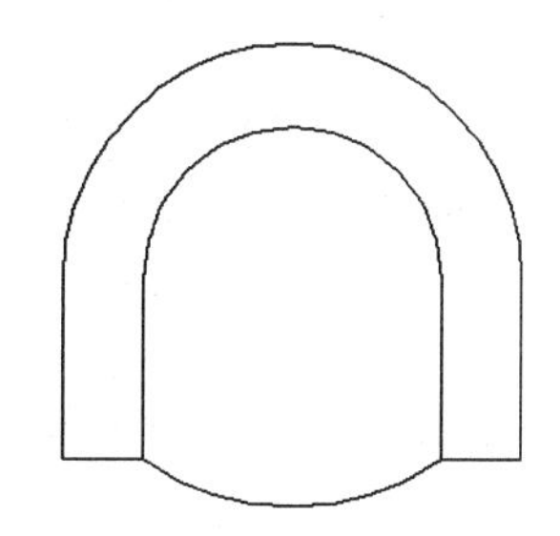

图 9-23 绘制多段线

（5）单击“绘图”工具栏中的“圆弧”按钮，在上步绘制的多段线内绘制一段适当半径的圆弧，如图 9 24 所示。

（6）单击“绘图”工具栏中的“创建块”按钮，在上步绘制图形上任选一点为定义基点，选择上步所有图形为定义对象，将其定义为块，块名为“单人座椅”。

（7）单击“修改”工具栏中的“旋转”按钮，选择上步定义为块的单人座椅图形为旋转对象，选择单人座椅底部圆弧中点为旋转基点，将其旋转 45°，如图 9-25 所示。

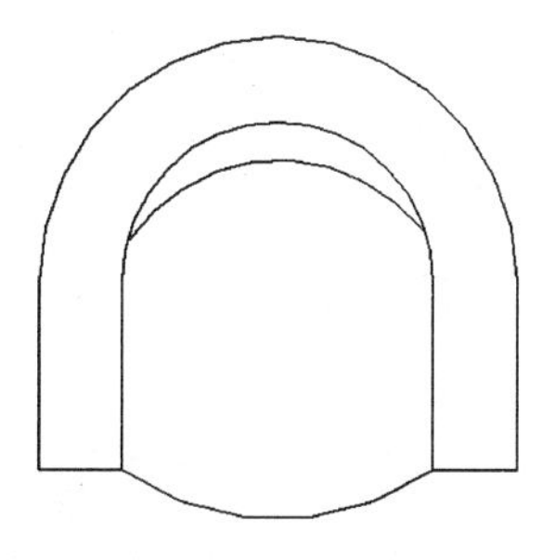

图 9-24 绘制圆弧

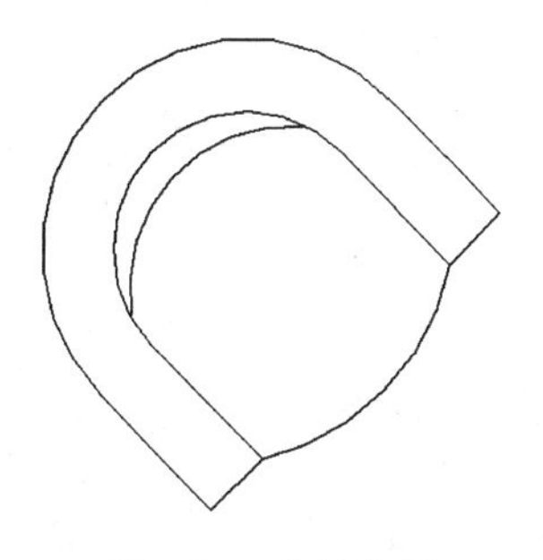

图 9-25 旋转椅子

（8）单击“修改”工具栏中的“移动”按钮，选择上步旋转后的椅子进行移动，将其移动到方形桌子处，如图 9-26 所示。

(9) 单击“修改”工具栏中的“旋转”按钮和“镜像”按钮，完成四人桌椅的放置，如图 9-27 所示。

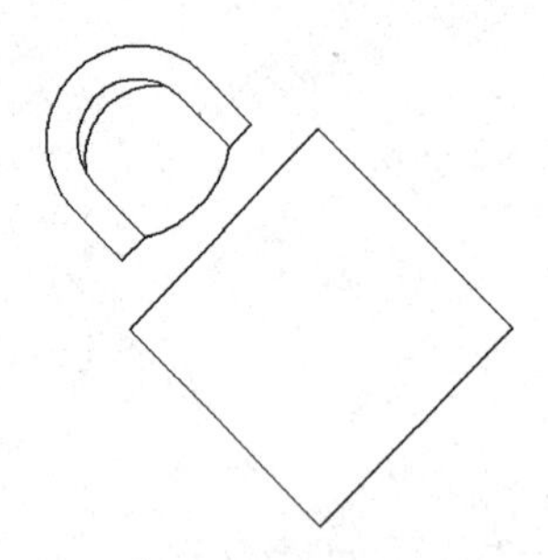

图 9-26　移动椅子

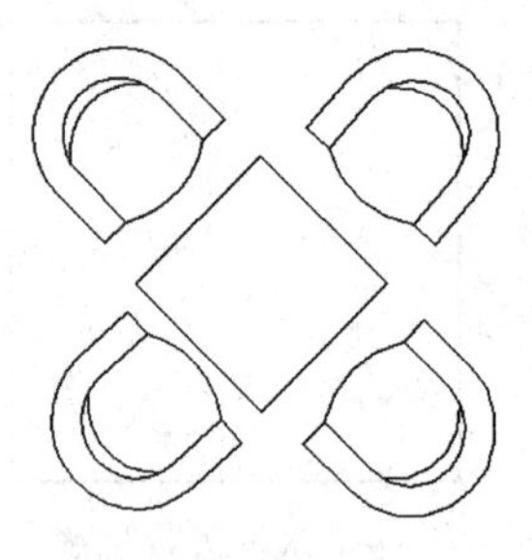

图 9-27　旋转镜像椅子

(10) 单击“绘图”工具栏中的“创建块”按钮，在上步绘制图形上任选一点为定义基点，选择上步所有图形为定义对象，将其定义为块，块名为“四人桌椅”。

5. 绘制包房沙发

(1) 单击“绘图”工具栏中的“直线”按钮，在图形空白区域绘制连续直线，长度均为 454，如图 9-28 所示。

(2) 单击“修改”工具栏中的“圆角”按钮，选择竖直边和两水平边进行圆角处理，圆角半径为 50，如图 9-29 所示。

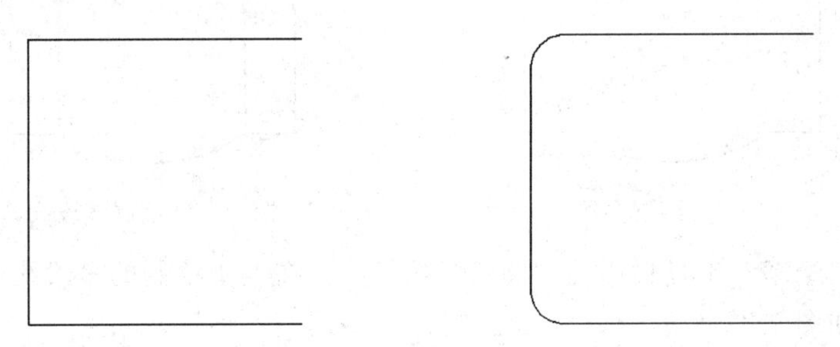

图 9-28　绘制直线

图 9-29　圆角处理

(3) 单击“修改”工具栏中的“偏移”按钮，选择上步圆角处理后的图形为偏移对象向外侧进行偏移，偏移距离为 100，如图 9-30 所示。

(4) 单击“绘图”工具栏中的“直线”按钮，封闭上步偏移线段底部端口，如图 9-31 所示。

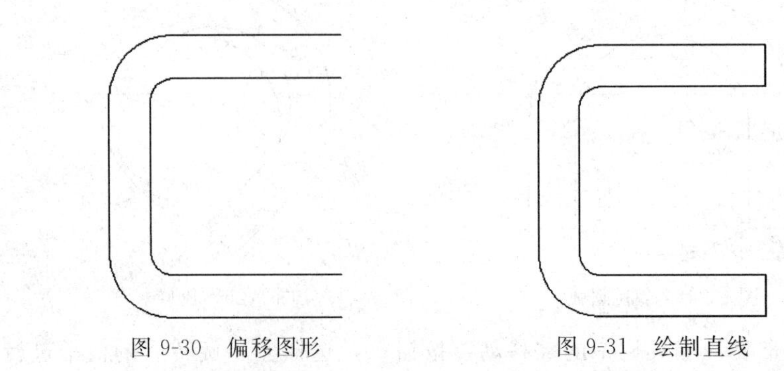

图 9-30　偏移图形

图 9-31　绘制直线

(5) 单击“绘图”工具栏中的“直线”按钮，选择上步绘制的两直线中点为起点绘制两条长度为70的水平线段，如图9-32所示。

(6) 单击“绘图”工具栏中的“直线”按钮，连接上步绘制的两水平直线，如图9-33所示。

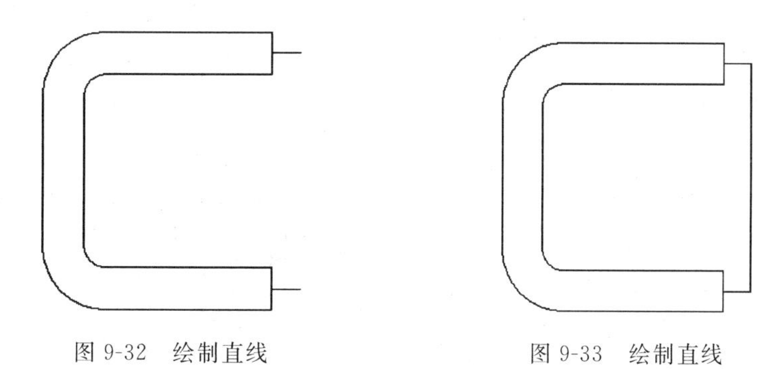

图9-32 绘制直线　　图9-33 绘制直线

(7) 单击“修改”工具栏中的“圆角”按钮，对上步绘制的直线进行圆角操作，圆角半径为30，如图9-34所示。

(8) 单击“绘图”工具栏中的“创建块”按钮，在上步绘制图形上任选一点为定义基点，选择上步所有图形为定义对象，将其定义为块，块名为“单人沙发”。

(9) 单击“修改”工具栏中的“复制”按钮和“镜像”按钮，选择已经绘制完成的图形进行复制和镜像操作，得到结果如图9-35所示。

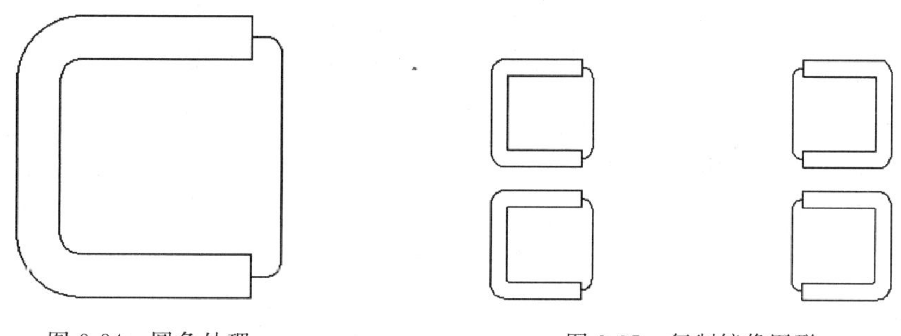

图9-34 圆角处理　　图9-35 复制镜像图形

(10) 单击“绘图”工具栏中的“椭圆”按钮，在上步绘制的沙发之间绘制一个适当大小的椭圆，如图9-36所示。

(11) 单击“修改”工具栏中的“偏移”按钮，选择上步绘制的椭圆为偏移对象向内进行偏移，偏移距离为50，如图9-37所示。

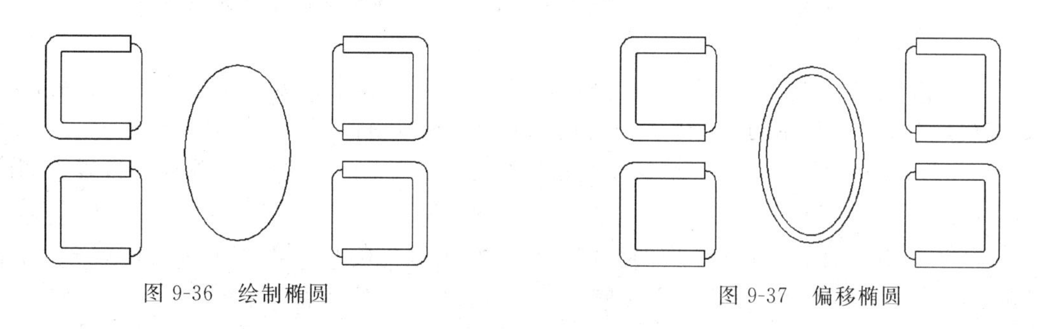

图9-36 绘制椭圆　　图9-37 偏移椭圆

(12) 单击“绘图”工具栏中的“圆”按钮，在左侧沙发图形下侧任选一点为圆心，绘制一个半径为 202 的圆，如图 9-38 所示。

(13) 单击“修改”工具栏中的“偏移”按钮，选择上步绘制的圆图形向内偏移，偏移距离为 77、20、54，如图 9-39 所示。

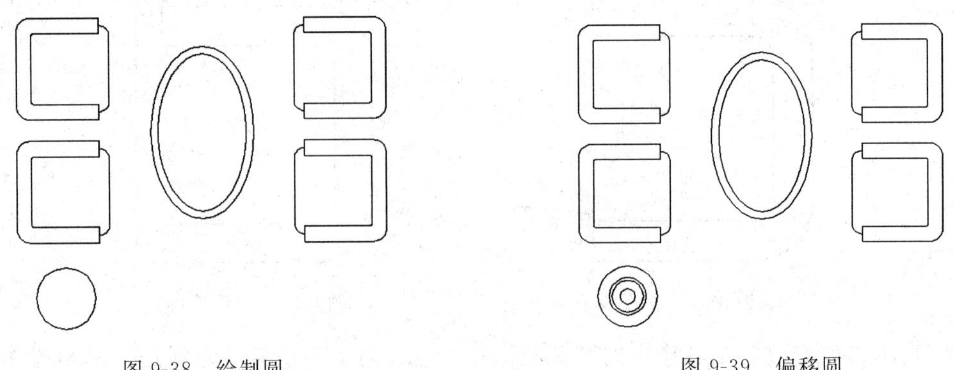

图 9-38　绘制圆　　　图 9-39　偏移圆

(14) 单击“绘图”工具栏中的“直线”按钮，在上步偏移圆内图形中绘制四段相等直线，如图 9-40 所示。

(15) 单击“修改”工具栏中的“复制”按钮，选择上步图形为复制对象，向右侧进行复制，如图 9-41 所示。

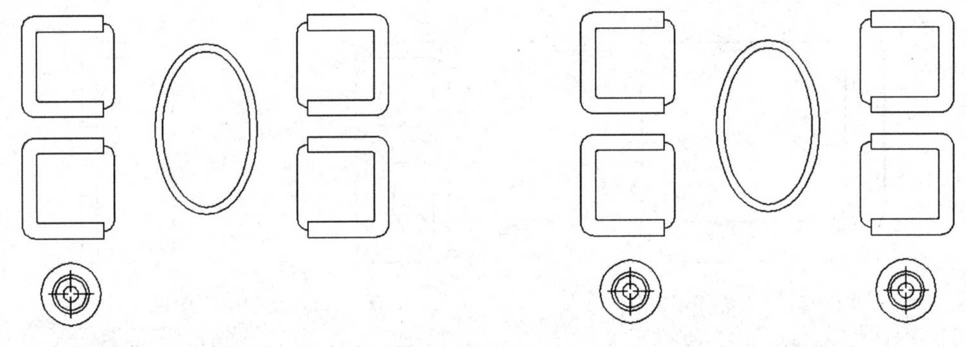

图 9-40　绘制直线　　　图 9-41　复制图形

(16) 单击“修改”工具栏中的“复制”按钮，选择前面绘制的单人沙发为复制对象，将其并排放置在适当位置，

(17) 单击“修改”工具栏中的“删除”按钮，选择多余线段进行删除，如图 9-42 所示。

(18) 单击“修改”工具栏中的“镜像”按钮，选择上步删除线段后图形为镜像对象，选择如图 9-43 所示的点 1 和点 2 为镜像两点，完成镜像操作，如图 9-43 所示。

(19) 单击“绘图”工具栏中的“直线”按钮，绘制上步图形断开处连接线，如图 9-44 所示。

(20) 单击“绘图”工具栏中的“创建块”按钮，在上步绘制图形上任选一点为定义基点，选择上步所有图形为定义对象，将其定义为块，块名为“包房沙发”。

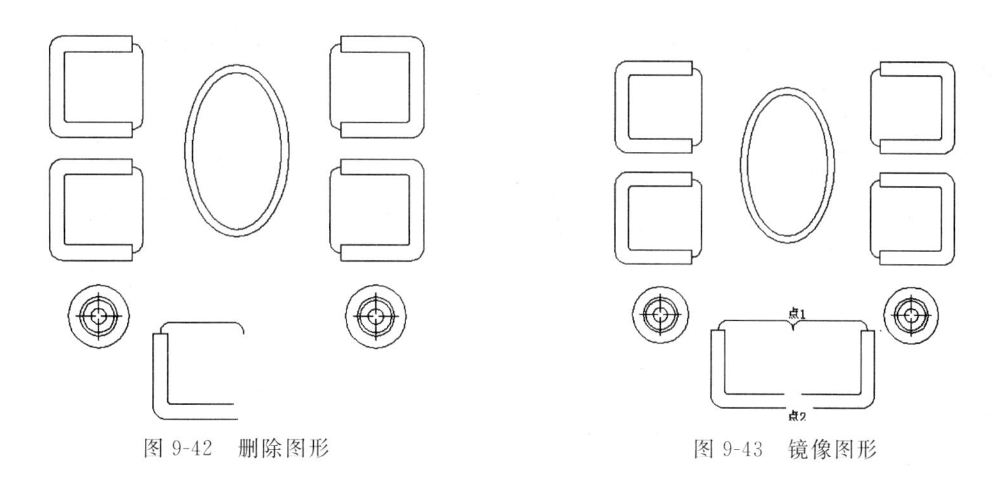

图 9-42　删除图形　　图 9-43　镜像图形

6. 绘制四人桌椅 2

(1) 单击“绘图”工具栏中的“矩形”按钮，在图形空白区域绘制一个“1200×700”的矩形，如图 9-45 所示。

(2) 单击“修改”工具栏中的“偏移”按钮，选择上步绘制的矩形为偏移对象，将其向内进行偏移，偏移距离为 50，如图 9-46 所示。

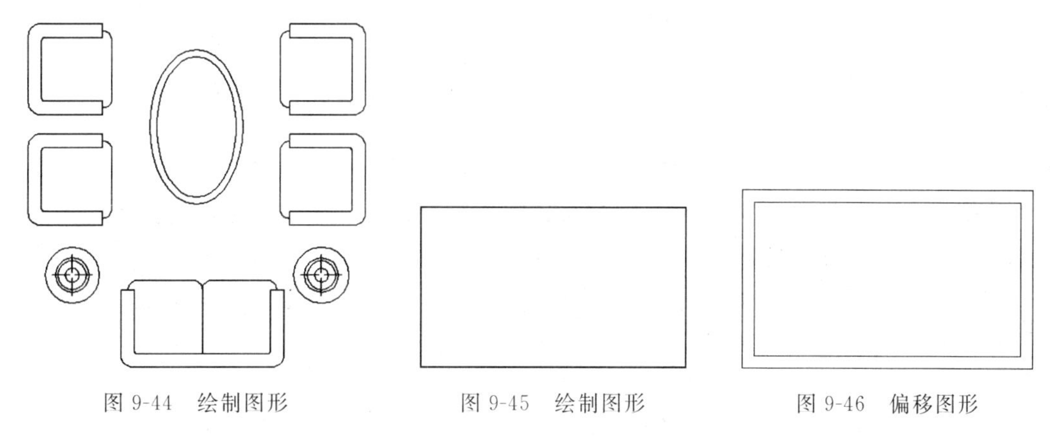

图 9-44　绘制图形　　图 9-45　绘制图形　　图 9-46　偏移图形

(3) 单击“绘图”工具栏中的“圆弧”按钮，在图形适当位置绘制两段相等圆弧，如图 9-47 所示。

(4) 单击“绘图”工具栏中的“圆弧”按钮，绘制上步圆弧的封闭线，如图 9-48 所示。

(5) 单击“绘图”工具栏中的“直线”按钮，在上步图形下端绘制两条直线，如图 9-49 所示。

(6) 单击“绘图”工具栏中的“椭圆”按钮，在上步图形端口处绘制一个椭圆，如图 9-50 所示。

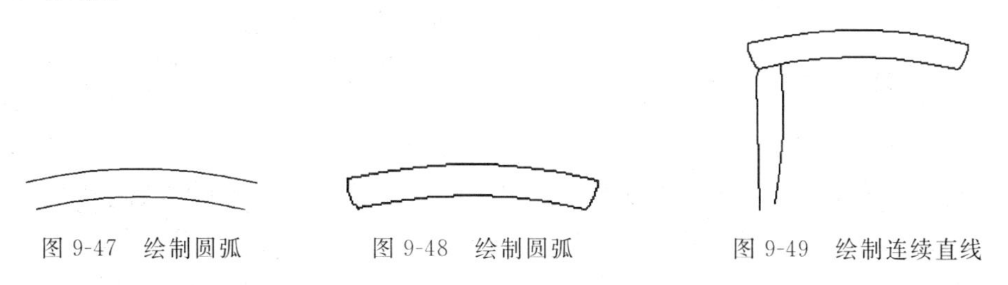

图 9-47　绘制圆弧　　图 9-48　绘制圆弧　　图 9-49　绘制连续直线

（7）单击“修改”工具栏中的“镜像”按钮，选择左侧图形为镜像对象向右侧镜像，如图 9-51 所示。

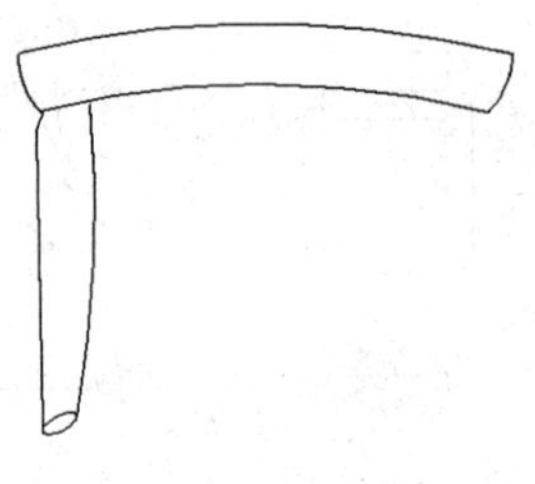
图 9-50 绘制椭圆

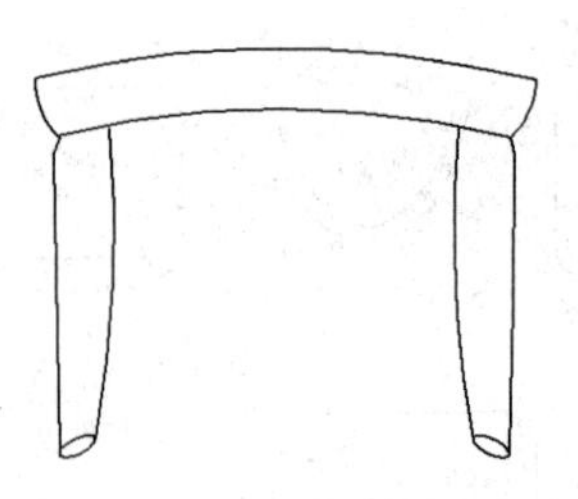
图 9-51 镜像图形

（8）单击“绘图”工具栏中的“直线”按钮，在上步图形下端绘制连续直线，如图 9-52 所示。

（9）单击“修改”工具栏中的“圆角”按钮，对上步绘制的连续直线进行圆角处理，如图 9-53 所示。

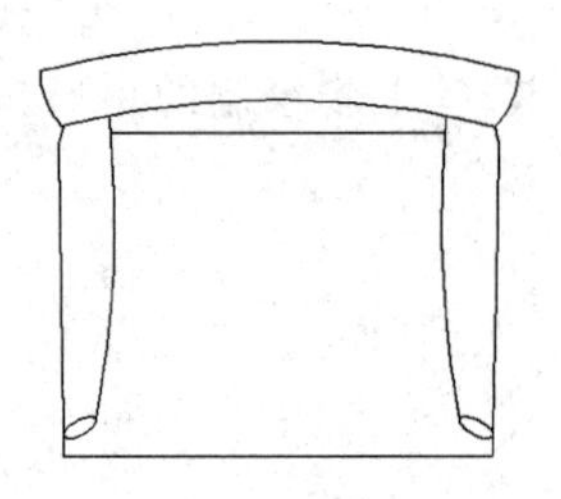
图 9-52 绘制图形

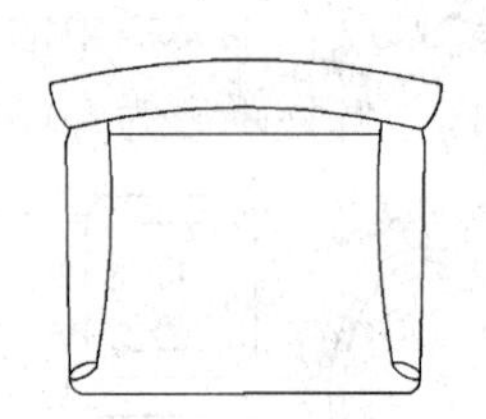
图 9-53 圆角处理

（10）单击“绘图”工具栏中的“创建块”按钮，在上步绘制图形上任选一点为定义基点，选择上步所有图形为定义对象，将其定义为块，块名为“沙发 1”。

（11）单击“修改”工具栏中的“复制”按钮和“镜像”按钮，选择上步定义的图块进行复制，如图 9-54 所示。

（12）单击“绘图”工具栏中的“创建块”按钮，在上步绘制图形上任选一点为定义基点，选择上步所有图形为定义对象，将其定义为块，块名为“四人桌椅 2”。

（13）利用所学知识绘制“休息区沙发”图形，并将其定义为块如图 9-55 所示。

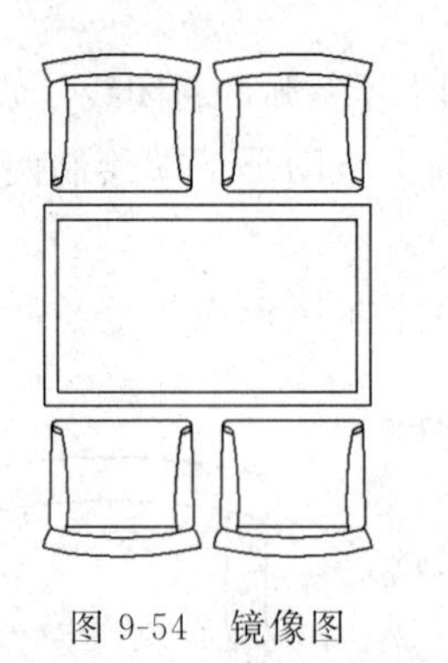
图 9-54 镜像图

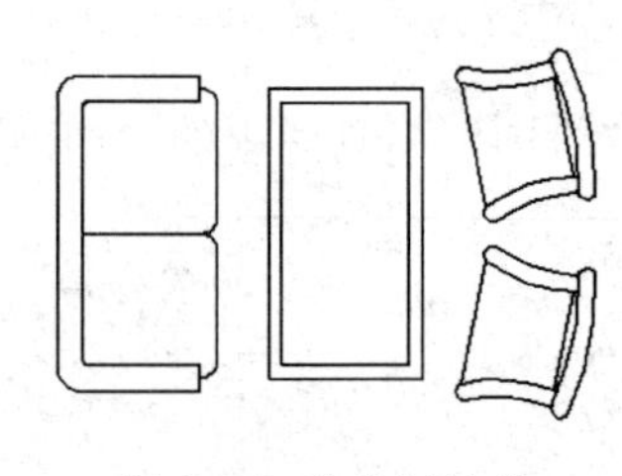
图 9-55 休息区沙发

（14）利用所学知识绘制图形中缺少的“单人转椅”图形，并将其定义为块如图 9-56 所示。

7. 绘制装饰台

（1）单击“绘图”工具栏中的“矩形”按钮，在图形适当位置绘制一个“1200×350”的矩形，如图 9-57 所示。

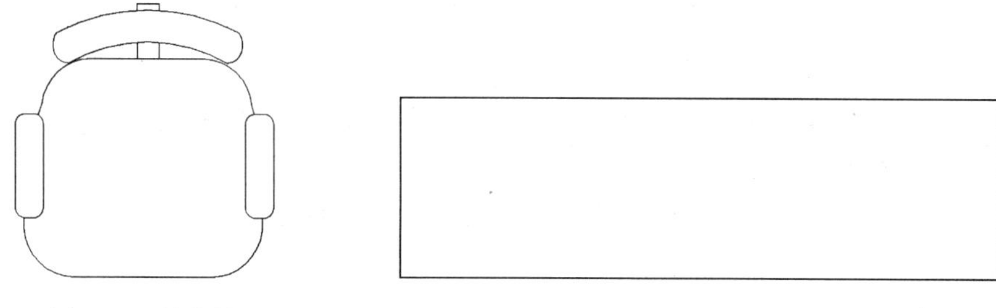

图 9-56 单人椅　　　　图 9-57 绘制矩形

（2）单击“修改”工具栏中的“偏移”按钮，选择上步绘制的矩形向内侧进行偏移，偏移距离为 44。如图 9-58 所示。

（3）单击“绘图”工具栏中的“圆”按钮，在上步偏移矩形内绘制一个半径为 125 的圆。如图 9-59 所示。

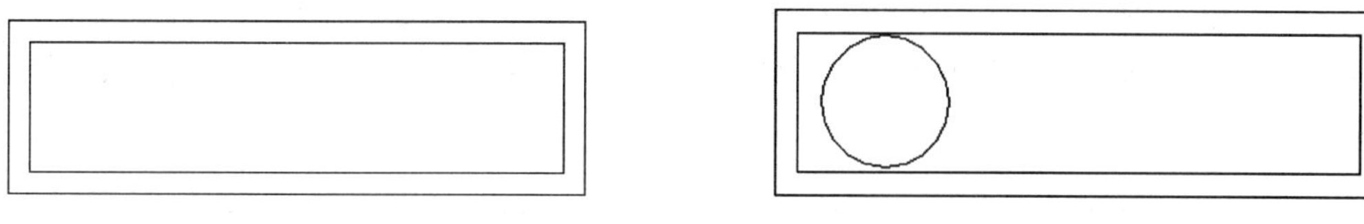

图 9-58 偏移矩形　　　　图 9-59 绘制圆

（4）单击“修改”工具栏中的“偏移”按钮，选择上步绘制的圆向内进行偏移，偏移距离为 20、54，如图 9-60 所示。

（5）单击“绘图”工具栏中的“直线”按钮，在上步偏移的圆内，绘制四段相等直线，如图 9-61 所示。

图 9-60 偏移圆

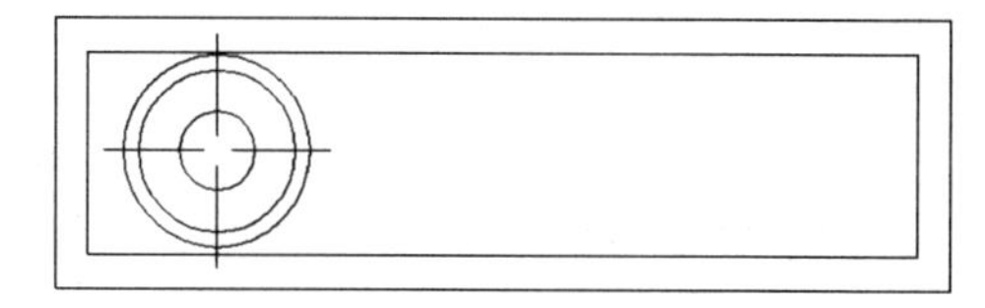

图 9-61 绘制直线

（6）单击“修改”工具栏中的“复制”按钮，选择上步绘制完成图形进行复制，完成装饰台的绘制，如图 9-62 所示。

（7）单击“绘图”工具栏中的“创建块”按钮，在上步绘制图形上任选一点为定义基点，选择上步所有图形为定义对象，将其定义为块，块名为“装饰台”。

8. 绘制沙发茶几

（1）单击“绘图”工具栏中的“直线”按钮和“圆弧”按钮，绘制沙发外轮廓线，如图 9-63 所示。

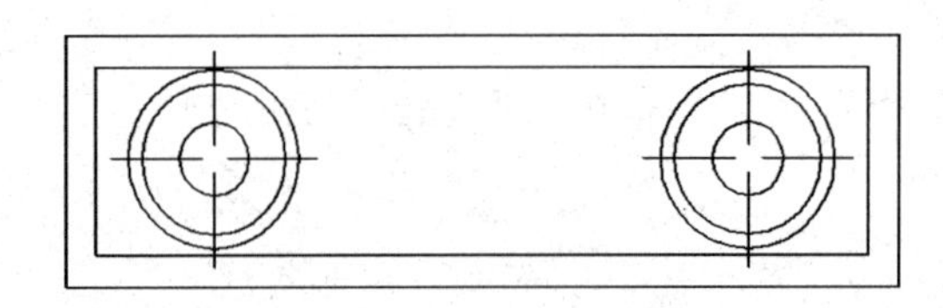

图 9-62　复制图形

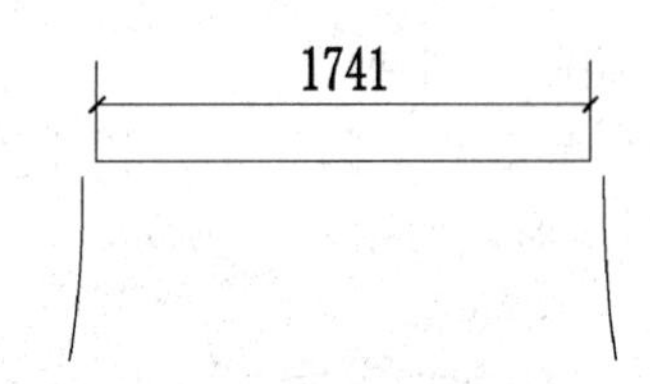

图 9-63　绘制外轮廓线

（2）单击“修改”工具栏中的“圆角”按钮，选择上步绘制的图形进行圆角处理，圆角半径为 50，结果如图 9-64 所示。

（3）单击“修改”工具栏中的“偏移”按钮，选择两竖直直线向内进行偏移，偏移距离为 120，如图 9-65 所示。

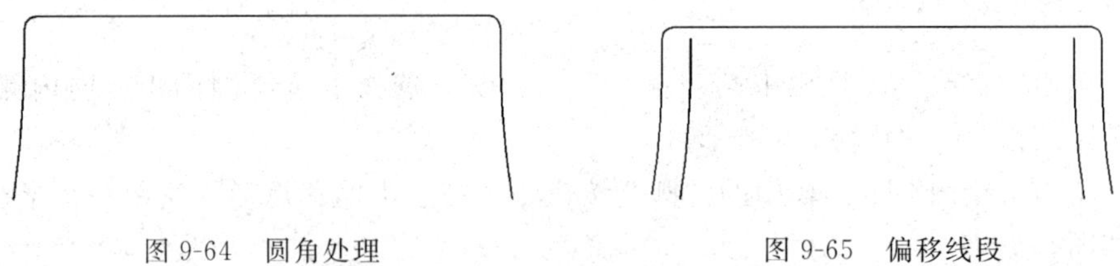

图 9-64　圆角处理　　　　图 9-65　偏移线段

（4）单击“绘图”工具栏中的“圆弧”按钮，绘制如图 9-66 所示的圆弧。

（5）单击“修改”工具栏中的“修剪”按钮，对上步图形进行修剪，如图 9-67 所示。

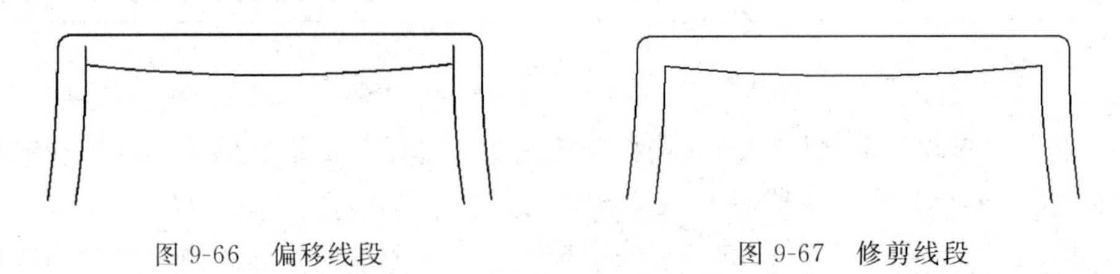

图 9-66　偏移线段　　　　图 9-67　修剪线段

（6）单击“绘图”工具栏中的“圆弧”按钮，封闭上步图形的底部端口，如图 9-68 所示。

（7）单击“修改”工具栏中的“直线”按钮，绘制沙发底部直线，如图 9-69 所示。

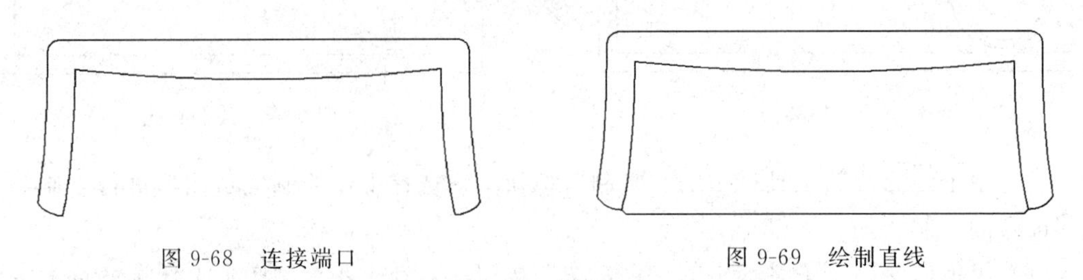

图 9-68　连接端口　　　　图 9-69　绘制直线

（8）单击“绘图”工具栏中的“直线”按钮，将上步绘制水平直线三等分，如图 9-70 所示。

（9）单击“绘图”工具栏中的“矩形”按钮，在上步绘制的沙发旁边绘制一个“900×400”的矩形，如图 9-71 所示。

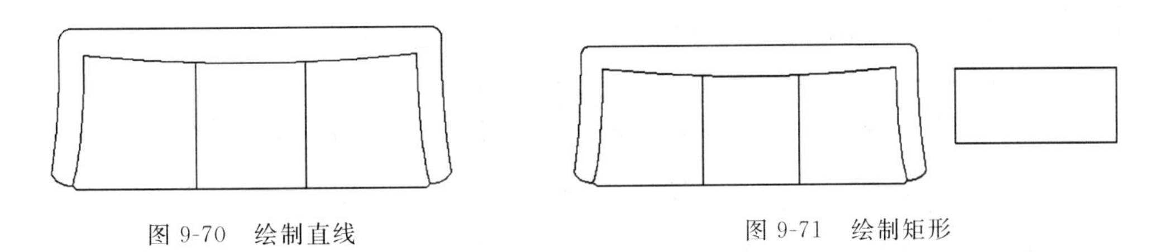

图 9-70 绘制直线　　图 9-71 绘制矩形

(10) 单击“修改”工具栏中的“偏移”按钮，选择上步绘制的矩形向内进行偏移，偏移距离为 50，如图 9-72 所示。

(11) 单击“修改”工具栏中的“镜像”按钮，选择矩形两水平边中点为镜像点，镜像图形如图 9-73 所示。

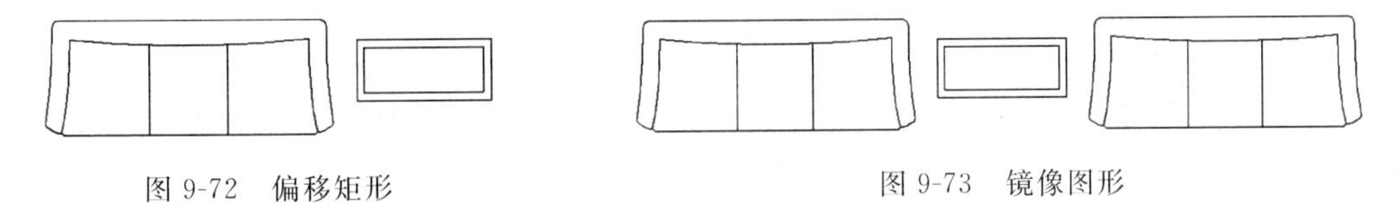

图 9-72 偏移矩形　　图 9-73 镜像图形

(12) 单击“绘图”工具栏中的“直线”按钮，绘制沙发与茶几的连接线，如图 9-74 所示。

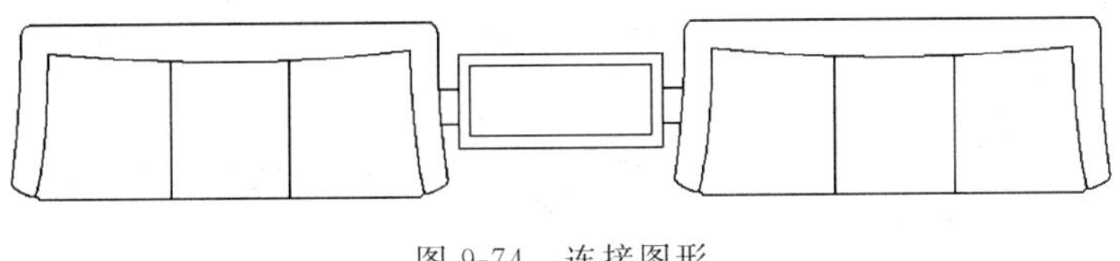

图 9-74 连接图形

(13) 单击“绘图”工具栏中的“修订云线”按钮，绘制茶几上的装饰图形，如图 9-75 所示。

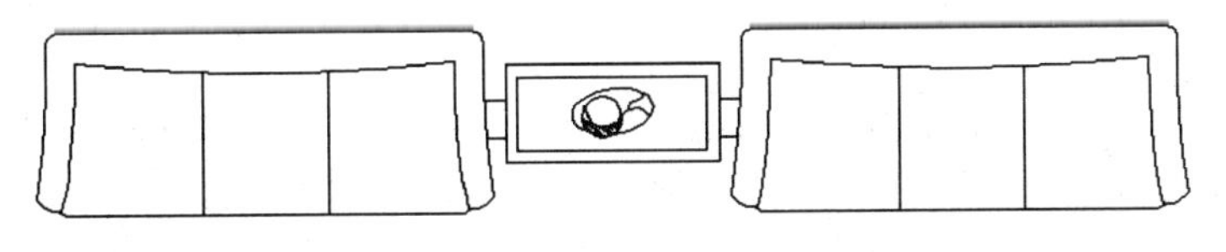

图 9-75 绘制茶几装饰图形

(14) 单击“绘图”工具栏中的“矩形”按钮，在沙发左侧绘制一个“500×500”的矩形，如图 9-76 所示。

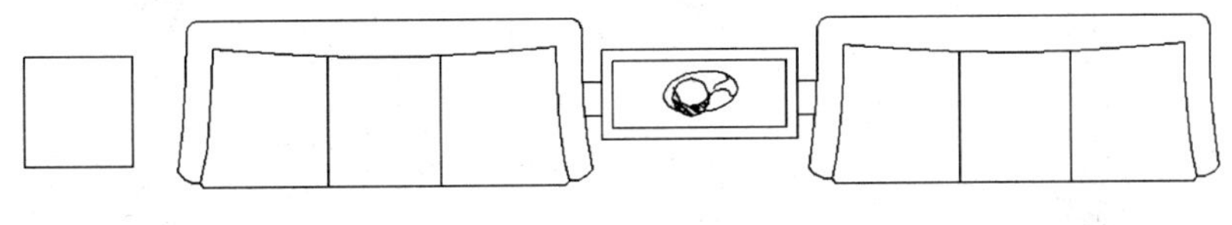

图 9-76 绘制茶几图形

(15) 单击“绘图”工具栏中的“直线”按钮，在上步绘制矩形内绘制十字交叉线，如图 9-77 所示。

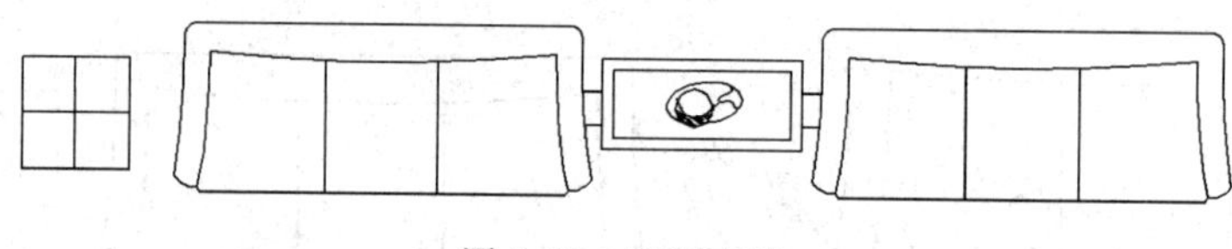

图 9-77　绘制直线

(16) 单击“绘图”工具栏中的“圆”按钮，以上步绘制十字交叉线交点为圆心，分别绘制半径为 208 和 59 的圆，如图 9-78 所示。

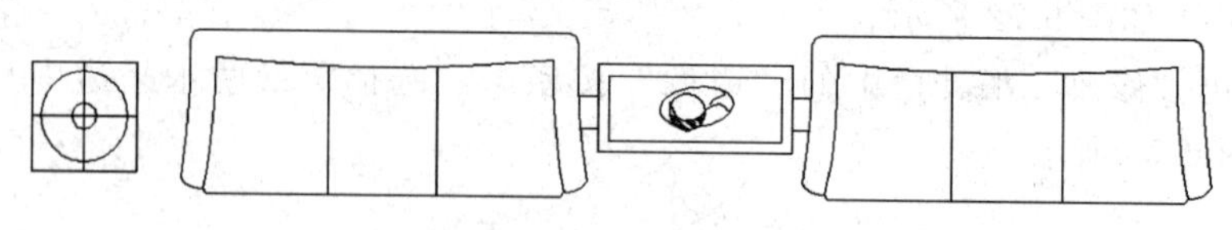

图 9-78　绘制圆

(17) 单击“绘图”工具栏中的“直线”按钮，绘制沙发和上步绘制茶几之间的连接线，如图 9-79 所示。

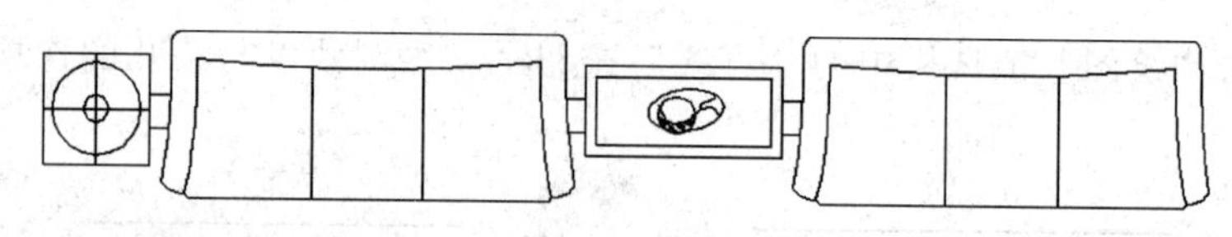

图 9-79　绘制连接线

(18) 单击“修改”工具栏中的“镜像”按钮，选择上步绘制完成的茶几图形和连接线，进行镜像，结果如图 9-80 所示。

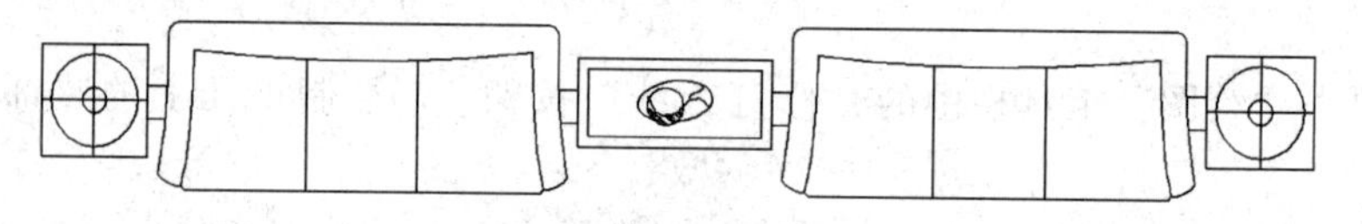

图 9-80　镜像图形

(19) 单击“绘图”工具栏中的“创建块”按钮，在上步绘制图形上任选一点为定义基点，选择上步所有图形为定义对象，将其定义为块“三人座沙发”。

9. 绘制桌子

(1) 单击“绘图”工具栏中的“矩形”按钮，在化妆室靠墙位置绘制一个“2479×300”的矩形，如图 9-81 所示。

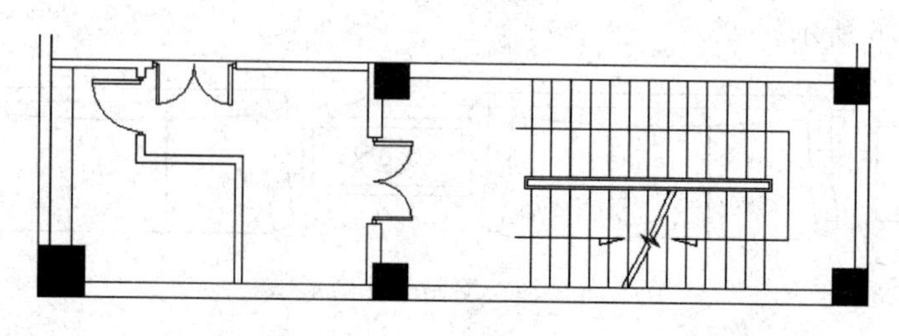

图 9-81　绘制矩形

(2) 单击“修改”工具栏中的“偏移”按钮，选择上步绘制的矩形向内偏移，偏移距离为50，如图9-82所示。

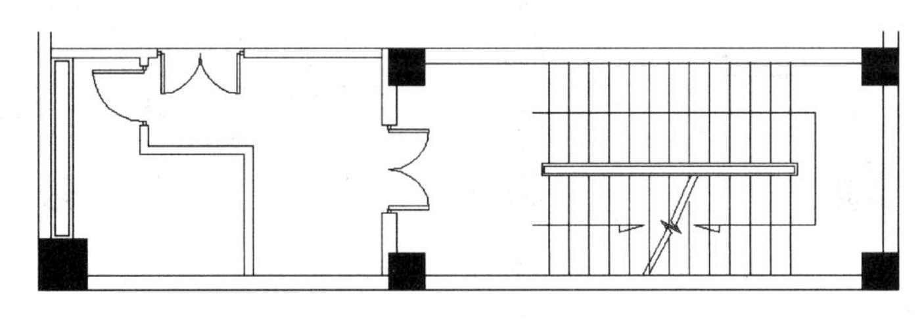

图9-82 偏移矩形

(3) 单击“修改”工具栏中的“分解”按钮，选择上步偏移的内部矩形为分解对象进行分解。

(4) 选择菜单栏中的“绘图”→“点”→“定数等分”，选择分解矩形左侧竖直边进行等分操作，命令行提示操作如下：

命令：DIVIDE

选择要定数等分的对象：(选择竖直线段)

输入线段数目或［块(B)］：6

(5) 单击“绘图”工具栏中的“直线”按钮，绘制等分线，如图9-83所示。

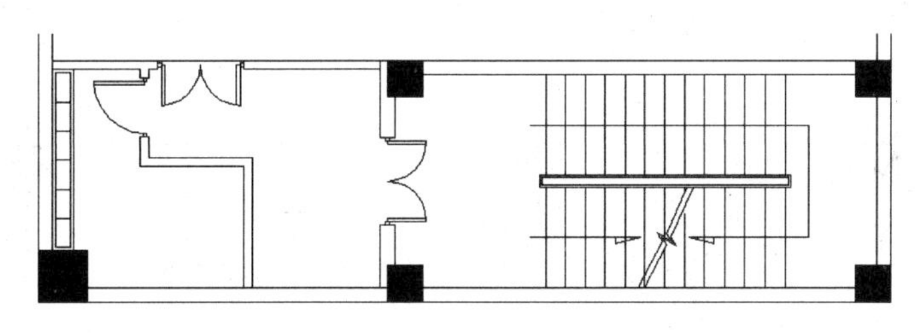

图9-83 绘制等分线

(6) 单击“绘图”工具栏中的“直线”按钮，绘制等分线形成矩形的对角线，如图9-84所示。

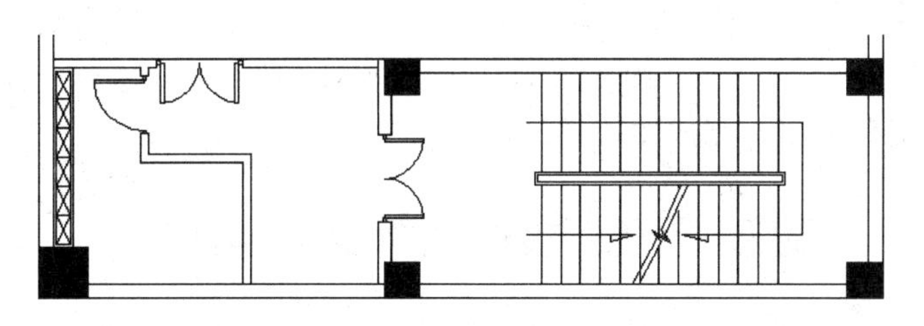

图9-84 绘制连接线

(7) 单击“绘图”工具栏中的“矩形”按钮，在化妆室适当位置绘制一个“600×1660”的矩形，如图9-85所示。

(8) 单击“修改”工具栏中的“分解”按钮，选择上步绘制的矩形为分解对象进行分解。

(9) 单击“修改”工具栏中的“偏移”按钮，选择上步分解矩形左侧竖直边向右偏移，偏移距离为50，如图9-86所示。

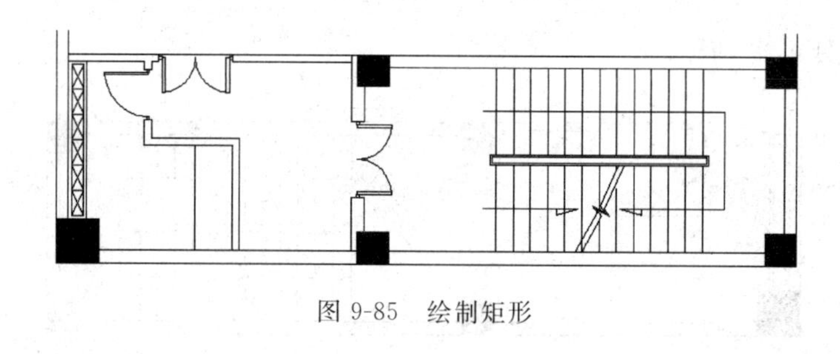

图 9-85　绘制矩形

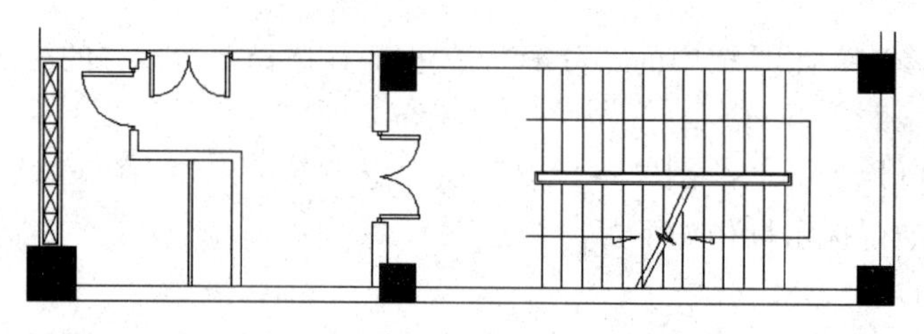

图 9-86　偏移矩形

（10）单击“绘图”工具栏中的“直线”按钮，选择分解矩形竖直边中点为直线起点，向右绘制一条水平直线，如图 9-87 所示。

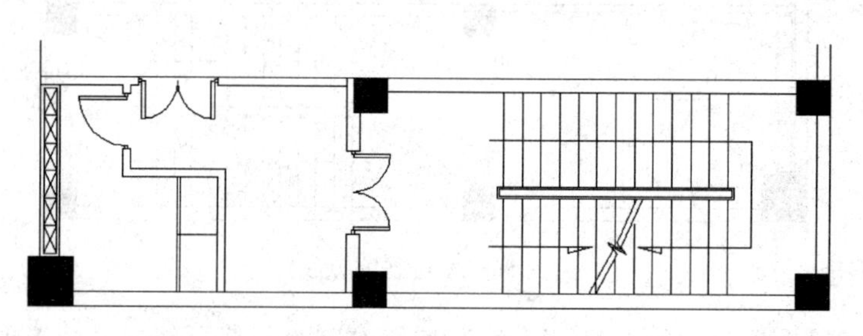

图 9-87　绘制分割线

10. 单击“绘图”工具栏中的“块”按钮，弹出“插入”对话框，如图 9-88 所示。单击“浏览”按钮，弹出“选择图形文件”对话框，如图 9-89 所示。选择“单人转椅”图块，单击“确定”按钮，完成图块插入，如图 9-90 所示。

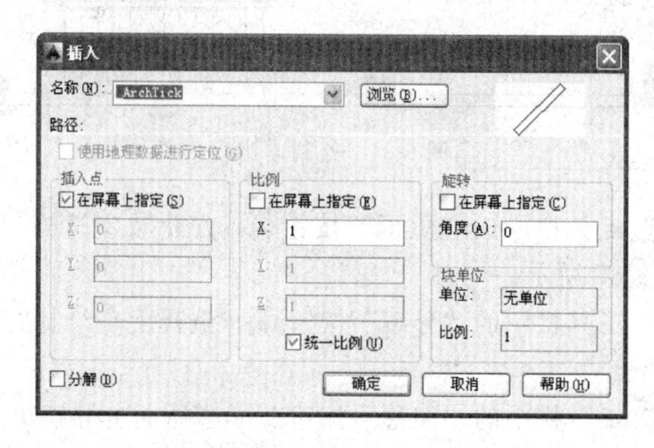

图 9-88　“插入”对话框

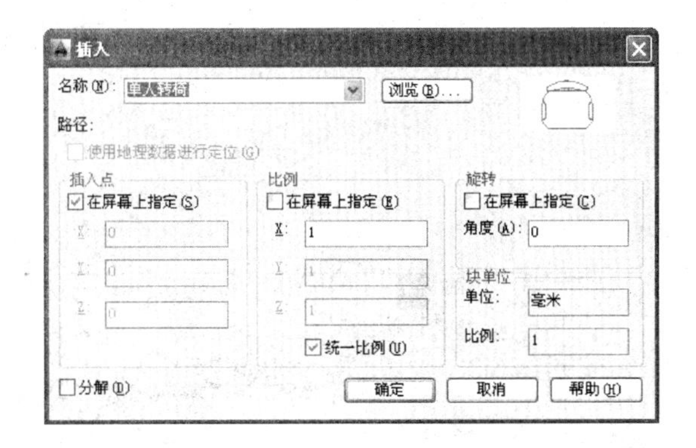

图 9-89 选择“单人转椅”

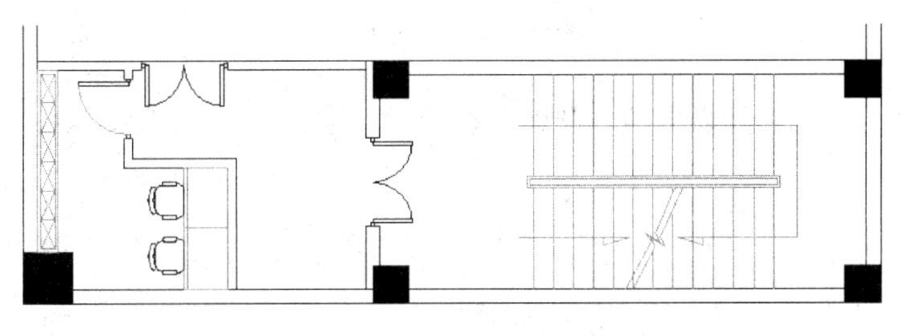

图 9-90 插入单人转椅

11. 单击“绘图”工具栏中的“直线”按钮，在图形适当位置绘制一条斜向直线，如图 9-91 所示。

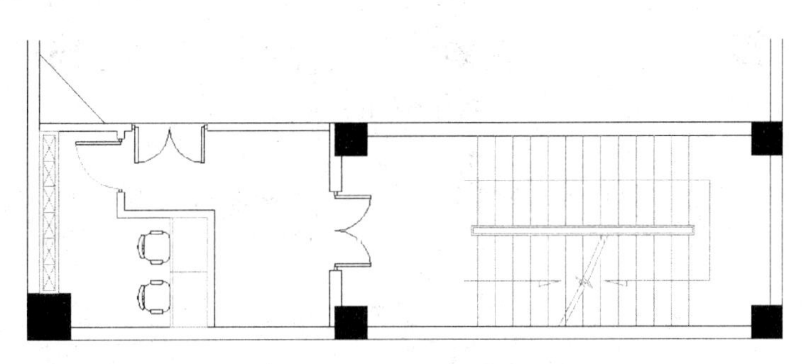

图 9-91 绘制直线

12. 单击“修改”工具栏中的“修剪”按钮，对上步绘制线段内的墙体进行修剪，如图 9-92 所示。

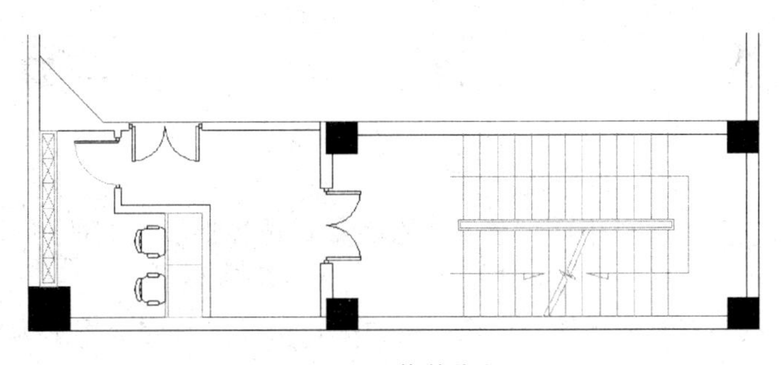

图 9-92 修剪线段

13. 单击“绘图”工具栏中的“直线”按钮，在上步修剪区域内，绘制两条竖直直线，如图 9-93 所示。

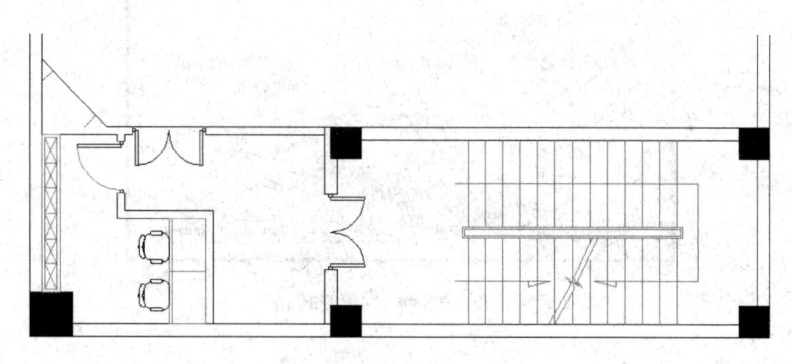

图 9-93 绘制直线

14. 单击“绘图”工具栏中的“圆弧”按钮，连接上步两直线绘制圆弧，如图 9-94 所示。

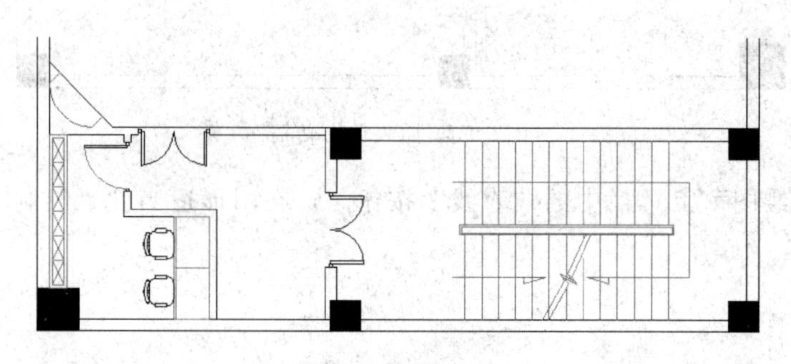

图 9-94 绘制圆弧

15. 单击“绘图”工具栏中的“矩形”按钮，在上步区域内绘制一个适当大小的矩形，如图 9-95 所示。

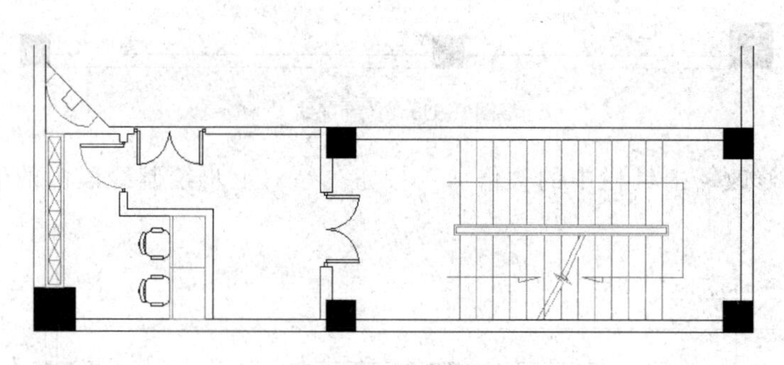

图 9-95 绘制矩形

16. 单击“修改”工具栏中的“偏移”按钮，选择上步绘制的矩形向内进行偏移。如图 9-96 所示。

17. 单击“修改”工具栏中的“镜像”按钮，选择上步完成图形为镜像对象，向右侧进行镜像，结果如图 9-97 所示。

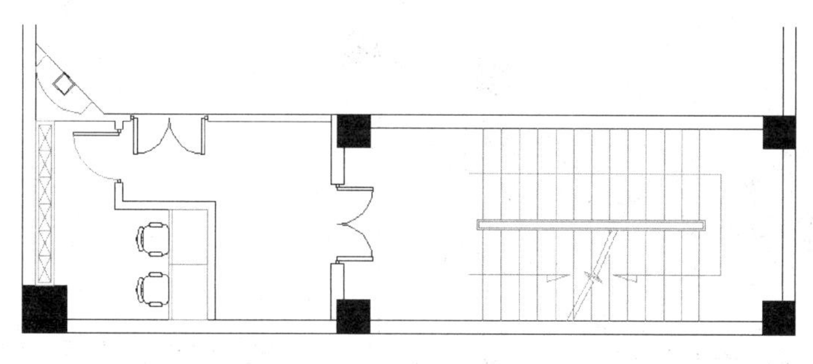

图 9-96 偏移矩形

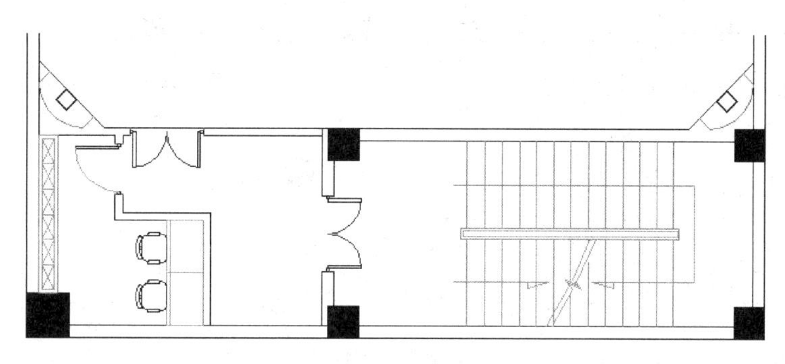

图 9-97 镜像图形

18. 单击“绘图”工具栏中的“直线”按钮，在墙体上绘制连续线段作为投影屏，如图 9-98 所示。

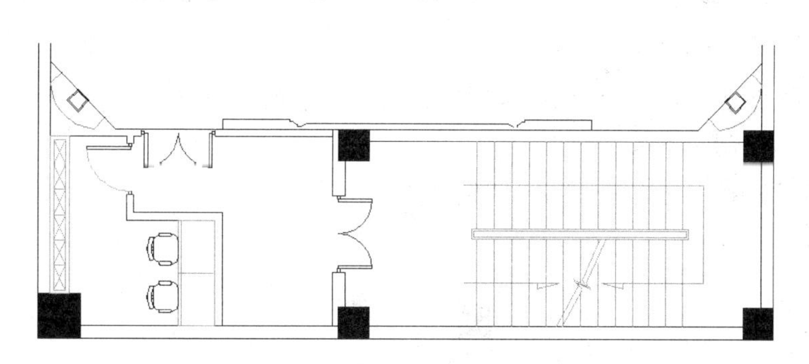

图 9-98 绘制投影屏

19. 单击“绘图”工具栏中的“直线”按钮和“圆弧”按钮，在投影屏上方绘制活动主席台，如图 9-99 所示。

20. 单击“绘图”工具栏中的“矩形”按钮，在活动主席台上绘制一个“3600×1889”的矩形，如图 9-100 所示。

21. 选择上步绘制的活动主席台，单击“特性”工具栏中的“线型”按钮，在线型下拉列表中选择线型“DASHED”，将活动主席台线型进行修改，如图 9-101 所示。

22. 单击“绘图”工具栏中的“矩形”按钮，在图形适当位置绘制一个“2400×500”的矩形，如图 9-102 所示。

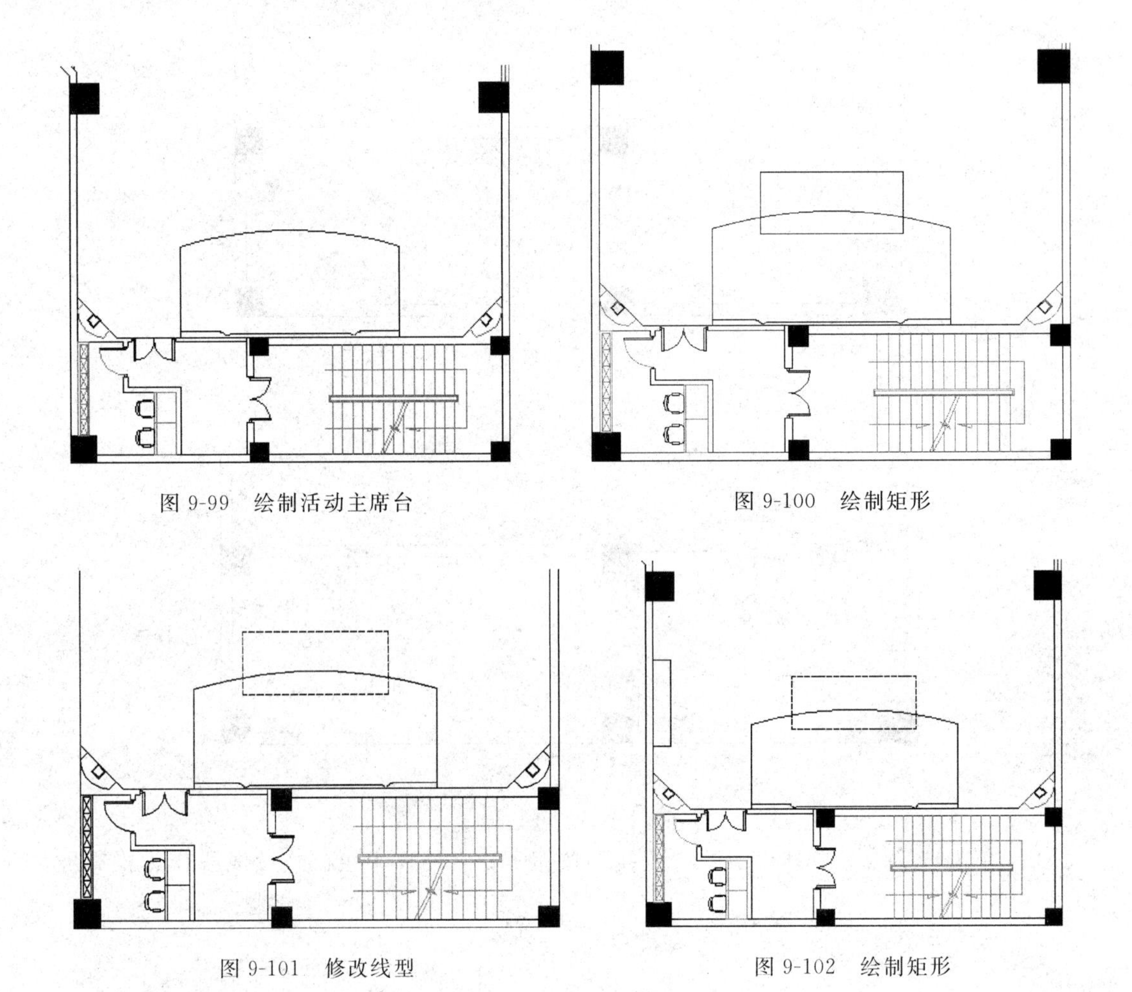

图 9-99　绘制活动主席台　　图 9-100　绘制矩形

图 9-101　修改线型　　图 9-102　绘制矩形

23. 单击“绘图”工具栏中的“直线”按钮，选取上步绘制矩形左侧竖直边中点为直线起点，向右绘制一条水平直线，如图 9-103 所示。

24. 单击“绘图”工具栏中的“直线”按钮，在上步分割的矩形内绘制斜向直线，如图 9-104 所示。

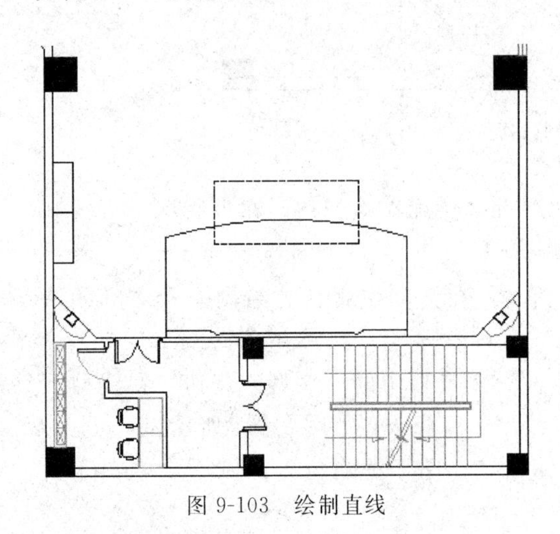

图 9-103　绘制直线

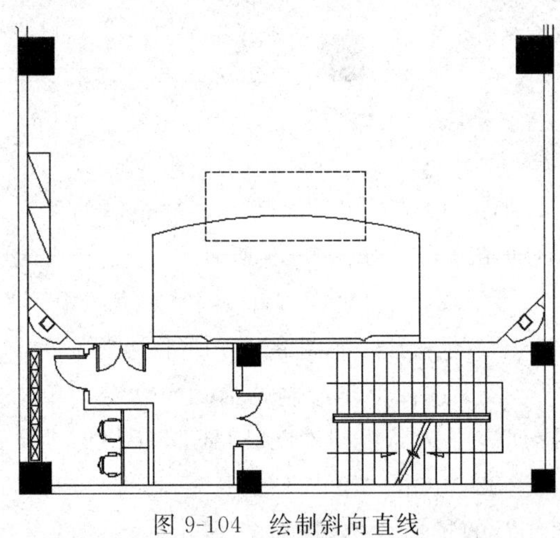

图 9-104　绘制斜向直线

25. 单击“修改”工具栏中的“复制”按钮，选择上步绘制的图形为复制对象，进行连续复制，将其放置到适当位置，如图 9-105 所示。

26. 单击“绘图”工具栏中的“矩形”按钮，在图形适当位置绘制一个“2285×780”的矩形，如图 9-106 所示。

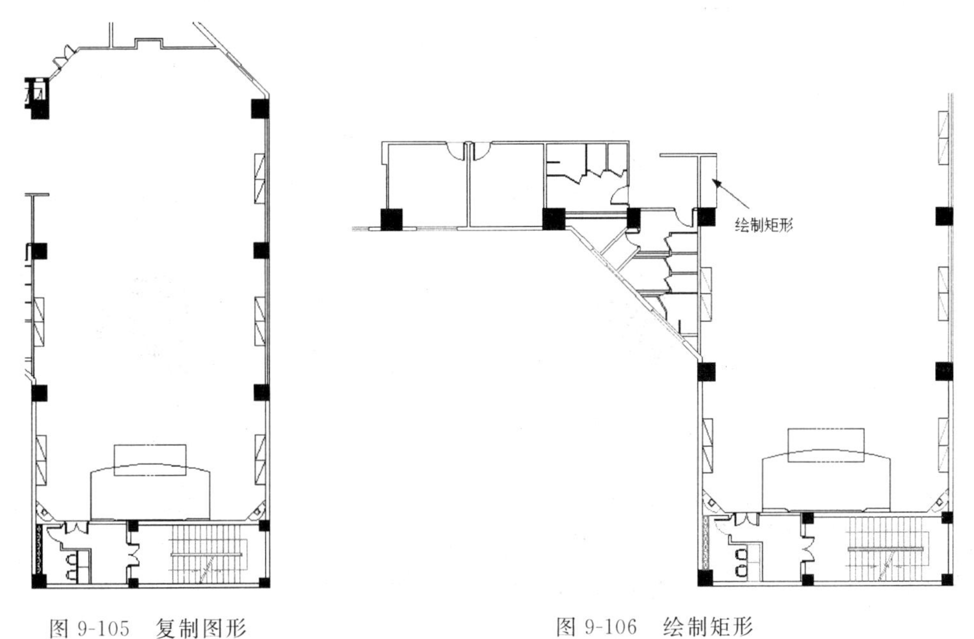

图 9-105 复制图形　　图 9-106 绘制矩形

27. 单击“修改”工具栏中的“偏移”按钮，选择上步绘制的矩形进行偏移，如图 9-107 所示。

28. 单击“绘图”工具栏中的“矩形”按钮，在图形适当位置内绘制一个“903×50”的矩形，如图 9-108 所示。

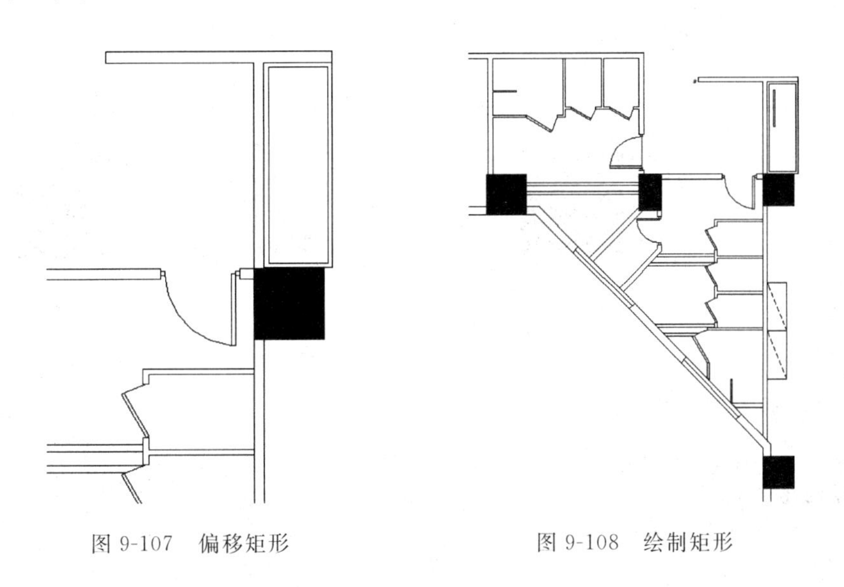

图 9-107 偏移矩形　　图 9-108 绘制矩形

29. 单击“修改”工具栏中的“复制”按钮，选择上步绘制矩形为复制对象，连续向下进行复制，如图 9-109 所示。

30. 选择上步复制的矩形，单击“图层”工具栏中的“线型”按钮，在其线型下拉列表中选择“DASHED”线型，线型进行修改，如图 9-110 所示。

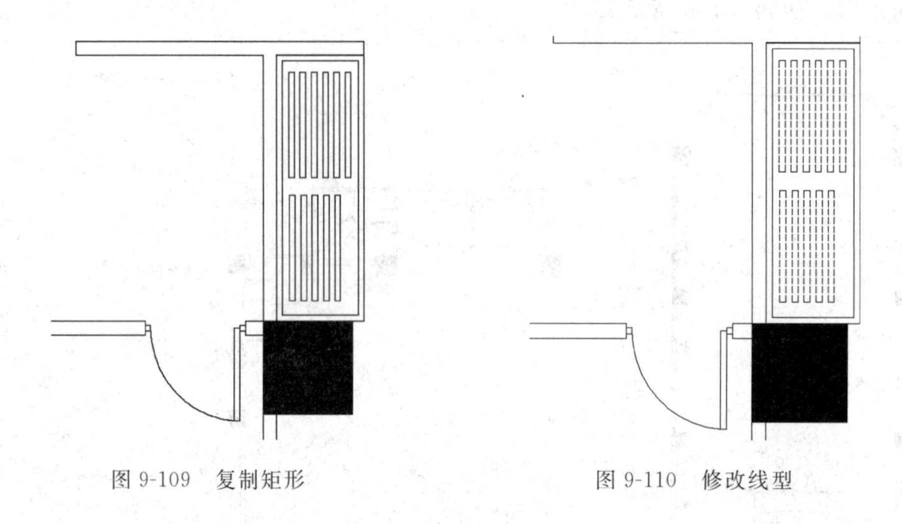

图 9-109　复制矩形　　　　图 9-110　修改线型

31. 单击“修改”工具栏中的“旋转”，选择如图 9-111 所示的矩形上端水平边左端点为旋转基点，旋转角度为 10°，如图 9-112 所示。

32. 利用上述方法完成图形中的相同图形的绘制，如图 9-113 所示。

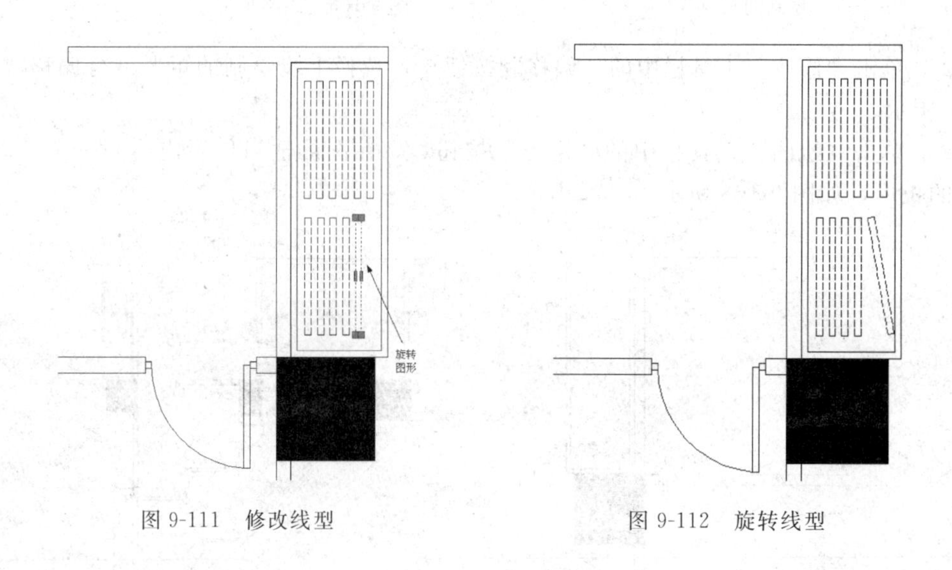

图 9-111　修改线型　　　　图 9-112　旋转线型

9.1.3　布置家具图块

【操作步骤】

1. 单击“绘图”工具栏中的“块”按钮，弹出“插入”对话框，选择“十人桌椅”图块，单击“确定”按钮，完成图块插入，如图 9-114 所示。

2. 单击“绘图”工具栏中的“块”按钮，弹出“插入”对话框，选择“八人桌椅”图块，单击“确定”按钮，完成图块插入，如图9-115所示。

3. 单击“绘图”工具栏中的“插入块”按钮，弹出“插入”对话框，选择“四人桌椅”图块，单击“确定”按钮，完成图块插入，如图9-116所示。

4. 单击“绘图”工具栏中的“块”按钮，弹出“插入”对话框。选择“包房沙发”图块，单击“确定”按钮，完成图块插入，如图9-117所示。

5. 单击“绘图”工具栏中的“块”按钮，弹出“插入”对话框。单击“浏览”按钮，选择“装饰台”、“四人桌椅2”图块，单击“确定”按钮，完成图块插入，如图9-118所示。

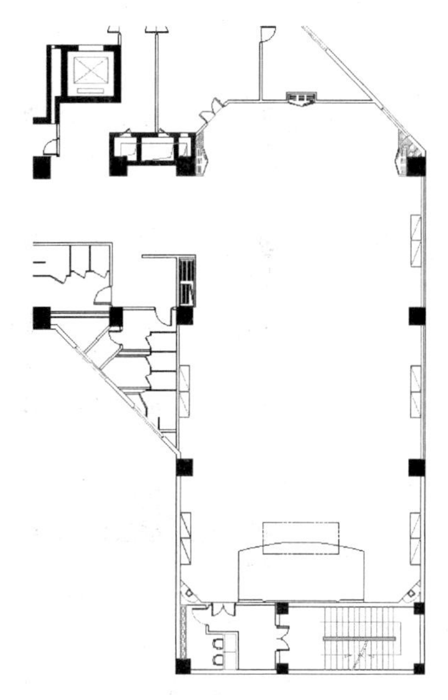

图9-113 绘制图形

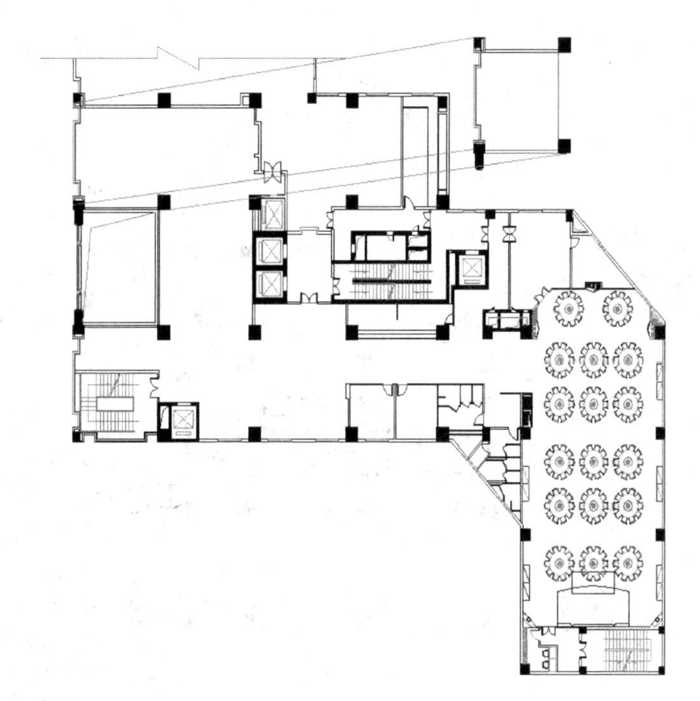

图9-114 插入桌椅

6. 单击“绘图”工具栏中的“块”按钮，弹出“插入”对话框，选择“休息区沙发”图块，单击“确定”按钮，完成图块插入，如图9-119所示。

7. 单击“绘图”工具栏中的“块”按钮，弹出“插入”对话框，选择“三人座沙发”图块，单击“确定”按钮，完成图块插入，如图9-120所示。

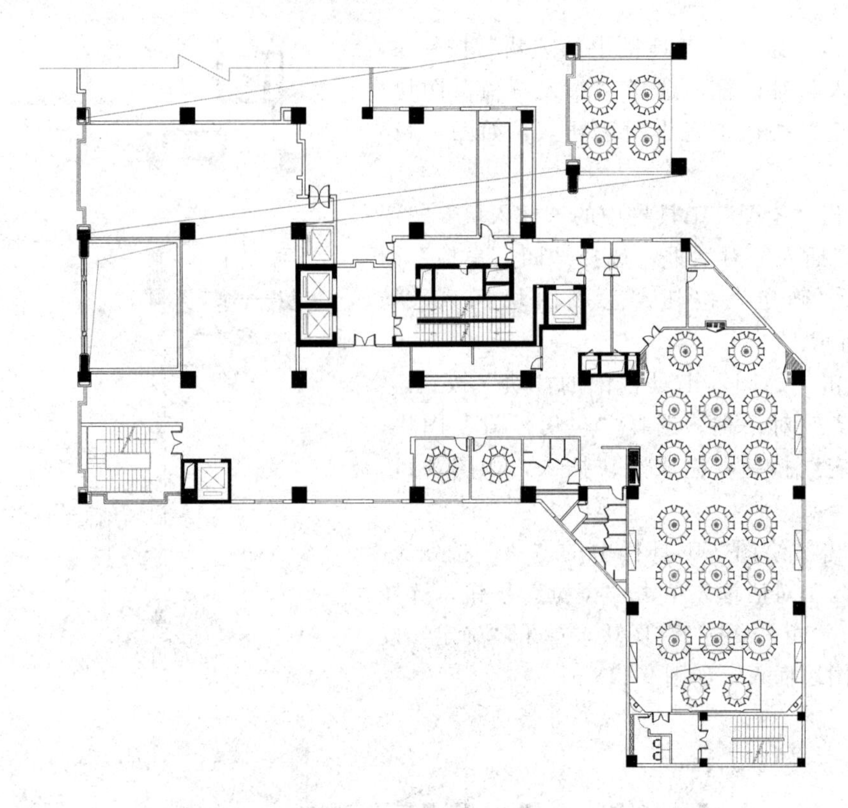

图 9-115　插入八人桌椅

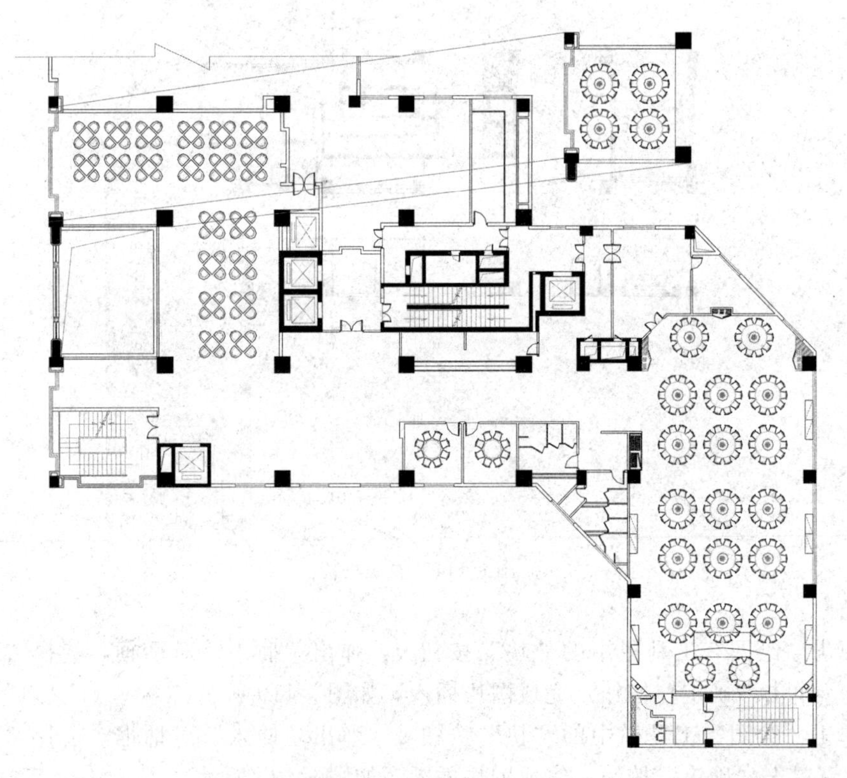

图 9-116　插入四人桌椅

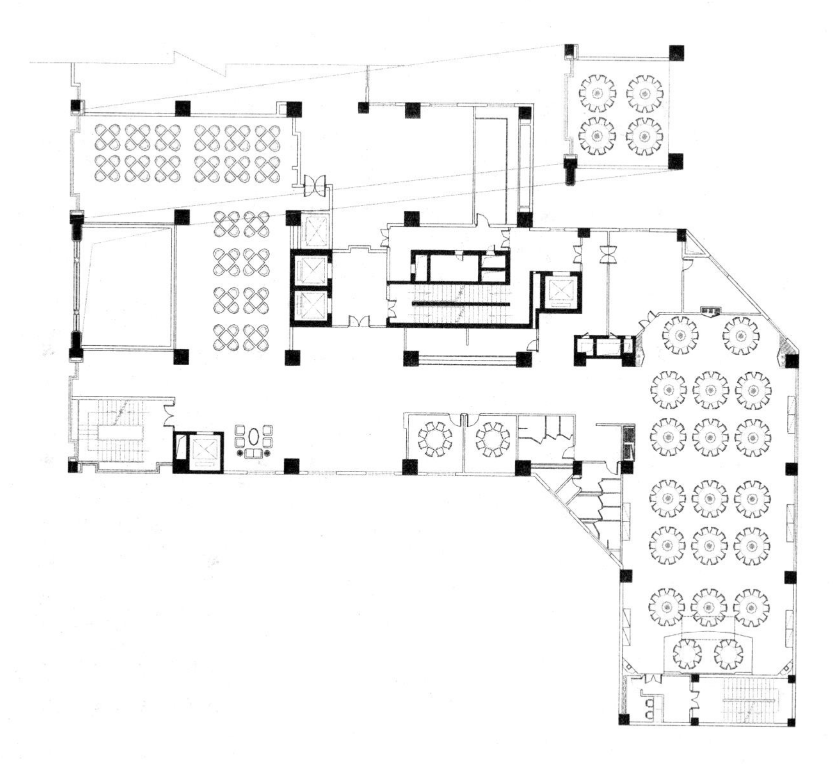

图 9-117 插入包房沙发

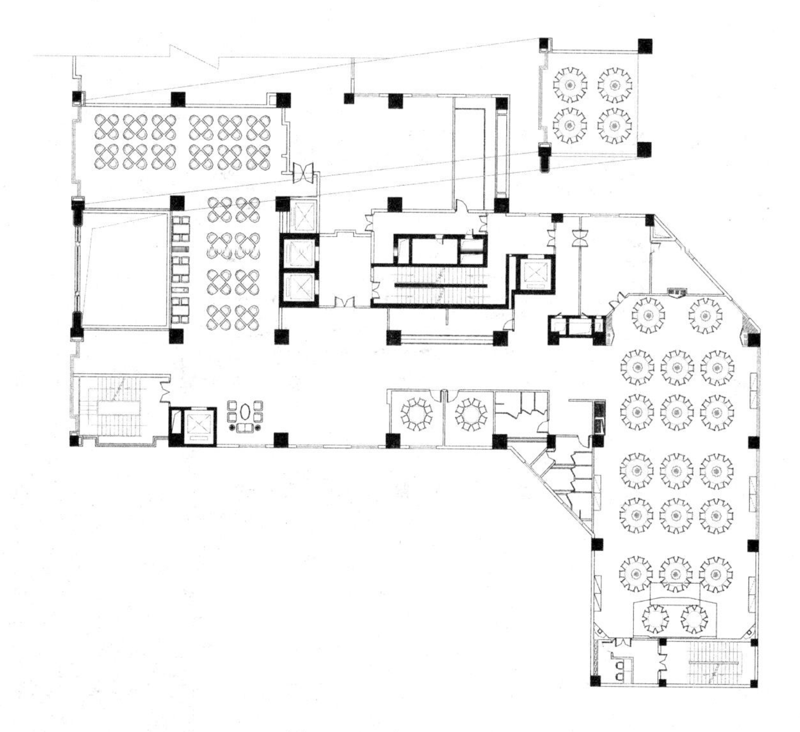

图 9-118 插入装饰台

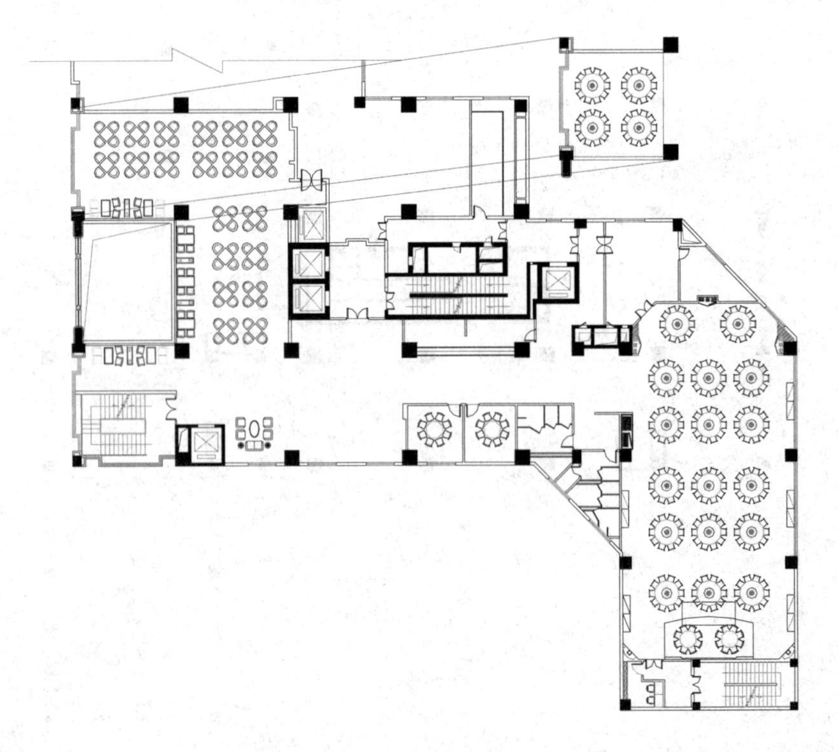

图 9-119　插入休息室沙发

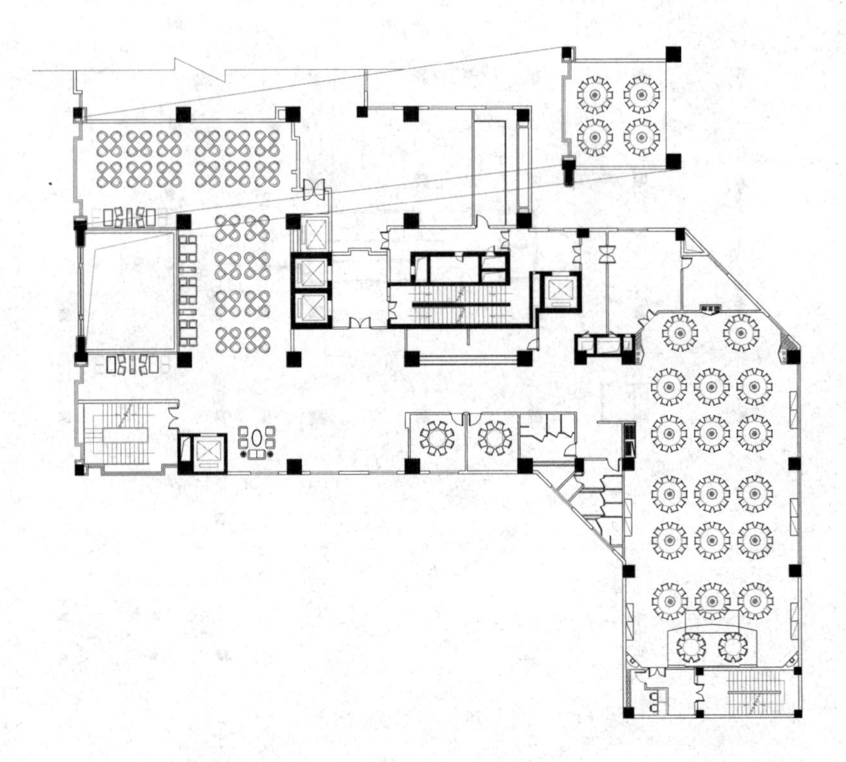

图 9-120　插入沙发茶几

8. 单击“绘图”工具栏中的“块”按钮，弹出“插入”对话框。单击“浏览”按钮，弹出“选择图形文件”对话框，选择“源文件/9/图块/蹲便器”图块，单击“打开”按钮，回到“插入”对话框，单击“确定”按钮，完成图块插入，如图 9-121 所示。

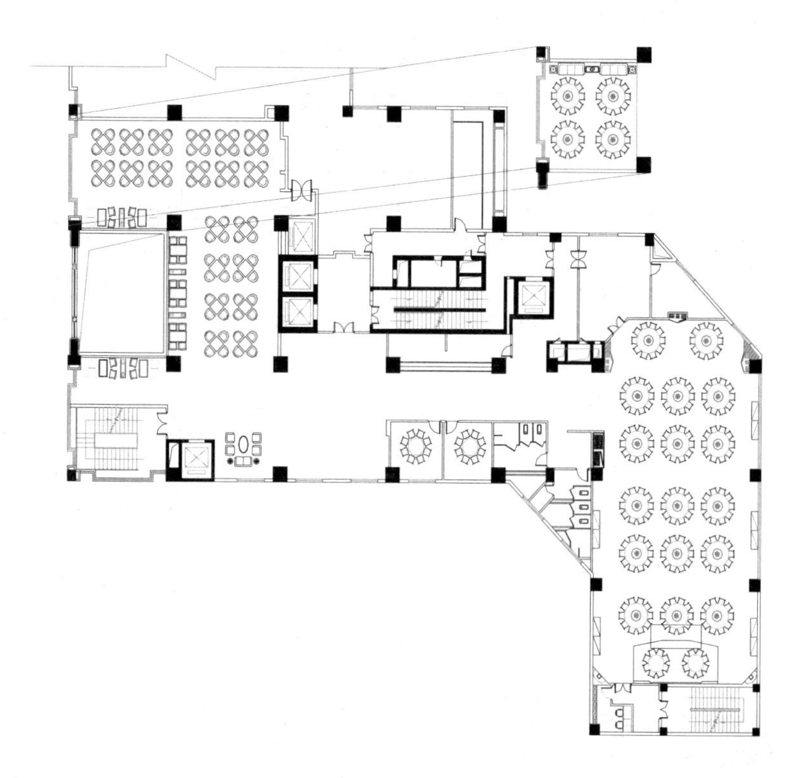

图 9-121 插入蹲便器

9. 单击“绘图”工具栏中的“椭圆”按钮，在门厅位置绘制两个嵌套的适当大小的椭圆，如图 9-122 所示。

10. 单击“绘图”工具栏中的“矩形”按钮和“圆”按钮，绘制电视机图形，如图 9-123 所示。

11. 单击“绘图”工具栏中的“圆”按钮，在图形适当位置绘制适当半径的圆，如图 9-124 所示。

12. 单击“绘图”工具栏中的“直线”按钮和“圆弧”按钮，在图形适当位置绘制闭合图形，如图 9-125 所示。

13. 单击“修改”工具栏中的“偏移”按钮，选择上步绘制图形向内偏移，偏移距离为 30，如图 9-126 所示。

14. 单击“绘图”工具栏中的“直线”按钮和“圆弧”按钮，绘制营业台，如图 9-127 所示，

15. 单击“绘图”工具栏中的“块”按钮，弹出“插入”对话框，选择“单人转椅”，单击“确定”按钮，完成图块插入，如图 9-128 所示。

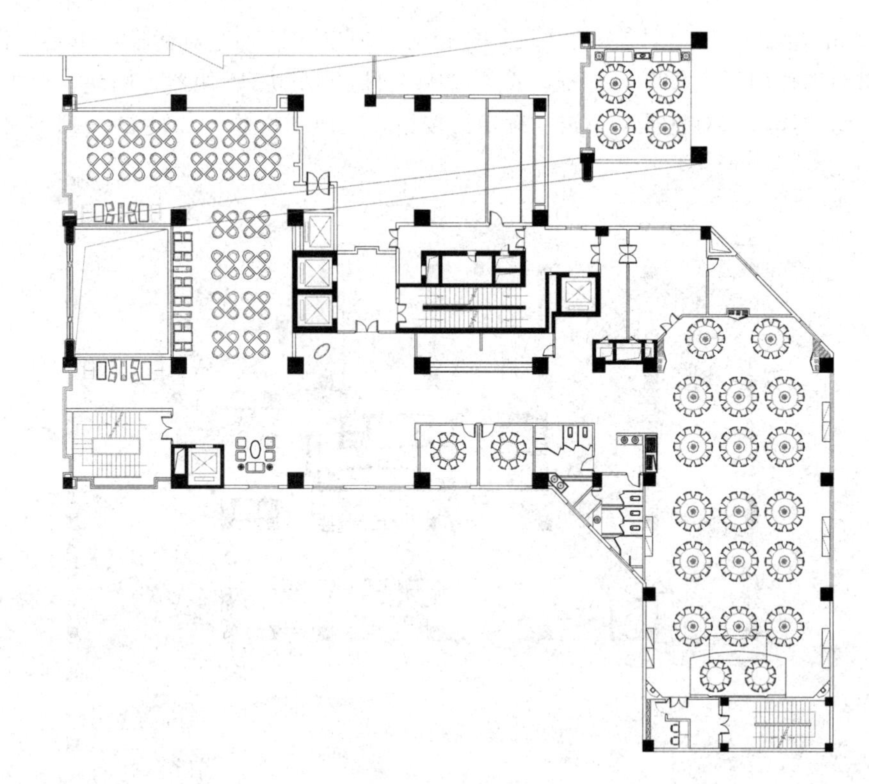

图 9-122　绘制椭圆

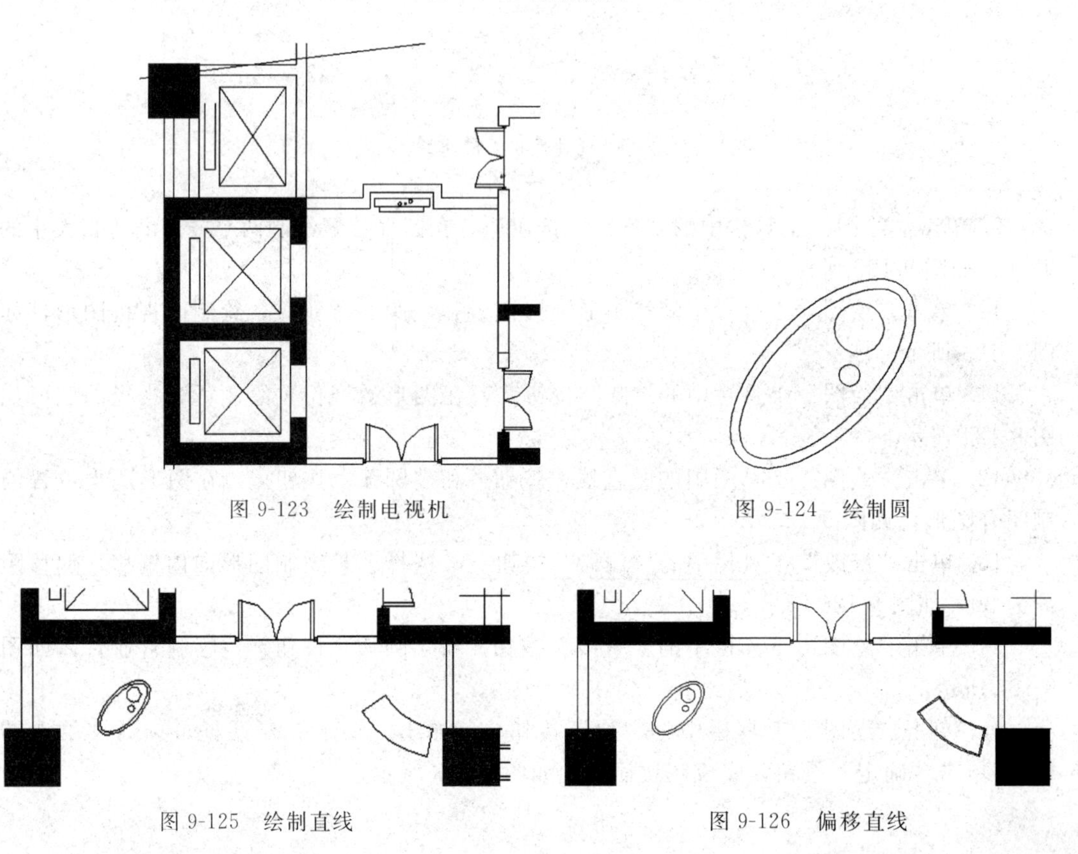

图 9-123　绘制电视机

图 9-124　绘制圆

图 9-125　绘制直线

图 9-126　偏移直线

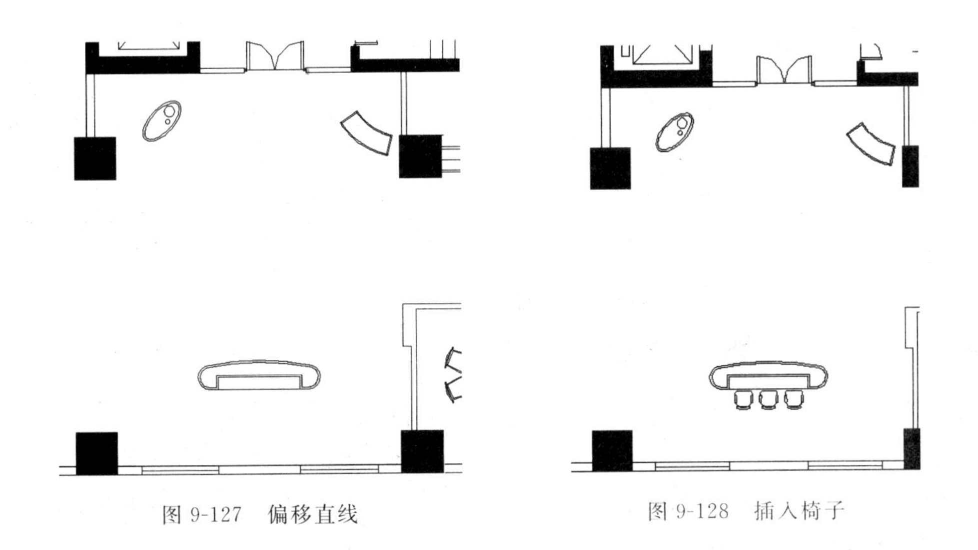

图 9-127 偏移直线　　图 9-128 插入椅子

16. 单击“绘图”工具栏中的“直线”按钮，在男卫生间内绘制连续线段，如图 9-129 所示。

17. 单击“修改”工具栏中的“修剪”按钮，将上步绘制的直线内的多余线段修剪掉，如图 9-130 所示。

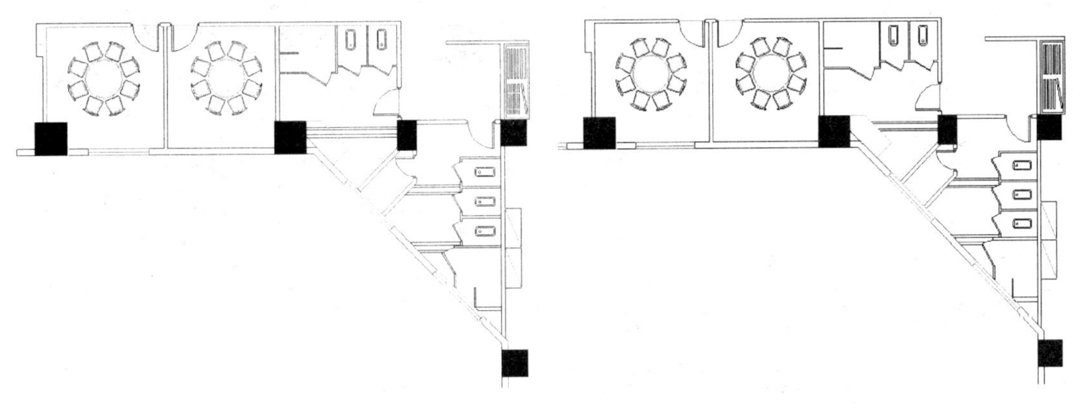

图 9-129 绘制连续直线　　图 9-130 修剪线段

18. 单击“绘图”工具栏中的“偏移”按钮，选择上步绘制的线段向内进行偏移，偏移距离为 50。

19. 单击“修改”工具栏中的“修剪”按钮，选择上步偏移线段中的多余线段进行修剪，如图 9-131 所示。

20. 单击“绘图”工具栏中的“矩形”按钮，在盥洗室内绘制一个“1680×600”的矩形，如图 9-132 所示。

21. 单击“修改”工具栏中的“偏移”按钮，选择上步绘制的矩形向内偏移，偏移距离为 50，结果如图 9-133 所示。

22. 单击“绘图”工具栏中的“直线”按钮，在图形适当位置绘制连续直线，如图 9-134所示。

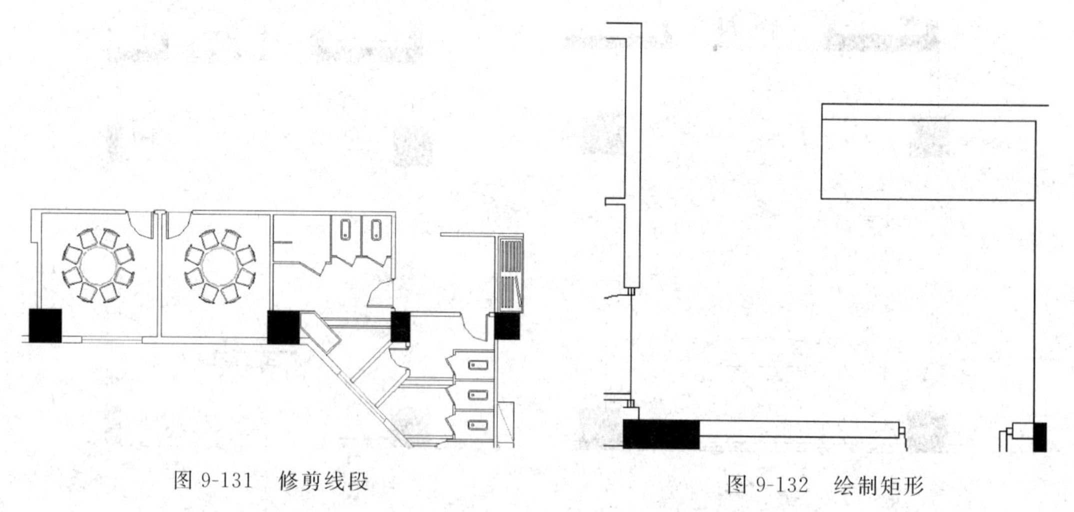

图 9-131　修剪线段　　　　图 9-132　绘制矩形

23. 单击“修改”工具栏中的“修剪”按钮，对上步绘制直线内多余线段进行修剪，如图 9-135 所示。

24. 单击“绘图”工具栏中的“块”按钮，弹出“插入”对话框。单击“浏览”按钮，弹出“选择图形文件”对话框选择“源文件/9/图块/洗手盆”，单击“打开”按钮，回到“插入”对话框，单击“确定”按钮，完成图块插入，如图 9-136 所示。

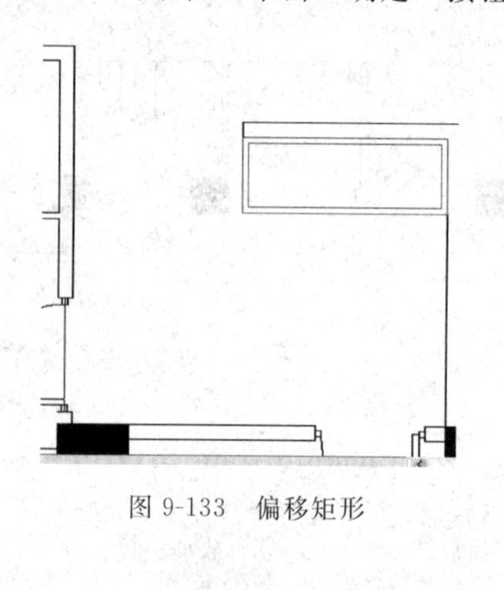

图 9-133　偏移矩形

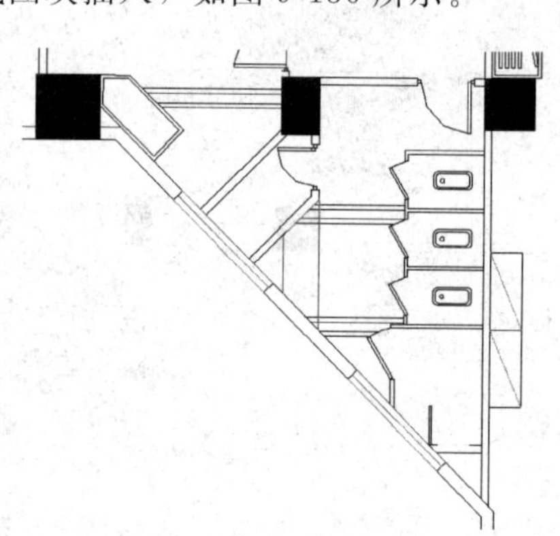

图 9-134　绘制直线

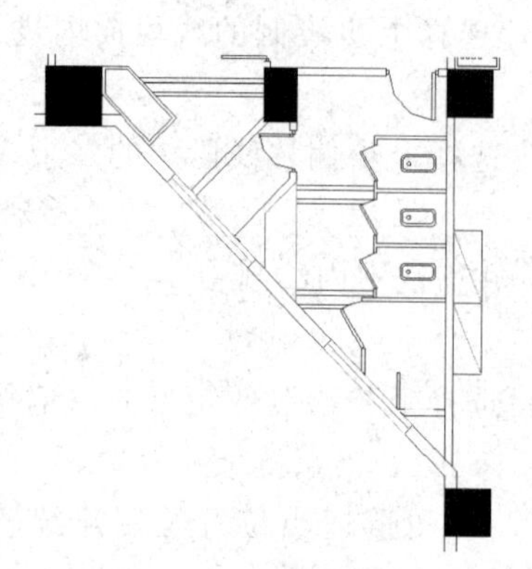

图 9-135　修剪线段

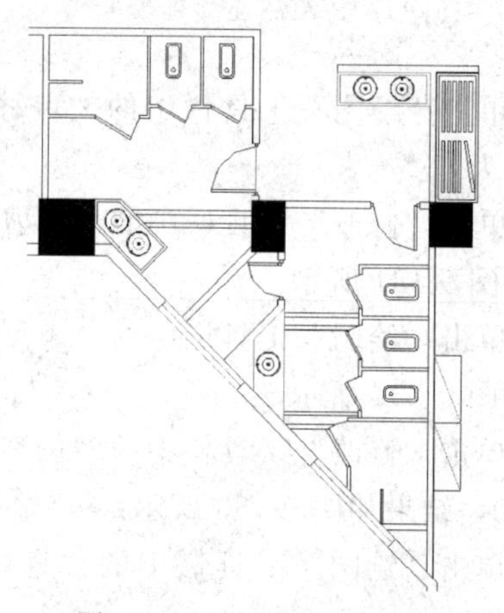

图 9-136　插入洗手盆图块

25. 单击“绘图”工具栏中的“块”按钮，弹出“插入”对话框单利用上述方法完成二层中餐厅缺少图形的绘制，最终完成“二层中餐厅装饰平面图的绘制”，如图 9-137 所示。

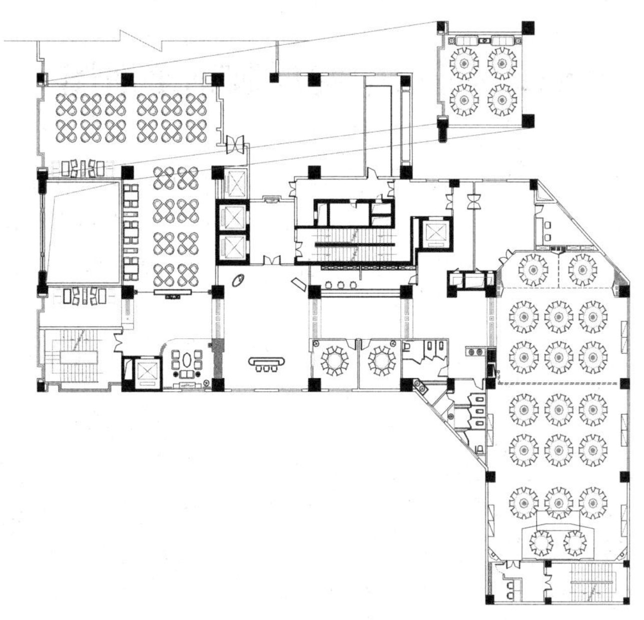

图 9-137 二楼中餐厅装饰平面图的绘制

9.1.4 文字标注

【操作步骤】

将“文字”置为当前图层。在命令行中输入“qleader”命令，为图形添加引线标注，如图 9-138 所示。

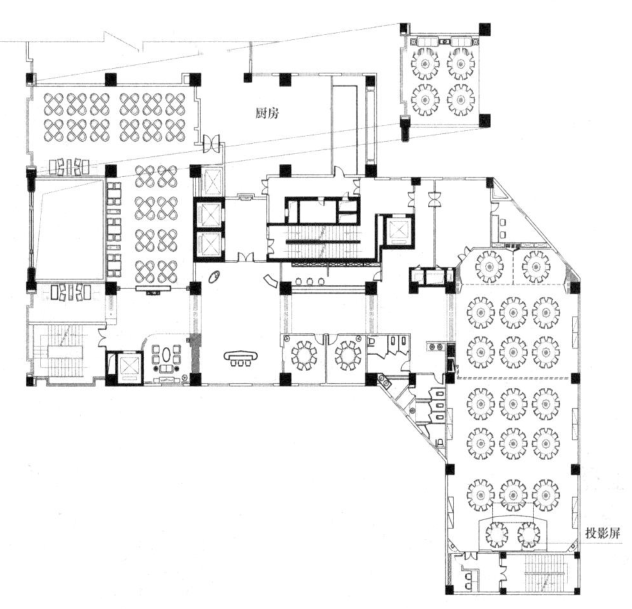

图 9-138 引线标注

利用上述方法完成剩余的文字标注，完成二层中餐厅装饰平面图的绘制，如图 9-1 所示。

9.2　三层中餐厅装饰平面图

三层中餐厅主要包括中包厢、大包厢还有雅座，环境的布置的总基调为古典风格，在一个充满着文化底蕴的环境下用餐又是一种特别的风情，既可以让人欣赏到中国文化的精神也能让人陶冶情操。下面主要介绍三层中餐厅装饰平面图的绘制过程，如图 9-139 所示。

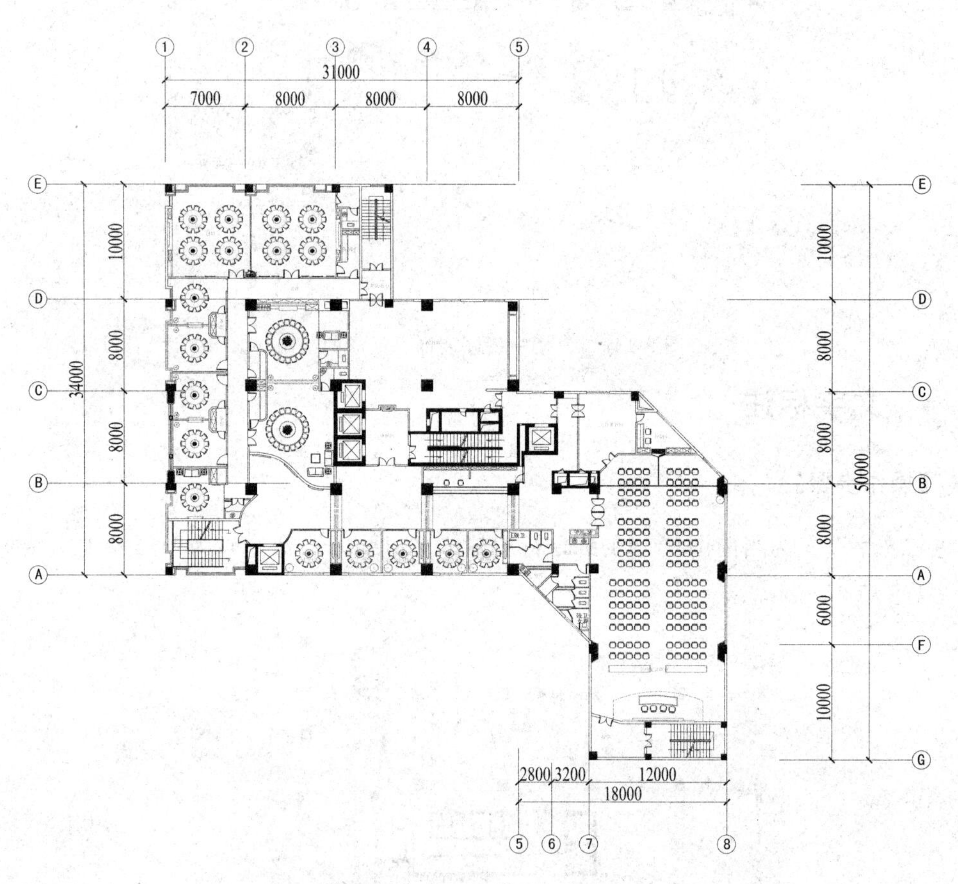

图 9-139　三层中餐厅装饰平面图

光盘＼视频教学＼第 9 章＼三层中餐厅装饰平面图的绘制.avi

9.2.1　绘图准备

1. 单击“标准”工具栏中的“打开”按钮，弹出“选择文件”对话框，选择“源

文件”/“三层中餐厅平面图”。打开绘制的三层中餐厅平面图。

2. 选择菜单栏“文件”→“另存为”命令，将打开的“三层中餐厅平面图”另存为“三层中餐厅装饰平面图”。

3. 单击“尺寸”及“轴线”等不需要的图层中的“开/关图层”按钮，将图层关闭，如图 9-140 所示。

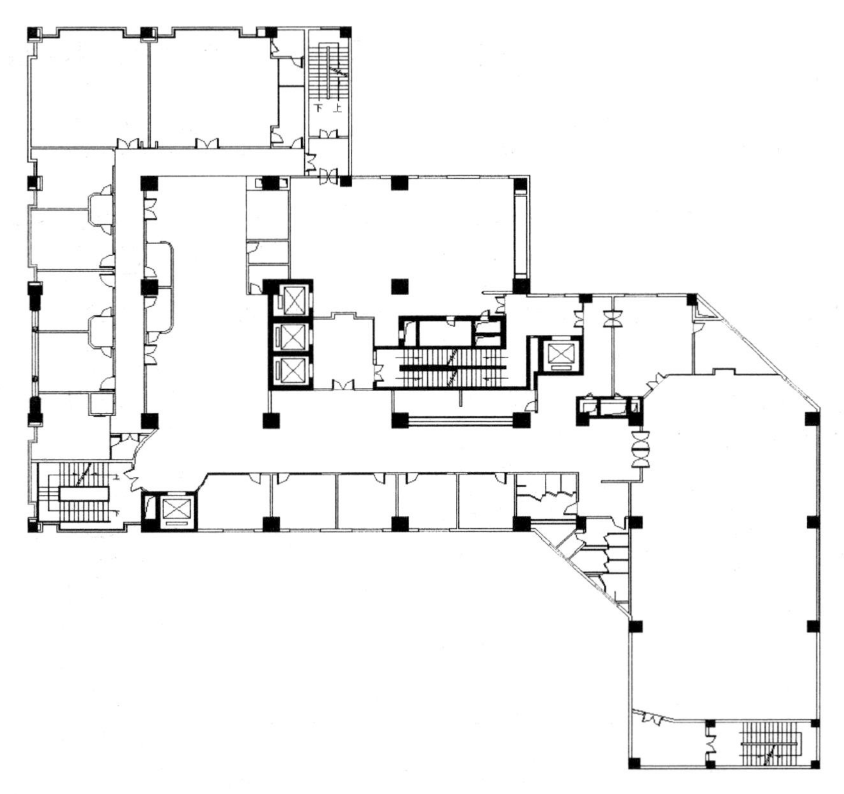

图 9-140　休整平面图

9.2.2　绘制家具图块

1. 单击“图层”工具栏“新建”按钮，新建“家具”图层并将其定义为当前图层，如图 9-141 所示。

家具 | 红 Contin... —— 默认 0 Color_1

图 9-141　设置当前图层

2. 绘制单人座椅

(1) 单击“绘图”工具栏中的“圆弧”按钮，在图形适当位置绘制一段圆弧，如图 9-142 所示。

(2) 单击“修改”工具栏中的“复制”按钮，选择上步绘制的圆弧为复制对象向下进行复制，如图 9-143 所示。

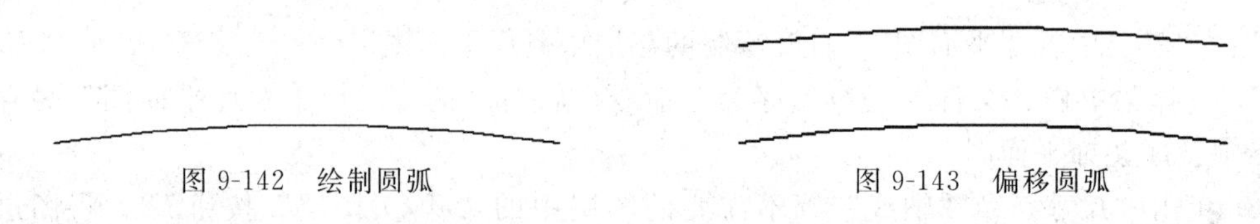

图 9-142 绘制圆弧　　图 9-143 偏移圆弧

(3) 单击"绘图"工具栏中的"圆弧"按钮，在图形适当位置处绘制一段圆弧，如图 9-144 所示。

(4) 单击"修改"工具栏中的"镜像"按钮，选择上步绘制圆弧进行镜像，如图 9-145 所示。

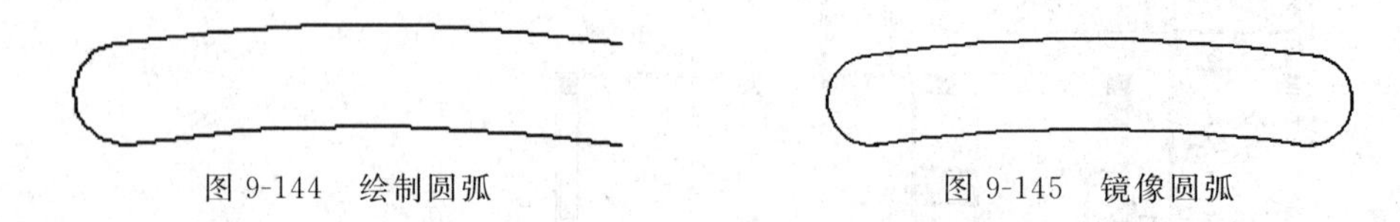

图 9-144 绘制圆弧　　图 9-145 镜像圆弧

(5) 单击"绘图"工具栏中的"矩形"按钮，在上步图形下方绘制一个"471×444"的矩形，如图 9-146 所示。

(6) 单击"修改"工具栏中的"圆角"按钮，选择上步绘制矩形四边进行圆角处理，圆角半径为 102，如图 9-147 所示。

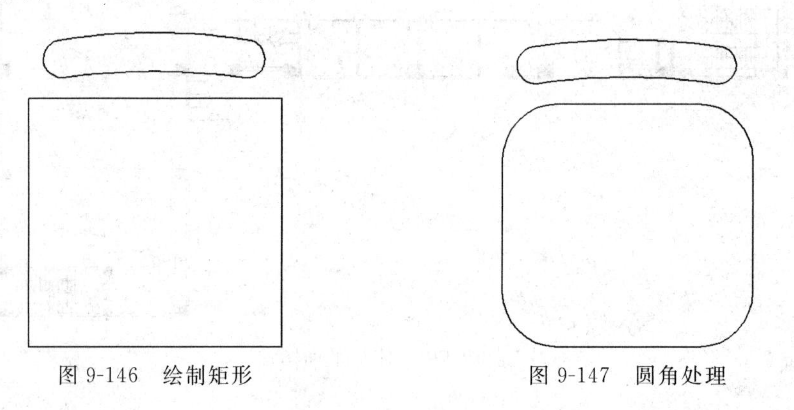

图 9-146 绘制矩形　　图 9-147 圆角处理

(7) 单击"绘图"工具栏中的"直线"按钮，在上步图形左右两侧绘制两条直线，如图 9-148 所示。

(8) 单击"绘图"工具栏中的"矩形"按钮，在上步图形左侧位置绘制一个"54×273"的矩形，如图 9-149 所示。

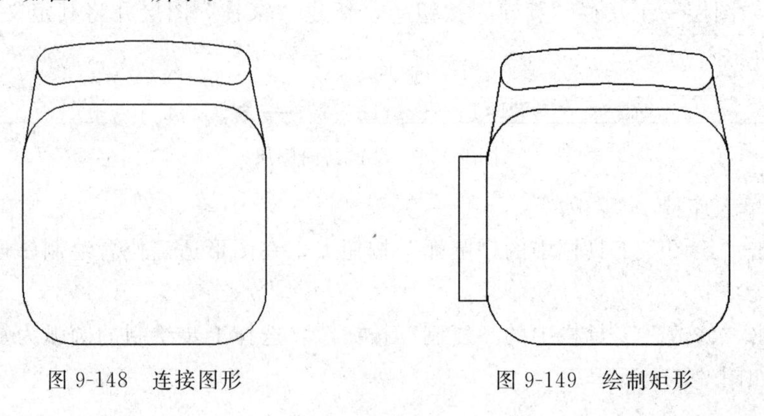

图 9-148 连接图形　　图 9-149 绘制矩形

(9) 单击“修改”工具栏中的“圆角”按钮，对上步绘制矩形进行圆角处理，半径为20，如图9-150所示。

(10) 单击“修改”工具栏中的“镜像”按钮。选择上步圆角处理后的矩形进行镜像，如图9-151所示。

(11) 单击“绘图”工具栏中的“创建块”按钮，弹出“块定义”对话框选择上步图形为定义对象，选择任意点为基点，将其定义为块，块名为“单人座椅”。

(12) 利用前面章节中绘制十人餐桌的方法绘制20人餐桌，结果如图9-152所示。

图9-150 圆角处理

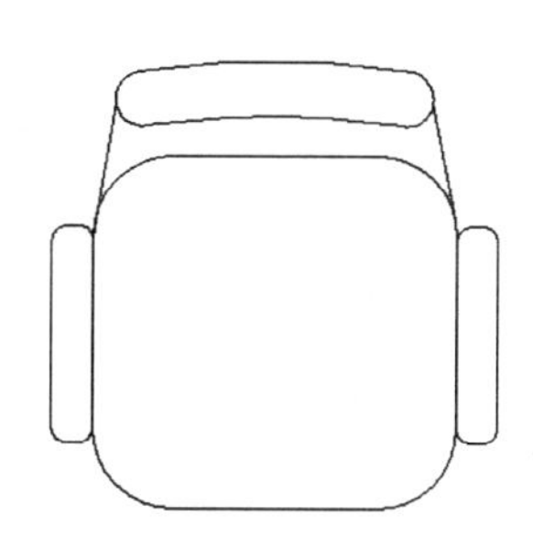

图9-151 镜像图形

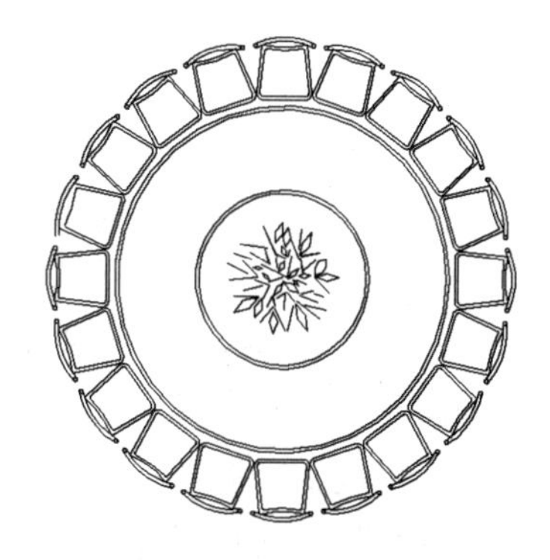

图9-152 镜像图形

(13) 单击“绘图”工具栏中的“创建块”按钮，弹出“块定义”对话框选择上步图形为定义对象，选择任意点为基点，将其定义为块，块名为“二十人座桌椅”。

3. 绘制沙发组

(1) 单击“绘图”工具栏中的“直线”按钮和“圆弧”按钮，绘制沙发外部轮廓线，如图9-153所示。

(2) 单击“绘图”工具栏中的“直线”按钮和“圆弧”按钮，绘制沙发内部轮廓线，如图9-154所示。

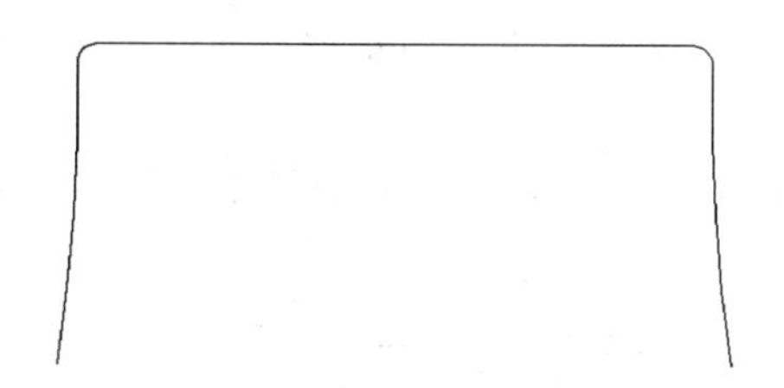

图9-153 绘制沙发外部轮廓线

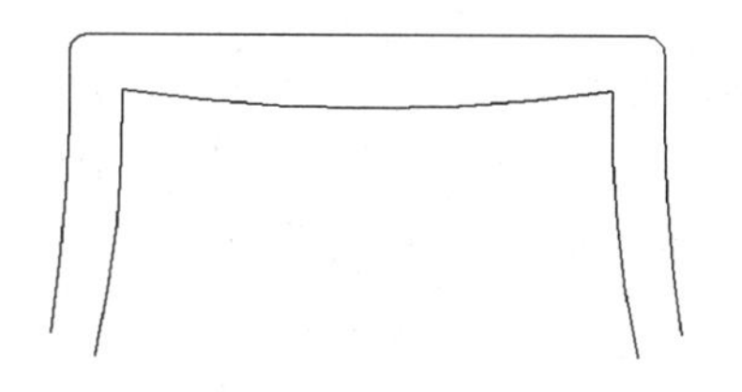

图9-154 绘制沙发内部轮廓线

(3) 单击“绘图”工具栏中的“圆弧”按钮，连接上步绘制的内外轮廓线，如图9-155所示。

(4) 单击“绘图”工具栏中的“直线”按钮，在上步图形下方位置绘制一条水平直线，如图9-156所示。

(5) 单击“绘图”工具栏中的“圆弧”按钮，绘制圆弧连接图形，如图9-157所示，

(6) 单击“绘图”工具栏中的“直线”按钮，以水平直线交点为起点向上绘制一条竖直直线，如图9-158所示。

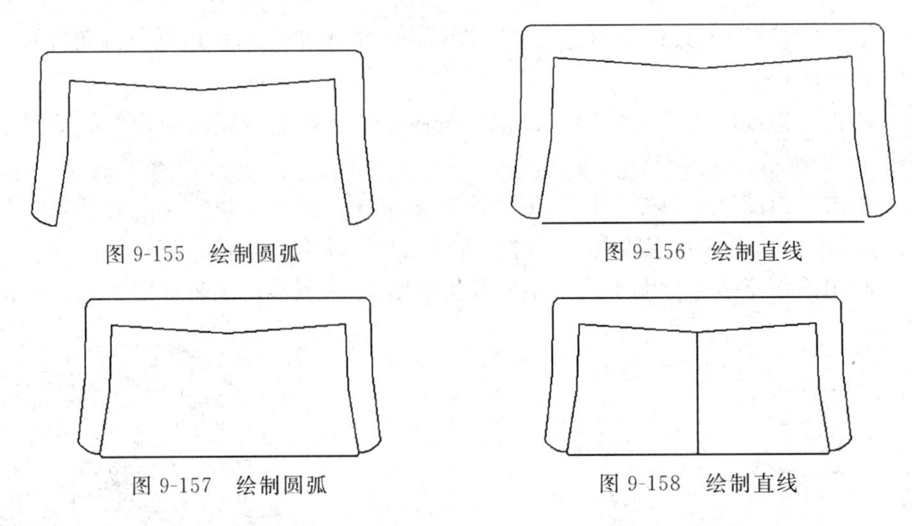

图 9-155　绘制圆弧　　图 9-156　绘制直线

图 9-157　绘制圆弧　　图 9-158　绘制直线

(7) 单击“修改”工具栏中的“旋转”按钮和“镜像”按钮，完成沙发组合的绘制，如图 9-159 所示。

(8) 单击“绘图”工具栏中的“矩形”按钮，在沙发组合空白位置绘制一个“800×800”的矩形，如图 9-160 所示。

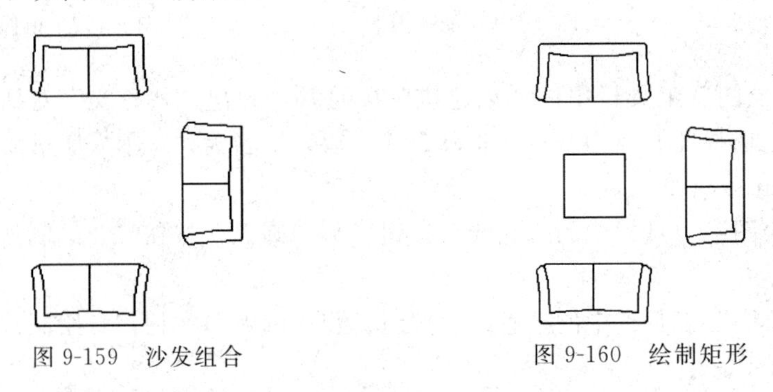

图 9-159　沙发组合　　图 9-160　绘制矩形

(9) 单击“修改”工具栏中的“偏移”按钮，选择上步绘制矩形，向内进行偏移，偏移距离为 42，如图 9-161 所示。

(10) 单击“绘图”工具栏中的“矩形”按钮，在图形适当位置绘制一个“500×500”的矩形，如图 9-162 所示。

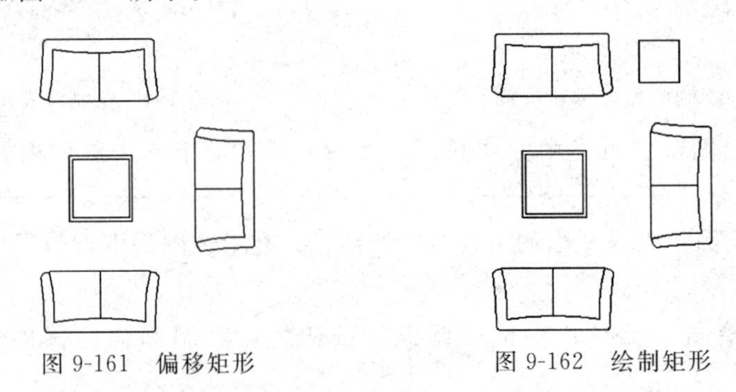

图 9-161　偏移矩形　　图 9-162　绘制矩形

(11) 单击“绘图”工具栏中的“直线”按钮，在上步绘制矩形内绘制十字交叉线，如图 9-163 所示。

（12）单击“绘图”工具栏中的“圆”按钮，以上步直线交点为圆心，绘制半径为220的圆，如图9-164所示。

（13）单击“修改”工具栏中的“偏移”按钮，选择上步绘制的圆为偏移对象向内进行偏移，偏移距离为118，完成沙发组的绘制，如图9-165所示。

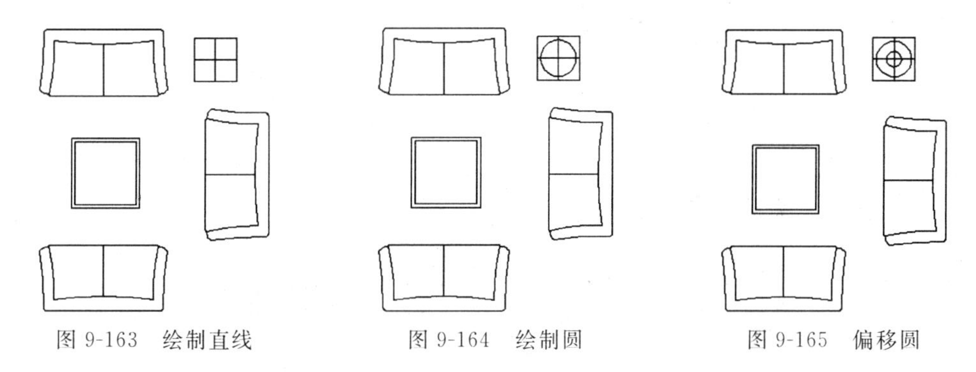

图9-163 绘制直线　　图9-164 绘制圆　　图9-165 偏移圆

（14）单击“绘图”工具栏中的“创建块”按钮，弹出“块定义”对话框。选择上步图形为定义对象，选择任意点为基点，将其定义为块，块名为“沙发组”。

9.2.3 布置家具图块

【操作步骤】

1. 单击“绘图”工具栏中的“块”按钮，弹出“插入”对话框。单击“浏览”按钮，弹出“选择图形文件”对话框，选择“源文件/9/图块/八人桌椅”图块，单击“打开”按钮，回到“插入”对话框，单击“确定”按钮，完成图块插入，如图9-166所示。

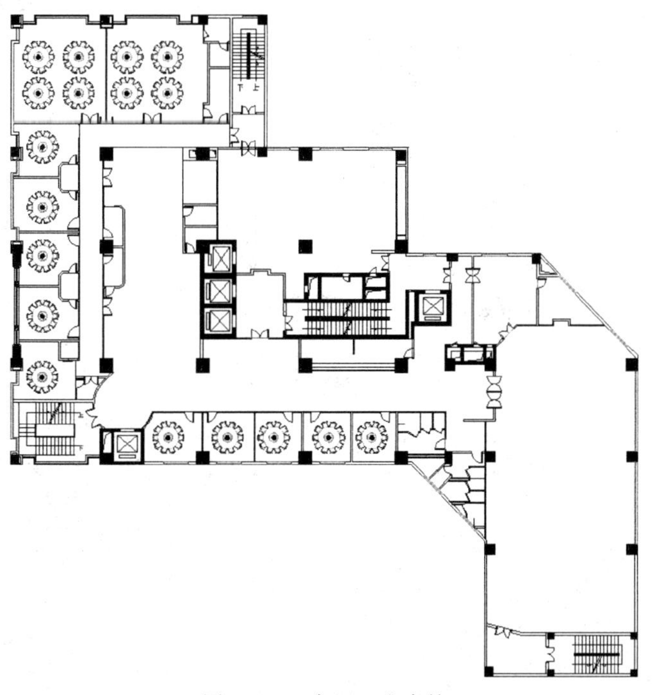

图9-166 布置八人桌椅

2. 单击“绘图”工具栏中的“块”按钮，弹出“插入”对话框。单击“浏览”按钮，弹出“选择图形文件”对话框，选择“源文件/图块/单人座椅”图块，单击“打开”按钮，回到插入对话框，单击“确定”按钮，完成图块插入如图 9-167 所示。

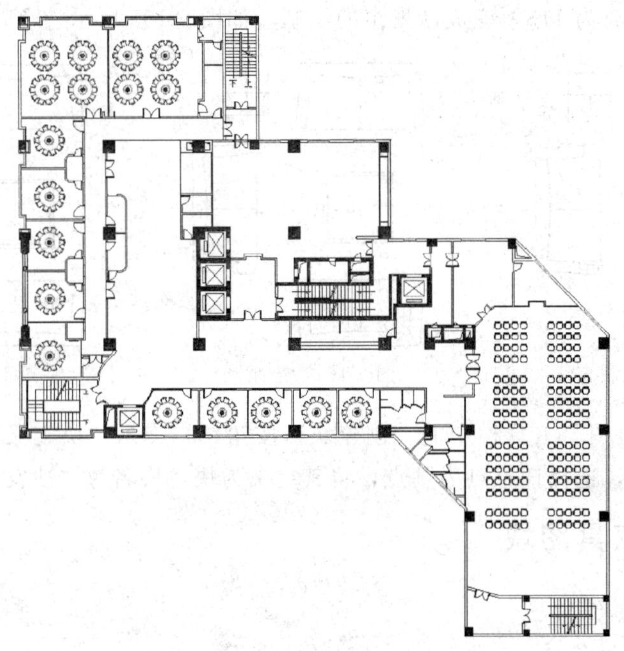

图 9-167 布置单人座椅

3. 单击“绘图”工具栏中的“块”按钮，弹出“插入”对话框。单击“浏览”按钮，弹出“选择图形文件”对话框，选择“源文件/图块/二十人餐桌”图块，单击“打开”按钮，回到插入对话框，单击“确定”按钮，完成图块插入，如图 9-168 所示。

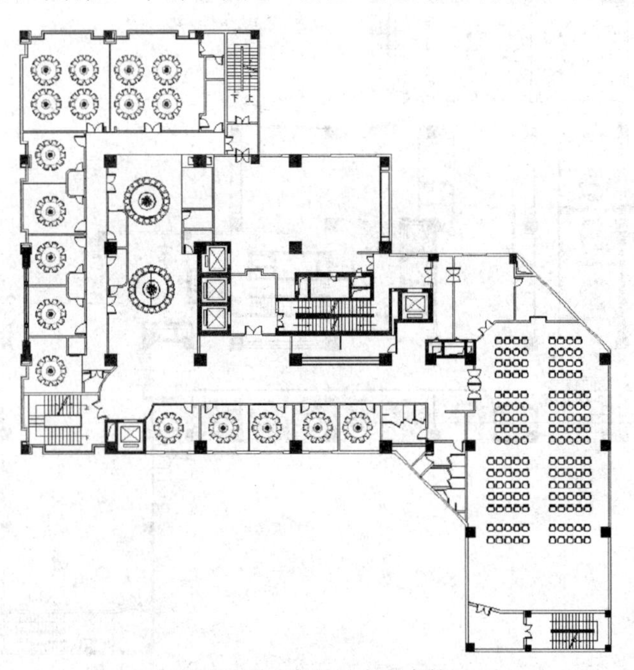

图 9-168 布置二十人桌椅

4. 单击“绘图”工具栏中的“块”按钮，弹出“插入”对话框。单击“浏览”按钮，弹出“选择图形文件”对话框，选择“源文件/图块/沙发组”图块，单击“打开”按钮，回到“插入”对话框，单击“确定”按钮，完成图块插入如图 9-169 所示。

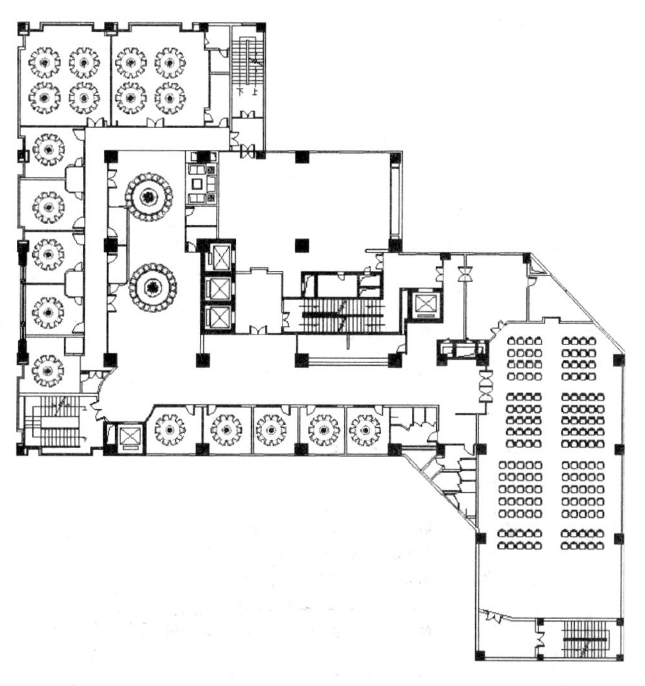

图 9-169 布置沙发茶几

5. 单击“绘图”工具栏中的“矩形”按钮，在单人座椅前绘制一个“3500×595”的矩形，如图 9-170 所示。

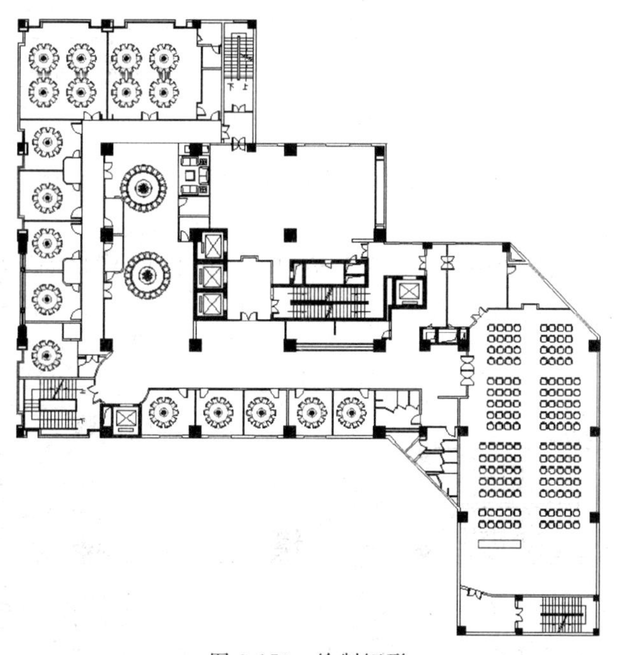

图 9-170 绘制矩形

6. 单击“绘图”工具栏中的“矩形”按钮□，在上步绘制的矩形左侧绘制一个“50×550”的矩形，如图 9-171 所示。

7. 单击“修改”工具栏中的“复制”按钮，选择上步绘制的矩形为复制对象，向右侧进行复制，如图 9-172 所示。

图 9-171 绘制矩形　　图 9-172 复制矩形

8. 单击“修改”工具栏中“复制”按钮，选择上步完成的图形向右侧进行复制，如图 9-173 所示。

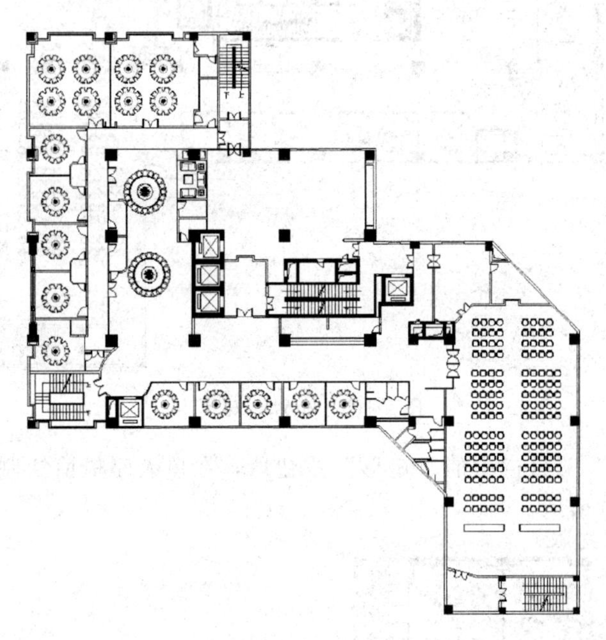

图 9-173 复制图形

9. 单击“绘图”工具栏中的“矩形”按钮□，在图形上部绘制一个“6228×122”的矩形，如图 9-174 所示。

10. 单击“绘图”工具栏中的“矩形”按钮□，在上步绘制矩形内绘制一个“3500×60”的矩形，如图 9-175 所示。

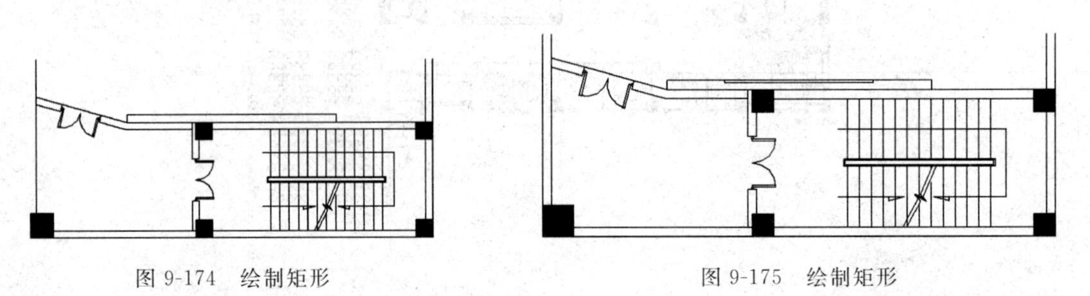

图 9-174 绘制矩形　　图 9-175 绘制矩形

11. 单击“绘图”工具栏中的“矩形”按钮□，在图形适当位置绘制一个“4434×

172”的矩形，如图9-176所示。

12. 单击“绘图”工具栏中的“直线”按钮和“圆弧”按钮，在图形适当位置绘制连续图形，如图9-177所示。

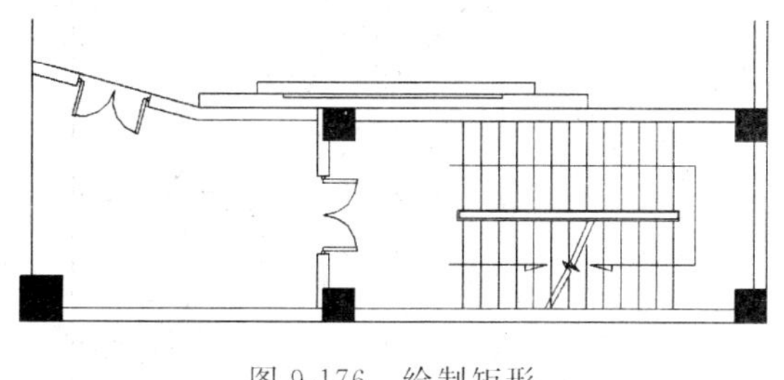

图9-176 绘制矩形

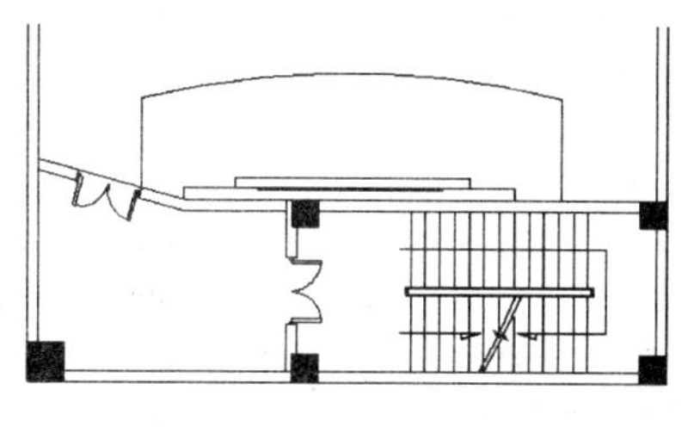

图9-177 直线和圆弧

13. 选择上步绘制的矩形，单击“图层”工具栏中的“线型”按钮，在其线型下拉列表中选择“DASHED”线型，线型进行修改，如图9-178所示。

14. 单击“绘图”工具栏中的“直线”按钮和“圆弧”按钮，在上步图形内继续绘制图形，如图9-179所示。

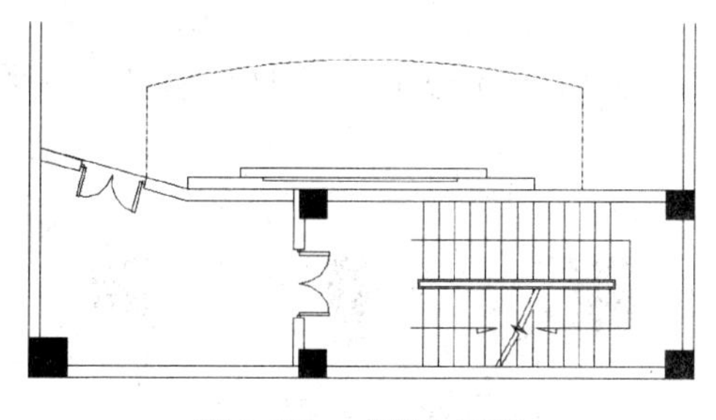

图9-178 直线和圆弧

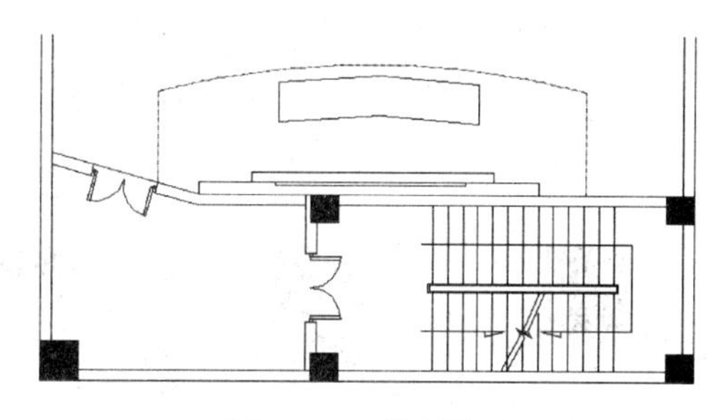

图9-179 绘制圆弧

15. 单击“修改”工具栏中的“偏移”按钮，选择上步绘制的图形向内进行偏移，偏移距离为50，如图9-180所示。

16. 单击“修改”工具栏中的“修剪”按钮，对上步偏移图形进行修剪，如图9-181所示。

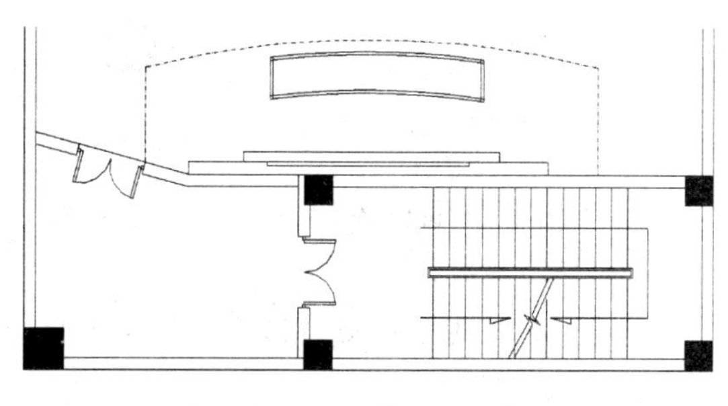

图9-180 偏移图形

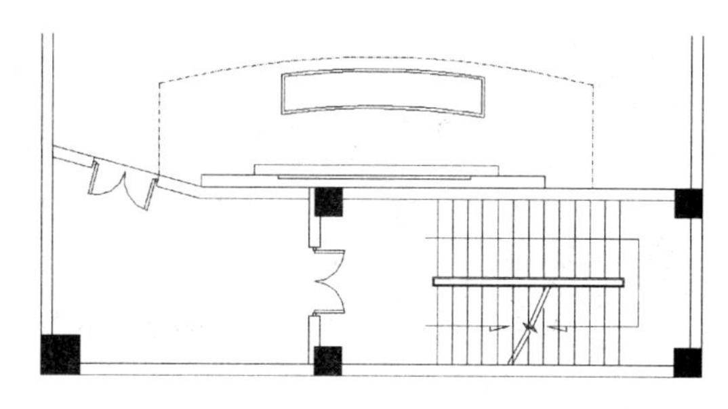

图9-181 修剪图形

17. 单击“绘图”工具栏中的“块”按钮，弹出“插入”对话框。单击“浏览”按钮，弹出“选择图形文件”对话框，选择“源文件/图块/单人座椅”图块，单击“打开”按钮，回到“插入”对话框，单击“确定”按钮，完成图块插入，如图9-182所示。

18. 单击“绘图”工具栏中的“直线”按钮，在卫生间的适当位置绘制连续直线，如图 9-183 所示。

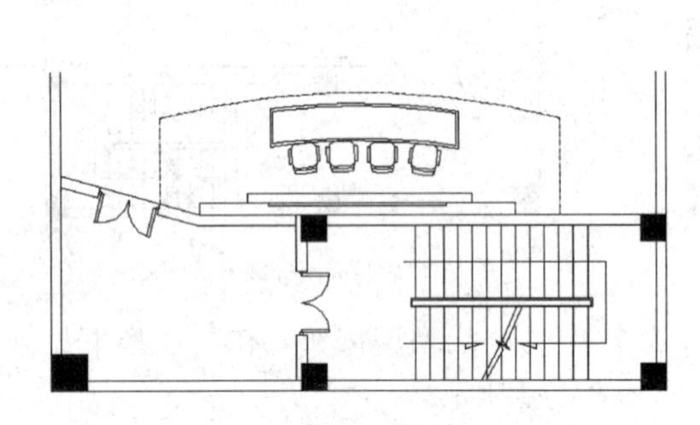

图 9-182　布置单人座椅

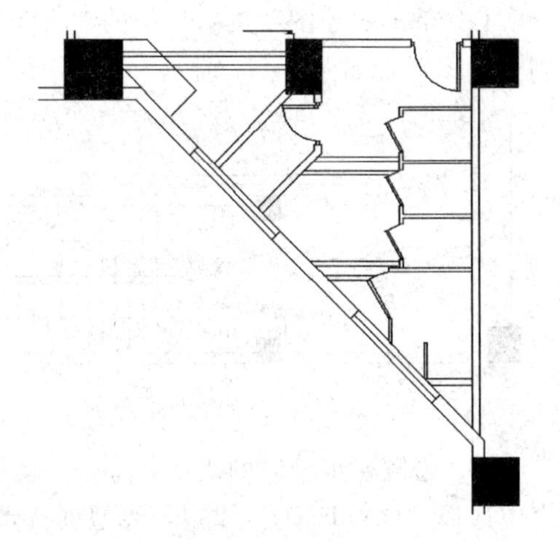

图 9-183　绘制图形

19. 单击“修改”工具栏中的“修剪”按钮，对上步绘制图形内线段进行修剪，如图 9-184 所示。

20. 单击“修改”工具栏中的“偏移”按钮，选择上步修剪的图形进行偏移，偏移距离为 50，如图 9-185 所示。

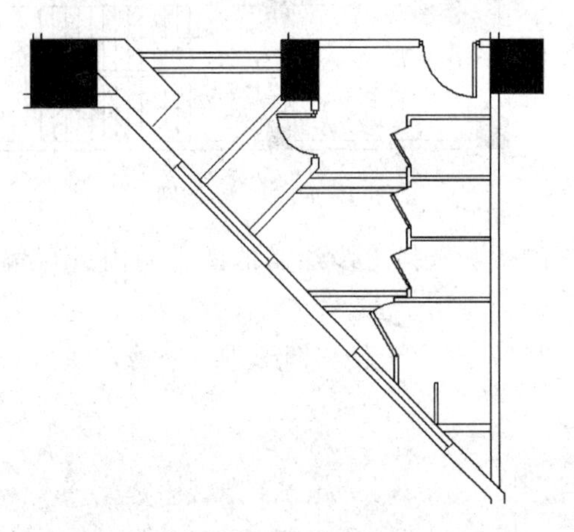

图 9-184　修剪线段

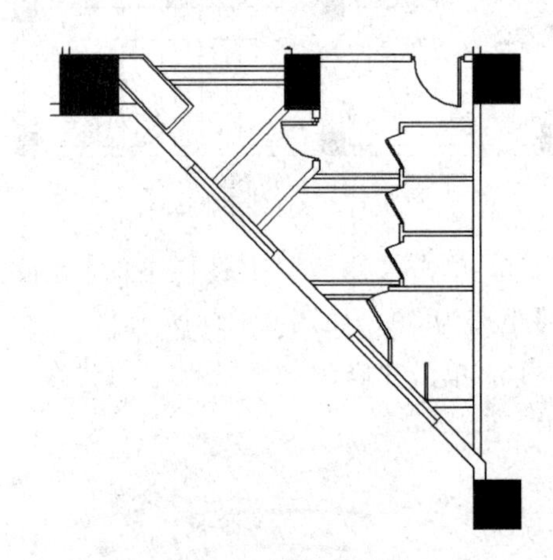

图 9-185　偏移图形

21. 单击“绘图”工具栏中的“直线”按钮，在图形下端位置绘制一条竖直直线，如图 9-186 所示。

22. 单击“修改”工具栏中的“修剪”按钮，对上步绘制图形进行修剪，如图 9-187 所示。

23. 单击“绘图”工具栏中的“块”按钮，弹出“插入”对话框。单击“浏览”按钮，弹出“选择图形文件”对话框，选择“源文件/图块/蹲便器”图块，单击“打开”按钮，回到插入对话框，单击“确定”按钮，完成图块插入，如图 9-188 所示。

24. 单击“绘图”工具栏中的“块”按钮，在图形适当位置绘制一个“1680×600”的矩形，如图 9-189 所示。

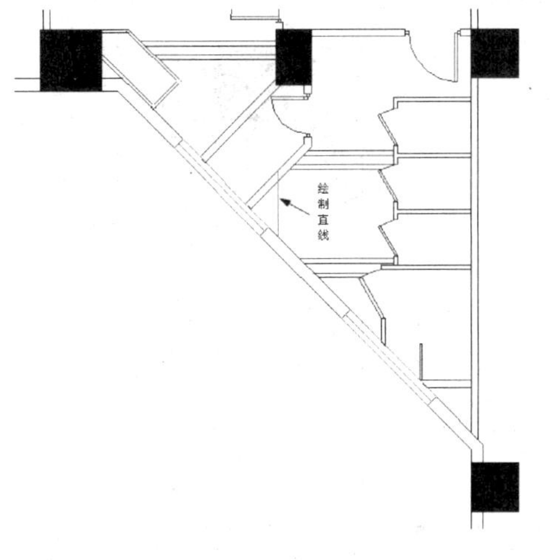

图 9-186 绘制直线

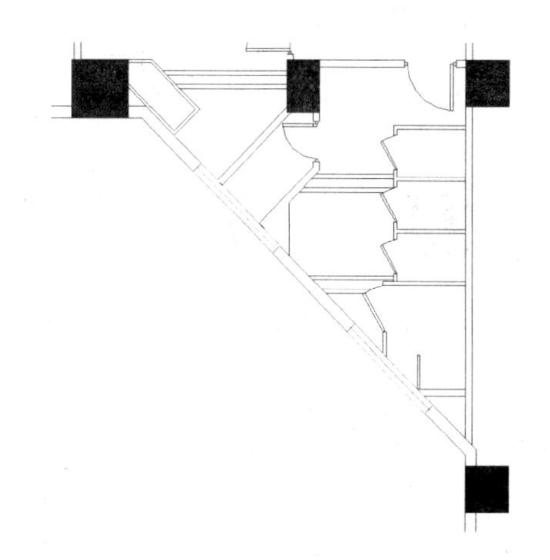

图 9-187 修剪图形

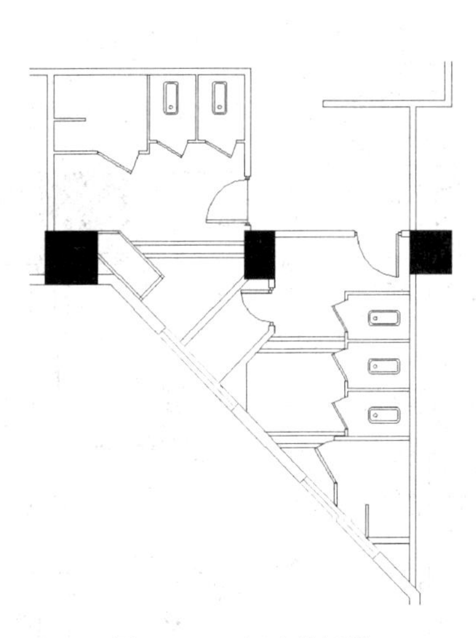

图 9-188 布置蹲便器

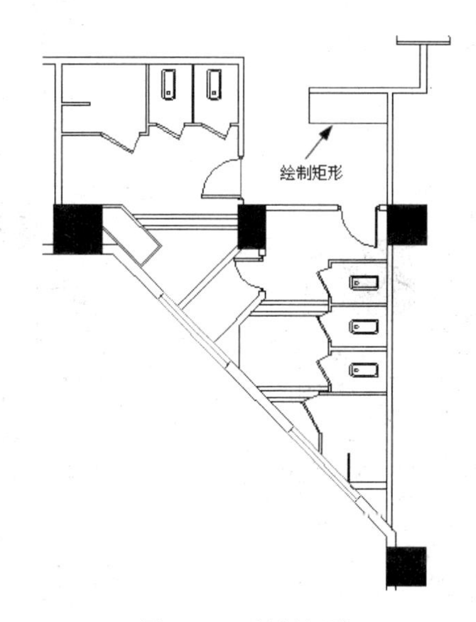

图 9-189 绘制矩形

25. 单击“修改”工具栏中的“偏移”按钮，选择上步绘制矩形向内进行偏移，偏移距离为 50，如图 9-190 所示。

26. 单击“绘图”工具栏中的“直线”按钮，在卫生间位置绘制直线，如图 9-191 所示。

27. 单击“绘图”工具栏中的“多段线”按钮，在上步图形内绘制卫生间洗手台图形，如图 9-192 所示。

28. 单击“修改”工具栏中的“偏移”按钮，选择上步绘制图形向内进行偏移，偏移距离为 30，如图 9-193 所示。

29. 单击“绘图”工具栏中的“圆弧”按钮和“修改”工具栏中的“偏移”按钮，绘制卫生间弧形洗手台，如图 9-194 所示。

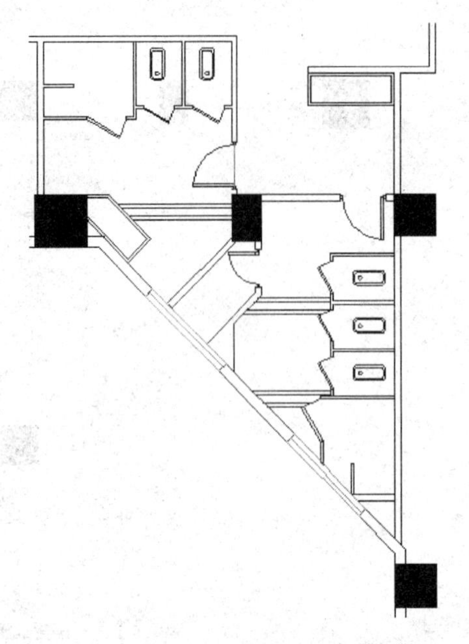

图 9-190　偏移矩形

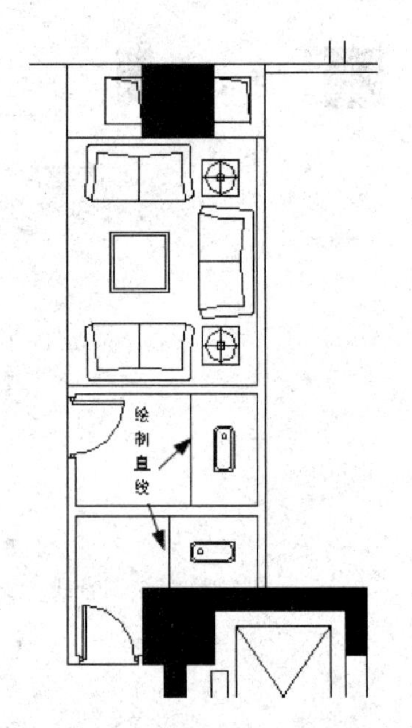

图 9-191　绘制直线

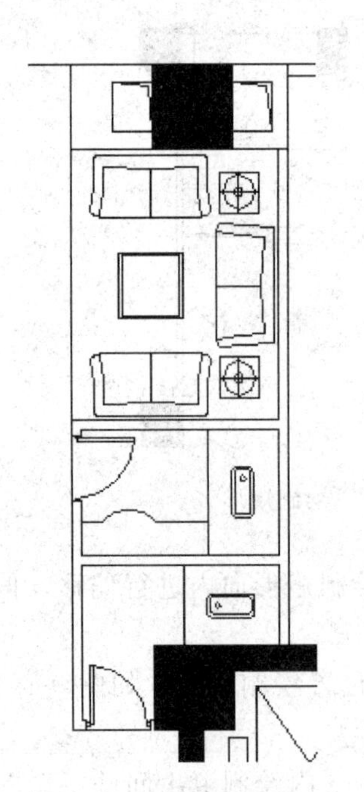

图 9-192　绘制多段线

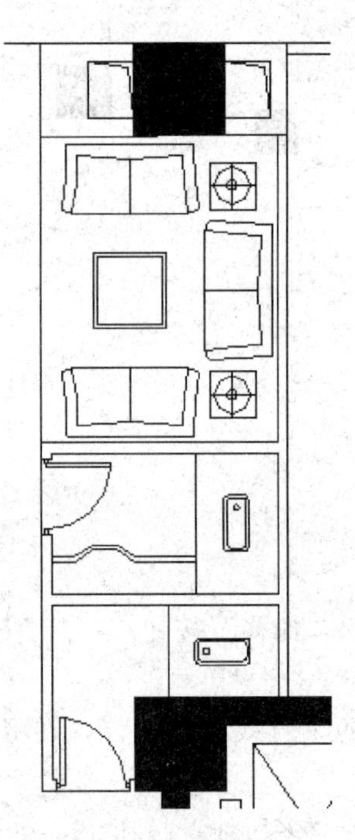

图 9-193　偏移多段线

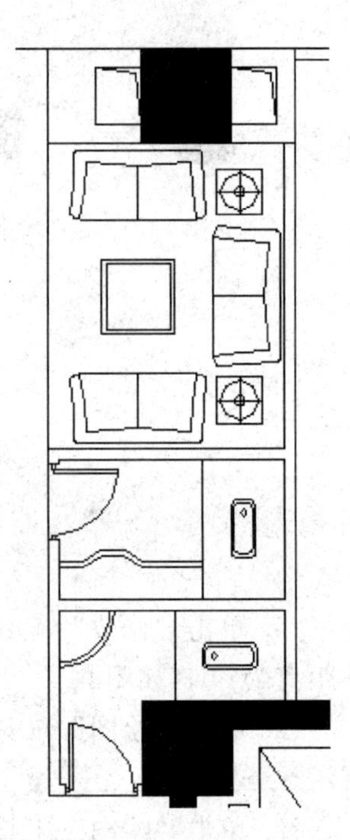

图 9-194　弧形洗手台

30. 利用上述方法，完成图形中剩余的洗手台图形的绘制，如图 9-195 所示。

31. 单击“绘图”工具栏中的“块”按钮，弹出“插入”对话框。单击“浏览”按钮，弹出“选择图形文件”对话框，选择“源文件/图块/洗手盆”图块，单击“打开”按钮，回到“插入”对话框，单击“确定”按钮，完成图块插入，如图 9-196 所示。

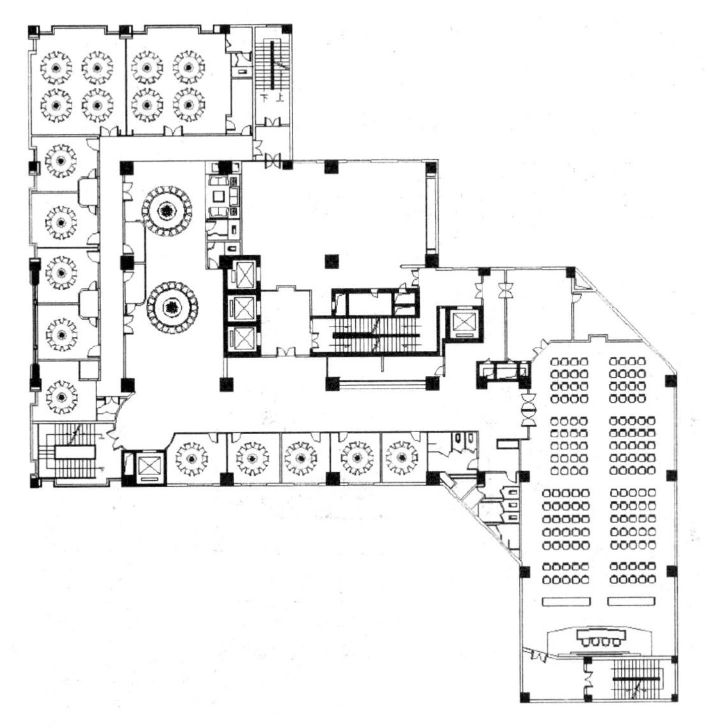

图 9-195 绘制洗手台

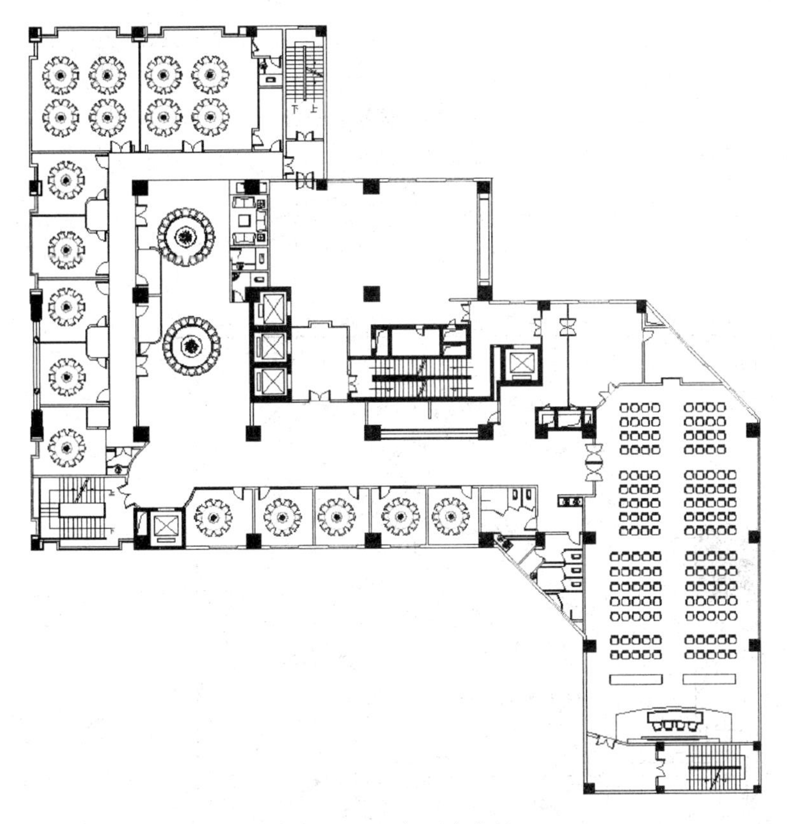

图 9-196 布置洗手台

32. 单击“绘图”工具栏中的“块”按钮，弹出“插入”对话框。单击“浏览”按钮，弹出“选择图形文件”对话框，选择“坐便器”图块，单击“打开”按钮，回到“插入”对话框，单击“确定”按钮，完成图块插入，如图 9-197 所示。

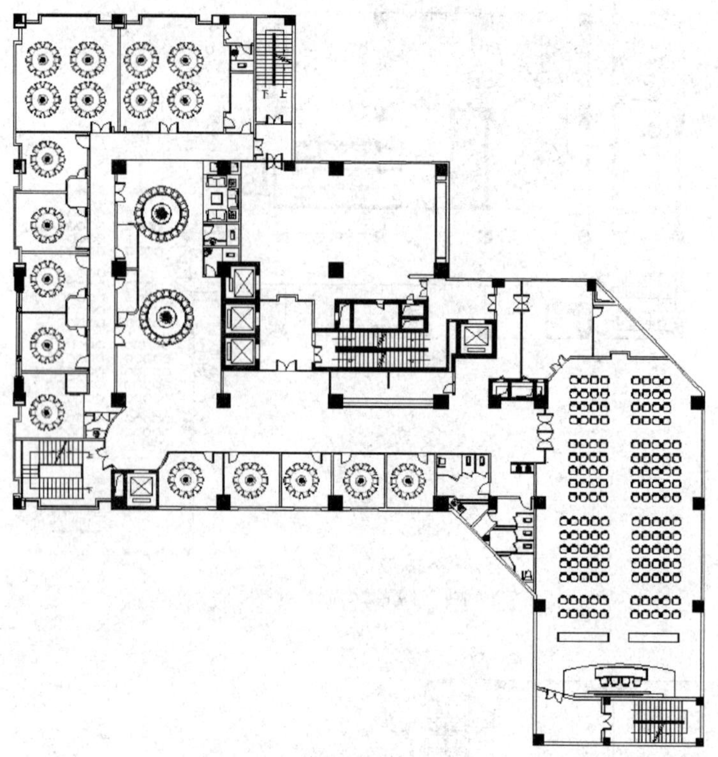

图 9-197 布置坐便器

33. 单击“绘图”工具栏中的“直线”按钮，在包间内绘制连续线段，如图 9-198 所示。

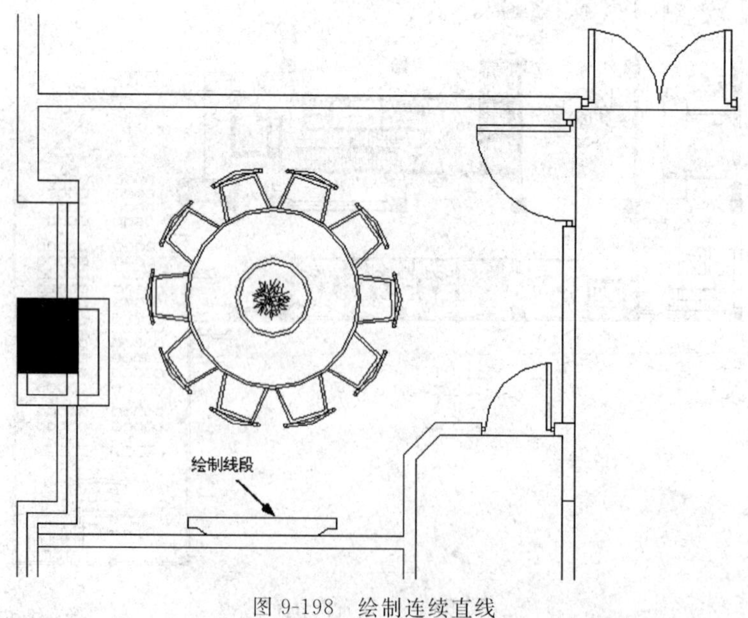

图 9-198 绘制连续直线

34. 单击“修改”工具栏中的“复制”按钮，选择上步绘制的图形进行复制，放置适当位置，如图 9-199 所示。

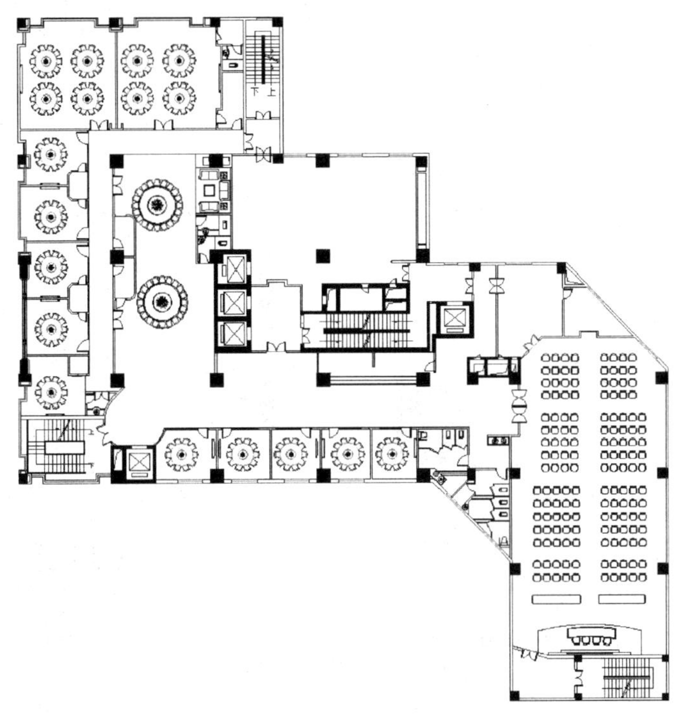

图 9-199 放置图形

35. 单击“绘图”工具栏中的“直线”按钮和“修改”工具栏中的“偏移”按钮，绘制装饰图中的装饰柱，如图 9-200 所示。

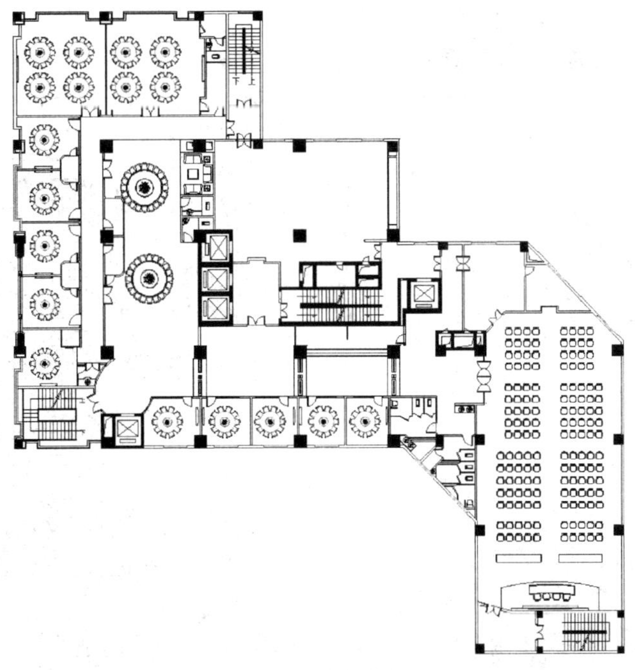

图 9-200 绘制装饰柱

36. 单击“绘图”工具栏中的“矩形”按钮▭，在包间电视架处绘制一个“440×2884”的矩形，如图 9-201 所示。

37. 单击“修改”工具栏中的“偏移”按钮，选择上步绘制矩形向内进行偏移，偏移距离为 50，如图 9-202 所示。

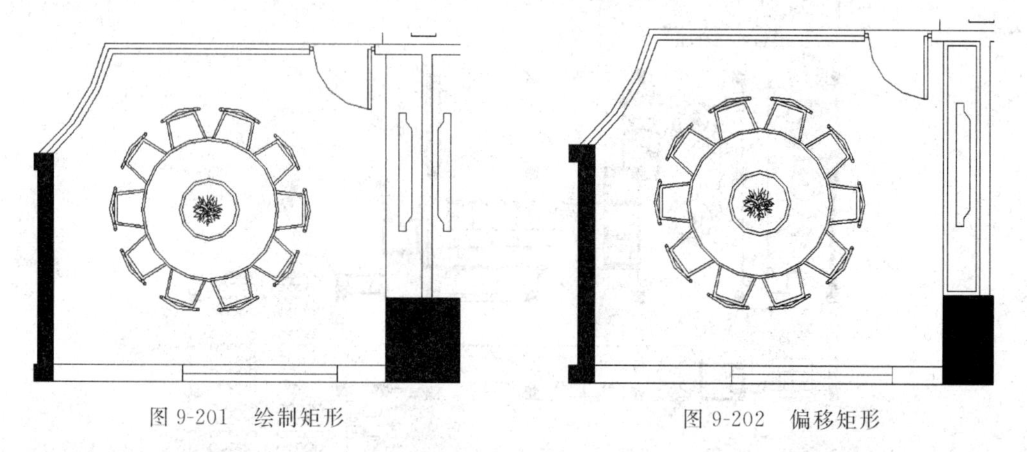

图 9-201　绘制矩形　　　　图 9-202　偏移矩形

38. 单击“修改”工具栏中的“复制”按钮，选择上步得到的两个矩形进行复制，放置到适当位置，如图 9-203 所示。

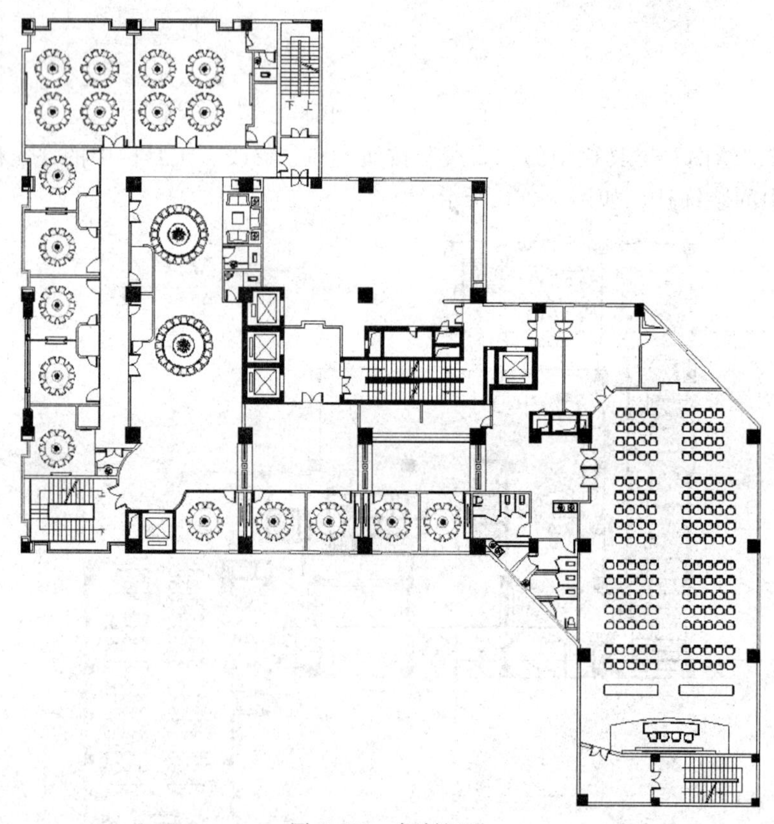

图 9-203　复制矩形

39. 单击“绘图”工具栏中的“多段线”按钮，在配餐间适当位置绘制连续多段线，如图 9-204 所示。

40. 单击“修改”工具栏中的“偏移”按钮，选择上步绘制的连续多段线向内进行偏移，偏移距离为50，如图9-205所示。

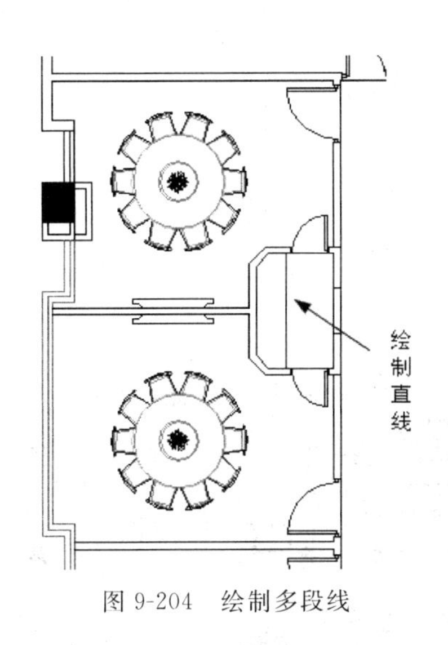

图9-204 绘制多段线

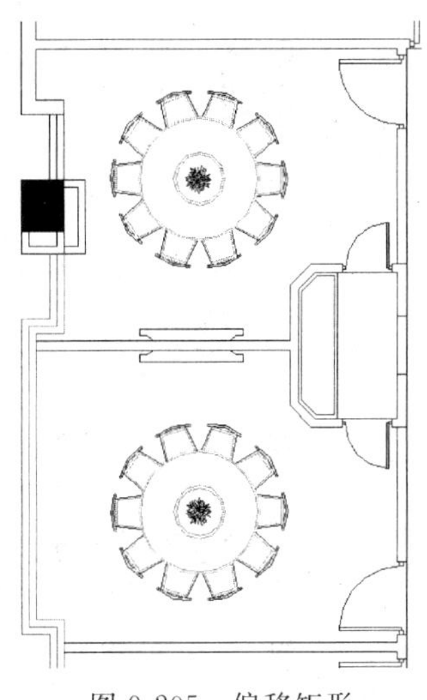
图9-205 偏移矩形

41. 单击“绘图”工具栏中的“直线”按钮，绘制一条直线平分上步绘制矩形，如图9-206所示。

42. 单击“绘图”工具栏中的“直线”按钮，绘制上步分割图形对角线，如图9-207所示。

43. 单击“修改”工具栏中的“复制”按钮，对上步绘制图形进行复制，如图9-208所示。

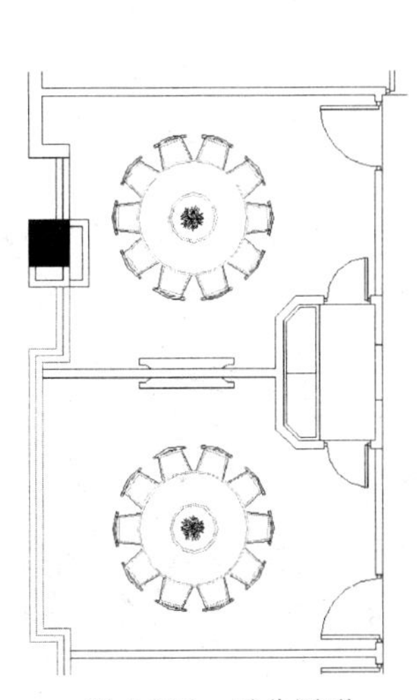
图9-206 平分图形

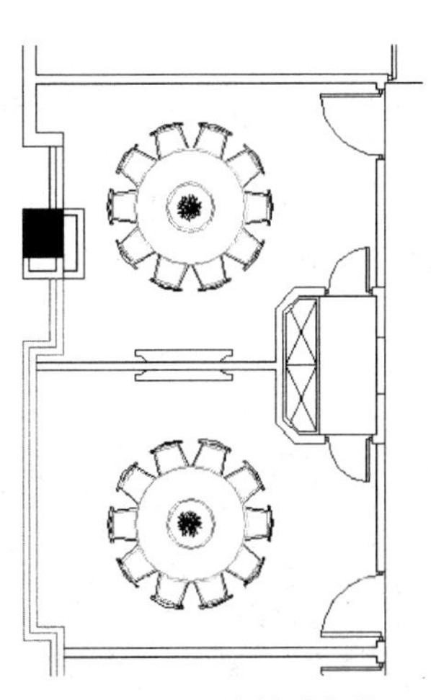
图9-207 绘制对角线

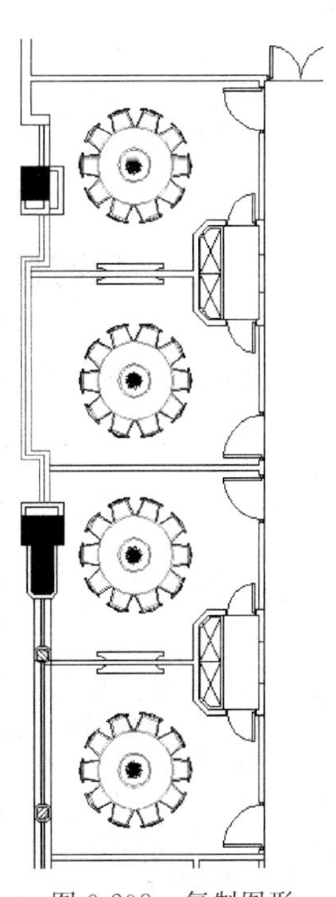
图9-208 复制图形

44. 结合所学知识及上述绘图方法，完成三层中餐厅装饰平面图的绘制，如图 9-209 所示。

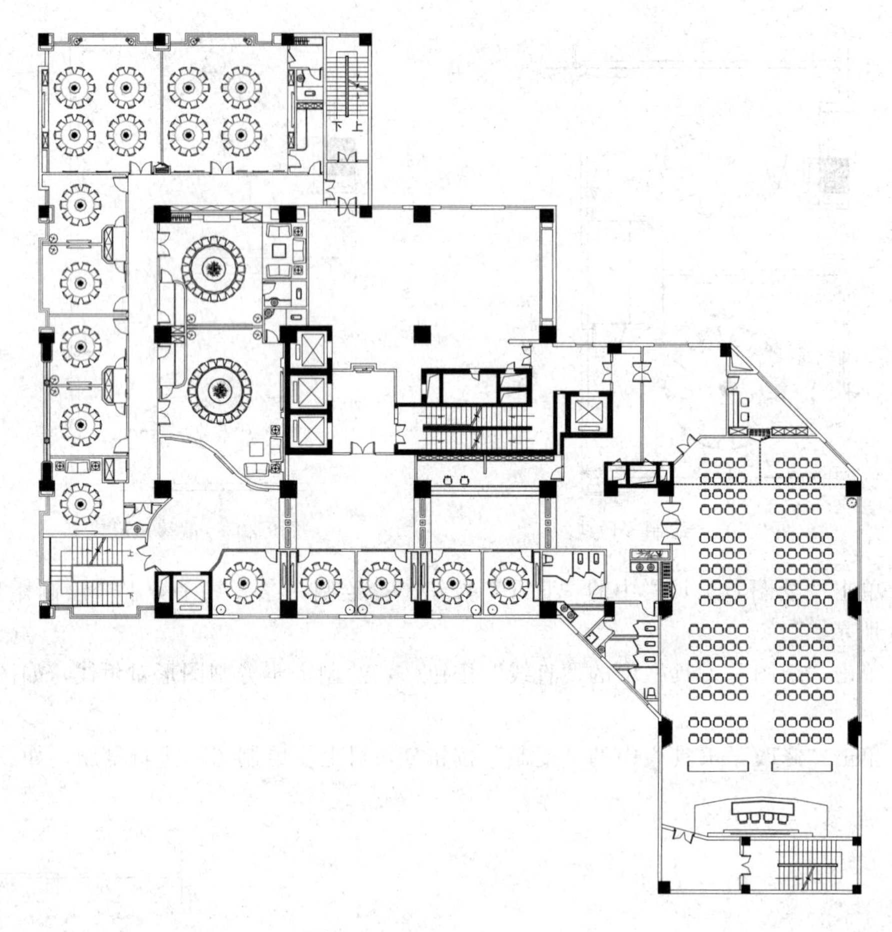

图 9-209　完成绘制

9.2.4　文字标注

打开关闭的“尺寸”层和“文字”层，单击“绘图”工具栏中的“多行文字”按钮 A，添加缺少文字，完成三层中餐厅装饰平面图的绘制，如图 9-139 所示。

中餐厅顶棚图与地坪图绘制

顶棚图与地坪图是室内设计中特有的图样，顶棚图用于表达室内顶棚造型、灯具及相关电器布置的顶棚水平镜像投影图，地坪图用于表达室内地面造型、纹饰图案布置的水平镜像投影图。本章将以中餐厅顶棚与地坪室内设计为例，详细讲述中餐厅顶棚与地坪图的绘制过程。在讲述过程中，将逐步带领读者完成绘制，并讲述顶棚及地坪图绘制的相关知识和技巧。

点

- 中餐厅顶棚装饰图
- 地坪图装饰图

10.1 中餐厅顶棚装饰图

餐厅的顶棚装饰由吊顶和吊灯组成，餐厅的吊灯风格最好跟餐厅的整体装饰风格一致，同时要考虑餐厅的面积、层高等因素。本层餐厅各包房空间较大，所以选择相对华丽的吊灯设计，下面主要讲解二层中餐厅顶棚装饰图的绘制，如图 10-1 所示。

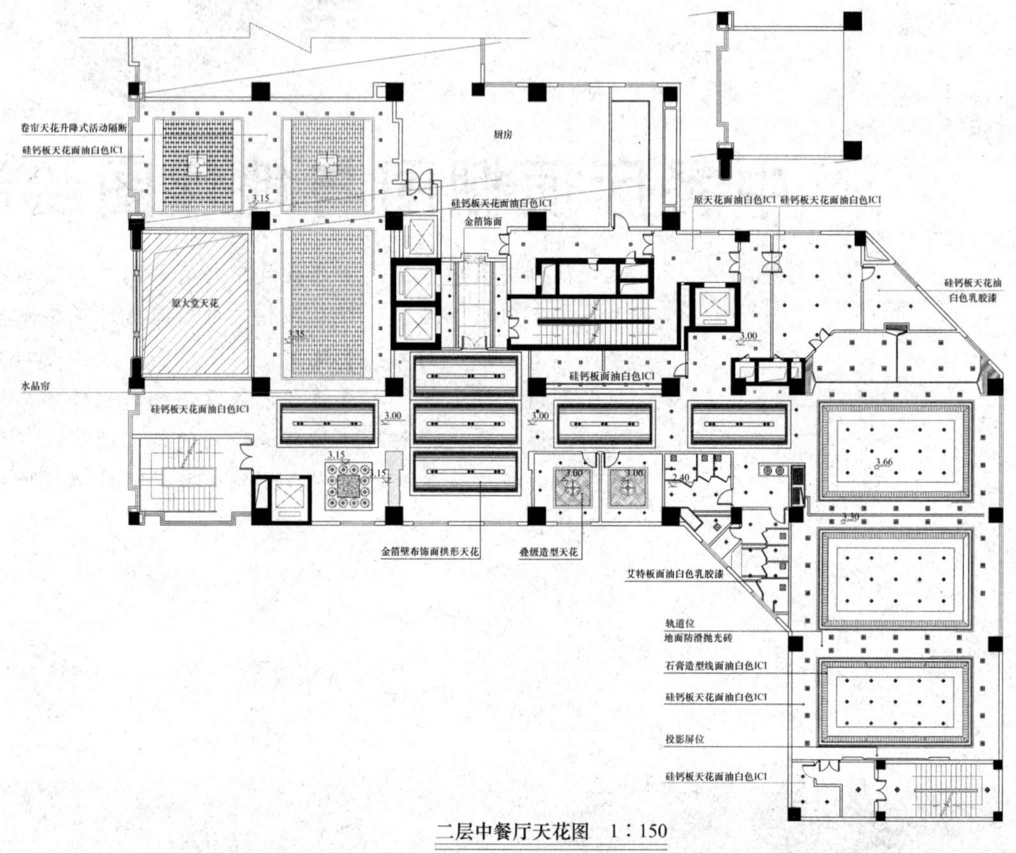

图 10-1 二层中餐厅顶棚装饰图

光盘\视频教学\第 10 章\二层中餐厅顶棚装饰图.avi

10.1.1 二层中餐厅顶棚图的绘制

【操作步骤】

1. 绘图准备

(1) 单击“标准”工具栏中的“打开”按钮，弹出“选择文件”对话框，选择“源文件/二层中餐厅装饰平面图”，单击“打开”按钮，打开绘制的二层中餐厅装饰平面图。

（2）选择菜单栏“文件”→“另存为”命令，将打开的“二层中餐厅装饰平面图”另存为“二层中餐厅顶棚图”。

（3）单击“文字”、“轴线”及“家具”图层中的“开/关图层”按钮，将图层关闭，如图10-2所示。

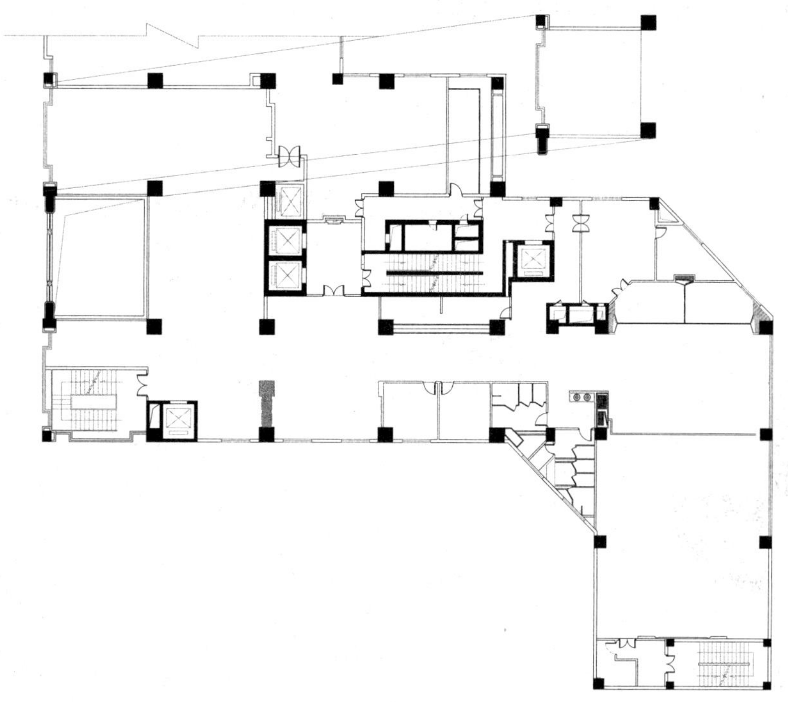

图10-2 添加文字说明

2. 单击“图层”工具栏中的“图层”按钮，新建“顶棚”图层，如图10-3所示。

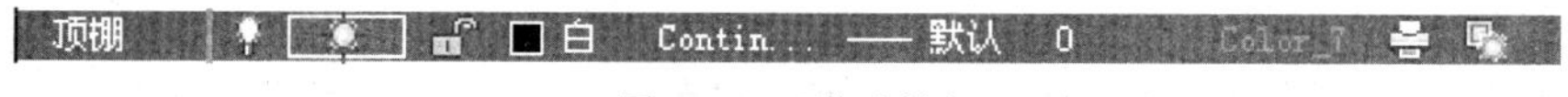

图10-3 顶棚图层

3. 绘制进口石英射灯

（1）单击“绘图”工具栏中的“圆”按钮，在图形空白区域任选一点为圆心绘制半径为75的圆，如图10-4所示。

（2）单击“绘图”工具栏中的“直线”按钮，过上步绘制圆圆心位置绘制十字交叉线，如图10-5所示。

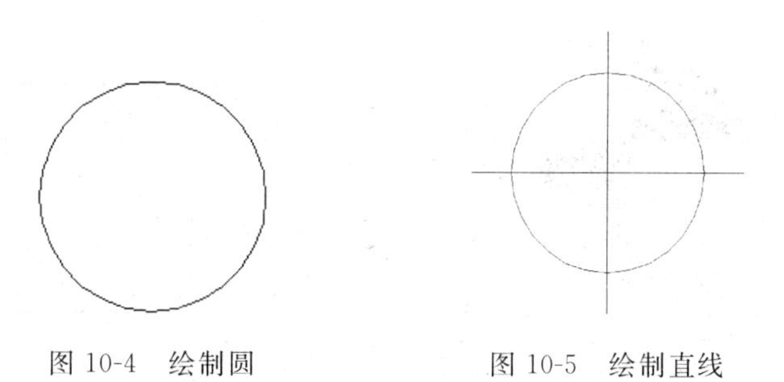

图10-4 绘制圆　　图10-5 绘制直线

（3）单击“绘图”工具栏中的“图案填充”按钮，系统打开“图案填充和渐变色”

对话框，单击“图案”选项后面的按钮，系统打开“填充图案选项板”对话框，选择“SOLID”图案，单击“确定”按钮退出。在“图案填充和渐变色”对话框右侧单击“添加：拾取点”按钮，选择填充区域单击确定按钮，系统回到“图案填充和渐变色”对话框，单击“确定”按钮完成图案填充，效果如图 10-4 所示。

（4）单击“绘图”工具栏中的“创建块”按钮，弹出“块定义”对话框，如图 10-6 所示。

（5）选择上步图形为定义对象，选择任意点为基点，将其定义为块，块名为“进口石英射灯”，如图 10-7 所示。

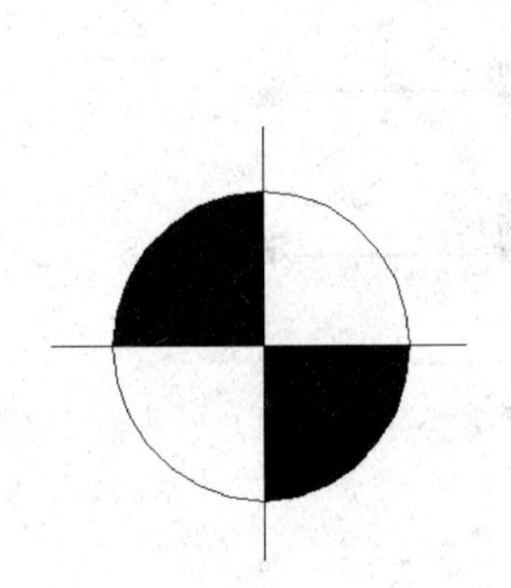

图 10-6 块定义对话框　　　　图 10-7 填充图形

4. 绘制单头雷土灯

（1）“单头雷土灯”的绘制方法与“进口石英射灯”的绘制方法基本相同这里不再详细阐述，如图 10-8 所示。

（2）单击“绘图”工具栏中的“创建块”按钮，弹出“块定义”对话框，选择单头雷土灯为定义对象，选择任意点为基点，将其定义为块，块名为“单头雷土灯”。

5. 绘制方形筒灯

（1）单击“绘图”工具栏中的“矩形”按钮，在图形适当位置绘制一个“150×150”的矩形，如图 10-9 所示。

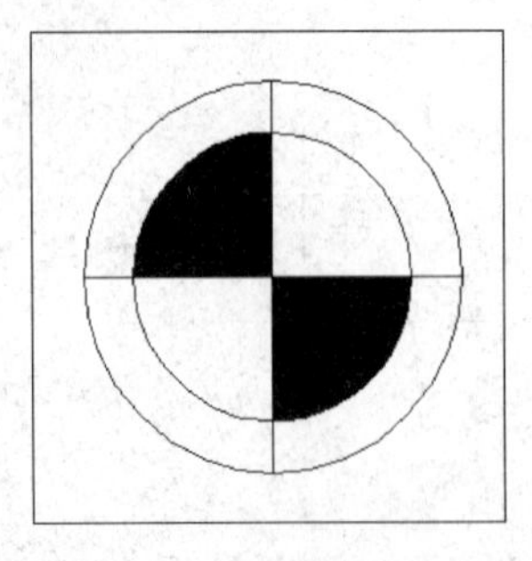

图 10-8 单头雷土灯

图 10-9 绘制矩形

（2）单击“修改”工具栏中的“偏移”按钮，选择上步绘制的矩形向内进行偏移，偏移距离为45，结果如图10-10所示。

（3）单击“绘图”工具栏中的“直线”按钮，过外侧矩形绘制十字交叉线，如图10-11所示。

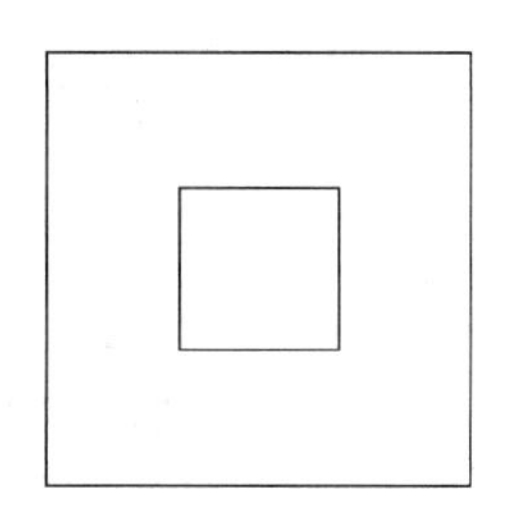

图10-10　偏移制矩形

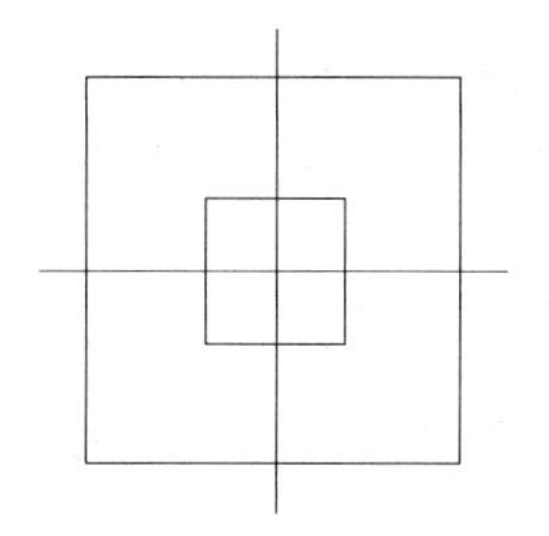

图10-11　偏移制矩形

（4）单击“绘图”工具栏中的“创建块”按钮，弹出“块定义”对话框，选择上步图形为定义对象，选择任意点为基点，将其定义为块，块名为“方形筒灯”。

6. 绘制吸顶灯

（1）单击“绘图”工具栏中的“圆”按钮，在图形适当位置绘制一个半径为75的圆，如图10-12所示。

（2）单击“修改”工具栏中的“偏移”按钮，选择上步绘制的圆向内偏移，偏移距离为29，如图10-13所示。

（3）单击“绘图”工具栏中的“直线”按钮，过上步偏移圆圆心绘制十字交叉线，完成吸顶灯的绘制，如图10-14所示。

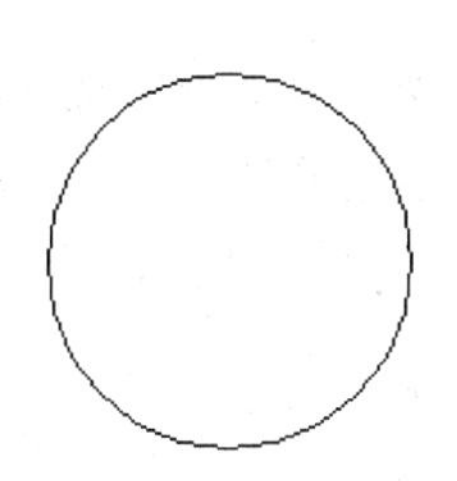

图10-12　绘制圆

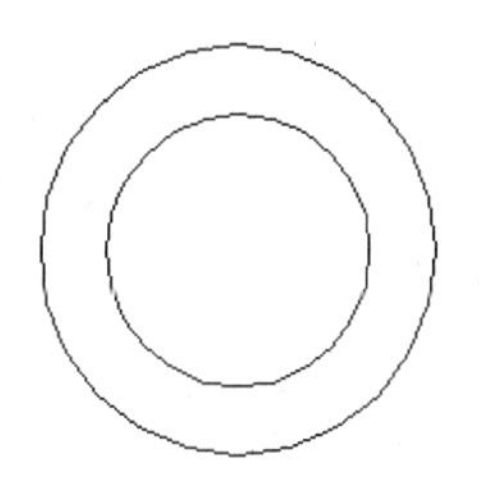

图10-13　绘制圆

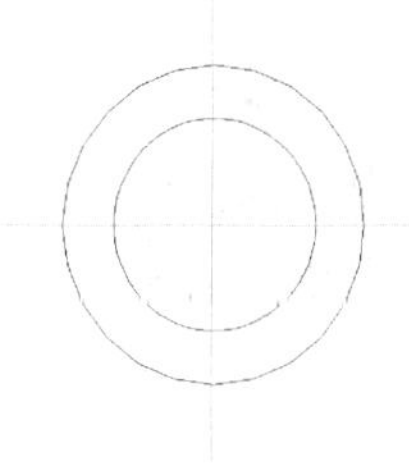

图10-14　绘制水平直线和竖直直线

（4）单击“绘图”工具栏中的“创建块”按钮，弹出“块定义”对话框，选择上步图形为定义对象，选择任意点为基点，将其定义为块，块名为“吸顶灯”。

7. 绘制通风口

（1）单击“绘图”工具栏中的“矩形”按钮，在图形适当位置绘制一个“300×300”的矩形，如图10-15所示。

（2）单击“绘图”工具栏中的“偏移”按钮，选择上步绘制的矩形向内偏移，偏移距离为50、50，如图10-16所示。

（3）单击“绘图”工具栏中的“直线”按钮，绘制上步外侧矩形的对角线。

（4）单击“绘图”工具栏中的“创建块”按钮，弹出“块定义”对话框，选择上步图形为定义对象，选择任意点为基点，将其定义为“通风口”。

图 10-15　绘制矩形

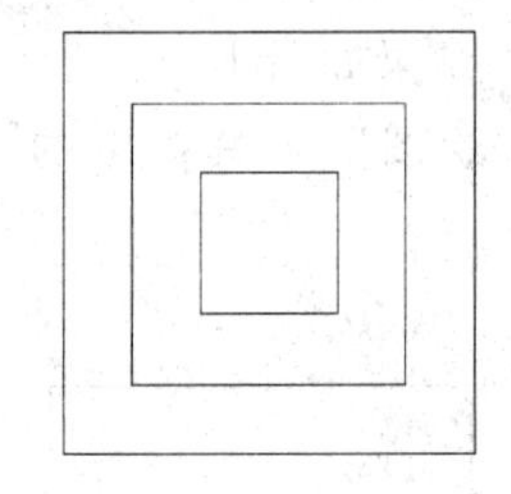

图 10-16　偏移矩形

8. 绘制大型艺术吊灯

(1) 单击“绘图”工具栏中的“圆”按钮，在图形空白区域内绘制半径为 250 的圆，如图 10-17 所示。

(2) 单击“修改”工具栏中的“偏移”按钮，选择上步绘制的圆向内偏移，偏移距离为 50、122，如图 10-18 所示。

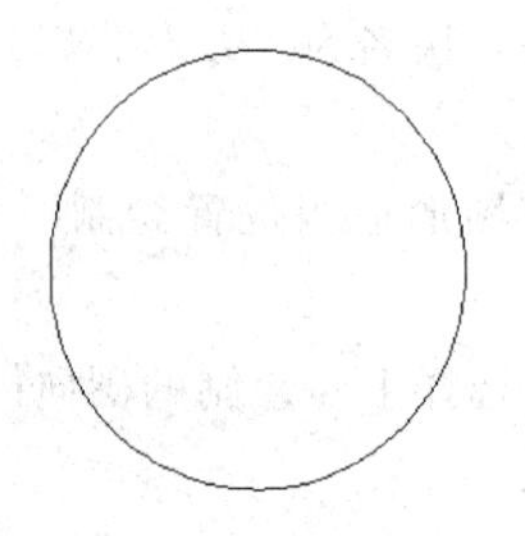

图 10-17　绘制圆

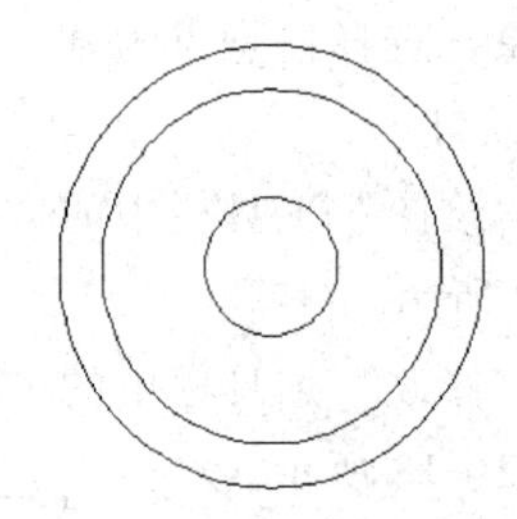

图 10-18　偏移圆

(3) 单击“绘图”工具栏中的“直线”按钮，过小圆圆心绘制十字交叉线，如图 10-19 所示。

(4) 单击“绘图”工具栏中的“创建块”按钮，弹出“块定义”对话框，选择上步图形为定义对象，选择任意点为基点，将其定义为块，块名为“大型艺术吊灯”。

(5) 利用上述方法完成“筒灯”的绘制，并将其定义为块，如图 10-20 所示。

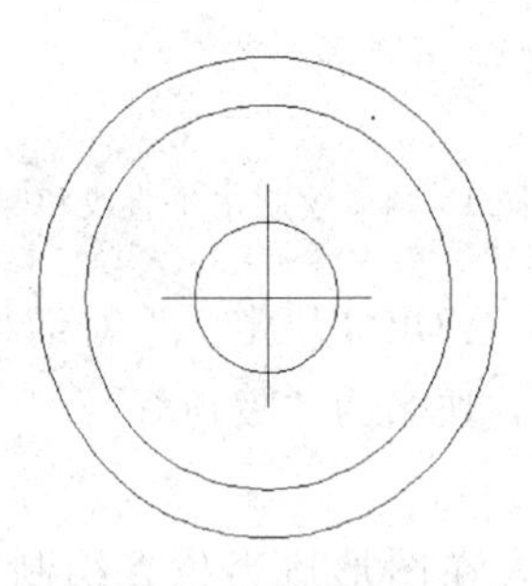

图 10-19　绘制直线

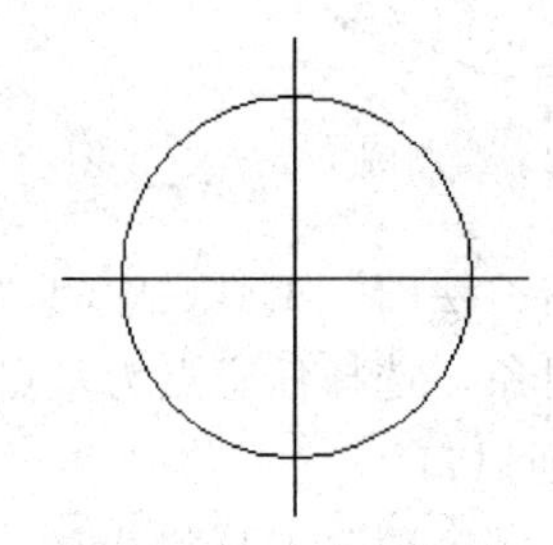

图 10-20　绘制筒灯

9. 绘制天花

(1) 单击“绘图”工具栏中的“矩形”按钮，在图形右下角绘制一个“8780×4960”的矩形，如图 10-21 所示。

(2) 单击“绘图”工具栏中的“偏移”按钮，选择上步绘制的矩形连续向内偏移，偏移距离为 80、60、130、30、300、500、20，结果如图 10-22 所示。

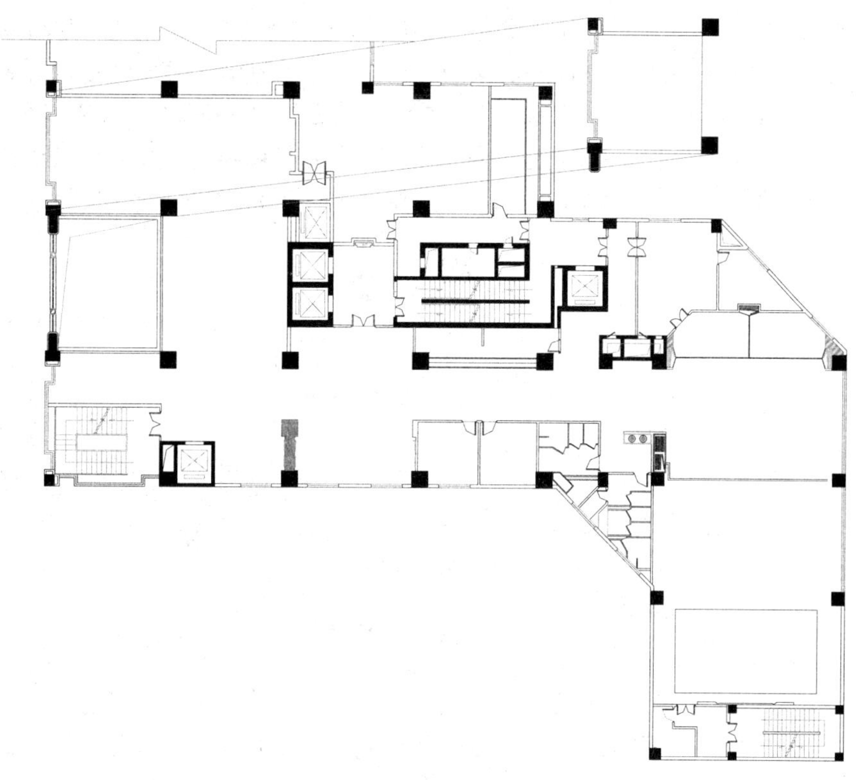

图 10-21　绘制矩形

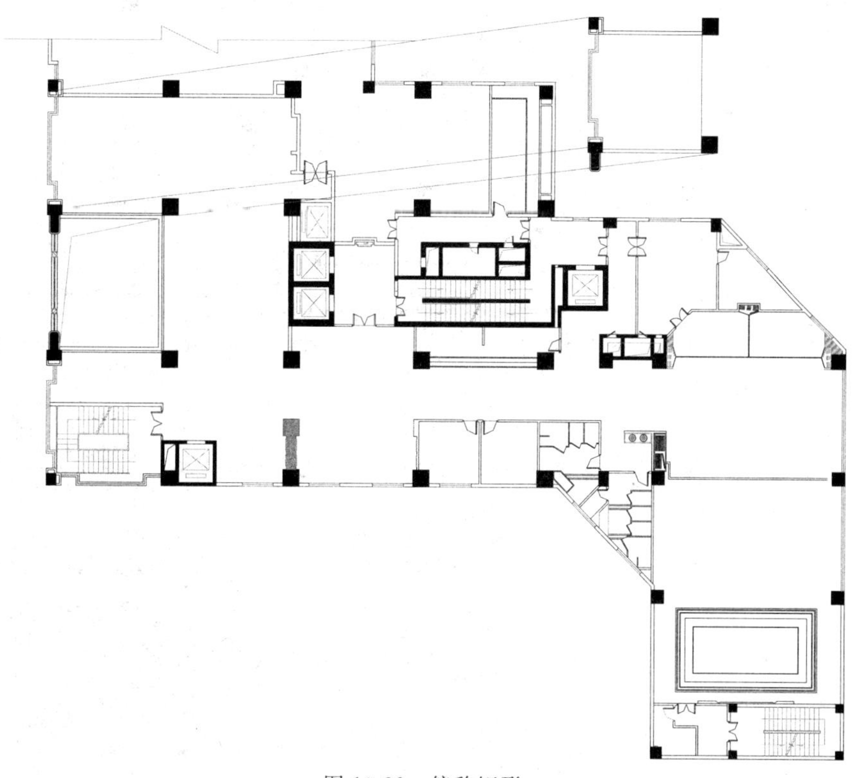

图 10-22　偏移矩形

（3）单击“绘图”工具栏中的“直线”按钮，连接内部矩形对角线，如图 10-23 所示。

（4）单击“绘图”工具栏中的“图案填充”按钮，弹出“图案填充和渐变色”对话框，单击[...]按钮，弹出“图案选项板”对话框，分别选择“ANSI32”，设置填充比例为 50，填充角度为 45°和 135°，单击“添加：拾取点”按钮，拾取填充区域，按回车键，返回到“图案填充和渐变色”对话框，单击“确定”按钮，完成填充，结果如图 10-24 所示。

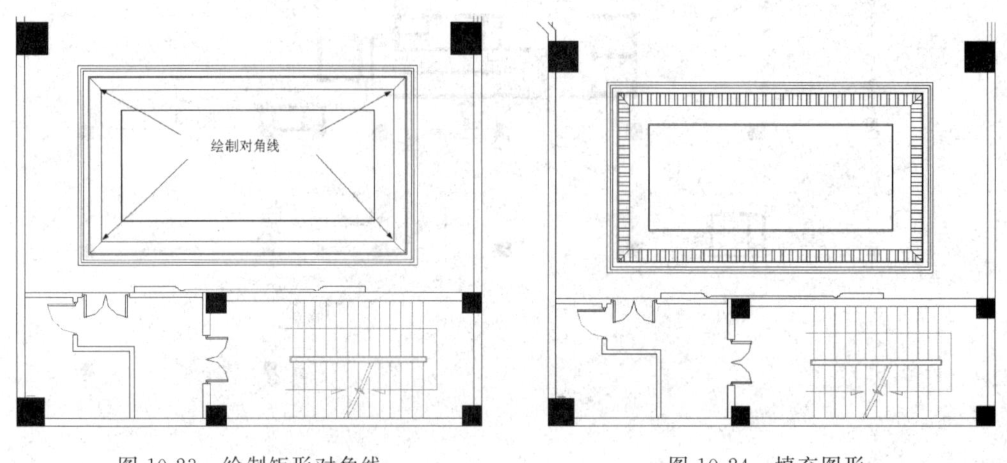

图 10-23　绘制矩形对角线　　　　图 10-24　填充图形

（5）单击“修改”工具栏中的“复制”按钮，选择上步图形向上复制，复制距离为 6650，如图 10-25 所示。

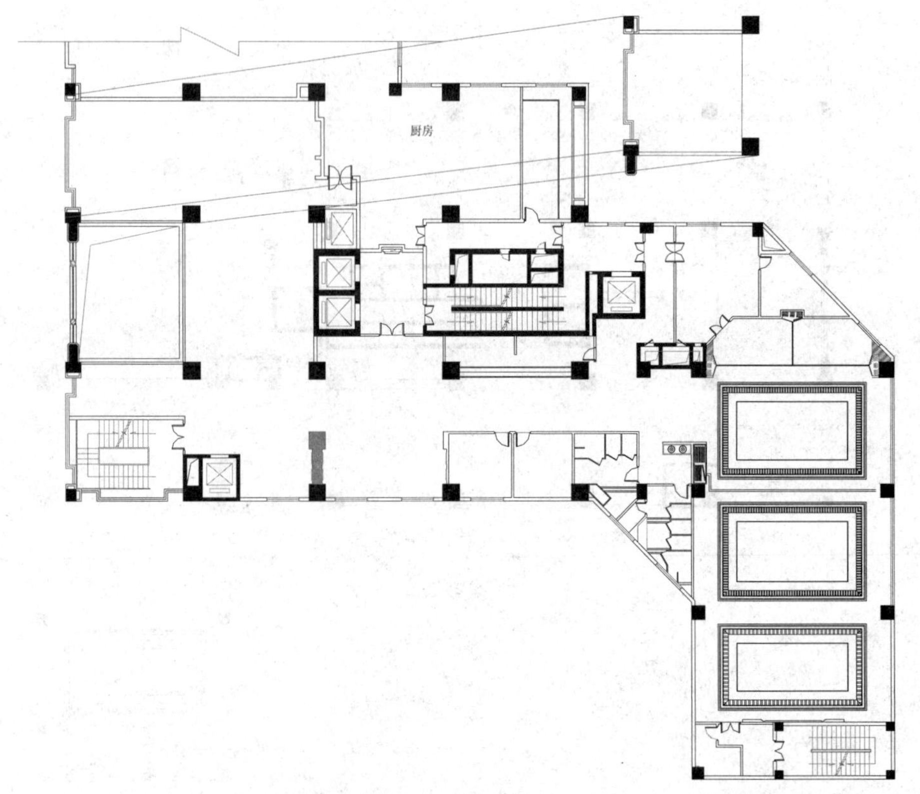

图 10-25　填充图形

(6) 单击“绘图”工具栏中的“矩形”按钮▭，在图形适当位置绘制一个“5700×2595”的矩形，如图10-26所示。

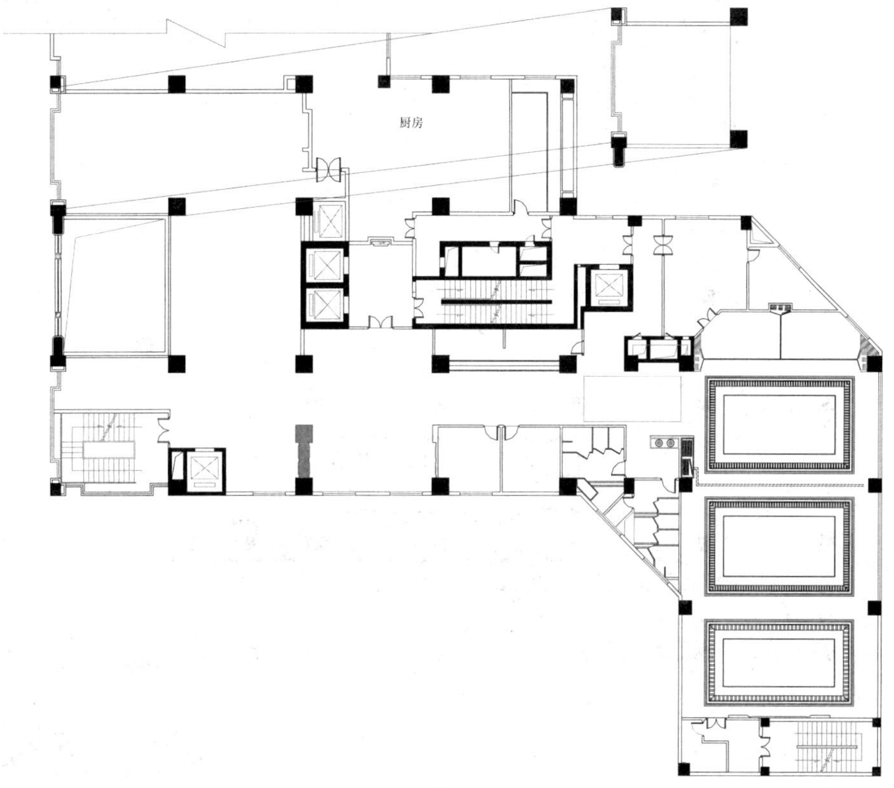

图10-26　绘制矩形

(7) 单击“修改”工具栏中的“偏移”按钮，选择上步绘制的矩形向内偏移，偏移距离为200、50、50、897，如图10-27所示。

(8) 选择如图10-39所示的矩形，单击“图层”工具栏中的“线型”按钮，在其线型下拉列表中选择“DASHED”线型，线型进行修改，如图10-28所示。

图10-27　偏移矩形

图10-28　修改线型

(9) 单击“修改”工具栏中的“分解”按钮，选择如图10-27的矩形进行分解，如图10-29所示。

(10) 选择上步分解矩形的上步水平边向下侧偏移，偏移距离为28、43、65、106、152、1205、152、106、65、28，如图10-30所示。

(11) 单击“修改”工具栏中的“复制”按钮，选择上步绘制图形为复制对象，将其复制到适当位置，如图10-31所示。

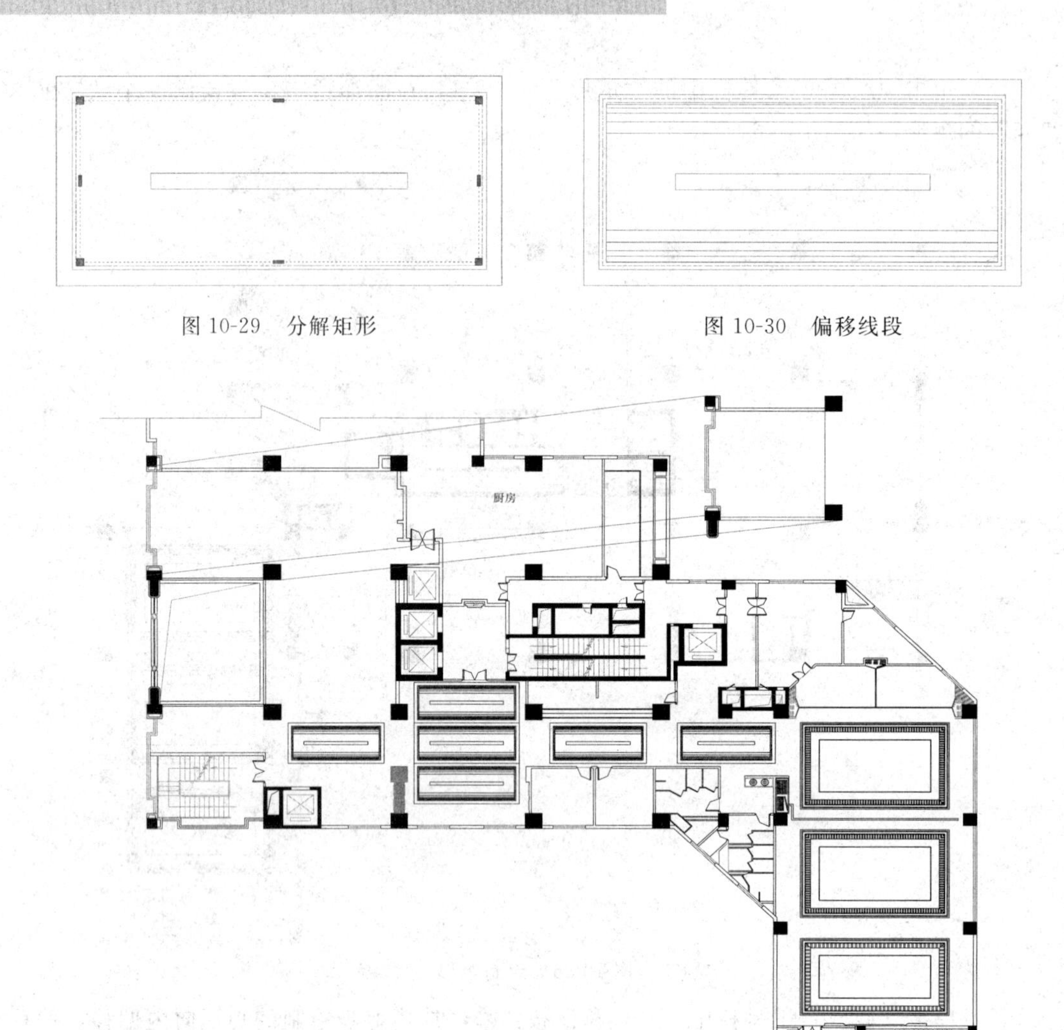

图 10-29 分解矩形

图 10-30 偏移线段

图 10-31 复制图形

（12）单击“绘图”工具栏中的“矩形”按钮，在图形中绘制一个“5200×5200”的矩形，如图 10-32 所示。

（13）单击“修改”工具栏中的“偏移”按钮，选择上步绘制的矩形向内偏移，偏移距离为 100，如图 10-33 所示。

（14）单击“修改”工具栏中的“分解”按钮，选择偏移的矩形为分解对象，进行分解。

（15）选择上步偏移的内部矩形左侧竖直边线向内偏移，偏移距离为 500、150×26、100，如图 10-34 所示。

（16）单击“绘图”工具栏中的“矩形”按钮，在上步偏移的线段内绘制一个“190×40”矩形，如图 10-35 所示。

（17）单击“修改”工具栏中的“复制”按钮，选择上步绘制的矩形进行复制，结果如图 10-36 所示。

（18）单击“绘图”工具栏中的“矩形”按钮，在上步图形内绘制一个“1125×1125”的矩形，如图 10-37 所示。

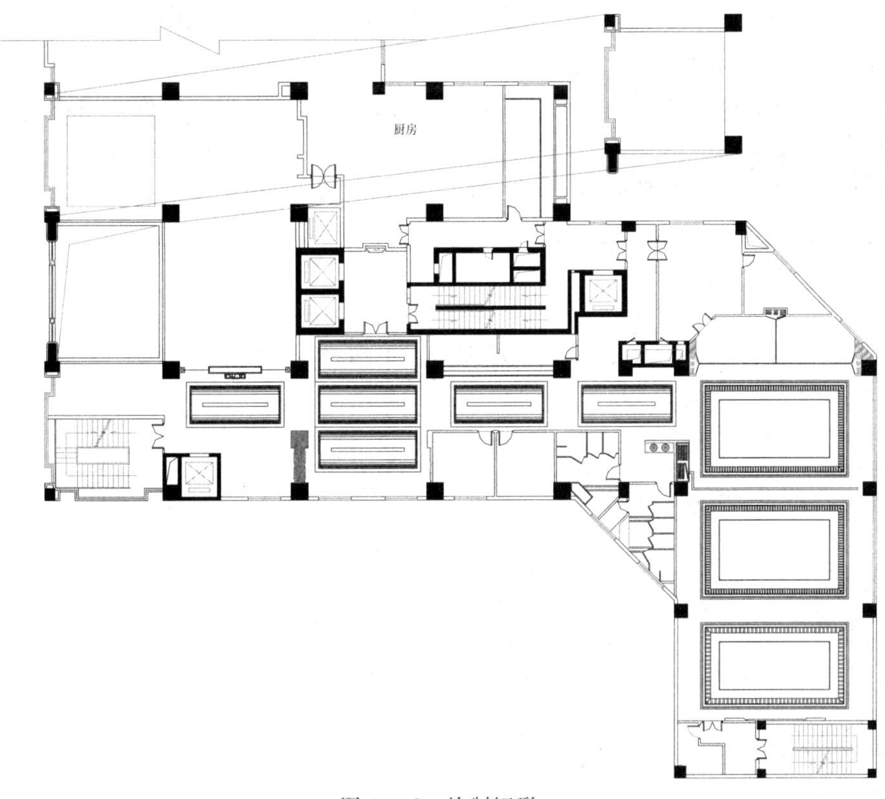

图 10-32　绘制矩形

图 10-33　偏移矩形

图 10-34　偏移线段

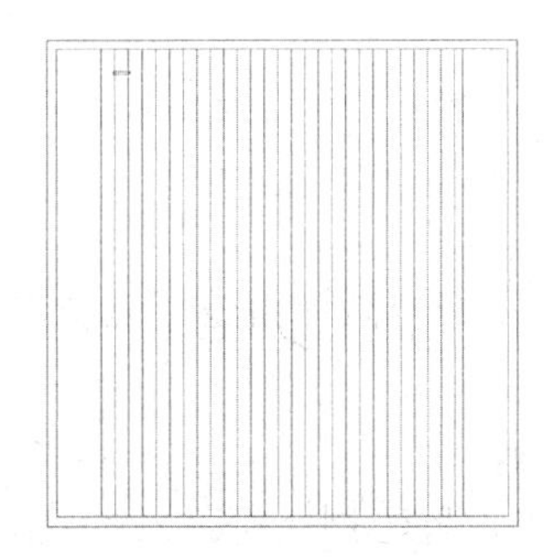

图 10-35　绘制矩形

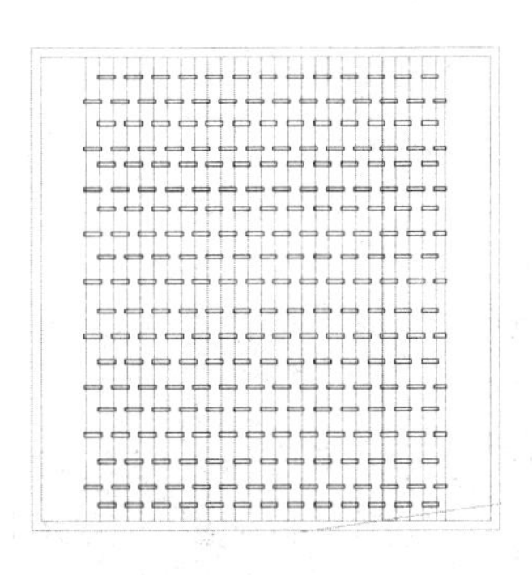

图 10-36　复制矩形

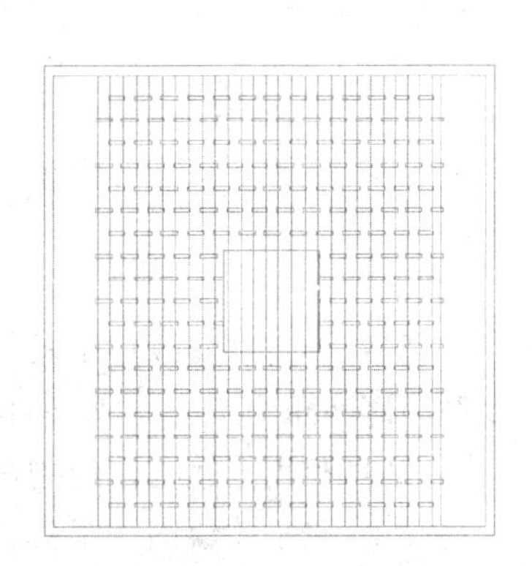

图 10-37　绘制矩形

（19）单击“修改”工具栏中的“修剪”按钮，以上步绘制矩形内部为修剪区域，将矩形内线段修剪掉，如图 10-38 所示。

（20）单击“修改”工具栏中的“偏移”按钮，选择上步绘制的矩形向内偏移，偏移距离为 170，如图 10-39 所示。

（21）单击“绘图”工具栏中的“直线”按钮，过上步偏移矩形外侧边线，绘制十字交叉线，如图 10-40 所示。

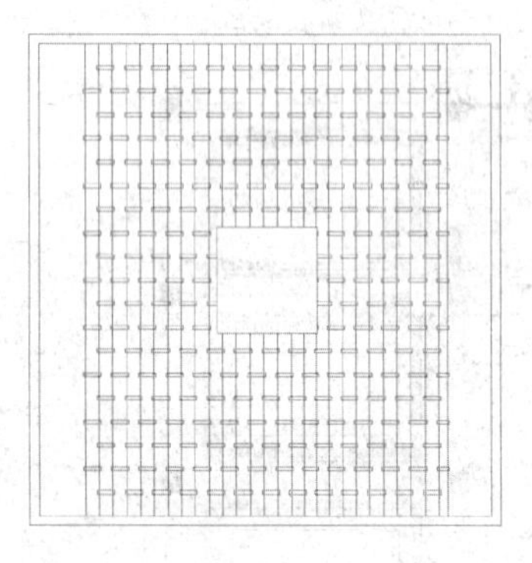

图 10-38 修剪矩形

图 10-39 偏移矩形

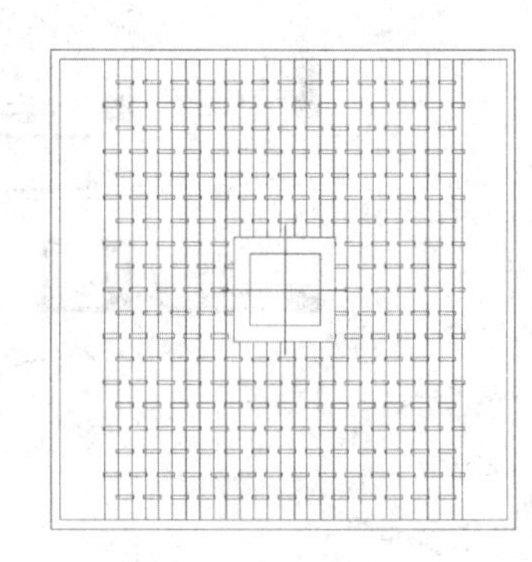

图 10-40 绘制直线

（22）单击“绘图”工具栏中的“圆”按钮，以两直线交点为圆心绘制半径为 141 的圆，如图 10-41 所示。

（23）单击“修改”工具栏的“修剪”按钮，对上步绘制的矩形进行修剪，如图 10-42 所示。

（24）单击“绘图”工具栏中的“直线”按钮，在偏移的矩形内绘制不规则直线，最终完成“木皮编织造型饰面”的设置，如图 10-43 所示。

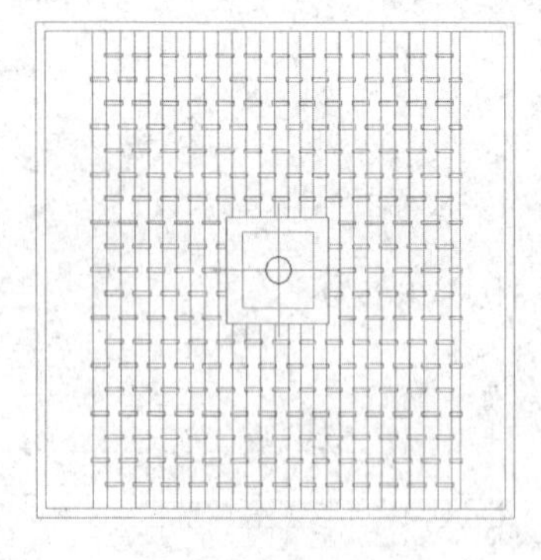

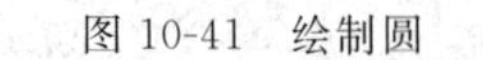

图 10-41 绘制圆

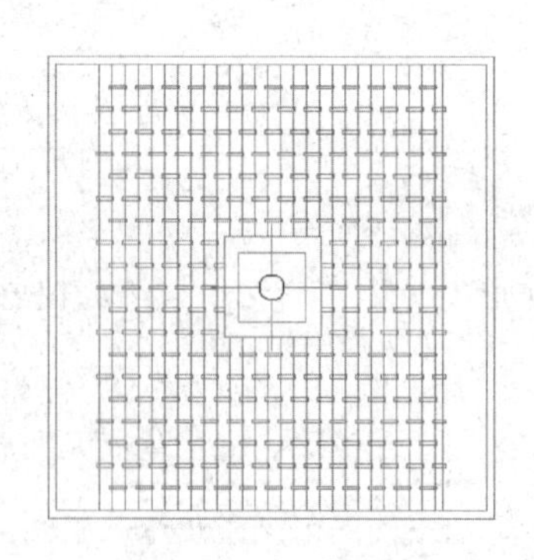

图 10-42 修剪圆

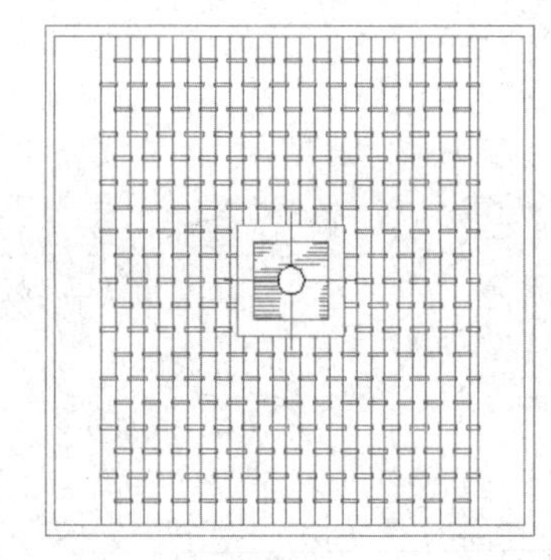

图 10-43 绘制直线

（25）单击“修改”工具栏中的“复制”按钮，选择上步绘制的造型饰面进行复制，复制距离间距为 7300，如图 10-44 所示。

（26）利用上述方法绘制不同尺寸的造型饰面，如图 10-45 所示。

（27）单击“绘图”工具栏中的“矩形”按钮，在图形适当位置绘制一个“2200×2200”的矩形，如图 10-46 所示。

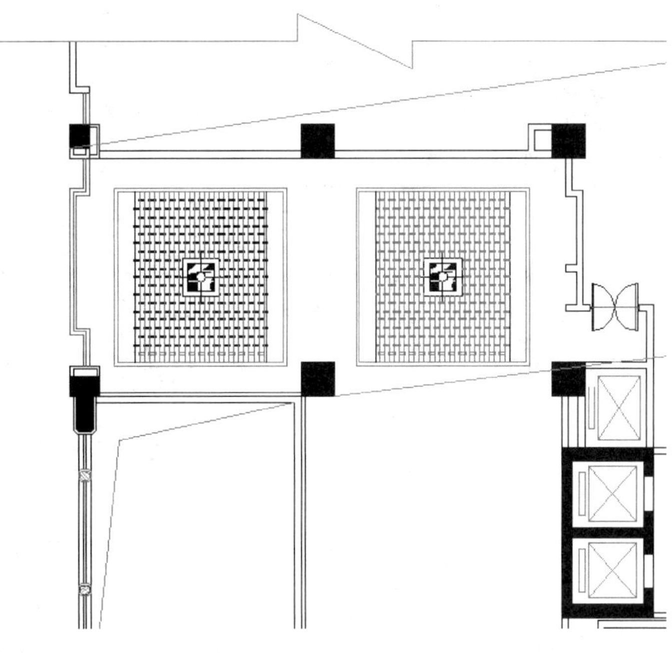

图 10-44　复制图形

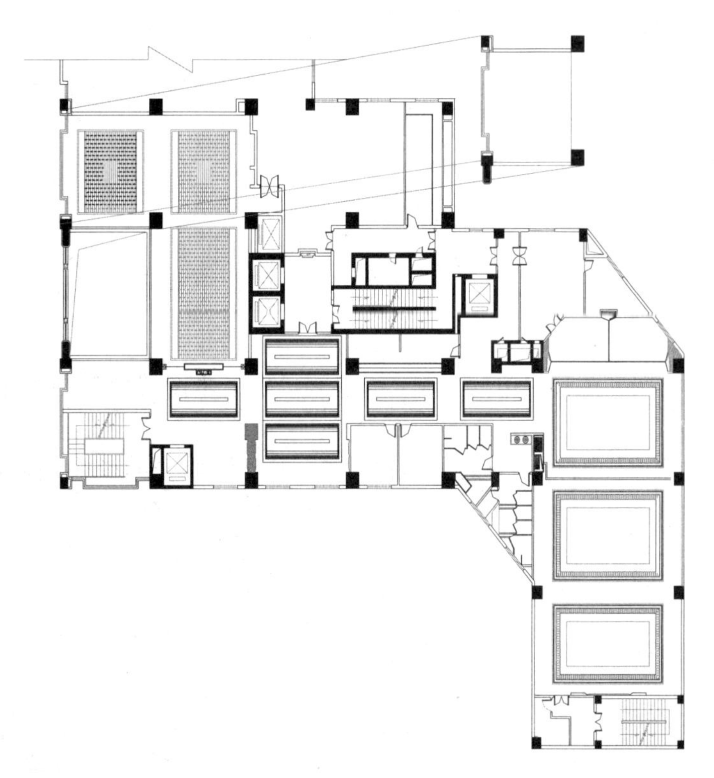

图 10-45　复制造型

（28）单击“修改”工具栏中的“偏移”按钮，选择上步绘制的矩形进行偏移，偏移距离为100和50，如图10-47所示。

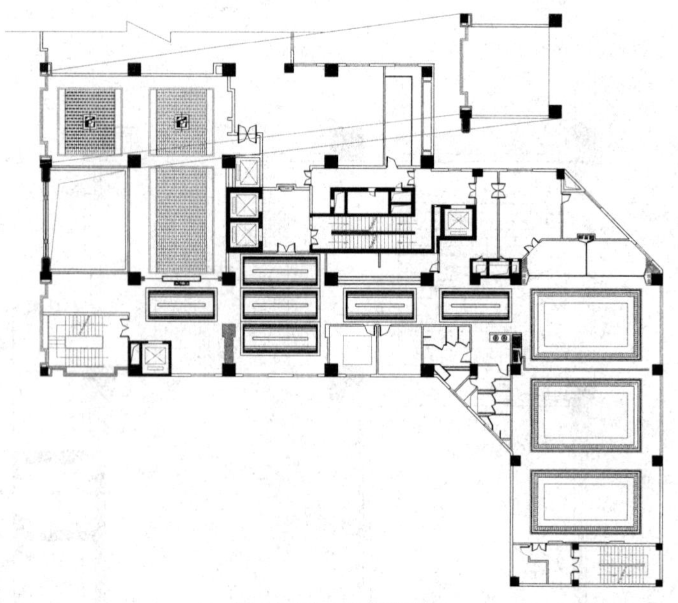

图 10-46　绘制矩形

（29）选择第一步绘制的矩形对其线型进行修改，将线型修改为 DASHED，结果如图 10-48 所示。

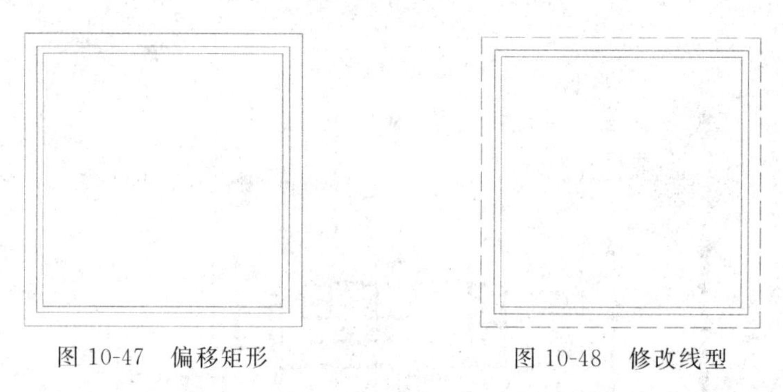

图 10-47　偏移矩形　　　图 10-48　修改线型

（30）单击“绘图”工具栏中的“圆”按钮，在上步图形内绘制一个半径为 300 的圆，如图 10-49 所示。

（31）单击“修改”工具栏中的“偏移”按钮，选择上步绘制的圆向内进行偏移，偏移距离为 173，如图 10-50 所示。

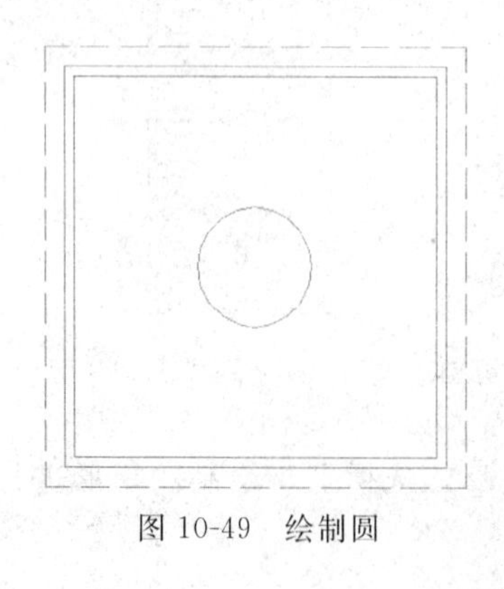

图 10-49　绘制圆

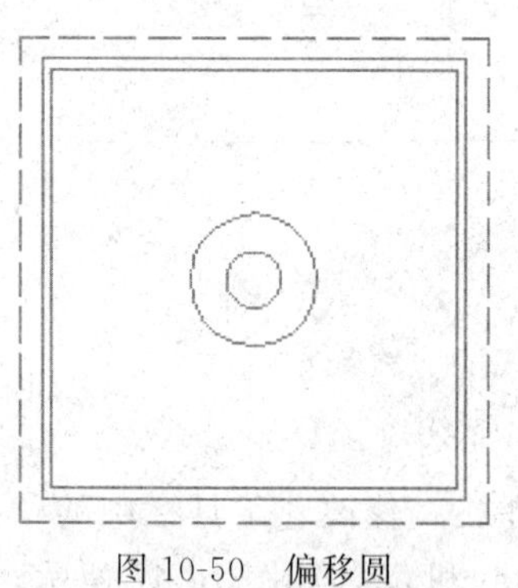

图 10-50　偏移圆

(32) 单击“绘图”工具栏中的“直线”按钮，过圆心绘制一条水平直线和一条竖直直线，如图 10-51 所示。

(33) 单击“绘图”工具栏中的“矩形”按钮，在上步绘制的直线上绘制“709×43”的矩形，如图 10-52 所示。

(34) 单击“绘图”工具栏中的“图案填充”按钮，弹出“图案填充和渐变色”对话框，单击[...]按钮，弹出“图案选项板”对话框，选择“AR-PARQ1”，设置填充比例为 50，填充角度为 45°，单击“添加：拾取点”按钮，拾取填充区域，按回车键，返回到“图案填充和渐变色”对话框，单击“确定”按钮，完成填充，结果如图 10-53 所示。

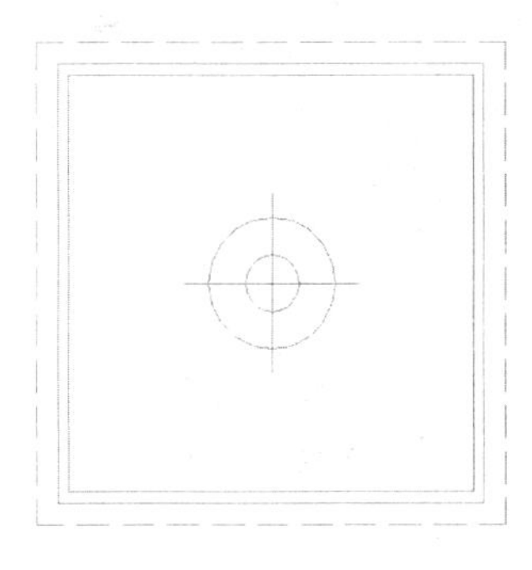

图 10-51 绘制直线

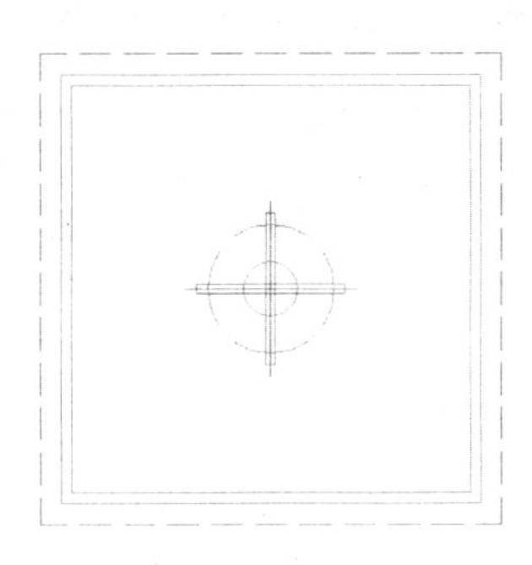

图 10-52 绘制矩形

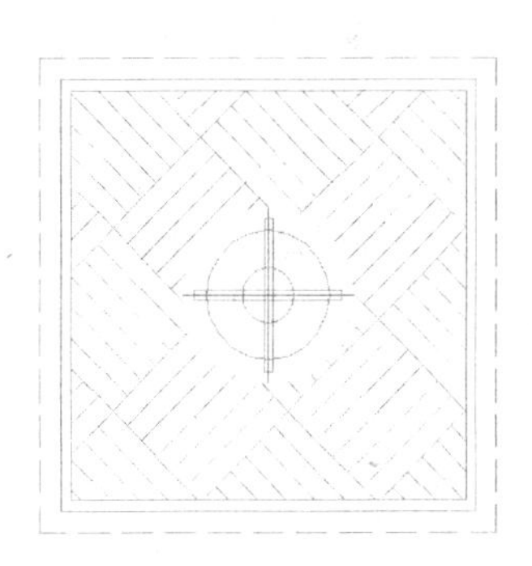

图 10-53 填充图形

(35) 单击“修改”工具栏中的“复制”按钮，选择上步绘制的图形进行复制，如图 10-54 所示。

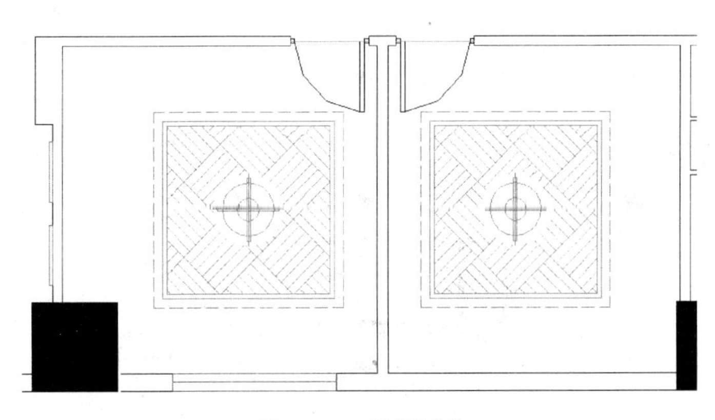

图 10-54 复制图形

(36) 利用上述方法完成剩余吊顶天花的绘制，如图 10-55 所示。

10. 布置灯具

(1) 单击“绘图”工具栏中的“插入块”按钮，弹出“插入”对话框，选择“进口石英灯”图块，单击“确定”按钮，完成图块插入，如图 10-56 所示。

(2) 单击“绘图”工具栏中的“插入块”按钮，弹出“插入”对话框，选择“筒灯”图块，单击“确定”按钮，完成图块插入，如图 10-57 所示。

(3) 单击“绘图”工具栏中的“插入块”按钮，弹出“插入”对话框，选择“单头雷土灯”图块，单击“确定”按钮，完成图块插入，如图 10-58 所示。

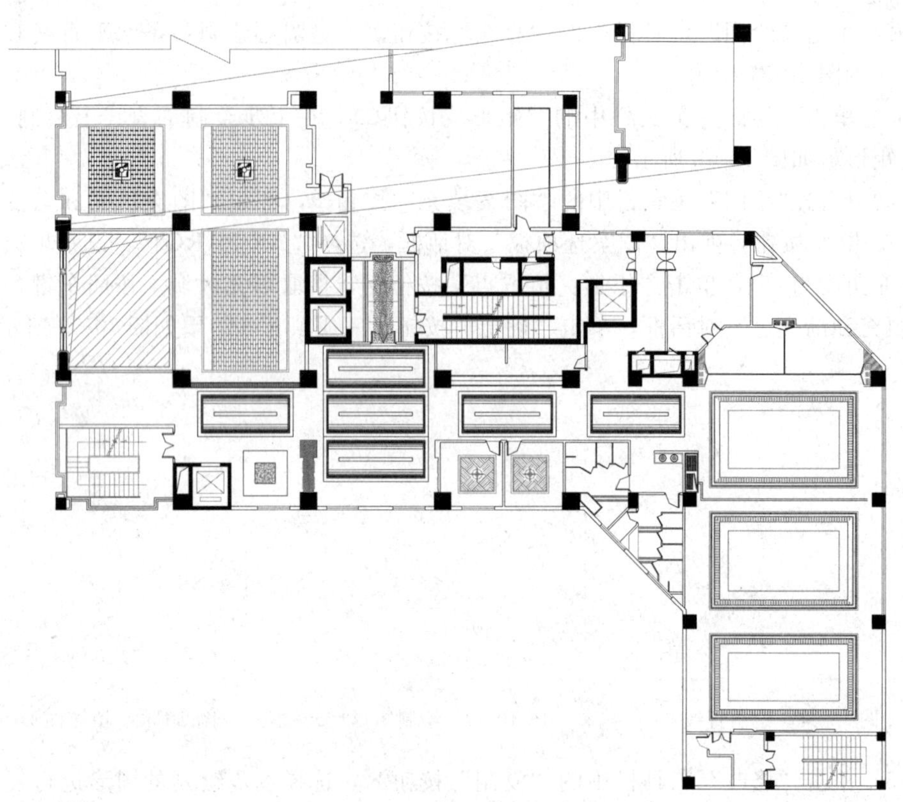

图 10-55　绘制吊顶天花

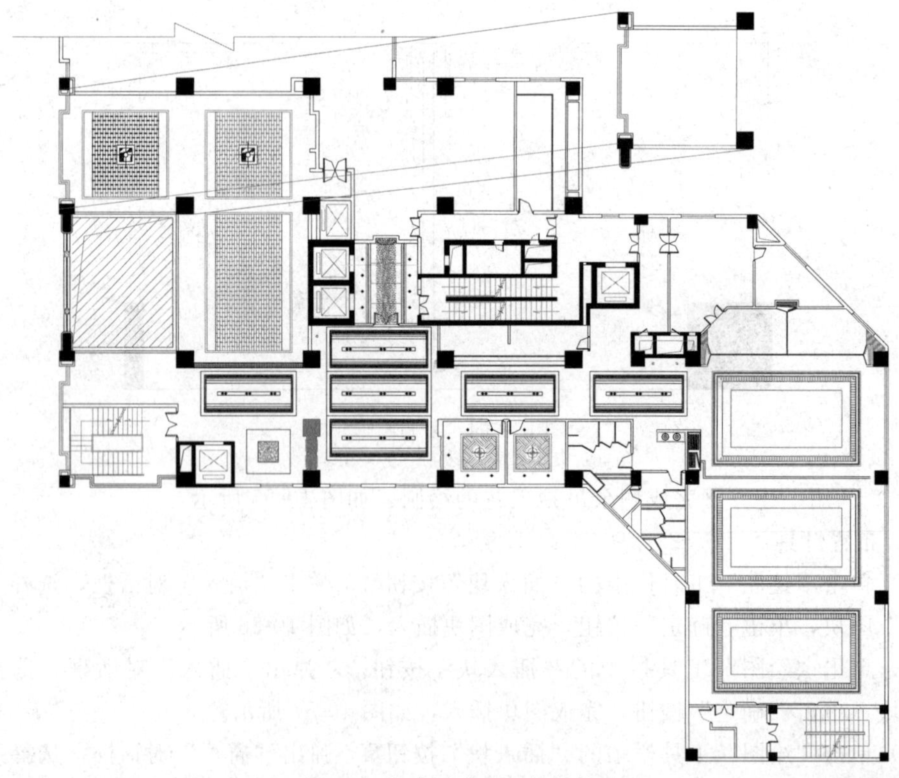

图 10-56　布置进口石英射灯

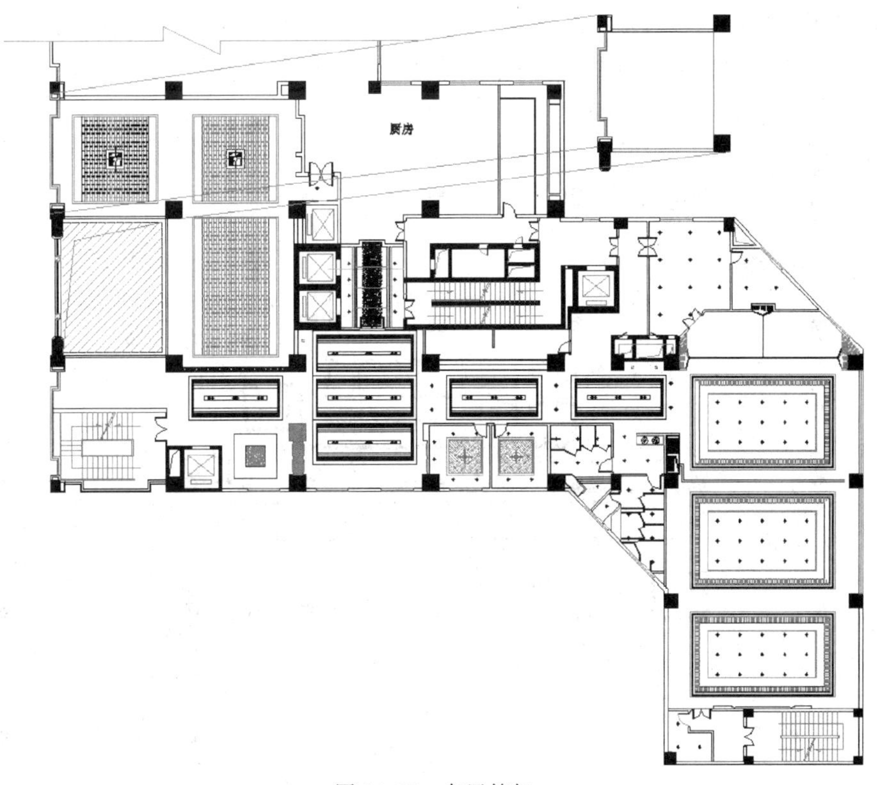

图 10-57　布置筒灯

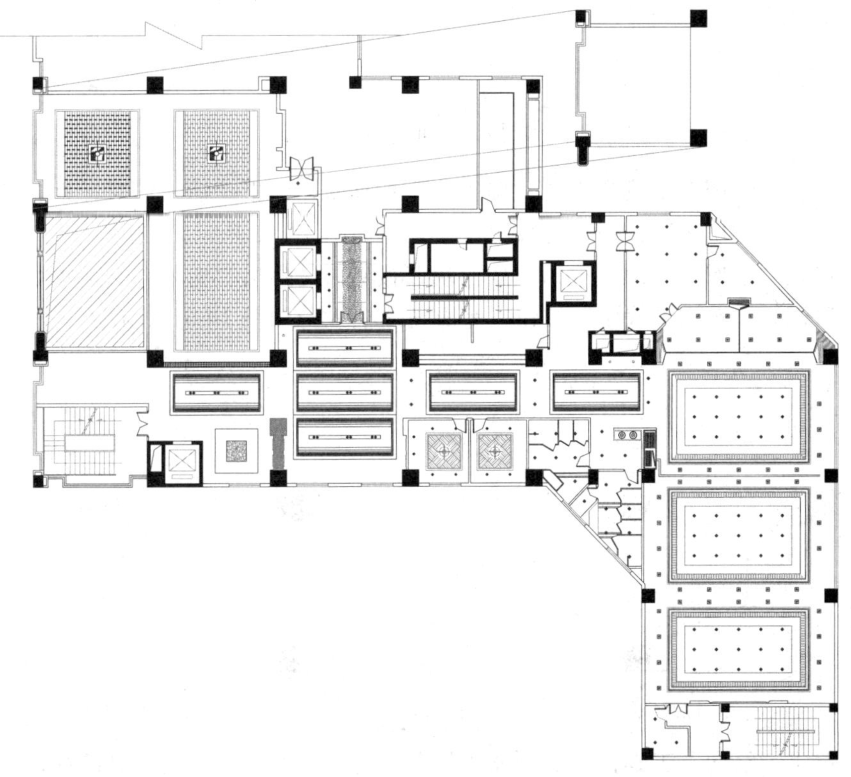

图 10-58　布置单头雷土灯

（4）单击“绘图”工具栏中的“插入块”按钮，弹出“插入”对话框，选择“方形筒灯”图块，单击“确定”按钮，完成图块插入，如图 10-59 所示。

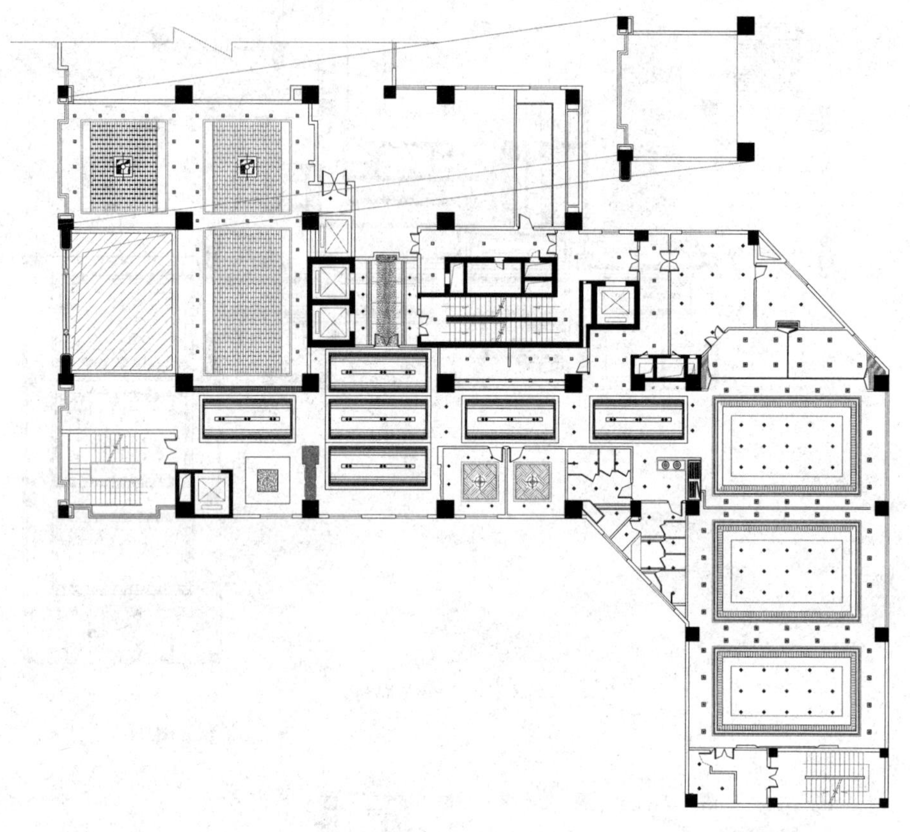

图 10-59　布置方形筒灯

（5）单击“绘图”工具栏中的“插入块”按钮，弹出“插入”对话框，选择“吸顶灯”图块，单击“确定”按钮，完成图块插入，如图 10-60 所示。

（6）单击“绘图”工具栏中的“插入块”按钮，弹出“插入”对话框，选择“大型艺术吊灯”图块，单击“确定”按钮，完成图块插入，如图 10-61 所示。

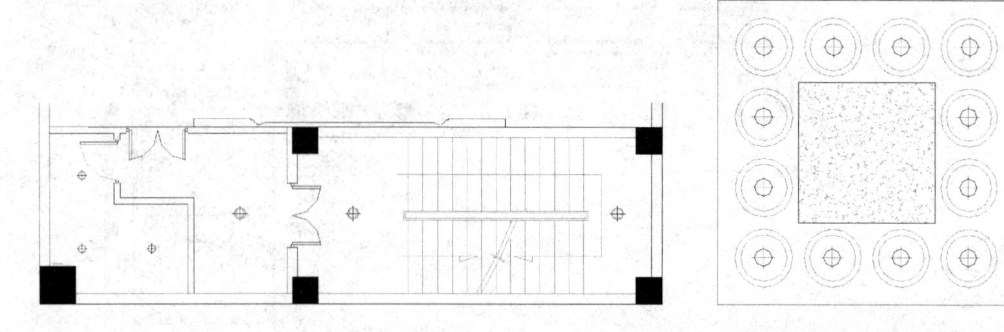

图 10-60　布置吸顶灯　　图 10-61　布置大型艺术吊灯

（7）单击“绘图”工具栏中的“插入块”按钮，弹出“插入”对话框，选择“抽风口”图块，回到“插入”对话框，单击“确定”按钮，完成图块插入，如图 10-62 所示。

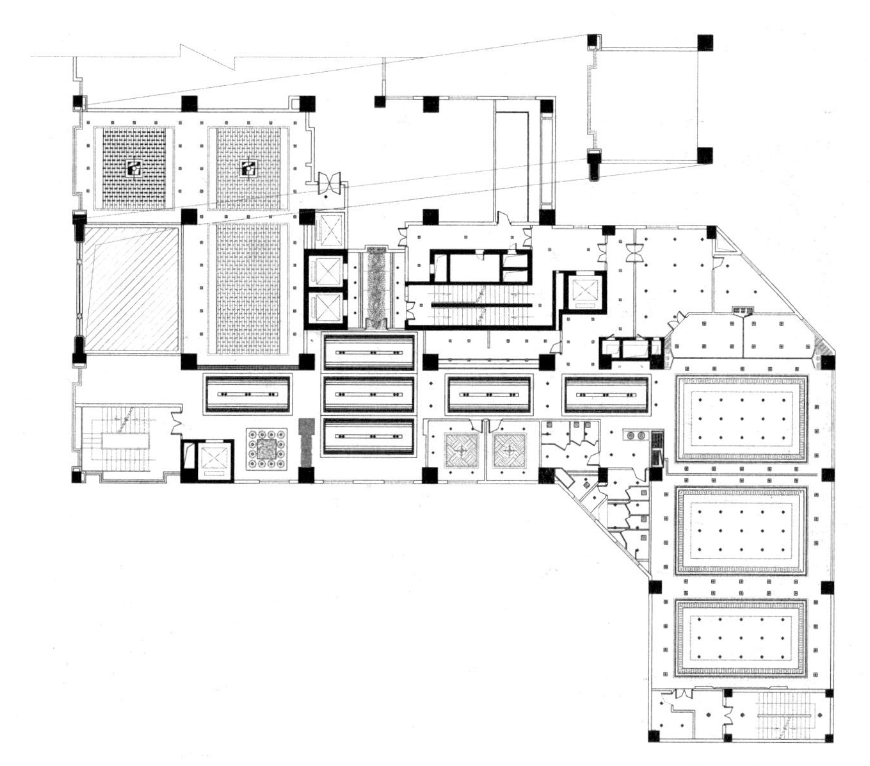

图 10-62　布置抽风口

11. 添加文字说明

(1) 将"文字"置为当前图层。在命令行中输入"QLEADER"命令，为图形添加文字说明，如图 10-63 所示。

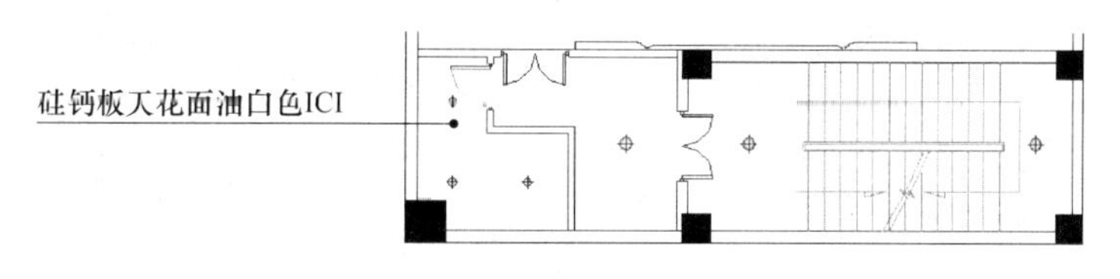

图 10-63　添加文字说明

(2) 利用上述方法添加剩余的文字说明，如图 10-64 所示。

12. 绘制标高

(1) 单击"绘图"工具栏中的"直线"按钮，在图形适当位置绘制一条长为 1386 的水平直线，如图 10-65 所示。

(2) 单击"绘图"工具栏中的"直线"按钮，绘制两条斜向 45°的直线，如图 10-66 所示。

(3) 单击"绘图"工具栏中的"直线"按钮，在上步绘制的直线上方绘制一条水平直线，如图 10-67 所示。

(4) 单击"绘图"工具栏中的"多行文字"按钮A，在上步绘制的标高上添加标高数值，如图 10-68 所示。

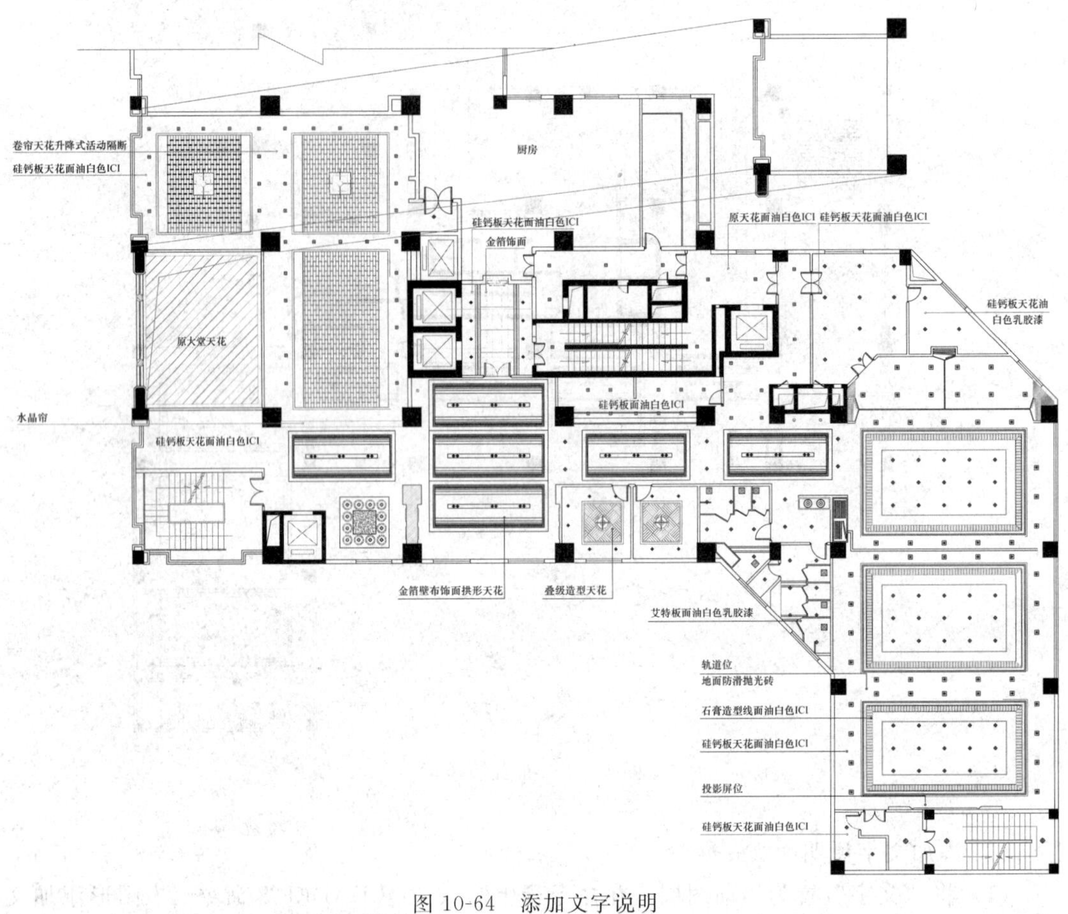

图 10-64　添加文字说明

图 10-65　绘制水平直线

图 10-66　绘制斜向直线

图 10-67　绘制水平直线

3.00

图 10-68　添加文字说明

（5）单击“绘图”工具栏中的“创建块”按钮，弹出“块定义”对话框。选择上步图形为定义对象，选择任意点为基点，将其定义为块，块名为“标高”。

13. 插入标高

选择菜单栏栏中的“格式”→“文字样式”命令，弹出“文字样式”对话框，新建“屋顶平面”样式，在“文字样式”对话框中取消钩选“使用大字体”复选框，然后在“字体名”下拉列表中选择“宋体”，“高度”设置为“350”，如图 10-69 所示。

14. 单击“绘图”工具栏中的“插入块”按钮，打开“插入”对话框，选择“标高”图块，将其插入到图中适当位置

15. 利用上述方法完成剩余标高的绘制，最终完成二楼中餐厅顶棚图的绘制，如图 10-1 所示。

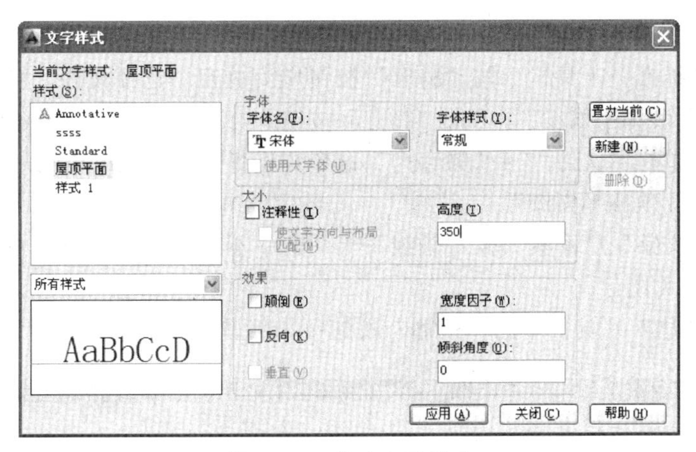

图 10-69 修改文字样式

10.1.2 三层中餐厅顶棚装饰图

【操作步骤】

三层中餐厅各顶棚的设计基本与二层相似，同样选择大型吊灯进行布置，下面简要讲解三层中餐厅顶棚装饰图的绘制，如图 10-70 所示。

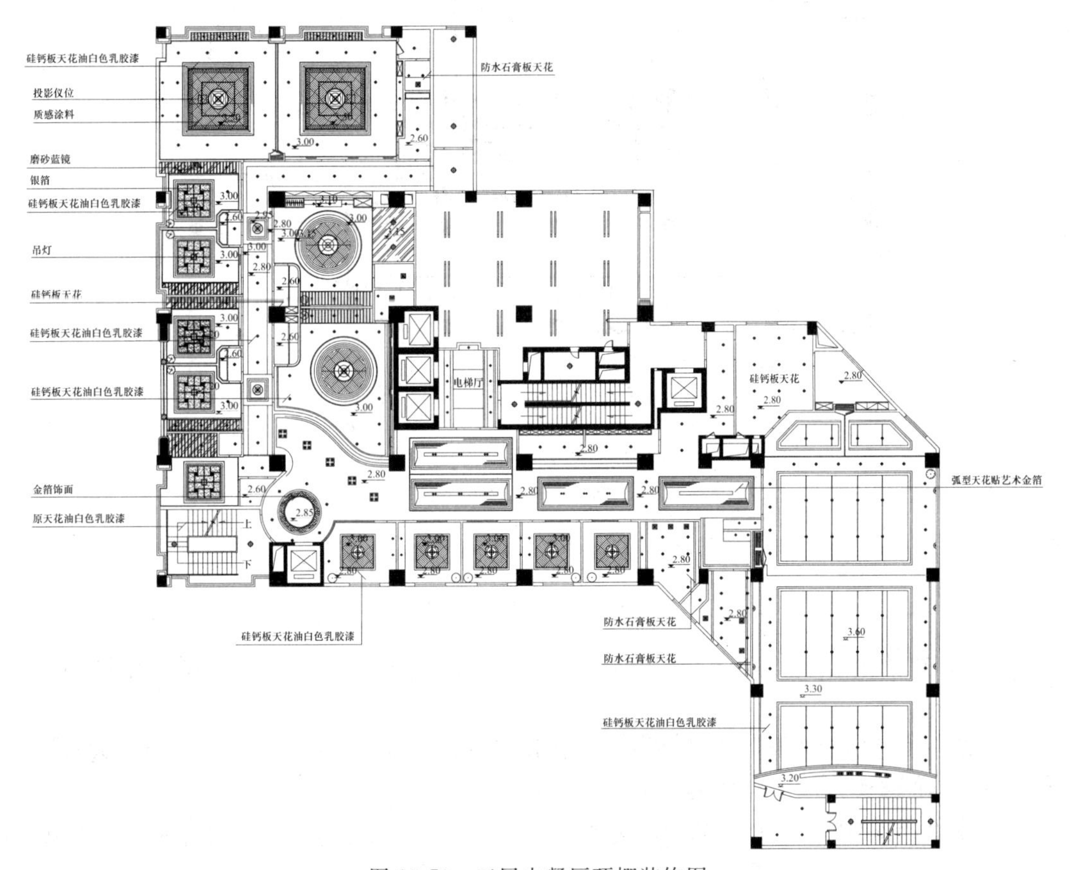

图 10-70 三层中餐厅顶棚装饰图

1. 绘图准备

(1) 单击“标准”工具栏中的“打开”按钮，弹出“选择文件”对话框，选择“源文件/三层中餐厅装饰平面图”，单击“打开”按钮，打开绘制的三层中餐厅装饰平面图。

(2) 选择菜单栏“文件”→“另存为”命令，将打开的“三层中餐厅装饰平面图”另存为“三层中餐厅顶棚平面图”。

(3) 单击“文字”、“家具”及“轴线”等图形中不需要图形的图层中的“开/关图层”按钮，将图层关闭。

2. 单击“图层”工具栏中的“顶棚”按钮，新建灯具图层，如图 10-71 所示。

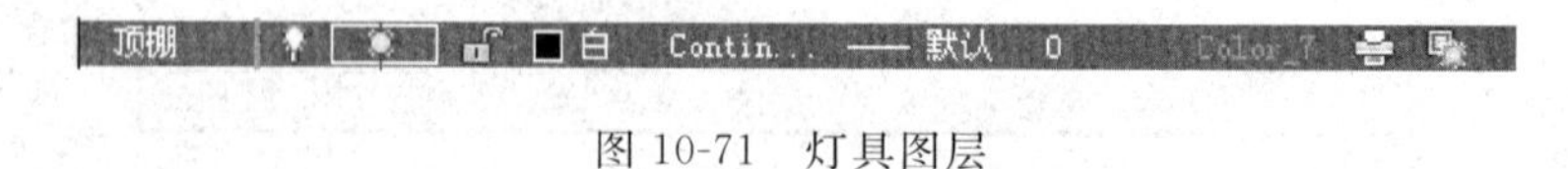

图 10-71 灯具图层

3. 单击“修改”工具栏中的“删除”按钮，删除多余图形，并单击“绘图”工具栏中的“直线”按钮，封闭绘图区域，如图 10-72 所示。

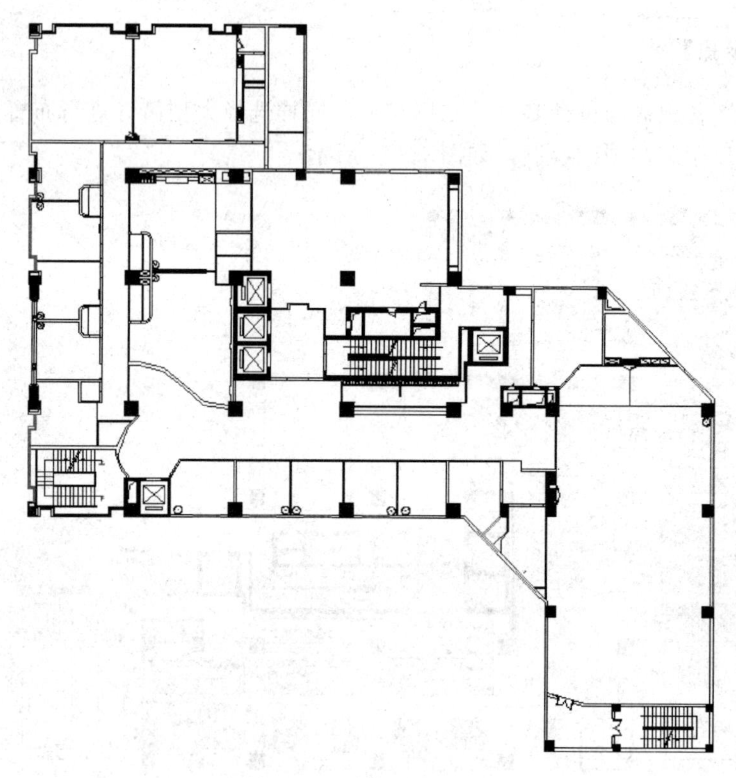

图 10-72 封闭绘图区域

4. 单击“绘图”工具栏中的“圆弧”按钮，在图形适当位置绘制一段圆弧，如图 10-73 所示。

5. 单击“绘图”工具栏中的“直线”按钮，以上步绘制圆弧左端点为直线起点，圆弧右端点为直线终点绘制一条水平直线，如图 10-74 所示。

6. 单击“绘图”工具栏中的“直线”按钮，在上步图形内继续绘制直线，如图 10-75 所示。

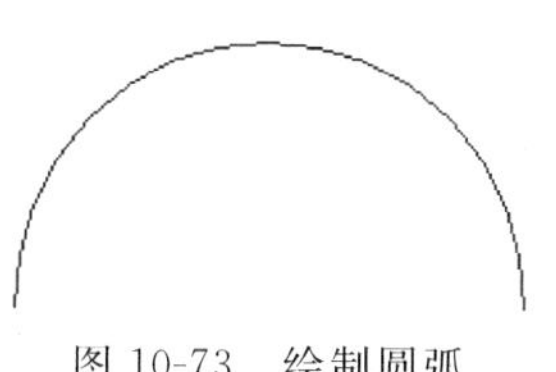
图 10-73 绘制圆弧

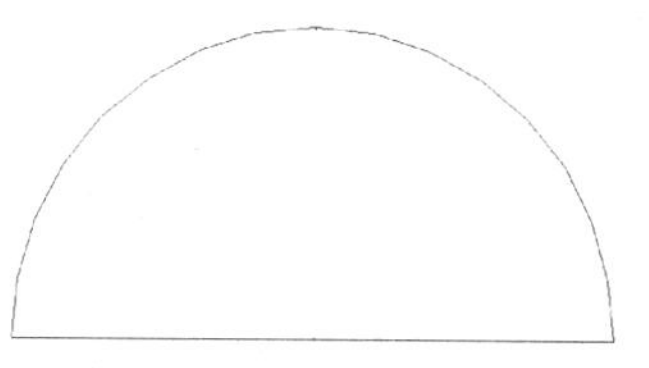
图 10-74 绘制水平直线

7. 单击“修改”工具栏中的“旋转”按钮，选择上步图形为旋转对象，以水平线中点为旋转基点，旋转角度为 90°，完成壁灯的绘制，如图 10-76 所示。

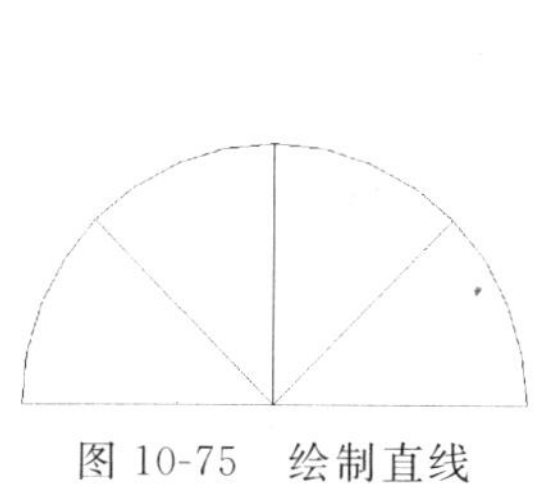
图 10-75 绘制直线

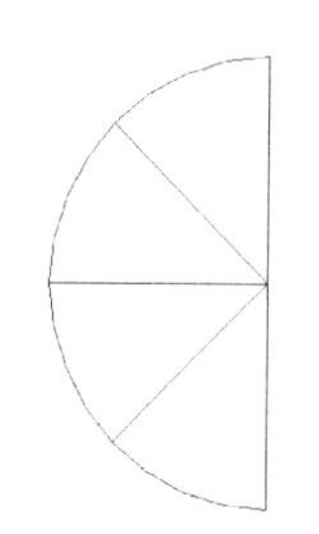
图 10-76 旋转图形

8. 单击“绘图”工具栏中的“圆弧”按钮，在图形适当位置绘制一段圆弧，如图 10-77 所示。

9. 单击“修改”工具栏中的“偏移”按钮，选择上步绘制圆弧连续向上进行偏移，偏移距离为 100、100，如图 10-78 所示。

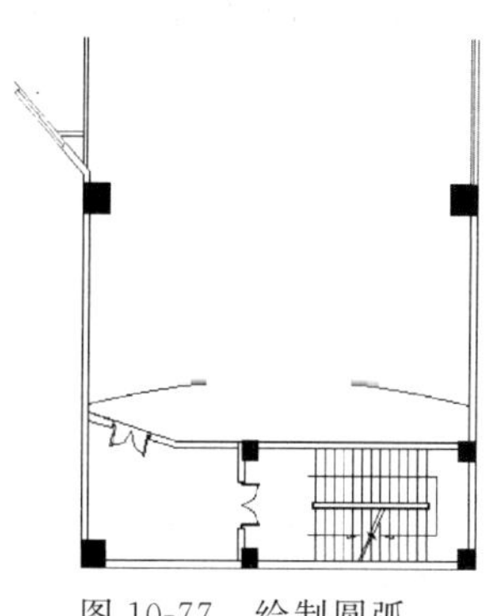
图 10-77 绘制圆弧

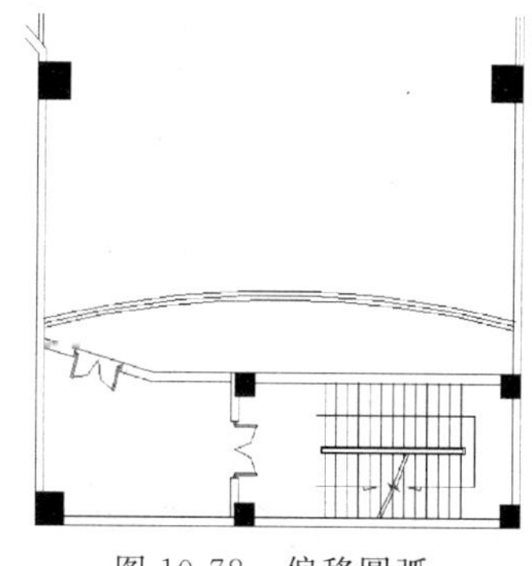
图 10-78 偏移圆弧

10. 单击“绘图”工具栏中的“多段线”按钮，在图形适当位置，绘制连续的多段线，如图 10-79 所示。

11. 单击“修改”工具栏中的“偏移”按钮，选择上步绘制的多段线连续向内进行偏移，偏移距离为 100、150，如图 10-80 所示。

12. 单击“绘图”工具栏中的“矩形”按钮，在上步图形内适当位置绘制一个“20×3664”的矩形，如图 10-81 所示。

13. 单击“修改”工具栏中的“复制”按钮，选择上步绘制的矩形为复制对象连续向右复制，复制间距均为 1630，如图 10-82 所示。

14. 单击“修改”工具栏中的“修剪”按钮，对上步复制矩形内的多余线段进行修剪，如图 10-83 所示。

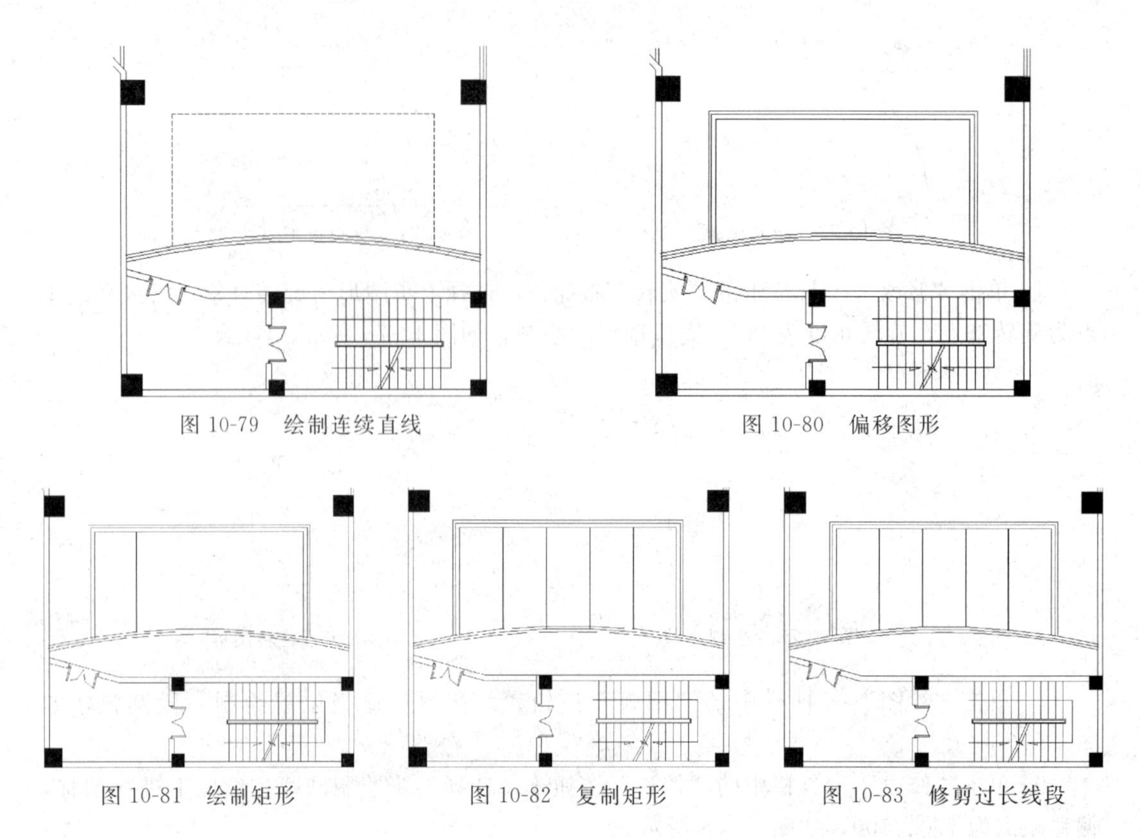

图 10-79　绘制连续直线　　图 10-80　偏移图形

图 10-81　绘制矩形　　图 10-82　复制矩形　　图 10-83　修剪过长线段

15. 单击“绘图”工具栏中的“矩形”按钮，在上步绘制图形上方绘制一个“8600×5700”的矩形，如图 10-84 所示。

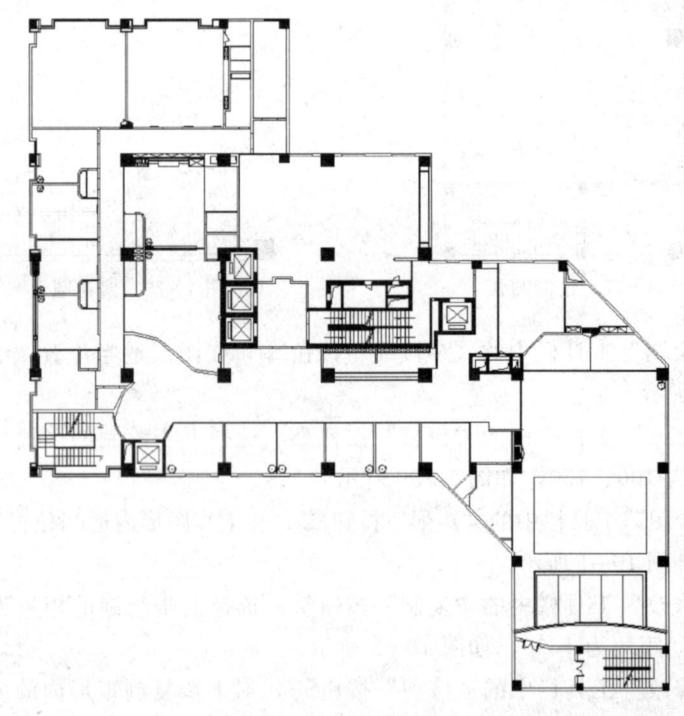

图 10-84　绘制矩形

16. 单击“修改”工具栏中的“偏移”按钮，选择上步绘制的矩形向内进行偏移，偏移距离为150、100，如图10-85所示。

17. 利用上述方法绘制相同图形，如图10-86所示。

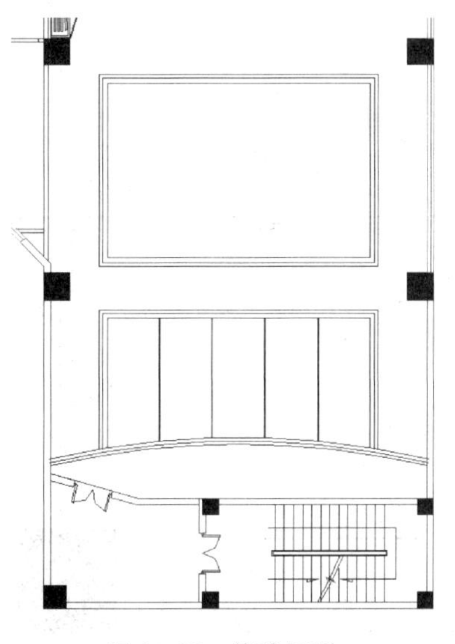

图10-85 偏移矩形

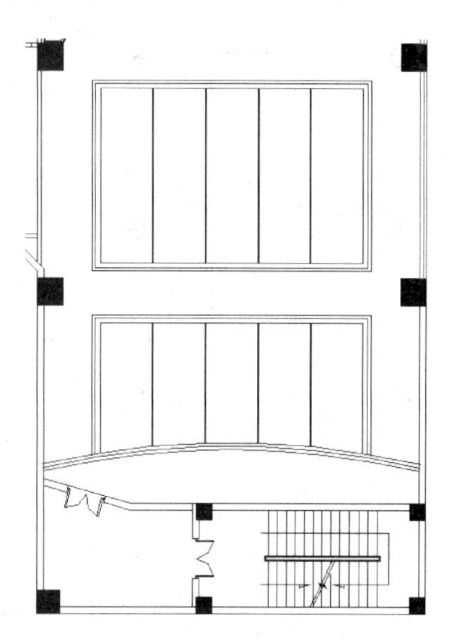

图10-86 绘制相同图形

18. 单击“修改”工具栏中的“复制”按钮，选择上步图形为复制对象向上进行复制，如图10-87所示。

19. 选择如图10-88所示的线段，单击“图层”工具栏中的“线型”按钮，在其线型

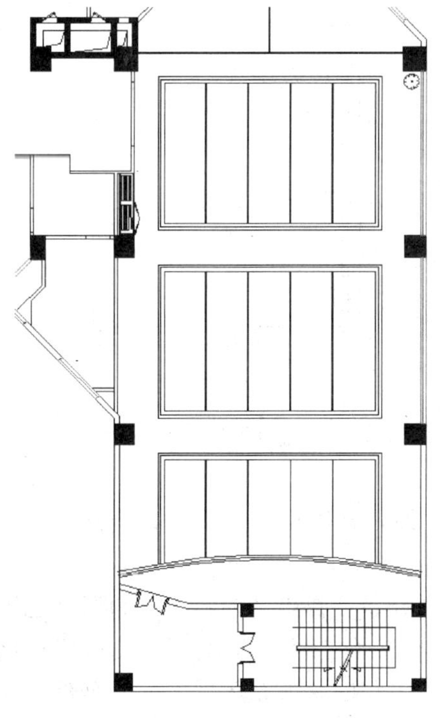

图10-87 复制图形

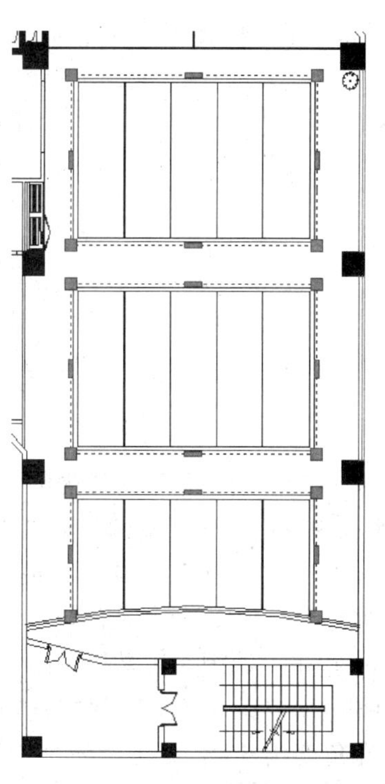

图10-88 选择线条

下拉列表中选择“DASHED”线型，进行修改，结果如图 10-89 所示。

20. 单击“绘图”工具栏中的“矩形”按钮，在中餐 VIP 间绘制一个“2200×2200”的矩形，如图 10-90 所示。

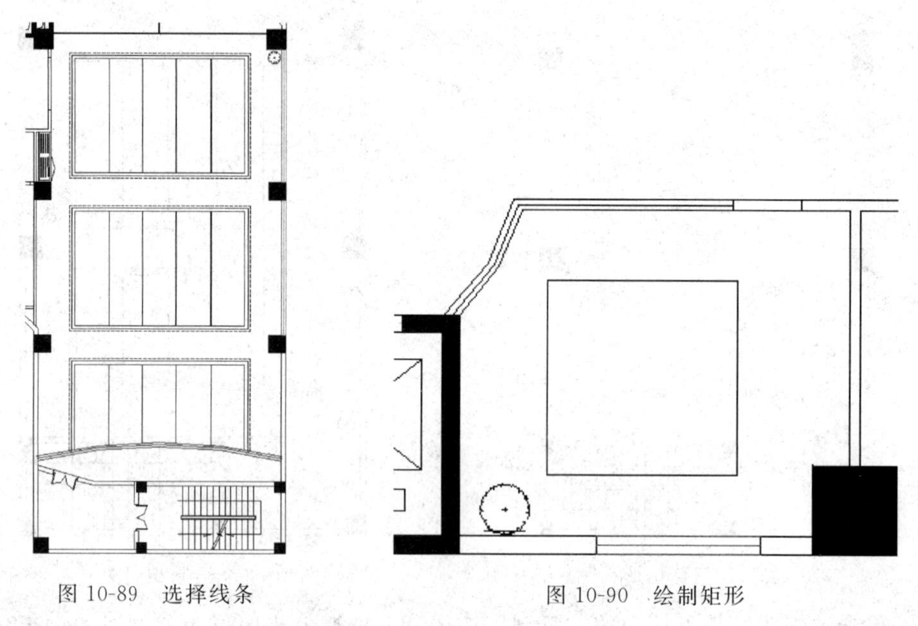

图 10-89 选择线条　　图 10-90 绘制矩形

21. 单击“修改”工具栏中的“偏移”按钮，选择上步绘制的矩形向内进行偏移，偏移距离为 100、50，如图 10-91 所示。

22. 单击“绘图”工具栏中的“直线”按钮，在上步图形内绘制一条长为 818 的水平直线和一条长度相等的“竖直直线”，如图 10-92 所示。

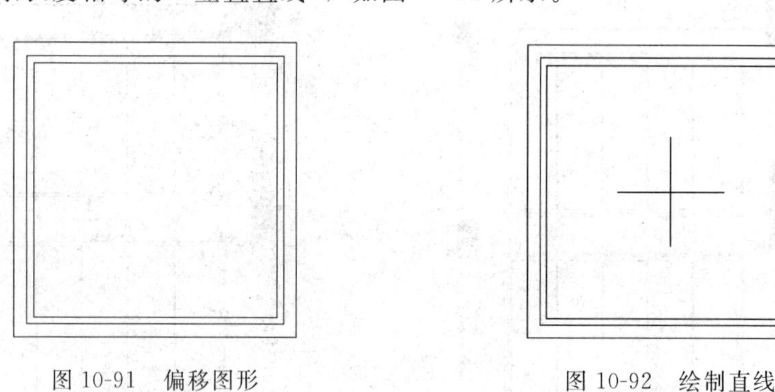

图 10-91 偏移图形　　图 10-92 绘制直线

23. 单击“绘图”工具栏中的“圆”按钮，以上步绘制的十字交叉线交点为圆心，绘制半径为 300 和 140 的圆，如图 10-93 所示。

24. 单击“绘图”工具栏中的“矩形”按钮，在图形内适当位置绘制两个“43×709”的矩形，如图 10-94 所示。

25. 单击“绘图”工具栏中的“图案填充”按钮，弹出“图案填充和渐变色”对话框，单击[...]按钮，弹出“图案选项板”对话框，选择“AR-PARQ1”，设置填充比例为 2，填充角度为 45°，单击“添加：拾取点”按钮，拾取填充区域，按回车键，返回到“图案填充和渐变色”对话框，单击“确定”按钮，完成填充，结果如图 10-95 所示。

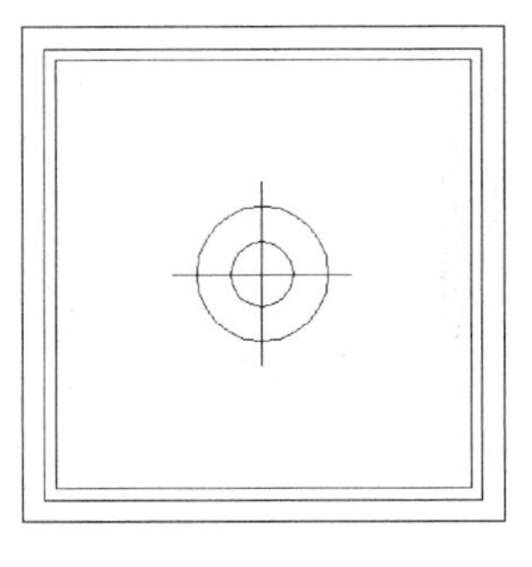
图 10-93 绘制圆

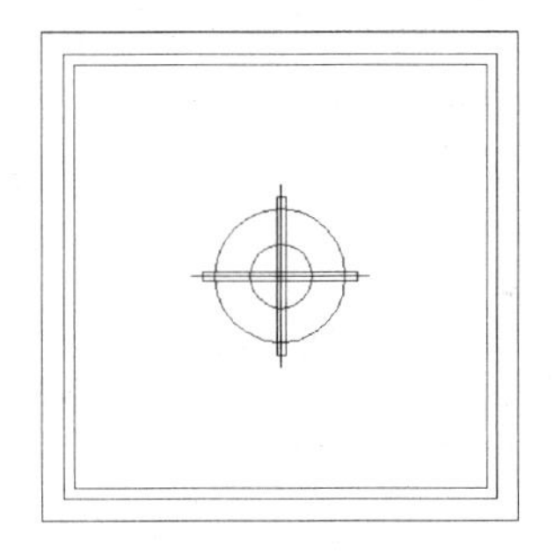
图 10-94 绘制矩形

26. 单击“绘图”工具栏中的“直线”按钮，绘制矩形内部矩形对角线，如图 10-96 所示。

图 10-95 填充图形

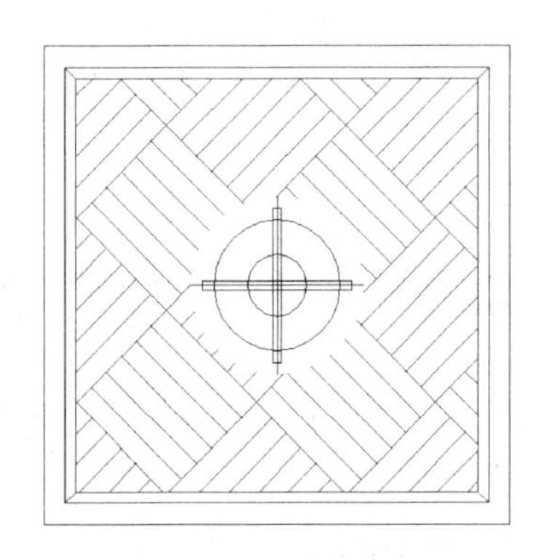
图 10-96 绘制直线

27. 利用上述方法完成相同图案不同尺寸的顶棚天花的绘制，选择所有外侧矩形将其线型修改为 DASHED，如图 10-97 所示。

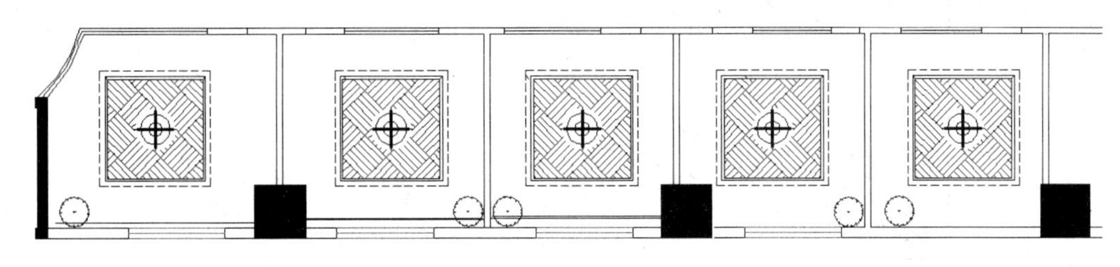
图 10-97 绘制天花

28. 单击“绘图”工具栏中的“矩形”按钮，在图形适当位置绘制一个“2520×2520”的矩形，如图 10-98 所示。

29. 单击“修改”工具栏中的“偏移”按钮，选择上步矩形为复制对象向内进行偏移，偏移距离为 10、120、80、10、60、10，如图 10-99 所示。

30. 单击“绘图”工具栏中的“矩形”，在上步图形内绘制一个“230×230”的矩形，如图 10-100 所示。

31. 单击“修改”工具栏中的“偏移”按钮，选择上步绘制的矩形向内进行偏移，偏移距离为 15、15，如图 10-101 所示。

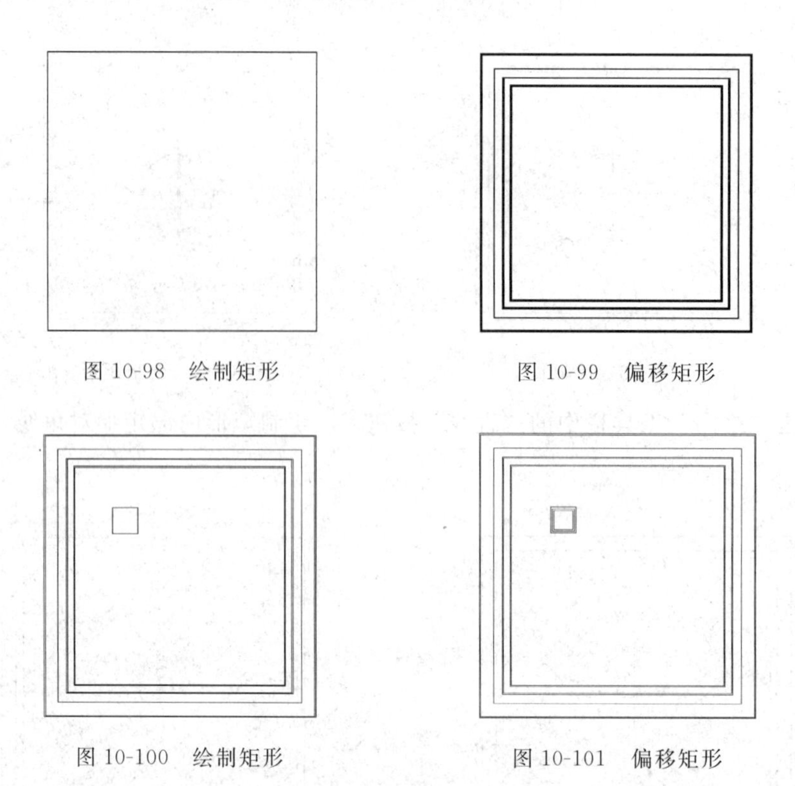

图 10-98　绘制矩形

图 10-99　偏移矩形

图 10-100　绘制矩形

图 10-101　偏移矩形

32. 单击“修改”工具栏中的“复制”按钮，选择上步偏移矩形进行复制，如图 10-102 所示。

33. 单击“绘图”工具栏中的“矩形”按钮和“直线”按钮，绘制中间位置的图形，如图 10-103 所示。

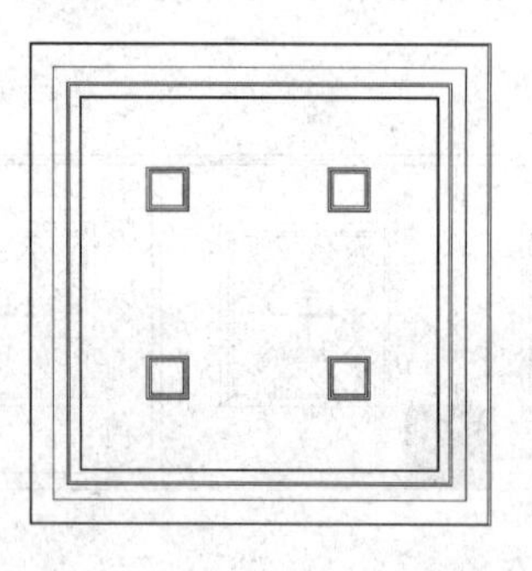

图 10-102　复制矩形

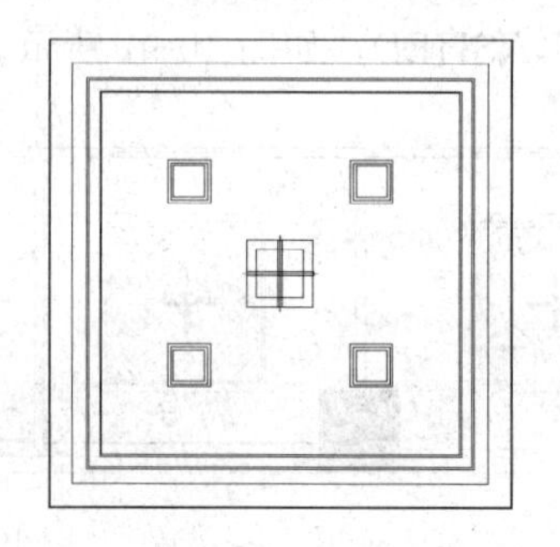

图 10-103　绘制图形

34. 单击“绘图”工具栏中的“直线”按钮，在图形内绘制多条直线，如图 10-104 所示。

35. 单击“绘图”工具栏中的“直线”按钮，在偏移的小矩形内绘制多条斜向直线，如图 10-105 所示。

36. 单击“绘图”工具栏中的“图案填充”按钮，弹出“图案填充和渐变色”对话框，单击[...]按钮，弹出“图案选项板”对话框，选择“AR-SAND”，设置填充比例为 2，填充角度为 0°，单击“添加：拾取点”按钮，拾取填充区域，按回车键，返回到“图案填充和渐变色”对话框，单击“确定”按钮，完成填充，结果如图 10-106 所示。

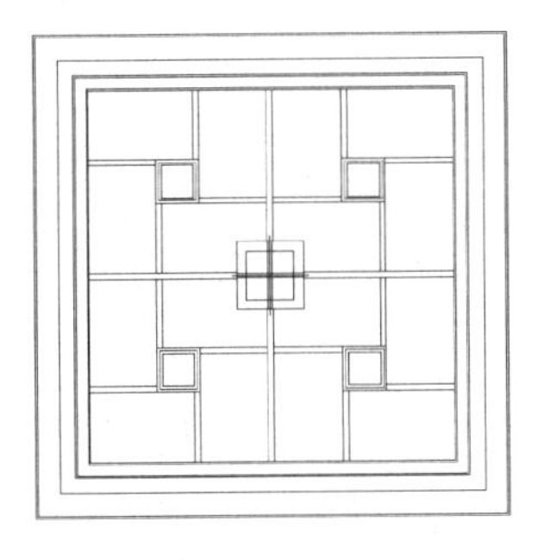
图 10-104 绘制直线

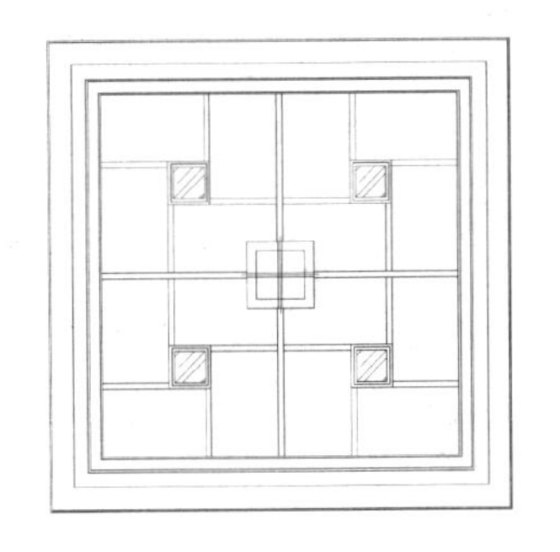
图 10-105 绘制直线

37. 单击“修改”工具栏中的“复制”按钮，选择上步绘制完成的天花图形进行复制，如图 10-107 所示。

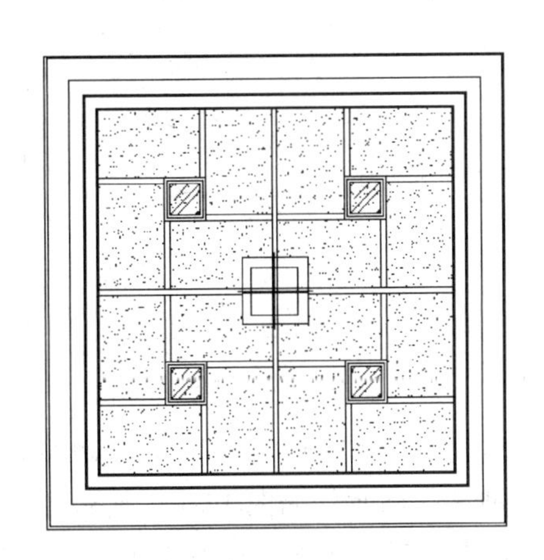
图 10-106 填充图形

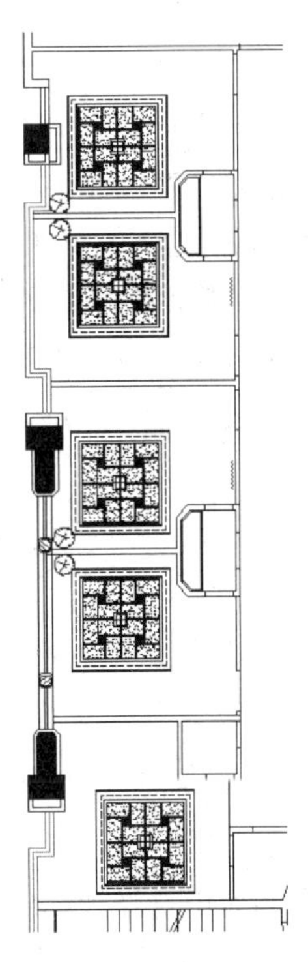
图 10-107 复制天花

38. 单击“绘图”工具栏中的“矩形”按钮，在图形适当位置，绘制“6440×4440”的矩形，如图 10-108 所示。

39. 单击“修改”工具栏中的“偏移”按钮，选择上步绘制的矩形为偏移对象向内进行偏移，偏移距离为 30，如图 10-109 所示。

40. 单击“绘图”工具栏中的“直线”按钮，以偏移后内部矩形左侧竖直边中点为起点向右绘制一条水平直线，如图 10-110 所示。

41. 单击“修改”工具栏中的“偏移”按钮，选择上步绘制的水平直线分别向上向下进行偏移，偏移距离均为 15，单击“修改”工具栏中的“删除”按钮，选择中间线段进行删除，如图 10-111 所示。

42. 单击“修改”工具栏中的“修剪”按钮，偏移线段进行修剪，如图 10-112 所示。

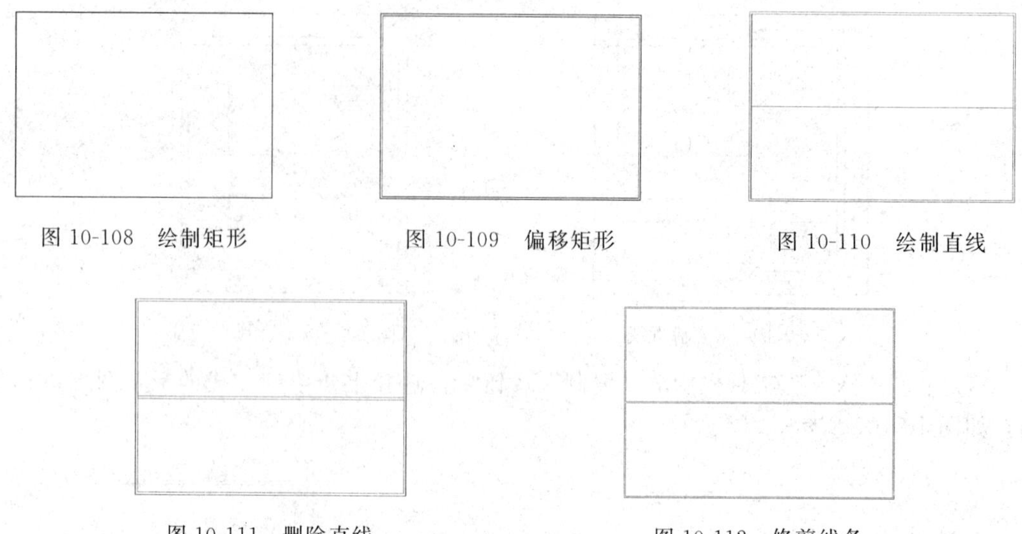

图 10-108　绘制矩形　　图 10-109　偏移矩形　　图 10-110　绘制直线

图 10-111　删除直线　　图 10-112　修剪线条

43. 单击“绘图”工具栏中的“矩形”按钮，在上步图形内绘制一个“6200×1800”的矩形，如图 10-113 所示。

44. 单击“修改”工具栏中的“偏移”按钮，选择上步绘制矩形为偏移对象向内进行偏移，偏移距离为 90、90、600，如图 10-114 所示。

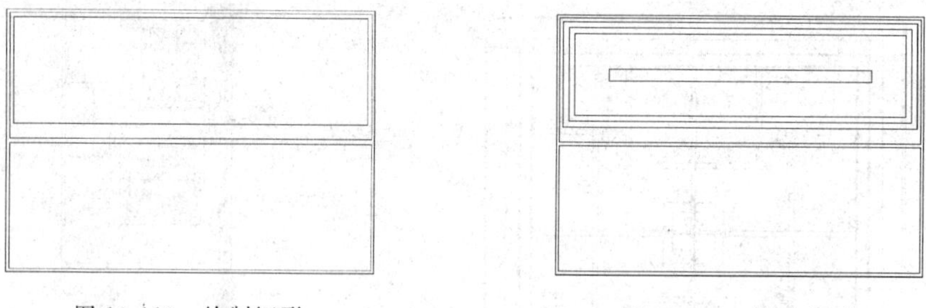

图 10-113　绘制矩形　　图 10-114　偏移矩形

45. 选择绘制的“6200×1800”的矩形，单击“图层”工具栏中的“线型”按钮，在其线型下拉列表中选择“DASHED”线型，线型进行修改，如图 10-115 所示。

46. 单击“绘图”工具栏中的“直线”按钮，在图形内绘制连续线段，如图 10-116 所示。

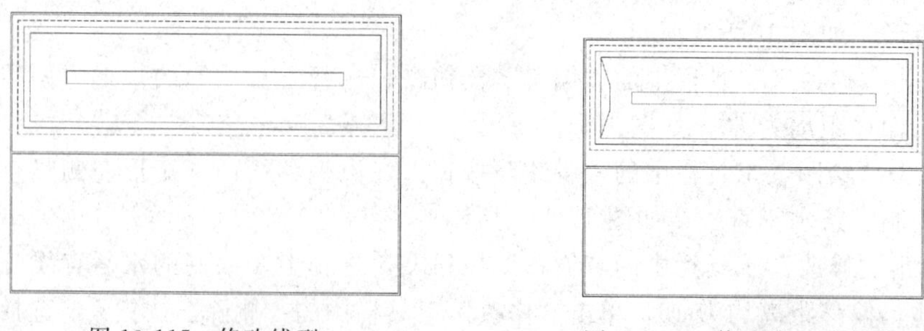

图 10-115　修改线型　　图 10-116　修改线型绘制直线

47. 单击“修改”工具栏中的“镜像”按钮，选择上步绘制的图形为镜像对象向右侧进行镜像，如图 10-117 所示。

48. 单击“绘图”工具栏中的“直线”按钮，在图形内绘制多条不相等直线，如图 10-118 所示。

图 10-117　镜像

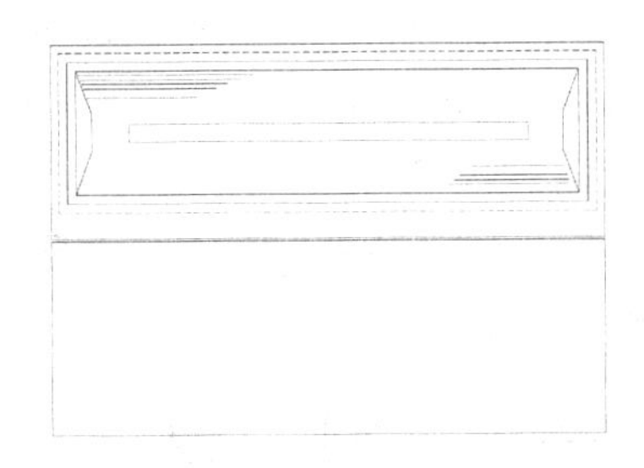

图 10-118　绘制直线

49. 单击“修改”工具栏中的“复制”按钮，选择上步绘制的图形进行复制，如图 10-119 所示。

50. 利用上述方法完成相同图案不同尺寸的顶棚天花的绘制，如图 10-120 所示。

图 10-119　复制图形

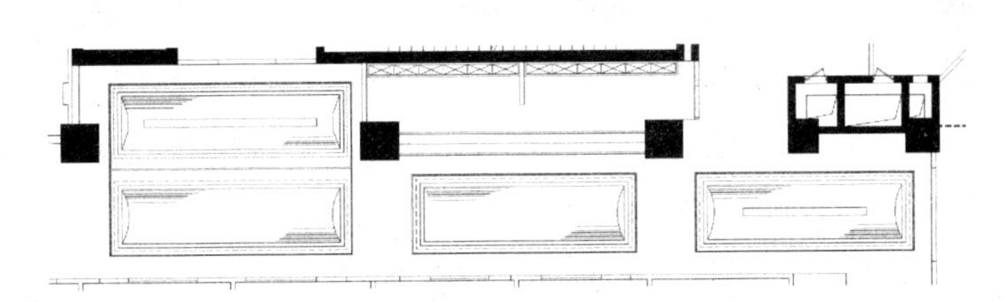

图 10-120　绘制矩形

51. 单击“绘图”工具栏中的“圆”按钮，在图形适当位置处绘制一个半径为 2100 的圆，如图 10-121 所示。

52. 单击“修改”工具栏中的“偏移”按钮，选择上步绘制的圆向内进行偏移，偏移距离为 50、200、150、100、100、100、768、39、244、183，如图 10-122 所示。

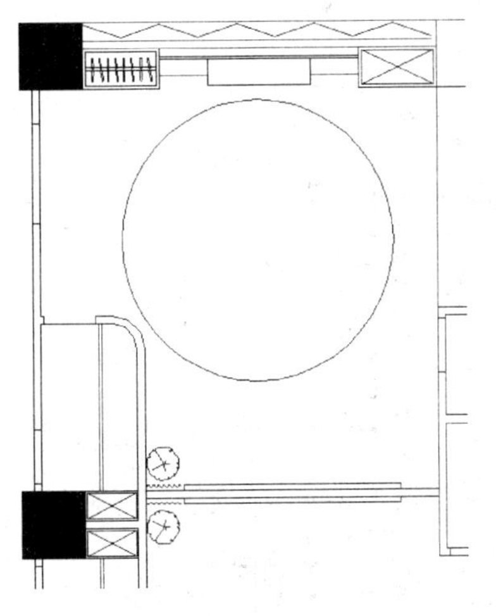

图 10-121　绘制圆

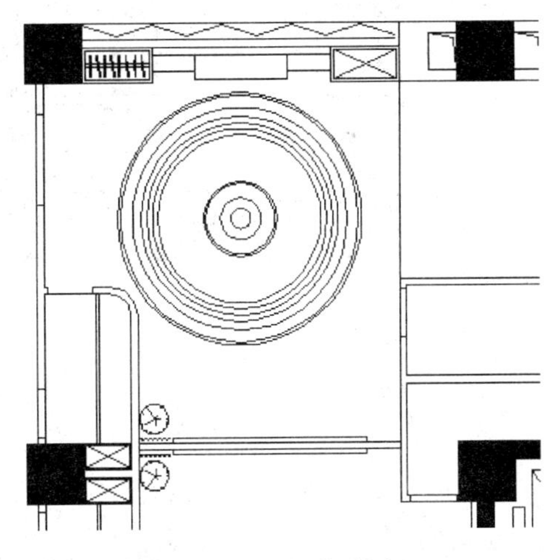

图 10-122　偏移圆

53. 单击“绘图”工具栏中的“直线”按钮，在上步图形内过小圆圆心绘制两条斜向45°的直线，如图10-123所示。

54. 选择最外侧圆图形，单击“图层”工具栏中的“线型”按钮，在其线型下拉列表中选择“DASHED”线型，线型进行修改，如图10-124所示。

55. 单击“绘图”工具栏中的“图案填充”按钮，弹出“图案填充和渐变色”对话框，单击[...]按钮，弹出“图案选项板”对话框，选择“AR-PARQ1”，设置填充比例为2，填充角度为45°，单击“添加：拾取点”按钮，拾取填充区域，按回车键，返回到“图案填充和渐变色”对话框，单击“确定”按钮，完成填充，结果如图10-125所示。

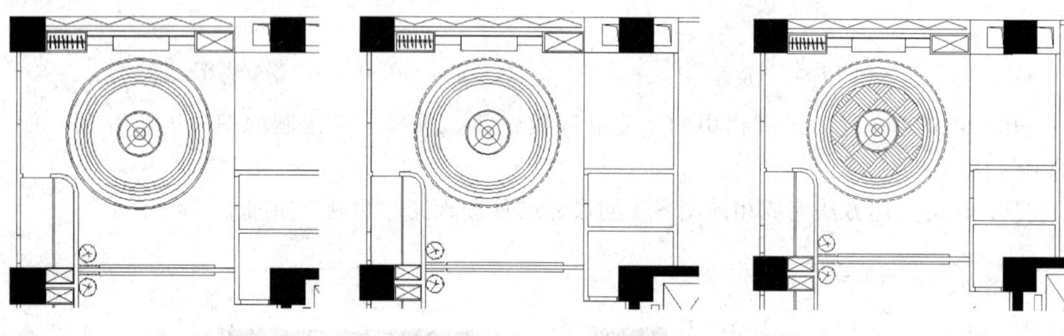

图10-123 绘制两条斜向直线　　图10-124 对线型进行修改　　图10-125 填充图案

56. 单击“修改”工具栏中的“复制”按钮，选择上步绘制完成的天花图案向下进行复制，如图10-126所示。

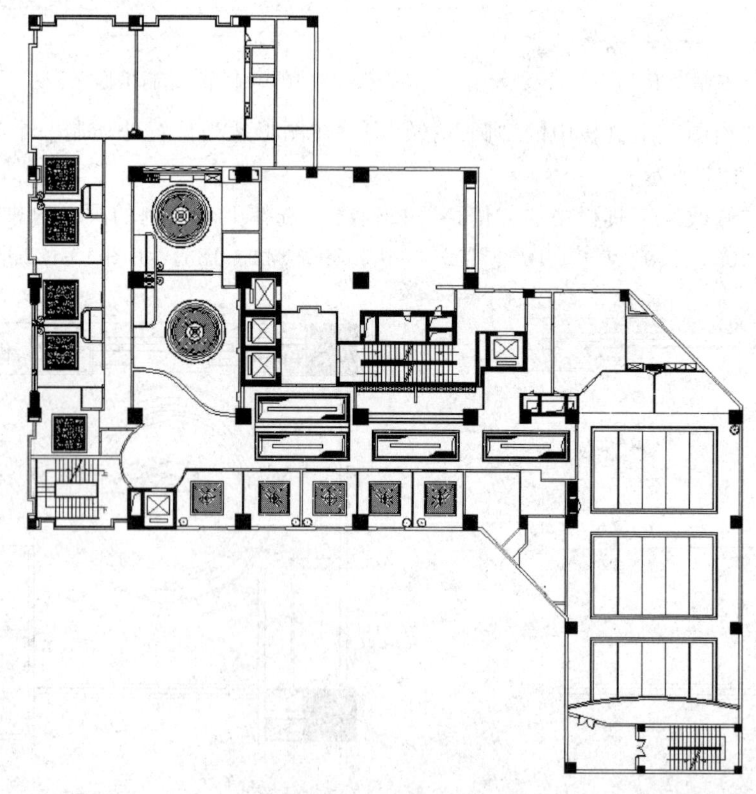

图10-126 复制图案

57. 绘制日光灯光

(1) 单击"绘图"工具栏中的"矩形"按钮，在图形适当位置绘制一个"77×1561"的矩形，如图10-127所示。

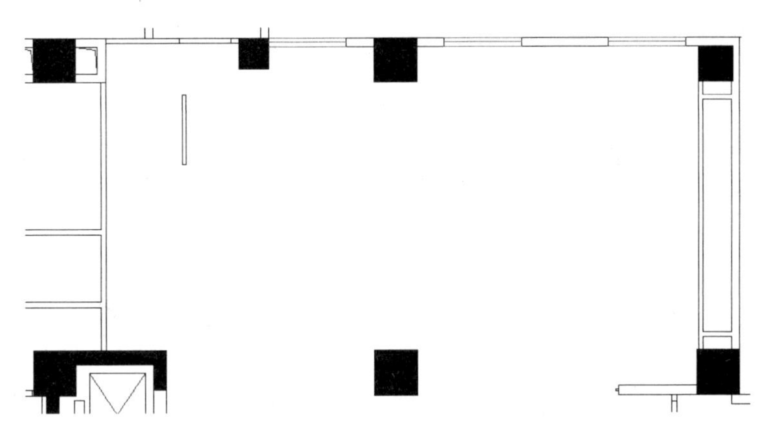

图10-127 绘制矩形

(2) 单击"绘图"工具栏中的"直线"按钮，在上步绘制矩形内绘制一条水平直线，如图10-128所示。

(3) 单击"修改"工具栏中的"复制"按钮，选择上步绘制的图形向右进行复制，复制距离为238，如图10-129所示。

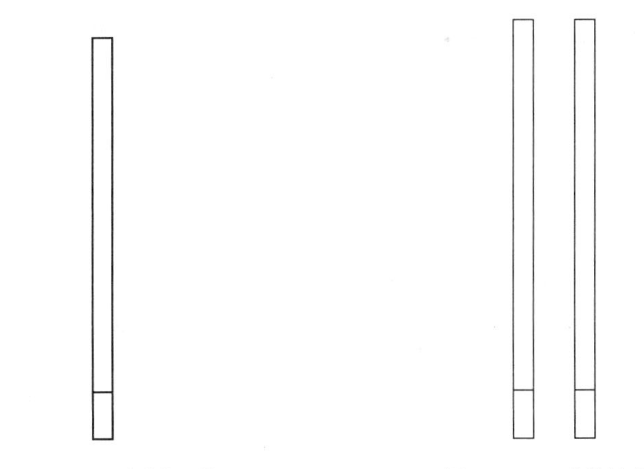

图10-128 绘制矩形　　图10-129 复制矩形

(4) 单击"修改"工具栏中的"复制"按钮，选择上步绘制图形进行连续复制，复制距离均为3553，如图10-130所示。

(5) 顶部包房天花的绘制方法与底部包房天花的绘制方法相同，这里不再详细阐述，结果如图10-131所示。

58. 单击"绘图"工具栏中的"矩形"，在图形适当位置绘制一个"500×500"的矩形，如图10-132所示。

59. 单击"修改"工具栏中的"分解"按钮，选择上步绘制的矩形为分解对象，回车进行分解，单击"修改"工具栏中的"偏移"按钮，选择上步分解矩形上侧水平边向下进行偏移，偏移距离为200、100，如图10-133所示。

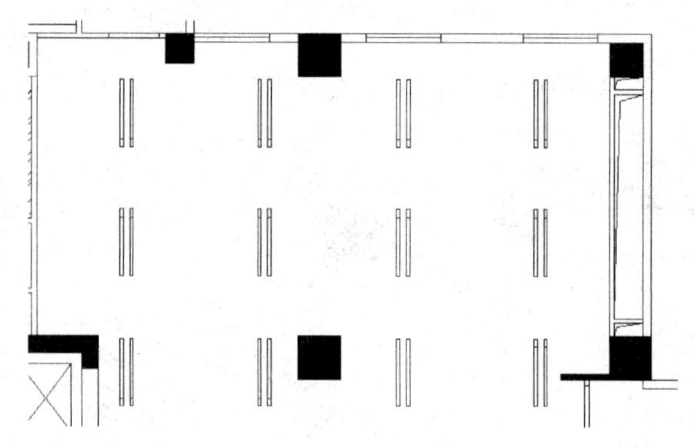

图 10-130　复制矩形

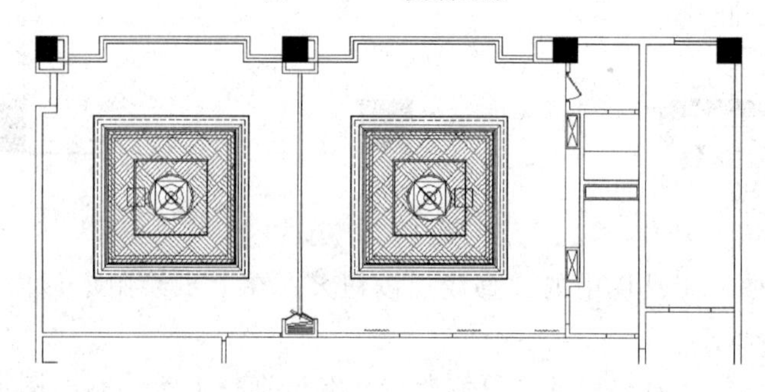

图 10-131　绘制天花

图 10-132　绘制矩形

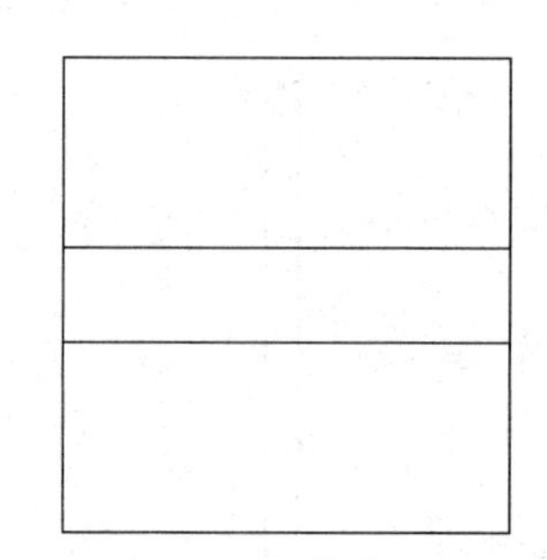

图 10-133　偏移矩形

60. 单击“修改”工具栏中的“偏移”按钮，选择矩形竖直边向右进行偏移，偏移距离为 200、100，如图 10-134 所示。

61. 单击“修改”工具栏中的“修剪”按钮，对上步偏移图形进行修剪，如图 10-135 所示。

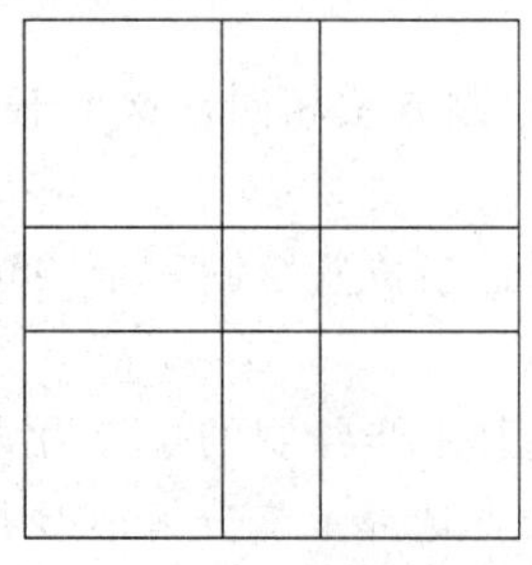

图 10-134　偏移矩形

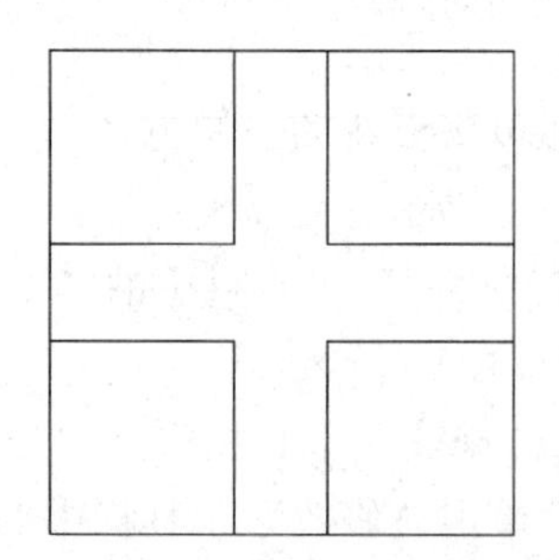

图 10-135　修剪矩形

62. 单击“修改”工具栏中的“复制”按钮，选择上步绘制的图形进行复制，如图 10-136 所示。

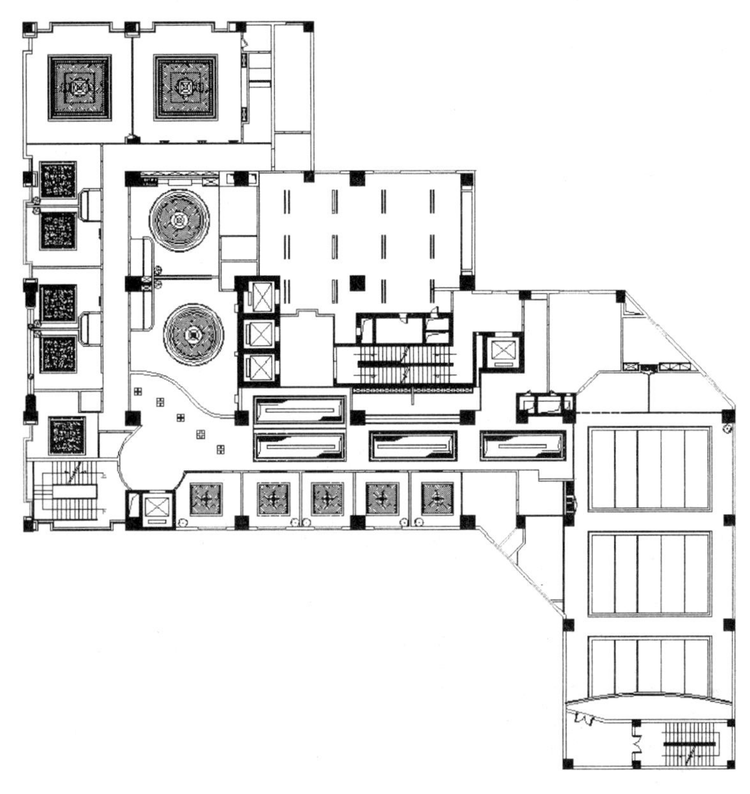

图 10-136 复制图形

63. 绘制双头雷土灯

(1) 单击“绘图”工具栏中的“矩形”按钮，在图形适当位置绘制一个“1200×480”的矩形，如图 10-137 所示。

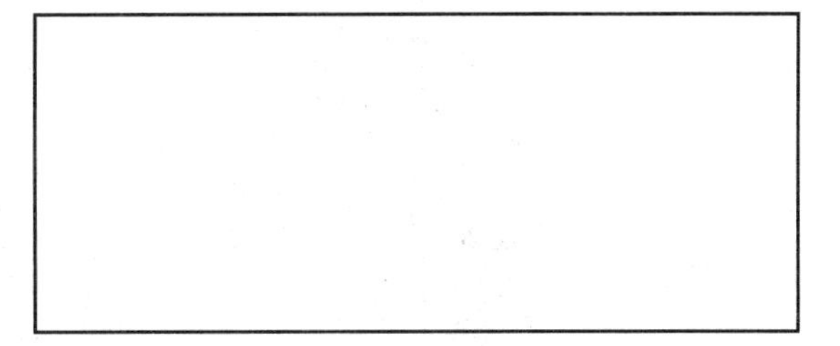

图 10-137 绘制矩形

(2) 利用绘制单头雷土灯的方法绘制双头雷土灯的内部图形，将其放置到上步绘制的矩形内，如图 10-138 所示。

(3) 单击“修改”工具栏中的“复制”按钮，选择上步绘制图形向右侧进行复制，结果如图 10-139 所示。

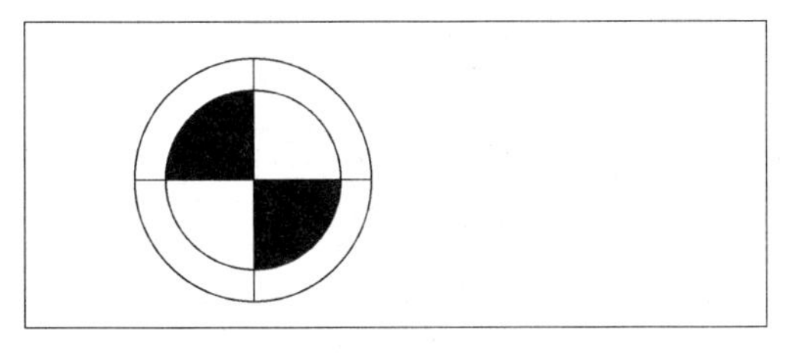

图 10-138 移动放置图形

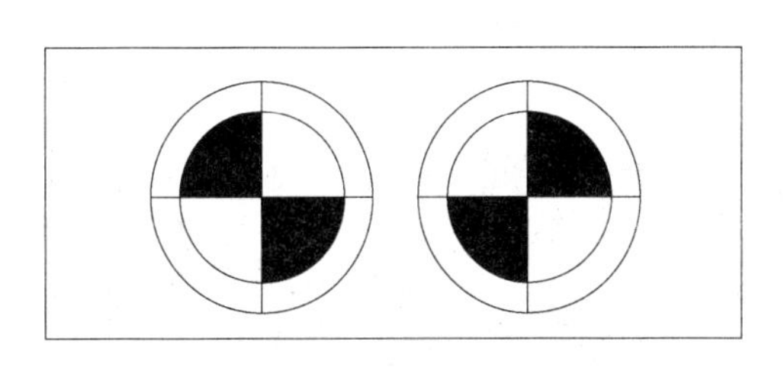

图 10-139 双头雷土灯

(4) 在命令行中输入“WBLOCK”写块命令，弹出“写块”对话框，单击“拾取点”按钮，捕捉图形上一点，返回“写块”对话框，单击“选择对象”按钮，选择所有对象，在“文件名和路径”文本框中选择路径，并输入块名称“双头雷土灯”，单击“确定”按钮，完成块的创建，退出对话框。

64. 绘制暗藏灯

(1) 单击“绘图”工具栏中的“直线”按钮，在图形空白区域绘制一条直线，如图10-140 所示。

(2) 选择上步绘制的对象，将上步绘制的直线线型修改为“DASHED”，如图 10-141 所示。

图 10-140 绘制直线

图 10-141 修改线型

(3) 利用上述方法完成窗帘的绘制，并将其定义为块如图 10-143 所示。

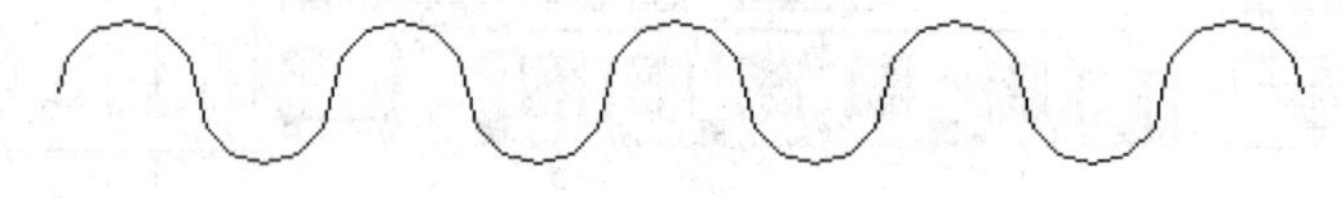

图 10-142 绘制窗帘

65. 利用上述方法完成剩余天花及暗藏灯管线的绘制，如图 10-143 所示。

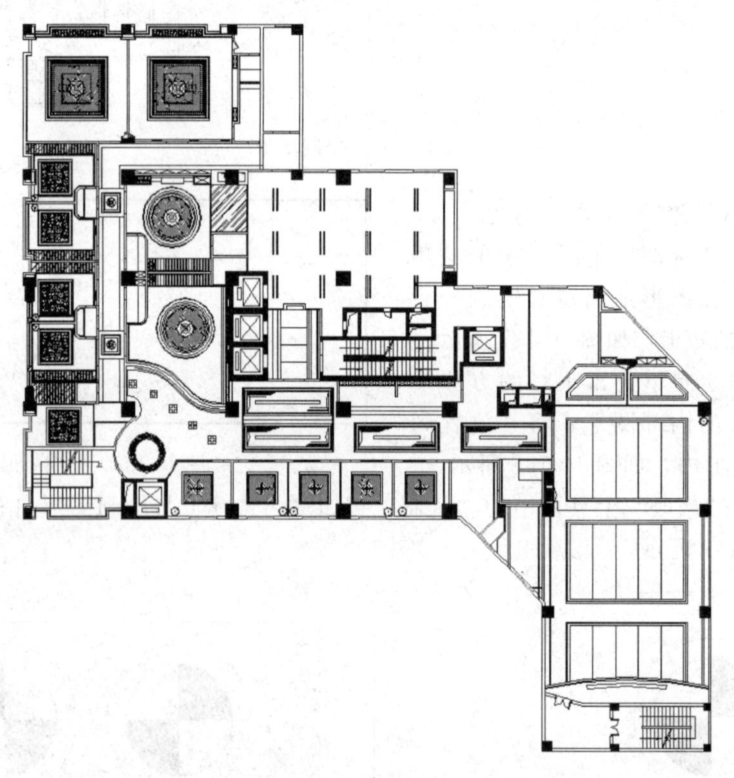

图 10-143 绘制天花

66. 单击“绘图”工具栏中的“插入块”按钮，弹出“插入”对话框。单击“浏览”

按钮，弹出“选择图形文件”对话框，选择“源文件/图块/筒灯”图块，单击“打开”按钮，回到插入对话框，单击“确定”按钮，完成图块插入，如图10-144所示。

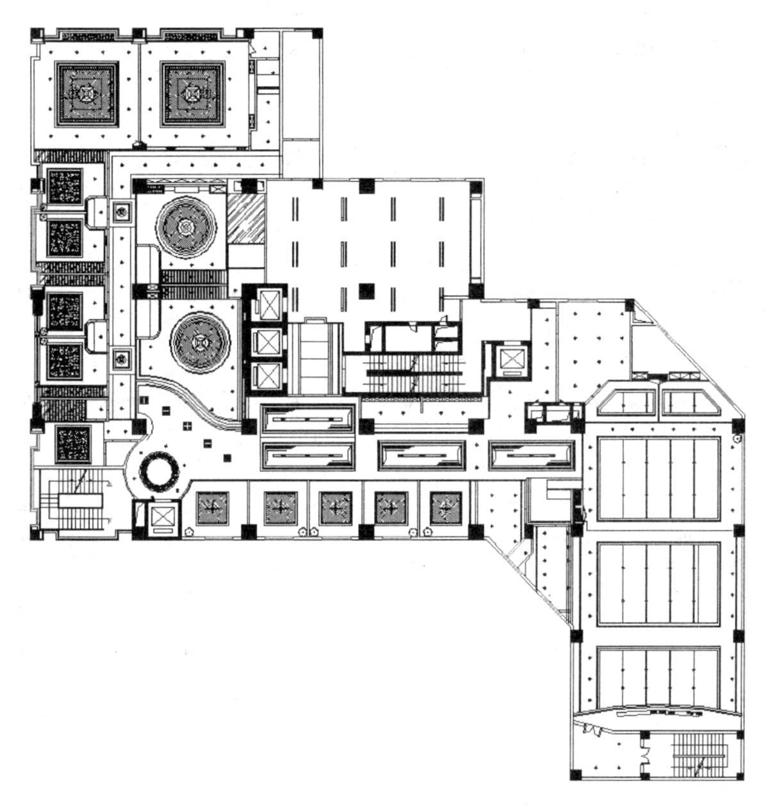

图10-144　插入筒灯

67. 单击“绘图”工具栏中的“插入块”按钮，弹出“插入”对话框。单击“浏览”按钮，弹出“选择图形文件”对话框，选择“源文件/图块/进口石英射灯”图块，单击“打开”按钮，回到插入对话框，单击“确定”按钮，完成图块插入，如图10-145所示。

68. 单击“绘图”工具栏中的“插入块”按钮，弹出“插入”对话框。单击“浏览”按钮，弹出“选择图形文件”对话框，选择“源文件/图块/双头雷土灯”图块，单击“打开”按钮，回到插入对话框，单击“确定”按钮，完成图块插入，如图10-146所示。

69. 单击“绘图”工具栏中的“插入块”按钮，弹出“插入”对话框。单击“浏览”按钮，弹出“选择图形文件”对话框，选择“源文件/图块/吸顶灯”图块，单击“打开”按钮，回到插入对话框，单击“确定”按钮，在楼道与电梯间插入吸顶灯，如图10-147所示。

70. 单击“绘图”工具栏中的“插入块”按钮，弹出“插入”对话框。单击“浏览”按钮，弹出“选择图形文件”对话框，选择“源文件/图块/抽风口”图块，单击“打开”按钮，回到插入对话框，单击“确定”按钮，完成图块插入，如图10-148所示。

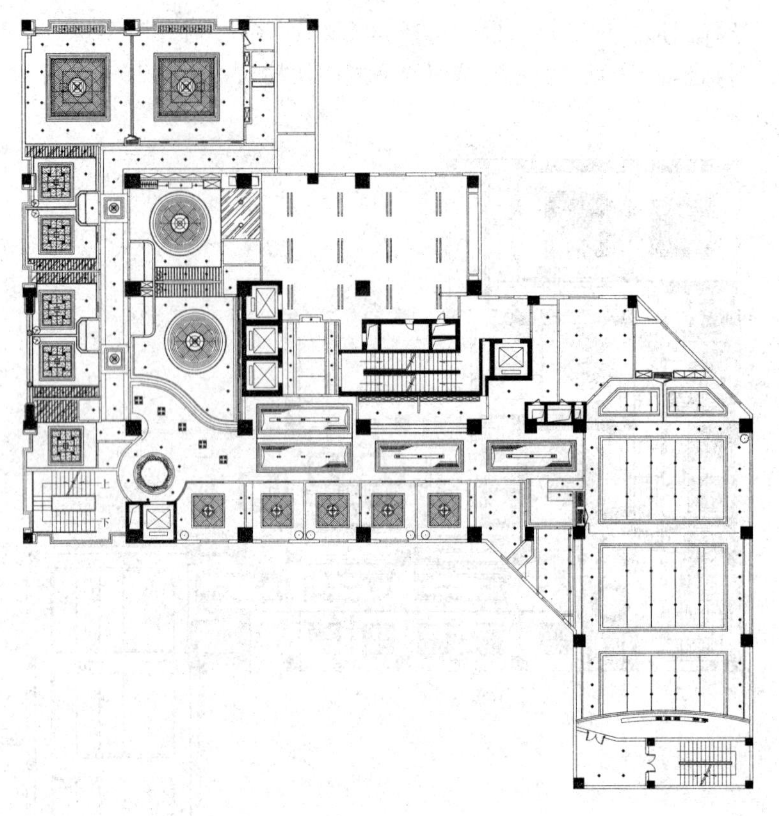

图 10-145　插入进口石英射灯

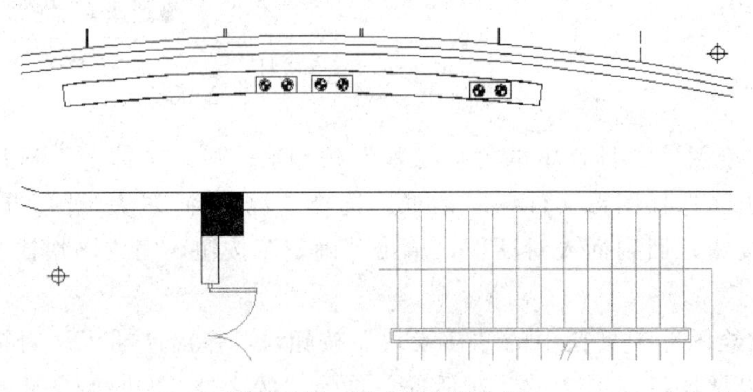

图 10-146　插入双头雷土灯

71. 单击“修改”工具栏中的“复制”按钮，选择已经绘制完成的壁灯进行复制，如图 10-149 所示。

72. 将“文字”设为当前图层。在命令行中输入“QLEADER”命令，为图形添加文字说明，如图 10-150 所示。

73. 利用上述方法添加剩余的文字说明，如图 10-151 所示。

74. 结合前面绘制标高的方法绘制新的标高，并将标高插入到图形中，最终完成三层中餐厅顶棚天花的绘制，如图 10-70 所示。

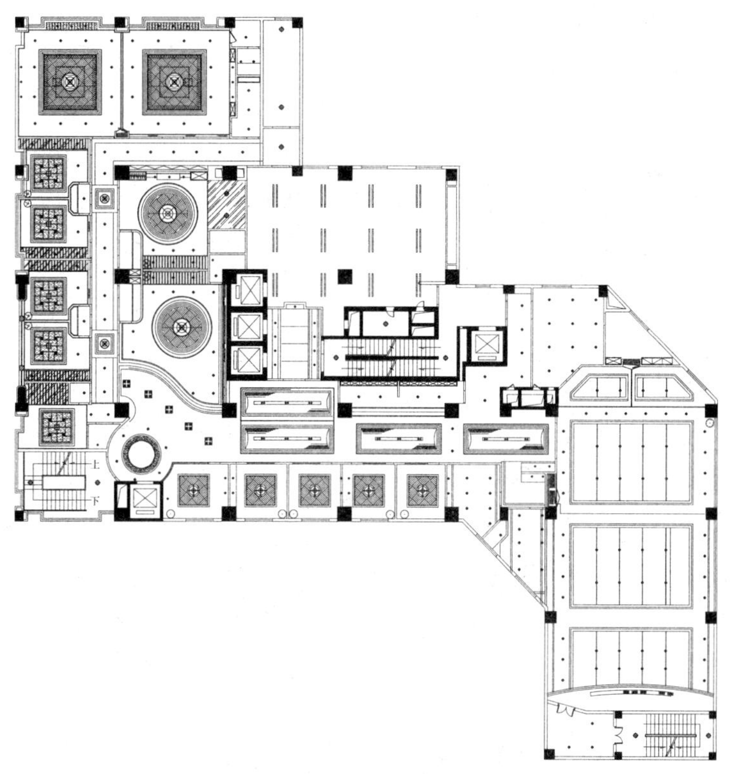

图 10-147　插入吸顶灯

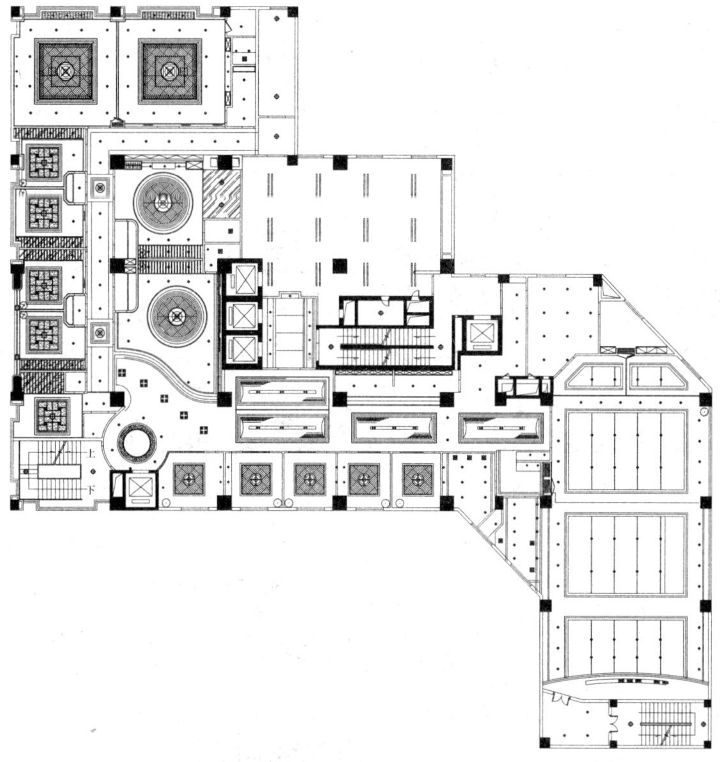

图 10-148　插入抽风口

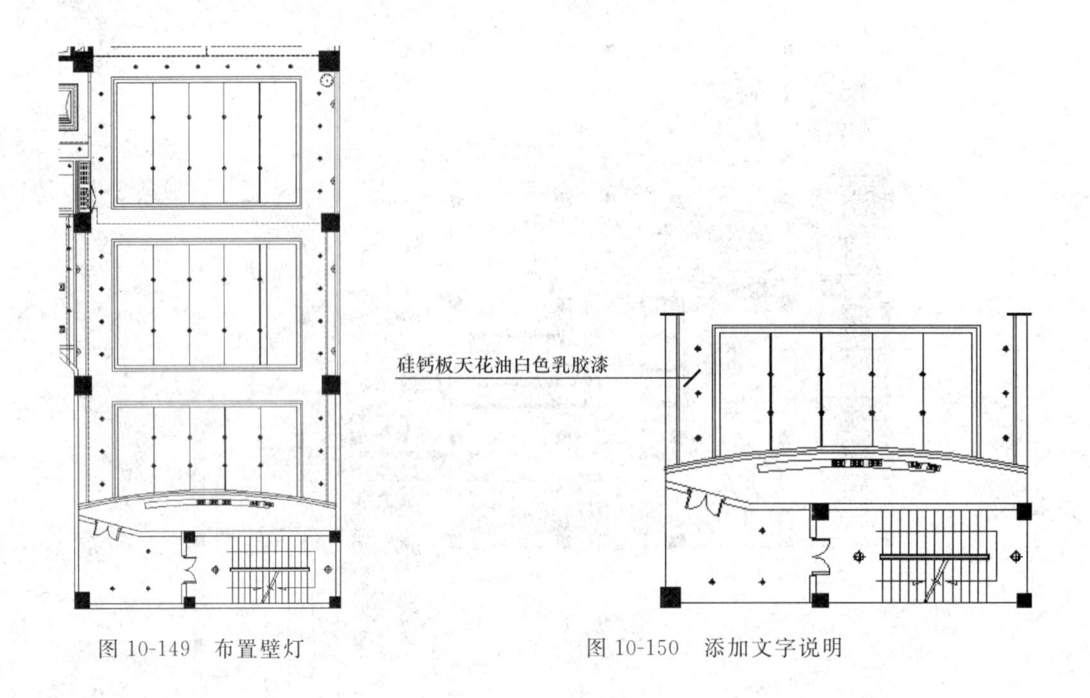

图 10-149　布置壁灯　　　　图 10-150　添加文字说明

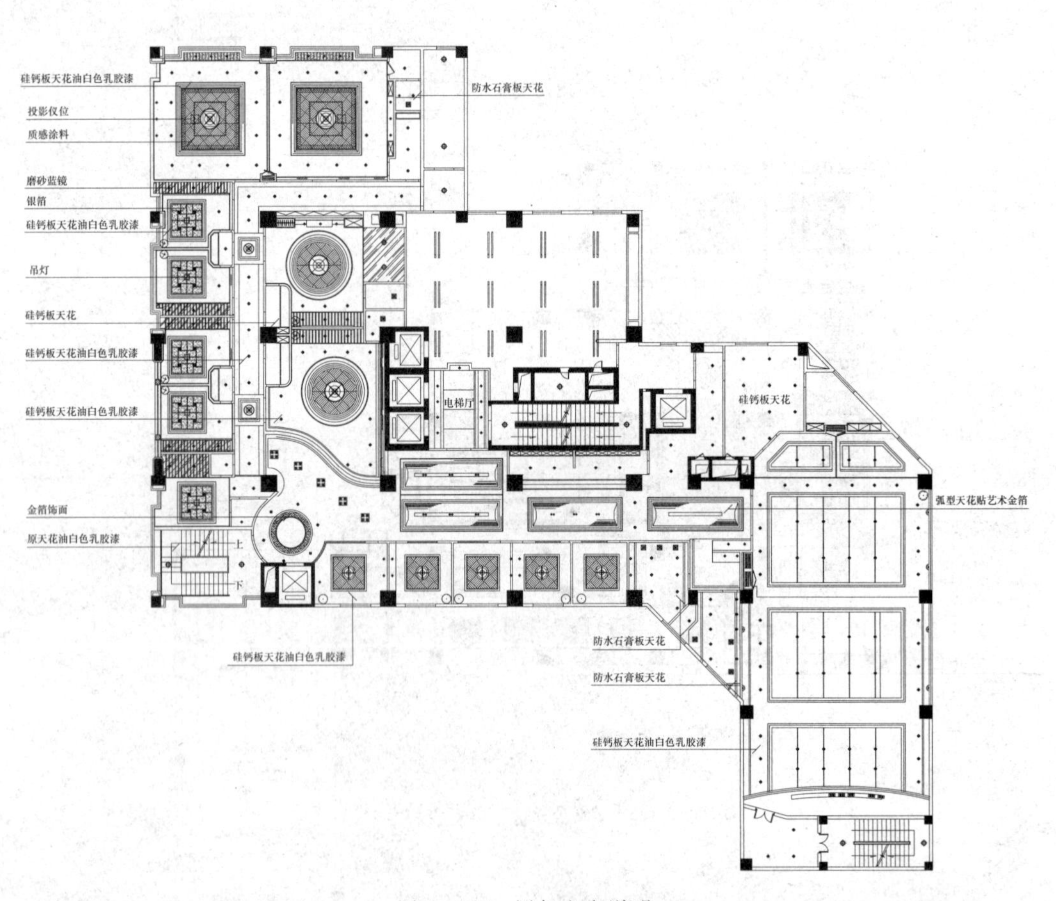

图 10-151　添加文字说明

10.2 地坪图装饰图

中餐厅主要用途为就餐，所以其室内地面设计就必须相对考究，要从中折射出一种安逸舒适的气质。在用材和布置方面要尽量避免繁复。二层中餐厅各包房铺设青石板地面，控制室铺设防滑地砖，男厕女厕铺设地面抛光砖，下面主要讲解二层中餐厅地坪图的绘制过程。如图10-152所示。

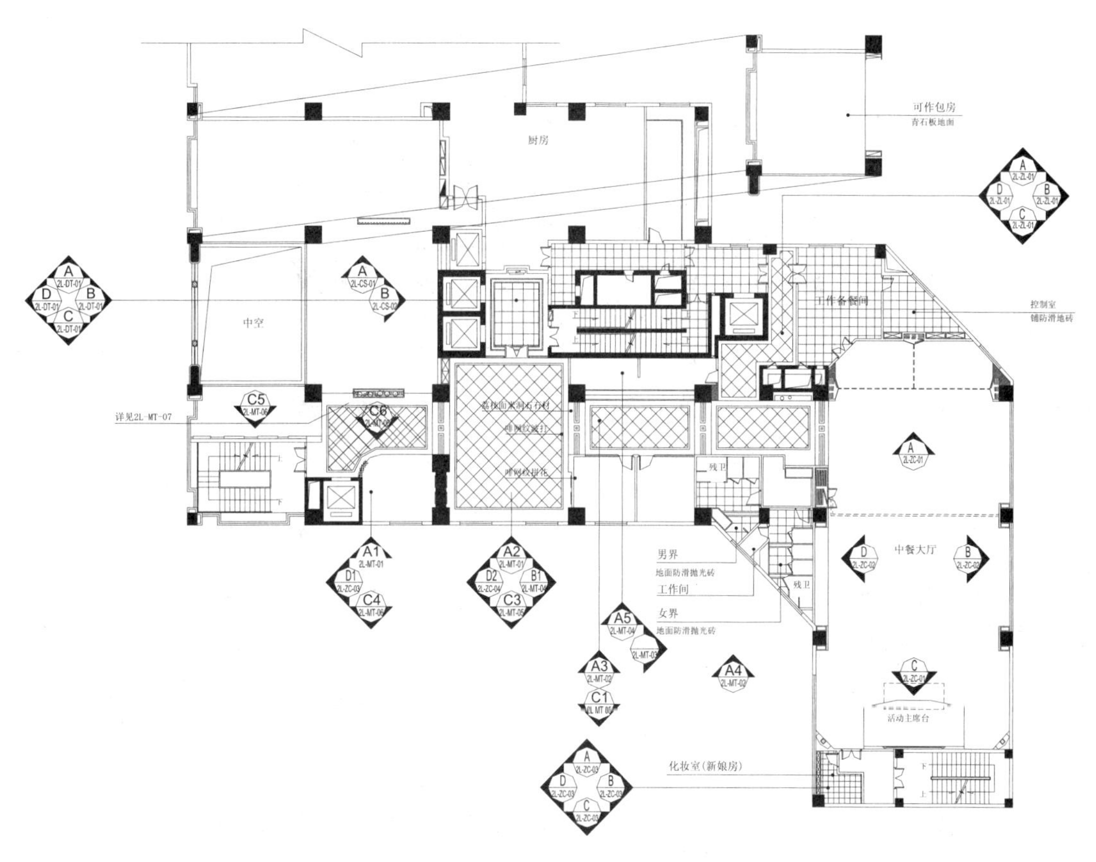

图10-152 二层中餐厅地坪图

参见光盘 光盘\视频教学\第10章\二层中餐地坪图装饰图.avi

10.2.1 二层中餐厅地坪图绘制

【操作步骤】

1. 绘图准备

(1) 单击“标准”工具栏中的“打开”按钮，弹出“选择文件”对话框，选择“源文件/二层中餐厅装饰平面图”，单击“打开”按钮，打开绘制的二层中餐厅装饰平面图。

(2) 选择菜单栏“文件”→“另存为”命令，将打开的“二层中餐厅装饰平面图”另存为“二层中餐厅地坪图”。

(3) 单击“文字”及“家具”图层中的“开/关图层”按钮，将图层关闭，如图 10-153 所示。

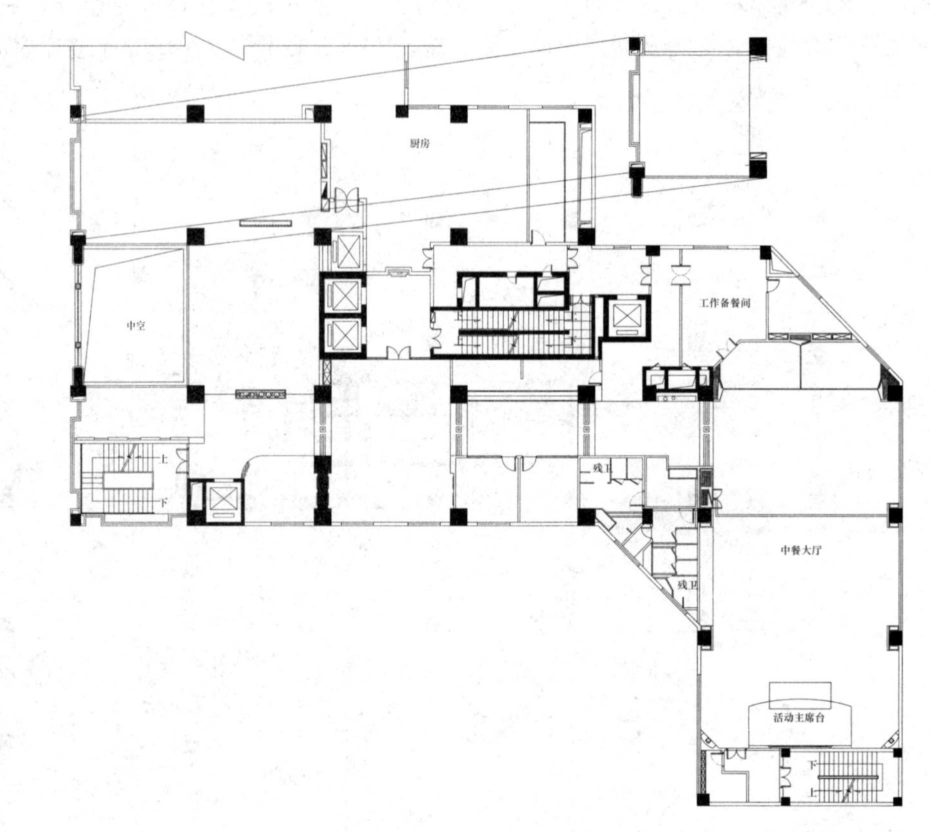

图 10-153 添加文字说明

2. 单击“图层”工具栏中的“图层”按钮，新建地坪图层并将其设置为当前，如图 10-154 所示。

地坪 白 Contin... —— 默认 0 Color_7

图 10-154 新建地坪图层

3. 单击“绘图”工具栏中的“多段线”按钮，在图形适当位置绘制连续多段线，如图 10-155 所示。

4. 单击“修改”工具栏中“偏移”按钮，选择上步绘制多段线为偏移对象向内偏移，偏移距离为 100，结果如图 10-156 所示。

5. 单击“绘图”工具栏中的“图案填充”按钮，系统打开“图案填充和渐变色”对话框，如图 10-157 所示。

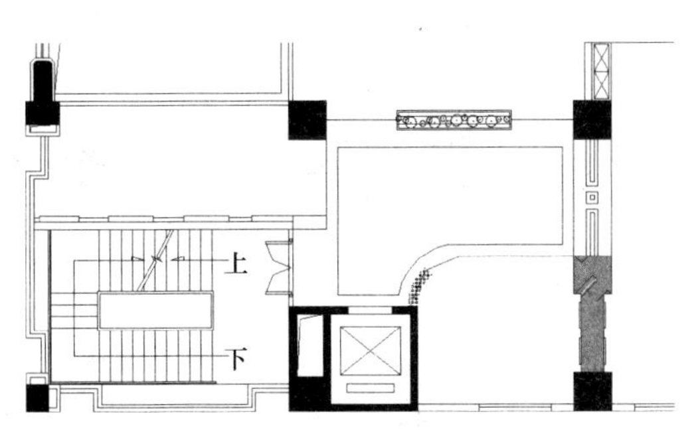

图 10-155 绘制多段线

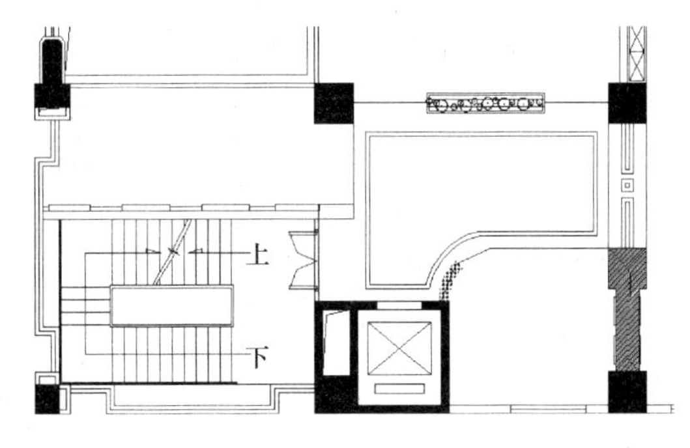

图 10-156 偏移多段线

图 10-157 “图案填充和渐变色”对话框

6. 单击“图案”选项后面的按钮，系统打开“填充图案选项板”对话框，选择如图 10-158 所示的图案类型，单击“确定”按钮退出。

7. 在“图案填充和渐变色”对话框右侧单击“添加：拾取点”按钮，选择填充区域单击确定按钮，设置填充比例为 200，系统回到“图案填充和渐变色”对话框，单击“确定”按钮完成图案填充，效果如 10-159 所示。

8. 单击“绘图”工具栏中的“矩形”按钮，在电梯间内绘制一个 3100×4080 的矩形，如图 10-160 所示。

9. 单击“绘图”工具栏中的“偏移”按钮，选择上步绘制的矩形向内进行偏移，偏移距离为 50、150、50，如图 10-161 所示。

10. 单击“修改”工具栏中的“修剪”按钮，对门内的偏移线段进行修剪，如图 10-162 所示。

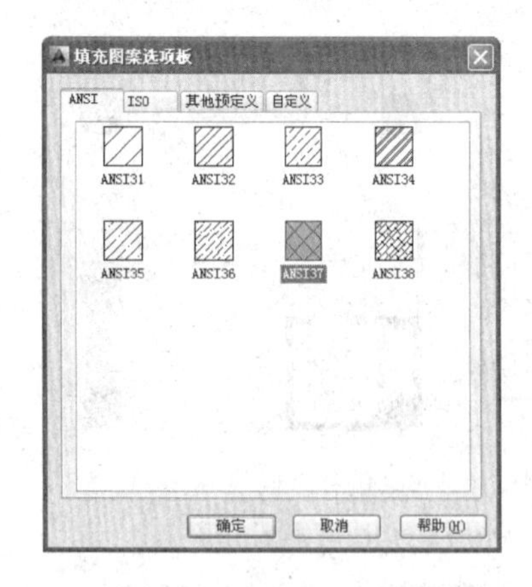

图 10-158　填充图案选项板

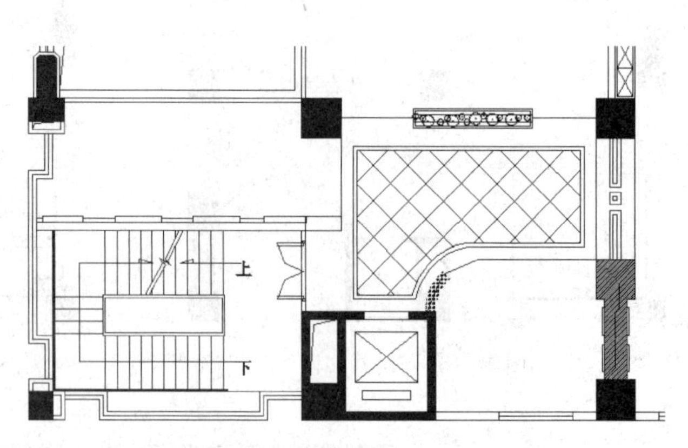

图 10-159　填充图案

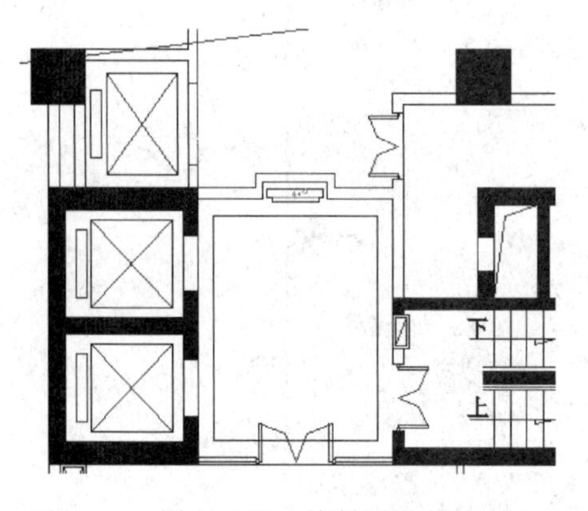

图 10-160　绘制矩形

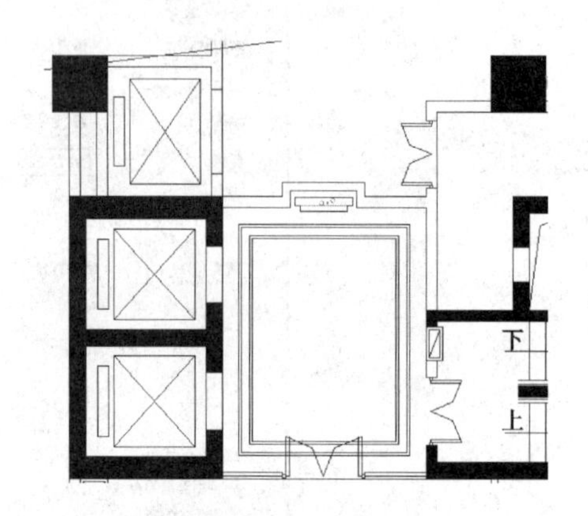

图 10-161　偏移矩形

11. 单击“绘图”工具栏中的“图案填充”按钮，系统打开“图案填充和渐变色”对话框，单击“图案”选项后面的按钮，系统打开“填充图案选项板”对话框，选择“ANSI37”图案类型，单击“确定”按钮退出。

12. 在“图案填充和渐变色”对话框右侧单击“添加：拾取点”按钮，选择填充区域单击确定按钮，设置填充比例为 200，填充角度为 45°，系统回到“图案填充和渐变色”对话框，单击“确定”按钮完成图案填充，效果如图 10-163 所示。

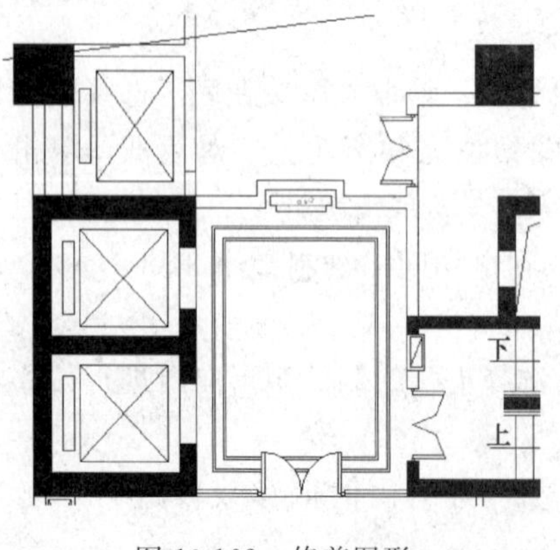

图 10-162　修剪图形

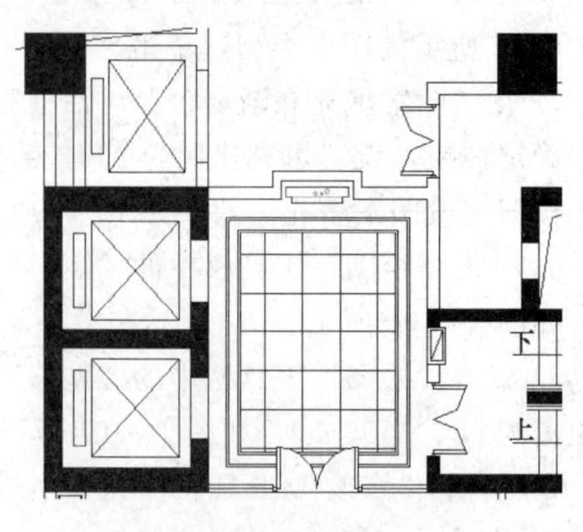

图 10-163　图案填充

13. 单击“绘图”工具栏中的“矩形”按钮▭，在图形适当位置绘制一个“6400×8300”的矩形，结果如图10-164所示。

14. 单击“修改”工具栏中的“偏移”按钮，选择上步绘制的矩形向内进行偏移，偏移距离为100，结果如图10-165所示。

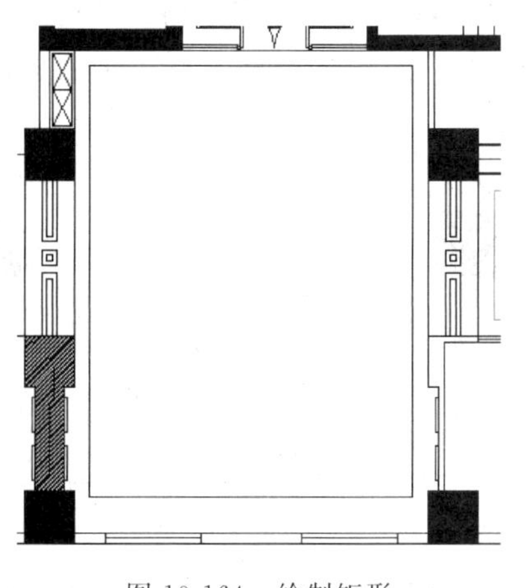
图10-164 绘制矩形

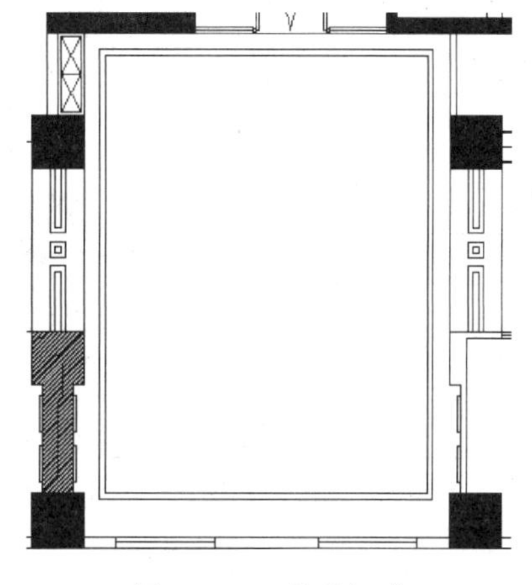
图10-165 偏移矩形

15. 单击“绘图”工具栏中的“图案填充”按钮，系统打开“图案填充和渐变色”对话框，单击“图案”选项后面的按钮，系统打开“填充图案选项板”对话框，选择“ANSI37”图案类型，单击“确定”按钮退出。

16. 在“图案填充和渐变色”对话框右侧单击“添加：拾取点”按钮，选择填充区域单击确定按钮，设置填充比例为200，填充角度为0°，系统回到“图案填充和渐变色”对话框，单击“确定”按钮完成图案填充，效果如图10-166所示。

17. 单击“绘图”工具栏中的“矩形”按钮▭，在图形适当位置绘制一个“5900×2505”的矩形，如图10-167所示。

图10-166 填充图形

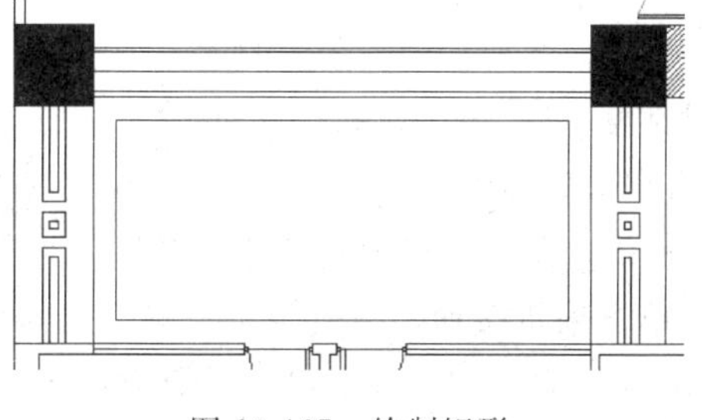
图10-167 绘制矩形

18. 单击“修改”工具栏中的“偏移”按钮，选择上步绘制的矩形为偏移对象向内进行偏移，偏移距离为 100，如图 10-168 所示。

19. 单击“绘图”工具栏中的“图案填充”按钮，系统打开“图案填充和渐变色”对话框，单击“图案”选项后面的按钮，系统打开“填充图案选项板”对话框，选择“ANSI37”图案类型，单击“确定”按钮退出。

20. 在“图案填充和渐变色”对话框右侧单击“添加：拾取点”按钮，选择填充区域单击确定按钮，设置填充比例为 200，系统回到“图案填充和渐变色”对话框，单击“确定”按钮完成图案填充，效果如图 10-169 所示。

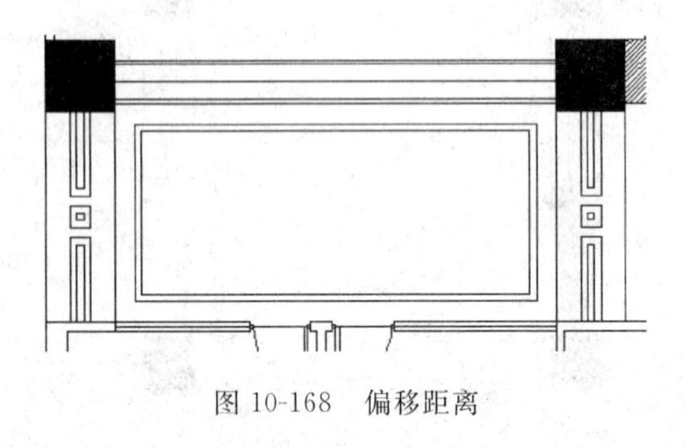

图 10-168　偏移距离

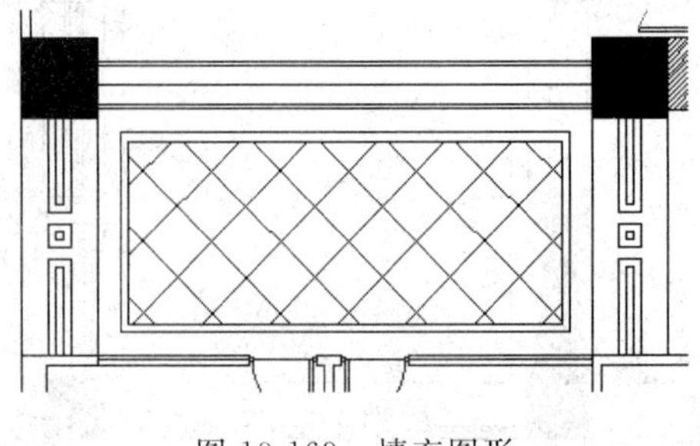

图 10-169　填充图形

21. 单击“修改”工具栏中的“复制”按钮，选择上步绘制的图形进行复制，结果如图 10-170 所示。

22. 单击“绘图”工具栏中的“多段线”按钮，在图形适当位置绘制连续多段线，结果如图 10-171 所示。

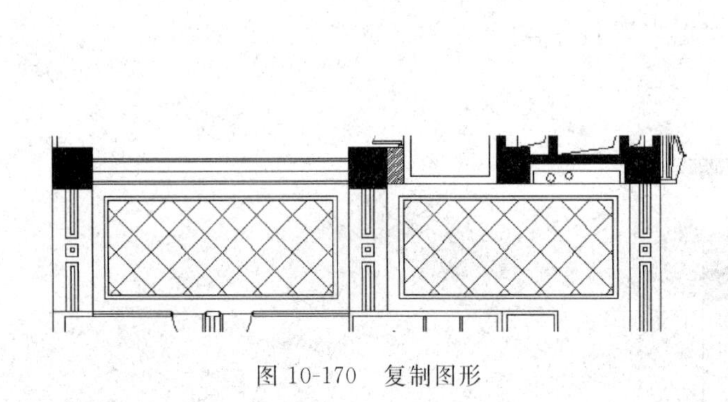

图 10-170　复制图形

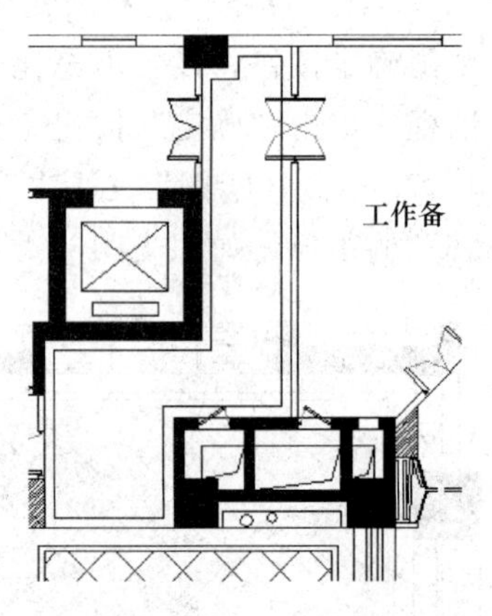

图 10-171　绘制连续直线

23. 单击“绘图”工具栏中的“图案填充”按钮，系统打开“图案填充和渐变色”对话框，单击“图案”选项后面的按钮，系统打开“填充图案选项板”对话框，选择“ANSI37”图案类型，单击“确定”按钮退出。

24. 在“图案填充和渐变色”对话框右侧单击“添加：拾取点”按钮，选择填充区域单击确定按钮，设置填充比例为 200，系统回到“图案填充和渐变色”对话框，单击“确定”按钮完成图案填充，效果如图 10-172 所示。

25. 利用上述方法完成剩余地面图案填充，如图 10-173 所示。

26. 打开“文字”图层，并将其置为当前图层。在命令行中输入“QLEADER”命令，

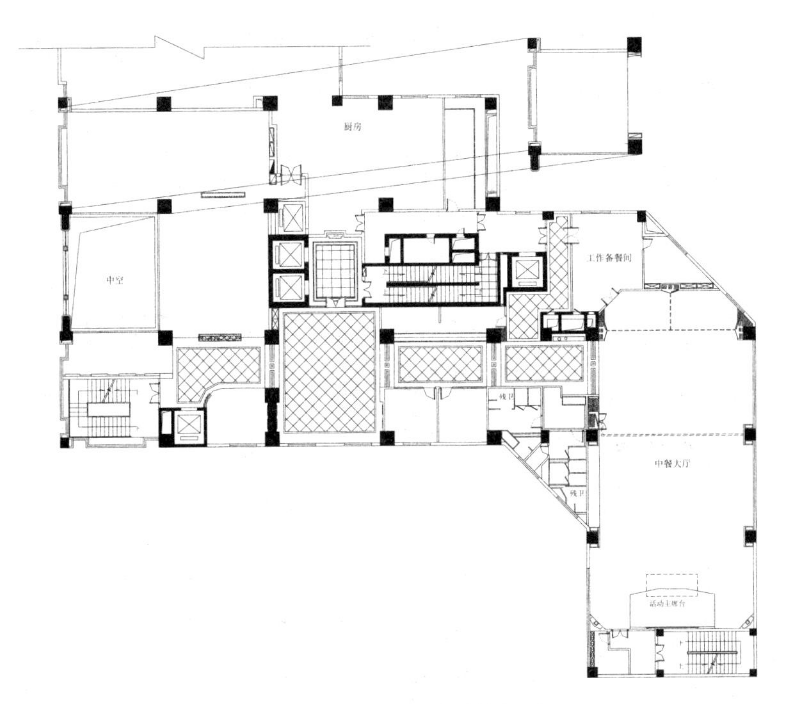

图 10-172　图案填充结果

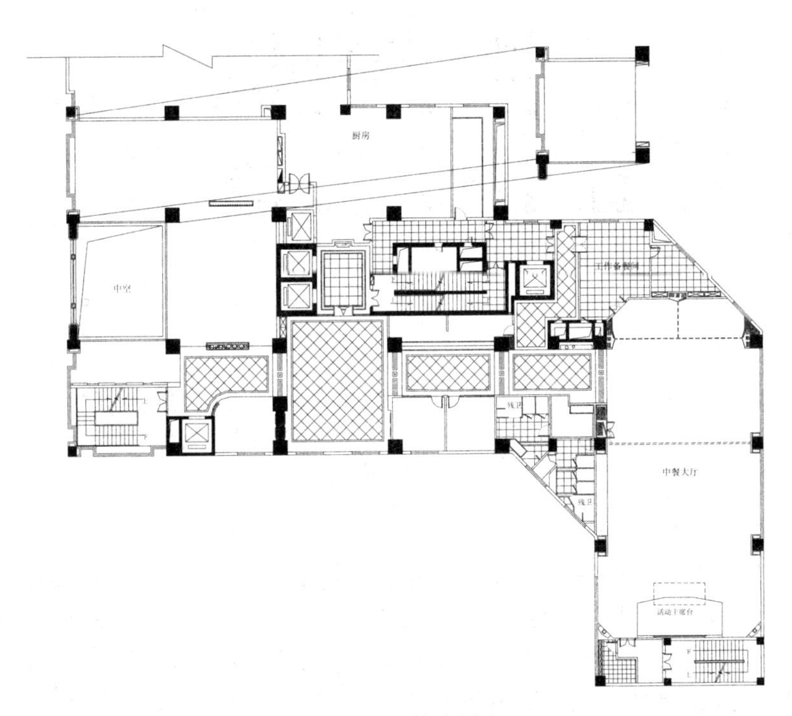

图 10-173　填充图案

为地坪图添加文字说明，如图 10-174 所示。

27. 利用上述方法完成图形中所有文字说明的添加，如图 10-175 所示。

28. 单击“绘图”工具栏中的“圆”按钮⊙，在图形空白区域绘制一个半径为 852 的圆，如图 10-176 所示。

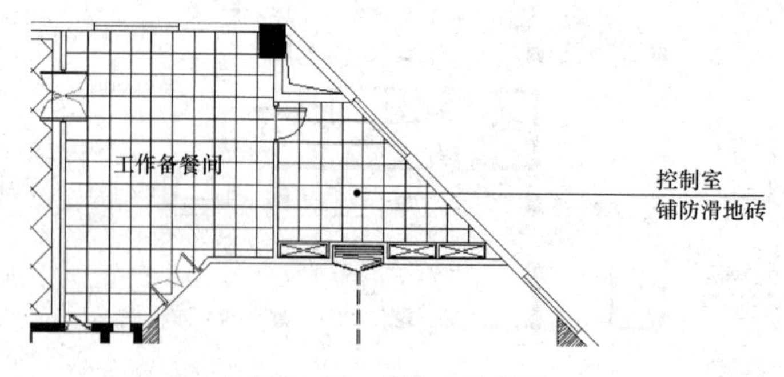

图 10-174　添加文字说明

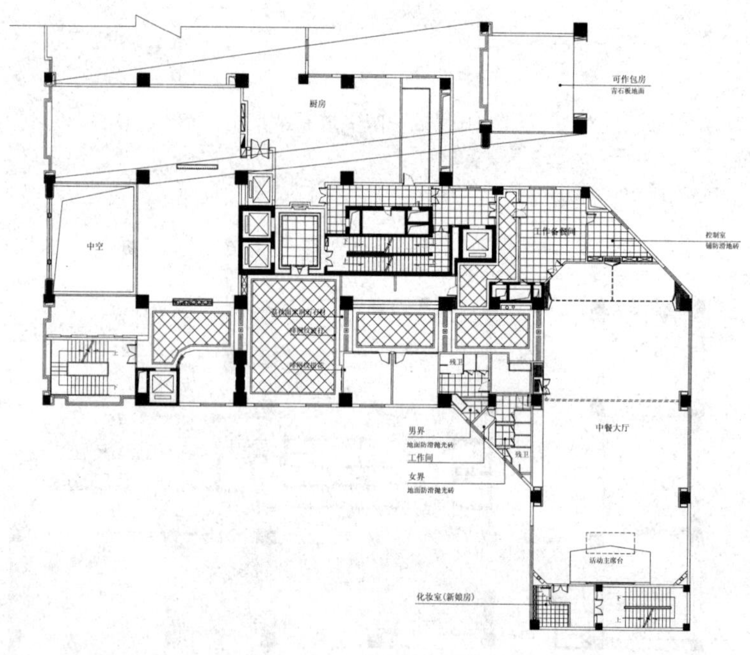

图 10-175　添加文字说明

29. 单击“绘图”工具栏中的“直线”按钮╱，绘制如图 10-177 所示的图形。

30. 单击“绘图”工具栏中的“图案填充”按钮，系统打开“图案填充和渐变色”对话框，单击“图案”选项后面的按钮，系统打开“填充图案选项板”对话框，选择“SOLID”图案类型，单击“确定”按钮退出。

31. 在“图案填充和渐变色”对话框右侧单击“添加：拾取点”按钮，选择修剪直线为选择填充区域单击确定按钮，设置填充比例为 0，系统回到“图案填充和渐变色”对话框，单击“确定”按钮完成图案填充，效果如图 10-178 所示。

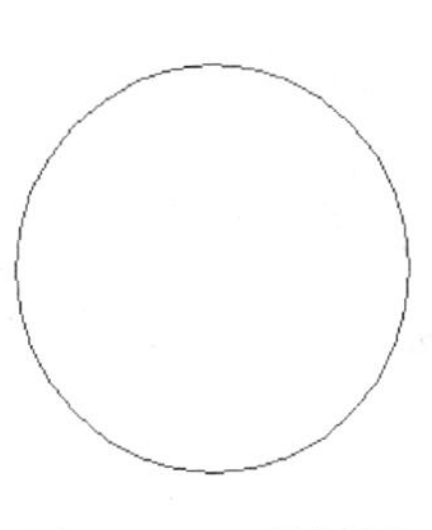

图 10-176　绘制圆

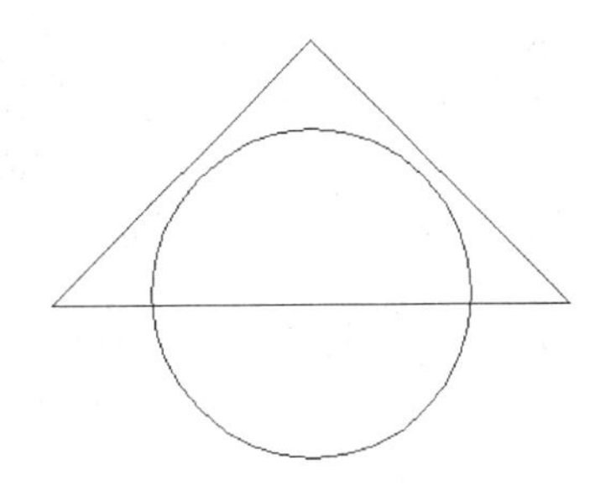

图 10-177　绘制连续直线

32. 单击“绘图”工具栏中的“多行文字”按钮**A**，在直线上步输入大小为600的文字，如图10-179所示。

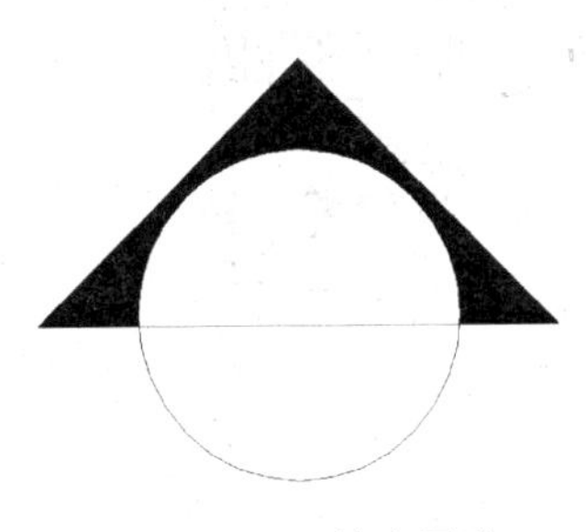

图 10-178　填充图形

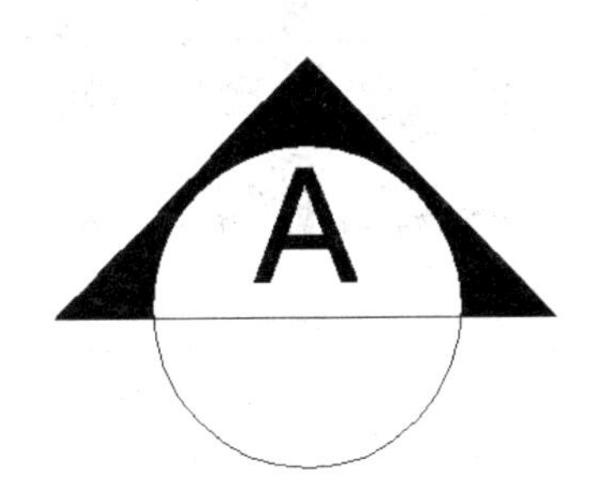

图 10-179　绘制文字

33. 单击“绘图”工具栏中的“多行文字”按钮**A**，在直线下步输入大小为400的文字，宽度因子为0.7，间隔符为0.5字符，如图10-180所示。

34. 利用上述方法完成相同图形的绘制，如图10-181所示。

图 10-180　绘制图形

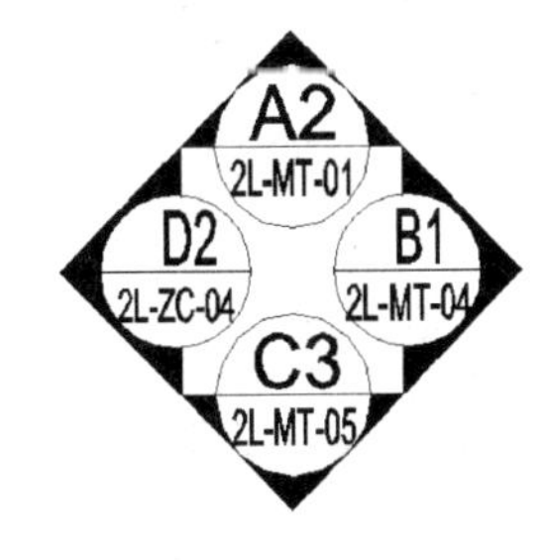

图 10-181　绘制图形

35. 将上步图形进行连接，完成二层中餐厅地面材料的绘制，如图10-152所示。

10.2.2　三层中餐厅地坪图的绘制

三层中餐厅地坪图的绘制方法基本与二层中餐厅地坪图的绘制方法相同，这里不再赘述，如图10-182所示。

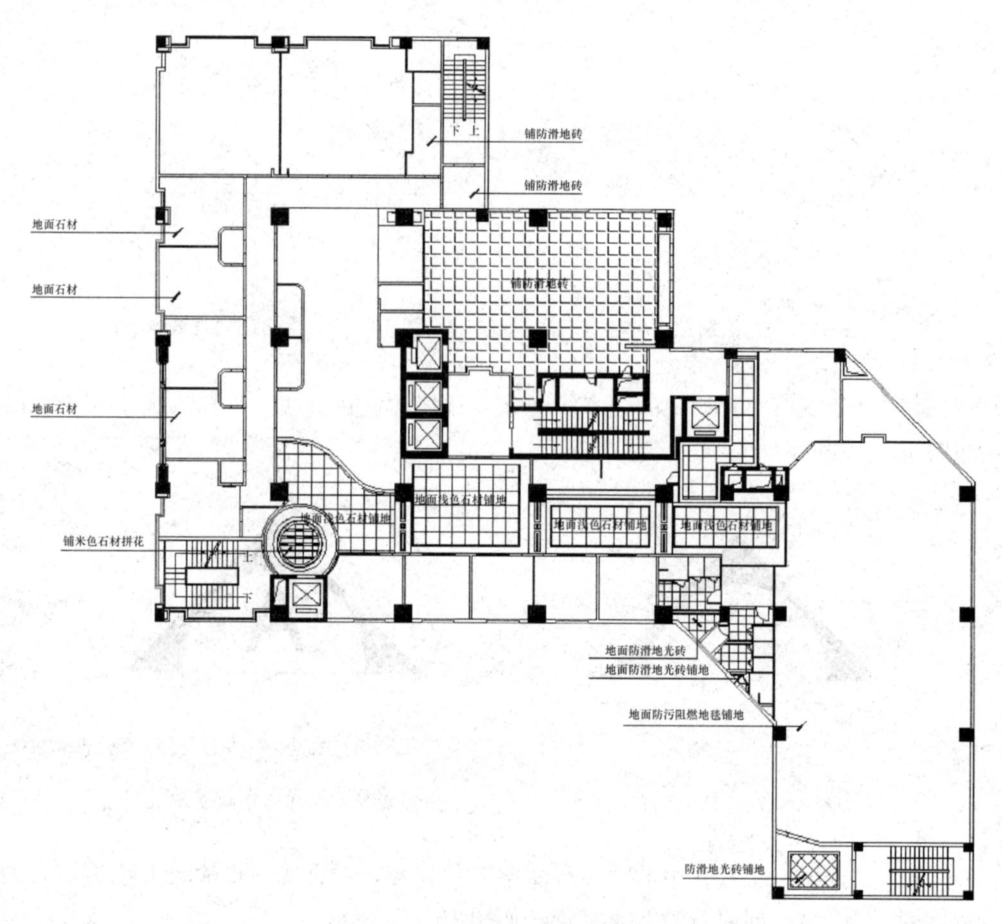

图 10-182　三层中餐厅地坪图

中餐厅立面图绘制

立面图是用直接正投影法将建筑各个墙面进行投影所得到的正投影图。立面图是表现室内装饰设计风格和氛围的一个重要载体，本章以中餐厅立面图为例，详细讲述室内设计立面图的CAD绘制方法与相关技巧。

- 二楼中餐厅立面图的绘制
- 三层多功能厅立面图的绘制

11.1 二楼中餐厅立面图的绘制

本例绘制二楼中餐厅中的部分立面，结合所学知识，合理运用直线，偏移、修剪、标注、多行文字等命令完成立面图的绘制。

11.1.1 二楼中餐厅 A 立面

本小节主要讲述二楼中餐厅 A 立面图的绘制过程，结果如图 11-1 所示。

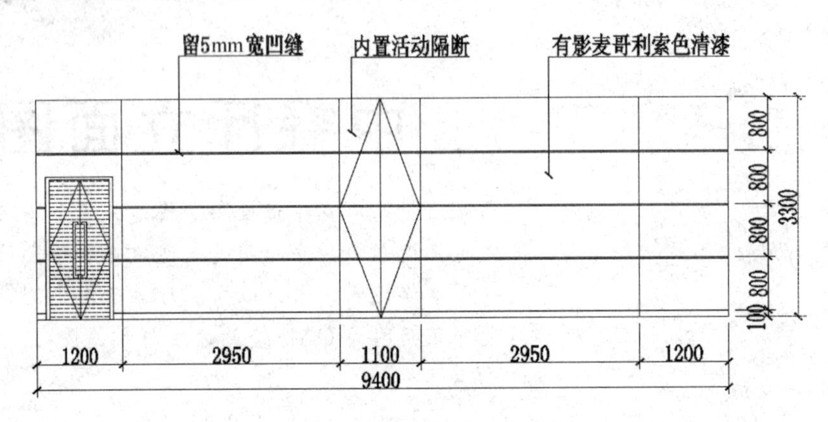

图 11-1 二楼中餐厅 A 立面图

参见光盘 光盘\视频教学\第 11 章\二层中餐厅 A 立面.avi

【操作步骤】

1. 单击“绘图”工具栏中的“直线”按钮，在图形空白区域绘制一条长为 9400 的直线，如图 11-2 所示。

图 11-2 绘制直线

2. 单击“绘图”工具栏中的“直线”按钮，以上步绘制的水平直线左端点为直线起点向上绘制一条长为 3300 的竖直直线，如图 11-3 所示。

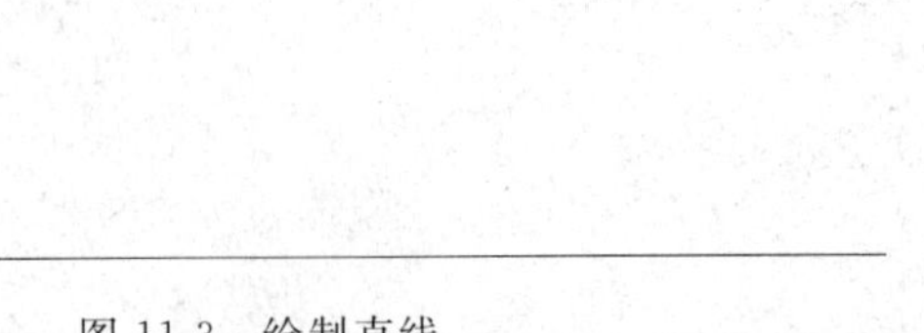

图 11-3 绘制直线

3. 单击“修改”工具栏中的“偏移”按钮，选择绘制的水平直线向上偏移，偏移距离为100、800、800、800、800，如图11-4所示。

4. 单击“修改”工具栏中的“偏移”按钮，选择如图11-3所示的竖直直线向右偏移，偏移距离为1200、2950、1100、2950、1200，如图11-5所示。

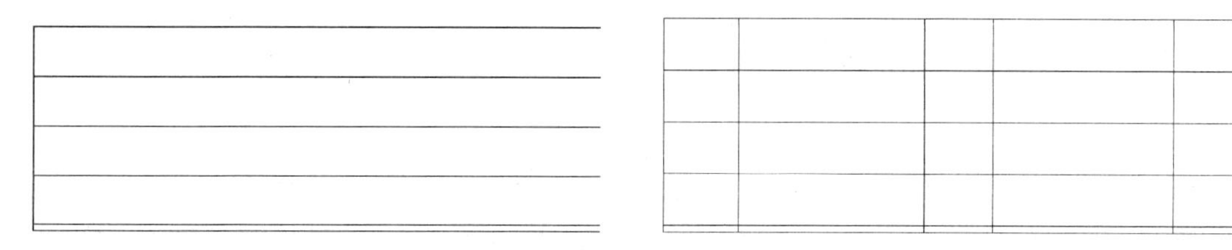

图11-4 偏移直线　　图11-5 偏移直线

5. 单击“修改”工具栏中的“偏移”按钮，选择图11-5中的水平直线，分别向下偏移，偏移距离为20、20、20，如图11-6所示。

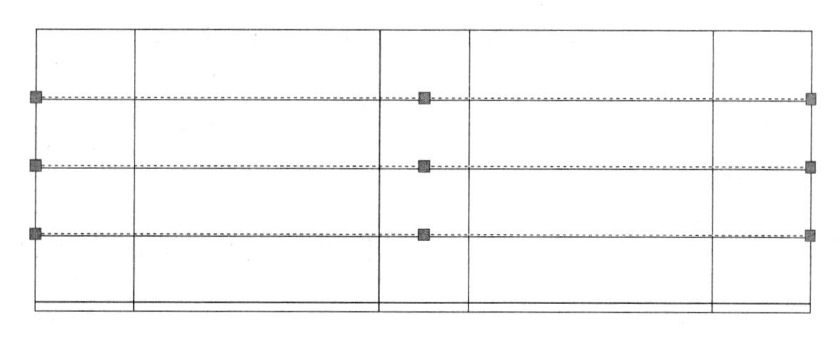

图11-6 偏移直线

6. 单击“绘图”工具栏中的“矩形”按钮，在图形左侧位置绘制一个“949×2150”的矩形作为门面，如图11-7所示。

7. 单击“修改”工具栏中的“修剪”按钮，对上步绘制的矩形内的线段进行修剪，如图11-8所示。

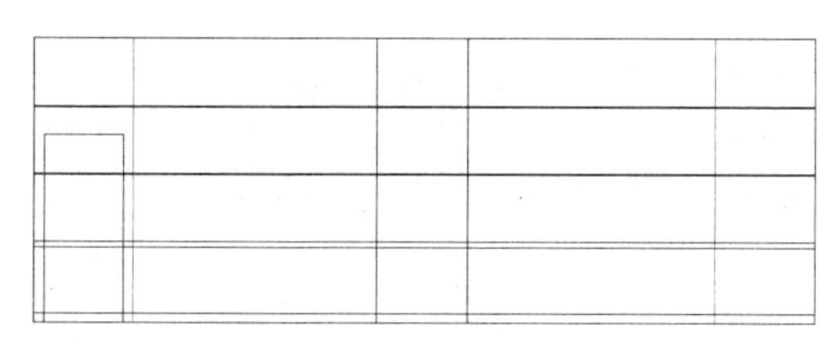

图11-7 绘制矩形

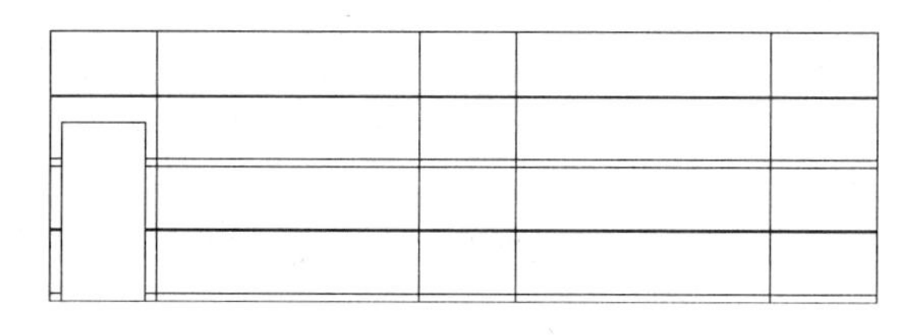

图11-8 修剪图形

8. 单击“修改”工具栏中的“偏移”按钮和“修剪”按钮，选择修剪后的矩形各边向内偏移，偏移距离为50，结果如图11-9所示。

9. 单击“绘图”工具栏中的“直线”按钮，以偏移矩形上侧水平边中点为起点向下绘制一条竖直直线，如图11-10所示。

10. 单击“绘图”工具栏中的“直线”按钮，图形内绘制直线，如图11-11所示。

11. 单击“绘图”工具栏中的“直线”按钮，任选一点为起点绘制连续直线，完成立面门把手的绘制，如图11-12所示。

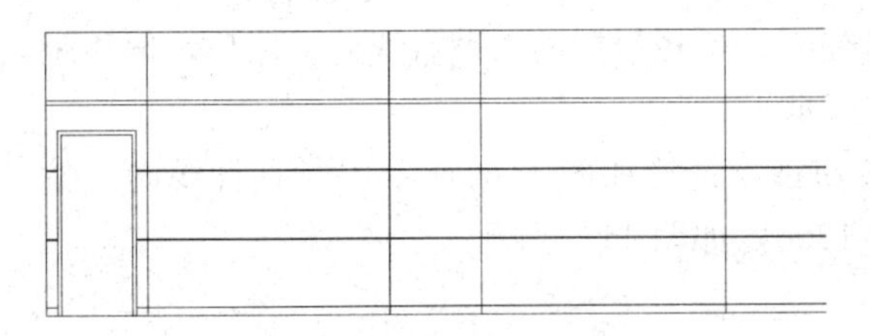

图 11-9　偏移矩形

图 11-10　绘制竖直直线

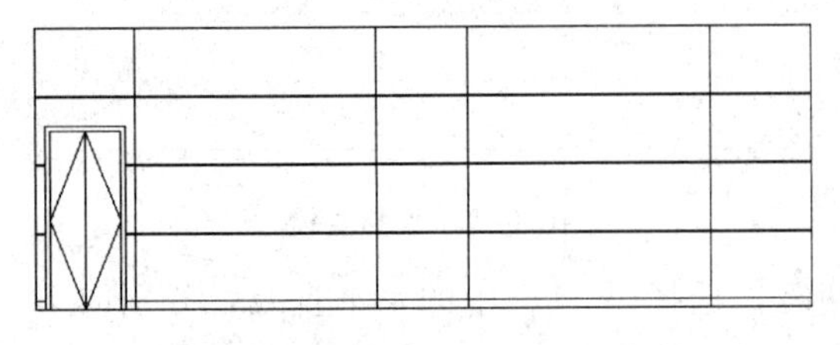

图 11-11　绘制连接线

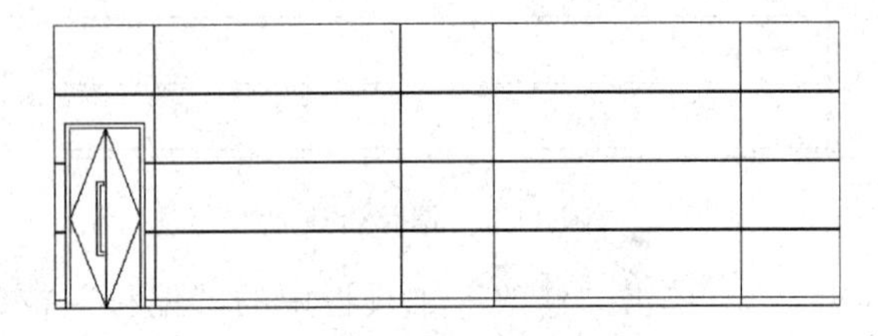

图 11-12　绘制门把手

12. 单击“修改”工具栏中的“镜像”按钮，选择上步绘制的门把手图形为镜像对象，以门内竖直直线上下端点为镜像点进行镜像，如图 11-13 所示。

13. 单击“绘图”工具栏中的“图案填充”按钮，系统打开“图案填充和渐变色”对话框，如图 11-14 所示。

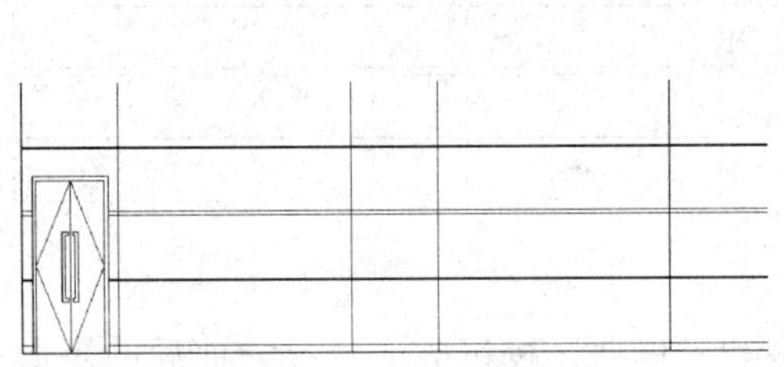

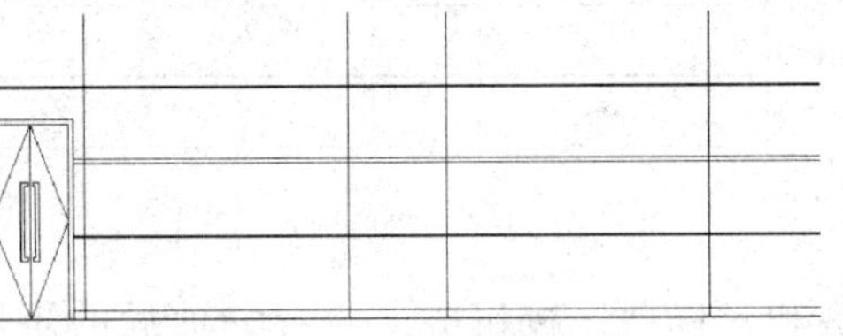

图 11-13　镜像门把手

图 11-14　“图案填充和渐变色”对话框

14. 单击“图案”选项后面的按钮，系统打开“填充图案选项板”对话框，选择如图 11-15所示的图案类型，单击“确定”按钮退出。

15. 在“图案填充和渐变色”对话框右侧单击“添加：拾取点”按钮，选择填充区域单击确定按钮，系统回到“图案填充和渐变色”对话框，设置角度为 315，比例为 20，单击“确定”按钮完成图案填充，效果如图 11-16 所示。

图 11-15 填充图案选项板

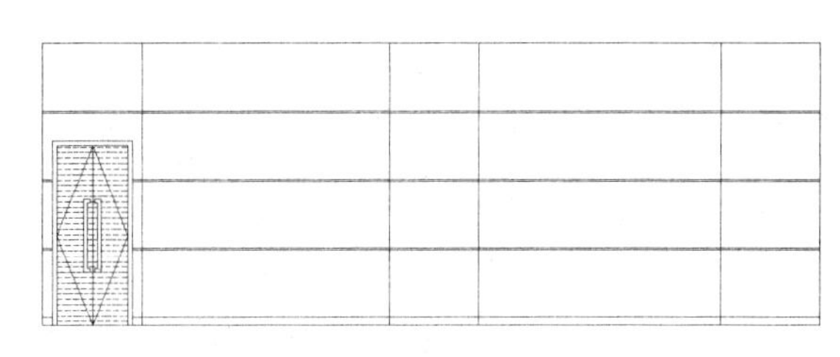

图 11-16 填充图案选项板

16. 单击“绘图”工具栏中的“直线”按钮，在图形中间位置绘制一条竖直直线，如图 11-17 所示。

17. 单击“绘图”工具栏中的“直线”按钮，图形内部绘制图形对角线，如图 11-18 所示。

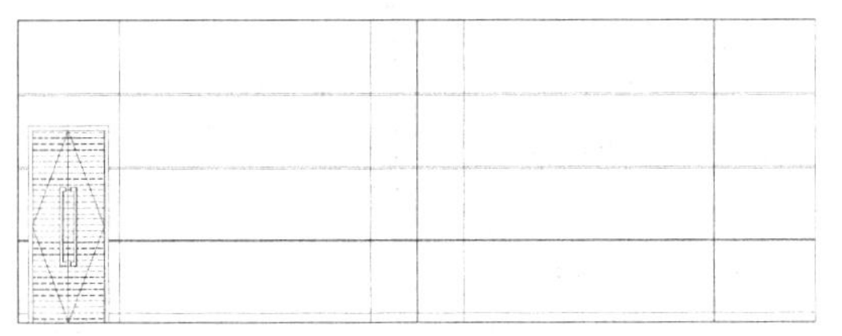

图 11-17 绘制直线

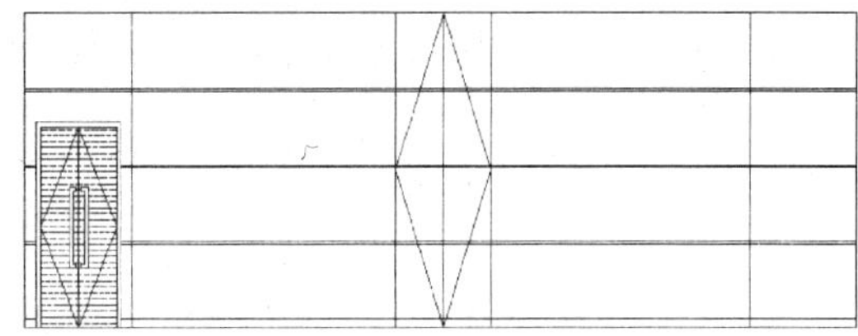

图 11-18 绘制直线

18. 单击“图层”工具栏中的“图层”按钮，新建“尺寸”图层，并将其置为当前图层，如图 11-19 所示。

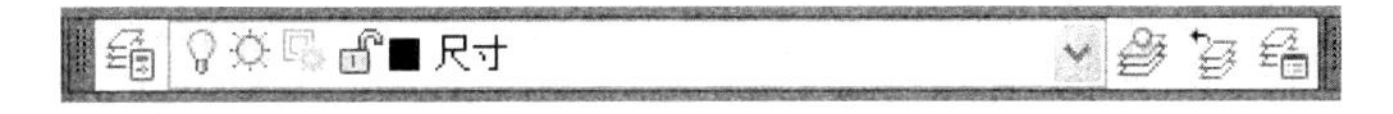

图 11-19 设置当前图层

19. 设置标注样式

(1) 选择菜单栏中的“标注”→“标注样式”命令，弹出“标注样式管理器”对话框，如图 11-20 所示。

(2) 单击“新建”按钮，弹出“创建新标注样式”对话框，如图 11-21 所示。输入“立面”名称，单击“线”选项卡，对话框显示如图 11-22 所示，按照图中的参数修改标注样式。

(3) 单击“符号和箭头”选项卡，按照图 11-23 所示的设置进行修改，箭头样式选择为“建筑标记”，箭头大小修改为“200”。

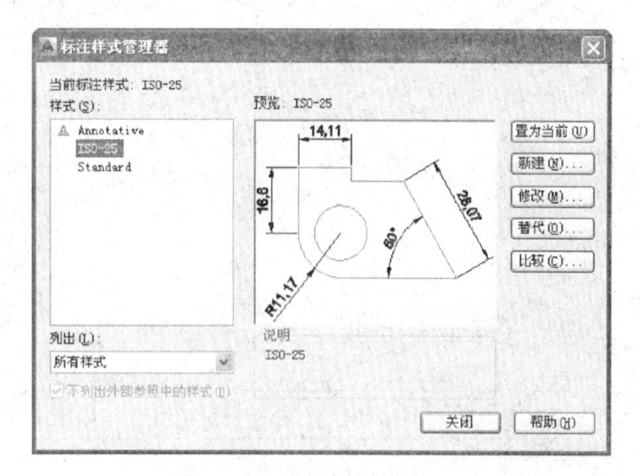

图 11-20 “标注样式管理器”对话框

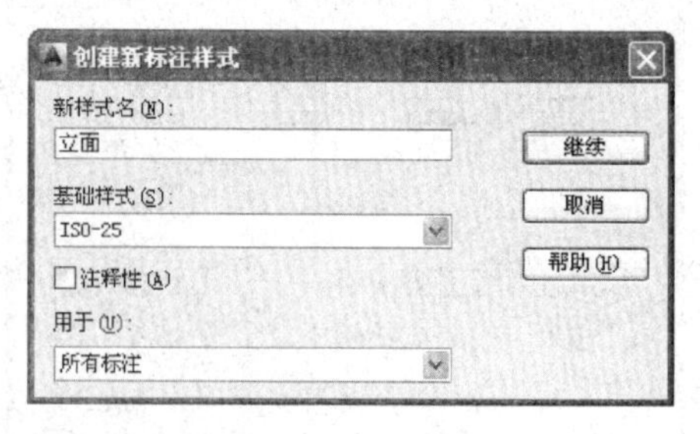

图 11-21 “立面”标注样式

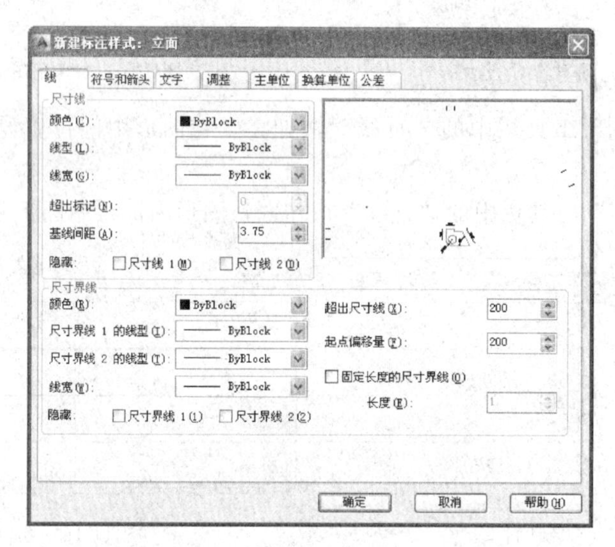

图 11-22 “线”选项卡

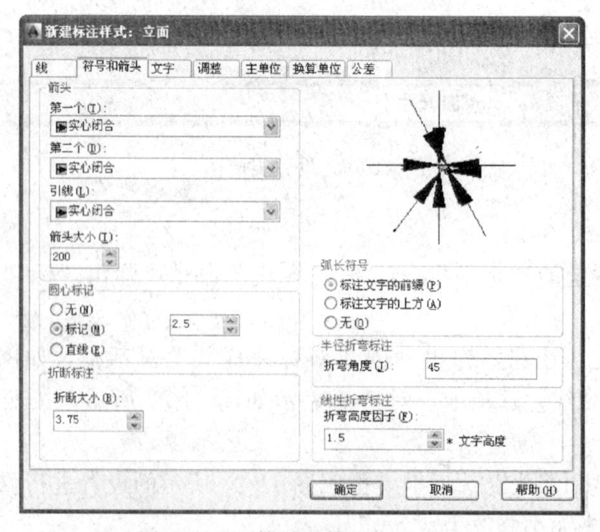

图 11-23 “符号和箭头”选项卡

（4）在“文字”选项卡中设置“文字高度”为“250”如图 11-24 所示。

（5）在“主单位”选项卡设置如图 11-25 所述。

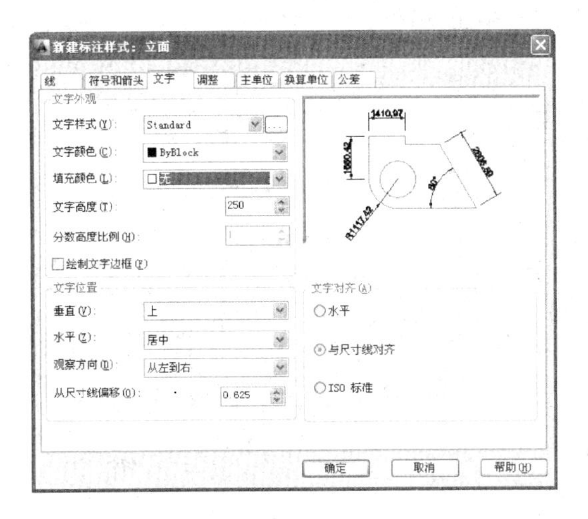

图 11-24 “文字”选项卡

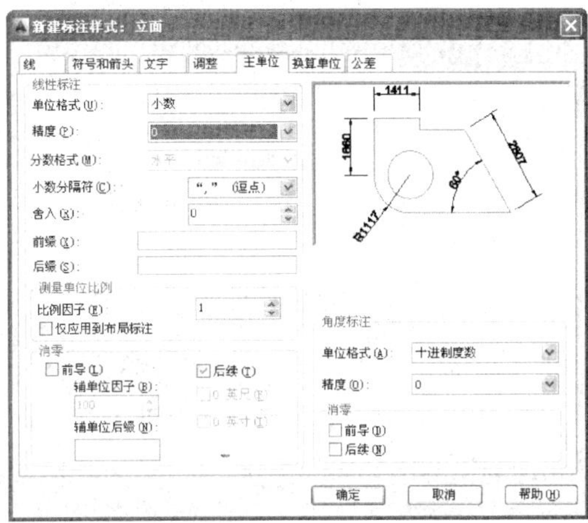

图 11-25 “主单位”选项卡

（6）单击“标注”工具栏中的“线性”按钮和“连续”按钮，标注立面图第一道水平尺寸，如图 11-26 所示。

（7）单击“标注”工具栏中的“线性”按钮和“连续”按钮，标注第一道竖直尺寸，如图 11-27 所示。

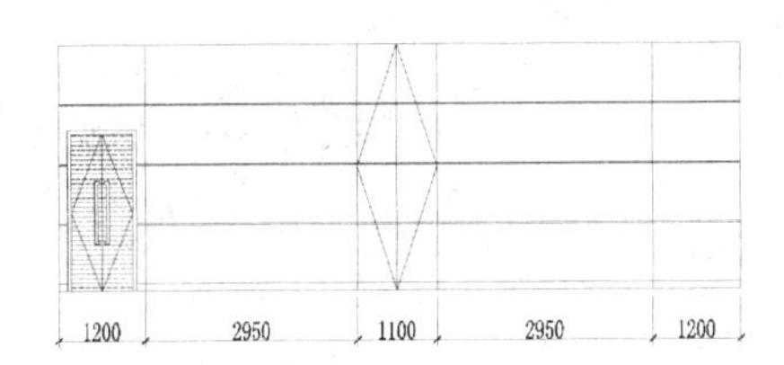

图 11-26 添加水平标注

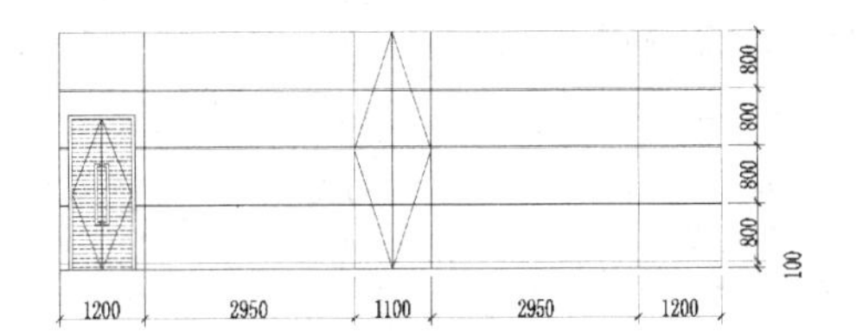

图 11-27 添加竖直标注

（8）单击“标注”工具栏中的“线性”按钮，标注水平标注总尺寸，如图 11-28 所示。

（9）单击“标注”工具栏中的“线性”按钮，标注竖直标注总尺寸，如图 11-29 所示。

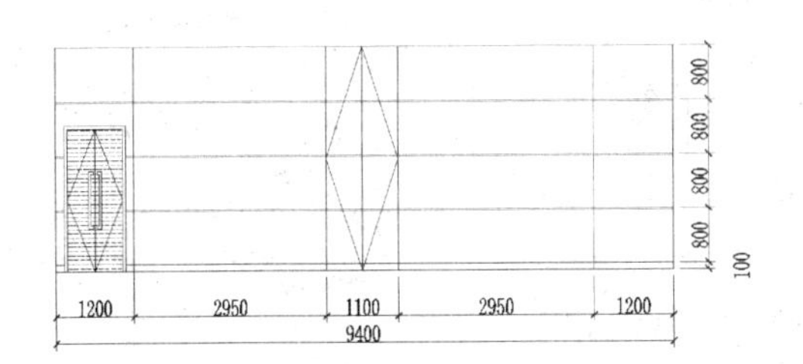

图 11-28 添加水平标注总尺寸

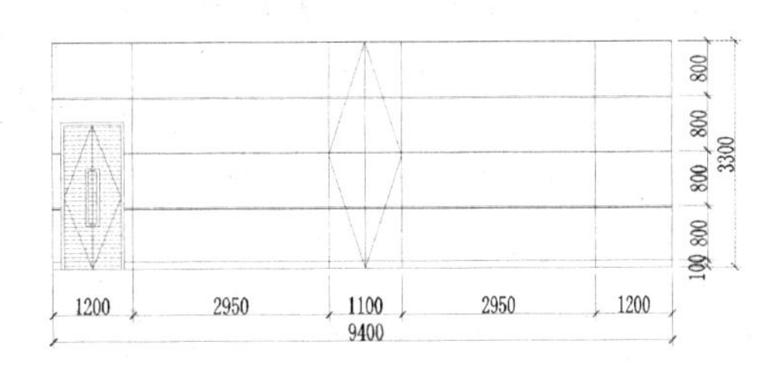

图 11-29 添加竖直标注总尺寸

（10）在命令行中输入“qleader”命令，为图形添加文字说明，如图 11-1 所示。

11.1.2 二楼中餐厅 B 立面

本小节主要讲述二层中餐厅 B 立面图的绘制，结果如图 11-30 所示。

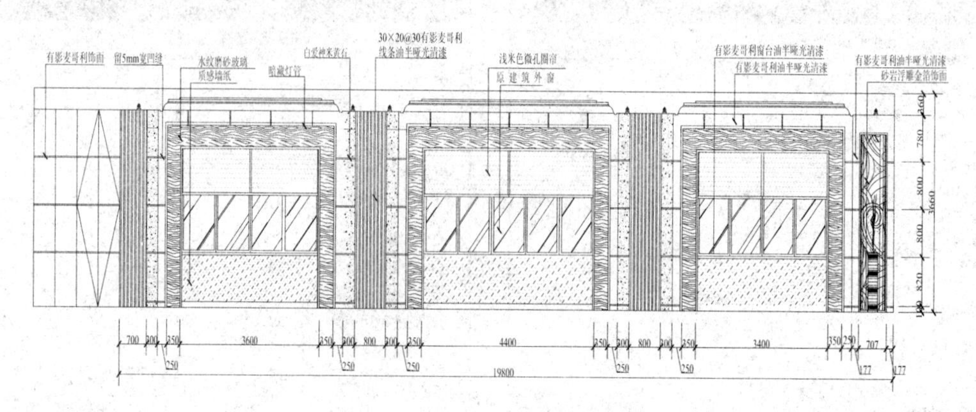

图 11-30　二层中餐厅 B 立面

参见光盘　光盘\视频教学\第 11 章\二层中餐厅 B 立面.avi

【操作步骤】

1. 单击“绘图”工具栏中的“直线”按钮，在图形适当位置绘制一条长度为 22000 的水平直线，如图 11-31 所示。

2. 单击“绘图”工具栏中的“直线”按钮，以上步绘制的水平直线左端点为起点向上绘制一条长度为 3642 的竖直直线，如图 11-32 所示。

图 11-31　绘制直线

图 11-32　绘制竖直直线

3. 单击“修改”工具栏中的“偏移”按钮，选择上步绘制的竖直直线为偏移对象，向右进行偏移，偏移距离为 550、550、550、550、700、300、250、350、3600、350、250、300、800、300、250、350、4400、350、250、300、800、300、250、350、3340、350、250、177、707、177，结果如图 11-33 所示。

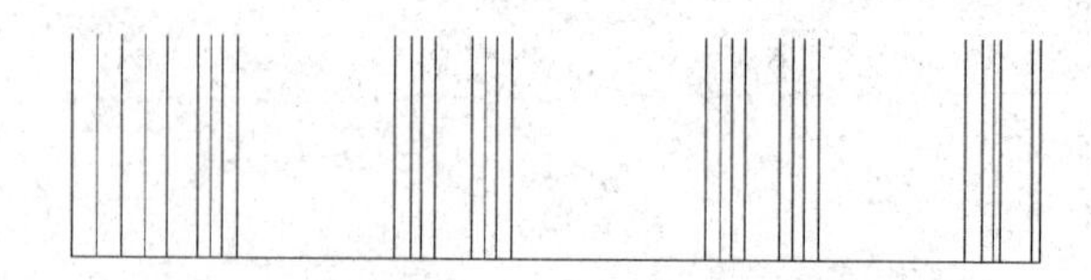

图 11-33　偏移竖直直线

4. 单击“修改”工具栏中的“偏移”按钮，选择前面绘制的水平直线向上偏移，偏移距离为 80、20、800、20、780、20、780、20、480、300、360，如图 11-34 所示。

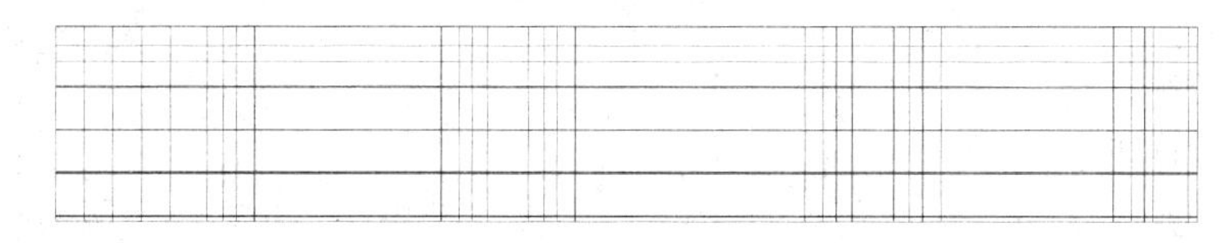

图 11-34 偏移水平直线

5. 单击“修改”工具栏中的“修剪”按钮，对上步偏移线段进行修剪，结果如图 11-35 所示。

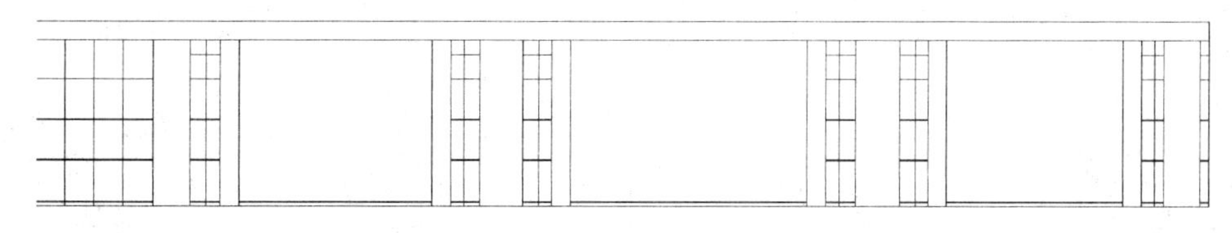

图 11-35 修剪图形

6. 单击“绘图”工具栏中的“直线”按钮，在上步修剪图形内适当位置绘制对角线，结果如图 11-36 所示。

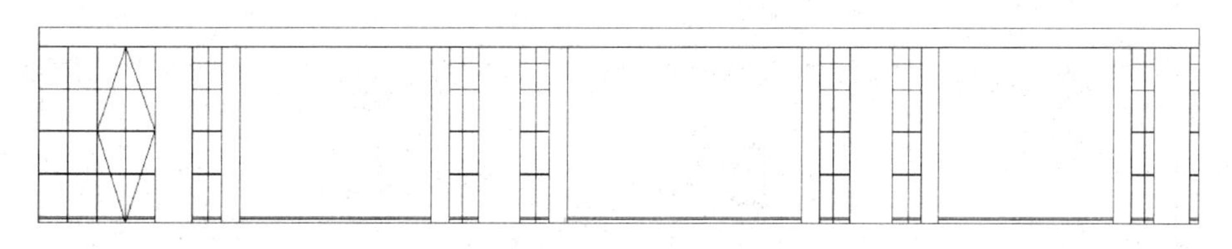

图 11-36 修剪图形

7. 选择上步绘制线段，单击“图层”工具栏中的“线型”按钮，在其线型下拉列表中选择“DASHED”线型，线型进行修改。如图 11-37 所示。

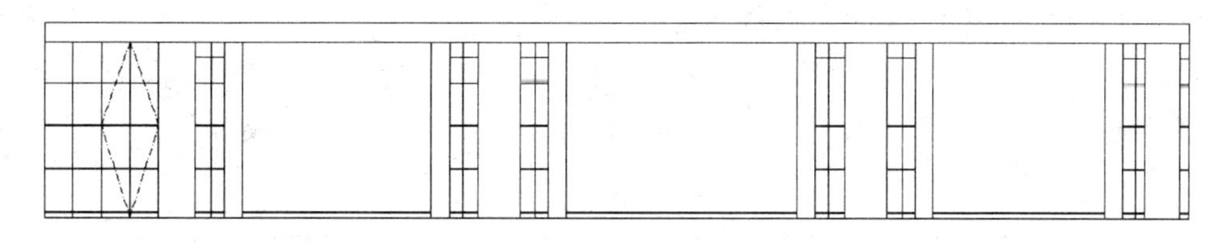

图 11-37 修改线型

8. 单击“修改”工具栏中的“偏移”按钮，选择如图 11-38 所示的竖直直线为偏移对象，向右偏移，偏移距离为 34、63、34、63、34、63、34、63、34、63、34、63、34、63，如图 11-39 所示。

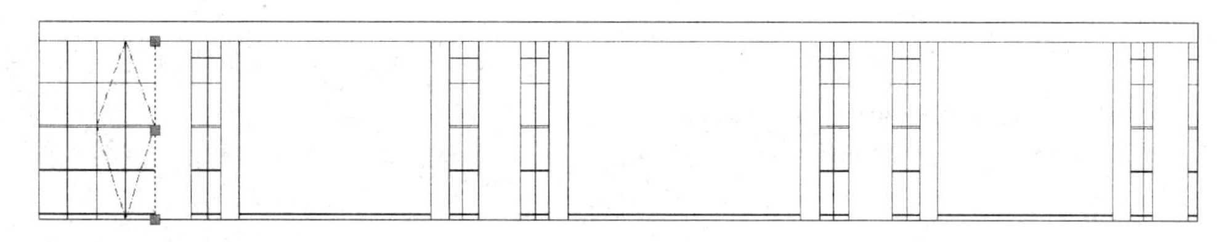

图 11-38 选择偏移对象

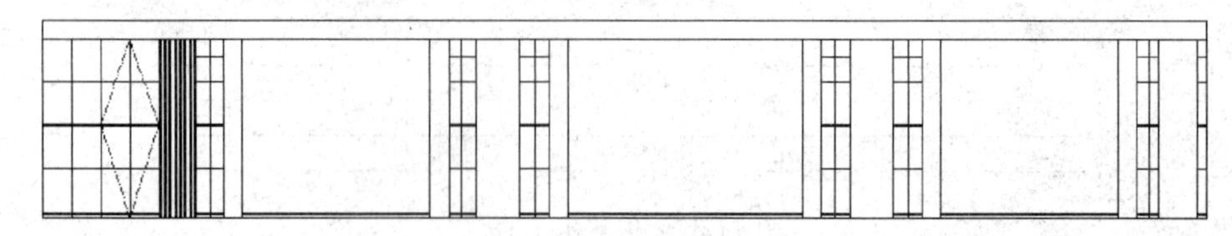

图 11-39 偏移线段

9. 单击“修改”工具栏中的“偏移”按钮，选择如图 11-40 所示的竖直直线为偏移对象，分别向右偏移，偏移距离均为 41、63、31、63、31、63、31、63、31、63、31、63、31、63、31、63、31、63、31、63，如图 11-41 所示。

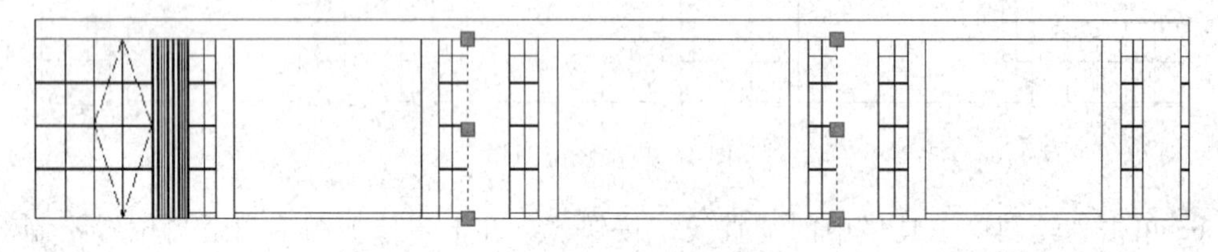

图 11-40 选择对象

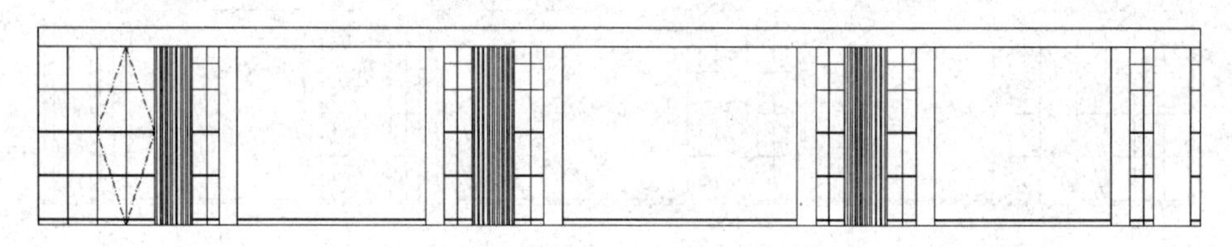

图 11-41 偏移线段

10. 单击“绘图”工具栏中的“图案填充”按钮，系统打开“图案填充和渐变色”对话框，单击“图案”选项后面的按钮，系统打开“填充图案选项板”对话框，选择如“AR-SAND”图案类型，单击“确定”按钮退出。

11. 在“图案填充和渐变色”对话框右侧单击“添加：拾取点”按钮，选择填充区域，单击确定按钮，系统回到“图案填充和渐变色”对话框，单击“确定”按钮完成图案填充，效果如图 11-42 所示。

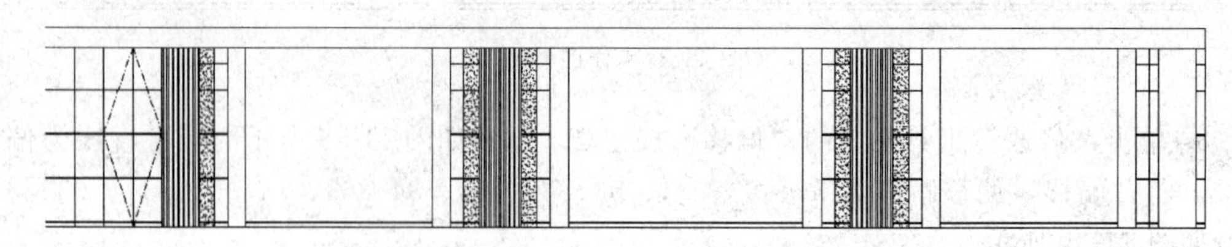

图 11-42 填充图形

12. 单击“修改”工具栏中的“偏移”按钮，选择图形底部水平边为偏移对象向上偏移，偏移距离为 3100，如图 11-43 所示。

13. 单击“修改”工具栏中的“修剪”按钮，对上步偏移的水平直线进行修剪，如图 11-44 所示。

14. 单击“修改”工具栏中的“偏移”按钮，选择如图 11-45 所示的竖直直线为偏

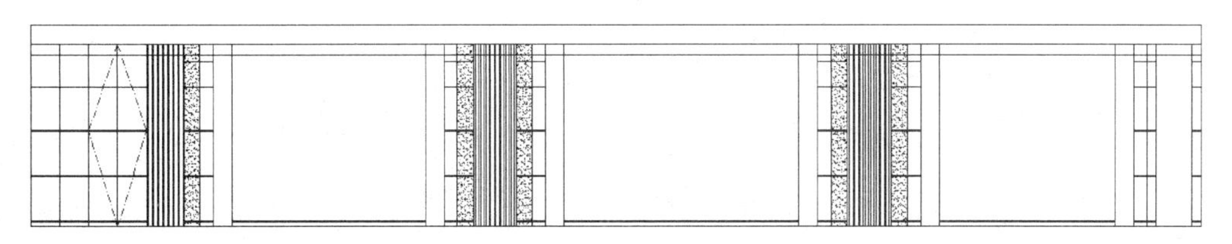

图 11-43 偏移直线

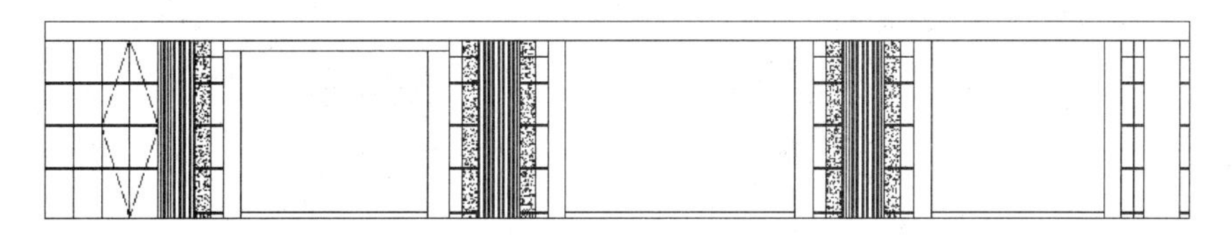

图 11-44 修剪线条

移对象，分别向外侧进行偏移，偏移距离为 50，同理向内侧进行偏移，偏移距离为 390，如图 11-46 所示。

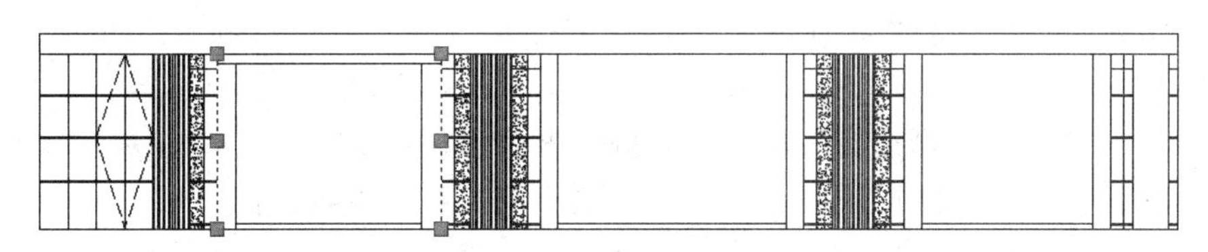

图 11-45 选中要偏移的竖直边

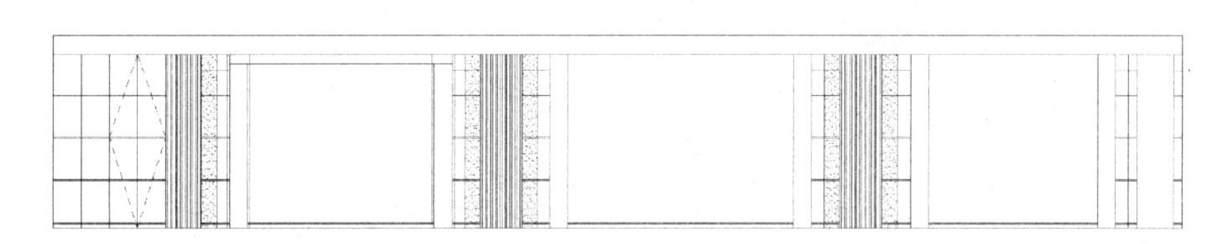

图 11-46 偏移竖直边

15. 单击“修改”工具栏中的“偏移”按钮，选择修剪后的水平边为偏移对象，向下侧进行偏移，偏移距离 50、350、40，如图 11-47 所示。

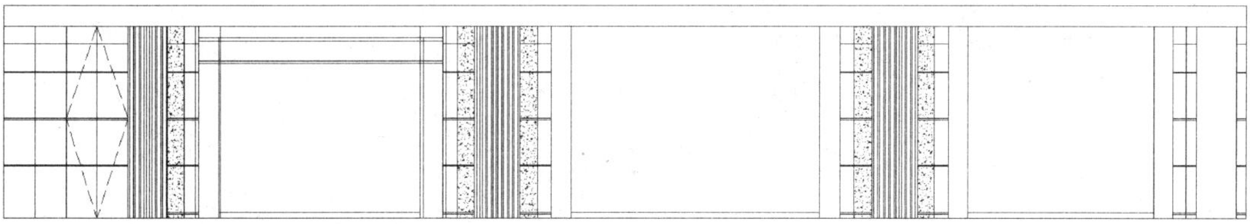

图 11-47 偏移水平边

16. 单击“修改”工具栏中的“延伸”按钮和“修剪”按钮，对上步图形进行整理，如图 11-48 所示。

17. 选择上步绘制的线条，单击“特性”工具栏中的“线型”下拉列表，选择线型“DASHED”将上步绘制线条线型进行修改，如图 11-49 所示。

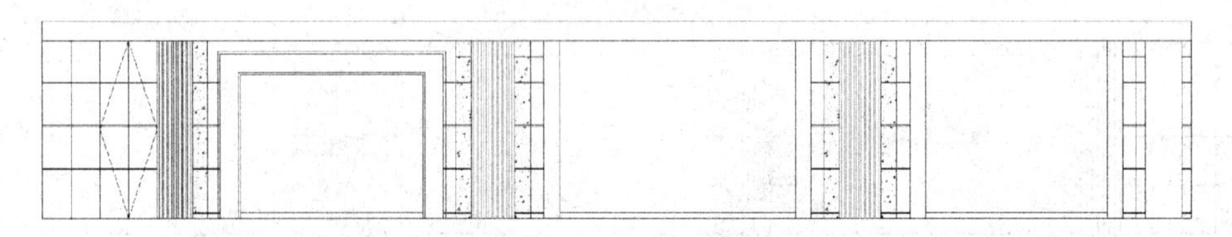

图 11-48 整理图形

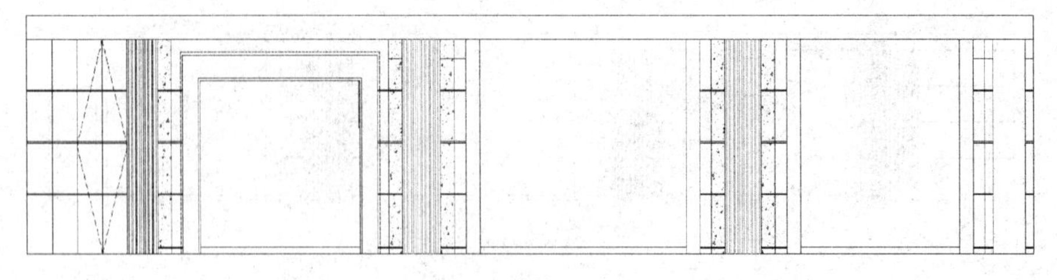

图 11-49 修改线型

18. 单击“绘图”工具栏中的“图案填充”按钮，系统打开“图案填充和渐变色”对话框，单击“图案”选项后面的按钮，系统打开“填充图案选项板”对话框，选择“PANEL”图案类型，单击“确定”按钮退出。

19. 在“图案填充和渐变色”对话框右侧单击“添加：拾取点”按钮，选择填充区域单击确定按钮，系统回到“图案填充和渐变色”对话框，设置比例为600，单击“确定”按钮完成图案填充，效果如图 11-50 所示。

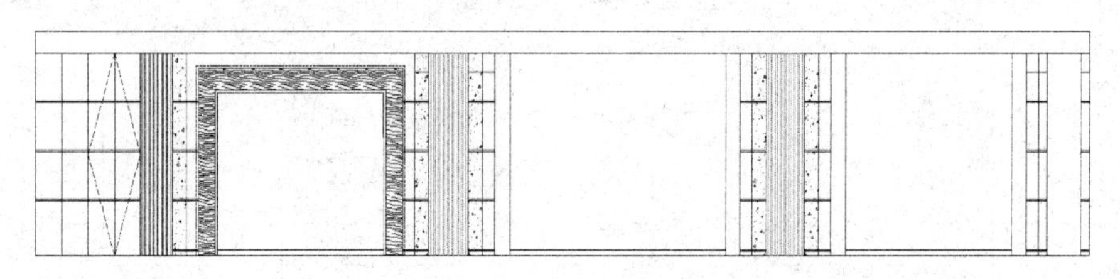

图 11-50 绘制样条曲线

20. 单击“绘图”工具栏中的“直线”按钮，绘制内部线条，如图 11-51 所示。

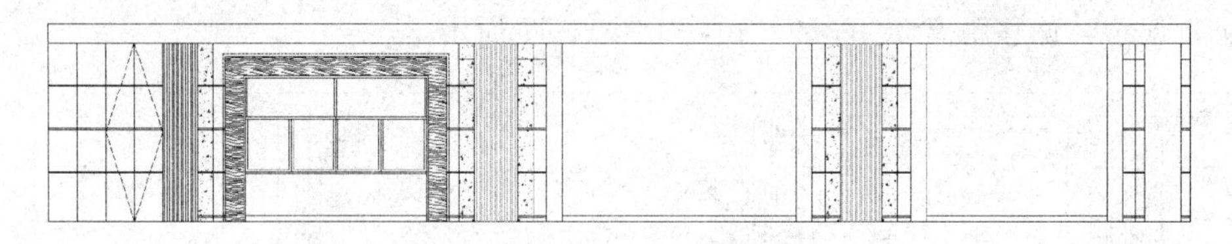

图 11-51 绘制内部线条

21. 单击“绘图”工具栏中的“图案填充”按钮，系统打开“图案填充和渐变色”对话框，单击“图案”选项后面的按钮，系统打开“填充图案选项板”对话框，选择“DOTS”图案类型，单击“确定”按钮退出。

22. 在“图案填充和渐变色”对话框右侧单击“添加：拾取点”按钮，选择填充区域单击确定按钮，系统回到“图案填充和渐变色”对话框，单击“确定”按钮完成图案填充，效果如图 11-52 所示。

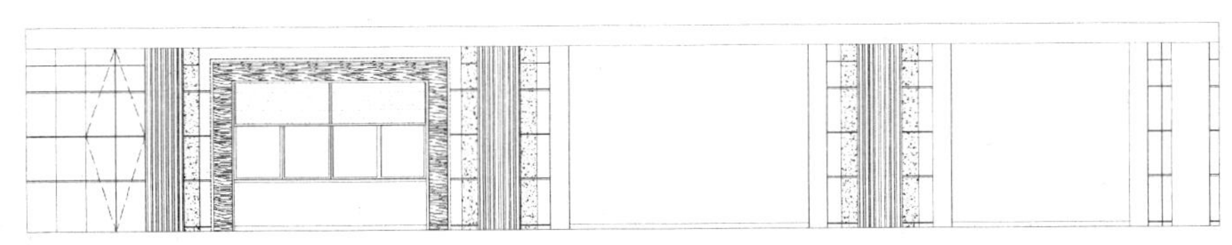

图 11-52 填充图形

23. 单击“绘图”工具栏中的“图案填充”按钮，系统打开“图案填充和渐变色”对话框单击“图案”选项后面的按钮，系统打开“填充图案选项板”对话框，选择“AR-RROOF”图案类型，单击“确定”按钮退出。

24. 在“图案填充和渐变色”对话框右侧单击“添加：拾取点”按钮，选择填充区域单击确定按钮，系统回到“图案填充和渐变色”对话框，设置角度为 45，比例为 15，单击“确定”按钮完成图案填充，效果如图 11-53 所示。

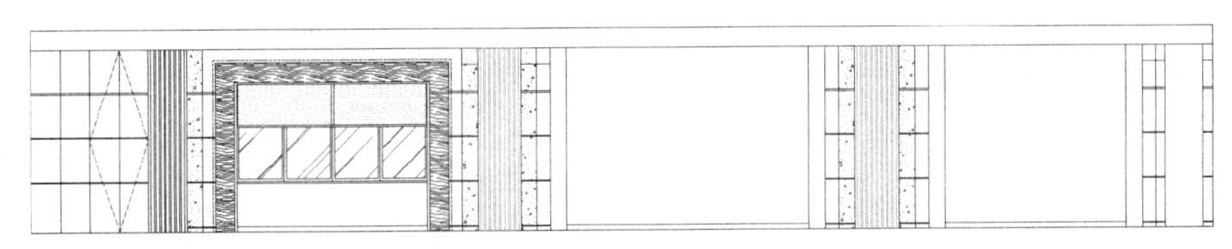

图 11-53 设置图案填充

25. 单击“绘图”工具栏中的“直线”按钮，在图形上方绘制多条竖向直线，如图 11-54 所示。

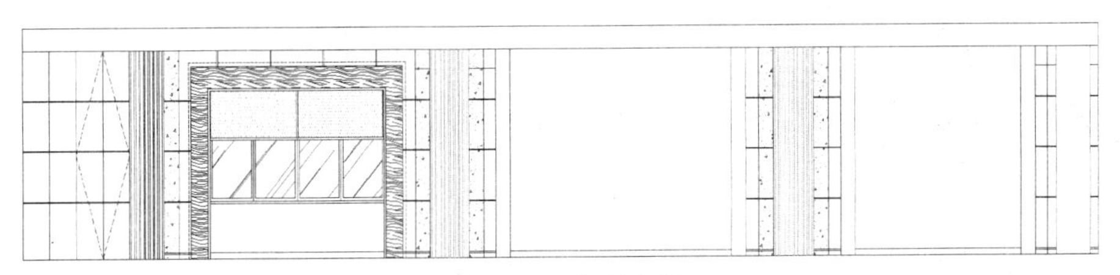

图 11-54 绘制直线

26. 单击“绘图”工具栏中的“图案填充”按钮，系统打开“图案填充和渐变色”对话框，单击“图案”选项后面的按钮，系统打开“填充图案选项板”对话框，选择“MUDST”图案类型，单击“确定”按钮退出。

27. 在“图案填充和渐变色”对话框右侧单击“添加：拾取点”按钮，选择填充区域单击确定按钮，设置角度为 45°比例为 10，系统回到“图案填充和渐变色”对话框，单击“确定”按钮完成图案填充，效果如图 11-55 所示。

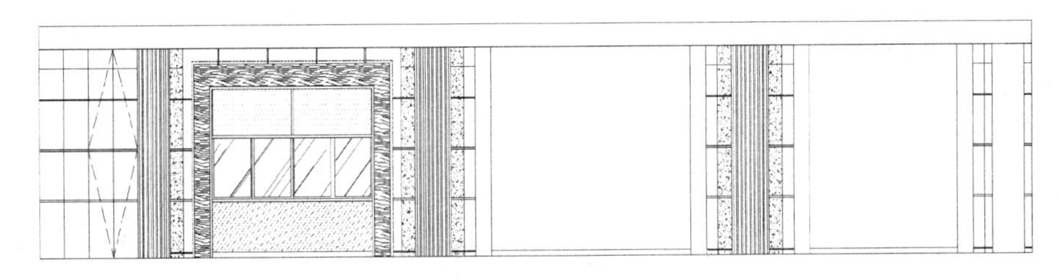

图 11-55 填充图形

28. 利用上述方法绘制剩余相同图形，如图 11-56 所示。

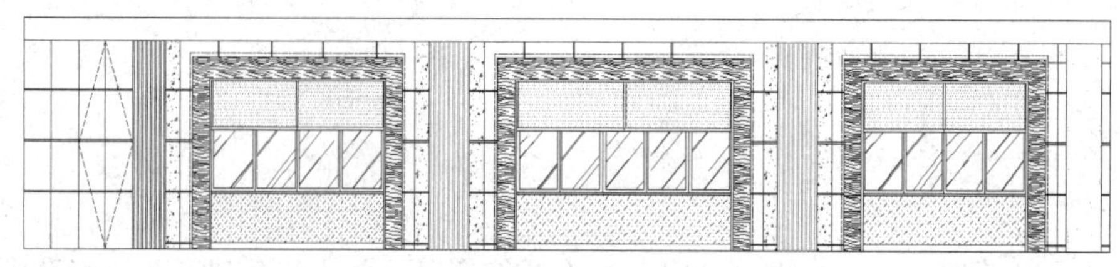

图 11-56 绘制相同图形

29. 单击“修改”工具栏中的“偏移”按钮，选择底部水平边为偏移对象向上偏移，偏移距离为 3000，结果如图 11-57 所示。

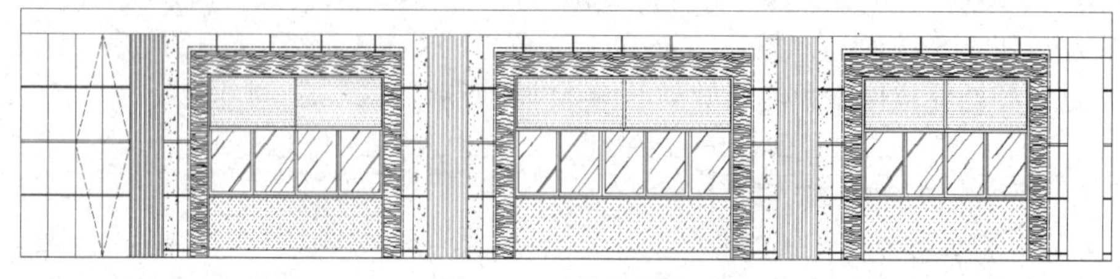

图 11-57 偏移线段

30. 单击“修改”工具栏中的“修剪”按钮，对上步偏移线段进行修剪，如图 11-58 所示。

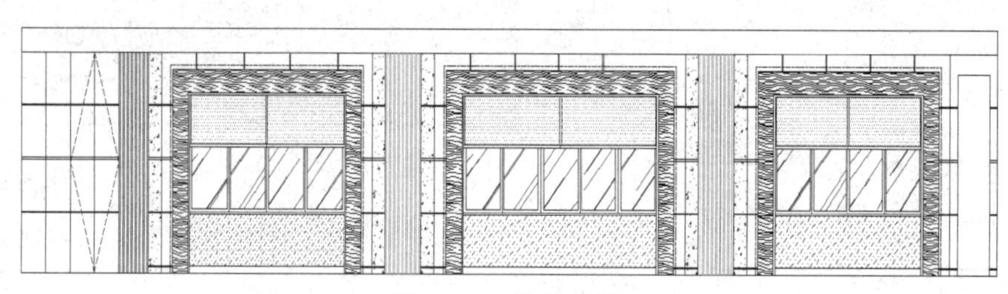

图 11-58 修剪线段

31. 单击“修改”工具栏中的“偏移”按钮，选择上步修剪后线段为偏移对象向内进行偏移，偏移距离为 30，如图 11-59 所示。

32. 单击“修改”工具栏中的“修剪”按钮，对上步绘制的图形进行修剪，如图 11-60 所示。

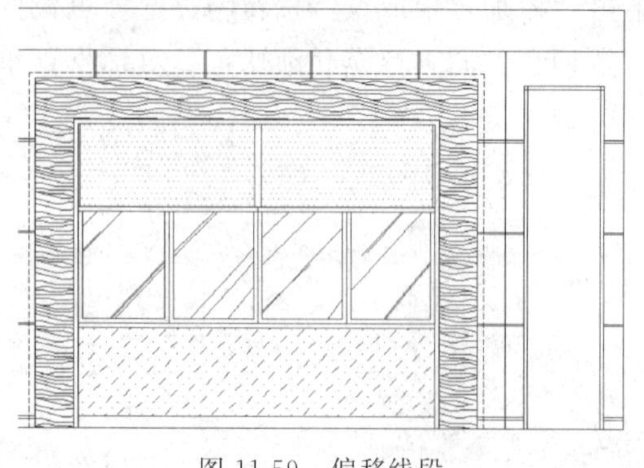

图 11-59 偏移线段

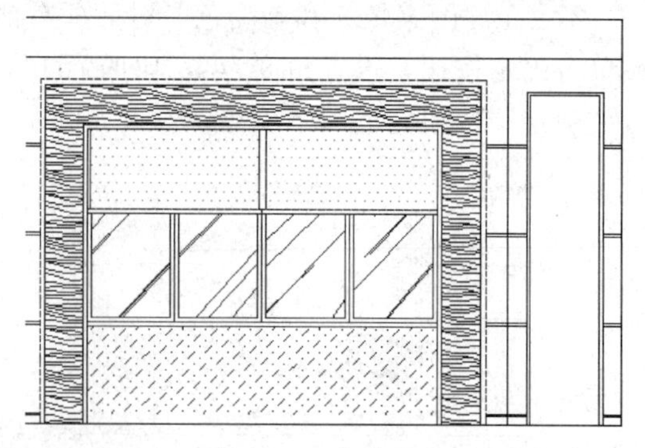

图 11-60 修剪线段

33. 单击“绘图”工具栏中的“矩形”按钮，在上步修剪区域内绘制一个“250×1000”的矩形，如图11-61所示。

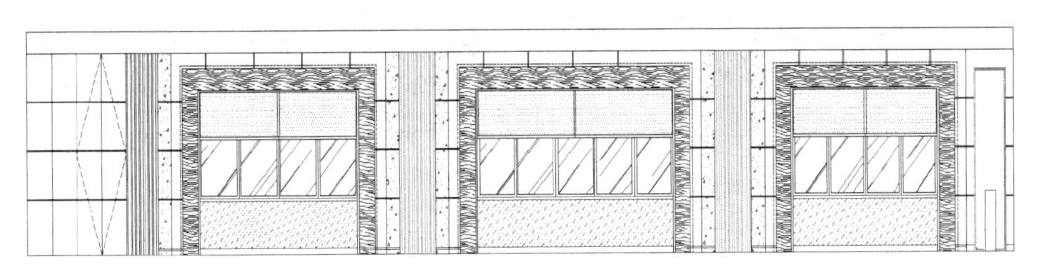

图11-61 绘制矩形

34. 单击“绘图”工具栏中的“矩形”按钮，在图形适当位置绘制一个“91×23”的矩形，如图11-62所示。

35. 单击“绘图”工具栏中的“直线”按钮，在上步绘制矩形上任选直线起点，向上绘制两条长度为46的斜向直线，如图11-63所示。

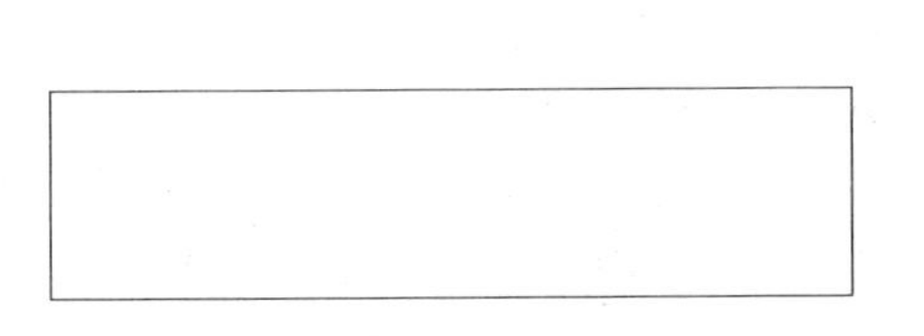

图11-62 绘制矩形

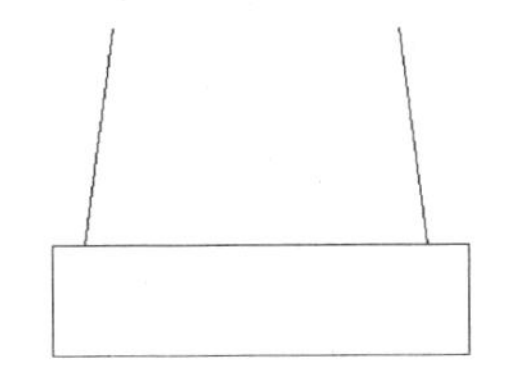

图11-63 绘制直线

36. 单击“绘图”工具栏中的“圆弧”按钮，以左端斜线上端点为圆弧起点，右端斜向直线上端点为圆弧端点，绘制一段适当半径的圆弧，如图11-64所示。

37. 单击“绘图”工具栏中的“圆”按钮，上步绘制的圆弧圆心为圆心绘制一个半径为26的圆，如图11-65所示。

38. 单击“绘图”工具栏中的“直线”按钮，过上步绘制的圆的圆心绘制一条水平直线和一条竖直直线，如图11-66所示。

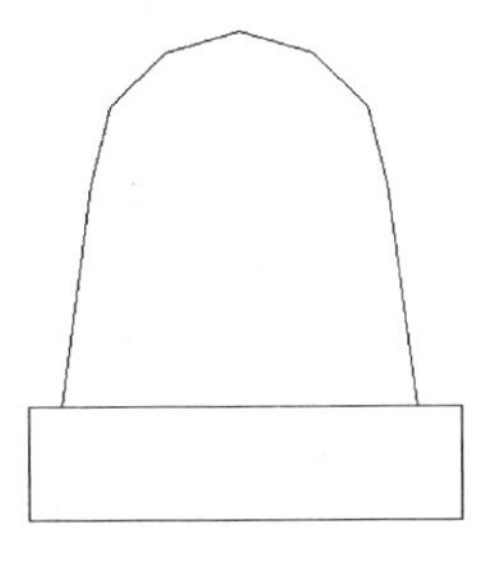

图11-64 绘制圆弧

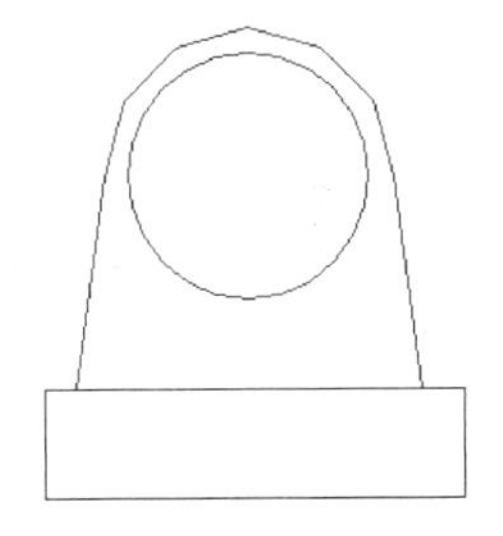

图11-65 绘制圆

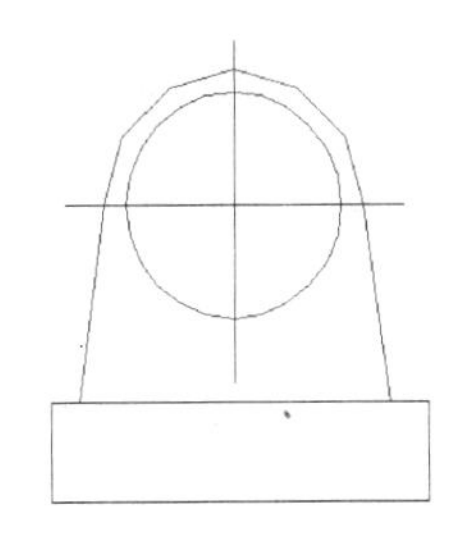

图11-66 绘制圆

39. 单击“修改”工具栏中的“复制”按钮，选择上步绘制的灯具图形进行复制，放置到适当位置，如图11-67所示。

40. 单击“绘图”工具栏中的“直线”按钮，在图形适当位置绘制连续线条，如图11-68所示。

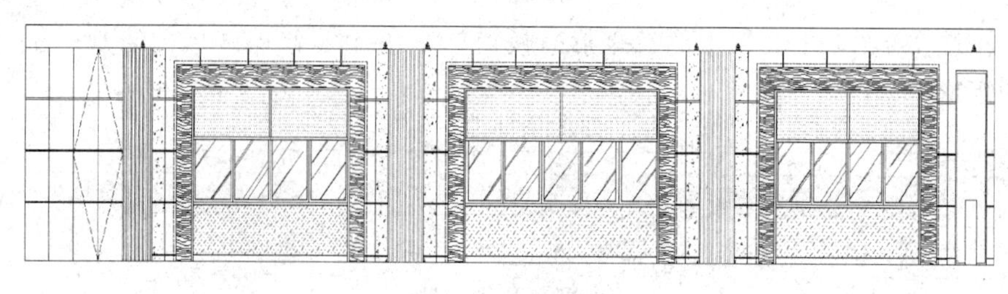

图 11-67　复制图形

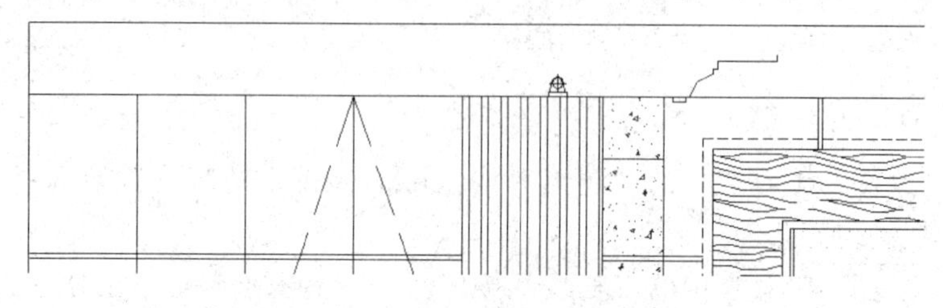

图 11-68　绘制连续线条

41. 单击“修改”工具栏中的“镜像”按钮，选择上步绘制的图形进行镜像处理，如图 11-69 所示。

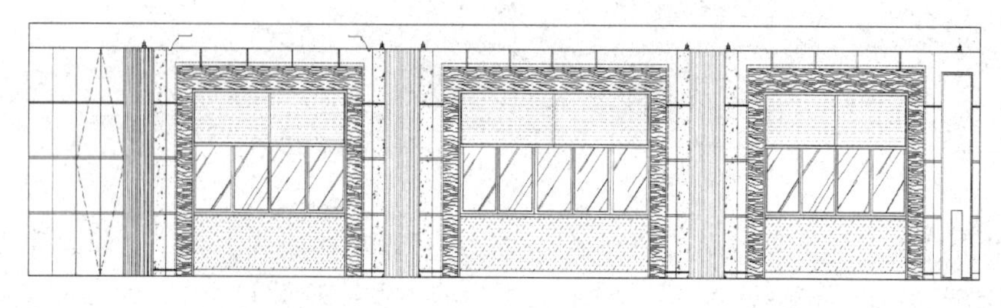

图 11-69　镜像图形

42. 单击“绘图”工具栏中的“直线”按钮，绘制水平连接线，如图 11-70 所示。

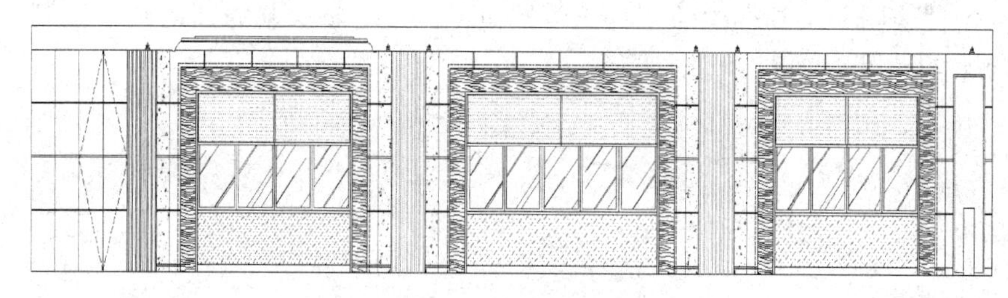

图 11-70　绘制图形

43. 单击“修改”工具栏中的“修剪”按钮，对图形进行适当的修剪，如图 11-71 所示。

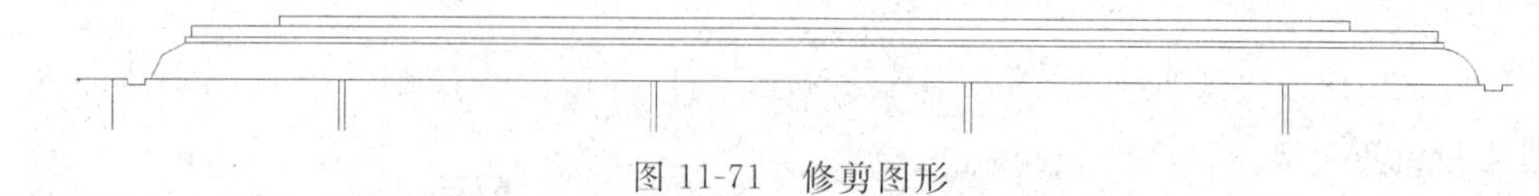

图 11-71　修剪图形

44. 利用上述方法完成剩余相同图形的绘制，如图 11-72 所示。

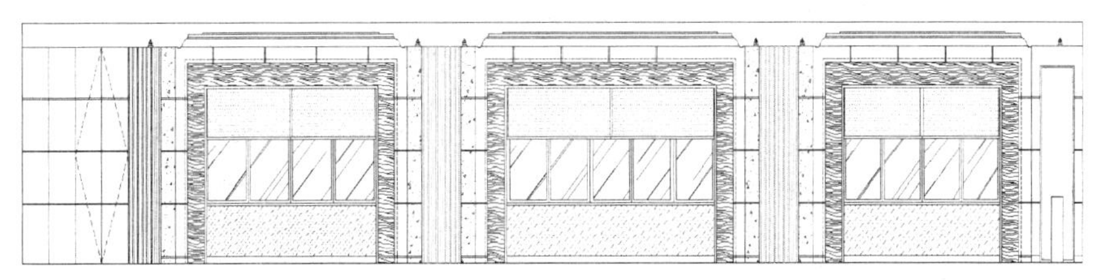

图 11-72 绘制相同图形

45. 单击“绘图”工具栏中的“样条曲线”按钮～，绘制图形内部的样条曲线，如图 11-73 所示。

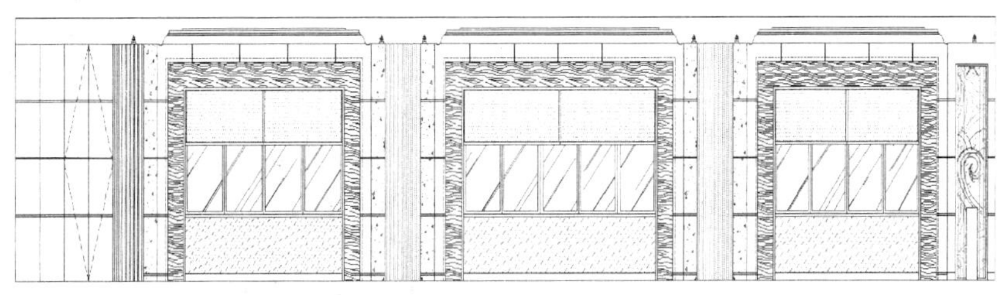

图 11-73 绘制内部样条曲线

46. 单击“绘制”工具栏中的“直线”按钮╱，在矩形内绘制多条宽度不同的水平直线，如图 11-74 所示。

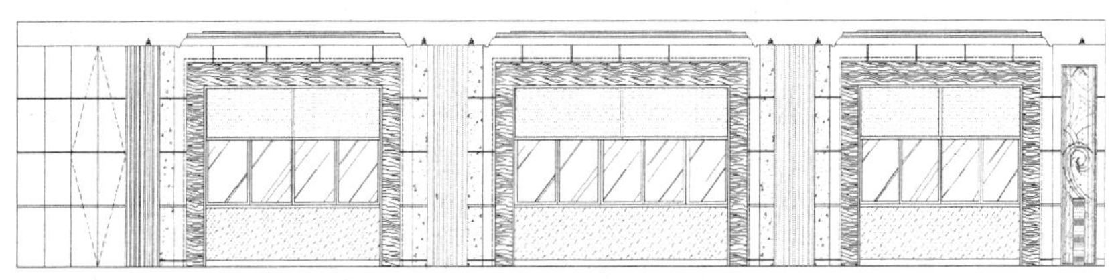

图 11-74 绘制水平直线

47. 单击“绘图”工具栏中的“矩形”按钮□，在图形适当位置绘制一个“90×14”的矩形，如图 11-75 所示。

48. 单击“绘图”工具栏中的“直线”按钮，在矩形下端绘制斜向直线，如图 11-76 所示。

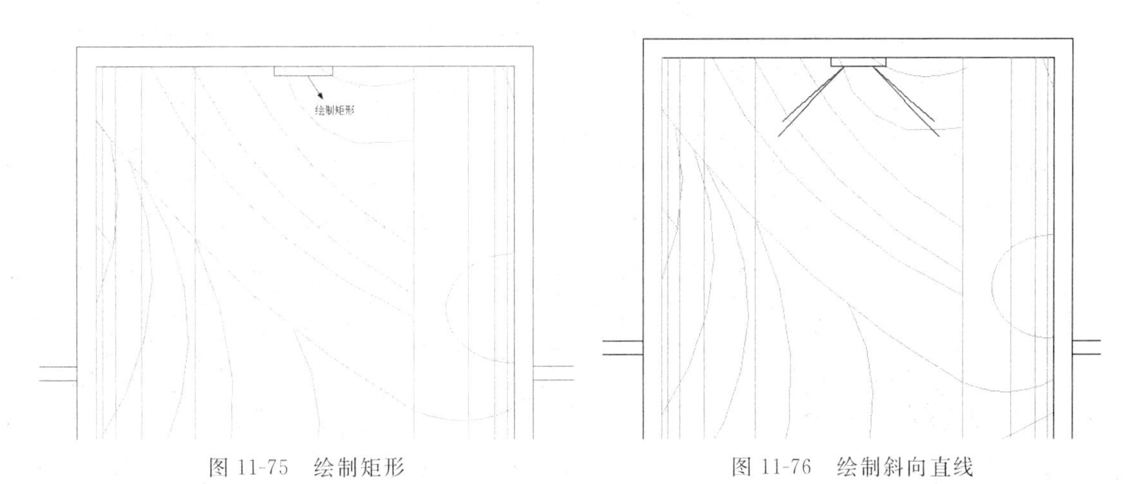

图 11-75 绘制矩形

图 11-76 绘制斜向直线

49. 单击“绘图”工具栏中的“矩形”按钮▭，在图形适当位置绘制一个矩形，如图 11-77 所示。

50. 单击“绘图”工具栏中的“直线”按钮╱，在上步绘制矩形下端绘制斜向直线，如图 11-78 所示。

图 11-77　绘制矩形

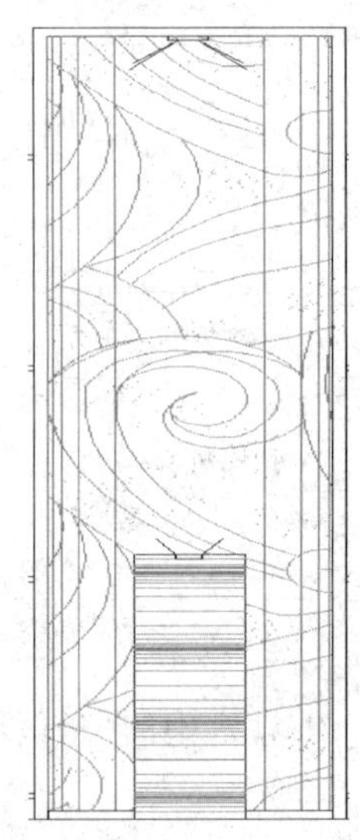

图 11-78　绘制直线

51. 单击“绘图”工具栏中的“样条曲线”按钮~，在上步绘制的图形适当位置绘制连续线条，如图 11-79 所示。

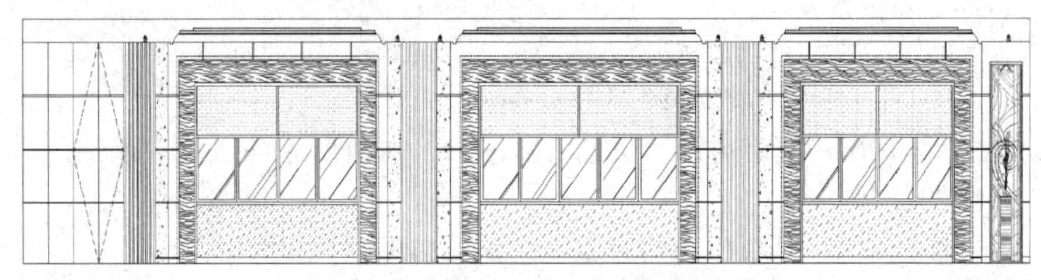

图 11-79　绘制连续线条

52. 将“尺寸”置为当前图层。单击“标注”工具栏中的“线性”按钮和“连续”按钮，标注图形第一道水平尺寸，如图 11-80 所示。

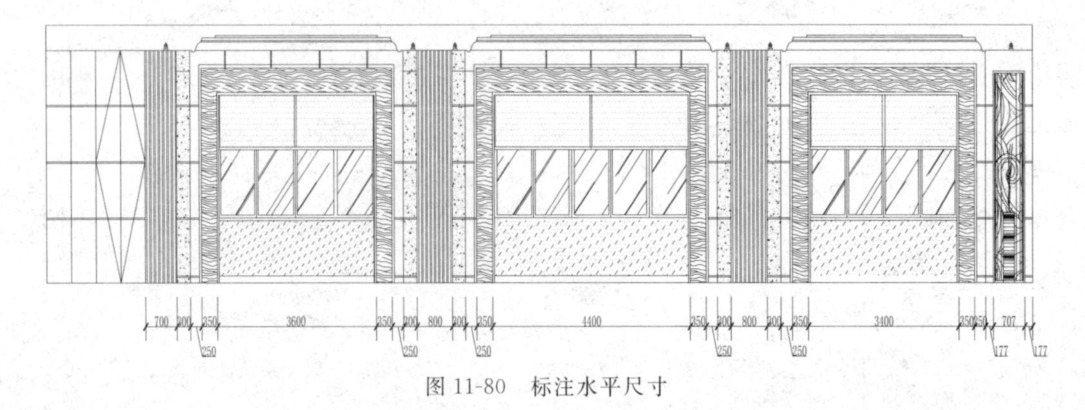

图 11-80　标注水平尺寸

53. 单击“标注”工具栏中的“线性”按钮和“连续”按钮，标注图形第一道竖直尺寸，如图 11-81 所示。

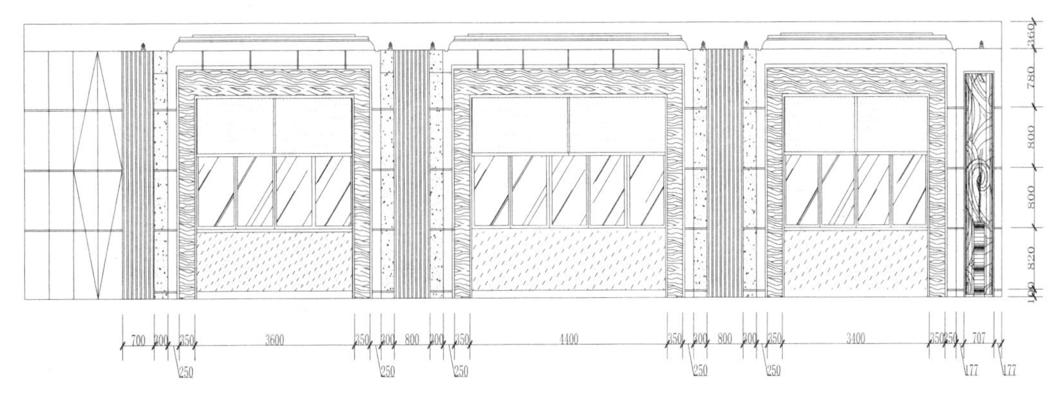

图 11-81　标注水平尺寸

54. 单击“标注”工具栏中的“线性”按钮和“连续”按钮，标注图形水平总尺寸，如图 11-82 所示。

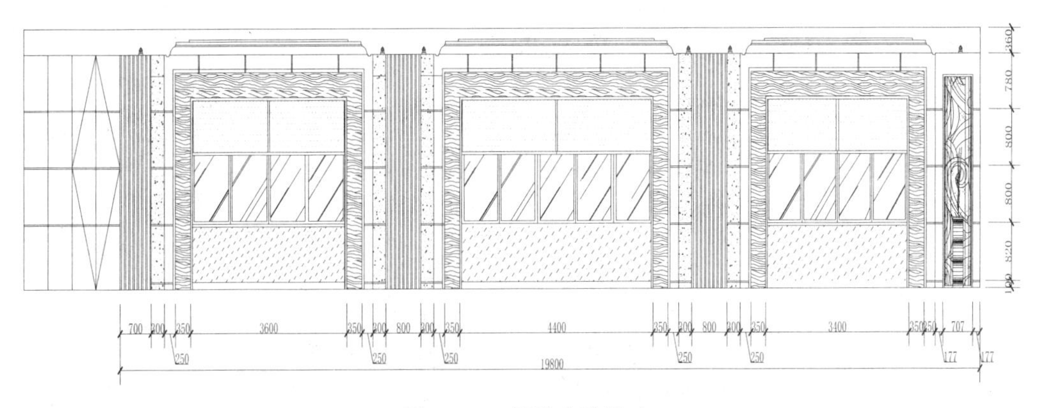

图 11-82　标注水平尺寸

55. 单击“标注”工具栏中的“线性”按钮和“连续”按钮，标注图形竖直总尺寸，如图 11-83 所示。

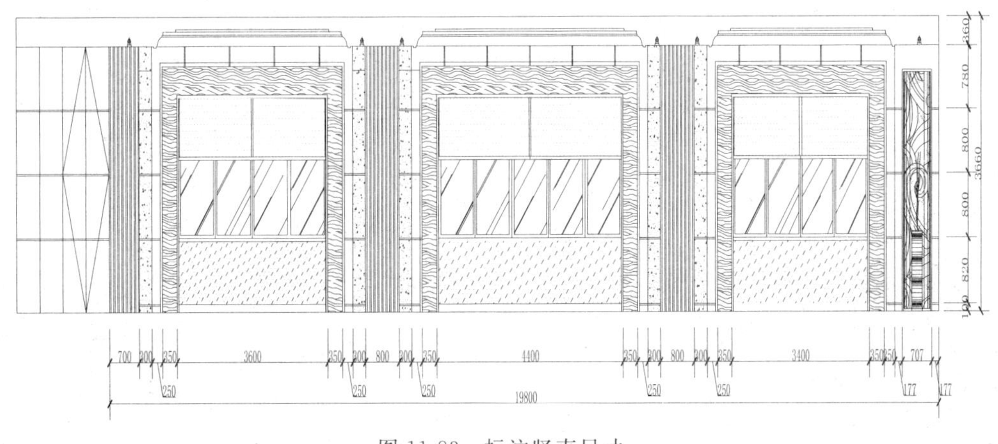

图 11-83　标注竖直尺寸

56. 在命令行中输入“QLEADER”命令，为图形添加文字说明，如图 11-30 所示。

11.1.3 二层中餐厅 D 立面

利用上述方面绘制二层中餐厅 D 立面图，如图 11-84 所示。

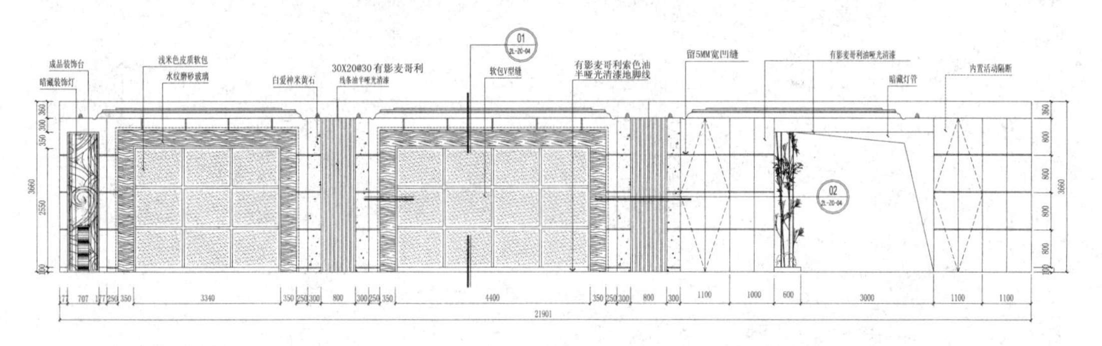

图 11-84 绘制 D 立面图

11.1.4 二层中餐厅化妆室 D 立面

本小节主要讲述二层中餐厅化妆室 D 立面图的绘制，结果如图 11-85 所示。

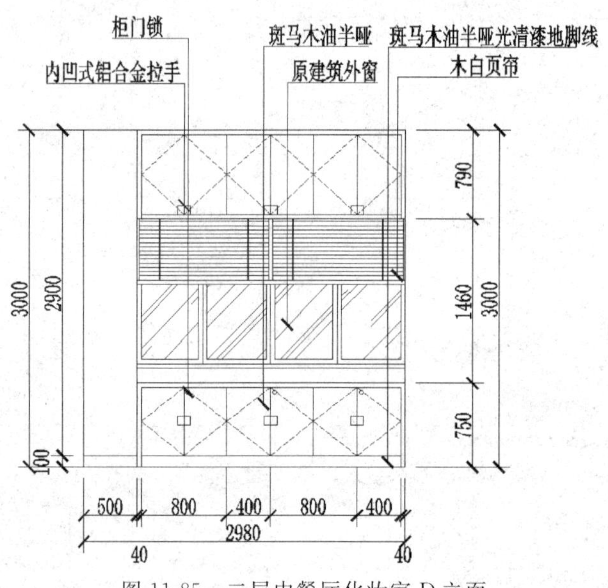

图 11-85 二层中餐厅化妆室 D 立面

参见光盘 光盘\视频教学\第 11 章\二层中餐厅化妆室 D 立面.avi

【操作步骤】

1. 单击“绘图”工具栏中的“矩形”按钮▭，在图形适当位置绘制一条长为“2980×

3000”的矩形，如图 11-86 所示。

2. 单击“修改”工具栏中的“分解”按钮，选择上步绘制的矩形为分解对象将矩形进行分解。

3. 单击“修改”工具栏中的“偏移”按钮，选择上步分解矩形右侧竖直边向左进行偏移，偏移距离为 40、800、800、800、40，如图 11-87 所示。

4. 单击“修改”工具栏中的“偏移”按钮，选择图形底部水平边向上进行偏移，偏移距离为 100、610、40，如图 11-88 所示。

图 11-86　绘制矩形

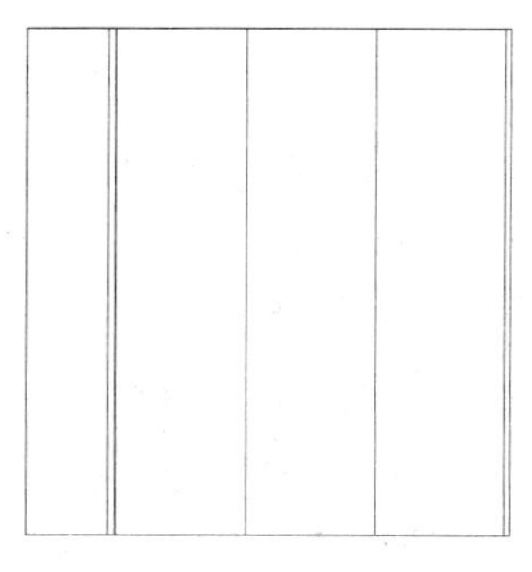

图 11-87　偏移直线

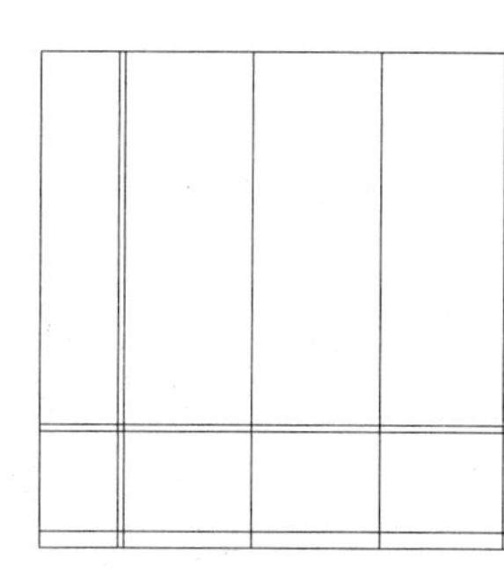

图 11-88　偏移直线

5. 单击“修改”工具栏中的“修剪”按钮，对上步偏移线段进行修剪，如图 11-89 所示。

6. 单击“绘图”工具栏中的“直线”按钮，在上步图形内绘制三条竖直直线，如图 11-90 所示。

7. 单击“绘图”工具栏中的“直线”按钮，绘制矩形的直线，如图 11-91 所示。

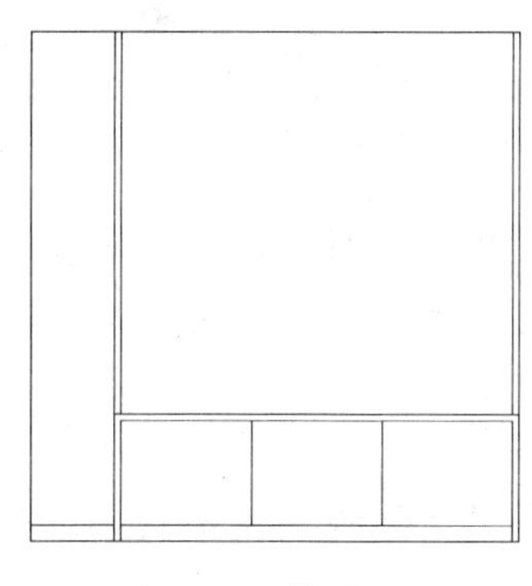

图 11-89　修剪图形

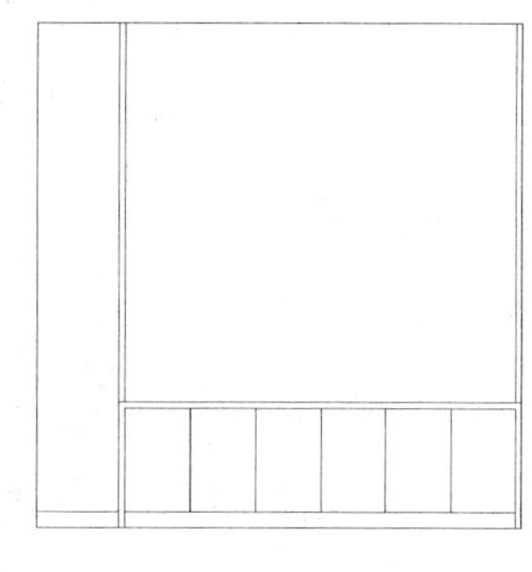

图 11-90　绘制图形

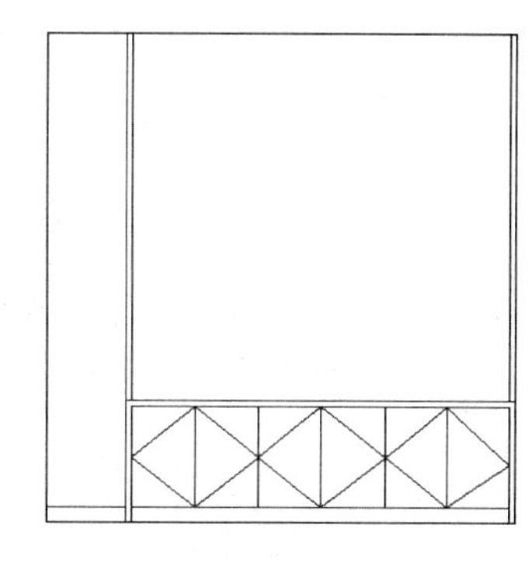

图 11-91　绘制直线

8. 选择上步绘制的直线，单击“图层”工具栏中的“线型”按钮，在其线型下拉列表中选择“DASHED”线型，进行修改，如图 11-92 所示。

9. 单击“修改”工具栏中的“偏移”按钮，选择底部水平边为偏移对象向上进行偏移，偏移距离为 880、40、664，如图 11-93 所示。

10. 单击“修改”工具栏中的“偏移”按钮，选择右侧竖直边为偏移对象向左进行偏移，偏移距离为 580、40、40、540、40、40、540、40、40，如图 11-94 所示。

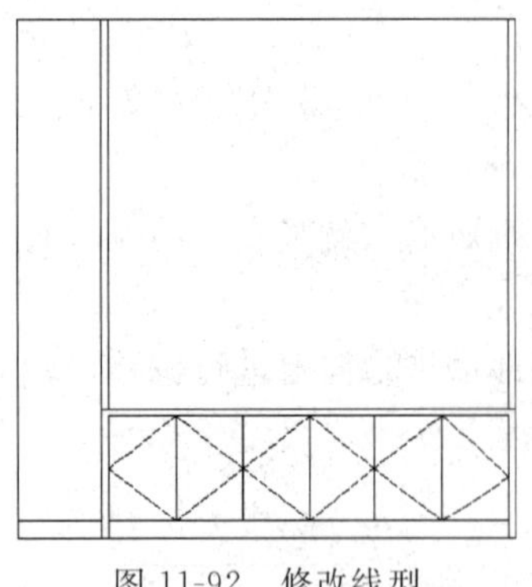

图 11-92　修改线型

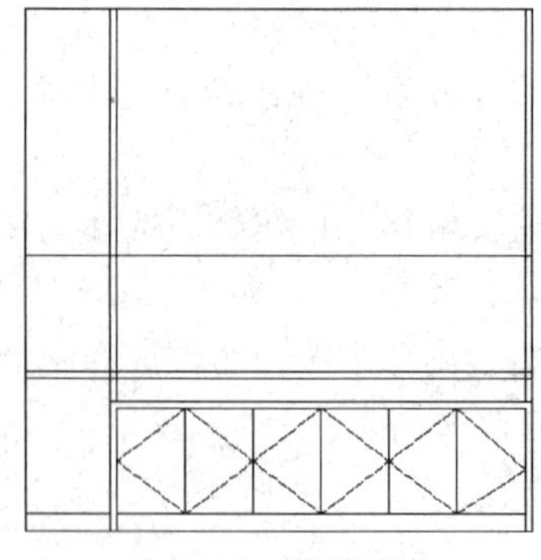
图 11-93　偏移线条

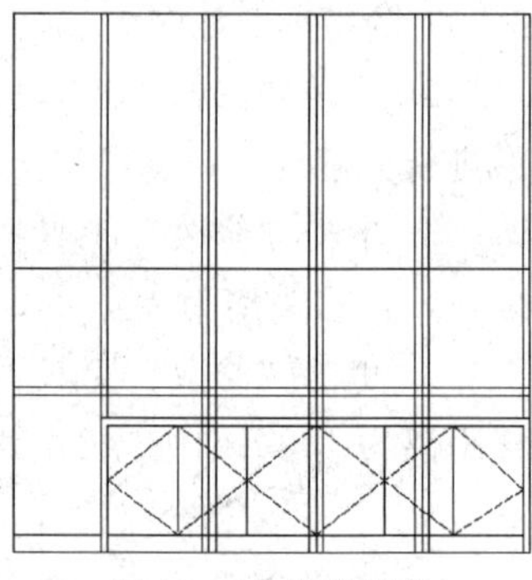
图 11-94　偏移线条

11. 单击“修改”工具栏中的“修剪”按钮，对上步偏移线段进行修剪，如图 11-95 所示。

12. 单击“修改”工具栏中的“偏移”按钮，选择底部水平边向上偏移，偏移距离为 1664、546，如图 11-96 所示。

13. 单击“修改”工具栏中的“偏移”按钮，选择右侧竖直直线为偏移对象向左偏移，偏移距离为 20、184、10、813、10、184、40、184、10、813、10、184，如图 11-97 所示。

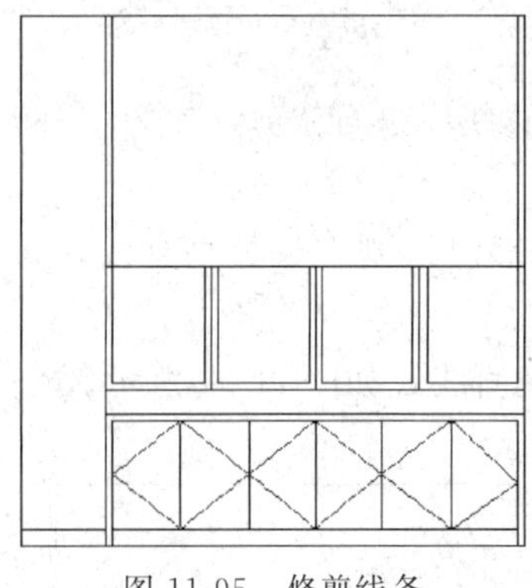
图 11-95　修剪线条

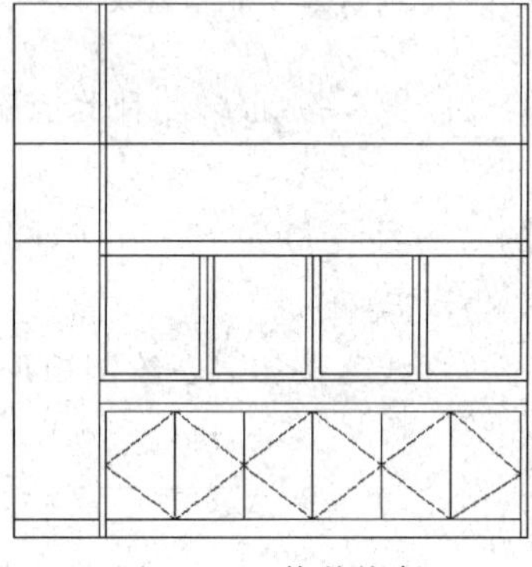
图 11-96　修剪线条

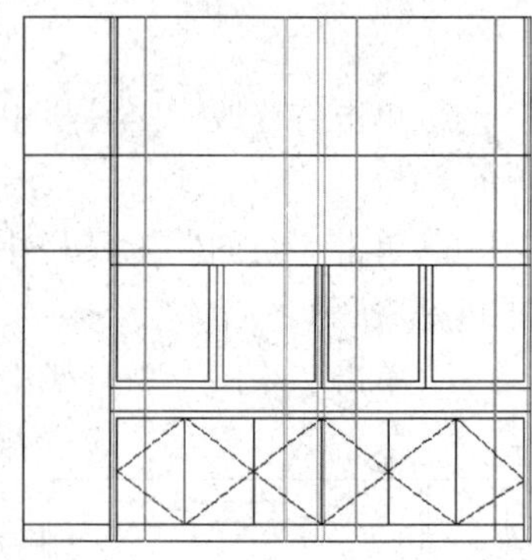
图 11-97　偏移线条

14. 单击“修改”工具栏中的“修剪”按钮，对上部偏移线条进行修剪，如图 11-98 所示。

15. 单击“绘图”工具栏中的“图案填充”按钮，系统打开“图案填充和渐变色”对话框。

16. 单击“图案”选项后面的按钮，系统打开“填充图案选项板”对话框，选择“ANSI32”图案类型，单击“确定”按钮退出。

17. 在“图案填充和渐变色”对话框右侧单击“添加：拾取点”按钮，选择填充区域单击确定按钮，设置填充角度为 135°，填充比例为 3，系统回到“图案填充和渐变色”对话框，单击“确定”按钮完成图案填充，效果如图 11-99 所示。

18. 单击“修改”工具栏中的“偏移”按钮，选择底部水平边为偏移对象向上进行偏移，偏移距离为 2250、2960，如图 11-100 所示。

19. 单击“修改”工具栏中的“修剪”按钮，对上步偏移线段进行修剪，如图 11-101 所示。

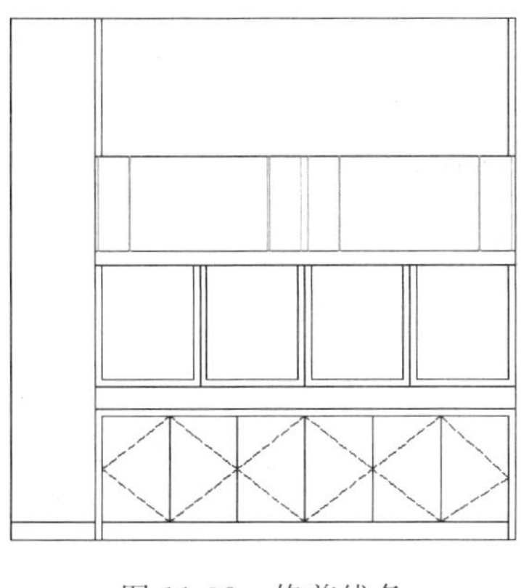

图 11-98　修剪线条

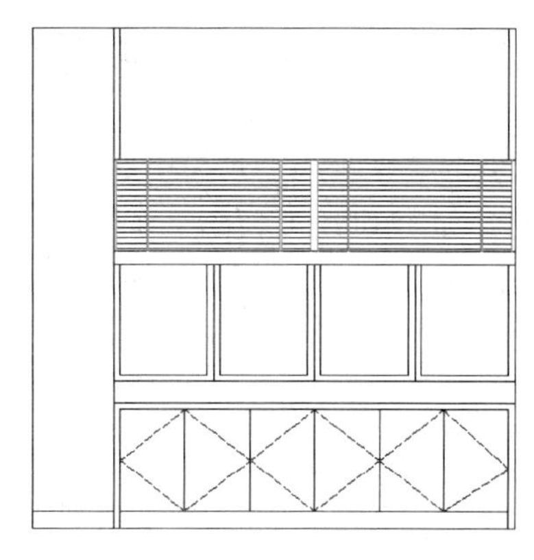

图 11-99　填充图案选项板

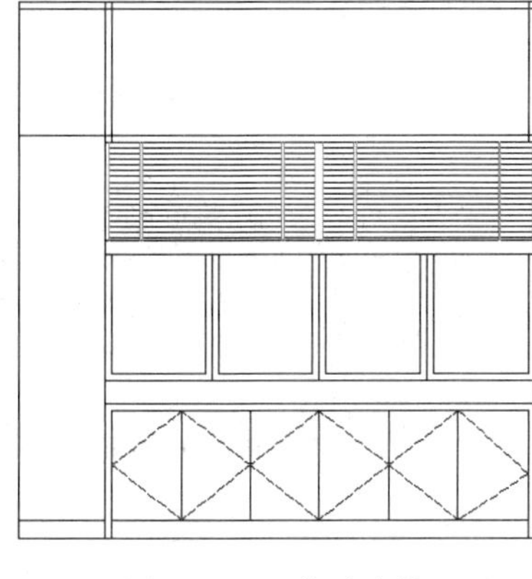

图 11-100　偏移直线

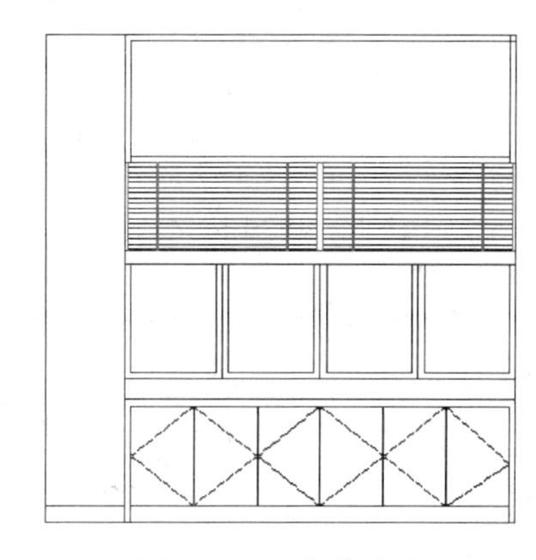

图 11-101　修剪图形

20. 利用底部图形的绘制方法完成顶部相同图形的绘制，如图 11-102 所示。

21. 单击“绘图”工具栏中的“图案填充”按钮，系统打开“图案填充和渐变色”对话框单击“图案”选项后面的按钮，系统打开“填充图案选项板”对话框，选择“AR-RROOF”图案类型，单击“确定”按钮退出。

22. 在“图案填充和渐变色”对话框右侧单击“添加：拾取点”按钮，选择填充区域单击确定按钮，系统回到“图案填充和渐变色”对话框，设置角度为 45，比例为 15，单击“确定”按钮完成图案填充，效果如图 11-103 所示。

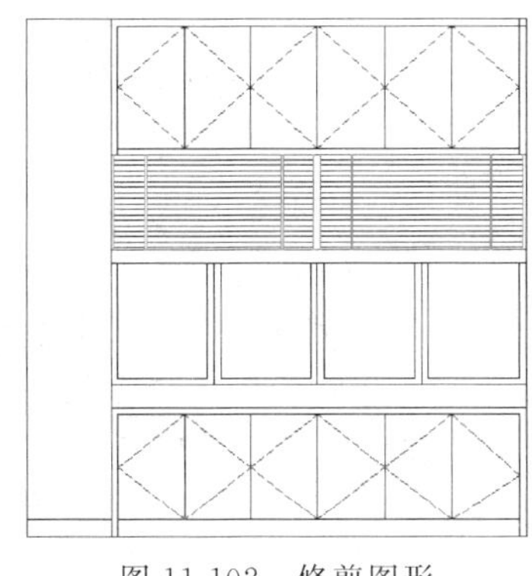

图 11-102　修剪图形

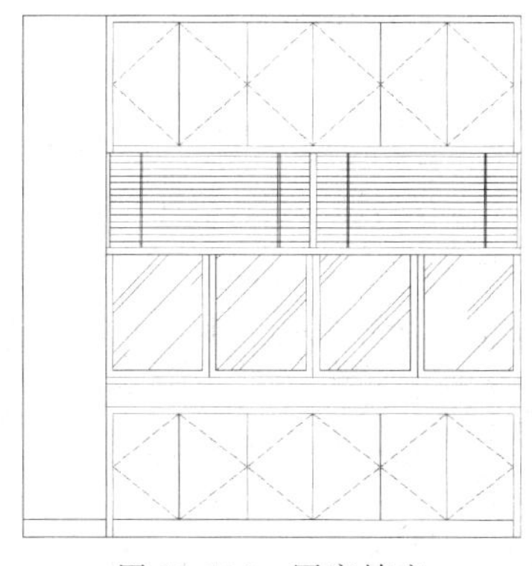

图 11-103　图案填充

23. 单击“绘图”工具栏中的“矩形”按钮，在图形适当位置绘制一个“120×80”的矩形，如图 11-104 所示。

24. 单击“修改”工具栏中的“复制”按钮，选择上步绘制矩形为复制对象，连续向右复制，如图 11-105 所示。

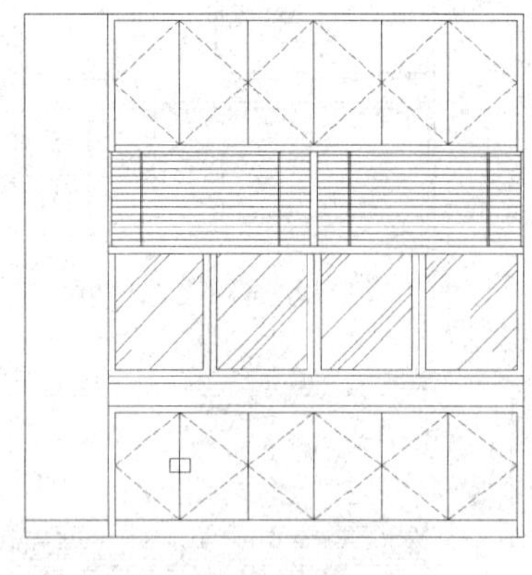

图 11-104　图案填充

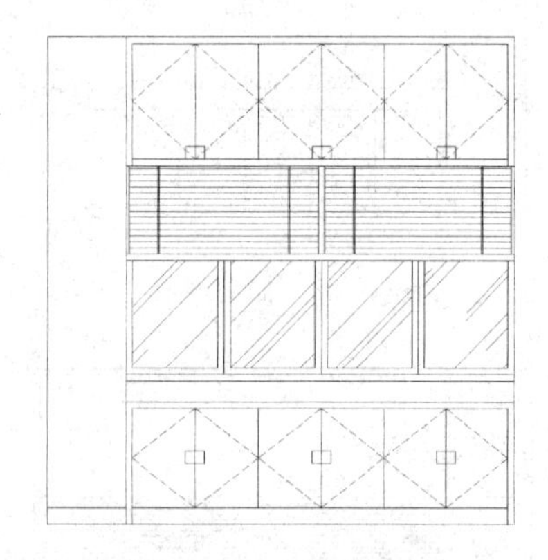

图 11-105　复制矩形

25. 单击“绘图”工具栏中的“圆”按钮，在图形适当位置绘制一个半径为 19 的圆，如图 11-106 所示。

26. 单击“修改”工具栏中的“复制”按钮，选择上步绘制的圆为复制对象进行复制，如图 11-107 所示。

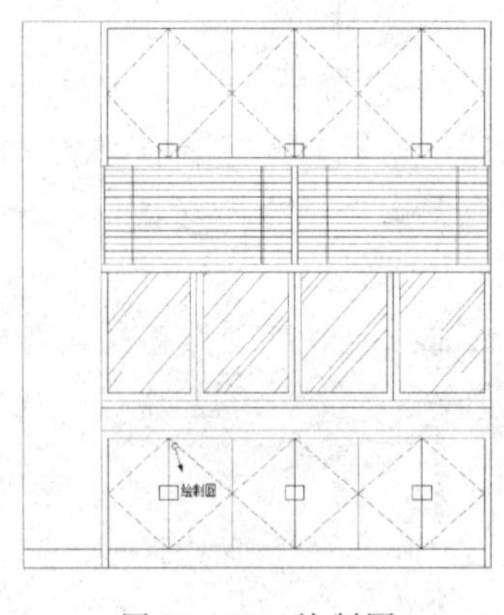

图 11-106　绘制圆

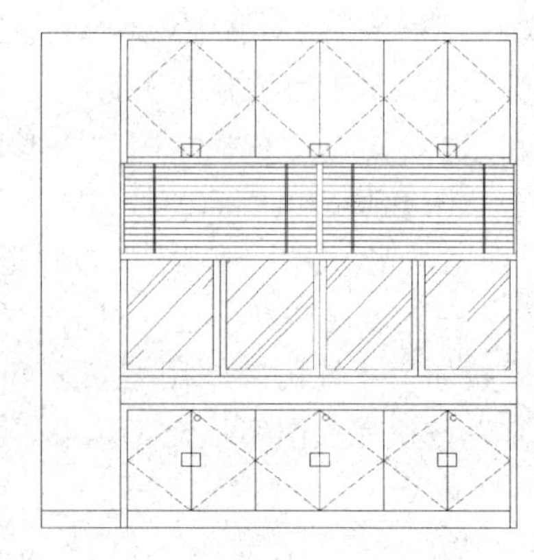

图 11-107　复制圆

27. 单击“标注”工具栏中的“线性”按钮和“连续”按钮，标注第一道水平尺寸，如图 11-108 所示。

28. 单击“标注”工具栏中的“线性”按钮和“连续”按钮，标注第一道竖直尺寸，如图 11-109 所示。

29. 单击“标注”工具栏中的“线性”按钮，标注图形水平总尺寸，如图 11-110 所示。

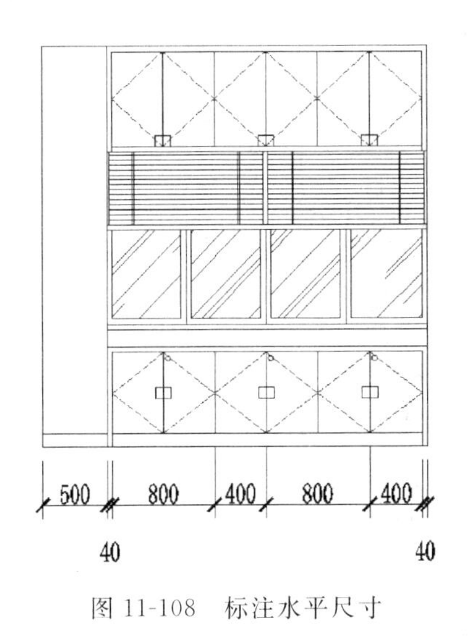

图 11-108 标注水平尺寸

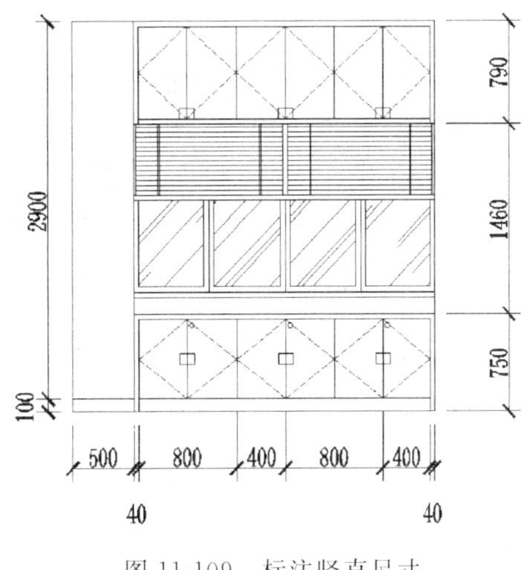

图 11-109 标注竖直尺寸

30. 单击“标注”工具栏中的“线性”按钮，标注图形竖直总尺寸，如图 11-111 所示。

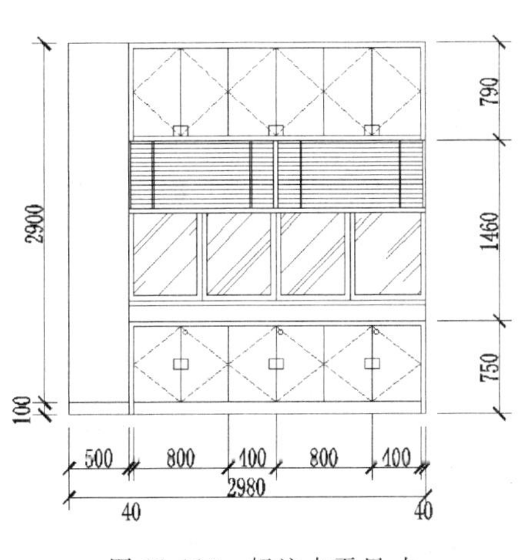

图 11-110 标注水平尺寸

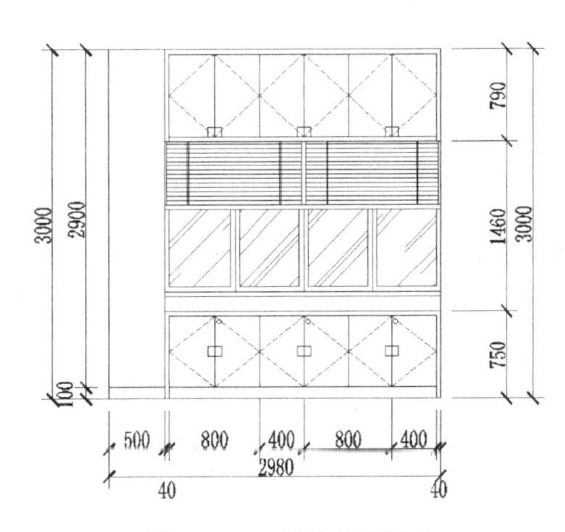

图 11-111 标注竖直尺寸

31. 在命令行中输入“QLEADER”命令，为图形添加文字说明，如图 11-85 所示。

11.2 三层多功能厅立面图的绘制

本节主要讲述三层多功能厅及多功能厅控制室的立面图绘制方法。

11.2.1 三层多功能厅 A 立面

本小节主要讲述三层多功能厅 A 立面图的绘制，结果如图 11-112 所示。

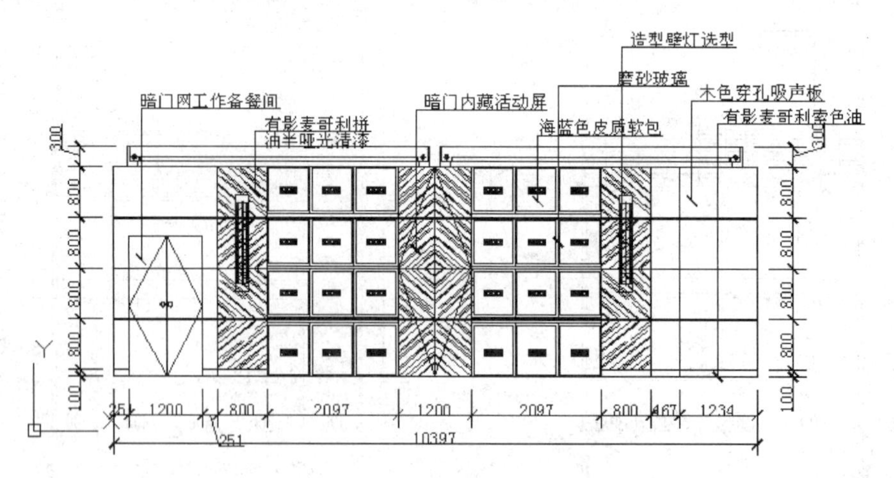

图 11-112　三层多功能厅 A 立面图

参见光盘　光盘\视频教学\第 11 章\二层中餐厅化妆室 A 立面.avi

【操作步骤】

1. 单击“绘图”工具栏中的“直线”按钮，在图形适当位置绘制一条长为 10396 的水平直线，如图 11-113 所示。

2. 单击“绘图”工具栏中的“直线”按钮，以上步绘制的水平直线左端点为起点向上绘制一条长为 3600 的竖直直线，如图 11-114 所示。

图 11-113　绘制水平直线

图 11-114　绘制竖直直线

3. 单击“修改”工具栏中的“偏移”按钮，选择上步绘制的水平直线为偏移对象向上偏移，偏移距离为 100、800、800、800、800、300，如图 11-115 所示。

4. 单击“修改”工具栏中的“偏移”按钮，选择上步绘制的竖直直线为偏移对象向右进行偏移，偏移距离为 251、1200、251、800、2097、1200、2097、800、467、1234，如图 11-116 所示。

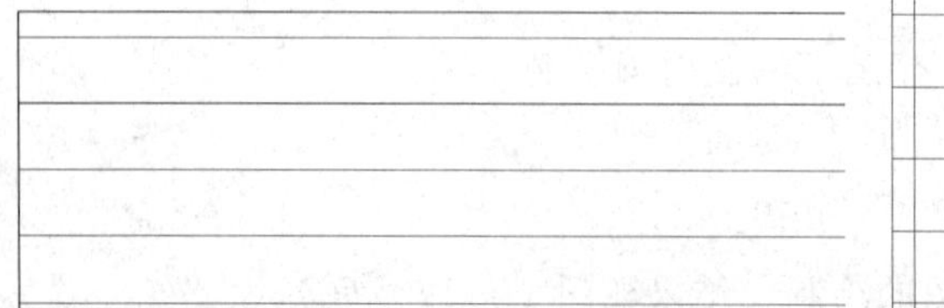

图 11-115　绘制水平直线

图 11-116　偏移竖直直线

5. 单击“修改”工具栏中的“偏移”按钮，选择如图 11-117 所示的水平直线向下偏移，偏移距离为 20，如图 11-118 所示。

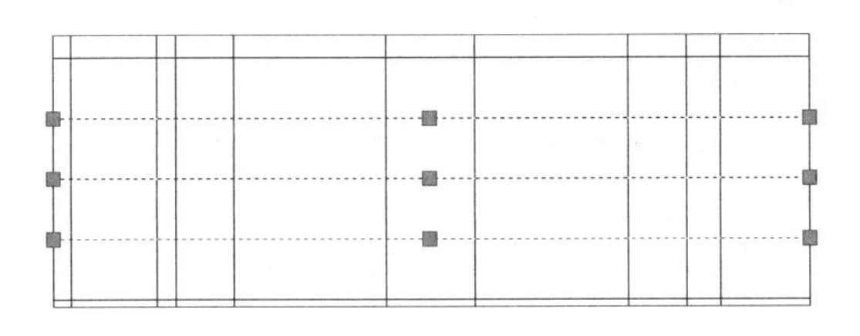

图 11-117 选择直线

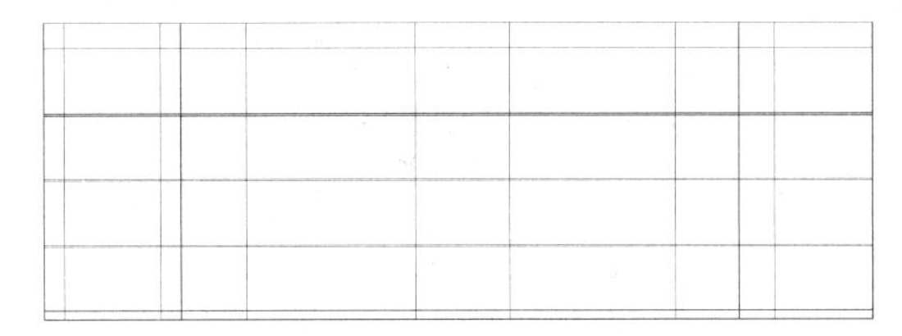

图 11-118 偏移直线

6. 单击“修改”工具栏中的“偏移”按钮，选择底部水平直线向上进行偏移，偏移距离为 2200，如图 11-119 所示。

7. 单击“修改”工具栏中的“修剪”按钮，对上步偏移线段内多于线段进行修剪，如图 11-120 所示。

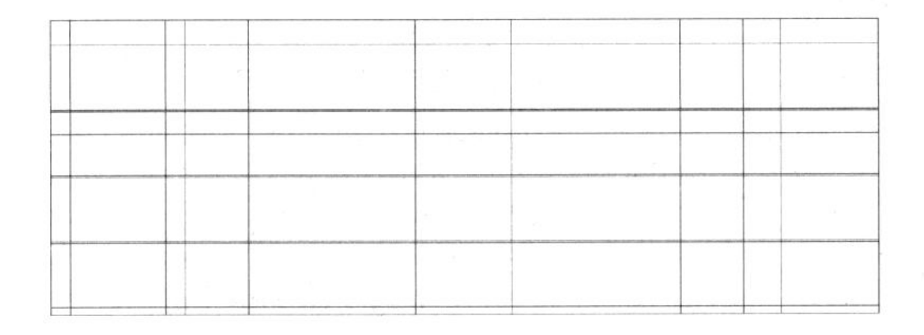

图 11-119 偏移直线

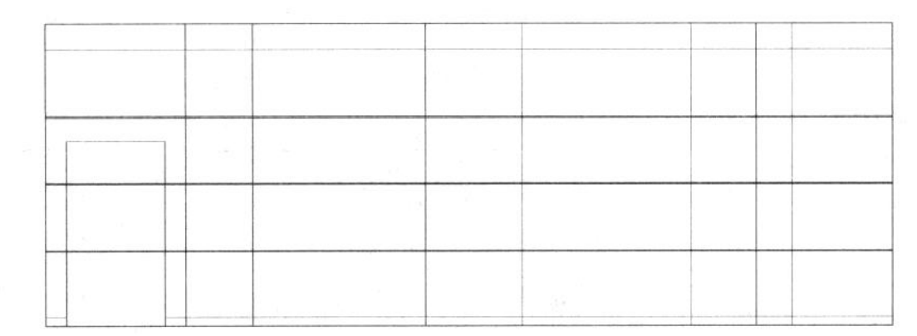

图 11-120 修剪线条

8. 单击“绘图”工具栏中的“直线”按钮，在上步修剪线条内绘制直线，如图 11-121 所示。

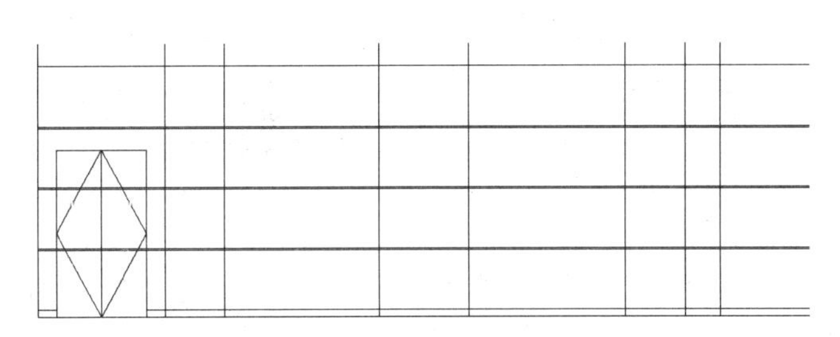

图 11-121 绘制直线

9. 单击“绘图”工具栏中的“圆”按钮，在图形适当位置绘制一个半径为 30 的圆，如图 11-122 所示。

10. 单击“修改”工具栏中的“偏移”按钮，选择上步绘制的圆为偏移对象向外进行偏移，偏移距离为 10，如图 11-123 所示。

11. 单击“修改”工具栏中的“复制”按钮，选择上步偏移的圆为复制对象，向右侧进行复制，如图 11-124 所示。

12. 单击“绘图”工具栏中的“矩形”按钮，在图形适当位置绘制一个“200×1500”的矩形，如图 11-125 所示。

13. 单击“修改”工具栏中的“偏移”按钮，选择上步绘制的矩形为偏移对象向内进行偏移，如图 11-126 所示。

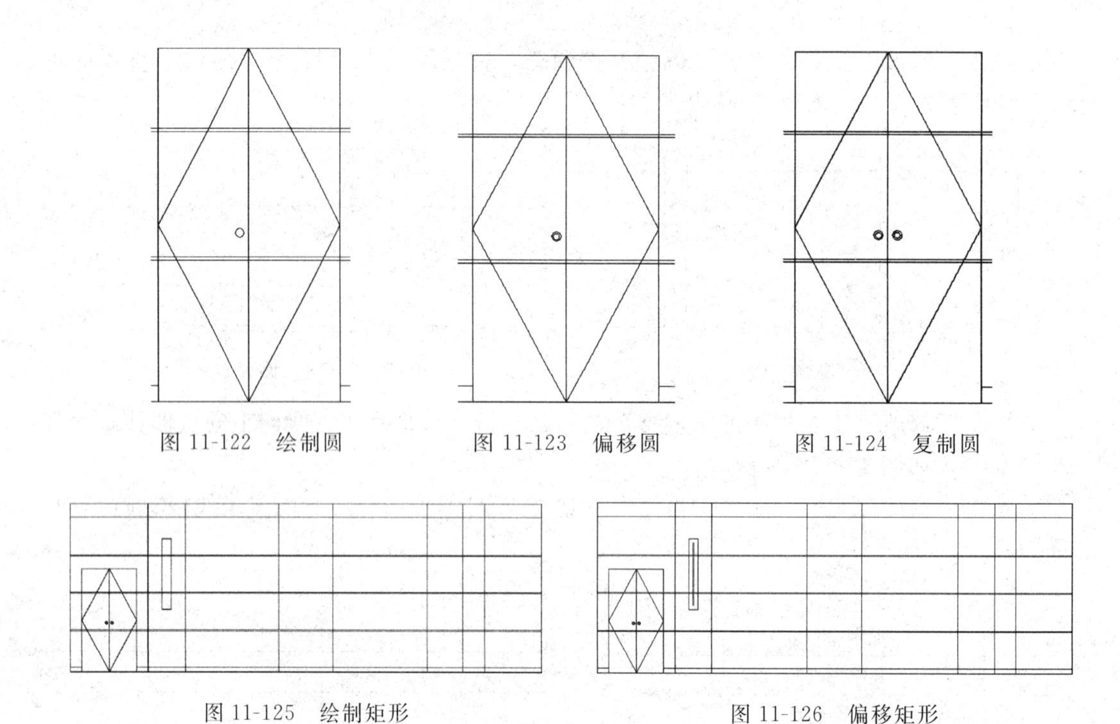

图 11-122　绘制圆　　图 11-123　偏移圆　　图 11-124　复制圆

图 11-125　绘制矩形　　图 11-126　偏移矩形

14. 单击“修改”工具栏中的“修剪”按钮，对上步偏移矩形的内部线段进行修剪，如图 11-127 所示。

15. 单击“绘图”工具栏中的“直线”按钮，在上步图形内绘制装饰线条，如图 11-128 所示。

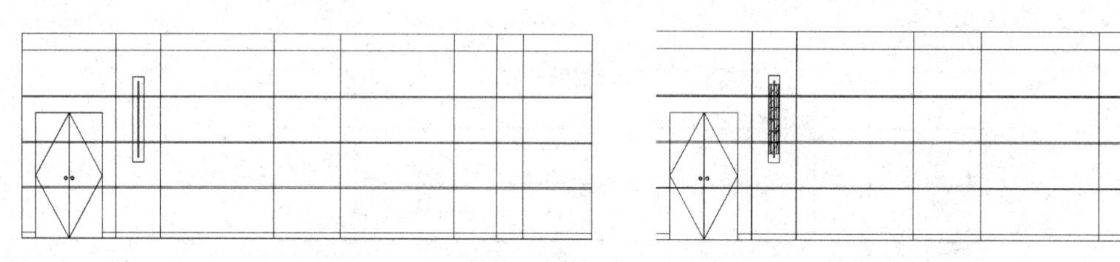

图 11-127　修剪线段　　图 11-128　绘制装饰线条

16. 单击“绘图”工具栏中的“矩形”按钮，在图形适当位置绘制一个“699×740”的矩形，如图 11-129 所示。

17. 单击“修改”工具栏中的“偏移”按钮，选择上步绘制的矩形向内进行偏移，偏移距离为 30，如图 11-130 所示。

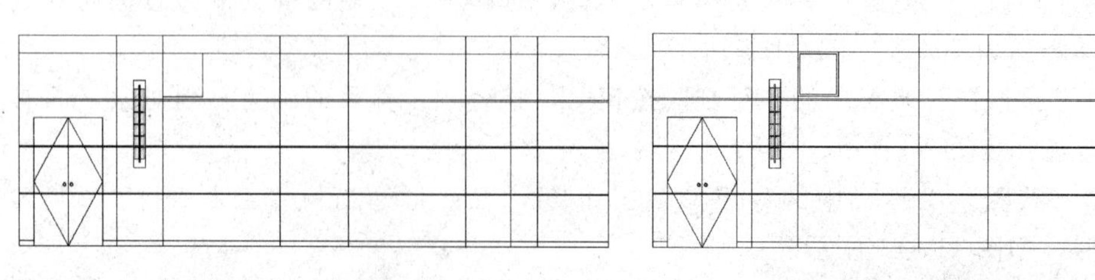

图 11-129　绘制矩形　　图 11-130　偏移矩形

18. 单击“绘图”工具栏中的“矩形”按钮，在上步偏移的矩形内绘制一个“280×

100”的矩形，如图11-131所示。

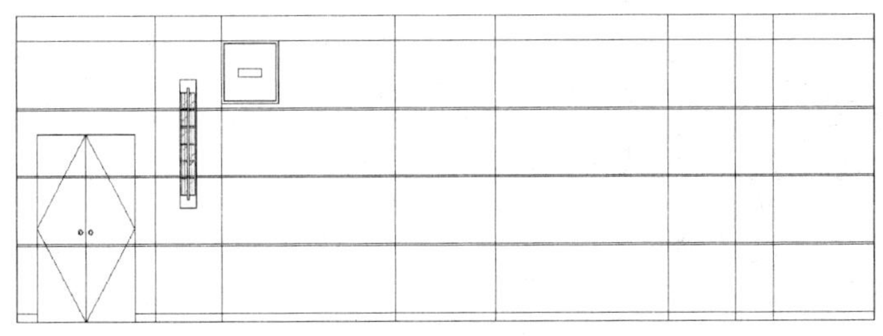

图11-131 绘制矩形

19. 单击“修改”工具栏中的“偏移”按钮，选择上步绘制的矩形向内进行偏移，偏移距离为10，如图11-132所示。

20. 单击“绘图”工具栏中的“圆”按钮，在矩形内绘制一个半径为40的圆，如图11-133所示。

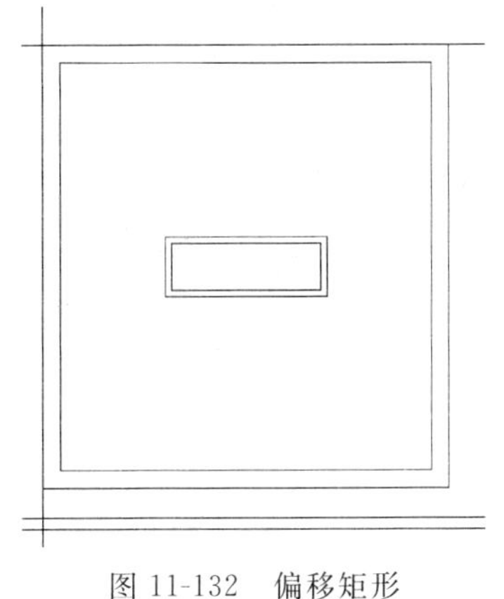

图11-132 偏移矩形

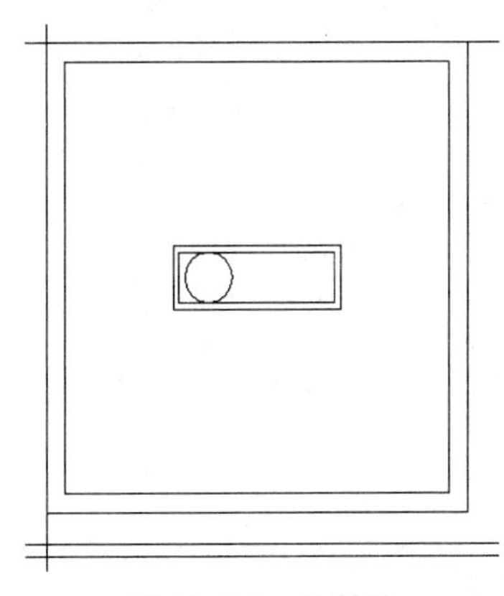

图11-133 绘制圆

21. 单击“修改”工具栏中的“偏移”按钮，选择上步绘制的圆为偏移对象向内进行偏移，偏移距离为10、10，如图11-134所示。

22. 单击“修改”工具栏中的“复制”按钮，选择上步偏移的圆向右进行复制操作，如图11-135所示。

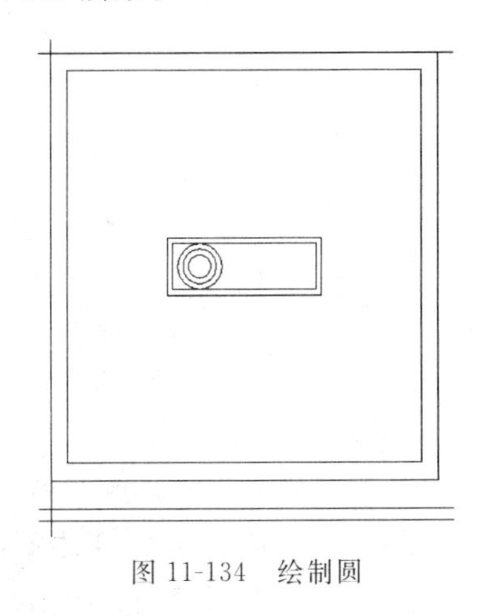

图11-134 绘制圆

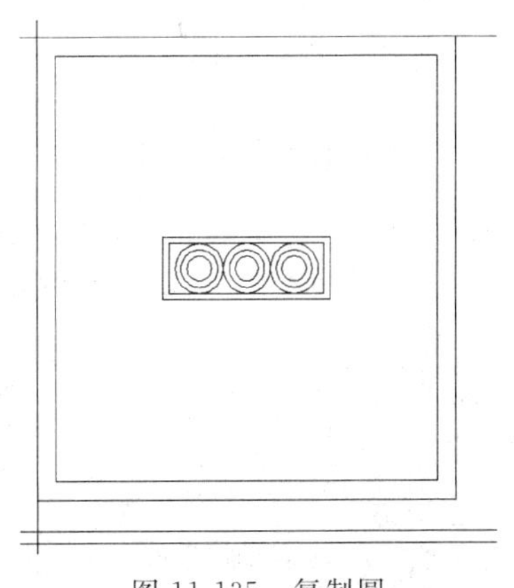

图11-135 复制圆

23. 单击“绘图”工具栏中的“复制”按钮，选择上步图形进行连续复制，如图 11-136 所示。

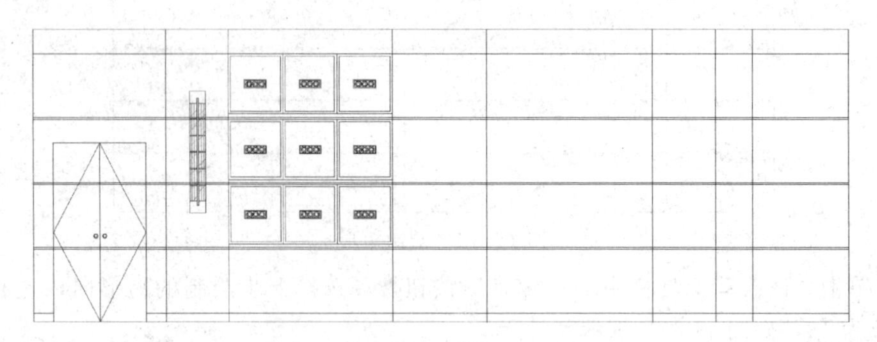

图 11-136 复制图形

24. 利用上述方法绘制下部不同尺寸的相同图形，单击“修改”工具栏中的“修剪”按钮，绘制图形内多余线段进行修剪，如图 11-137 所示。

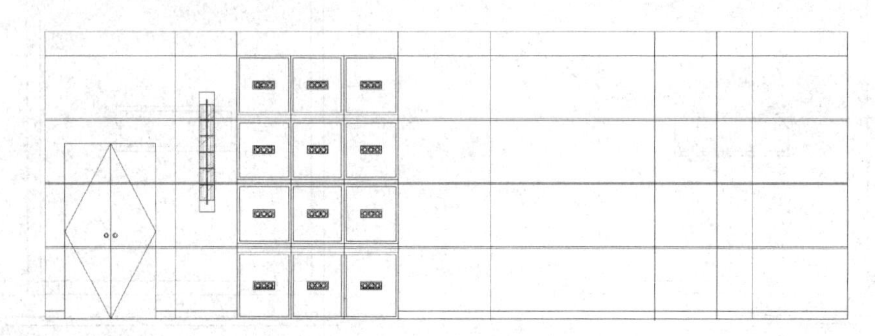

图 11-137 绘制相同图形

25. 单击“绘图”工具栏中的“直线”按钮，在图形适当位置处绘制连续直线，如图 11-138 所示。

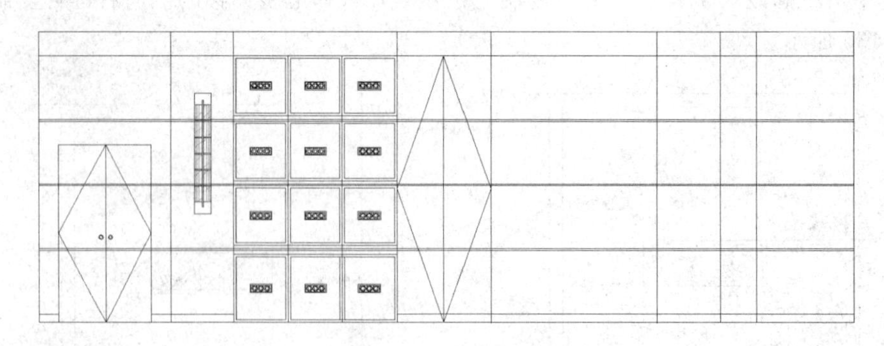

图 11-138 绘制直线

26. 单击“绘图”工具栏中的“图案填充”按钮，系统打开“图案填充和渐变色”对话框单击“图案”选项后面的按钮，系统打开“填充图案选项板”对话框，选择

“PLASTI”图案类型，单击“确定”按钮退出。

27. 在“图案填充和渐变色”对话框右侧单击“添加：拾取点”按钮，选择填充区域单击确定按钮，系统回到“图案填充和渐变色”对话框，设置角度为45、135，比例为30，单击“确定”按钮完成图案填充，效果如图11-139所示。

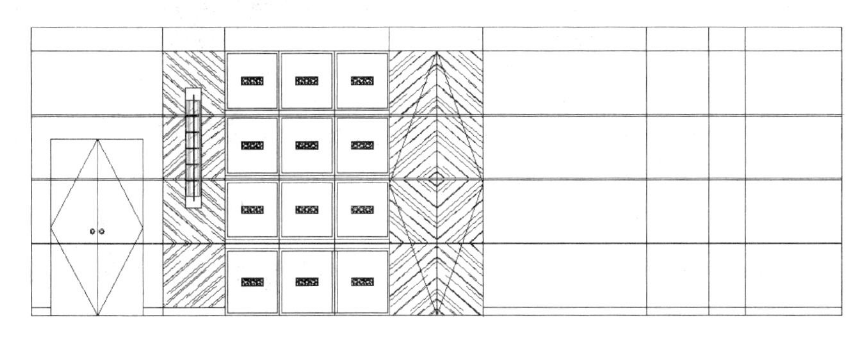

图11-139 修剪线条

28. 单击“修改”工具栏中的“复制”按钮，选择已有图形进行复制，结果如图11-140所示。

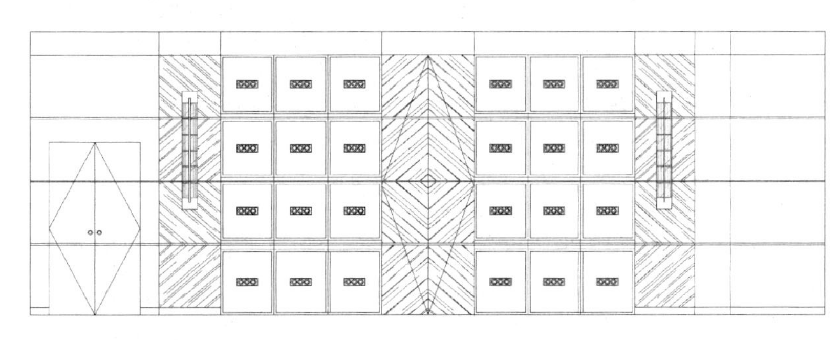

图11-140 修剪线条

29. 单击“绘图”工具栏中的“直线”按钮，在图形顶部位置处绘制连续直线，如图11-141所示。

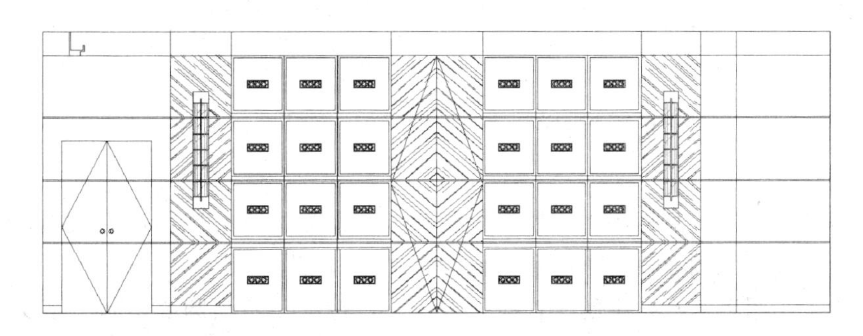

图11-141 绘制直线

30. 单击“修改”工具栏中的“镜像”按钮，选择上步绘制图形进行镜像操作，如

图 11-142 所示。

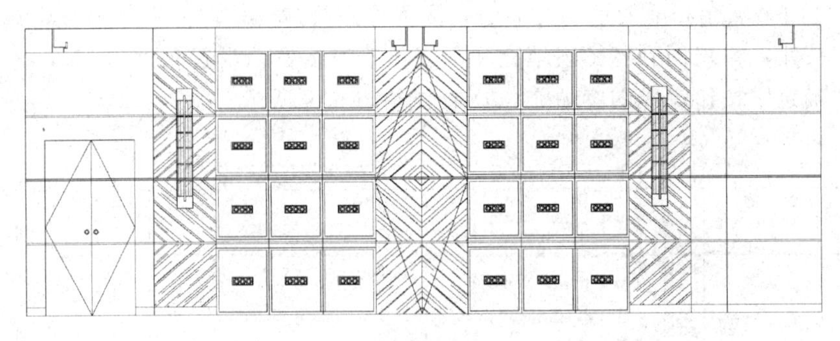

图 11-142　镜像图形

31. 单击“修改”工具栏中的“修剪”按钮，对图形顶部线段进行修剪，如图 11-143 所示。

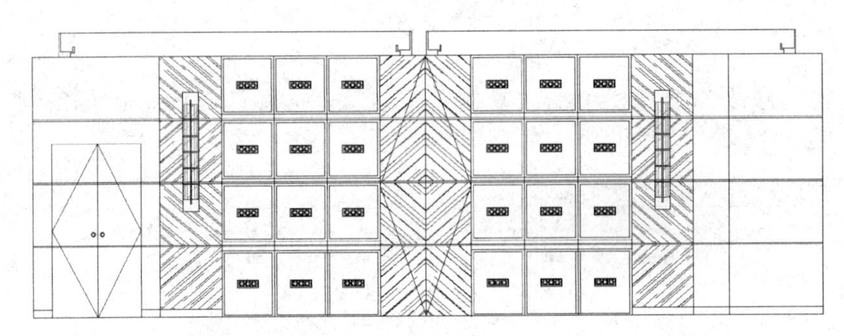

图 11-143　修剪图形

32. 单击“绘图”工具栏中的“直线”按钮，绘制镜像图形间的水平连接线，如图 11-144 所示。

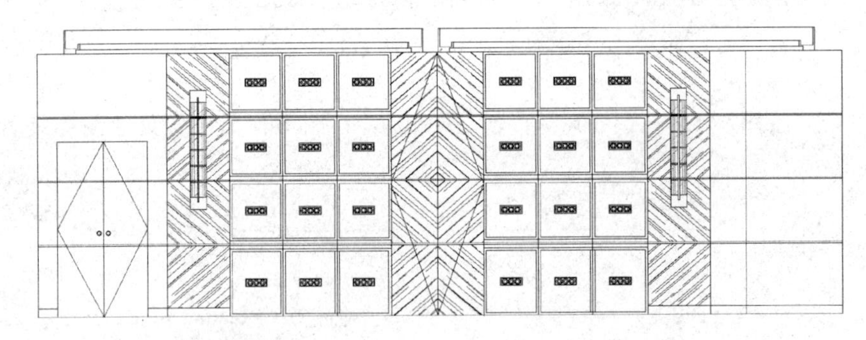

图 11-144　绘制直线

33. 单击“绘图”工具栏中的“圆”按钮，在顶部位置选择一点为圆心，绘制半径分别为 30 和 20 的圆，如图 11-145 所示。

34. 单击“绘图”工具栏中的“直线”按钮，过上步两圆圆心绘制十字交叉线，如图 11-146 所示。

35. 单击“修改”工具栏中的“复制”按钮，选择上步绘制的立面灯图形向右进行复制，如图 11-147 所示。

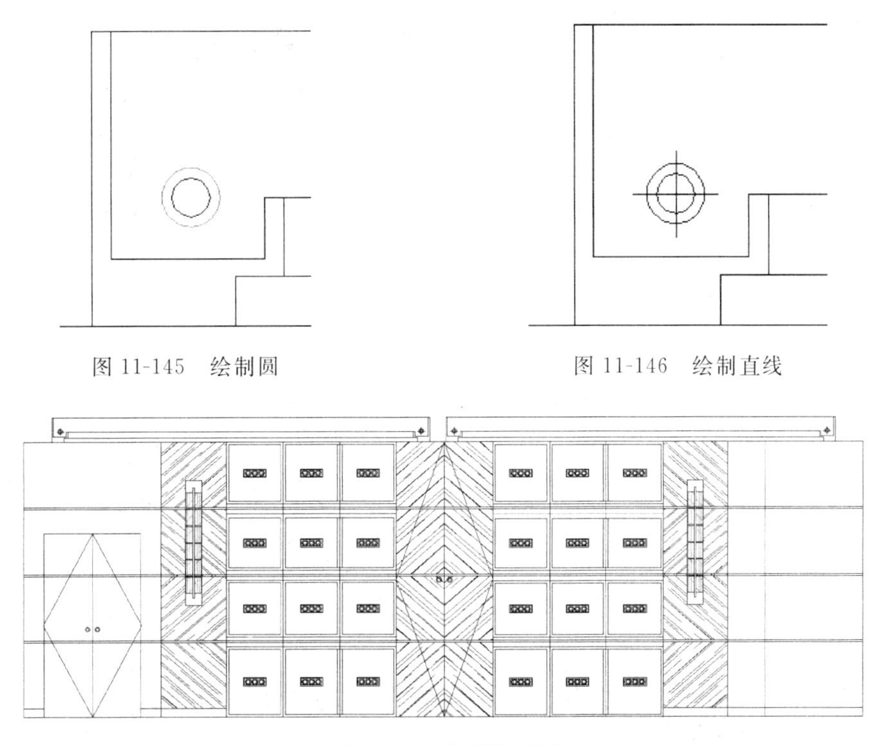

图 11-145 绘制圆

图 11-146 绘制直线

图 11-147 复制灯图形

36. 设置标注样式

(1) 选择菜单栏中的“标注”→“标注样式”命令，弹出“标注样式管理器”对话框，如图 11-148 所示。

(2) 单击“新建”按钮，弹出“创建新标注样式”对话框，如图 11-149 所示。输入“立面”名称，单击“线”选项卡，对话框显示如图 11-150 所示，按照图中的参数修改标注样式。

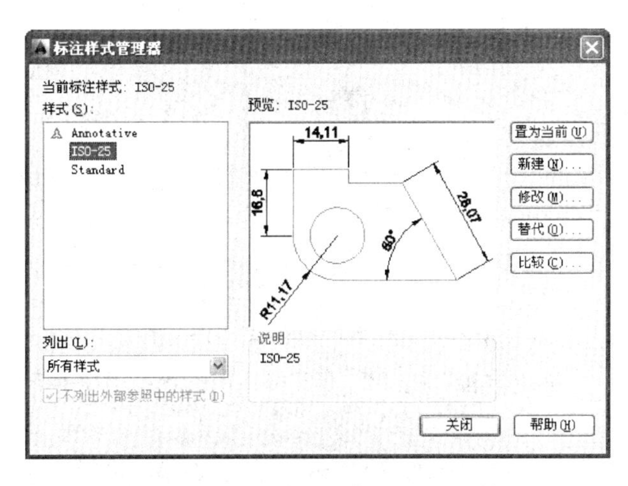

图 11-148 “标注样式管理器”对话框

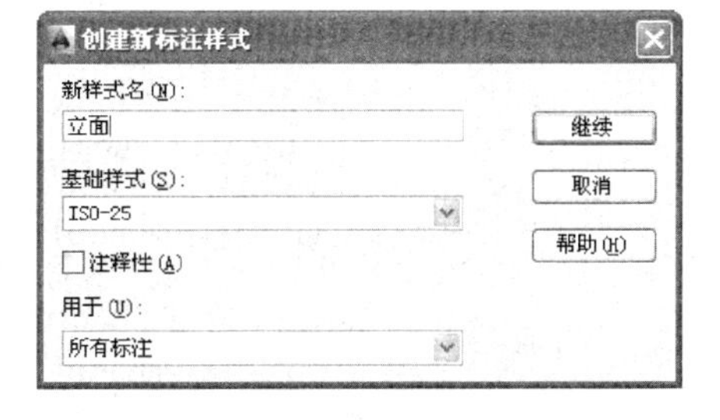

图 11-149 “立面”标注样式

(3) 单击“符号和箭头”选项卡，按照图 11-151 所示的设置进行修改，箭头样式选择为“建筑标记”，箭头大小修改为“150”。

图 11-150 “线”选项卡

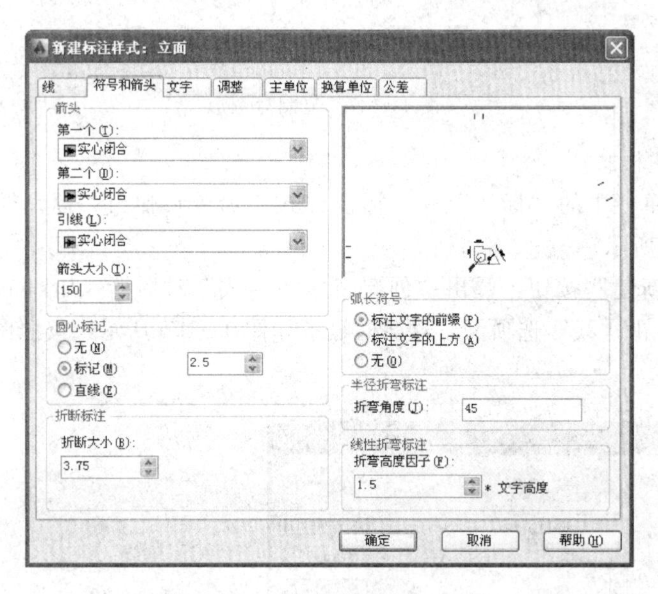

图 11-151 “符号和箭头”选项卡

（4）在“文字”选项卡中设置“文字高度”为“200”如图 11-152 所示。

（5）在“主单位”选项卡设置如图 11-153 所述。

（6）单击“标注”工具栏中的“线性”按钮和“连续”，标注图形第一道水平尺寸，如图 11-154 所示。

（7）单击“标注”工具栏中的“线性”按钮和“连续”，标注图形第一道竖直尺寸，如图 11-155 所示。

（8）单击“标注”工具栏中的“线性”按钮和“连续”，标注图形总尺寸，如图 11-156 所示。

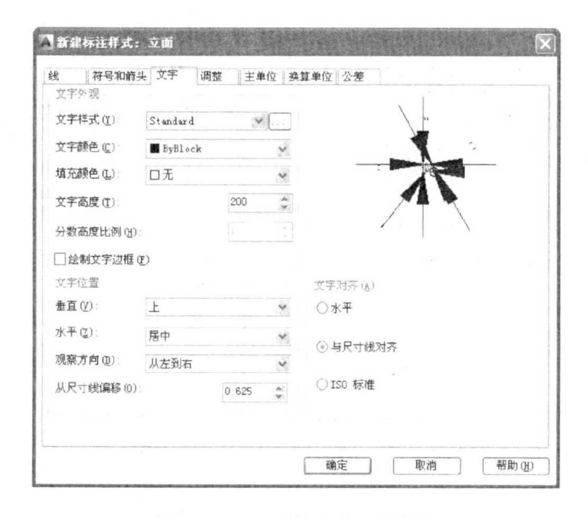

图 11-152 “文字”选项卡

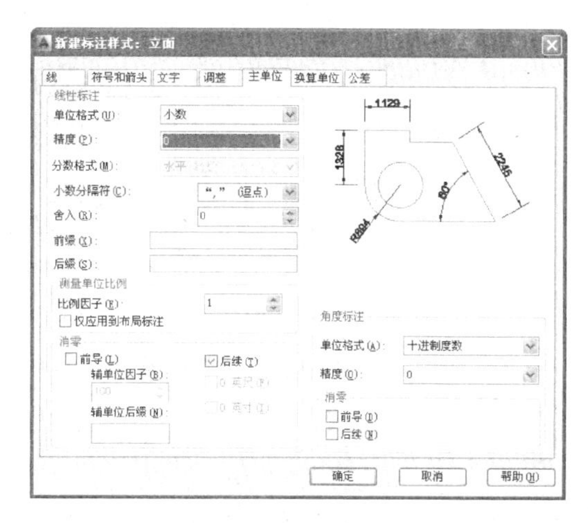

图 11-153 “主单位”选项卡

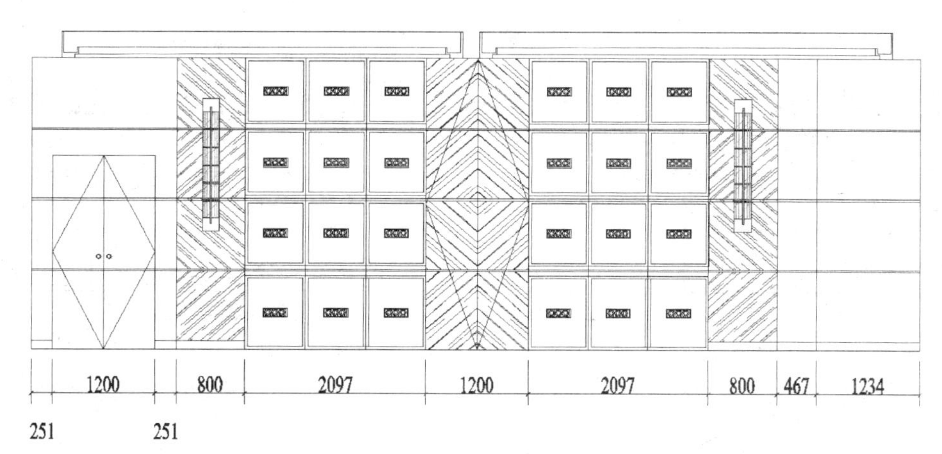

图 11-154 标注水平尺寸

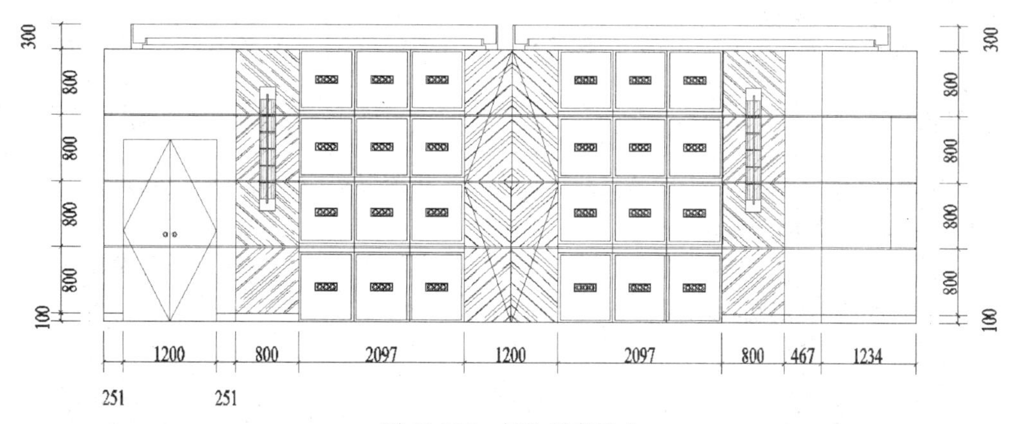

图 11-155 标注竖直尺寸

（9）在命令行中输入“Qleader”命令，为图形添加文字说明，如图 11-112 所示。

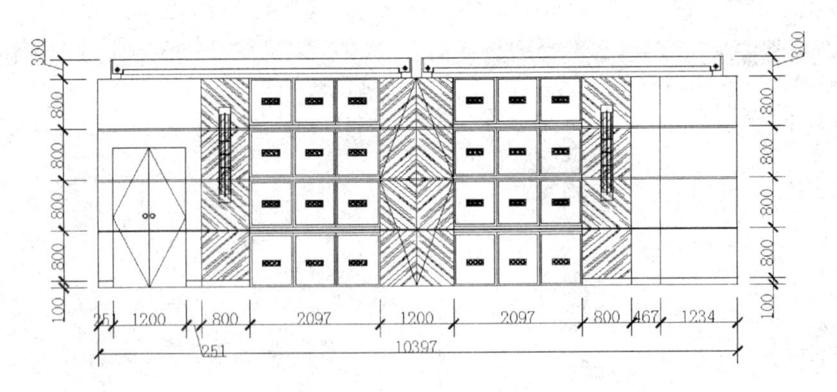

图 11-156　标注总尺寸

11. 2. 2　三层多功能厅 C 立面

本小节主要讲述三层多功能厅 C 立面图的绘制，结果如图 11-157 所示。

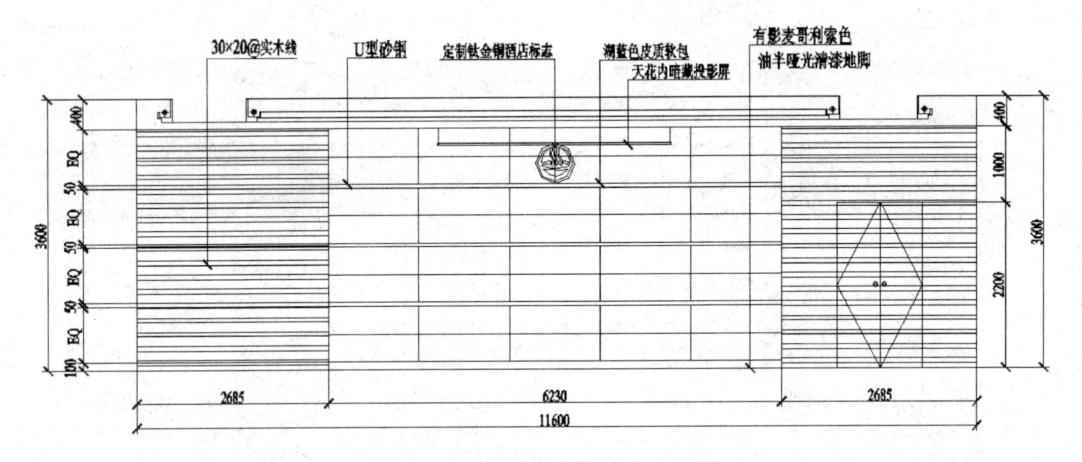

图 11-157　三层多功能厅 C 立面图

光盘＼视频教学＼第 11 章＼三层多功能厅 C 立面.avi

1. 单击“绘图”工具栏中的“直线”按钮，在图形适当位置绘制一条长为 11600 的水平直线，如图 11-158 所示。

2. 单击“绘图”工具栏中的“直线”按钮，连接水平直线左端点为直线起点向上绘制一条长为 3600 的竖直直线，如图 11-159 所示。

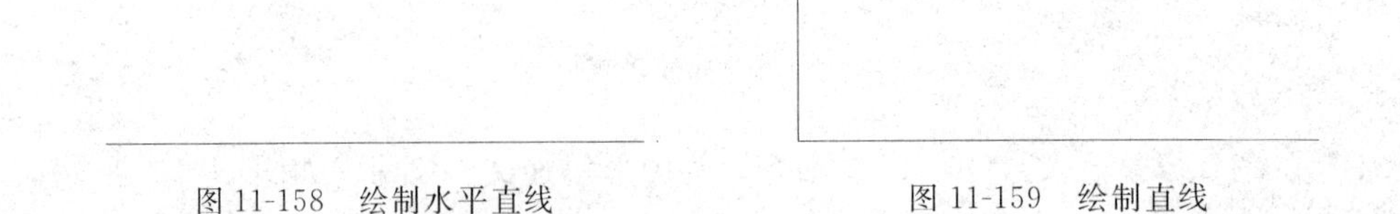

图 11-158　绘制水平直线　　　　图 11-159　绘制直线

3. 单击“修改”工具栏中的“偏移”按钮，选择上步绘制的水平直线为偏移对象向上进行偏移，偏移距离为 100、738、50、738、50、737、50、738、400，如图 11-160 所示。

4. 单击“修改”工具栏中的“偏移”按钮，选择上步绘制的竖直直线为偏移对象向右进行偏移，偏移距离为 2685、6230、2685，如图 11-161 所示。

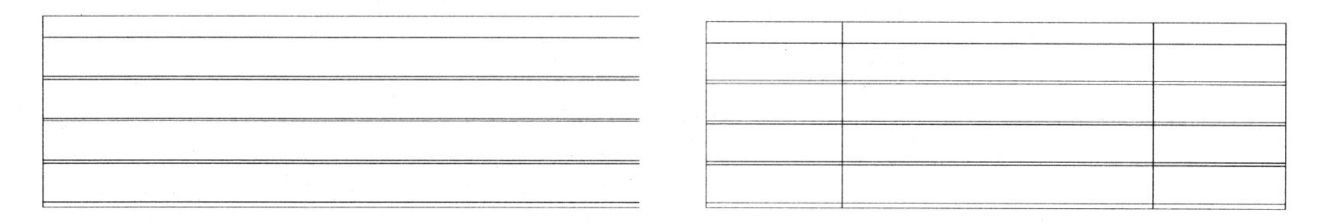

图 11-160　偏移直线　　图 11-161　偏移直线

5. 单击“修改”工具栏中的“修剪”按钮，对上步图形进行修剪，如图 11-162 所示。

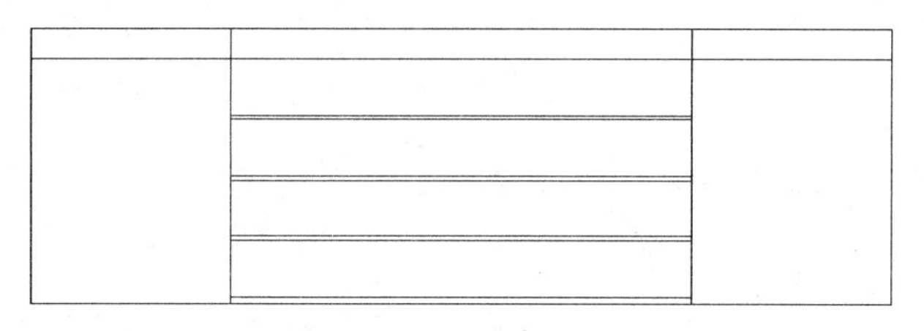

图 11-162　修剪图形

6. 单击“绘图”工具栏中的“图案填充”按钮，系统打开“图案填充和渐变色”对话框，如图 11-163 所示。

图 11-163　“图案填充和渐变色”对话框

7. 单击“图案”选项后面的按钮，系统打开“填充图案选项板”对话框，选择“ANSI32”图案类型，单击“确定”按钮退出。

8. 在“图案填充和渐变色”对话框右侧单击“添加：拾取点”按钮，选择填充区域单击确定按钮，系统回到“图案填充和渐变色”对话框，设置填充比例为 20，单击“确定”按钮完成图案填充，效果如图 11-164 所示。

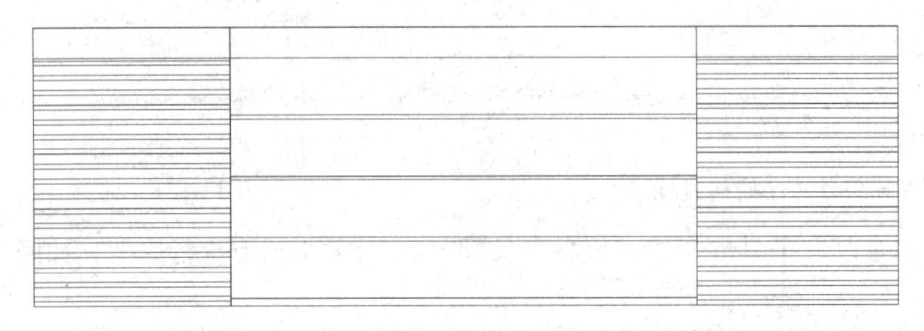

图 11-164　填充图案

9. 单击“修改”工具栏中的“偏移”按钮，选择左侧竖直直线为偏移对象向右进行偏移，偏移距离为 3931、1246、1246、1246，如图 11-165 所示。

图 11-165　偏移线段

10. 单击“修改”工具栏中的“偏移”按钮，选择底部水平直线为偏移向上进行偏移，偏移距离为 469、788、788、788，如图 11-166 所示。

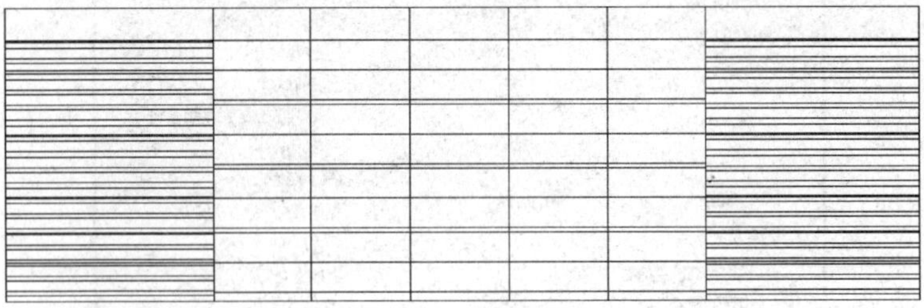

图 11-166　偏移距离

11. 单击“修改”工具栏中的“修剪”按钮，对上步偏移线段进行修剪，如图 11-167 所示。

12. 单击“绘图”工具栏中的“直线”按钮，在图形适当位置绘两条长为 206 的竖直直线，如图 11-168 所示。

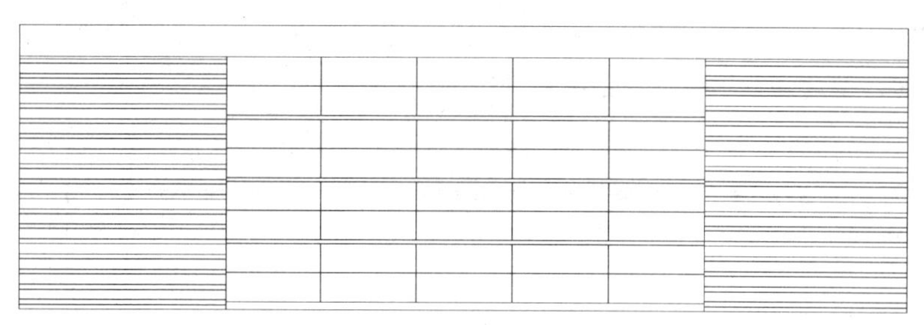

图 11-167 修剪线段

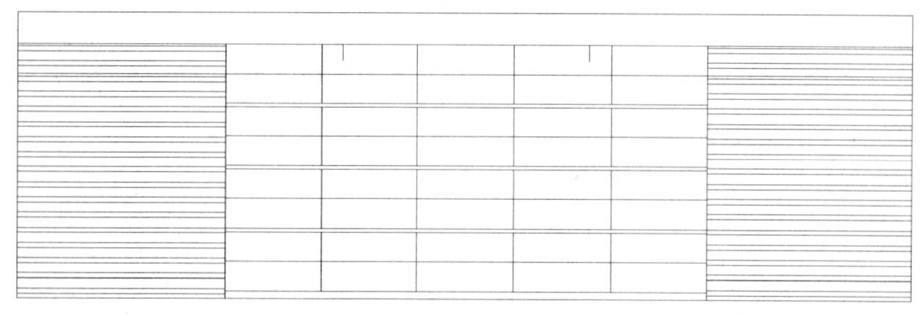

图 11-168 绘制直线

13. 单击“绘图”工具栏中的“矩形”按钮▭，在图形适当位置绘制一个“3197×15”的矩形，如图 11-169 所示。

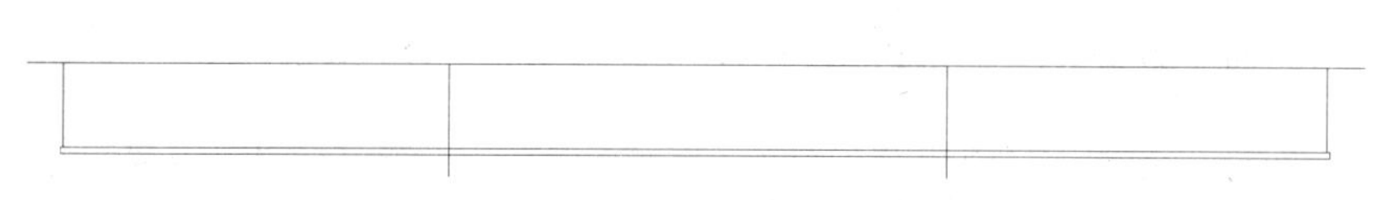

图 11-169 绘制矩形

14. 单击“绘图”工具栏中的“矩形”按钮▭，在上步图形左右两侧分别绘制“5×21”的矩形，如图 11-170 所示。

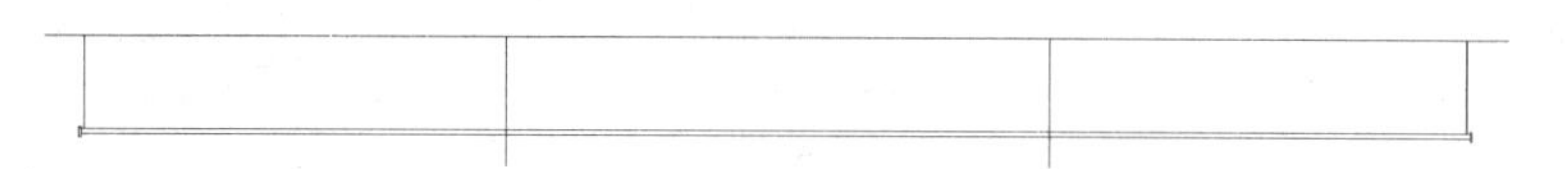

图 11-170 绘制矩形

15. 单击“绘图”工具栏中的“多边形”按钮⬠，在图形适当位置绘制一个半径为 264 的 8 边形，如图 11-171 所示。

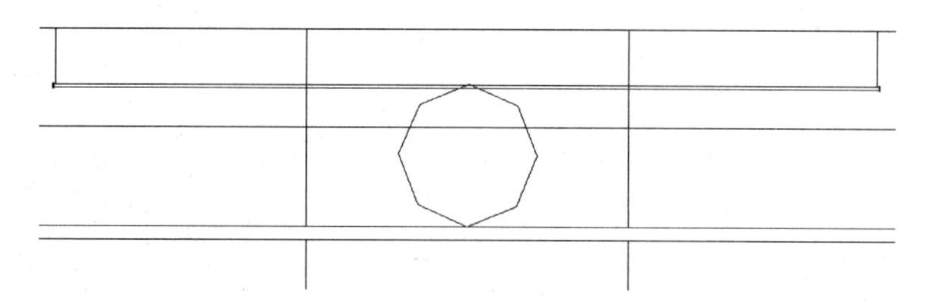

图 11-171 绘制多边形

16. 单击“修改”工具栏中的“偏移”按钮，选择上步绘制的八边形为偏移对象，向内进行偏移，偏移距离为 27，如图 11-172 所示。

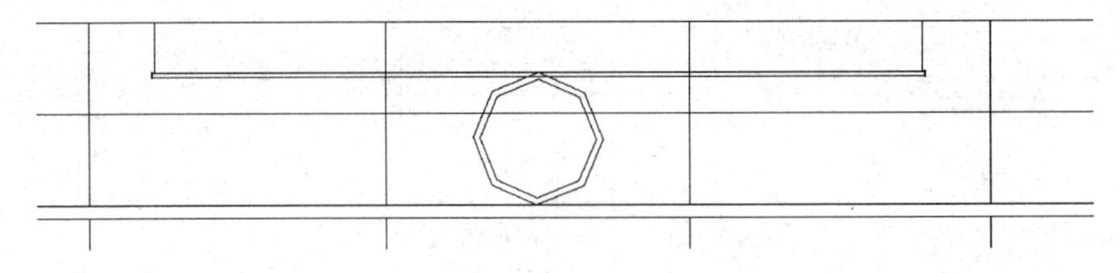

图 11-172　偏移多边形

17. 单击“绘图”工具栏中的“直线”按钮和“圆弧”按钮，在多边形内绘制标志图案，如图 11-173 所示。

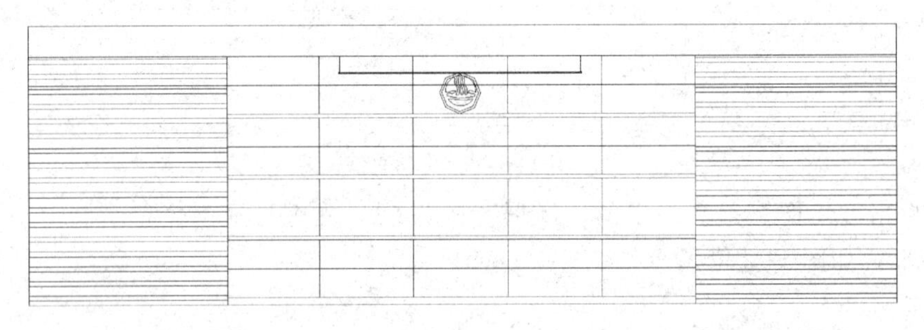

图 11-173　绘制标志图案

18. 利用前面章节讲述的方法绘制相同图形，如图 11-174 所示。

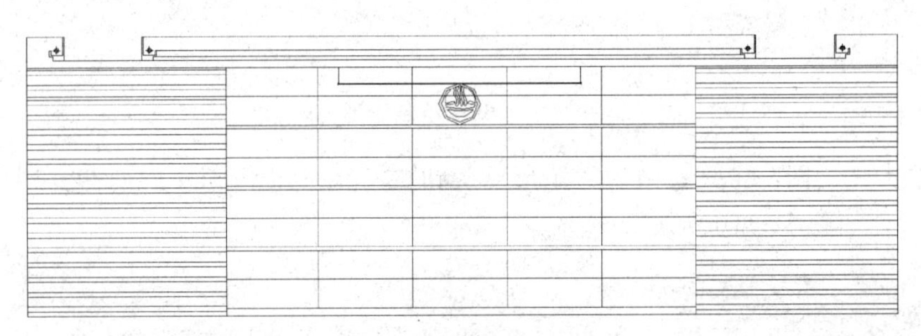

图 11-174　修剪图形

19. 单击“绘图”工具栏中的“直线”按钮和“圆”按钮，绘制立面门图形，如图 11-175 所示。

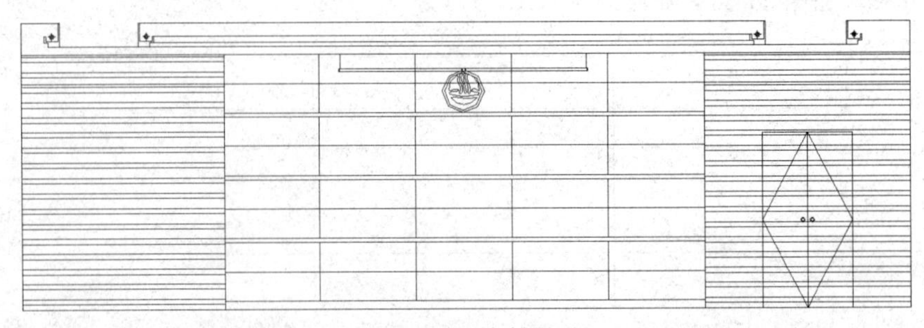

图 11-175　绘制图形

20. 单击“标注”工具栏中的“线性”按钮和“连续”，标注图形第一道水平尺寸，如图 11-176 所示。

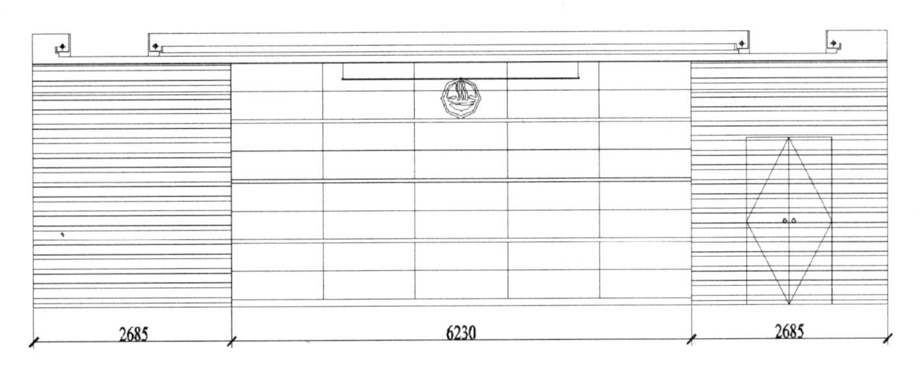

图 11-176 标注水平尺寸

21. 单击“标注”工具栏中的“线性”按钮和“连续”按钮，标注图形第一道竖直尺寸，如图 11-177 所示。

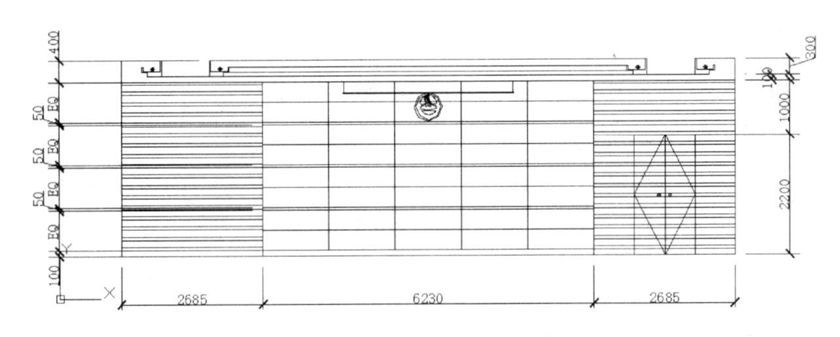

图 11-177 标注竖直尺寸

22. 单击“标注”工具栏中的“线性”按钮，标注图形总尺寸，如图 11-178 所示。

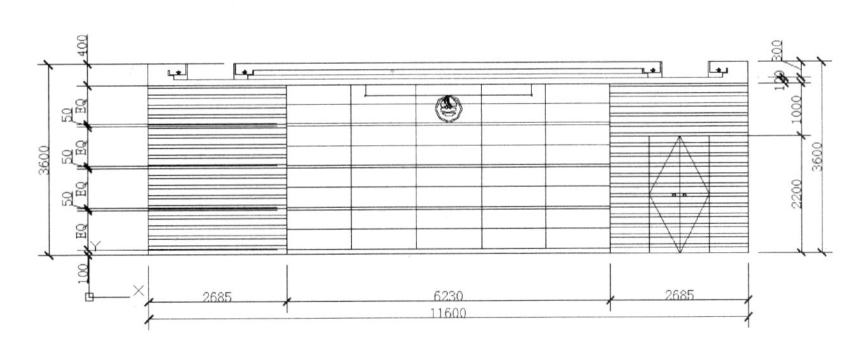

图 11-178 标注竖直尺寸

23. 在命令行中输入“Qleader”命令，为图形添加文字说明，如图 11-157 所示。

11.2.3 三层多功能厅控制室 A 立面

本小节主要讲述三层多功能厅控制室 A 立面图的绘制，结果如图 11-179 所示。

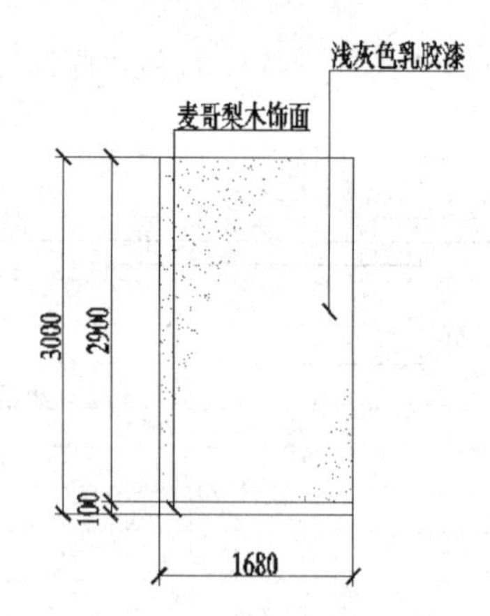

图 11-179　三层多功能厅控制室 A 立面图

光盘\视频教学\第 11 章\三层多功能厅控制室 A 立面.avi

【操作步骤】

1. 单击“绘图”工具栏中的“矩形”按钮，在图形适当位置绘制一个“1680×3000”的矩形，如图 11-180 所示。

2. 单击“修改”工具栏中的“分解”按钮，选择上步绘制的矩形为分解对象，回车进行分解。

3. 单击“修改”工具栏中的“偏移”按钮，选择上步分解的矩形底部水平边为偏移对象向上进行偏移，偏移距离为 100，如图 11-181 所示。

4. 单击“绘图”工具栏中的“点”按钮，在上步图形内绘制多个点，如图 11-182 所示。

5. 单击“标注”工具栏中的“线性”按钮，为图形添加水平尺寸，如图 11-183 所示。

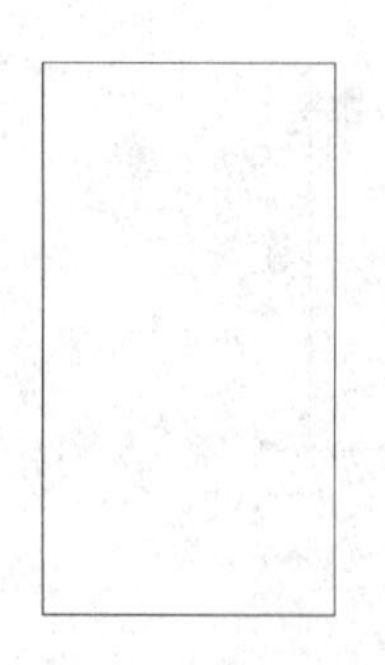
图 11-180　绘制矩形

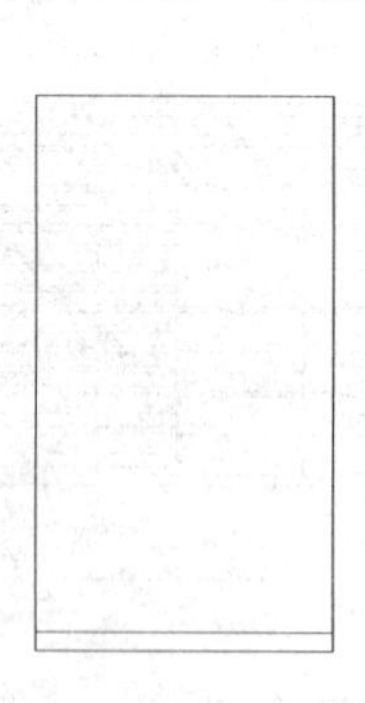
图 11-181　偏移线条

图 11-182　绘制点

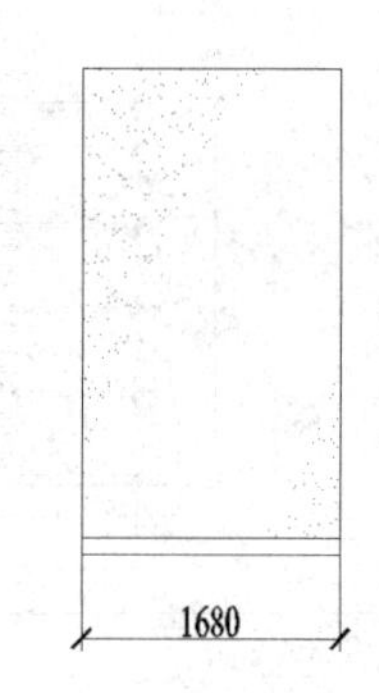

图 11-183　添加尺寸标注

6. 单击“标注”工具栏中的“线性”按钮、“连续”按钮，为图形添加竖直尺寸，如图 11-184 所示。

7. 单击“标注”工具栏中的“线性”按钮，为图形添加竖直总尺寸标注，如图 11-185 所示。

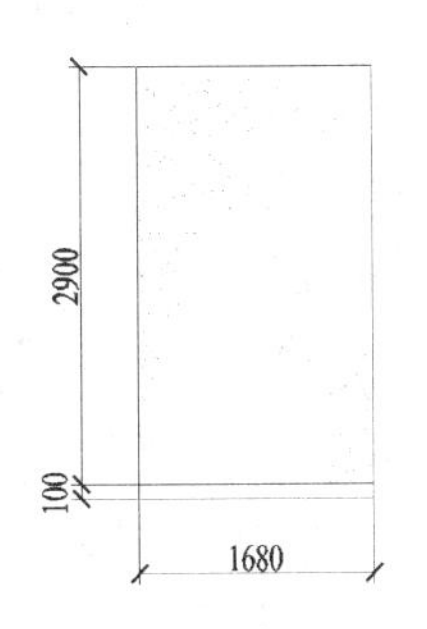

图 11-184　添加竖直标注

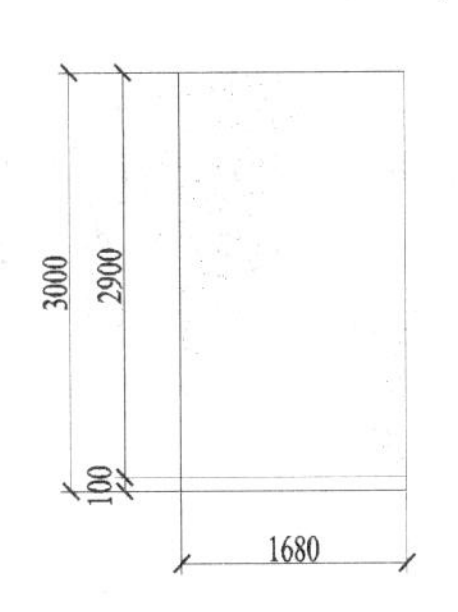

图 11-185　添加竖直总尺寸

8. 在命令行中添加“Qleader”命令，为图形添加文字说明，如图 11-179 所示。

11.2.4　三层多功能厅控制室 B 立面

本小节主要讲述三层多功能厅控制室 B 立面图的绘制，结果如图 11-186 所示。

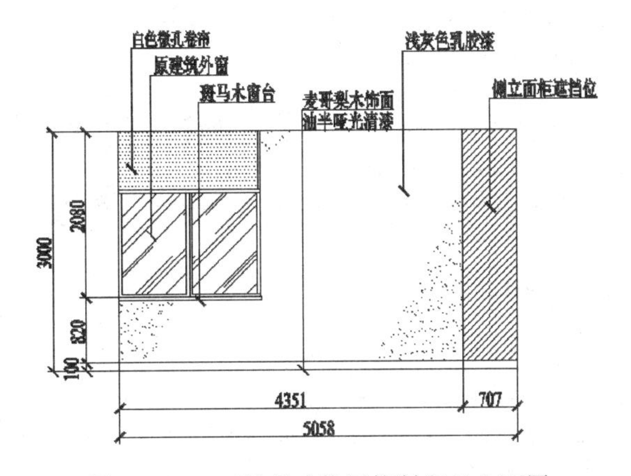

图 11-186　三层多功能厅控制室 B 立面图

光盘\视频教学\第 11 章\三层多功能厅控制室 B 立面.avi

【操作步骤】

1. 单击“绘图”工具栏中的“直线”按钮，在图形适当位置绘制一条长为 5058 的水平直线，如图 11-187 所示。

2. 单击“绘图”工具栏中的“直线”按钮，以上步绘制的水平直线左边端点为直线起点向上绘制一条长为 3000 竖直直线，如图 11-188 所示。

图 11-187　绘制直线

图 11-188　绘制竖直直线

3. 单击“修改”工具栏中的“偏移”按钮，选择上步绘制的水平直线为偏移对象，向上偏移，偏移距离为100、780、40、2080，如图11-189所示。

4. 单击“修改”工具栏中的“偏移”按钮，选择左侧竖直直线为偏移对象向右进行偏移，偏移距离为20、20、820、40、40、820、20、20、20、2531、707，如图11-190所示。

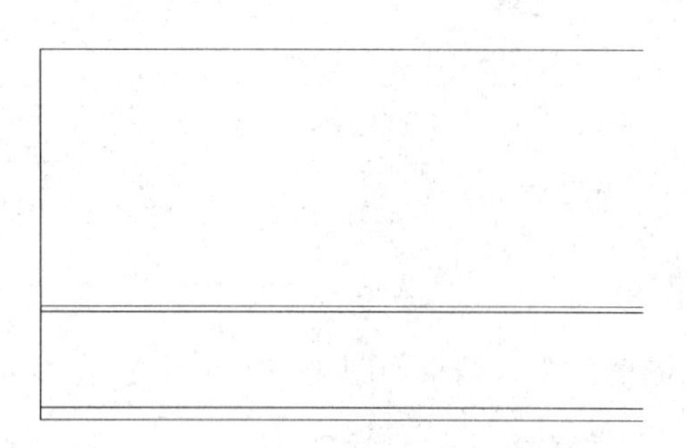

图11-189　偏移线段

图11-190　偏移竖直直线

5. 单击“修改”工具栏中的“偏移”按钮，选择上边水平直线为偏移对象向下进行偏移，偏移距离为732、40、1269，如图11-191所示。

6. 单击“修改”工具栏中的“修剪”按钮，对上步图形进行修剪，如图11-192所示。

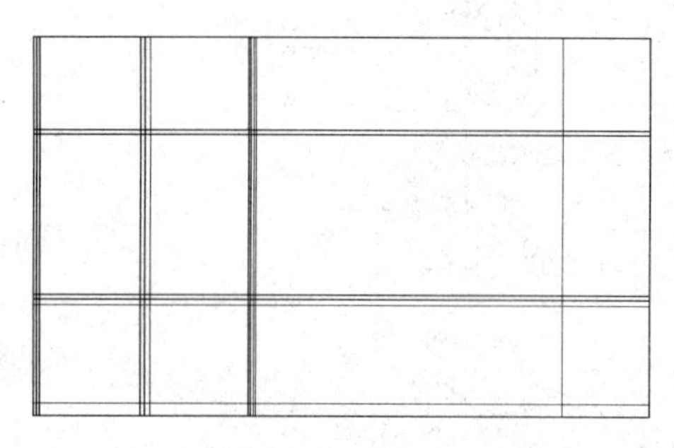

图11-191　偏移线条

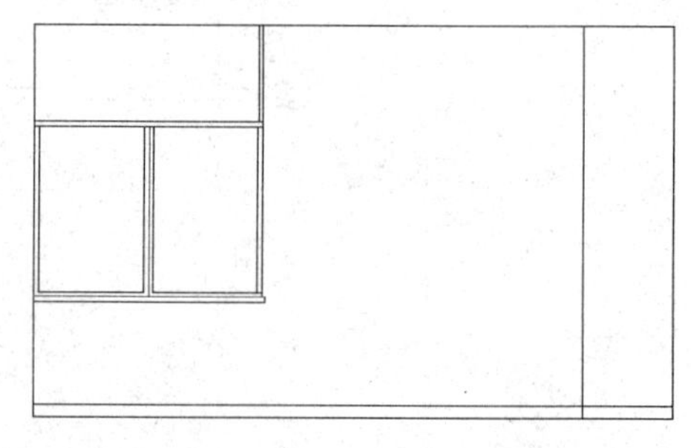

图11-192　修剪线段

7. 单击“绘图”工具栏中的“图案填充”按钮，系统打开“图案填充和渐变色”对话框。

8. 单击“图案”选项后面的按钮，系统打开“填充图案选项板”对话框，选择“DOTS”图案类型，单击“确定”按钮退出。

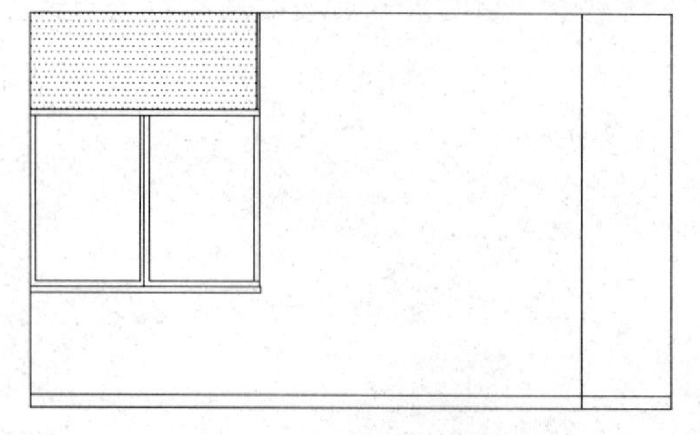

图11-193　填充图案

9. 在“图案填充和渐变色”对话框右侧单击“添加：拾取点”按钮，选择填充区域单击确定按钮，系统回到“图案填充和渐变色”对话框，设置填充比例为30，单击“确定”按钮完成图案填充，效果如图11-193所示。

10. 单击“绘图”工具栏中的“图案填充”按钮，系统打开“图案填充和渐变色”对话框，单击“图案”选项后面的按钮，系统打开

“填充图案选项板”对话框，选择ANSI31图案类型，单击“确定”按钮退出。

11. 在“图案填充和渐变色”对话框右侧单击“添加：拾取点”按钮，选择填充区域单击确定按钮，系统回到“图案填充和渐变色”对话框，设置填充比例为20，单击“确定”按钮完成图案填充，效果如图11-194所示。

12. 单击“绘图”工具栏中的“直线”按钮，在图形内绘制多条斜向直线，如图11-195所示。

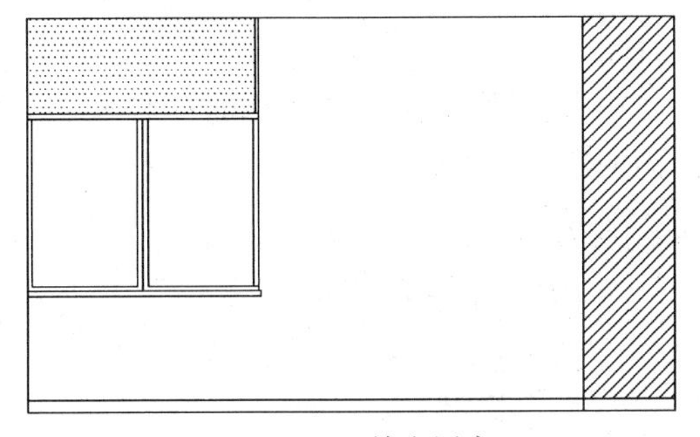

图11-194 填充图案

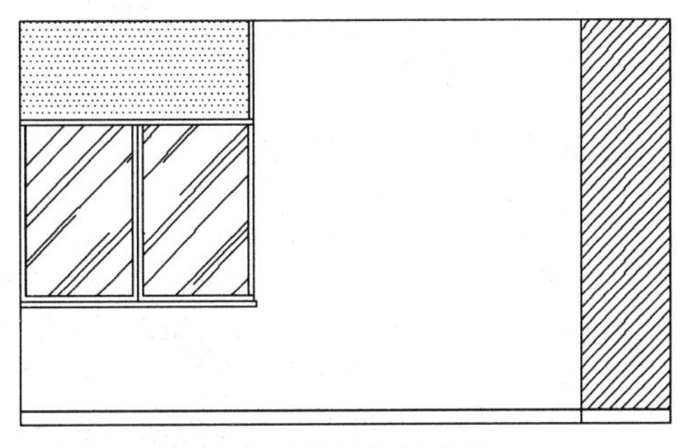

图11-195 绘制窗线

13. 单击“绘图”工具栏中的“点”按钮，在图形适当位置绘制多个点，如图11-196所示。

14. 单击“标注”工具栏中的“线性”按钮和“连续”按钮，标注图形第一道水平尺寸，如图11-197所示。

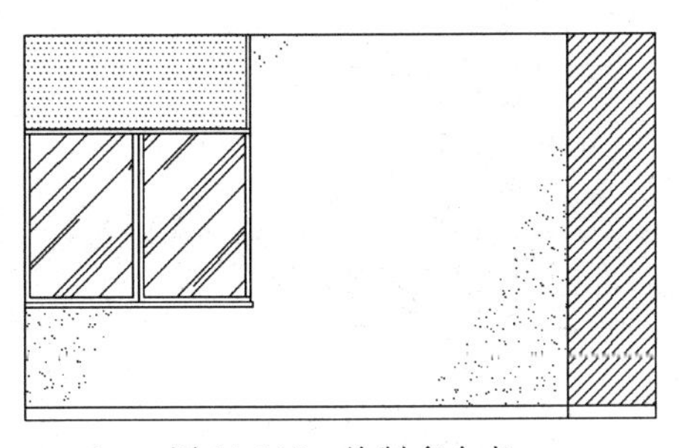

图11-196 绘制多个点

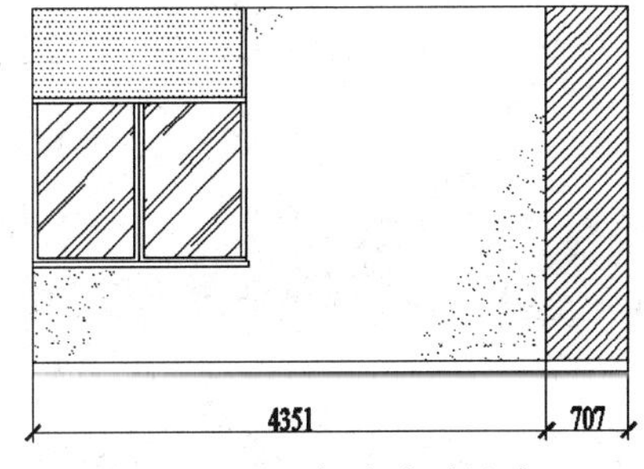

图11-197 标注水平尺寸

15. 单击“标注”工具栏中的“线性”按钮和“连续”按钮，标注图形第一道竖直尺寸，如图11-198所示。

16. 单击“标注”工具栏中的“线性”按钮，为图形添加水平总尺寸标注，如图11-199所示。

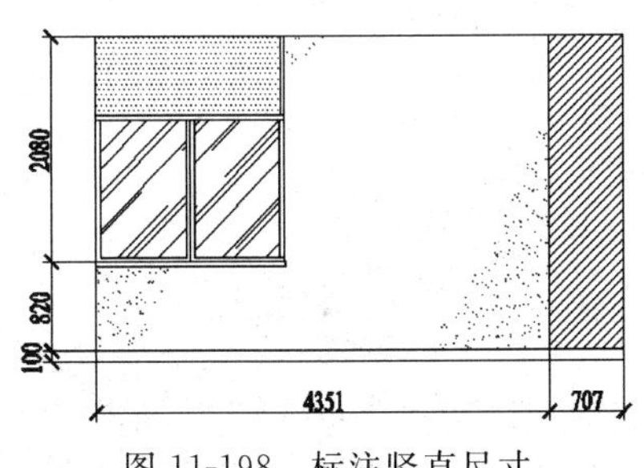

图11-198 标注竖直尺寸

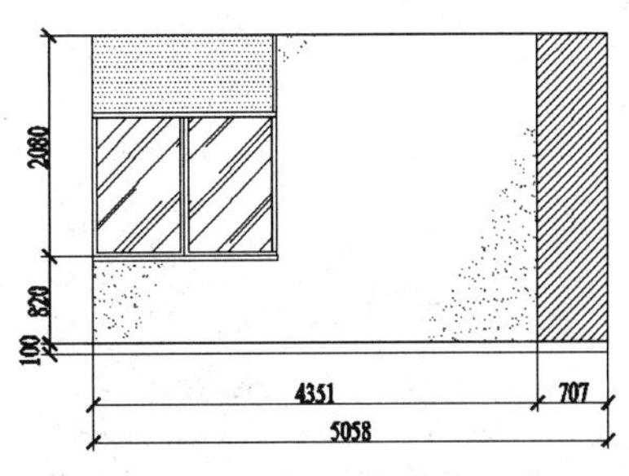

图11-199 标注水平总尺寸

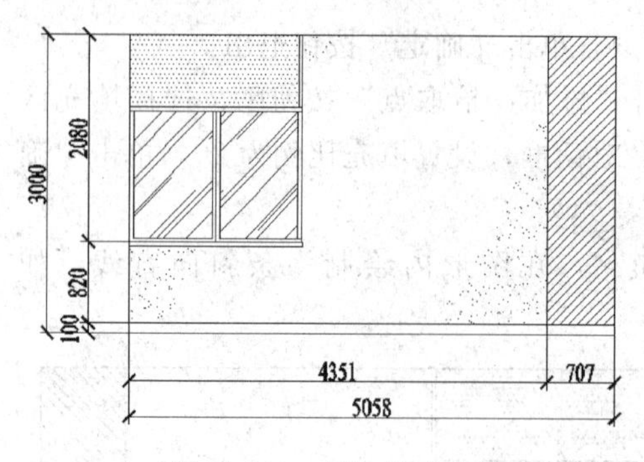

图 11-200　标注竖直总尺寸

17. 单击“标注”工具栏中的“线性”按钮，为图形添加竖直总尺寸标注，如图 11-200 所示。

18. 命令行中输入“Qleader”命令，为图形添加文字说明。如图 11-186 所示。

11.2.5　三层多功能厅控制室 C 立面

本小节主要讲述三层多功能厅控制室 C 立面图的绘制，结果如图 11-201 所示。

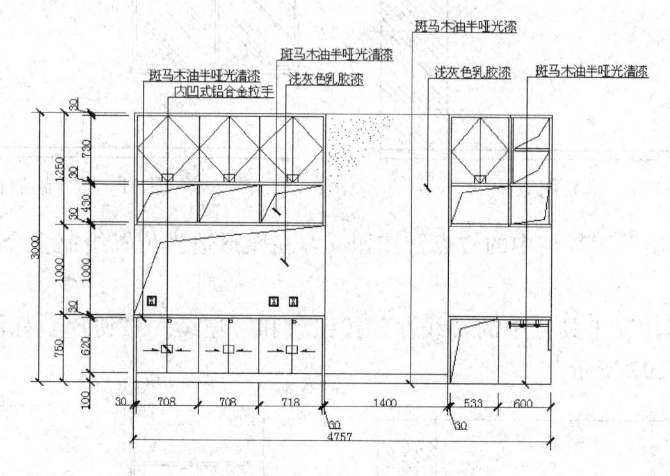

图 11-201　三层多功能厅控制室 C 立面图

参见光盘

光盘＼视频教学＼第 11 章＼三层多功能厅控制室 C 立面.avi

【操作步骤】

1. 单击“绘图”工具栏中的“直线”按钮，在图形适当位置绘制一条长为 4757 的水平直线，如图 11-202 所示。

2. 单击“绘图”工具栏中的“直线”按钮，以水平直线左端点为直线起点向上绘制长度为 3000 的竖直直线，如图 11-203 所示。

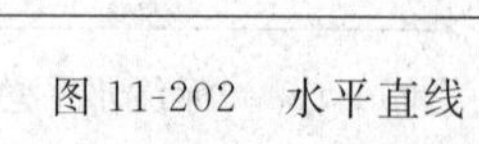

图 11-202　水平直线

图 11-203　绘制竖直直线

3. 单击“修改”工具栏中的“偏移”按钮，选择上步绘制的竖直直线向右进行偏移，偏移距离为30、708、708、718、30、1400、30、533、600，如图11-204所示。

4. 单击“修改”工具栏中的“偏移”按钮，选择水平直线向上进行偏移，偏移距离为100、620、30、1000、30、430、30、730、30，如图11-205所示。

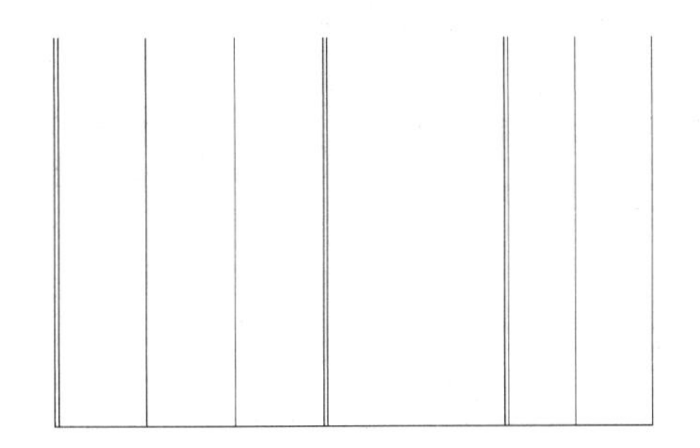

图11-204 偏移竖直直线

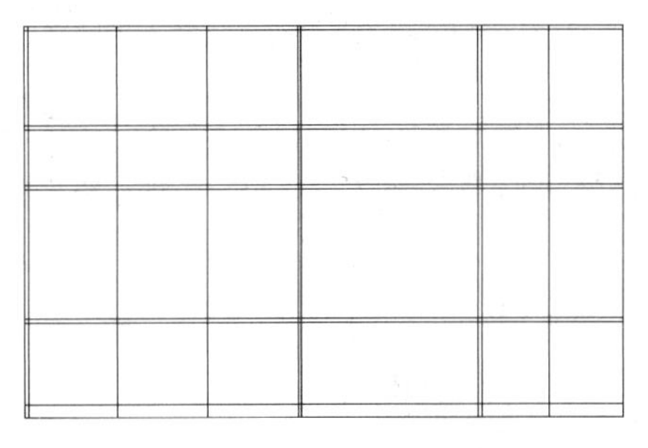

图11-205 偏移水平直线

5. 单击“修改”工具栏中的“修剪”按钮，对上步偏移线段进行修剪，如图11-206所示。

6. 单击“修改”工具栏中的“偏移”按钮，选择左侧竖直直线为偏移对象，向右侧偏移，偏移距离为384、340、20、348、348、20、354，如图11-207所示。

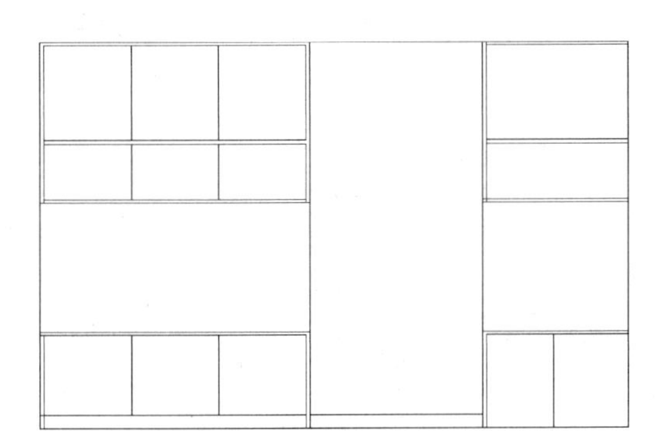

图11-206 修剪线条

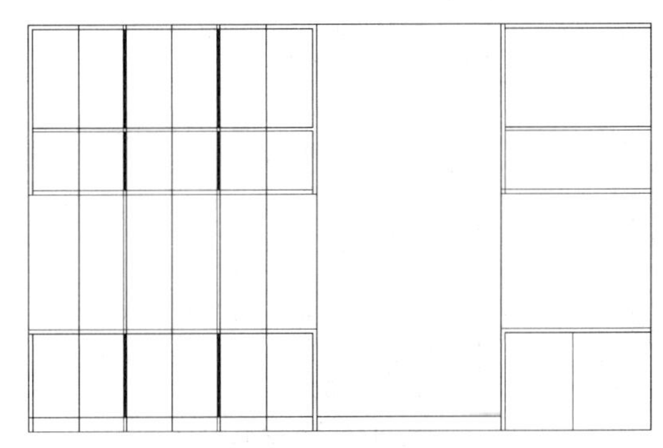

图11-207 偏移线条

7. 单击“修改”工具栏中的“修剪”按钮，对上步图形进行修剪，如图11-208所示。

8. 利用上述方法完成右侧图形的绘制，如图11-209所示。

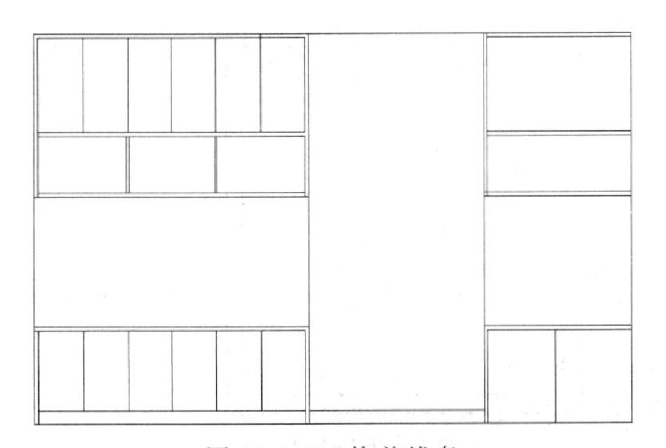

图11-208 修剪线条

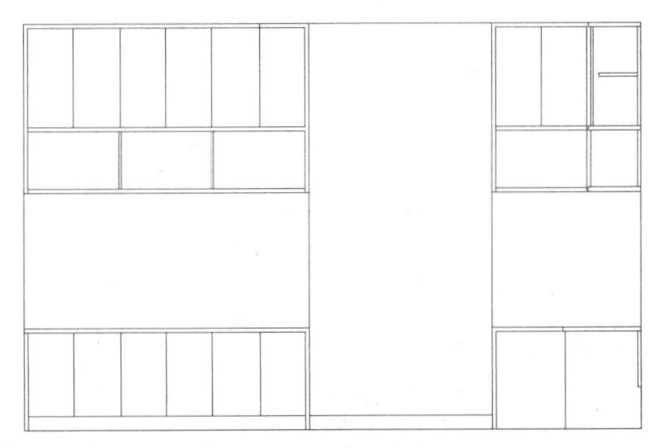

图11-209 绘制右侧图形

9. 单击“绘图”工具栏中的“直线”按钮，在图形位置绘制多条直线，如图 11-210 所示。

10. 单击“绘图”工具栏中的“矩形”按钮，在图形适当位置绘制多个“120×80”的矩形，如图 11-211 所示。

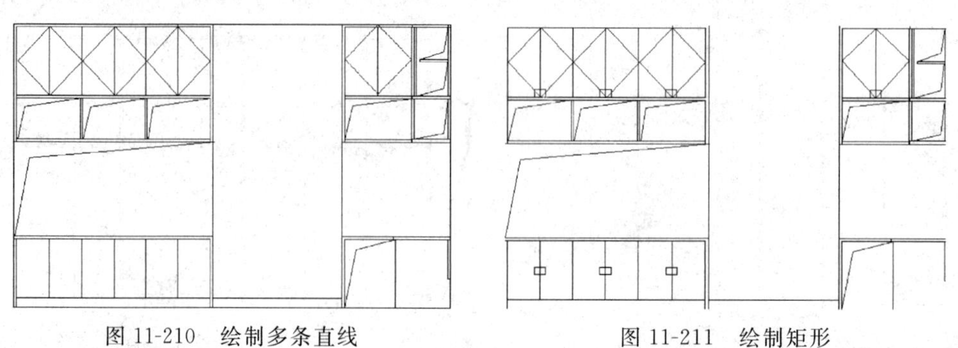

图 11-210 绘制多条直线　　图 11-211 绘制矩形

11. 单击“绘图”工具栏中的“矩形”按钮，在图形适当位置绘制一个“97×97”的矩形，如图 11-212 所示。

12. 单击“修改”工具栏中的“偏移”按钮，选择上步绘制的矩形为偏移对象向内进行偏移，偏移距离为 5，如图 11-213 所示。

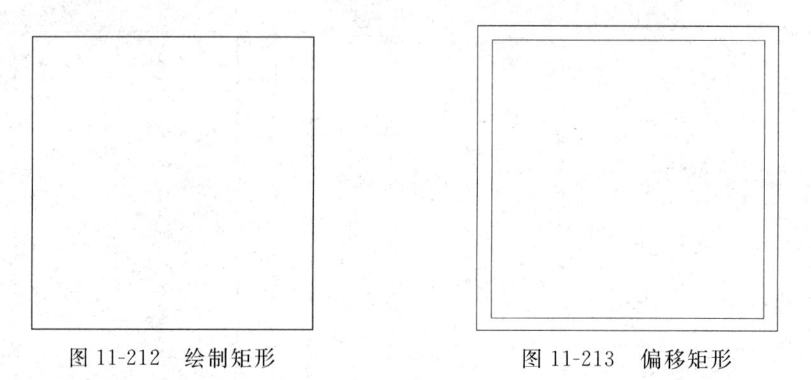

图 11-212 绘制矩形　　图 11-213 偏移矩形

13. 单击“修改”工具栏中的“圆角”按钮，将上步偏移矩形进行圆角处理，圆角半径为 5，如图 11-214 所示。

14. 单击“修改”工具栏中的“矩形”按钮，在上步圆角矩形内，绘制一个“4×14”的矩形，如图 11-215 所示。

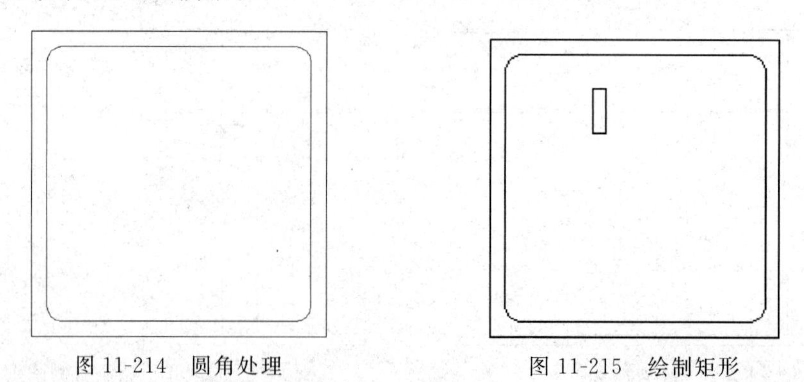

图 11-214 圆角处理　　图 11-215 绘制矩形

15. 单击“修改”工具栏中的“复制”按钮，选择上步绘制的矩形为复制对象进行复制，如图 11-216 所示。

16. 单击“修改”工具栏中的“复制”按钮，选择如图 11-216 所示的图形为复制对象向右进行复制，如图 11-217 所示。

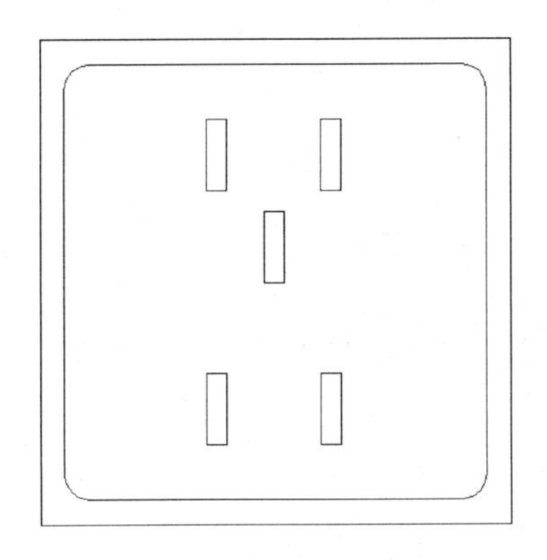

图 11-216 复制矩形

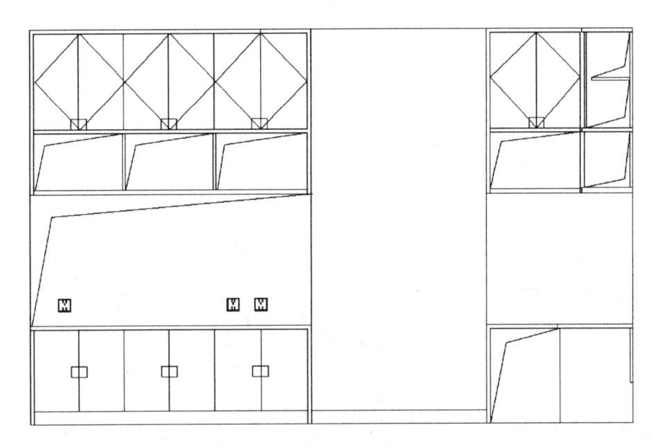

图 11-217 复制矩形

17. 单击“绘图”工具栏中的“圆”按钮，在图形适当位置绘制一个半径为 19 的圆，如图 11-218 所示。

18. 单击“修改”工具栏中的“复制”按钮，选择上步绘制的圆进行复制，如图 11-219 所示。

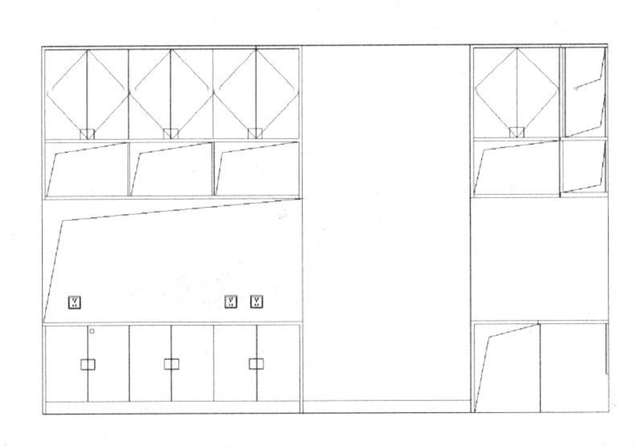

图 11-218 绘制圆

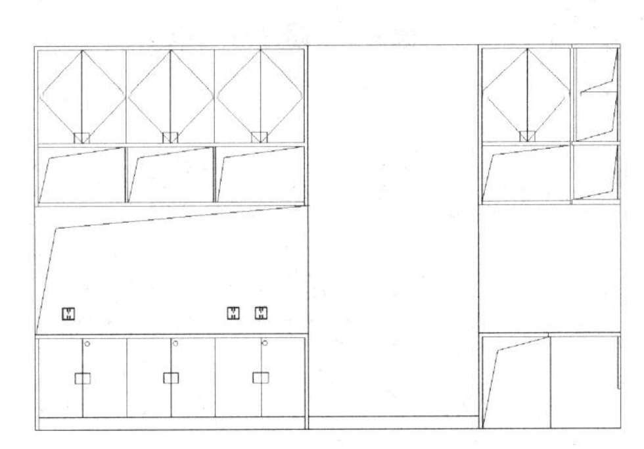

图 11-219 复制圆

19. 单击“绘图”工具栏中的“直线”按钮和“圆”按钮，绘制图形细部，如图 11-220 所示。

20. 单击“绘图”工具栏中的“直线”按钮，在图形适当位置绘制连续直线，如图 11-221 所示。

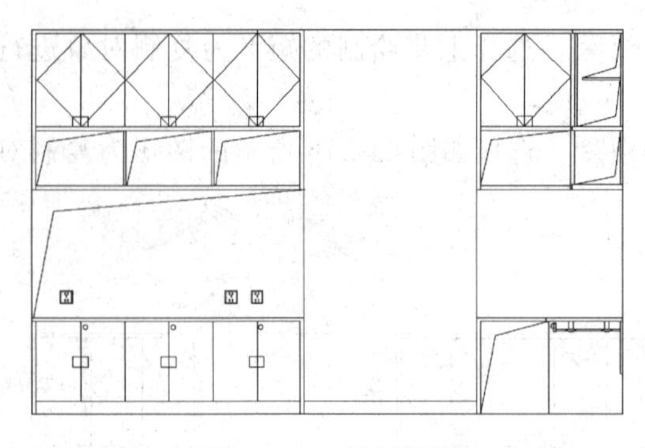

图 11-220 绘制细部

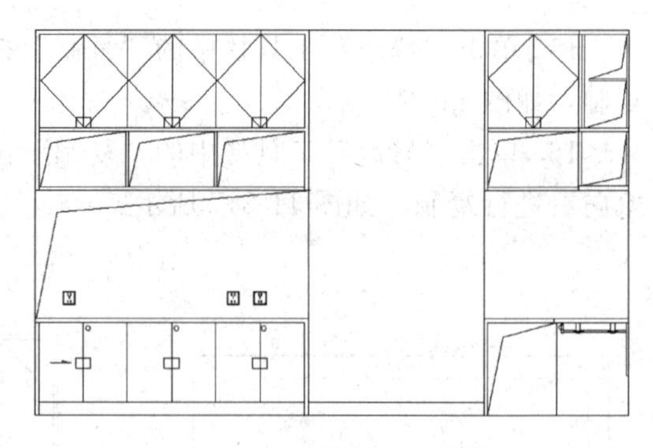

图 11-221 绘制连续直线

21. 单击“绘图”工具栏中的“图案填充”按钮，系统打开“图案填充和渐变色”对话框。

22. 单击“图案”选项后面的按钮，系统打开“填充图案选项板”对话框，如图 11-222 所示。选择“SOLID”图案类型，单击“确定”按钮退出。

23. 在“图案填充和渐变色”对话框右侧单击“添加：拾取点”按钮，选择填充区域，单击确定按钮，系统回到“图案填充和渐变色”对话框，设置填充比例为 20，单击“确定”按钮完成图案填充，效果如图 11-223 所示。

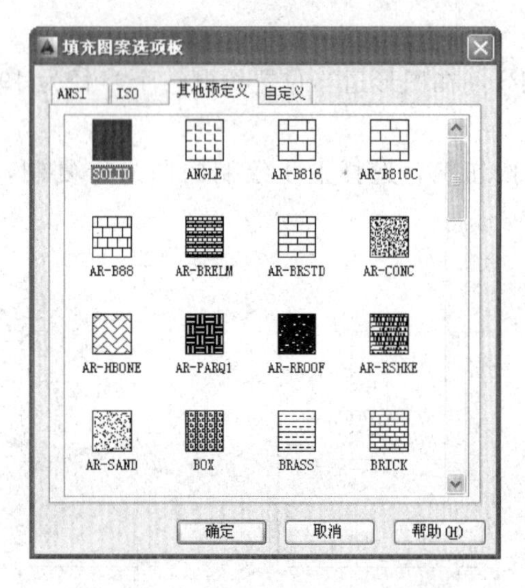

图 11-222 “填充图案选项板”对话框

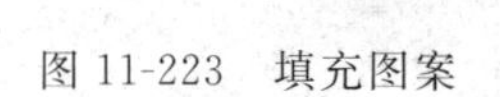

图 11-223 填充图案

24. 单击“修改”工具栏中的“复制”按钮和“镜像”按钮，完成剩余图形的绘制，如图 11-224 所示。

25. 单击“绘图”工具栏中的“点”按钮，在图形适当位置绘制多个点，如图 11-225 所示。

26. 单击“标注”工具栏中的“线性”按钮和“连续”按钮，标注图形第一道水平尺寸，如图 11-226 所示。

27. 单击“标注”工具栏中的“线性”按钮和“连续”按钮，标注图形第一道竖直尺寸，如图 11-227 所示。

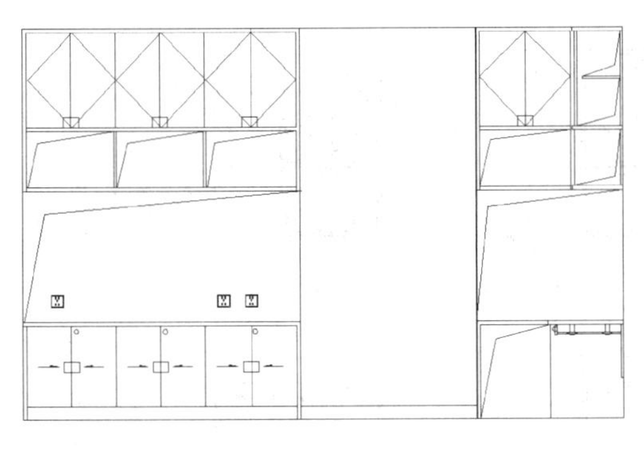

图 11-224 填充图案

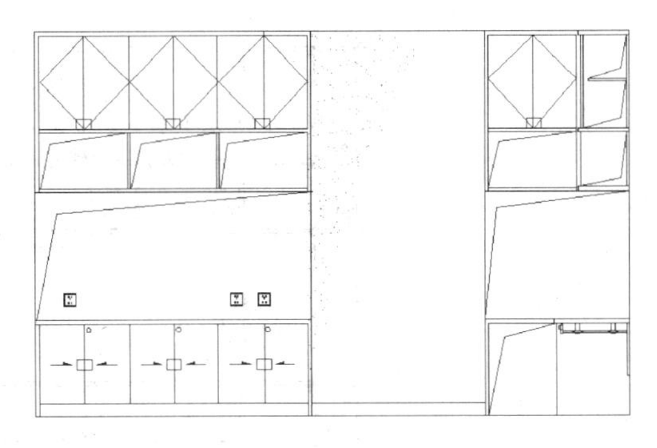

图 11-225 绘制点

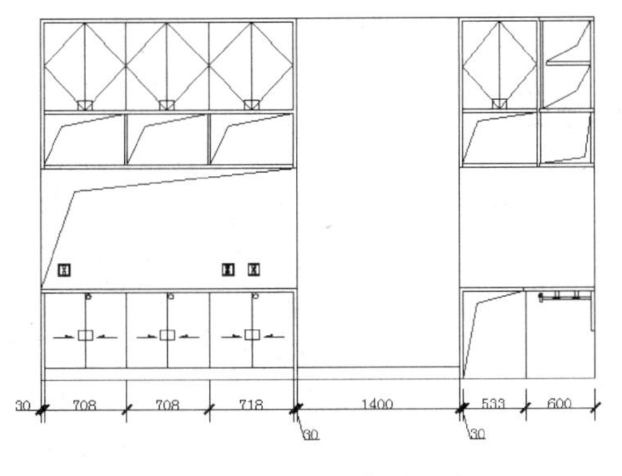

图 11-226 标注水平尺寸

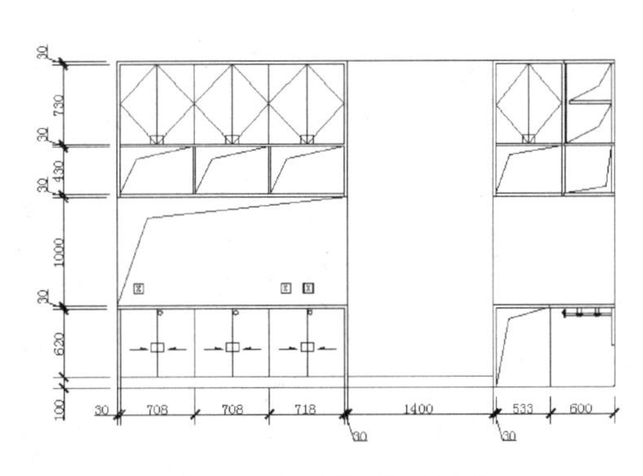

图 11-227 标注竖直尺寸

28. 单击“标注”工具栏中的“线性”按钮，为图形添加第二条竖直尺寸，如图 11-228 所示。

29. 单击“标注”工具栏中的“线性”按钮，为图形添加图形总尺寸，如图 11-229 所示。

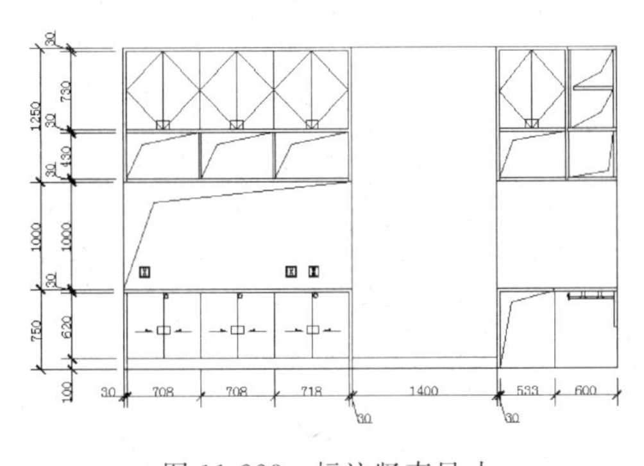

图 11-228 标注竖直尺寸

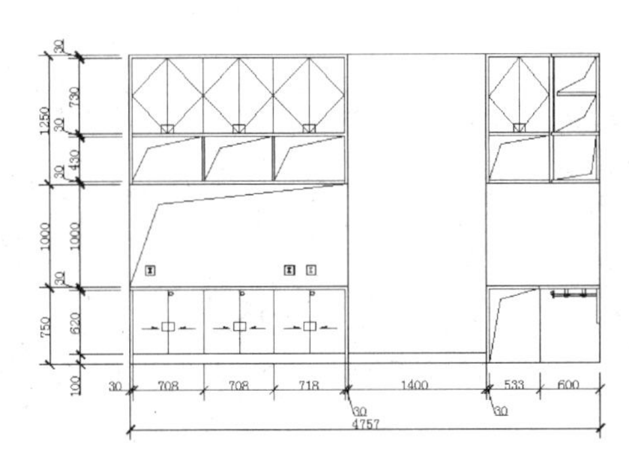

图 11-229 标注总尺寸

30. 单击“标注”工具栏中的“线性”按钮，为图形添加图形竖直尺寸，如图 11-230 所示。

31. 在命令行中输入“qleader”命令，为图形添加文字说明，如图 11-201 所示。

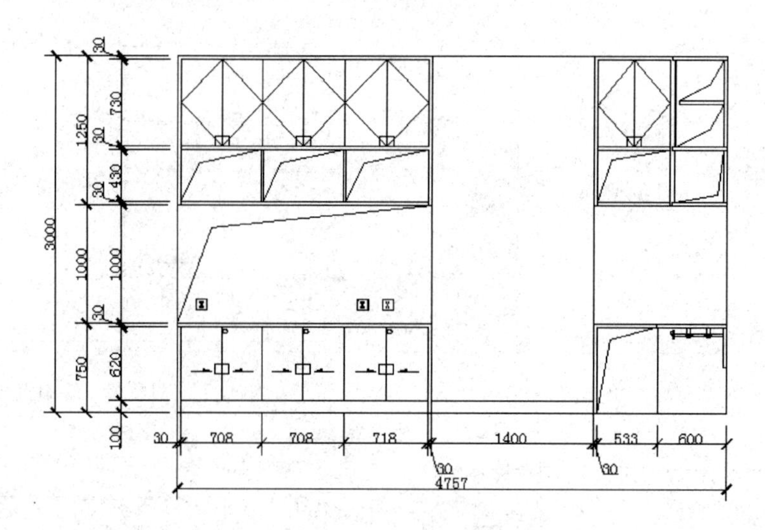

图 11-230　标注竖直尺寸

中餐厅剖面图绘制

建筑剖面图主要反映建筑物的结构形式、垂直空间利用、各层构造做法和门窗洞口高度等。本章以中餐厅剖面图为例，详细论述建筑剖面图的CAD绘制方法与相关技巧。

- 二层中餐厅剖面图的绘制
- 三层中餐厅剖面图的绘制

12.1　二层中餐厅剖面图的绘制

本节主要讲述二层中餐厅$\frac{A}{27\text{-}01}$剖面图的绘制方法，如图 12-1 所示。

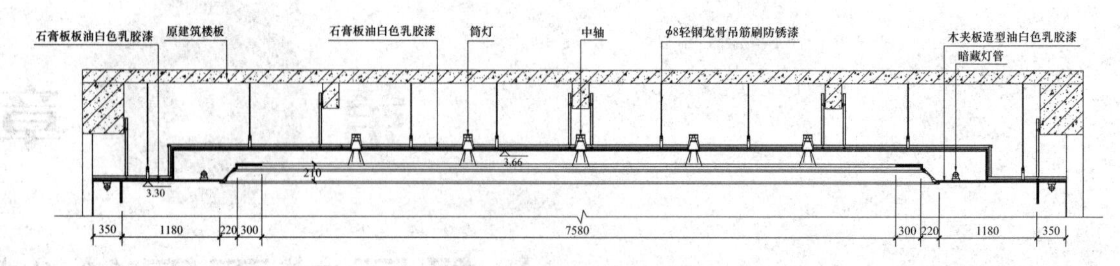

图 12-1　二层中餐厅$\frac{A}{27\text{-}01}$剖面图

光盘 \ 视频教学 \ 第 12 章 \ 二层中餐厅剖面图的绘制.avi

【操作步骤】

1. 单击“绘图”工具栏中的“直线”按钮，在图形适当位置绘制一条长为 12016 的水平直线，如图 12-2 所示。

图 12-2　绘制水平直线

2. 单击“绘图”工具栏中的“直线”按钮，以上步绘制的直线左端点为直线起点向上绘制一条长度为 1715 的竖直直线，如图 12-3 所示。

3. 单击“修改”工具栏中的“偏移”按钮，选择绘制的水平直线向上偏移，偏移距离为 965、300、300、150，如图 12-4 所示。

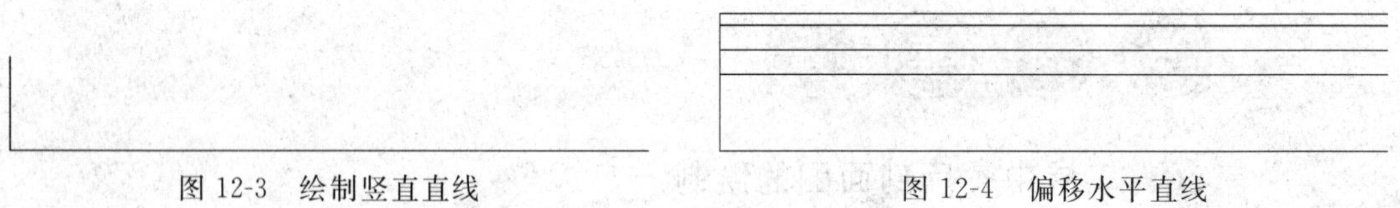

图 12-3　绘制竖直直线

图 12-4　偏移水平直线

4. 单击“修改”工具栏中的“偏移”按钮，选择竖直直线向右进行偏移，偏移距离为 120、380、2400、200、2808、200、2808、200、2385、318、200，如图 12-5 所示。

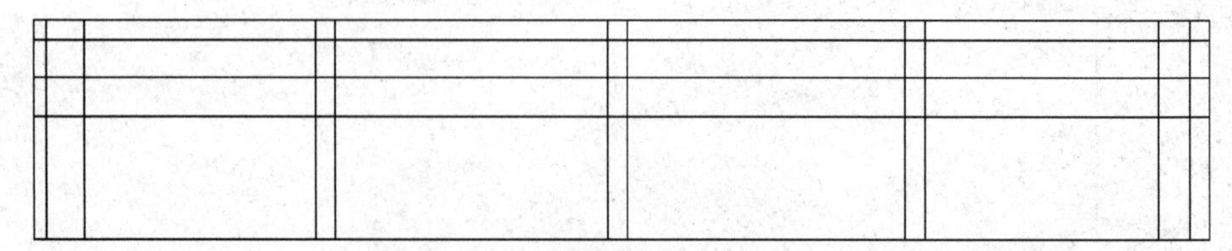

图 12-5　偏移竖直直线

5. 单击“修改”工具栏中的“修剪”按钮，对上步偏移的线段进行修剪，如图 12-6

所示。

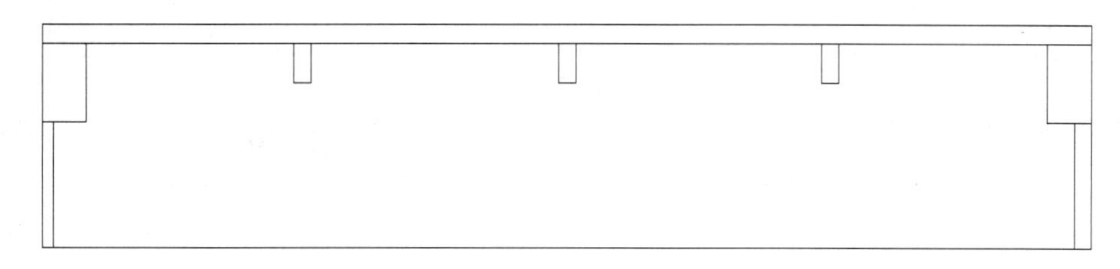

图 12-6 修剪线段

6. 单击“绘图”工具栏中的“图案填充”按钮，系统打开“图案填充和渐变色”对话框。

7. 单击“图案”选项后面的按钮，系统打开“填充图案选项板”对话框，选择“ANSI31”图案类型，单击“确定”按钮退出。

8. 在“图案填充和渐变色”对话框右侧单击“添加：拾取点”按钮，选择填充区域单击确定按钮，系统回到“图案填充和渐变色”对话框，设置角度为0，比例为20，单击“确定”按钮完成图案填充，效果如图12-7所示。

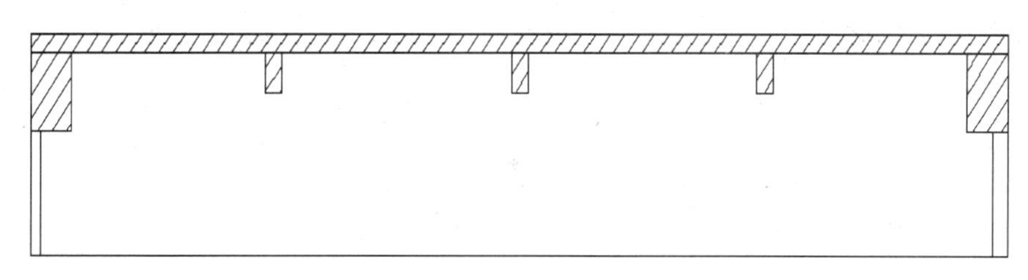

图 12-7 图案填充

9. 单击“绘图”工具栏中的“图案填充”按钮，系统打开“图案填充和渐变色”对话框。单击“图案”选项后面的按钮，系统打开“填充图案选项板”对话框，选择“AR-CONC”图案类型，单击“确定”按钮退出。

10. 在“图案填充和渐变色”对话框右侧单击“添加：拾取点”按钮，选择填充区域，单击确定按钮，系统回到“图案填充和渐变色”对话框，设置角度为0，比例为1，单击“确定”按钮完成图案填充，效果如图12-8所示。

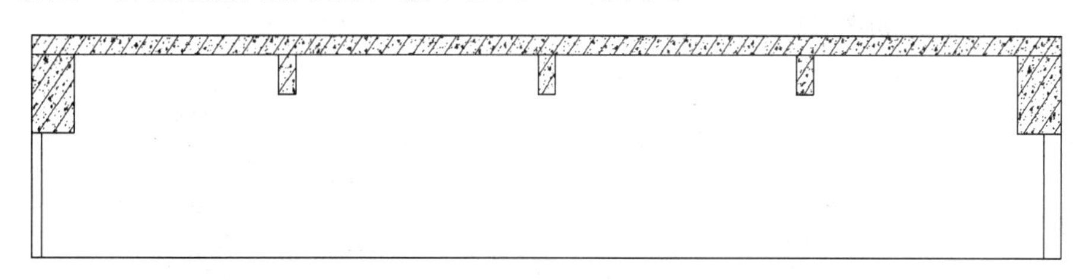

图 12-8 填充图案

11. 单击“绘图”工具栏中的“矩形”按钮，在图形适当位置绘制一个“1578×20”的矩形，如图12-9所示。

12. 单击“修改”工具栏中的“分解”按钮，选择上步绘制的矩形为分解对象，回车进行分解。

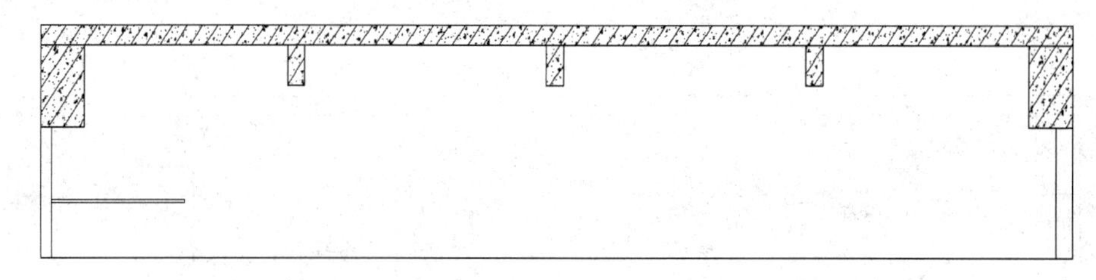

图 12-9 绘制矩形

13. 单击“修改”工具栏中的“偏移”按钮，选择分解后的矩形底部水平边向上偏移，偏移距离为 7、6，如图 12-10 所示。

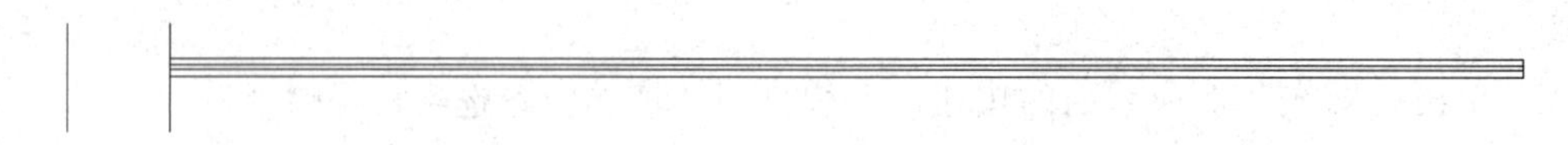

图 12-10 偏移直线

14. 单击“绘图”工具栏中的“直线”按钮和“圆弧”按钮，绘制连续线条，如图 12-11 所示。

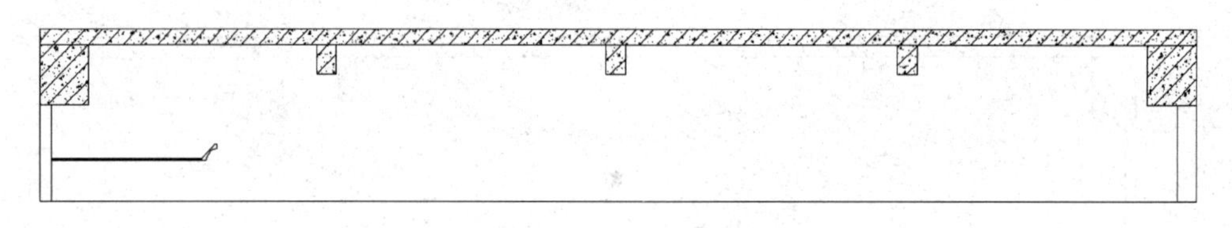

图 12-11 绘制线条

15. 单击“绘图”工具栏中的“图案填充”按钮，系统打开“图案填充和渐变色”对话框，单击“图案”选项后面的按钮，系统打开“填充图案选项板”对话框，选择“GRAVEL”图案类型，单击“确定”按钮退出。

16. 在“图案填充和渐变色”对话框右侧单击“添加：拾取点”按钮，选择填充区域，单击确定按钮，系统回到“图案填充和渐变色”对话框，设置角度为 0，比例为 2，单击“确定”按钮完成图案填充，效果如图 12-12 所示。

17. 单击“绘图”工具栏中的“矩形”按钮，在上步绘制图形的适当位置绘制一个“20×70”的矩形，如图 12-13 所示。

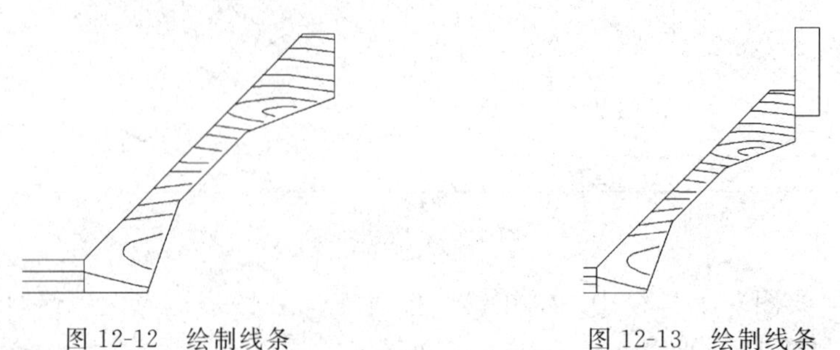

图 12-12 绘制线条　　图 12-13 绘制线条

18. 单击“绘图”工具栏中的“直线”按钮，在上步绘制的矩形内绘制多条斜向直线，如图 12-14 所示。

19. 单击“绘图”工具栏中的“矩形”按钮，在图形适当位置绘制一个“300×30”的矩形，如图12-15所示。

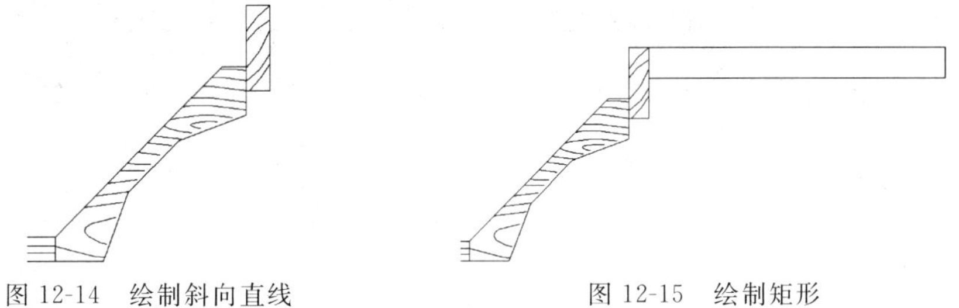

图12-14 绘制斜向直线　　图12-15 绘制矩形

20. 单击“修改”工具栏中的“分解”按钮，选择上部绘制的矩形为分解对象进行分解。

21. 单击“修改”工具栏中的“偏移”按钮，选择上部分解的矩形上部水平边为偏移对象向下进行偏移，偏移距离为6、6、6、6，如图12-16所示。

22. 单击“绘图”工具栏中的“矩形”按钮，在图形适当位置绘制一个“60×20”的矩形，如图12-17所示。

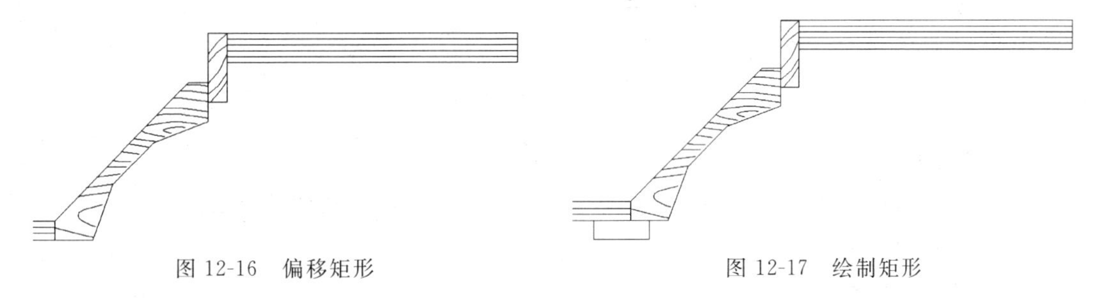

图12-16 偏移矩形　　图12-17 绘制矩形

23. 单击“绘图”工具栏中的“直线”按钮，在上步绘制的矩形内绘制多条直线，如图12-18所示。

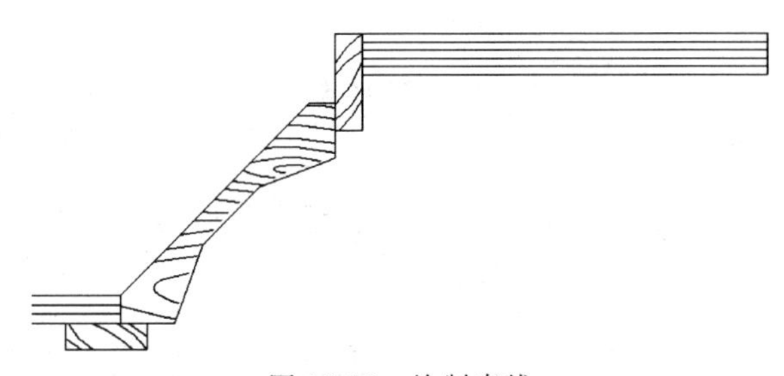

图12-18 绘制直线

24. 单击“修改”工具栏中的“镜像”按钮，选择上步图形为镜像图形向右侧进行镜像，镜像结果如图12-19所示。

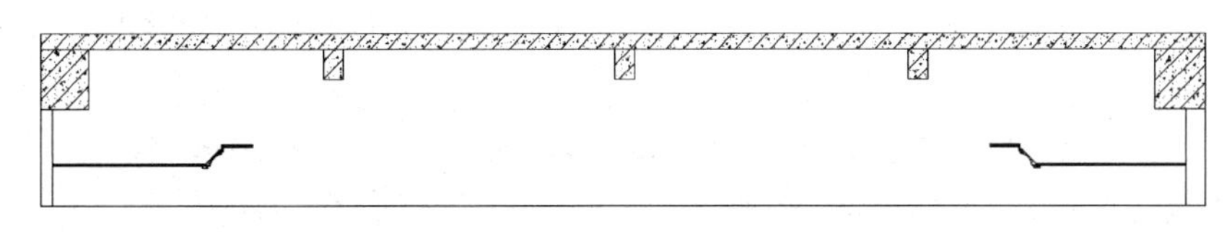

图12-19 镜像图形

25. 单击“绘图”工具栏中的“直线”按钮，绘制连接两镜像图形的水平直线，如图 12-20 所示。

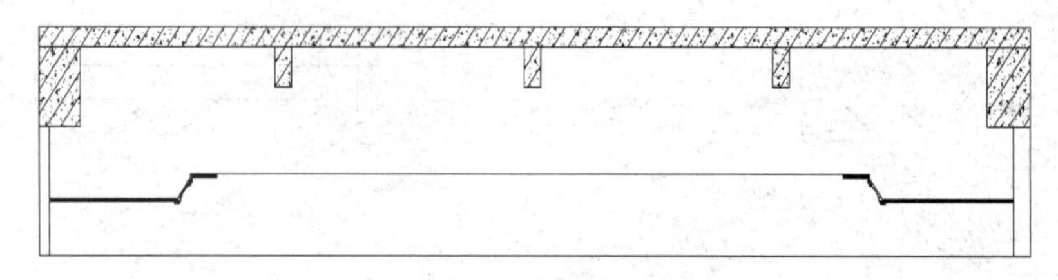

图 12-20　连接图形

26. 单击“修改”工具栏中的“偏移”按钮，选择上步绘制的水平直线向下进行偏移，偏移距离为 30、40、20、120、20，如图 12-21 所示。

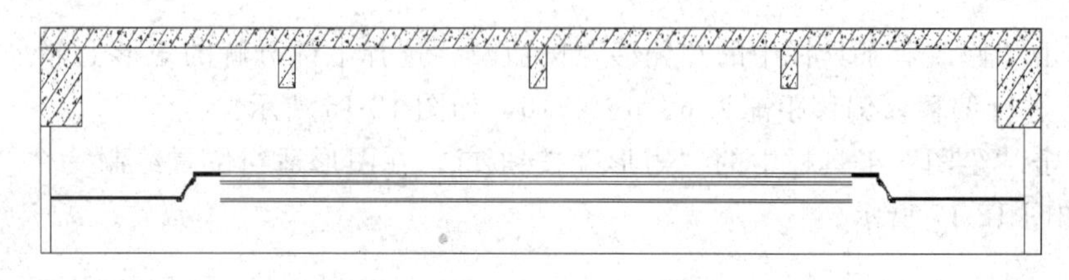

图 12-21　偏移线条

27. 选择菜单栏中的“修改”工具栏中的“延伸”按钮，选择上步偏移线段向两侧进行延伸，如图 12-22 所示。

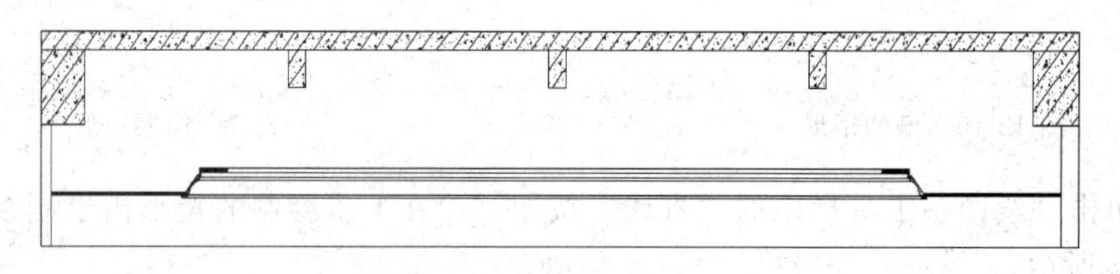

图 12-22　延伸线条

28. 单击“绘图”工具栏中的“矩形”按钮，在图形适当位置绘制一个“22×250”的矩形，如图 12-23 所示。

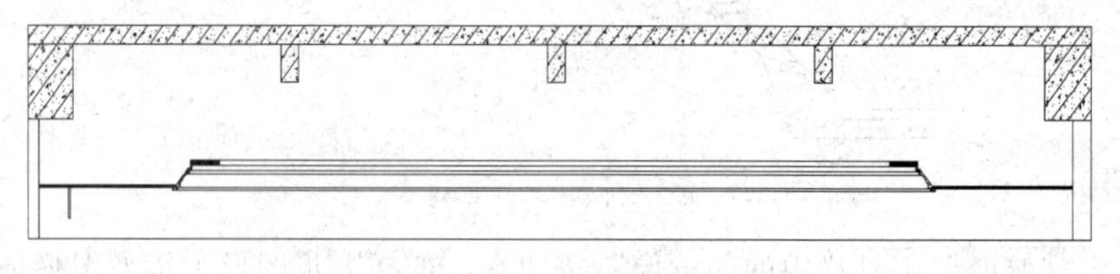

图 12-23　绘制矩形

29. 单击“修改”工具栏中的“分解”按钮，选择上步绘制的矩形为分解对象回车进行分解。

30. 单击“修改”工具栏中的“偏移”按钮，选择分解矩形左侧竖直边向右进行偏移，偏移距离为 7、7，如图 12-24 所示。

31. 单击“修改”工具栏中的“镜像”按钮，选择上步图形为镜像图形，以 AB 两点为镜像点进行镜像，如图 12-25 所示。

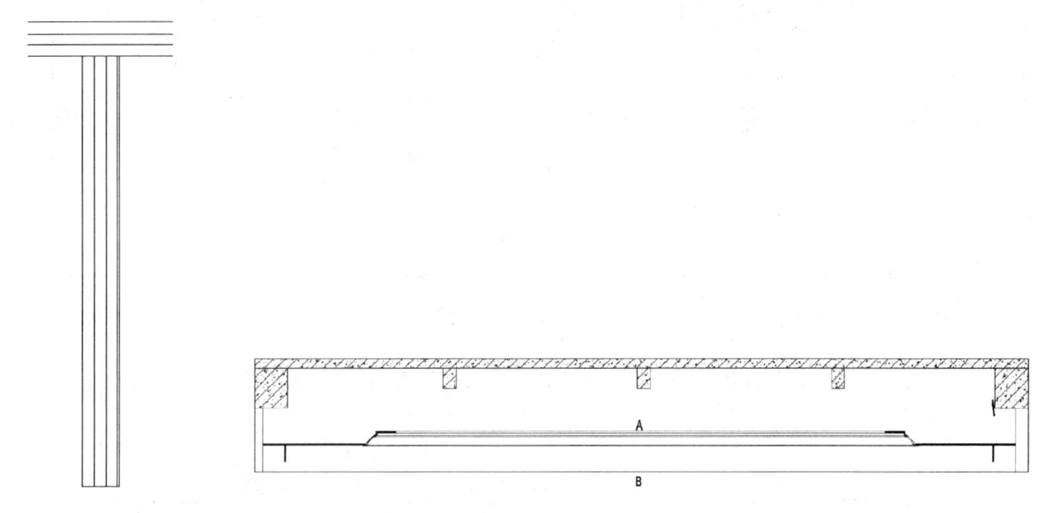

图 12-24 偏移直线　　　　图 12-25 镜像图形

32. 单击“绘图”工具栏中的“矩形”按钮，在图形适当位置绘制一个“91×23”的矩形，如图 12-26 所示。

33. 单击“绘图”工具栏中的“直线”按钮，在上步绘制的“直线”按钮，在上步绘制的矩形下方绘制两条斜向直线，如图 12-27 所示。

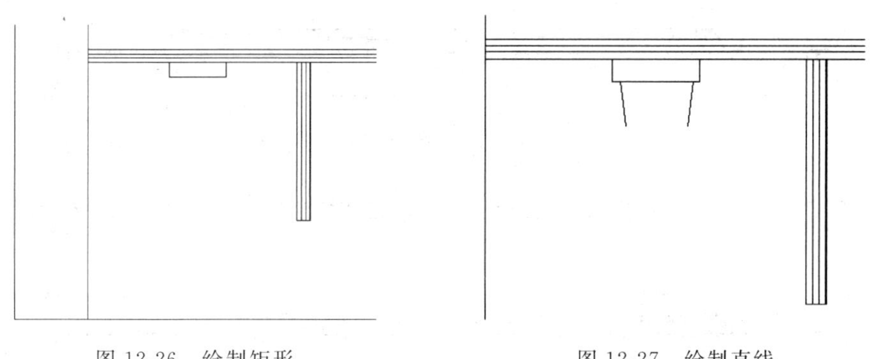

图 12-26 绘制矩形　　　　图 12-27 绘制直线

34. 单击“绘图”工具栏中的“圆弧”按钮，以上步绘制的两条斜线下端点为圆弧的起点和终点绘制一段圆弧，如图 12-28 所示。

35. 单击“绘图”工具栏中的“圆”按钮，以上步绘制圆弧的中心为圆的圆心绘制半径为 26 的圆，如图 12-29 所示。

36. 单击“绘图”工具栏中的“直线”按钮，绘制过圆心的十字交叉线，如图 12-30 所示。

37. 单击“修改”工具栏中的“镜像”按钮，选择上步绘制图形为镜像对象向右侧进行镜像，如图 12-31 所示。

38. 利用相同方法绘制剩余的相同图形，如图 12-32 所示。

39. 单击“绘图”工具栏中的“直线”按钮，在上档位置绘制连续直线，如图 12-33 所示。

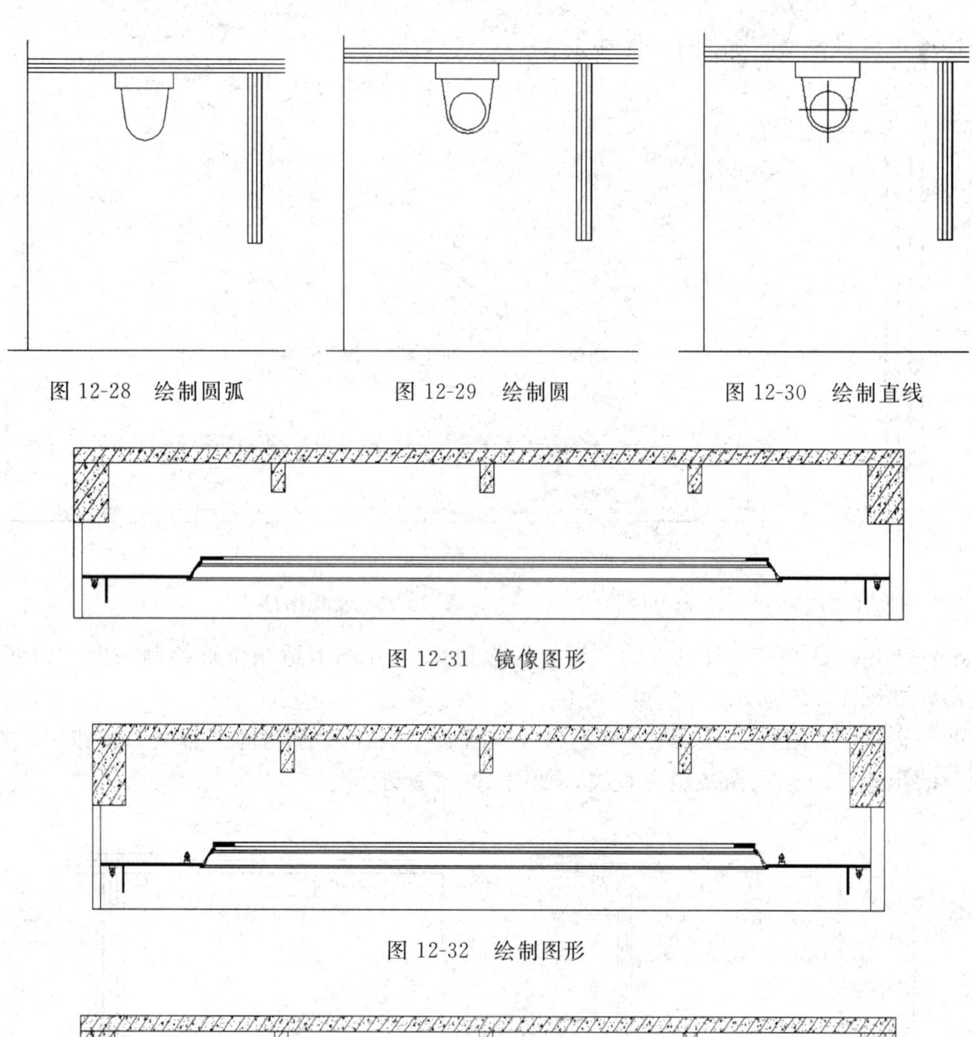

图 12-28　绘制圆弧　　　图 12-29　绘制圆　　　图 12-30　绘制直线

图 12-31　镜像图形

图 12-32　绘制图形

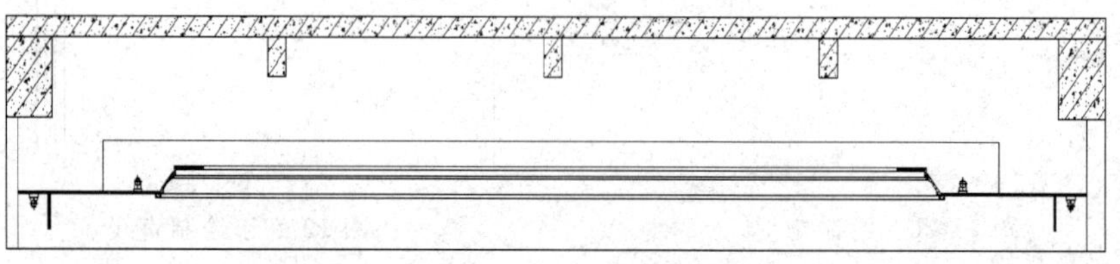

图 12-33　绘制直线

40. 单击“修改”工具栏中的“偏移”按钮，选择上步绘制的连续直线中的竖直直线分别向内偏移，偏移距离为 7、7、7，如图 12-34 所示。

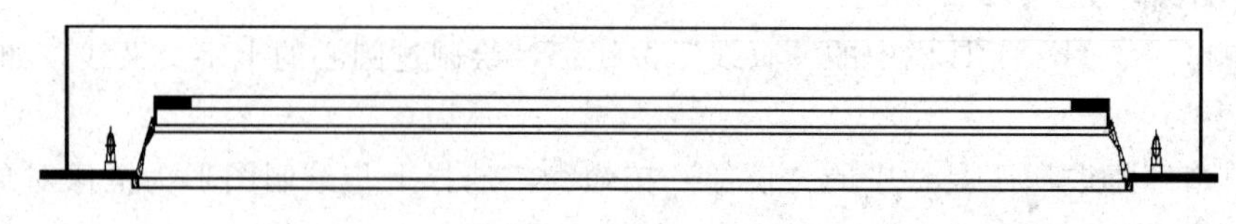

图 12-34　偏移竖直直线

41. 单击“修改”工具栏中的“偏移”按钮，选择水平直线向下偏移，偏移距离为 7、7、7，如图 12-35 所示。

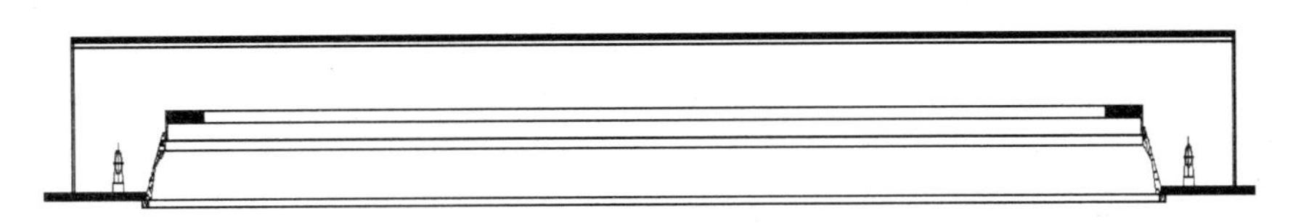

图 12-35　偏移水平直线

42. 单击“修改”工具栏中的“修剪”按钮，对上步偏移线段进行修剪，如图 12-36 所示。

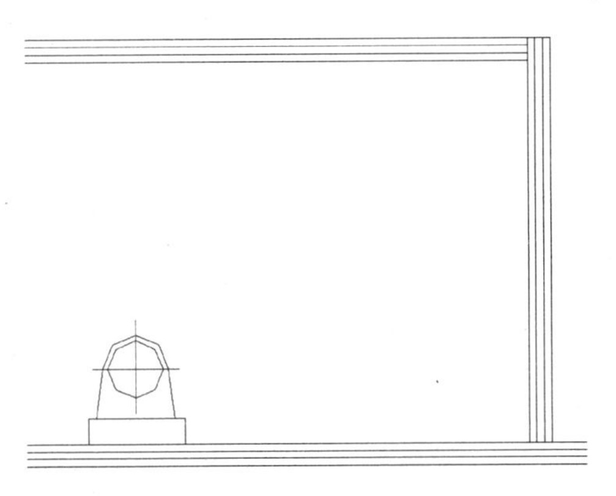

图 12-36　修剪图形

43. 单击“绘图”工具栏中的“直线”按钮和“修改”工具栏中的“偏移”按钮，绘制外部图形如图 12-37 所示。

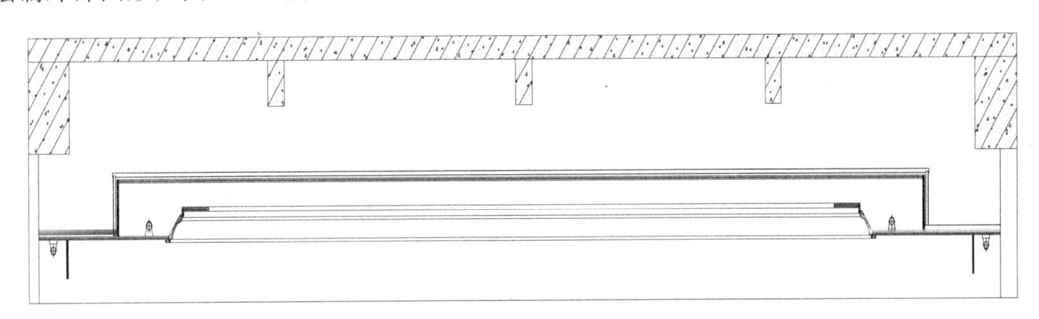

图 12-37　偏移直线

44. 单击“绘图”工具栏中的“矩形”按钮，在图形适当位置绘制一个“103×11”的矩形，如图 12-38 所示。

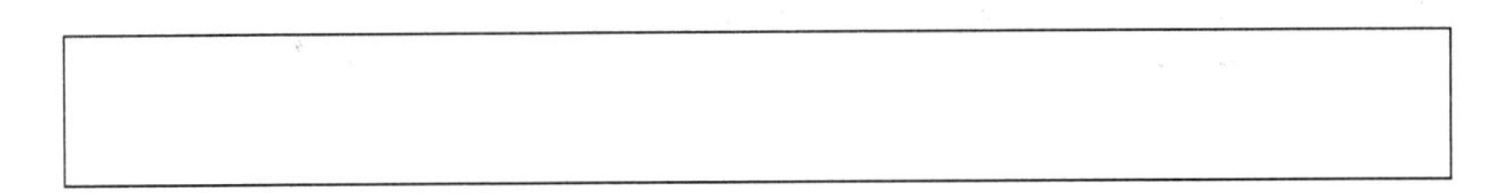

图 12-38　绘制矩形

45. 单击“绘图”工具栏中的“矩形”按钮，在上步矩形下方绘制一个“99×28”的矩形，如图 12-39 所示。

46. 单击“绘图”工具栏中的“矩形”按钮，在上步图形下方绘制一个“44×33”的矩形，如图 12-40 所示。

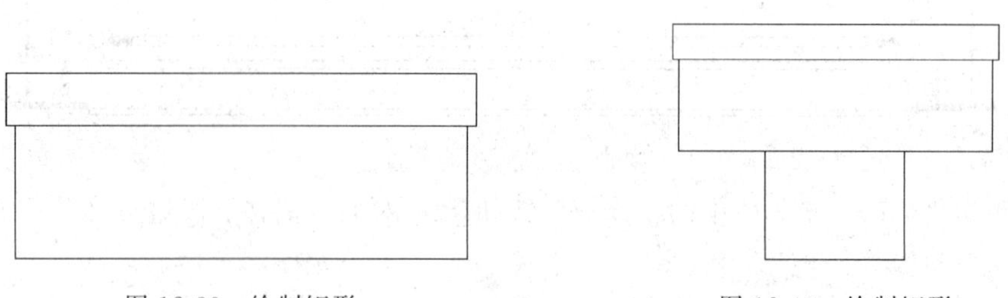

图 12-39　绘制矩形　　　　图 12-40　绘制矩形

47. 单击“绘图”工具栏中的“矩形”按钮，在上步图形下方绘制一个“77×7”的矩形，如图 12-41 所示。

48. 单击“绘图”工具栏中的“矩形”按钮，在距离上步矩形 98 处绘制一个“130×9”的矩形，如图 12-42 所示。

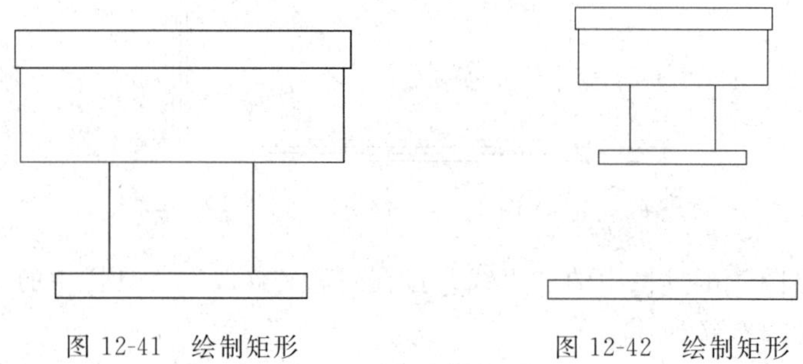

图 12-41　绘制矩形　　　　图 12-42　绘制矩形

49. 单击“绘图”工具栏中的“直线”按钮，绘制连续直线，如图 12-43 所示。

50. 单击“绘图”工具栏中的“圆弧”按钮，在图形适当位置绘制两段圆弧，如图 12-44 所示。

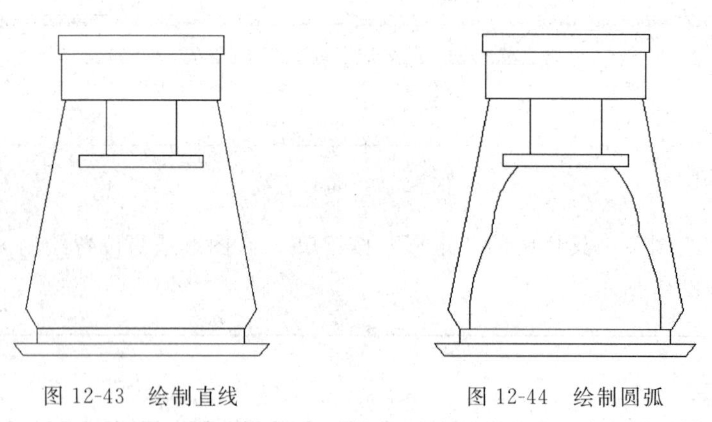

图 12-43　绘制直线　　　　图 12-44　绘制圆弧

51. 单击“绘图”工具栏中的“直线”按钮，在图形适当位置绘制一条水平直线，如图 12-45 所示。

52. 单击“绘图”工具栏中的“圆”按钮，在图形适当位置绘制半径为 14 的圆，如图 12-46 所示。

53. 单击“绘图”工具栏中的“直线”按钮，在图形下方绘制斜向直线，如图 12-47 所示。

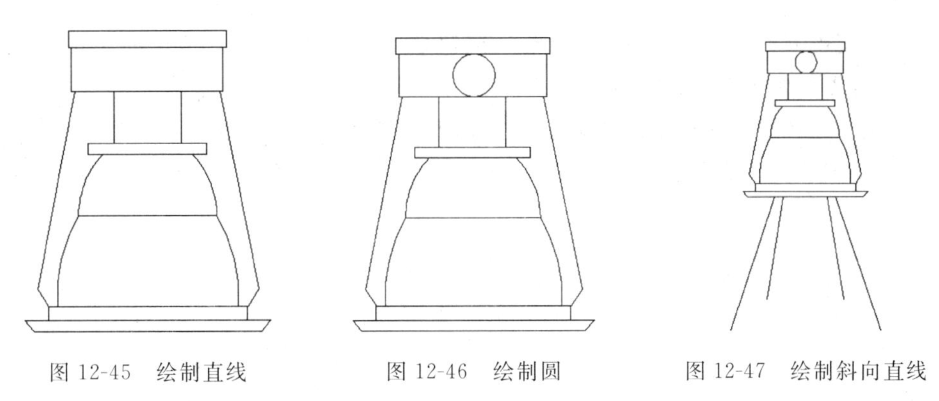

图 12-45　绘制直线　　图 12-46　绘制圆　　图 12-47　绘制斜向直线

54. 单击“修改”工具栏中的“复制”按钮，选择上步图形进行复制，如图 12-48 所示。

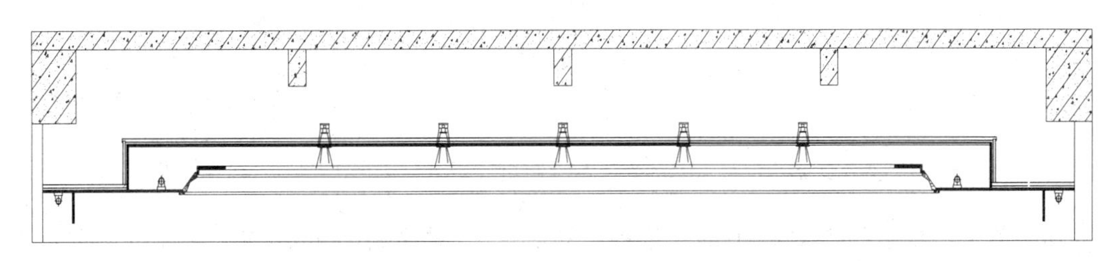

图 12-48　复制图形

55. 单击“修改”工具栏中的“修剪”按钮，对上步复制图形内的多余线段进行修剪，如图 12-49 所示。

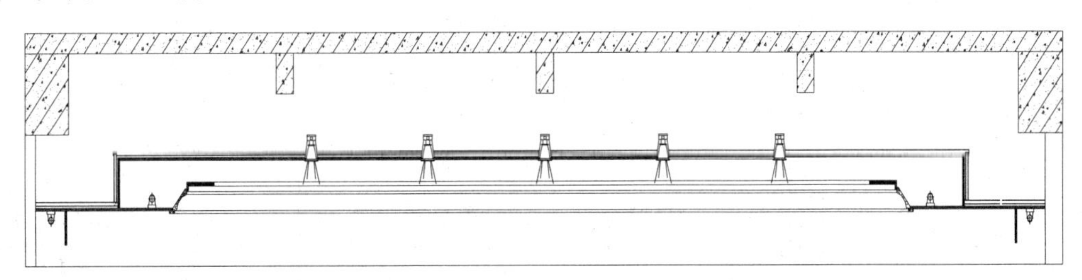

图 12-49　修剪图形

56. 单击“绘图”工具栏中的“矩形”按钮，在图形适当位置绘制一个“8×985”的矩形，如图 12-50 所示。

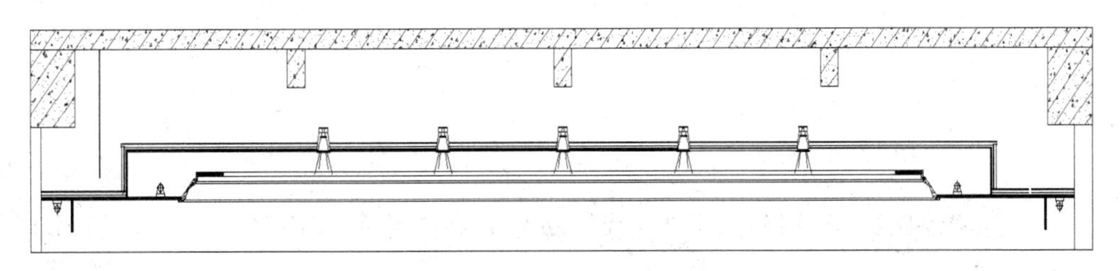

图 12-50　绘制矩形

57. 单击“绘图”工具栏中的“矩形”按钮，在上步绘制矩形下端绘制一个“18×

6”的矩形，如图 12-51 所示。

58. 单击“绘图”工具栏中的“矩形”按钮，在上步绘制的矩形的下端绘制一个“29×3”的矩形，如图 12-52 所示。

59. 单击“绘图”工具栏中的“矩形”按钮，在上步绘制的矩形下端绘制一个“29×131”的矩形，如图 12-53 所示。

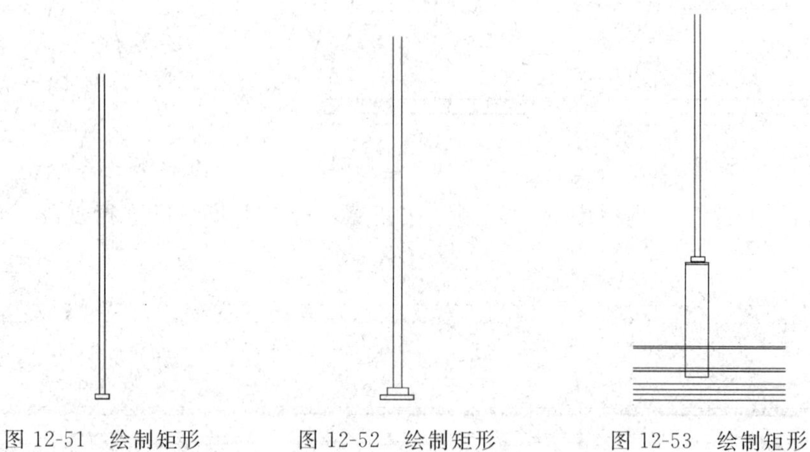

图 12-51 绘制矩形　　图 12-52 绘制矩形　　图 12-53 绘制矩形

60. 单击“修改”工具栏中的“修剪”按钮，对绘制的矩形内线段进行修剪，如图 12-54 所示。

61. 单击“绘图”工具栏中的“矩形”按钮，在上步修剪的矩形内绘制一个“18×6”的矩形，如图 12-55 所示。

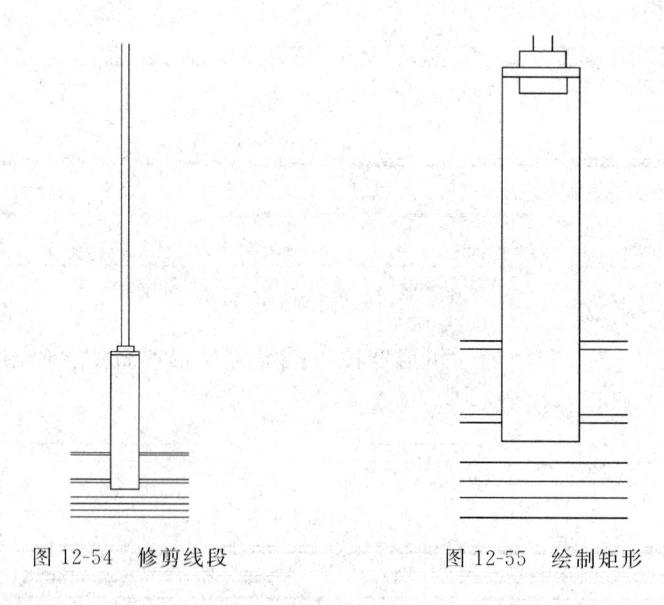

图 12-54 修剪线段　　图 12-55 绘制矩形

62. 单击“绘图”工具栏中的“直线”按钮，在矩形间绘制竖直直线，如图 12-56 所示。

63. 单击“绘图”工具栏中的“直线”按钮和“圆”按钮，完成图形剩余部分的绘制，如图 12-57 所示。

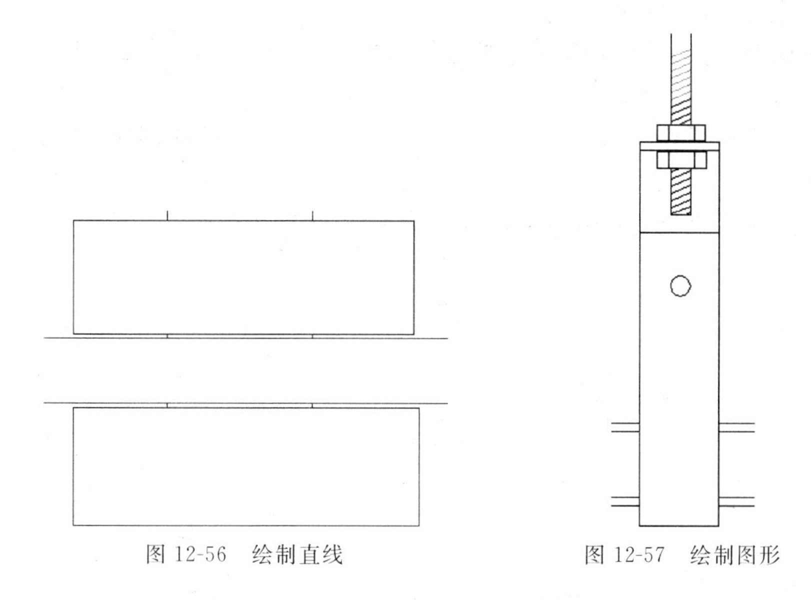

图 12-56 绘制直线　　图 12-57 绘制图形

64. 利用上述方法完成相同图形的绘制，如图 12-58 所示。

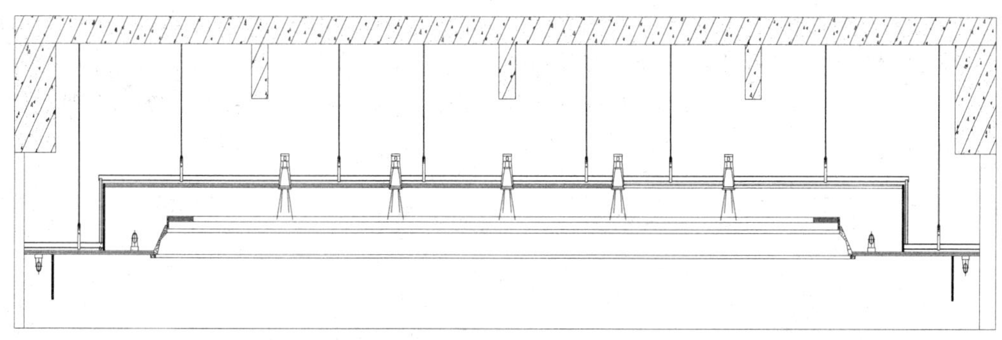

图 12-58 绘制图形

65. 单击“绘图”工具栏中的“矩形”按钮▭，在图形适当位置绘制一个“15×33”的矩形，如图 12-59 所示。

66. 单击“修改”工具栏中的“偏移”按钮，选择上步绘制的矩形为偏移对象向内进行偏移，偏移距离为 2，如图 12-60 所示。

67. 单击“绘图”工具栏中的“直线”按钮，在矩形内部绘制两条竖直直线，如图 12-61 所示。

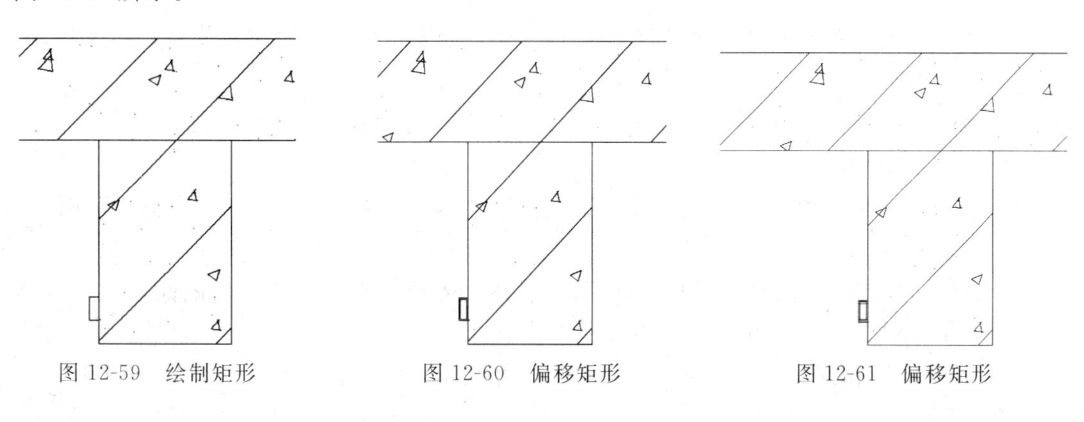

图 12-59 绘制矩形　　图 12-60 偏移矩形　　图 12-61 偏移矩形

68. 单击“修改”工具栏中的“修剪”按钮，对上步图形进行修剪，如图 12-62 所示。

69. 单击“绘图”工具栏中“直线”按钮，在上步绘制图形内绘制连续直线，如图 12-63 所示。

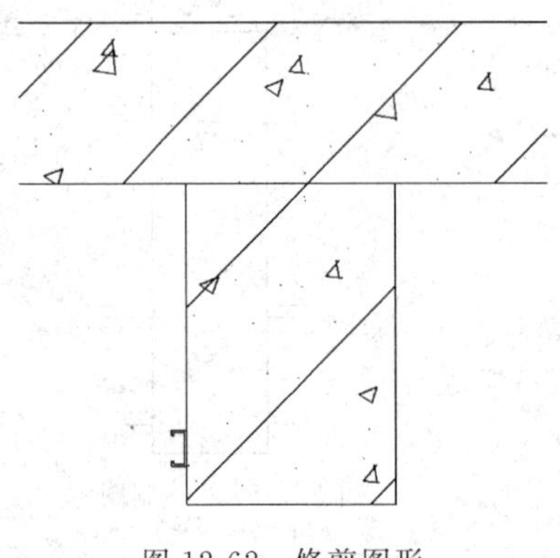
图 12-62 修剪图形

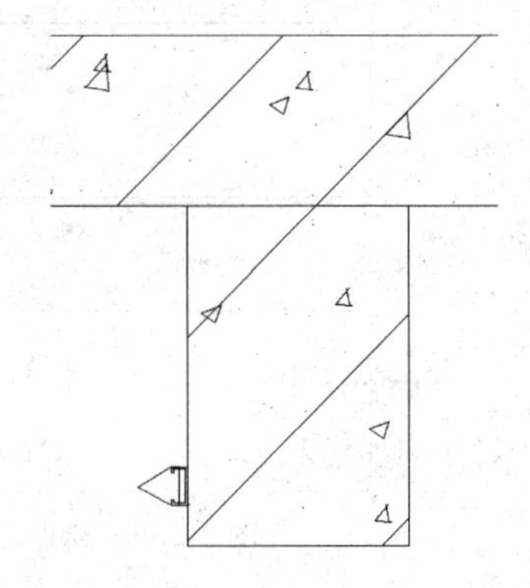
图 12-63 绘制直线

70. 在图形适当位置绘制一个“30×644”的矩形，如图 12-64 所示。单击“修改”工具栏中的“分解”按钮，选择上步绘制矩形为分解对象回车进行分解。单击“修改”工具栏中的“偏移”按钮，选择上步绘制的矩形左右两竖直边为偏移对象，分别向内偏移，偏移距离为 3，如图 12-65 所示。

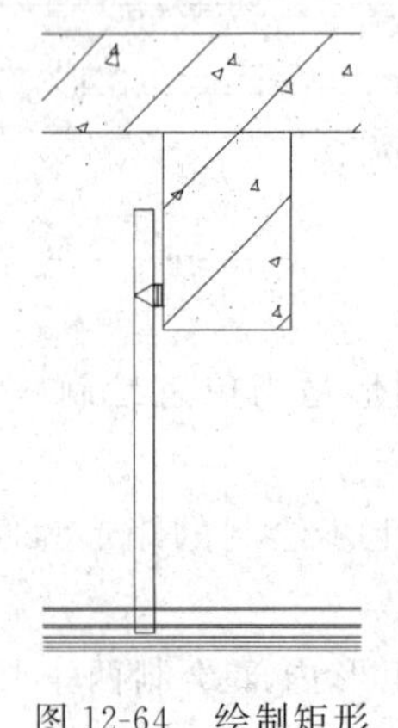
图 12-64 绘制矩形

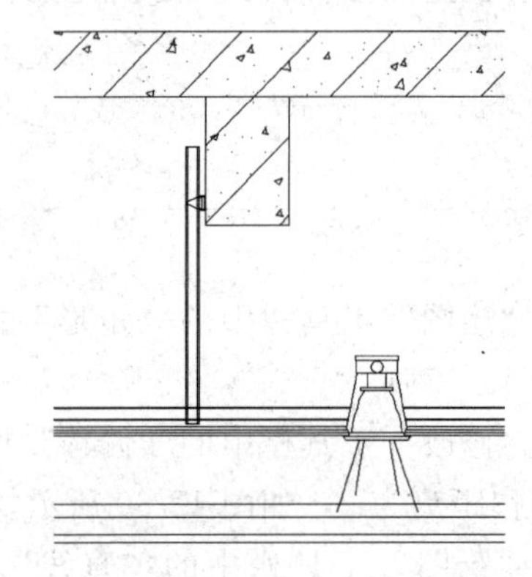
图 12-65 偏移图形

71. 单击“修改”工具栏中的“修剪”按钮，对上步偏移线段进行修剪，如图 12-66 所示。

72. 单击“绘图”工具栏中的“圆”按钮，在上步图形内适当位置绘制半径为 2 的圆，如图 12-67 所示。

73. 单击“修改”工具栏中的“复制”按钮，选择上步绘制的圆为复制对象进行复制，如图 12-68 所示。

74. 单击“修改”工具栏中的“镜像”按钮，选择上步绘制图形为镜像对象，选择 AB 两点为镜像点，对图形镜像，如图 12-69 所示。

75. 利用上述相同方法绘制剩余相同图形，如图 12-70 所示。

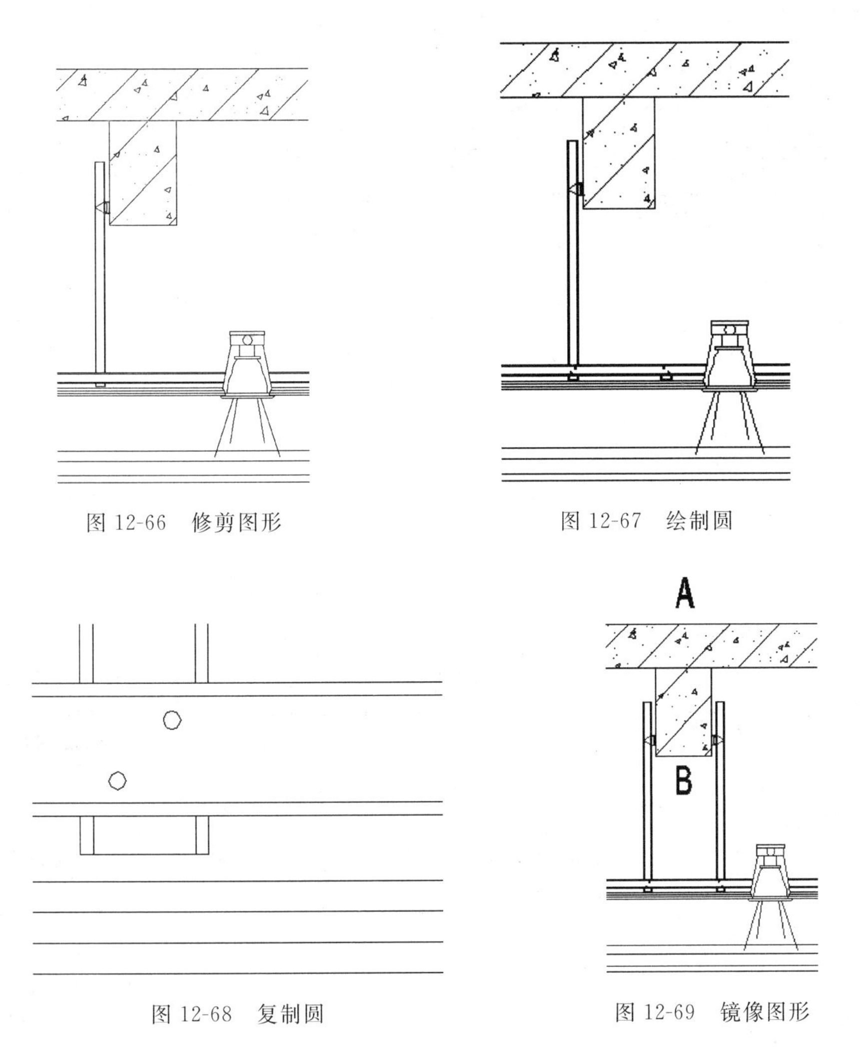

图 12-66 修剪图形

图 12-67 绘制圆

图 12-68 复制圆

图 12-69 镜像图形

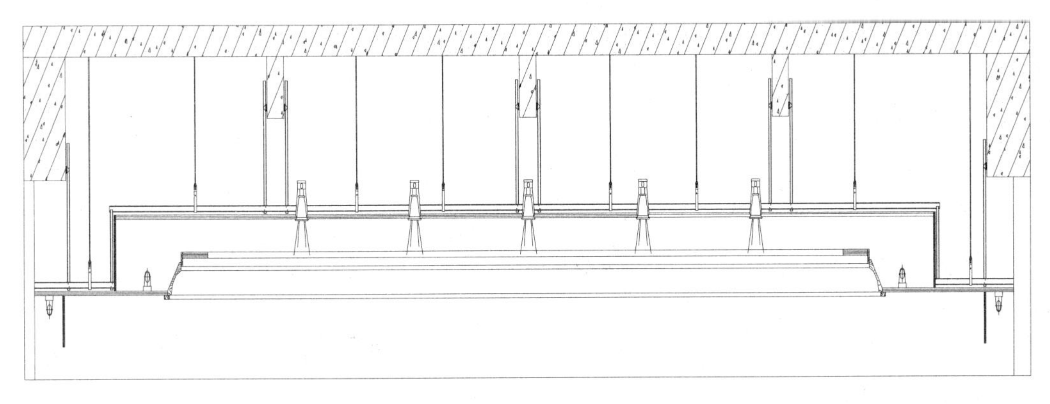

图 12-70 绘制图形

76. 单击“修改”工具栏“偏移”按钮，选择直线为偏移对象，偏移距离为 8，如图 12-71 所示。

77. 选择菜单栏中的“修改”→“拉长”命令，选择底部水平直线为拉长对象，将该直线分别向左右拉长 500，如图 12-72 所示。

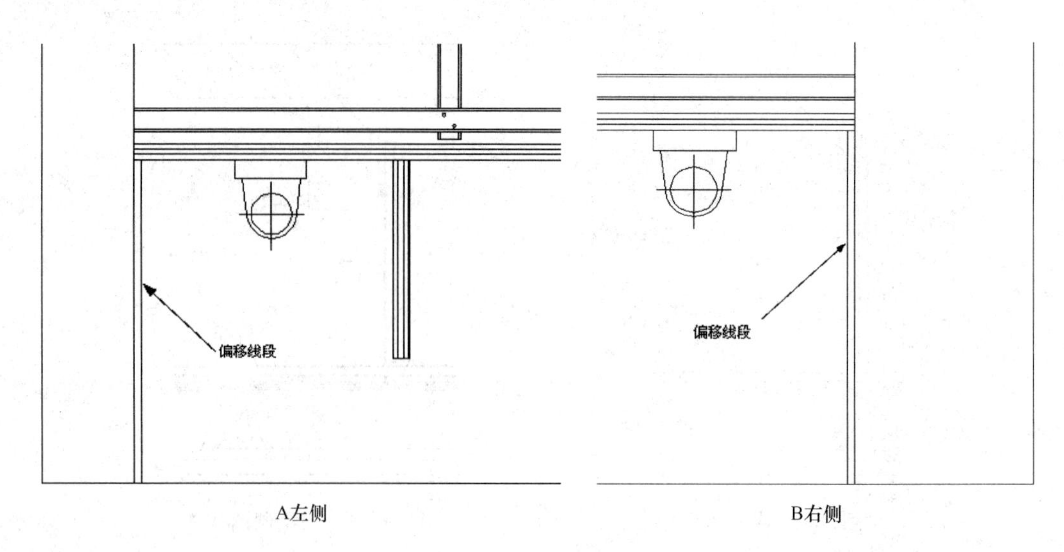

图 12-71 偏移直线

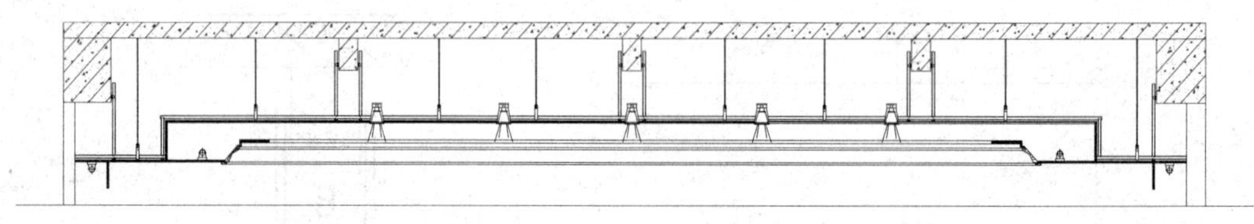

图 12-72 拉长图形

78. 单击“绘图”工具栏中的“直线”按钮，在上步拉长直线上绘制连续折弯线，如图 12-73 所示。

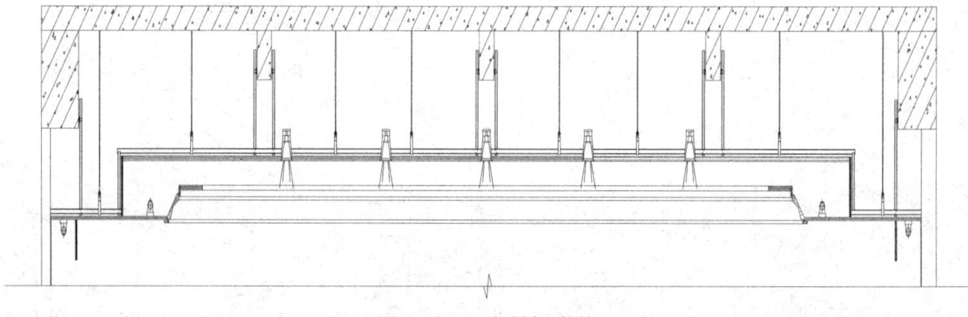

图 12-73 绘制折弯线

79. 单击“修改”工具栏中的“修剪”按钮，对上步绘制的折弯线进行修剪，如图 12-74 所示。

80. 在“图层特性”管理器中，新建“尺寸”图层并设为当前层，如图 12-75 所示。

81. 设置标注样式

(1) 选择菜单栏中的“标注”→“标注样式”命令，弹出“标注样式管理器”对话框，如图 12-76 所示。

(2) 单击“新建”按钮，弹出“创建新标注样式”对话框。在新样式名文本框内输入“详图”，如图 12-77 所示。单击“继续”按钮。

(3) 单击“线”选项卡，对话框显示如图 12-78 所示，按照图中的参数修改标注样式。

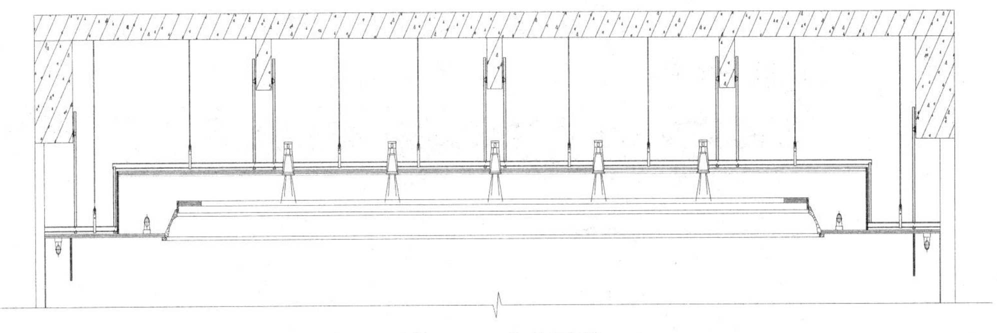

图 12-74 修剪图形

图 12-75 设置当前图层

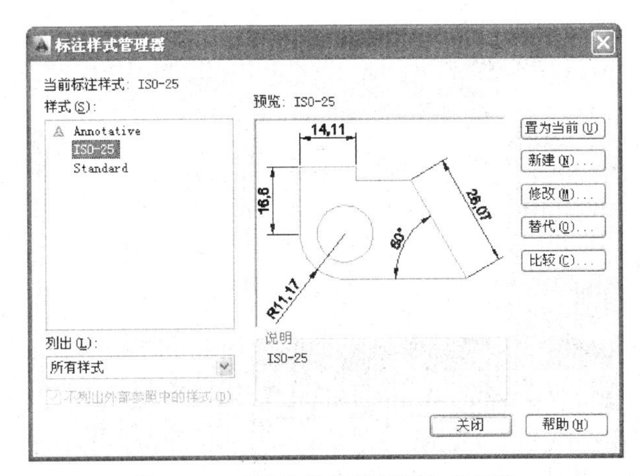

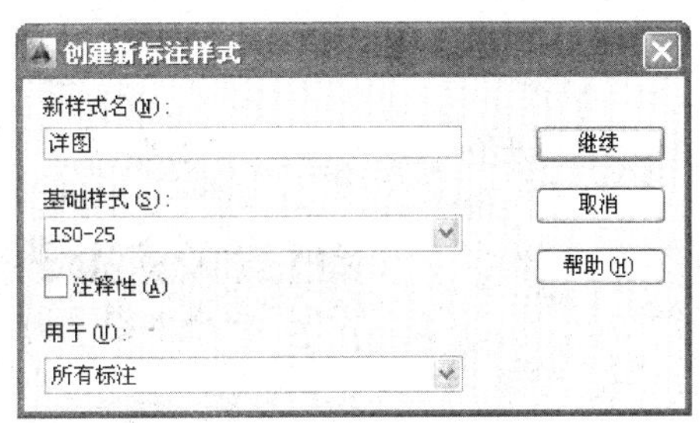

图 12-76 “标注样式管理器”对话框

图 12-77 详图

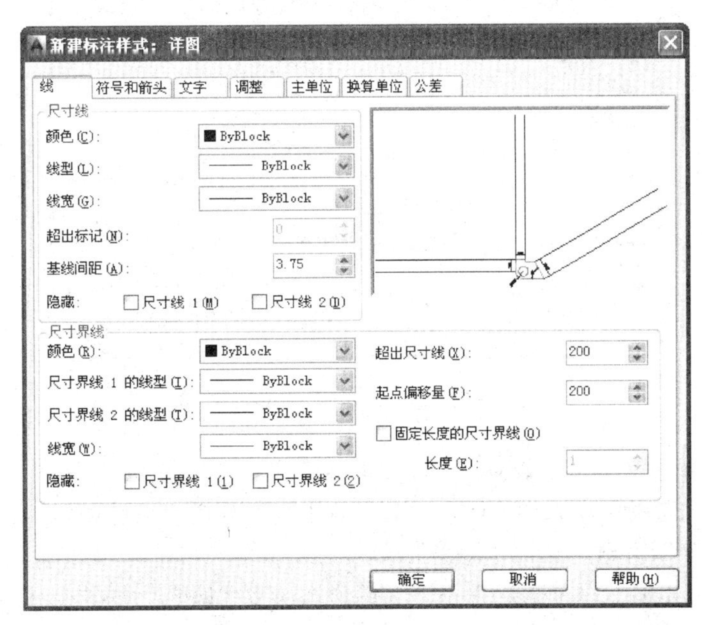

图 12-78 “线”选项卡

(4) 单击“符号和箭头”选项卡，按照图 12-79 所示的设置进行修改，箭头样式选择为“建筑标记”，箭头大小修改为“100”。

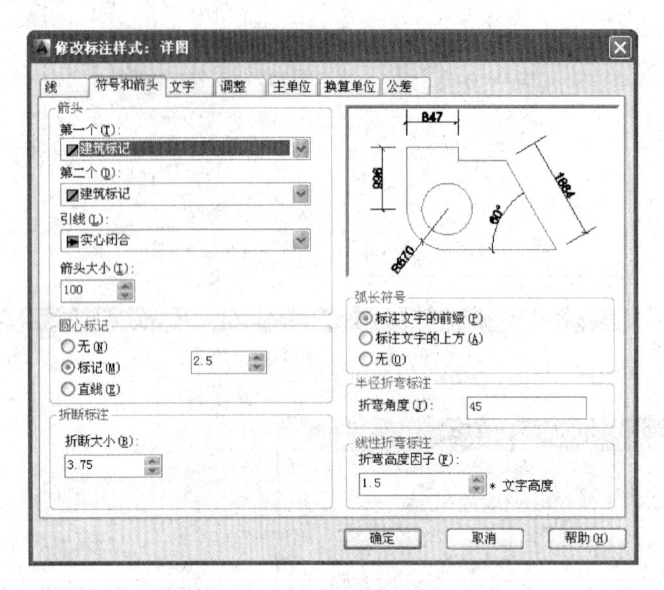

图 12-79 “符号和箭头”选项卡

(5) 在“文字”选项卡中设置“文字高度”为“150”，如图 12-80 所示。

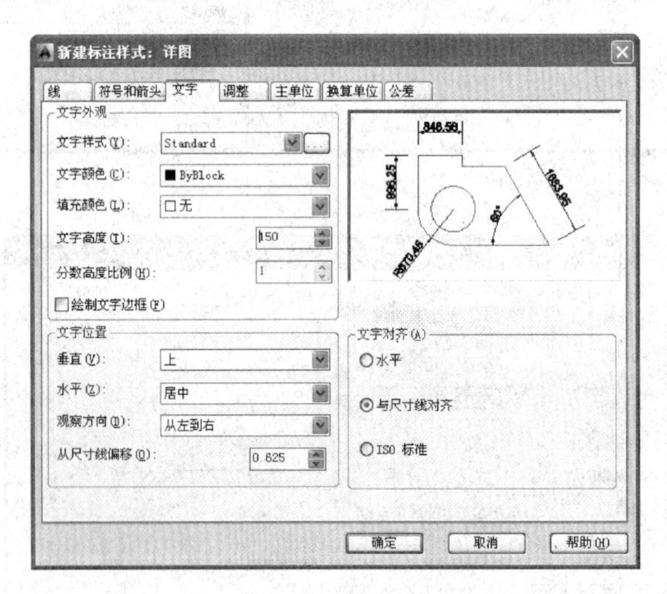

图 12-80 “文字”选项卡

(6) 在“主单位”选项卡设置如图 12-81 所述。

82. 将“尺寸”图层设为当前层，单击“标注”工具栏中的“线性”按钮，标注图形细部尺寸第一道尺寸线，如图 12-82 所示。

83. 在命令行中输入“qleader”命令为图形添加文字说明。如图 12-83 所示。

84. 单击“绘图”工具栏中的“块”按钮，弹出“插入”对话框，如图 12-84 所示。

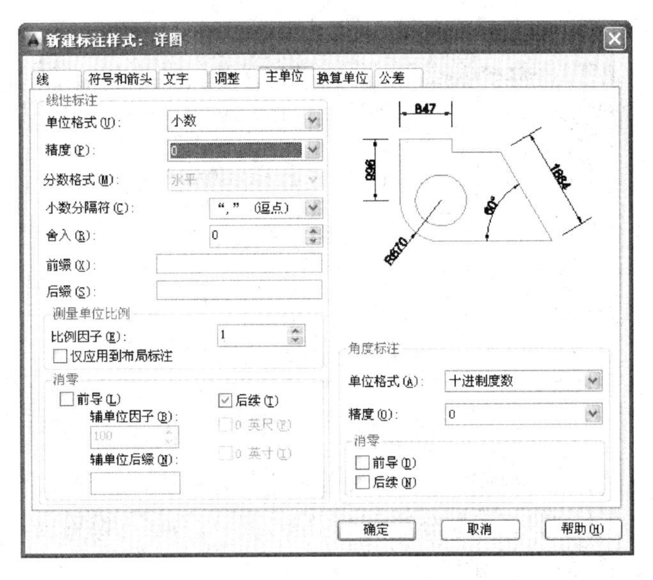

图 12-81 “主单位”选项卡

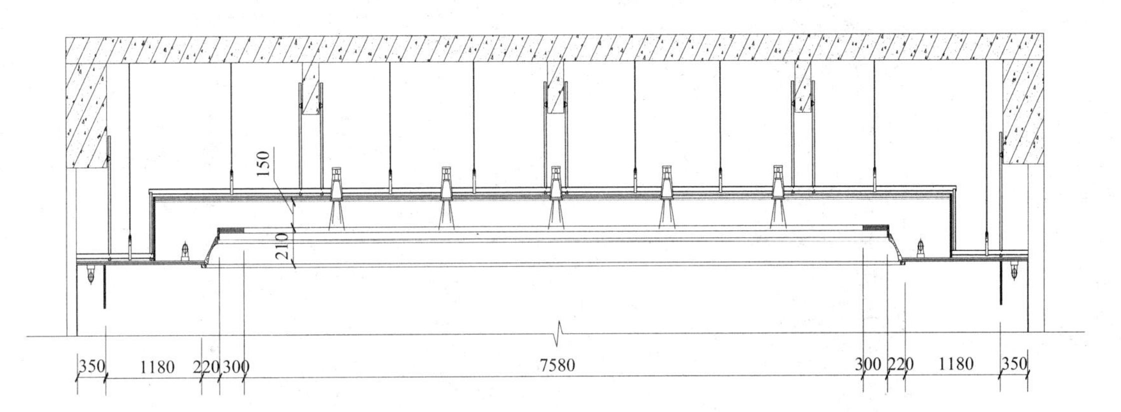

图 12-82 标注图形

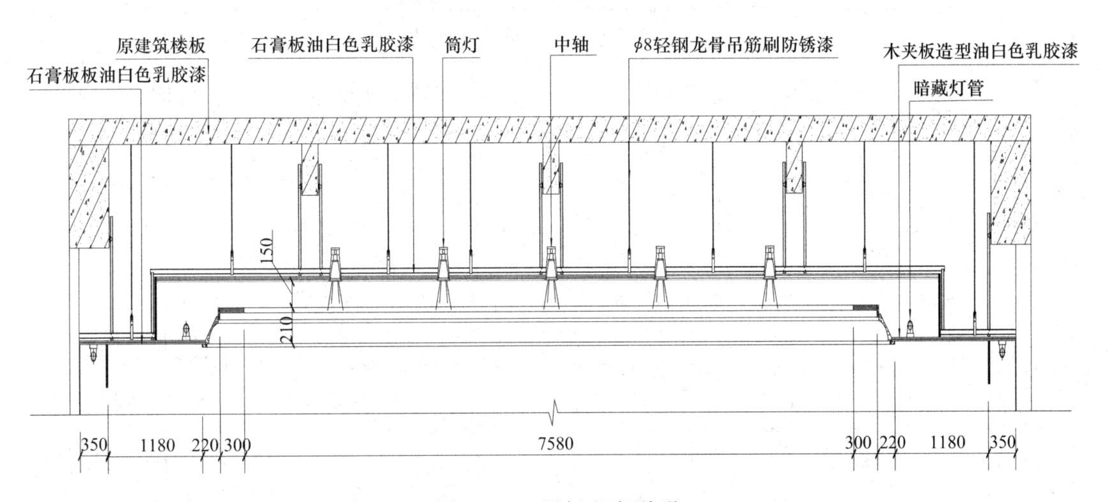

图 12-83 添加文字说明

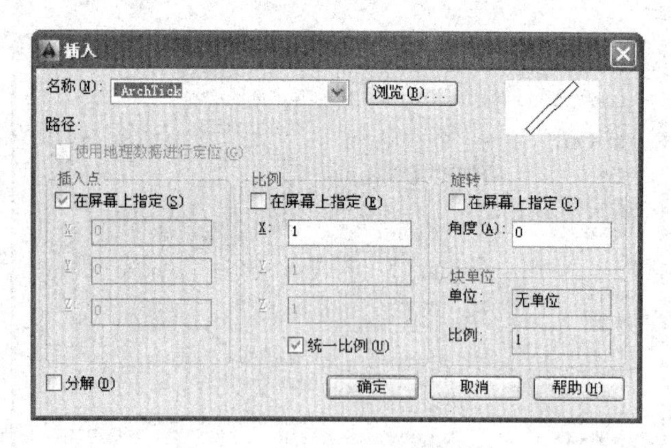

图 12-84 添加文字说明

85. 单击“浏览”按钮，弹出“选择图形文件”对话框，如图 12-85 所示。选择“源文件/图库/标高”，单击“打开”按钮，回到“插入”对话框，设置旋转角度为 90°，单击确定标高符号插入到图形中，如图 12-86 所示。

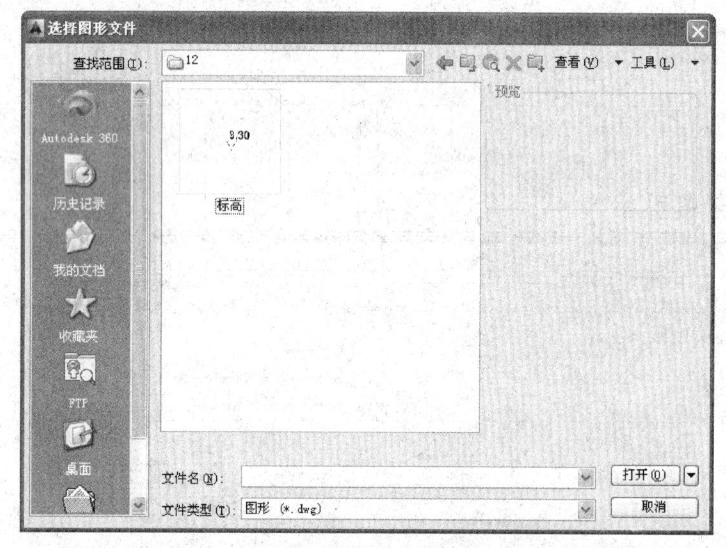

图 12-85 选择图形文件

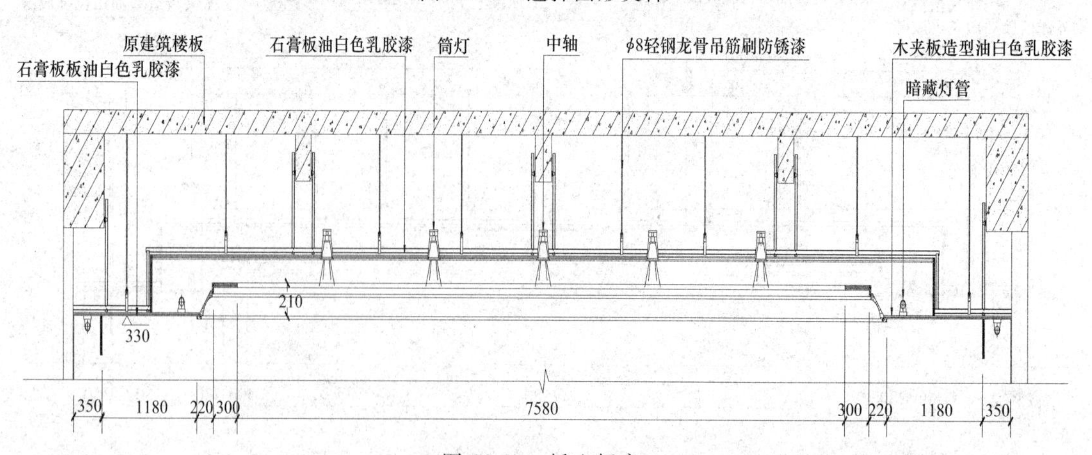

图 12-86 插入标高

86. 单击“修改”工具栏中的“复制”按钮，选择上步插入的标高符号为复制对象，复制剩余标高图形。

87. 单击“修改”工具栏中的“分解”按钮，选择复制的标高为分解对象，双击标高上文字弹出“文字编辑”对话框，在对话框内输入新的标高数值，如图 12-1 所示。

12.2 三层中餐厅剖面图的绘制

利用上述方法完成三层中餐厅 A/3T-01 剖面图的绘制，如图 12-87 所示。

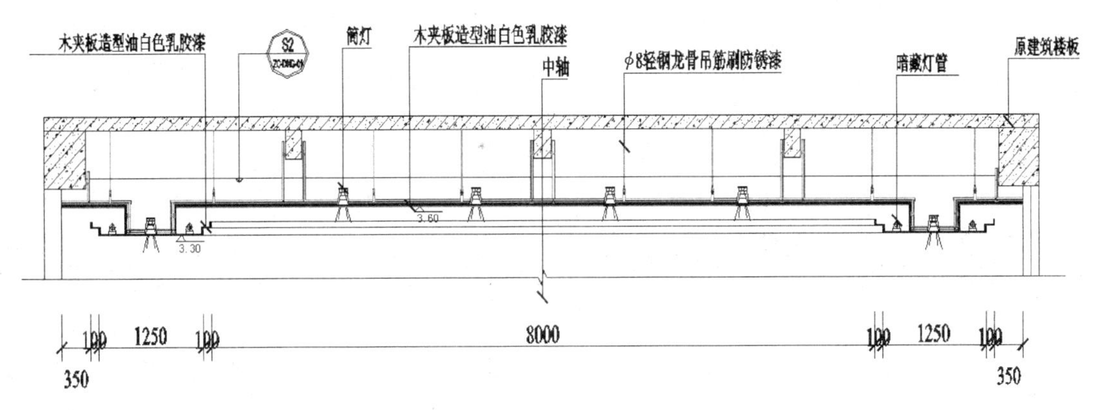

图 12-87 三层中餐厅 A/3T-01 剖面图

利用上述方法完成三层中餐厅 B/3T-01 剖面图的绘制，如图 12-88 所示。

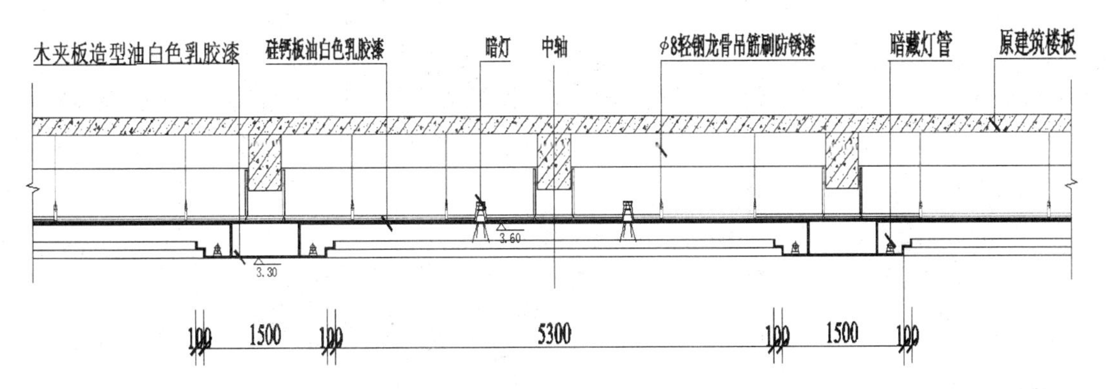

图 12-88 三层中餐厅 B/3T-01 剖面图

3

洗浴中心室内设计的风格属于室内环境中精神功能的范畴，并以一定的艺术形式加以表现，它的语言往往与建筑、陈设、设施的风格紧密结合，或受相应时期的文学、绘画、音乐等艺术所体现的风格的影响。

近年来，洗浴中心发展迅速，其室内设计师成为一个备受关注的职业。室内设计是根据建筑物的使用性质、所处环境和相应标准，运用物质技术手段和建筑设计原理，创造功能合理、舒适优美、满足人们物质和精神生活需要的室内环境。明确把“满足人们物质和精神生活需要的室内环境”作为室内设计的目的，现代室内设计是综合的室内环境设计。

第三篇　洗浴中心篇

本篇主要通过学习使读者掌握洗浴中心室内设计的平面图、平面布置图、顶棚图、地坪图、立面图及剖面图的绘制方法。本篇内容通过实例加深读者对 AutoCAD 功能的理解和掌握，以及各种室内设计工程图的绘制方法。

平面图的绘制

本章将以某洗浴中心室内设计平面图绘制为例，详细讲述平面图的绘制过程。在讲述过程中，将逐步带领读者完成平面图的绘制，并讲述关于室内设计平面图绘制的相关理论知识和技巧。本章包括平面图绘制的知识要点，平面图的绘制步骤，装饰图块的绘制，尺寸文字标注等内容。

- 洗浴中心设计要点及实例简介
- 一层平面图
- 绘制二层总平面图
- 道具单元平面图

13.1 洗浴中心设计要点及实例简介

洗浴中心是随着现代都市发展而兴起的一种娱乐休闲公共建筑设施。下面讲述其设计要点，并对本实例进行简要介绍。

13.1.1 洗浴中心设计要点

洗浴中心由最初的公共澡堂发展而来，其最初的基本用途是供那些家里没有设施的人或在家里洗澡不方便的人洗澡而用，其本质是为满足人们舒适要求的服务场所。随着人们对生活品质要求的提高，现代洗浴中心除了最基本的洗浴功能外，逐步增加了其他休闲功能，比如按摩（由最初的搓澡发展而来）、理发、唱歌、喝茶、健身、台球、乒乓球、棋牌、就餐、住宿等等，服务项目越来越多，涵盖范围越来越大，已经变成了一种综合休闲娱乐中心。

各种洗浴中心可以根据自己的建筑规模、消费人群提供相应的服务种类，进行相应的装潢设计。消费者在洗浴中心休闲之际，不仅对于洗浴实质上的吸引力有所反应，甚至对于整个环境，诸如服务、广告、印象、包装、乐趣及其他各种附带因素等也会有所反应。而其中最重要的因素之一就是休闲环境。

因此洗浴中心经营者对于营业空间的表现，如何巧妙地运用空间美学，设计出理想的休闲环境，是洗浴中心气氛塑造的意义。

顾客在洗浴时往往会选择充满适合自己所需氛围的洗浴中心，因此在从事洗浴中心室内设计时，必须考虑下列几项重点：

1. 应先确定顾客目标。
2. 依据他们洗浴的经验，对洗浴中心的气氛有何期望。
3. 了解哪些气氛能加强顾客对洗浴中心的信赖度及引起情绪上的反应。
4. 对于所构想的气氛，应与竞争店的气氛作一比较，以分析彼此的优劣点。

商业建筑的室内设计装潢，有不同的风格，大商场、大酒店有豪华的外观装饰，具有现代感；洗浴中心也应有自己的风格和特点。在具体装潢上，可从以下两方面去设计：

1. 装潢要具有广告效应。即要给消费者以强烈的视觉刺激。可以把洗浴中心门面装饰成独特或怪异的形状，争取在外观上别出心裁，以吸引消费者。
2. 装潢要结合洗浴特点加以联想，新颖独特的装潢不仅是对消费者视觉上的刺激，更重要的是使消费者没进店门就知道里面可能有什么东西。

洗浴中心内的装饰和设计，主要注意以下几个问题：

1. 防止人流进入洗浴中心后拥挤。
2. 吧台应设置在显眼处，以便顾客咨询。
3. 洗浴中心内布置要体现一种独特的与洗浴休闲适应的气氛。
4. 洗浴中心中应尽量设置多一些休息之处，备好座椅、躺椅。
5. 充分利用各种色彩。墙壁、顶棚、灯、浴池、娱乐包间和休息大厅组成了洗浴中心内部环境。

不同的色彩对人的心理刺激不一样。以紫色为基调，布置显得华丽、高贵；以黄色为基调，布置显得柔和；以蓝色为基调，布置显得不可捉摸；以深色为基调，布置显得大方、整洁；以红色为基调，布置显得热烈。色彩运用不是单一的，而是综合的。不同时期、不同季节、节假日，色彩运用不一样；冬天与夏天也不一样。不同的人，对色彩的反映也不一样。儿童对红、橘黄、蓝绿反应强烈；年轻女性对流行色的反应敏锐。这方面，灯光的运用尤其重要。

6. 洗浴中心内最好在光线较暗或微弱处设置一面镜子。

这样做的好处在于镜子可以反射灯光，使洗浴中心更显亮、更醒目、更具有光泽。有的洗浴中心用整面墙作镜子，除了上述好处外，还给人一种空间增大了的假象。

7. 收银台设置在吧台两侧且应高于吧台。

8. 消防设施应重点考虑。因为洗浴中心人员众多，相对密度大，各种设施用水用电量很大。

13.1.2 实例简介

本实例讲解的是一个大型豪华洗浴中心室内装饰设计的完整过程。本洗浴中心所在建筑为一个大体量二层建筑结构。一层体量很大，包含洗浴中心经营的大部分内容，二层由于要给一层泳池区域留出足够采光空间，体量相对较小。按功能分类，包括四大区域：

1. 泳池区域。本区域是洗浴中心的核心区域，占用接近一半的一层空间，包括大小游泳池、戏水池、人工瀑布、休息室、美容美发室、更衣间、服务台等。由于采光需要，这一区域的上面不再有建筑层，而是设计高大采光塑钢顶棚，使整个泳池区域显得宽敞明亮，有一种亲近大自然的感觉。

2. 淋浴区域。本区域是为进入泳池前或从泳池出来进行冲洗的区域，包括淋浴间、更衣间、鞋房、厕所等等，本区域属于顾客悠闲的过渡区域，所以面积不大，装潢也不会太考究。

3. 休闲娱乐区域。本区域包括门厅、收银台、台球室、乒乓球室、KTV包房、健身室、体育用品店、厕所。由于一层的空间不够，所以有些KTV包房和健身室设置在二层。这个区域是体现洗浴中心整体装潢风格和吸引顾客的关键所在，所以室内设计务必力求精美。

4. 后勤保障区域。本区域包括员工休息室、水泵房、操作间，这部分区域相对次要，在室内设计时可以相对简单。

下面讲述本洗浴中心室内设计的完整过程。

13.2 一层平面图

一层平面图如图13-1所示，由大泳池，休息室、小泳池、更衣间、卫生间、门厅构成，本节主要讲述一层平面图的绘制方法。

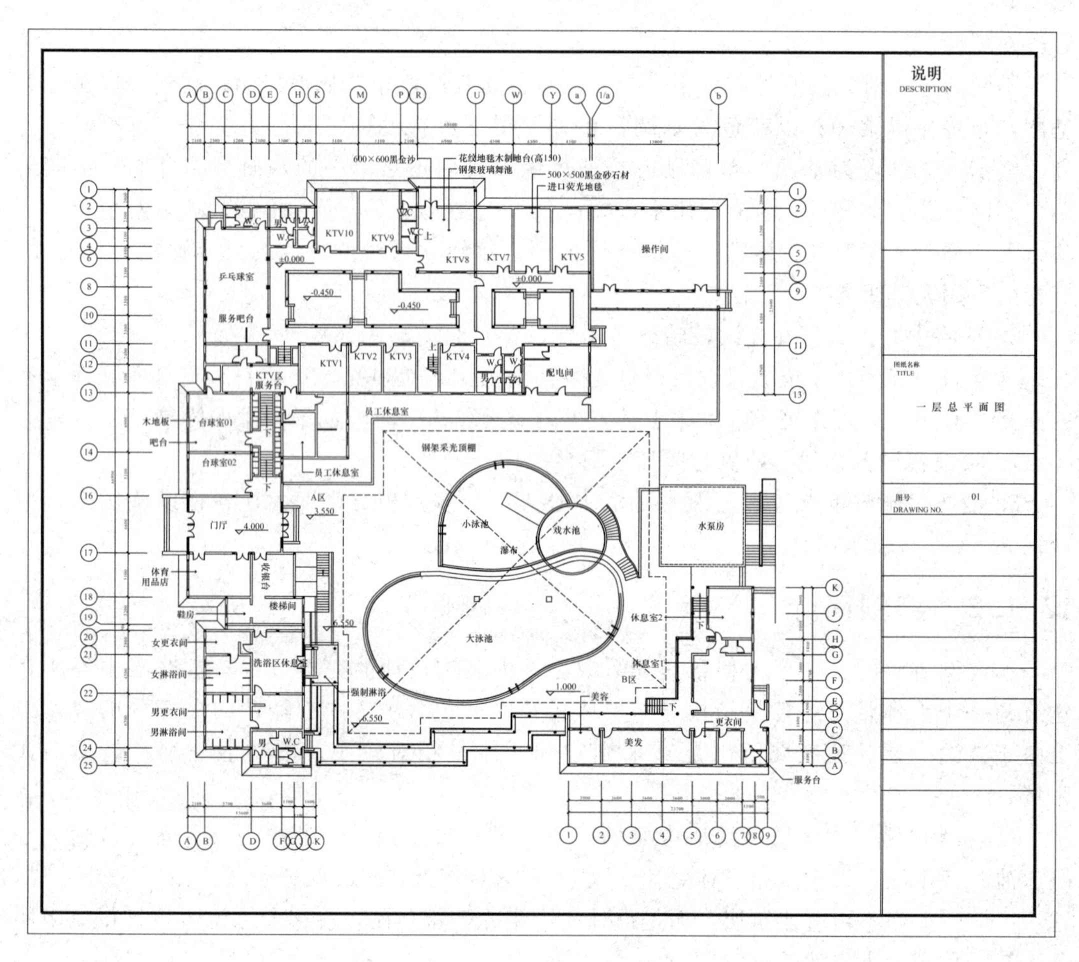

图 13-1　一层平面图

光盘\视频教学\第 13 章\一层平面图.avi

13.2.1　绘图准备

【绘制步骤】

1. 打开 AutoCAD2014 应用程序，单击“标准”工具栏中的“新建”按钮，弹出“选择样板”对话框，如图 13-2 所示。以“acadiso.dwt”为样板文件，建立新文件。

操作提示：样板文件的作用是什么？

（1）样板图形存储图形的所有设置，还可能包含预定义的图层、标注样式和视图。样板图形通过文件扩展名“.dwt”区别于其他图形文件。它们通常保存在 Template 目录中。

（2）如果根据现有的样板文件创建新图形，则新图形中的修改不会影响样板文件。可以使用随程序提供的一个样板文件，也可以创建自定义样板文件。

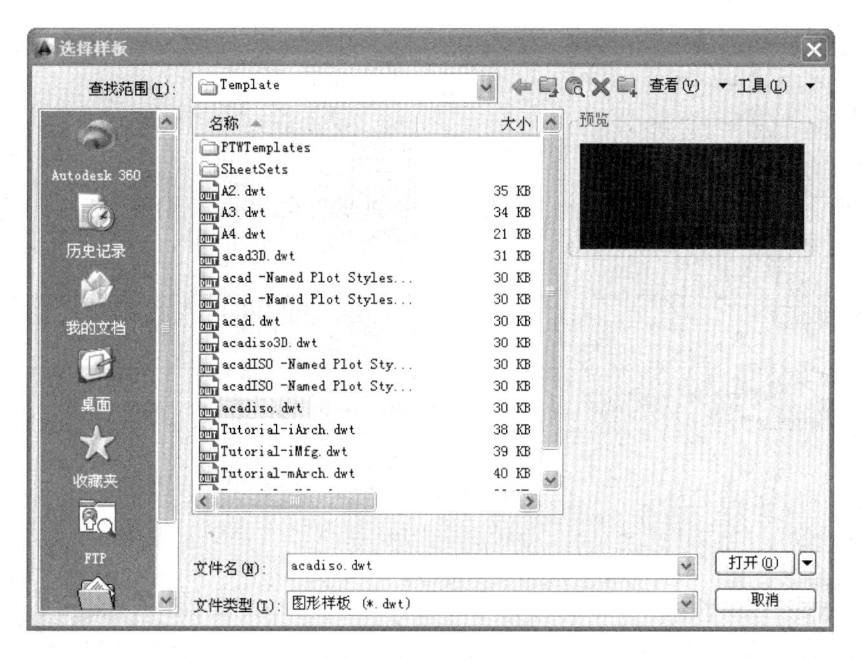

图 13-2　新建样板文件

2. 设置单位。选择菜单栏中的“格式”→“单位”命令，系统打开“图形单位”对话框，如图 13-3 所示。设置长度“类型”为“小数”、“精度”为“0”；设置角度“类型”为“十进制度数”，“精度”为“0”；系统默认方向为顺时针，插入时的缩放比例设置为“毫米”。

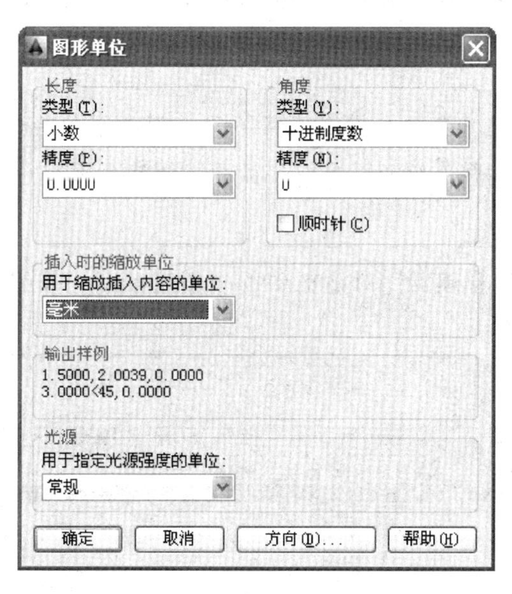

图 13-3　图形单位对话框

3. 在命令行中输入 LIMITS 命令设置图幅：420000×297000。命令行提示与操作如下：

命令：LIMITS↙

重新设置模型空间界限：

指定左下角点或［开（ON）/关（OFF）］<0.0000，0.0000>：↙

指定右上角点 <12.0000，9.0000>：420000，297000↙

4. 新建图层

（1）单击“图层”工具栏中的“图层特性管理器”按钮，弹出“图层特性管理器”对话框，如图 13-4 所示。

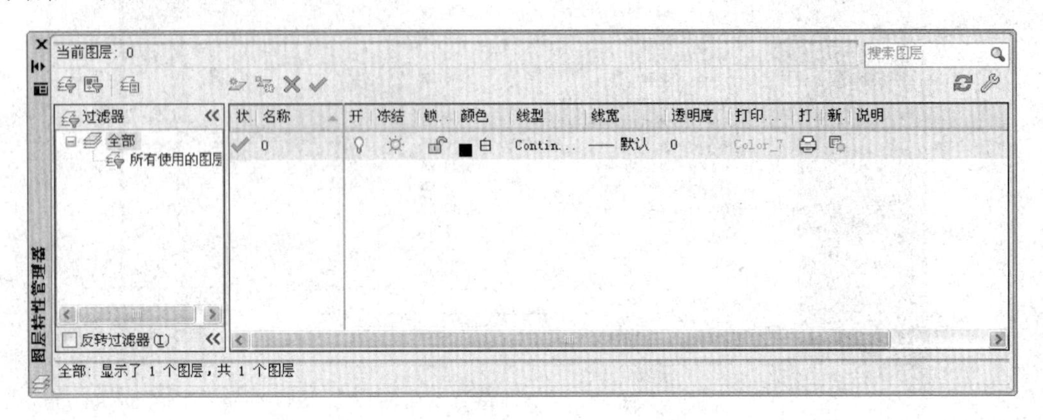

图 13-4 “图层特性管理器”对话框

注 意

在绘图过程中，往往有不同的绘图内容，如轴线、墙线、装饰布置图块、地板、标注、文字等等，如果将这些内容均放置在一起，绘图之后如果要删除或编辑某一类型的图形，将带来选取的困难。AutoCAD 提供了图层功能，为编辑带来了极大的方便。

在绘图初期可以建立不同的图层，将不同类型的图形绘制在不同的图层当中，在编辑时可以利用图层的显示和隐藏功能、锁定功能来操作图层中的图形，十分利于编辑运用。

（2）单击“图层特性管理器”对话框中的“新建图层”按钮，新建一个图层，如图 13-5所示。

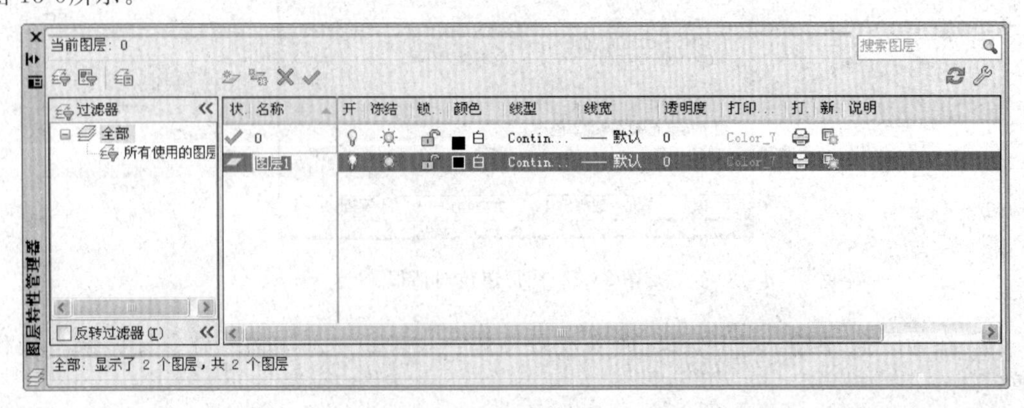

图 13-5 新建图层

（3）新建图层的图层名称默认为“图层1”，将其修改为“轴线”。图层名称后面的选项由左至右依次为：“开/关图层”、“在所有视口中冻结/解冻图层”、“锁定/解锁图层”、“图层默认颜色”、“图层默认线型”、“图层默认线宽”、“打印样式”等。其中，编辑图形时最常用的是“图层的开/关”、“锁定以及图层颜色”、“线型的设置”等。

（4）单击新建的“轴线”图层“颜色”栏中的色块，弹出“选择颜色”对话框，如图 13-6 所示，选择红色为轴线图层的默认颜色。单击“确定”按钮，返回“图层特性管理器”对话框。

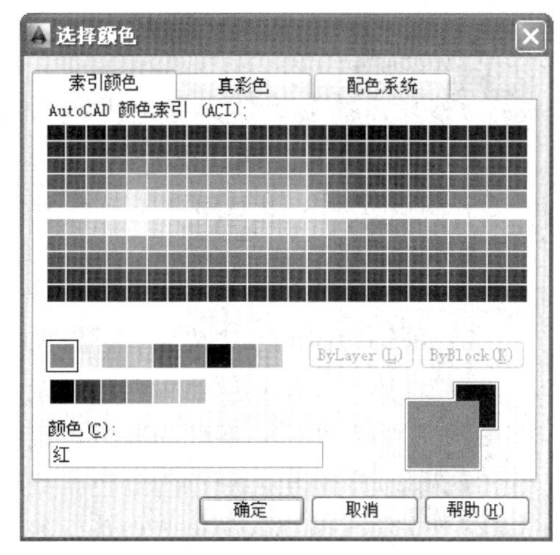

图 13-6 “选择颜色”对话框

图 13-7 “选择线型”对话框

（5）单击“线型”栏中的选项，弹出“选择线型”对话框，如图 13-7 所示。轴线一般在绘图中应用点画线进行绘制，因此应将“轴线”图层的默认线型设为中心线。单击“加载”按钮，弹出“加载或重载线型”对话框，如图 13-8 所示。

（6）在“可用线型”列表框中选择“CENTER”线型，单击“确定”按钮，返回“选择线型”对话框。选择刚刚加载的线型，如图 13-9 所示，单击“确定”按钮，轴线图层设置完毕。

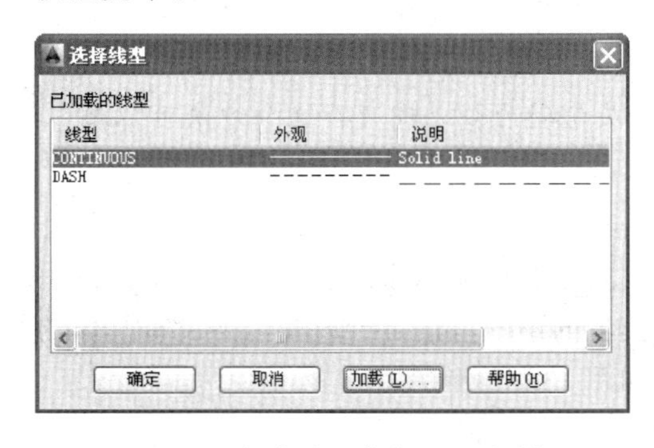

图 13-8 “加载或重载线型”对话框

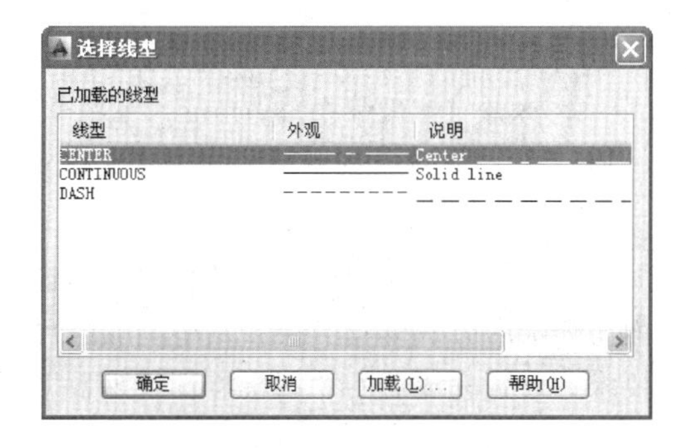

图 13-9 加载线型

注 意

修改系统变量DRAGMODE，推荐修改为AUTO。系统变量为ON时，再选定要拖动的对象后，仅当在命令行中输入DRAG后才在拖动时显示对象的轮廓；系统变量为OFF时，在拖动时不显示对象的轮廓；系统变量为AUTO时，在拖动时总是显示对象的轮廓。

（7）采用相同的方法按照以下说明，新建其他几个图层。

1）“墙体”图层：颜色为白色，线型为实线，线宽为默认。

2）“门窗”图层：颜色为蓝色，线型为实线，线宽为默认。

3）“轴线”图层：颜色为红色，线型为CENTER，线宽为默认。

4）“文字”图层：颜色为白色，线型为实线，线宽为默认。

5）“尺寸”图层：颜色为94，线型为实线，线宽为默认。

6）“柱子”图层：颜色为白色，线型为实线，线宽为默认。

7）“台阶”图层：颜色为白色，线型为实线，线宽为默认。

8）“泳池”图层：颜色为白色，线型为实线，线宽为默认。

9）“楼梯”图层：颜色为白色，线型为实线，线宽为默认。

10）“雨棚”图层：颜色为白色，线型为实线，线宽为默认。

说 明

如何删除顽固图层?

方法1：将无用的图层关闭，全选，COPY粘贴至一新文件中，那些无用的图层就不会贴过来。如果曾经在这个不要的图层中定义过块，又在另一图层中插入了这个块，那么这个不要的图层是不能用这种方法删除的。

方法2：选择需要留下的图形，然后选择文件菜单->输出->块文件，这样的块文件就是选中部分的图形了，如果这些图形中没有指定的层，这些层也不会被保存在新的图块图形中。

方法3：打开一个CAD文件，把要删的层先关闭，在图面上只留下你需要的可见图形，点文件-另存为，确定文件名，在文件类型栏选*.DXF格式，在弹出的对话窗口中点工具-选项-DXF选项，再在选择对象处打钩，点确定，接着点保存，就可选择保存对象了，把可见或要用的图形选上就可以确定保存了，完成后退出这个刚保存的文件，再打开来看看，你会发现你不想要的图层不见了。

方法4：用命令laytrans，可将需删除的图层影射为0层即可，这个方法可以删除具有实体对象或被其他块嵌套定义的图层。

在绘制的平面图中，包括轴线、门窗、装饰、文字和尺寸标注几项内容，分别按照上面所介绍的方式设置图层。其中的颜色可以依照读者的绘图习惯自行设置，并没有具体的要求。设置完成后的“图层特性管理器”对话框如图13-10所示。

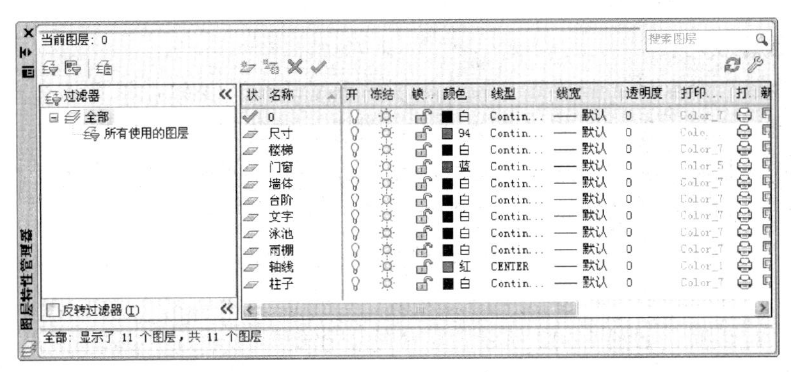

图 13-10　设置图层

注 意

有时在绘制过程中需要删除使用不要的图层，我们可以将无用的图层关闭，全选，COPY 粘贴至一新文件中，那些无用的图层就不会贴过来。如果曾经在这个不要的图层中定义过块，又在另一图层中插入了这个块，那么这个不要的图层是不能用这种方法删除的。

13.2.2　绘制轴线

1. 在“图层”工具栏的下拉列表中，选择“轴线”图层为当前层，如图 13-11 所示。

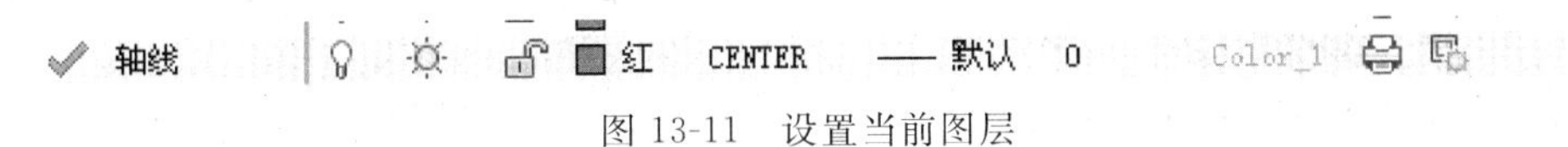

图 13-11　设置当前图层

2. 单击“绘图”工具栏中的“直线”按钮，在图中空白区域任选一点为直线起点，绘制一条长度为 82412 的竖直轴线。命令行提示与操作如下：

命令：LINE

指定第一点：(任选起点)

指定下一点或［放弃（U）］：@0，82412

如图 13-12 所示。

3. 单击“绘图”工具栏中的“直线”按钮，在上步绘制的竖直直线左侧任选一点为直线起点，向右绘制一条长度为 75824 的水平轴线。如图 13-13 所示。

图 13-12　绘制竖直轴线

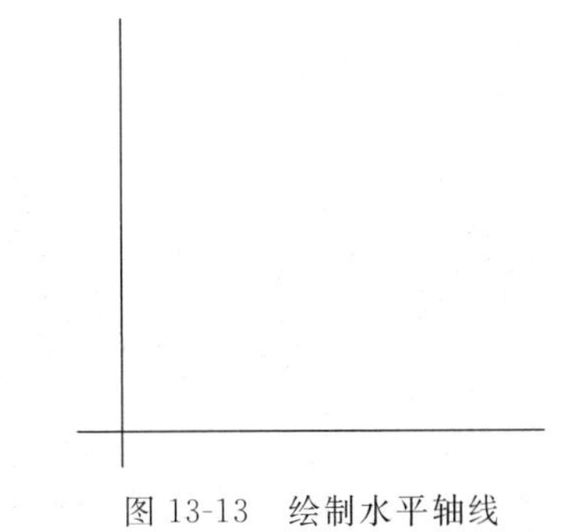

图 13-13　绘制水平轴线

操作技巧：

使用“直线”命令时，若为正交轴网，可按下“正交”按钮，根据正交方向提示，直接输入下一点的距离，即可，而不需要输入@符号，若为斜线，则可按下“极轴”按钮，设置斜线角度，此时，图形即进入了自动捕捉所需角度的状态，其可大大提高制图时直线输入距离的速度。注意，两者不能同时使用。

4. 此时，轴线的线型虽然为中心线，但是由于比例太小，显示出来还是实线的形式。选择刚刚绘制的轴线并右击，如图 13-14 所示，在弹出的快捷菜单中选择“特性”命令，弹出“特性”对话框，如图 13-15 所示。将“线型比例”修改为 100，轴线显示如图 13-16 所示。

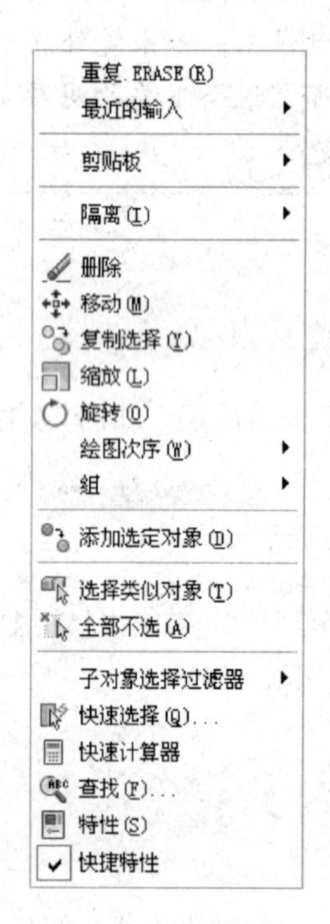

图 13-14　快捷菜单

图 13-15　“特性”对话框

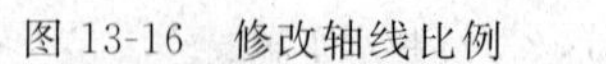

图 13-16　修改轴线比例

操作技巧：

通过全局修改或单个修改每个对象的线型比例因子，可以以不同的比例使用同一个线型。默认情况下，全局线型和单个线型比例均设置为 13.0。比例越小，每个绘图单位中生成的重复图案就越多。例如，设置为 0.5 时，每一个图形单位在线型定义中显示重复两次的同一图案。不能显示完整线型图案的短线段显示为连续线。对于太短，甚至不能显示一个虚线小段的线段，可以使用更小的线型比例。

5. 单击“修改”工具栏中的“偏移”按钮，设置“偏移距离”为“4000”，回车确认后选择竖直直线为偏移对象，在直线右侧单击鼠标左键，将竖直轴线向右偏移“4000”的距离，命令行提示与操作如下：

命令：_offset

当前设置：删除源=否　图层=源　OFFSETGAPTYPE=0

指定偏移距离或［通过（T）/删除（E）/图层（L）］＜通过＞：4000

选择要偏移的对象或［退出（E）/放弃（U）］＜退出＞：(选择竖直直线)

指定要偏移的那一侧上的点或［退出（E）/多个（M）/放弃（U）］＜退出＞（在竖直直线右侧单击鼠标左键）：

选择要偏移的对象或［退出（E）/放弃（U）］＜退出＞：

结果如图 13-17 所示。

6. 单击“修改”工具栏中的“偏移”按钮，选择上步偏移后的轴线为起始轴线，连续向右偏移，偏移的距离为：2100、2500、3200、2100、1500、1500、300、800、1600、5100、5100、2100、6900、4500、4500、2075、2425、300、1175、3600、3600、1800、1800、1800、1225、4175、1800，如图 13-18 所示。

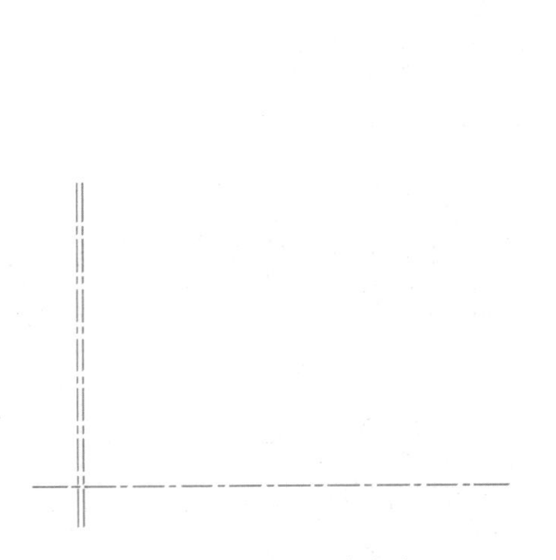

图 13-17　偏移竖直直线

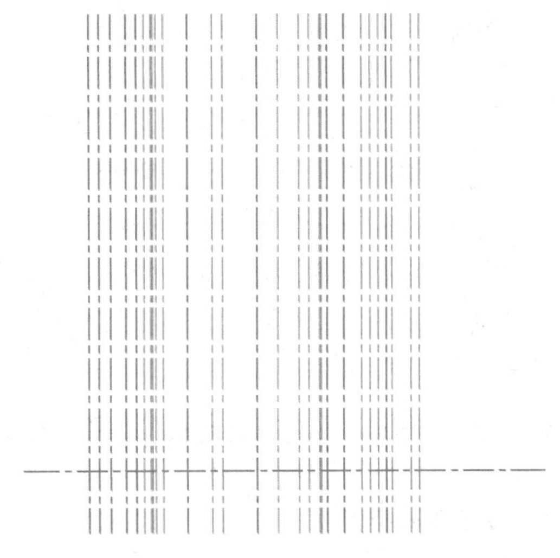

图 13-18　偏移竖直直线

7. 单击“修改”工具栏中的“偏移”按钮，设置“偏移距离”为“223”，回车确认后选择水平直线为偏移对象，在直线上侧单击鼠标左键，将直线向上偏移“223”的距离，命令行提示与操作如下：

命令：_offset

当前设置：删除源=否　图层=源　OFFSETGAPTYPE=0

指定偏移距离或［通过(T)/删除(E)/图层(L)］＜通过＞：223

选择要偏移的对象或［退出(E)/放弃(U)］＜退出＞：(选择水平直线)

指定要偏移的那一侧上的点或［退出(E)/多个(M)/放弃(U)］＜退出＞：(在水平直线上侧单击鼠标左键)

选择要偏移的对象或[退出(E)/放弃(U)]＜退出＞：

结果如图 13-19 所示。

8. 单击“修改”工具栏中的“偏移”按钮，继续向上偏移，偏移距离为 1877、2322、1800、1500、678、1722、2778、222、1790、788、700、1517、1683、1322、3778、6600、5100、6900、3300、2400、3300、3000、300、1800、1500、800、600、2100、2500、2000 如图 13-20 所示。

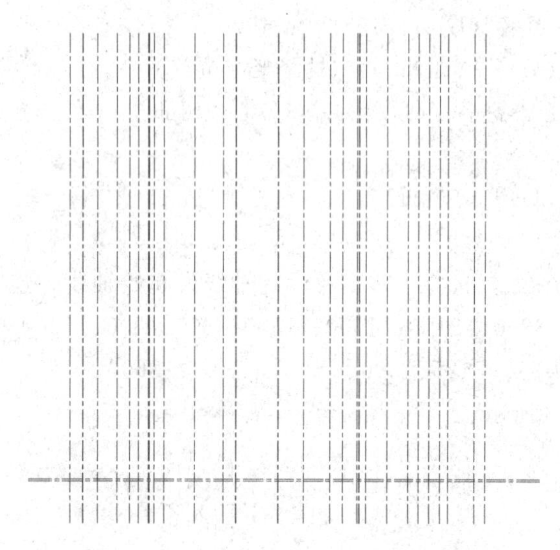

图 13-19　偏移水平直线

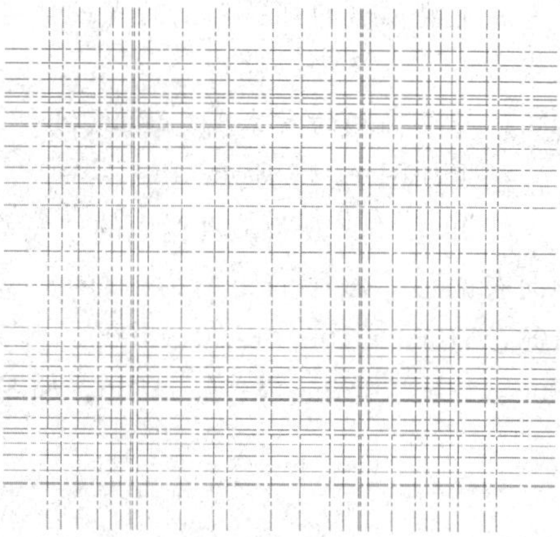

图 13-20　水平直线

说 明

依次选择“工具”→“选项”→“配置”→“重置”命令或按钮；或执行 MENULOAD 命令，然后点击“浏览”按钮，在打开的对话框中选择 ACAD. MNC 加载即可。

13.2.3　绘制及布置墙体柱子

【绘制步骤】

1. 在“图层”工具栏的下拉列表中，选择“柱子”图层为当前层，如图 13-21 所示。

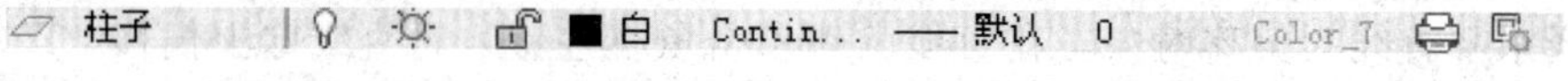

柱子 | 白 Contin... —— 默认 0 Color_7

图 13-21　设置当前图层

2. 单击“绘图”工具栏中的“矩形”按钮，在图形空白区域任选一点为矩形起点，绘制一个 240×240 的矩形，命令行提示与操作如下：

命令：RECTANG

指定第一个角点或［倒角（C）/标高（E）/圆角（F）/厚度（T）/宽度（W）］：

指定另一个角点或［面积（A）/尺寸（D）/旋转（R）］：@240，240

如图 13-22 所示。

图 13-22　绘制矩形

3. 单击“绘图”工具栏中的“图案填充”按钮，系统打开“图案填充和渐变色”对话框，如图 13-23 所示。单击“图案”选项后面的按钮，系统打开“填充图案选项板”对话框，选择如图 13-24 所示的图案类型，单击“确定”按钮退出。回到“图案填充和渐变色”对话框，单击对话框右侧的“添加：拾取点”按钮，选择上步绘制矩形为填充区域，单击“确定”按钮完成柱子的图案填充，效果如图 13-25 所示。

图 13-23　“图案填充和渐变色”对话框

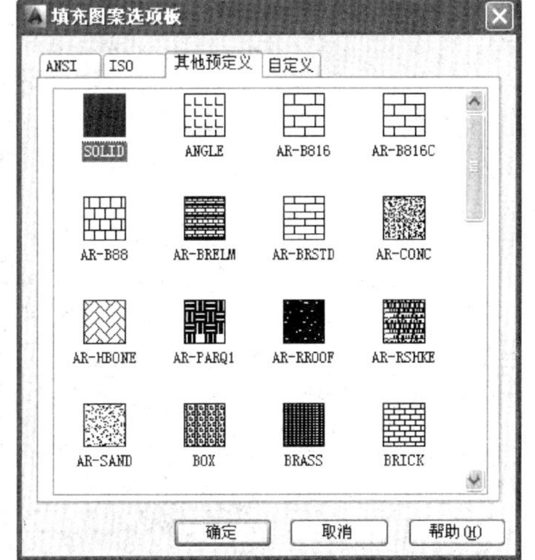

图 13-24　“填充图案选项板”对话框

4. 利用上述绘制柱子的方法绘制图形中剩余（300×240）（300×300）（400×400）（240×248）（240×280）（360×360）（240×75）（240×300）（240×338）（400×240）柱子图形。

（1）单击“绘图”工具栏中的“圆”按钮，在图形空白区域绘制一个半径为 63 的圆，如图 13-26 所示。

（2）单击“绘图”工具栏中的“图案填充”按钮，系统打开“图案填充和渐变色”对话框，单击“图案”选项后面的按钮，系统打开“填充图案选项板”对话框，选择 Solid 的图案类型，单击“确定”按钮退出。回到“图案填充和渐变色”对话框，单击对话框右侧的“添加：拾取点”按钮，选择上步绘制矩形为填充区域，单击“确定”按钮完成柱子的图案填充，效果如图 13-27 所示。

图 13-25 填充图形

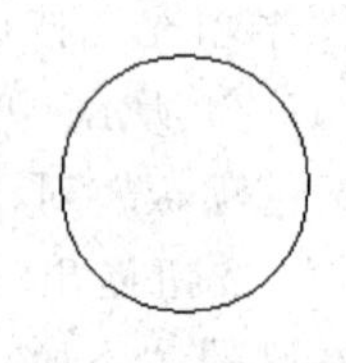

图 13-26 绘制圆

图 13-27 填充圆

5. 单击“修改”工具栏中的“移动”按钮，选择前面绘制的半径为 63 的圆形柱子图形为移动对象，将其移动放置到如图 13-20 所示的轴线位置，如图 13-28 所示。

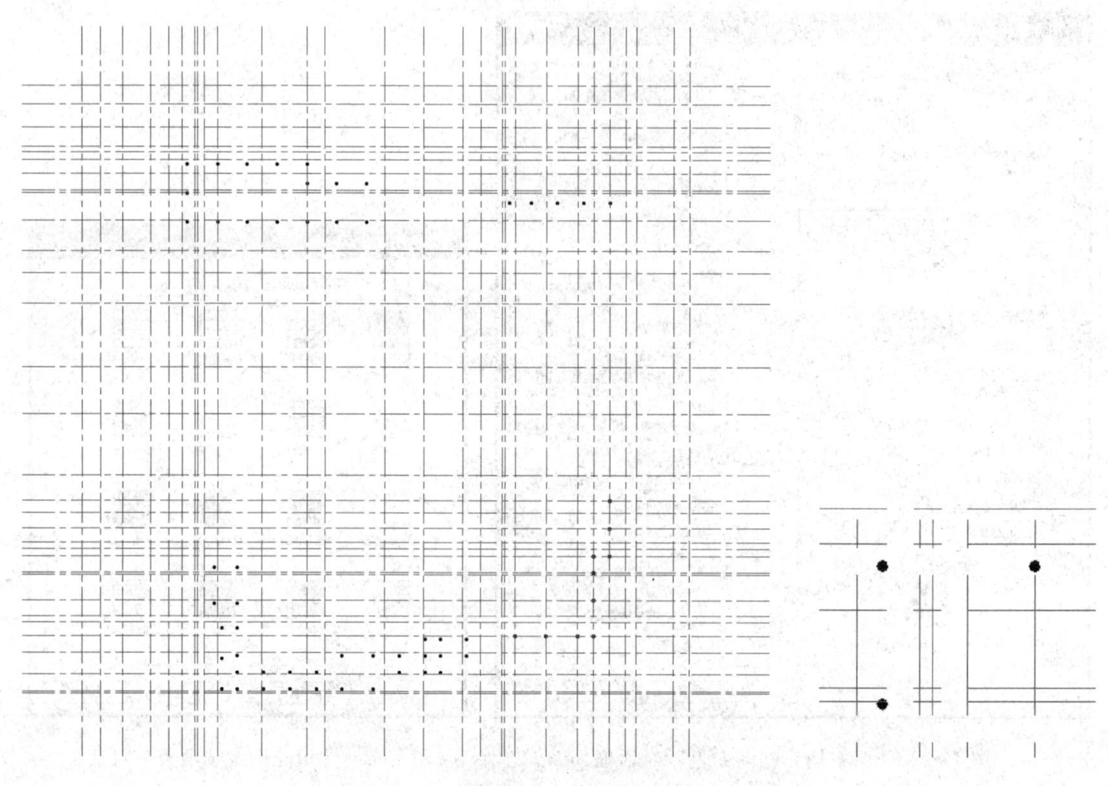

图 13-28 布置圆形柱子

(1) 单击“修改”工具栏中的“移动”按钮，选择绘制完成的 240×240 矩形柱子图形为移动对象，将其移动放置到如图 13-29 所示的轴线位置。

(2) 单击“修改”工具栏中的“移动”按钮，选择前面绘制的“400×400”柱子图形为移动对象，将其移动放置到如图 13-30 所示的轴线位置。

(3) 单击“修改”工具栏中的“移动”按钮，选择前面绘制的“300×300”柱子图形为移动对象，将其移动放置到如图 13-31 所示的轴线位置。

(4) 单击“修改”工具栏中的“移动”按钮，选择前面绘制的“400×240”柱子图形为移动对象，将其移动放置到如图 13-32 所示的轴线位置。

(5) 利用上述方法完成图形中剩余柱子的布置，如图 13-33 所示。

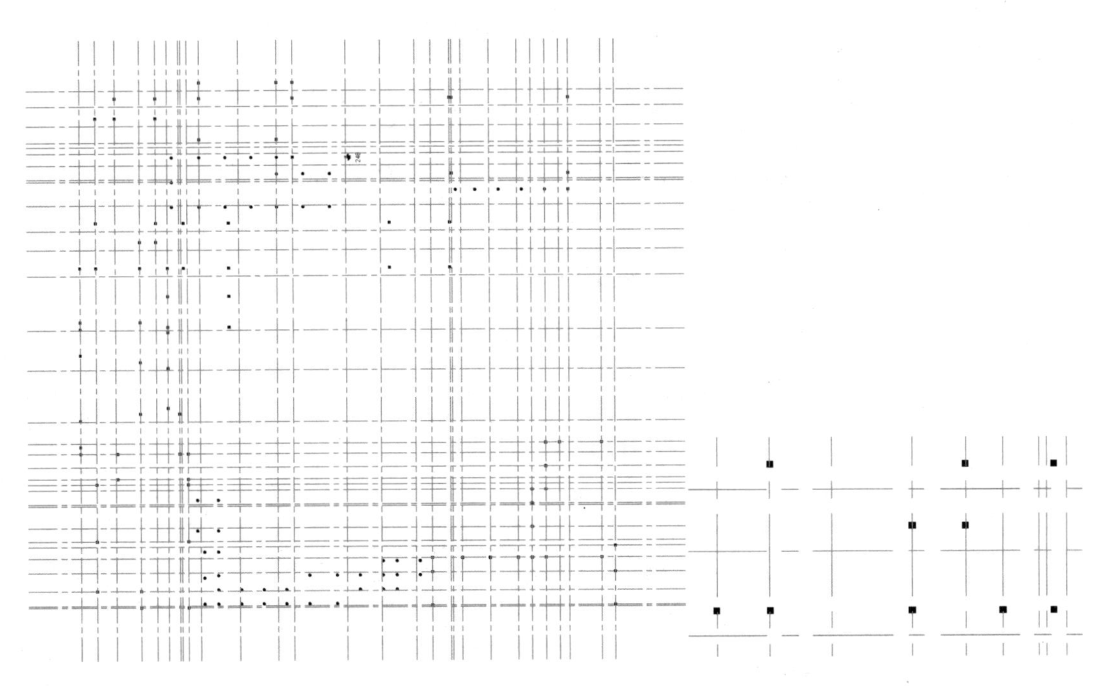

图 13-29　布置 240×240 的柱子

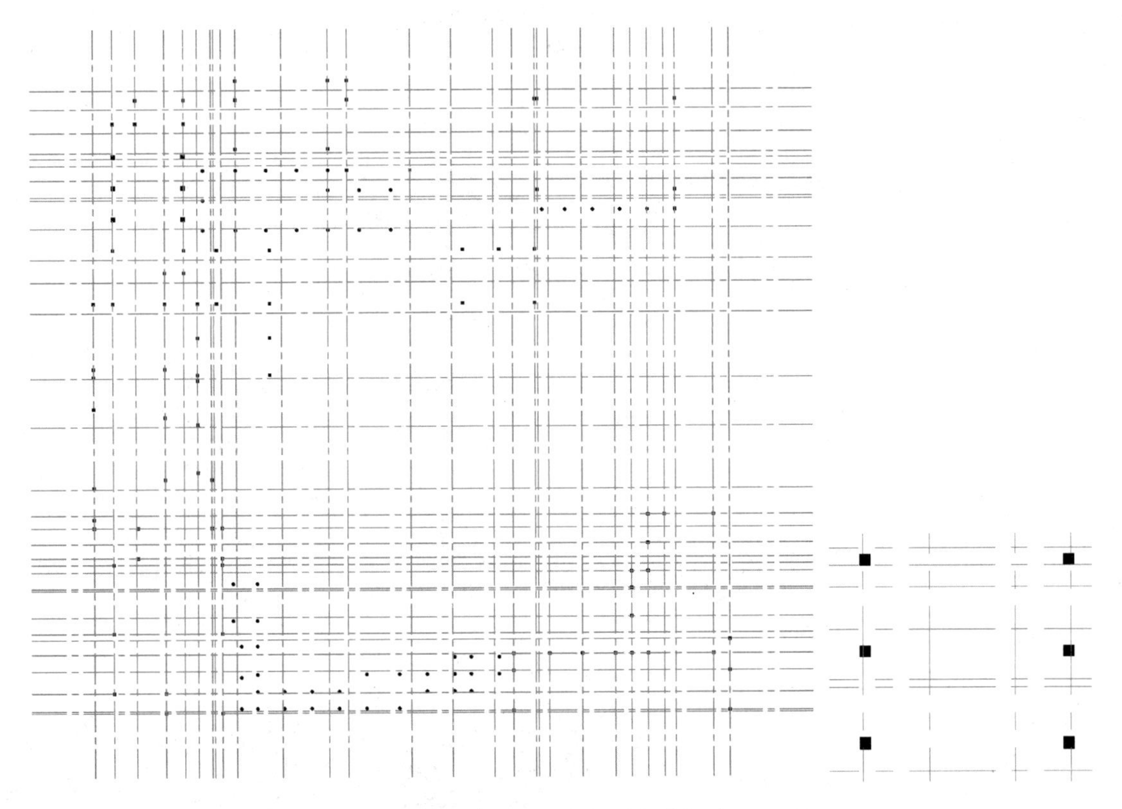

图 13-30　布置 400×400 的柱子

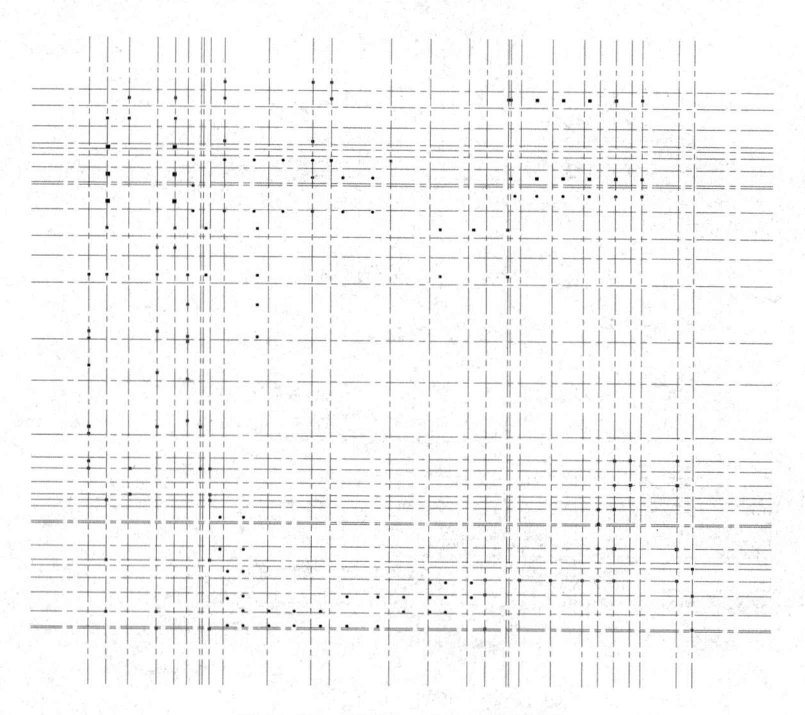

图 13-31　布置 300×300 的柱子

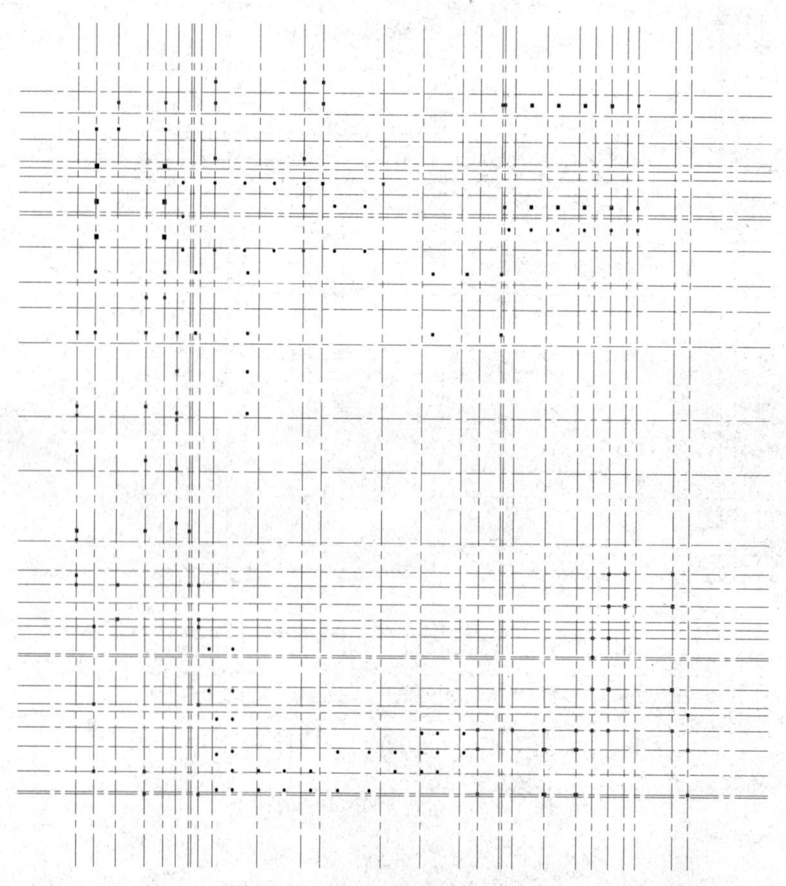

图 13-32　布置 400×240 的柱子

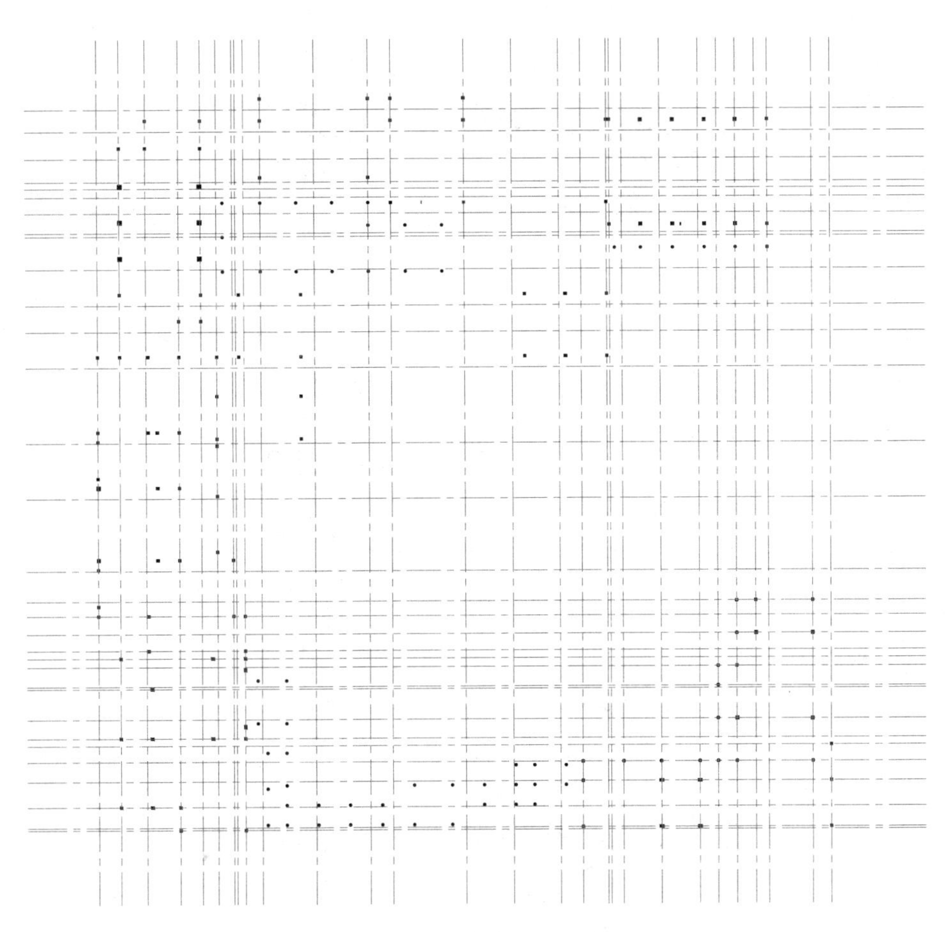

图 13-33　布置剩余柱子

13.2.4　绘制墙线

一般的建筑结构的墙线均可通过 AutoCAD 中的“多线”命令来绘制。本例将利用“多线”、“修剪”和“偏移”命令完成绘制。

1. 在“图层”工具栏的下拉列表中，选择“墙体”图层为当前层，如图 13-34 所示。

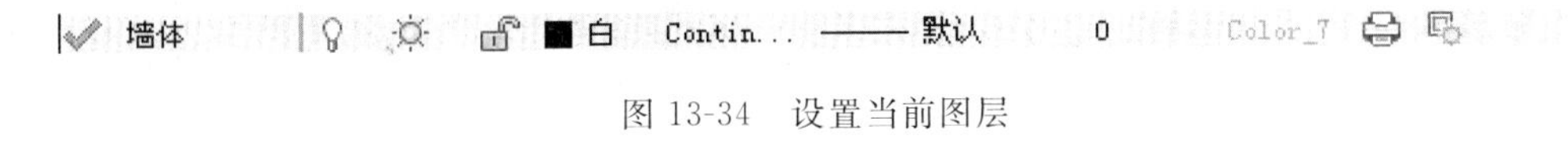

图 13-34　设置当前图层

2. 设置多线样式

(1) 选取菜单栏“格式”→“多线样式”命令，打开“多线样式”对话框，如图 13-35 所示。

(2) 在多线样式对话框中，样式栏中只有系统自带的 STANDARD 样式，单击右侧的“新建”按钮，打开创建多线样式对话框，如图 13-36 所示。在新样式名文本框中输入“240”，作为多线的名称。单击“继续”按钮，打开“新建多线样式：240”对话框，如图 13-37 所示。

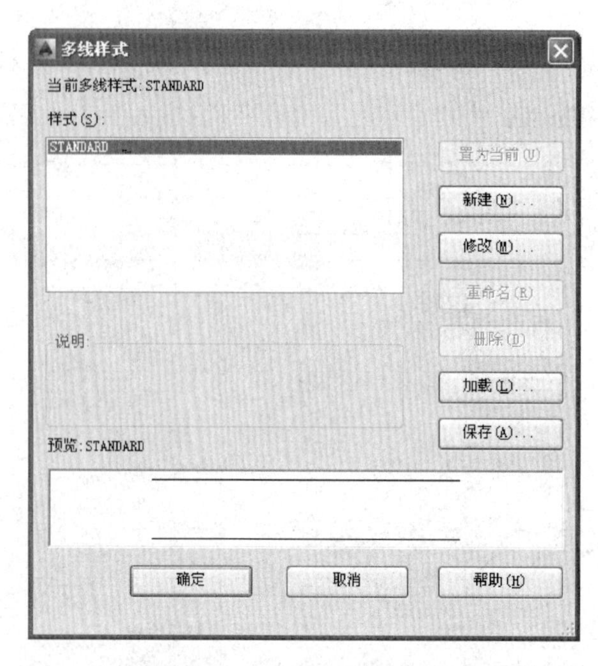

图 13-35 “多线样式”对话框

图 13-36 新建多线样式

（3）外墙的宽度为“240”，将偏移分别修改为“120”和“－120”，单击“确定”按钮回到“多线样式”对话框，单击“置为当前”按钮，将创建的多线样式设为当前多线样式，单击确定按钮，回到绘图状态。

3. 绘制墙线

（1）选取菜单栏“绘图”→“多线”命令，绘制洗浴中心平面图中的 240 厚的墙体。命令行提示与操作如下：

命令：mline

当前设置：对正＝上，比例＝20.00，样式＝STANDARD

指定起点或[对正(J)/比例(S)/样式(ST)]：st（设置多线样式）

输入多线样式名或 [?]：240（多线样式为墙 1）

当前设置：对正＝上，比例＝20.00，样式＝240

指定起点或[对正(J)/比例(S)/样式(ST)]：j

输入对正类型[上(T)/无(Z)/下(B)]＜上＞：Z（设置对中模式为无）

当前设置：对正＝无，比例＝20.00，样式＝墙

指定起点或[对正(J)/比例(S)/样式(ST)]：S

输入多线比例＜20.00＞：1（设置线型比例为 1）

当前设置：对正＝无，比例＝13.00，样式＝墙

指定起点或[对正(J)/比例(S)/样式(ST)]：(选择左侧竖直直线下端点)

指定下一点：指定下一点或［放弃（U）］：

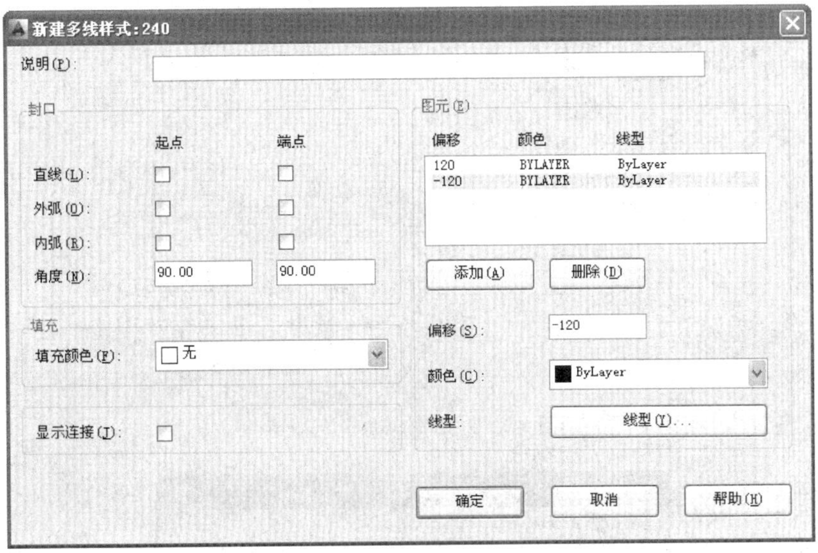

图 13-37　编辑新建多线样式

如图 13-38 所示。

（2）利用上述方法完成后平面图中剩余 240 厚墙体的绘制，如图 13-39 所示。

4. 设置多线样式

在建筑结构中，包括承载受力的承重结构和用来分割空间、美化环境的非承重墙。

（1）选取菜单栏“格式”→“多线样式”命令，打开“多线样式”对话框，如图 13-40 所示。

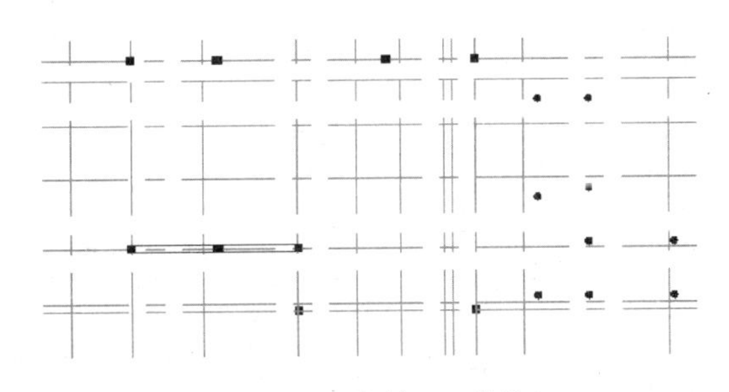

图 13-38　绘制 240 墙体

（2）在多线样式对话框中，单击右侧的“新建”按钮，打开创建多线样式对话框，如图 13-41 所示。在新样式名文本框中输入“120”，作为多线的名称。单击“继续”按钮，打开新建多线的对话框，如图 13-42 所示。

（3）墙体的宽度为“120”，将偏移分别设置为“60”和“－60”，单击“置为当前”按钮，将创建的多线样式设为当前多线样式，单击确定按钮，回到绘图状态。

（4）选择菜单栏“绘图”→“多线”命令，完成图形中 120 墙体的绘制。如图 13-43 所示。

5. 设置多线样式

在建筑结构中，包括承载受力的承重结构和用来分割空间、美化环境的非承重墙。

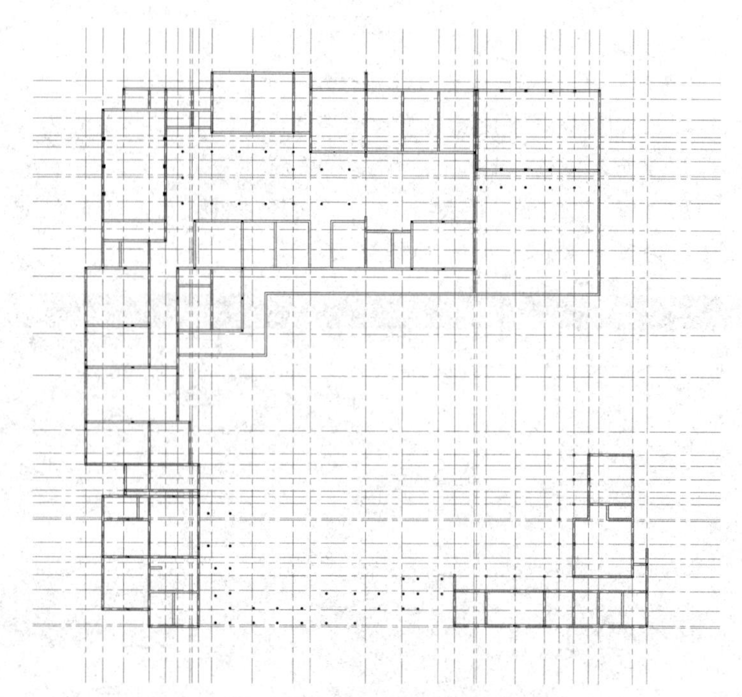

图 13-39　绘制剩余 240 墙体

多线样式

当前多线样式：STANDARD

样式(S)：

240
STANDARD

置为当前(U)
新建(N)...
修改(M)...
重命名(R)
删除(D)
加载(L)...
保存(A)...

说明：

预览：240

确定　取消　帮助(H)

图 13-40　“多线样式”对话框

创建新的多线样式

新样式名(N)：120

基础样式(S)：240

继续　取消　帮助(H)

图 13-41　新建多线样式

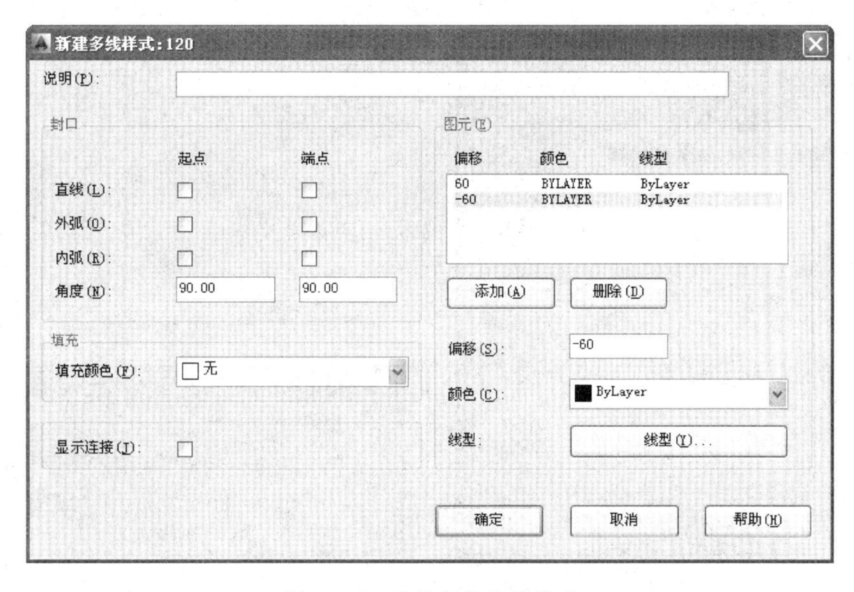

图 13-42　编辑新建多线样式

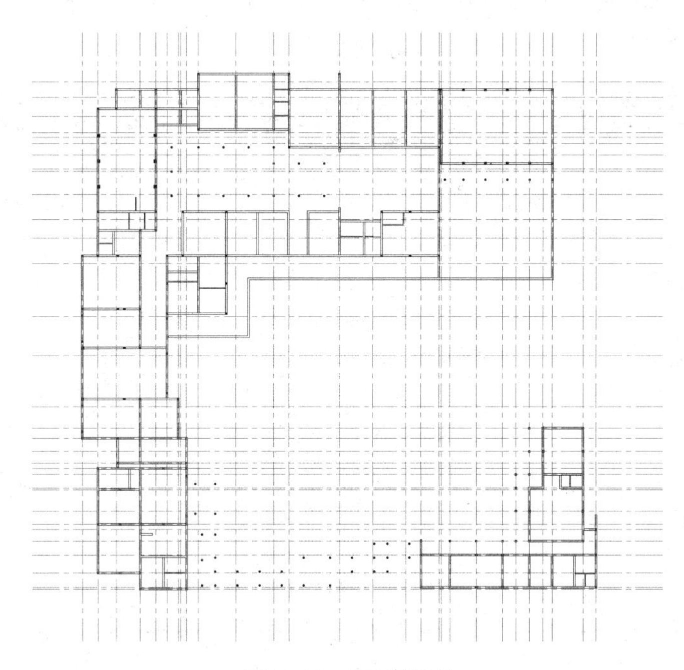

图 13-43　120 厚墙体

（1）选取菜单栏“格式”→“多线样式”命令，打开“多线样式”对话框，如图 13-44 所示。

（2）在多线样式对话框中，单击右侧的“新建”按钮，打开创建多线样式对话框，如图 13-45 所示。在新样式名文本框中输入“40”，作为多线的名称。单击“继续”按钮，编辑多线的对话框，如图 13-46 所示。

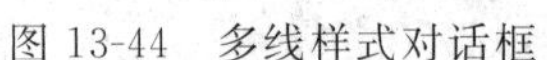
图 13-44　多线样式对话框

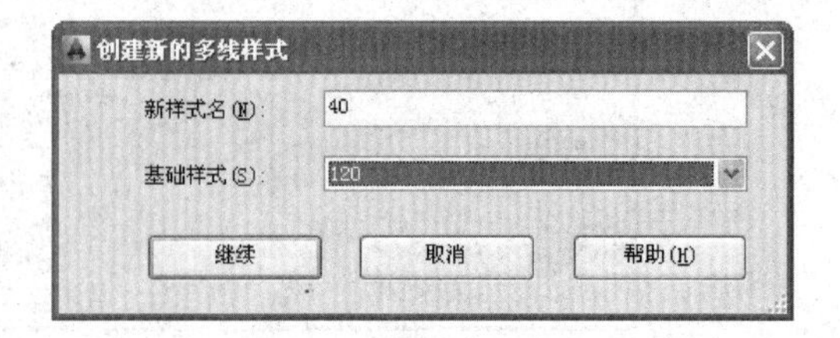

图 13-45　创建多线样式对话框

（3）“墙”为绘制外墙时应用的多线样式，由于外墙的宽度为“40”，所以按照图 13-46 中所示，将偏移分别修改为“20”和“－20”，单击“置为当前”按钮，将创建的多线样式设为当前多线样式，单击确定按钮，回到绘图状态。

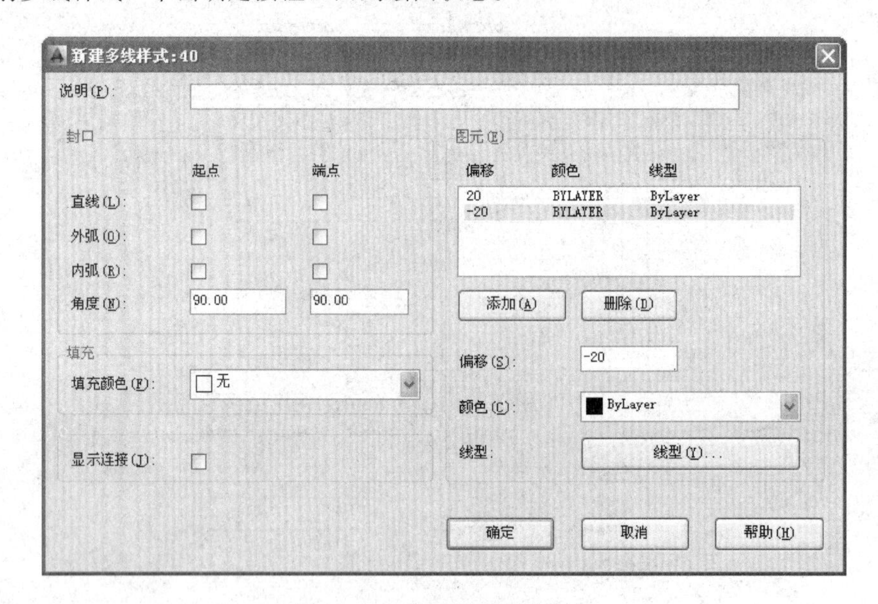

图 13-46　编辑新建多线样式

（4）选取菜单栏“绘图”→“多线”命令，绘制平面图中卫生间 40 厚隔墙。如图 13-47 所示。

（5）选取菜单栏“格式”→“多线样式”命令，打开“多线样式”对话框，如图 13-48 所示。

（6）在多线样式对话框中，单击右侧的“新建”按钮，打开创建多线样式对话框，如图 13-49 所示。在新样式名文本框中输入“30”，作为多线的名称。单击“继续”按钮，编辑多线的对话框，如图 13-50 所示。

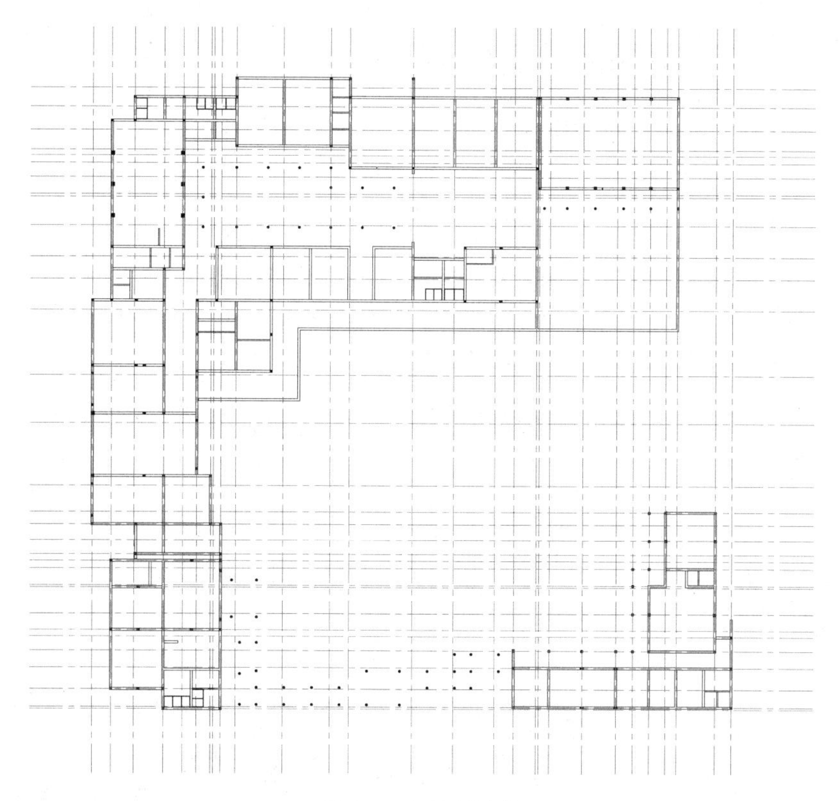

图 13-47　绘制墙体

图 13-48　多线样式对话框

图 13-49　创建多线样式对话框

（7）“墙”为绘制外墙时应用的多线样式，由于外墙的宽度为“30”，所以按照图 13-50 中所示，将偏移分别修改为“15”和“－15”，单击“置为当前”按钮，将创建的多线样式设为当前多线样式，单击确定按钮，回到绘图状态。

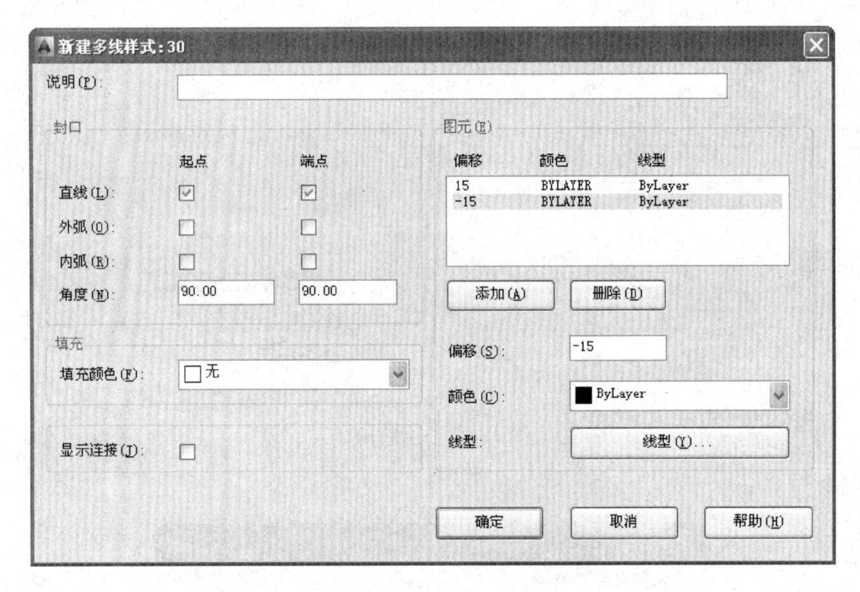

图 13-50　编辑新建多线样式

（8）利用上述方法完成图形中 30 厚隔板墙的绘制，如图 13-51 所示。

注 意

读者绘制墙体时需要注意墙体厚度不同，要对多线样式进行修改。

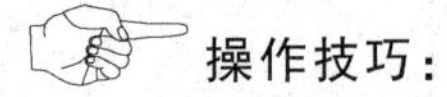
操作技巧：

目前，国内对建筑 CAD 制图开发了多套适合我国规范的专业软件，如天正、广厦等。这些以 AutoCAD 为平台开发的制图软件，通常根据建筑制图的特点，对许多图形进行模块化、参数化、故在使用这些专业软件时，大大提高了 CAD 制图的速度，而且 CAD 制图格式规范统一，大大降低了一些单靠 CAD 制图易出现的小错误，给制图人员带来了极大的方便，节约了大量的制图时间，感兴趣的读者也可对相关软件试一试。

（9）选择图层下拉列表，单击“轴线”图层前“开/关”图层按钮💡，关闭轴线图层。

（10）选取菜单栏“修改”→“对象”→“多线”命令，弹出“多线编辑工具”对话框，如图 13-52 所示。

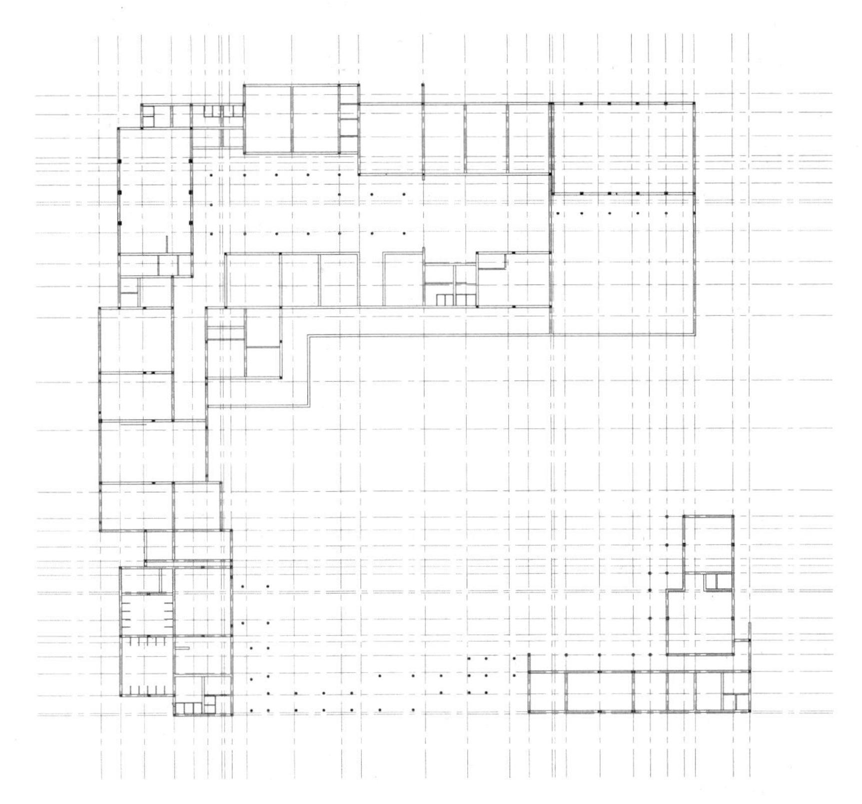

图 13-51 绘制墙体

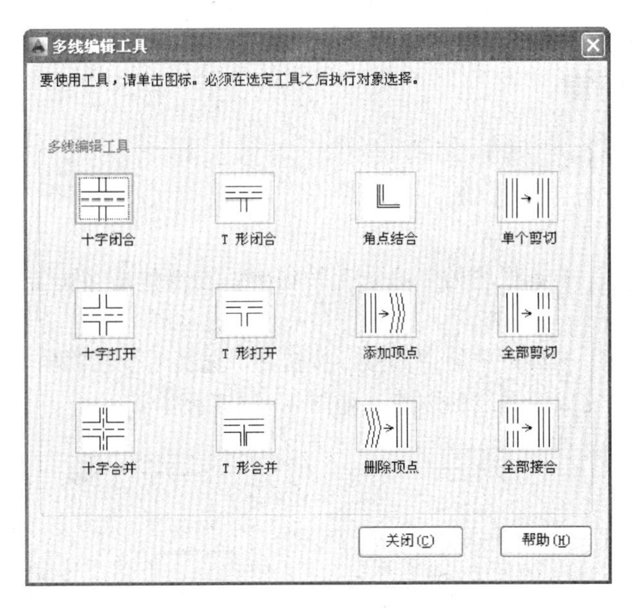

图 13-52 绘制墙体

(11) 单击对话框的“十字打开”选项，选取多线进行操作，使两段墙体贯穿，完成多线编辑，如图 13-53 所示。

(12) 利用上述方法结合其他多线编辑命令，完成图形墙线的编辑。如图 13-54 所示。

注 意

有一些多线并不适合利用“多线编辑”命令修改，我们可以先将多线分解，直接利用“修剪”命令进行修改。

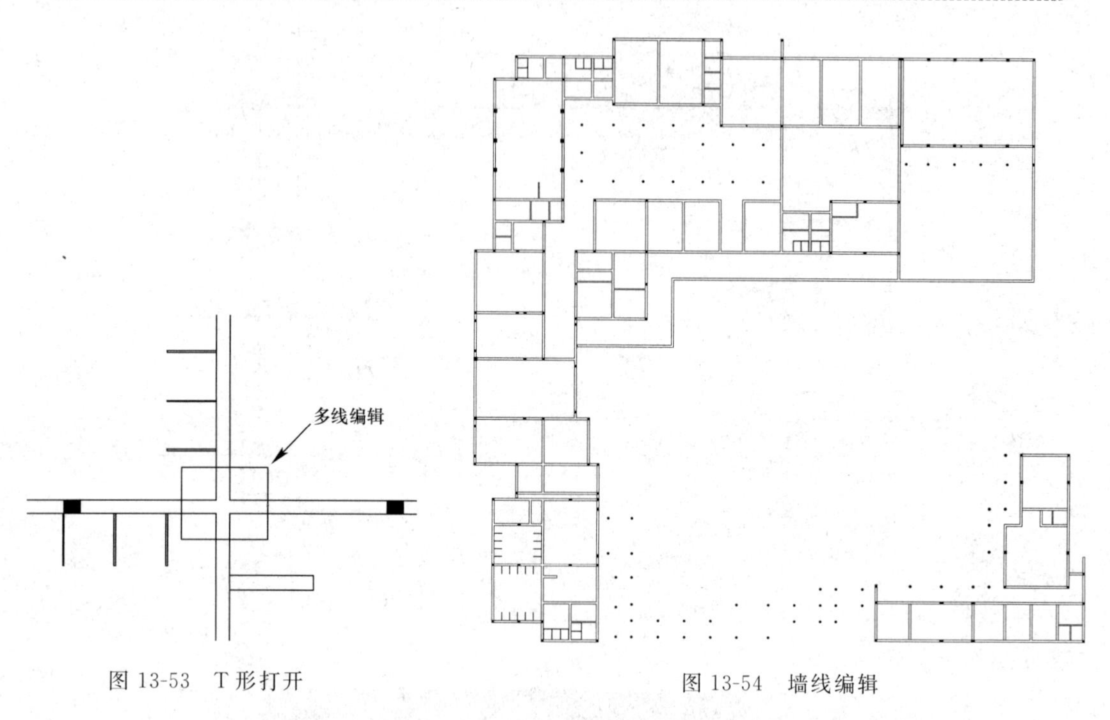

图 13-53 T 形打开　　　　图 13-54 墙线编辑

13.2.5 绘制门窗

【绘制步骤】

1. 修剪窗洞

（1）单击“绘图”工具栏中的“直线”按钮，在墙体适当位置绘制一条竖直直线，如图 13-55 所示。

（2）单击“修改”工具栏中的“偏移”按钮，选择上步绘制的竖直直线为偏移对象将其向右进行偏移。完成窗洞线的创建，如图 13-56 所示。

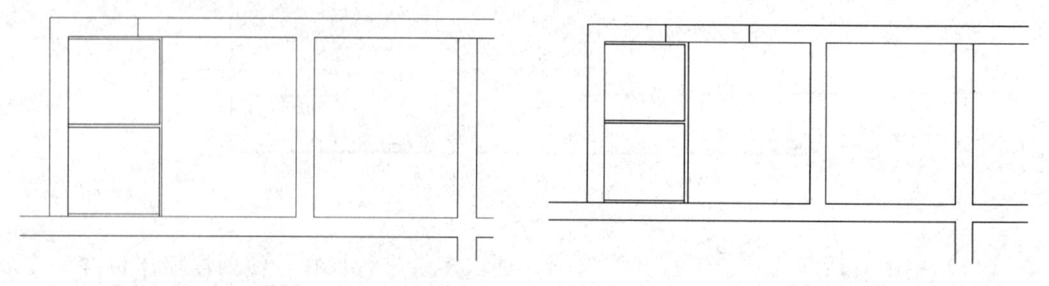

图 13-55 绘制竖直直线　　　　图 13-56 偏移竖直直线

（3）利用上述方法完成剩余窗洞线的绘制，如图 13-57 所示。

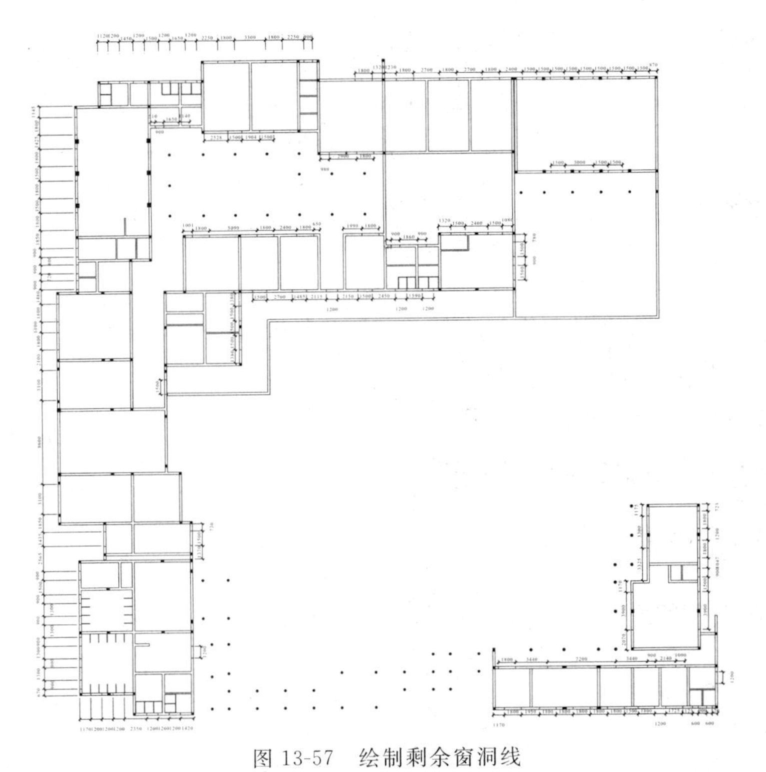

图 13-57 绘制剩余窗洞线

（4）单击“修改”工具栏中的“修剪”按钮，选择上步绘制竖直直线间多余墙体为修剪对象对其进行修剪处理，如图 13-58 所示。

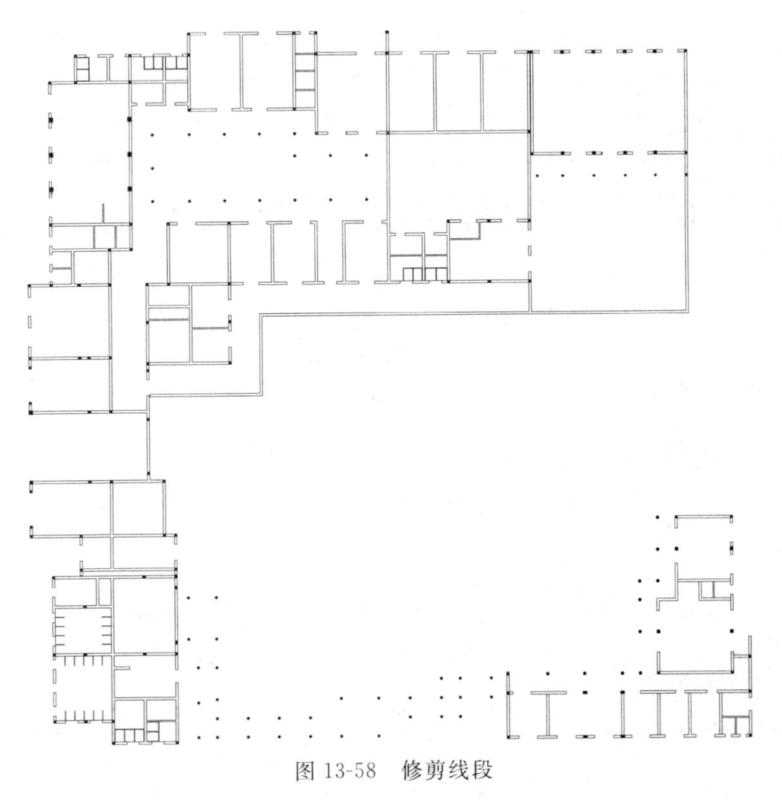

图 13-58 修剪线段

2. 在“图层”工具栏的下拉列表中，选择“门窗”图层为当前层，如图 13-59 所示。

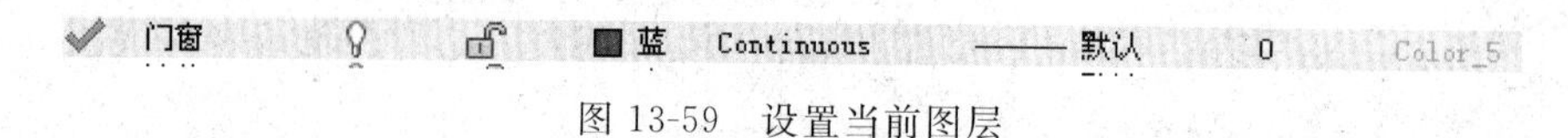

图 13-59 设置当前图层

3. 设置多线样式

（1）选取菜单栏“格式”→“多线样式”命令，打开“多线样式”对话框，如图 13-60 所示。

（2）在多线样式对话框中，单击右侧的“新建”按钮，打开创建多线样式对话框，如图 13-61 所示。在新样式名文本框中输入“窗”，作为多线的名称。单击“继续”按钮，打开编辑多线的对话框，如图 13-62 所示。

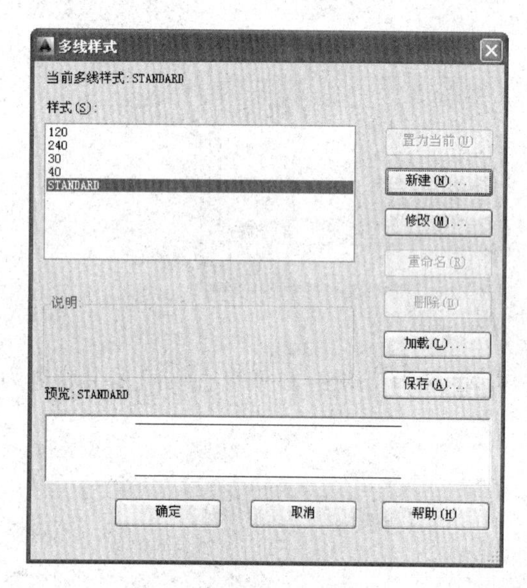

图 13-60 多线样式对话框

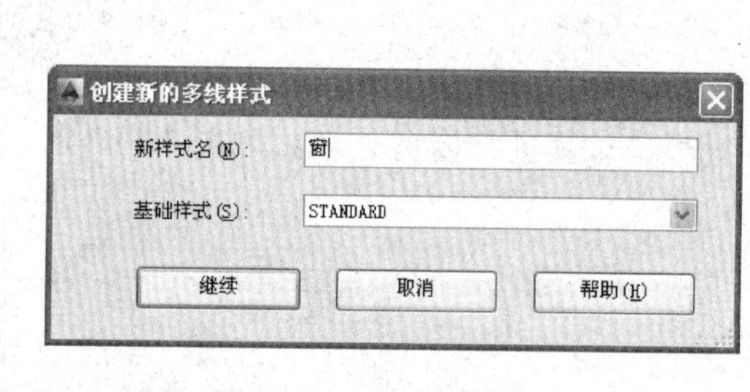

图 13-61 新建多线样式

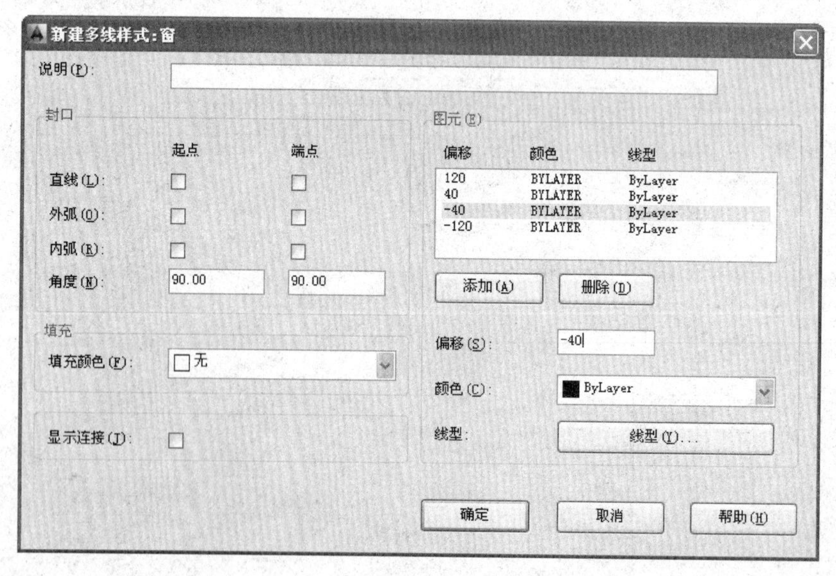

图 13-62 编辑新建多线样式

（3）窗户所在墙体宽度为“240”，将偏移分别修改为120和－120，40和－40，单击“确定”按钮，回到多线样式对话框中，单击“置为当前”按钮，将创建的多线样式设为当前多线样式，单击确定按钮，回到绘图状态。

（4）选择菜单栏中的“绘图”→“多线”命令，选择窗洞左侧竖直窗洞线中点为多线起点，右侧竖直窗洞线中点为多线终点，完成窗线的绘制，如图13-63所示。

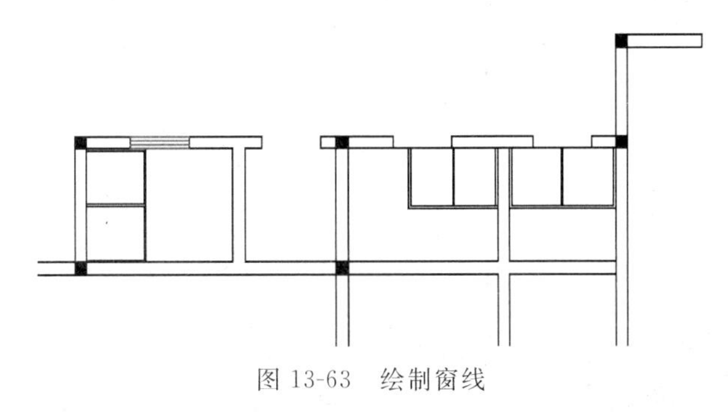

图13-63　绘制窗线

（5）利用上述方法完成图形中剩余窗线的绘制，如图13-64所示。

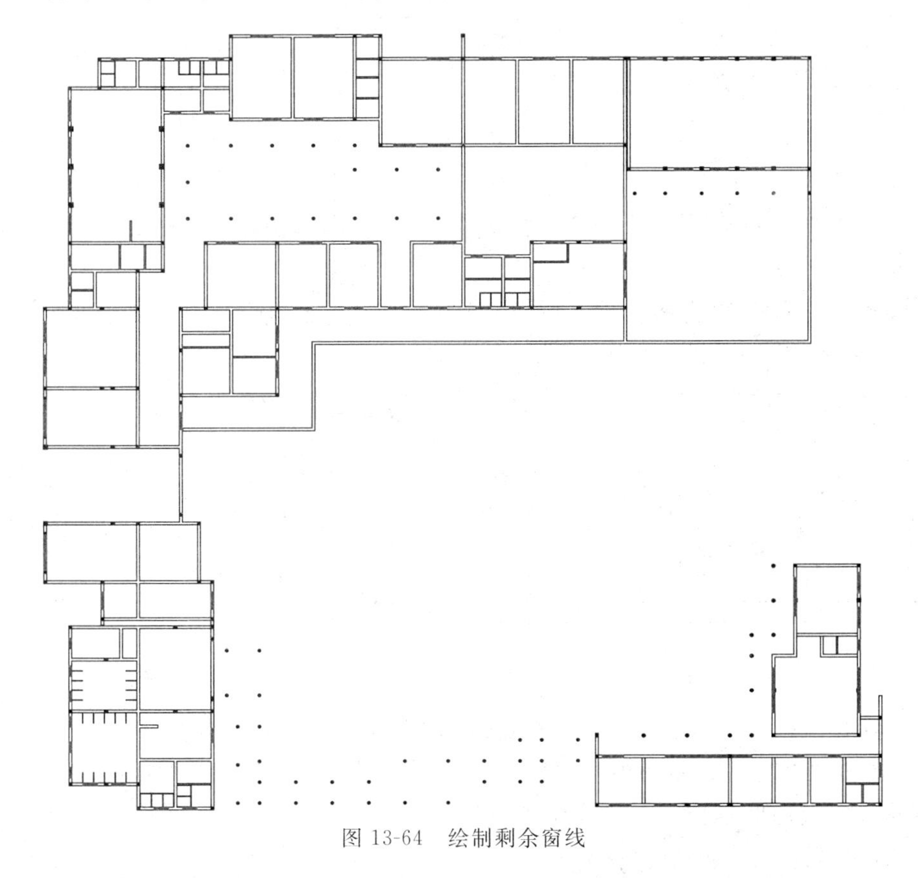

图13-64　绘制剩余窗线

（6）单击“绘图”工具栏中的“多段线”按钮，在图形适当位置绘制连续多段线，如图13-65所示。

（7）单击“修改”工具栏中的“偏移”按钮，选择上步绘制的连续多段线为偏移对象，将其向下偏移，偏移距离为30、40和30，如图13-66所示。

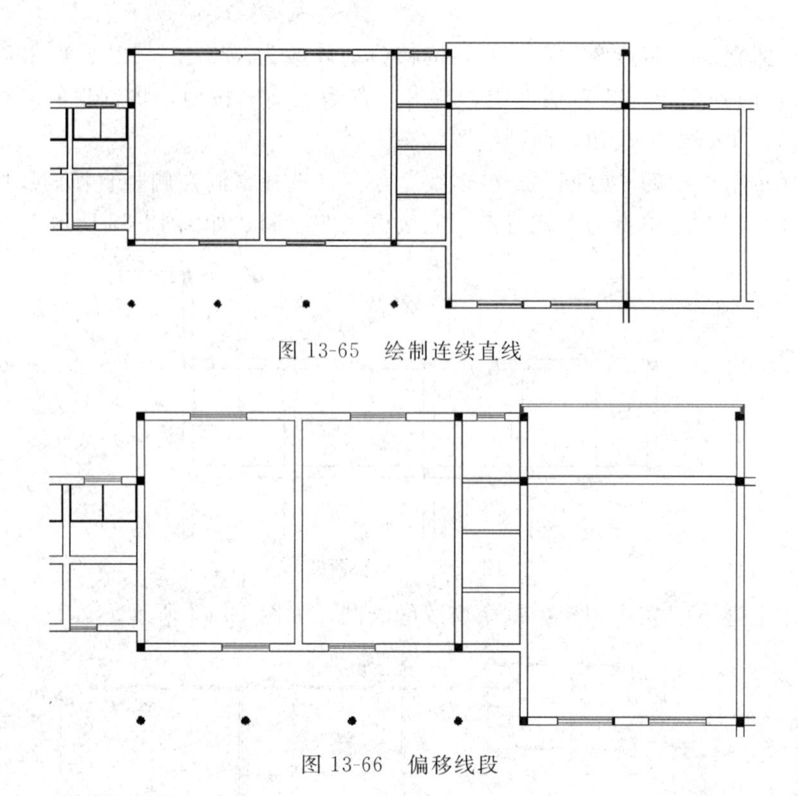

图 13-65　绘制连续直线

图 13-66　偏移线段

4. 绘制门洞

（1）单击“绘图”工具栏中的“直线”按钮，在图中合适的位置处绘制一条竖直直线，如图 13-67 所示。

（2）单击“修改”工具栏中的“偏移”按钮，选择上步绘制的竖直直线为偏移对象向右偏移，偏移距离为 900，如图 13-68 所示。

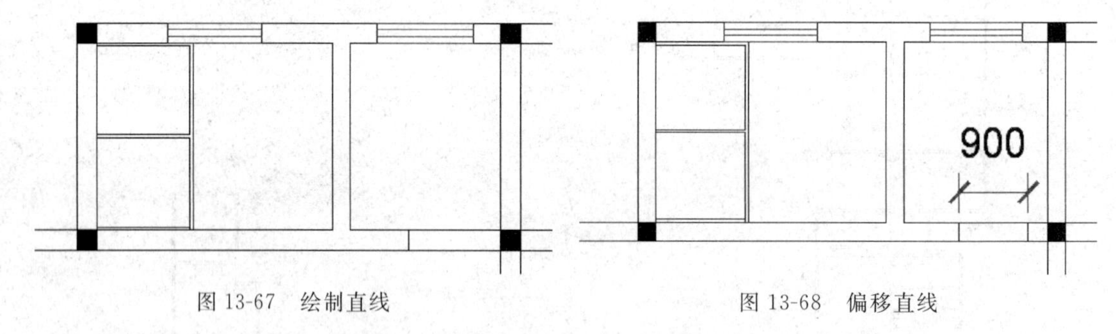

图 13-67　绘制直线　　　　图 13-68　偏移直线

（3）利用上述方法完成图形中剩余门洞的绘制，如图 13-69 所示。

（4）单击“修改”工具栏中的“修剪”按钮，选择上步绘制门洞线间墙体为修剪对象对其进行修剪处理，如图 13-70 所示。

5. 绘制单扇门

（1）单击“绘图”工具栏中的“多段线”按钮，在如图 13-71 所示的位置绘制连续直线，如图 13-71 所示。

（2）单击“修改”工具栏中的“镜像”按钮，选择上步绘制图形为镜像对象对其进行竖直镜像，如图 13-72 所示。

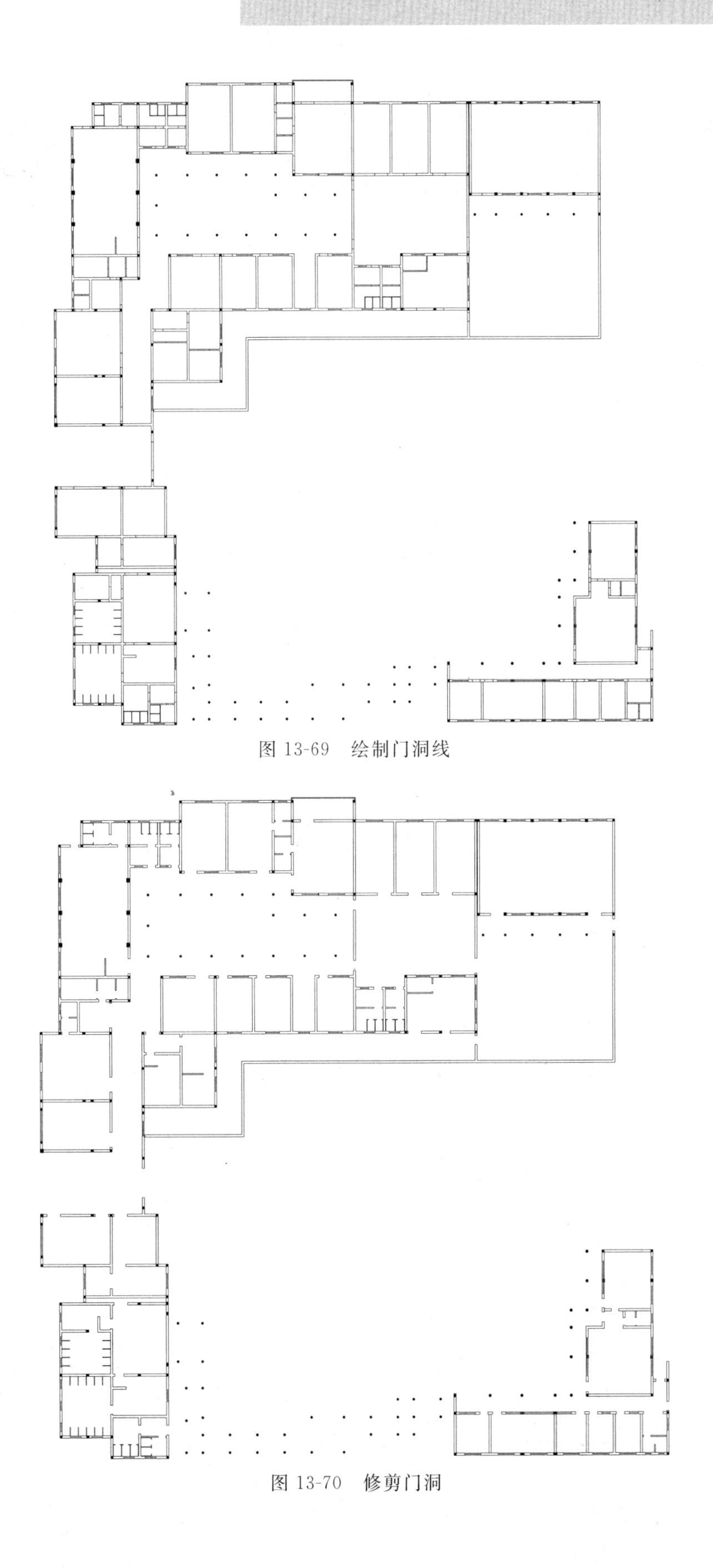

图 13-69 绘制门洞线

图 13-70 修剪门洞

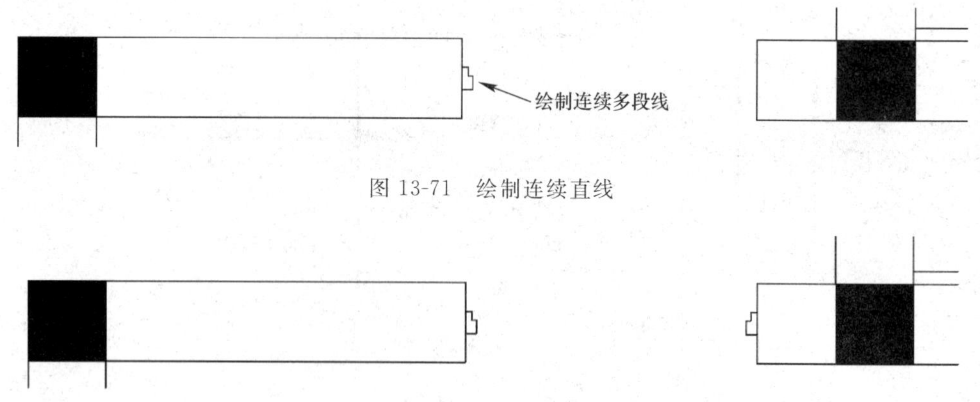

图 13-71　绘制连续直线

图 13-72　镜像图形

(3) 单击“绘图”工具栏中的“矩形”按钮▭，在上步镜像后的右侧图形上选择一点为矩形起点，绘制一个“23×859”的矩形，如图 13-73 所示。

(4) 单击“绘图”工具栏中的“圆弧”按钮╭，以“起点、端点、角度”方式绘制圆弧，以上步绘制矩形左上角点为圆弧起点，端点落在前面绘制的多段线上，角度为 90°，如图 13-74 所示。

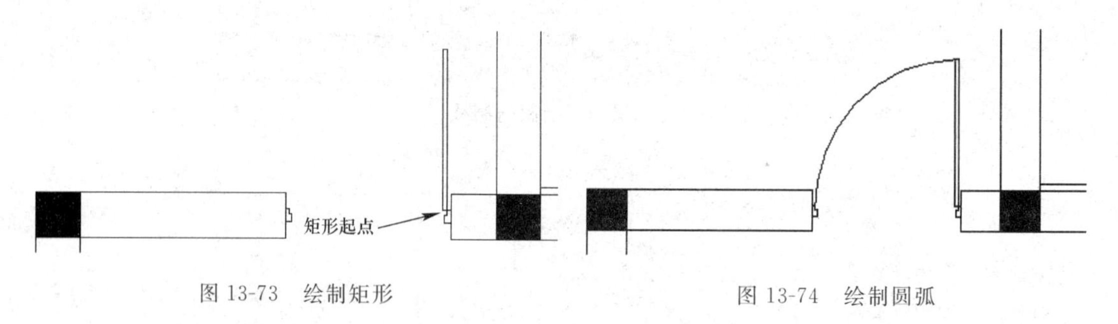

图 13-73　绘制矩形　　　　图 13-74　绘制圆弧

(5) 单击“绘图”工具栏中的“创建块”按钮，弹出“块定义”对话框，如图 13-75 所示。选择上步绘制的单扇门图形为定义对象，选择任意点为基点，将其定义为块，块名为“单扇门”，如图 13-76 所示。

图 13-75　块定义对话框

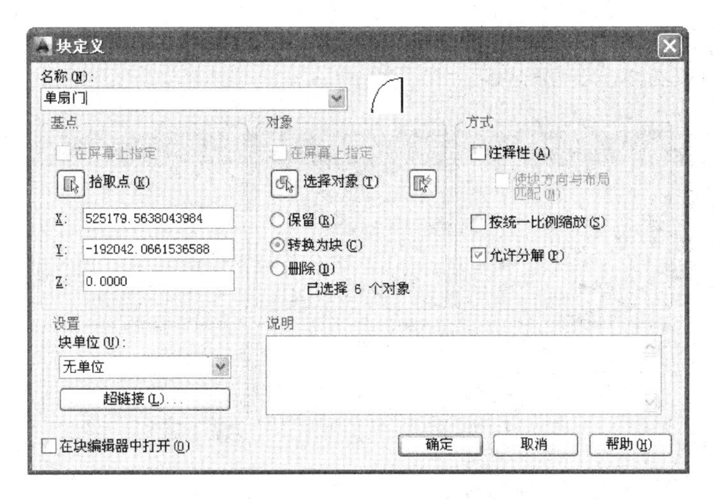

图 13-76　定义单扇门

注 意

绘制圆弧时，注意指定合适的端点或圆心，指定端点的时针方向也即为绘制圆弧的方向。例如要绘制图示的下半圆弧，则起始端点应在左侧，终端点应在右侧，此时端点的时针方向为逆时针，则即得到相应的逆时针圆弧。

6. 绘制双扇门

（1）利用上述单扇门的绘制方法首先绘制出一个不同尺寸的单扇门图形，如图 13-77 所示。

（2）单击“修改”工具栏中的“镜像”按钮，选取上步绘制的单扇门图形为镜像对象，选择垂直上下两点为镜像点对图形进行镜像，完成双扇门的绘制，结果如图 13-78 所示。

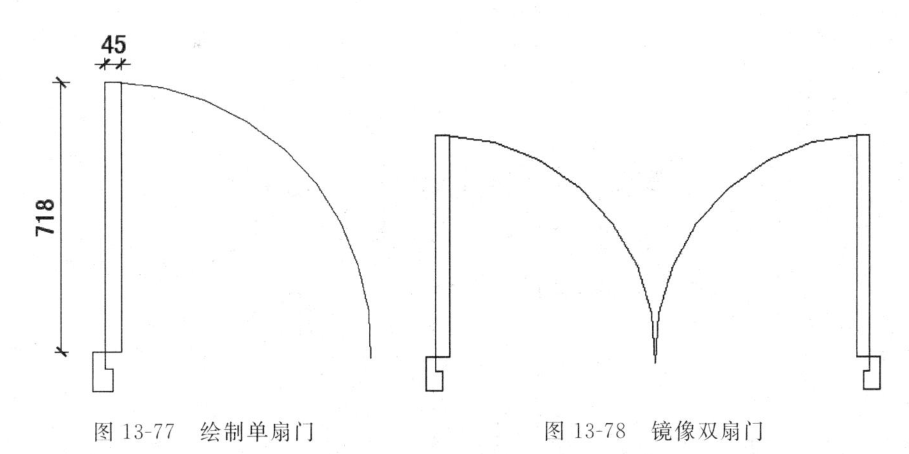

图 13-77　绘制单扇门　　　　图 13-78　镜像双扇门

（3）单击“绘图”工具栏中的“创建块”按钮，弹出“块定义”对话框，选择上步绘制的双扇门图形为定义对象，选择任意点为基点，将其定义为块，块名为“双扇门”，如图 13-79 所示。

（4）单击“绘图”工具栏中的“插入块”按钮，弹出“插入”对话框，如图 13-80

所示。单击“浏览”按钮，选择前面定义为块的单扇门图形为插入对象，将其插入到门洞处，如图 13-81 所示。

图 13-79 定义双扇门

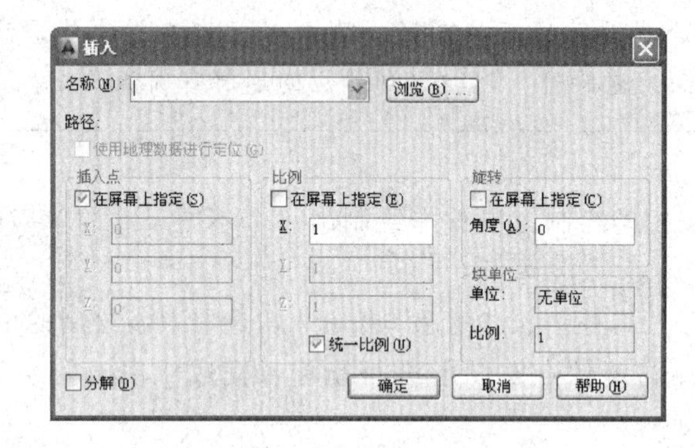

图 13-80 插入对话框

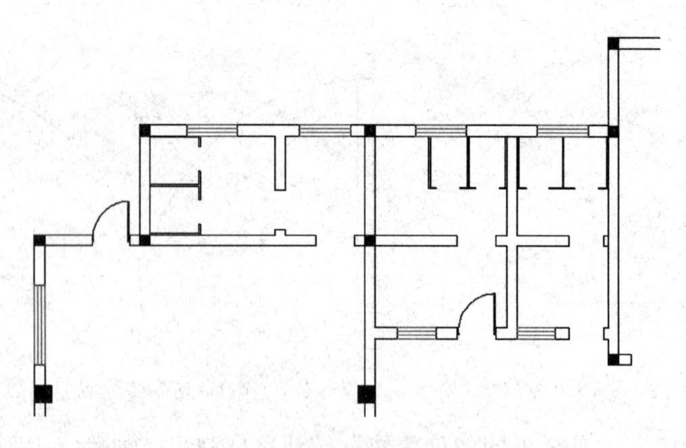

图 13-81 插入单扇门

(5) 利用上述方法完成图形中所有单扇门的插入，如门洞大小不同，可结合“修改”工具栏中的“缩放”按钮，通过比例调整门的大小。结果如图 13-82 所示。

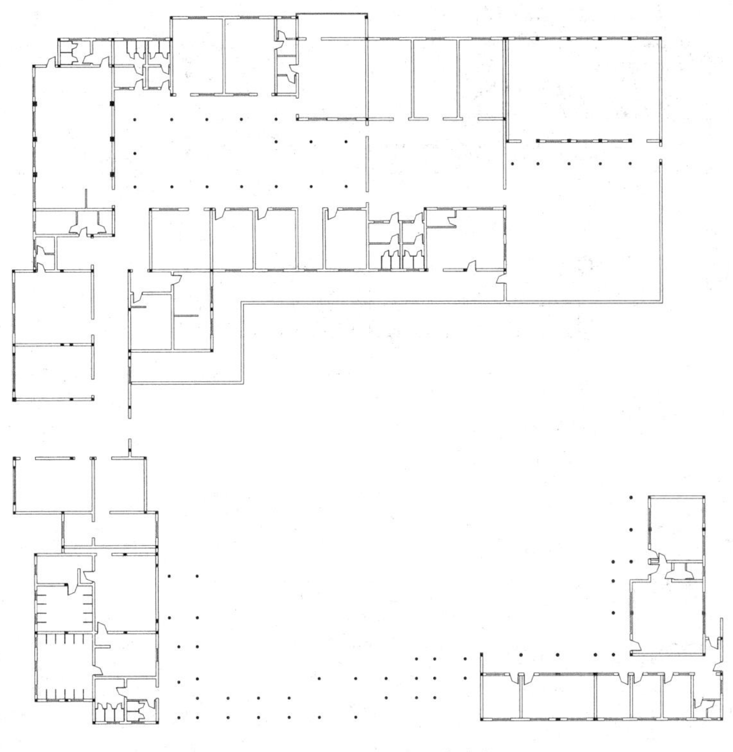

图 13-82 插入所有单扇门

(6) 单击“绘图”工具栏中的“插入块”按钮，弹出“插入”对话框，单击“浏览”按钮，选择前面定义为块的双门图形为插入对象，将其插入到双扇门的门洞处，如图 13-83 所示。

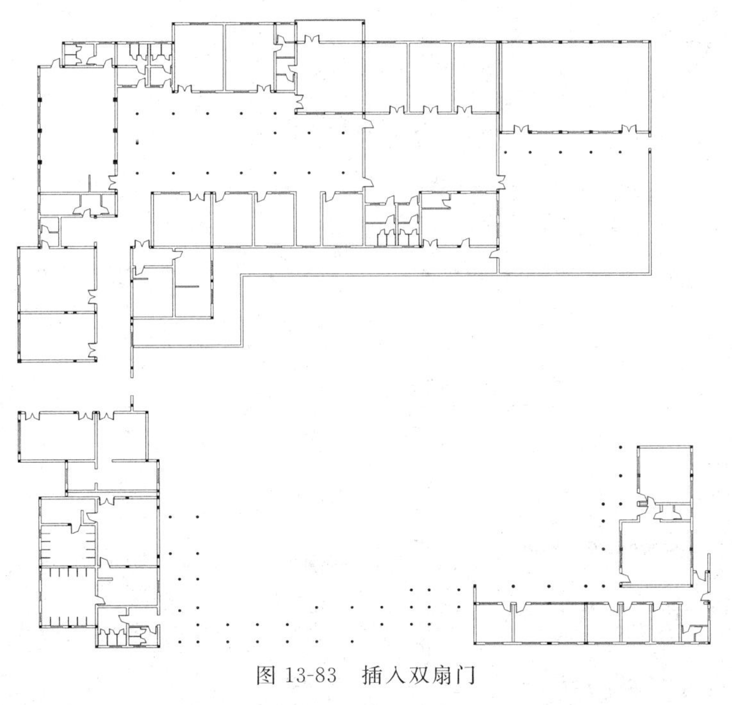

图 13-83 插入双扇门

(7) 结合上述门窗的绘制方法完成图形中门联窗的绘制，如图 13-84 所示。

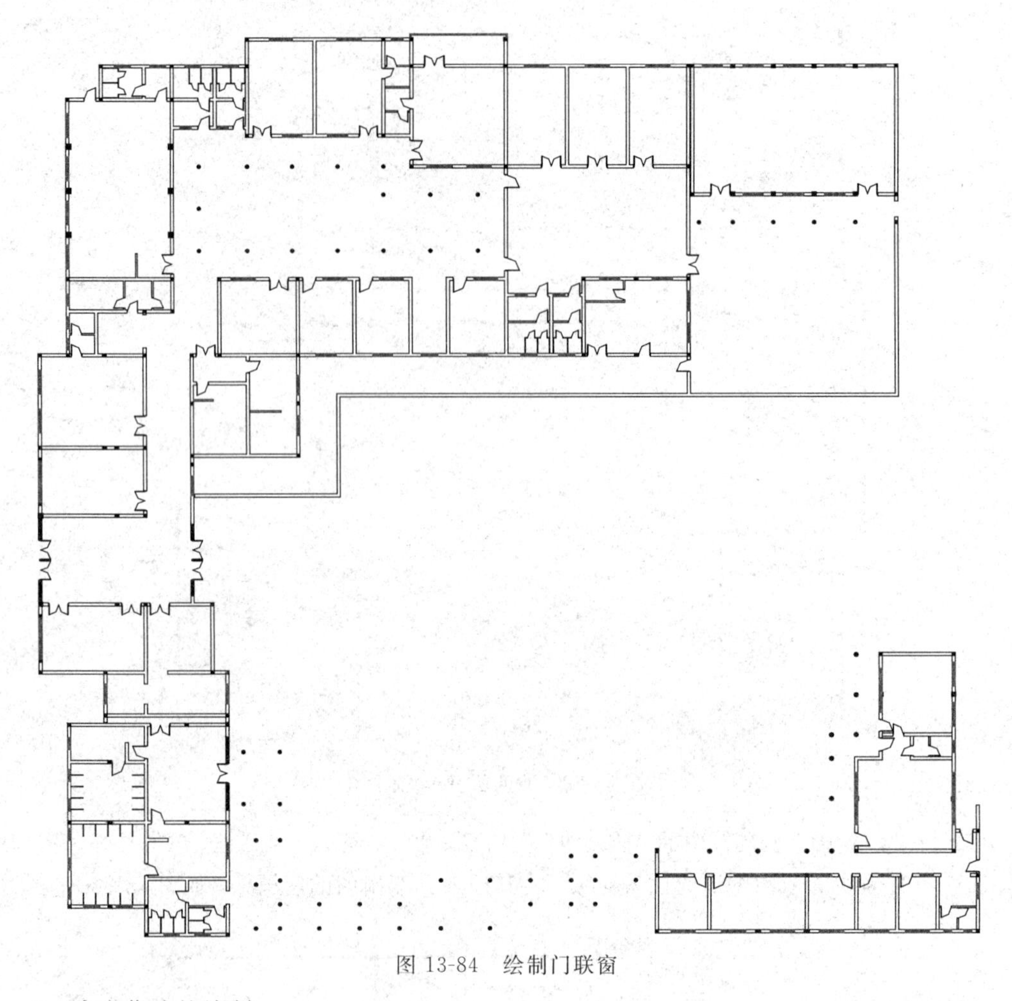

图 13-84　绘制门联窗

7. 玻璃幕墙的绘制

单击“绘图”工具栏中的“直线”按钮，在如图 13-85 所示的位置绘制一条水平直线，单击“修改”工具栏中的“偏移”按钮，选择上步绘制的水平直线为偏移对象向上进行偏移，偏移距离为 65、65 和 65，如图 13-86 所示。

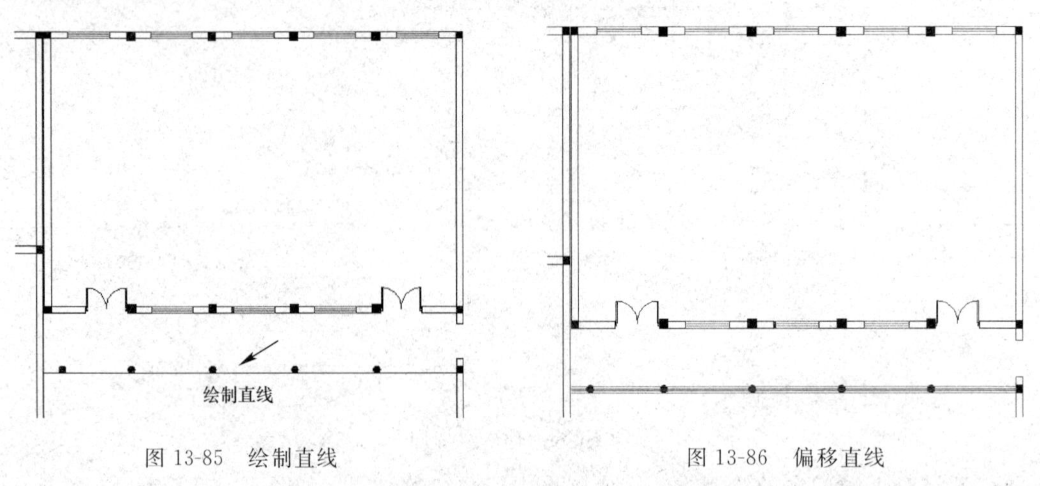

图 13-85　绘制直线　　　　图 13-86　偏移直线

13.2.6 绘制台阶

【绘制步骤】

1. 在“图层”工具栏的下拉列表中，选择“台阶”图层为当前层，如图 13-87 所示。

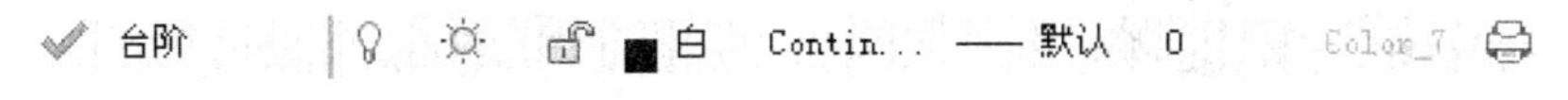

图 13-87 设置当前图层

2. 单击“绘图”工具栏中的“矩形”按钮，在如图 13-88 所示的位置，绘制一个“1520×237”的矩形。

3. 单击“修改”工具栏中的“复制”按钮，选择上步绘制的矩形为复制对象将其向下进行复制，如图 13-89 所示。

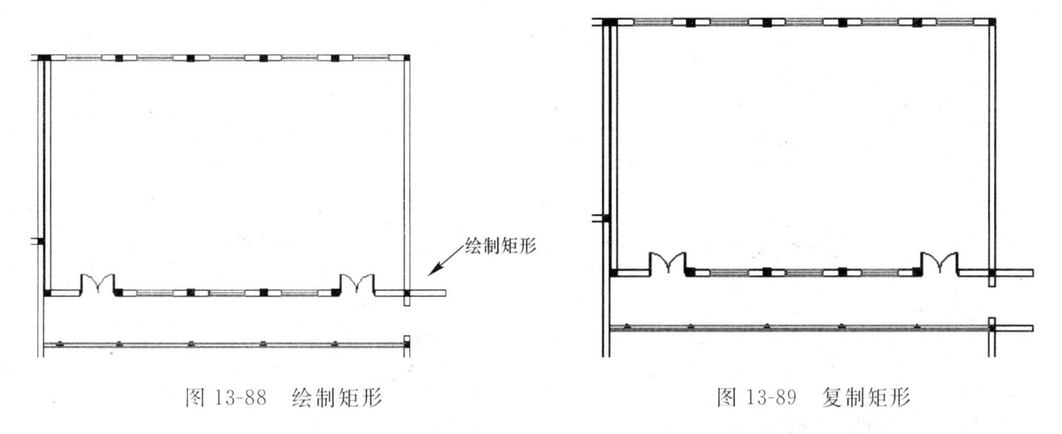

图 13-88 绘制矩形　　图 13-89 复制矩形

4. 单击“绘图”工具栏中的“直线”按钮，绘制台阶线，如图 13-90 所示。

5. 单击“修改”工具栏中的“偏移”按钮，选择上步绘制的竖直直线为偏移对象向左进行偏移，偏移距离为 300、300，如图 13-91 所示。

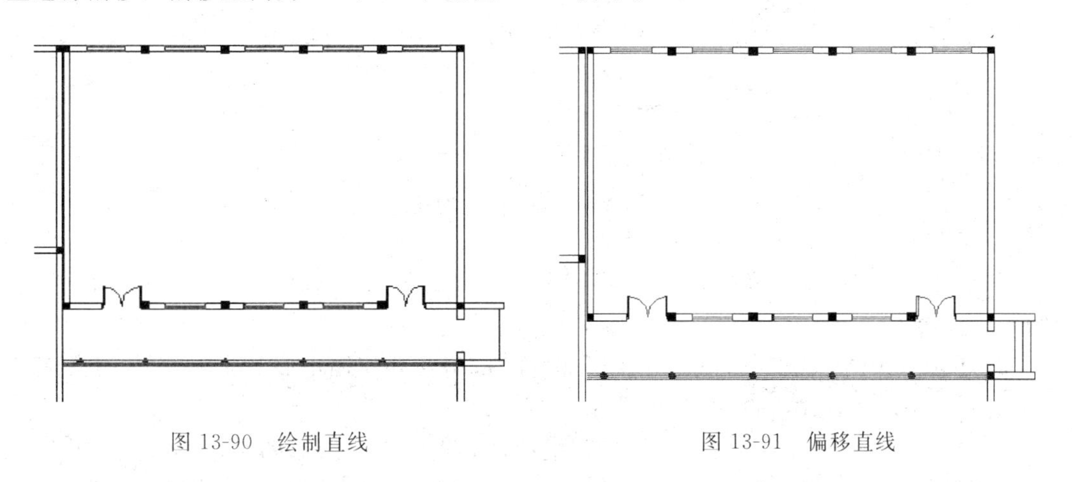

图 13-90 绘制直线　　图 13-91 偏移直线

6. 利用上述方法完成图形中剩余室外台阶的绘制，如图 13-92 所示。

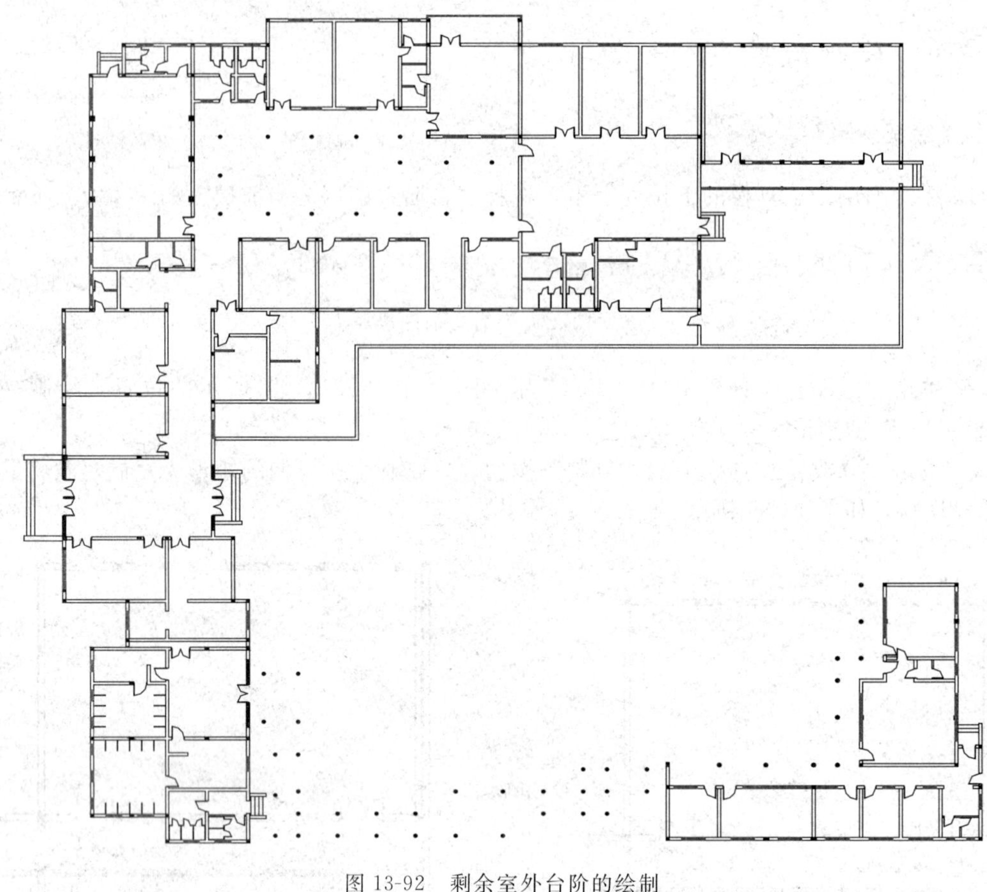

图 13-92　剩余室外台阶的绘制

13.2.7　绘制楼梯

1. 在“图层”工具栏的下拉列表中，选择“楼梯”图层为当前层，如图 13-93 所示。

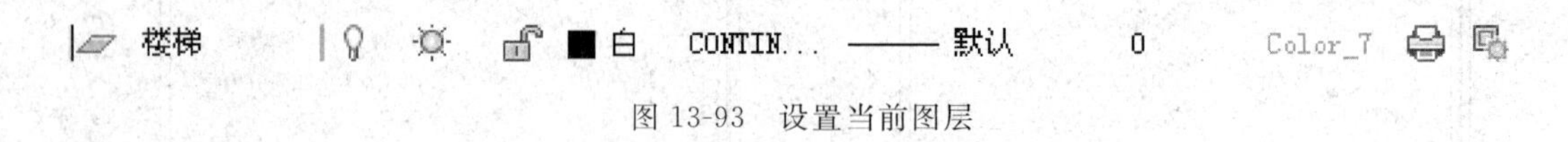

图 13-93　设置当前图层

2. 单击“绘图”工具栏中的“矩形”按钮，在如图 13-94 所示的位置绘制一个“60×1740”的矩形。

3. 单击“绘图”工具栏中的“直线”按钮，在上步绘制矩形上选择一点为直线起点向右绘制一条水平直线，如图 13-95 所示。

4. 单击“修改”工具栏中的“偏移”按钮，选择上步绘制的水平直线为偏移对象向下进行偏移，偏移距离为 280、280、280、280、280 和 280，如图 13-96 所示。

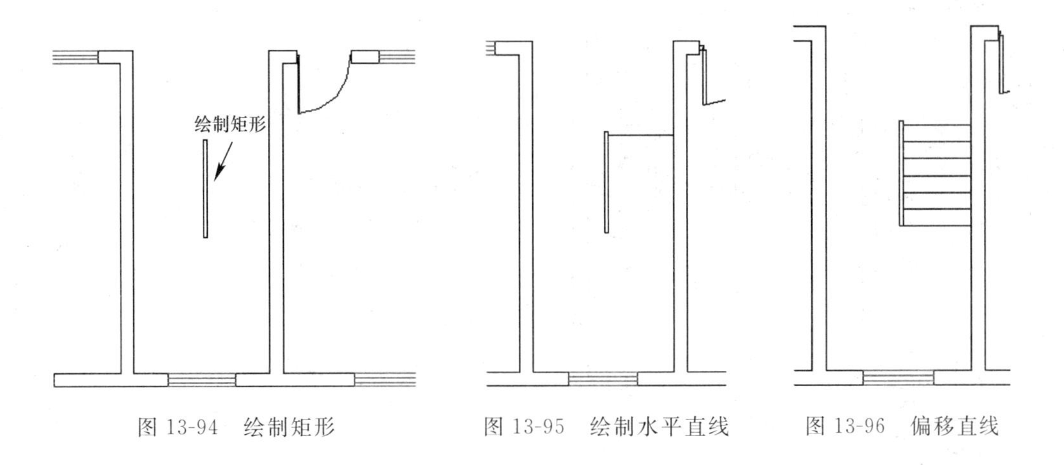

图 13-94　绘制矩形　　图 13-95　绘制水平直线　　图 13-96　偏移直线

5. 单击“绘图”工具栏中的“直线”按钮，在上步绘制的楼梯梯段线上绘制一条斜向直线，如图 13-97 所示。

6. 单击“修改”工具栏中的“修剪”按钮，选择上步绘制斜向直线外的踢断线为修剪对象对其进行修剪处理，如图 13-98 所示。

7. 单击“绘图”工具栏中的“直线”按钮，在绘制的斜向直线上绘制楼梯折弯线，如图 13-99 所示。

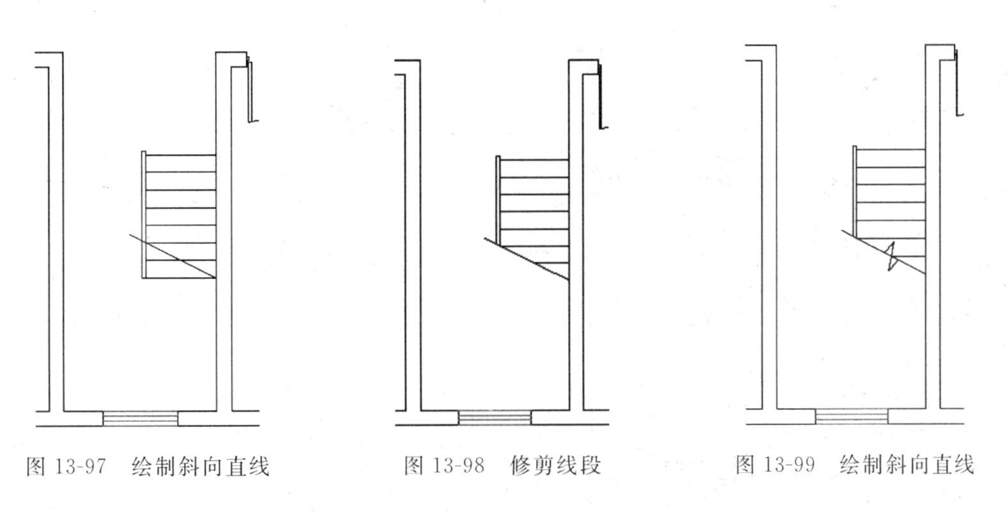

图 13-97　绘制斜向直线　　图 13-98　修剪线段　　图 13-99　绘制斜向直线

8. 单击“修改”工具栏中的“修剪”按钮，选择上步绘制的折弯线间的多余踢断线为修剪对象，对其进行修剪处理，如图 13-100 所示。

9. 单击“绘图”工具栏中的“多段线”按钮，指定起点宽度和端点宽度在上步绘制楼梯上绘制楼梯指引箭头，如图 13-101 所示。

10. 单击“绘图”工具栏中的“矩形”按钮，在如图 13-102 所示的位置绘制一个“4058×4500”的矩形，如图 13-102 所示。

11. 单击“修改”工具栏中的“分解”按钮，选择上步绘制矩形为分解对象回车确认对其进行分解，使上步绘制矩形分解成为四条独立边。

12. 单击“修改”工具栏中的“偏移”按钮，选择分解矩形的左侧竖直边及上下水平边为偏移对象，分别向内进行偏移，偏移距离均为 300 和 50，如图 13-103 所示。

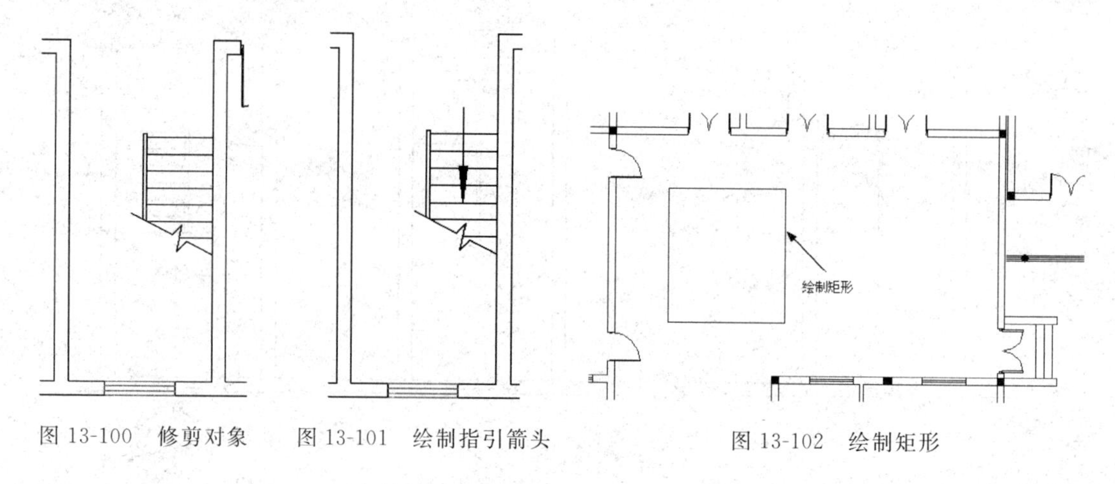

图 13-100 修剪对象 图 13-101 绘制指引箭头 图 13-102 绘制矩形

13. 单击“修改”工具栏中的“修剪”按钮，选择上步偏移线段为修剪对象对其进行修剪处理，如图 13-104 所示。

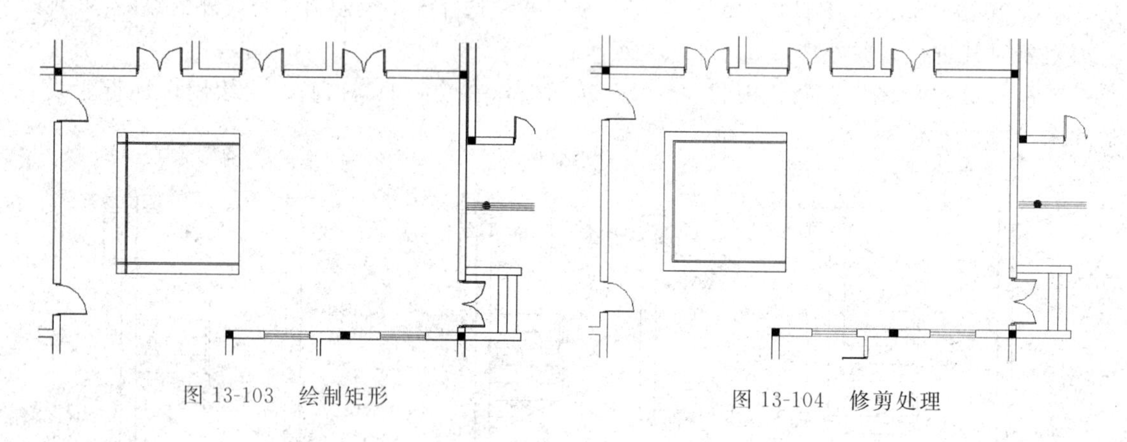
图 13-103 绘制矩形 图 13-104 修剪处理

14. 单击“绘图”工具栏中的“矩形”按钮，在矩形内绘制一个“237×790”的矩形，如图 13-105 所示。

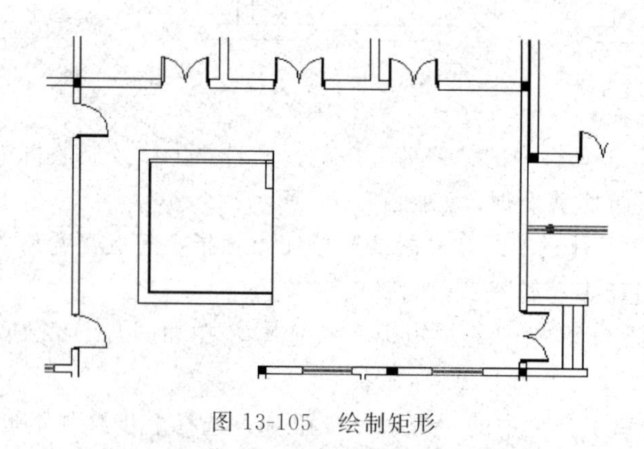
图 13-105 绘制矩形

15. 单击“修改”工具栏中的“镜像”按钮，选择上步绘制矩形为镜像对象，对其进行水平镜像，如图 13-106 所示。

16. 单击“修改”工具栏中的“修剪”按钮，选择上步绘制的两个矩形内的线段为修剪对象，对其进行修剪处理，如图13-107所示。

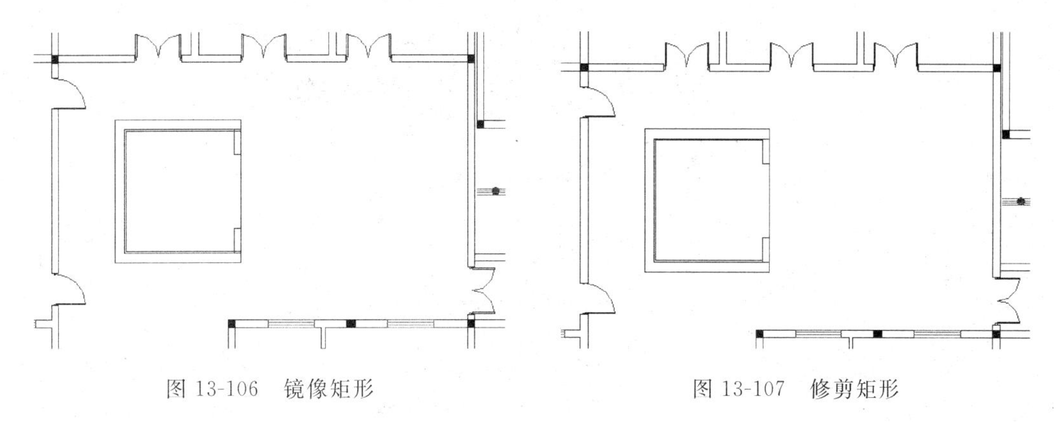

图13-106 镜像矩形　　图13-107 修剪矩形

17. 单击“绘图”工具栏中的“直线”按钮，在矩形右侧竖直边上选取一点为直线起点向右绘制一条水平直线，如图13-108所示。

18. 单击“修改”工具栏中的“偏移”按钮，选择上步绘制水平直线为偏移对象向下进行偏移，偏移距离为300和300，如图13-109所示。

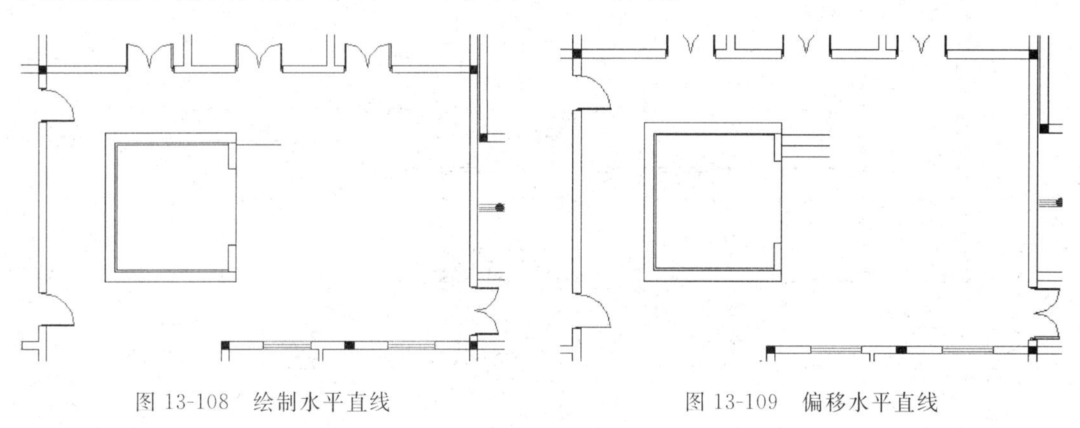

图13-108 绘制水平直线　　图13-109 偏移水平直线

19. 单击“修改”工具栏中的“镜像”按钮，选择上步偏移后线段为镜像对象对其进行水平镜像，如图13-110所示。

20. 单击“修改”工具栏中的“镜像”按钮，选择左侧修剪后图形为镜像对象对其进行竖直镜像，如图13-111所示。

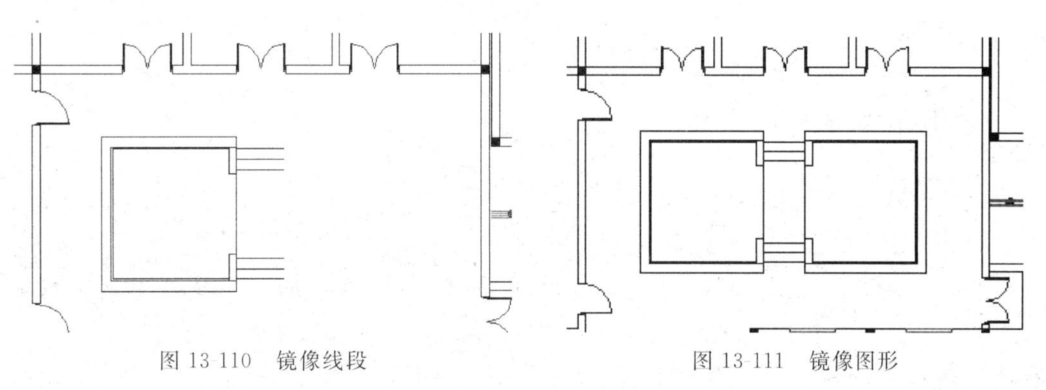

图13-110 镜像线段　　图13-111 镜像图形

21. 单击“修改”工具栏中的“复制”按钮，选择图形中已有的半径为63的圆形柱子为复制对象对其进行连续复制，如图13-112所示。

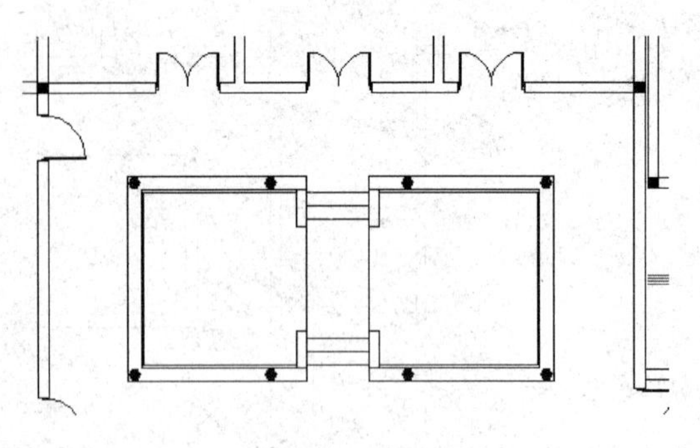

图13-112 复制图形

22. 利用上述方法完成剩余相同图形的绘制，如图13-113所示。

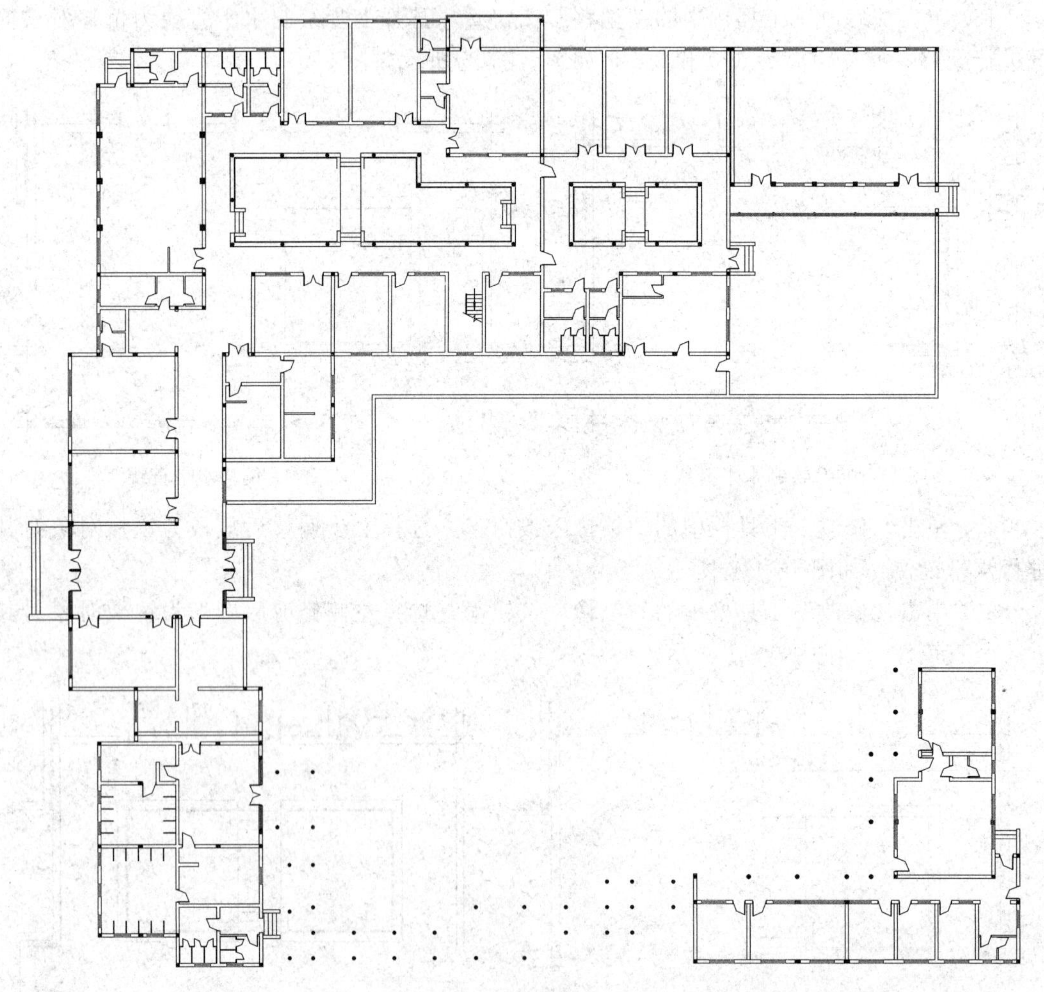

图13-113 绘制剩余图形

13.2.8 绘制室外布置

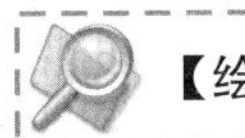【绘制步骤】

1. 在“图层”工具栏的下拉列表中，选择“泳池”图层为当前层，如图 13-114 所示。

泳池 CONTIN... ——— 默认 0 Color 7

图 13-114 设置当前图层

2. 单击“绘图”工具栏中的“直线”按钮，在上步图形适当位置绘制连续直线，线型为 DASHED，如图 13-115 所示。

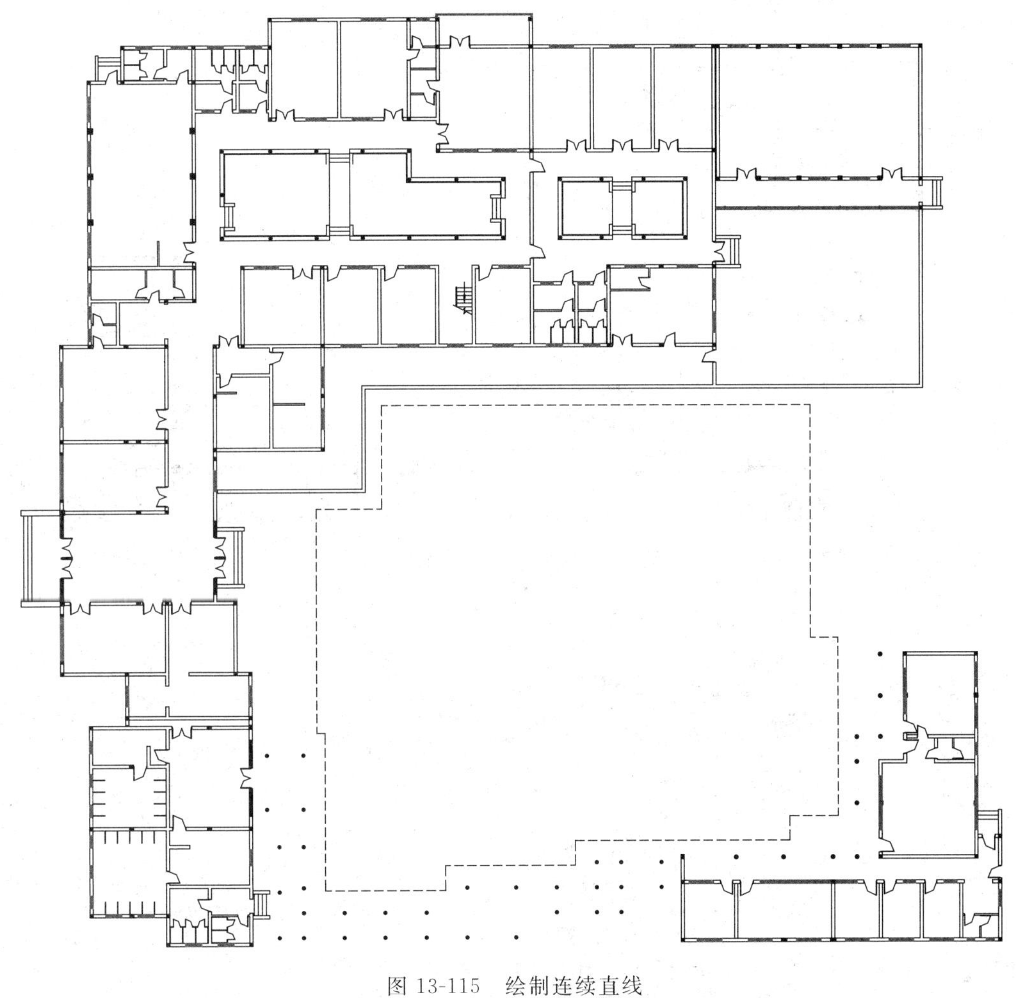

图 13-115 绘制连续直线

3. 单击“绘图”工具栏中的“直线”按钮，在上步绘制线段内绘制对角线，如图 13-116所示。

4. 单击“绘图”工具栏中的“圆”按钮，在如图 13-117 所示的位置绘制一个半径为 3867 的圆。

5. 单击“修改”工具栏中的“偏移”按钮，选择上步绘制的圆为偏移对象将其向外进行偏移，偏移距离分别为60、200和60，如图13-118所示。

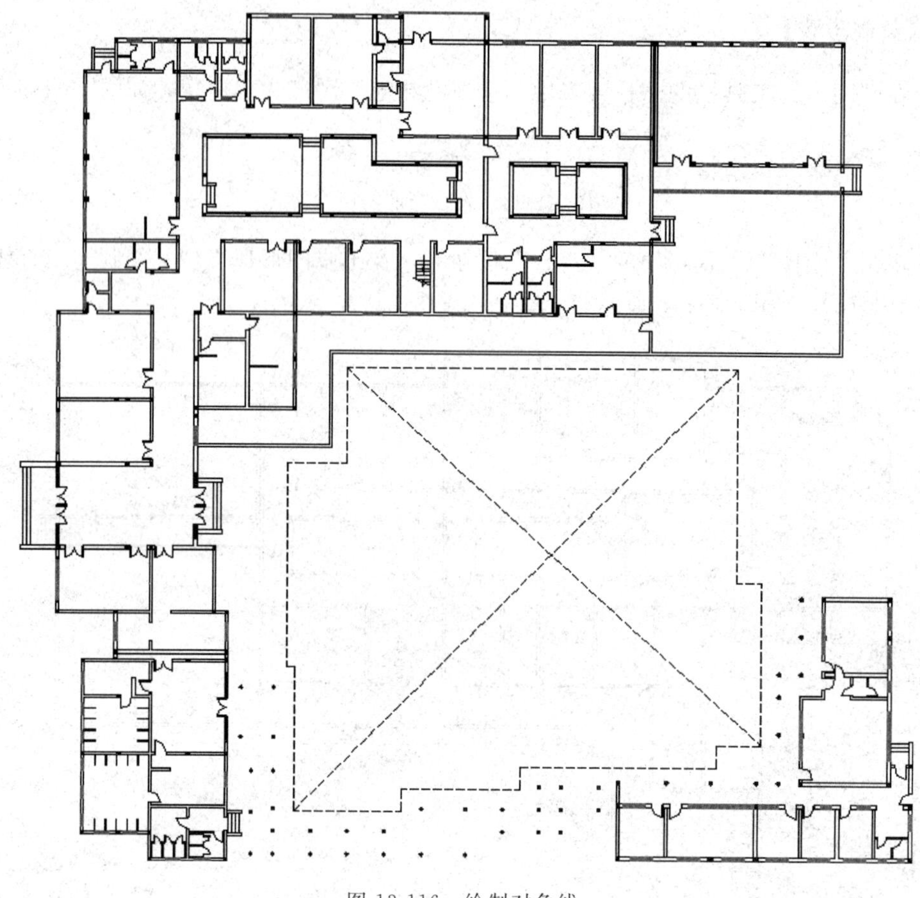

图13-116 绘制对角线

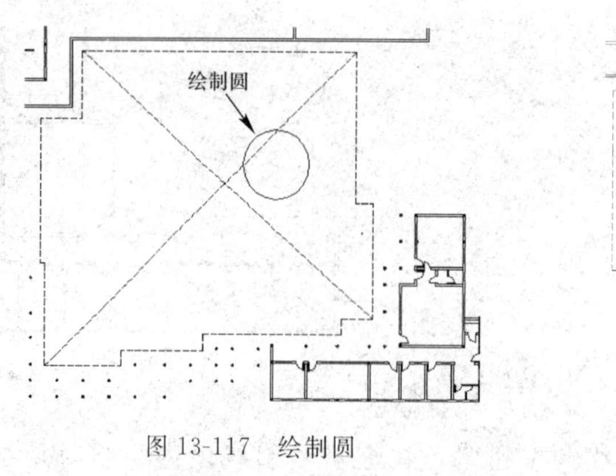

图13-117 绘制圆

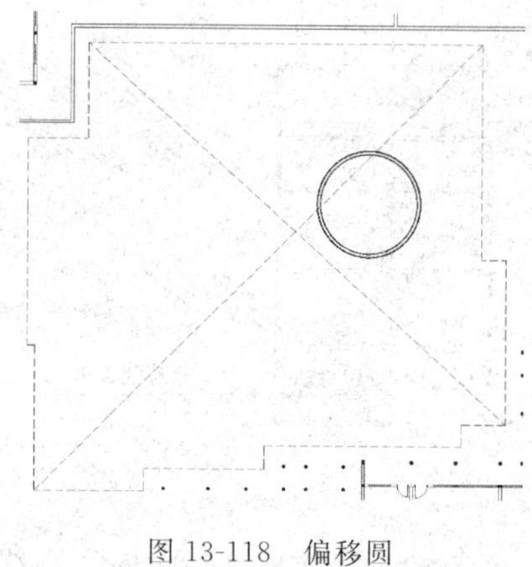

图13-118 偏移圆

6. 单击“绘图”工具栏中的“圆弧”按钮，在上步绘制的圆图形内绘制一段适当半径的圆弧，如图13-119所示。

7. 单击“修改”工具栏中的“修剪”按钮，选择上步绘制圆弧的下半部分线段为修剪对象，对其进行修剪处理，如图 13-120 所示。

8. 单击“绘图”工具栏中的“直线”按钮，如图 13-121 所示的位置绘制两段斜向直线，如图 13-121 所示。

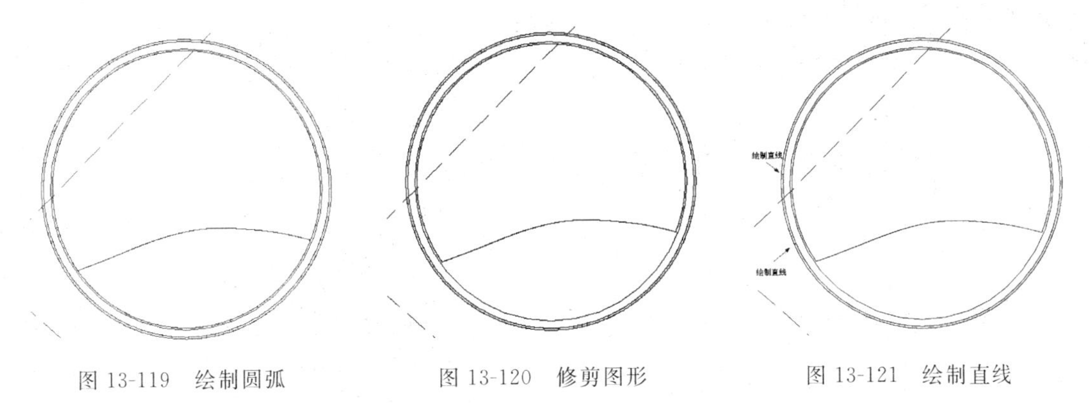

图 13-119　绘制圆弧　　图 13-120　修剪图形　　图 13-121　绘制直线

9. 单击“修改”工具栏中的“修剪”按钮，选择上步绘制的直线外线段为修剪对象，对其进行修剪处理，如图 13-122 所示。

10. 单击“绘图”工具栏中的“直线”按钮和“圆弧”按钮，在上步图形外侧绘制小泳池轮廓线，如图 13-123 所示。

11. 单击“修改”工具栏中的“偏移”按钮，选择上步绘制的小泳池轮廓线为偏移对象将其向内进行偏移，偏移距离为 250、200 和 50，如图 13-124 所示。

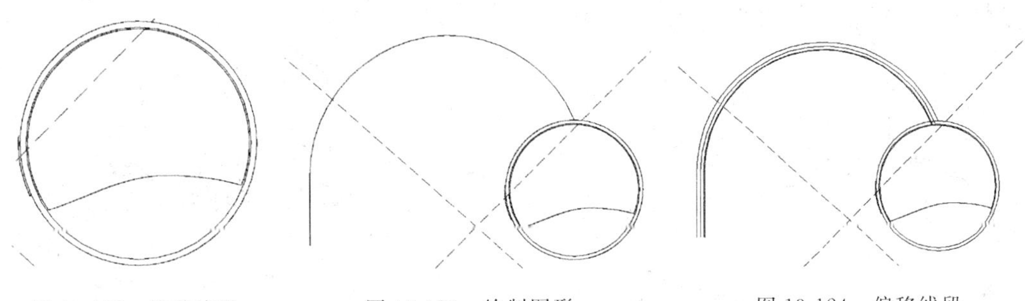

图 13-122　修剪线段　　图 13-123　绘制图形　　图 13-124　偏移线段

12. 单击“修改”工具栏中的“修剪”按钮，选择上步偏移线段为修剪线段，对其进行修剪处理，如图 13-125 所示。

13. 单击“绘图”工具栏中的“样条曲线”按钮和“直线”按钮，封闭上步偏移线段边线，如图 13-126 所示。

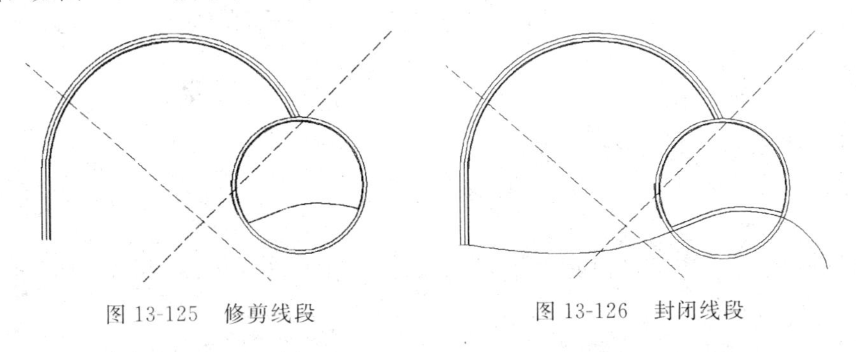

图 13-125　修剪线段　　图 13-126　封闭线段

14. 单击“修改”工具栏中的“偏移”按钮，选择上步绘制的线段为偏移对象向上进行偏移，偏移距离为 50 和 200，如图 13-127 所示。

15. 单击“修改”工具栏中的“修剪”按钮，选择上步偏移线段为修剪对象，对其进行修剪处理，如图 13-128 所示。

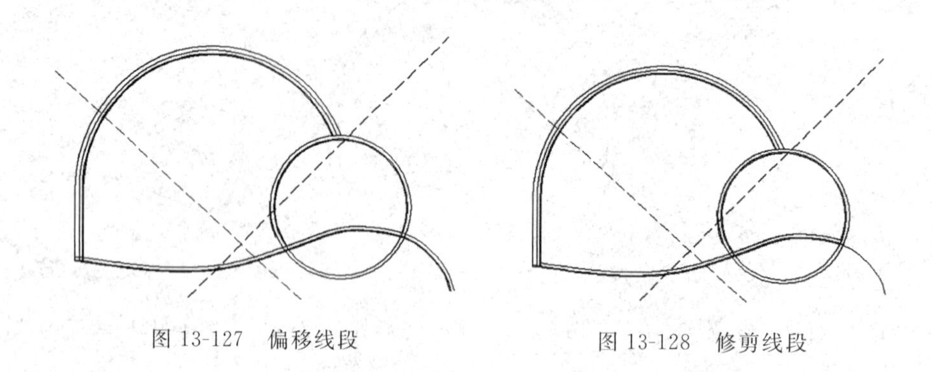

图 13-127　偏移线段　　图 13-128　修剪线段

16. 利用上述方法完成泳池下半部分图形的绘制，如图 13-129 所示。

17. 单击“绘图”工具栏中的“矩形”按钮，在上步图形适当位置处绘制多个“130×888”的矩形，如图 13-130 所示。

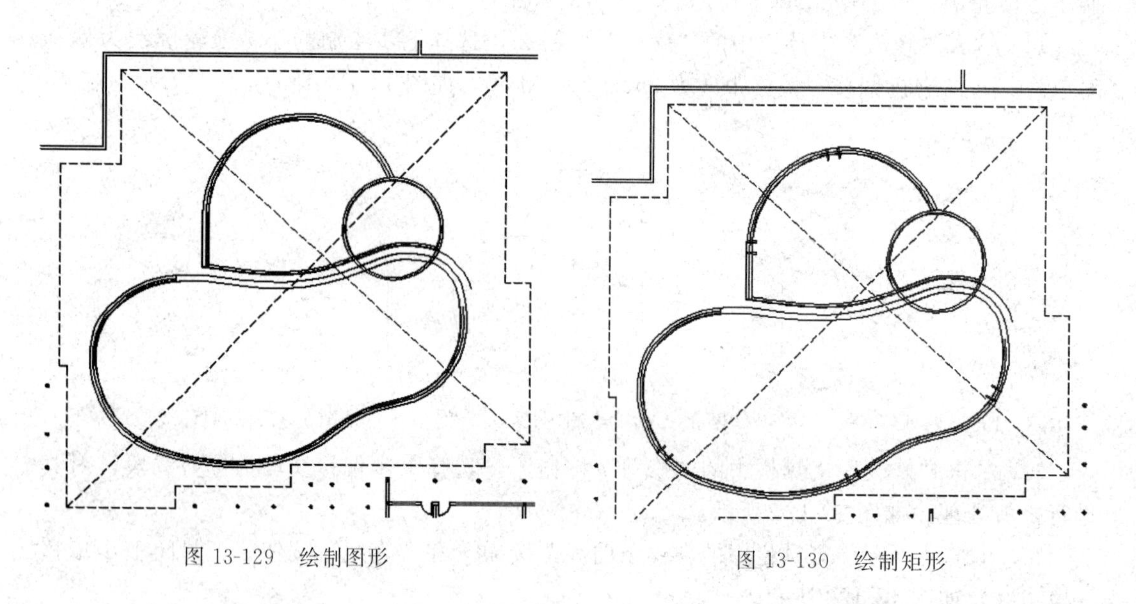

图 13-129　绘制图形　　图 13-130　绘制矩形

18. 单击“修改”工具栏中的“修剪”按钮，选择部分矩形内线段为修剪对象对其进行修剪处理，如图 13-131 所示。

19. 单击“绘图”工具栏中的“矩形”按钮，在上步绘制图形内适当位置绘制两个“600×600”的矩形，如图 13-132 所示。

20. 单击“绘图”工具栏中的“直线”按钮，如图 13-133 所示的位置绘制连续直线。

21. 单击“绘图”工具栏中的“直线”按钮，在上步图形适当位置绘制多条斜向直线，如图 13-134 所示。

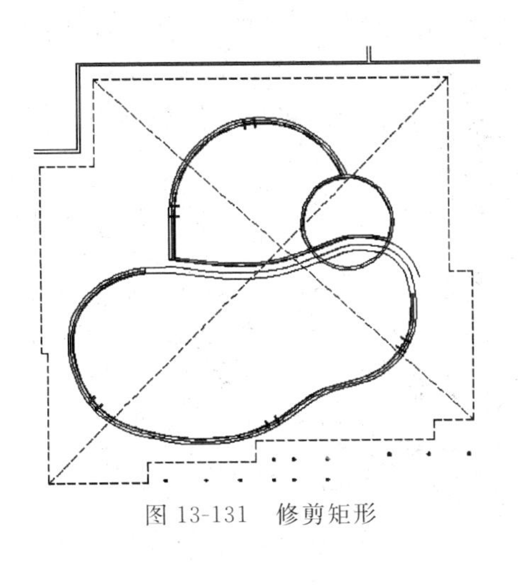

图 13-131 修剪矩形

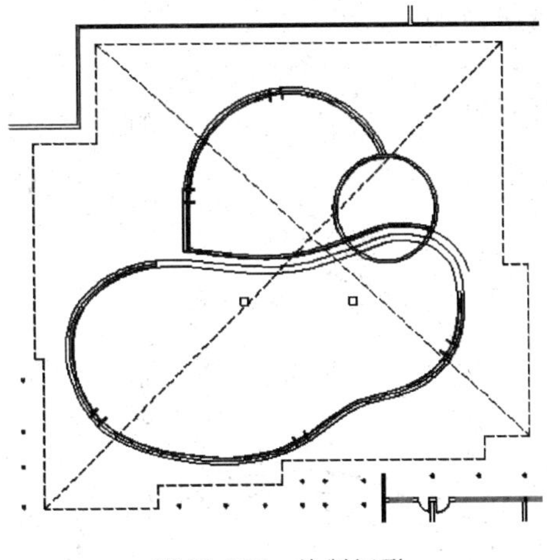

图 13-132 绘制矩形

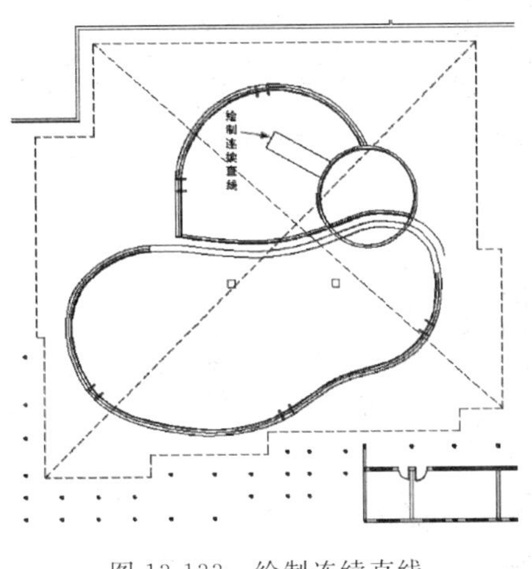

图 13-133 绘制连续直线

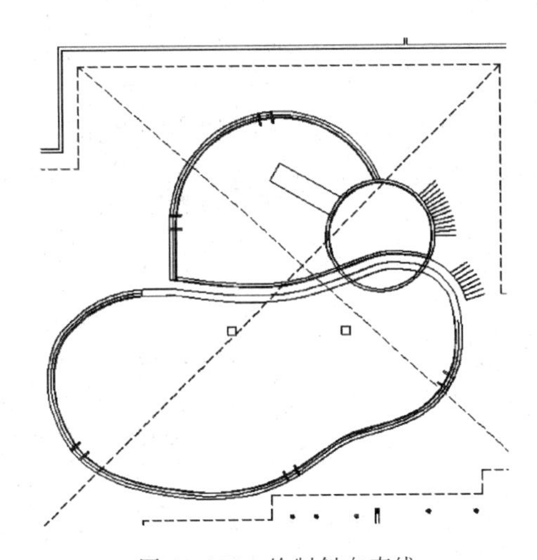

图 13-134 绘制斜向直线

22. 单击“绘图”工具栏中的“直线”按钮，在上步图形外侧绘制连续直线，如图13-135 所示。

23. 单击“修改”工具栏中的“偏移”按钮，选择上步绘制的连续直线为偏移对象向外进行偏移，偏移距离为 150，如图 13-136 所示。

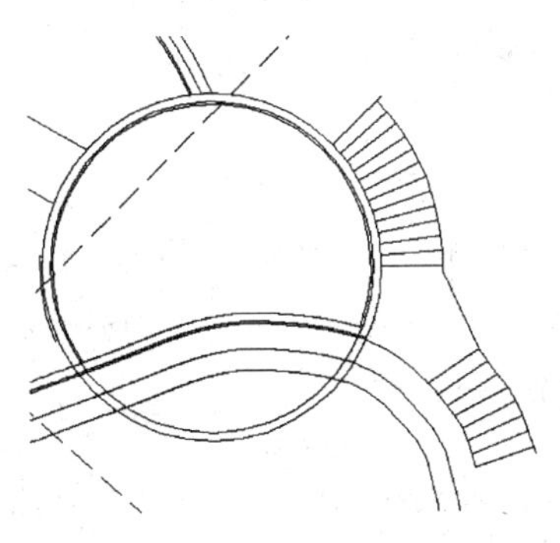

图 13-135 绘制连续直线

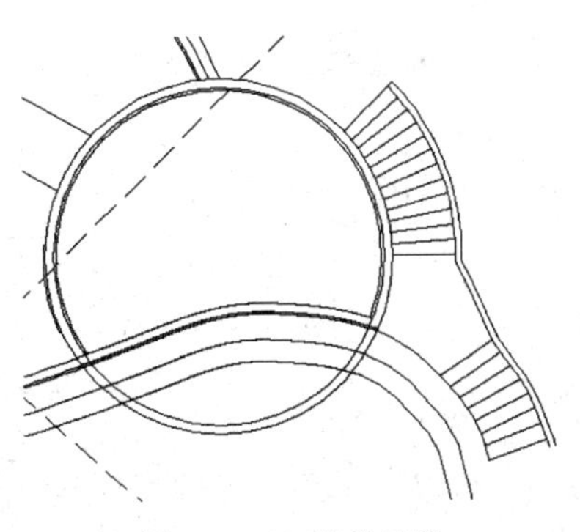

图 13-136 偏移线段

24. 单击“绘图”工具栏中的“直线”按钮⁄，封闭上步偏移线段的端口，如图 13-137 所示。

25. 单击“绘图”工具栏中的“直线”按钮⁄，在上步绘制图形右侧绘制连续直线，如图 13-138 所示。

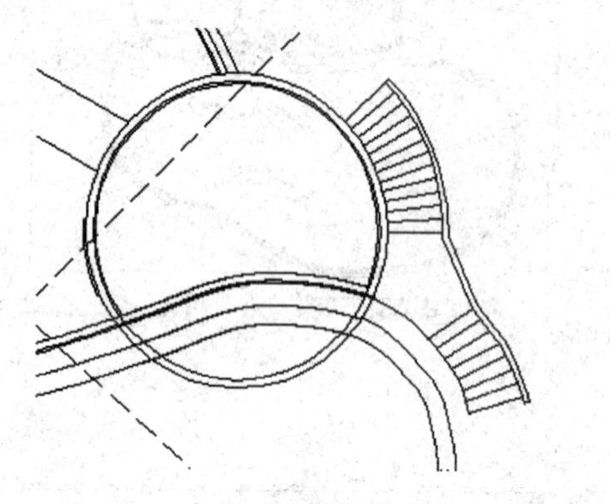

图 13-137 封闭端口

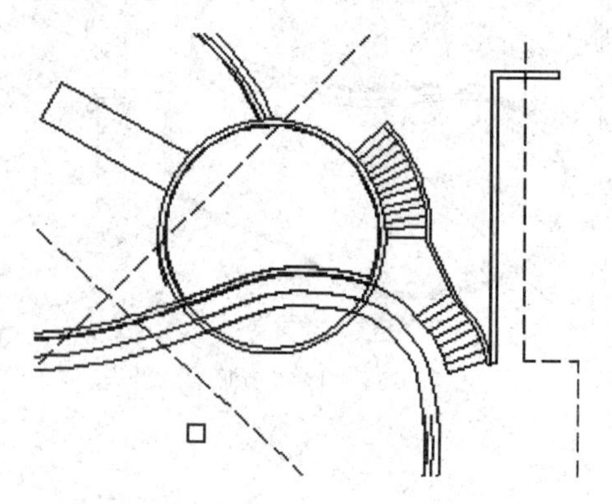

图 13-138 绘制连续直线

26. 结合“绘图”工具栏中的“矩形”按钮□、“直线”按钮⁄和“修改”工具栏中的“偏移”按钮、“修剪”按钮，完成右侧剩余图形的绘制，如图 13-139 所示。

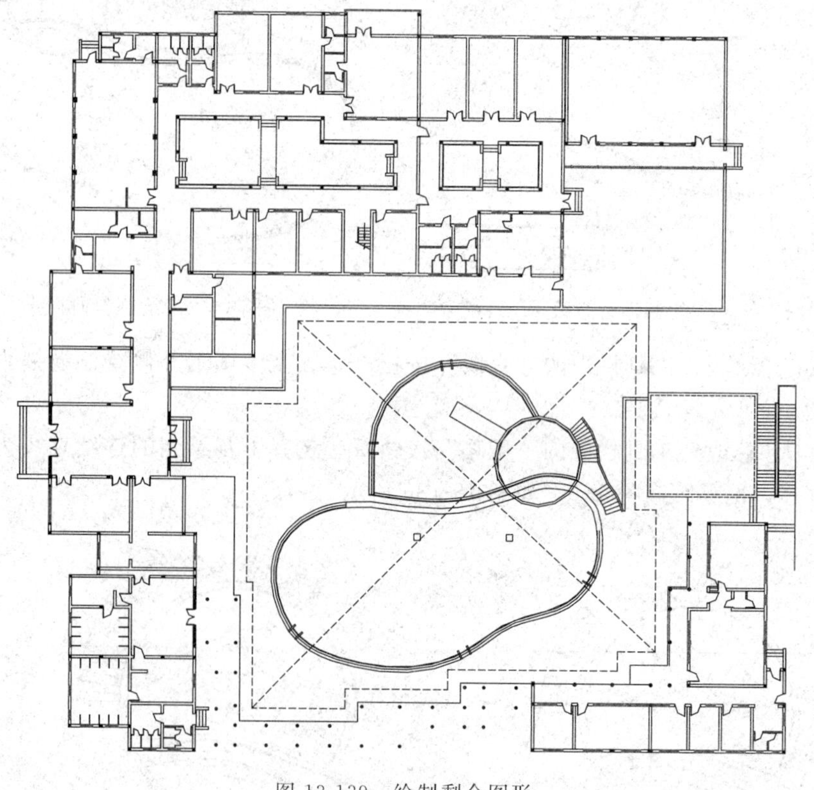

图 13-139 绘制剩余图形

27. 单击“修改”工具栏中的“偏移”按钮，选择上步图形内的水平直线及竖直直线为偏移对象进行偏移，偏移距离为 33、33 和 33，如图 13-140 所示。

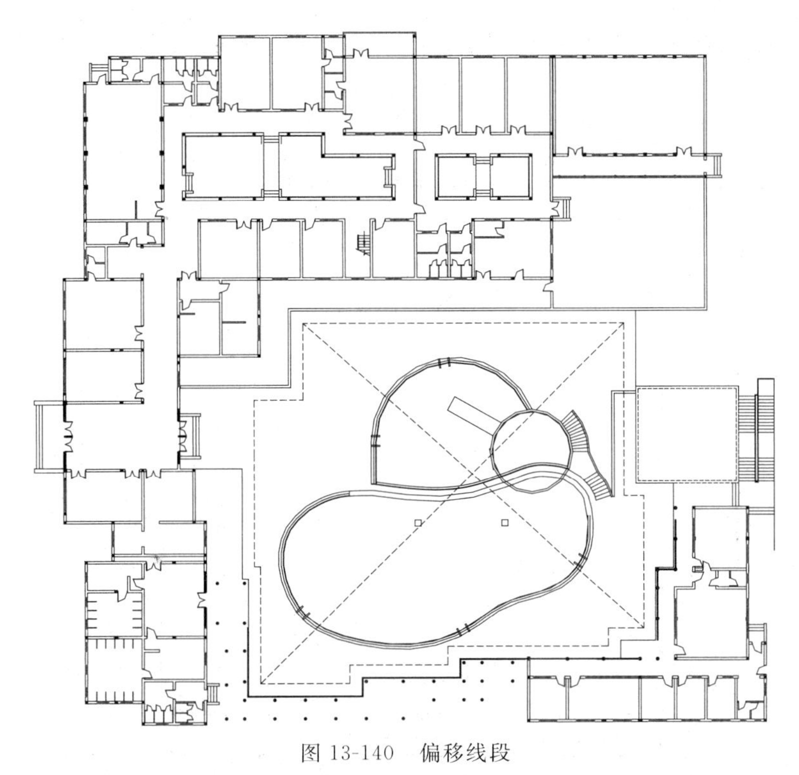

图 13-140 偏移线段

28. 单击“修改”工具栏中的“偏移”按钮，选择上步偏移后的部分线段为偏移对象向下进行偏移，偏移距离为420，如图13-141所示。

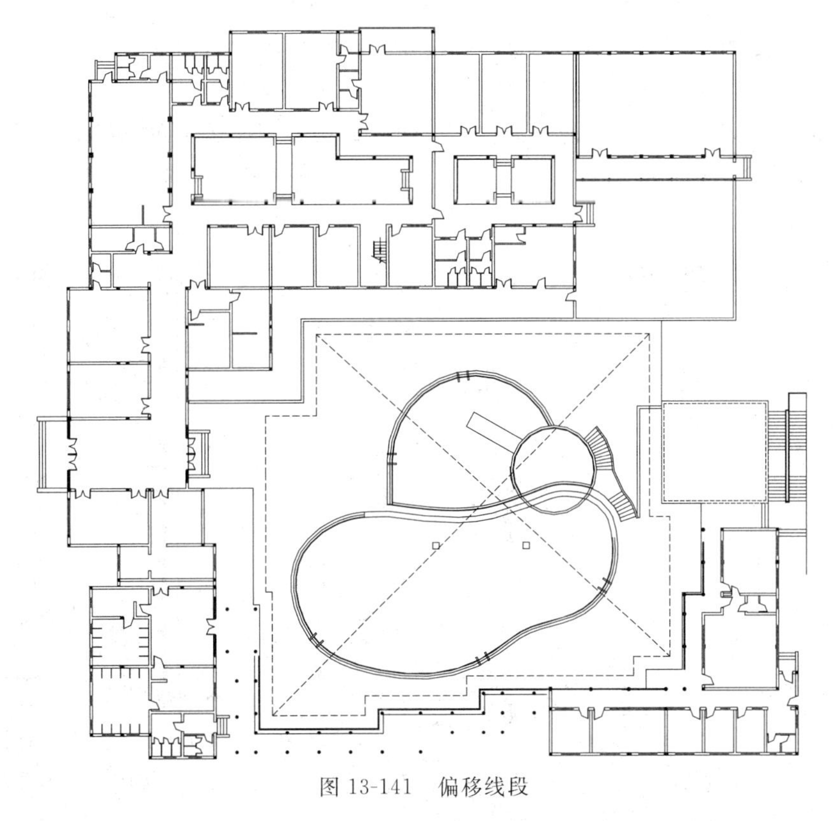

图 13-141 偏移线段

29. 利用上述方法完成相同图形的绘制，如图 13-142 所示。

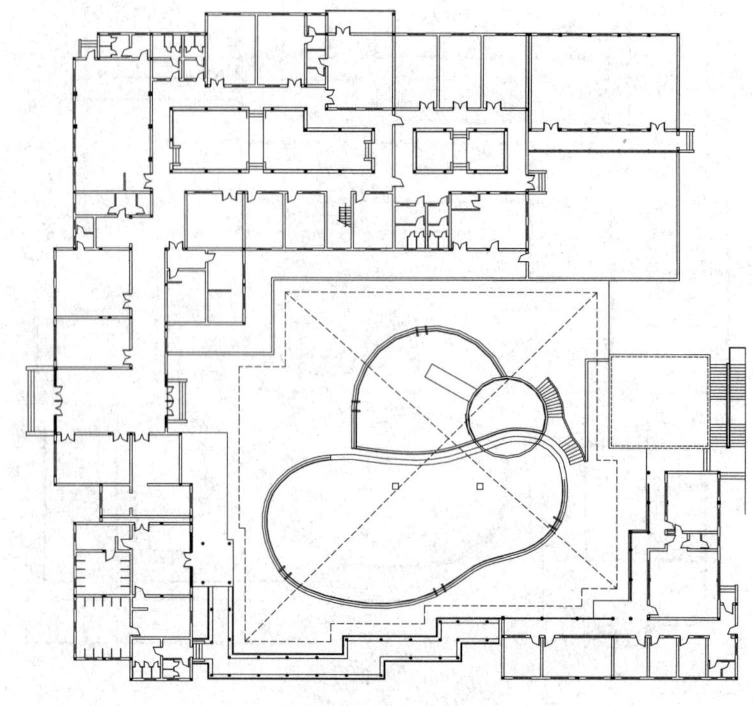

图 13-142　绘制相同图形

30. 单击“绘图”工具栏中的“直线”按钮⁄，封闭偏移线段端口，如图 13-143 所示。

31. 单击“绘图”工具栏中的“直线”按钮⁄，在如图 13-144 所示的位置绘制一条水平直线。

32. 单击“修改”工具栏中的“偏移”按钮⊆，选择上步绘制的水平直线为偏移线段对其进行偏移处理，偏移距离为 300、300、300、300 和 300，如图 13-145 所示。

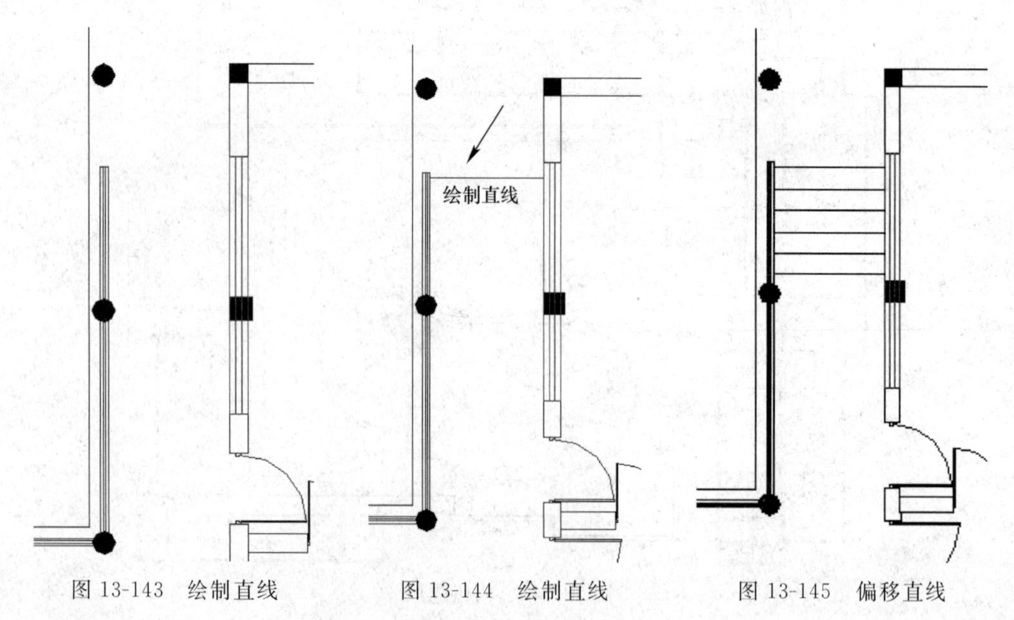

图 13-143　绘制直线　　图 13-144　绘制直线　　图 13-145　偏移直线

33. 单击“绘图”工具栏中的“多段线”按钮，在上步绘制的楼梯梯段线上绘制指引箭头，如图 13-146 所示。

34. 利用上述方法完成图形中相同图形的绘制，如图 13-147 所示。

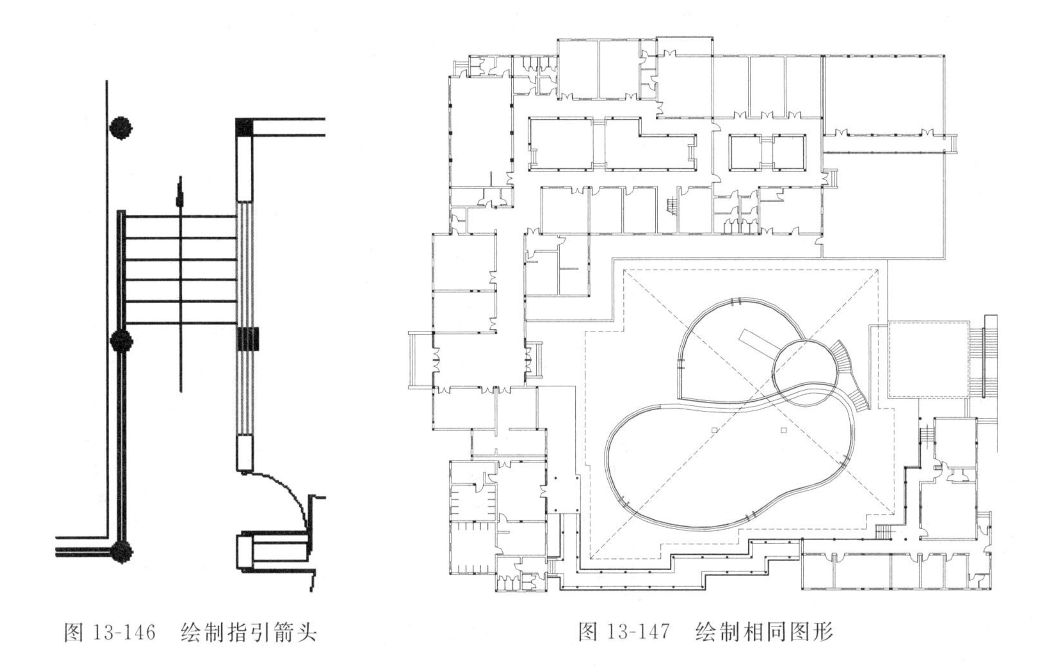

图 13-146　绘制指引箭头　　图 13-147　绘制相同图形

35. 单击“绘图”工具栏中的“矩形”按钮，在如图 13-148 所示的位置绘制一个“201×400”的矩形，如图 13-148 所示。

36. 单击“修改”工具栏中的“复制”按钮，选择上步绘制的矩形为复制对象对其进行复制操作，如图 13-149 所示。

37. 单击“绘图”工具栏中的“多段线”按钮，在如图 13-150 所示的位置绘制连续多段线，如图 13-150 所示。

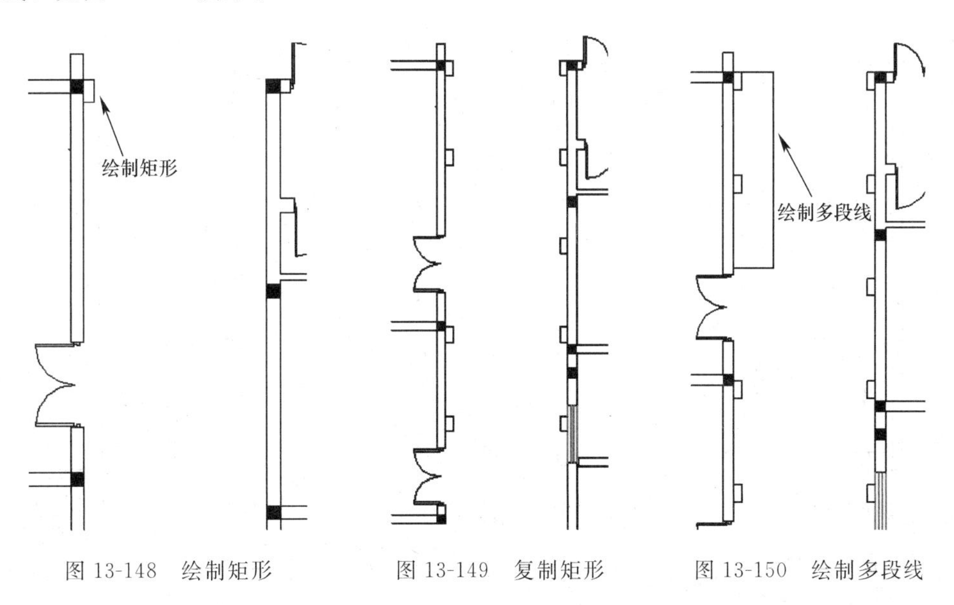

图 13-148　绘制矩形　　图 13-149　复制矩形　　图 13-150　绘制多段线

38. 单击“修改”工具栏中的“偏移”按钮，选择上步绘制的多段线为偏移线段向内偏移，偏移距离为 200，如图 13-151 所示。

利用上述方法绘制剩余相同图形，如图 13-152 所示。

39. 单击“绘图”工具栏中的“直线”按钮，在上步绘制多段线间绘制两条水平直线，如图 13-153 所示。

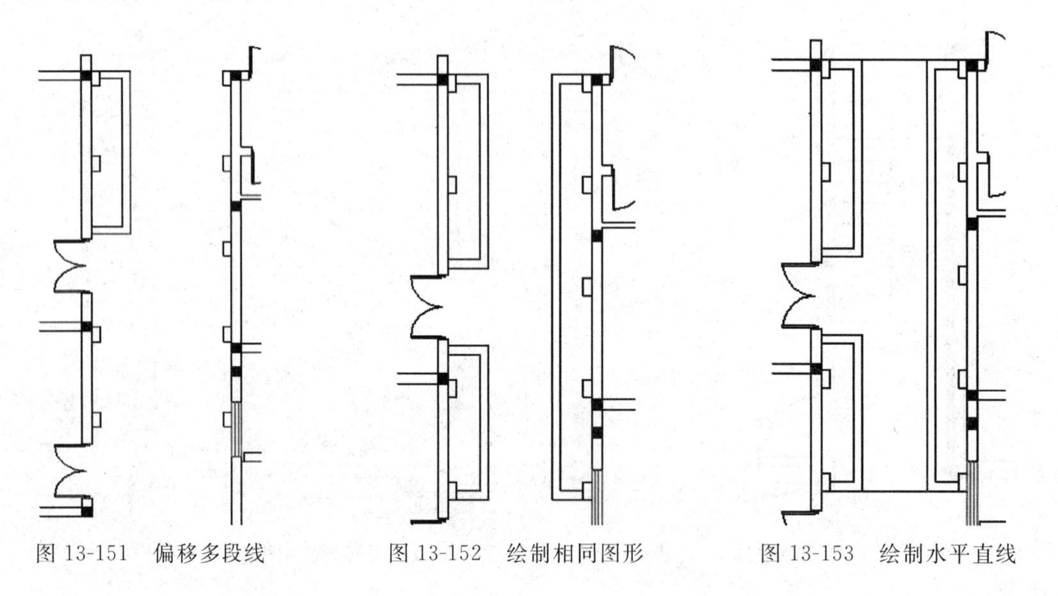

图 13-151　偏移多段线　　图 13-152　绘制相同图形　　图 13-153　绘制水平直线

40. 单击“修改”工具栏中的“偏移”按钮，选择上步绘制的两条水平直线为偏移对象分别向内进行偏移，偏移距离为 320，如图 13-154 所示。

41. 单击“绘图”工具栏中的“直线”按钮，在上步偏移线段上绘制两条竖直直线，如图 13-155 所示。

42. 单击“绘图”工具栏中的“直线”按钮，在上步绘制图形内绘制多条水平直线，如图 13-156 所示。

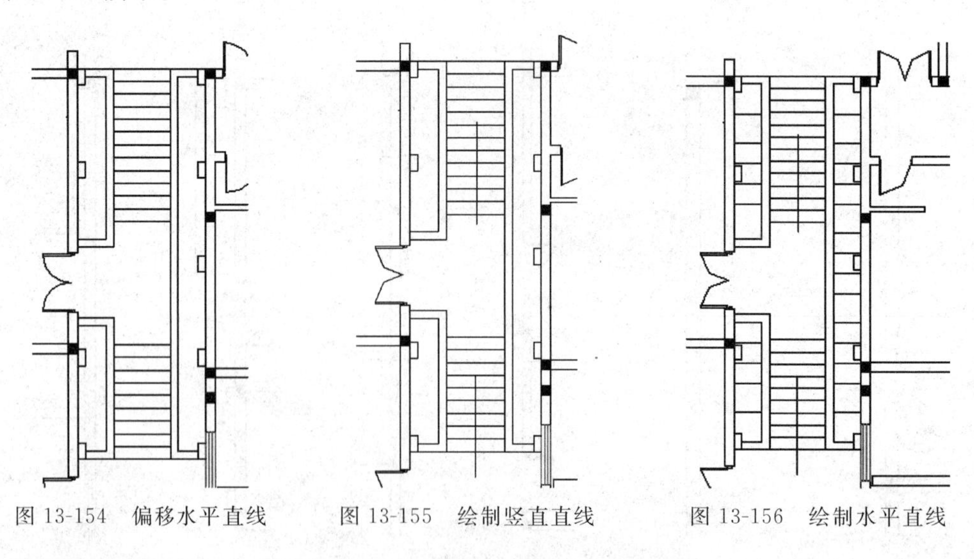

图 13-154　偏移水平直线　　图 13-155　绘制竖直直线　　图 13-156　绘制水平直线

43. 利用上述方法完成剩余图形的绘制，如图 13-157 所示。

44. 剩余图形的绘制方法与上述图形的绘制方法基本相同，这里我们不再详细阐述，结果如图 13-158 所示。

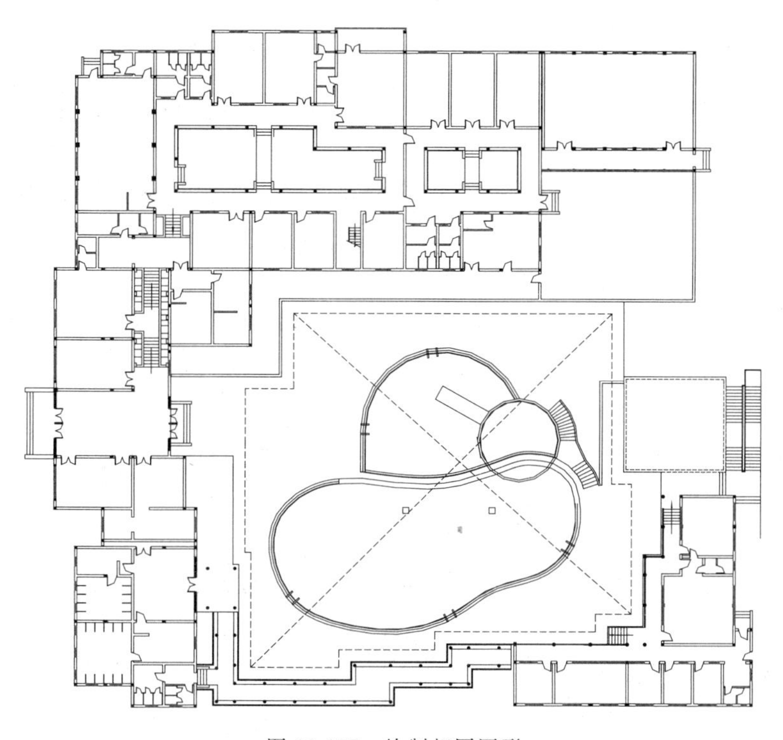

图 13-157 绘制相同图形

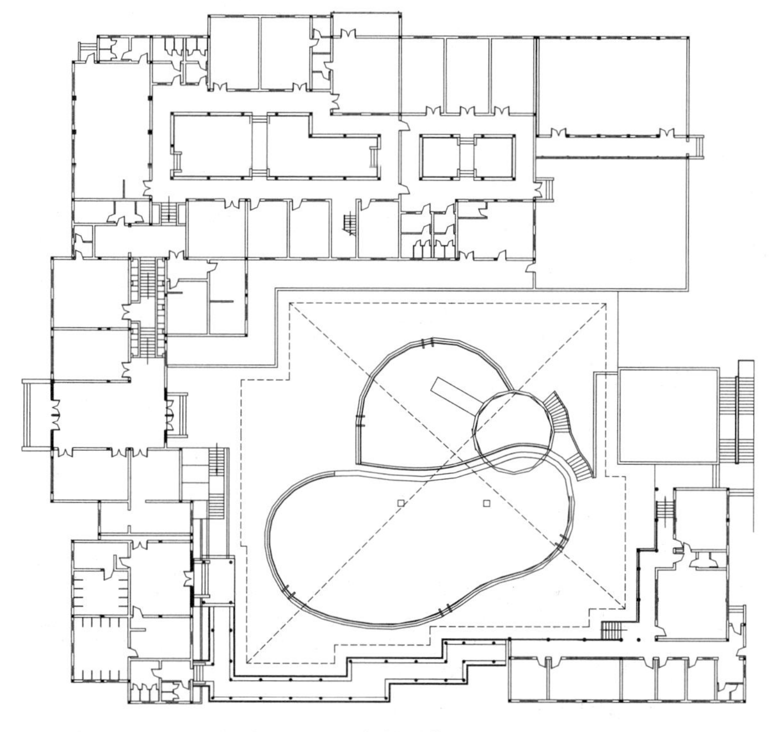

图 13-158 绘制剩余相同图形

13.2.9 绘制雨棚

【绘制步骤】

1. 在"图层"工具栏的下拉列表中，选择"雨棚"图层为当前层，如图 13-159 所示。

图 13-159 设置当前图层

2. 单击"修改"工具栏中的"偏移"按钮，选择图形外部墙线为偏移对象分别向外进行偏移，偏移距离为 1000，如图 13-160 所示。

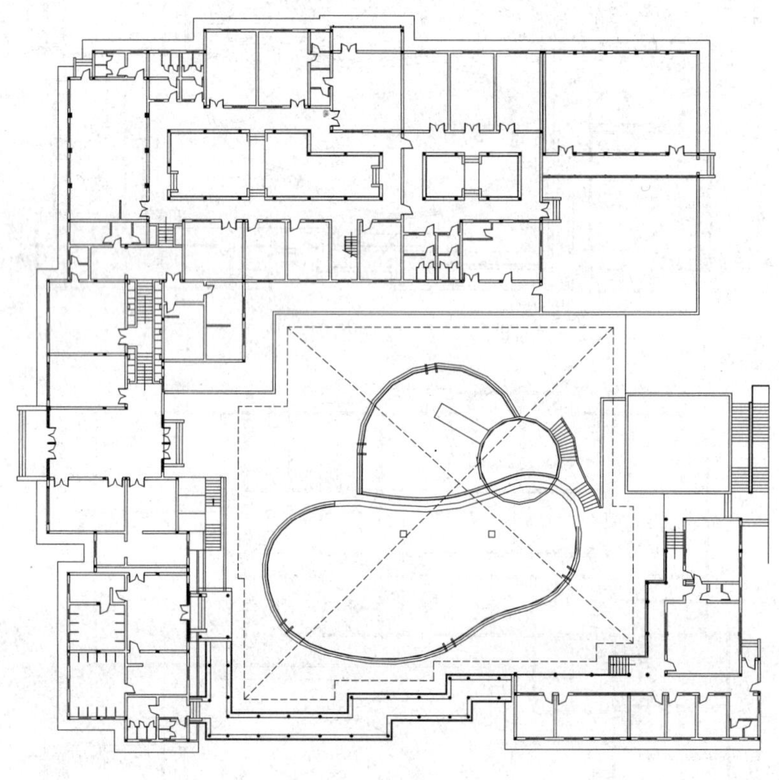

图 13-160 偏移线段

3. 单击"绘图"工具栏中的"直线"按钮，在上步绘制图形内绘制偏移线段的对角线，如图 13-161 所示。

如果不事先设置线型，除了基本的 contiuous 线型外，其他的线型不会显示在"线型"选项后面的下拉列表框中。

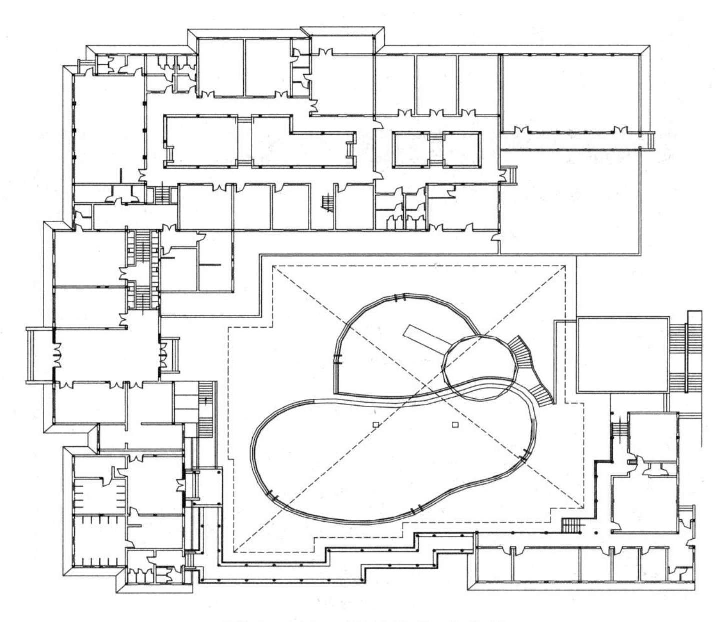

图 13-161 绘制连接对角线

13.2.10 尺寸标注

【绘制步骤】

1. 在“图层”工具栏的下拉列表中，选择“尺寸”图层为当前层，如图 13-162 所示。

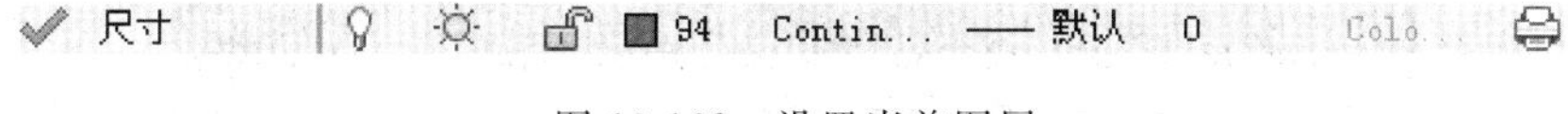

图 13-162 设置当前图层

2. 设置标注样式

（1）选择菜单栏中的“标注”→“标注样式”命令，弹出“标注样式管理器”对话框，如图 13-163 所示。

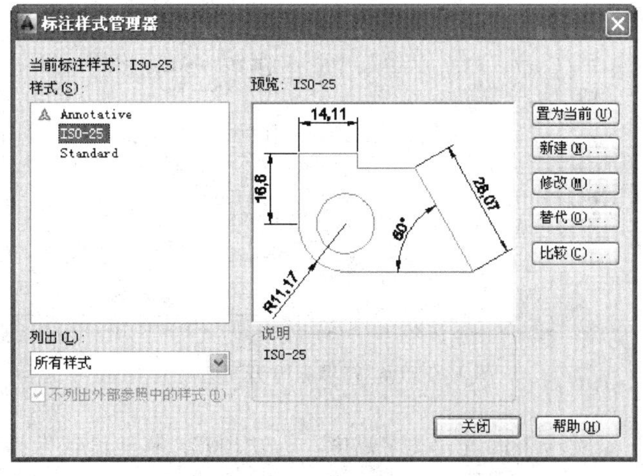

图 13-163 “标注样式管理器”对话框

（2）单击“修改”按钮，弹出“修改标注样式”对话框。单击“线”选项卡，对话框显示如图 13-164 所示，按照图中的参数修改标注样式。

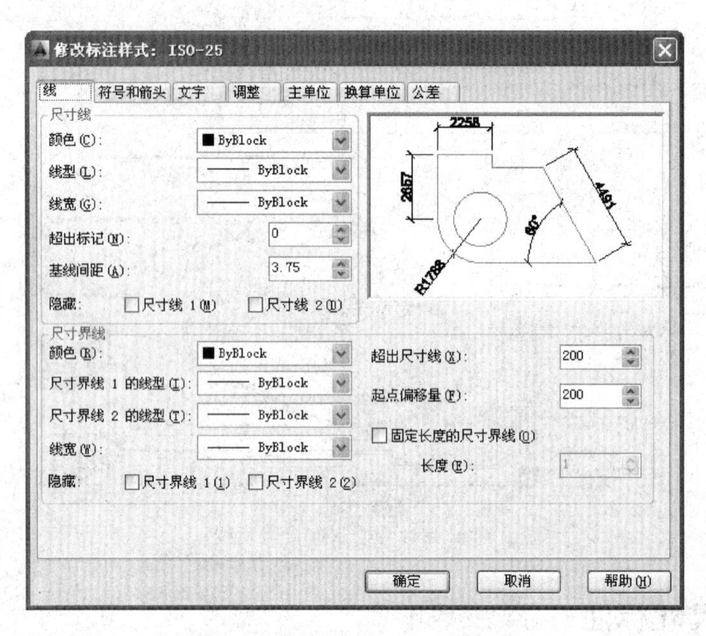

图 13-164 “线”选项卡

（3）单击“符号和箭头”选项卡，按照图 13-165 所示的设置进行修改，箭头样式选择为“建筑标记”，箭头大小修改为“300”，其他设置保持默认。

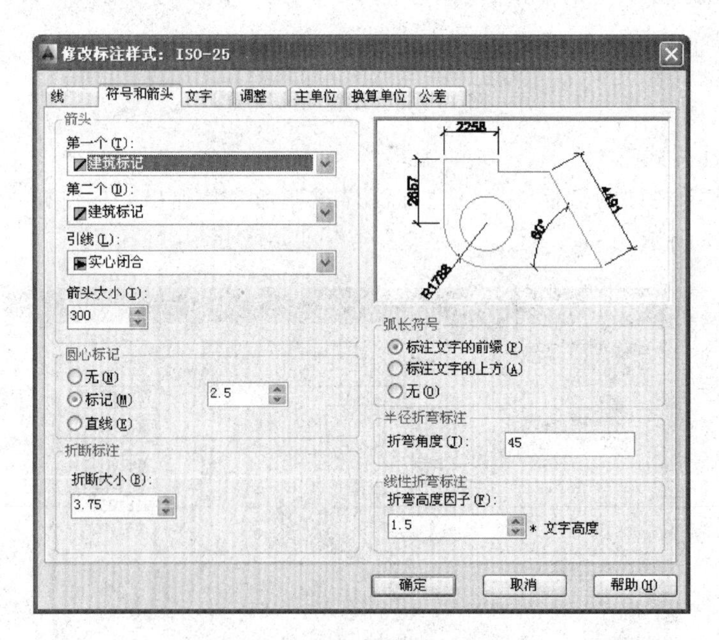

图 13-165 “符号和箭头”选项卡

（4）在“文字”选项卡中设置“文字高度”为“400”，其他设置保持默认，如图 13-166 所示。

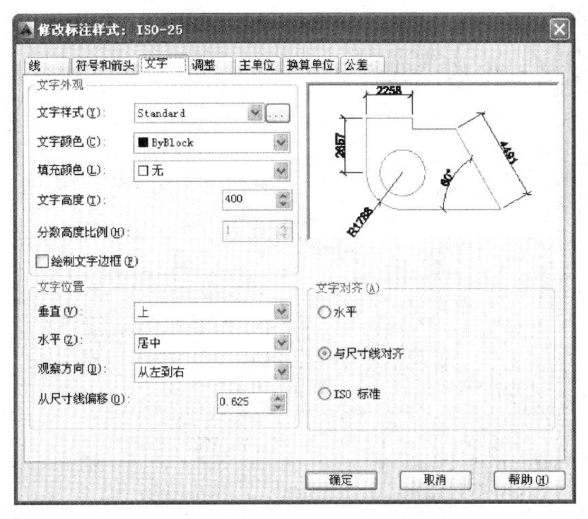

图 13-166 “文字”选项卡

（5）在“主单位”选项卡中设置单位精度为 0，如图 13-167 所示。

3. 在任意的工具栏处单击右键，在弹出的快捷菜单上选择“标注”选项，将“标注”工具栏显示在屏幕上，如图 13-168 所示。

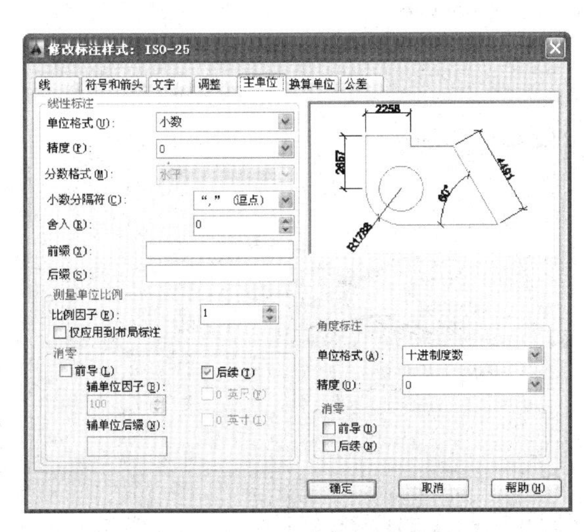

图 13-167 “主单位”选项卡

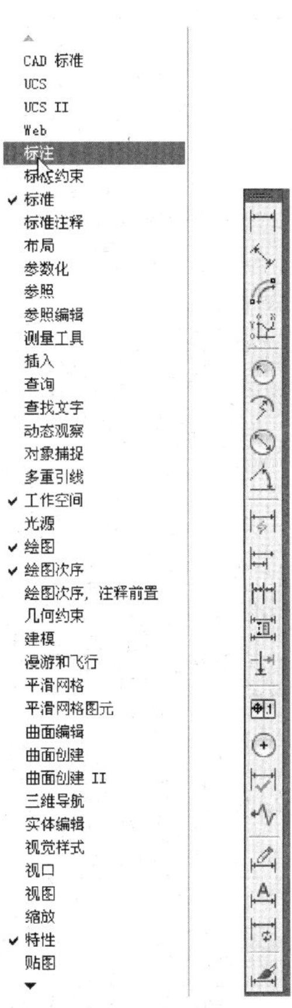

图 13-168 选择“标注”选项和“标注”工具栏

4. 单击“标注”工具栏中的“线性”按钮 和“连续”按钮 ，为图形添加第一道尺寸标注，如图 13-169 所示。

5. 单击“标注”工具栏中的“线性”按钮⊢，为图形添加总尺寸标注，如图 13-170 所示。

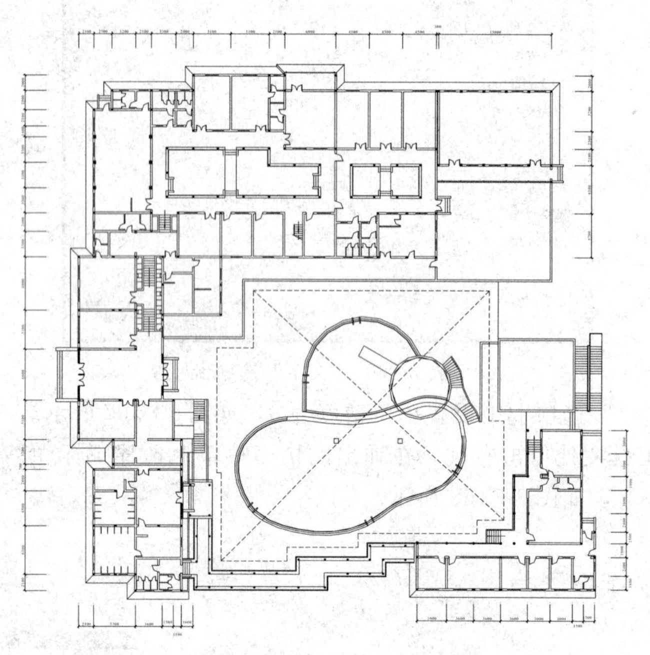

图 13-169　标注第一道尺寸

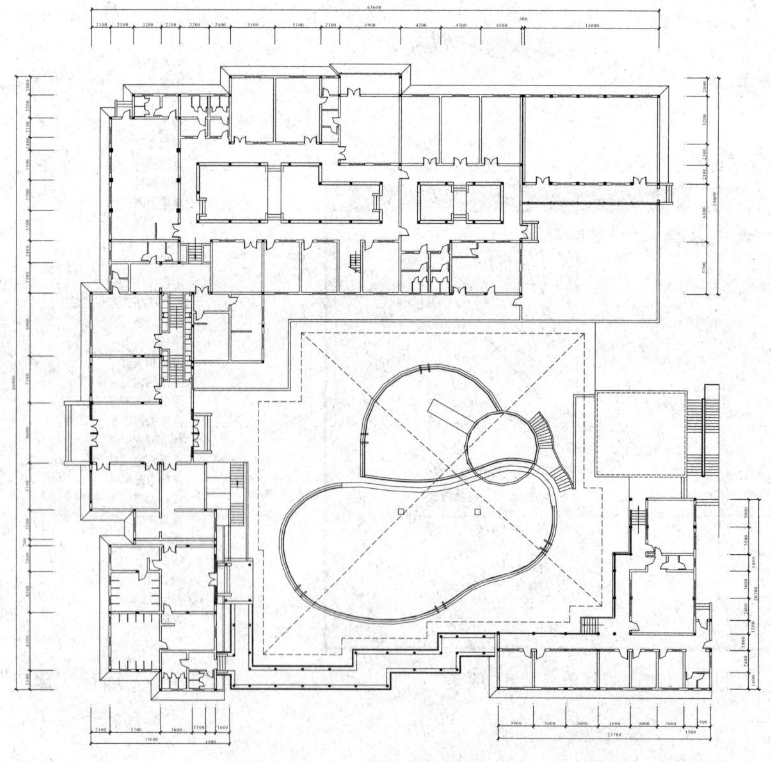

图 13-170　添加总尺寸标注

6. 单击“绘图”工具栏中的“直线”按钮，分别在标注的尺寸线上方绘制直线，如图 13-171 所示。

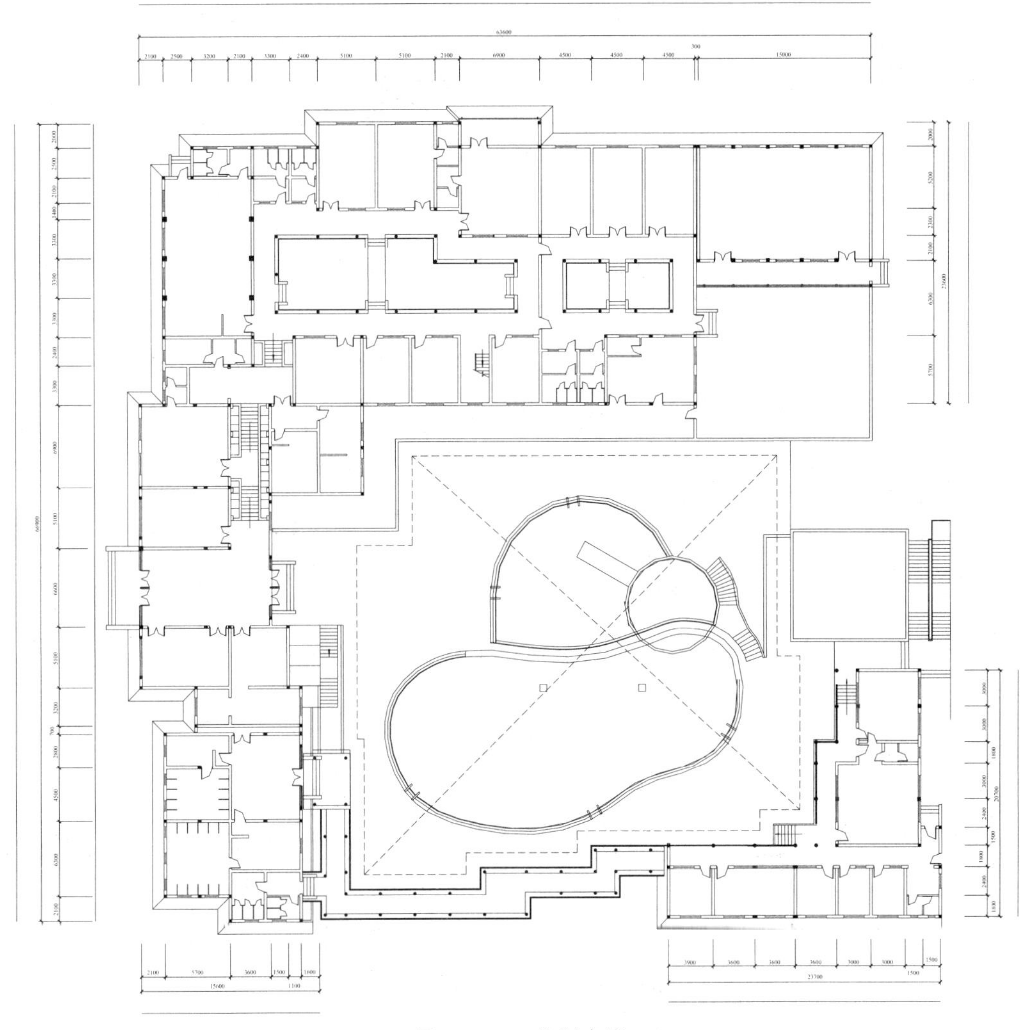

图 13-171　绘制直线

7. 单击“修改”工具栏中的“分解”按钮，选择图形中所有尺寸标注为分解对象，回车确认将其进行分解。

8. 单击“修改”工具栏中的“延伸”按钮，选取分解后的竖直尺寸标注线为延伸对象，向上延伸，延伸至绘制的直线处。如图 13-172 所示。

9. 单击“修改”工具栏中的“删除”按钮，选择尺寸线上方绘制的直线为删除对象将其删除。如图 13-173 所示。

13.2.11　添加轴号

1. 单击“绘图”工具栏中的“圆”按钮，在图中绘制一个半径为 1000 的圆。如

图 13-174 所示。

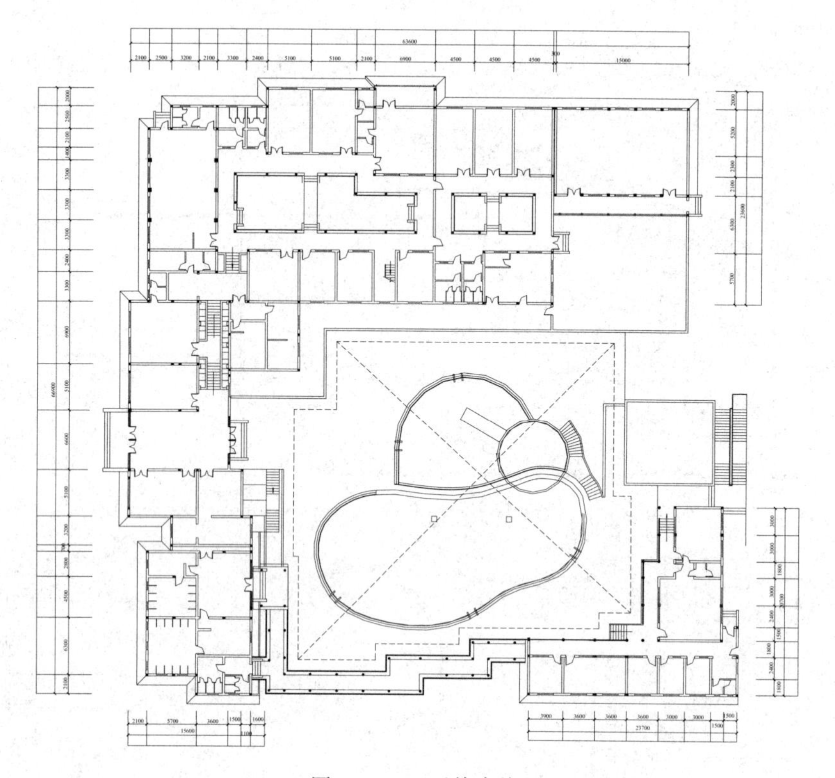

图 13-172　延伸直线

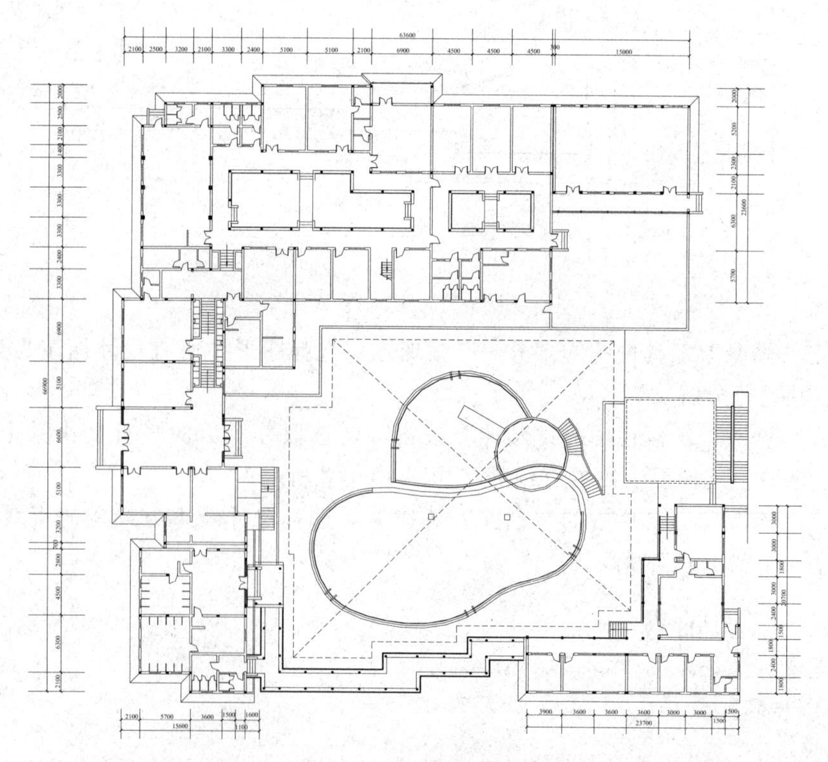

图 13-173　删除直线

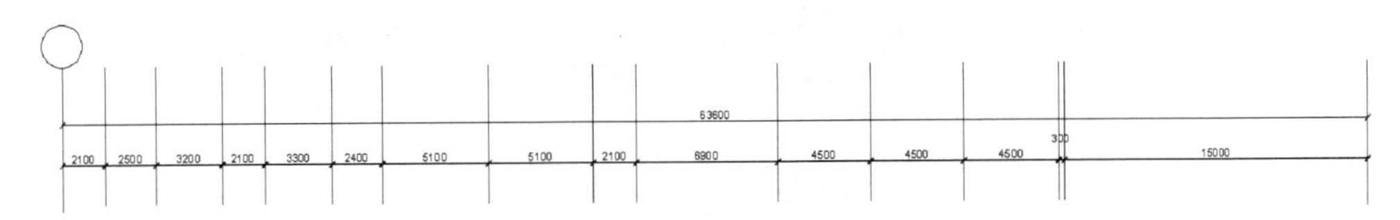

图 13-174 绘制圆

2. 选取菜单栏“绘图”→“块”→“定义属性”命令，弹出“属性定义”对话框，对对话框进行设置，如图 13-175 所示。

图 13-175 块属性定义

3. 单击“确定”按钮，在圆心位置，输入一个块的属性值。设置完成后结果如图 13-176 所示。

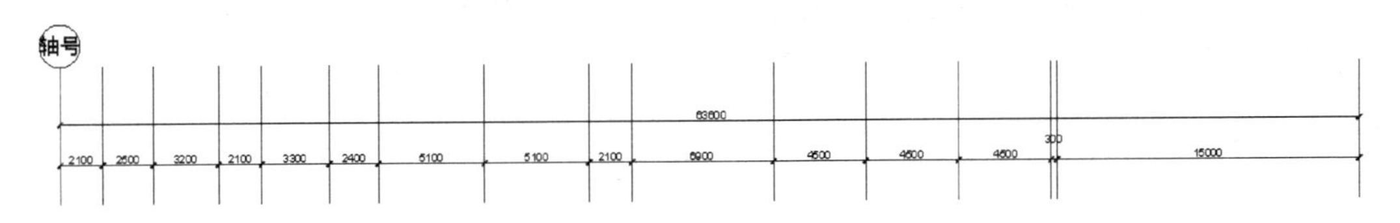

图 13-176 输入块属性值

4. 单击“插入”工具栏中的“块定义”按钮，弹出“块定义”对话框，如图 13-177 所示。在“名称”文本框中输入“轴号”，指定绘制圆圆心为定义基点；选择圆和输入的“轴号”标记为定义对象，单击“确定”按钮，弹出如图 13-178 所示的“编辑属性”对话框，在轴号文本框内输入“A”，单击“确定”按钮，轴号效果图如图 13-179 所示。

图 13-177 创建块

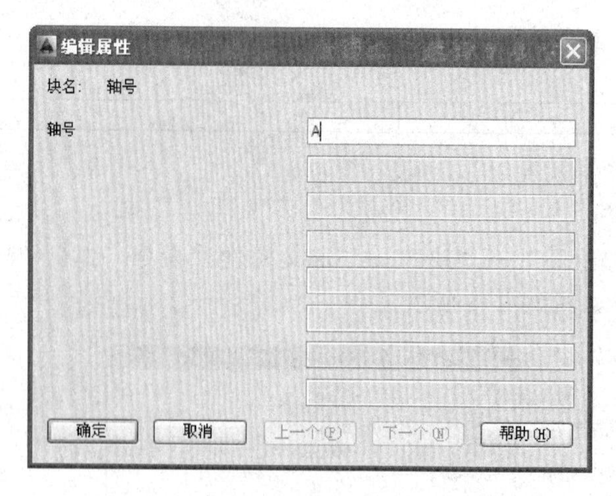

图 13-178 “编辑属性”对话框

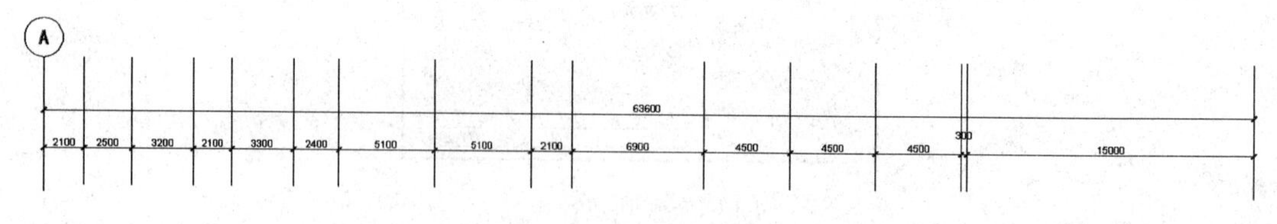

图 13-179 输入轴号

5. 单击“插入”工具栏中的“插入块”按钮，弹出“插入”对话框，将轴号图块插入到轴线上，依次插入并修改插入的轴号图块属性，最终完成图形中所有轴号的插入结果如图 13-180 所示。

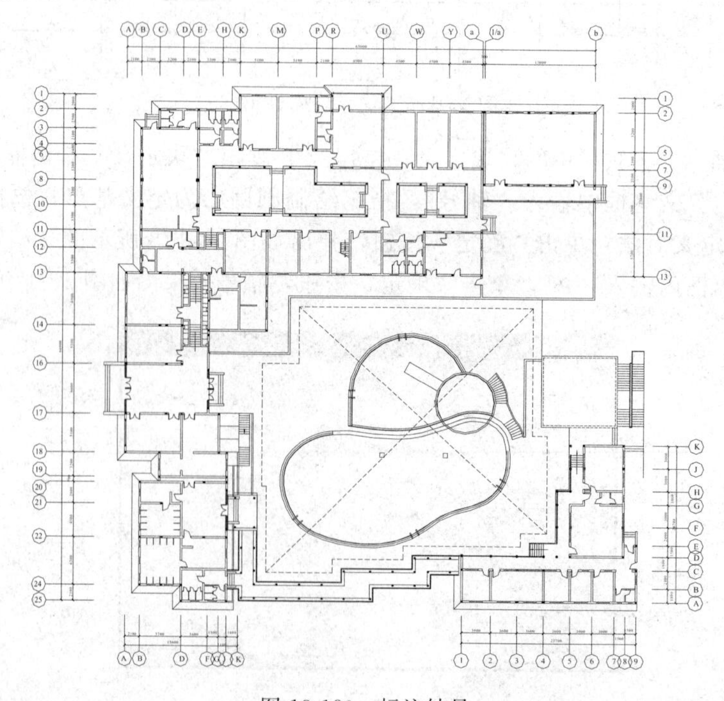

图 13-180 标注轴号

13.2.12 文字标注

1. 在“图层”工具栏的下拉列表中，选择“文字”图层为当前层，关闭轴线图层，如图13-181所示。

文字 白 Contin... —— 默认 0 Color_7

图13-181 设置当前图层

2. 选择菜单栏“格式”→“文字样式”命令，弹出“文字样式”对话框，如图13-182所示。

3. 单击“新建”按钮，弹出“新建文字样式”对话框，将文字样式命名为“说明”，如图13-183所示。

图13-182 “文字样式”对话框

4. 单击“确定”按钮，在“文字样式”对话框中取消钩选“使用大字体”复选框，然后在“字体名”下拉列表中选择“黑体”，高度设置为“750”，如图13-184所示。

新建文字样式
样式名: 说明
确定
取消

图13-183 “新建文字样式”对话框

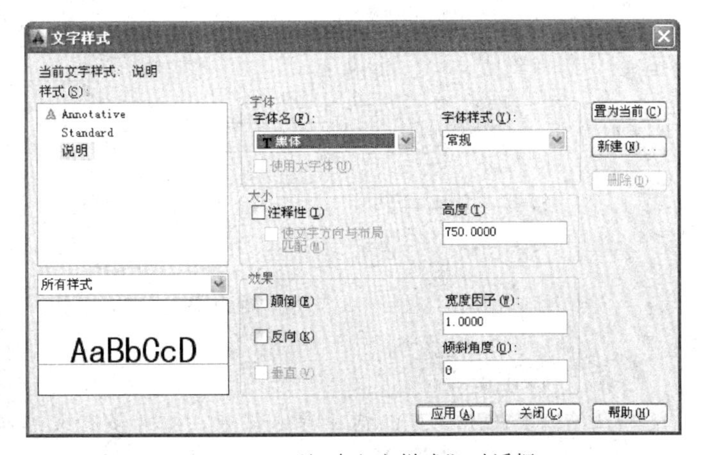

图13-184 “新建文字样式”对话框

注 意

在 CAD 输入汉字时，可以选择不同的字体，在“字体名”下拉列表时，有些字体前面有“@”标记，如“@仿宋_GB2312”，这说明该字体是为横向输入汉字用的，即输入的汉字逆时针旋转 90°，如果要输入正向的汉字，不能选择前面带“@”标记的字体。

5. 单击“绘图”工具栏中的“多行文字”按钮 A，为图形添加文字说明，最终完成图形中文字的标注，如图 13-185 所示。

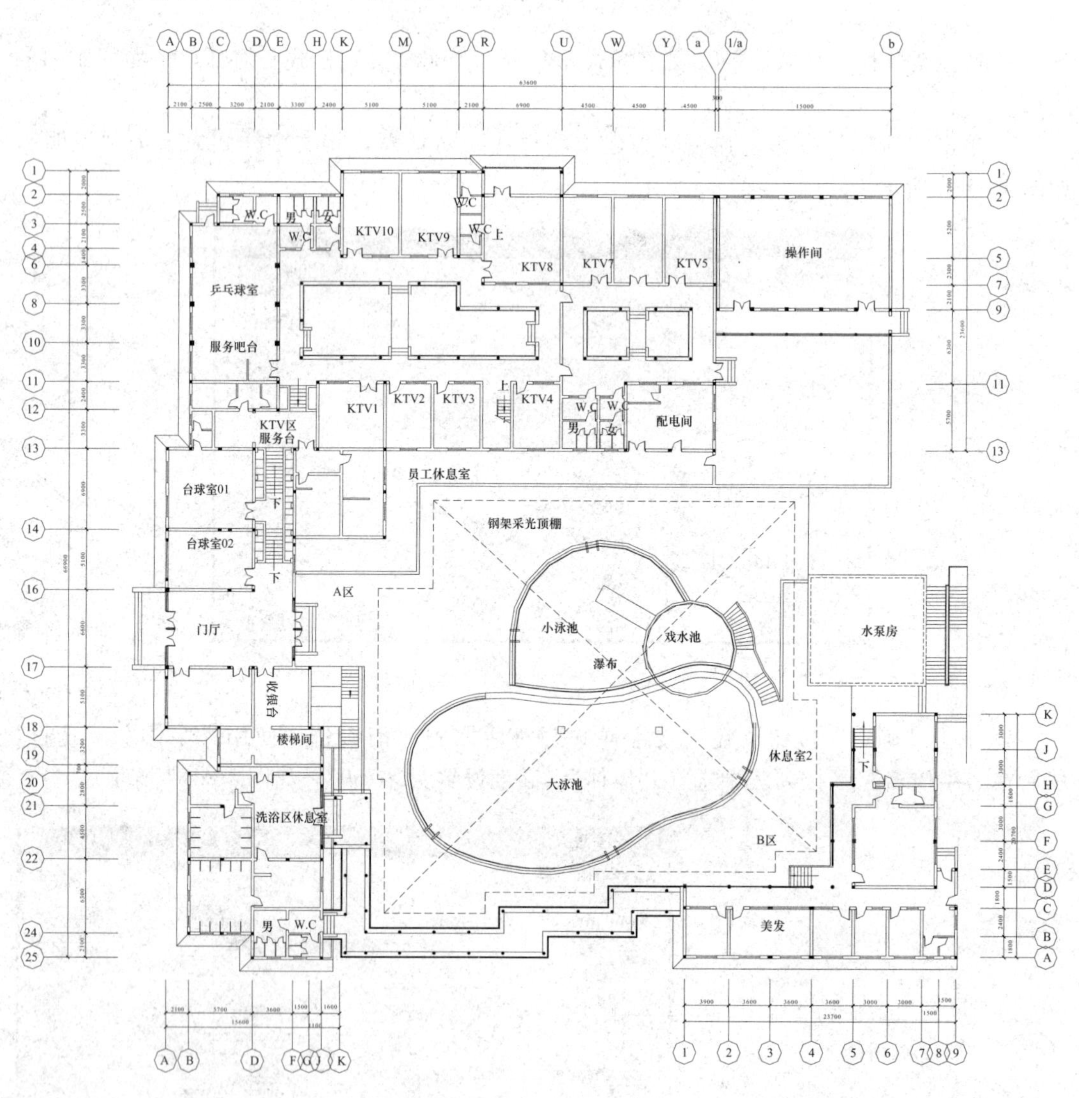

图 13-185 添加文字

操作技巧：

在 CAD 绘图中叶可以标注特殊符号，打开多行文字编辑器，在输入文字的矩形框里点右键，选符号，再选其他，打开字符映射表，再选择符号即可。注意字符映射表的内容取决于用户在“字体”下拉列表中选择的字体。

6. 在命令行中输入“QLEADER”命令为图形添加文字说明。如图 13-186 所示。

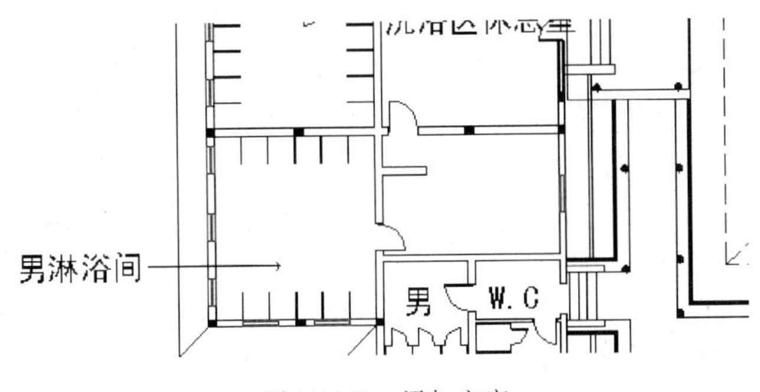

图 13-186　添加文字

7. 利用上述方法完成图形中剩余的文字说明的添加，如图 13-187 所示。

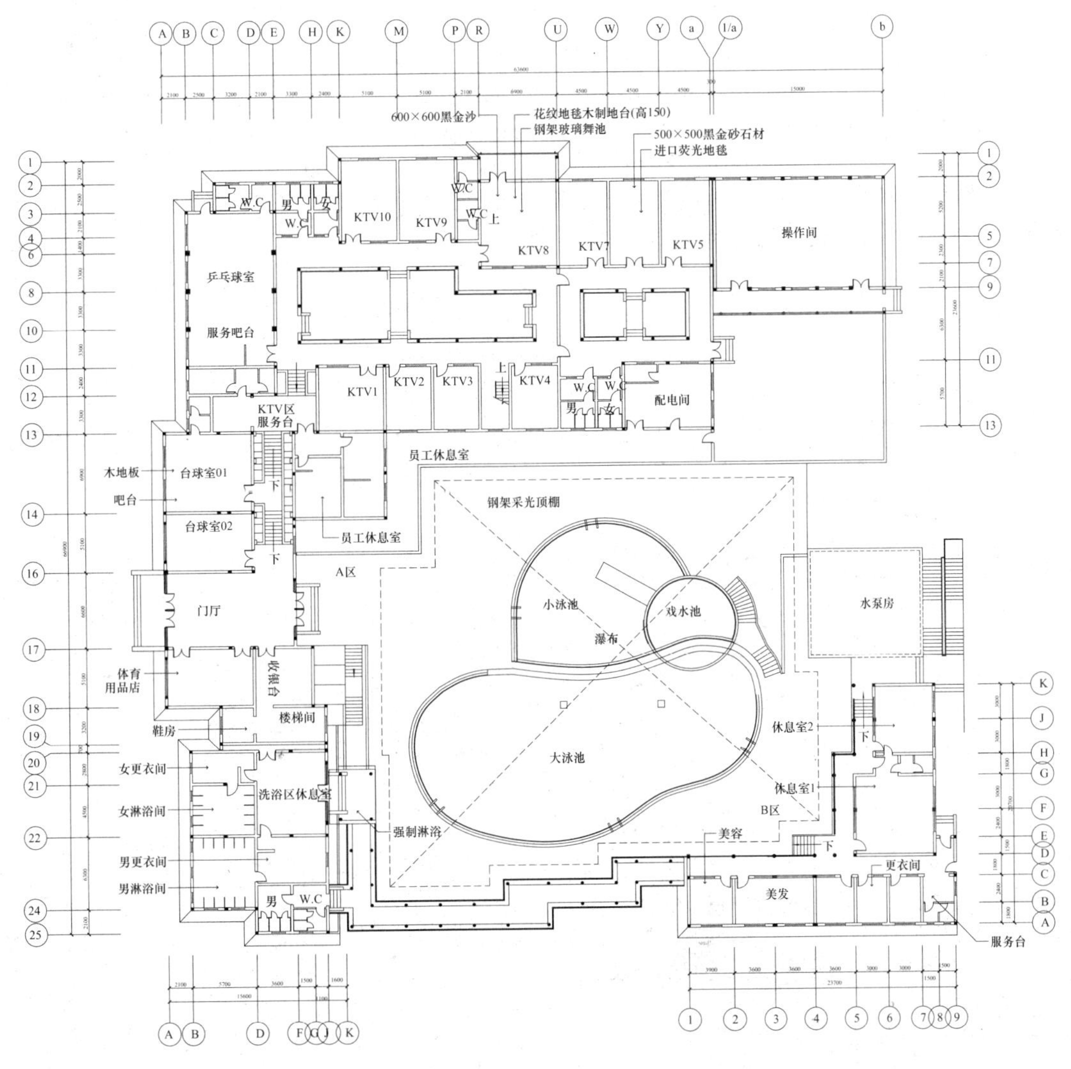

图 13-187　添加文字

13.2.13 添加标高

【绘制步骤】

1. 单击“绘图”工具栏中的“直线”按钮，在图形适当位置任选一点为起点，水平向右绘制一条水平直线，如图 13-188 所示。

2. 单击“绘图”工具栏中的“直线”按钮，在上步绘制的水平直线下方绘制一段斜向角度为 45°的斜向直线。

3. 单击“修改”工具栏中的“镜像”按钮，选择左侧绘制的斜向直线为镜像对象对其进行竖直镜像，如图 13-189 所示。

4. 单击“绘图”工具栏中的“多行文字”按钮，在上步绘制图形上方添加文字，完成标高的绘制，如图 13-190 所示。

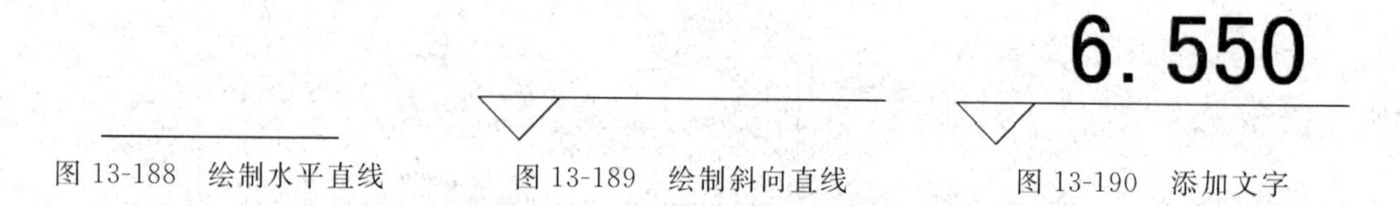

图 13-188 绘制水平直线　　图 13-189 绘制斜向直线　　图 13-190 添加文字

5. 单击“修改”工具栏中的“复制”按钮，选择上步绘制的标高图形复制对象将其放置到图形中，并修改标高上的文字，如图 13-191 所示。

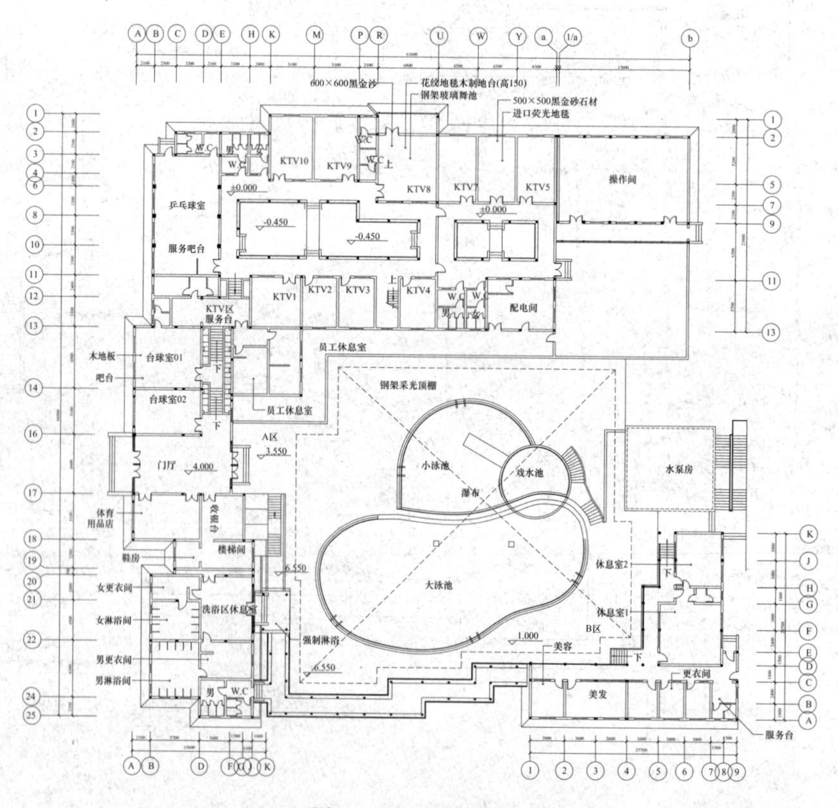

图 13-191 添加标高

13.2.14 绘制图框

1. 单击“图层”工具栏中的“图层特性管理器”按钮，新建“图框”图层，并将其设置为当前层，如图 13-192 所示。

图框 白 Contin... 默认 0 Color_7

图 13-192 设置当前图层

2. 单击“绘图”工具栏中的“矩形”按钮，在图形空白位置任选一点为矩形起点绘制一个“148500×105000”的矩形，如图 13-193 所示。

3. 单击“修改”工具栏中的“分解”按钮，选择上步绘制矩形为分解对象回车确认对其进行分解。使上步绘制矩形分解为四条独立边。

4. 单击“修改”工具栏中的“偏移”按钮，选择上步分解后的四条矩形边为偏移对象向内进行偏移，左侧竖直边向内偏移，偏移距离为 5713，剩余三边分别向内进行偏移，偏移距离为 2435，如图 13-194 所示。

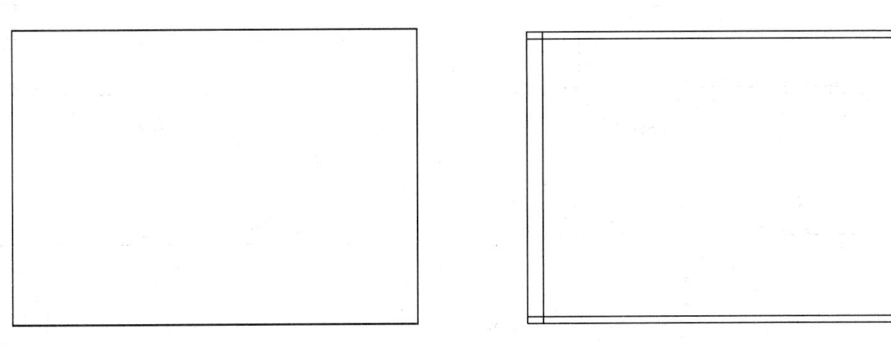

图 13-193 绘制矩形　　图 13-194 偏移线段

5. 单击“修改”工具栏中的“修剪”按钮，选择上步偏移线段为修剪对象对其进行修剪处理，如图 13-195 所示。

6. 单击“绘图”工具栏中的“多段线”按钮，指定起点宽度为 250，端点宽度为 250，沿上步修剪后的四边进行描绘，如图 13-196 所示。

7. 单击“绘图”工具栏中的“直线”按钮，在上步图形适当位置绘制一条竖直直线，如图 13-197 所示。

8. 单击“修改”工具栏中的“偏移”按钮，选择上步绘制的竖直直线为偏移对象向右进行偏移，偏移距离为 112，如图 13-198 所示。

9. 单击“绘图”工具栏中的“直线”按钮，在上步图形适当位置处绘制一条水平直线，如图 13-199 所示。

10. 单击“修改”工具栏中的“偏移”按钮，选择上步绘制的水平直线为偏移对象向下进行偏移，偏移距离为 12189、11367、3525、3597、3561、3561、3561、3561、

3561、3561、3561、3561、3561，如图 13-200 所示。

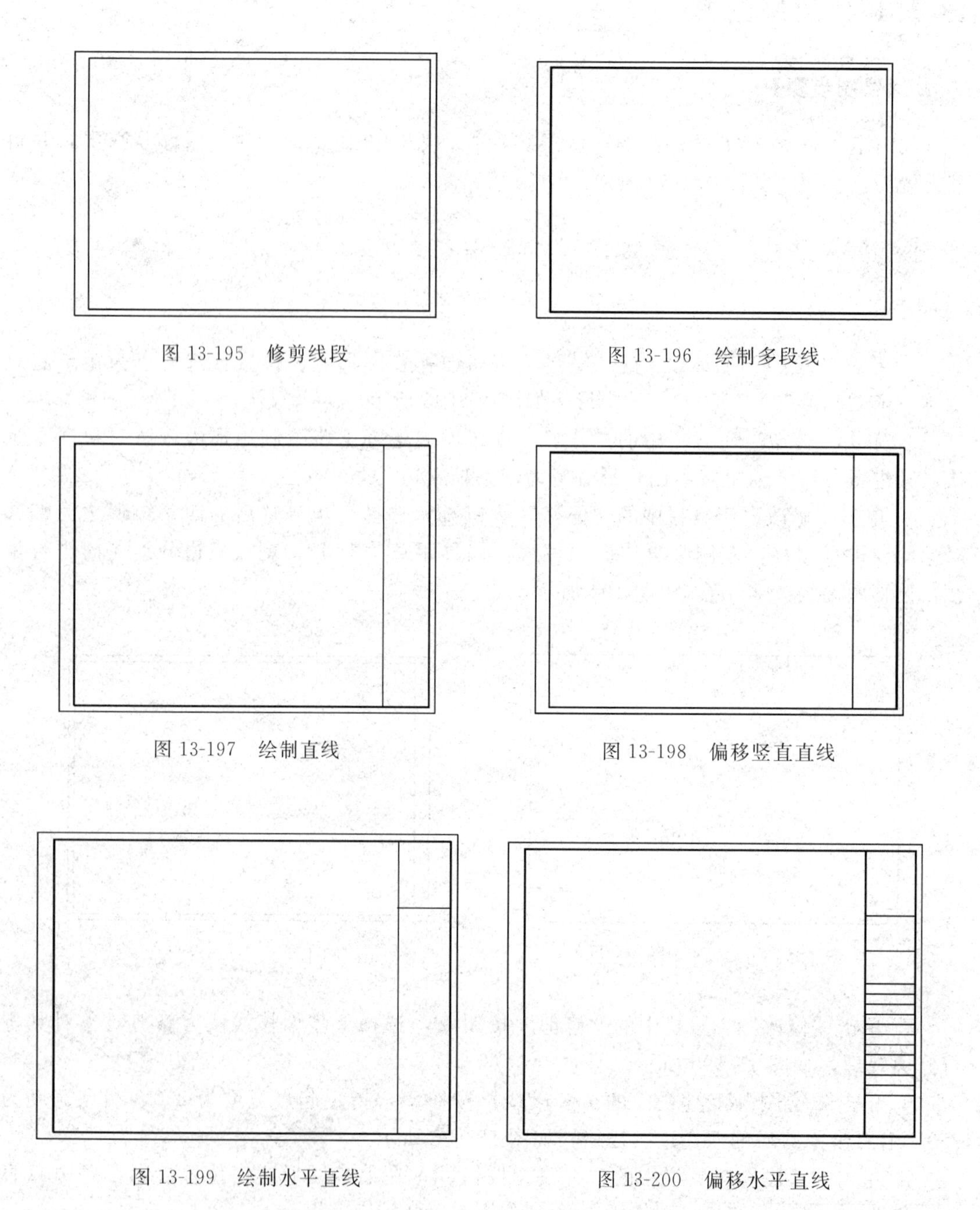

图 13-195　修剪线段

图 13-196　绘制多段线

图 13-197　绘制直线

图 13-198　偏移竖直直线

图 13-199　绘制水平直线

图 13-200　偏移水平直线

11. 单击“绘图”工具栏中的“多行文字”按钮A，在上步偏移线段内添加文字，完成图框的绘制，如图 13-201 所示。

12. 单击“绘图”工具栏中的“创建块”，弹出“块定义”对话框，如图 13-202 所示。

13. 指定一点为定义基点选择上步绘制图框为定义对象，单击确定按钮，将上步绘制图形定义为图框名称。

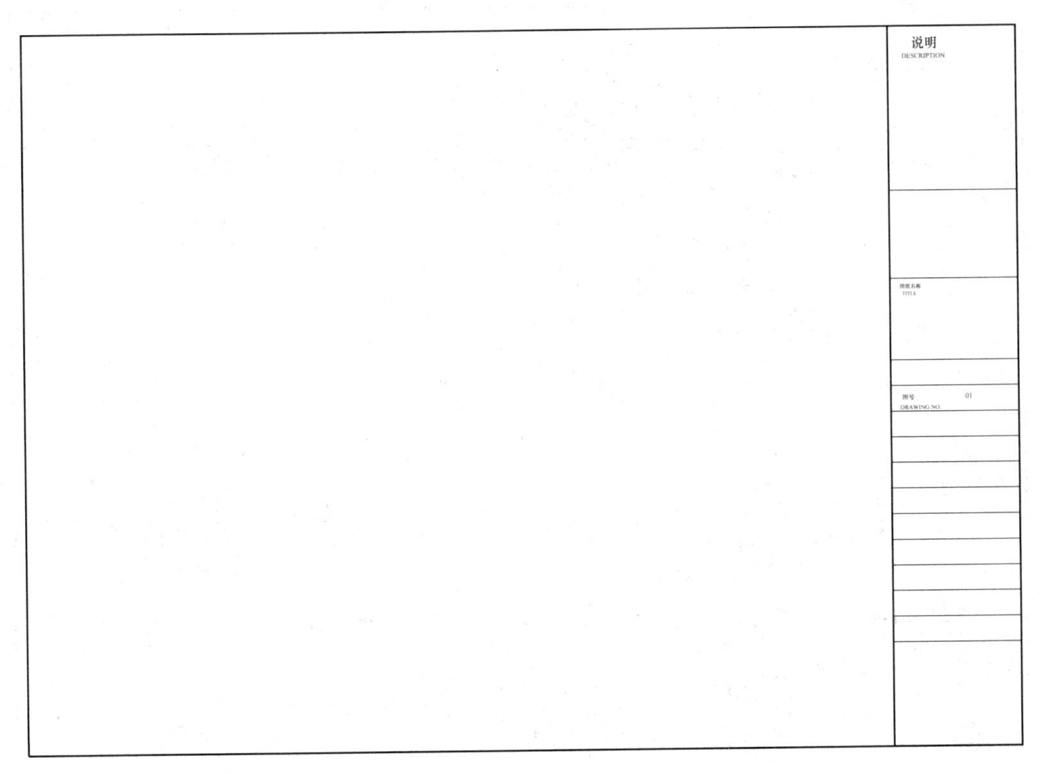

图 13-201 添加文字

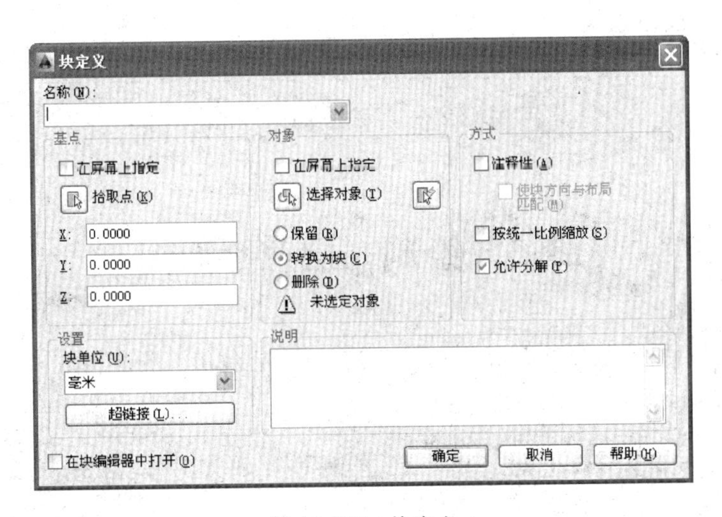

图 13-202 块定义

14. 单击“绘图”工具栏中的“插入块”按钮，弹出“插入”对话框，选择定义的图框为插入对象，将其放置到绘制的图形外侧，在图框内添加文字，最终完成一层总平面图的绘制，如图 13-203 所示。

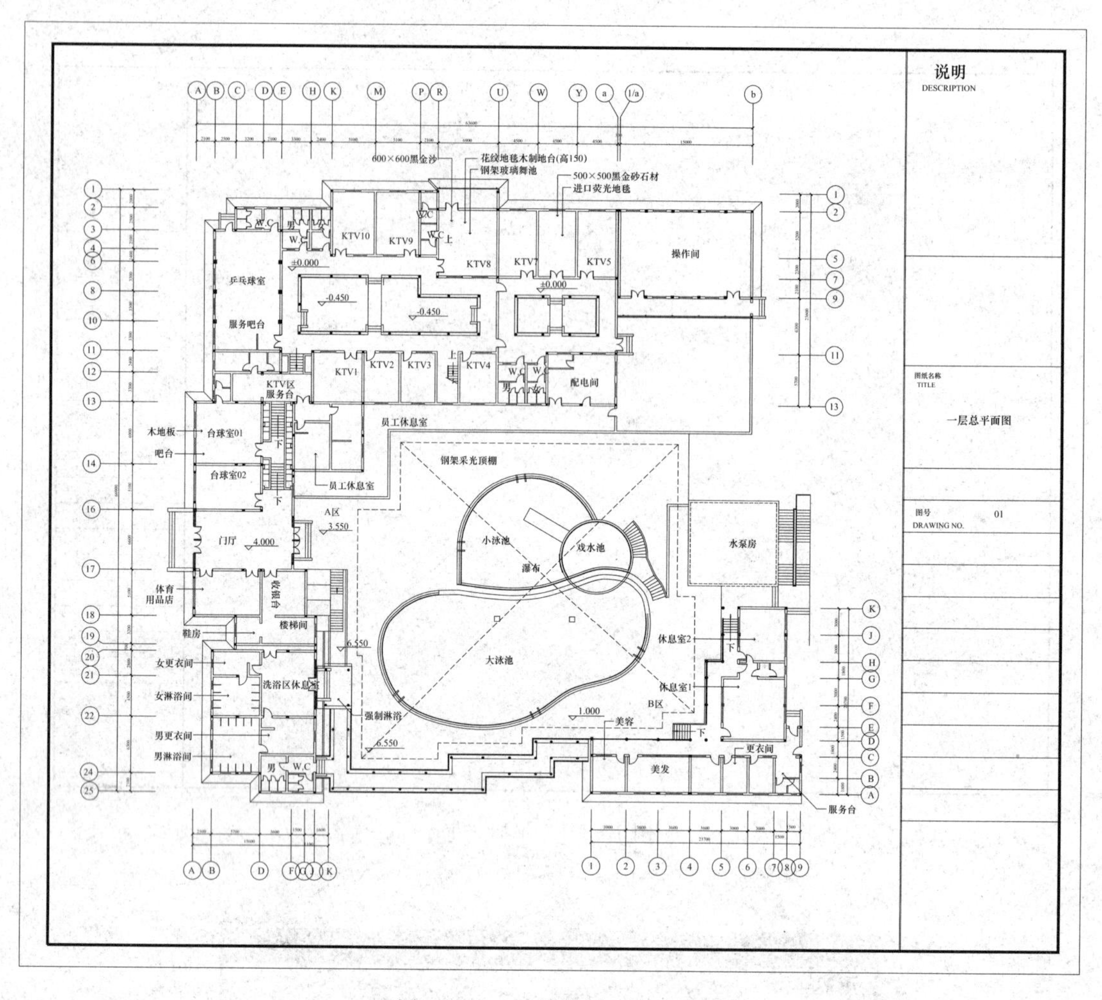

图 13-203　一层总平面布置图

13.3　绘制二层总平面图

二层总平面图如图 13-204 所示，由健身房、KTV 包房、厕所构成，本节主要讲述二层平面图的绘制方法。

光盘 \ 视频教学 \ 第 13 章 \ 二层总平面图. avi

13. 3. 1　绘制轴线

1. 新建“轴线”图层，选择“轴线”图层为当前层，如图 13-205 所示。

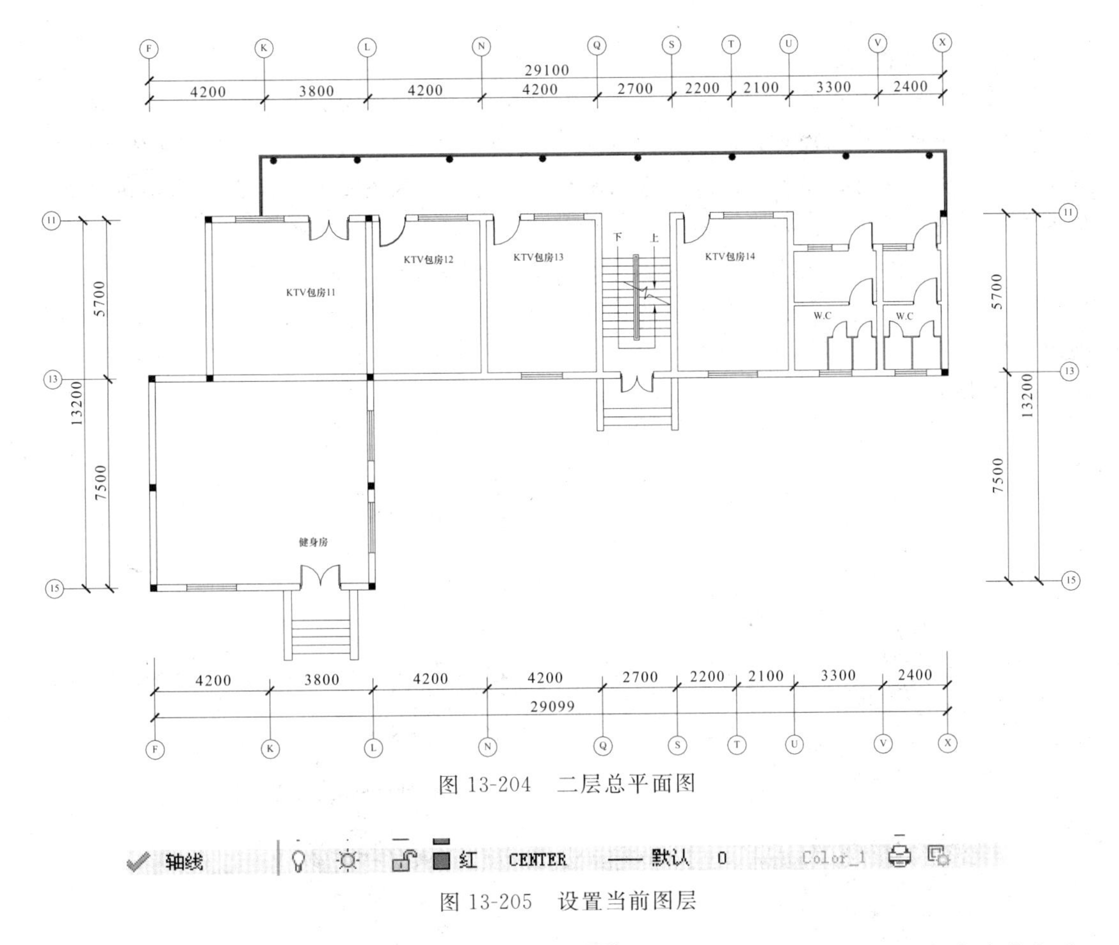

图 13-204　二层总平面图

图 13-205　设置当前图层

2. 单击“绘图”工具栏中的“直线”按钮，在图中空白区域任选一点为直线起点，绘制一条长度为 29100 的竖直轴线。命令行提示与操作如下：

命令：LINE

指定第一点：(任选起点)

指定下一点或 [放弃 (U)]：@0，29100

如图 13-206 所示。

3. 单击“绘图”工具栏中的“直线”按钮，在上步绘制的竖直直线左侧任选一点为直线起点，向右绘制一条长度为 38400 的水平轴线。如图 13-207 所示。

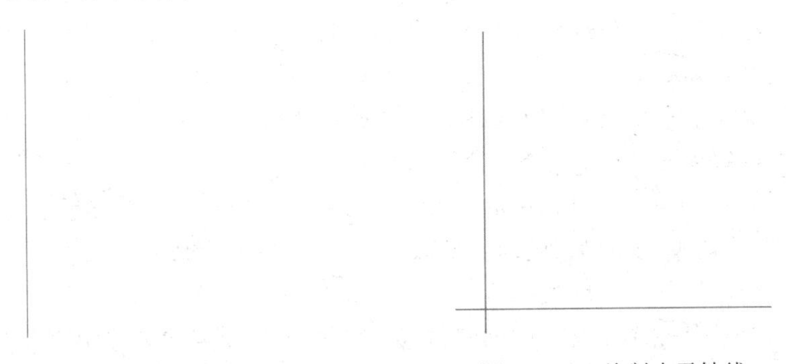

图 13-206　绘制竖直轴线　　图 13-207　绘制水平轴线

操作技巧：

使用“直线”命令时，若为正交轴网，可按下“正交”按钮，根据正交方向提示，直接输入下一点的距离，即可，而不需要输入@符号，若为斜线，则可按下“极轴”按钮，设置斜线角度，此时，图形即进入了自动捕捉所需角度的状态，其可大大提高制图时直线输入距离的速度。注意，两者不能同时使用。

4. 此时，轴线的线型虽然为中心线，但是由于比例太小，显示出来还是实线的形式。选择刚刚绘制的轴线并右击，在弹出的快捷菜单中选择“特性”命令，如图13-208所示。弹出“特性”对话框，如图13-209所示。将“线型比例”设置为“30”，轴线显示如图13-210所示。

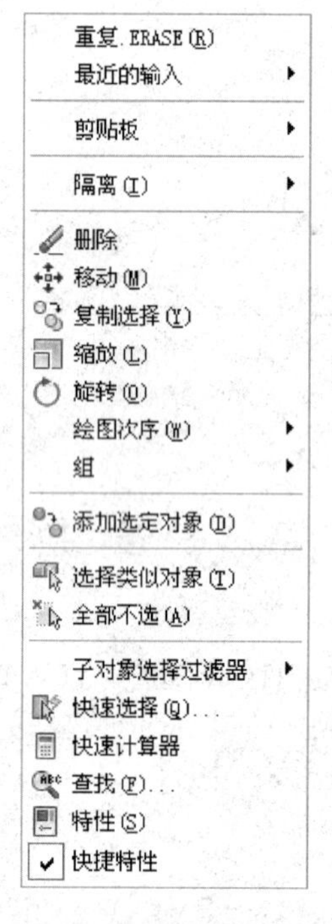

图13-208 快捷菜单

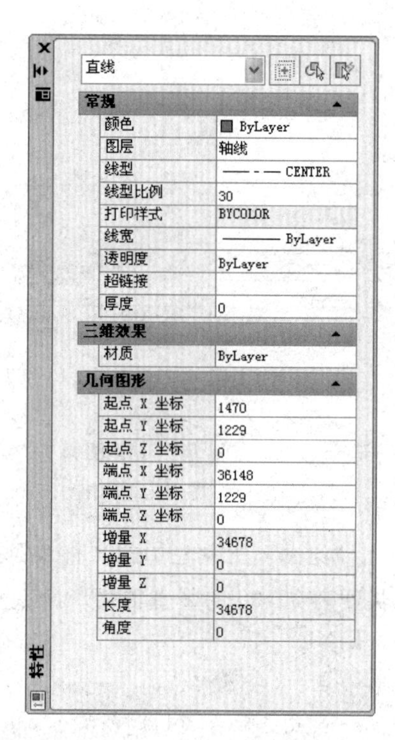

图13-209 “特性”对话框

操作技巧：

通过全局修改或单个修改每个对象的线型比例因子，可以以不同的比例使用同一个线型。默认情况下，全局线型和单个线型比例均设置为13.0。比例越小，每个绘图单位中生成的重复图案就越多。例如，设置为0.5时，每一个图形单位在线型定义中显示重复两次的同一图案。不能显示完整线型图案的短线段显示为连续线。对于太短，甚至不能显示一个虚线小段的线段，可以使用更小的线型比例。

5. 单击“修改”工具栏中的“偏移”按钮，选择上步偏移后的轴线为起始轴线，连续向右偏移，偏移的距离为：2100、2100、3800、4200、4200、2700、2200、2100、3300、2400，如图13-211所示。

6. 单击“修改”工具栏中的“偏移”按钮，设置“偏移距离”为“7500”，回车确认后选择水平直线为偏移对象，在直线上侧单击鼠标左键，将直线向上偏移“7500”的距

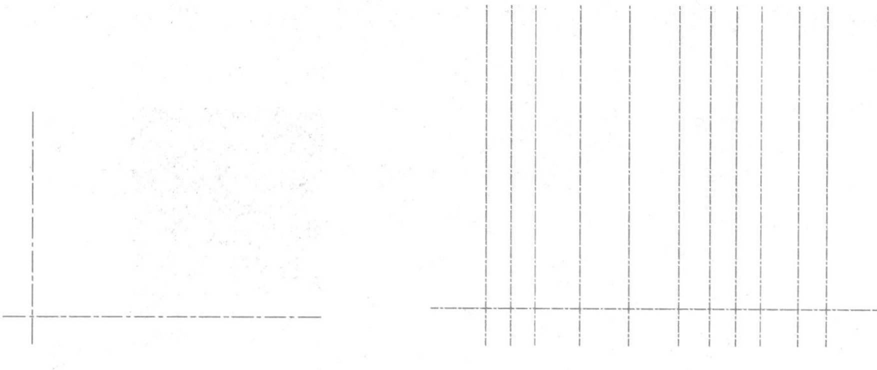

图 13-210 修改轴线比例　　　　图 13-211 偏移竖直直线

离，命令行提示与操作如下：

命令：_offset

当前设置：删除源＝否　图层＝源　OFFSETGAPTYPE＝0

指定偏移距离或[通过(T)/删除(E)/图层(L)]＜通过＞：7500

选择要偏移的对象或[退出(E)/放弃(U)]＜退出＞：(选择水平直线)

指定要偏移的那一侧上的点或[退出(E)/多个(M)/放弃(U)]＜退出＞：(在水平直线上侧单击鼠标左键)

选择要偏移的对象或 [退出 (E)/放弃(U)] ＜退出＞：

7. 单击“修改”工具栏中的“偏移”按钮，选择上步偏移后的轴线为起始轴线，再向上偏移，偏移距离为 4500、1200，结果如图 13-212 所示。

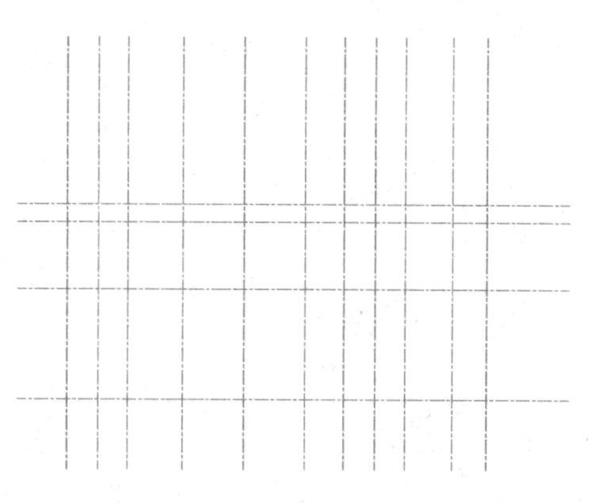

图 13-212 偏移水平直线

13.3.2 绘制及布置墙体柱子

【绘制步骤】

1. 新建“柱子”图层，并将其置为当前图层，如图 13-213 所示。

柱子 白 Contin... —— 默认 0 Color_7

图 13-213 设置当前图层

2. 单击“绘图”工具栏中的“矩形”按钮，在图形空白区域任选一点为矩形起点绘制一个“240×240”大小的矩形，如图 13-214 所示。

3. 单击“绘图”工具栏中的“图案填充”按钮，系统打开“图案填充和渐变色”对话框。单击“图案”选项后面的按钮，系统打开“填充图案选项板”对话框，选择“Solid”图案类型，单击“确定”按钮退出。在“图案填充和渐变色”对话框右侧单击“添加：拾取点”按钮，选择填充区域单击确定按钮，设置填充角度为 0，填充比例为 1，系统回到“图案填充和渐变色”对话框，单击“确定”按钮完成图案填充效果如图 13-215 所示。

图 13-214　绘制矩形

图 13-215　填充矩形

4. 单击“修改”工具栏中的“复制”按钮，选择上步绘制的矩形柱子为复制对象对其进行复制操作，将其放置到轴线处，如图 13-216 所示。

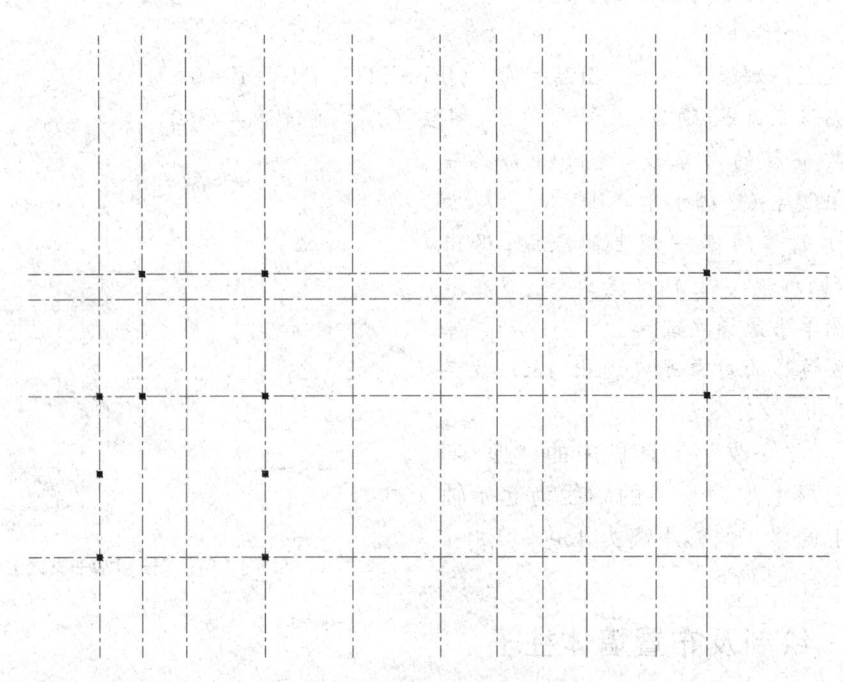

图 13-216　复制柱子

5. 新建“墙体”图层，并将“墙体”图层置为当前层，如图 13-217 所示。

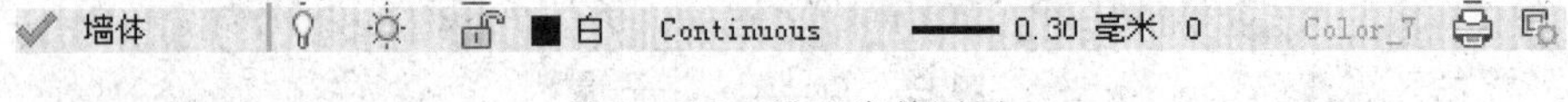

图 13-217　设置当前图层

6. 按照 13.2.4 小节讲述的方法设置 240 多线样式，选择菜单栏中的“格式”→“多线”，偏移图元为 120 和-120，沿我们绘制的柱子图形绘制图形外部墙体，如图 13-218 所示。

7. 单击“绘图”工具栏中的“圆”按钮，在图形空白区域点选一点为圆的圆心，绘制一个半径为 120 的圆，如图 13-219 所示。

8. 单击“绘图”工具栏中的“图案填充”按钮，系统打开“图案填充和渐变色”对话框。单击“图案”选项后面的按钮，系统打开“填充图案选项板”对话框，选择“Solid”图案类型，单击“确定”按钮退出。在“图案填充和渐变色”对话框右侧单击“添加：拾取点”按钮，选择上步绘制的圆图形为填充区域单击确定按钮，设置填充角度为0，填充比例为1，系统回到“图案填充和渐变色”对话框，单击“确定”按钮完成图案填充效果如图13-220所示。

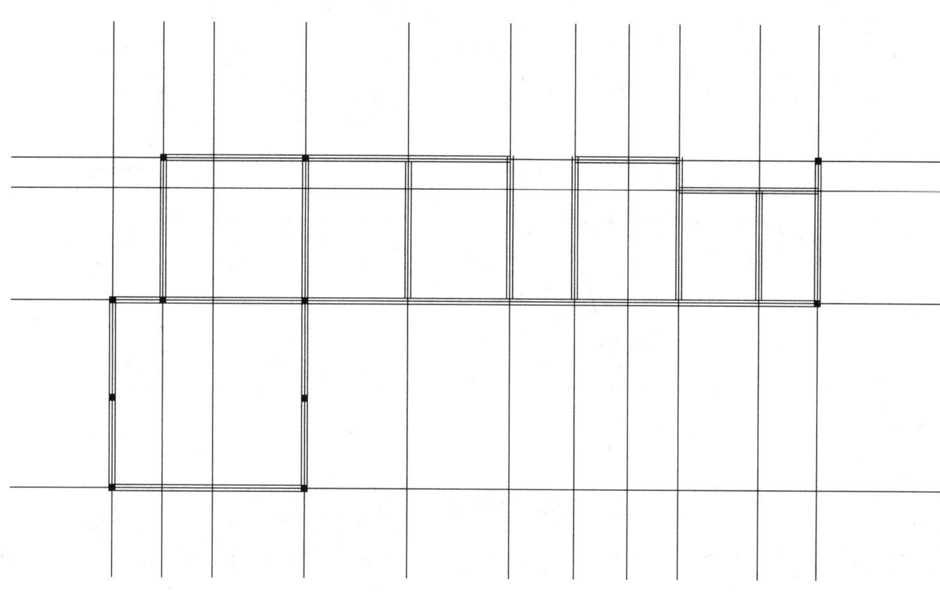

图13-218 绘制墙体

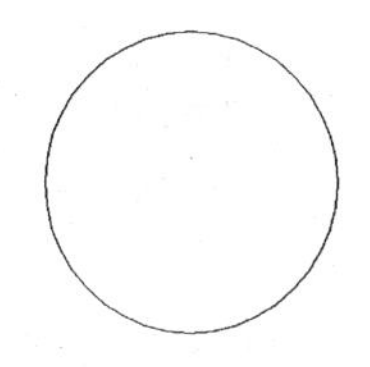

图13-219 绘制圆

图13-220 填充圆

9. 单击“修改”工具栏中的“偏移”按钮，选择最上端水平轴线为偏移对象向上进行偏移，偏移距离为2100，如图13-221所示。

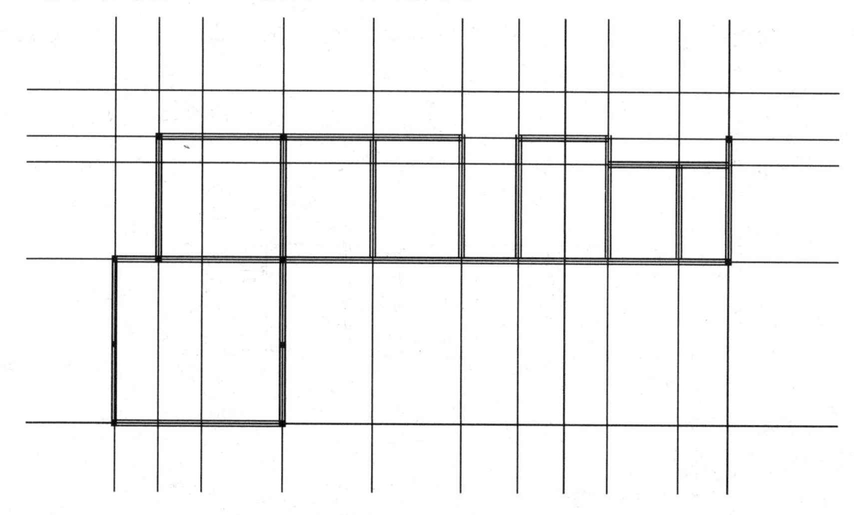

图13-221 偏移水平直线

10. 单击“修改”工具栏中的“移动”按钮和“复制”按钮，选择绘制的圆形柱子图形为操作对象，完成布置，如图 13-222 所示。

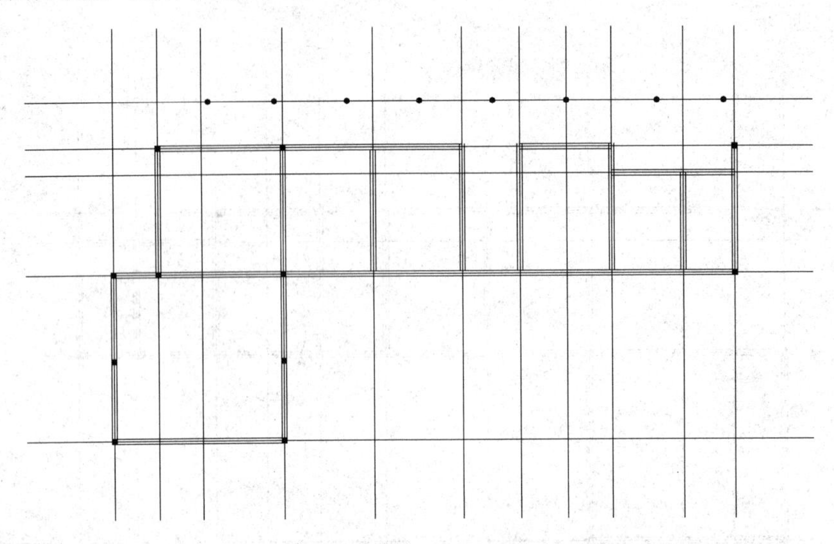

图 13-222 复制圆柱

11. 单击“轴线”图层前的“开/关”按钮，关闭“轴线”图层，如图 13-223 所示。

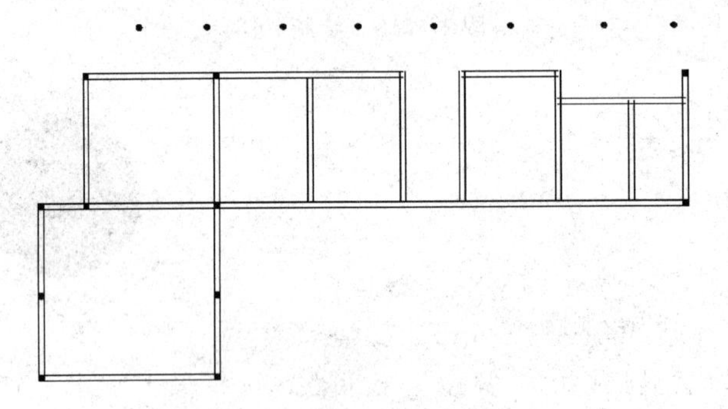

图 13-223 关闭轴线

12. 单击“修改”工具栏中的“分解”按钮，框选所有墙线为分解对象对其进行分解，回车确认。

13. 单击“修改”工具栏中的“修剪”按钮，选择分解后的墙体为修剪对象对其进行修剪处理，使得所有墙体为贯通墙体，如图 13-224 所示。

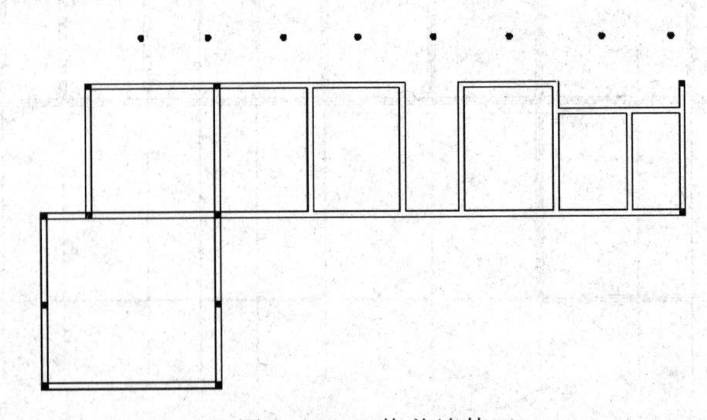

图 13-224 修剪墙体

14. 单击“绘图”工具栏中的“直线”按钮，在墙体线外围绘制一条连续多段线，如图13-225所示。

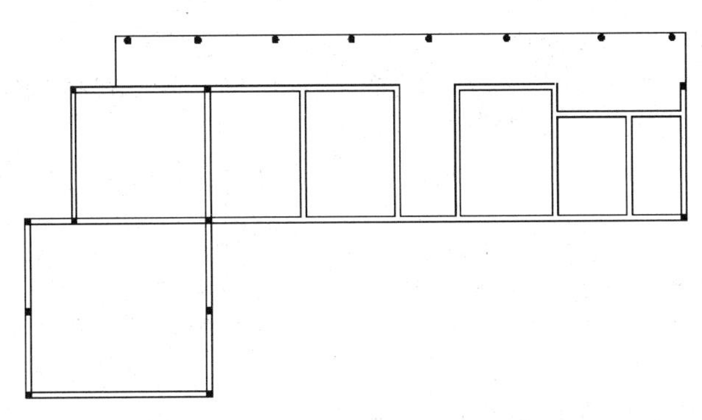

图13-225 偏移墙线

15. 单击“修改”工具栏中的“偏移”按钮，选择上步绘制的多段线为偏移对象将其向外进行偏移，偏移距离为33、33、33，如图13-226所示。

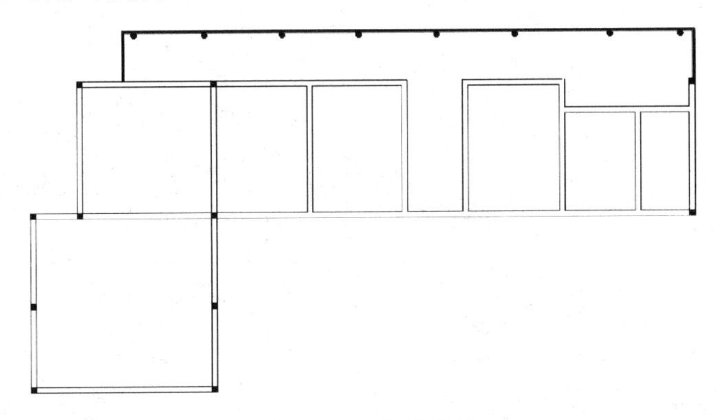

图13-226 偏移线段

16. 选择菜单栏中的“格式”→“多线样式”命令，在打开的“多线样式”对话框中，新建多线120，如图13-227所示。单击“多线样式”对话框中的“新建”选项，弹出

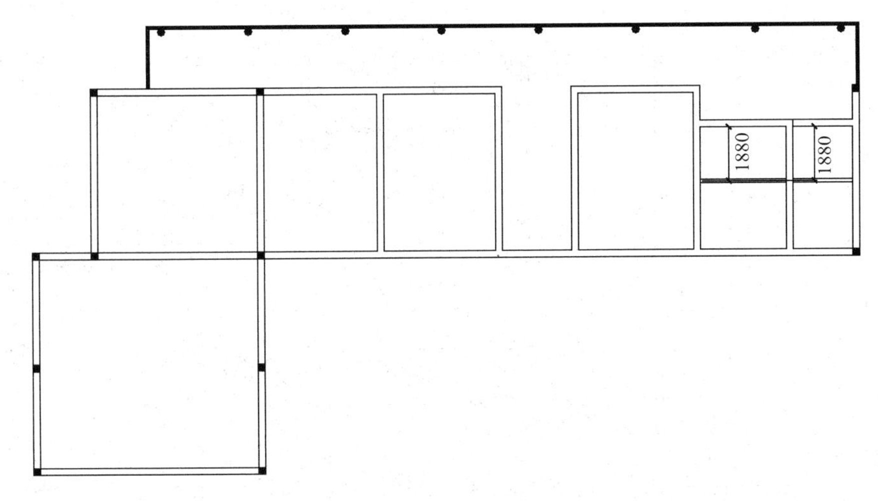

图13-227 120宽隔墙线

“新建多线样式”对话框，把其中的元素偏移量设为 60、−60，单击“确定”按钮，返回“多线样式”对话框，如果当前的多线名称不是 120，单击“置为当前”按钮即可，然后单击“确定”按钮完成隔墙墙体多线的设置。

17. 选择菜单栏中的“绘图”→“多线”命令，在上步图形内绘制 120 宽的隔墙线，如图 13-228 所示。

18. 选择菜单栏中的“格式”→“多线样式”命令，在打开的“多线样式”对话框中，新建多线 40。单击“多线样式”对话框中的“新建”选项，弹出“新建多线样式”对话框，把其中的元素偏移量设为 20、−20，单击“确定”按钮，返回“多线样式”对话框，如果当前的多线名称不是 40，单击“置为当前”按钮即可，然后单击“确定”按钮完成卫生间墙体多线的绘制。

19. 单击“修改”工具栏中的“修剪”按钮，选择绘制的 40 和 120 的墙体线为修剪对象对其进行修剪处理，如图 13-229 所示。

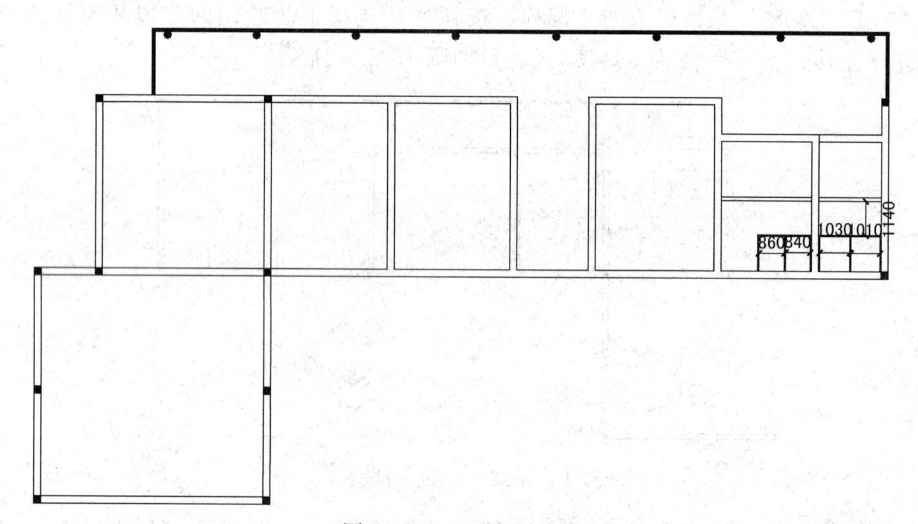

图 13-228　40 宽隔墙线

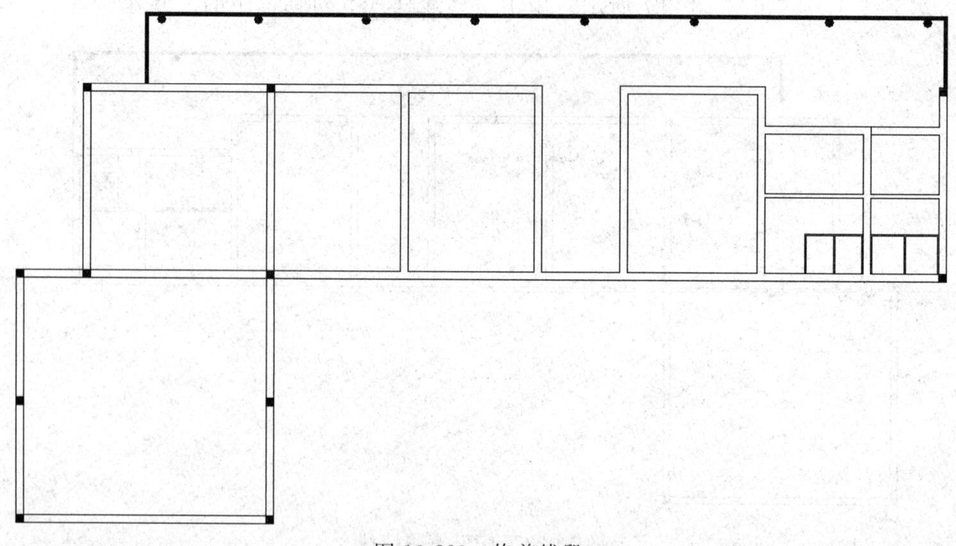

图 13-229　修剪线段

13.3.3 绘制门窗

【绘制步骤】

1. 单击“绘图”工具栏中的“直线”按钮，在上步图形上绘制一条竖直直线，如图13-230所示。

2. 单击“修改”工具栏中的“偏移”按钮，选择上步绘制的竖直直线为偏移对象将其向右偏移，偏移距离为1800，如图13-231所示。

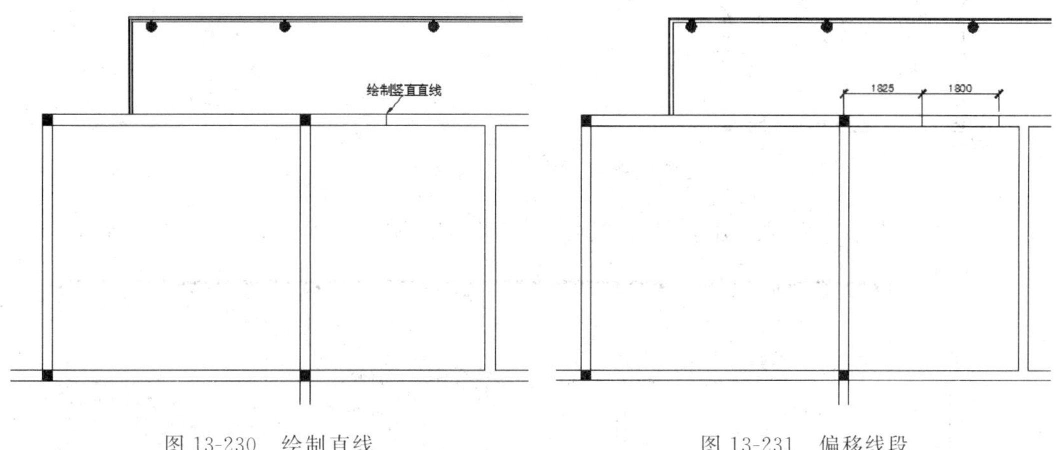

图13-230 绘制直线　　　　图13-231 偏移线段

3. 利用上述方法完成二层总平面图中所有窗洞线的绘制，如图13-232所示。

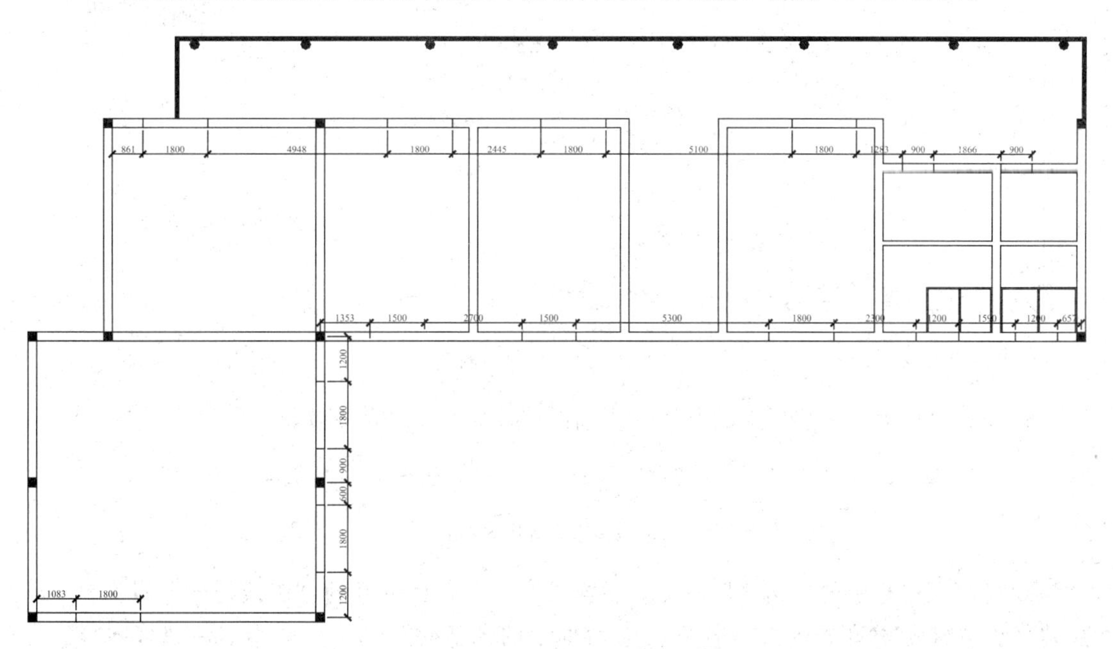

图13-232 偏移线段

4. 单击“修改”工具栏中的“修剪”按钮，选择上步偏移线段间墙体为修建对象对其进行修剪处理，如图13-233所示。

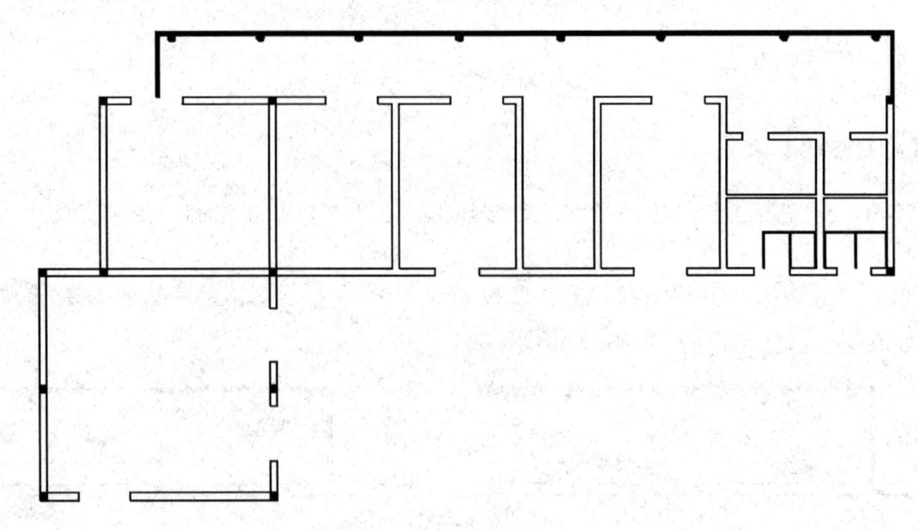

图 13-233　修剪线段

5. 利用上述修剪窗洞的方法完成二层总平面图中门洞的修剪。如图 13-234 所示。

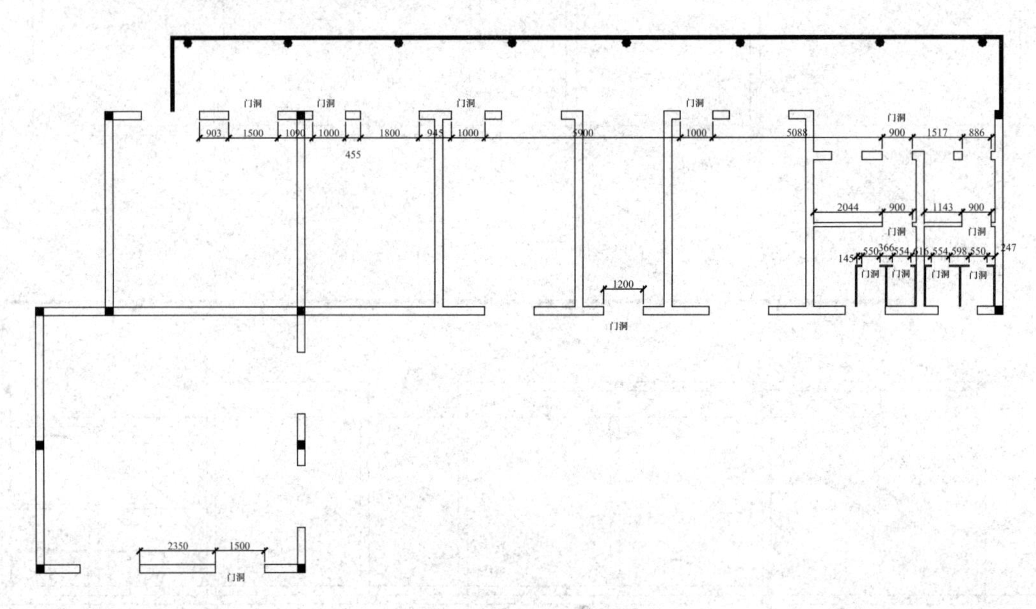

图 13-234　绘制门洞

6. 新建“门窗”图层，并将其置为当前图层，如图 13-235 所示。

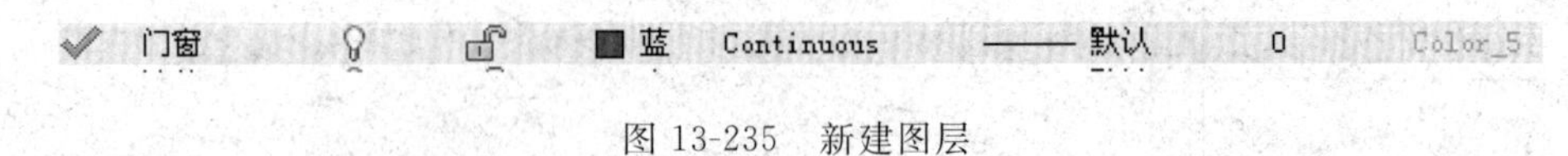

图 13-235　新建图层

7. 选择菜单栏中的“格式”→“多线样式”命令，在打开的“多线样式”对话框中，新建多线“窗线”。单击“多线样式”对话框中的“新建”选项，弹出“新建多线样式”对话框，把其中的元素偏移量设为 120、40、−120、40，单击“确定”按钮，返回“多线样式”对话框，如果当前的多线名称不是窗线，单击“添加”按钮即可，然后单击“确定”按钮完成卫生间墙体多线的设置。

8. 选择菜单栏中的“绘图”→“多线”命令，选取任一窗洞为多线起点，窗洞端口为多线终点，完成窗线的绘制，如图 13-236 所示。

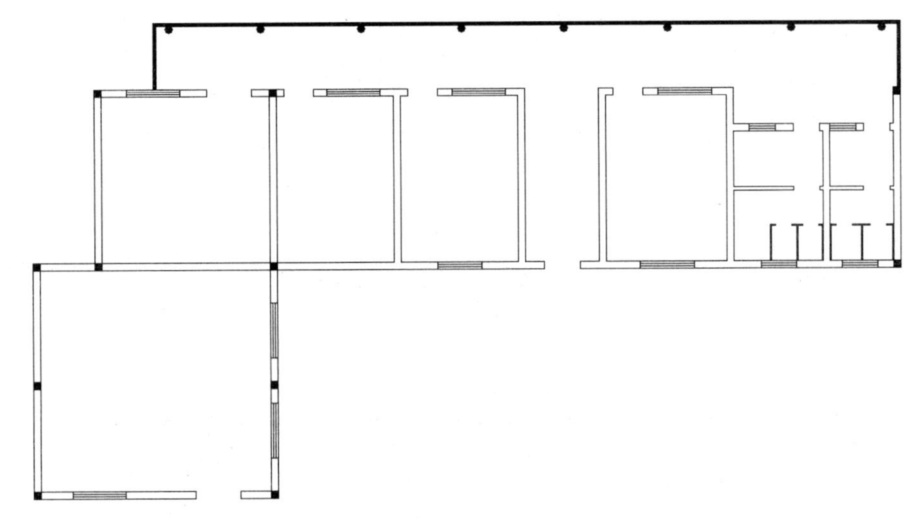

图 13-236　绘制窗线

9. 单击“绘图”工具栏中的“多段线”按钮，在图形空白区域任选一点为直线起点绘制一段多段线，如图 13-237 所示。

10. 单击“修改”工具栏中的“复制”按钮，选择上步绘制图形为复制对象，以上步水平多段线中点为复制基点，将其向右水平复制，复制间距为 962，如图 13-238 所示。

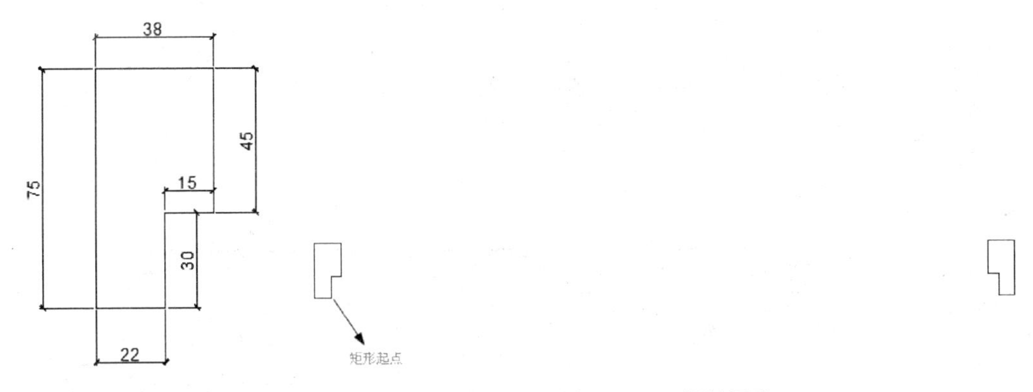

图 13-237　绘制多段线　　图 13-238　复制图形

11. 单击“绘图”工具栏中的“矩形”按钮，以如图 13-239 所示的点为矩形起点，绘制一个“26×955”的矩形，并结合移动命令将其移动放置到合适的位置，如图 13-240 所示。

12. 单击“绘图”工具栏中的“圆弧”按钮，以起点端点角度绘制圆弧，角度为 90°，如图 13-240 所示。

13. 单击“修改”工具栏中的“移动”按钮，选择上步绘制的单扇门图形为移动对象，将其移动放置到我们在前面所修剪出的门洞中，如图 13-241 所示。

14. 单击“修改”工具栏中的“复制”按钮“移动”按钮及“旋转”按钮，选择上步移动放置的单扇门图形为复制对象，对其进行多次移动复制操作，完成图形中所有单扇门图形的绘制，如图 13-242 所示。

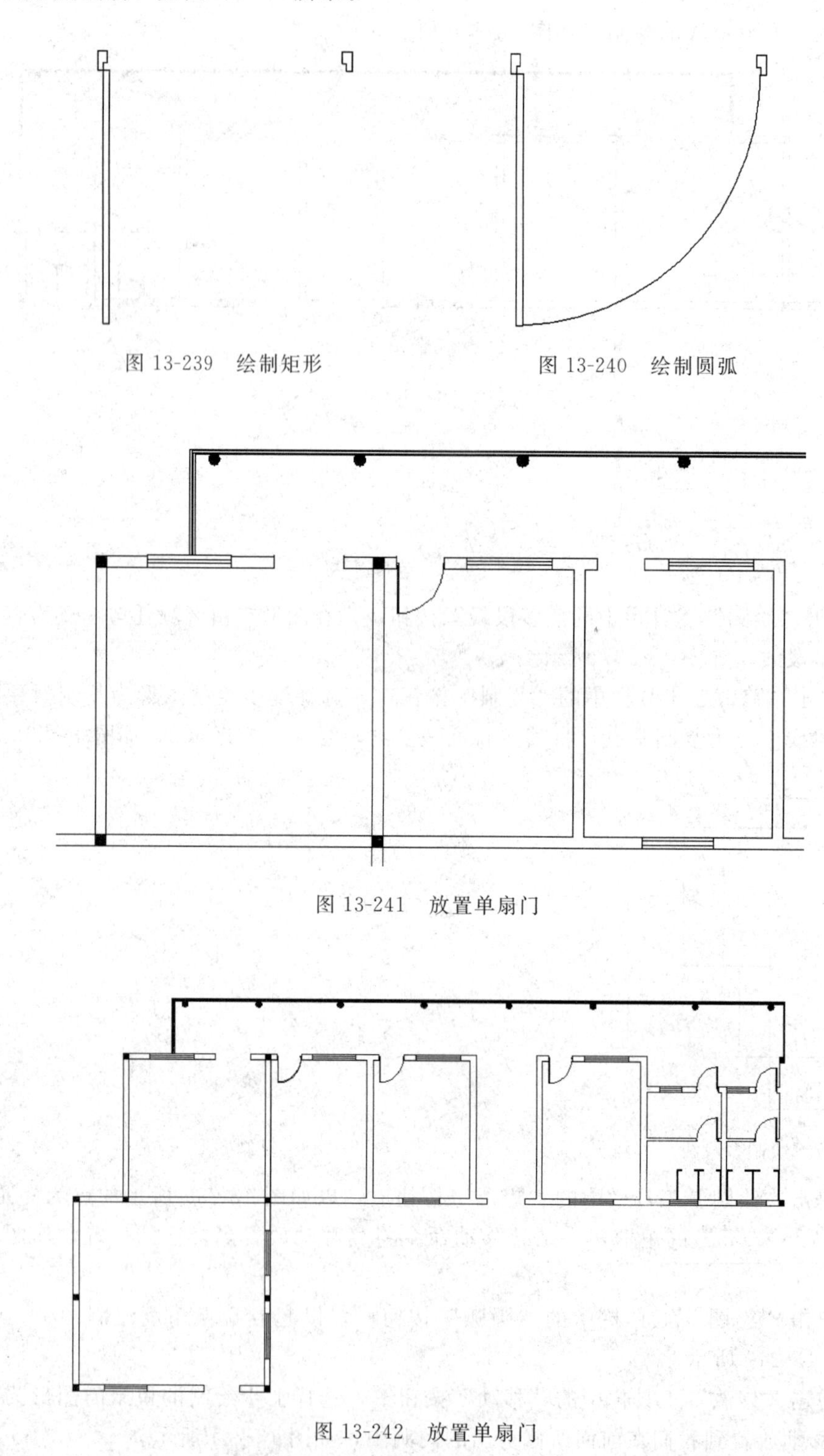

图 13-239 绘制矩形

图 13-240 绘制圆弧

图 13-241 放置单扇门

图 13-242 放置单扇门

15. 双扇门的绘制方法基本与单扇门相同，绘制方法参考 13.2.5 小节完成图形中双扇门的绘制，如图 13-243 所示。

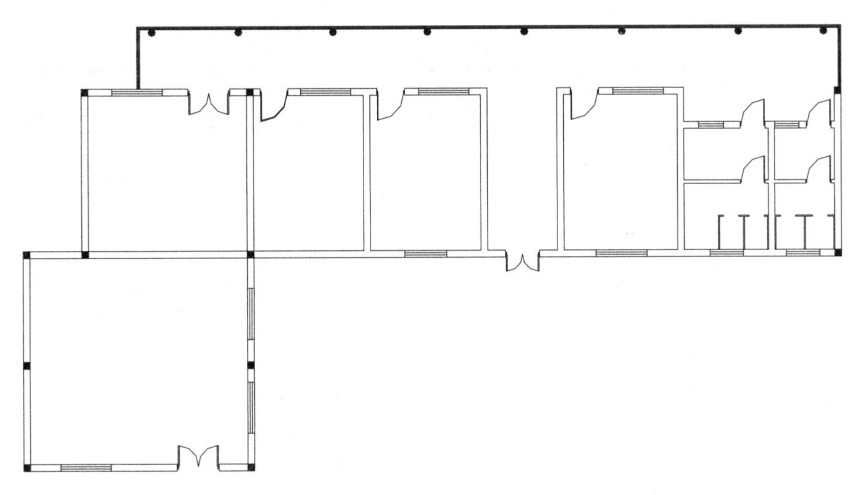

图 13-243 放置双扇门

16. 单击“修改”工具栏中的“复制”按钮，选择图形中已有的单扇门为复制对象对其进行复制操作。

17. 单击“修改”工具栏中的“缩放”按钮，选择上步复制的单扇门图形为缩放对象将其比例缩小，完成后放置到卫生间门洞处，如图 13-244 所示。

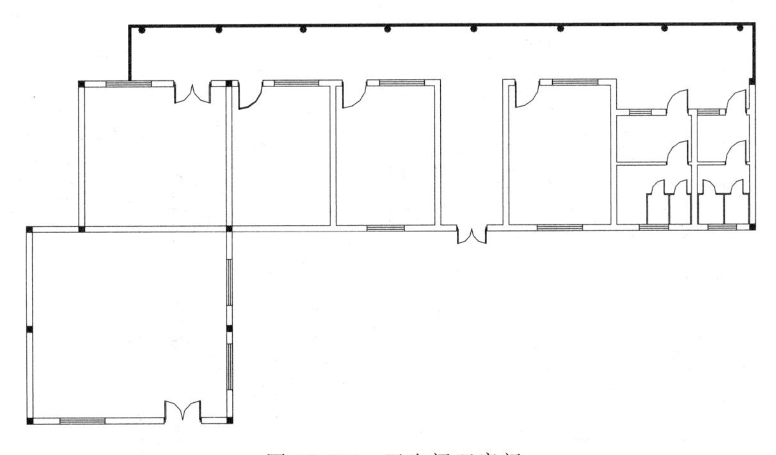

图 13-244 卫生间双扇门

13.3.4 绘制楼梯

1. 新建楼梯图层，并将其置为当前图层，如图 13-245 所示。

楼梯 白 CONTIN... 默认 0 Color_7

图 13-245 设置当前图层

2. 单击“绘图”工具栏中的“矩形”按钮，在楼梯间中间位置绘制一个“190×3046”的矩形，如图 13-246 所示。

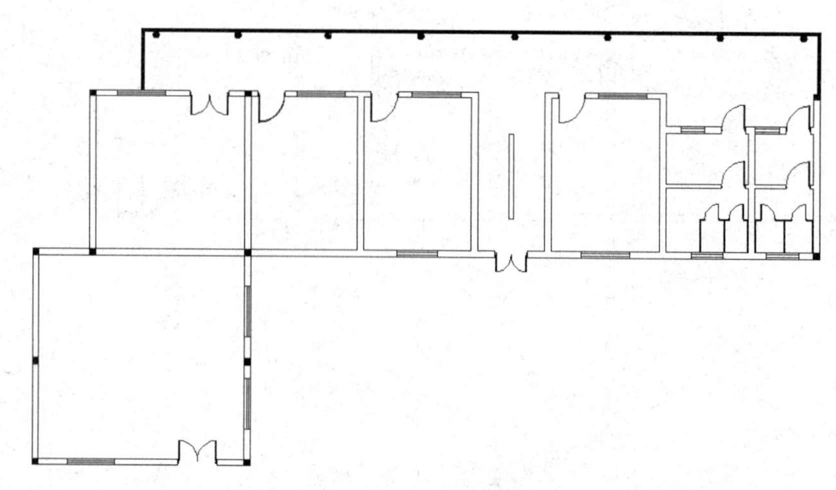

图 13-246 绘制矩形

3. 单击“修改”工具栏中的“偏移”按钮，选择上步绘制矩形为偏移对象将其向内进行偏移，偏移距离为 61，如图 13-247 所示。

4. 单击“绘图”工具栏中的“直线”按钮，在上步绘制图形中适当位置绘制一条水平直线，如图 13-248 所示。

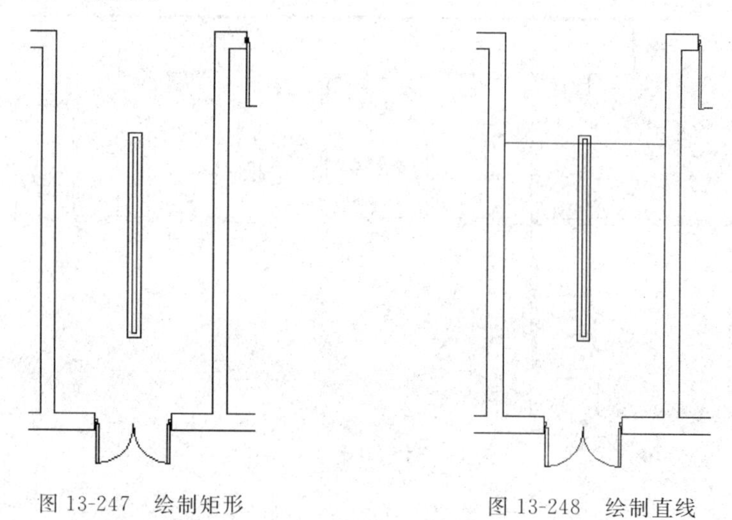

图 13-247 绘制矩形　　图 13-248 绘制直线

5. 单击“修改”工具栏中的“偏移”按钮，选择上步绘制的水平直线为偏移对象将其向下进行偏移，偏移距离为“280×10”，如图 13-249 所示。

6. 单击“修改”工具栏中的“修剪”按钮，选择上步偏移线段为修剪对象，将矩形内的多余线段为修剪对象对其进行修剪处理，如图 13-250 所示。

7. 单击“绘图”工具栏中的“多段线”按钮，制定多段线起点宽度和端点宽度为 0，绘制多段线。指定多段线起点宽度为 120，端点宽度为 0，绘制楼梯的指引箭头，如图 13-251所示。

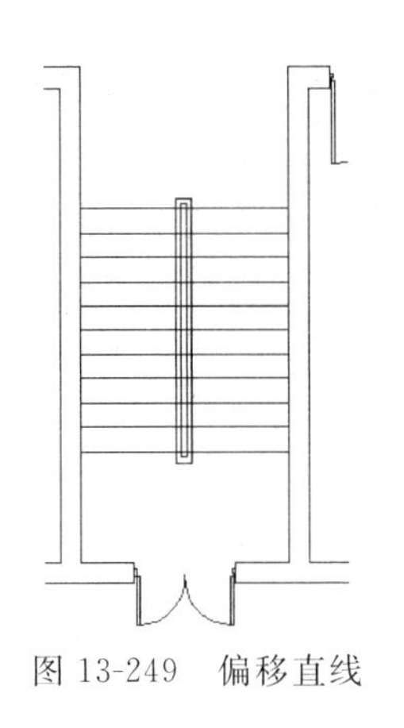
图 13-249 偏移直线

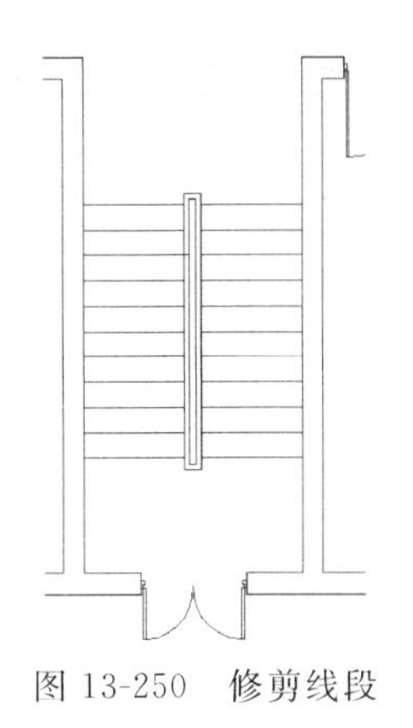
图 13-250 修剪线段

8. 单击“绘图”工具栏中的“直线”按钮，在上步绘制楼梯梯段线上绘制一条斜向直线，如图 13-252 所示。

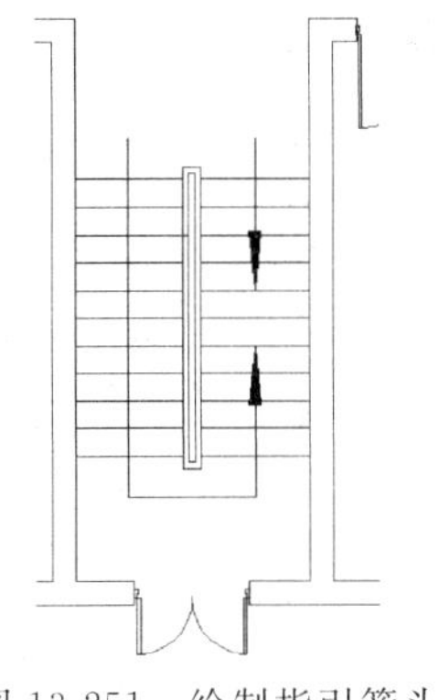
图 13-251 绘制指引箭头

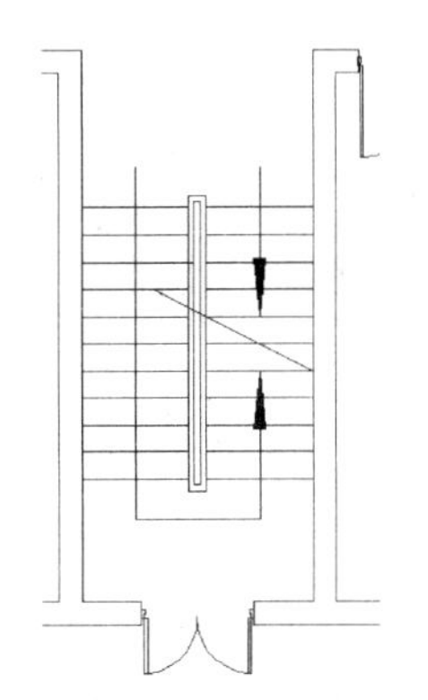
图 13-252 绘制斜向直线

9. 单击“绘图”工具栏中的“直线”按钮，在上步绘制的直线上绘制连续直线，如图 13-253 所示。

10. 单击“修改”工具栏中的“修剪”按钮，选择上步绘制的斜向直线为修剪对象。对其进行修剪，如图 13-254 所示。

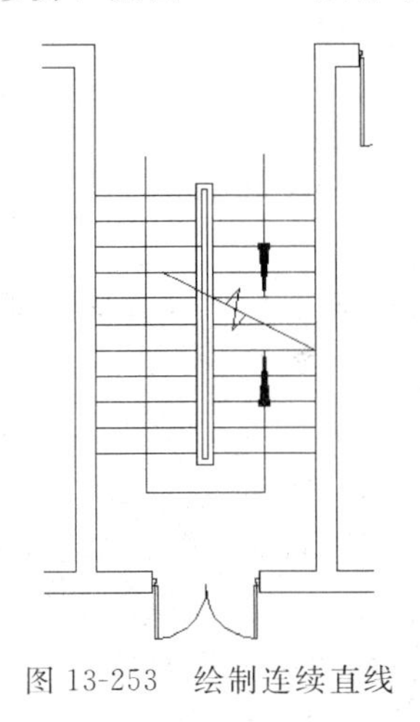
图 13-253 绘制连续直线

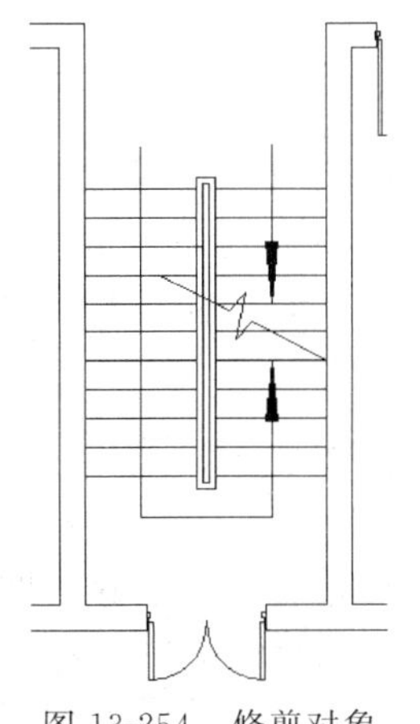
图 13-254 修剪对象

11. 单击“绘图”工具栏中的“矩形”按钮和“直线”按钮，绘制室外台阶（具体绘制方法参见 13.2.6 小节），如图 13-255 所示。

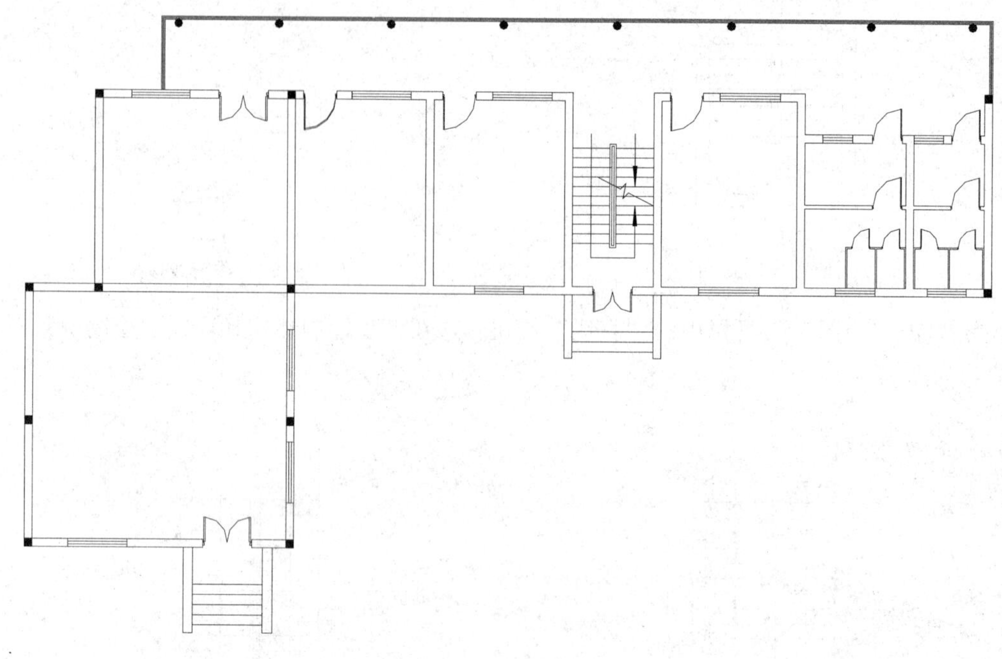

图 13-255　绘制台阶

13.3.5　添加标注

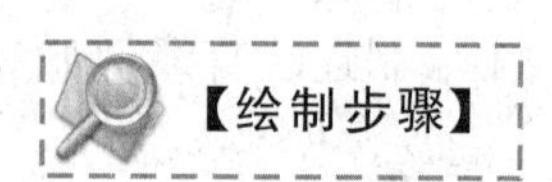

1. 打开“轴线”图层，新建“尺寸”图层，并将其置为当前图层，如图 13-256 所示。

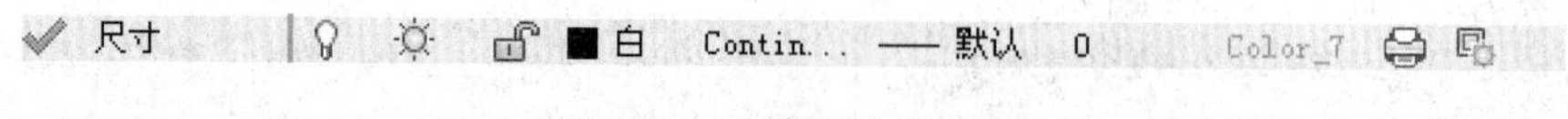

图 13-256　设置当前图层

2. 单击“标注”工具栏中的“线性”按钮和“连续”按钮，为图形添加第一道尺寸标注，如图 13-257 所示。

3. 单击“标注”工具栏中的“线性”按钮，为图形添加总尺寸标注，如图 13-258 所示。

4. 单击“修改”工具栏中的“分解”按钮，选择总尺寸为分解对象，回车确认进行分解。

5. 单击“修改”工具栏中的“偏移”按钮，选择分解后的总尺寸标注为偏移对象，分别向外进行偏移，偏移距离为 800，如图 13-259 所示。

6. 单击“修改”工具栏中的“删除”按钮，选择偏移线段为删除对象，对其进行删除处理，如图 13-260 所示。

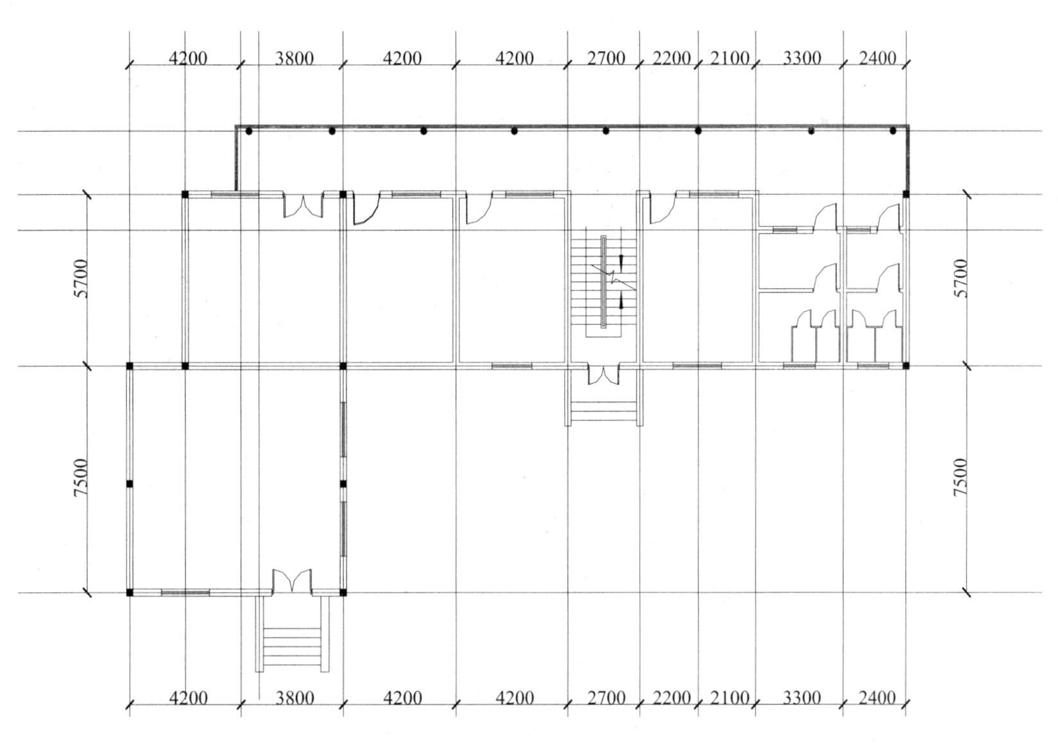

图 13-257 标注第一道尺寸

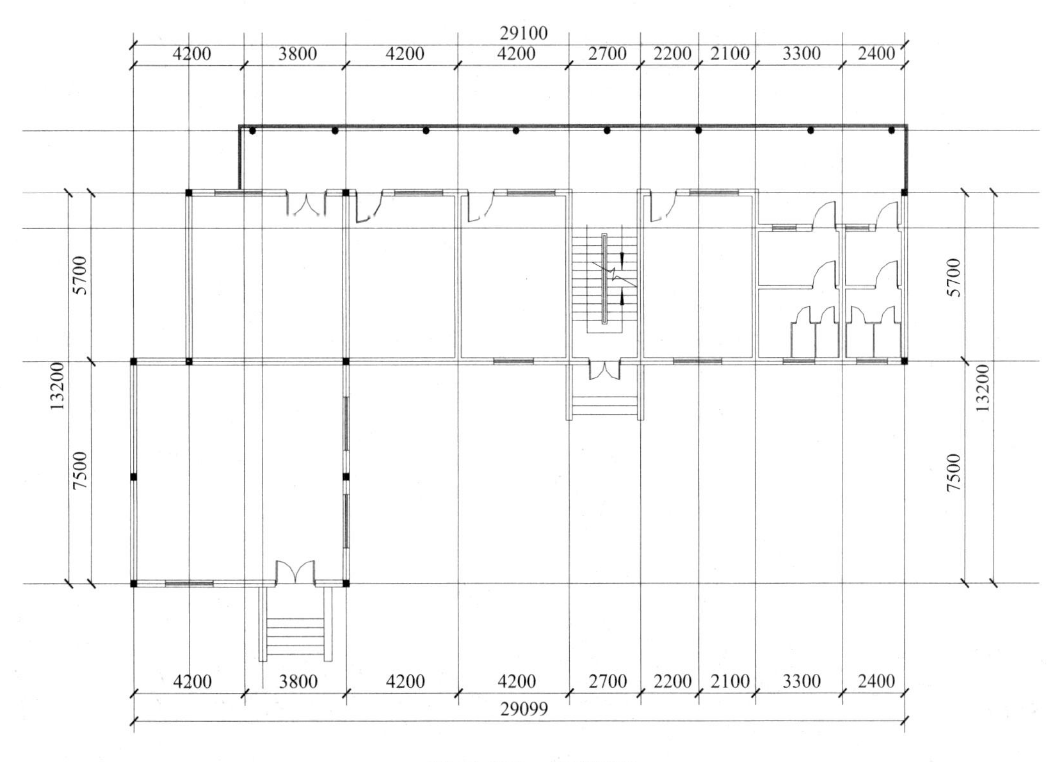

图 13-258 标注图形

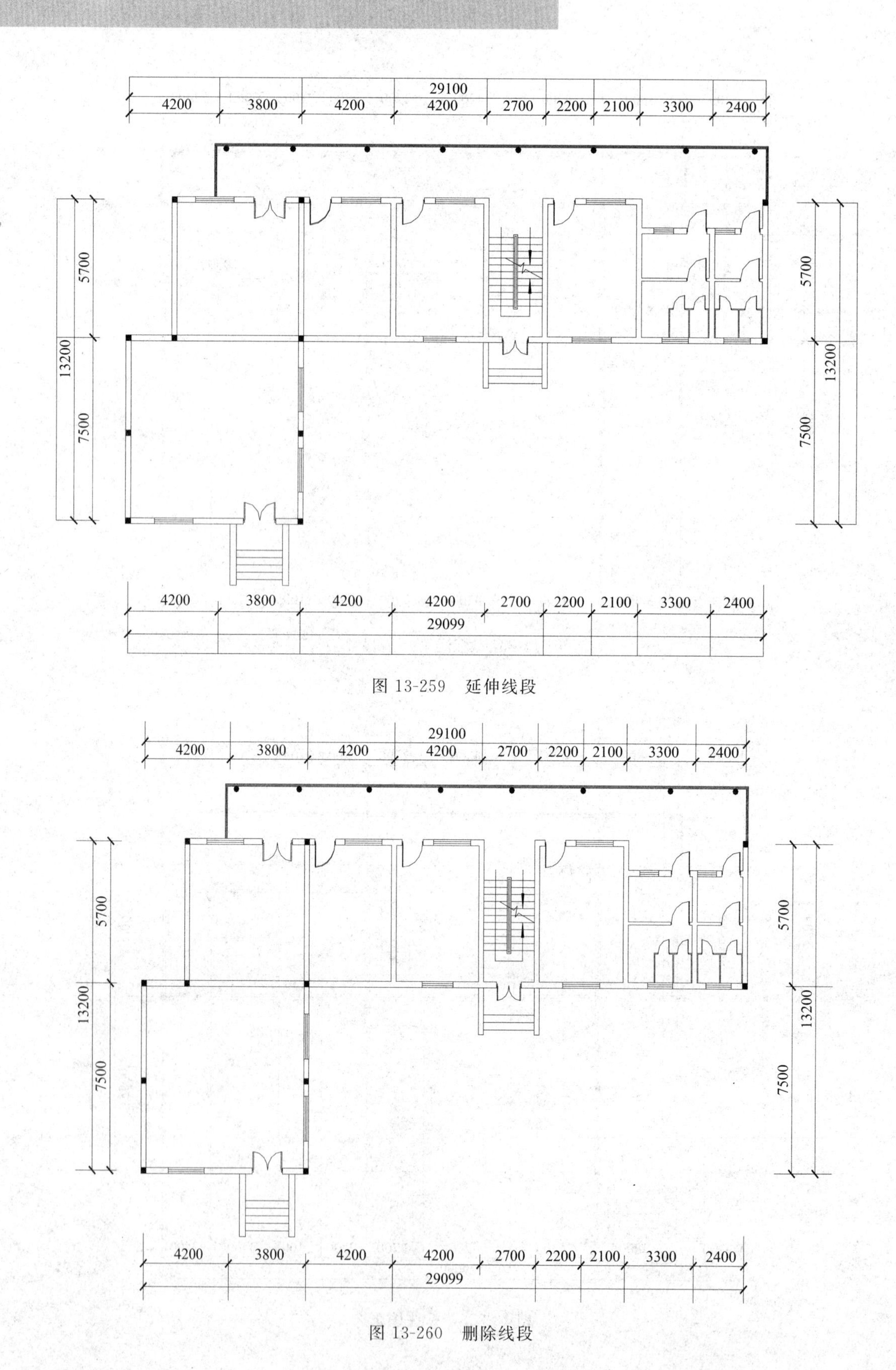

图 13-259　延伸线段

图 13-260　删除线段

13.3.6 添加轴号

【绘制步骤】

1. 单击“绘图”工具栏中的“圆”按钮，在轴线上选取一点为圆心绘制一个半径为340的圆，如图13-261所示。

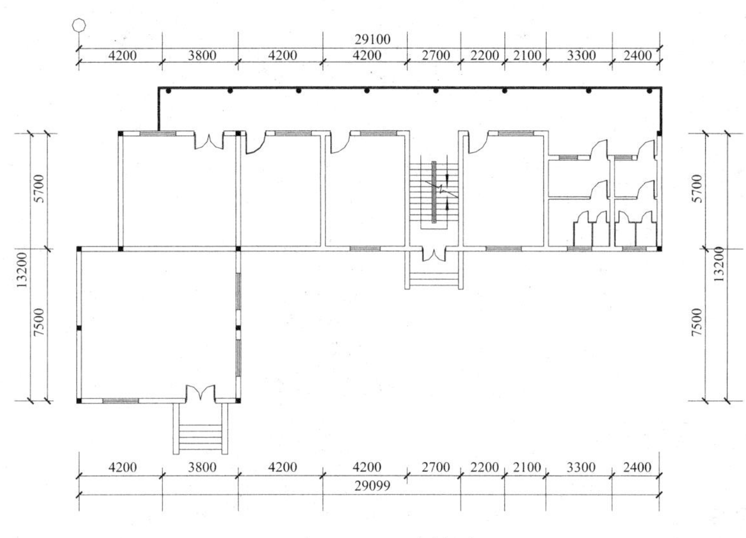

图13-261 绘制圆

2. 单击“绘图”工具栏中的“多行文字”按钮，在上步绘制圆内添加文字，如图13-262所示。

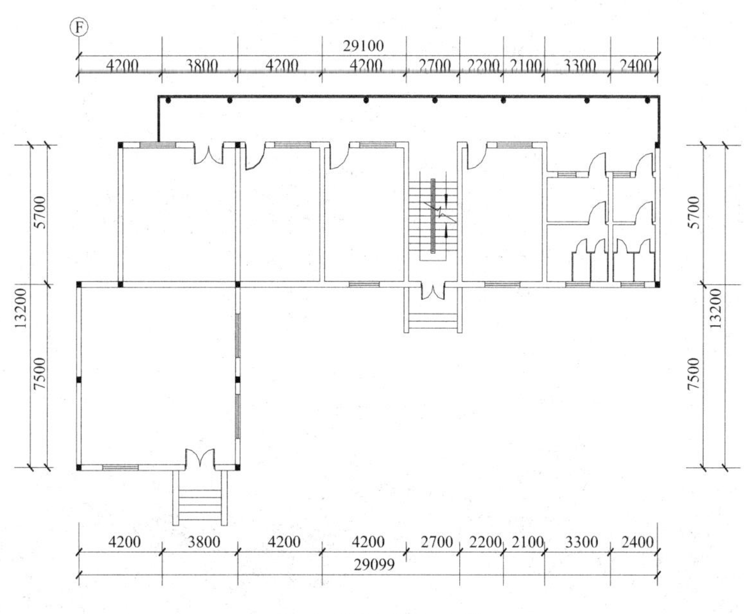

图13-262 添加文字

3. 完成图形中所有轴号的绘制，如图 13-263 所示。

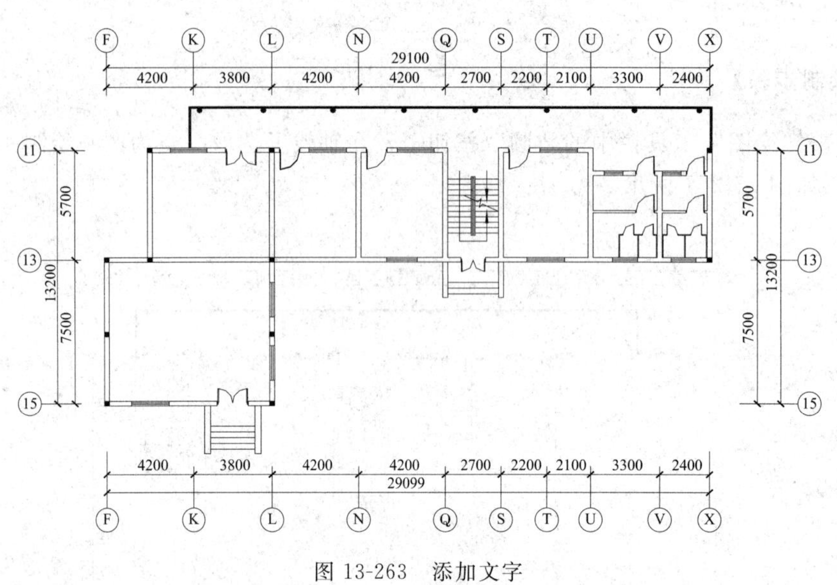

图 13-263　添加文字

13.3.7　插入图框

1. 单击“绘图”工具栏中的“多行文字”按钮A，在上步图形内添加文字，如图 13-264 所示。

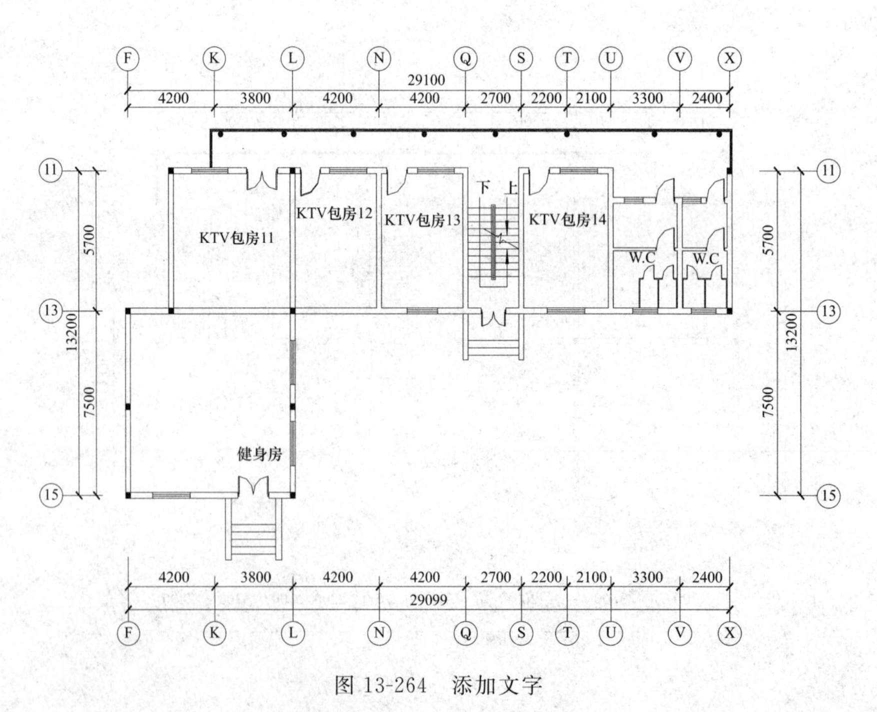

图 13-264　添加文字

2. 单击“绘图”工具栏中的“插入块”按钮，弹出“插入”对话框。选择定义的图框为插入对象，将其放置到绘制的图形外侧，添加图框文字，最终完成二层总平面图的绘制，如图 13-265 所示。

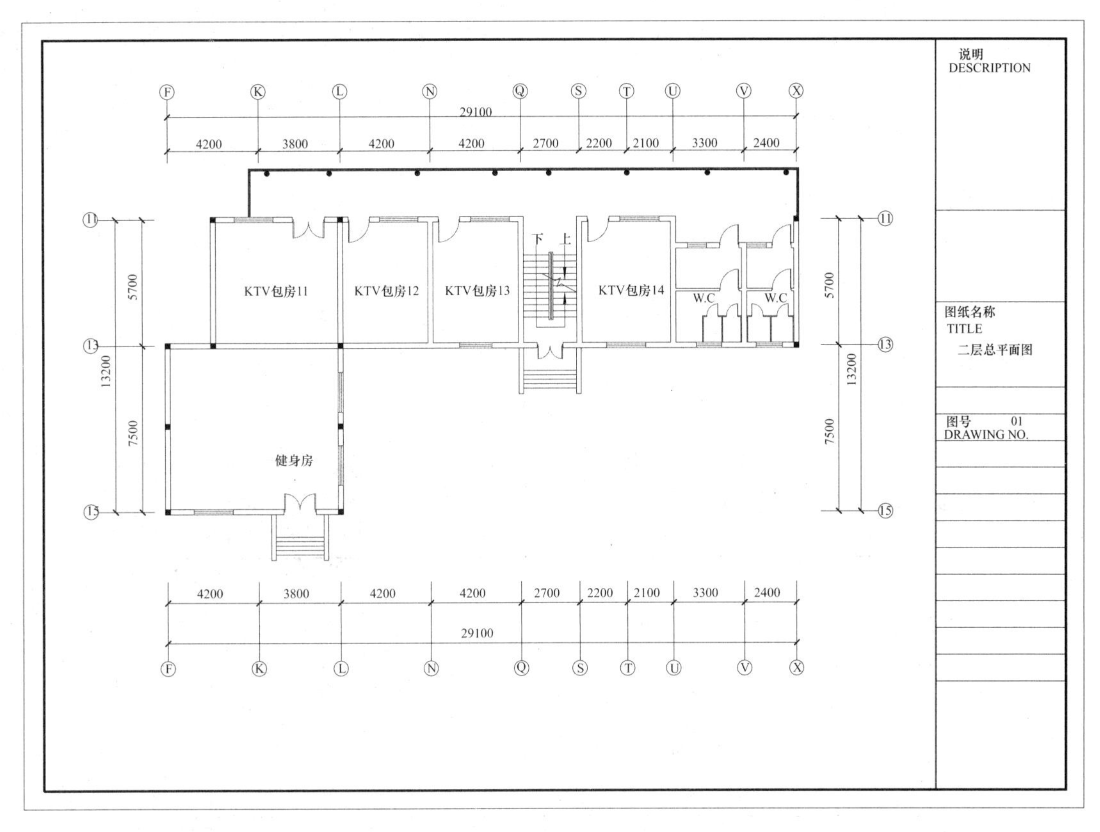

图 13-265 添加图框

13.4 道具单元平面图

高级洗浴中心为了吸引顾客，在造型设计上求新求变，所以往往需要设计一些特殊造型的道具，这里讲述本洗浴中心涉及的一些道具的平面图的设计方法。

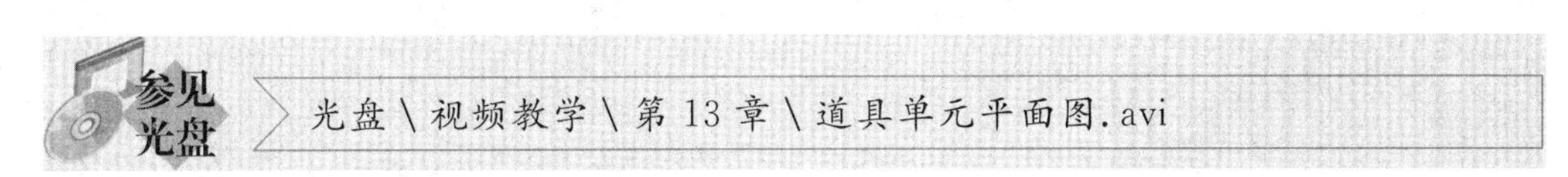

13.4.1 道具 A 单元平面图的绘制

1. 道具 A 单元平面图如图 13-266 所示，下面讲述其绘制方法。

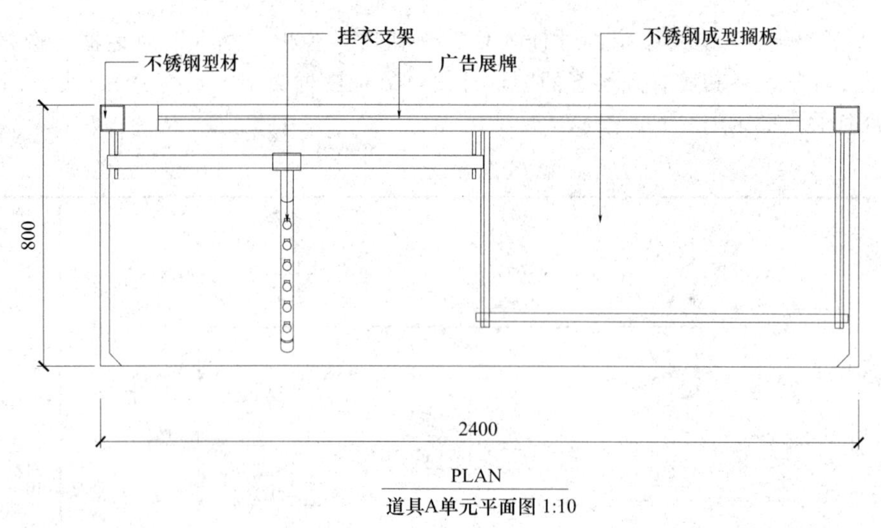

图 13-266　道具 A 单元平面图

2. 单击“绘图”工具栏中的“矩形”按钮，在图形空白位置任选一点为矩形起点绘制一个“2400×800”的矩形，如图 13-267 所示。

图 13-267　绘制矩形

3. 单击“修改”工具栏中的“分解”按钮，选择上步绘制矩形为分解对象回车确认进行分解。

4. 单击“修改”工具栏中的“偏移”按钮，选择分解矩形顶部水平边为偏移对象将其向下进行偏移，偏移距离为 35、10、35，如图 13-268 所示。

图 13-268　偏移线段

5. 单击“修改”工具栏中的“偏移”按钮，选择左侧竖直直线为偏移对象将其向右侧进行偏移，偏移距离为186、2027，如图13-269所示。

图13-269 偏移线段

6. 单击“修改”工具栏中的“修剪”按钮，选择上步偏移线段为修剪对象对其进行修剪处理，如图13-270所示。

图13-270 修剪线段

7. 单击“绘图”工具栏中的“矩形”按钮，在上步修剪图形内绘制一个“80×80”圆角半径为6的矩形，命令行提示与操作如下：

命令：_rectang

指定第一个角点或[倒角(C)/标高(E)/圆角(F)/厚度(T)/宽度(W)]：f

指定矩形的圆角半径<0.0000>：6

指定第一个角点或[倒角(C)/标高(E)/圆角(F)/厚度(T)/宽度(W)]：(选择一点为矩形起点)

指定另一个角点或[面积(A)/尺寸(D)/旋转(R)]：@80，80

如图13-271所示。

图13-271 绘制圆角矩形

8. 单击“修改”工具栏中的“偏移”按钮，选择上步绘制矩形为偏移对象将其向内进行偏移，偏移距离为 4，如图 13-272 所示。

图 13-272　偏移矩形

9. 单击“修改”工具栏中的“镜像”按钮，选择上步绘制两矩形向右镜像，如图 13-273 所示。

图 13-273　复制图形

10. 单击“绘图”工具栏中的“直线”按钮，在如图 13-274 所示的位置绘制连续线段。

图 13-274　绘制直线

11. 单击“修改”工具栏中的“镜像”按钮，选择上步绘制线段为镜像对象对其进行竖直镜像，如图 13-275 所示。

12. 单击“绘图”工具栏中的“矩形”按钮，在上步图形内绘制一个“1192×40”的矩形，如图 13-276 所示。

13. 单击“绘图”工具栏中的“矩形”按钮▭，在上步绘制矩形上分别绘制矩形，如图 13-277 所示。

图 13-275　镜像线段

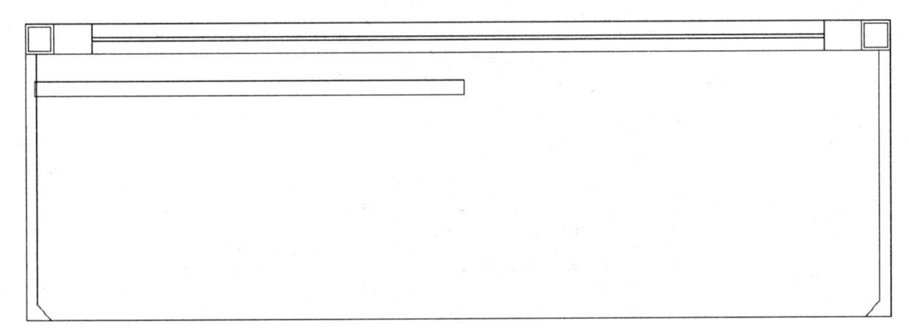

图 13-276　绘制矩形

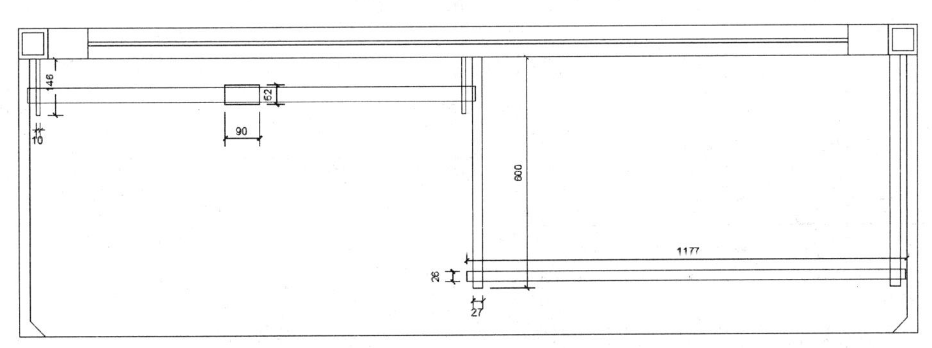

图 13-277　绘制矩形

14. 单击“修改”工具栏中的“修剪”按钮⁄--，选择上步绘制矩形间线段为修剪对象对其进行修剪处理，如图 13-278 所示。

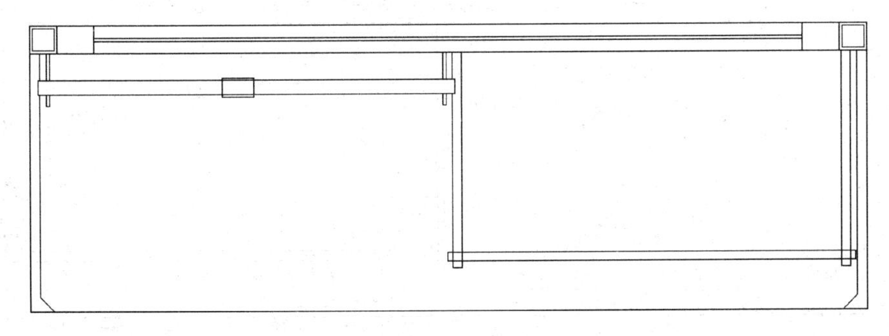

图 13-278　修剪线段

15. 单击“绘图”工具栏中的“直线”按钮，在右侧竖直矩形内绘制两条竖直直线及四条水平直线，如图 13-279 所示。

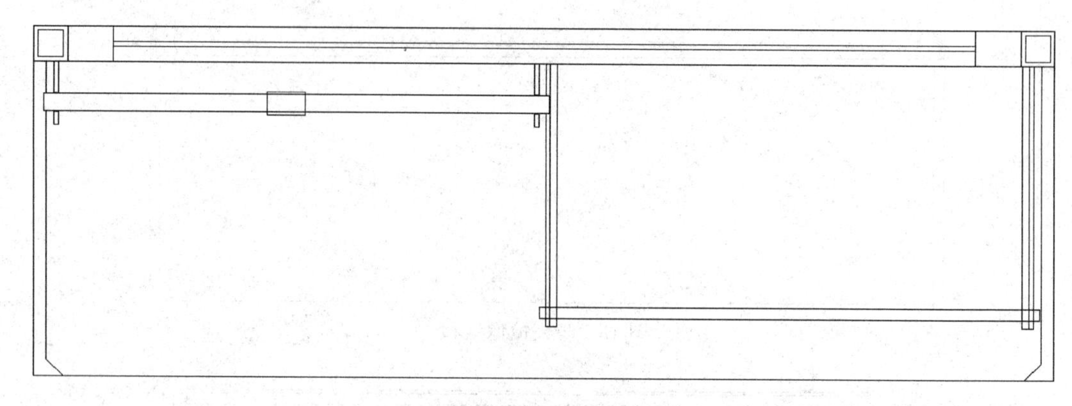

图 13-279 绘制直线

16. 单击“绘图”工具栏中的“直线”按钮，在中间矩形下方绘制两条竖直直线，直线长度为 540，直线间距为 40，如图 13-280 所示。

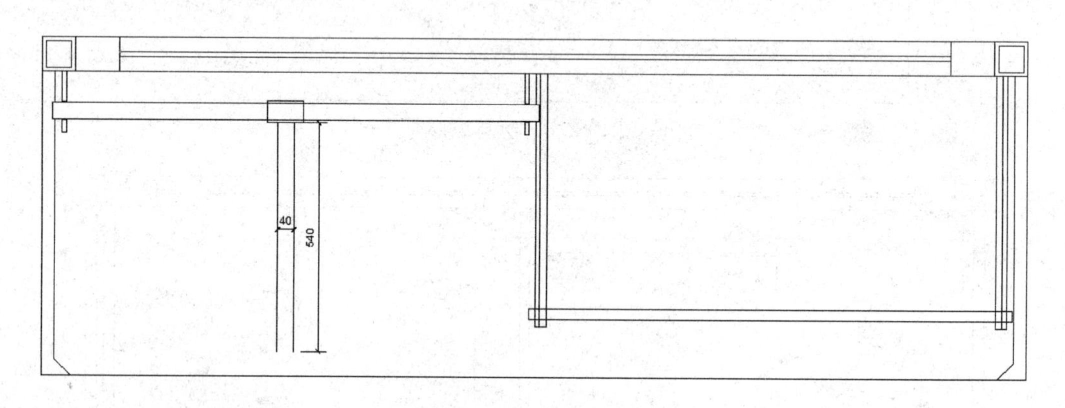

图 13-280 绘制直线

17. 单击“绘图”工具栏中的“圆弧”按钮，选择上步绘制左侧竖直直线下端点为圆弧起点，右侧竖直直线下端点为圆弧终点，在直线间绘制一段圆弧，同理绘制剩余的圆弧图形如图 13-281 所示。

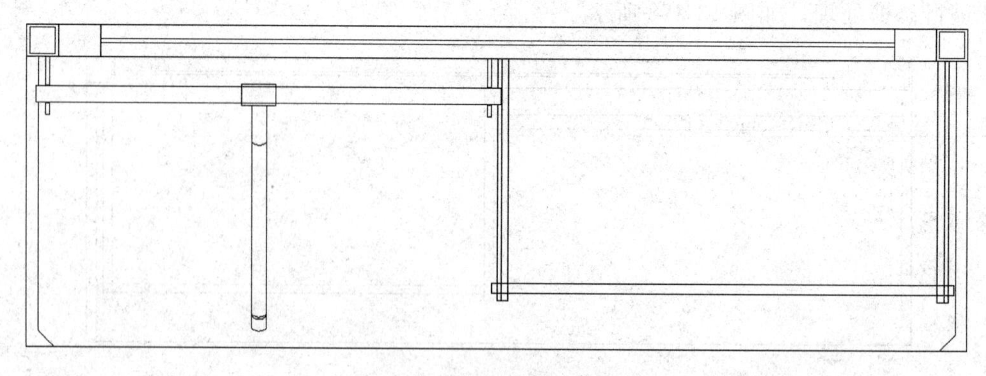

图 13-281 绘制圆弧

18. 单击“绘图”工具栏中的“圆”按钮，在绘制的两竖直直线间绘制一个半径为14的圆，如图13-282所示。

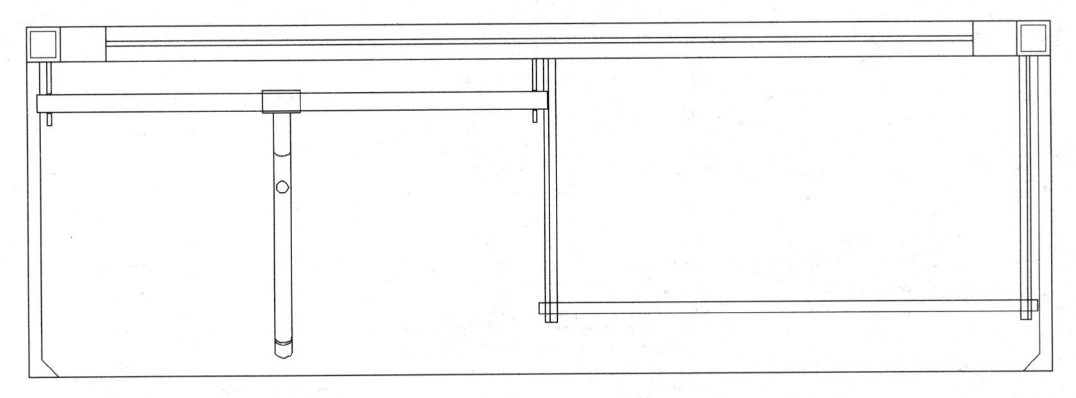

图13-282 绘制圆

19. 单击“绘图”工具栏中的“直线”按钮和“圆弧”按钮，在上步绘制圆上绘制图形，如图13-283所示。

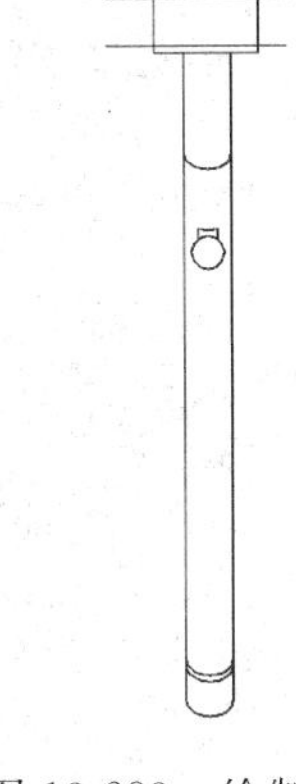

图13-283 绘制图形

20. 单击“修改”工具栏中的“复制”按钮，选择上步图形为复制对象对其进行连续复制，选择圆图形圆心为复制基点间距为63，复制个数为5个，如图13-284所示。

21. 单击“标注”工具栏中的“线性”按钮，为道具A单元平面图添加总尺寸标注，如图13-285所示。

22. 在命令行中输入qleader命令为图形添加文字说明，如图13-286所示。

23. 单击“绘图”工具栏中的“直线”按钮，在上步图形下方绘制一条长度为1139的水平直线，如图13-287所示。

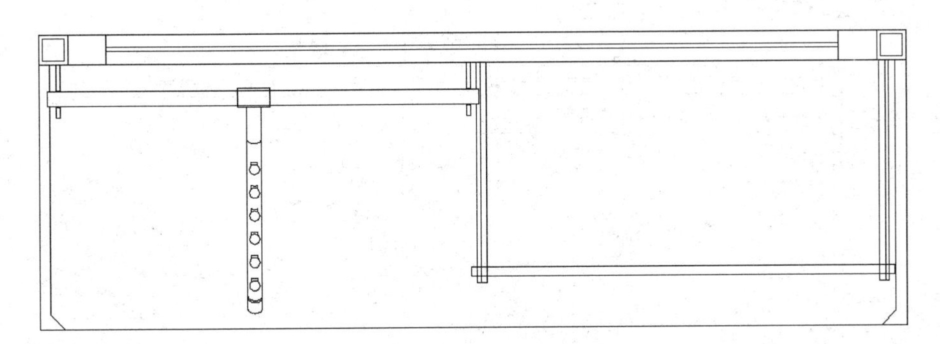

图13-284 复制图形

24. 单击“绘图”工具栏中的“多行文字”按钮A，在上步绘制直线上添加文字，最终完成道具A单元平面图的绘制，如图13-266所示。

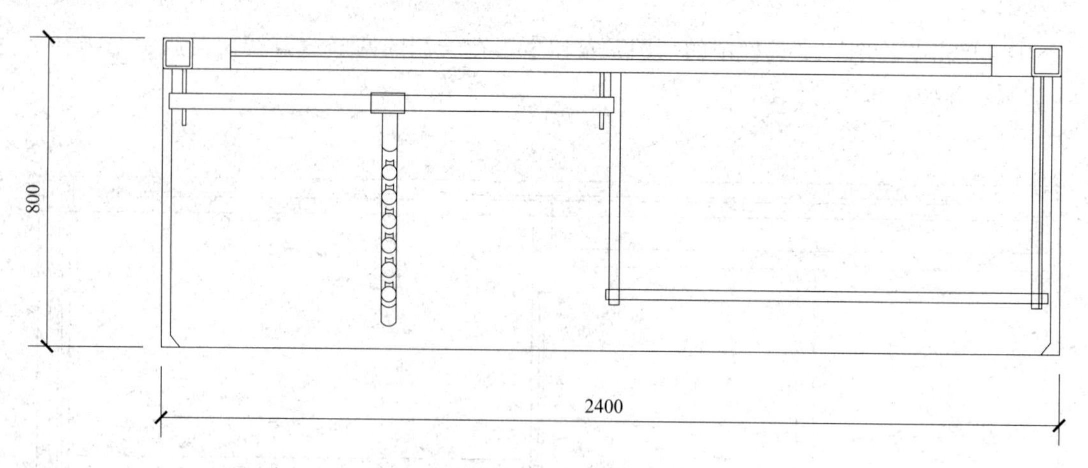

图 13-285　添加标注

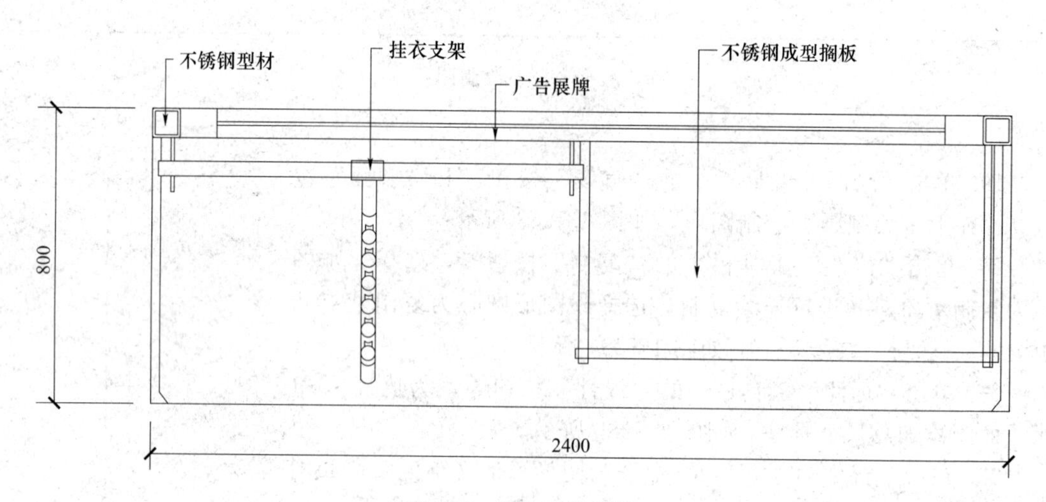

13-286　添加文字说明

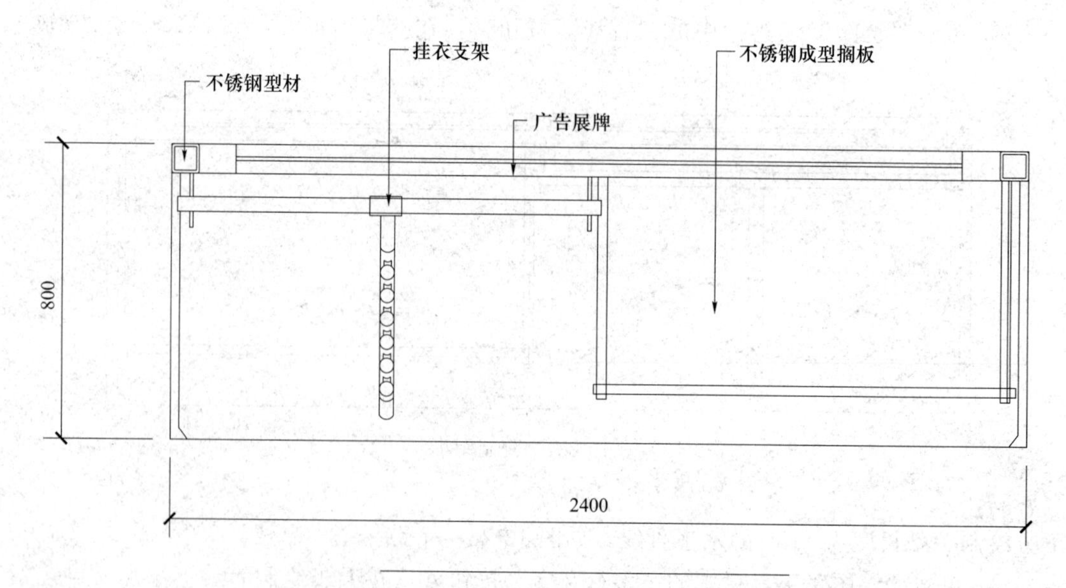

图 13-287　绘制直线

13.4.2 道具B单元平面图的绘制

利用上述方法完成道具B单元平面图的绘制，如图13-288所示。

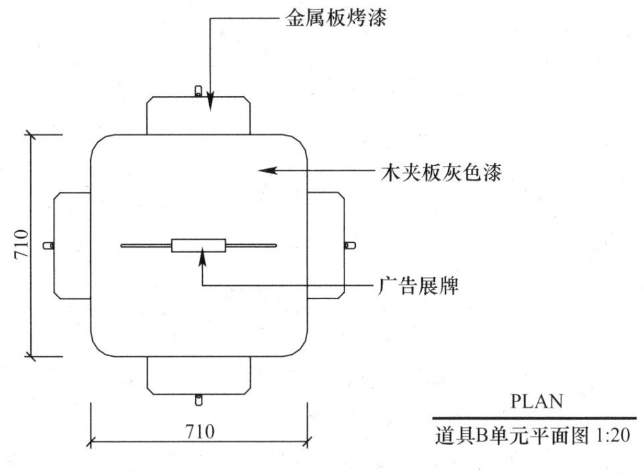

图13-288 道具B单元平面图

13.4.3 道具C单元平面图的绘制

利用上述方法完成道具C单元平面图的绘制，如图13-289所示。

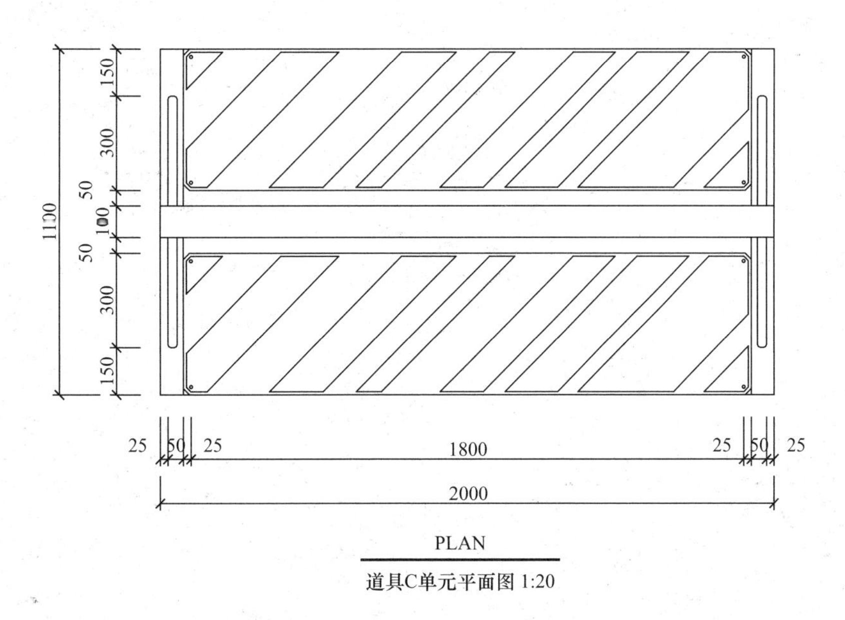

图13-289 道具C单元平面图

13.4.4 道具D单元平面图的绘制

利用上述方法完成道具D单元平面图的绘制，如图13-290所示。

13.4.5 插入图框

单击“绘图”工具栏中的“插入块”按钮，弹出“插入”对话框。选择定义的图框为插入对象，将其放置到绘制的图形外侧，为图框添加说明，最终完成道具单元平面图的绘制，如图 13-291 所示。

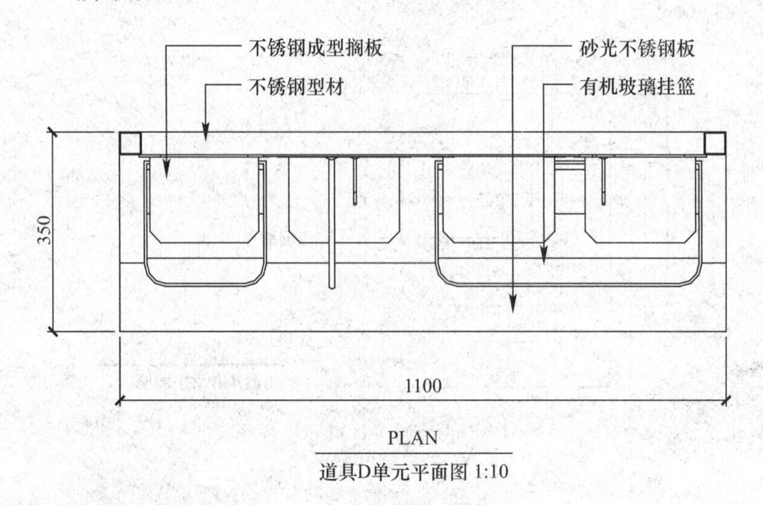

图 13-290 道具 D 单元平面图

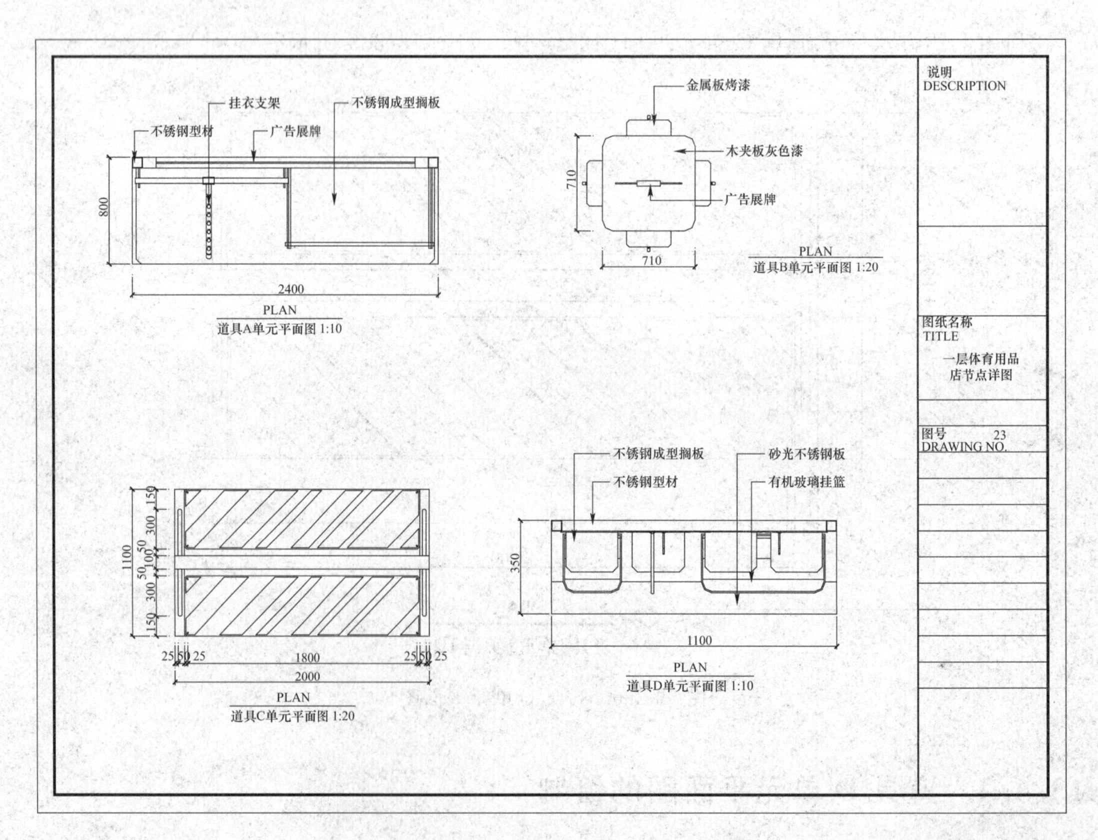

图 13-291 道具单元平面图

第14章 洗浴中心平面布置图的绘制

平面布置图是在建筑平面图基础上的深化和细化。装饰是室内设计的精髓所在，是对局部细节的雕琢和布置，最能体现室内设计的品位和格调。洗浴中心是公共活动场所，包括洗浴健身休息等多种功能。下面主要讲解洗浴中心平面布置图的绘制方法。

学习要点

- 一层总平面布置图
- 二层总平面布置图

14.1 一层总平面布置图

一层总平面布置图如图 14-1 所示，下面讲述其绘制方法。

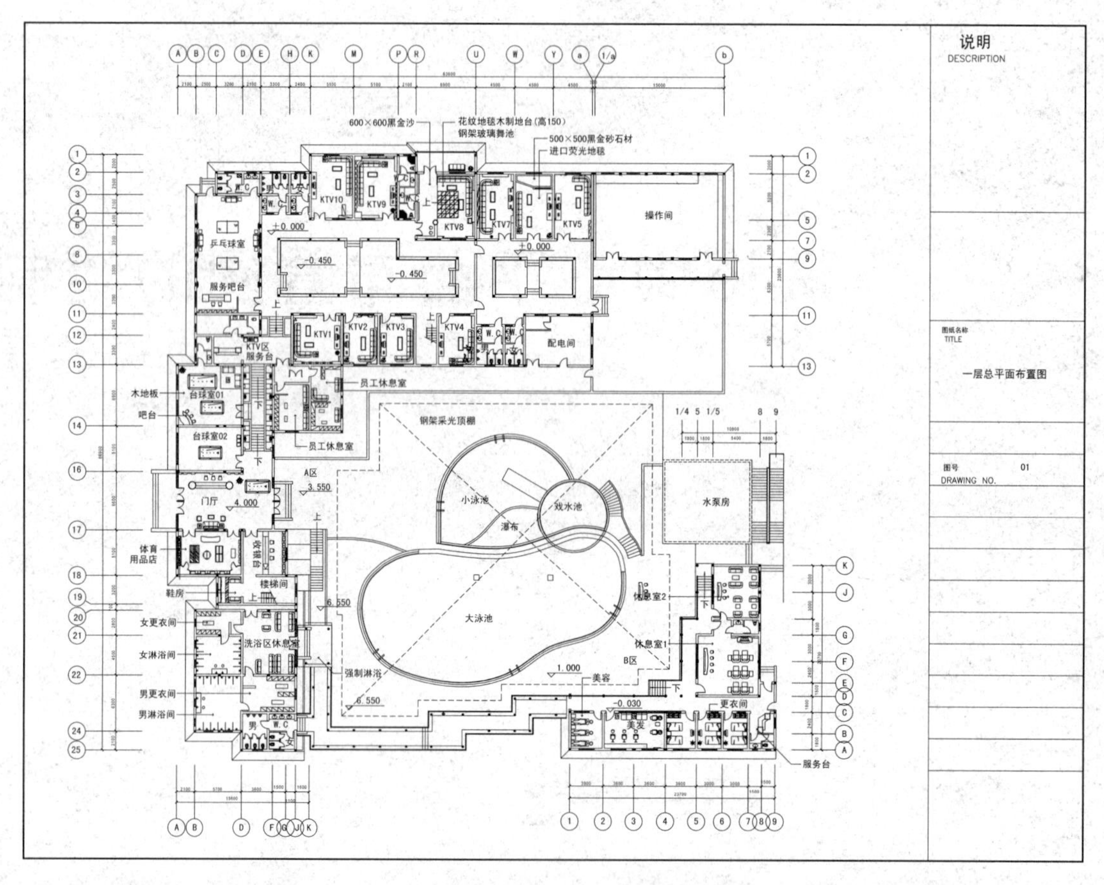

图 14-1 一层总平面布置图

光盘\视频教学\第 14 章\一层平面总布置图.avi

14.1.1 绘制家具

1. 打开“源文件/第 13 章/一层平面图”，并将其另存为“一层总平面布置图”。新建“家具”图层，并将其置为当前图层。如图 14-2 所示。

✔ 家具 洋红 CONTIN... —— 默认 0 Color_7

图 14-2 新建家具图层

2. 利用前面学过的绘图和编辑命令绘制电视柜（图 14-3）、沙发及茶几（图 14-4）、台灯（图 14-5）、按摩椅（图 14-6）、美发座椅（图 14-7）、台球桌（图 14-8）、服务台（图 14-9）、坐便器（图 14-10）、乒乓球桌（图 14-11）、单人床（图 14-12）、蹲便器（图 14-13）、单人座椅（图 14-14）、储藏柜（图 14-15）、小便器（图 14-16）、洗手盆（图 14-17）、衣柜（图 14-18）、绿植（图 14-19）、按摩浴缸（图 14-20）、花洒（图 14-21）、四人座沙发（图 14-22）、吧台及吧台椅子（图 14-23）等家具（在本例中我们可以直接调用源文件/图块中对应的家具图形，将其插入到图中合适的位置）。

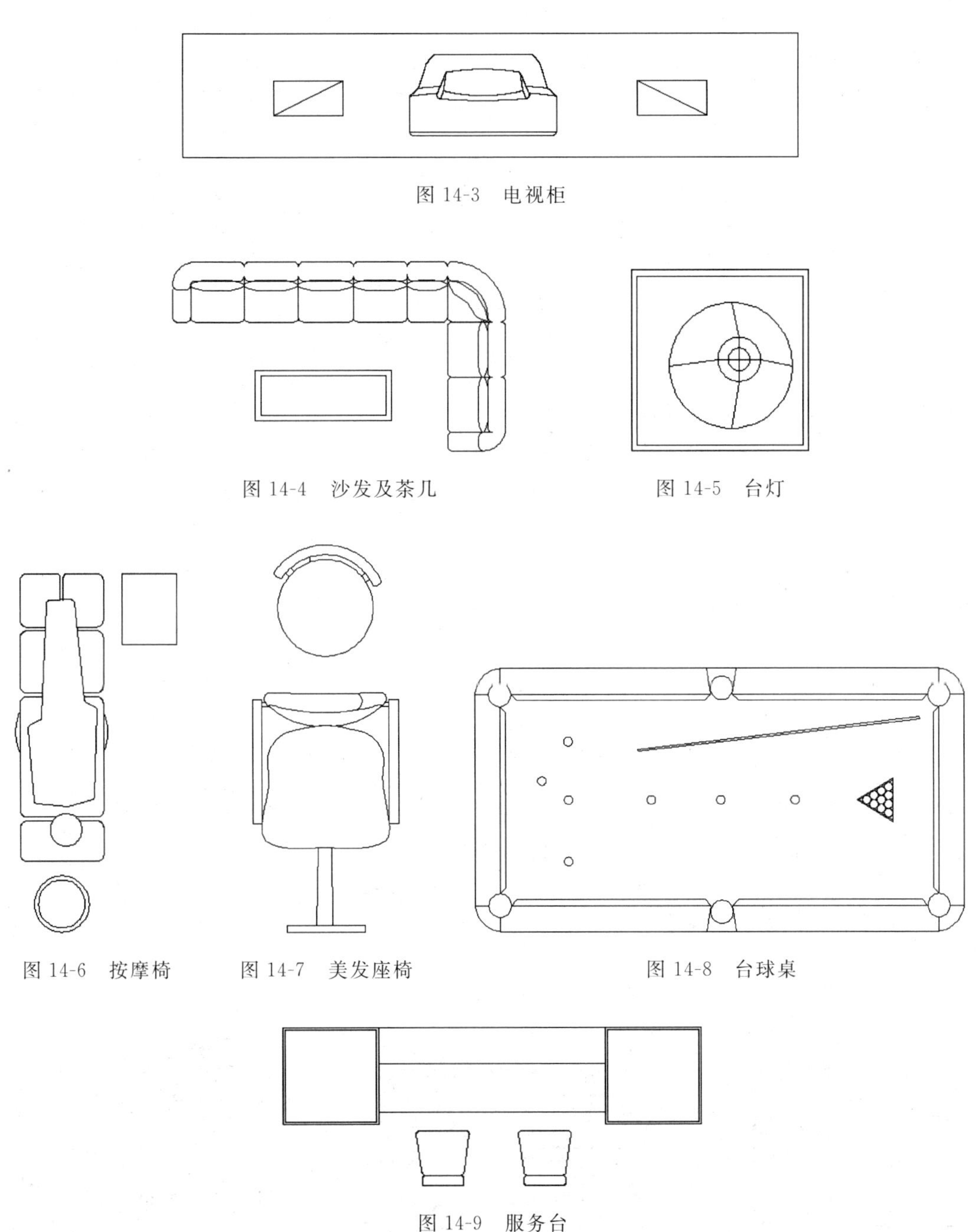

图 14-3 电视柜

图 14-4 沙发及茶几

图 14-5 台灯

图 14-6 按摩椅

图 14-7 美发座椅

图 14-8 台球桌

图 14-9 服务台

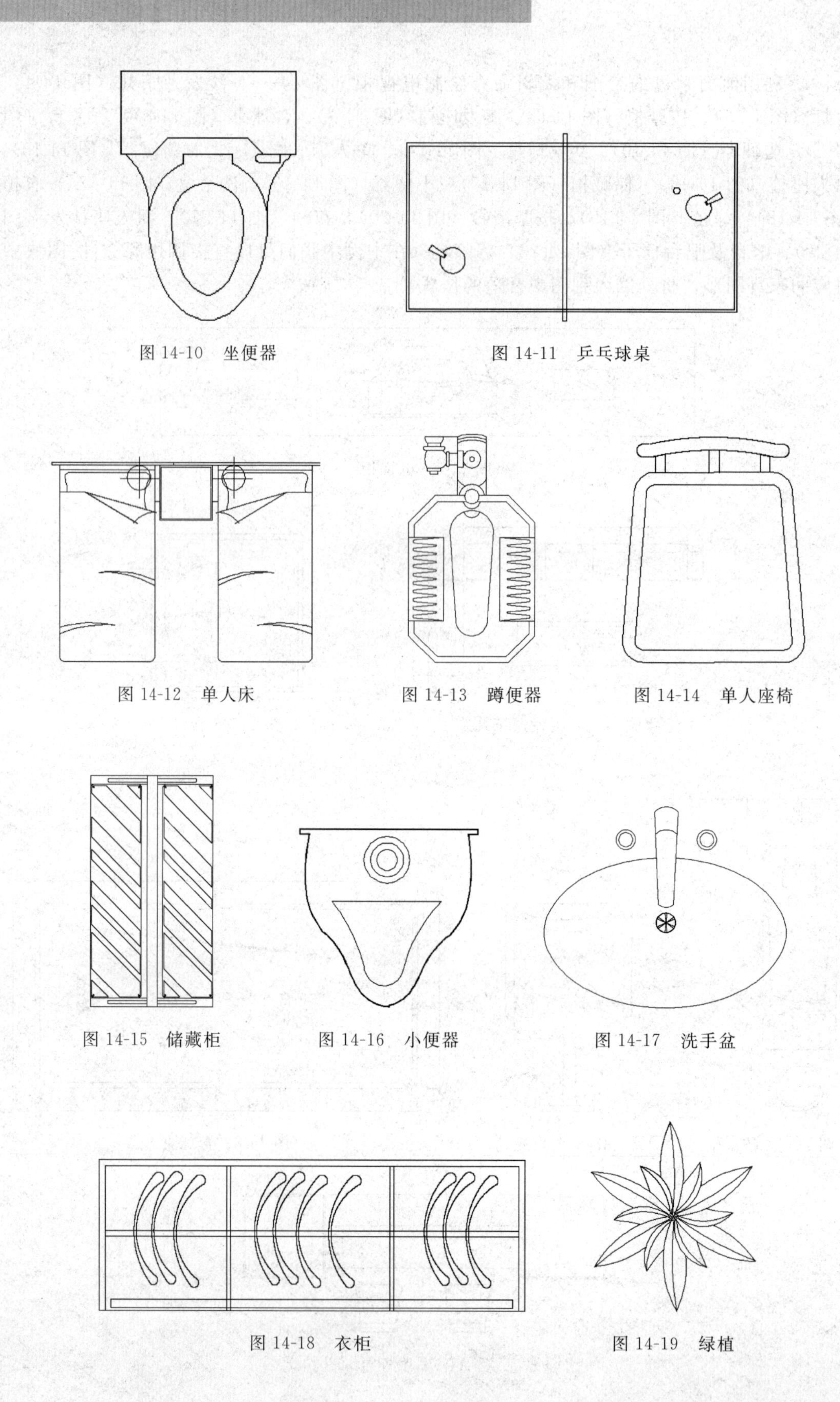

图 14-10　坐便器

图 14-11　乒乓球桌

图 14-12　单人床

图 14-13　蹲便器

图 14-14　单人座椅

图 14-15　储藏柜

图 14-16　小便器

图 14-17　洗手盆

图 14-18　衣柜

图 14-19　绿植

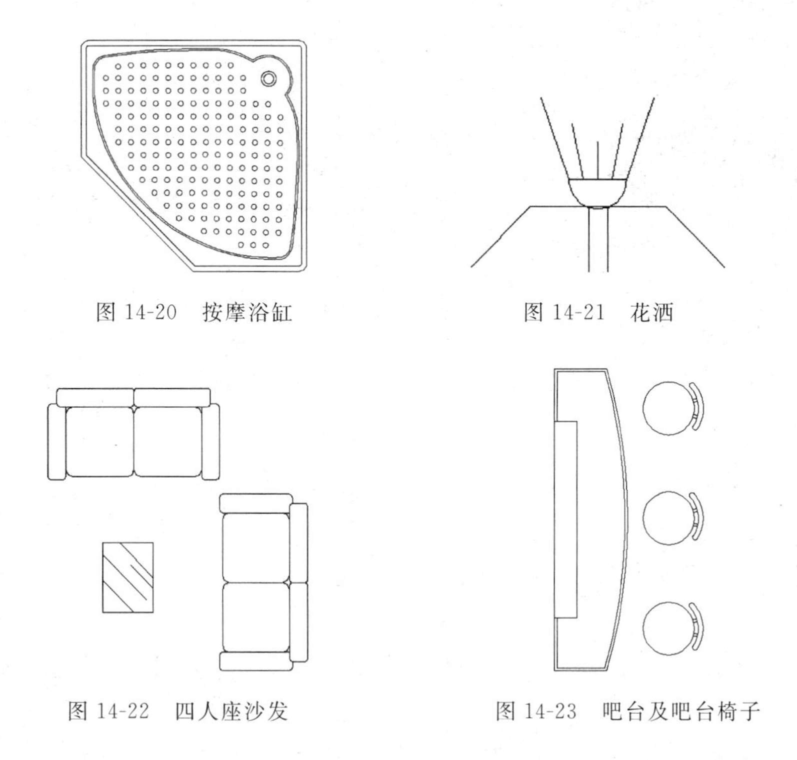

图 14-20 按摩浴缸　　图 14-21 花洒

图 14-22 四人座沙发　　图 14-23 吧台及吧台椅子

3. 单击“绘图”工具栏中的“创建块”按钮，弹出“块定义”对话框，如图 14-24 所示，选择上述图形为定义对象，选择任意点为基点，将其定义为块。

图 14-24 块定义对话框

14.1.2 布置家具

【绘制步骤】

1. 打开图层下拉列表，将尺寸、文字和标高等图层关闭，整理图形，结果如图 14-25 所示。

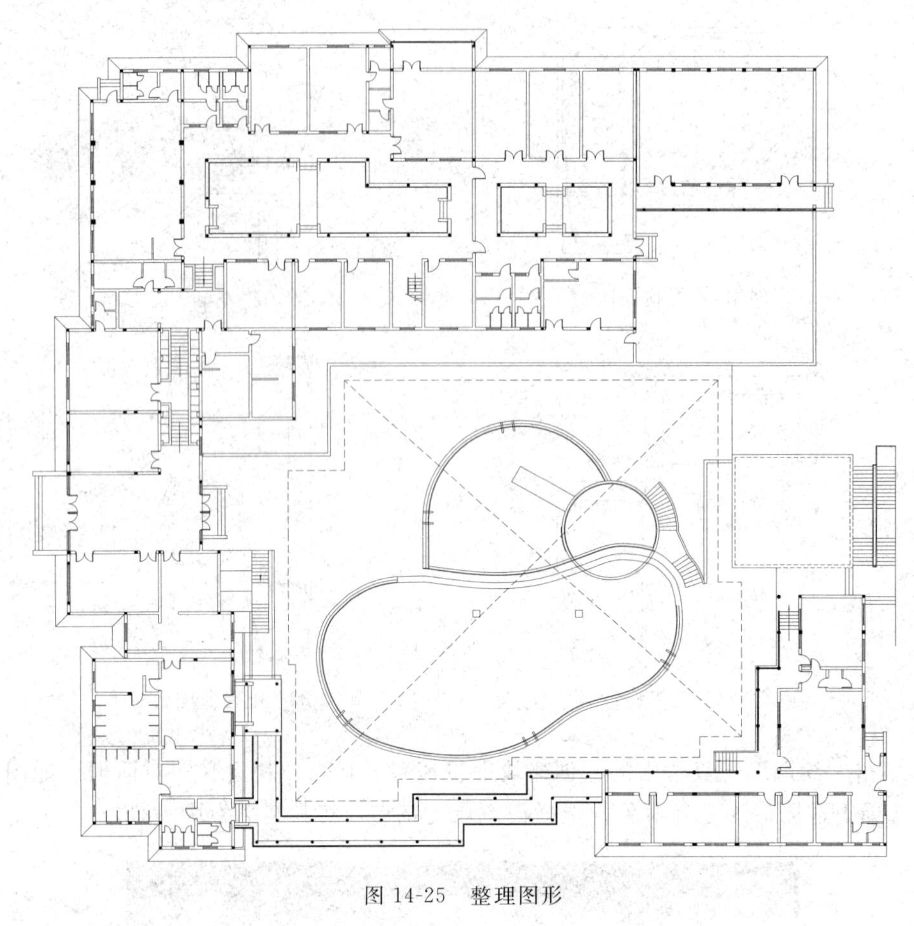

图 14-25　整理图形

2. 单击“绘图”工具栏中的“直线”按钮，在如图 14-26 所示的位置绘制连续直线。

利用上述方法完成相同图形的绘制，如图 14-27 所示。

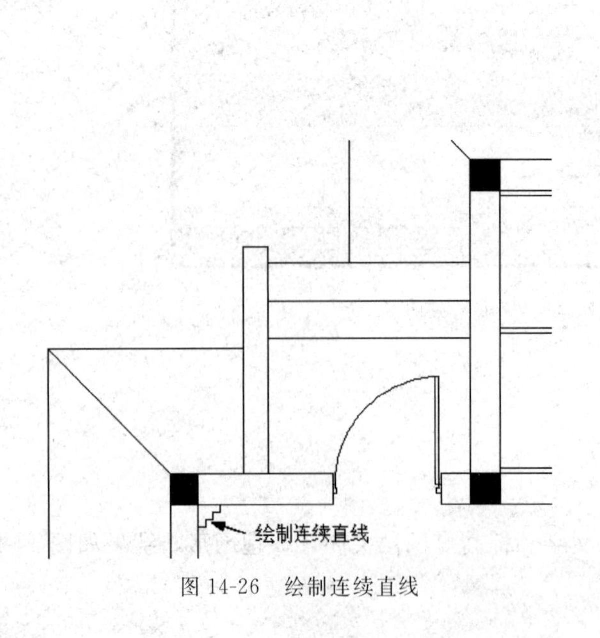

图 14-26　绘制连续直线

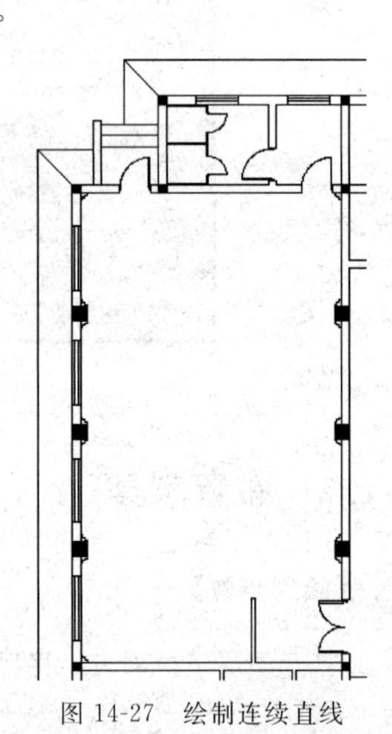

图 14-27　绘制连续直线

3. 单击"绘图"工具栏中的"插入块"按钮，弹出"插入"对话框，单击"浏览"按钮，弹出"选择图形文件"对话框，选择"源文件/图块/电视柜"图块，单击"打开"按钮，回到插入对话框，单击"确定"按钮，完成图块插入，如图14-28所示。

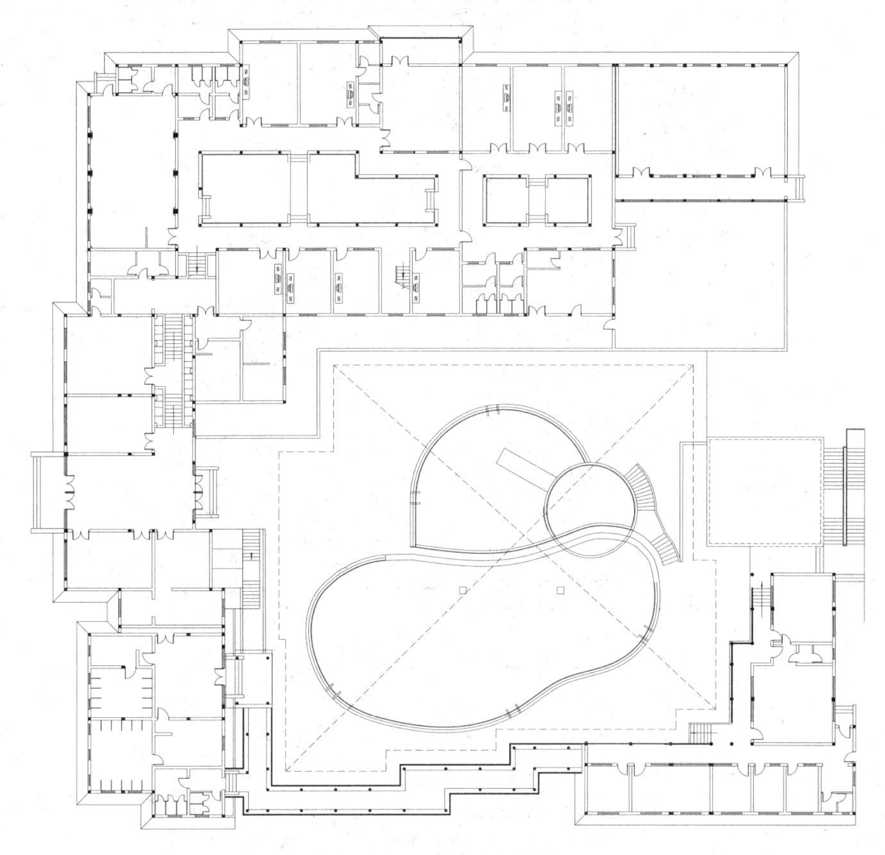

图14-28 插入电视柜

4. 单击"绘图"工具栏中的"插入块"按钮，弹出"插入"对话框。单击"浏览"按钮，弹出"选择图形文件"对话框，选择"源文件/图块/沙发及茶几"图块，单击"打开"按钮，回到插入对话框，单击"确定"按钮，完成图块插入，如图14-29所示。

5. 单击"绘图"工具栏中的"插入块"按钮，弹出"插入"对话框。单击"浏览"按钮，弹出"选择图形文件"对话框，选择"源文件/图块/小茶几"图块，单击"打开"按钮，回到插入对话框，单击"确定"按钮，完成图块插入，如图14-30所示。

6. 单击"绘图"工具栏中的"插入块"按钮，弹出"插入"对话框。单击"浏览"按钮，弹出"选择图形文件"对话框，选择"源文件/图块/按摩椅"图块，单击"打开"按钮，回到插入对话框，单击"确定"按钮，完成图块插入，如图14-31所示。

7. 单击"绘图"工具栏中的"插入块"按钮，弹出"插入"对话框。单击"浏览"按钮，弹出"选择图形文件"对话框，选择"源文件/图块/台球桌"图块，单击"打开"按钮，回到插入对话框，单击"确定"按钮，完成图块插入，如图14-32所示。

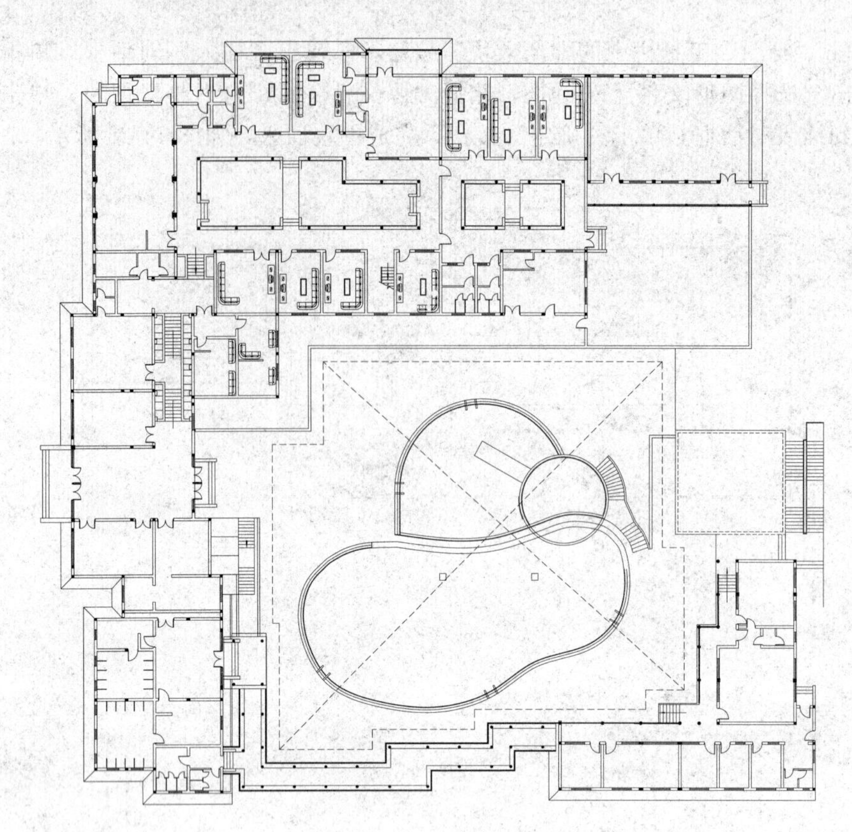

图 14-29　插入沙发及茶几

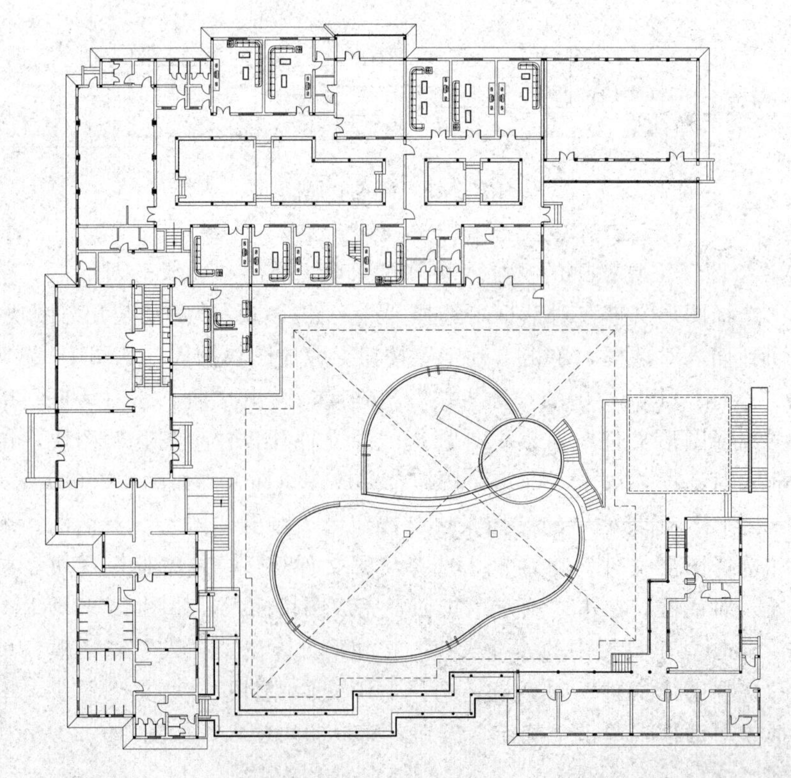

图 14-30　插入小茶几

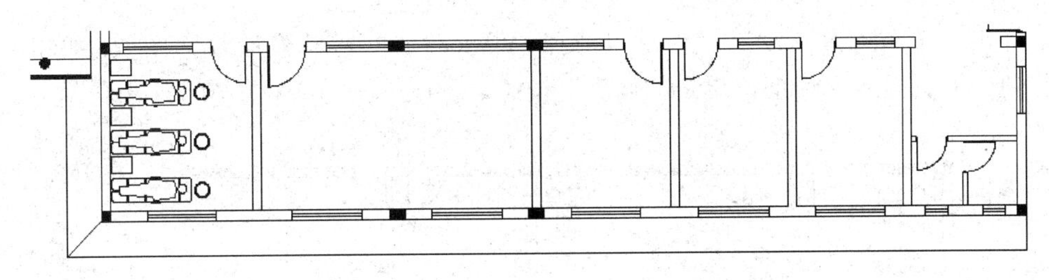

图 14-31　插入按摩椅

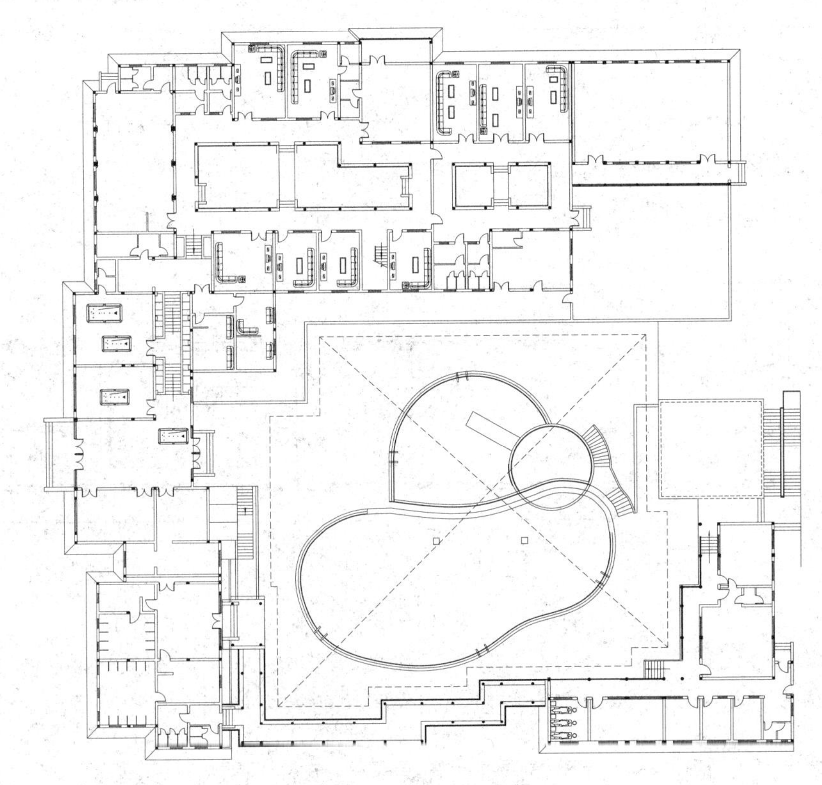

图 14-32　插入台球桌

8. 单击“绘图”工具栏中的“插入块”按钮，弹出“插入”对话框。单击“浏览”按钮，弹出“选择图形文件”对话框，选择“源文件/图块/美发座椅”图块，单击“打开”按钮，回到插入对话框，单击“确定”按钮，完成图块插入，如图 14-33 所示。

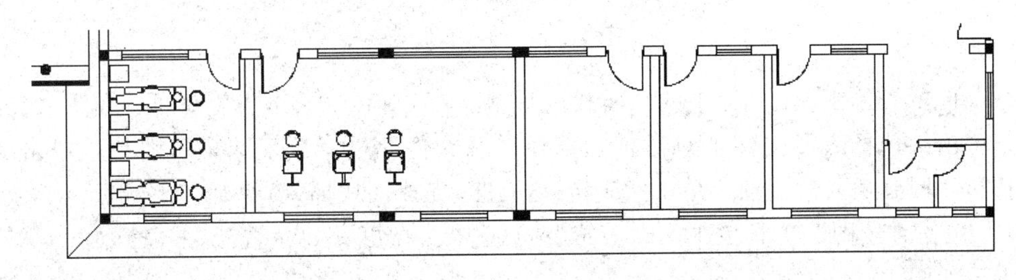

图 14-33　插入美发座椅

9. 单击“绘图”工具栏中的“插入块”按钮，弹出“插入”对话框。单击“浏览”

按钮，弹出“选择图形文件”对话框，选择“源文件/图块/洗发躺椅”图块，单击“打开”按钮，回到插入对话框，单击“确定”按钮，完成图块插入，如图 14-34 所示。

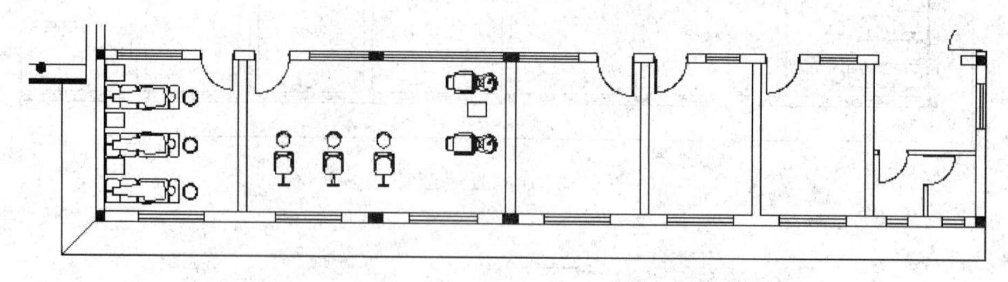

图 14-34　插入洗发躺椅

10. 单击“绘图”工具栏中的“插入块”按钮，弹出“插入”对话框。单击“浏览”按钮，弹出“选择图形文件”对话框，选择“源文件/图块/对床”图块，单击“打开”按钮，回到插入对话框，单击“确定”按钮，完成图块插入，如图 14-35 所示。

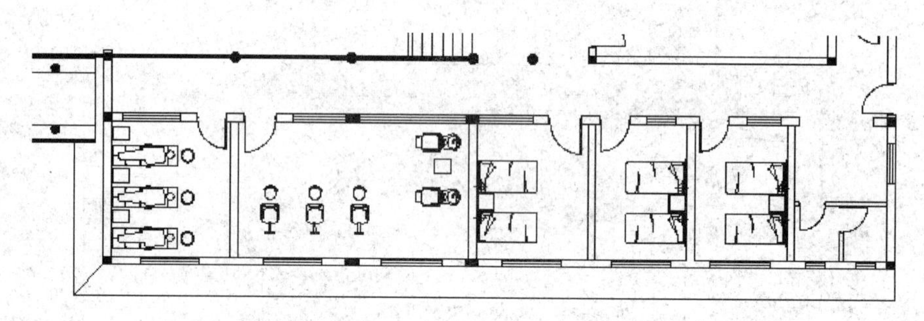

图 14-35　插入对床

11. 单击“绘图”工具栏中的“插入块”按钮，弹出“插入”对话框。单击“浏览”按钮，弹出“选择图形文件”对话框，选择“源文件/图块/衣柜”图块，单击“打开”按钮，回到插入对话框，单击“确定”按钮，完成图块插入，如图 14-36 所示。

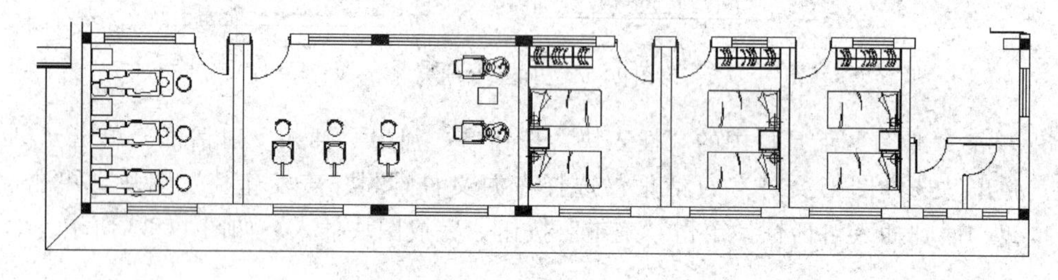

图 14-36　插入衣柜

12. 单击“绘图”工具栏中的“插入块”按钮，弹出“插入”对话框。单击“浏览”按钮，弹出“选择图形文件”对话框，选择“源文件/图块/乒乓球桌”图块，单击“打开”按钮，回到插入对话框，单击“确定”按钮，完成图块插入，如图 14-37 所示。

13. 单击“绘图”工具栏中的“矩形”按钮，在更衣间位置绘制一个“600×500”的矩形，如图 14-38 所示。

14. 单击“绘图”工具栏中的“直线”按钮，在上步绘制矩形内绘制斜向直线，如图 14-39 所示。

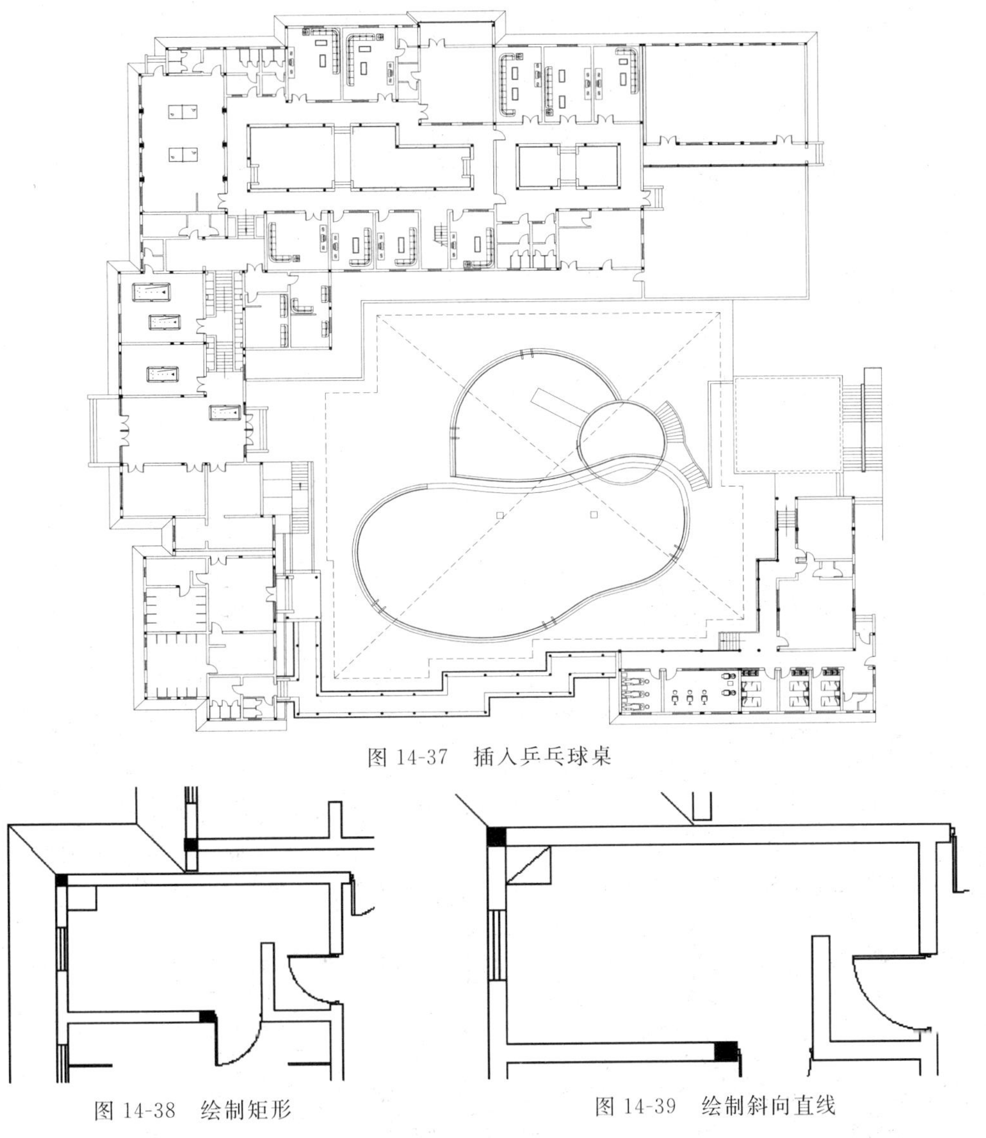

图 14-37 插入乒乓球桌

图 14-38 绘制矩形

图 14-39 绘制斜向直线

15. 单击“修改”工具栏中的“复制”按钮，选择上步绘制图形为复制对象将其向右进行连续复制，如图 14-40 所示。

16. 单击“修改”工具栏中的“复制”按钮，选择上步复制后图形为复制对象将其向下端进行复制，如图 14-41 所示。

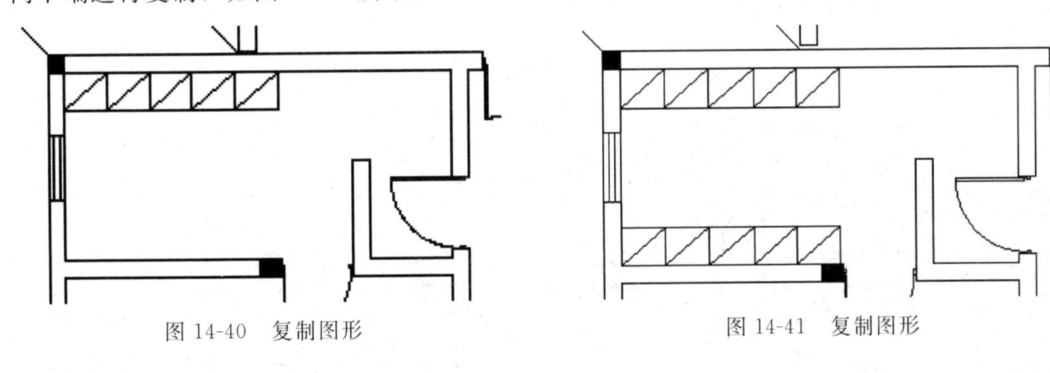

图 14-40 复制图形

图 14-41 复制图形

17. 利用上述方法完成相同图形的绘制，如图 14-42 所示。

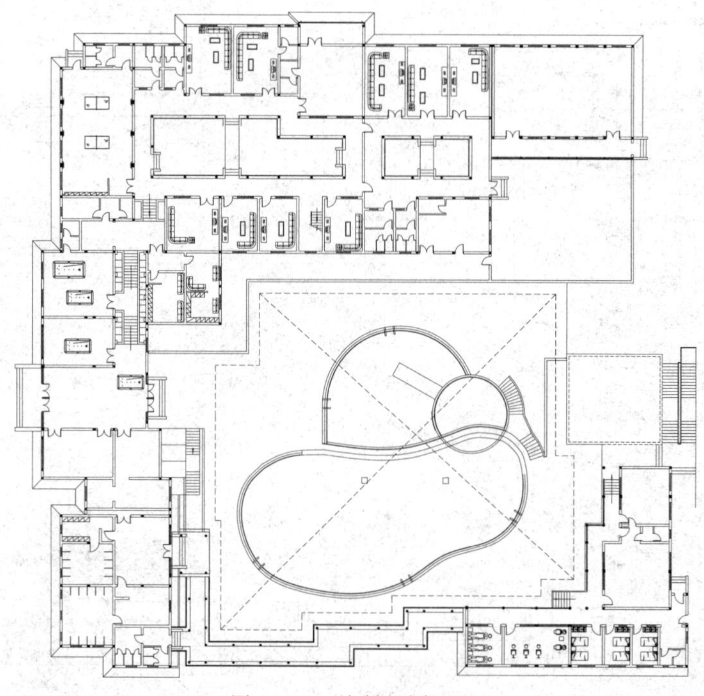

图 14-42　绘制相同图形

18. 单击“绘图”工具栏中的“插入块”按钮，弹出“插入”对话框。单击“浏览”按钮，弹出“选择图形文件”对话框，选择“源文件/图块/蹲便器”图块，单击“打开”按钮，回到插入对话框，单击“确定”按钮，完成图块插入，如图 14-43 所示。

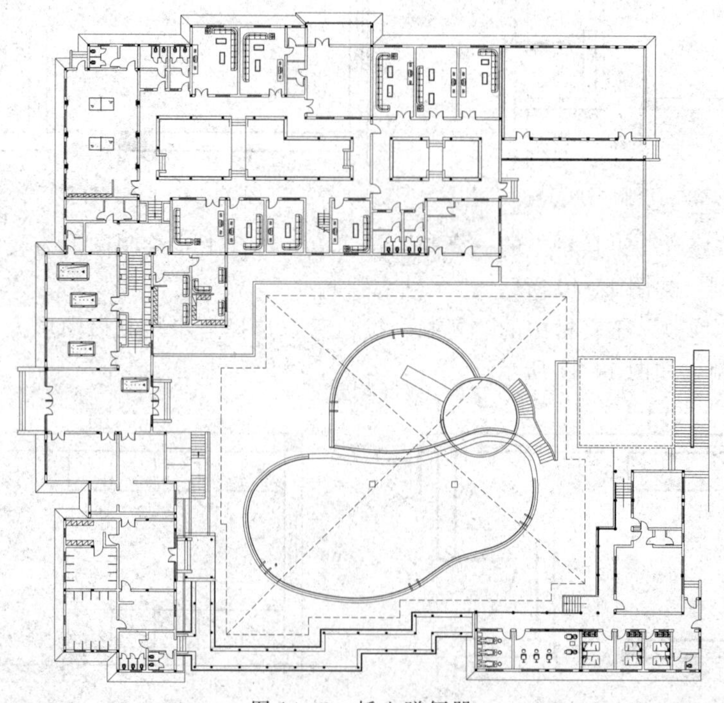

图 14-43　插入蹲便器

19. 单击“绘图”工具栏中的“插入块”按钮，弹出“插入”对话框。单击“浏览”按钮，弹出“选择图形文件”对话框，选择“源文件/图块/小便器”图块，单击“打开”按钮，回到插入对话框，单击“确定”按钮，完成图块插入，如图 14-44 所示。

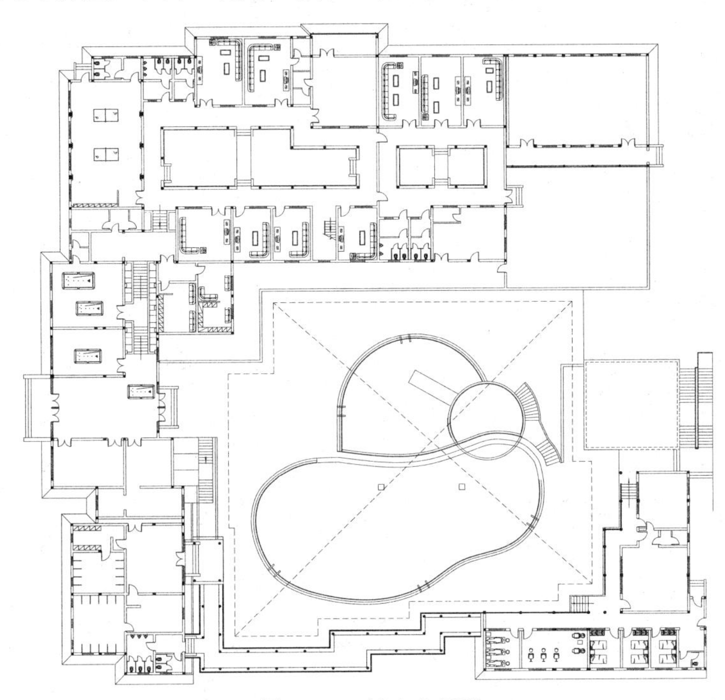

图 14-44 插入小便器

20. 利用上述方法完成图块的布置，如图 14-45 所示。

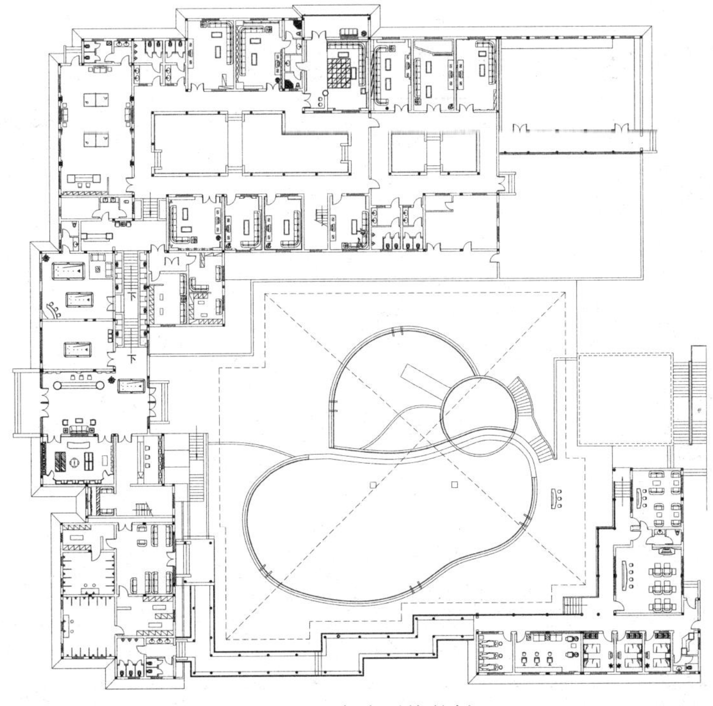

图 14-45 完成图块的插入

21. 打开关闭的图层，最终完成一层总平面布置图的绘制，如图 14-46 所示。

说明
DESCRIPTION
600X600黑金沙
花纹地毯木制地台(高150)
钢架玻璃舞池
500x500黑金砂石材
进口荧光地毯
KTV10
KTV9
KTV8
KTV7
KTV5
操作间
±0.000
乒乓球室
-0.450
服务吧台
KTV1
KTV2
KTV3
KTV4
W.C
配电间
KTV区
服务台
员工休息室
木地板
台球室01
吧台
台球室02
员工休息室
钢架采光顶棚
1/4 5 1/5 8 9
A区
3.550
门厅
4.000
小泳池
戏水池
瀑布
水泵房
体育
用品店
鞋房
楼梯间
6.550
女更衣间
女淋浴间
洗浴区休息室
男更衣间
男淋浴间
男
女
强制淋浴
大泳池
休息室2
休息室1
B区
1.000
美容
-0.030
美发
更衣间
服务台
一层总平面布置图
DRAWING NO.
01

图 14-46　一层总平面布置图

14.2　二层总平面布置图

二层总平面布置图如图 14-47 所示，下面讲述其绘制方法。

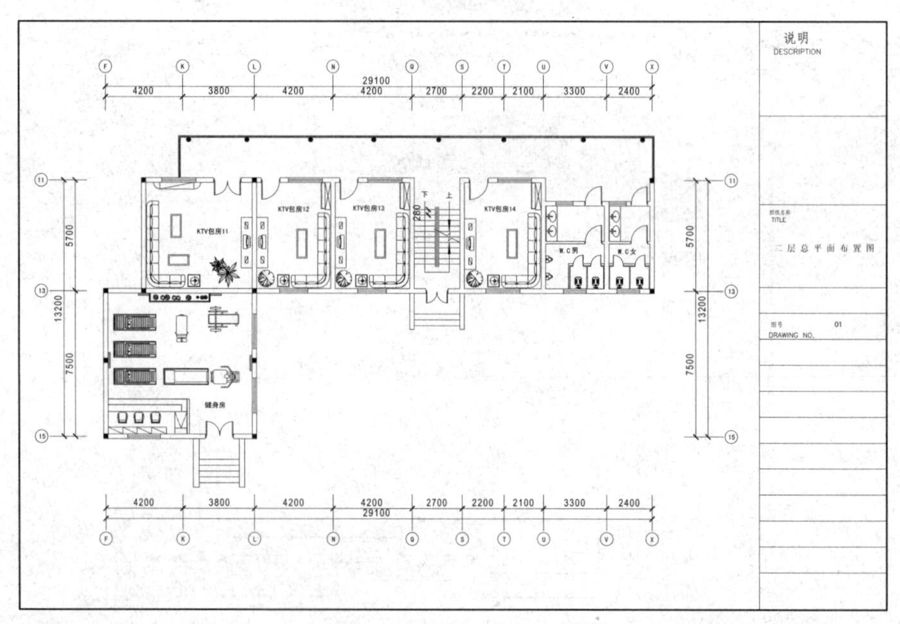

图 14-47　二层总平面布置图

光盘\视频教学\第14章\二层平面总布置图.avi

14.2.1 绘制家具

【绘制步骤】

1. 利用前面学过的绘图和编辑命令绘制健身器械1（图14-48）、健身器械2（图14-49）。
2. 其余需要图形可以参考前面的方法绘制完成并将其定义为块。

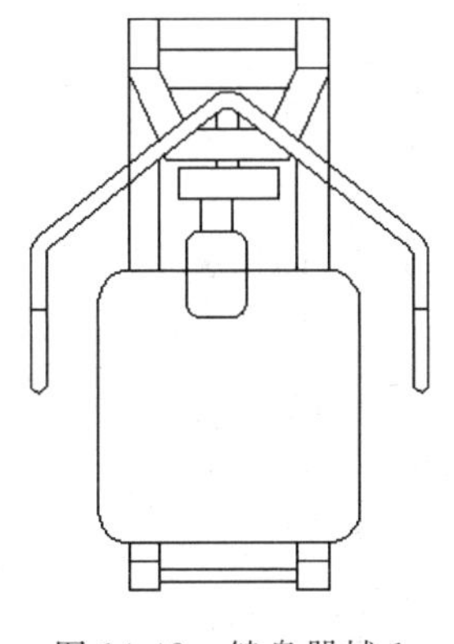

图14-48 健身器械1

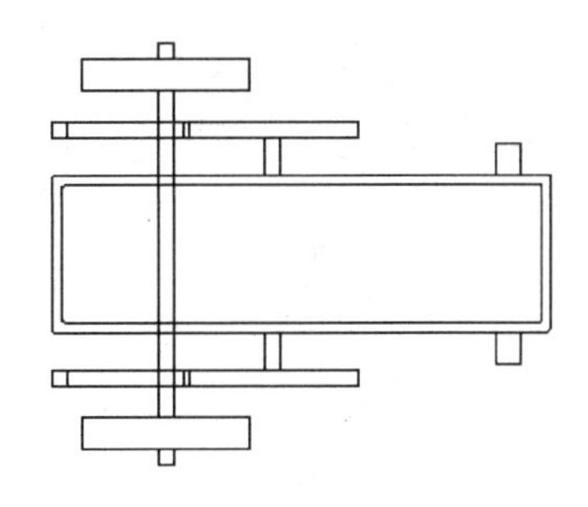

图14-49 健身器械2

14.2.2 布置家具

【绘制步骤】

1. 选择菜单栏下的“文件”→“打开”命令，在弹出的选择文件对话框中单击“浏览”按钮选择“源文件/第13章/二层平面图”，将其另存为“二层总平面布置图”。

2. 单击“绘图”工具栏中的“插入块”按钮，弹出“插入”对话框。单击“浏览”按钮，弹出“选择图形文件”对话框，选择“源文件/图块/电视柜”图块，单击“打开”按钮，回到插入对话框，单击“确定”按钮，完成图块插入，如图14-50所示。

3. 单击“绘图”工具栏中的“插入块”按钮，弹出“插入”对话框。单击“浏览”按钮，弹出“选择图形文件”对话框，选择“源文件/图块/沙发及茶几”图块，单击“打开”按钮，回到插入对话框，单击“确定”按钮，完成图块插入，如图14-51所示。

4. 单击“绘图”工具栏中的“插入块”按钮，弹出“插入”对话框。单击“浏览”按钮，弹出“选择图形文件”对话框，选择“源文件/图块/小茶几”图块，单击“打开”按钮，回到插入对话框，单击“确定”按钮，完成图块插入，如图14-52所示。

5. 单击“绘图”工具栏中的“插入块”按钮，弹出“插入”对话框。单击“浏览”按钮，弹出“选择图形文件”对话框，选择“源文件/图块/绿植1”图块，单击“打开”按钮，回到插入对话框，单击“确定”按钮，完成图块插入，如图14-53所示。

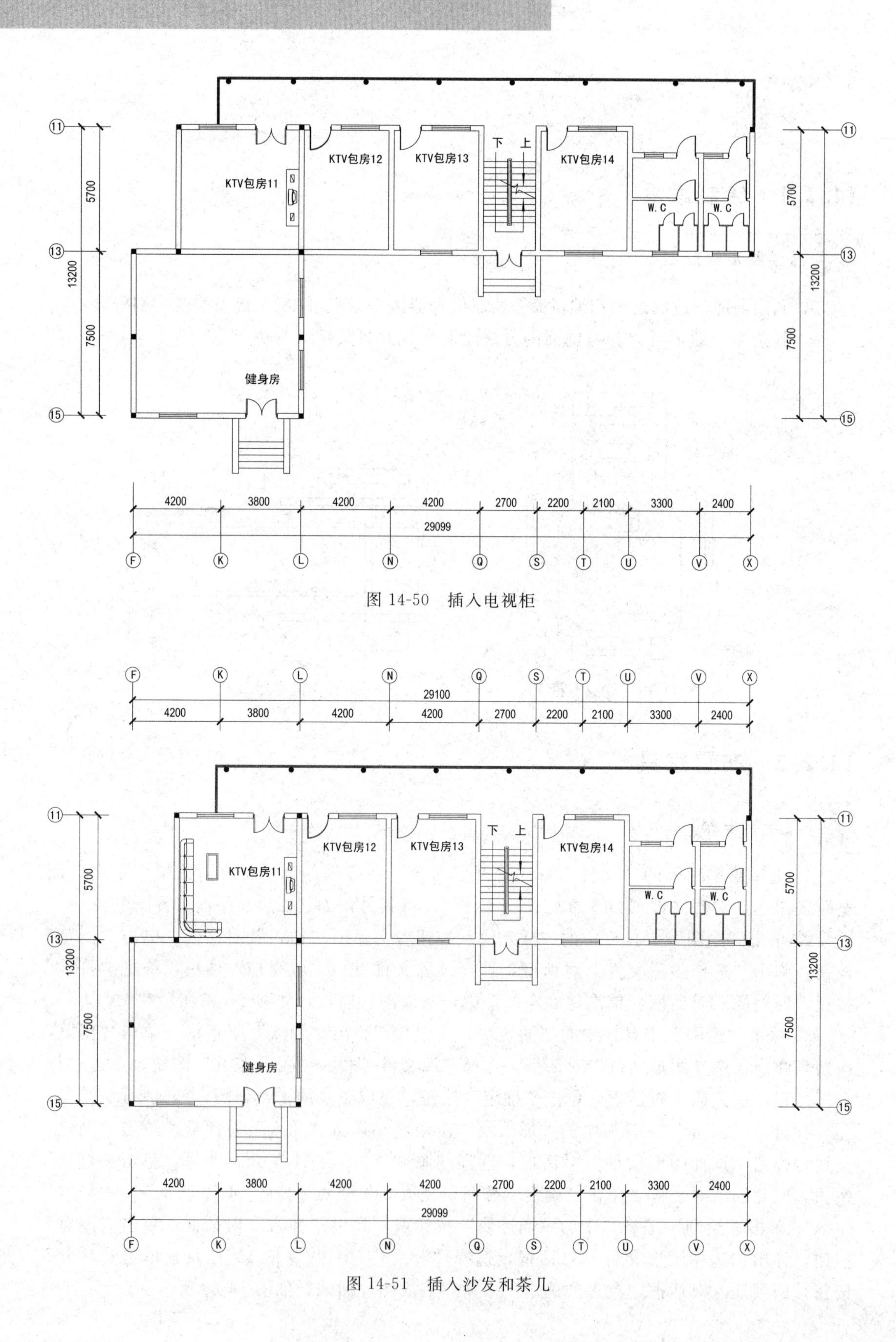

图 14-50　插入电视柜

图 14-51　插入沙发和茶几

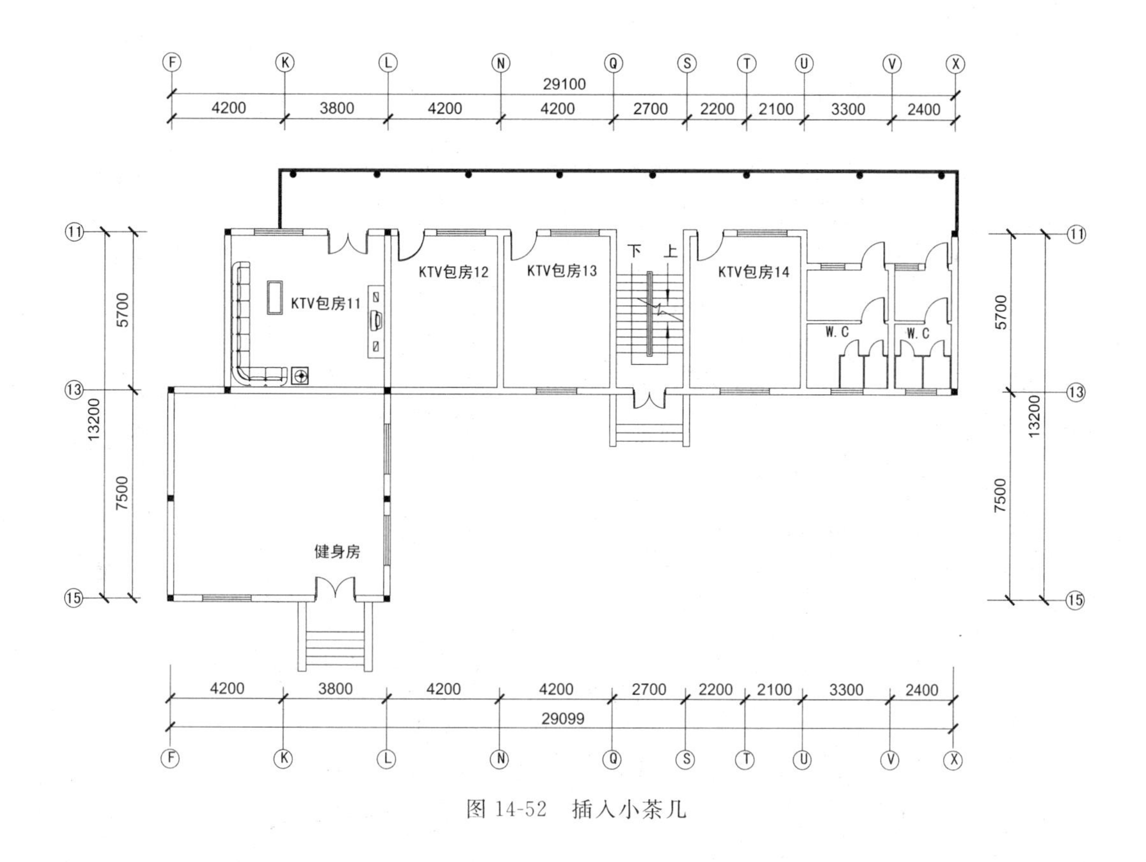

图 14-52 插入小茶几

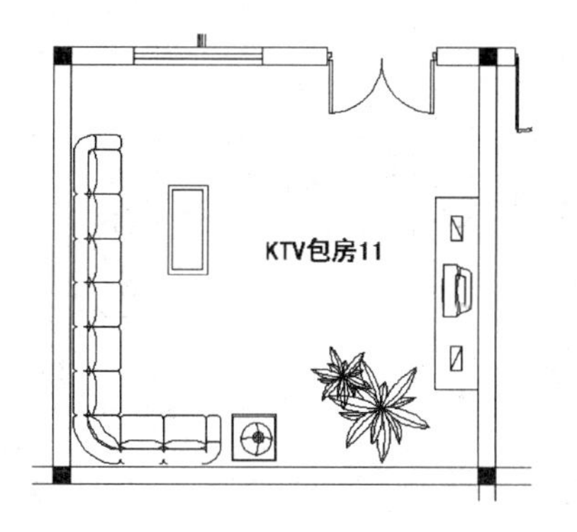

图 14-53 插入绿植

6. 重复上述操作完成相同图块的操作。如图 14-54 所示。

7. 单击“绘图”工具栏中的“矩形”按钮，在如图 14-55 所示的位置，绘制一个“320×1400”的矩形。

8. 单击“修改”工具栏中的“直线”按钮，在上步绘制矩形内绘制对角线，如图 14-56 所示。

9. 单击“绘图”工具栏中的“多段线”按钮，在矩形外侧绘制连续多段线，如图 14-57 所示。

10. 单击“修改”工具栏中的“偏移”按钮，选择上步绘制的多段线为偏移对象将其向内进行偏移，偏移距离为 15，如图 14-58 所示。

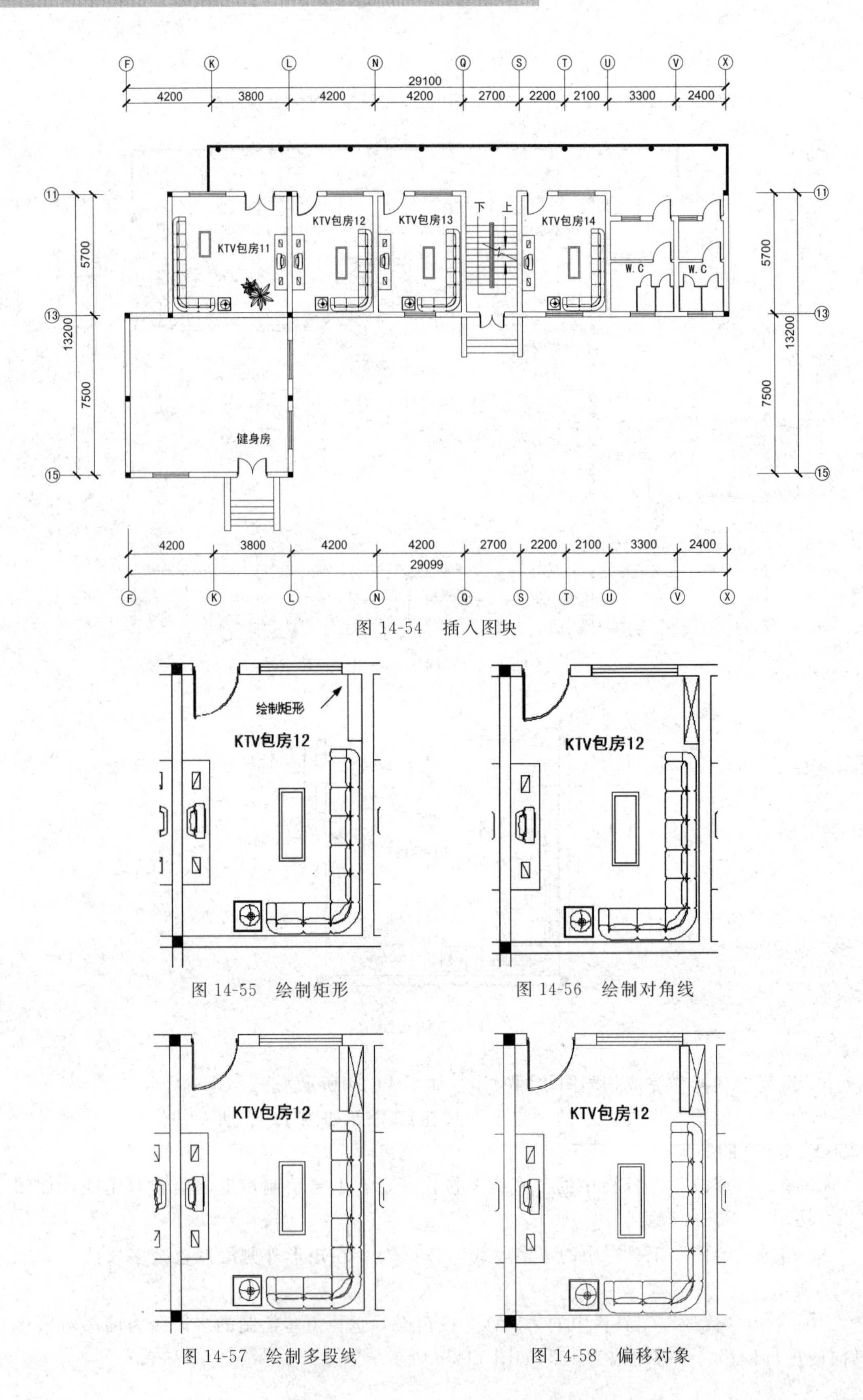

图 14-54 插入图块

图 14-55 绘制矩形

图 14-56 绘制对角线

图 14-57 绘制多段线

图 14-58 偏移对象

11. 单击“修改”工具栏中的“复制”按钮，选择上步绘制完成的图形为复制对象对其进行连续复制，如图 14-59 所示。

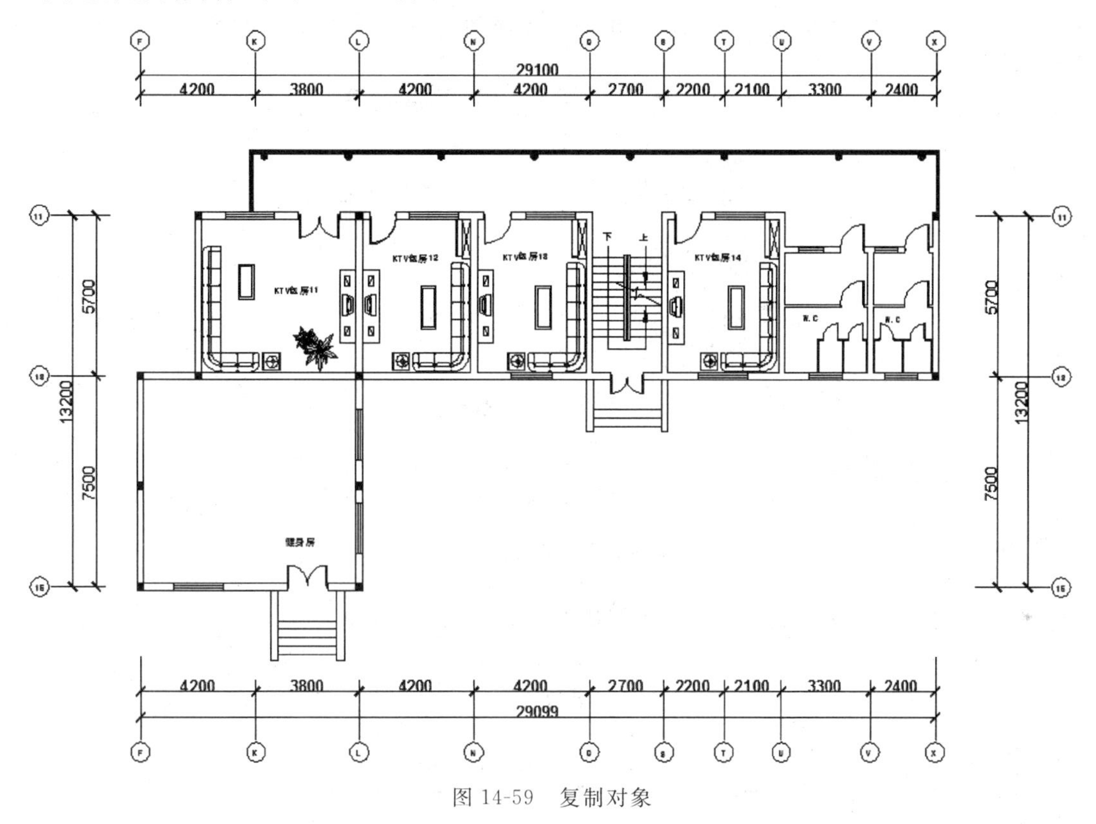

图 14-59　复制对象

12. 单击“绘图”工具栏中的“插入块”按钮，弹出“插入”对话框。单击“浏览”按钮，弹出“选择图形文件”对话框，选择“源文件/图块/健身器械 1”图块，单击“打开”按钮，回到插入对话框，单击“确定”按钮，完成图块插入，如图 14-60 所示。

13. 单击“绘图”工具栏中的“插入块”按钮，弹出“插入”对话框。单击“浏览”按钮，弹出“选择图形文件”对话框，选择“源文件/图块/健身器械 2”图块，单击“打开”按钮，回到插入对话框，单击“确定”按钮，完成图块插入，如图 14-61 所示。

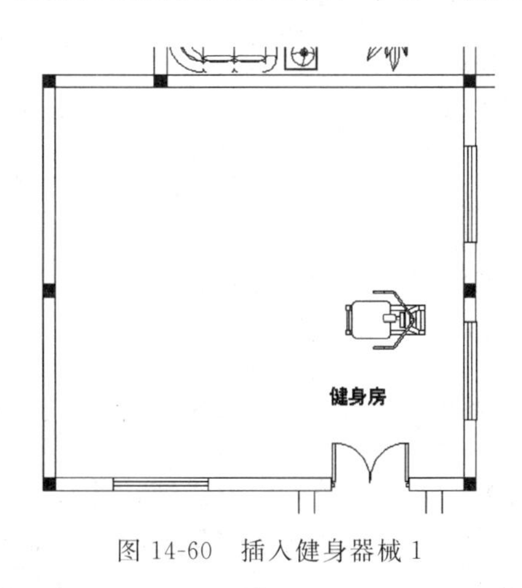

图 14-60　插入健身器械 1

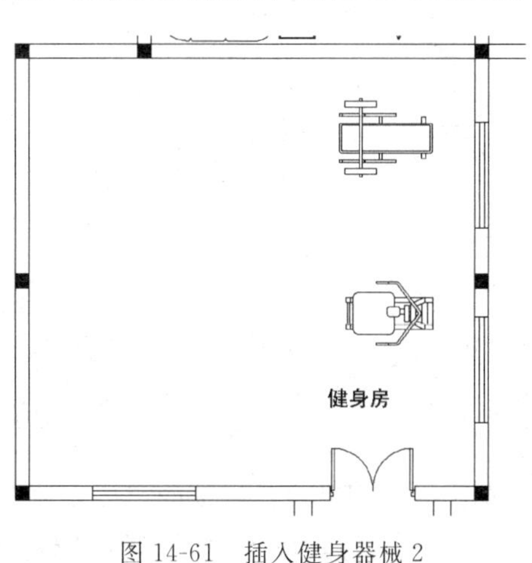

图 14-61　插入健身器械 2

14. 单击“绘图”工具栏中的“插入块”按钮，弹出“插入”对话框。单击“浏览”按钮，弹出“选择图形文件”对话框，选择“源文件/图块/跑步机”图块，单击“打开”按钮，回到插入对话框，单击“确定”按钮，完成图块插入，如图 14-62 所示。

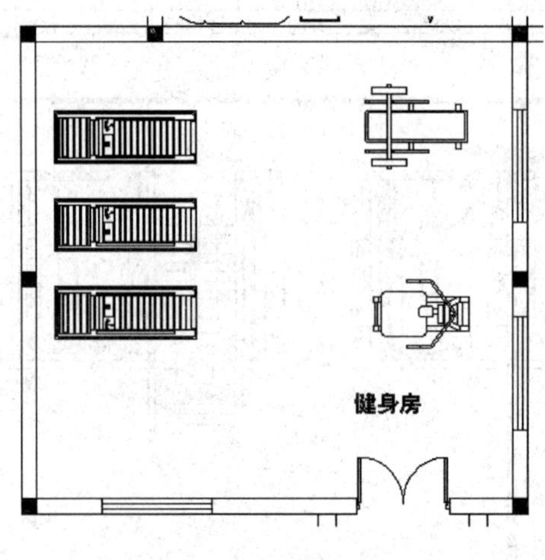

图 14-62 插入跑步机

15. 调用上述方法完成图形中所有图块的插入，如图 14-63 所示。

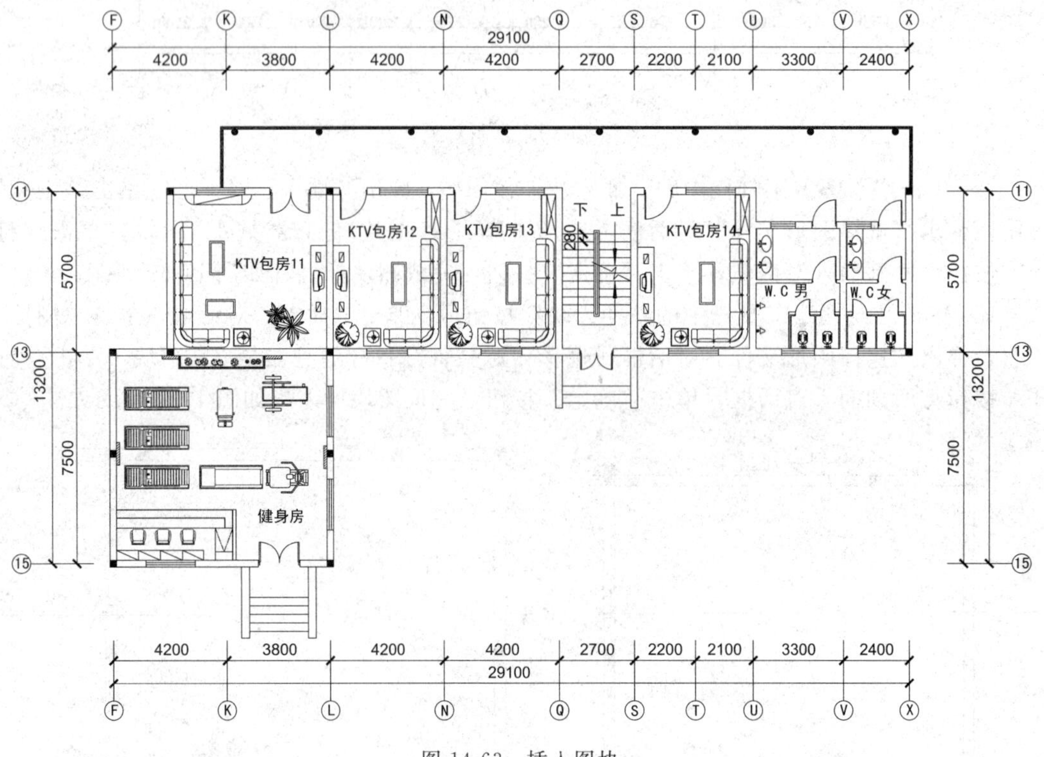

图 14-63 插入图块

16. 单击“绘图”工具栏中的“插入块”按钮，弹出“插入”对话框，选择定义的图框为插入对象，将其放置到绘制的图形外侧，最终完成二层总平面布置图的绘制，如

图 14-64 所示。

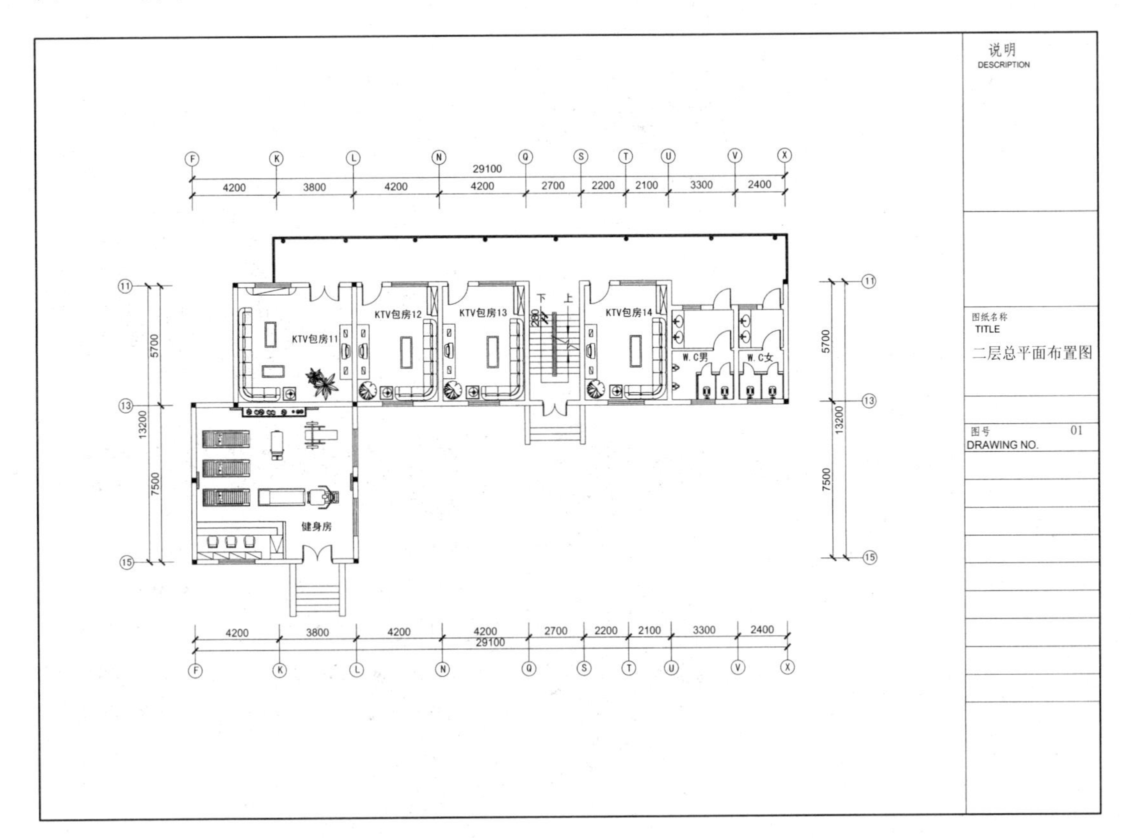

图 14-64 插入图框

第15章 洗浴中心顶棚地坪的绘制

顶棚图与地坪图是室内设计中特有的图样，顶棚图用于表达室内顶棚造型、灯具及相关电器布置的顶棚水平镜像投影图，地坪图用于表达室内地面造型、纹饰图案布置的水平镜像投影图。本章将以洗浴中心顶棚与地坪室内设计为例，详细讲述洗浴中心顶棚与地坪图的绘制过程。在讲述过程中，将逐步带领读者完成绘制，并讲述顶棚及地坪图绘制的相关知识和技巧。

要

学习要点

- 一层顶棚布置图
- 二层顶棚布置图
- 一层地坪布置图
- 二层地坪布置图

15.1 一层顶棚布置图

一层顶棚布置图如图 15-1 所示，下面讲述其绘制方法。

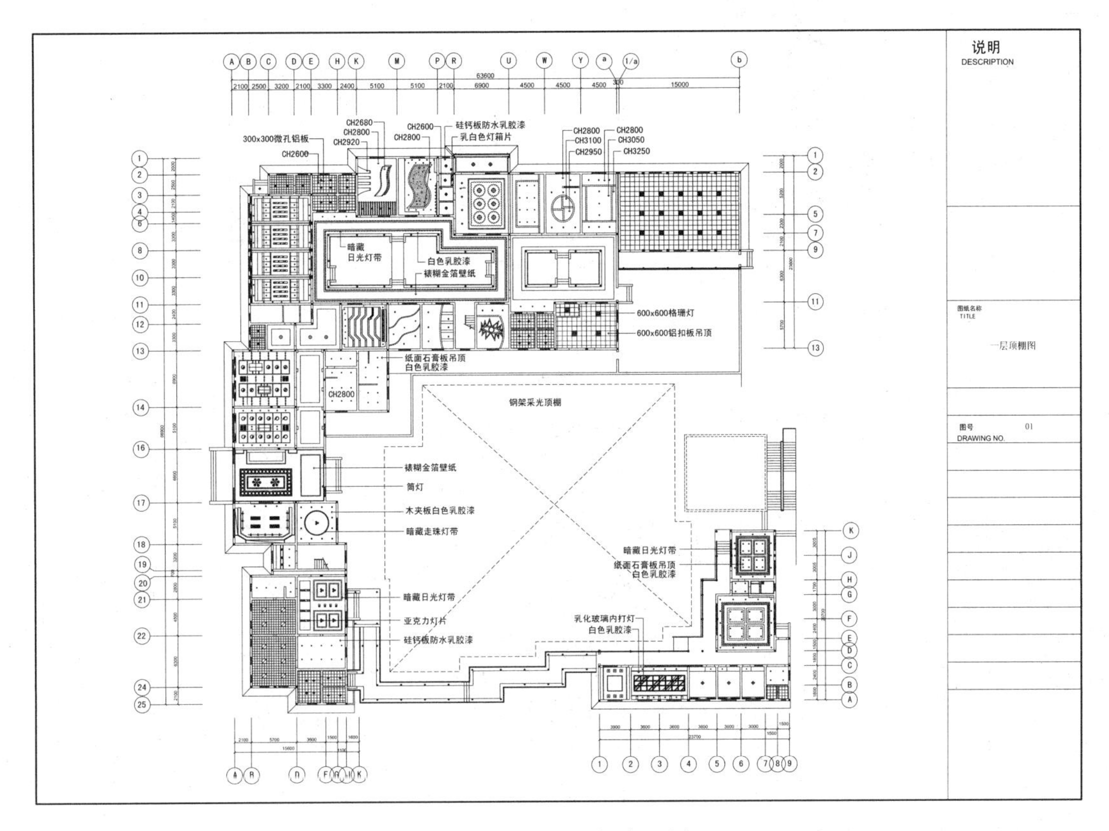

图 15-1 一层顶棚布置图

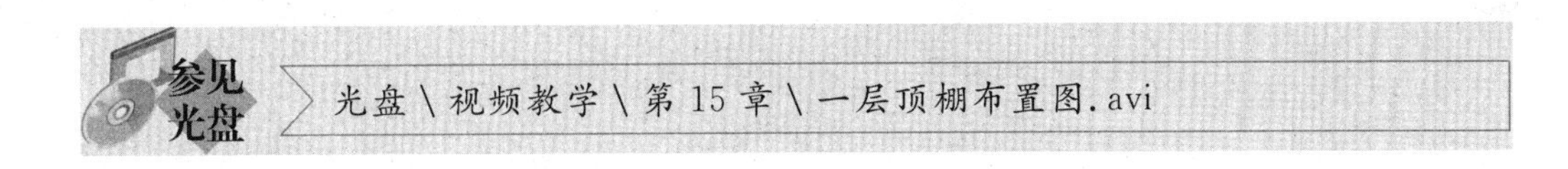

15.1.1 整理图形

1. 选择菜单栏中的“文件”→“打开”，弹出“选择文件”对话框，如图 15-2 所示。选择一层平面图，将其打开，关闭不需要的图层，如图 15-3 所示。

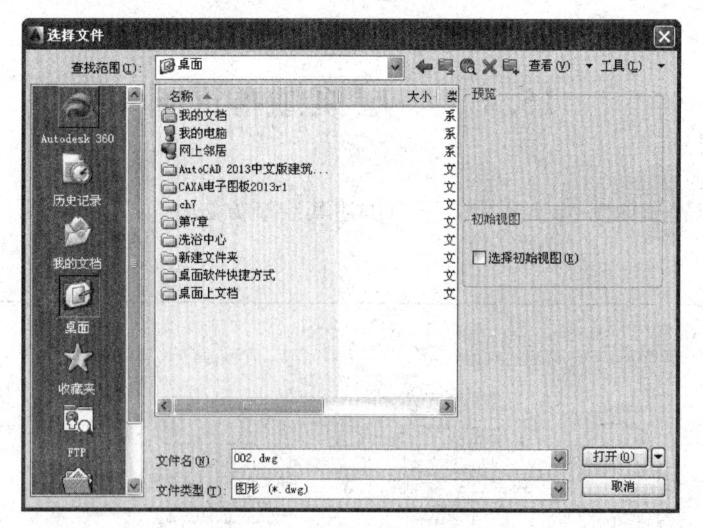

图 15-2 “选择文件”对话框

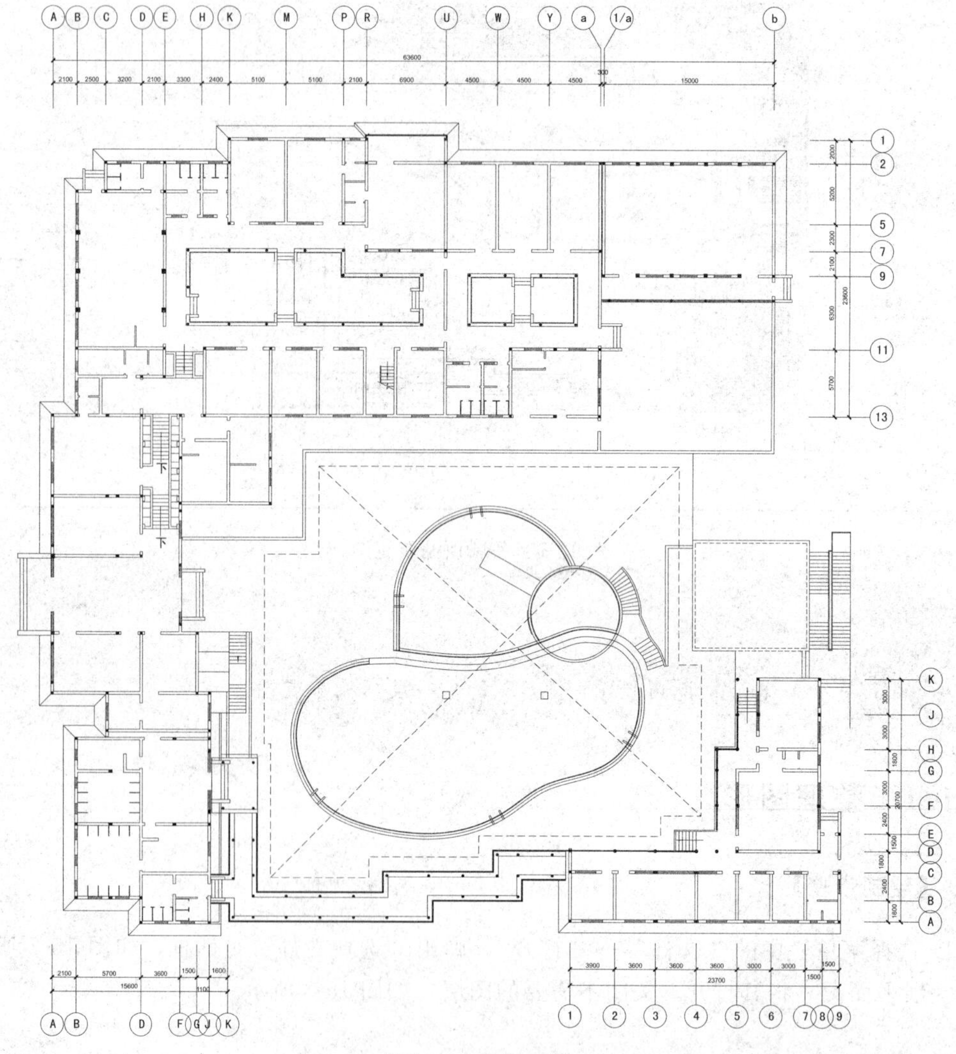

图 15-3 关闭图层

说 明

如何删除顽固图层？

方法1：将无用的图层关闭，全选，COPY粘贴至一新文件中，那些无用的图层就不会贴过来。如果曾经在这个不要的图层中定义过块，又在另一图层中插入了这个块，那么这个不要的图层是不能用这种方法删除的。

方法2：选择需要留下的图形，然后选择文件菜单→输出→块文件，这样的块文件就是选中部分的图形了，如果这些图形中没有指定的层，这些层也不会被保存在新的图块图形中。

方法3：打开一个CAD文件，把要删的层先关闭，在图面上只留下你需要的可见图形，点文件-另存为，确定文件名，在文件类型栏选*.DXF格式，在弹出的对话窗口中点工具-选项-DXF选项，再在选择对象处打钩，点确定，接着点保存，就可选择保存对象了，把可见或要用的图形选上就可以确定保存了，完成后退出这个刚保存的文件，再打开来看看，你会发现你不想要的图层不见了。

方法4：用命令laytrans，可将需删除的图层影射为0层即可，这个方法可以删除具有实体对象或被其他块嵌套定义的图层。

2. 单击“绘图”工具栏中的“直线”按钮，在门洞处绘制直线封闭门洞，如图15-4所示。

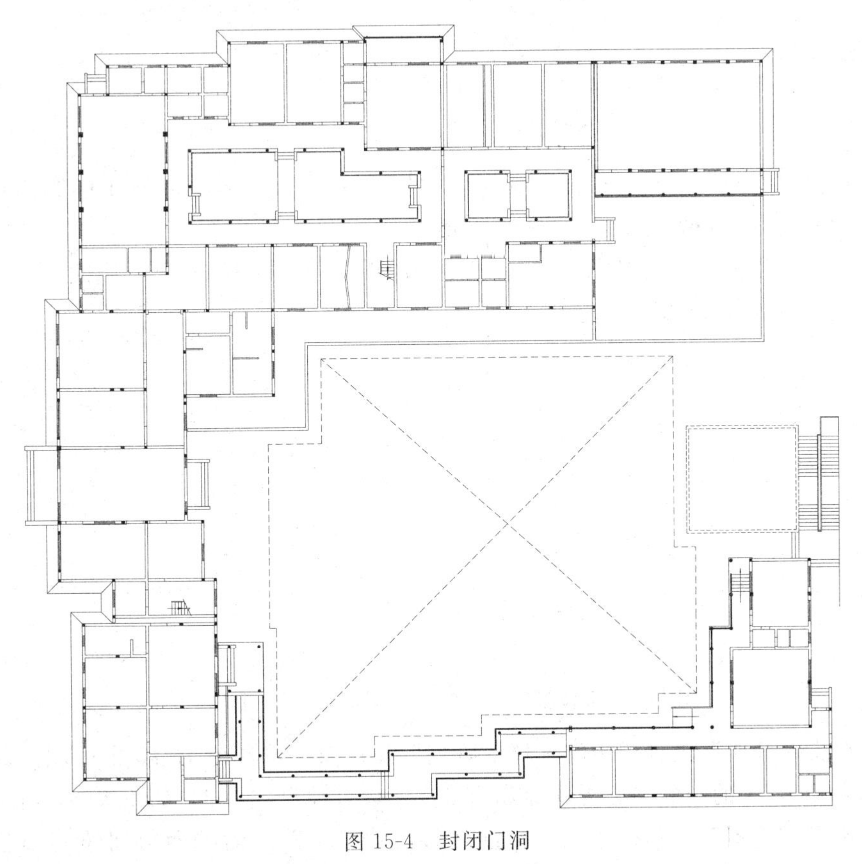

图15-4 封闭门洞

15.1.2 绘制灯具

1. 新建“灯具”图层，并将其置为当前。如图 15-5 所示。

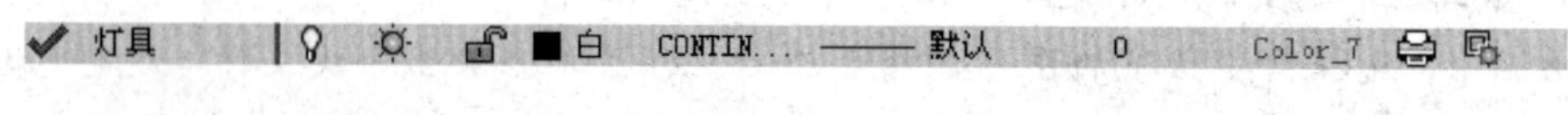

图 15-5 灯具图层

2. 绘制小型吊灯

(1) 单击“绘图”工具栏中的“圆”按钮，在图形空白位置任选一点为圆的圆心绘制一个半径为 91 的圆，如图 15-6 所示。

(2) 单击“绘图”工具栏中的“圆”按钮，在上步绘制圆外选取一点为圆的圆心，绘制一个半径为 40 的圆，如图 15-7 所示。

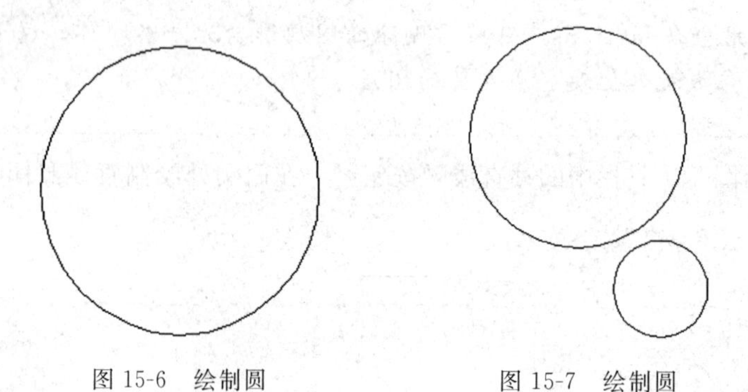

图 15-6 绘制圆　　图 15-7 绘制圆

(3) 单击“修改”工具栏中的“偏移”按钮，选择上步半径为 91 的圆为偏移对象向内进行偏移，偏移距离为 21，如图 15-8 所示。

(4) 单击“绘图”工具栏中的“直线”按钮，在上步偏移圆上绘制四条相等的斜向直线，直线长度为 63，如图 15-9 所示。

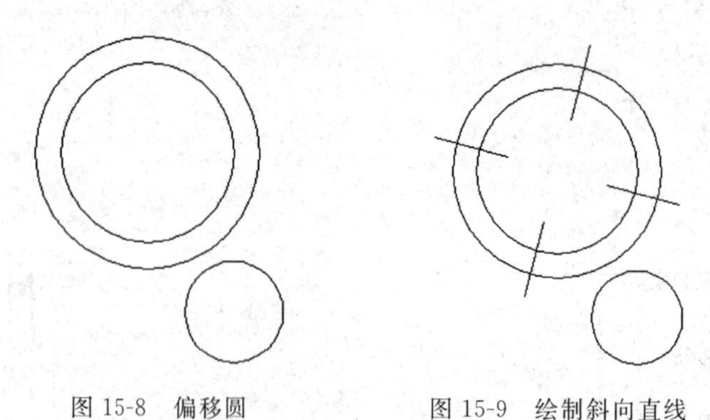

图 15-8 偏移圆　　图 15-9 绘制斜向直线

(5) 单击“修改”工具栏中的“环形阵列”按钮，选择图 15-10 中的图形为阵列对象，选择半径为 40 的圆的圆心为环形阵列基点，设置项目数为 3，如图 15-10 所示。

(6) 单击“绘图”工具栏中的“直线”按钮，在阵列后的图形间绘制两条斜向直线。单击“修改”工具栏中的“环形阵列”按钮，选择绘制斜向直线为阵列对象，以中间小圆圆心为环形阵列基点，设置项目数为3完成小型吊灯的绘制，如图15-11所示。

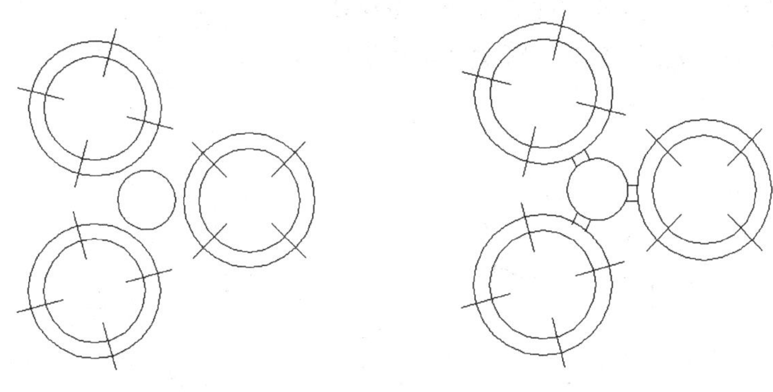

图15-10 阵列图形　　图15-11 绘制小型吊灯

(7) 单击“绘图”工具栏中的“创建块”按钮，弹出“块定义”对话框，如图15-12所示，选择上步图形为定义对象，选择任意点为基点，将其定义为块，块名为“小型吊灯”。

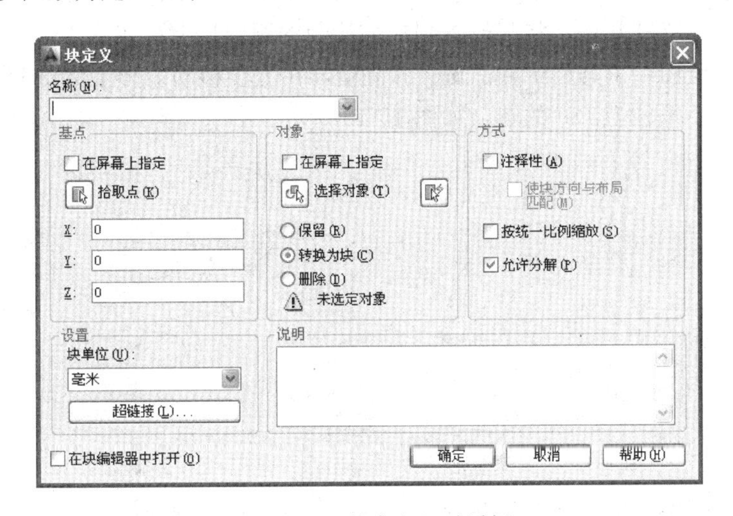

图15-12 “块定义”对话框

3. 绘制装饰吊灯

(1) 单击“绘图”工具栏中的“圆”按钮，在图形空白位置任选一点为圆心，绘制一个半径为209的圆，如图15-13所示。

(2) 单击“修改”工具栏中的“偏移”按钮，选择上步绘制圆为偏移对象向内进行偏移，偏移距离分别为118、44，如图15-14所示。

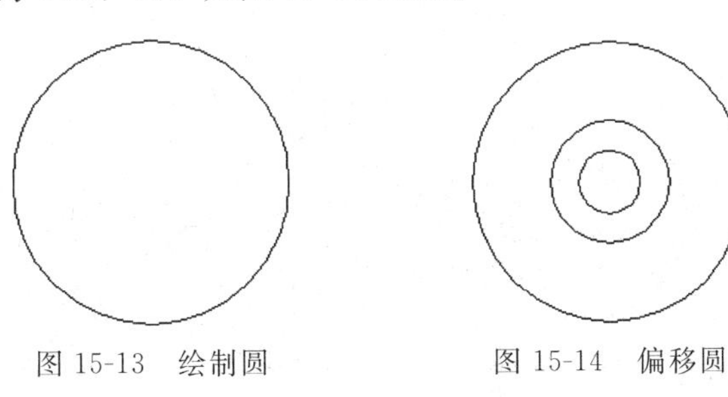

图15-13 绘制圆　　图15-14 偏移圆

(3) 单击“绘图”工具栏中的“矩形”按钮，在图形空白位置任选一点为矩形起点，绘制一个“16×116”的矩形。如图 15-15 所示。

(4) 单击“修改”工具栏中的“旋转”按钮，选择上步绘制的矩形为旋转对象，选择绘制矩形左下角点为旋转基点，将绘制矩形旋转 26°，如图 15-16 所示。

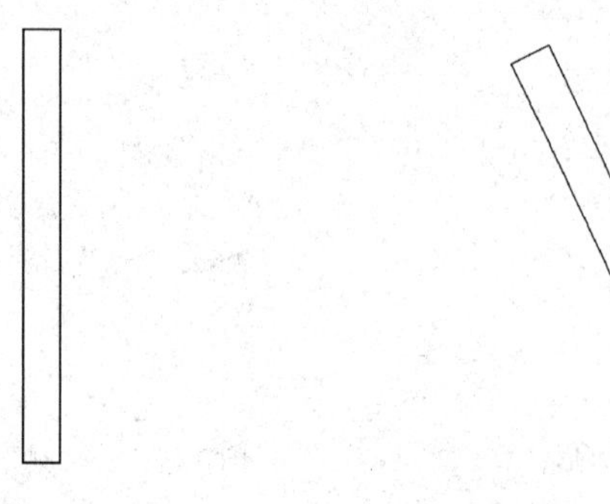

图 15-15　绘制矩形　　图 15-16　旋转矩形

(5) 单击“修改”工具栏中的“移动”按钮，选择上步绘制的矩形为移动对象，在图形上任选一点为移动基点，将其放置到前面绘制的圆图形上，如图 15-17 所示。

(6) 单击“绘图”工具栏中的“圆”按钮，在上步移动矩形上方选择一点为绘制圆的圆心，绘制一个半径为 139 的圆，如图 15-18 所示。

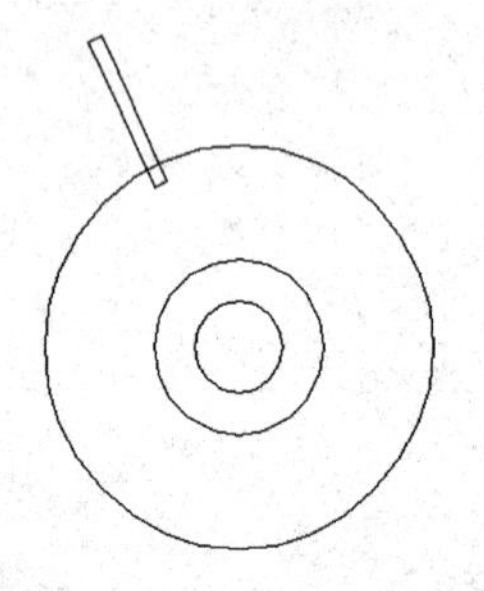

图 15-17　移动矩形

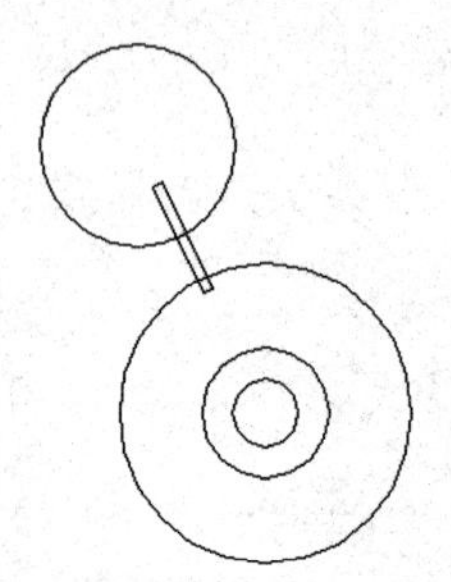

图 15-18　绘制圆

(7) 单击“绘图”工具栏中的“直线”按钮，以上步绘制圆的圆心为直线起点绘制一条适当角度的斜向直线，如图 15-19 所示。

(8) 单击“修改”工具栏中的“环形阵列”按钮，根据命令行提示选择上步绘制的斜向直线为阵列对象，选择绘制圆的圆心为环形阵列基点，设置阵列项目间角度为 14°，项目数为 25，如图 15-20 所示。

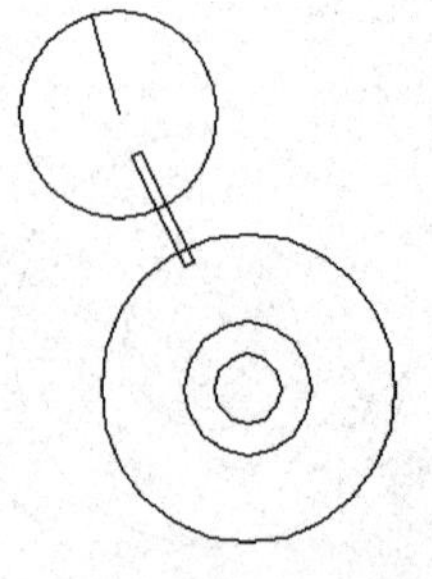

图 15-19　绘制斜向直线

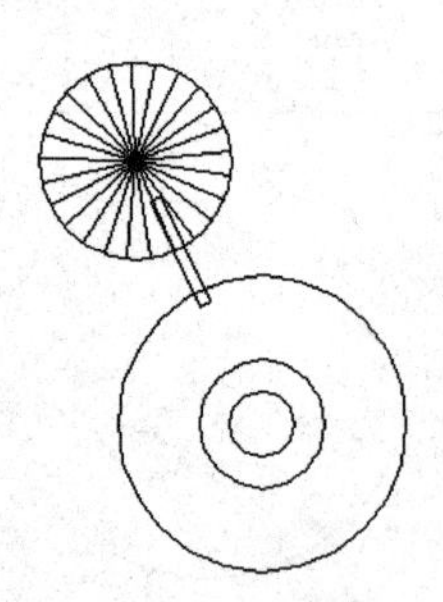

图 15-20　阵列项目

(9) 单击“修改”工具栏中的“环形阵列”按钮，选择图15-20所示的图形为阵列对象，选择绘制的半径为209的圆的圆心为环形阵列基点，设置项目数为6，完成装饰吊灯的绘制，如图15-21所示。

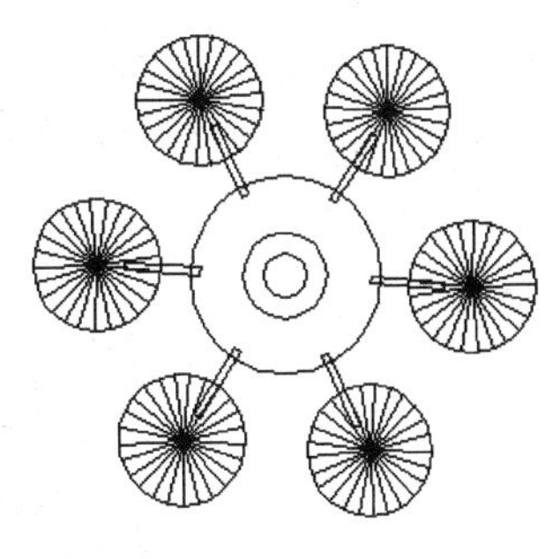
图15-21 装饰吊灯

(10) 单击“绘图”工具栏中的“创建块”按钮，弹出“块定义”对话框，选择上步图形为定义对象，选择任意点为基点，将其定义为块，块名为“装饰吊灯”。

4. 绘制小型吸顶灯

(1) 单击“绘图”工具栏中的“圆”按钮，在图形空白位置任选一点为圆的圆心绘制一个半径为200的圆，如图15-22所示。

(2) 单击“修改”工具栏中的“偏移”按钮，选择上步绘制圆为偏移对象向内进行偏移，偏移距离为20和155，如图15-23所示。

(3) 单击“绘图”工具栏中的“矩形”按钮，在上步偏移的圆图形上任选一点为矩形起点，绘制一个“20×50”的矩形，如图15-24所示。

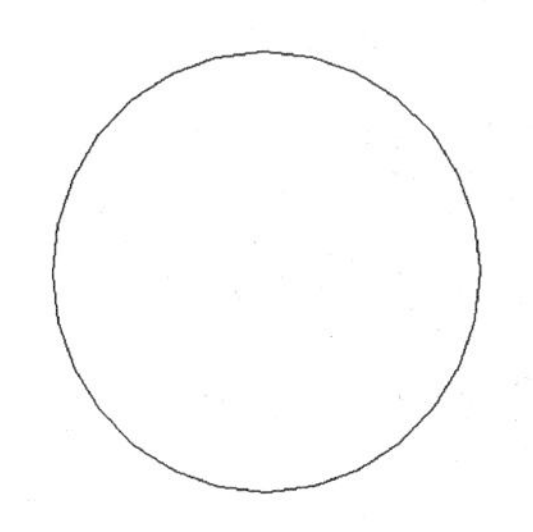
图15-22 绘制圆

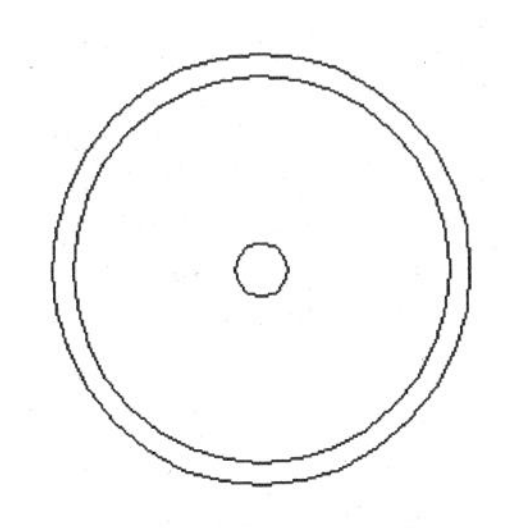
图15-23 偏移圆

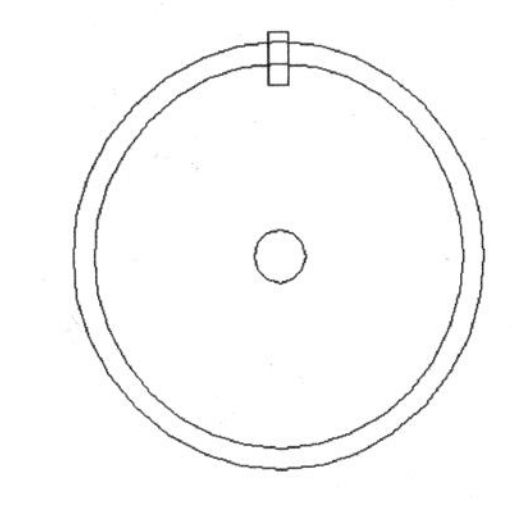
图15-24 绘制矩形

(4) 单击“修改”工具栏中的“环形阵列”按钮，选择上步绘制完成的矩形为阵列对象，选择绘制的半径为200的圆的圆心为环形阵列基点，设置项目数为4，完成阵列，如图15-25所示。

(5) 单击“绘图”工具栏中的“直线”按钮，内部小圆圆心绘制十字交叉线，如图15-26所示。

(6) 单击“修改”工具栏中的“旋转”按钮，选择上步绘制十字交叉线为旋转对象，相交点为旋转基点，将其旋转45°，完成普通吸顶灯的绘制，如图15-27所示。

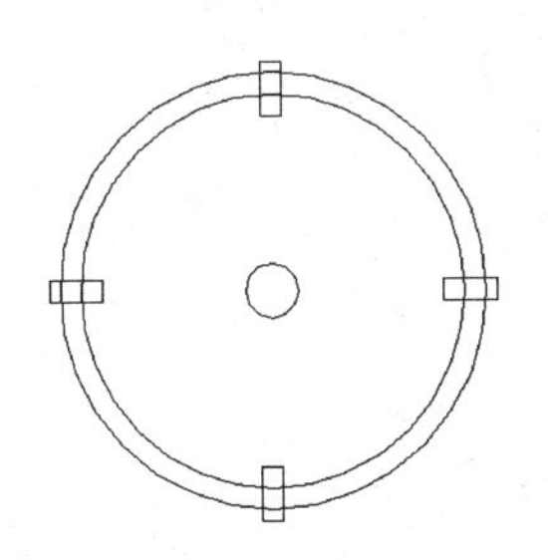
图15-25 阵列矩形

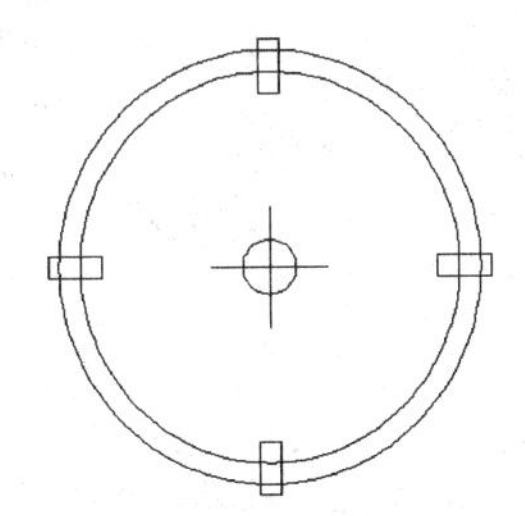
图15-26 绘制十字交叉线

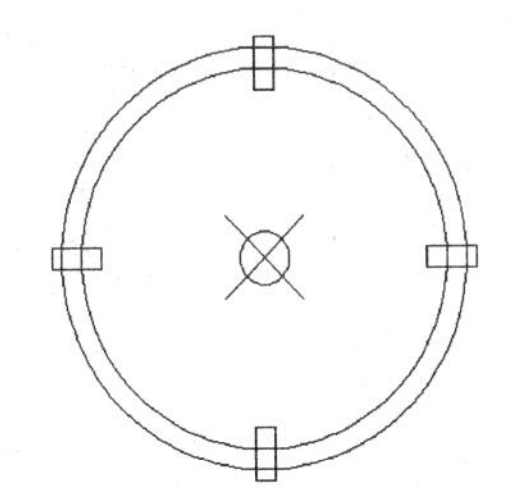
图15-27 旋转线段

5. 绘制半径100吸顶灯

(1) 单击“绘图”工具栏中的“圆”按钮，在图形空白位置任选一点为圆心，绘制一个半径为100的圆，如图15-28所示。

（2）单击“修改”工具栏中的“偏移”按钮，选择上步绘制的圆图形为偏移对象向内进行偏移，偏移距离为 40，如图 15-29 所示。

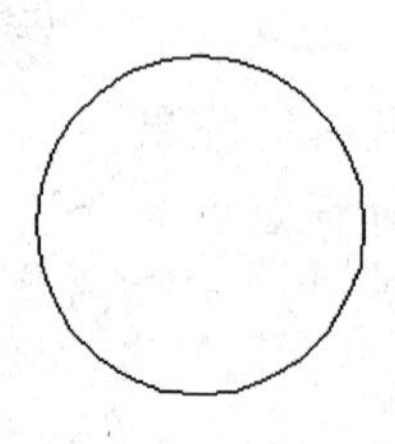
图 15-28　绘制圆

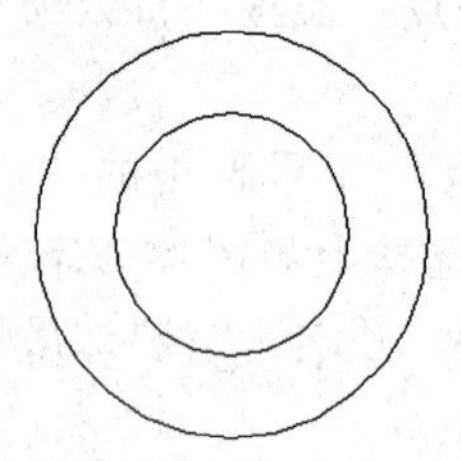
图 15-29　偏移圆

（3）单击“绘图”工具栏中的“直线”按钮，过上步偏移圆的圆心绘制十字交叉线，长度均为 360，完成外径为 100 的筒灯的绘制，如图 15-30 所示。

（4）利用上述方法完成外径为 50 的筒灯的绘制，如图 15-31 所示。

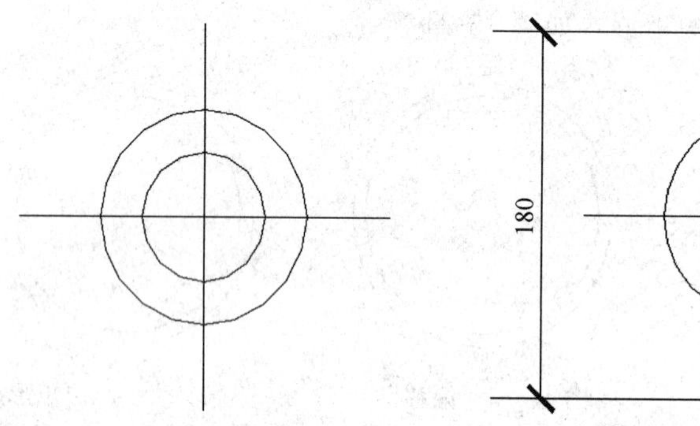
图 15-30　绘制十字交叉线

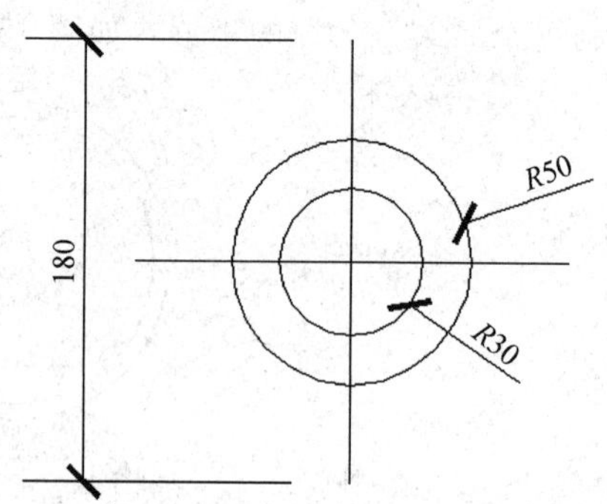

图 15-31　外径 50 筒灯

（5）利用上述方法完成半径 68 的筒灯的绘制，如图 15-32 所示。

（6）利用上述方法完成半径 60 的筒灯的绘制，如图 15-33 所示。

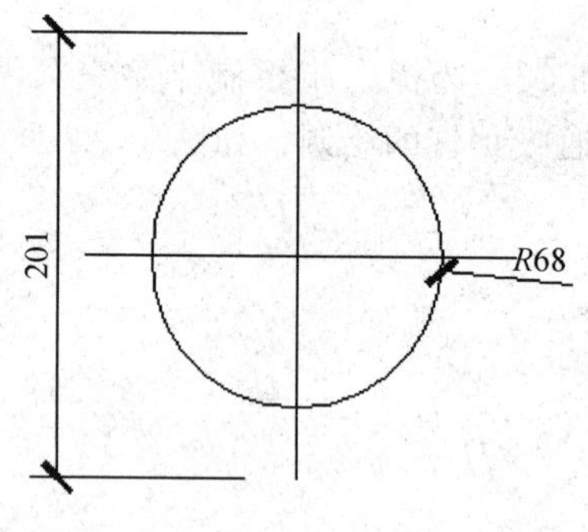

图 15-32　外径 68 筒灯

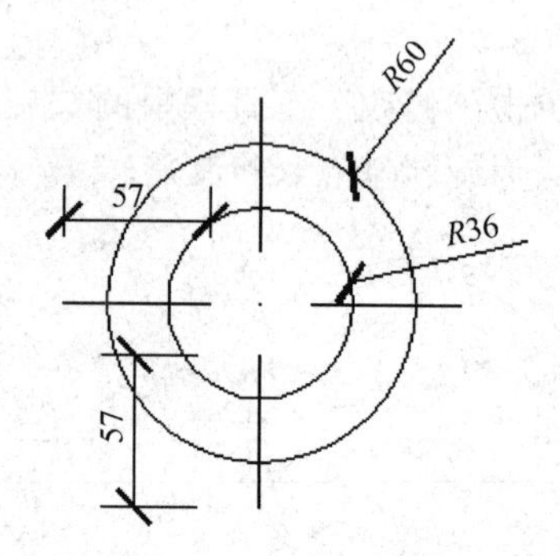

图 15-33　外径 60 筒灯

（7）利用上述方法完成半径 160 的筒灯的绘制，如图 15-34 所示。

（8）利用上述方法完成小型射灯的绘制，如图 15-35 所示。

（9）利用上述方法完成半径 260 的筒灯的绘制，如图 15-36 所示。

（10）利用上述方法完成半径 60 的筒灯的绘制，如图 15-37 所示。

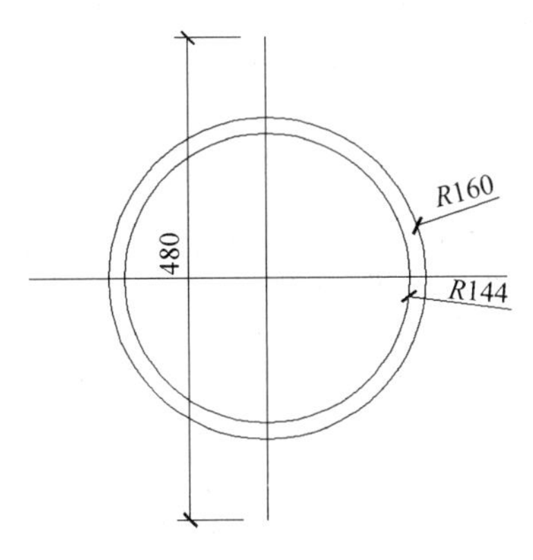

图 15-34 外径 160 筒灯

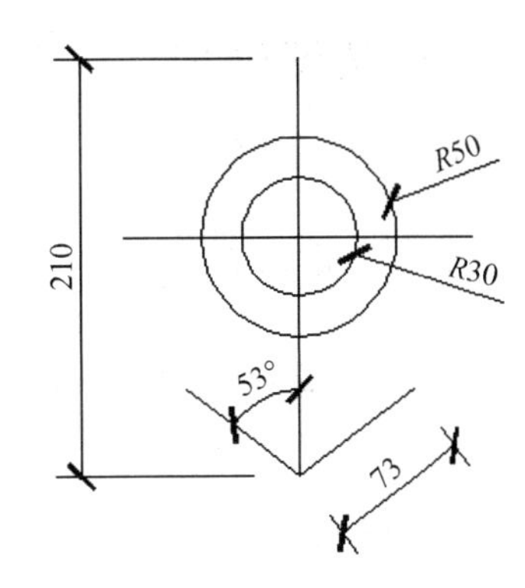

图 15-35 小型射灯

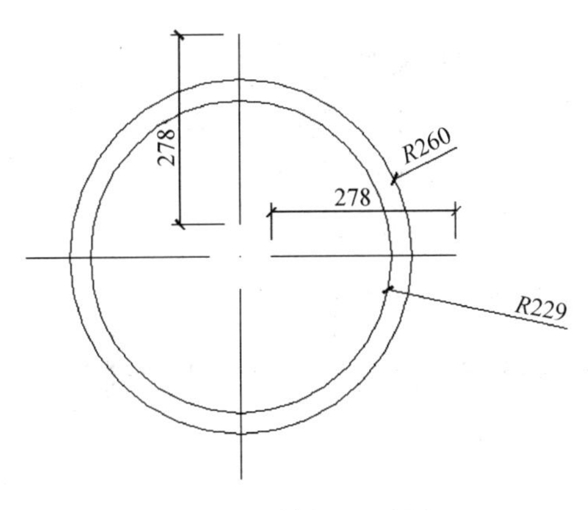

图 15-36 外径 260 筒灯

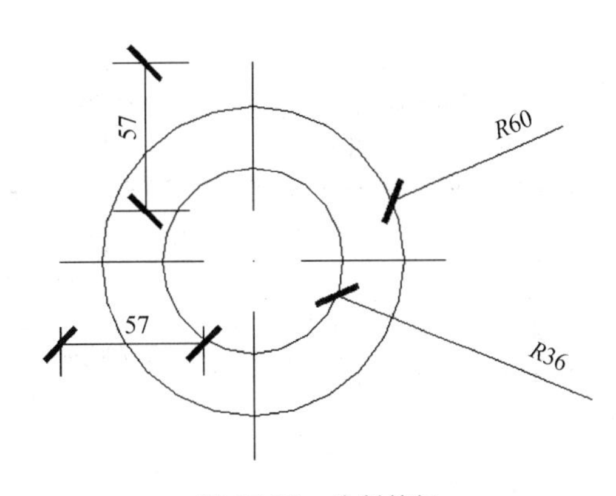

图 15-37 绘制筒灯

6. 绘制排风扇

(1) 单击“绘图”工具栏中的“矩形”按钮，在图形适当位置任选一点为矩形起点绘制一个“250×250”的矩形，如图 15-38 所示。

(2) 单击“修改”工具栏中的“偏移”按钮，选择上步绘制的矩形为偏移对象将其向内进行偏移，偏移距离为 20，如图 15-39 所示。

(3) 单击“绘图”工具栏中的“直线”按钮，在上步偏移矩形内绘制对角线，完成排风扇的绘制，如图 15-40 所示。

图 15-38 绘制矩形

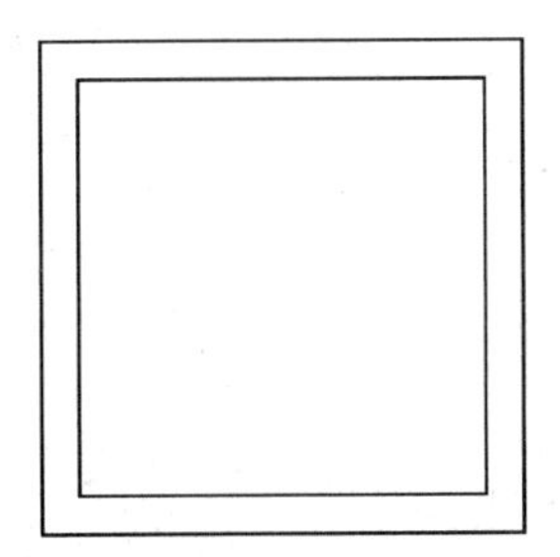
图 15-39 偏移矩形

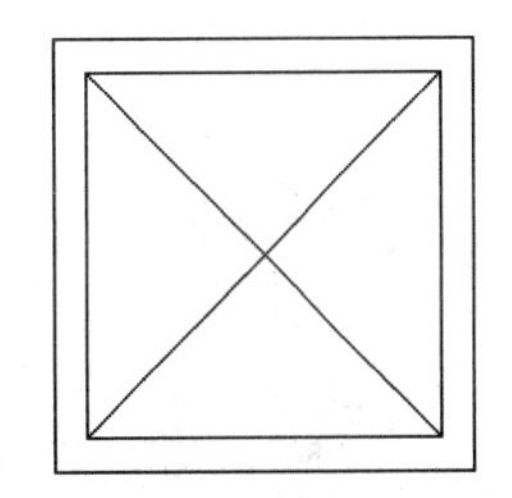
图 15-40 绘制对角线

(4) 单击“绘图”工具栏中的“创建块”按钮，弹出“块定义”对话框，选择上步图形为定义对象，选择任意点为基点，将其定义为块，块名为“排风扇”。

15.1.3 绘制装饰吊顶

【绘制步骤】

1. 新建“顶棚”图层，如图 15-41 所示，并将其置为当前。

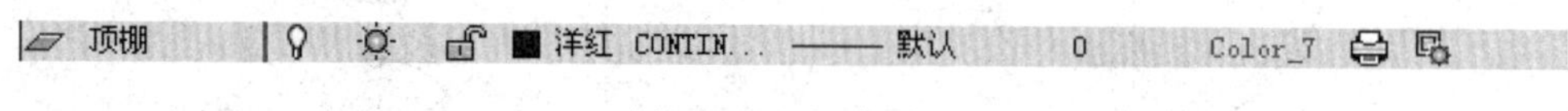

图 15-41 新建顶棚

2. 单击“绘图”工具栏中的“直线”按钮，在如图 15-42 所示的位置绘制一条水平直线，如图 15-43 所示。

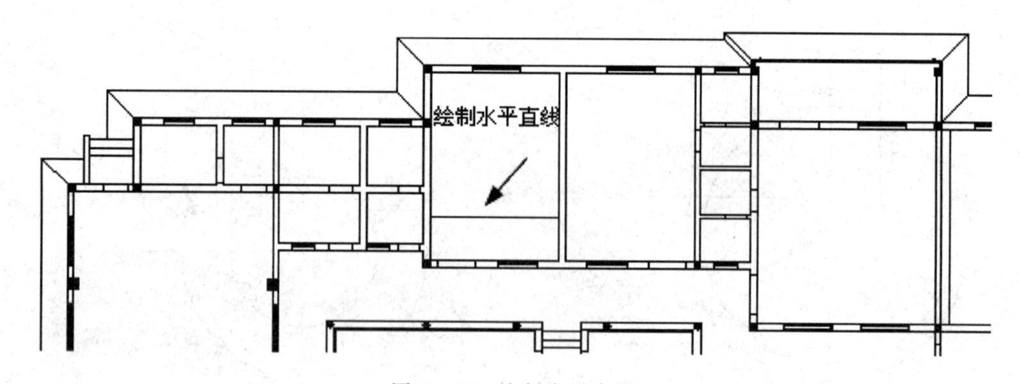

图 15-42 绘制水平直线

3. 单击“绘图”工具栏中的“矩形”按钮，在上步绘制直线下方选取一点为矩形起点绘制一个“80×1700”的矩形，如图 15-43 所示。

4. 单击“修改”工具栏中的“复制”按钮，选择上步绘制的矩形为复制对象，矩形上步水平边中点为复制基点向右进行复制，复制间距为 280，如图 15-44 所示。

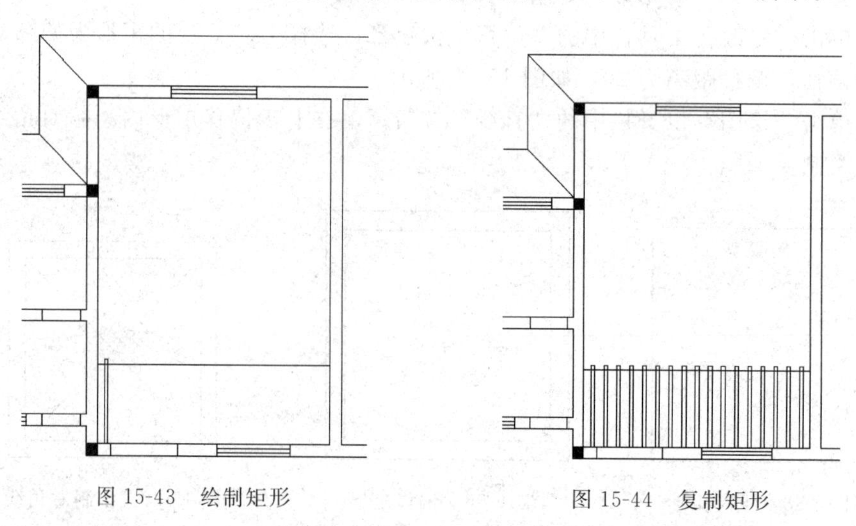

图 15-43 绘制矩形　　图 15-44 复制矩形

5. 单击“绘图”工具栏中的“直线”按钮和“圆弧”按钮，绘制连续图形，如图 15-45 所示。

6. 单击“绘图”工具栏中的“直线”按钮，在如图15-46所示的位置绘制连续直线，如图15-46所示。

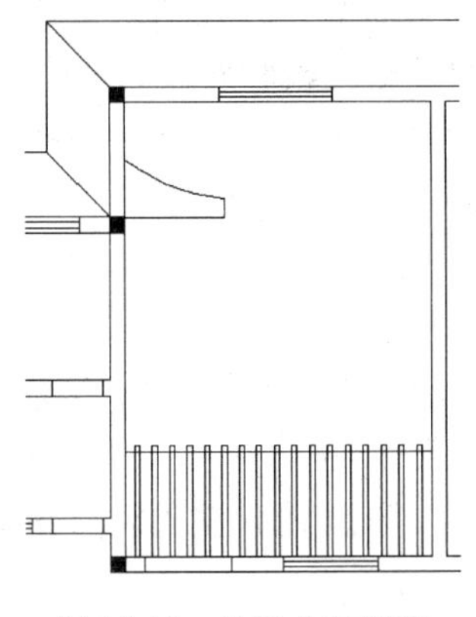

图15-45 绘制内部图形

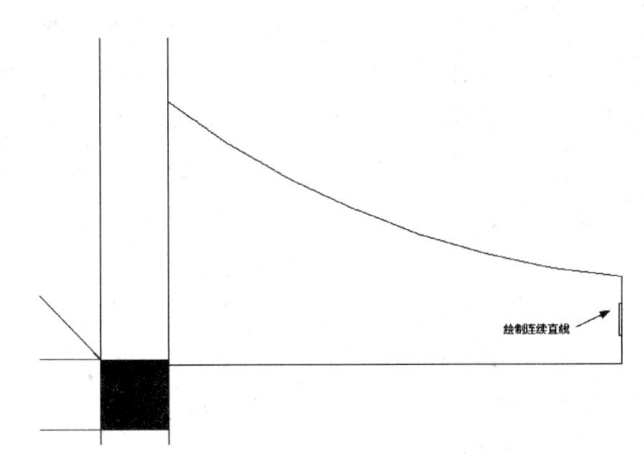

图15-46 绘制内部图形

7. 单击“绘图”工具栏中的“直线”按钮，以上步绘制水平直线左端点为直线起点向下绘制斜向角度45°的线段，如图15-47所示。

8. 单击“修改”工具栏中的“镜像”按钮，选择上步绘制的斜向线段为镜像对象对其进行水平镜像，如图15-48所示。

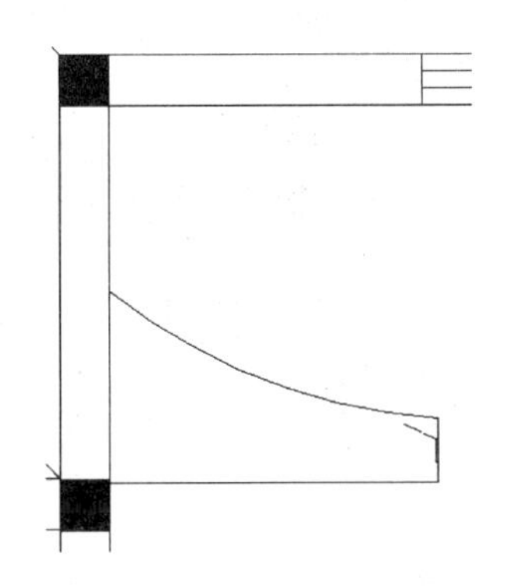

图15-47 绘制斜向直线

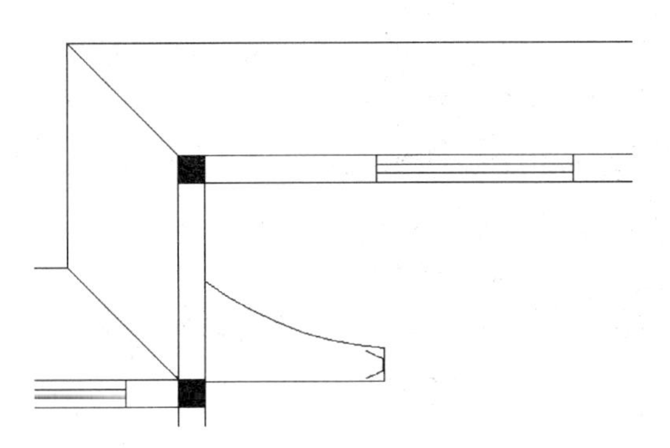

图15-48 镜像线段

9. 单击“修改”工具栏中的“镜像”按钮，选择上步绘制图形为镜像对象对其进行水平镜像，如图15-49所示。

10. 利用上述方法完成镜像图形间的图形的绘制，如图15-50所示。

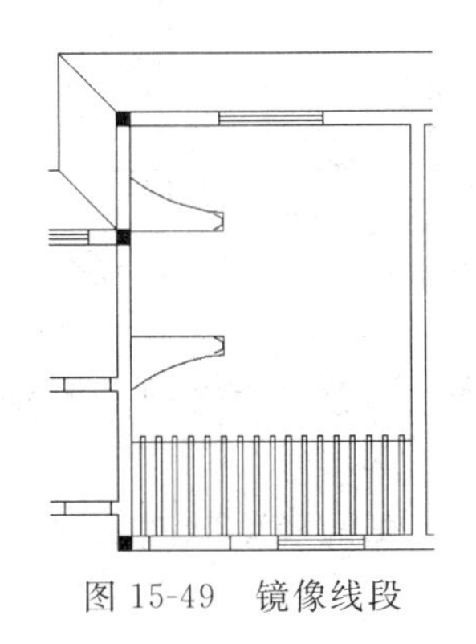

图15-49 镜像线段

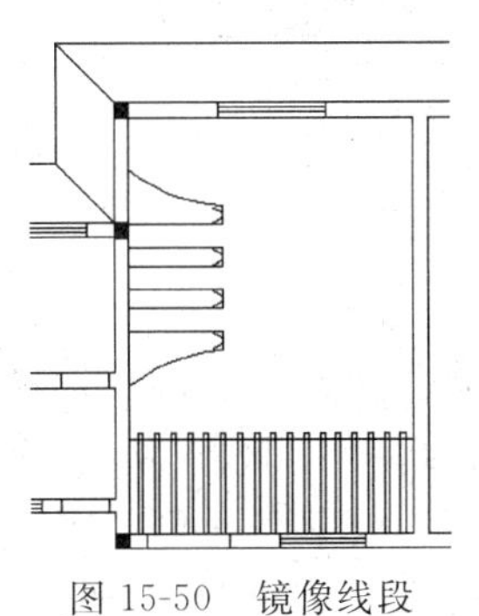

图15-50 镜像线段

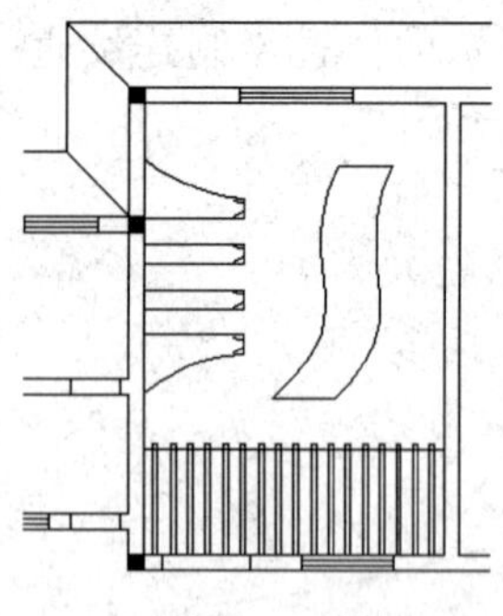

图 15-51 绘制圆弧

11. 单击“绘图”工具栏中的“多段线”按钮，在上步图形右侧绘制连续多段线，如图 15-51 所示。

12. 单击“修改”工具栏中的中“偏移”按钮，选择上步绘制的多段线为偏移线段分别向内偏移，偏移距离为 99。

13. 单击“修改”工具栏中的“分解”按钮，选择上步图形为分解对象回车确认进行分解。

14. 单击“修改”工具栏中的“修剪”按钮和“延伸”按钮，完成图形操作。如图 15-52 所示。

15. 选择向内偏移的线段为修改对象，单击鼠标右键在弹出的特性管理器线型一栏中修改线型，如图 15-53 所示。

16. 单击“修改”工具栏中的“偏移”按钮和“修剪”按钮，完成剩余图形的绘制，如图 15-54 所示。

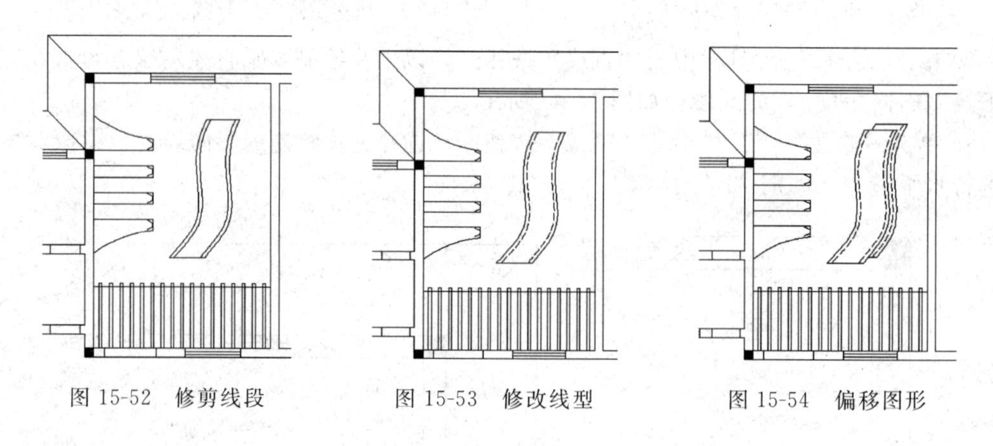

图 15-52 修剪线段　　图 15-53 修改线型　　图 15-54 偏移图形

17. 单击“绘图”工具栏中的“矩形”按钮，在图形适当位置绘制一个“4634×6240”的矩形，如图 15-55 所示。

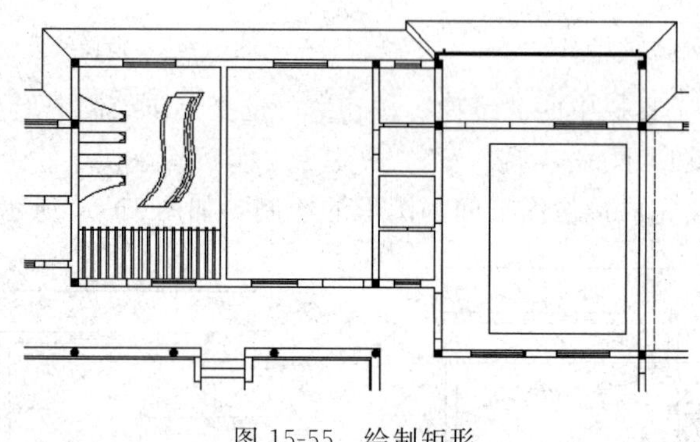

图 15-55 绘制矩形

18. 单击“修改”工具栏中的“偏移”按钮，选择上步绘制矩形为偏移对象向内进行偏移，偏移距离为 100，如图 15-56 所示。

19. 单击“绘图”工具栏中的“圆弧”按钮，在偏移矩形内绘制一段适当半径的圆弧，如图 15-57 所示。

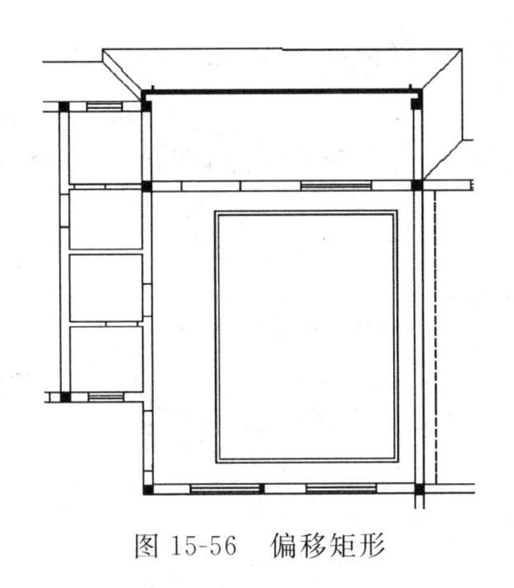

图 15-56　偏移矩形

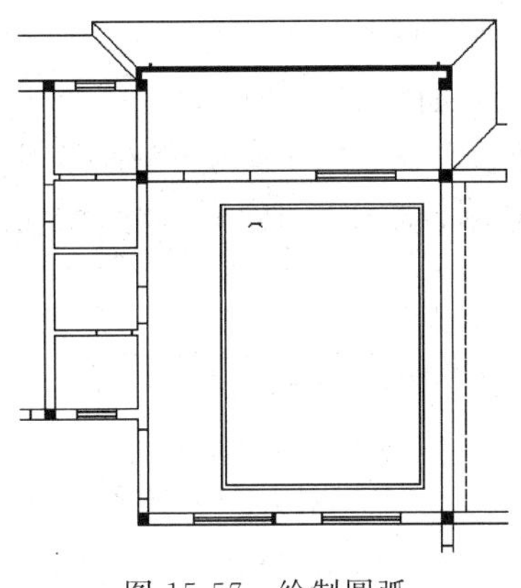

图 15-57　绘制圆弧

20. 单击“修改”工具栏中的“复制”按钮，选择上步绘制的圆弧为复制对象对其进行连续复制，如图 15-58 所示。

21. 单击“绘图”工具栏中的“圆”按钮，在上步复制图形内选择一点为圆的圆心绘制一个适当半径的圆，如图 15-59 所示。

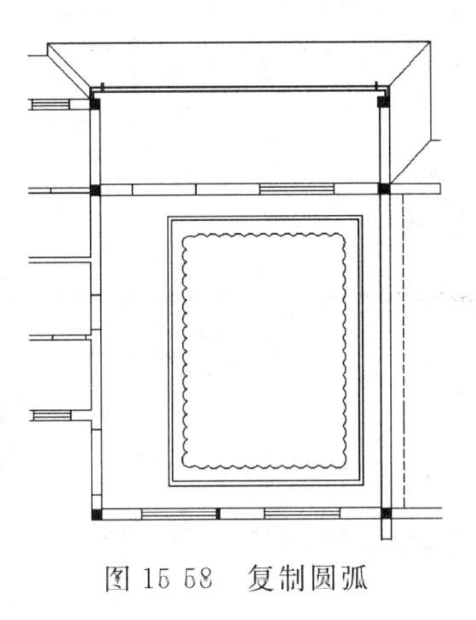

图 15-58　复制圆弧

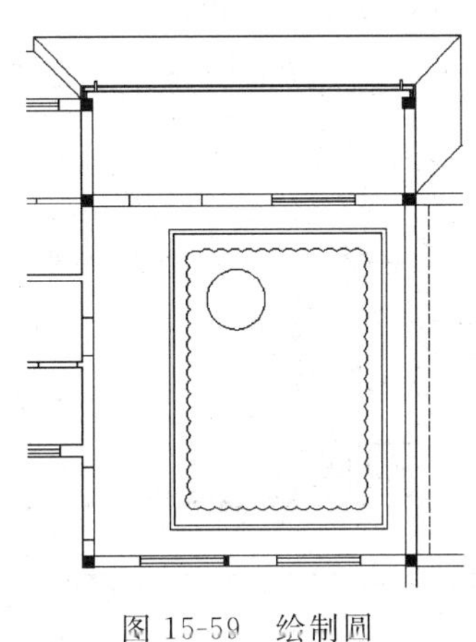

图 15-59　绘制圆

22. 单击“绘图”工具栏中的“圆弧”按钮，在上步绘制圆上选择一点为圆弧起点绘制一段适当半径的圆弧，如图 15-60 所示。

23. 单击“修改”工具栏中的“环形阵列”按钮，选择上步绘制圆弧为阵列对象，选择前面绘制圆的圆心为阵列中心点，设置项目数为 16，如图 15-61 所示。

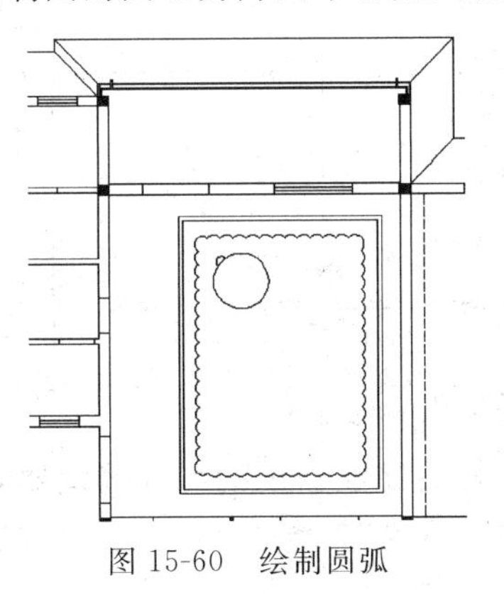

图 15-60　绘制圆弧

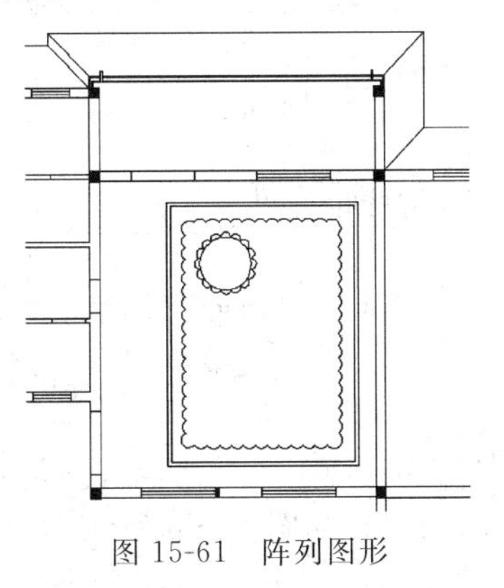

图 15-61　阵列图形

24. 单击“修改”工具栏中的“删除”按钮，选择绘制的辅助圆图形为删除对象对其进行删除，如图 15-62 所示。

25. 单击“修改”工具栏中的“复制”按钮，选择删除圆后的图形为复制对象对其进行等距复制，距离为 1800，如图 15-63 所示。

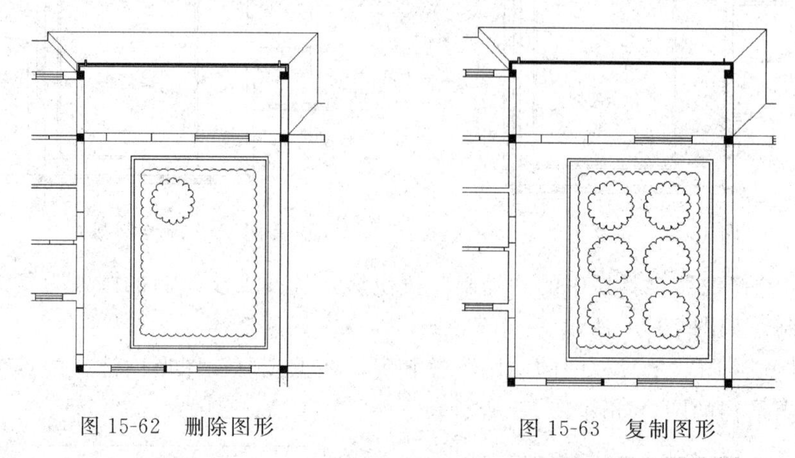

图 15-62 删除图形　　　　图 15-63 复制图形

26. 单击“绘图”工具栏中的“椭圆”按钮，在如图 15-64 所示的位置绘制一个适当大小的椭圆，如图 15-64 所示。

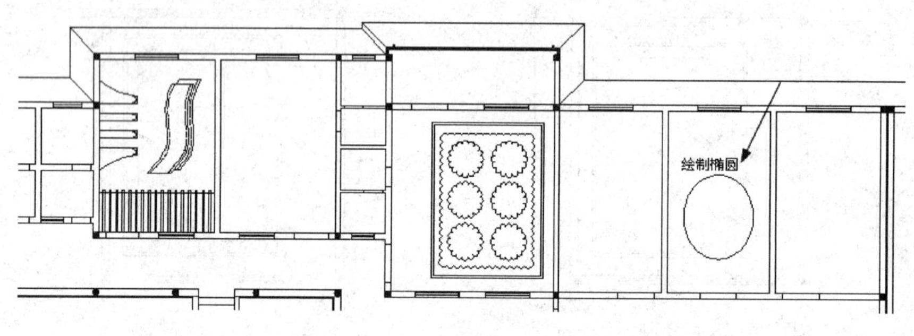

图 15-64 绘制椭圆

27. 单击“修改”工具栏中的“偏移”按钮，选择上步绘制的椭圆为偏移对象向内进行偏移，偏移距离为 165，如图 15-65 所示。

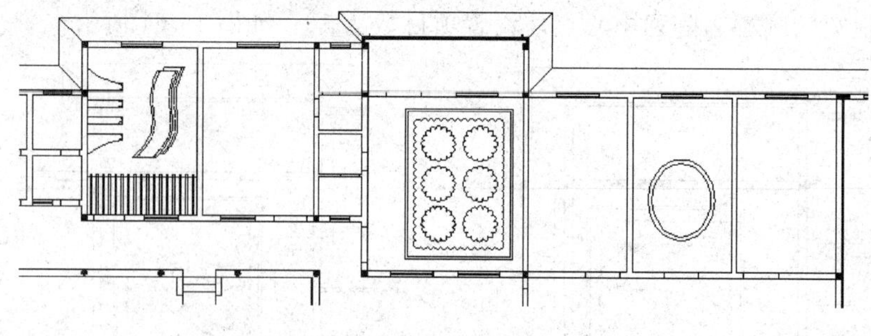

图 15-65 偏移椭圆

28. 选择如图 15-65 所示的椭圆图形，单击鼠标右键在弹出的特性管理器对话框中修改其线型为 DASH，如图 15-66 所示。

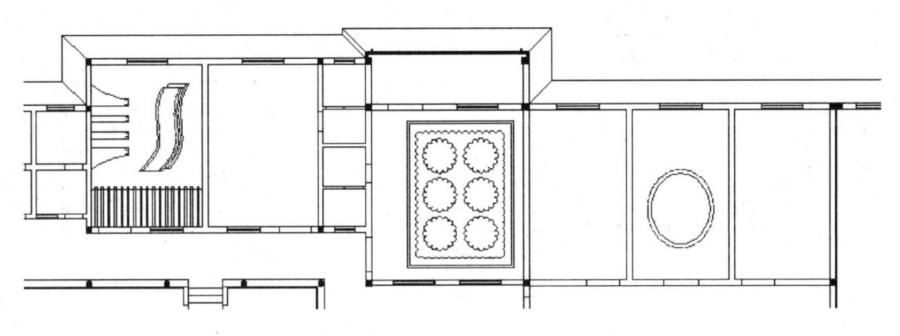

图 15-66 修改线型

29. 单击“绘图”工具栏中的“直线”按钮，在椭圆内绘制连续直线，如图 15-67 所示。

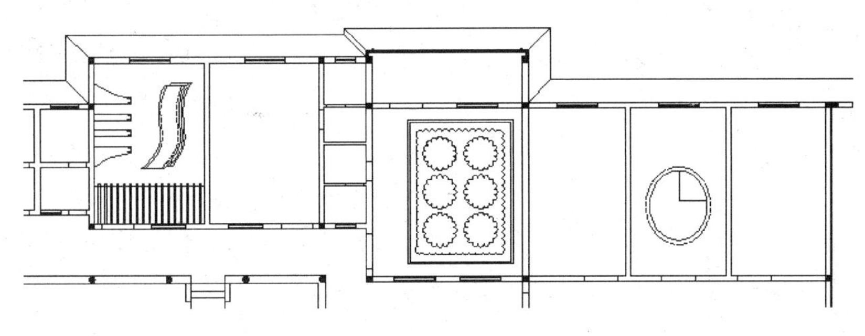

图 15-67 绘制连续直线

30. 单击“修改”工具栏中的“偏移”按钮，选择上步绘制的连续直线为偏移对象分别向外进行偏移，如图 15-68 所示。

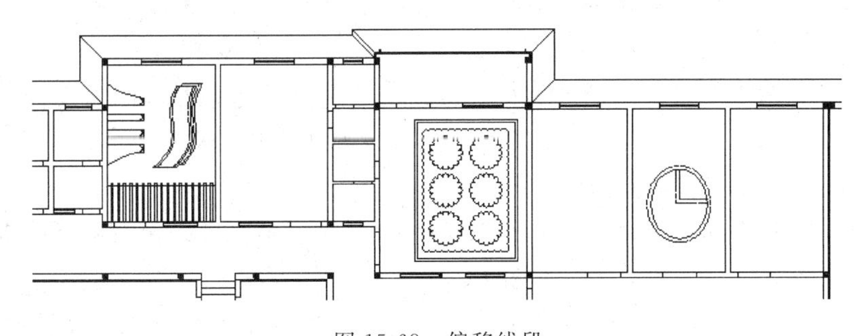

图 15-68 偏移线段

31. 选择偏移后的直线，单击鼠标右键在弹出的快捷菜单中修改其线型，线型修改为 DASH，如图 15-69 所示。

32. 并调用上述方法完成圆内剩余相同图形的绘制，如图 15-70 所示。

33. 单击“绘图”工具栏中的“矩形”按钮，绘制一个“6360×1730”的矩形，如图 15-71 所示。

34. 单击“修改”工具栏中的“偏移”按钮，选择上步绘制矩形为偏移对象向内进行偏移，偏移距离为 50，如图 15-72 所示。

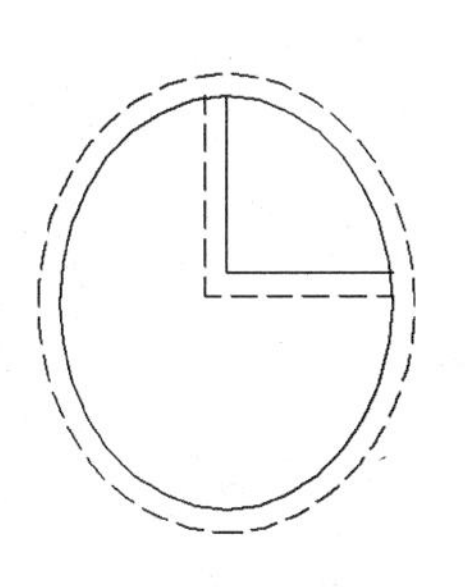

图 15-69 修改线型

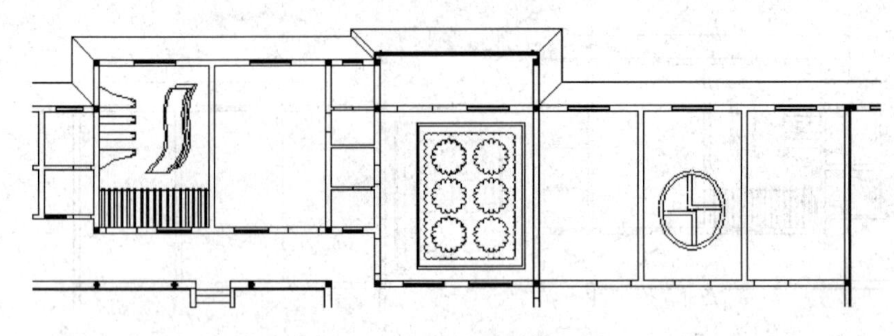

图 15-70　完成相同图形的绘制

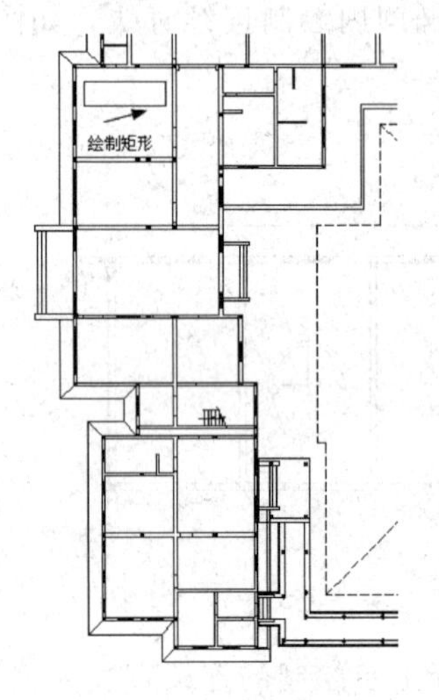

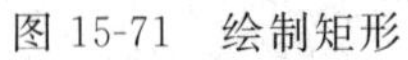

图 15-71　绘制矩形

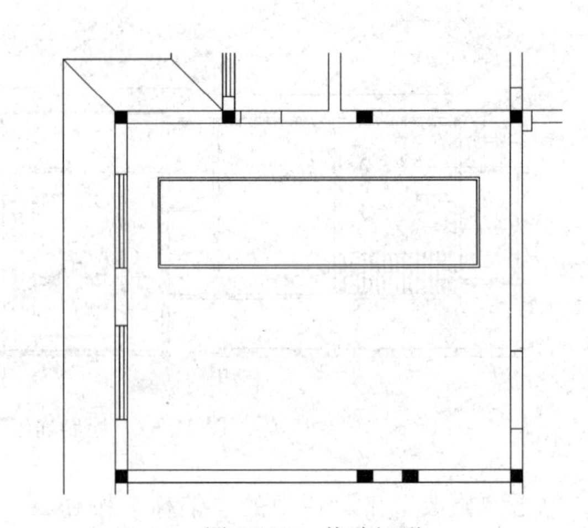

图 15-72　偏移矩形

35. 单击“修改”工具栏中的“分解”按钮，选择内部矩形为分解对象，回车确认进行分解。

36. 单击“修改”工具栏中的“偏移”按钮，选择内部矩形左侧竖直直线为偏移对象向右进行偏移，偏移距离为 990、40、616、60、339、40、336、60、630、40、1020、40、1020 和 40，如图 15-73 所示。

37. 单击“绘图”工具栏中的“矩形”按钮，在上步偏移线段内选择一点为矩形起点绘制一个“1578×930”的矩形，如图 15-74 所示。

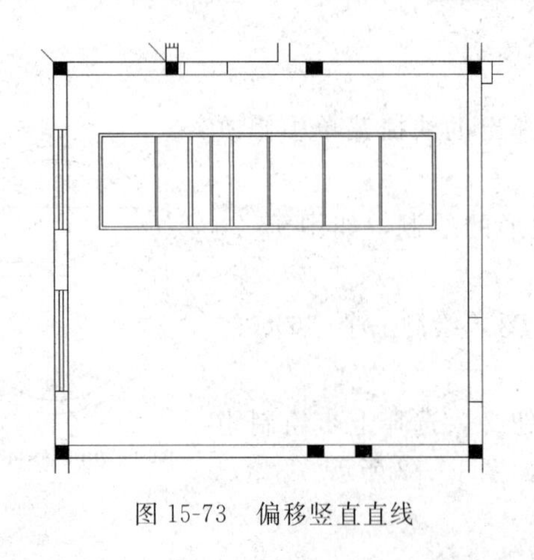

图 15-73　偏移竖直直线

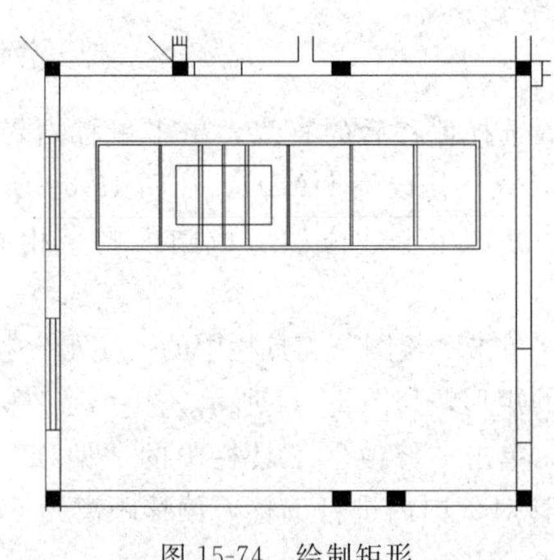

图 15-74　绘制矩形

38. 单击“修改”工具栏中的“修剪”按钮，选择上步绘制矩形内线段为修剪对象对其进行修剪处理，如图15-75所示。

39. 单击“修改”工具栏中的“偏移”按钮，选择上步绘制矩形为偏移对象向内进行偏移，偏移距离为100，如图15-76所示。

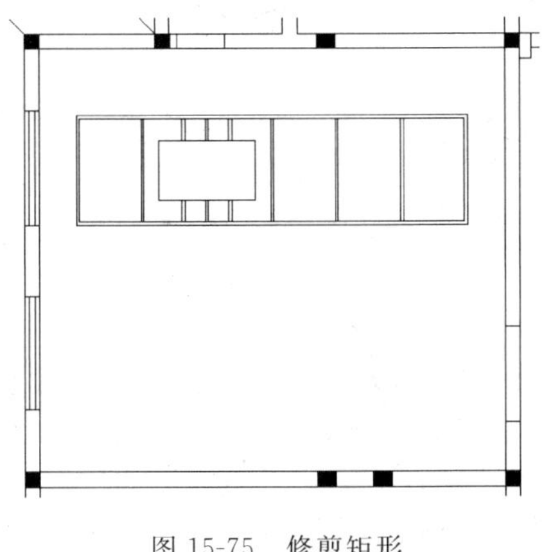

图15-75 修剪矩形

图15-76 偏移矩形

40. 选择偏移后矩形单击鼠标右键在弹出的快捷菜单中选择特性，在特性管理器中修改矩形线，将其线型修改为DASH，如图15-77所示。

41. 单击“绘图”工具栏中的“直线”按钮，过矩形四边中点绘制十字交叉线，如图15-78所示。

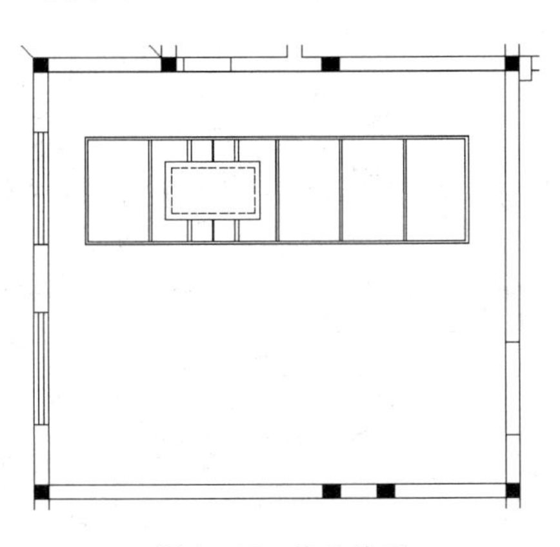

图15-77 修改线型

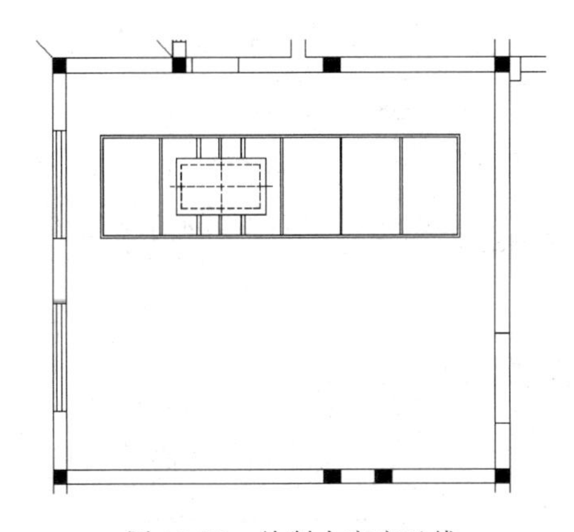

图15-78 绘制十字交叉线

42. 单击“绘图”工具栏中的“圆”按钮，在上步图形左侧区域选择一点为圆的圆心绘制一个半径为229的圆，并将其线型修改为DASH，如图15-79所示。

43. 单击“修改”工具栏中的“偏移”按钮，选择上步绘制圆为偏移对象向内进行偏移，偏移距离为30，如图15-80所示。

44. 单击“绘图”工具栏中的“直线”按钮，在上步偏移圆内绘制多条斜向直线，如图15-81所示。

45. 单击“修改”工具栏中的“复制”按钮，选择上步绘制图形为复制对象对其进行连续复制，如图15-82所示。

46. 利用上述方法完成相同图形的绘制，如图15-83所示。

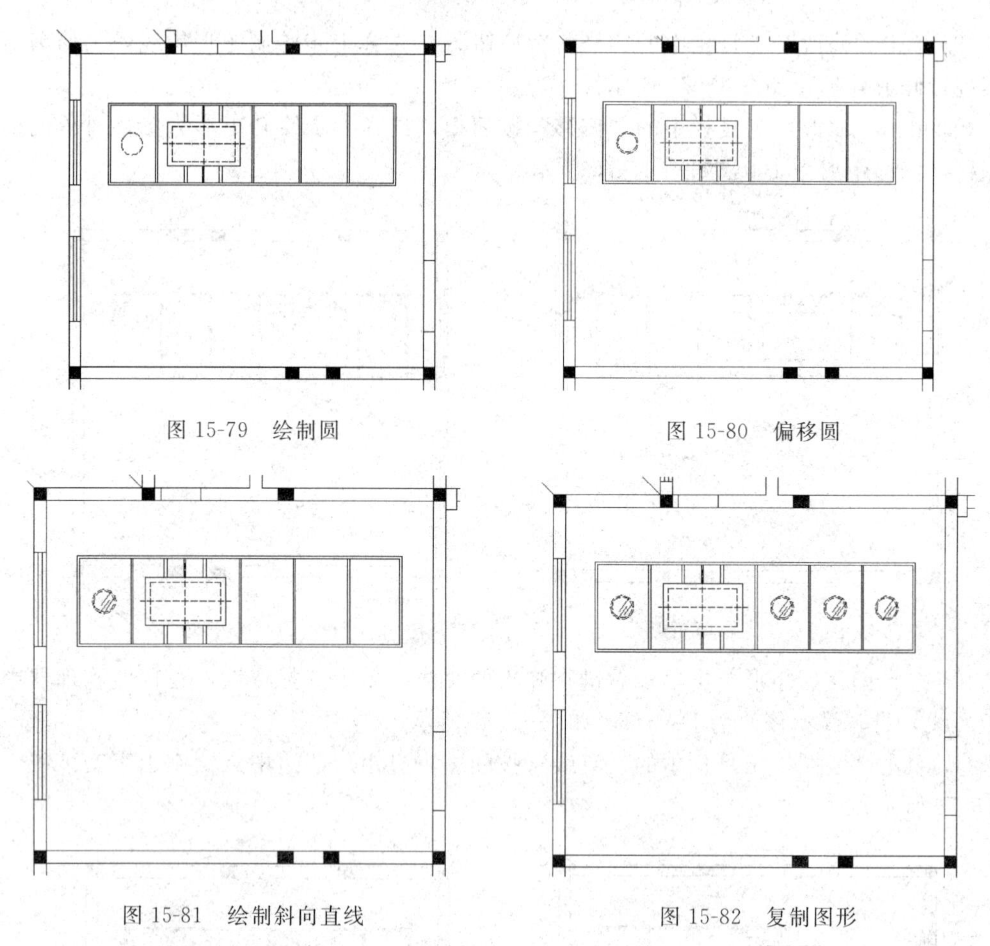

图 15-79　绘制圆　　　　图 15-80　偏移圆

图 15-81　绘制斜向直线　　　　图 15-82　复制图形

47. 单击“绘图”工具栏中的“矩形”按钮，在如图 15-84 所示的位置绘制一个“300×600”的矩形，如图 15-84 所示。

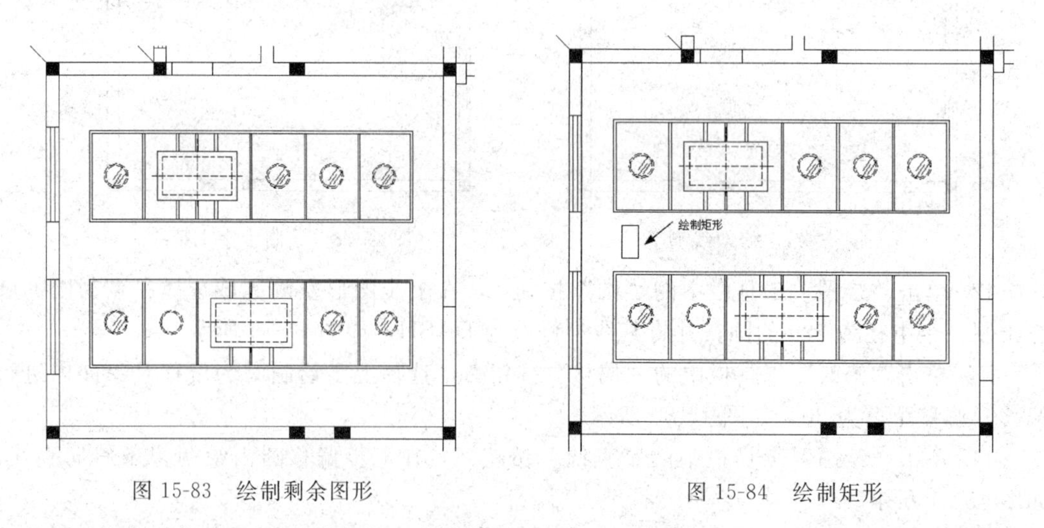

图 15-83　绘制剩余图形　　　　图 15-84　绘制矩形

48. 单击“修改”工具栏中的“偏移”按钮，选择上步绘制的矩形为偏移对象向内进行偏移，偏移距离为 20，如图 15-85 所示。

49. 单击“修改”工具栏中的“直线”按钮，在上步偏移线段内绘制两矩形对角线，如图 15-86 所示。

50. 单击"修改"工具栏中的"分解"按钮，选择内部矩形为分解对象回车确认进行分解。

51. 单击"修改"工具栏中的"偏移"按钮，选择内部矩形左侧竖直边为偏移对象向内进行偏移，偏移距离为 60、10、55、10、55、10，如图 15-87 所示。

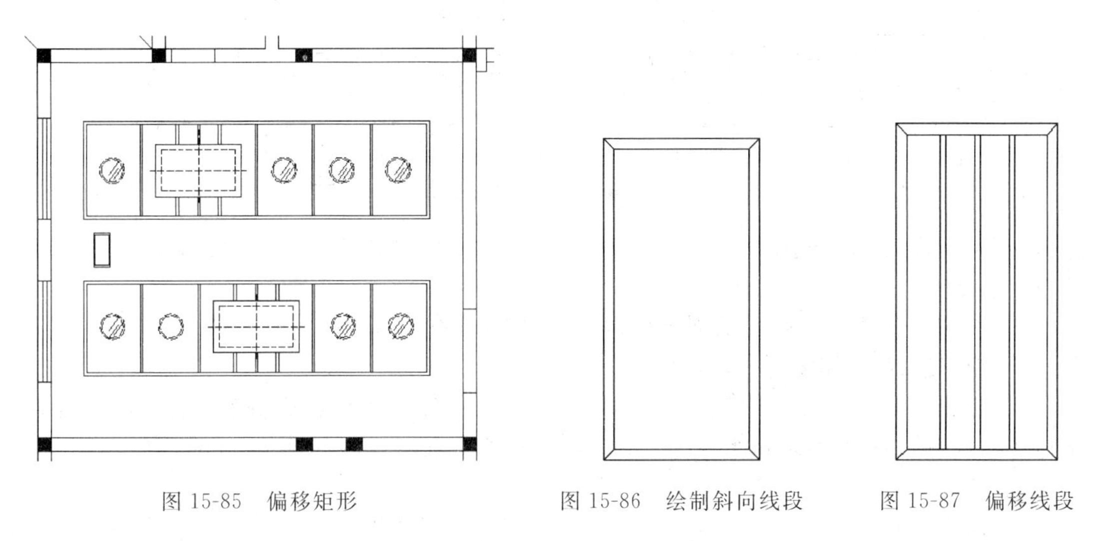

图 15-85　偏移矩形　　图 15-86　绘制斜向线段　　图 15-87　偏移线段

52. 单击"修改"工具栏中的"复制"按钮，选择如图 15-87 所示的图形为复制对象，将其向右进行连续复制，如图 15-88 所示。

53. 单击"绘图"工具栏中的"直线"按钮，在如图 15-89 所示的位置绘制一条竖直直线，如图 15-89 所示。

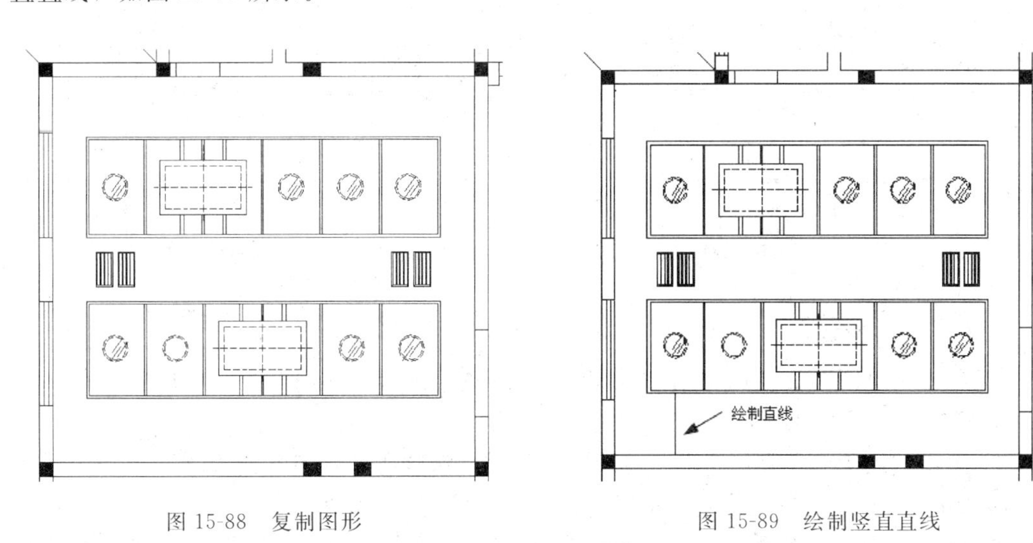

图 15-88　复制图形　　图 15-89　绘制竖直直线

54. 单击"修改"工具栏中的"偏移"按钮，选择上步绘制竖直直线为偏移对象向右进行偏移，偏移距离为 30、1050、30、1030、30、1030、30、1030、30、1030 和 30，如图 15-90 所示。

55. 利用上述方法完成图形中相同图形的绘制，如图 15-91 所示。

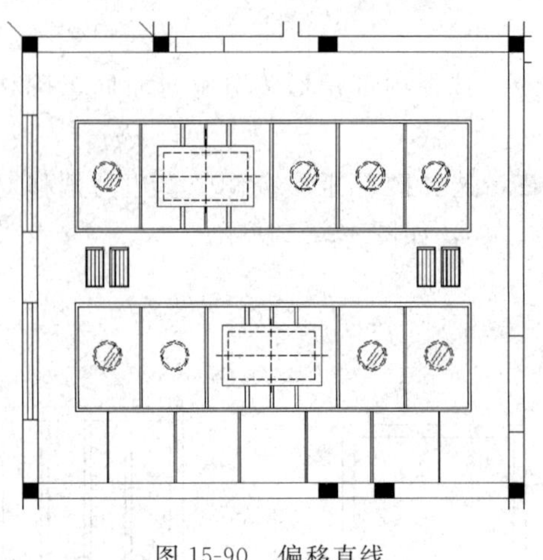

图 15-90　偏移直线

图 15-91　绘制剩余图形

56. 单击“绘图”工具栏中的“矩形”按钮，在如图 15-92 所示的位置绘制一个“40×779”的矩形，如图 15-92 所示。

57. 单击“修改”工具栏中的“复制”按钮，选择上步绘制的矩形为复制对象对其进行连续复制，选择绘制矩形水平边中点为复制基点，复制间距为 1060，如图 15-93 所示。

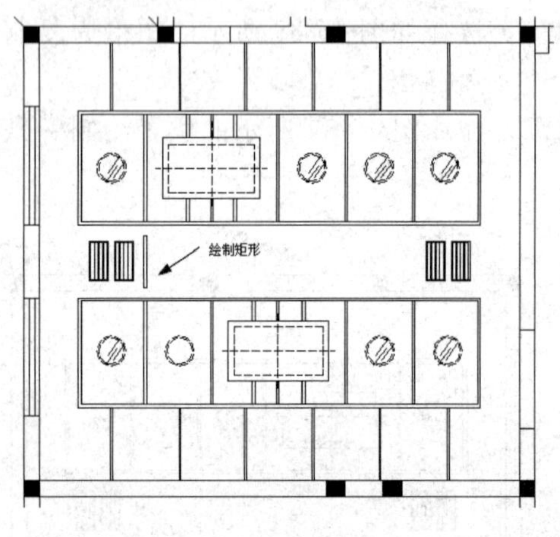

图 15-92　绘制矩形

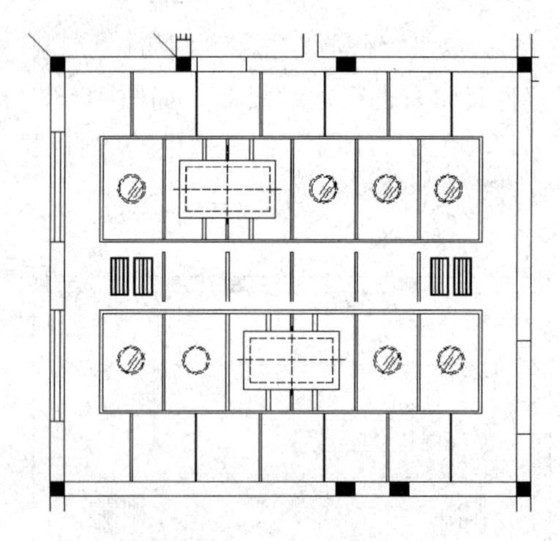

图 15-93　复制矩形

58. 单击“绘图”工具栏中的“矩形”按钮，在如图 15-94 所示的位置绘制一个“350×3300”的矩形，如图 15-94 所示。

59. 单击“绘图”工具栏中的“直线”按钮，选择上步绘制矩形左上角点为直线起点，右下角点为直线终点，绘制一条斜向直线，如图 15-95 所示。

60. 单击“绘图”工具栏中的“直线”按钮，在如图 15-96 所示的位置绘制连续直线。

61. 单击“绘图”工具栏中的“矩形”按钮，在上步图形内绘制一个“200×200”的矩形，如图 15-97 所示。

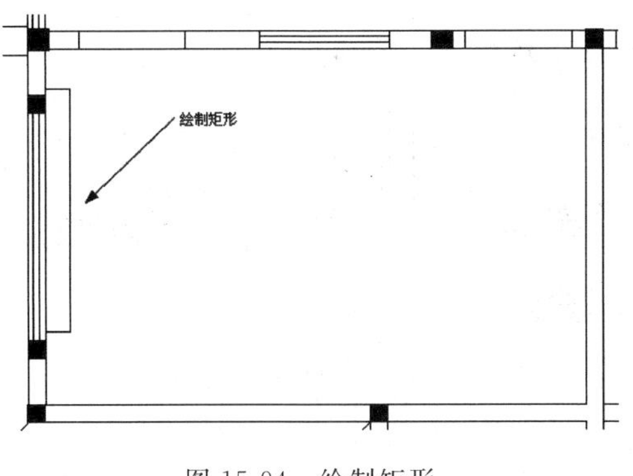

图 15-94 绘制矩形

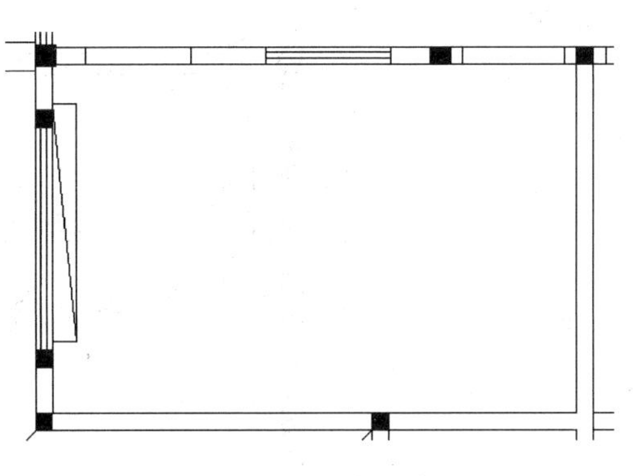

图 15-95 绘制斜向直线

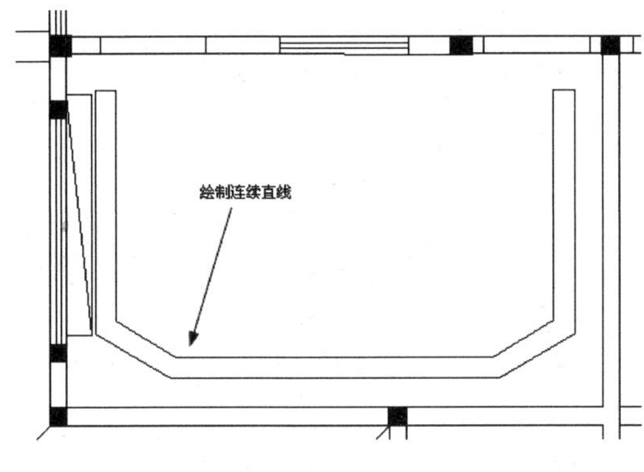

图 15-96 绘制连续直线

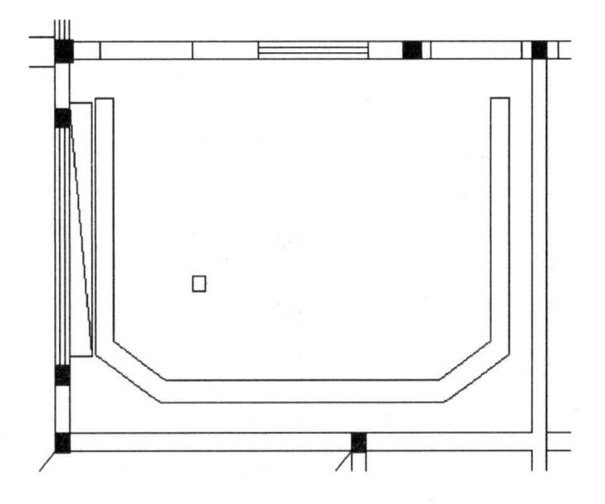

图 15-97 绘制矩形

62. 单击“绘图”工具栏中的“直线”按钮，在上步绘制的矩形内绘制十字交叉线，如图 15-98 所示。

63. 单击“绘图”工具栏中的“圆”按钮，以上步绘制十字交叉线交点为圆心绘制一个圆，如图 15-99 所示。

64. 单击“修改”工具栏中的“复制”按钮，选择上步绘制图形为复制对象对其进行连续复制，如图 15-100 所示。

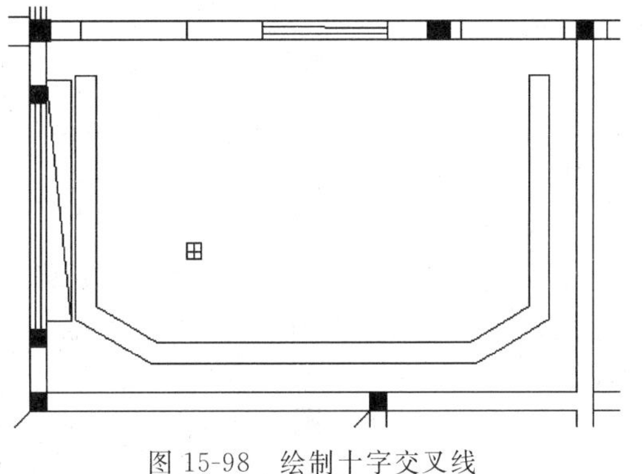

图 15-98 绘制十字交叉线

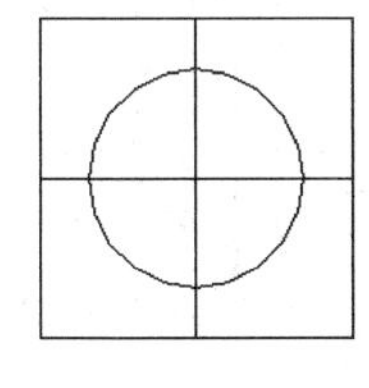

图 15-99 绘制圆

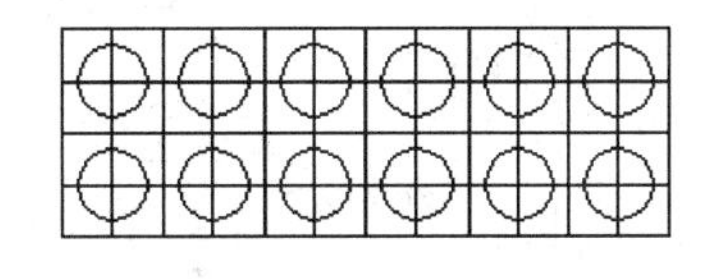

图 15-100 连续复制

65. 单击“修改”工具栏中的“复制”按钮，选择如图 15-101 所示的图形为复制对象对其进行复制操作，如图 15-101 所示。

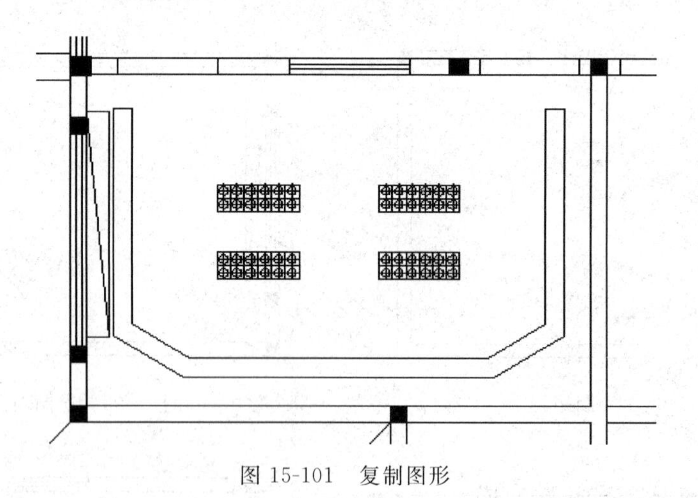

图 15-101 复制图形

66. 单击“绘图”工具栏中的“矩形”按钮，在上步图形绘制一个“20×2412”的矩形，如图 15-102 所示。

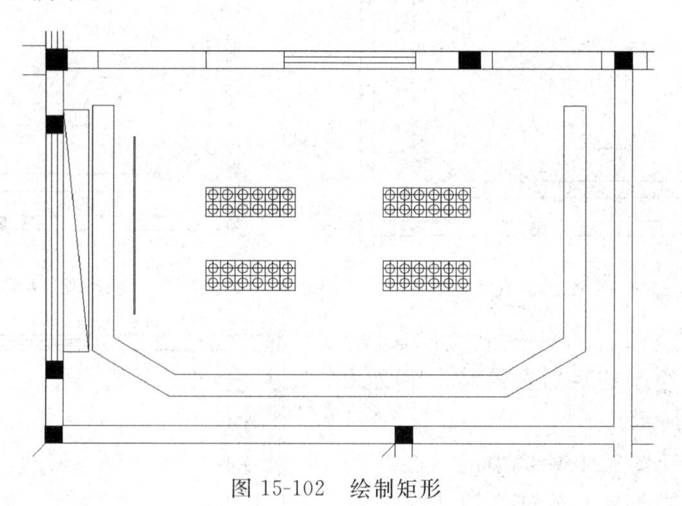

图 15-102 绘制矩形

67. 单击“修改”工具栏中的“镜像”按钮，选择上步绘制矩形为镜像对象对其进行竖直镜像，如图 15-103 所示。

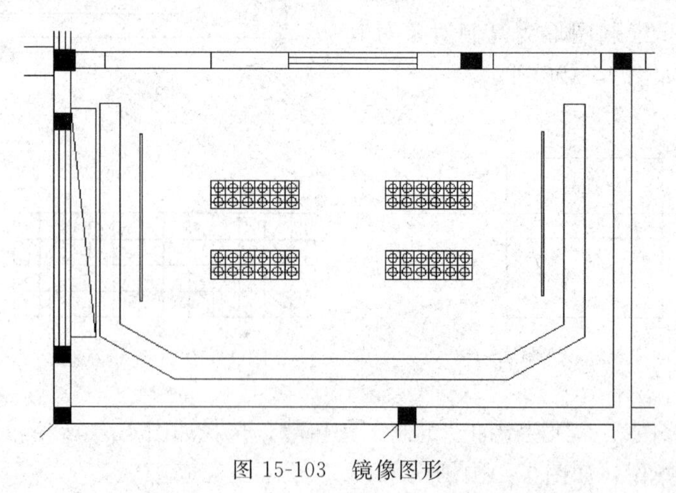

图 15-103 镜像图形

68. 单击“绘图”工具栏中的“矩形”按钮，在上步图形底部绘制一个“4242×20”的矩形，如图15-104所示。

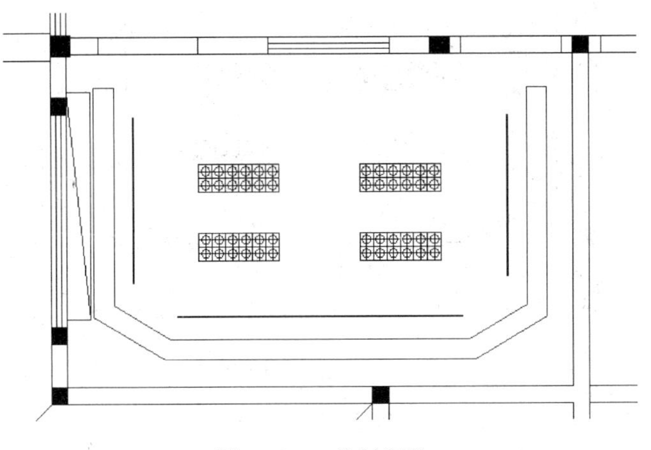

图15-104 绘制矩形

69. 单击“绘图”工具栏中的“插入块”按钮，弹出“插入”对话框，单击“浏览”按钮在弹出“选择图形文件”对话框，选择“源文件/图块/射灯”，插入到图形中，如图15-105所示。

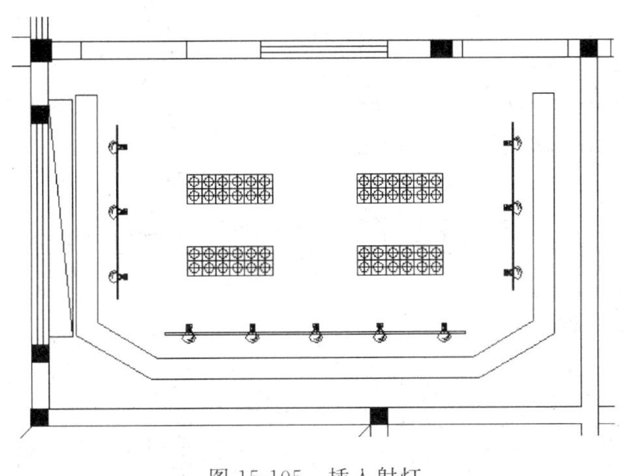

图15-105 插入射灯

70. 利用上述方法完成剩余图形的绘制，如图15-106所示。

71. 单击“绘图”工具栏中的“多段线”按钮，绘制闭合多段线，如图15-107所示。

72. 单击“绘图”工具栏中的“直线”按钮，在上步绘制的多段线内绘制一条竖直直线，如图15-108所示。

73. 单击“绘图”工具栏中的“多段线”按钮，竖直直线右侧绘制闭合多段线，如图15-109所示。

74. 单击“修改”工具栏中的“复制”按钮，选择上步绘制的多段线为复制对象将其向右进行复制，如图15-110所示。

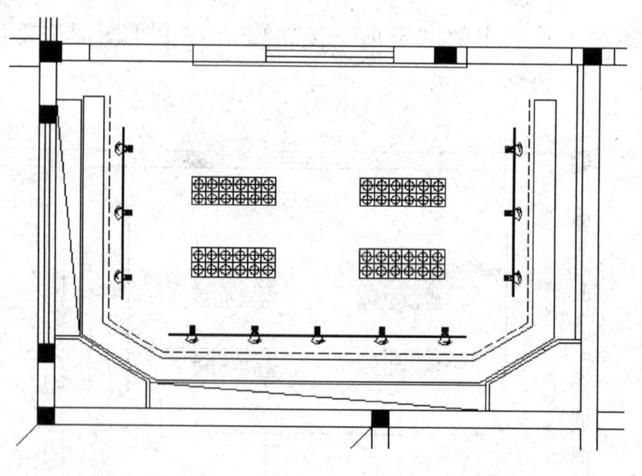

图 15-106　绘制剩余图形

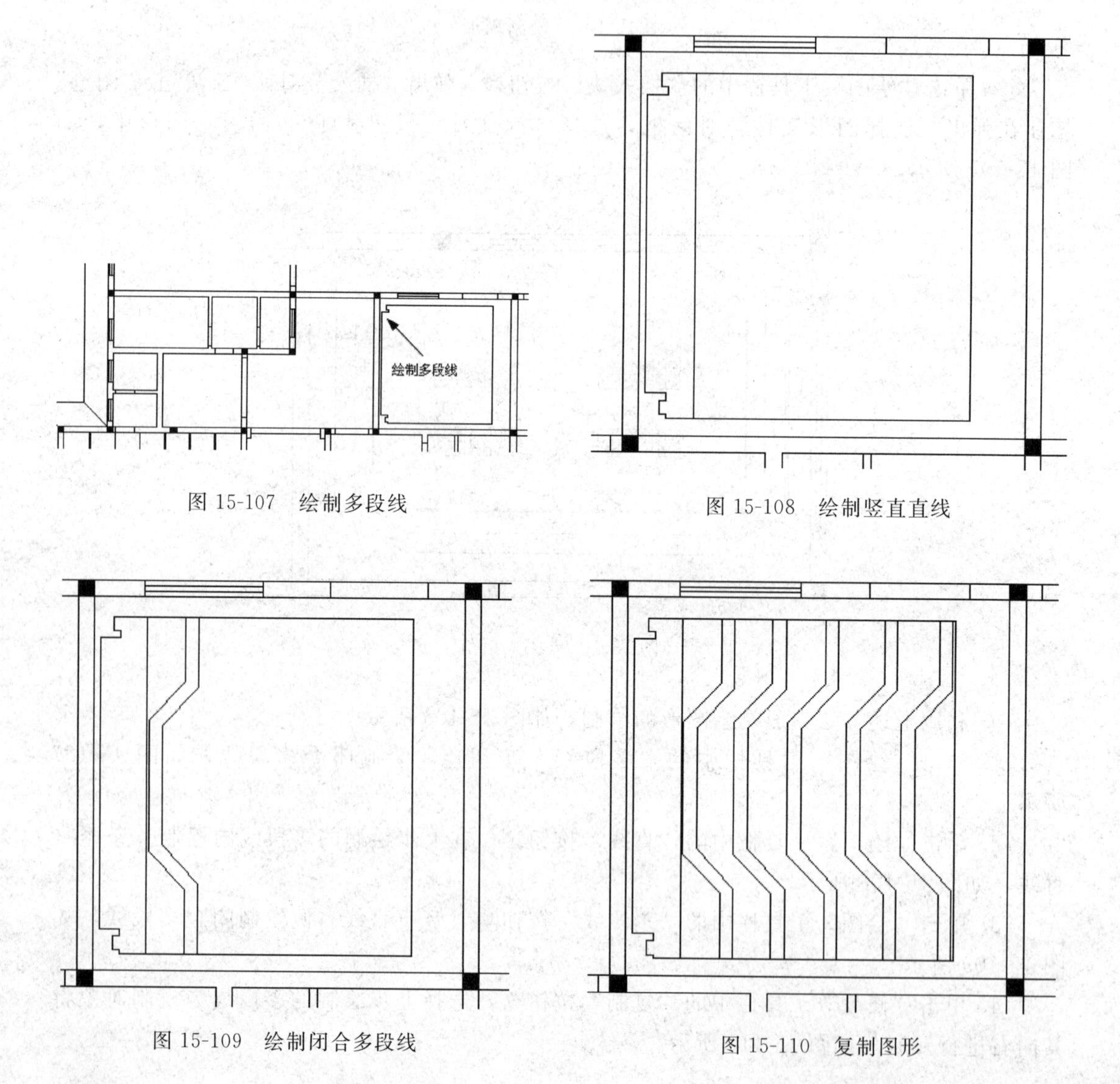

图 15-107　绘制多段线

图 15-108　绘制竖直直线

图 15-109　绘制闭合多段线

图 15-110　复制图形

75. 单击“绘图”工具栏中的“图案填充”按钮，弹出“图案填充和渐变色”对话框，单击图案选项后面的按钮，弹出填充图案选项板，在弹出的选项板中选择图案“DOTS”单击确定按钮，回到图案填充和渐变色对话框，选择多段线内部为填充区域，设置填充比例为 40，单击确定按钮，完成图案填充，如图 15-111 所示。

76. 单击“绘图”工具栏中的“直线”按钮，绘制连续直线，如图 15-112 所示。

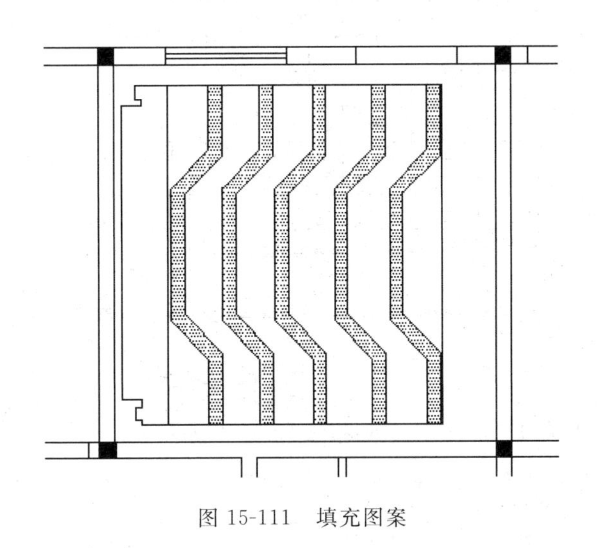

图 15-111　填充图案

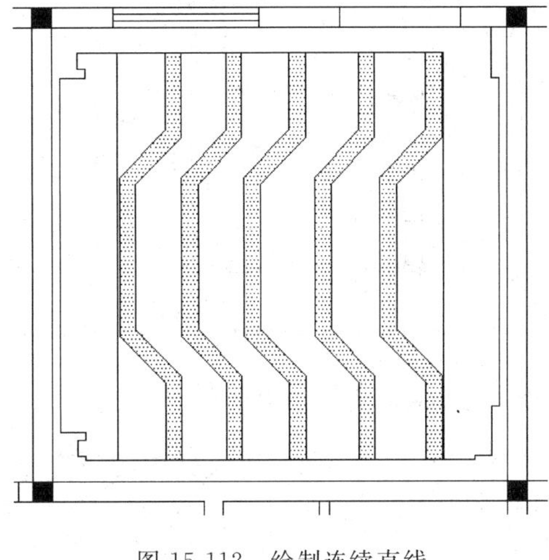

图 15-112　绘制连续直线

77. 单击“绘图”工具栏中的“矩形”按钮，在上步图形内任选一点为矩形起点绘制一个“300×3960”的矩形，如图 15-113 所示。

78. 单击“绘图”工具栏中的“图案填充”按钮，弹出“图案填充和渐变色”对话框，单击图案选项后面的按钮，弹出填充图案选项板，在弹出的选项板中选择图案“PLASTI”单击确定按钮，回到图案填充和渐变色对话框，选择上步绘制的矩形内部为填充区域，设置填充比例为 30，单击确定按钮，完成图案填充，如图 15-114 所示。

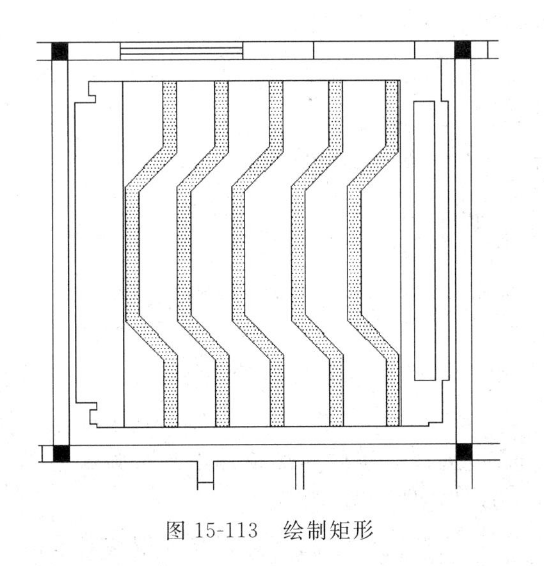

图 15-113　绘制矩形

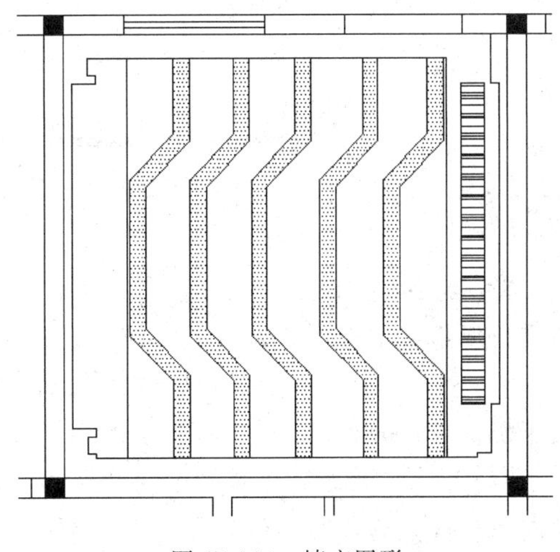

图 15-114　填充图形

79. 单击“修改”工具栏中的“偏移”按钮，选择如图 15-115 所示的竖直直线为偏移对象向内进行偏移，偏移距离为 360、(23×600)，如图 15-115 所示。

80. 单击“修改”工具栏中的“偏移”按钮，选择内部水平直线为偏移对象，向下进行偏移，偏移距离为 363、(600×14)，如图 15-116 所示。

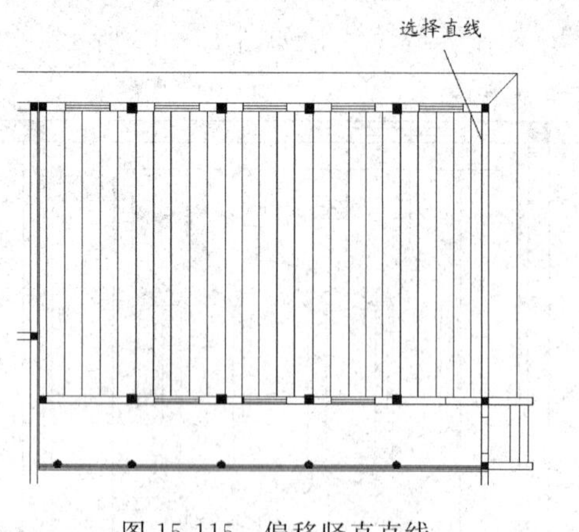

图 15-115　偏移竖直直线

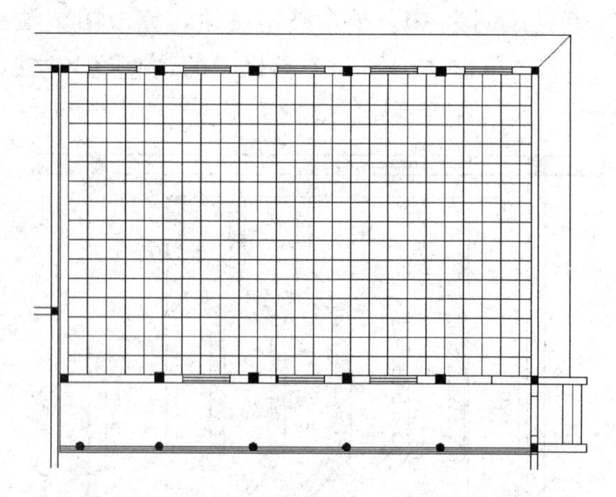

图 15-116　偏移水平直线

81. 单击“绘图”工具栏中的“矩形”按钮，在上步偏移线段内绘制一个“600×600”的矩形，如图 15-117 所示。

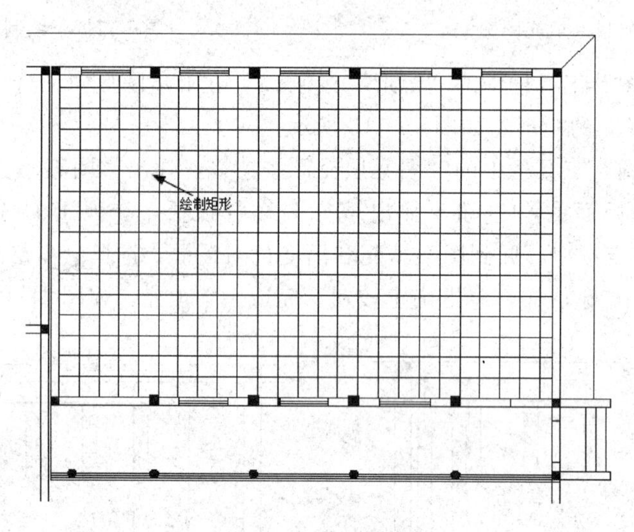

图 15-117　绘制矩形

82. 单击“修改”工具栏中的“偏移”按钮，选择上步绘制矩形为偏移对象将其向内进行偏移，偏移距离为 20，如图 15-118 所示。

83. 单击“修改”工具栏中的“分解”按钮，选择上步偏移后的矩形为分解对象，回车确认进行分解。

84. 单击“修改”工具栏中的“偏移”按钮，选择分解后矩形顶部水平边为偏移对象向下进行偏移，偏移距离为 175、10、190 和 10，如图 15-119 所示。

85. 单击“修改”工具栏中的“偏移”按钮，选择内部左侧竖直直线为偏移对象向右进行偏移，偏移距离为 75、10、90、10、90、10、90、10、90、10，如图 15-120 所示。

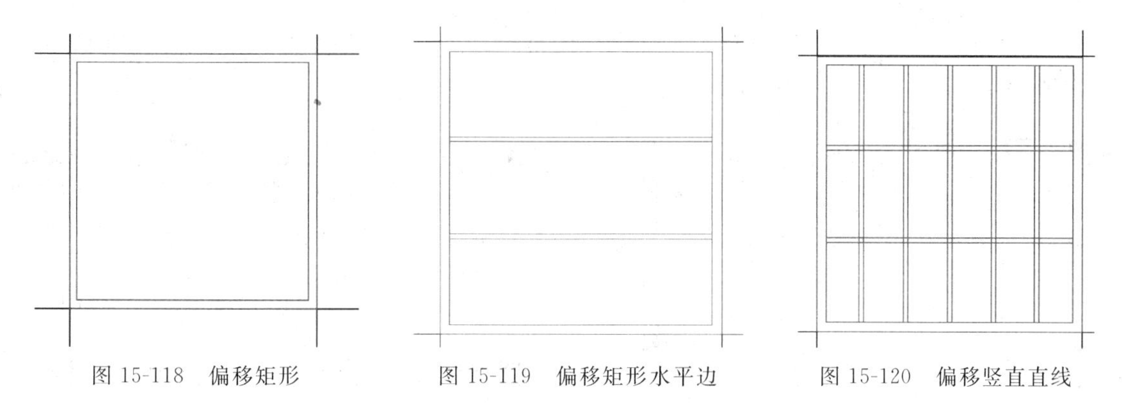

图 15-118 偏移矩形　　图 15-119 偏移矩形水平边　　图 15-120 偏移竖直直线

86. 单击“修改”工具栏中的“复制”按钮，选择上步绘制完成的图形为复制对象，对其进行连续复制，如图 15-121 所示。

87. 单击“绘图”工具栏中的“直线”按钮，绘制连续直线，如图 15-122 所示。

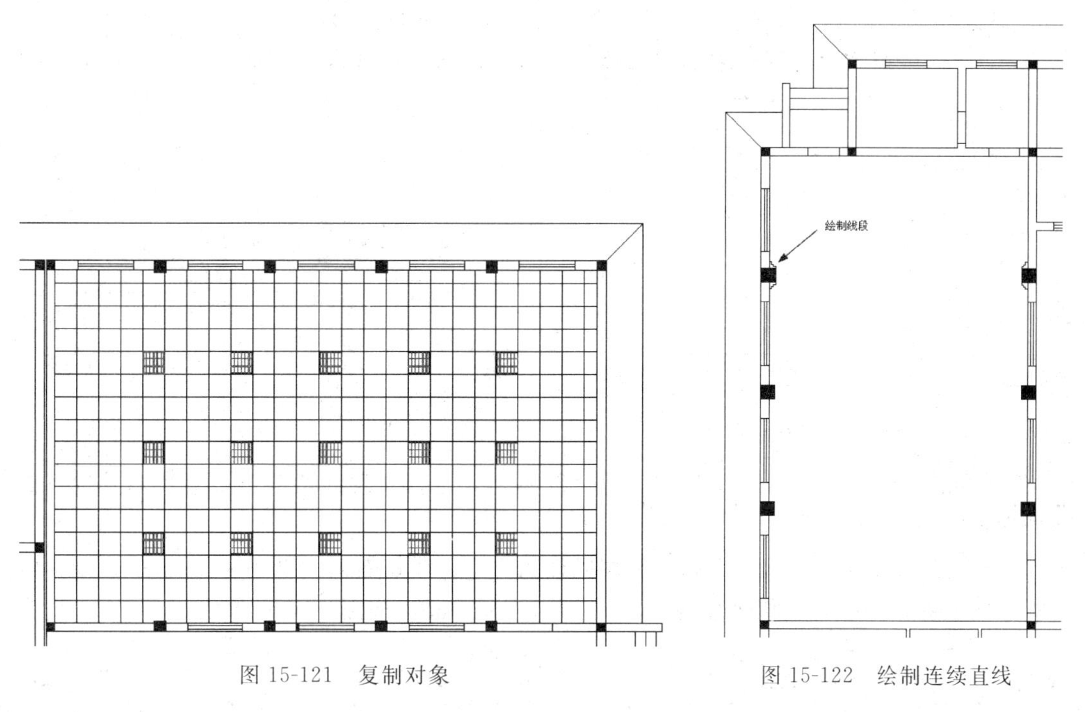

图 15-121 复制对象　　图 15-122 绘制连续直线

88. 单击“绘图”工具栏中的“直线”按钮，连接上步图形绘制一条水平直线，如图 15-123 所示。

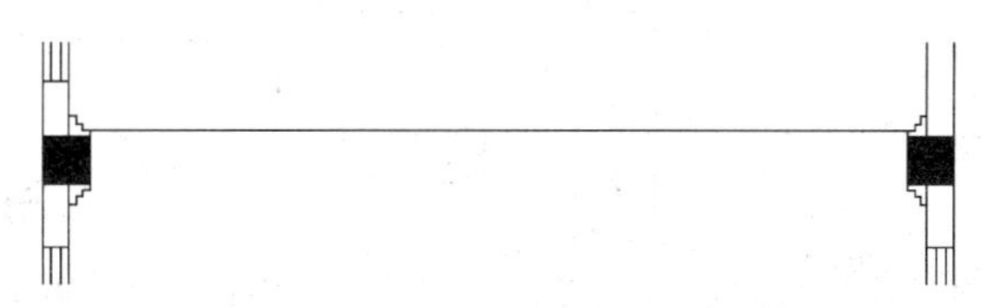

图 15-123 绘制水平直线

89. 单击“修改”工具栏中的“偏移”按钮，选择上步绘制的水平直线为偏移对象向下进行偏移，偏移距离为 240、40、240，如图 15-124 所示。

90. 单击“绘图”工具栏中的“直线”按钮，在偏移线段上选取一点为直线起点，绘制连续直线，如图 15-125 所示。

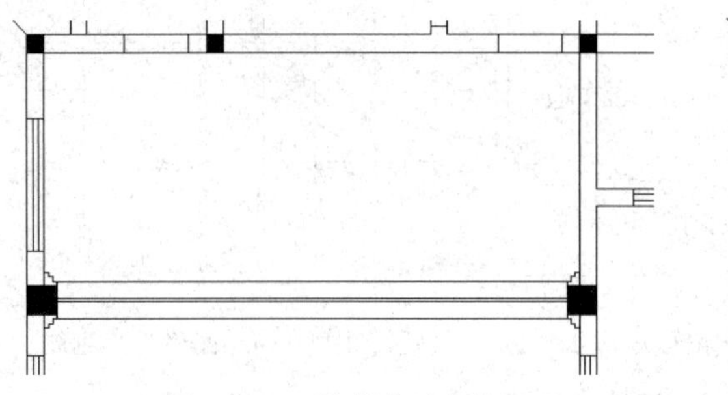

图 15-124　绘制水平直线

图 15-125　绘制水平直线

91. 单击“修改”工具栏中的“偏移”按钮，选择左侧竖直直线为偏移线段向右进行偏移，偏移距离为 350、600、200、800、100、300、1760、300、100、800、200 和 600，并对偏移后的部分线段线型进行修改，线型修改为 DASH，如图 15-126 所示。

92. 单击“修改”工具栏中的“偏移”按钮，选择顶部水平直线为偏移对象向下进行偏移，偏移距离为 496、200、356、200、356、200、356、200，如图 15-127 所示。

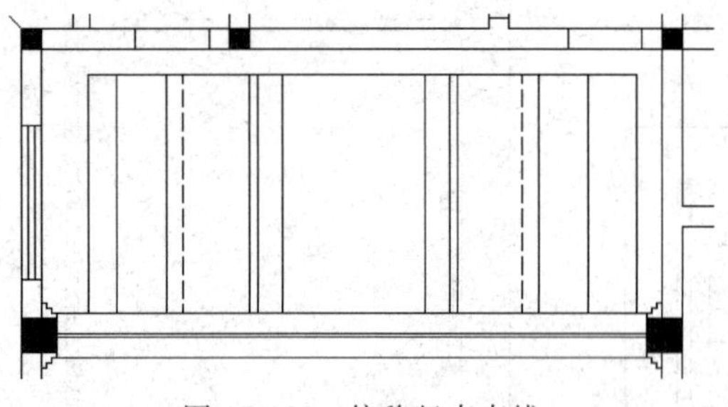

图 15-126　偏移竖直直线

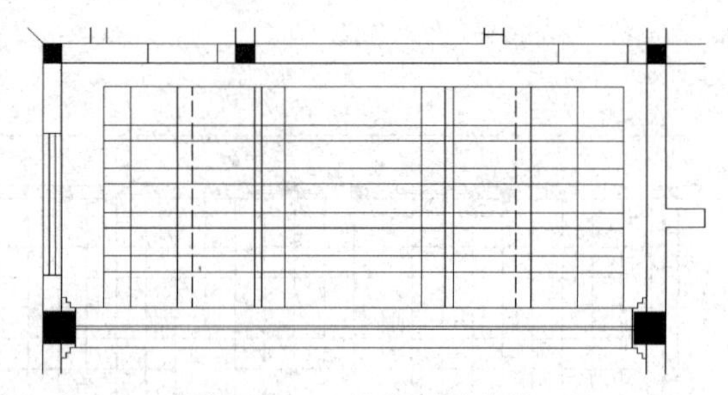

图 15-127　偏移水平直线

93. 单击“修改”工具栏中的“修剪”按钮，选择偏移线段为修剪对象对其进行修剪处理，如图 15-128 所示。

94. 单击“修改”工具栏中的“偏移”按钮，选择如图 15-129 所示的水平直线为偏移对象向下进行偏移，偏移距离为 528、655、655、655，如图 15-129 所示。

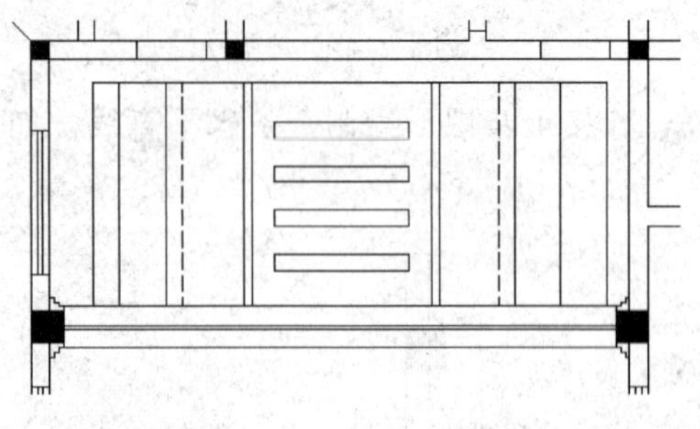

图 15-128　修剪线段

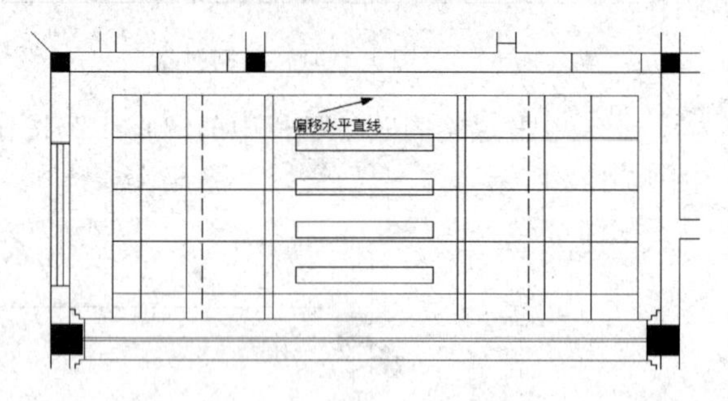

图 15-129　偏移水平直线

95. 单击“修改”工具栏中的“修剪”按钮，选择上步偏移线段为修剪对象对其进行修剪处理，如图 15-130 所示。

96. 结合上述方法完成剩余一层总顶棚布置图装饰吊顶的绘制，如图 15-131 所示。

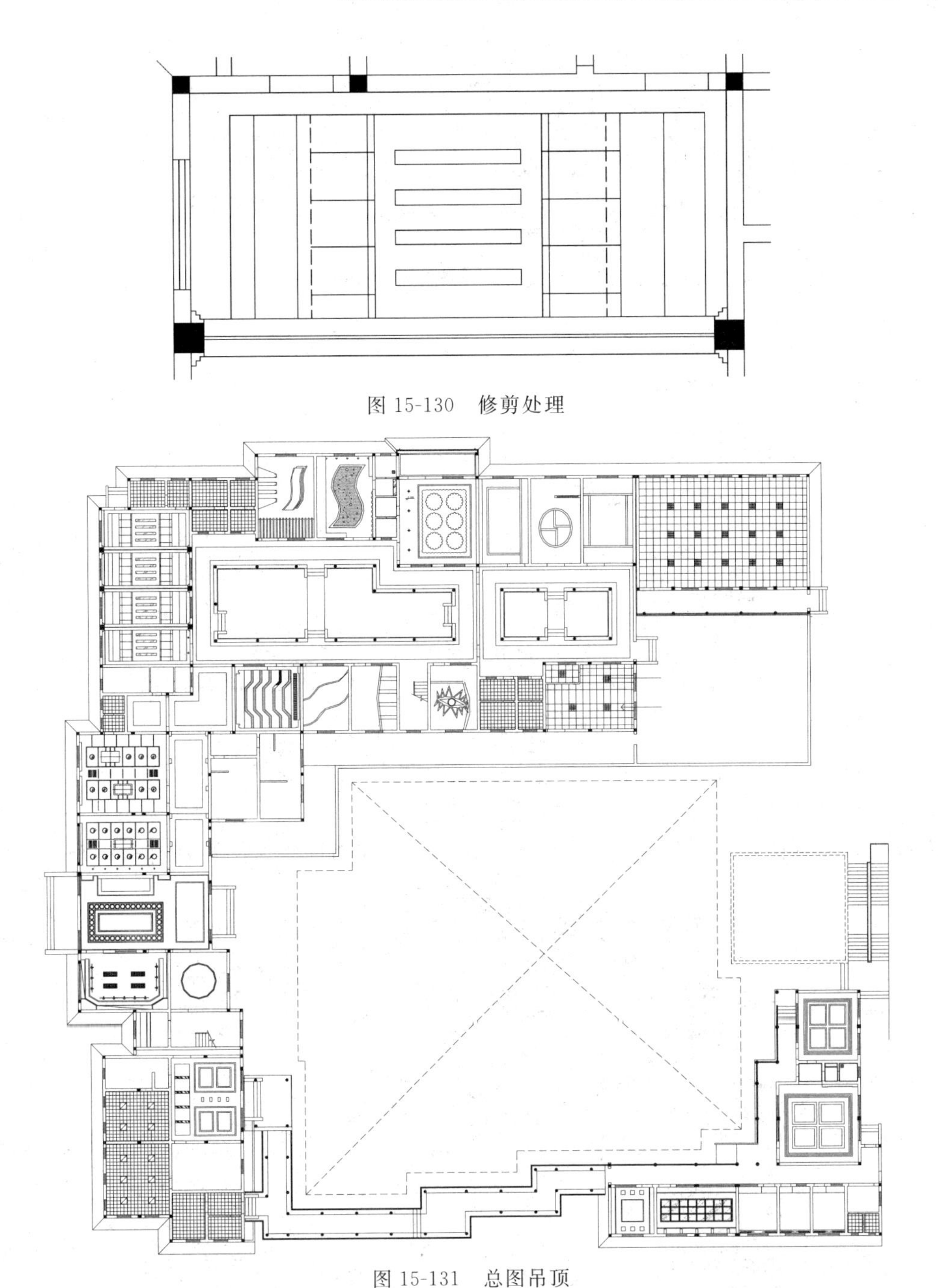

图 15-130 修剪处理

图 15-131 总图吊顶

15.1.4 布置吊顶灯具

【绘制步骤】

1. 单击“绘图”工具栏中的“插入块”按钮，弹出“插入”对话框。单击“浏览”按钮，弹出“选择图形文件”对话框，选择“源文件/图块/装饰吊灯”图块，单击“打开”按钮，回到插入对话框，单击“确定”按钮，完成图块插入，如图 15-132 所示。

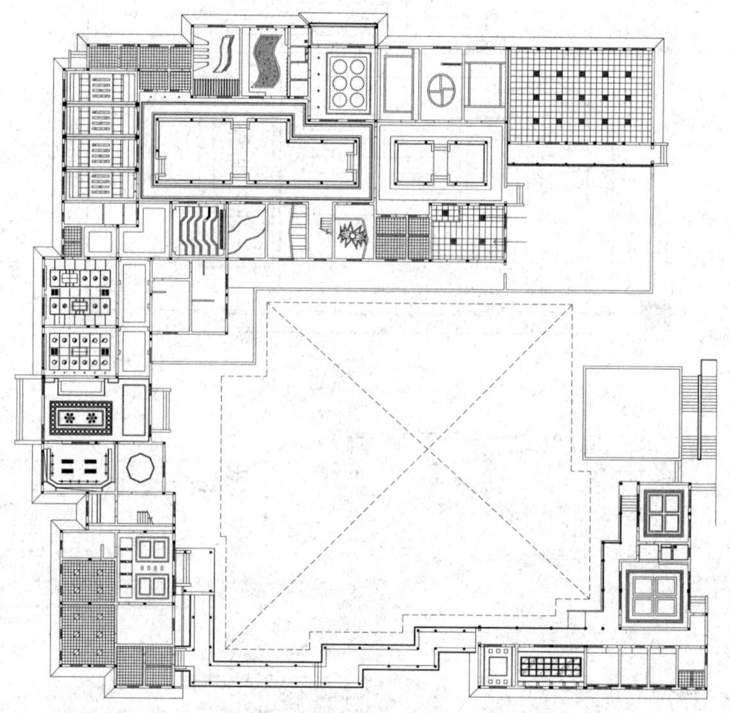

图 15-132　插入装饰吊灯

2. 单击“绘图”工具栏中的“插入块”按钮，弹出“插入”对话框。单击“浏览”按钮，弹出“选择图形文件”对话框，选择“源文件/图块/小型吊灯”图块，单击“打开”按钮，回到插入对话框，单击“确定”按钮，完成图块插入，如图 15-133 所示。

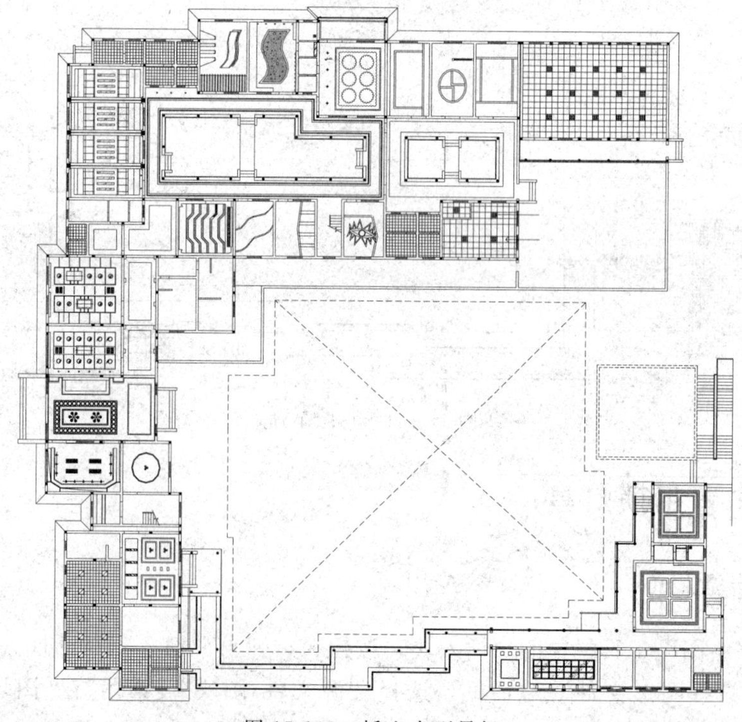

图 15-133　插入小型吊灯

3. 单击“绘图”工具栏中的“插入块”按钮，弹出“插入”对话框。单击“浏览”按钮，弹出“选择图形文件”对话框，选择“源文件/图块/小型吸顶灯”图块，单击“打开”按钮，回到插入对话框，单击“确定”按钮，完成图块插入，如图 15-134 所示。

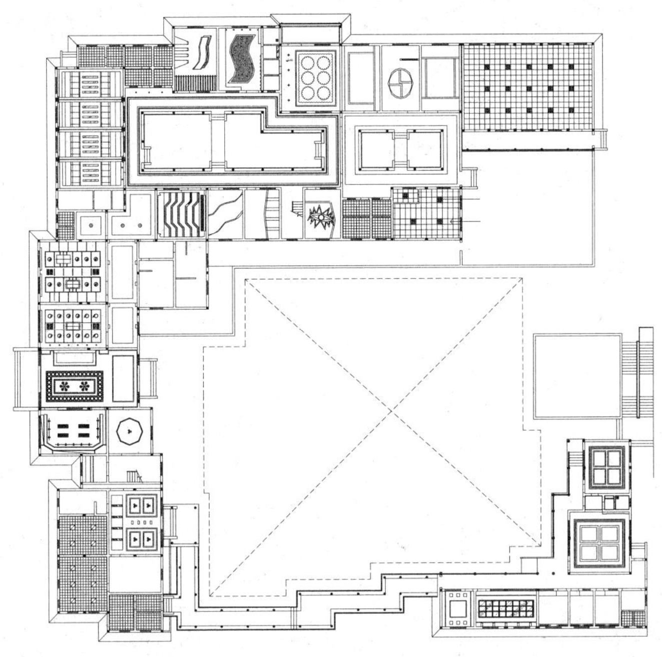

图 15-134 插入小型吸顶灯

4. 单击“绘图”工具栏中的“插入块”按钮，弹出“插入”对话框。单击“浏览”按钮，弹出“选择图形文件”对话框，选择“源文件/图块/半径 100 筒灯”图块，单击“打开”按钮，回到插入对话框，单击“确定”按钮，完成图块插入，如图 15-135 所示。

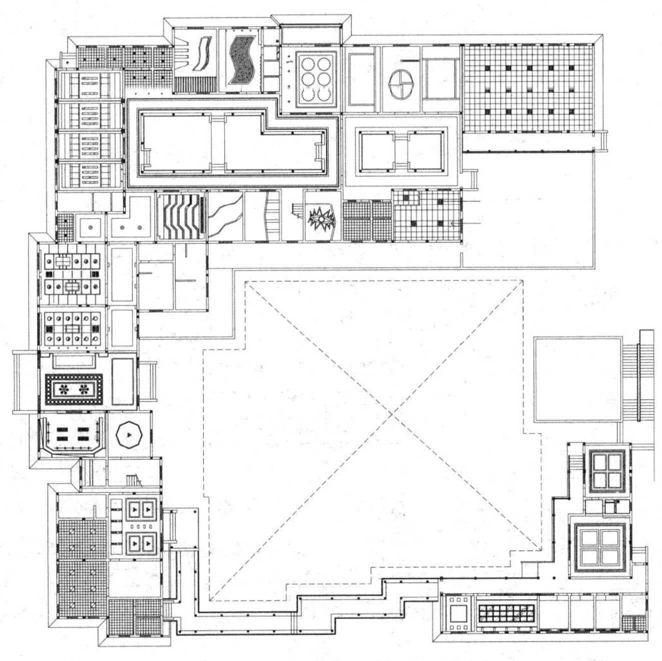

图 15-135 插入半径 100 筒灯

5. 利用上述方法完成剩余灯具的布置，如图 15-136 所示。

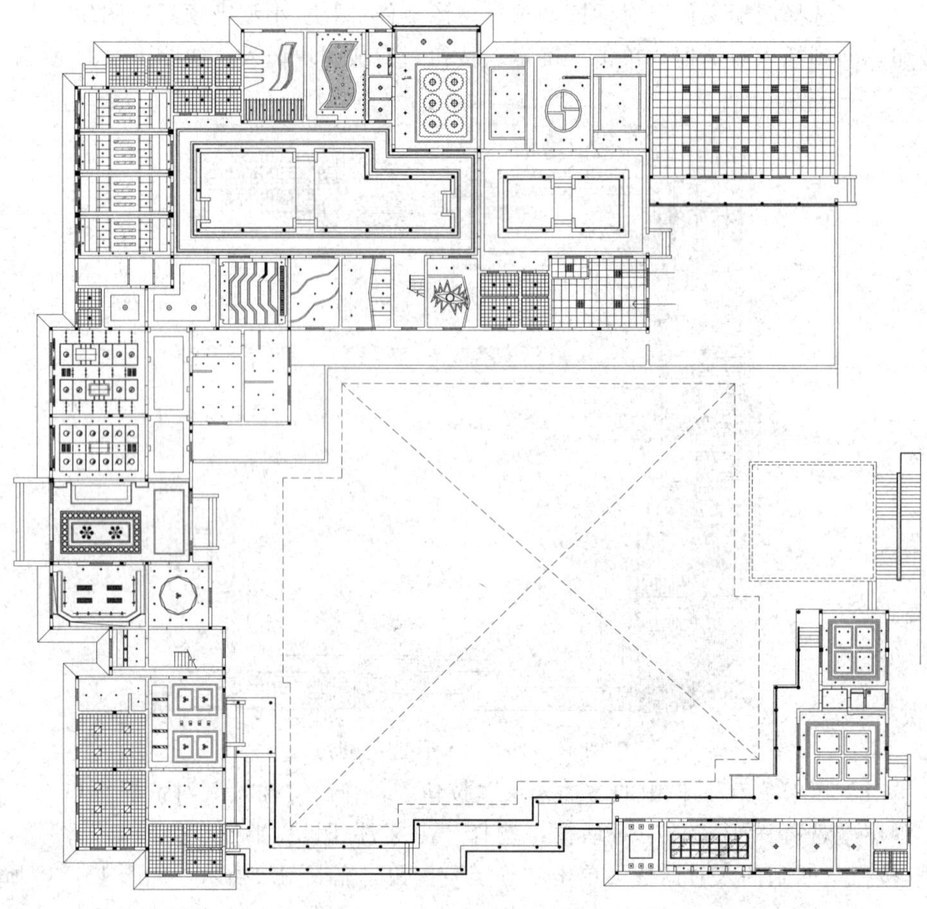

图 15-136　布置灯具

6. 在命令行中输入“QLEADER”命令，为图形添加引线文字说明，如图 15-137 所示。

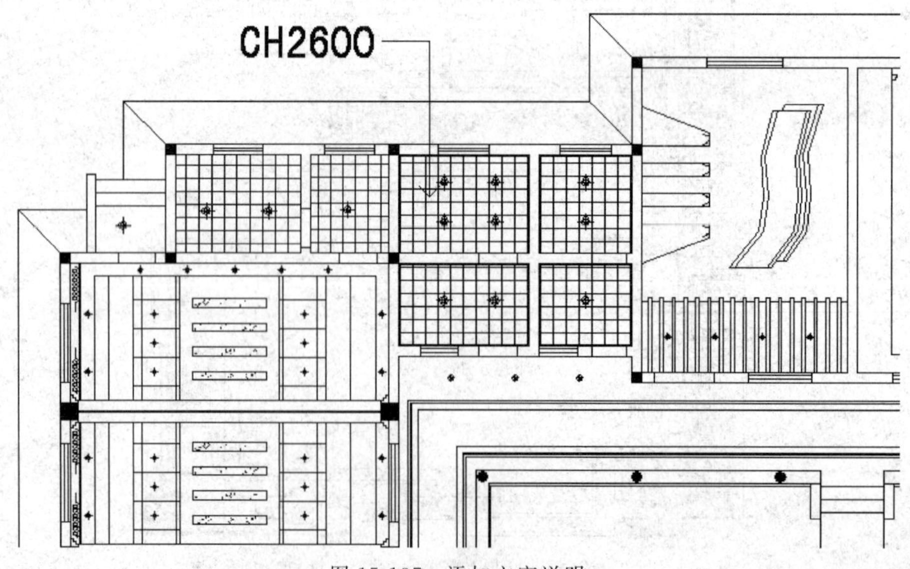

图 15-137　添加文字说明

7. 利用上述方法完成剩余文字说明的添加，如图 15-138 所示。

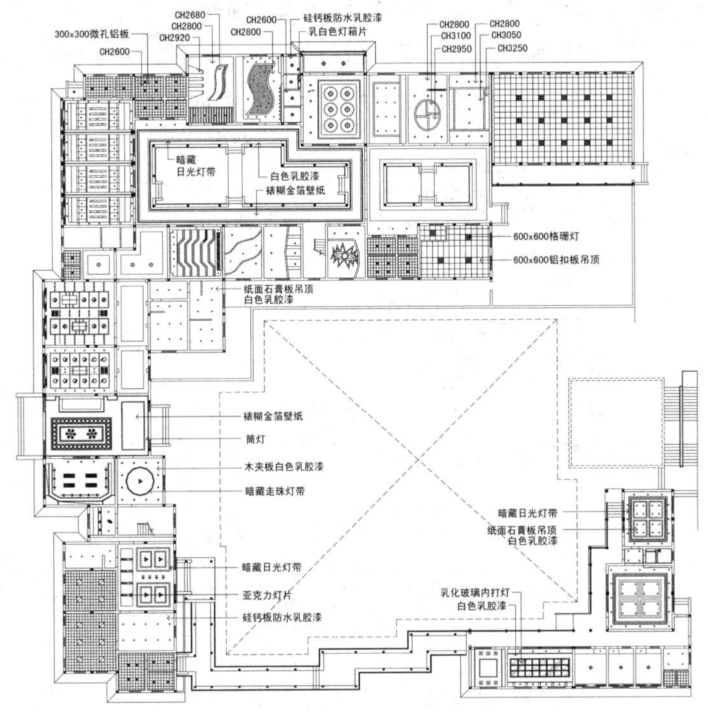

图 15-138 添加引线文字

8. 单击“绘图”工具栏中的“多行文字”按钮A，在绘制完成的图形内添加剩余的不带引线的文字说明，如图 15-139 所示

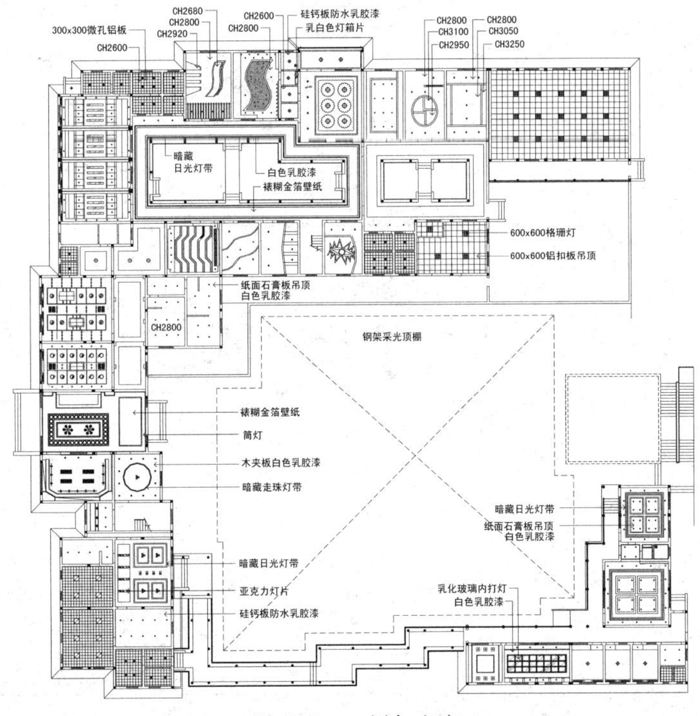

图 15-139 添加文字

9. 打开关闭的图层，最终完成一层顶棚布置图的绘制。

10. 单击“绘图”工具栏中的“插入块”按钮，弹出“插入”对话框，选择定义的图框为插入对象，将其放置到绘制的图形外侧，最终完成一层顶棚图的绘制，如图 15-140 所示。

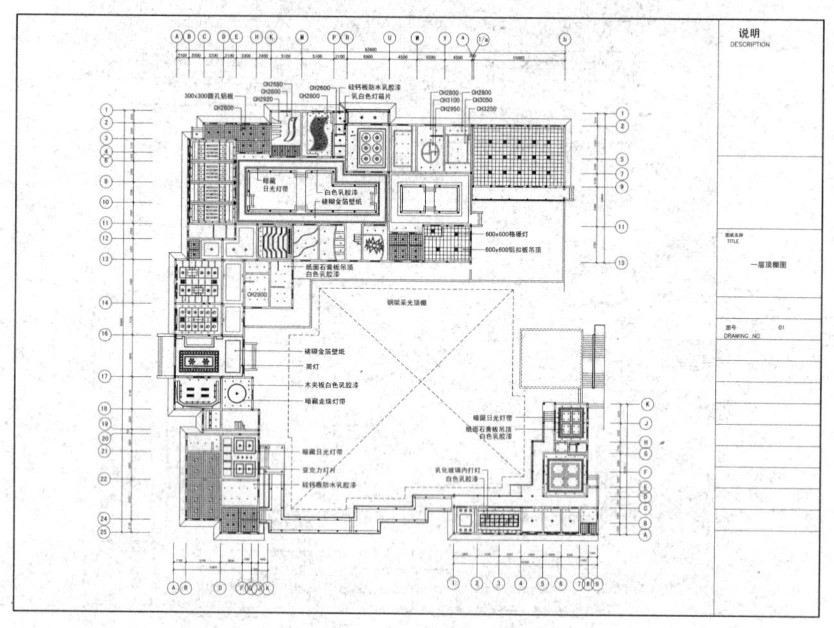

图 15-140　一层顶棚布置图

15.2　二层顶棚布置图

二层总顶棚图如图 15-141 所示，下面讲述其绘制方法。

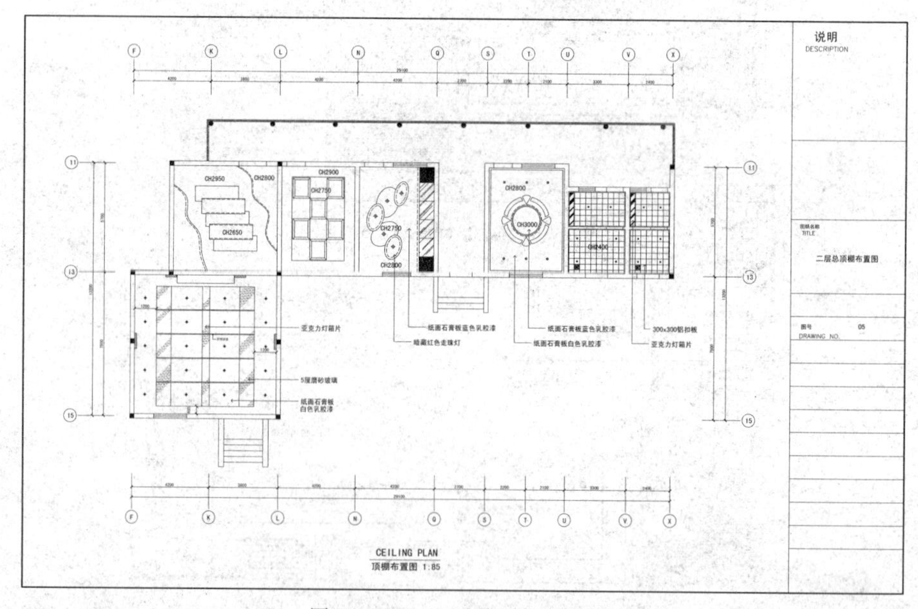

图 15-141　二层总顶棚布置图

光盘\视频教学\第 15 章\二层顶棚布置图.avi

15.2.1 整理图形

【绘制步骤】

1. 选择菜单栏中的“文件”→“打开”，弹出“选择文件”对话框，打开“二层总平面图”，将其另存为“二层总顶棚布置图”。

2. 新建“门窗线”图层，并将其置为当前，如图 15-142 所示。

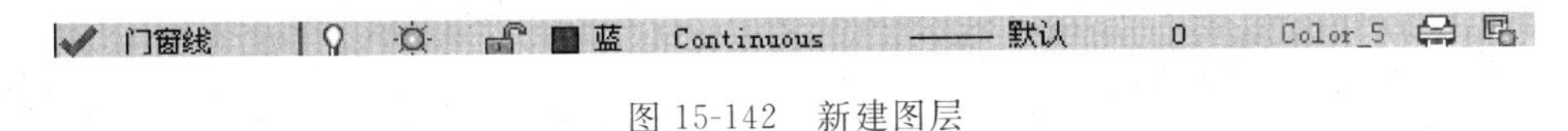

图 15-142　新建图层

3. 将保留的窗线置为“门窗线”图层，关闭图层“门窗”，隐藏门图形，整理图形，如图 15-143 所示。

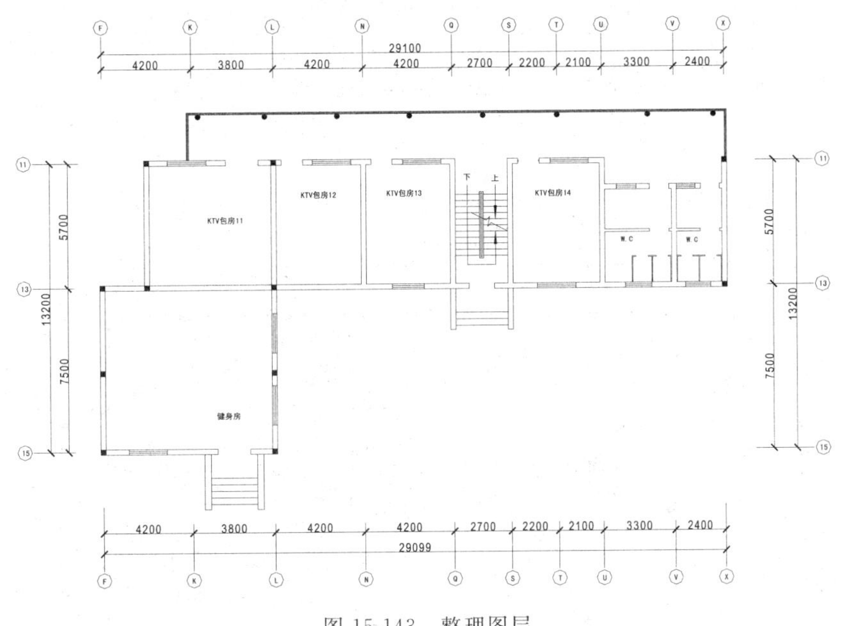

图 15-143　整理图层

4. 单击“绘图”工具栏中的“直线”按钮，封闭门洞线。如图 15-144 所示。

15.2.2 绘制装饰顶棚

【绘制步骤】

1. 新建“顶棚”图层，并将其置为当前。如图 15-145 所示。

2. 单击“绘图”工具栏中的“样条曲线”按钮和“修改”工具栏中的“偏移”按钮，在 KTV 包房 11 内绘制样条曲线，如图 15-146 所示。

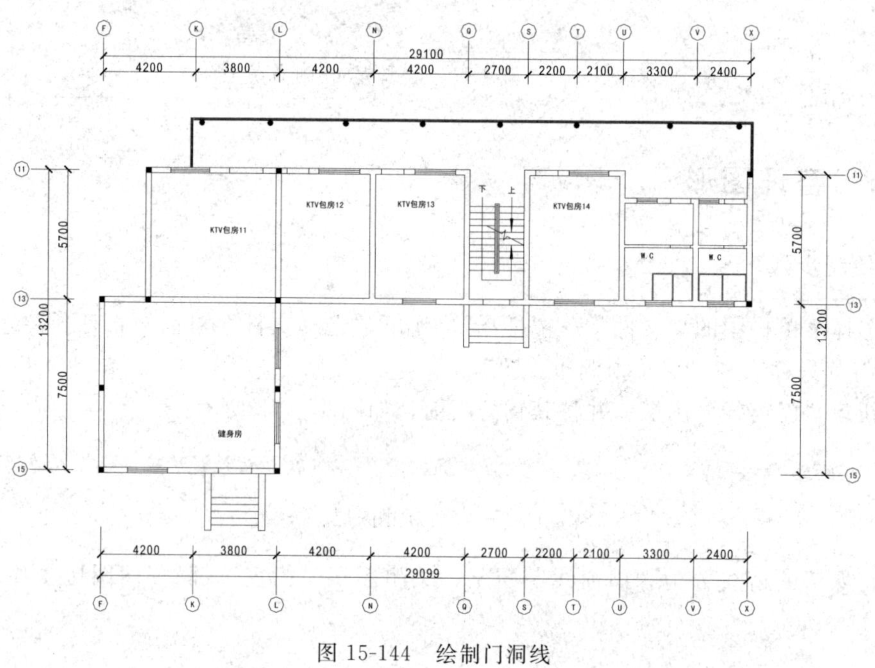

图 15-144　绘制门洞线

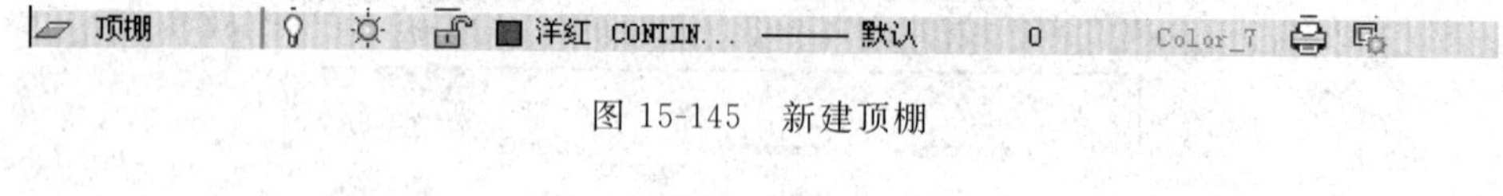

图 15-145　新建顶棚

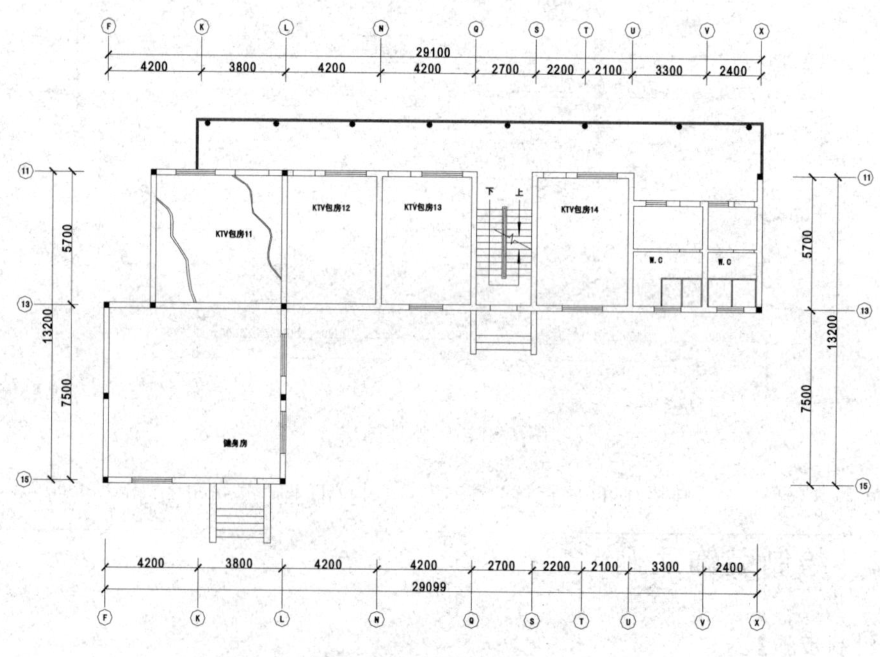

图 15-146　绘制样条曲线

3. 单击“绘图”工具栏中的“矩形”按钮，在上步绘制的样条曲线间选择一点为矩形起点，绘制一个“2400×800”的矩形，如图 15-147 所示。

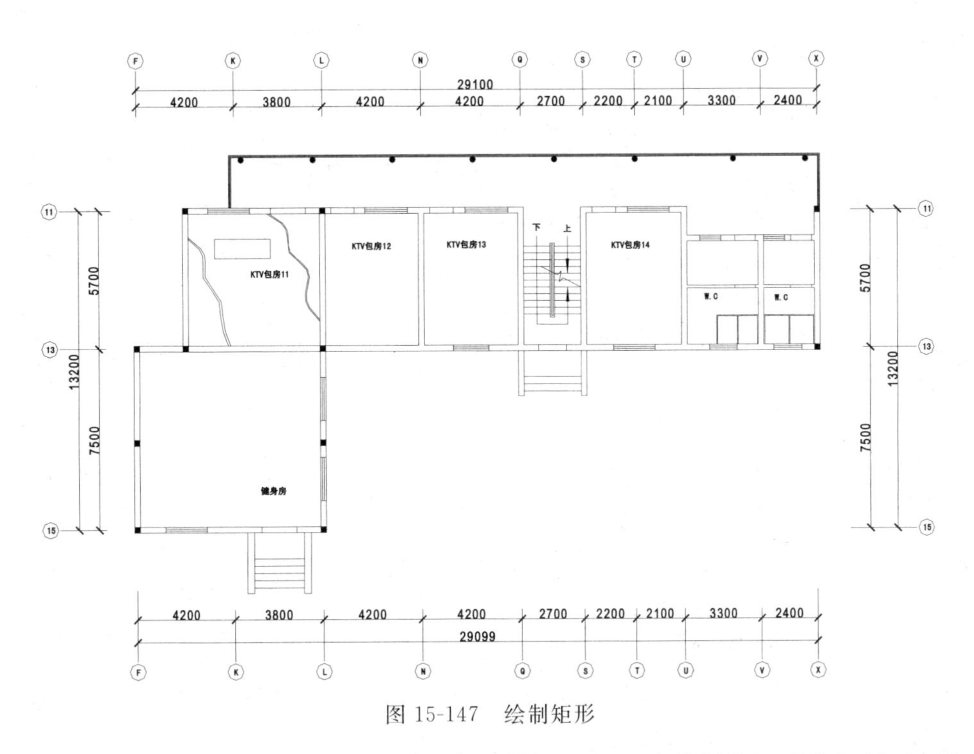

图 15-147 绘制矩形

4. 单击“修改”工具栏中的“复制”按钮，选择上步绘制的矩形为复制对象将其向下进行连续复制，如图 15-148 所示。

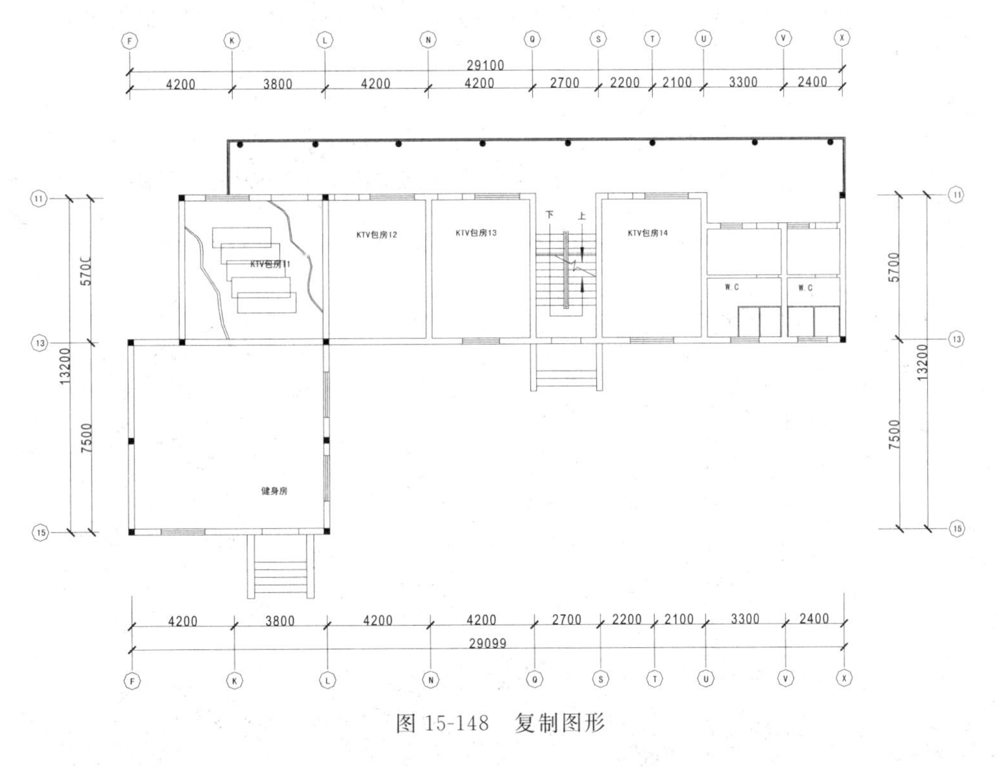

图 15-148 复制图形

5. 单击“修改”工具栏中的“修剪”按钮，选择复制矩形内线段为修剪对象对其进行修剪处理，如图 15-149 所示。

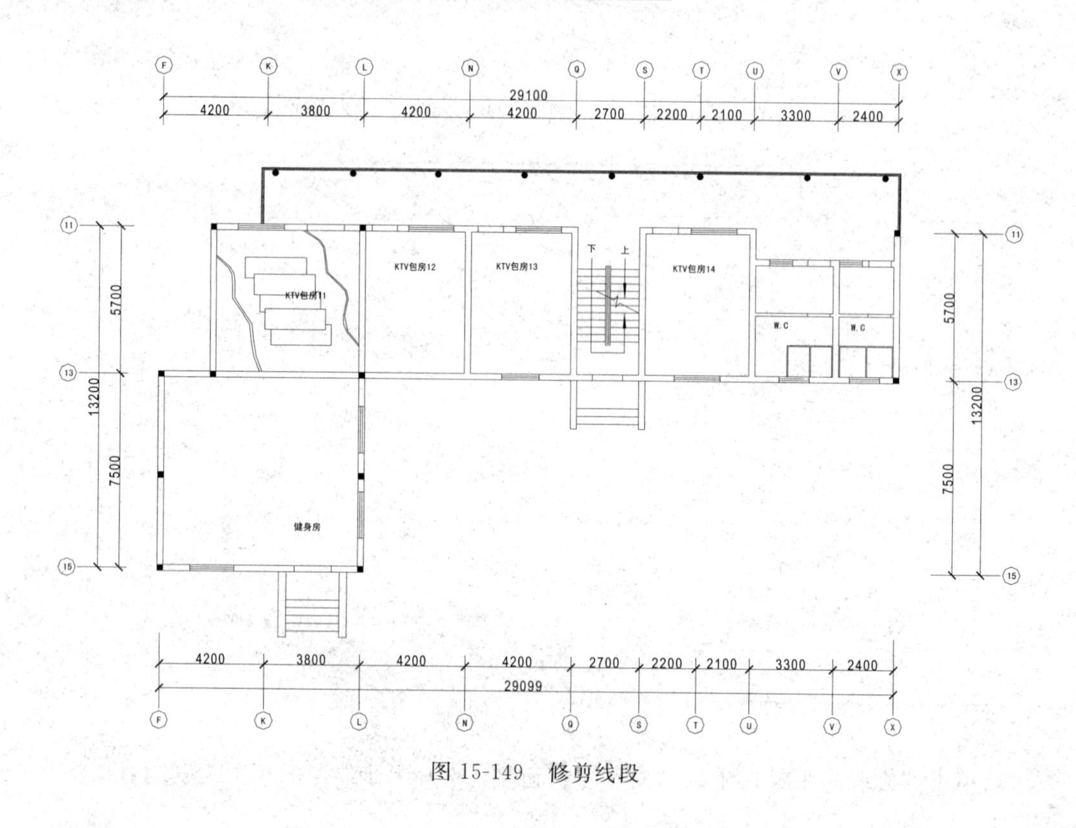

图 15-149 修剪线段

6. 单击“绘图”工具栏中的“直线”按钮，在修剪后的矩形内绘制水平直线，如图 15-150 所示。

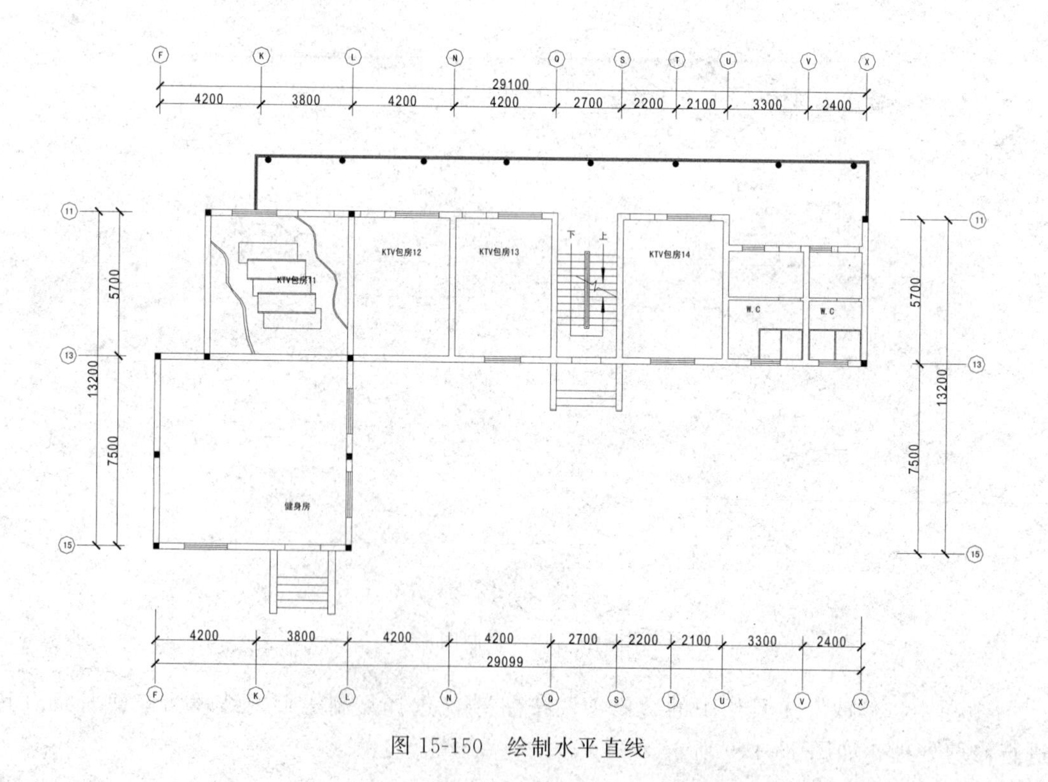

图 15-150 绘制水平直线

7. 单击“绘图”工具栏中的“矩形”按钮，在KTV包房12内选择一点为矩形起点绘制一个“2860×4360”的矩形。如图15-151所示。

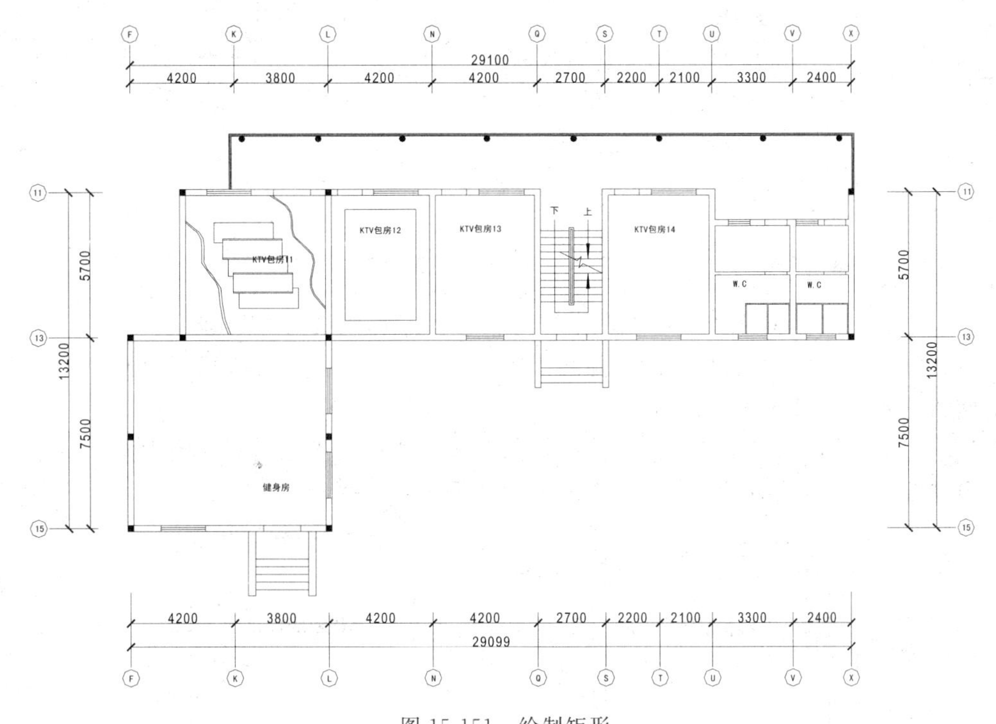

图15-151　绘制矩形

8. 单击“绘图”工具栏中的“矩形”按钮，在上步绘制矩形内选择一点为矩形起点，绘制一个“920×1065”的矩形，如图15-152所示。

9. 单击“修改”工具栏中的“偏移”按钮，选择上步绘制矩形为偏移对象将其向内进行偏移，偏移距离为100，如图15-153所示。

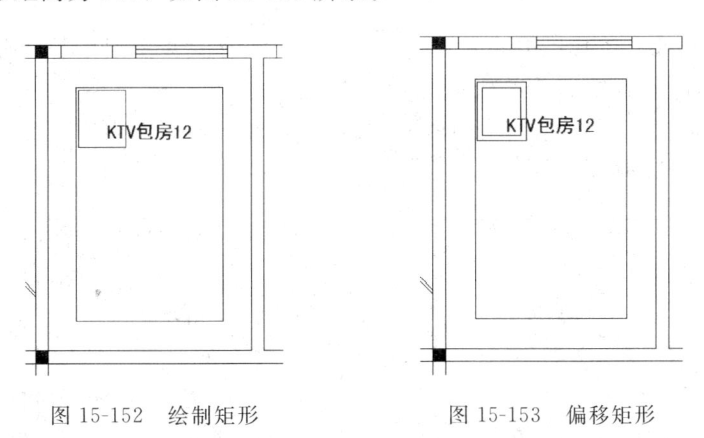

图15-152　绘制矩形　　　　图15-153　偏移矩形

10. 单击“绘图”工具栏中的“直线”按钮，绘制两矩形间的对角线，如图15-154所示。

11. 单击“修改”工具栏中的“复制”按钮，选择上步绘制完成的图形为复制对象对其进行连续复制，如图15-155所示。

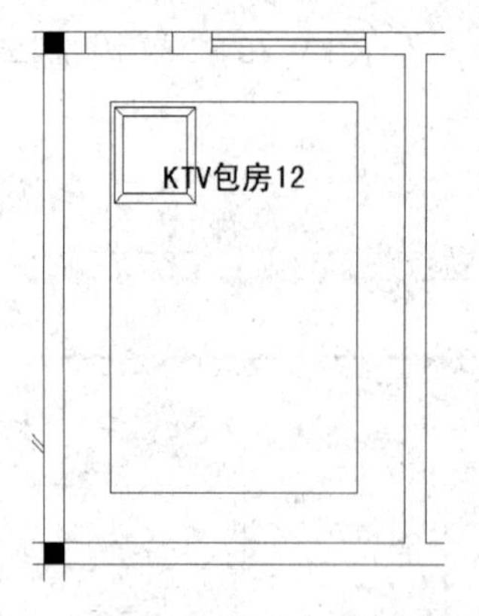

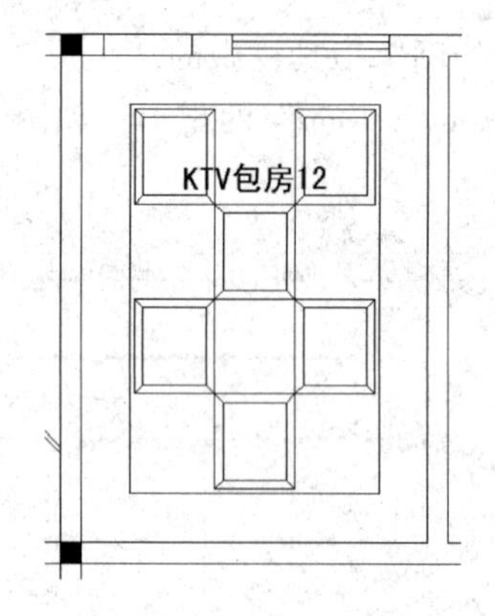

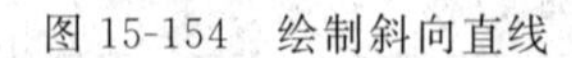

图 15-154 绘制斜向直线　　图 15-155 复制图形

12. 单击“绘图”工具栏中的“椭圆”按钮，在 KTV 包房 13 内，绘制一个适当大小的椭圆，如图 15-156 所示。

13. 单击“修改”工具栏中的“偏移”按钮，选择上步绘制的椭圆为偏移对象，将其向内进行偏移，偏移距离为 100，如图 15-157 所示。

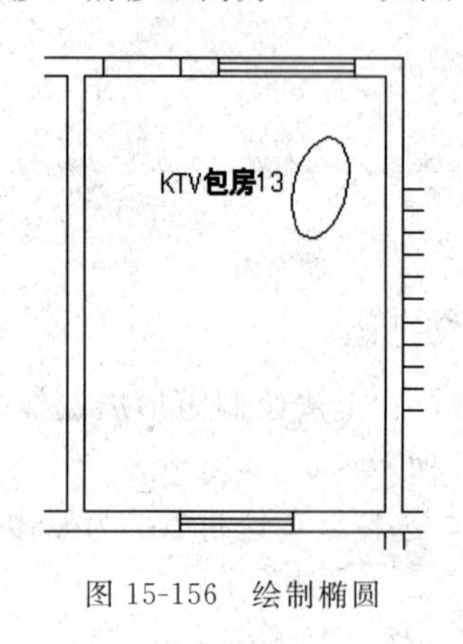

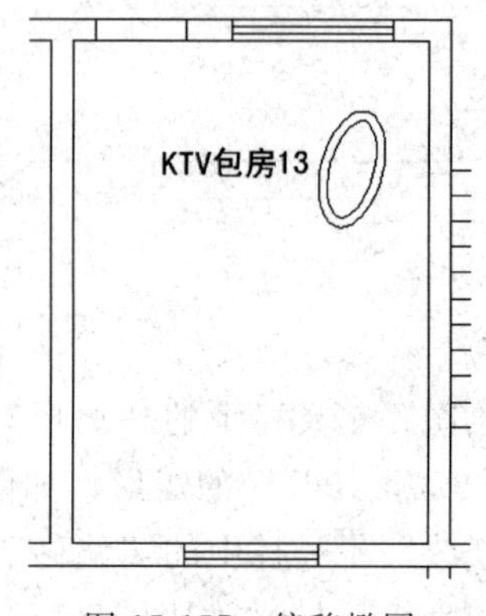

图 15-156 绘制椭圆　　图 15-157 偏移椭圆

14. 单击“修改”工具栏中的“复制”按钮，选择上步图形中的两椭圆为复制对象对其进行复制操作，如图 15-158 所示。

15. 单击“绘图”工具栏中的“椭圆”按钮，在上步图形间绘制两个适当不同尺寸的椭圆，如图 15-159 所示。

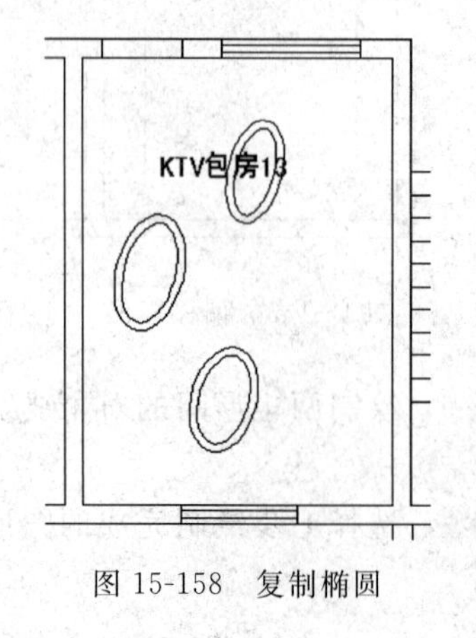

图 15-158 复制椭圆　　图 15-159 绘制椭圆

16. 单击“绘图”工具栏中的“矩形”按钮，在KTV包房14内绘制一个矩形，矩形大小与内部墙体大小相同。

17. 单击“修改”工具栏中的“偏移”按钮，选择上步绘制矩形为偏移对象将其向内进行偏移，偏移距离为90，如图15-160所示。

18. 单击“绘图”工具栏中的“圆”按钮，在包房中间位置选择一点为圆的圆心，绘制一个半径为1249的矩形，如图15-161所示。

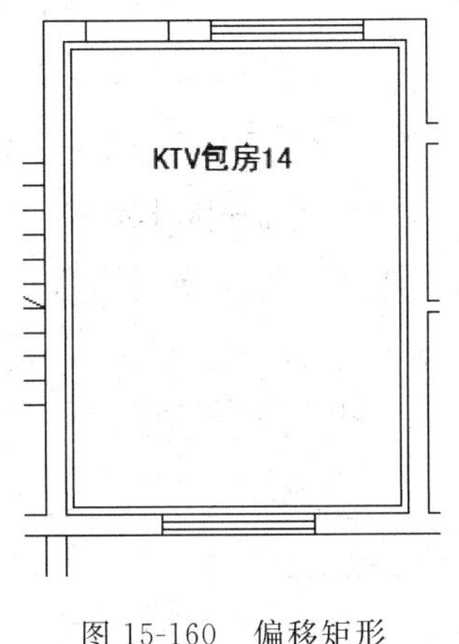

图15-160 偏移矩形

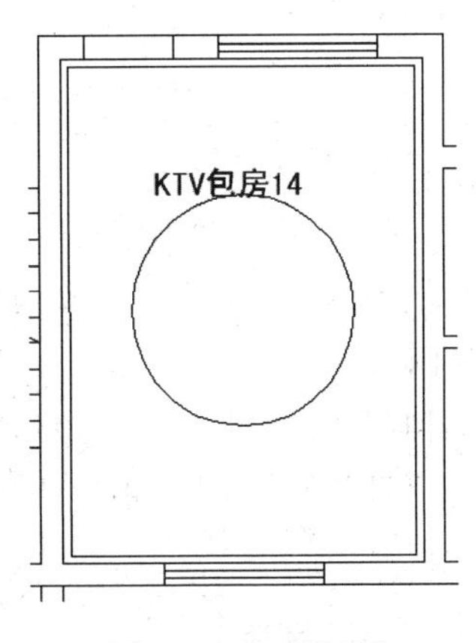

图15-161 绘制圆

19. 单击“修改”工具栏中的“偏移”按钮，选择上步绘制圆为偏移对象将其向内进行偏移，偏移距离为200、219、50、50，如图15-162所示。

20. 单击“绘图”工具栏中的“直线”按钮盒“圆弧”按钮，在上步偏移圆内绘制如图15-163所示的图形。

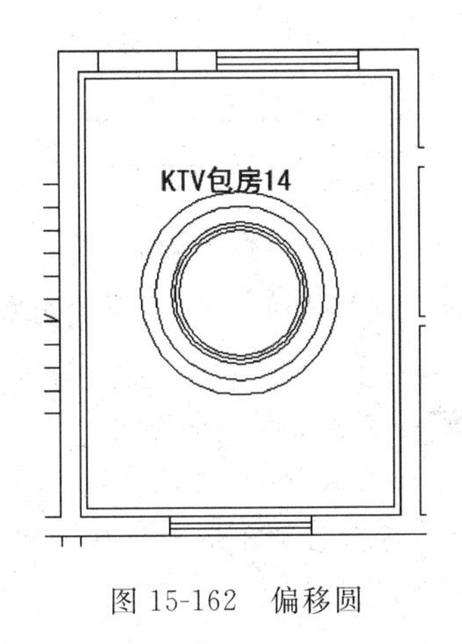

图15-162 偏移圆

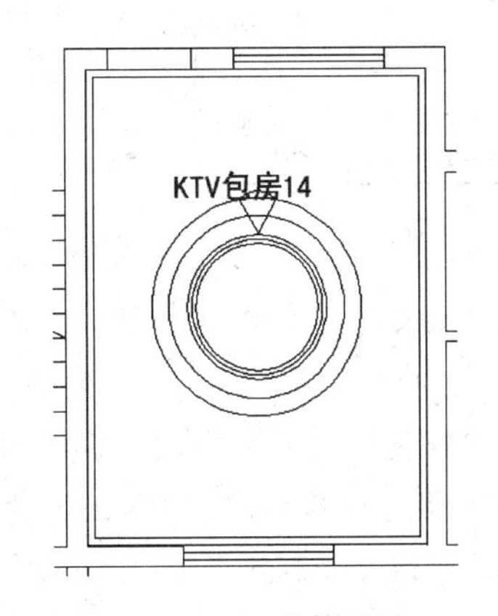

图15-163 绘制图形

21. 单击“修改”工具栏中的“圆形阵列”按钮，选择上步绘制图形为阵列对象，选择同心圆圆心为阵列中心点，设置阵列项目数为4，项目间角度为90°，结果如图15-164所示。

22. 单击“绘图”工具栏中的“直线”按钮，在阵列图形两侧绘制几条斜向直线，如图15-165所示。

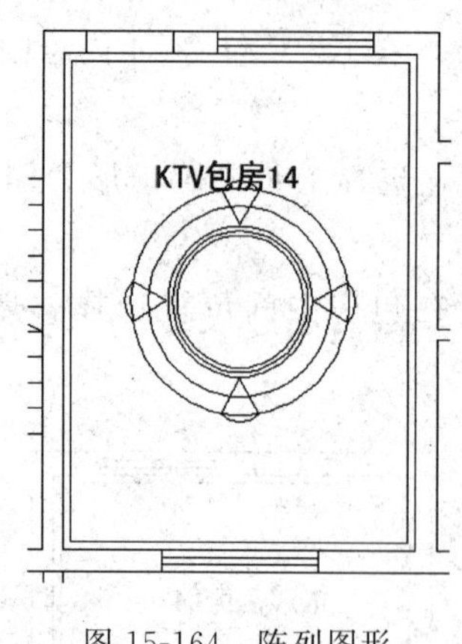

图 15-164　阵列图形

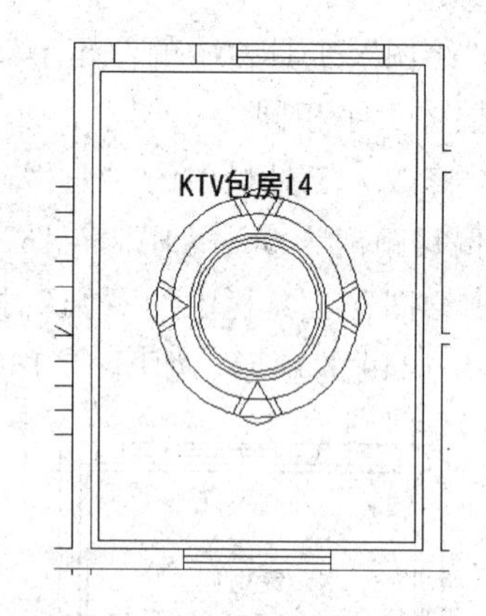

图 15-165　绘制斜向直线

23. 单击“修改”工具栏中的“修剪”按钮，选择上步绘制图形为修剪对象对其进行修剪处理，如图 15-166 所示。

24. 单击“绘图”工具栏中的“矩形”按钮，在健身房内选择一点为矩形起点，绘制一个“5360×6261”的矩形，如图 15-167 所示。

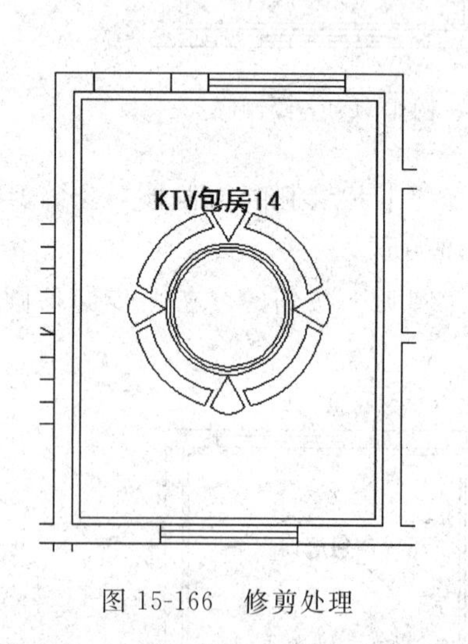

图 15-166　修剪处理

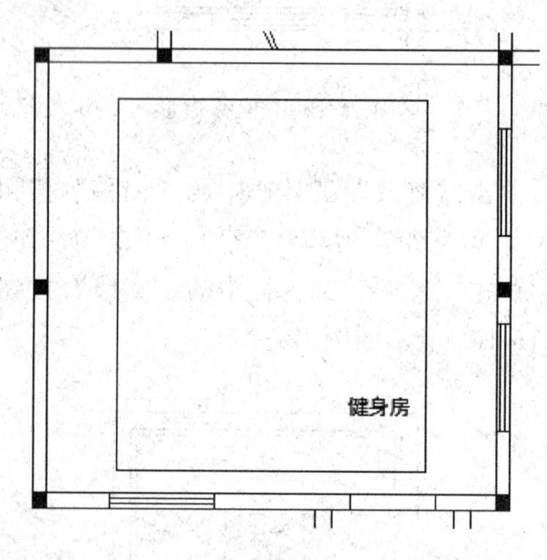

图 15-167　绘制矩形

25. 单击“修改”工具栏中的“分解”按钮，选择上步绘制矩形为分解对象回车确认进行分解。

26. 单击“修改”工具栏中的“偏移”按钮，选择分解矩形左侧竖直边为偏移对象将其向右进行偏移，偏移距离为 800、1680、400、1320、360，如图 15-168 所示。

27. 单击“修改”工具栏中的“偏移”按钮，选择分解矩形上步水平边为偏移对象将其向下进行偏移，偏移距离为 1232、40、1212、40、1212、40、1212、40，如图 15-169 所示。

28. 单击“绘图”工具栏中的“直线”按钮，在上步偏移线段内绘制多条斜向直线，如图 15-170 所示。

29. 单击“绘图”工具栏中的“图案填充”按钮，系统打开“图案填充和渐变色”对话框，单击“图案”选项后面的按钮，系统打开“填充图案选项板”对话框，选择“AR-SAND”图案类型，单击“确定”按钮退出。回到“图案填充和渐变色”，对话框，单击对话框右侧的“添加：拾取点”按钮，选择上步绘制斜线间为填充区域，填充比例为1，单击“确定”按钮完成图形的图案填充，效果如图15-171所示。

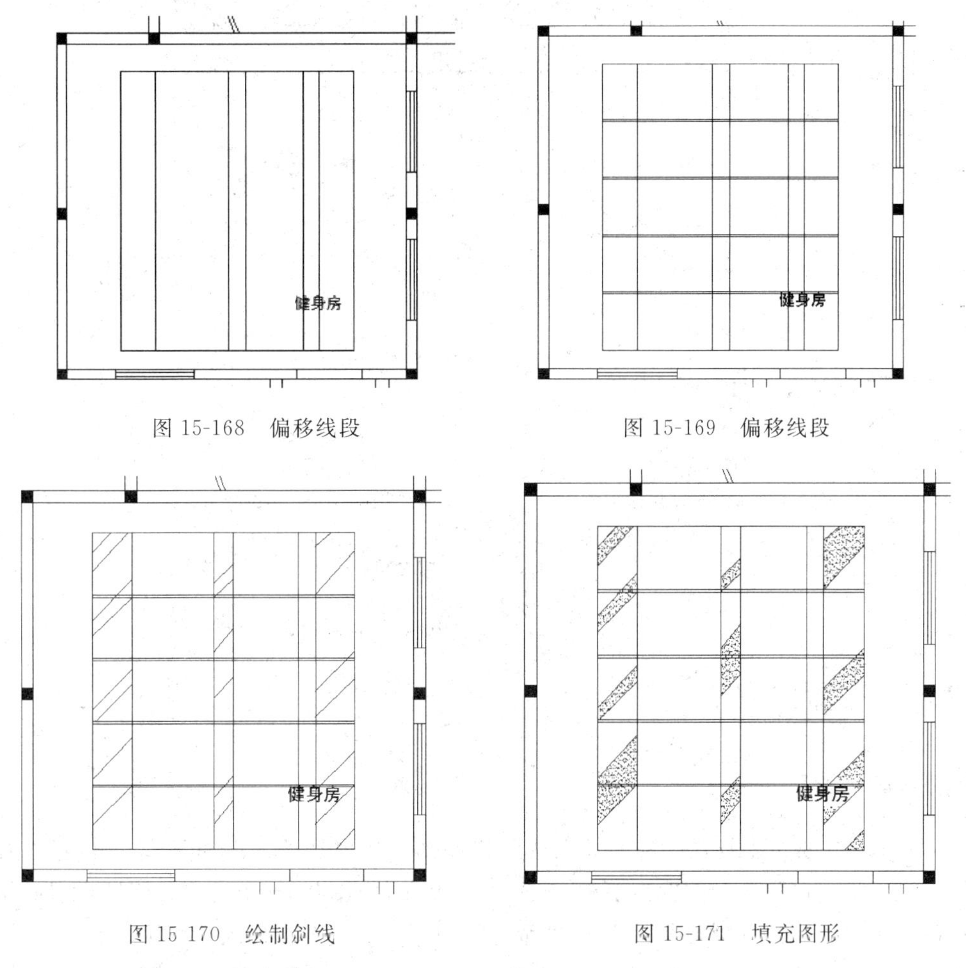

图15-168 偏移线段　　图15-169 偏移线段

图15 170 绘制斜线　　图15-171 填充图形

30. 单击“修改”工具栏中的“删除”按钮，选择填充图形外围的斜线为删除对象将其删除，如图15-172所示。

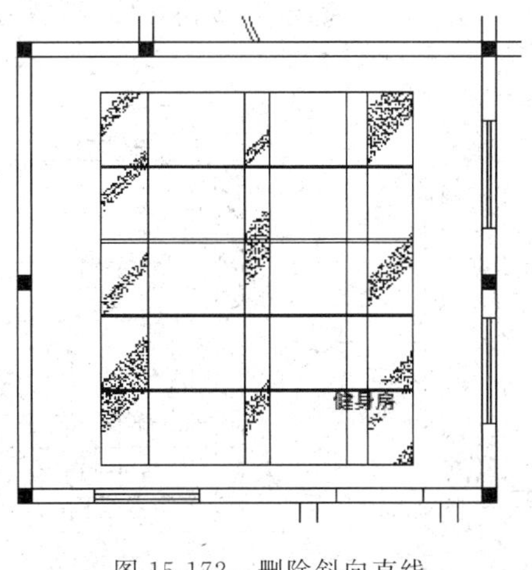

图15-172 删除斜向直线

31. 利用上述方法完成剩余顶棚装饰图案的绘制，如图 15-173 所示。

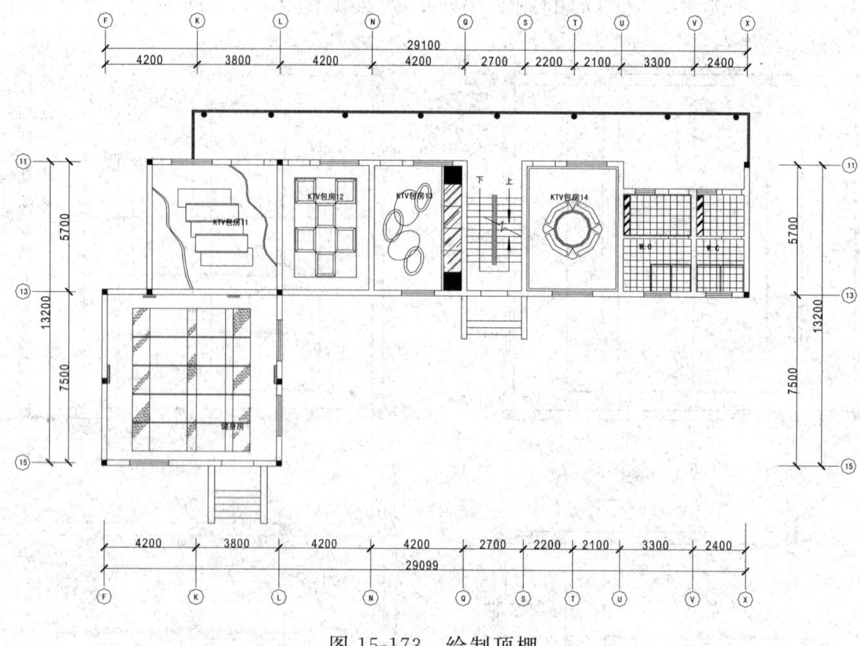

图 15-173　绘制顶棚

15. 2. 3　布置灯具

1. 单击“绘图”工具栏中的“插入块”按钮，弹出“插入”对话框。单击“浏览”按钮，弹出“选择图形文件”对话框，选择“源文件/图库/半径 75 筒灯”图块，单击“打开”按钮，回到插入对话框，单击“确定”按钮，完成图块插入，如图 2-174 所示。

2. 单击“绘图”工具栏中的“插入块”按钮，弹出“插入”对话框。单击“浏览”按钮，弹出“选择图形文件”对话框，选择“源文件/图库/半径 38 筒灯”图块，单击“打开”按钮，回到插入对话框，单击“确定”按钮，完成图块插入，如图 2-175 所示。

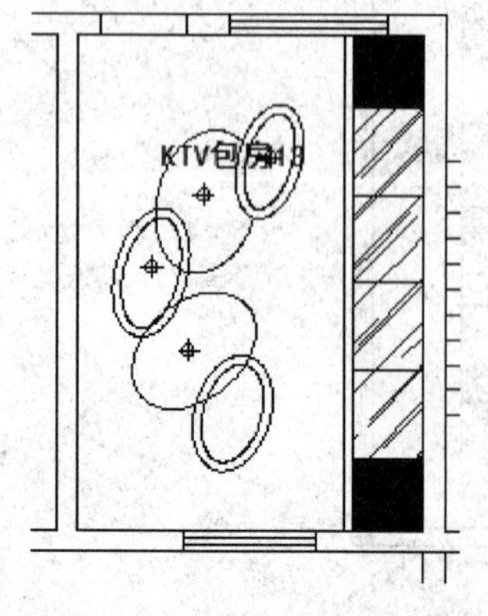

图 15-174　插入半径 75 筒灯

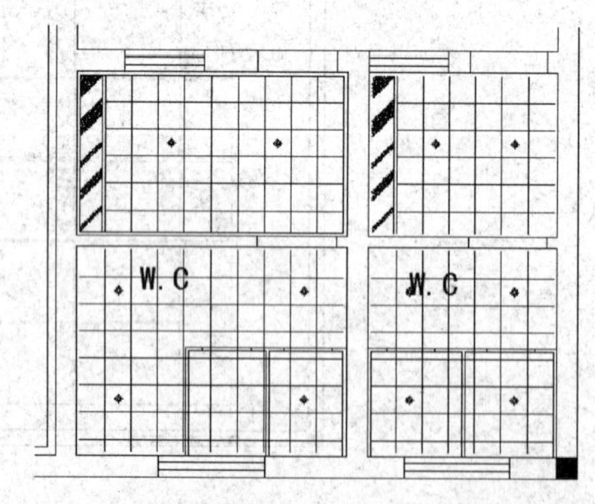

图 15-175　插入半径 38 筒灯

3. 单击“绘图”工具栏中的“插入块”按钮，弹出“插入”对话框。单击“浏览”按钮，弹出“选择图形文件”对话框，选择“源文件/图库/半径56吸顶灯”图块，单击“打开”按钮，回到插入对话框，单击“确定”按钮，完成图块插入，如图2-176所示。

4. 单击“绘图”工具栏中的“插入块”按钮，弹出“插入”对话框。单击“浏览”按钮，弹出“选择图形文件”对话框，选择“源文件/图库/半径50吸顶灯”图块，单击“打开”按钮，回到插入对话框，单击“确定”按钮，完成图块插入，如图2-177所示。

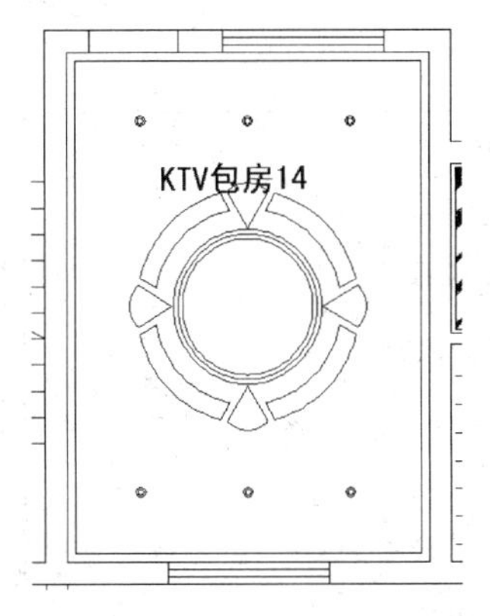

图15-176 插入半径56吸顶灯

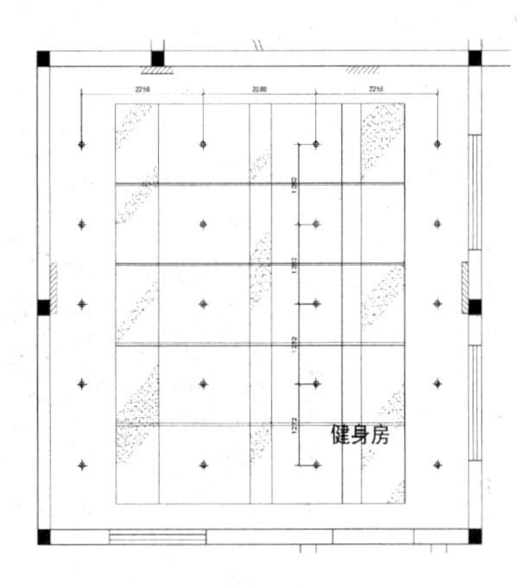

图15-177 插入半径50吸顶灯

5. 单击“绘图”工具栏中的“插入块”按钮，弹出“插入”对话框。单击“浏览”按钮，弹出“选择图形文件”对话框，选择“源文件/图库/排风扇”图块，单击“打开”按钮，回到插入对话框，单击“确定”按钮，完成图块插入，最终完成二层总顶棚布置图的绘制，如图15-178所示。

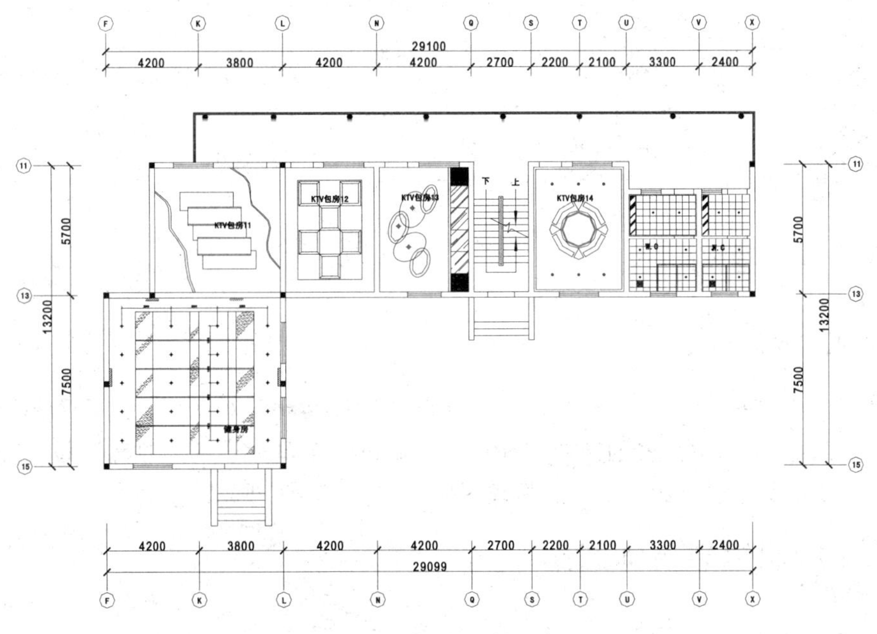

图15-178 插入排风扇

6. 单击“绘图”工具栏中的“插入块”按钮，弹出“插入”对话框。选择定义的

“图框”为插入对象，将其放置到绘制的图形外侧，最终完成二层总顶棚布置图的绘制，如图 15-141 所示。

15.3　一层地坪布置图

一层地坪图如图 15-179 所示，下面讲述其绘制方法。

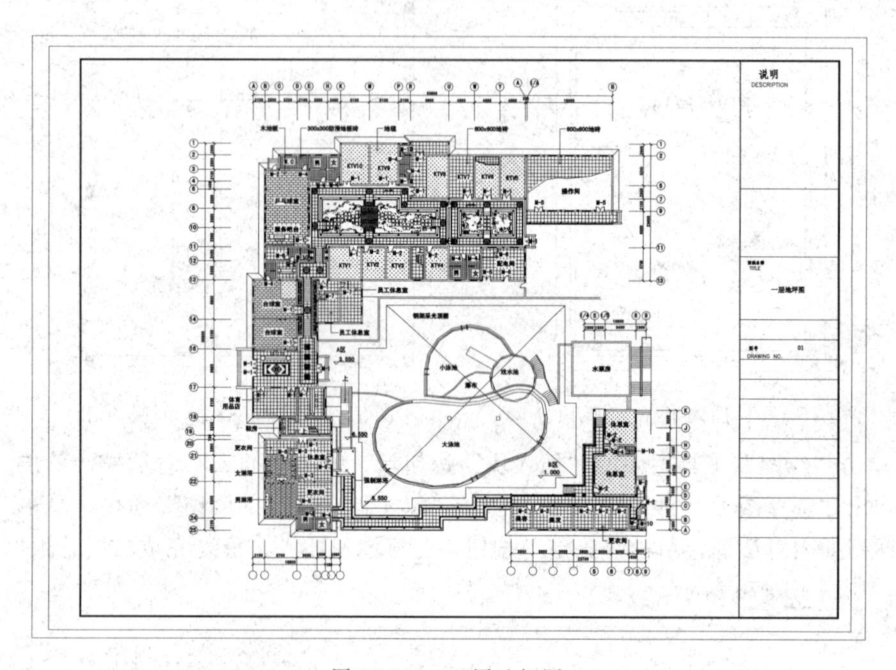

图 15-179　一层地坪图

光盘\视频教学\第 15 章\一层地坪布置图.avi

15.3.1　整理图形

【绘制步骤】

选择菜单栏中的“文件”→“打开”，弹出“选择文件”对话框。选择“一层总平面图”，将其打开，关闭不需要的图层，并单击“修改”工具栏中的“删除”按钮，选择图形中不需要的图形进行删除，最后整理图形，如图 15-180 所示。

15.3.2　绘制地坪装饰图案

【绘制步骤】

1. 新建“地坪”图层，并将其置为当前。如图 15-181 所示。

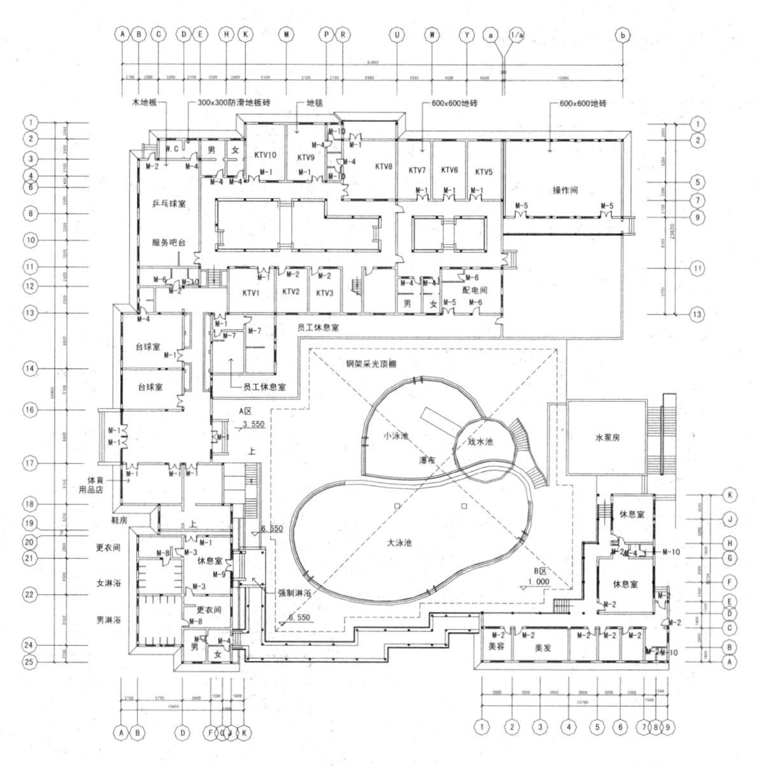

图 15-180　关闭图层

地坪　洋红 CONTIN...　—— 默认　0　Color_6

图 15-181　新建图层

2. 单击“绘图”工具栏中的“矩形”按钮，在如图 15-182 所示的位置绘制一个“4800×2400”的矩形。

3. 单击“修改”工具栏中的“偏移”按钮，选择上步绘制矩形为偏移对象向内进行偏移，偏移距离为 240、240，并对偏移后的图形进行整理，结果如图 15-183 所示。

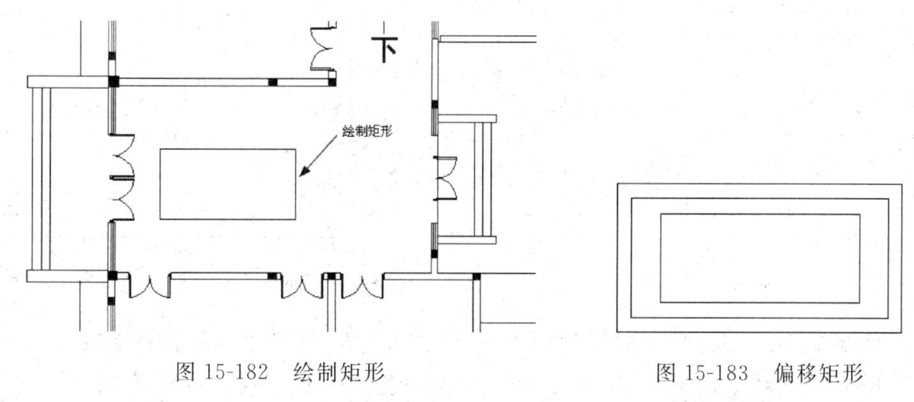

图 15-182　绘制矩形　　图 15-183　偏移矩形

4. 单击“绘图”工具栏中的“直线”按钮，在上步偏移后内部矩形绘制四条斜向直线，如图 15-184 所示。

5. 单击“修改”工具栏中的“修剪”按钮，选择上步绘制的连续直线为修剪对象，对其进行修剪处理，如图 15-185 所示。

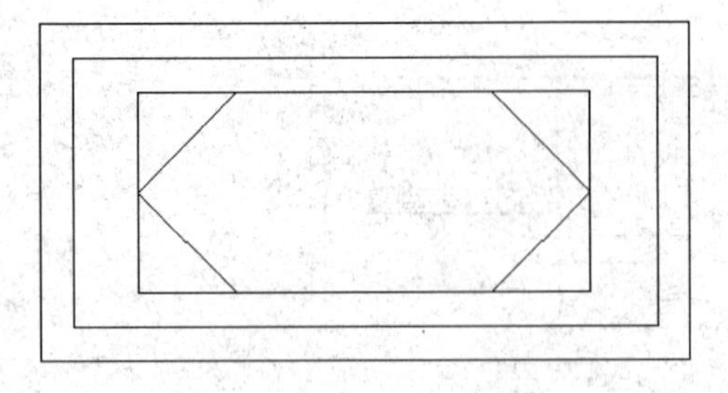

图 15-184　绘制连接线

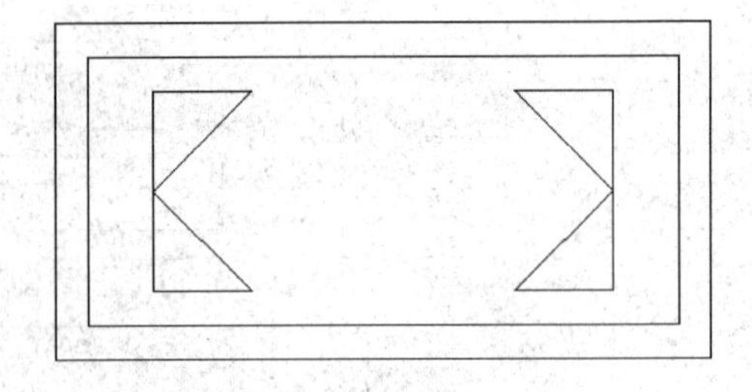

图 15-185　修剪图形

6. 单击“绘图”工具栏中的“多段线”按钮，在上步图形内绘制连续多段线，如图 15-186 所示。

7. 单击“修改”工具栏中的“偏移”按钮，选择上步绘制的多段线为偏移对象将其向内进行偏移，偏移距离为 187，如图 15-187 所示。

图 15-186　绘制连续多段线

图 15-187　偏移多段线

8. 单击“绘图”工具栏中的“圆”按钮，在上步偏移线段内绘制一个半径为 116 的圆，如图 15-188 所示。

9. 单击“绘图”工具栏中的“直线”按钮，在上步绘制圆上选取一点为直线的起点绘制两条斜向直线，如图 15-189 所示。

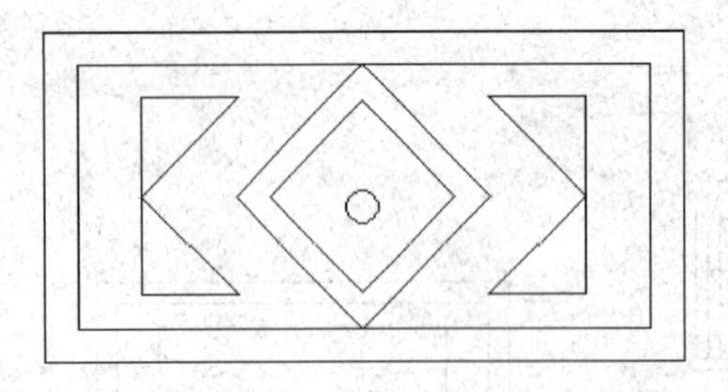

图 15-188　绘制圆

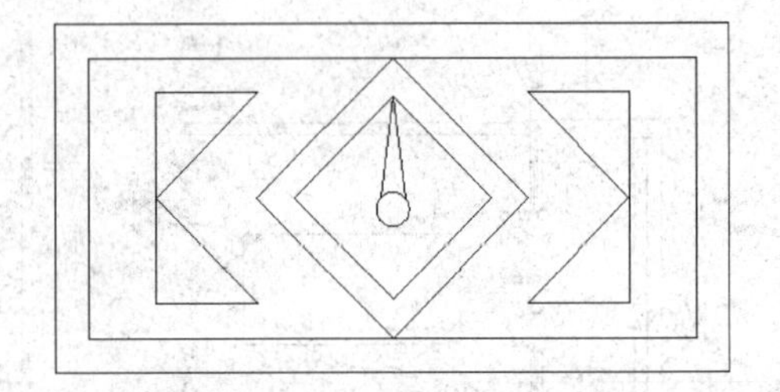

图 15-189　绘制连续直线

10. 单击“修改”工具栏中的“环形阵列”按钮，选择上步绘制的连续直线为阵列对象，选择上步绘制圆的圆心为阵列基点，对其进行环形阵列，设置阵列项目为 4，如图 15-190 所示。

11. 单击“绘图”工具栏中的“直线”按钮，在上阵列后的图形上绘制连续直线，如图 15-191 所示。

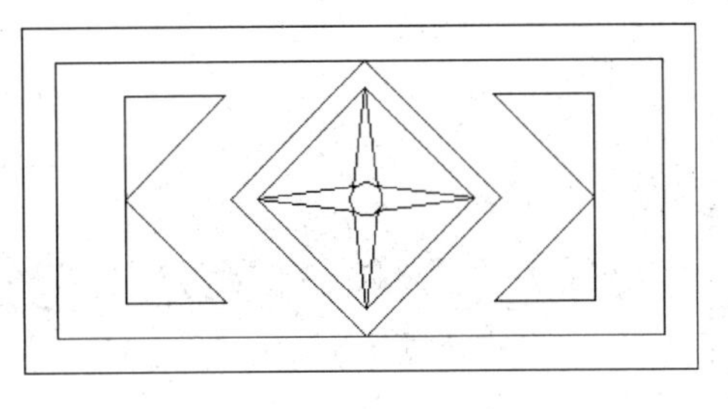

图 15-190 阵列图形

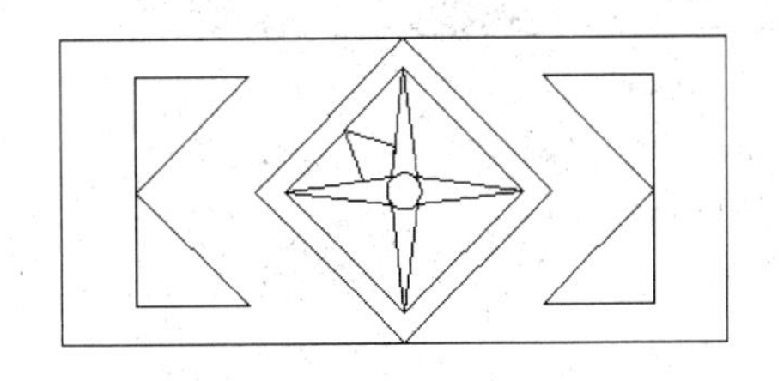

图 15-191 绘制连续直线

12. 单击“修改”工具栏中的“环形阵列”按钮，选择上步绘制的连续直线为阵列对象，选择上步绘制半径为116的圆心为阵列基点，对其进行环形阵列，设置阵列项目为4，如图15-192所示。

13. 单击“绘图”工具栏中的“矩形”按钮，在偏移矩形间绘制一个“120×120”的矩形，如图15-193所示。

图 15-192 阵列图形

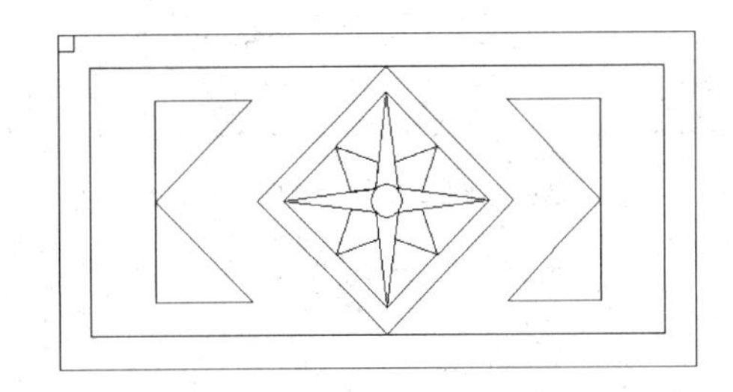

图 15-193 绘制矩形

14. 单击“修改”工具栏中的“复制”按钮，选择上步绘制矩形为复制对象，对其进行连续复制，如图15-194所示。

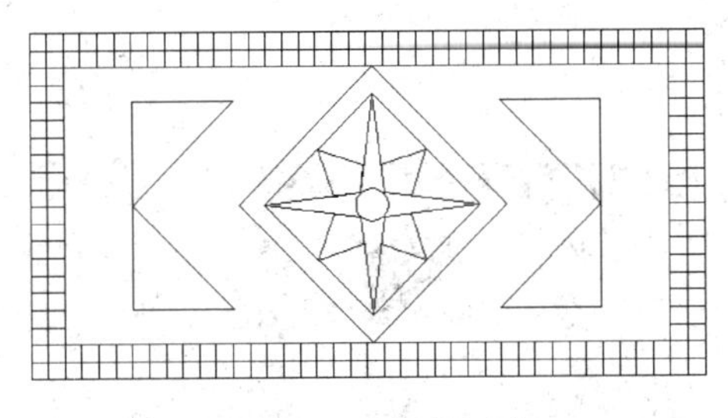

图 15-194 复制矩形

15. 单击“绘图”工具栏中的“图案填充”按钮，系统打开“图案填充和渐变色”对话框，如图15-195所示。

16. 单击“图案”选项后面的按钮，系统打开“填充图案选项板”对话框，选择如图15-196所示的图案类型，选择上步绘制的连续直线内部位填充区域，单击“确定”按钮退出。结果如图15-197所示。

17. 单击“绘图”工具栏中的“矩形”按钮，绘制一个“1260×1260”的矩形，如图15-198所示。

图 15-195 “图案填充和渐变色”对话框

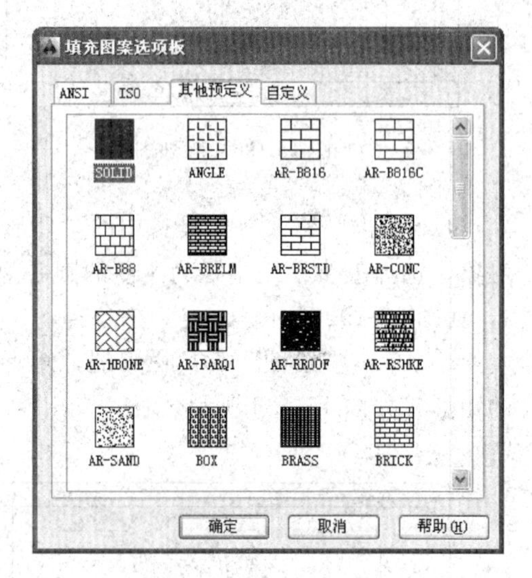

图 15-196 选择填充图案

图 15-197 填充图形

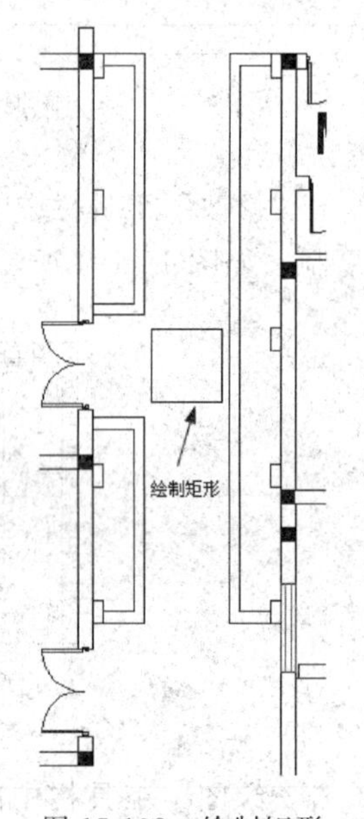

图 15-198 绘制矩形

18. 单击“修改”工具栏中的“偏移”按钮，选择上步绘制的矩形为偏移对象将其向内进行偏移，偏移距离为 57，如图 15-199 所示。

19. 单击“绘图”工具栏中的“多段线”按钮，指定多段线起点宽度为 0，端点宽度为 0，以内部矩形中点为多段线起点矩形中点绘制连续多段线，如图 15-200 所示。

图 15-199　偏移矩形

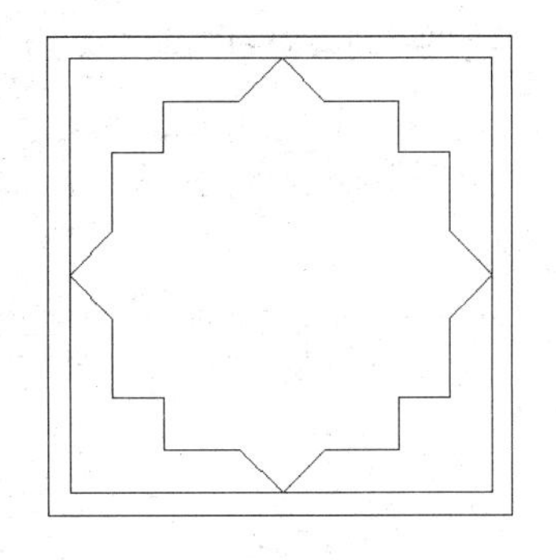

图 15-200　偏移多段线

20. 单击“修改”工具栏中的“偏移”按钮，选择上步绘制的连续多段线为偏移对象向内进行偏移，偏移距离为 69，如图 15-201 所示。

21. 单击“绘图”工具栏中的“直线”按钮，在上步偏移图形内绘制两条顶点相交的斜向直线，如图 15-202 所示。

图 15-201　偏移对象

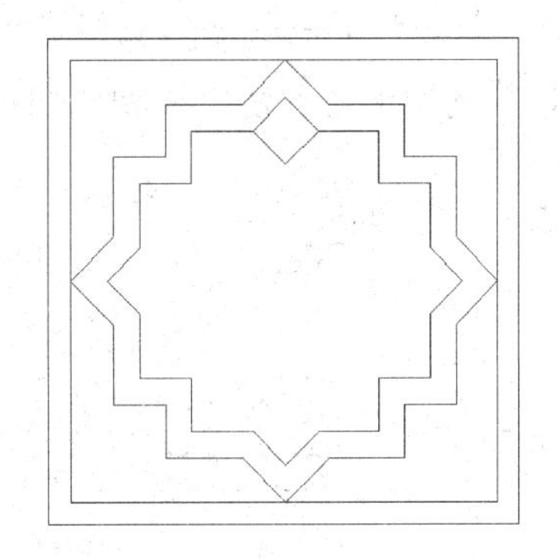

图 15-202　绘制直线

22. 单击“绘图”工具栏中的“直线”按钮，选择偏移后的内部矩形四边中点为直线起点绘制相交的十字线段，如图 15-203 所示。

23. 单击“修改”工具栏中的“环形阵列”按钮，选择上步绘制的斜向直线为环形阵列对象，选择绘制的十字交叉线的交点为阵列基点，设置项目数为 4，如图 15-204 所示。

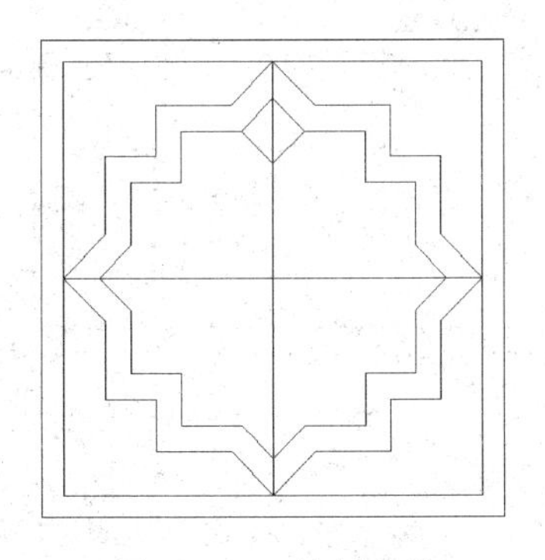

图 15-203　绘制直线

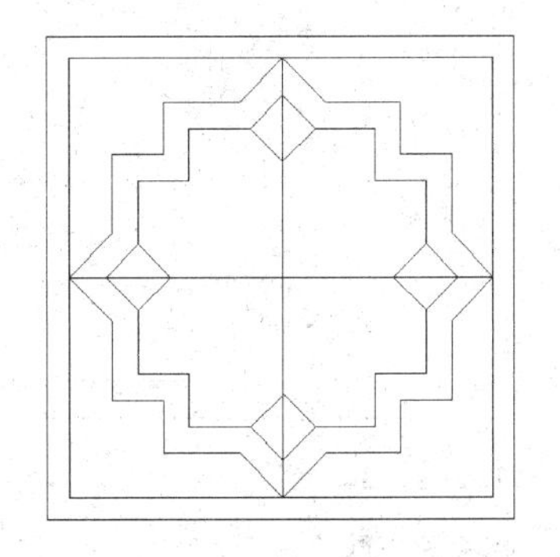

图 15-204　阵列图形

24. 单击“修改”工具栏中的“删除”按钮，选择十字交叉线为删除对象对其进行删除处理，如图 15-205 所示。

25. 单击“绘图”工具栏中的“多边形”按钮，在上步图形内绘制一个多边形，如图 15-206 所示。

26. 单击“绘图”工具栏中的“直线”按钮，连接上步绘制各图形，如图 15-207 所示。

图 15-205　删除直线

图 15-206　绘制多边形

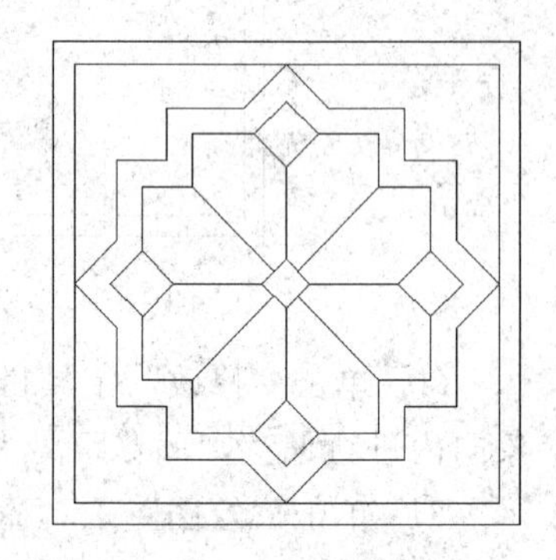

图 15-207　绘制直线

27. 单击“修改”工具栏中的“复制”按钮，选择上步绘制图形为复制对象对其进行连续复制，并利用上述方法完成相同图形的绘制，如图 15-208 所示。

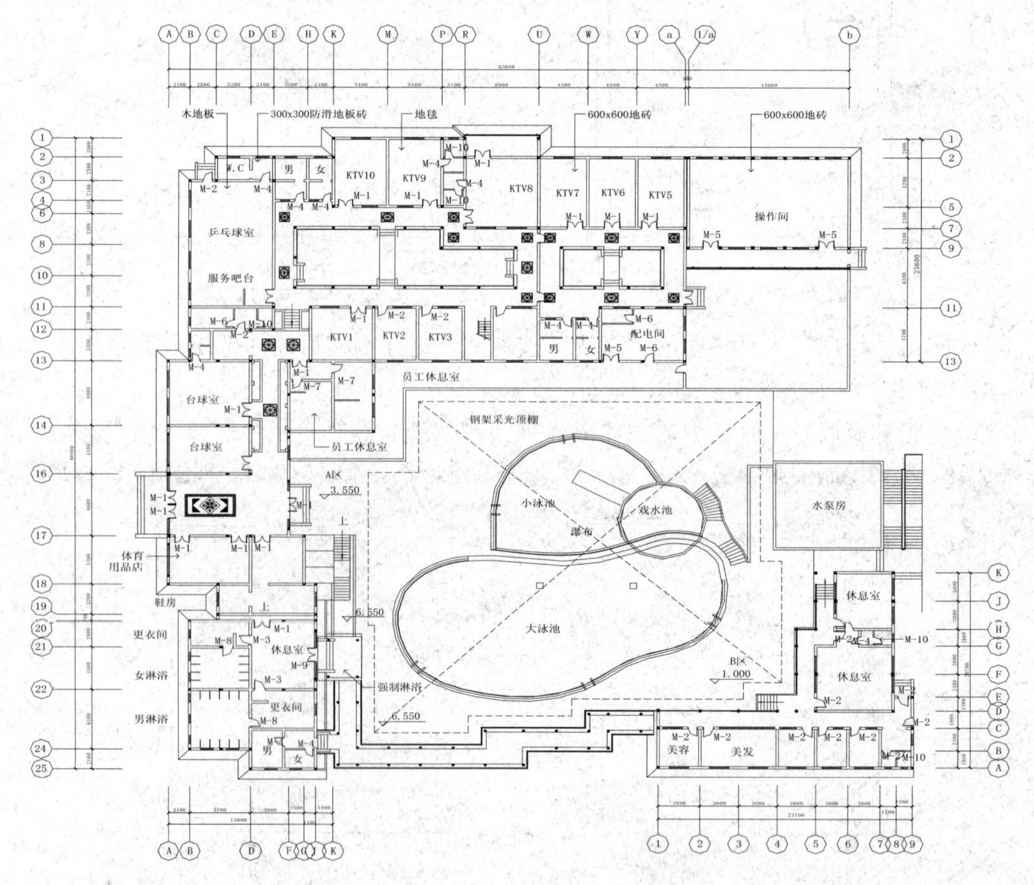

图 15-208　复制图形

28. 单击“绘图”工具栏中的“矩形”按钮，绘制一个“1000×1000”的矩形，如

图 15-209 所示。

29. 单击“修改”工具栏中的“偏移”按钮，选择上步绘制矩形为偏移对象向内进行偏移，偏移距离为 60，30，如图 15-210 所示。

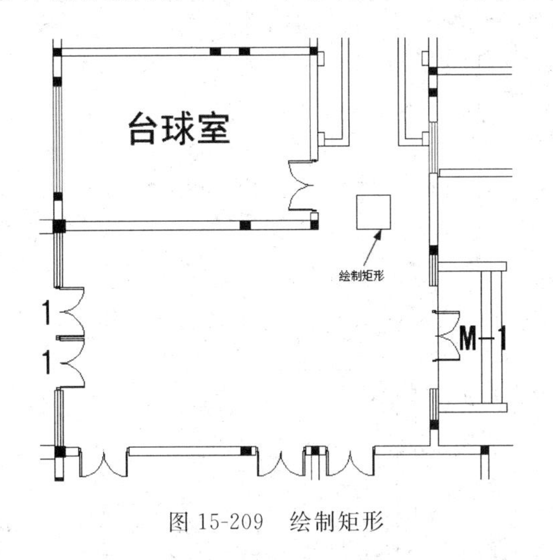

图 15-209 绘制矩形

图 15-210 偏移矩形

30. 单击“绘图”工具栏中的“多段线”按钮，以上步偏移后的内部矩形四边中点为起点绘制连续多段线，如图 15-211 所示。

31. 单击“修改”工具栏中的“删除”按钮，选择偏移后的矩形为删除对象，将其删除，如图 15-212 所示。

32. 单击“修改”工具栏中的“偏移”按钮，选择上步绘制的多段线为偏移对象向内进行偏移，偏移距离为 57，如图 15-213 所示。

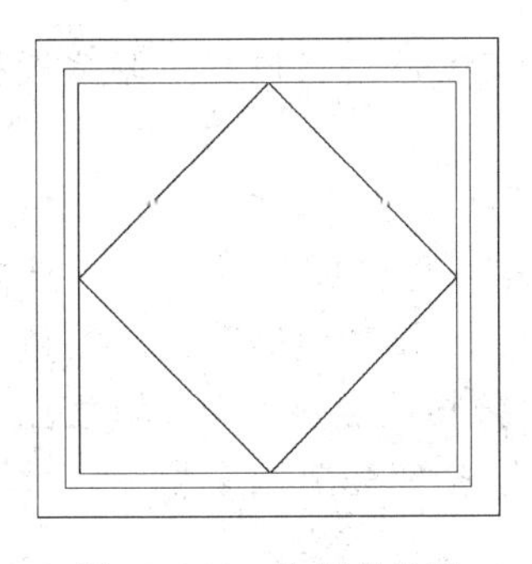

图 15-211 绘制多段线

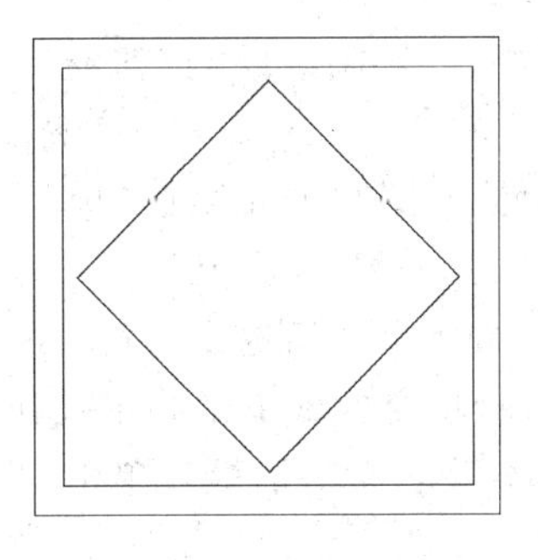

图 15-212 删除图形

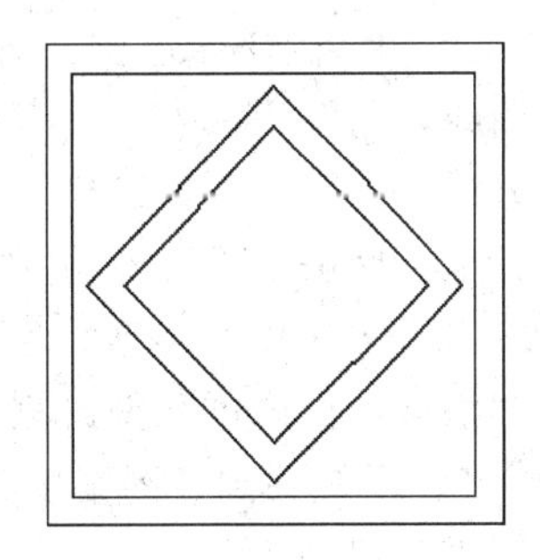

图 15-213 偏移多段线

33. 单击“绘图”工具栏中的“直线”按钮，连接外部矩形四边中点绘制十字交叉线，如图 15-214 所示。

34. 单击“绘图”工具栏中的“圆”按钮，选择上步绘制十字交叉线交点为圆心绘制一个半径为 75 的圆，如图 15-215 所示。

35. 单击“绘图”工具栏中的“样条曲线”按钮，绘制如图 15-216 所示的图形。

36. 单击“修改”工具栏中的“镜像”按钮，选择上步绘制的图形为镜像对象，对其进行竖直镜像，如图 15-217 所示。

37. 单击“修改”工具栏中的“环形阵列”按钮，选择上步绘制的连续直线为阵列对象，选择上步绘制圆的圆心为阵列基点，对其进行环形阵列，设置阵列项目为 4，如图 15-218 所示。

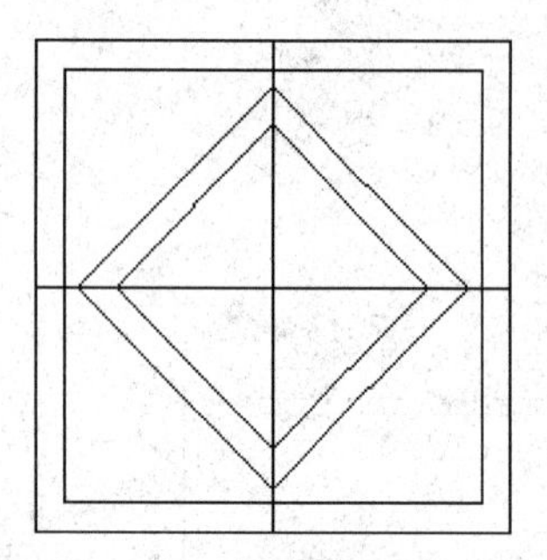
图 15-214　绘制十字交叉线

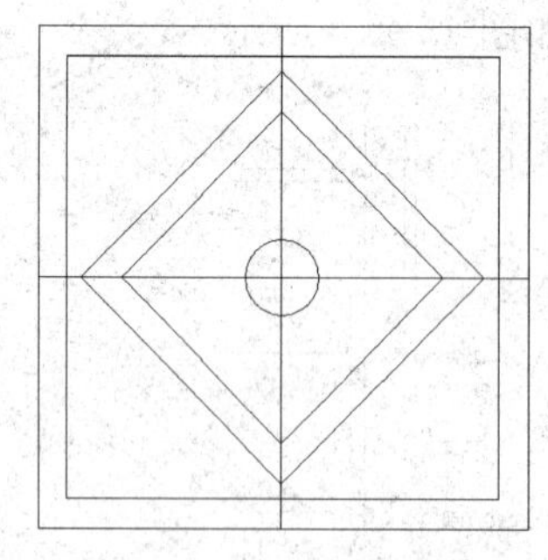
图 15-215　绘制圆

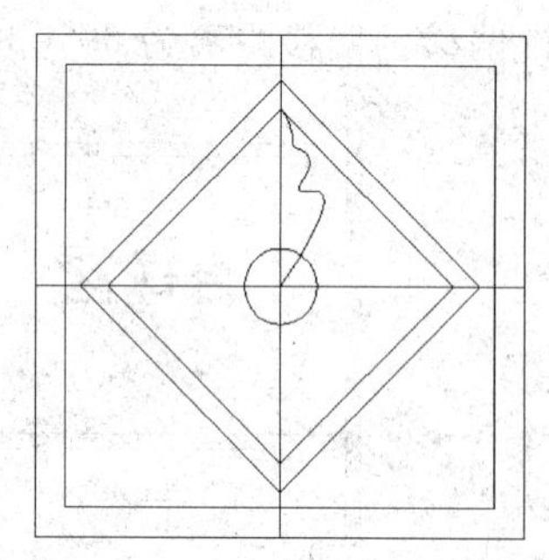
图 15-216　绘制直线和圆弧

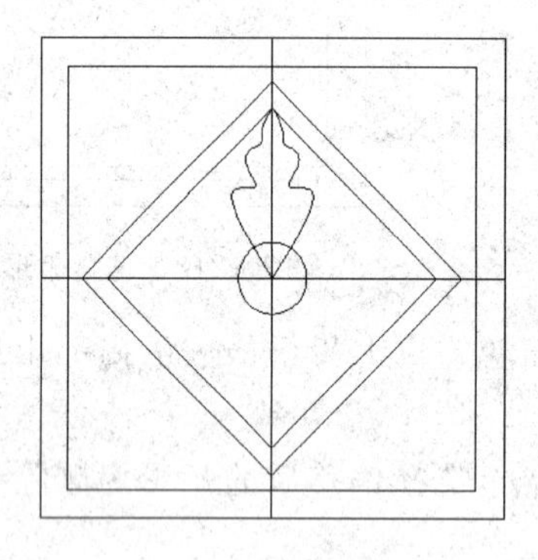
图 15-217　镜像图形

图 15-218　环形阵列

38. 单击“修改”工具栏中的“删除”按钮，选择前面绘制的十字交叉线为删除对象对其进行删除处理，如图 15-219 所示。

39. 单击“绘图”工具栏中的“样条曲线”按钮，在上步图形适当位置绘制多段样条曲线，如图 15-220 所示。

40. 单击“绘图”工具栏中的“图案填充”按钮，系统打开“图案填充和渐变色”对话框。单击“图案”选项后面的按钮，系统打开“填充图案选项板”对话框，选择“AR-SAND”图案类型，单击“确定”按钮退出。在“图案填充和渐变色”对话框右侧单击“添加：拾取点”按钮，选择填充区域单击确定按钮，设置填充角度为 0，填充比例为 0.5，系统回到“图案填充和渐变色”对话框，单击“确定”按钮完成图案填充。效果如图 15-221 所示。

图 15-219　删除图形

图 15-220　绘制样条曲线

图 15-221　填充图形

41. 单击“绘图”工具栏中的“图案填充”按钮，系统打开“图案填充和渐变色”对话框。单击“图案”选项后面的按钮，系统打开“填充图案选项板”对话框，选择“ANSI31”图案类型，单击“确定”按钮退出。在“图案填充和渐变色”对话框右侧单击“添加：拾取点”按钮，选择填充区域单击确定按钮，设置填充角度为0，填充比例为5，系统回到“图案填充和渐变色”对话框，单击“确定”按钮完成图案填充。效果如图15-222所示。

42. 单击“绘图”工具栏中的“图案填充”按钮，系统打开“图案填充和渐变色”对话框。单击“图案”选项后面的按钮，系统打开“填充图案选项板”对话框，选择“AR-CONC”图案类型，单击“确定”按钮退出。在“图案填充和渐变色”对话框右侧单击“添加：拾取点”按钮，选择填充区域单击确定按钮，设置填充角度为0，填充比例为0.5，系统回到“图案填充和渐变色”对话框，单击“确定”按钮完成图案填充。效果如图15-223所示。

图15-222 填充图形

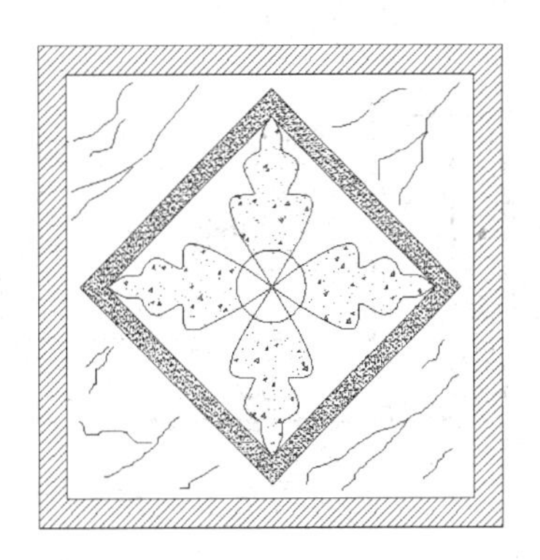

图15-223 填充图形

43. 单击“修改”工具栏中的“复制”按钮，选择上步绘制完成的图形为复制对象，对其进行连续复制，如图15-224所示，

44. 单击“绘图”工具栏中的“直线”按钮，在乒乓球室门洞处绘制一条水平直线，如图15-445所示。

图15-224 复制图形

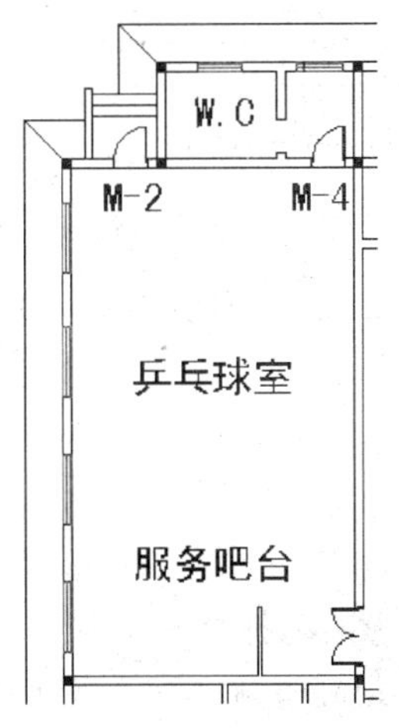

图15-225 绘制水平直线

图 15-226　填充图形

45. 单击“绘图”工具栏中的“图案填充”按钮，系统打开“图案填充和渐变色”对话框。单击“图案”选项后面的按钮，系统打开“填充图案选项板”对话框，选择“AR-B816”图案类型，单击“确定”按钮退出。在“图案填充和渐变色”对话框右侧单击“添加：拾取点”按钮，选择填充区域单击确定按钮，设置填充角度为 0，填充比例为 2，系统回到“图案填充和渐变色”对话框，单击“确定”按钮完成图案填充效果如图 15-226 所示。

46. 单击“绘图”工具栏中的“多段线”按钮，在上步图形底部绘制连续多段线，如图 15-227 所示。

47. 单击“绘图”工具栏中的“直线”按钮和“圆弧”按钮，绘制剩余的线段填充区域，如图 15-228 所示。

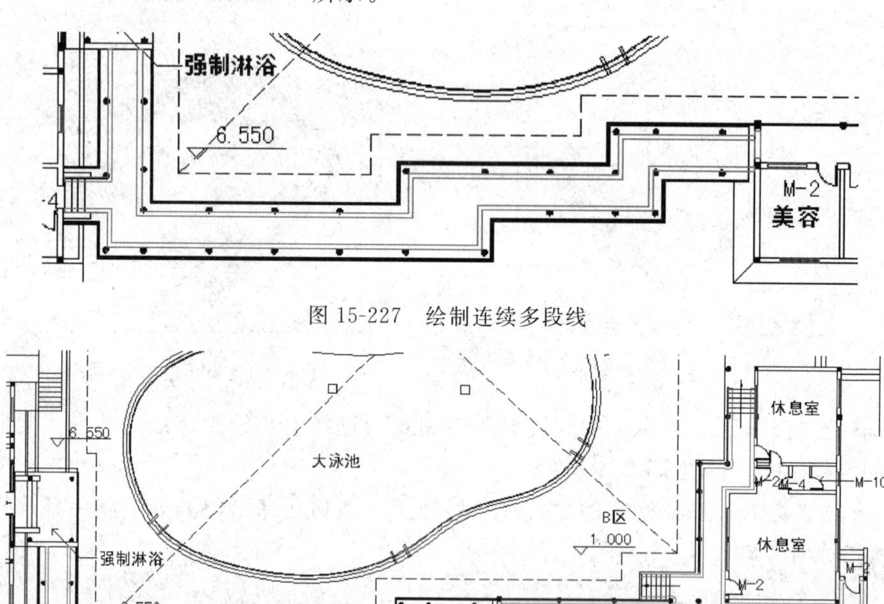

图 15-227　绘制连续多段线

图 15-228　绘制连续多段线

48. 单击“绘图”工具栏中的“圆”按钮，在上步图形内绘制一个半径为 362 的圆图形，如图 15-229 所示。

49. 单击“绘图”工具栏中的“图案填充”按钮，系统打开“图案填充和渐变色”对话框。单击“图案”选项后面的按钮，系统打开“填充图案选项板”对话框，选择“ANSI37”图案类型，单击“确定”按钮退出。在“图案填充和渐变色”对话框右侧单击“添加：拾取点”按钮，选择填充区域单击确定按钮，设置填充角度为 0，填充比例为 40，系统回到“图案填充和渐变色”对话框，单击“确定”按钮完成图案填充效果如图 15-230 所示。

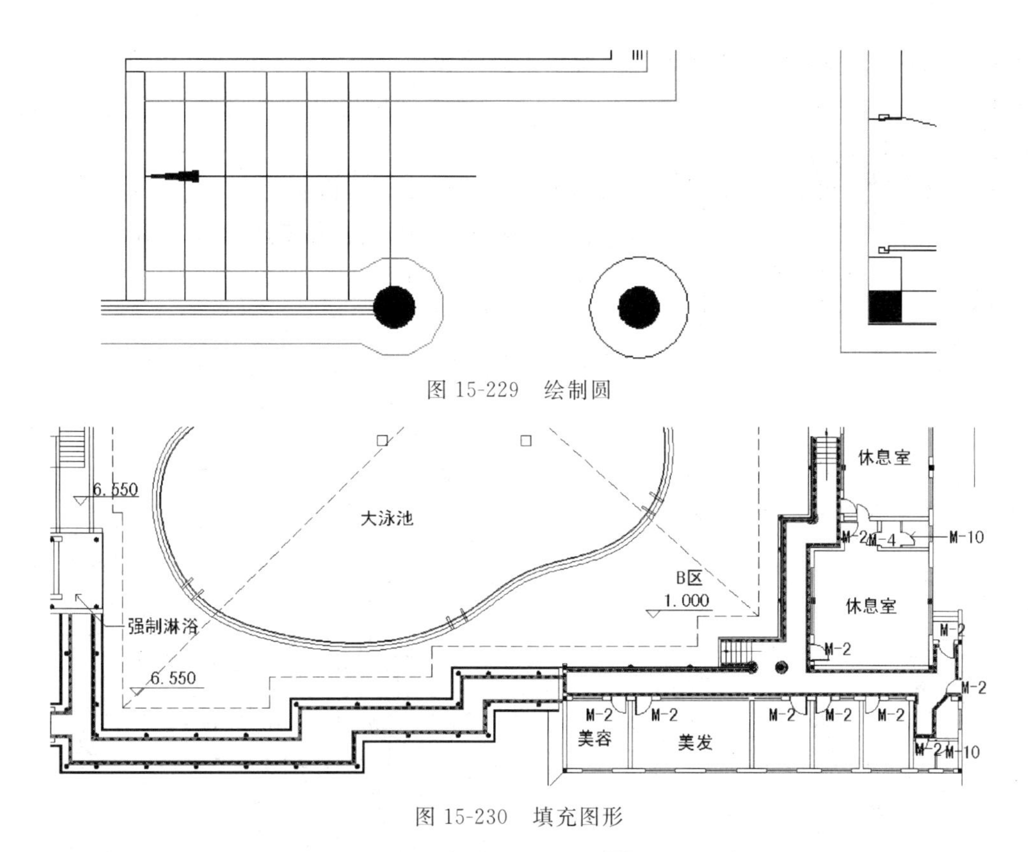

图 15-229 绘制圆

图 15-230 填充图形

50. 单击“绘图”工具栏中的“样条曲线”按钮，在操作间内绘制多段线作为填充区域分界线，如图 15-231 所示。

51. 单击“绘图”工具栏中的“直线”按钮，在操作间下方门洞处绘制水平直线作为区域封闭线段，如图 15-232 所示。

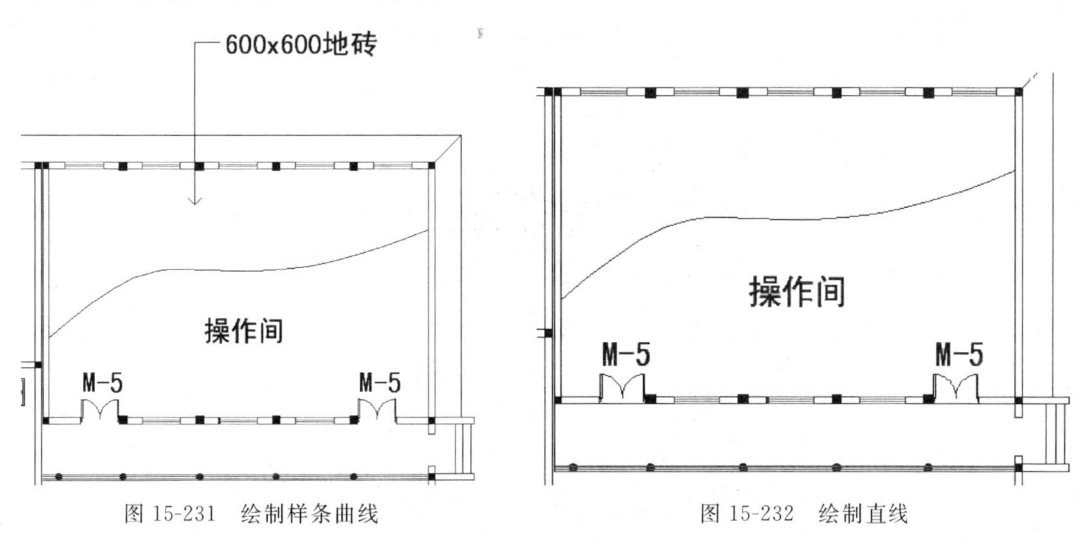

图 15-231 绘制样条曲线

图 15-232 绘制直线

52. 单击“绘图”工具栏中的“图案填充”按钮，系统打开“图案填充和渐变色”对话框。单击“图案”选项后面的按钮，系统打开“填充图案选项板”对话框，选择“NET”图案类型，单击“确定”按钮退出。在“图案填充和渐变色”对话框右侧单击

“添加：拾取点”按钮▣，选择填充区域单击确定按钮，设置填充角度为 0，填充比例为 150，系统回到“图案填充和渐变色”对话框，单击“确定”按钮完成图案填充效果如图 15-233 所示。

53. 单击“绘图”工具栏中的“图案填充”按钮▣，系统打开“图案填充和渐变色”对话框。单击“图案”选项后面的按钮，系统打开“填充图案选项板”对话框，选择“GRASS”图案类型，单击“确定”按钮退出。在“图案填充和渐变色”对话框右侧单击“添加：拾取点”按钮▣，选择填充区域单击确定按钮，设置填充角度为 0，填充比例为 5000，系统回到“图案填充和渐变色”对话框，单击“确定”按钮完成图案填充效果如图 15-234 所示。

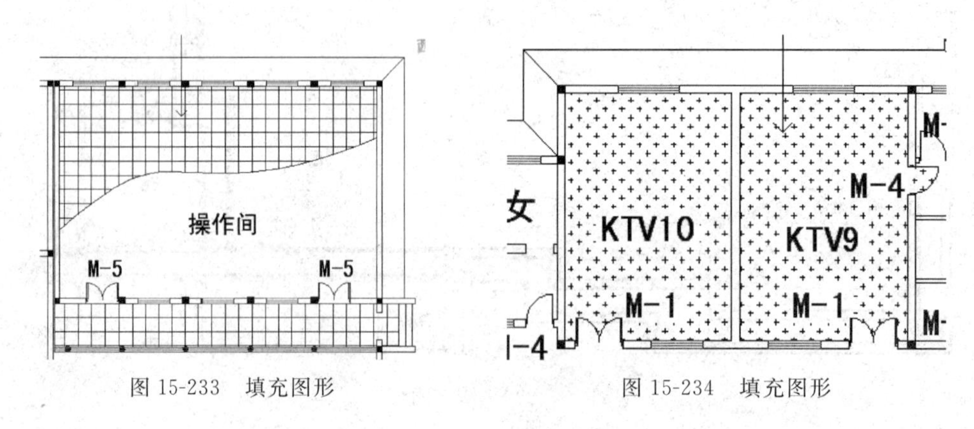

图 15-233　填充图形　　　　图 15-234　填充图形

54. 剩余的图案填充方法与上相同，这里不再详细阐述。利用上述方法完成剩余地坪图的绘制。

55. 单击“绘图”工具栏中的“插入块”按钮▣，弹出“插入”对话框，选择定义的图框为插入对象，将其放置到绘制的图形外侧，最终完成一层地坪图的绘制，如图 15-235 所示。

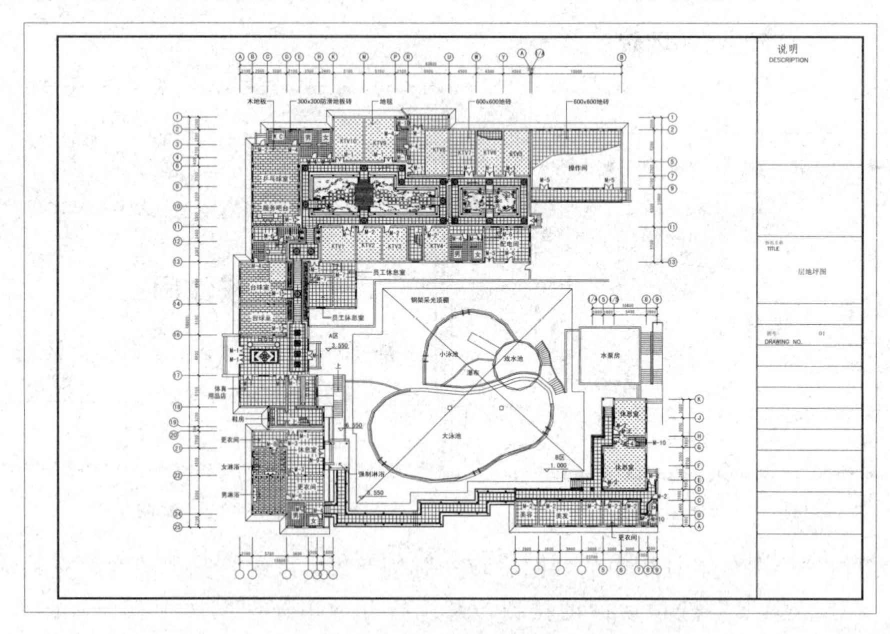

图 15-235　一层地坪图

15.4 二层地坪布置图

二层地坪图如图 15-236 所示，下面讲述其绘制方法。

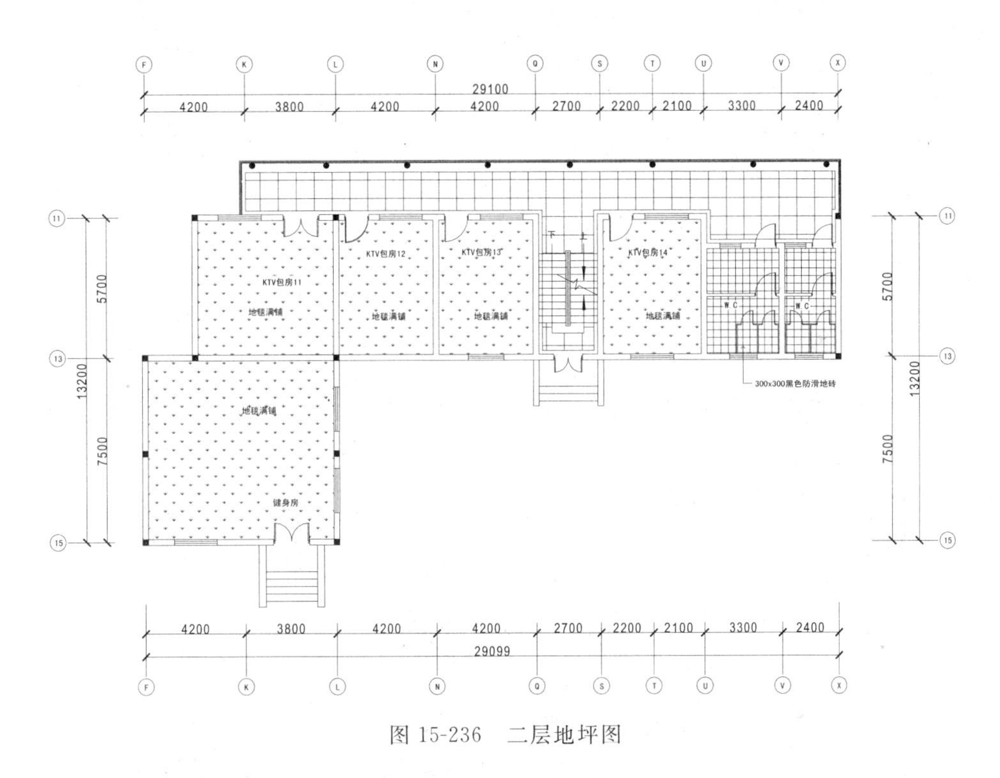

图 15-236 二层地坪图

光盘\视频教学\第15章\二层地坪布置图.avi

15.4.1 整理图形

【绘制步骤】

1. 选择菜单栏中的“文件”→“打开”命令，弹出“选择文件”对话框，选择“二层总平面图”，并将其另存为“二层地坪布置图”。

2. 单击“修改”工具栏中的“删除”按钮，删除图框，图形整理如图 15-237 所示。

15.4.2 绘制地坪装饰图案

1. 新建“地坪”图层，并将其置为当前。如图 15-238 所示。

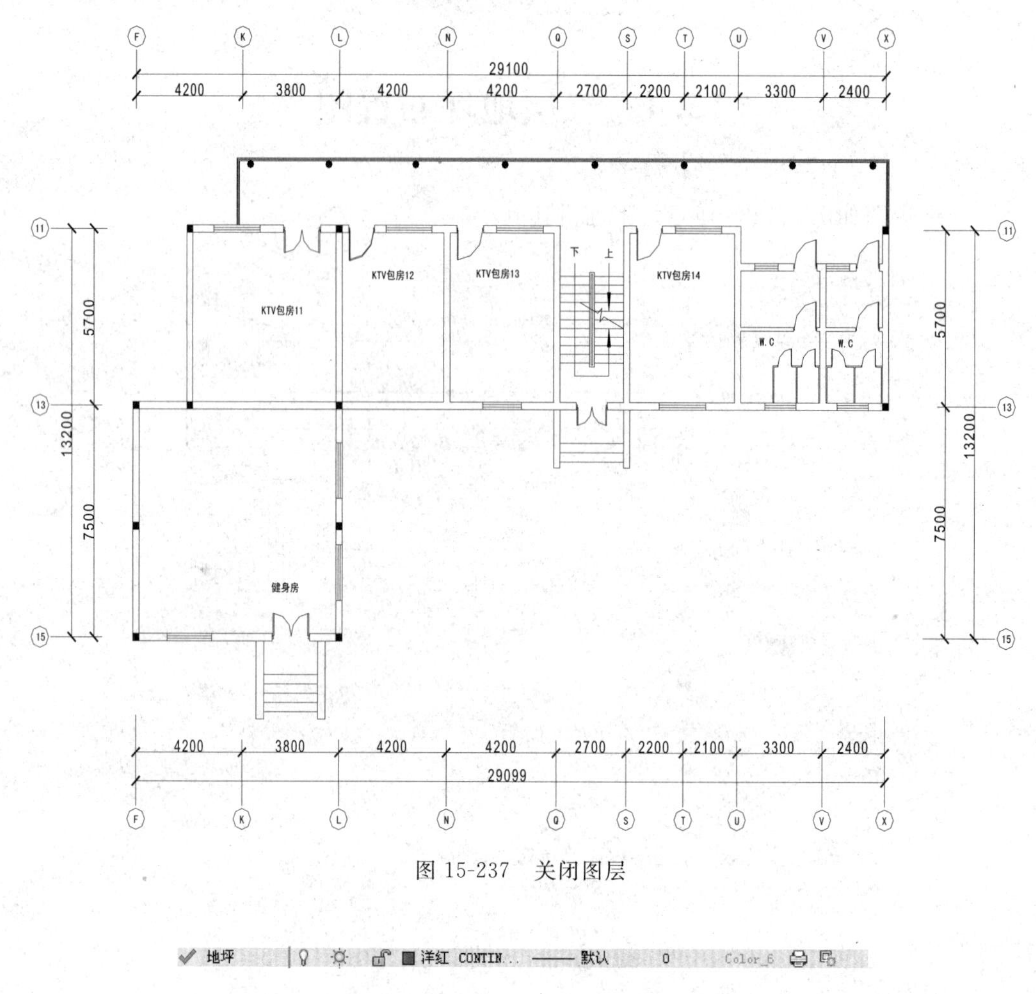

图 15-237 关闭图层

图 15-238 新建图层

2. 单击“绘图”工具栏中的“图案填充”按钮，系统打开“图案填充和渐变色”对话框。单击“图案”选项后面的按钮，系统打开“填充图案选项板”对话框，选择“GRASS”图案类型，单击“确定”按钮退出。在“图案填充和渐变色”对话框右侧单击“添加：拾取点”按钮，选择填充区域单击确定按钮，设置填充角度为 0，填充比例为 20，系统回到“图案填充和渐变色”对话框，单击“确定”按钮完成图案填充。效果如图 15-239 所示。

3. 单击“绘图”工具栏中的“直线”按钮，封闭卫生间门洞区域，如图 15-240 所示。

4. 单击“绘图”工具栏中的“图案填充”按钮，系统打开“图案填充和渐变色”对话框。单击“图案”选项后面的按钮，系统打开“填充图案选项板”对话框，选择“ANI37”图案类型，单击“确定”按钮退出。在“图案填充和渐变色”对话框右侧单击“添加：拾取点”按钮，选择填充区域单击确定按钮，设置填充角度为 45，填充比例为 100，系统回到“图案填充和渐变色”对话框，单击“确定”按钮完成图案填充。效果如图 15-241 所示。

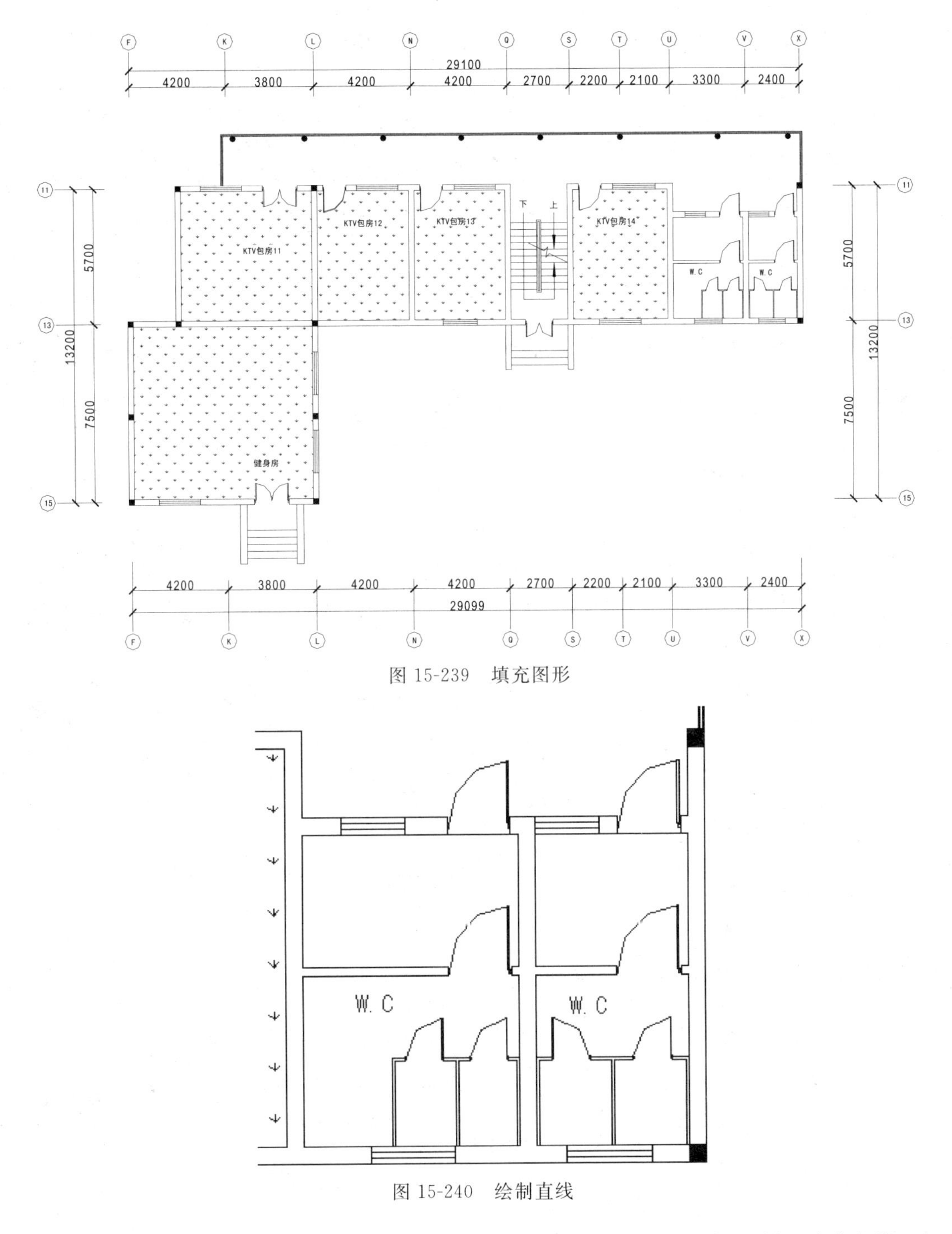

图 15-239 填充图形

图 15-240 绘制直线

5. 单击“绘图”工具栏中的“多段线”按钮，在上步图形顶部绘制连续多段线，如图 15-242 所示。

6. 单击“绘图”工具栏中的“图案填充”按钮，系统打开“图案填充和渐变色”对话框。单击“图案”选项后面的按钮，系统打开“填充图案选项板”对话框，选择“ANI37”图案类型，单击“确定”按钮退出。在“图案填充和渐变色”对话框右侧单击“添加：拾取点”按钮，选择填充区域单击确定按钮，设置填充角度为 45，填充比例为

200，系统回到“图案填充和渐变色”对话框，单击“确定”按钮完成图案填充。效果如图 15-243 所示。

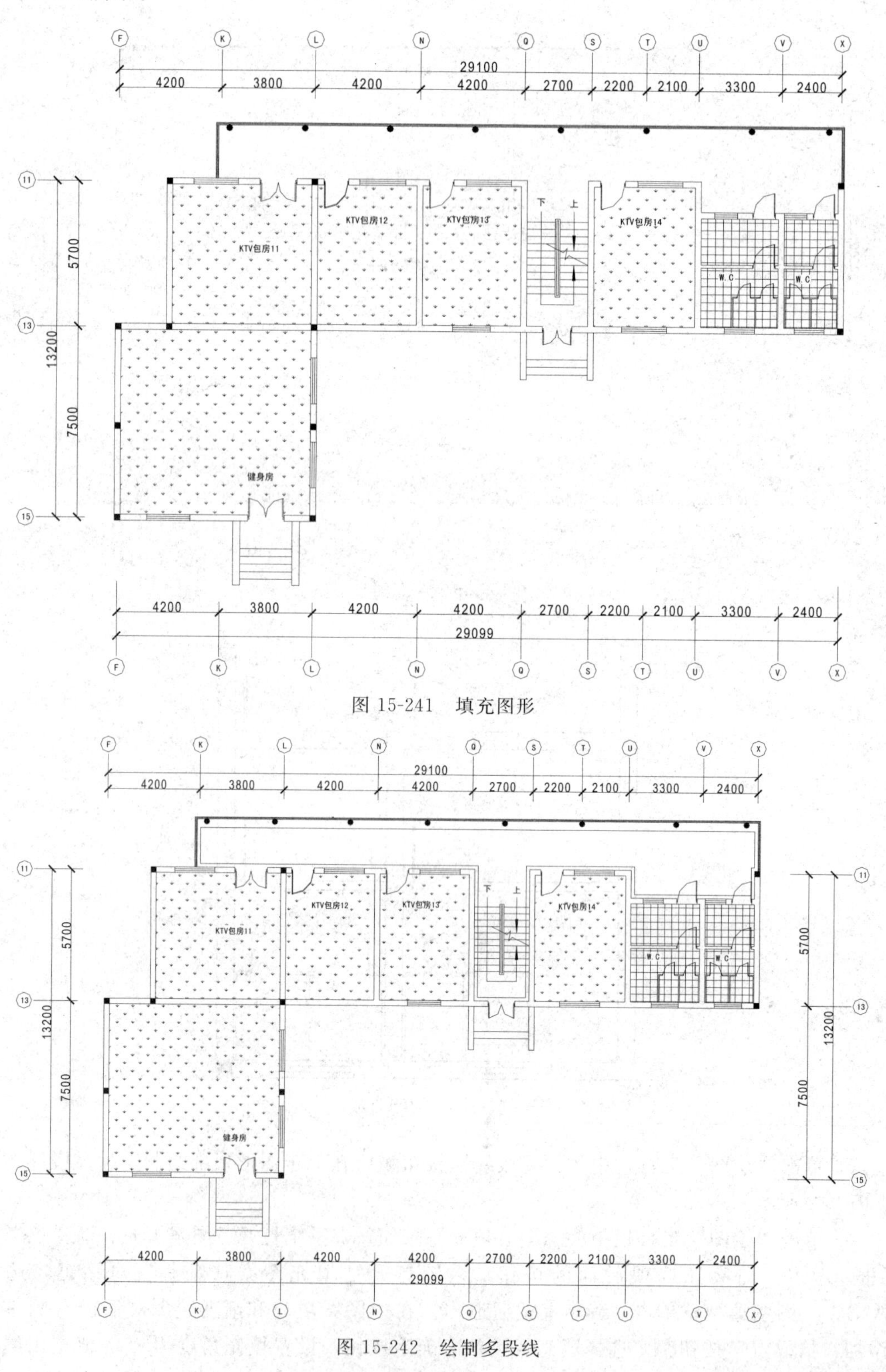

图 15-241　填充图形

图 15-242　绘制多段线

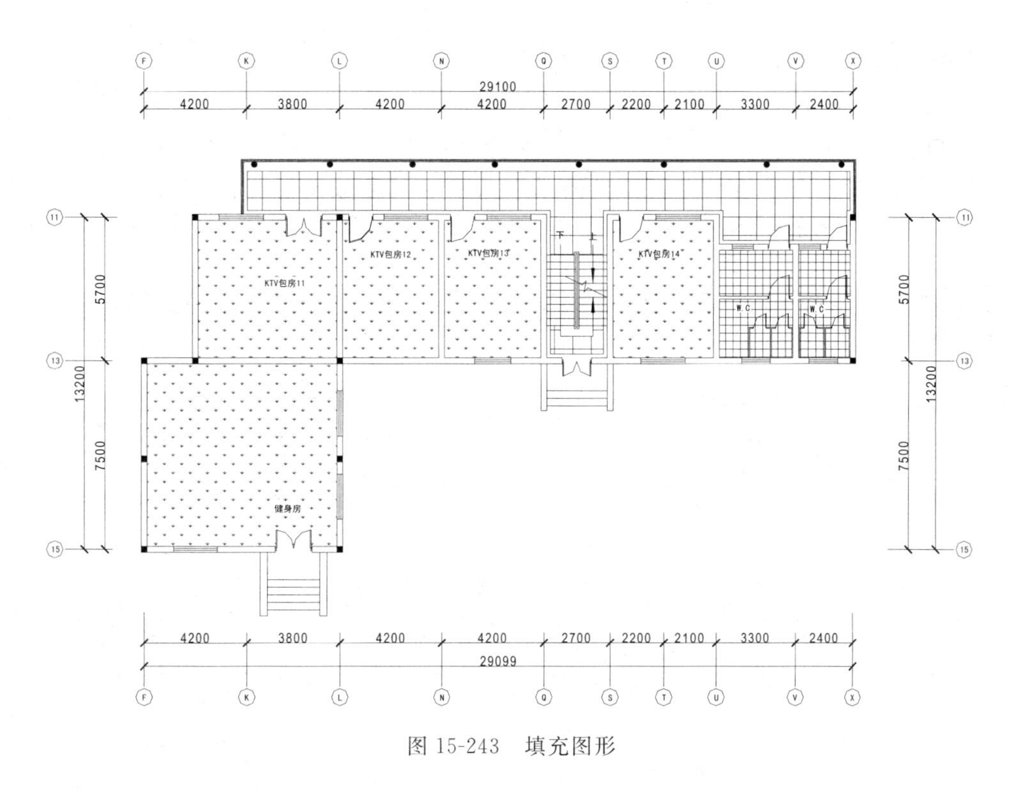

图 15-243 填充图形

7. 将“文字”置为当前图层。单击“绘图”工具栏中的“多行文字”按钮A，为绘制完成的地坪图案添加文字，如图 15-244 所示。

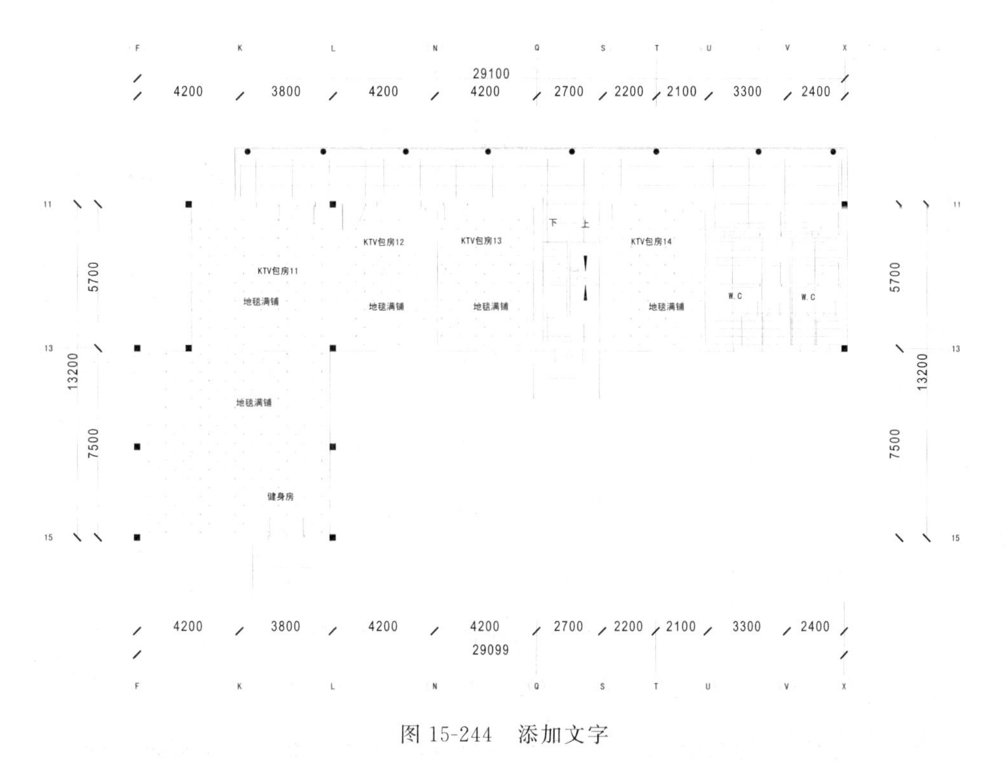

图 15-244 添加文字

8. 在命令行中输入“QLEADER”，执行引线命令，命令行提示与操作如下：

命令：QLEADER

指定第一个引线点或［设置（S）］〈设置〉：S

9. 弹出“引线设置”对话框，打开“引线和箭头”选项卡，在“箭头”选项组下选择“直角”如图 15-245 所示；打开“附着”选项卡，参数设置如图 15-246 所示；单击“确定”按钮，退出对话框。

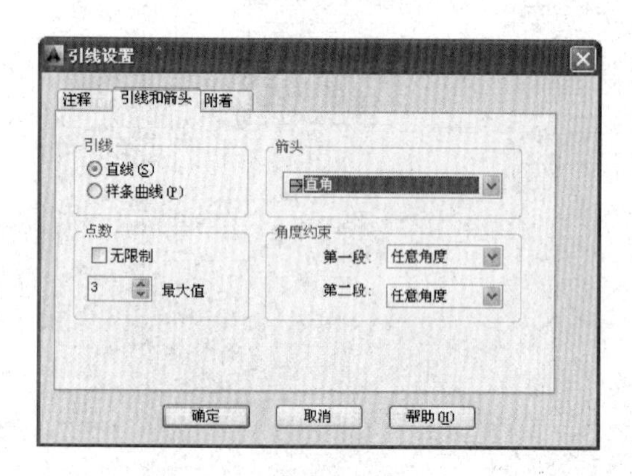

图 15-245 “引线和箭头”对话框

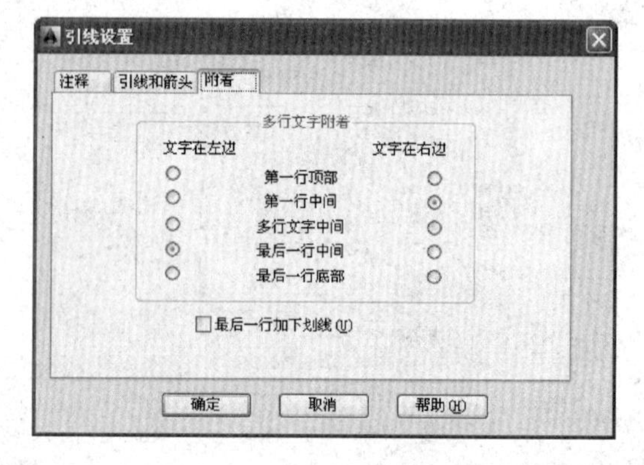

图 15-246 “附着”对话框

10. 设置文字高度为 255，输入文字，引线标注结果如图 15-247 所示。

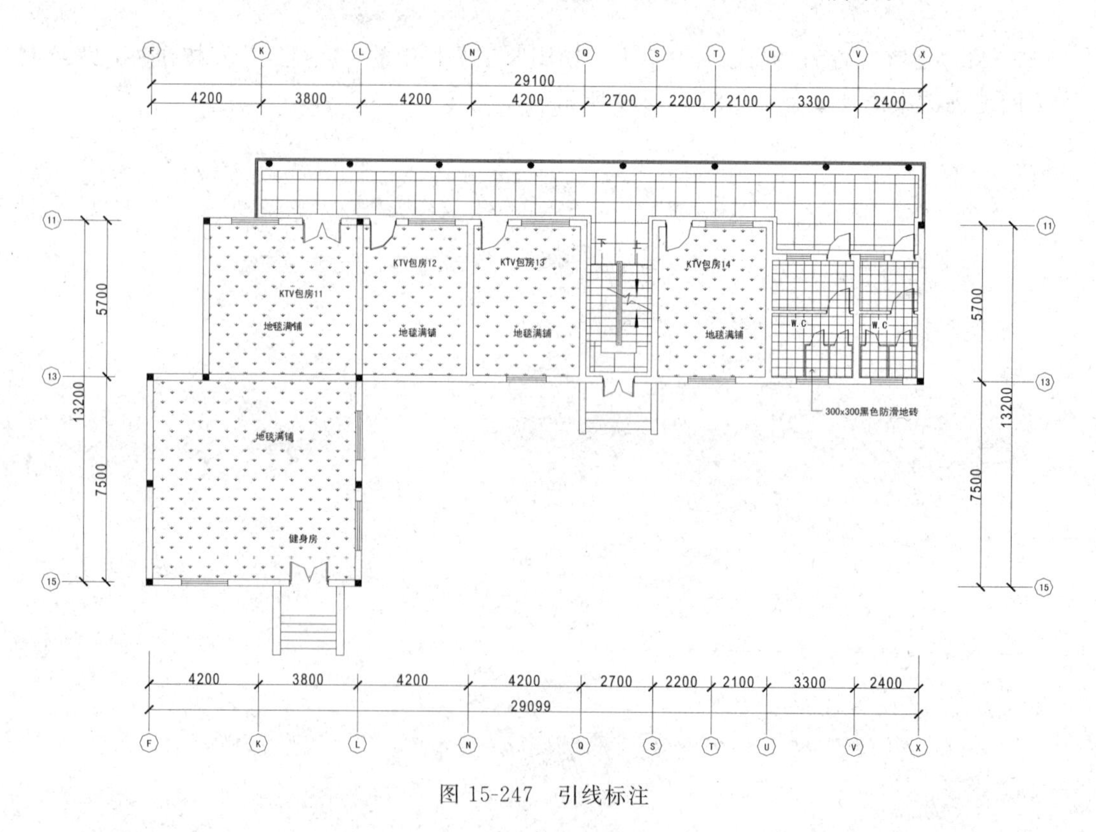

图 15-247 引线标注

11. 单击“绘图”工具栏中的“插入块”按钮，弹出“插入”对话框。选择定义的图框为插入对象，将其放置到绘制的图形外侧，最终完成二层地坪布置图的绘制，如

图 15-248 所示。

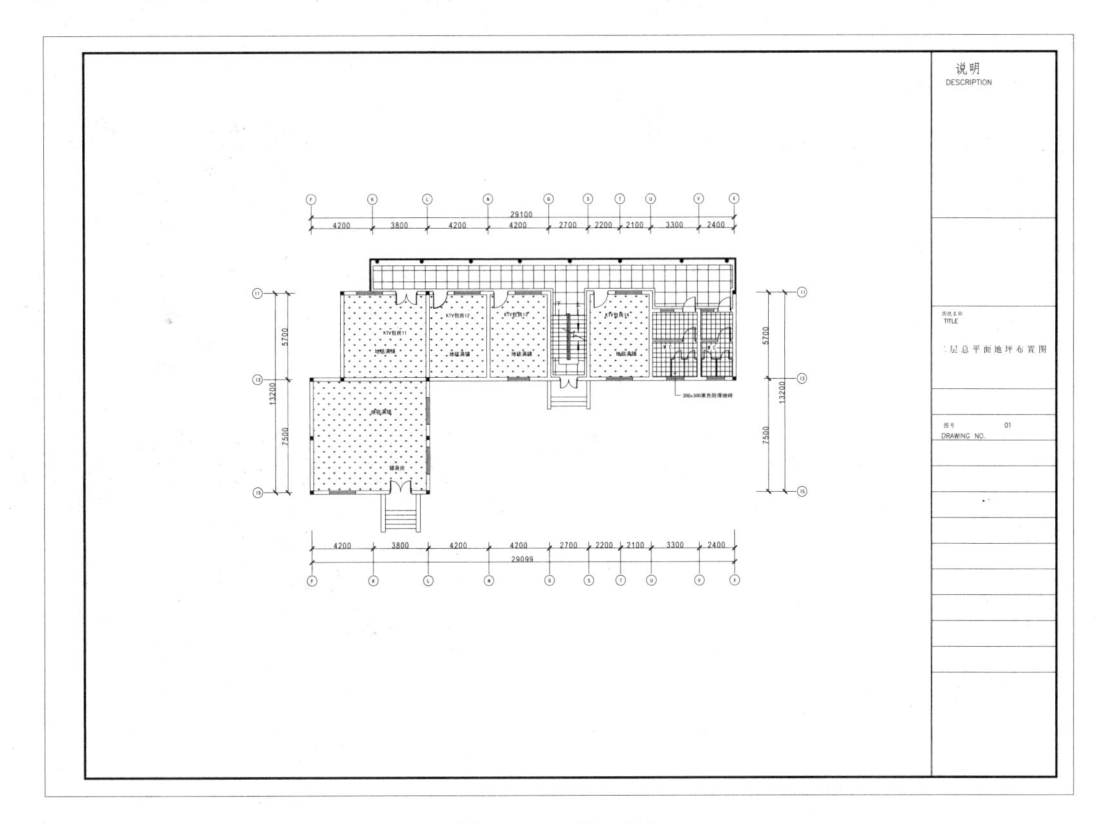

图 15-248 插入图框

洗浴中心立面图的绘制

立面图是用直接正投影法将建筑各个墙面进行投影所得到的正投影图。本章以洗浴中心立面图为例，详细论述这些建筑立面图的CAD绘制方法与相关技巧。

- 一层门厅立面图
- 一层走廊立面图
- 一层体育用品店立面图
- 道具单元立面图

16.1 一层门厅立面图

一层门厅有 A、B、C、D 四个立面，下面分别介绍各个立面图的具体绘制方法。

16.1.1 一层门厅 A、B 立面图

一层门厅 A、B 立面图如图 16-1 所示，下面介绍其绘制方法。

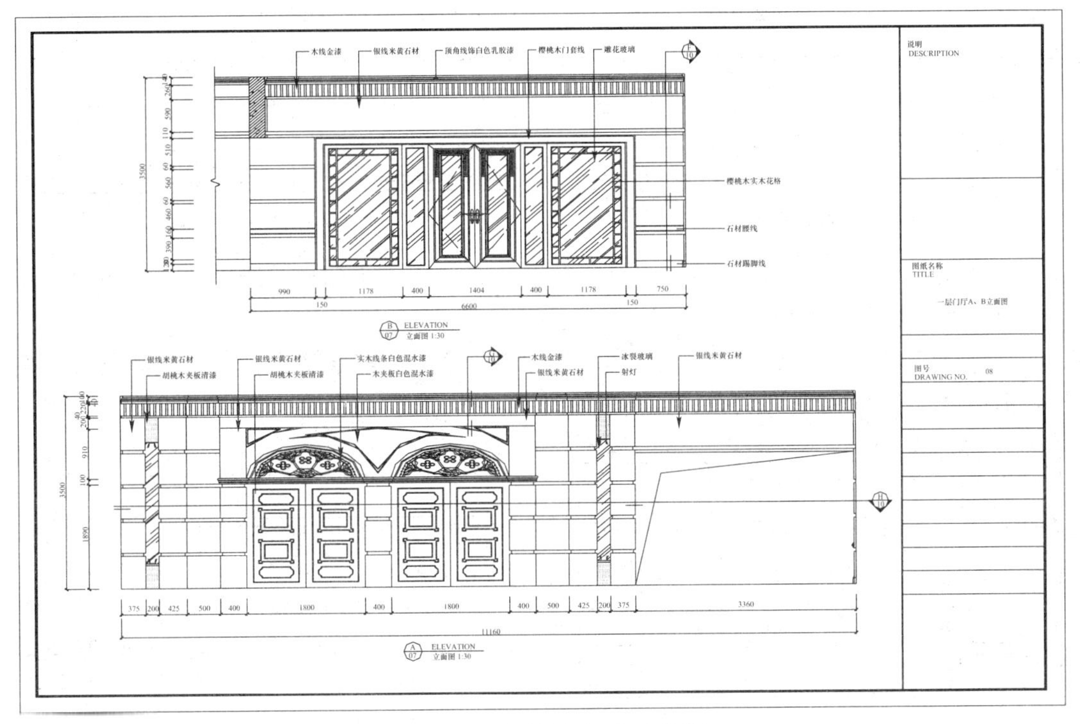

图 16-1 一层门厅 A、B 立面图

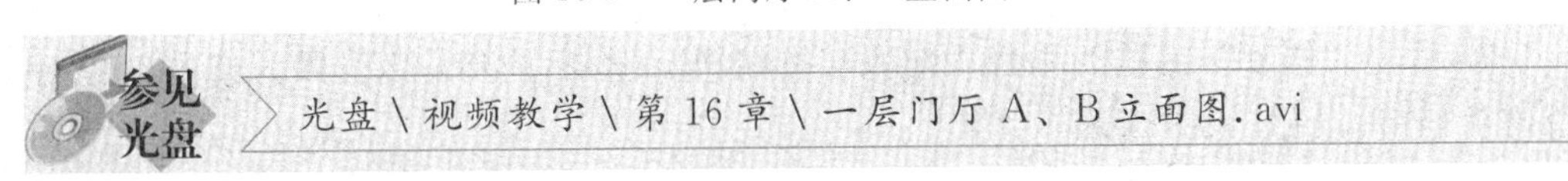

光盘\视频教学\第 16 章\一层门厅 A、B 立面图.avi

1. 单击“绘图”工具栏中的“直线”按钮，在图形空白区域任选一点为直线起点，水平向右绘制一条长度为 7122 的水平直线，如图 16-2 所示。

2. 单击“绘图”工具栏中的“直线”按钮，选择上步绘制水平直线左端点为直线起点向上绘制一条长度为 3500 的竖直直线，如图 16-3 所示。

图 16-2 绘制水平直线

图 16-3 绘制竖直直线

3. 单击“修改”工具栏中的“偏移”按钮，选择上步绘制的水平直线为偏移对象，向上进行连续偏移，偏移距离为120、80、390、160、460、60、560、60、510、110、590、260、140，如图16-4所示。

4. 单击“修改”工具栏中的“偏移”按钮，选择上步绘制的竖直直线为偏移对象将其向右进行偏移，偏移距离为522、990、150、1178、400、1404、400、1178、150、750，如图16-5所示。

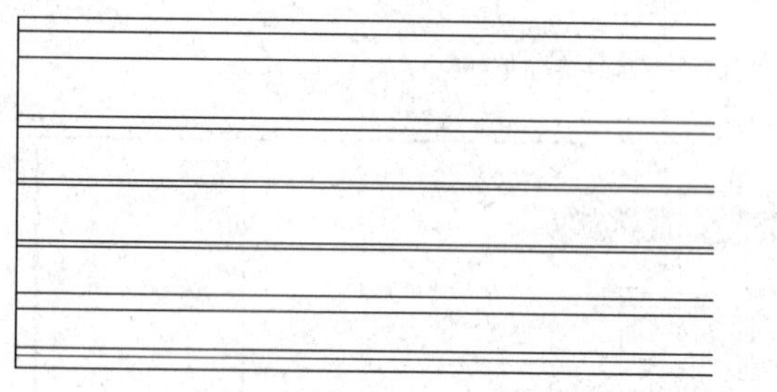

图16-4　偏移水平直线

图16-5　偏移竖直直线

5. 单击“修改”工具栏中的“修剪”按钮，选择上步偏移线段为修剪对象对其进行修剪处理，如图16-6所示。

6. 单击“修改”工具栏中的“偏移”按钮，选择底部水平为偏移对象向上进行偏移，偏移距离为650、5、5、80、5、5，如图16-7所示。

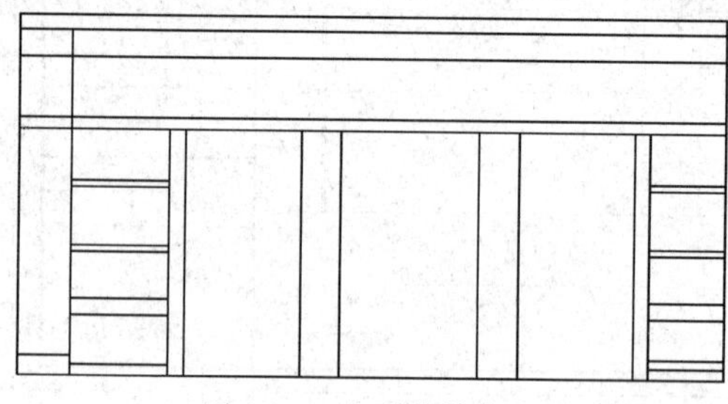

图16-6　水平修剪线段

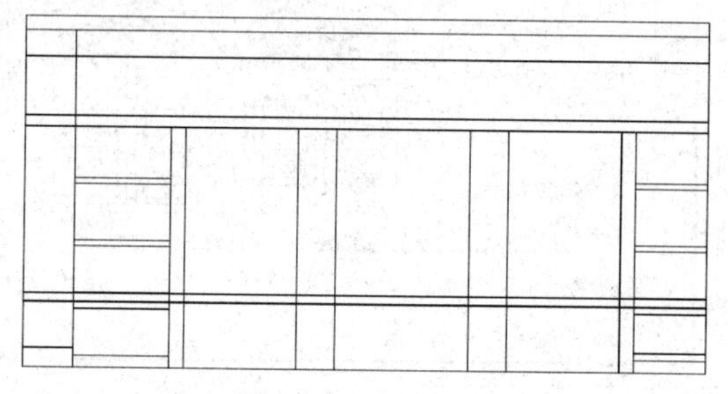

图16-7　偏移线段

7. 单击“修改”工具栏中的“修剪”按钮，选择上步偏移线段为修剪对象对其进行修剪处理，如图16-8所示。

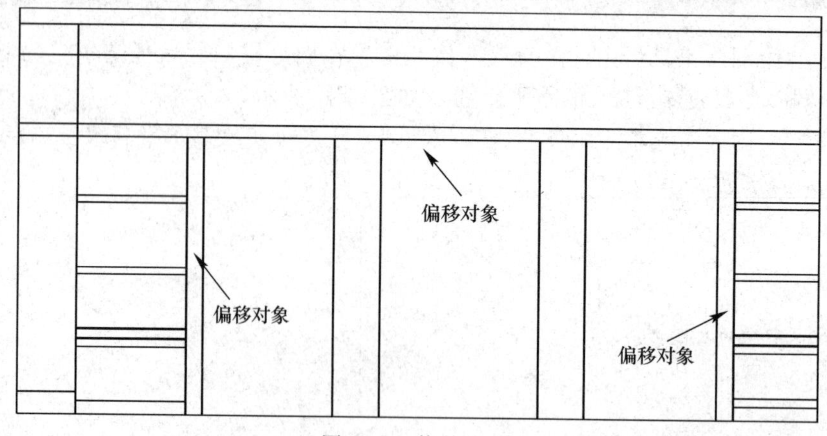

图16-8　修剪线段

8. 单击“修改”工具栏中的“偏移”按钮，选择上步图形中的直线为偏移对象对其进行偏移，偏移距离为20，如图16-9所示。

图16-9 偏移线段

9. 单击“修改”工具栏中的“修剪”按钮，选择上步偏移线段为修剪对象，对其进行修剪处理，如图16-10所示。

图16-10 修剪对象

10. 单击“修改”工具栏中的“偏移”按钮，选择偏移后的水平直线为偏移对象向下进行偏移，偏移距离为110、20，如图16-11所示。

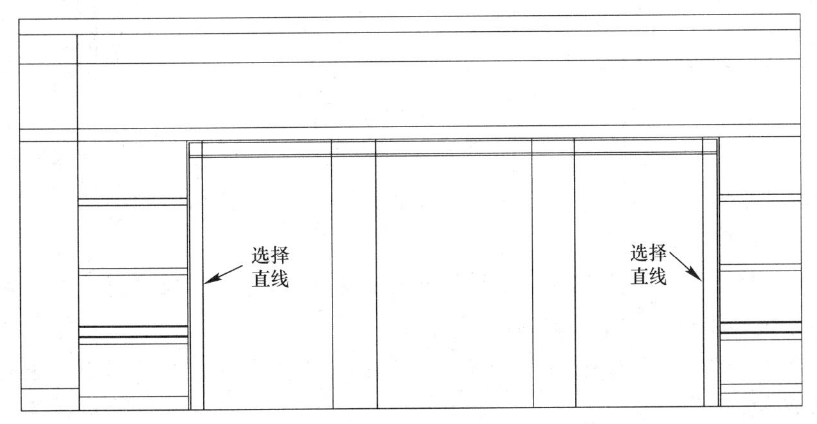

图16-11 偏移线段

11. 单击“修改”工具栏中的“偏移”按钮，选择如图 16-11 所示的竖直直线为偏移对象向外进行偏移，偏移距离为 20，如图 16-12 所示。

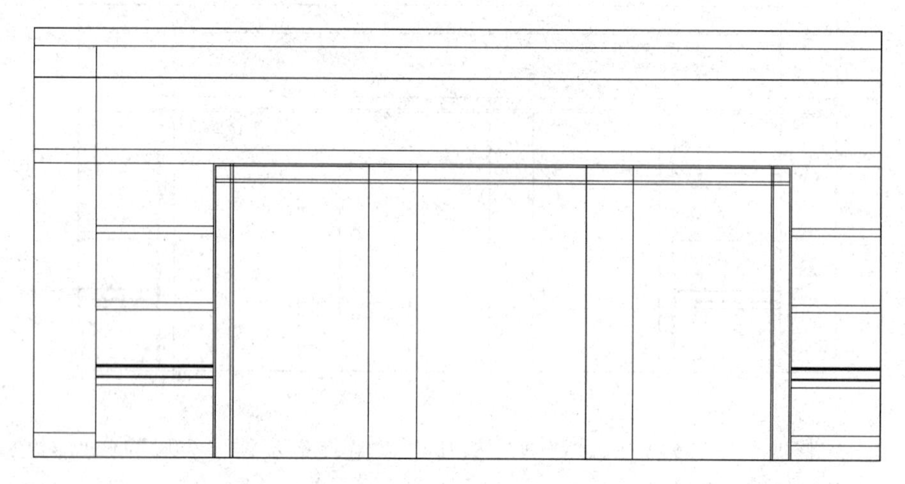

图 16-12　偏移线段

12. 单击“修改”工具栏中的“修剪”按钮，选择上步偏移线段为修剪对象对其进行修剪处理，如图 16-13 所示。

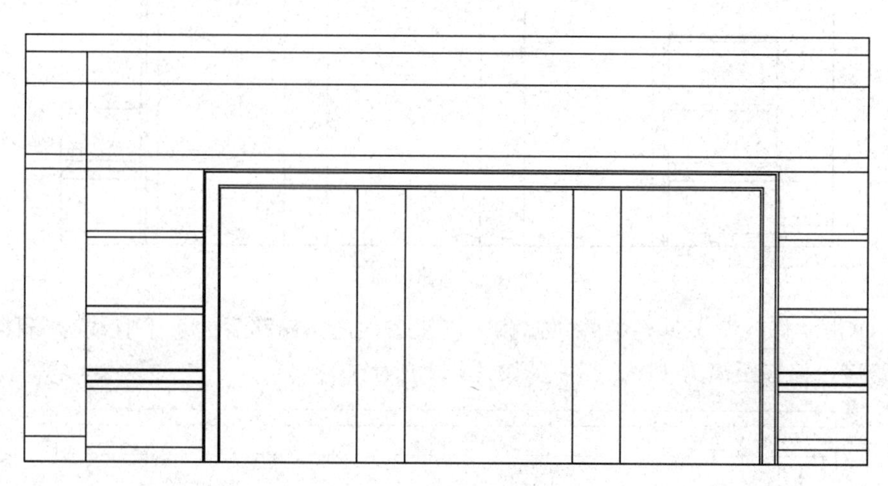

图 16-13　修剪线段

13. 单击“绘图”工具栏中的“矩形”按钮，在上步修剪线段内绘制两个适当大小的矩形，如图 16-14 所示。

14. 单击“修改”工具栏中的“偏移”按钮，选择上步绘制的两矩形为偏移对象向内进行偏移，偏移距离为 10，如图 16-15 所示。

15. 单击“修改”工具栏中的“分解”按钮，选择左侧内部矩形为分解对象，回车确认进行修剪。

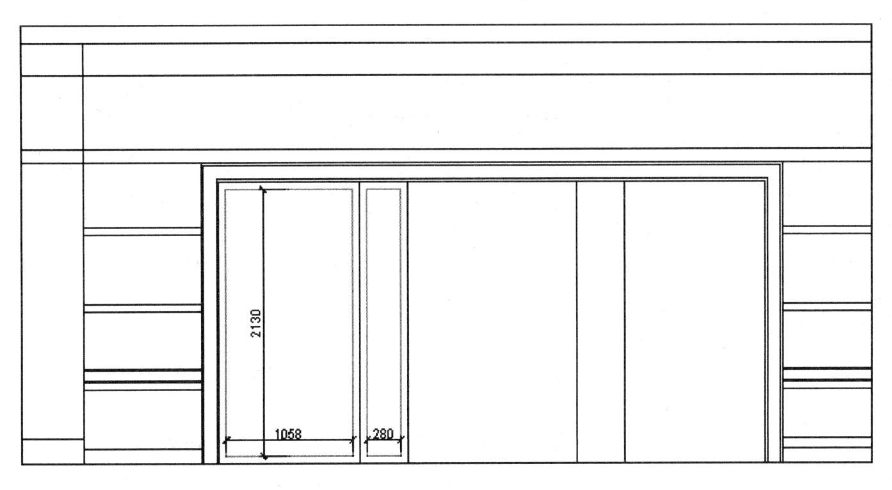

图 16-14 绘制矩形

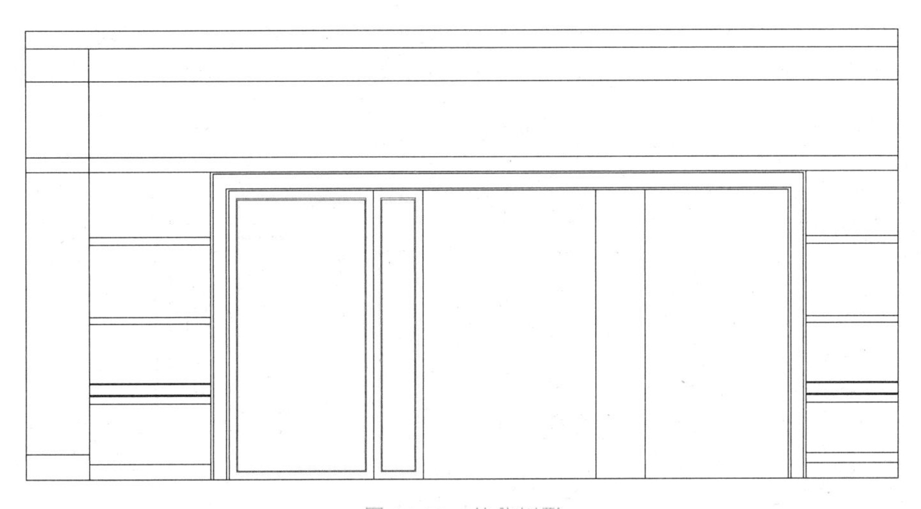

图 16-15 偏移矩形

16. 单击“修改”工具栏中的“偏移”按钮，选择分解矩形左侧竖直边为偏移对象向右进行偏移，偏移距离为 100、20、389、20、389、20，如图 16-16 所示。

17. 单击“修改”工具栏中的“偏移”按钮，选择分解后的水平直线为偏移对象向下进行偏移，偏移距离为 100，20、170、20、194、20、194、20、194、20、194、20、194、20、194、20、194、20、184、20，如图 16-17 所示。

18. 单击“修改”工具栏中的“修剪”按钮，选择上步偏移线段为修剪对象对其进行修剪处理，如图 16-18 所示。

19. 单击“绘图”工具栏中的“图案填充”按钮，系统打开“图案填充和渐变色”对话框。单击“图案”选项后面的按钮，系统打开“填充图案选项板”对话框，选择“AR-RROOF”图案类型，单击“确定”按钮退出。在“图案填充和渐变色”对话框右侧单击“添加：拾取点”按钮，选择填充区域单击确定按钮，设置填充角度为 45，填充比例为 10，系统回到“图案填充和渐变色”对话框，单击“确定”按钮完成图案填充，选择，效果如图 16-19 所示。

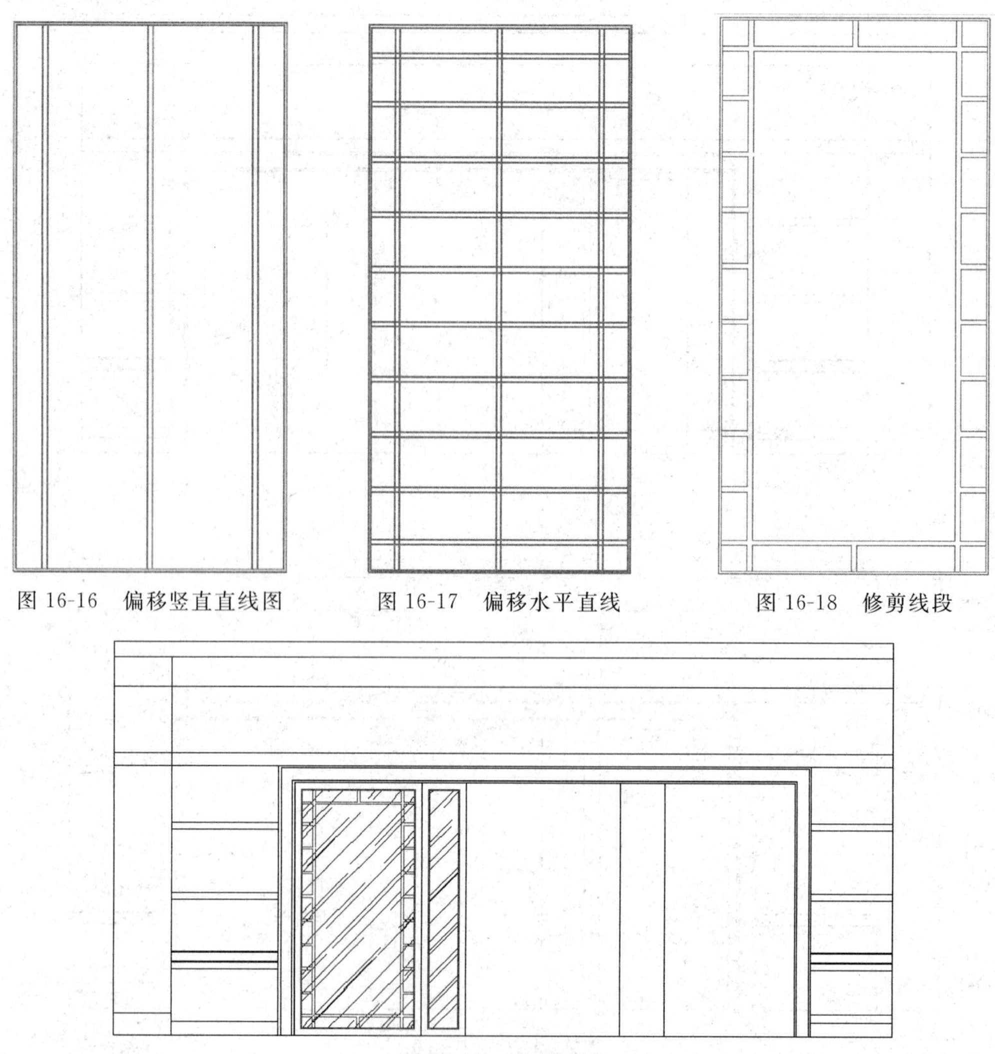

图 16-16　偏移竖直直线图　　图 16-17　偏移水平直线　　图 16-18　修剪线段

图 16-19　填充图形

20. 单击“修改”工具栏中的“镜像”按钮，选择上步填充后的图形为镜像对象对其进行竖直镜像，如图 16-20 所示。

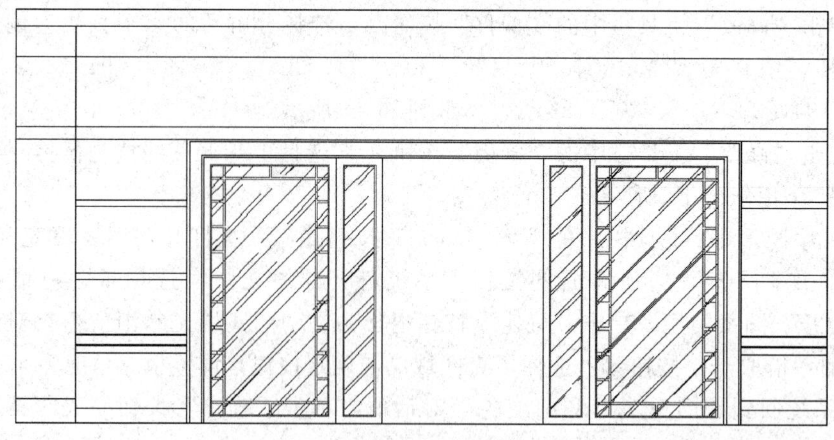

图 16-20　竖直镜像

21. 单击“绘图”工具栏中的“直线”按钮，在图形中间位置绘制一条竖直直线，如图16-21所示。

图16-21 绘制竖直直线

22. 单击“绘图”工具栏中的“矩形”按钮，上步绘制竖直直线间绘制一个“542×2050”的矩形，如图16-22所示。

图16-22 绘制矩形

23. 单击“修改”工具栏中的“偏移”按钮，选择上步绘制矩形为偏移对象向内进行偏移，偏移距离为20、5、50、5、10、20、10、5，如图16-23所示。

图16-23 偏移矩形

24. 单击“绘图”工具栏中的“直线”按钮，在上步图形内绘制四条斜向直线，如图 16-24 所示。

图 16-24　绘制直线

25. 单击“绘图”工具栏中的“矩形”按钮，在偏移线段间绘制两个“50×50”的矩形，如图 16-25 所示。

26. 单击“绘图”工具栏中的“直线”按钮，过上步绘制矩形四边中点绘制十字交叉线，如图 16-26 所示。

27. 单击“绘图”工具栏中的“圆”按钮，选择上步绘制十字交叉线交点为圆心，绘制一个半径为 25 的圆，如图 16-27 所示。

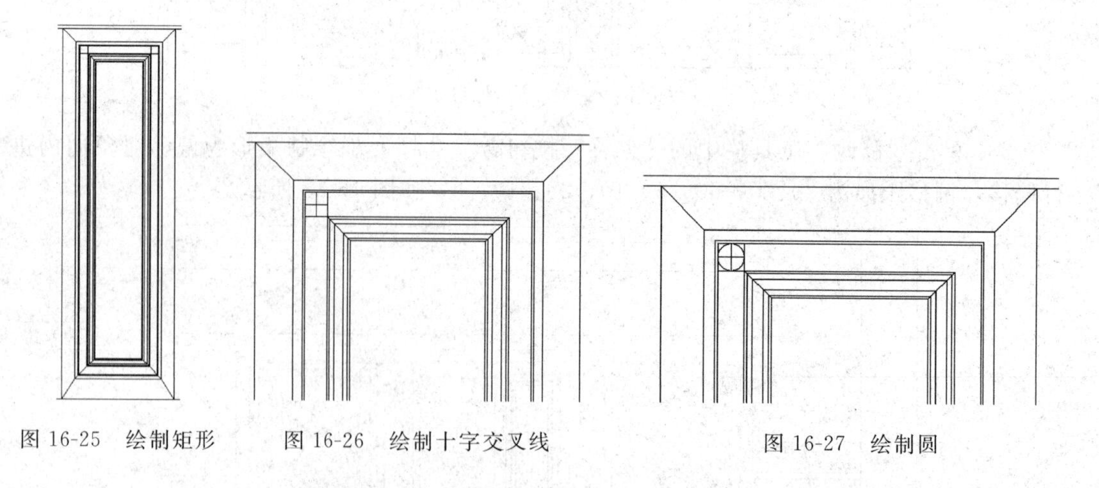

图 16-25　绘制矩形　　图 16-26　绘制十字交叉线　　图 16-27　绘制圆

28. 单击“修改”工具栏中的“偏移”按钮，选择上步绘制圆为偏移对象向内进行偏移，偏移距离为 5、2，如图 16-28 所示。

29. 单击“修改”工具栏中的“删除”按钮，选择上步绘制的十字交叉线为删除对象，对其进行删除，如图 16-29 所示。

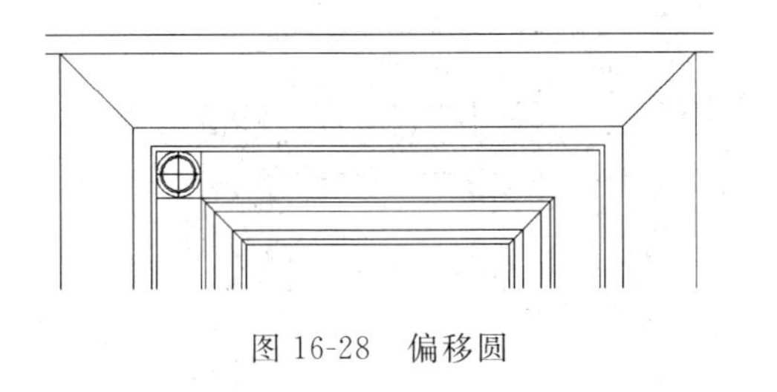
图 16-28 偏移圆

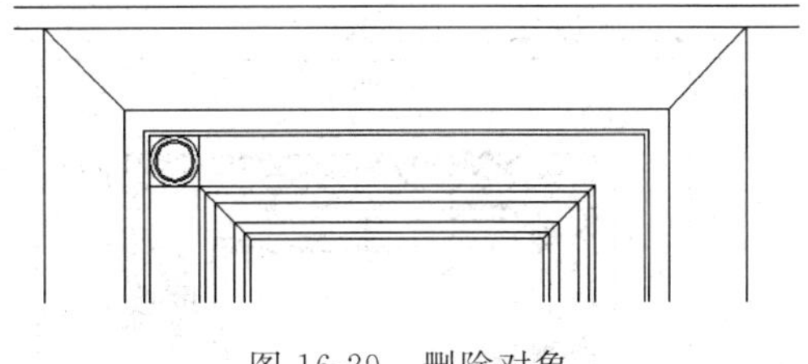
图 16-29 删除对象

30. 单击“绘图”工具栏中的“圆弧”按钮，在绘制的圆图形内，绘制一段适当半径的圆弧，如图 16-30 所示。

31. 单击“修改”工具栏中的“环形阵列”按钮，选择上步绘制圆弧为阵列对象，选择绘制圆的圆心为阵列中心点，设置项目数为 4，阵列后结果如图 16-31 所示。

32. 利用上述方法完成剩余相同图形的绘制，如图 16-32 所示。

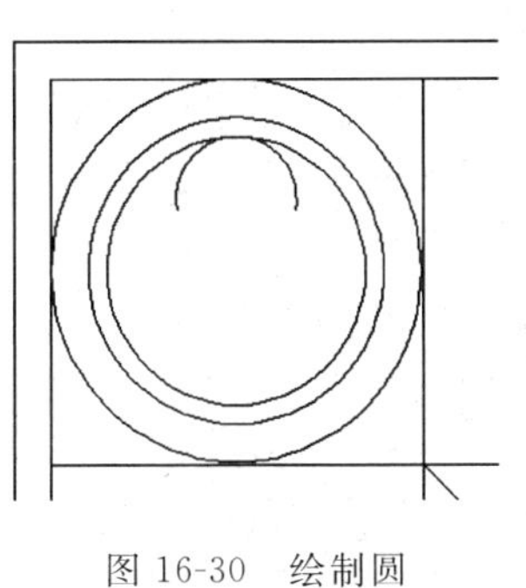
图 16-30 绘制圆

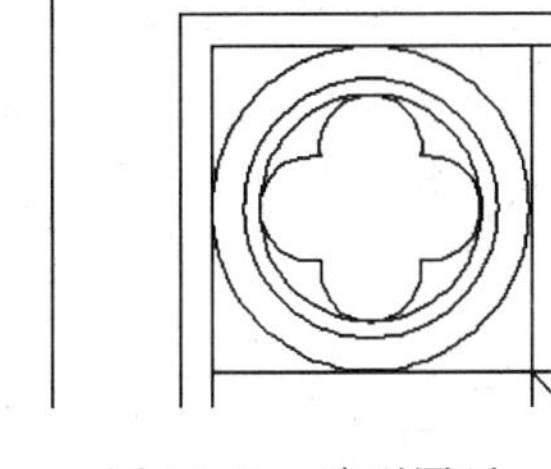
图 16-31 阵列圆弧

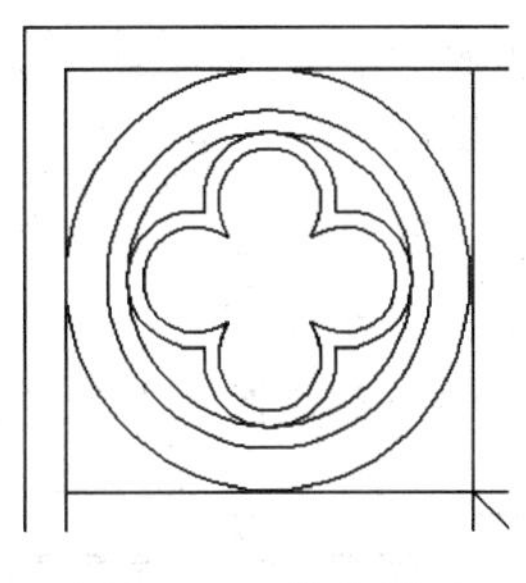
图 16-32 偏移圆弧

33. 单击“修改”工具栏中的“复制”按钮，选择上步绘制图形为复制对象对其进行复制操作，如图 16-33 所示。

34. 单击“绘图”工具栏中的“直线”按钮和“圆弧”按钮，在上步绘制图形下方图案，如图 16-34 所示。

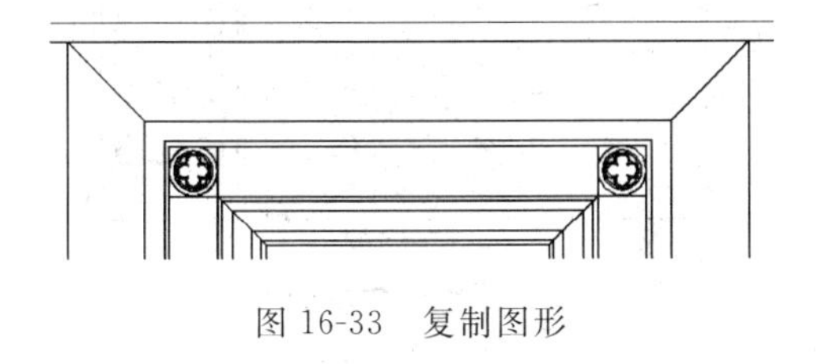
图 16-33 复制图形

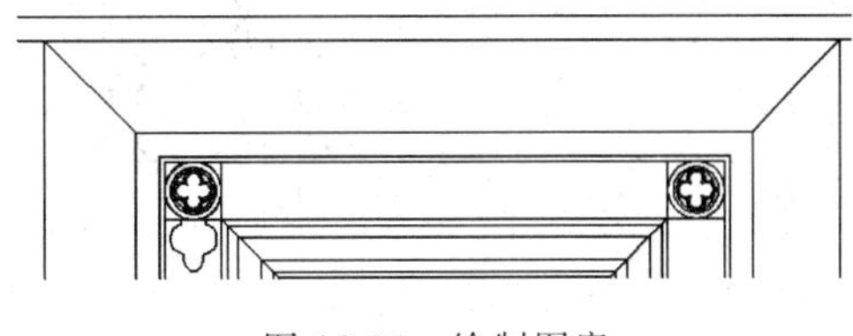
图 16-34 绘制图案

35. 单击“修改”工具栏中的“复制”按钮和“旋转”按钮，完成剩余相同图形的绘制，如图 16-35 所示。

36. 单击“绘图”工具栏中的“直线”按钮，在上步图形内绘制连续直线，如图 16-36 所示。

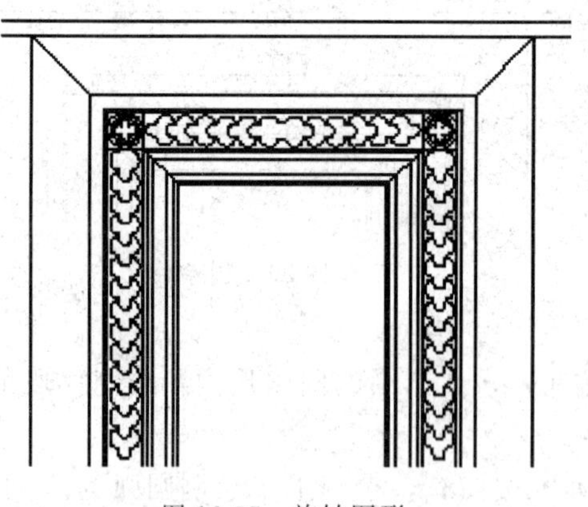

图 16-35　旋转图形

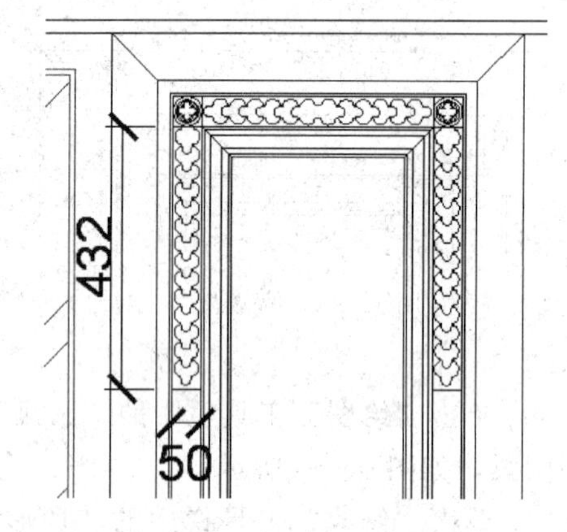

图 16-36　绘制直线

37. 单击“绘图”工具栏中的“直线”按钮，在上步图形内绘制两条斜向直线，如图 16-37 所示。

38. 单击“绘图”工具栏中的“图案填充”按钮，系统打开“图案填充和渐变色”对话框。单击“图案”选项后面的按钮，系统打开“填充图案选项板”对话框，选择“AR-RROOF”图案类型，单击“确定”按钮退出。在“图案填充和渐变色”对话框右侧单击“添加：拾取点”按钮，选择填充区域单击确定按钮，设置填充角度为 45，填充比例为 10，系统回到“图案填充和渐变色”对话框，单击“确定”按钮完成图案填充，效果如图 16-38 所示。

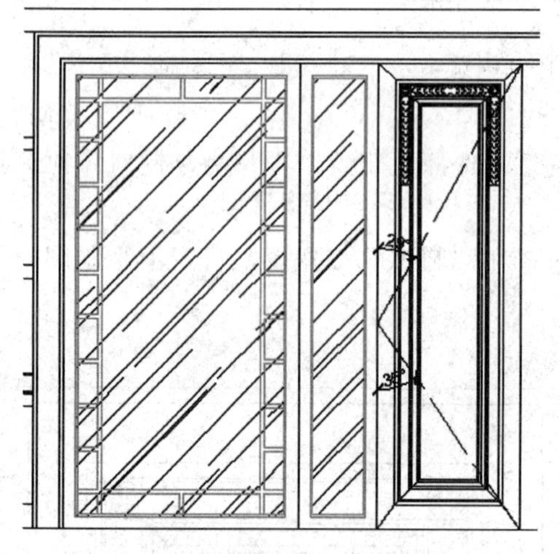

图 16-37　绘制斜向直线

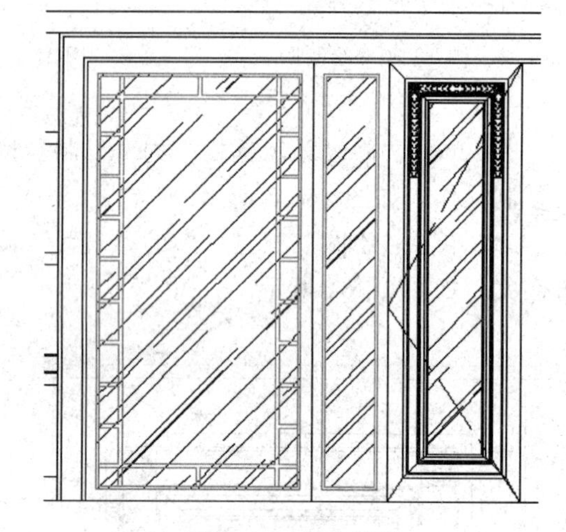

图 16-38　填充图形

39. 单击“绘图”工具栏中的“直线”按钮和“圆弧”按钮，在上步填充图形右侧绘制连续图形，如图 16-39 所示。

40. 单击“修改”工具栏中的“偏移”按钮，选择上步绘制图形为偏移对象，将其向内进行偏移，偏移距离为 3，如图 16-40 所示。

41. 单击“绘图”工具栏中的“圆弧”按钮，在上步图形内绘制连续图形，如图 16-41 所示。

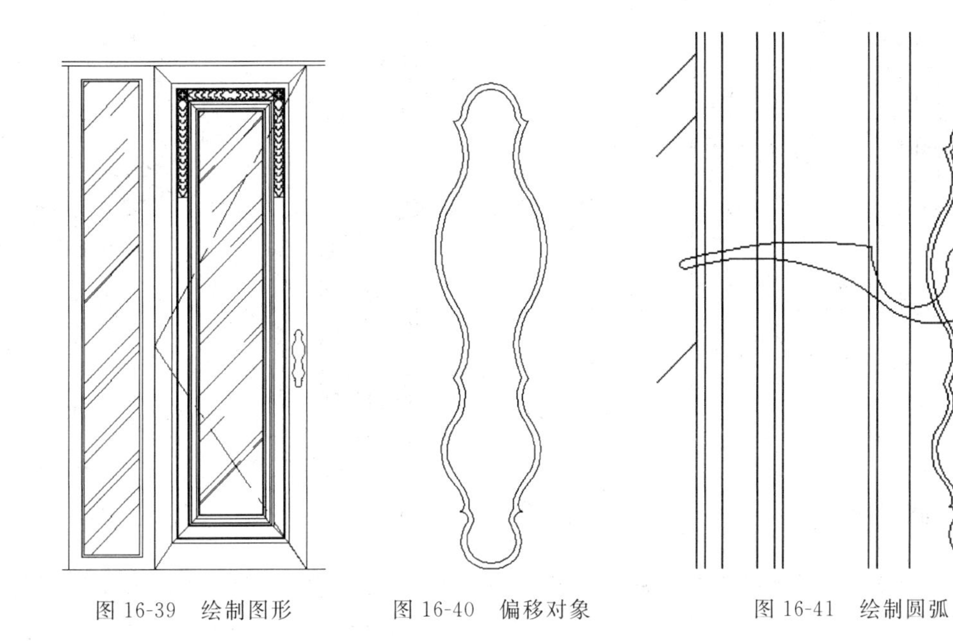
图 16-39　绘制图形　　图 16-40　偏移对象　　图 16-41　绘制圆弧

42. 单击“修改”工具栏中的“修剪”按钮，选择上步绘制图形内线段为修剪对象对其进行修剪处理，如图 16-42 所示。

43. 单击“绘图”工具栏中的“圆”按钮，在上步图形顶部和底部位置分别绘制两个半径为 3 的圆，如图 16-43 所示。

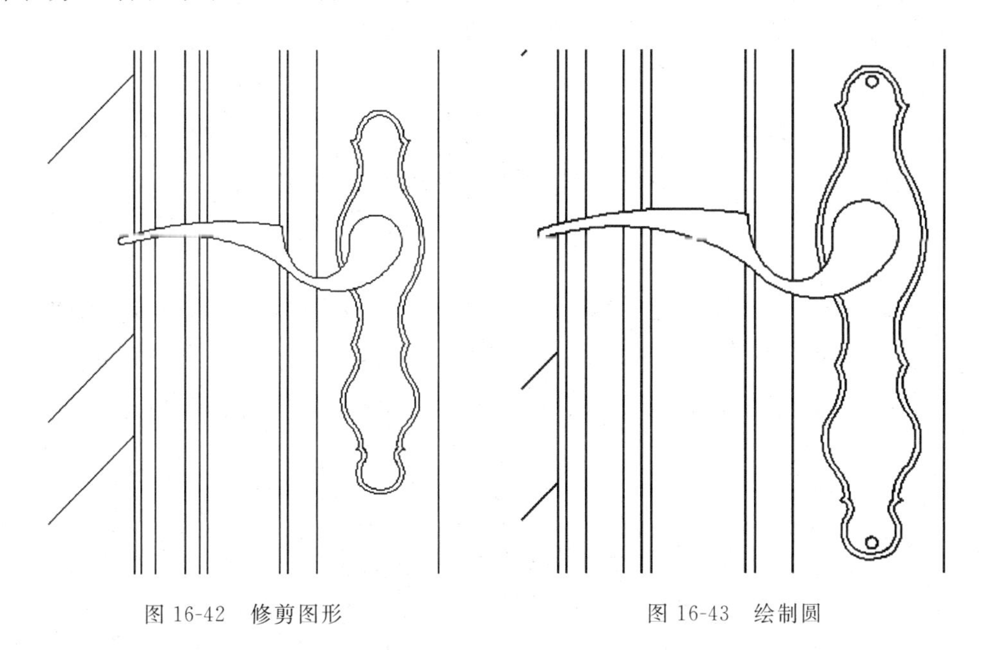
图 16-42　修剪图形　　图 16-43　绘制圆

44. 单击“绘图”工具栏中的“直线”按钮和“圆弧”按钮，完成剩余图形的绘制，如图 16-44 所示。

45. 单击“修改”工具栏中的“镜像”按钮，选择上步绘制的左侧图形为镜像对象对其进行竖直镜像，如图 16-45 所示。

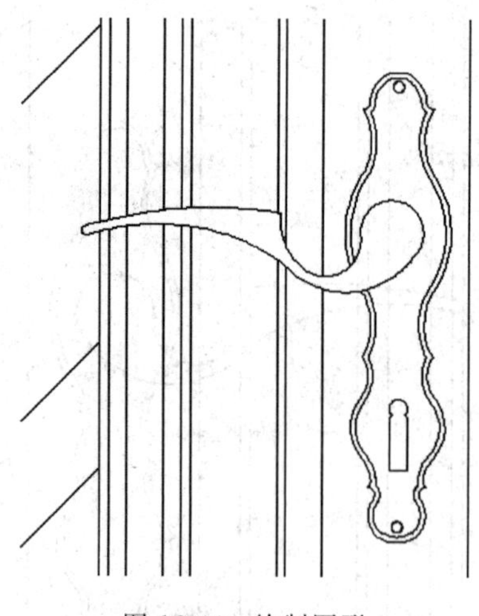

图 16-44 绘制图形

图 16-45 镜像图形

46. 单击“修改”工具栏中的“偏移”按钮，选择水平直线为偏移对象向下进行偏移，偏移距离为 30、7、27、3、10、23、40，220、690，如图 16-46 所示。

图 16-46 偏移水平直线

47. 单击“修改”工具栏中的“偏移”按钮，选择左侧竖直直线为偏移对象，向右进行偏移，偏移距离为 522、240、6330，如图 16-47 所示。

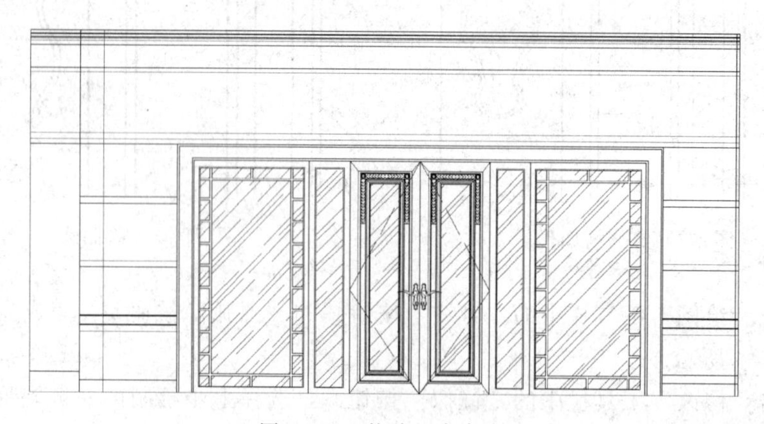

图 16-47 偏移竖直直线

48. 单击“修改”工具栏中的“修剪”按钮，选择上步偏移线段为修剪对象对其进行修剪处理，如图 16-48 所示。

图 16-48 修剪对象

49. 单击“修改”工具栏中的“打断”按钮，选择如图 16-49 所示的线段为打断线段将其打断为两段独立线段，如图 16-49 所示。

图 16-49 打断线段

50. 单击“修改”工具栏中的“偏移”按钮，选择上步打断线段为偏移对象将其向右侧进行偏移，偏移距离为 59、30，如图 16-50 所示。

图 16-50 偏移线段

51. 单击“修改”工具栏中的“复制”按钮，以偏移距离为 59 的初始直线左上角点为复制基点，选择上步偏移距离为 30 的两条竖直直线为复制对象，进行连续复制，复制距离相等，如图 16-51 所示。

图 16-51 复制线段

52. 单击“绘图”工具栏中的“直线”按钮，在上步图形适当位置绘制两条竖直直线，如图 16-52 所示。

图 16-52 绘制直线

53. 单击“绘图”工具栏中的“图案填充”按钮，系统打开“图案填充和渐变色”对话框。单击“图案”选项后面的按钮，系统打开“填充图案选项板”对话框，选择“ANSI31”图案类型，单击“确定”按钮退出。在“图案填充和渐变色”对话框右侧单击“添加：拾取点”按钮，选择填充区域单击确定按钮，设置填充角度为 0，填充比例为 30，系统回到“图案填充和渐变色”对话框，单击“确定”按钮完成图案填充。

54. 单击“绘图”工具栏中的“图案填充”按钮，系统打开“图案填充和渐变色”对话框。单击“图案”选项后面的按钮，系统打开“填充图案选项板”对话框，选择“AR-CONC”图案类型，单击“确定”按钮退出。在“图案填充和渐变色”对话框右侧单击“添加：拾取点”按钮，选择填充区域单击确定按钮，设置填充角度为 0，填充比例为 1，系统回到“图案填充和渐变色”对话框，单击“确定”按钮完成图案填充，结果如图 16-53 所示。

图 16-53 填充图形

55. 单击“绘图”工具栏中的“多段线”按钮，在图形左侧竖直直线上绘制连续多段线，如图 16-54 所示。

图 16-54 绘制连续多段线

56. 单击“修改”工具栏中的“修剪”按钮，选择上步绘制连续多段线内的多余线段为修剪对象，对其进行修剪，如图 16-55 所示。

图 16-55 修剪线段

57. 单击“标注”工具栏中的“线性”按钮和“连续”按钮，为图形添加第一道尺寸标注，如图 16-56 所示。

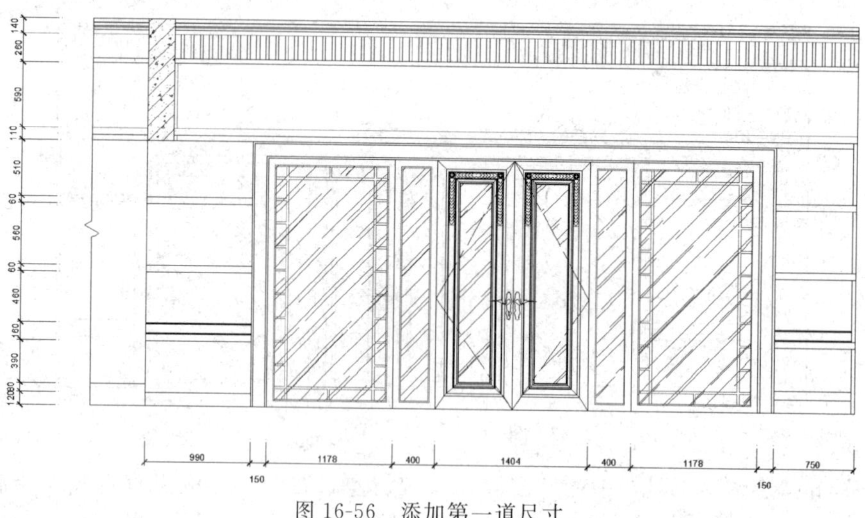

图 16-56　添加第一道尺寸

58. 单击“标注”工具栏中的“线性”按钮⊢，为图形添加总尺寸，如图 16-57 所示。

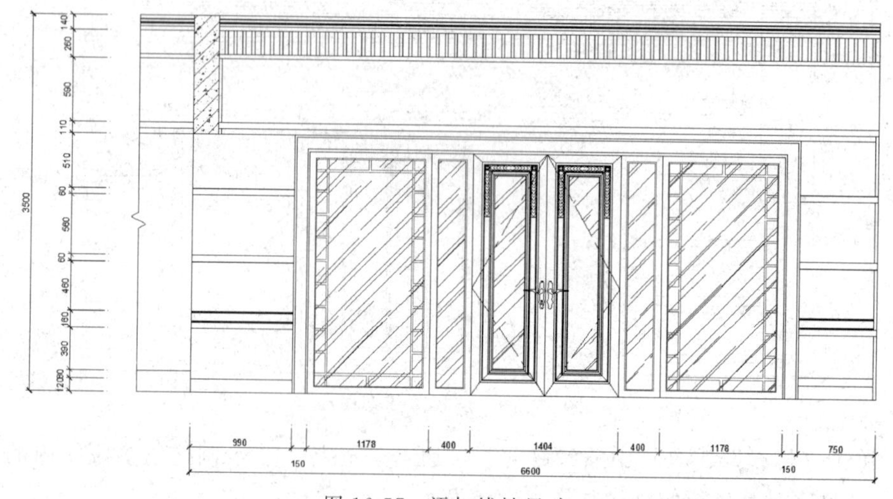

图 16-57　添加线性尺寸

59. 在命令行中输入“QLEADER”命令，为图形添加文字说明，如图 16-58 所示。

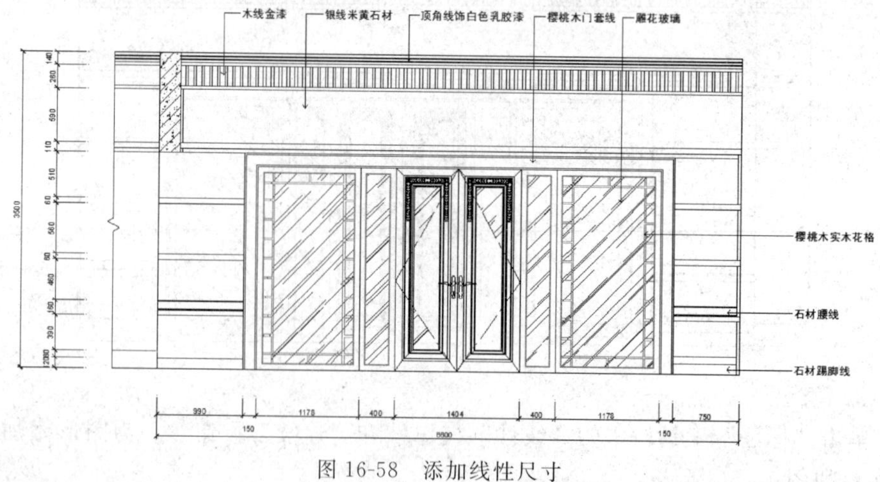

图 16-58　添加线性尺寸

60. 利用拖拽夹点命令将左侧竖直直线向上拖拽，如图 16-59 所示。

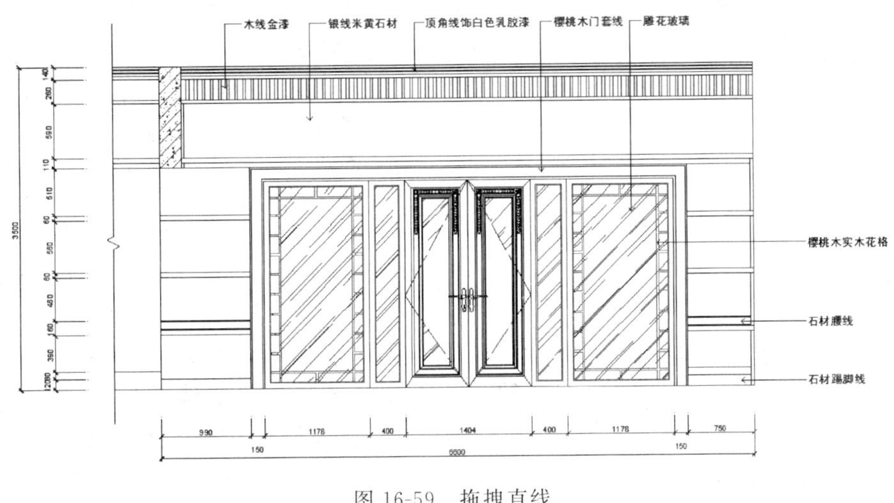

图 16-59 拖拽直线

61. 单击“绘图”工具栏中的“直线”按钮，在右侧图形位置绘制连续竖直直线，如图 16-60 所示。

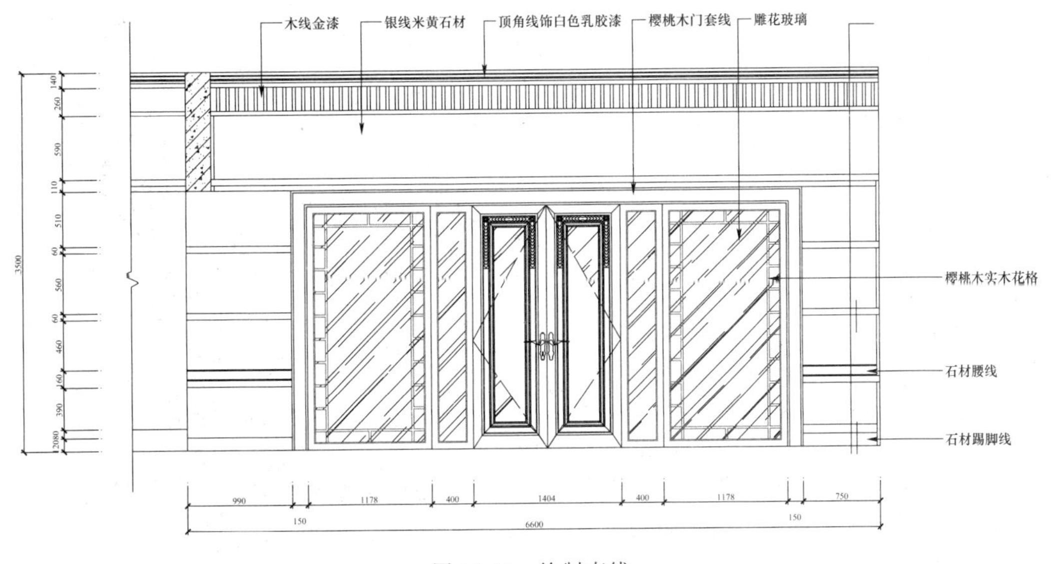

图 16-60 绘制直线

62. 单击“绘图”工具栏中的“圆”按钮，在上步绘制直线上选取一点为圆的圆心绘制一个半径为 120 的圆，如图 16-61 所示。

63. 单击“绘图”工具栏中的“直线”按钮，在上步绘制圆上绘制连续直线，如图 16-62 所示。

64. 单击“修改”工具栏中的“修剪”按钮，选择上步绘制的连续直线为修剪对象对其进行修剪处理，如图 16-63 所示。

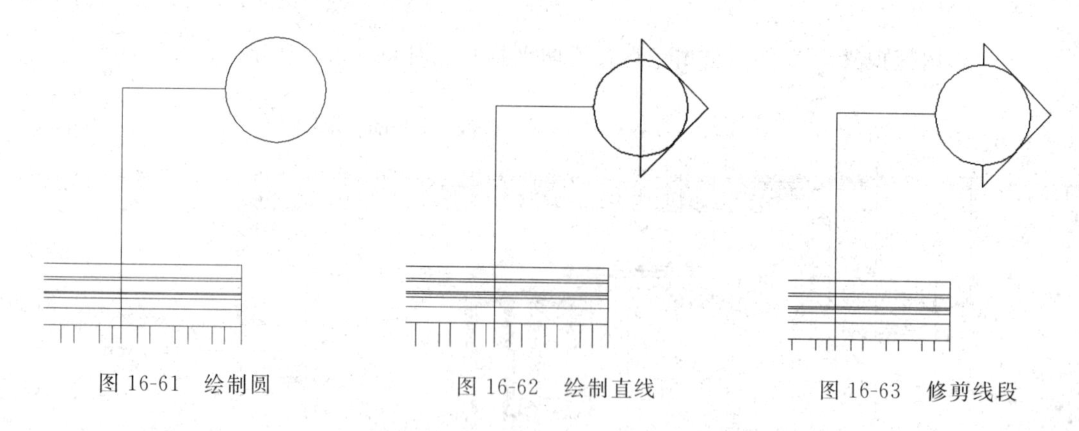

图 16-61　绘制圆　　图 16-62　绘制直线　　图 16-63　修剪线段

65. 单击“绘图”工具栏中的“图案填充”按钮，系统打开“图案填充和渐变色”对话框。单击“图案”选项后面的按钮，系统打开“填充图案选项板”对话框，选择“SOLID”图案类型，单击“确定”按钮退出。在“图案填充和渐变色”对话框右侧单击“添加：拾取点”按钮，选择填充区域单击确定按钮，设置填充角度为 0，填充比例为 1，系统回到“图案填充和渐变色”对话框，单击“确定”按钮完成图案填充，如图 16-64 所示。

66. 单击“绘图”工具栏中的“直线”按钮，在圆图形内绘制一条水平直线，如图 16-65 所示。

67. 单击“绘图”工具栏中的“多行文字”按钮，在上步圆图形内添加文字，如图 16-66 所示。

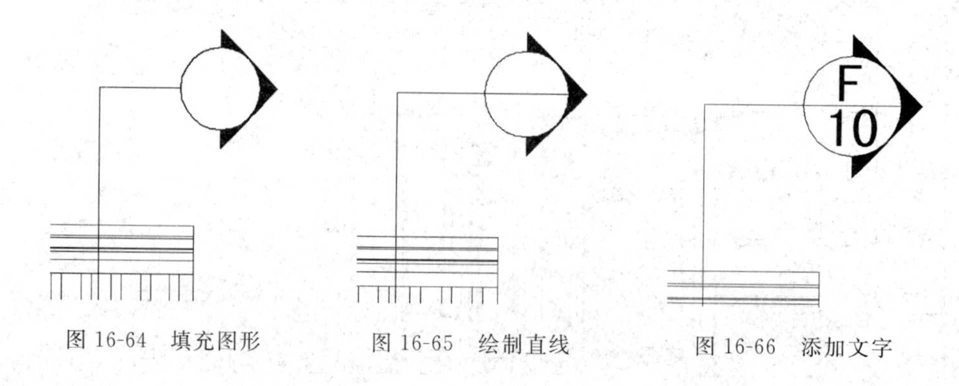

图 16-64　填充图形　　图 16-65　绘制直线　　图 16-66　添加文字

68. 单击“绘图”工具栏中的“圆”按钮，在完成图形底部任选一点为圆心绘制一个半径为 120 的圆，如图 16-67 所示。

69. 单击“绘图”工具栏中的“直线”按钮，过上步绘制圆的圆心绘制一条长度为 1198 的水平直线，如图 16-68 所示。

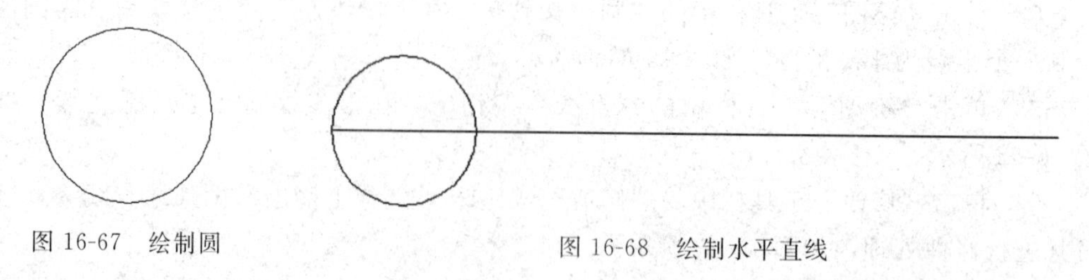

图 16-67　绘制圆　　图 16-68　绘制水平直线

70. 单击“绘图”工具栏中的“多行文字”按钮A，在上步绘制直线上添加文字，最终完成B-07立面图的绘制，如图16-69所示。

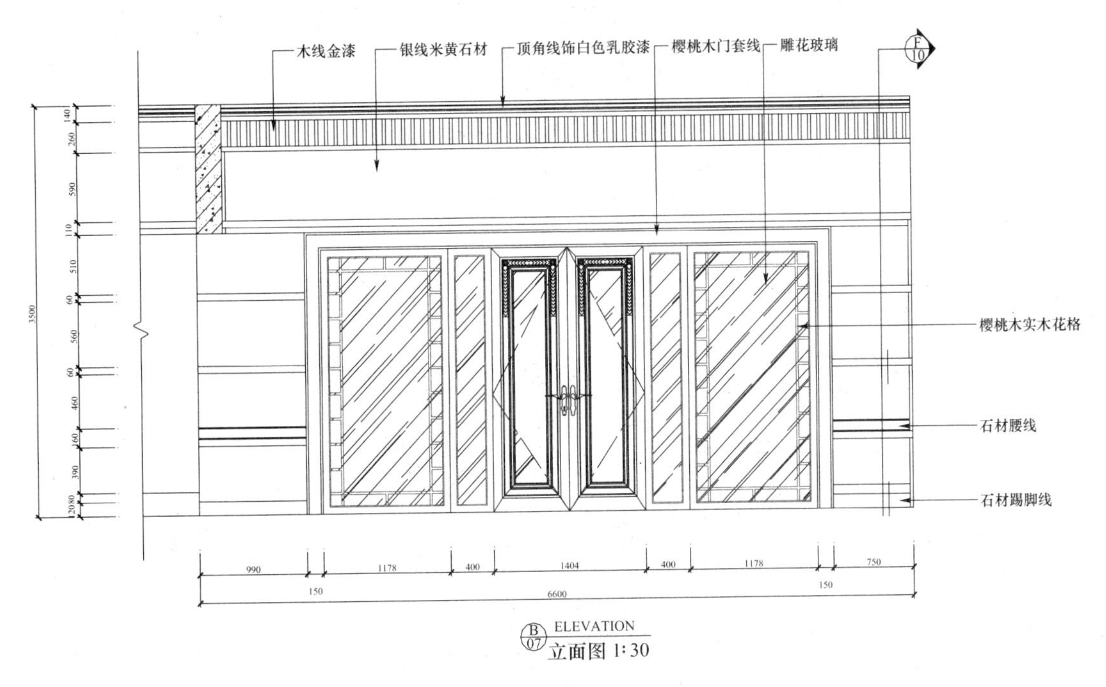

图16-69 B-07立面图的绘制

71. 利用B-7立面图的绘制方法完成A-07立面图的绘制，如图16-70所示。

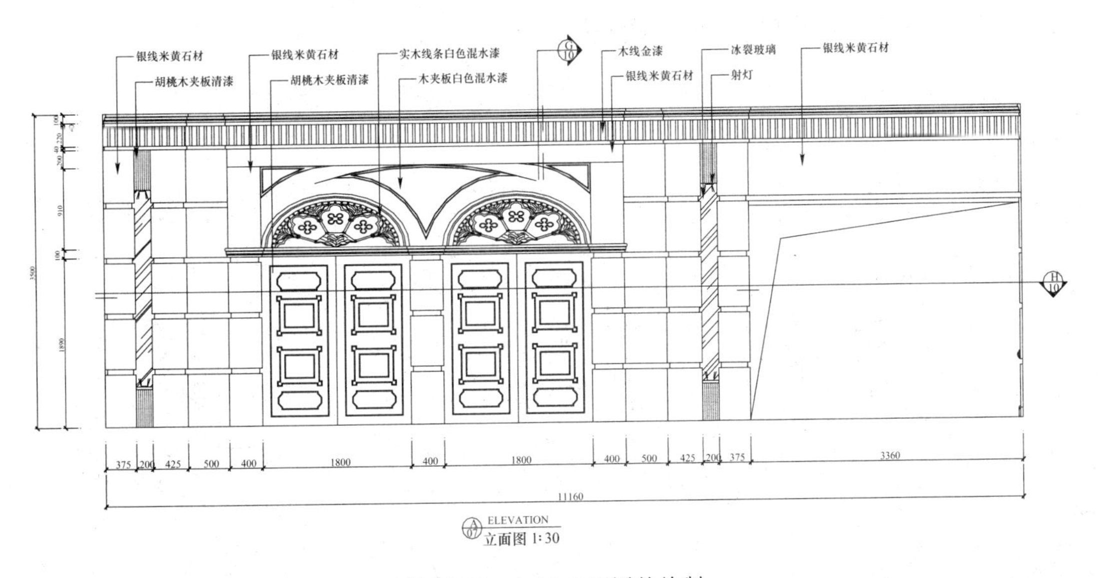

图16-70 A-07立面图的绘制

72. 单击“绘图”工具栏中的“插入块”按钮，弹出“插入”对话框。选择定义的图框为插入对象，将其放置到绘制的图形外侧，最终完成图形的绘制，如图16-71所示。

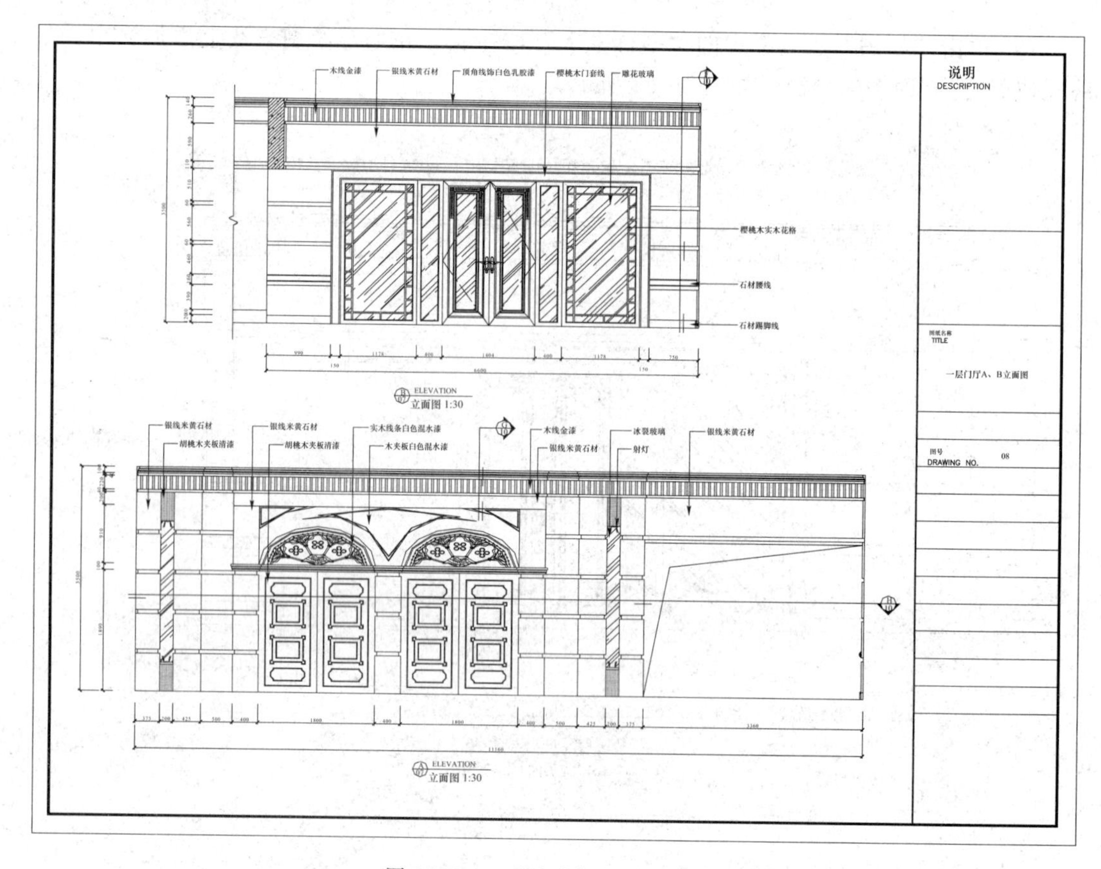

图 16-71　一层门厅 A、B 立面图

16.1.2　一层门厅 C、D 立面图

利用 B 立面图的绘制方法完成 C 立面图的绘制，如图 16-72 所示。

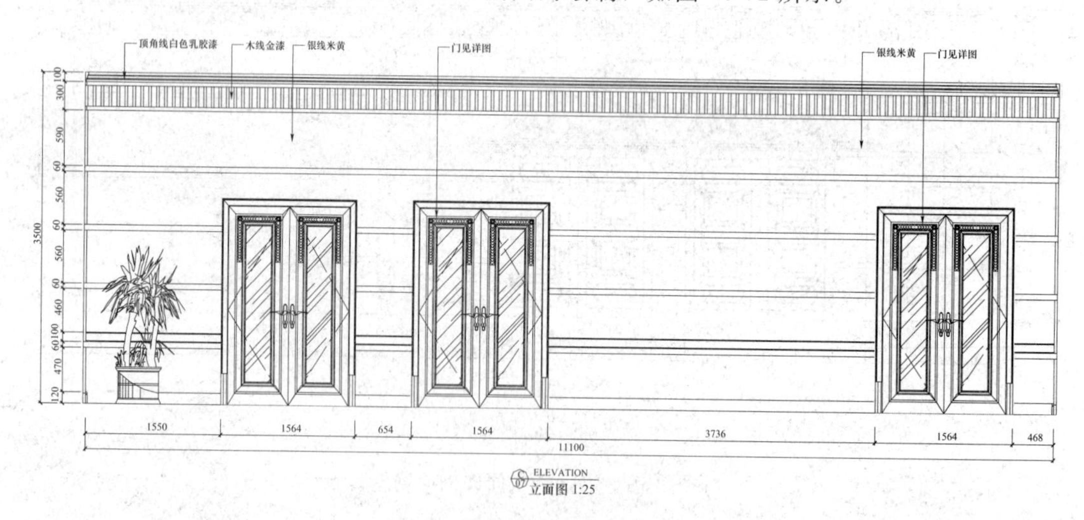

图 16-72　C 立面图的绘制

1. 利用 B 立面图的绘制方法完成 D 立面图的绘制，如图 16-73 所示。

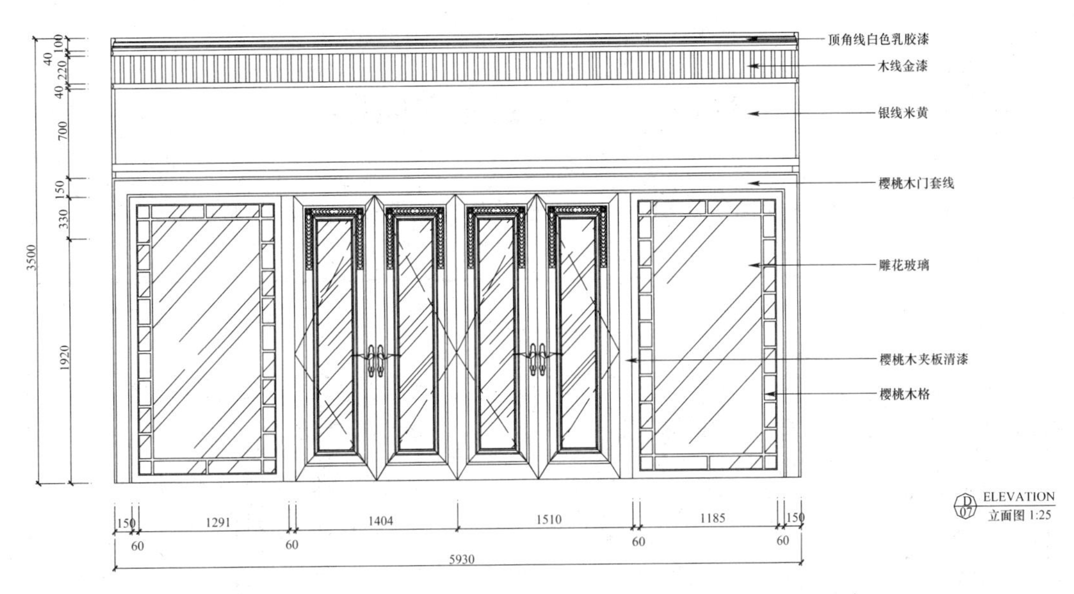

图 16-73　D 立面图的绘制

2. 单击“绘图”工具栏中的“插入块”按钮，弹出“插入”对话框。选择定义的图框为插入对象，将其放置到绘制的图形外侧，最终完成一层门厅立面图的绘制，如图 16-74 所示。

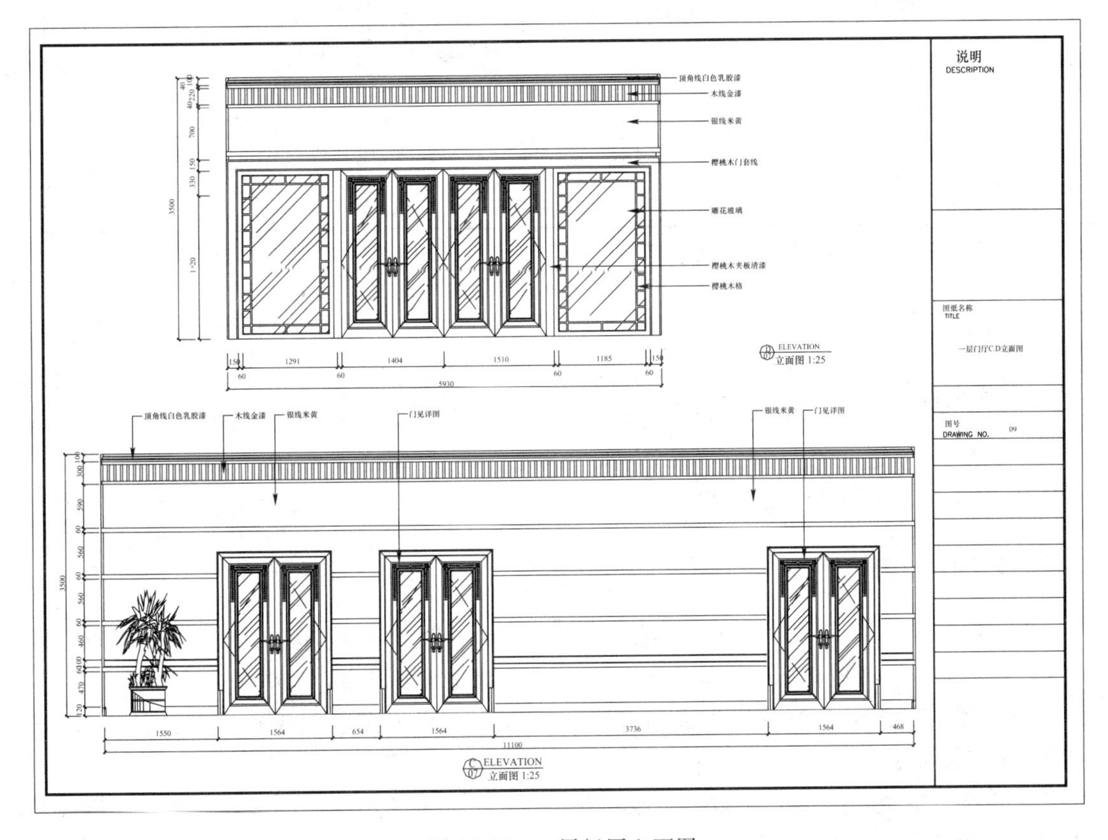

图 16-74　一层门厅立面图

16.2　一层走廊立面图

一层走廊 01 立面图如图 16-75 所示，下面分别介绍各个立面图的具体绘制方法。

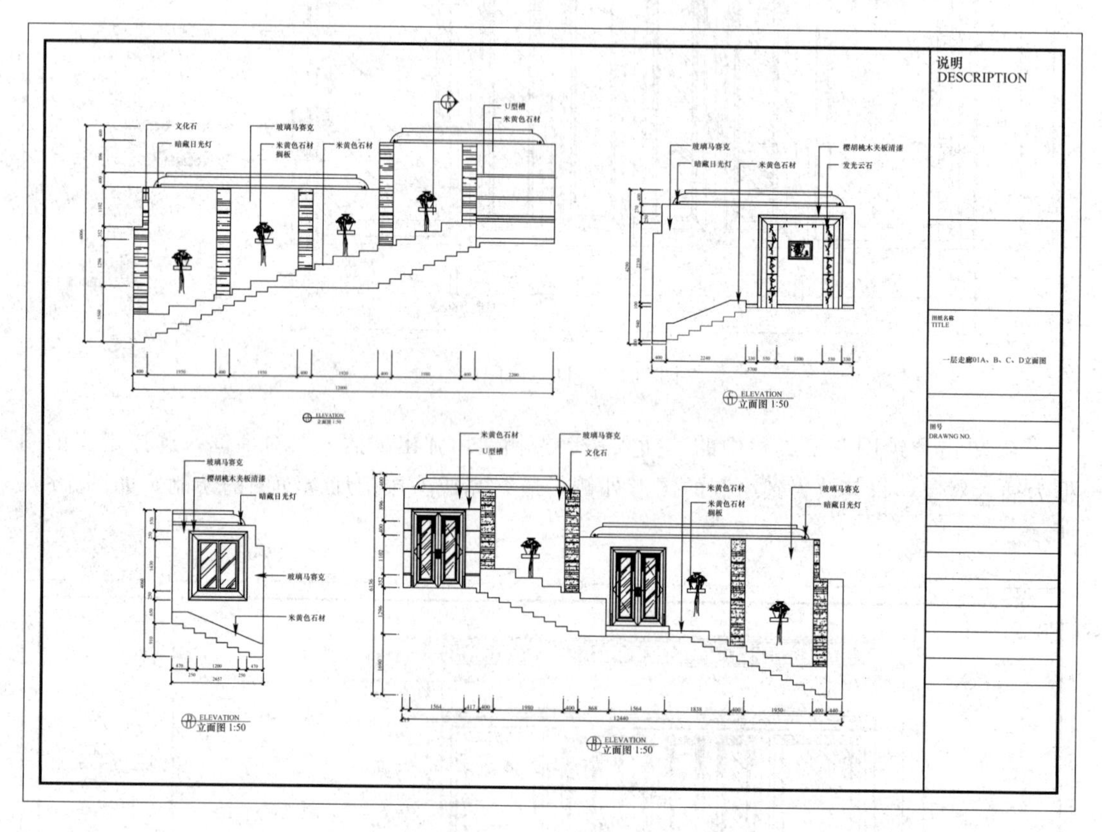

图 16-75　一层走廊立面图

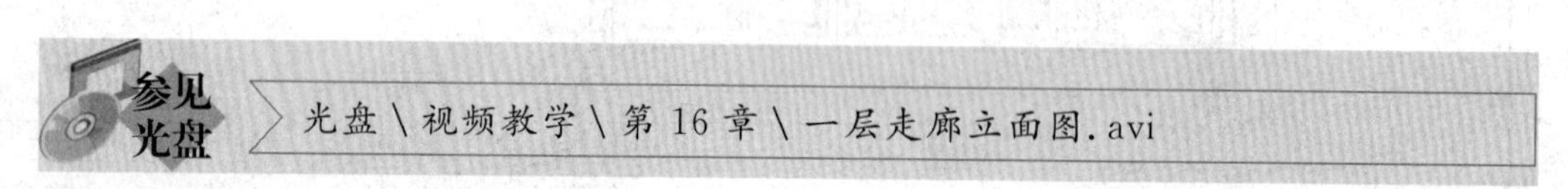
参见光盘　光盘\视频教学\第 16 章\一层走廊立面图.avi

16.2.1　一层走廊 A 立面

【绘制步骤】

1. 单击“绘图”工具栏中的“多段线”按钮，指定多段线起点宽度为 0，端点宽度为 0，在图形空白区域任选一点为多段线起点，绘制连续多段线，如图 16-76 所示。

2. 重复多段线命令，在上步绘制多段线上选取一点为多段线起点绘制连续多段线，如图 16-77 所示。

3. 单击“绘图”工具栏中的“直线”按钮，以步骤 1 中绘制的多段线起点为直线起点向上绘制一条竖直直线，如图 16-78 所示。

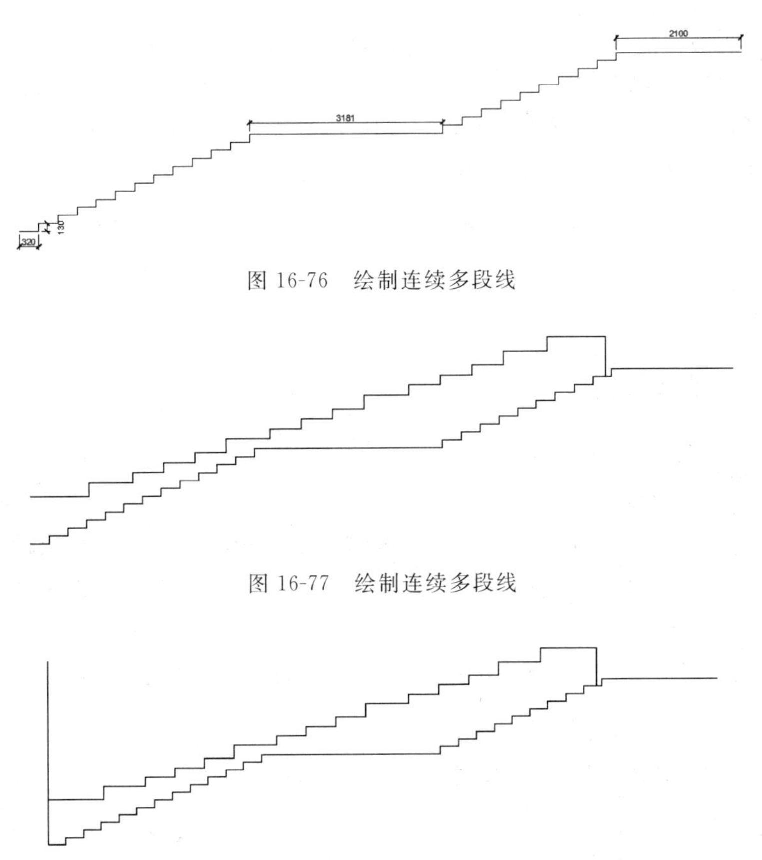

图 16-76　绘制连续多段线

图 16-77　绘制连续多段线

图 16-78　绘制竖直直线

4. 单击“修改”工具栏中的“偏移”按钮，选择上步绘制的竖直直线为偏移对象将其向右进行偏移，偏移距离为 400、1950、400、1950、400、1920、400、1980、400、2200，如图 16-79 所示。

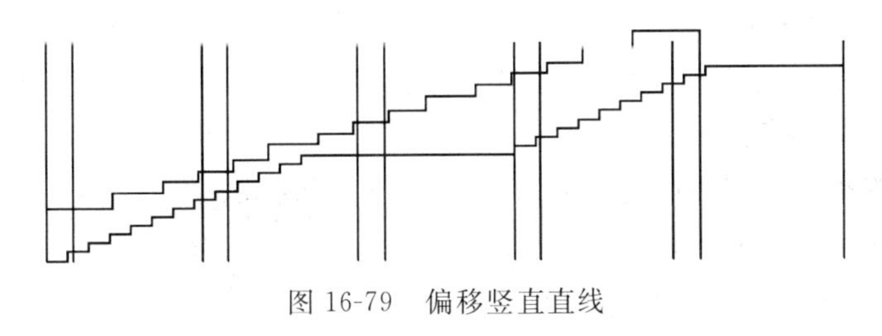

图 16-79　偏移竖直直线

5. 单击“绘图”工具栏中的“直线”按钮，在图形底部绘制一条水平直线，如图 16-80 所示。

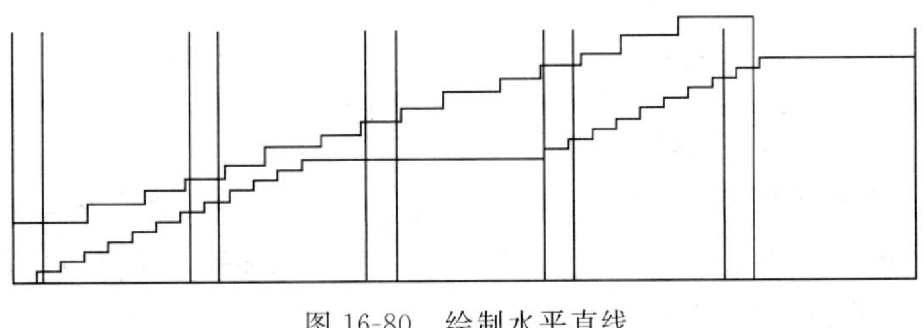

图 16-80　绘制水平直线

6. 单击“修改”工具栏中的“偏移”按钮，选择上步绘制的水平直线为偏移对象将其向上进行偏移，偏移距离为3208、1102、300、100，896、300、100，如图16-81所示。

7. 单击“修改”工具栏中的“延伸”按钮，选择图形中所有竖直直线为延伸对象将其延伸至偏移后最顶端水平直线，如图16-82所示。

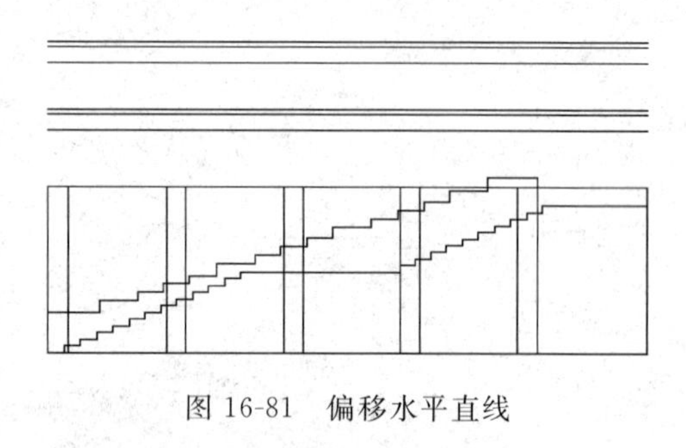

图16-81　偏移水平直线

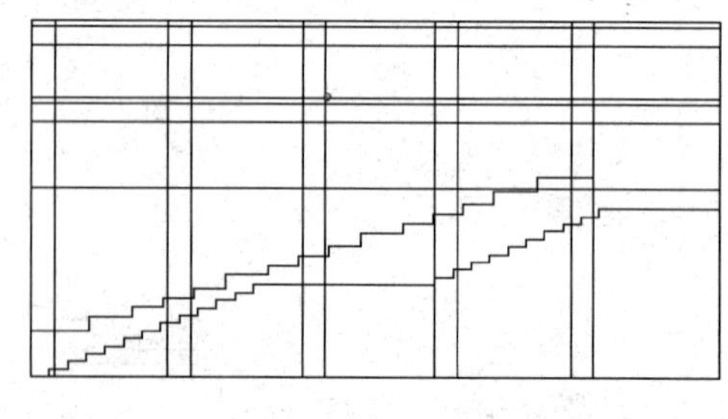

图16-82　偏移水平直线

8. 单击“修改”工具栏中的“偏移”按钮，选择左侧竖直直线为偏移对象将其向右进行偏移，偏移距离为240，选择右侧竖直直线为偏移对象将其向左进行偏移，偏移距离为300，如图16-83所示。

9. 单击“修改”工具栏中的“修剪”按钮，选择上步偏移后线段为修剪对象对其进行修剪处理，如图16-84所示。

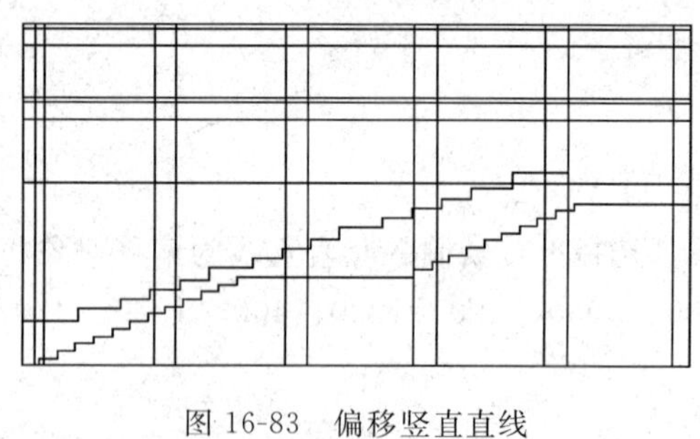

图16-83　偏移竖直直线

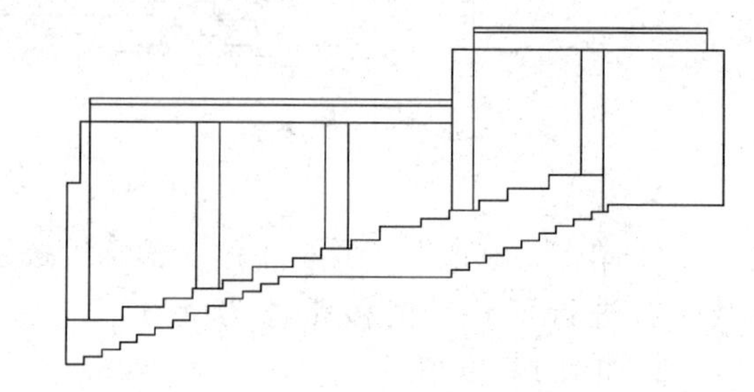

图16-84　修剪线段

10. 单击“绘图”工具栏中的“直线”按钮和“圆弧”按钮，在上步图形内绘制圆弧和直线，如图16-85所示。

11. 单击“修改”工具栏中的“修剪”按钮，选择图形中的多余线段为修剪对象对其进行修剪处理，如图16-86所示。

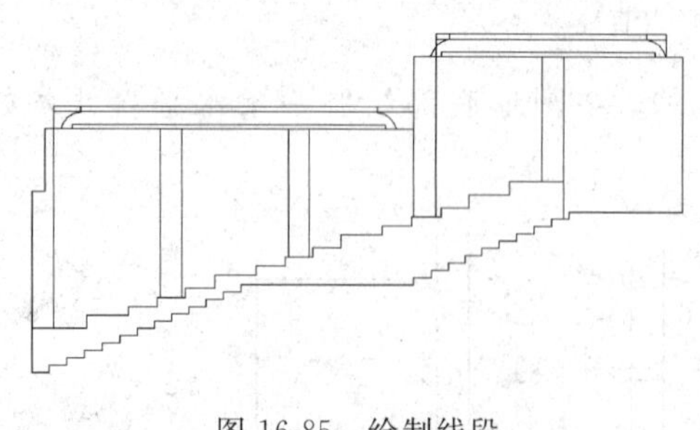

图16-85　绘制线段

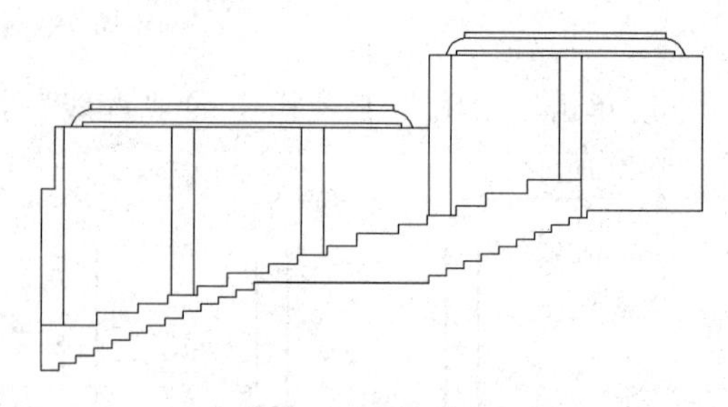

图16-86　修剪线段

12. 单击“绘图”工具栏中的“圆”按钮，在上步图形内顶部位置选取一点作为圆的圆心，绘制一个半径为30的圆，如图16-87所示。

13. 单击“修改”工具栏中的“偏移”按钮，选择上步绘制圆图形为偏移对象将其向内进行偏移，偏移距离为12，如图16-88所示。

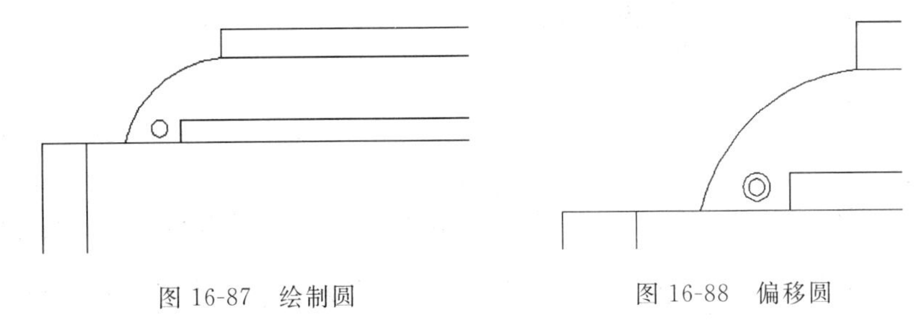

图16-87 绘制圆　　图16-88 偏移圆

14. 单击“绘图”工具栏中的“直线”按钮，在上步偏移圆内绘制四段长度相等的直线，如图16-89所示。

15. 单击“修改”工具栏中的“复制”按钮，选择上步绘制完成的灯图形为复制对象对其进行复制操作，如图16-90所示。

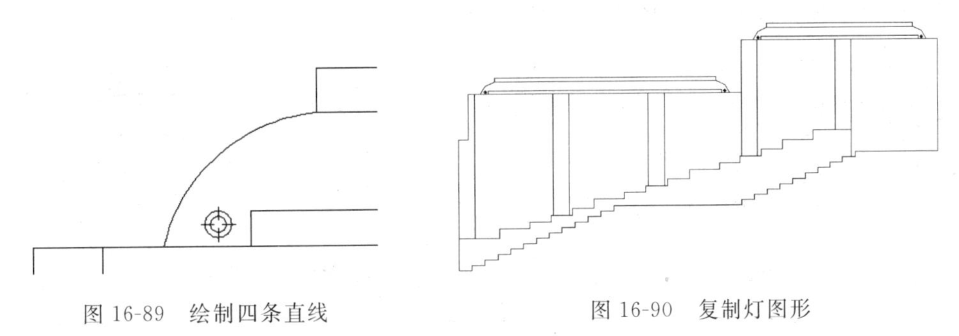

图16-89 绘制四条直线　　图16-90 复制灯图形

16. 单击“绘图”工具栏中的“矩形”按钮，在上步图形内绘制一个500×100的矩形，如图16-91所示。

17. 单击“绘图”工具栏中的“多段线”按钮，在上步绘制矩形上方绘制连续多段线，如图16-92所示。

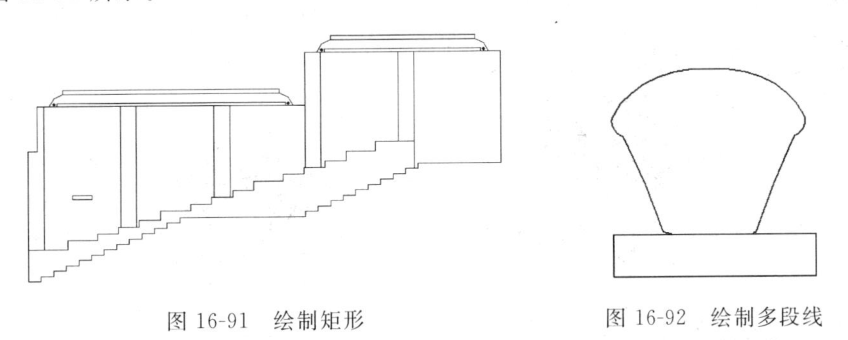

图16-91 绘制矩形　　图16-92 绘制多段线

18. 单击“绘图”工具栏中的“圆弧”按钮，在上步绘制图形上方绘制瓶颈，如图16-93所示。

19. 单击“绘图”工具栏中的“椭圆”按钮。在上步绘制图形左侧绘制一个适当大小的椭圆，如图16-94所示。

20. 单击“修改”工具栏中的“偏移”按钮，选择上步绘制椭圆为偏移对象将其向内进行偏移，偏移距离为13，如图16-95所示。

图 16-93　绘制瓶颈

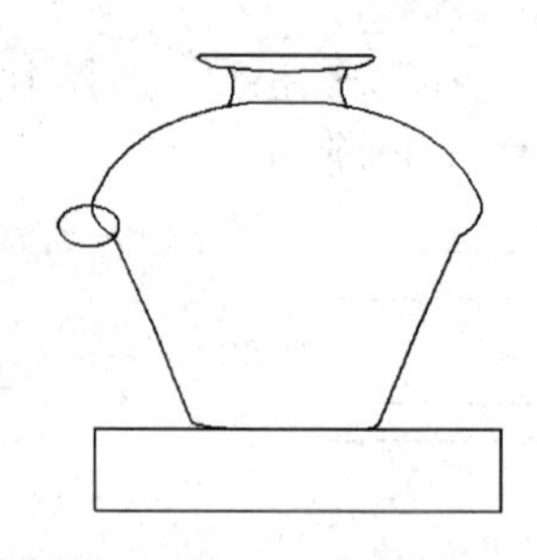

图 16-94　绘制椭圆

图 16-95　偏移椭圆

21. 单击“修改”工具栏中的“修剪”按钮，选择上步偏移对象为修剪对象对其进行修剪处理，如图 16-96 所示。

22. 单击“修改”工具栏中的“镜像”按钮，选择上步绘制图形为镜像对象对其进行竖直镜像，如图 16-97 所示。

23. 单击“绘图”工具栏中的“椭圆”按钮和“修改”工具栏中的“修剪”按钮，绘制剩余的立面装饰瓶内部图形，如图 16-98 所示。

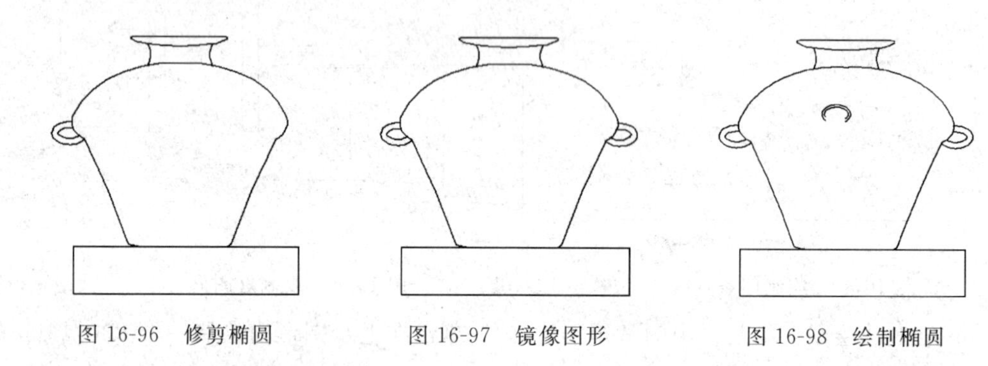

图 16-96　修剪椭圆　　图 16-97　镜像图形　　图 16-98　绘制椭圆

24. 单击“绘图”工具栏中的“直线”按钮，在上步图形内绘制细化线段，如图 16-99 所示。

25. 单击“修改”工具栏中的“修剪”按钮，选择底部矩形为修剪对象对其进行修剪处理，如图 16-100 所示。

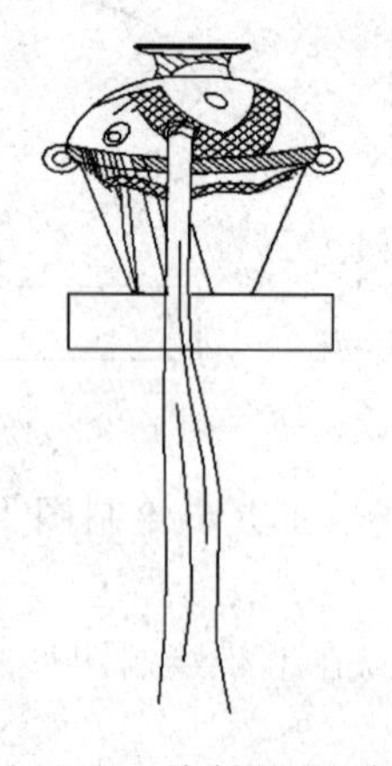

图 16-99　绘制图形细部

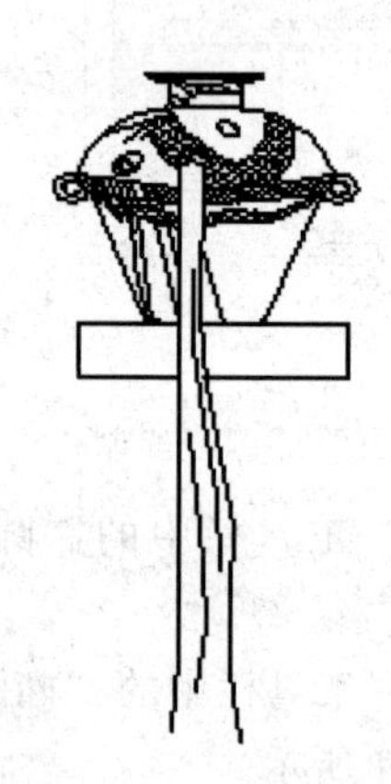

图 16-100　修剪线段

26. 单击“修改”工具栏中的“复制”按钮，选择上步绘制完成的图形为复制对象选择底部矩形中点为复制基点，进行连续复制，结果如图16-101所示。

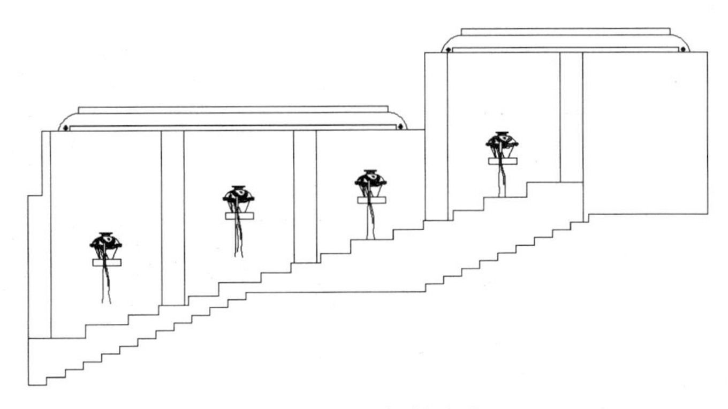

图16-101　复制图形

27. 单击“绘图”工具栏中的“直线”按钮，在图形左侧区域内绘制多条水平直线，如图16-102所示。

图16-102　绘制水平直线

28. 单击“绘图”工具栏中的“图案填充”按钮，系统打开“图案填充和渐变色”对话框。单击“图案”选项后面的按钮，系统打开“填充图案选项板”对话框，选择“AR-RROOF”图案类型，单击“确定”按钮退出。在“图案填充和渐变色”对话框右侧单击“添加：拾取点”按钮，选择填充区域单击确定按钮，设置填充角度为0，填充比例为8，系统回到“图案填充和渐变色”对话框，单击“确定”按钮完成图案填充。效果如图16-103所示。

图16-103　填充图形

29. 单击“标注”工具栏中的“线性”按钮，为图形添加，第一道尺寸标注，如图 16-104 所示。

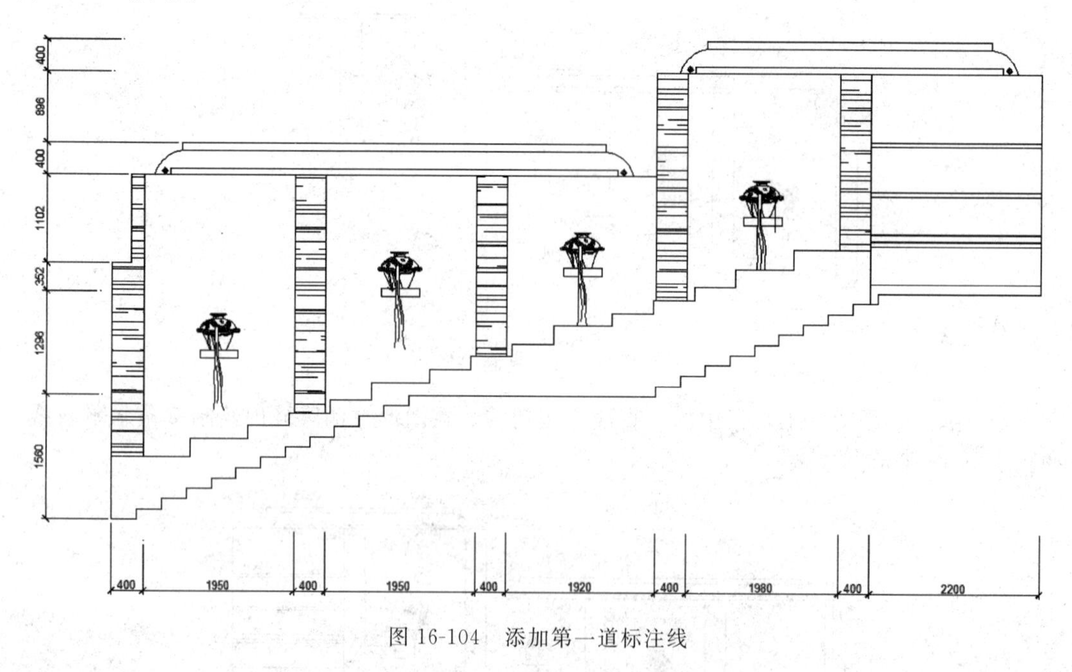

图 16-104 添加第一道标注线

30. 单击“标注”工具栏中的“线性”按钮，为图形添加总尺寸标注，如图 16-105 所示。

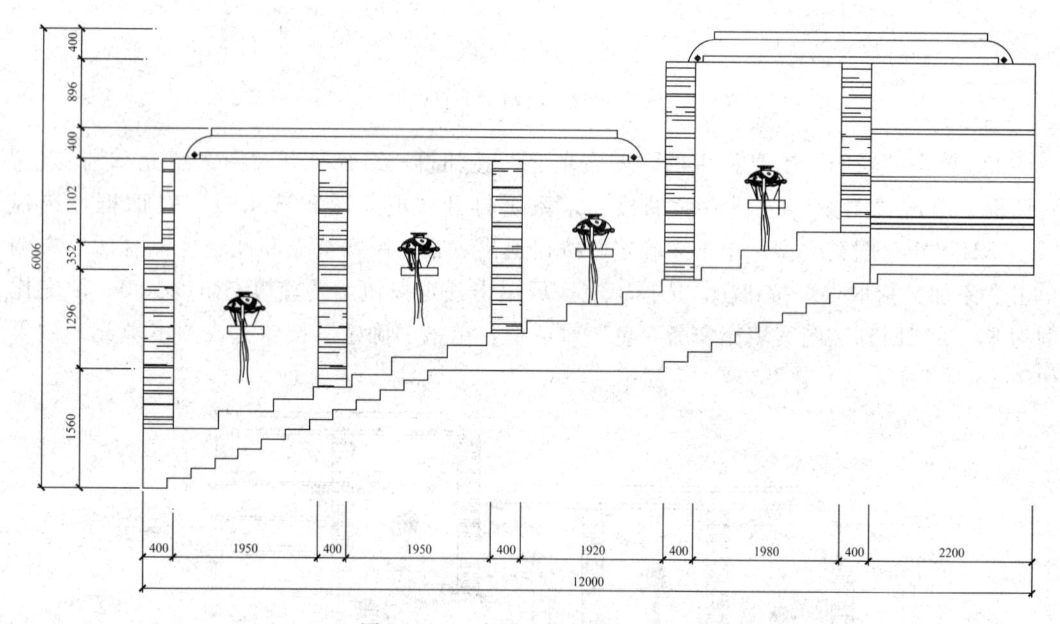

图 16-105 为图形添加总尺寸标注

31. 在命令行中输入“QLeader”命令，为图形添加文字说明，如图 16-106 所示。

32. 单击“绘图”工具栏中的“直线”按钮，在上步图形上绘制连续直线，如图 16-107 所示。

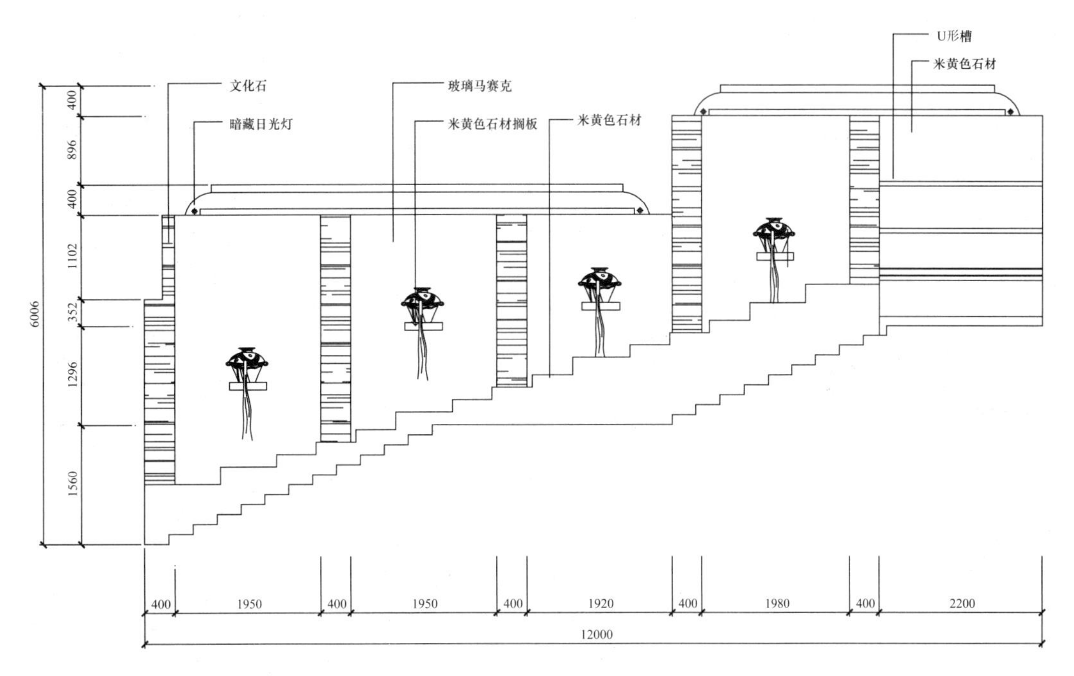

图 16-106 添加文字说明

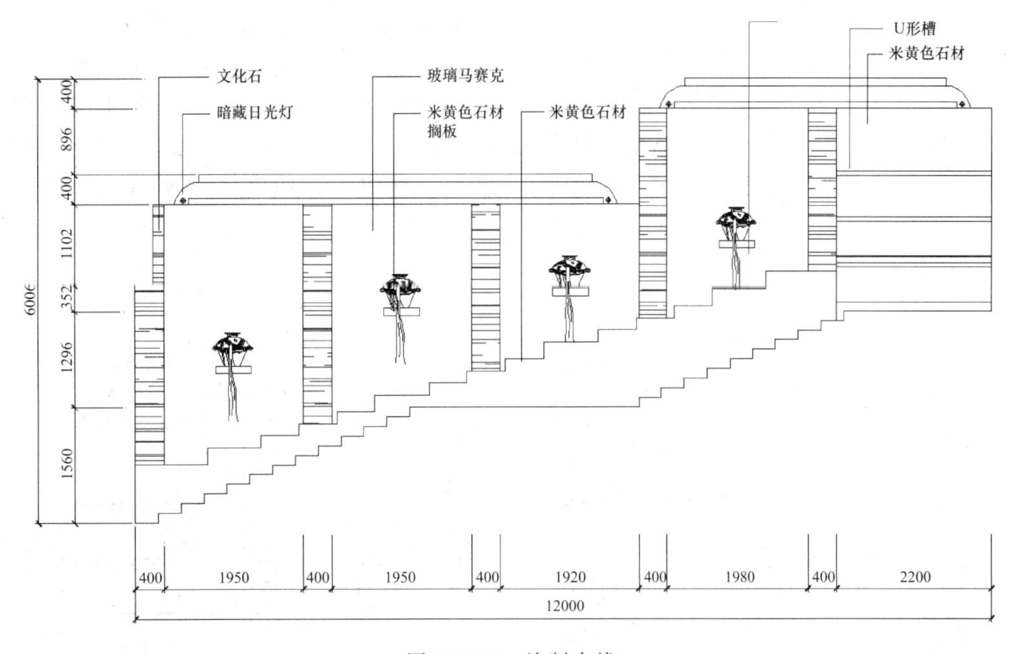

图 16-107 绘制直线

33. 单击“绘图”工具栏中的“圆”按钮，在上步绘制连续水平直线右端点为圆心绘制一个半径为200的圆，如图16-108所示。

34. 单击“绘图”工具栏中的“直线”按钮，在上步绘制圆的外部绘制连续直线，如图16-109所示。

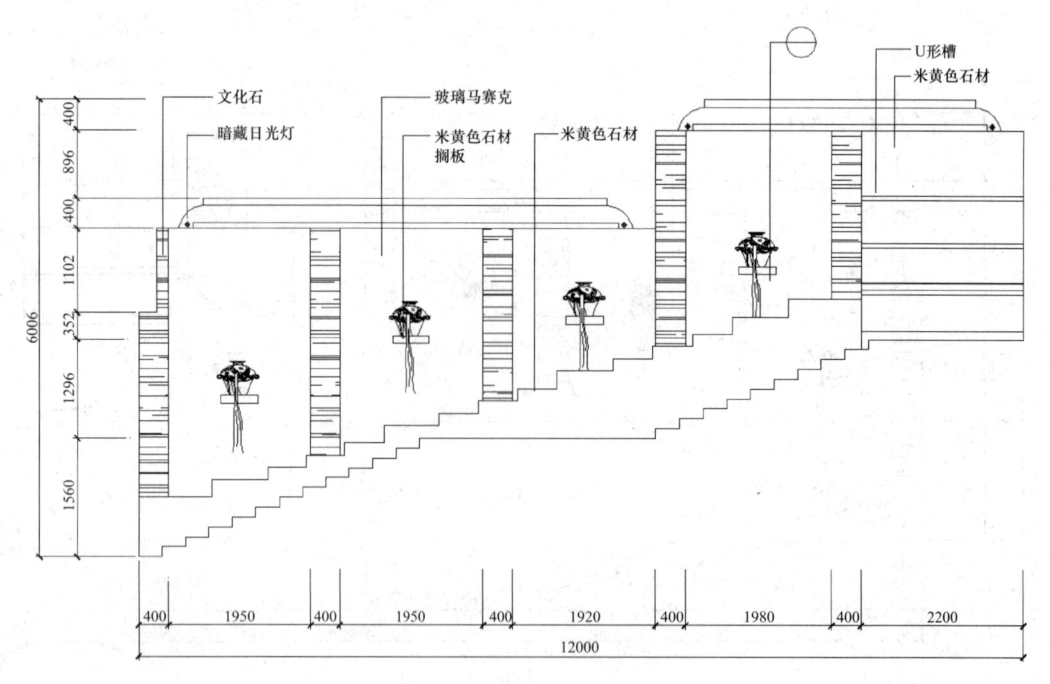

图 16-108　绘制圆

35. 单击“绘图”工具栏中的“图案填充”按钮，系统打开“图案填充和渐变色”对话框。单击“图案”选项后面的按钮，系统打开“填充图案选项板”对话框，选择“SOLID”图案类型，单击“确定”按钮退出。在“图案填充和渐变色”对话框右侧单击“添加：拾取点”按钮，选择填充区域单击确定按钮，设置填充角度为 0，填充比例为 1，系统回到“图案填充和渐变色”对话框，单击“确定”按钮完成图案填充。效果如图 16-110 所示。

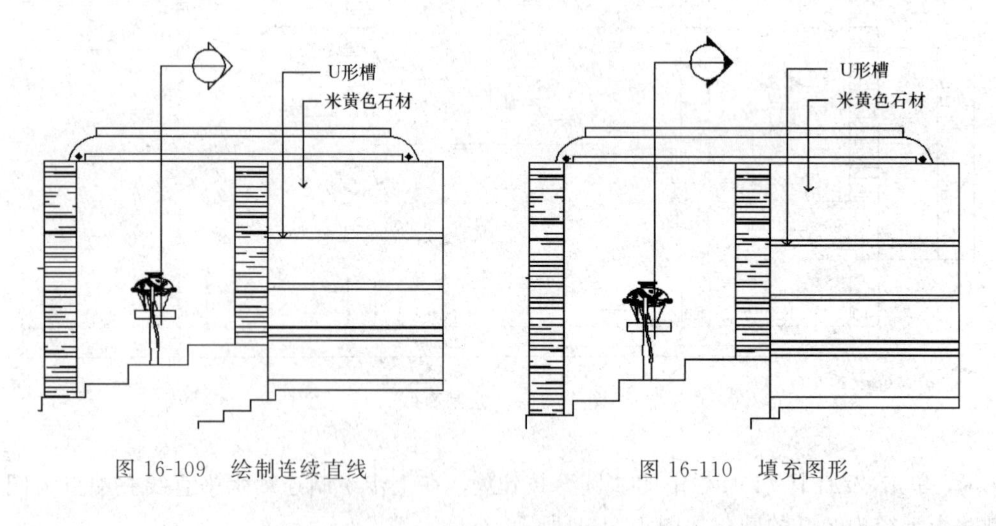

图 16-109　绘制连续直线　　　　图 16-110　填充图形

36. 单击“绘图”工具栏中的“多行文字”按钮，在上步图形内添加文字，最终完成走廊 116-A 立面图的绘制，如图 16-111 所示。

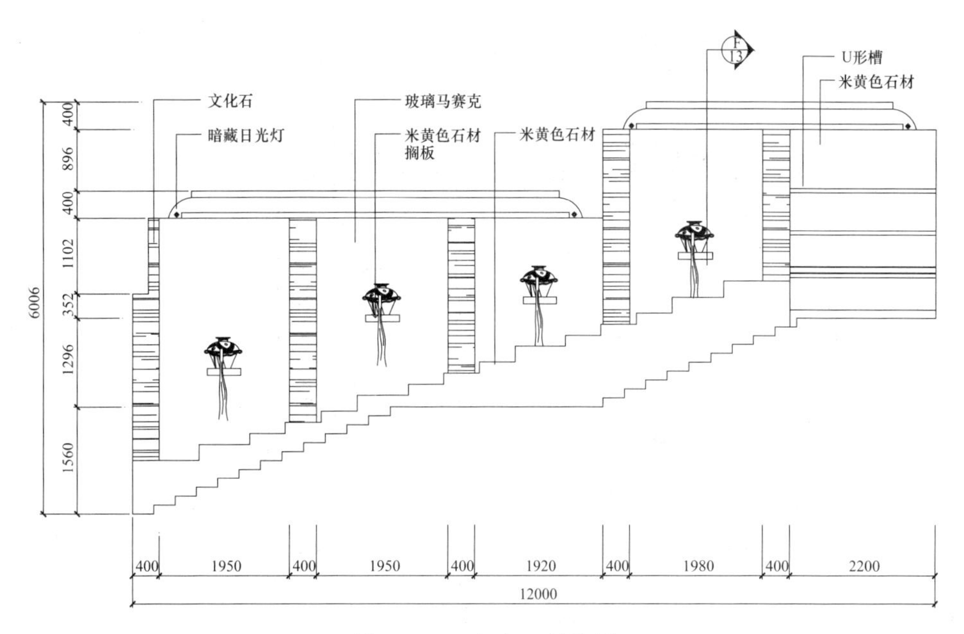

图 16-111 走廊 A 的绘制

16.2.2 一层走廊 B 立面

利用上述方法完成 116-B 立面图的绘制，如图 16-112 所示。

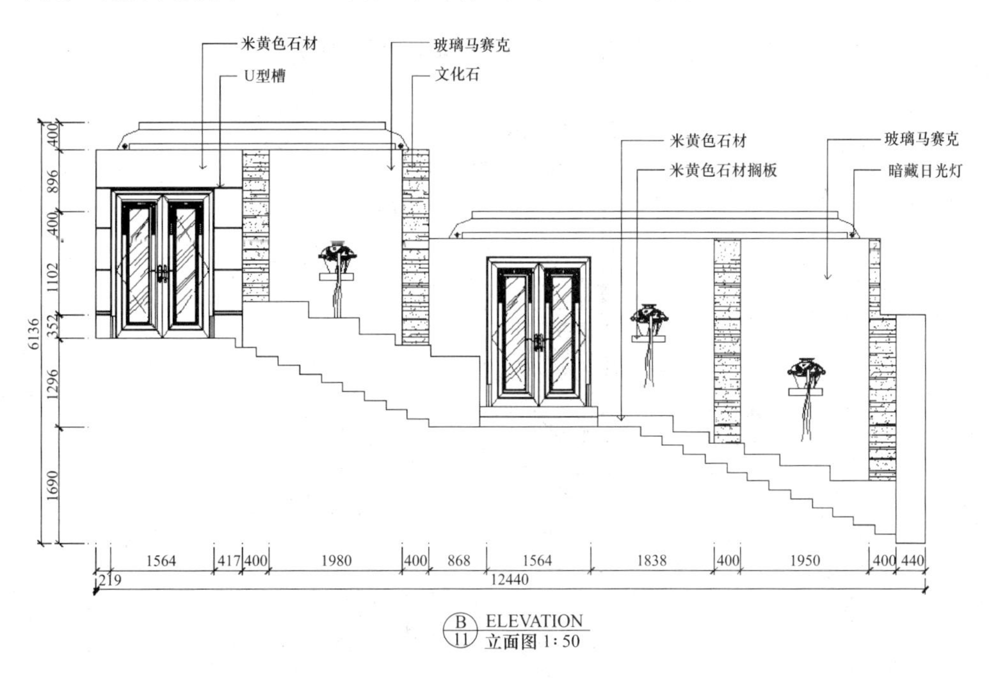

图 16-112 走廊 116-B 的绘制

16.2.3 一层走廊 C 立面

利用上述方法完成 116-C 立面图的绘制，如图 16-113 所示。

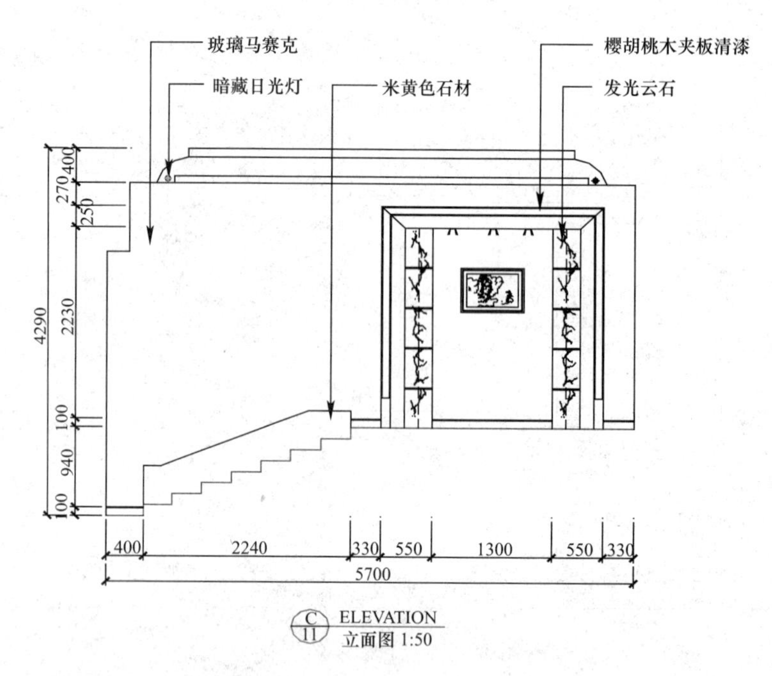

图 16-113　走廊 C 的绘制

16.2.4　一层走廊 D 立面

利用上述方法完成 116-D 立面图的绘制，如图 16-114 所示。

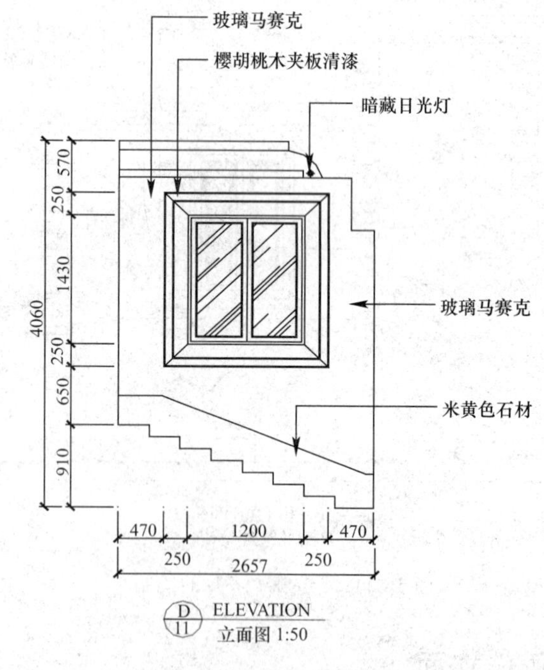

图 16-114　走廊 D 的绘制

单击“绘图”工具栏中的“插入块”按钮，弹出“插入”对话框，选择定义的图框为插入对象，将其放置到绘制的图形外侧，最终完成一层走廊立面图的绘制，如图16-115所示。

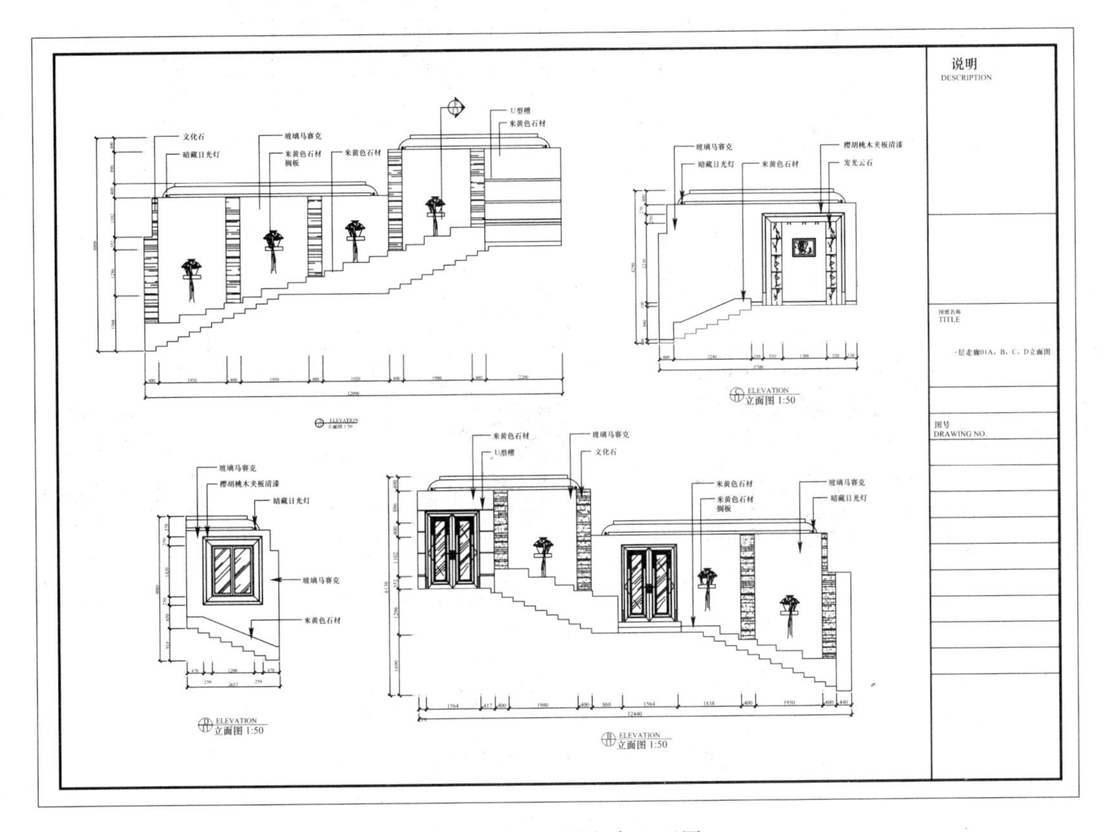

图16-115 一层走廊立面图

16.3 一层体育用品店立面图

一层体育用品店立面图如图16-116所示，下面分别介绍各个立面图的具体绘制方法。

光盘\视频教学\第16章\一层体育用品店立面图.avi

16.3.1 一层体育用品店D立面图

【绘制步骤】

1. 单击“绘图”工具栏中的“矩形”按钮，在图形空白位置绘制一个7560×2800的矩形，如图16-117所示。

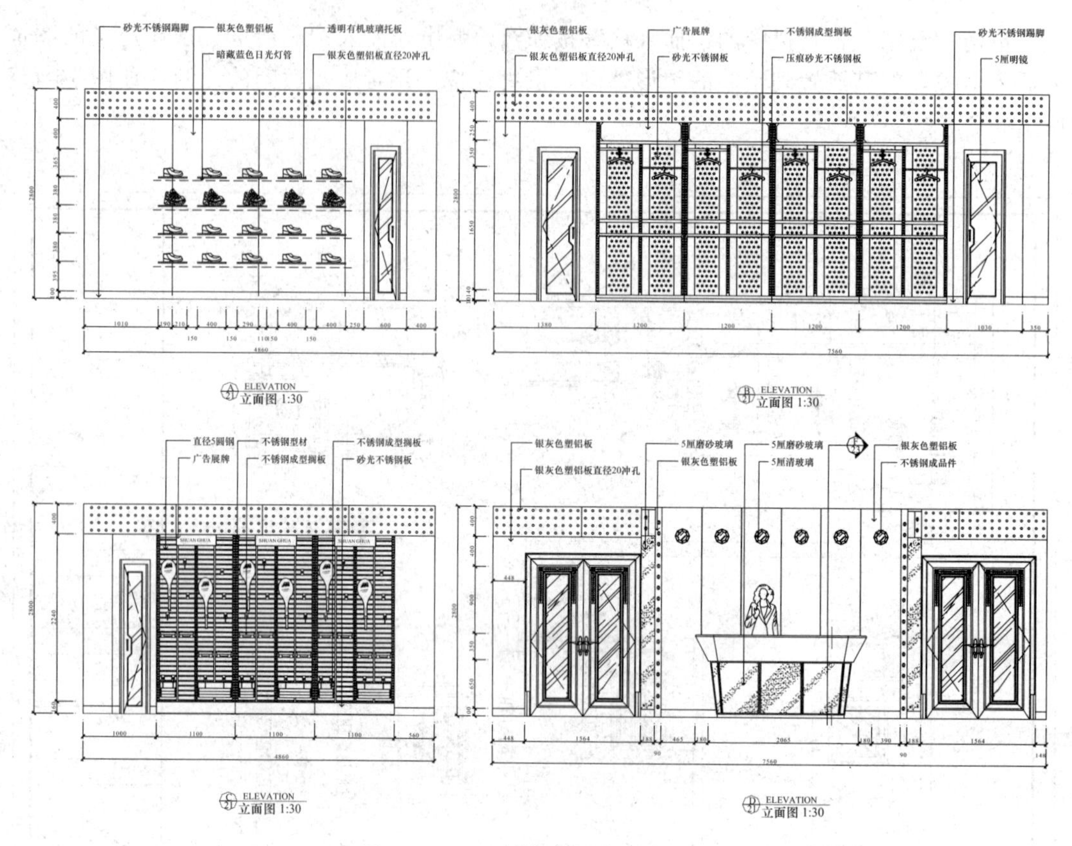

图 16-116　一层体育用品店立面图

2. 单击“修改”工具栏中的“分解”按钮，选择上步绘制矩形为分解对象回车确认进行分解。

3. 单击“修改”工具栏中的“偏移”按钮，选择上步分解矩形左侧竖直边为偏移对象将其向右进行偏移，偏移距离为 2012、188、90、3280、90、188，如图 16-118 所示。

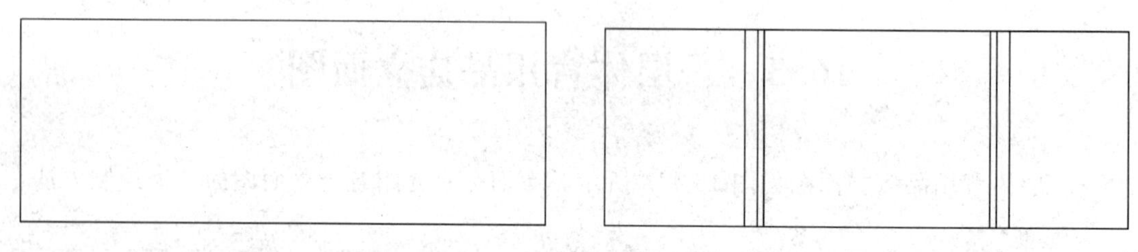

图 16-117　绘制矩形　　图 16-118　偏移线段

4. 单击“修改”工具栏中的“偏移”按钮，选择顶部水平直线为偏移对象将其向下进行偏移，偏移距离为 30、350、20、220，如图 16-119 所示。

5. 单击“修改”工具栏中的“修剪”按钮，选择上步偏移线段为修剪对象对其进行修剪处理，如图 16-120 所示。

6. 单击“绘图”工具栏中的“偏移”按钮，选择左侧竖直直线为偏移对象将其向右侧进行偏移，偏移距离为 448、752、906、3648、512、1052，如图 16-121 所示。

7. 单击“修改”工具栏中的“修剪”按钮，选择上步偏移线段为修剪对象对其进行修剪处理，如图 16-122 所示。

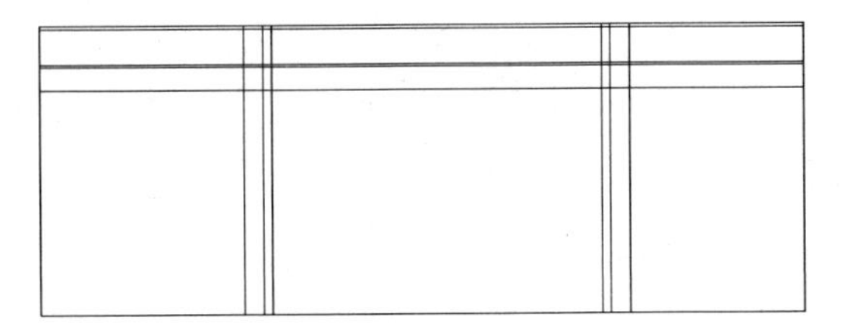

图 16-119　偏移线段

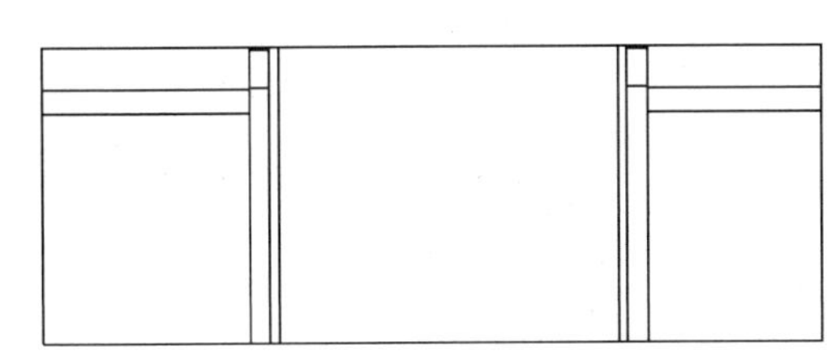

图 16-120　修剪线段

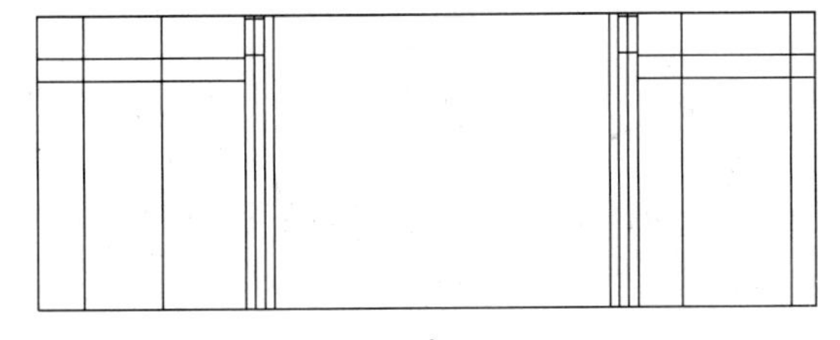

图 16-121　偏移线段

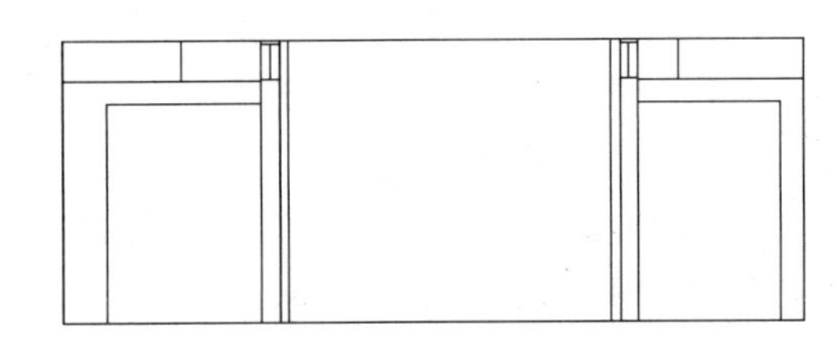

图 16-122　修剪线段

8. 单击“绘图”工具栏中的“圆”按钮，在上步顶部线段内选择一点为圆的圆心绘制一个半径为 15 的圆，如图 16-123 所示。

9. 单击“修改”工具栏中的“矩形阵列”按钮，选择上步绘制的圆的为阵列对象，设置行数为 4，列数为 20，行间距为 100，列间距为－100，如图 16-124 所示。

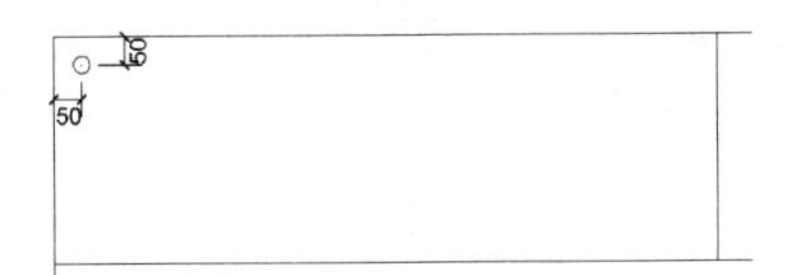

图 16-123　绘制圆

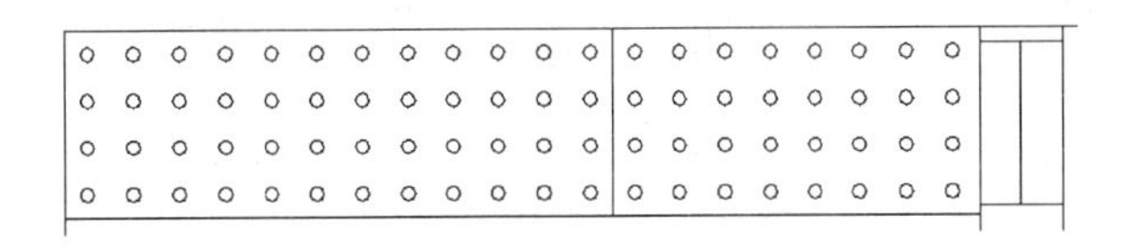

图 16-124　阵列图形

10. 同理完成相同图形的绘制，如图 16-125 所示。

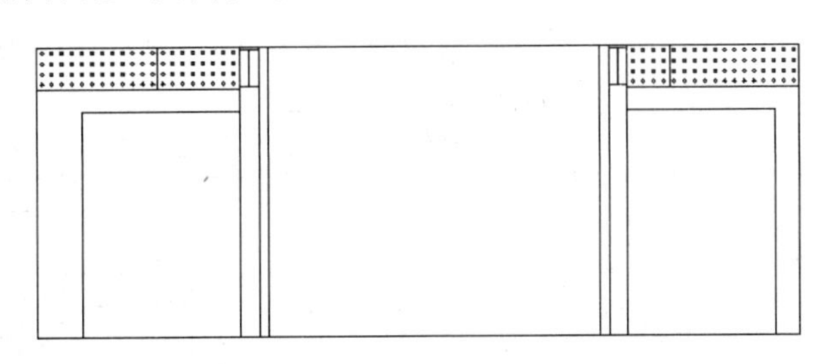

图 16-125　阵列对象

11. 单击“绘图”工具栏中的“多段线”按钮，在线段形成矩形区域内根据辅助线绘制图形。

12. 单击“修改”工具栏中的“偏移”按钮，选择上步绘制多段线为偏移对象将其向内进行偏移，偏移距离为 7、5、4、56、8，如图 16-126 所示。

13. 单击“绘图”工具栏中的“直线”按钮，在上步偏移线段内绘制一条竖直直线，如图 16-127 所示。

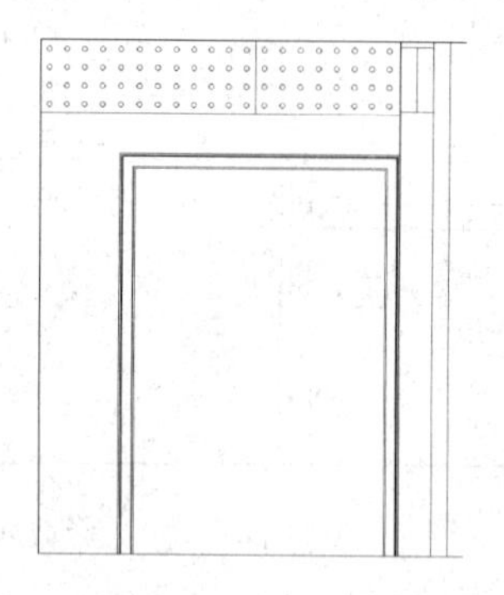
图 16-126　偏移多段线

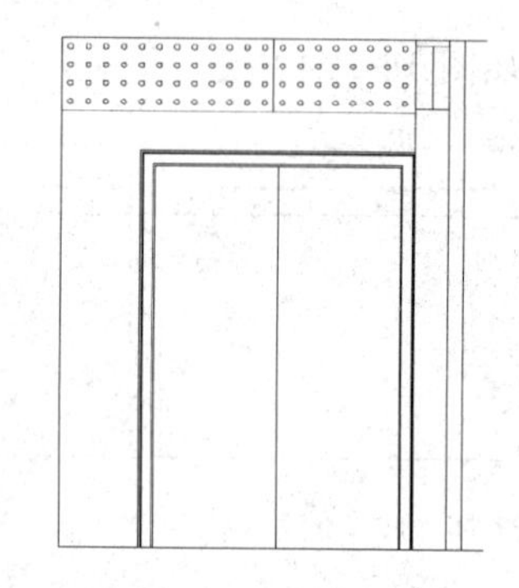
图 16-127　绘制竖直直线

14. 单击“绘图”工具栏中的“矩形”按钮，在上步绘制直线左侧位置绘制一个542×1900 的矩形，如图 16-128 所示。

15. 单击“修改”工具栏中的“偏移”按钮，选择上步绘制矩形为偏移对象将其向内进行偏移，偏移距离为 20、5、50、5、10、20、10、5，如图 16-129 所示。

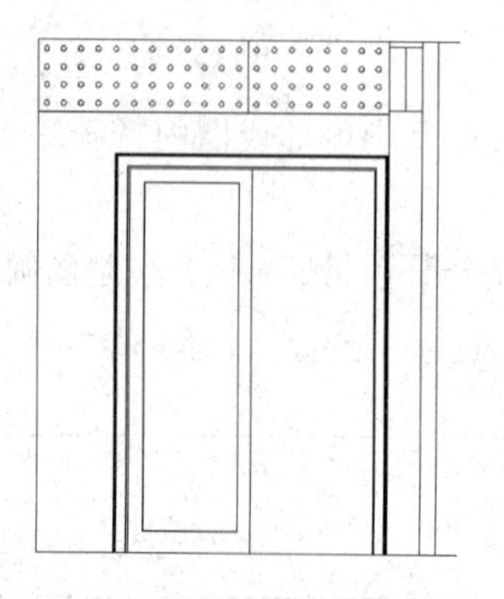
图 16-128　绘制矩形

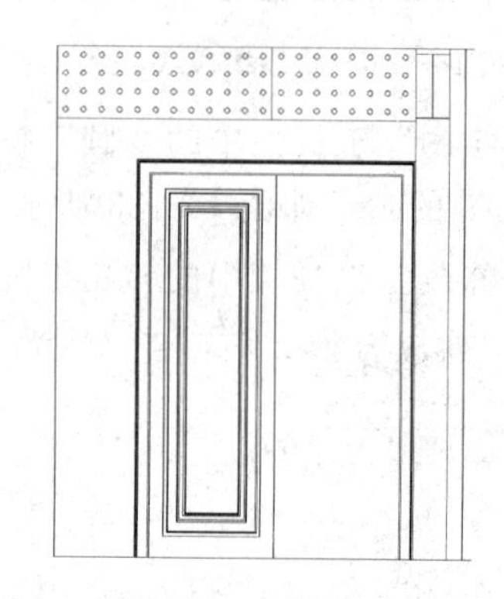
图 16-129　偏移矩形

16. 单击“绘图”工具栏中的“直线”按钮，在上步图形内绘制直线，如图 16-130 所示。

17. 单击“绘图”工具栏中的“圆”按钮，在上步绘制直线内中间位置点取一点为圆的圆心绘制一个半径为 25 的圆，如图 16-131 所示。

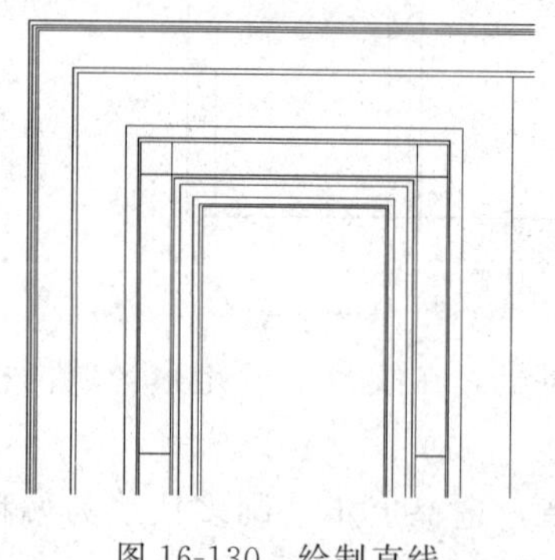
图 16-130　绘制直线

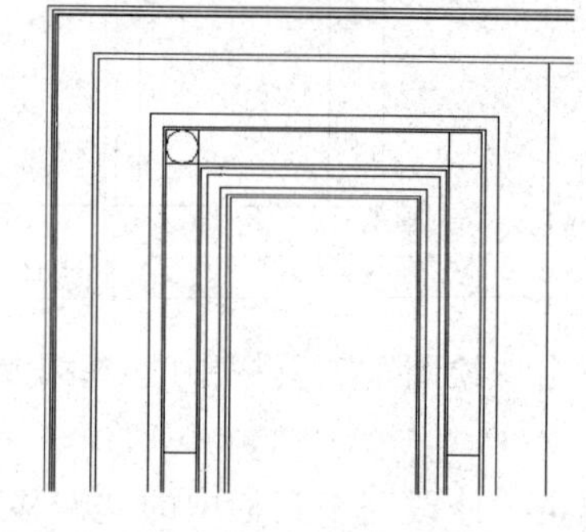
图 16-131　绘制圆

18. 单击“修改”工具栏中的“偏移”按钮，选择上步绘制圆为偏移对象将其向内进行偏移，偏移距离为 5、2，如图 16-132 所示。

19. 单击“绘图”工具栏中的“圆弧”按钮，在上步偏移圆内绘制连续圆弧，如图 16-133 所示。

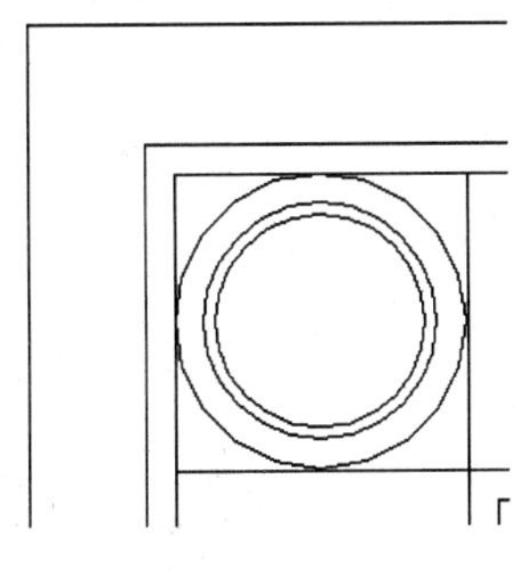
图 16-132 绘制圆

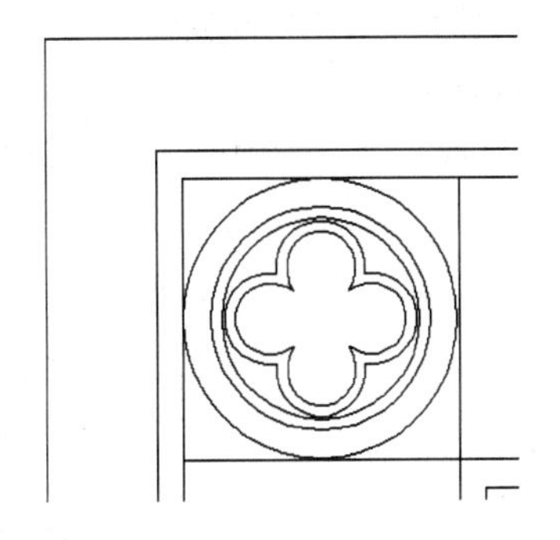
图 16-133 绘制圆弧

20. 单击“绘图”工具栏中的“复制”按钮，选择上步绘制图形为复制对象对其进行复制，如图 16-134 所示。

21. 单击“绘图”工具栏中的“多段线”按钮，在上步图形内绘制连续多段线，完成门内装饰雕花的绘制，如图 16-135 所示。

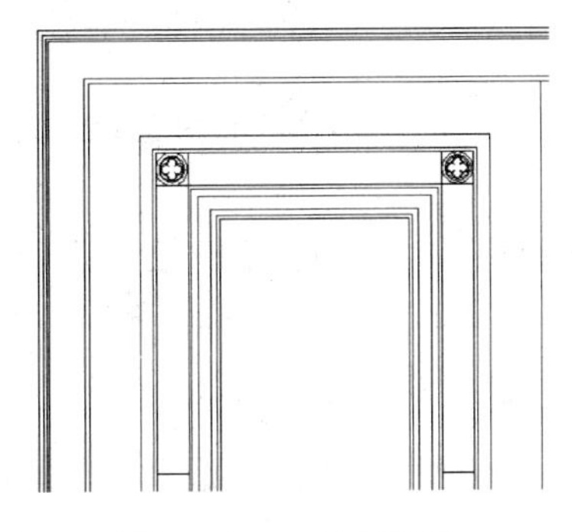
图 16-134 复制图形

图 16-135 绘制图形

22. 单击“绘图”工具栏中的“多段线”按钮，在上步门图形中间位置绘制连续多段线，如图 16-136 所示。

23. 单击“修改”工具栏中的“偏移”按钮，选择上步绘制的多段线为偏移对象将其向内进行偏移，偏移距离为 3，如图 16-137 所示。

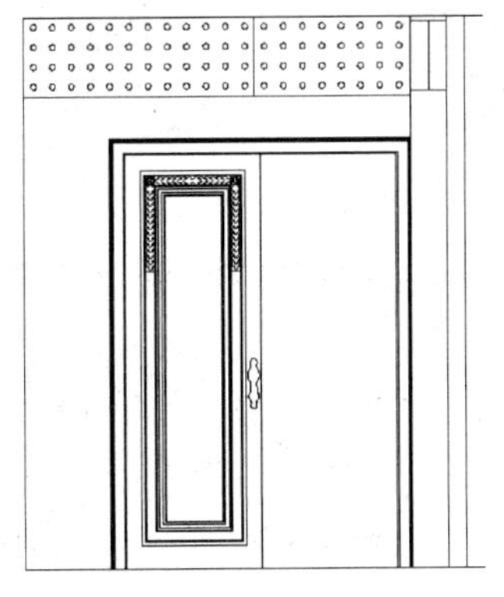
图 16-136 绘制多段线

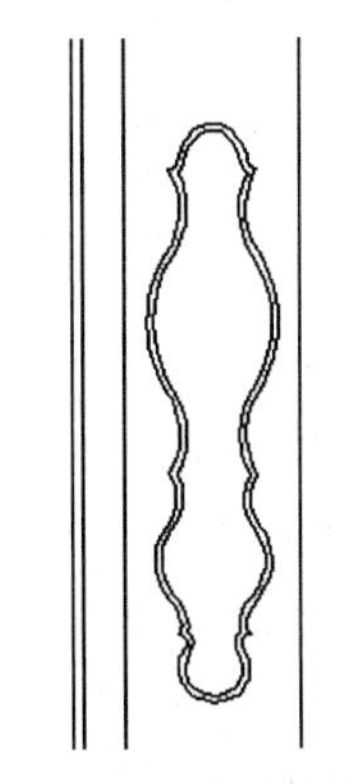
图 16-137 偏移多段线

24. 单击“绘图”工具栏中的“圆”按钮和“矩形”按钮，在上步绘制的图形内绘制图形，如图 16-138 所示。

25. 单击“绘图”工具栏中的“多段线”按钮，在上步绘制图形上绘制连续多段线，如图 16-139 所示。

26. 单击“修改”工具栏中的“修剪”按钮，选择上步绘制图形内的多余线段为修剪对象，对其进行修剪处理，如图 16-140 所示。

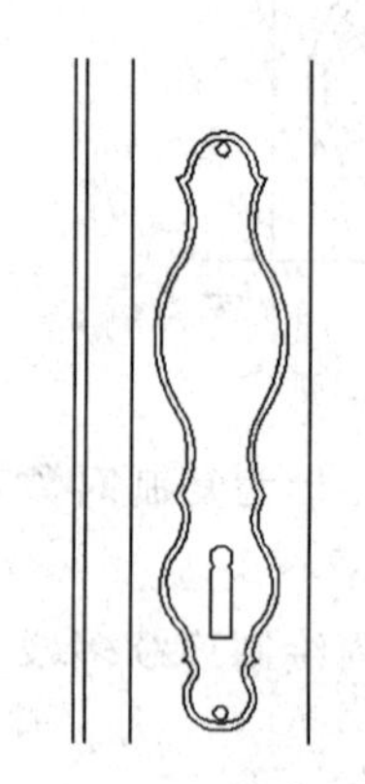

图 16-138　绘制内部图形

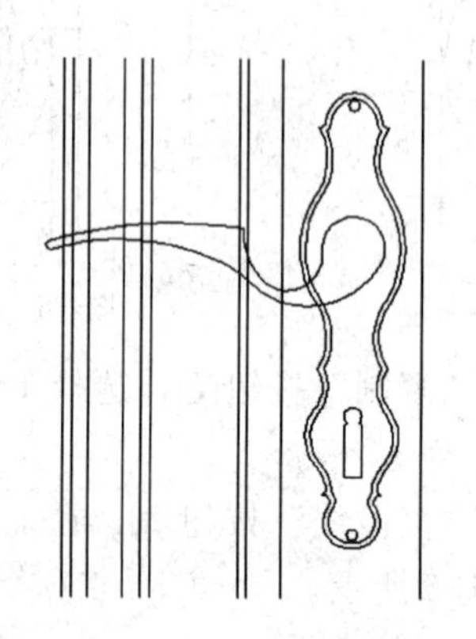

图 16-139　绘制连续多段线

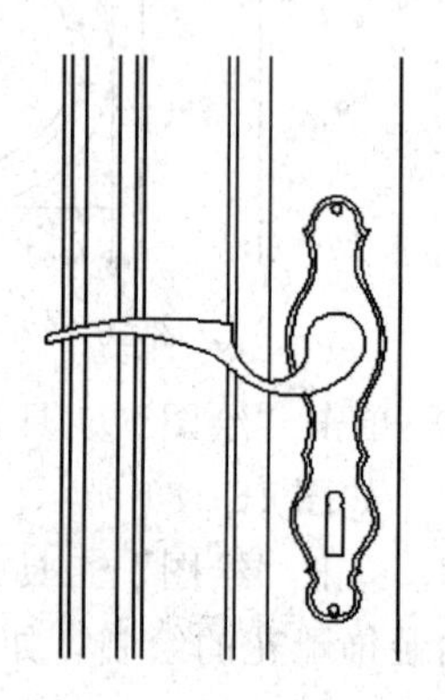

图 16-140　修剪线段

27. 单击“修改”工具栏中的“镜像”按钮，选择左侧门图形为镜像对象对其进行竖直镜像，如图 16-141 所示。

28. 单击“绘图”工具栏中的“直线”按钮，在上步图形内绘制多条直线，如图 16-142 所示。

29. 结合上述方法完成门图形剩余部分的绘制，如图 16-143 所示。

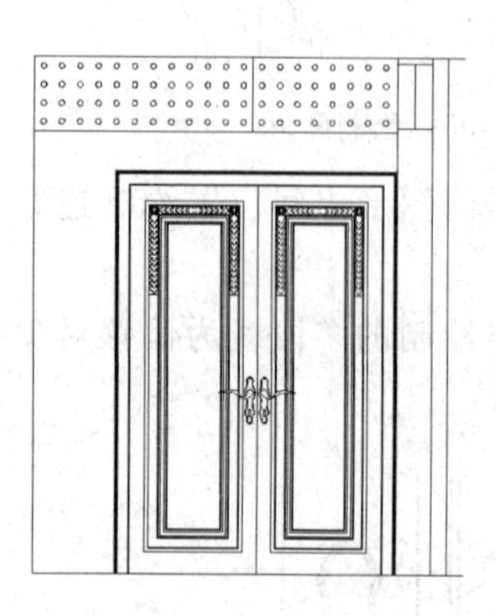

图 16-141　镜像图形

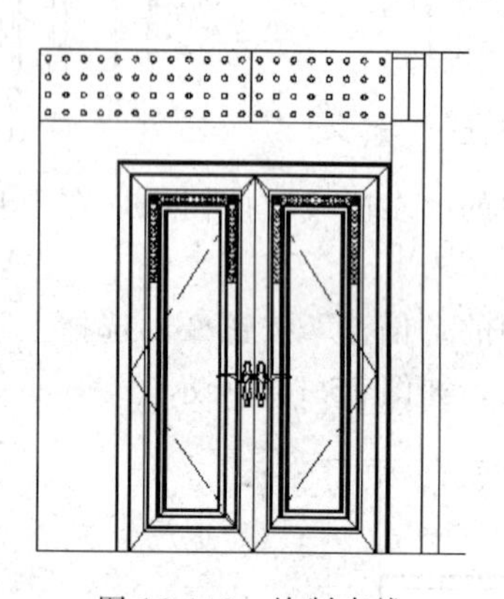

图 16-142　绘制直线

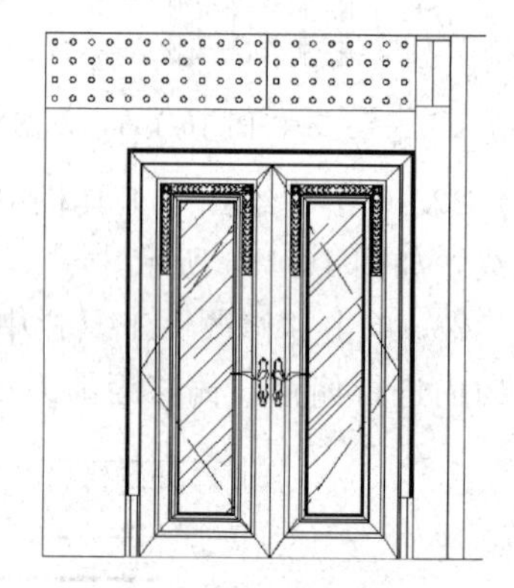

图 16-143　绘制门图形

30. 单击“修改”工具栏中的“复制”按钮，选择左侧绘制完成的图形为复制对象将其向右进行复制，如图 16-144 所示。

31. 单击“修改”工具栏中的“偏移”按钮，选择底部水平直线为偏移对象将其向上进行偏移，偏移距离为 100，如图 16-145 所示。

32. 单击“修改”工具栏中的“修剪”按钮，选择水平直线为修剪对象对其进行修剪处理，如图 16-146 所示。

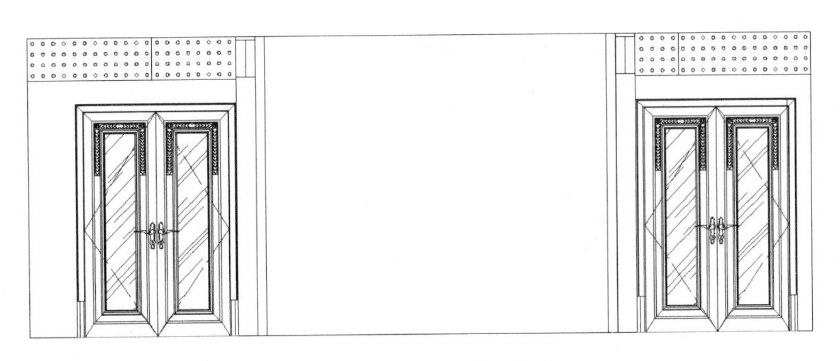

图 16-144 复制门图形

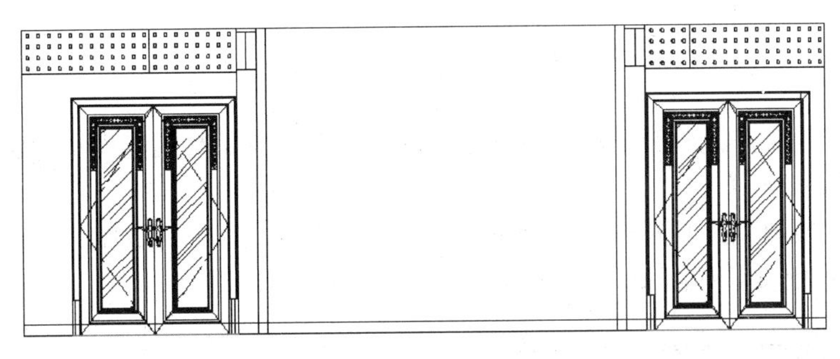

图 16-145 偏移线段

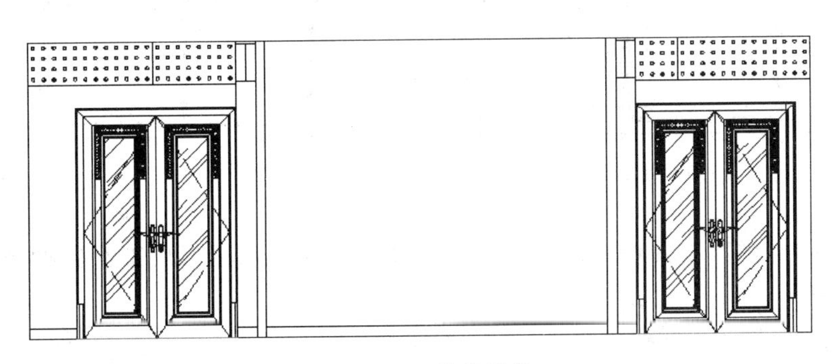

图 16-146 修剪线段

33. 单击“绘图”工具栏中的“多段线”按钮，在上部图形中间位置绘制连续多段线，如图 16-147 所示。

图 16-147 绘制连续多段线

34. 单击“修改”工具栏中的“偏移”按钮，选择上步绘制多段线为偏移对象将其向内进行偏移，偏移距离为 15，如图 16-148 所示。

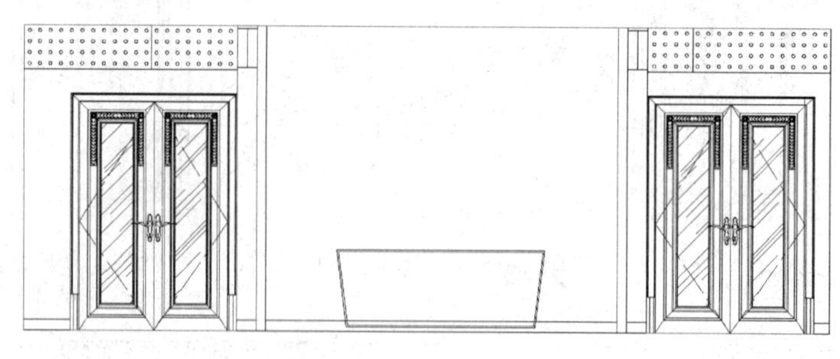

图 16-148　偏移多段线

35. 单击“绘图”工具栏中的“直线”按钮，在上步偏移线段内绘制多条竖直直线，如图 16-149 所示。

36. 单击“修改”工具栏中的“修剪”按钮，选择上步图形内的多余线段为修剪对象对其进行修剪处理，如图 16-150 所示。

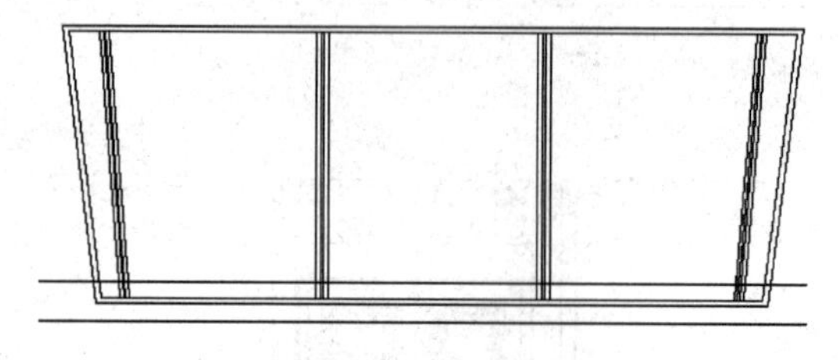

图 16-149　绘制多条多段线

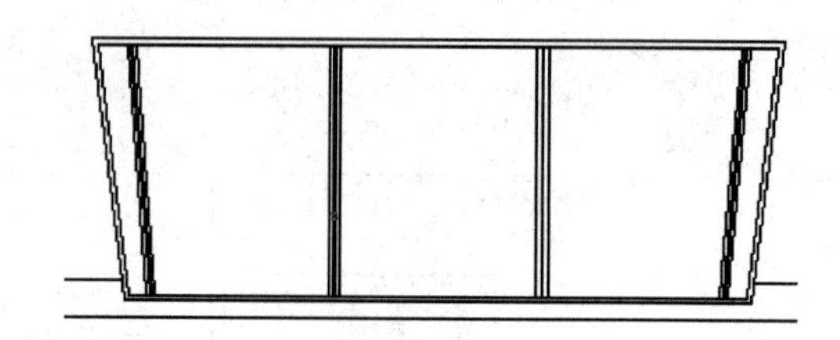

图 16-150　修剪线段

37. 单击“绘图”工具栏中的“直线”按钮，在上步图形底部绘制两条竖直直线，如图 16-151 所示。

38. 单击“绘图”工具栏中的“直线”按钮，在图形上方绘制连续直线，如图 16-152 所示。

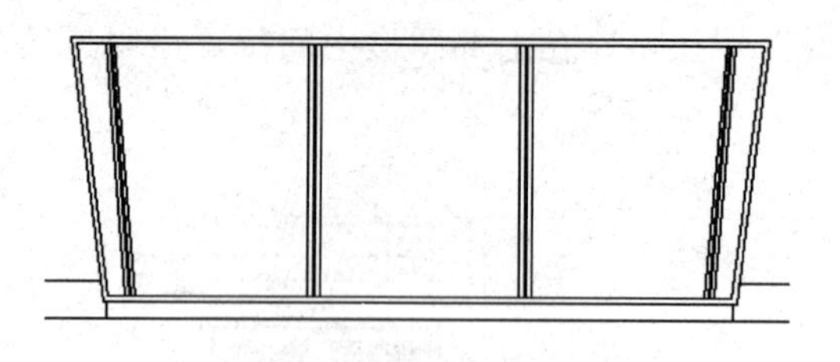

图 16-151　绘制竖直直线

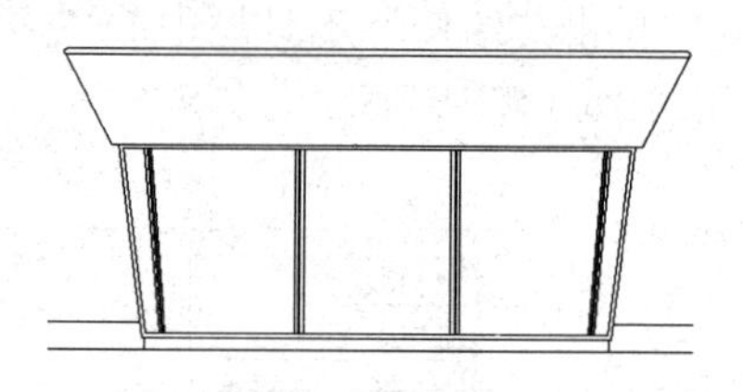

图 16-152　绘制连续直线

39. 单击“修改”工具栏中的“偏移”按钮，选择外围轮廓左侧竖直直线为偏移对象将其向右进行偏移，偏移距离为 2835、3、542、3、38、504、3、542、3、99、443、3，如图 16-153 所示。

40. 单击“修改”工具栏中的“修剪”按钮，选择上步偏移线段为修剪对象对其进行修剪处理，如图 16-154 所示。

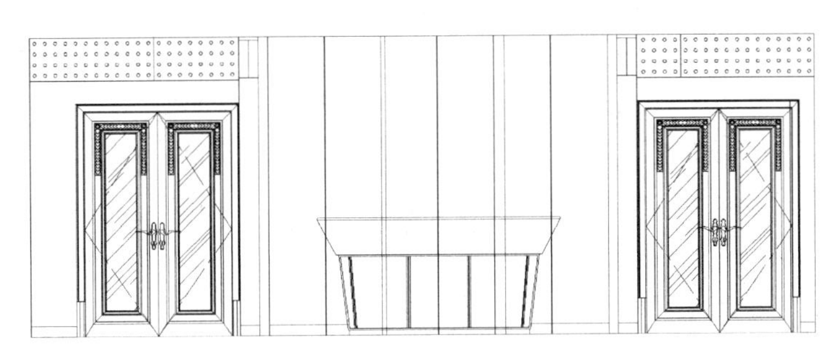

图 16-153 偏移线段

图 16-154 修剪线段

41. 单击“绘图”工具栏中的“圆”按钮，在修剪后的线段内点选一点为圆的圆心绘制一个半径为100的圆，如图16-155所示。

图 16-155 绘制圆

42. 单击“修改”工具栏中的“偏移”按钮，选择上步绘制圆为偏移对象将其向内进行偏移，偏移距离为5、27、3，如图16-156所示。

43. 单击“绘图”工具栏中的“圆”按钮，在上步偏移圆内绘制8个半径为8的圆形，如图16-157所示。

44. 单击“绘图”工具栏中的“直线”按钮，在上步绘制圆图形内绘制多条斜向直线。

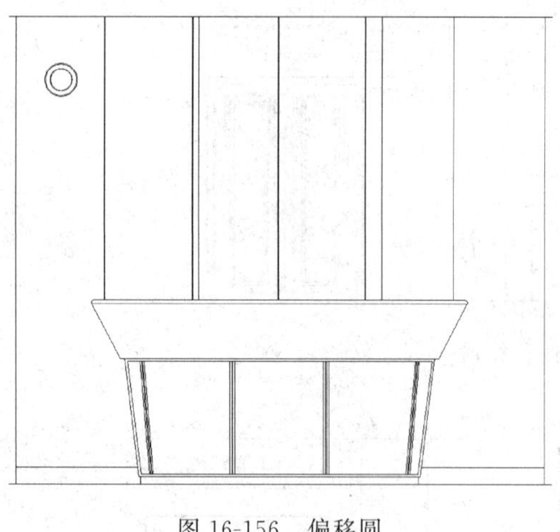

图 16-156　偏移圆

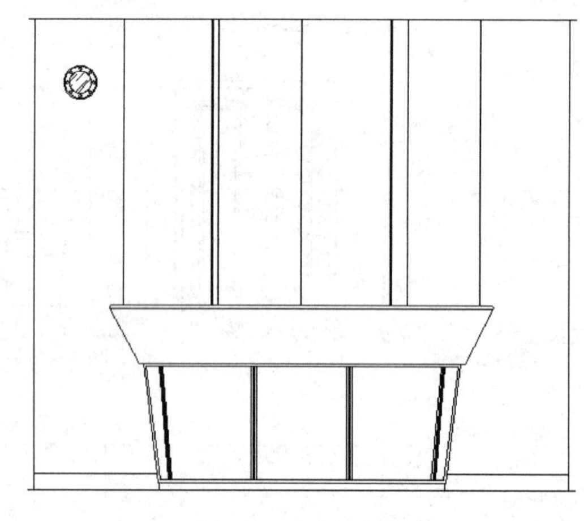

图 16-157　绘制圆

45. 单击“修改”工具栏中的“复制”按钮，选择上步绘制图形为复制对象对其进行复制操作，如图 16-158 所示。

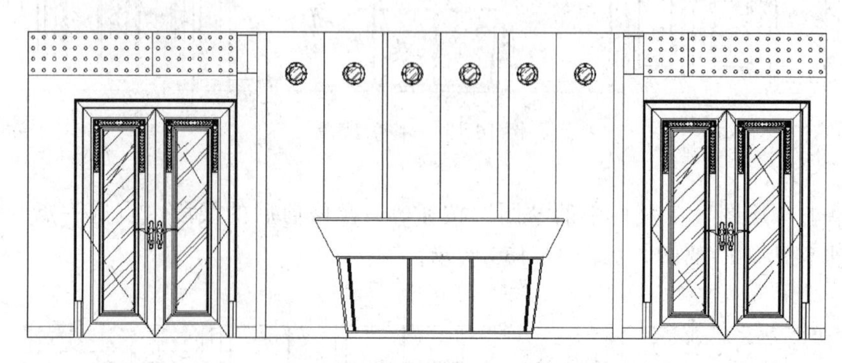

图 16-158　复制图形

46. 单击“绘图”工具栏中的“椭圆”按钮，在如图 16-159 所示的位置绘制一个适当大小的椭圆。

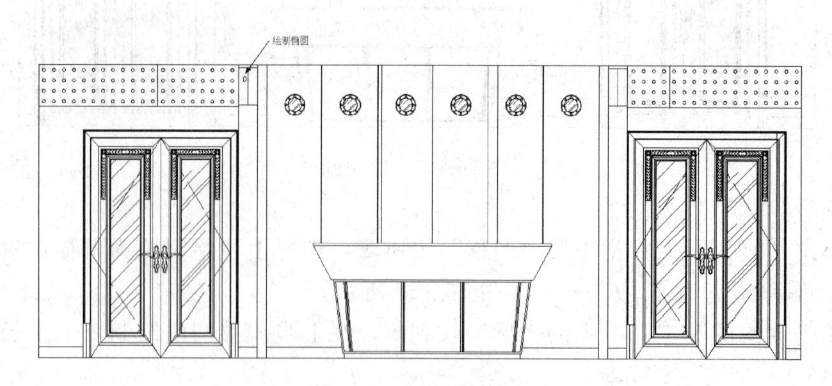

图 16-159　绘制椭圆

47. 单击“修改”工具栏中的“偏移”按钮，选择上步绘制椭圆为偏移对象将其向内进行偏移，偏移距离为 7，如图 16-160 所示。

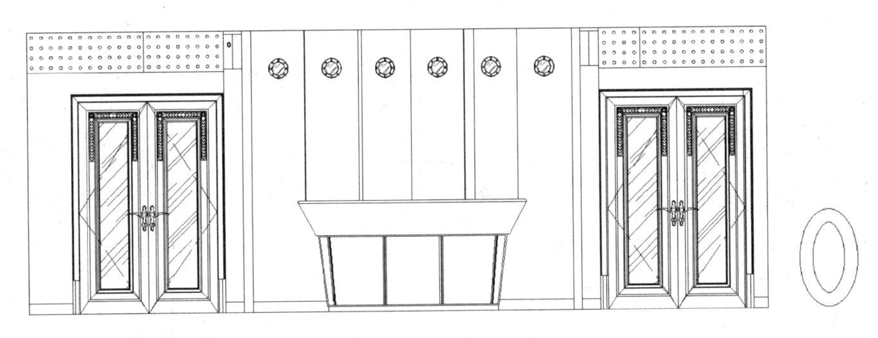

图 16-160 偏移椭圆

48. 单击“修改”工具栏中的“复制”按钮，选择上步绘制的两椭圆为复制对象对其进行连续复制，复制间距为95，如图16-161所示。

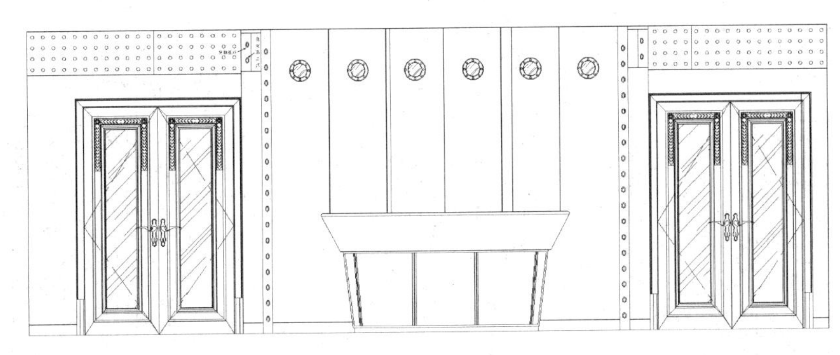

图 16-161 复制图形

49. 单击“绘图”工具栏中的“插入块”按钮，弹出“插入”对话框。选择“源文件/图库/立体人物”为插入对象，将其插入到图形中，如图16-162所示。

图 16-162 插入立体人物

50. 单击“绘图”工具栏中的“直线”按钮和“图案填充”按钮，完成一层体育用品店D立面图的绘制，如图16-163所示。

51. 单击“标注”工具栏中的“线性”按钮和“连续”按钮，为图形添加第一道尺寸标注，如图16-164所示。

图 16-163　图案填充

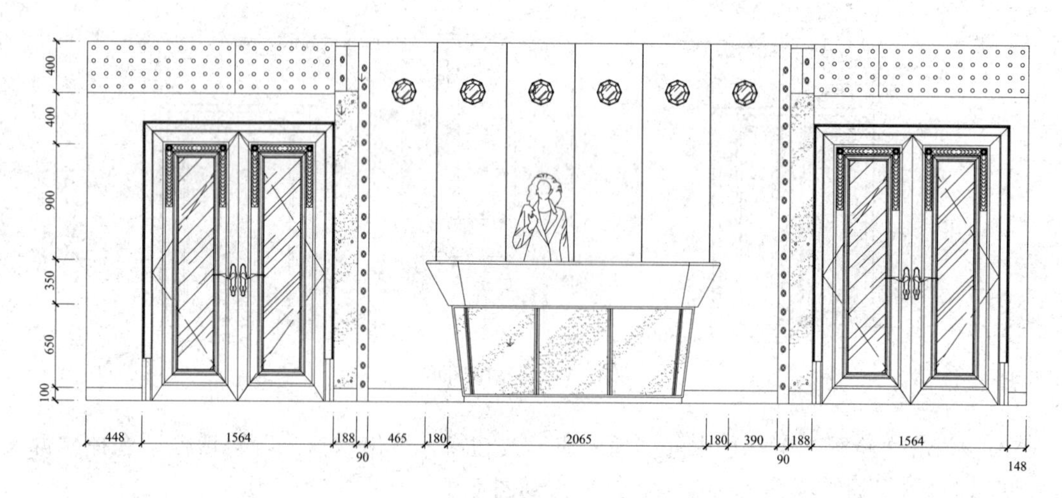

图 16-164　添加线性标注

52. 单击“标注”工具栏中的“线性”按钮，为图形添加总尺寸标注，如图 16-165 所示。

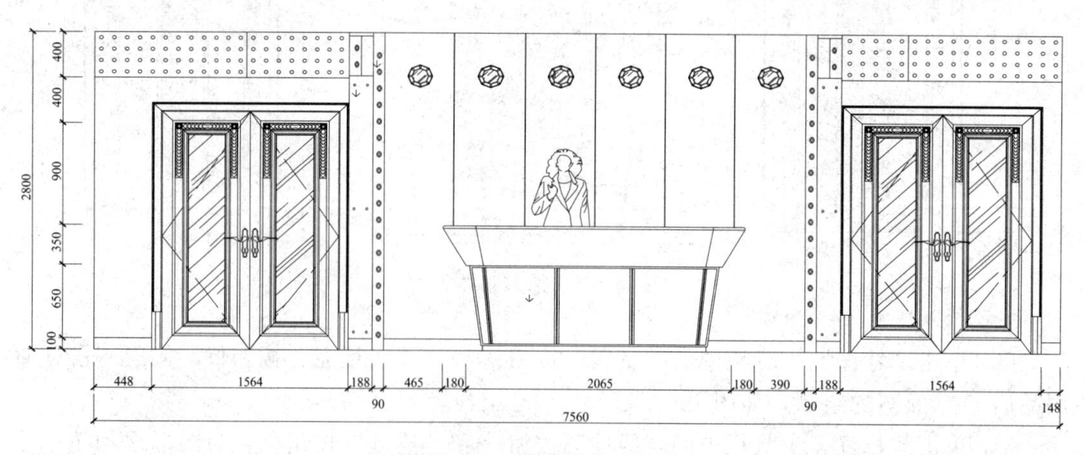

图 16-165　添加总尺寸标注

53. 在命令行中输入“qleader”命令，为图形添加文字说明，如图 16-166 所示。

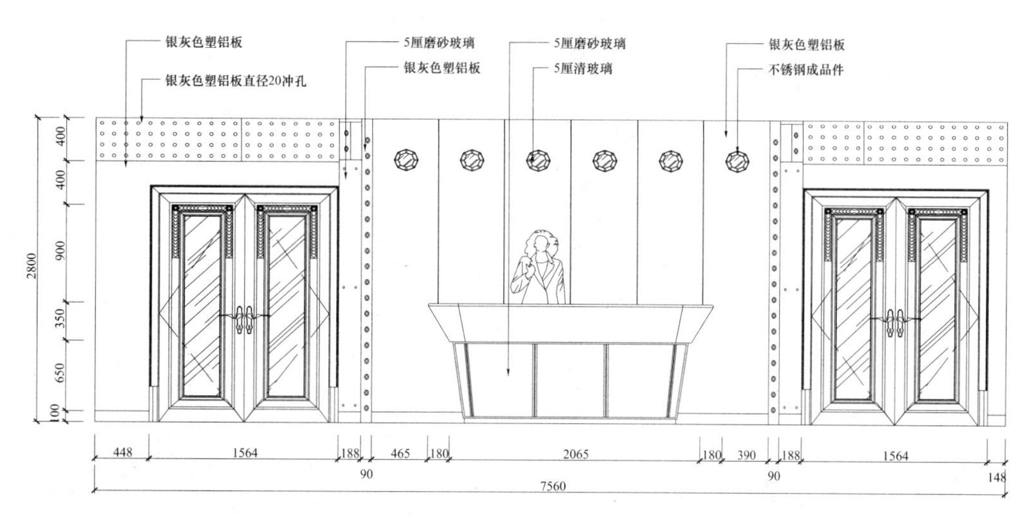

图 16-166　添加文字说明

54. 利用前面讲述的方法完成立面符号的绘制，最终完成一层体育用品店的绘制，如图 16-167 所示。

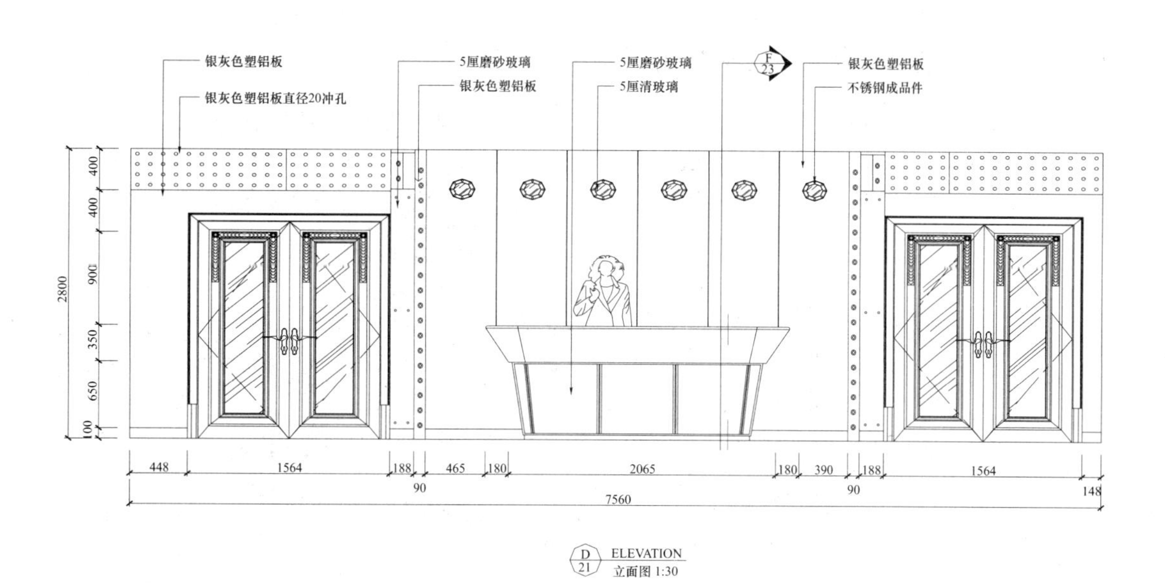

图 16-167　一层体育用品店 D 立面图

16.3.2　一层体育用品店 A 立面图

利用上述方法完成一层体育用品店 A 立面图的绘制，如图 16-168 所示。

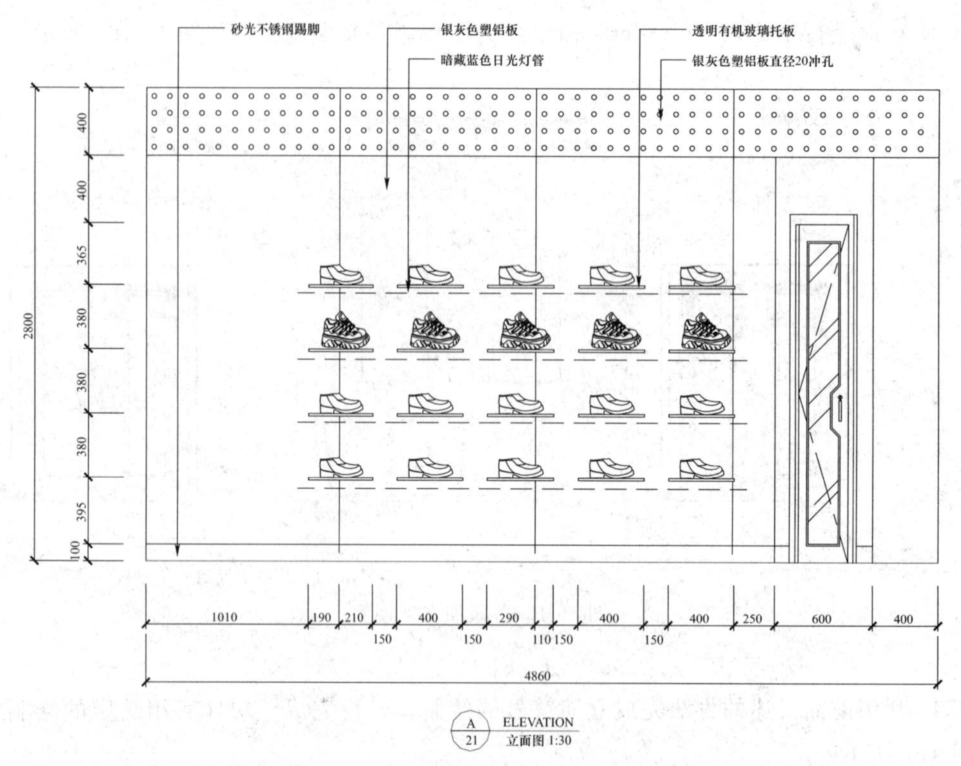

图 16-168　一层体育用品店 A 立面图

16.3.3　一层体育用品店 B 立面图

利用上述方法完成一层体育用品商店 B 立面图的绘制，如图 16-169 所示。

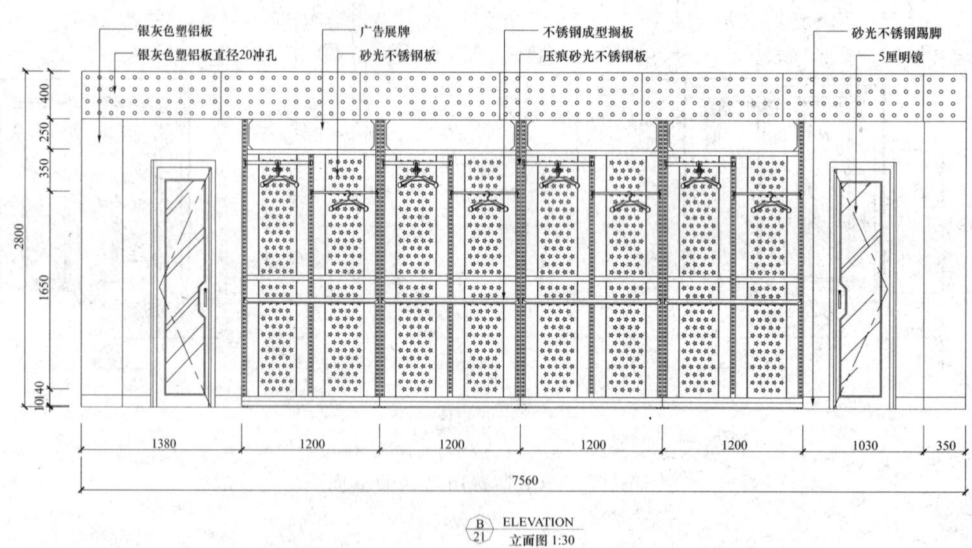

图 16-169　一层体育用品店 B 立面图

16.3.4　一层体育用品店 C 立面图

利用上述方法完成一层体育用品商店 C 立面图的绘制，如图 16-170 所示。

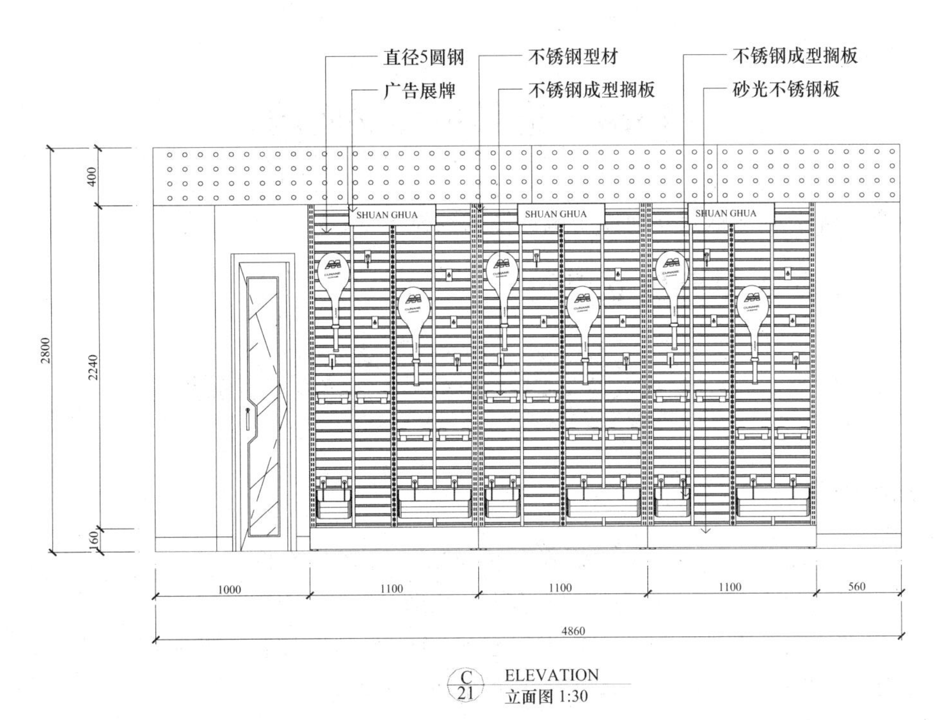

图 16-170 一层体育用品店 C 立面图

单击“绘图”工具栏中的“插入块”按钮，弹出“插入”对话框，如图 16-171 所示。选择定义的图框为插入对象，将其放置到绘制的图形外侧，最终完成一层体育用品立面图的绘制，如图 16-171 所示。

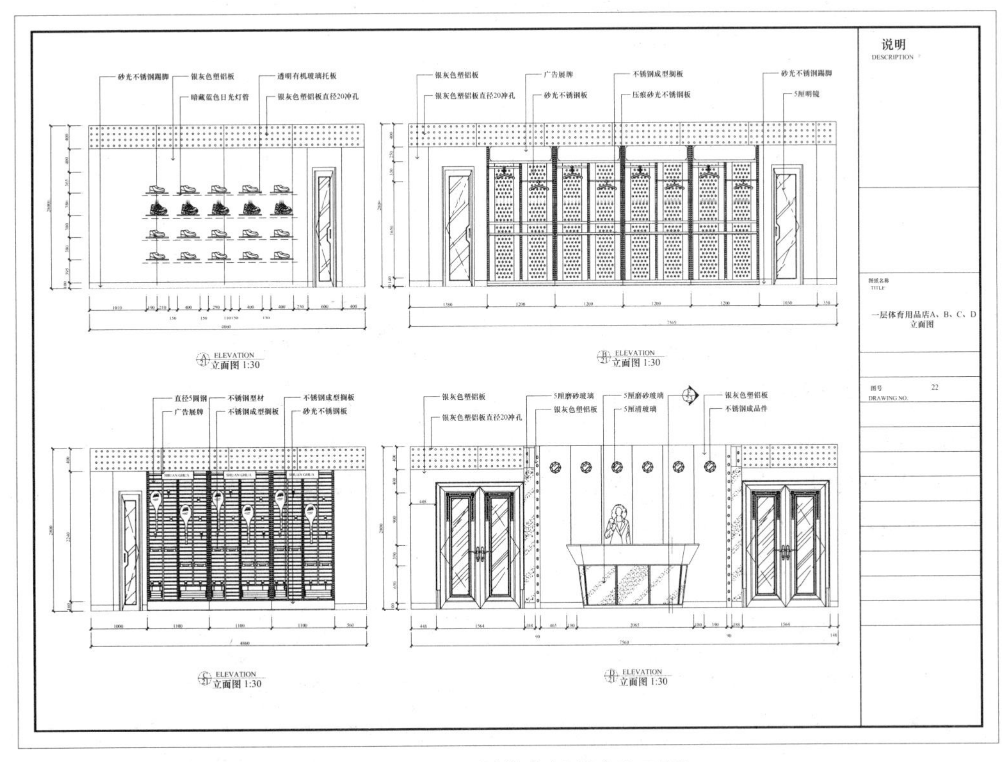

图 16-171 一层体育用品店立面图

16.4　道具单元立面图

本节介绍各个道具单元立面图与侧面图的绘制方法。

16.4.1　道具 A 单元侧立面图

光盘\视频教学\第 16 章\道具 A 单元侧立面图.avi

【绘制步骤】

1. 单击“绘图”工具栏中的“矩形”按钮，在图形空白区域任选一点为矩形起点绘制一个 40×2390 的矩形，作为不锈钢型材，如图 16-172 所示。

2. 单击“绘图”工具栏中的“矩形”按钮，在上步绘制矩形底部右侧位置选择一点为矩形起点绘制一个 360×40 的矩形，如图 16-173 所示。

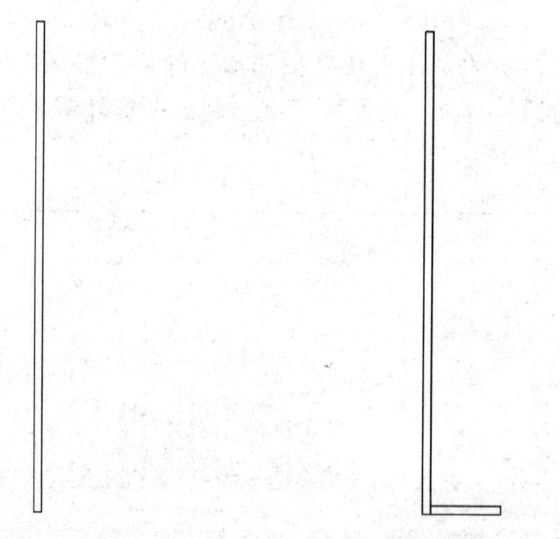

图 16-172　绘制矩形　　图 16-173　绘制矩形

3. 单击“绘图”工具栏中的“直线”按钮，在第一步绘制的矩形下方绘制连续直线，如图 16-174 所示。

4. 单击“修改”工具栏中的“复制”按钮，选择上步绘制的连续直线为复制对象对其进行复制操作，如图 16-175 所示。

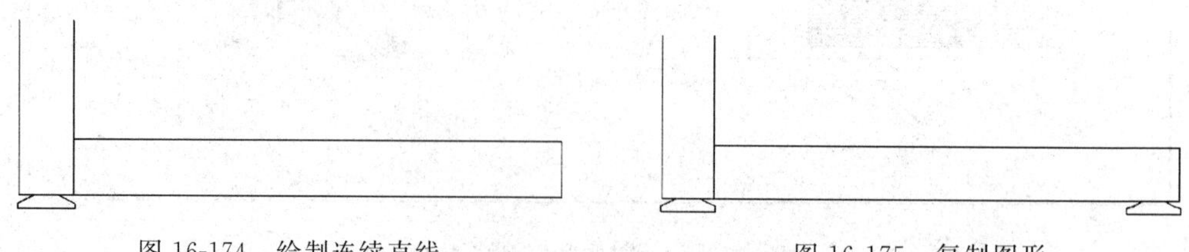

图 16-174　绘制连续直线　　图 16-175　复制图形

5. 单击“绘图”工具栏中的“矩形”按钮，在前面绘制的矩形与矩形间的夹角处绘制一个5×40的矩形，如图16-176所示。

6. 单击“绘图”工具栏中的“直线”按钮，在上步图形内绘制线段作为不锈钢成型隔板，如图16-177所示。

7. 单击“绘图”工具栏中的“直线”按钮和“圆弧”按钮，绘制图形，如图16-178所示。

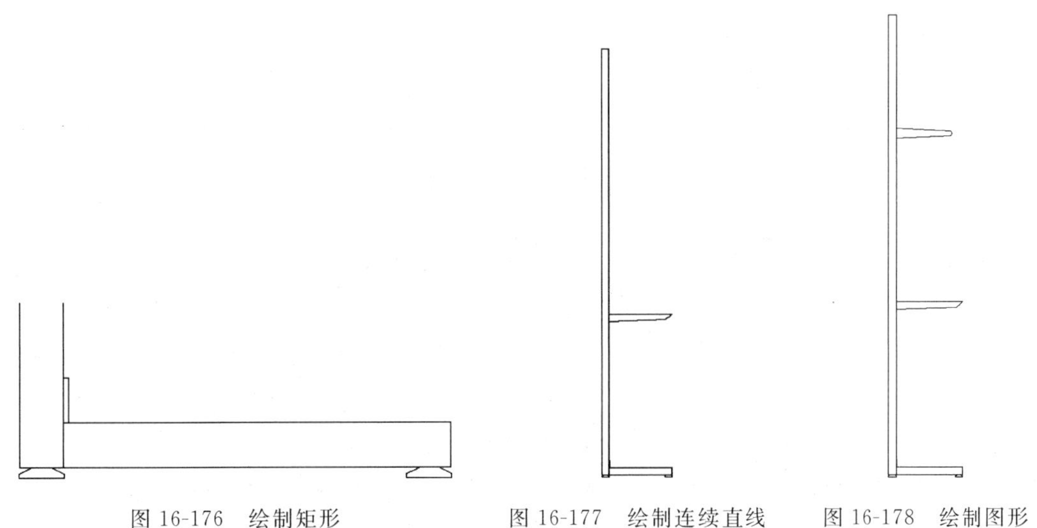

图16-176 绘制矩形　图16-177 绘制连续直线　图16-178 绘制图形

8. 单击“绘图”工具栏中的“圆”按钮，选择上步绘制圆弧中心为圆心绘制一个半径为7的圆，如图16-179所示。

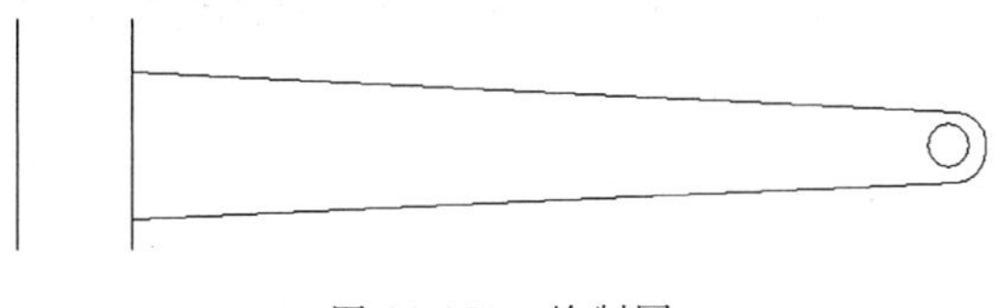

图16-179 绘制圆

9. 单击“修改”工具栏中的“偏移”按钮，选择上步绘制圆为偏移对象将其向内进行偏移，偏移距离为1，如图16-180所示。

10. 单击“绘图”工具栏中的“直线”按钮，和“圆弧”按钮，在图形上绘制衣架图形，如图16-181所示。

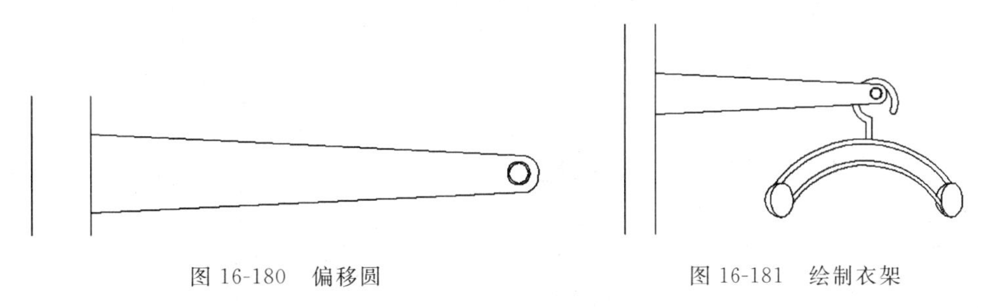

图16-180 偏移圆　图16-181 绘制衣架

11. 单击“绘图”工具栏中的“直线”按钮，在上步图形上方绘制连续直线，如

图 16-182 所示。

12. 单击“绘图”工具栏中的“矩形”按钮，在上步图形内绘制一个 20×30 的圆角半径为 3 的矩形，如图 16-183 所示。

13. 单击“修改”工具栏中的“偏移”按钮，选择上步绘制矩形为偏移对象将其向内进行偏移，偏移距离为 2，如图 16-184 所示。

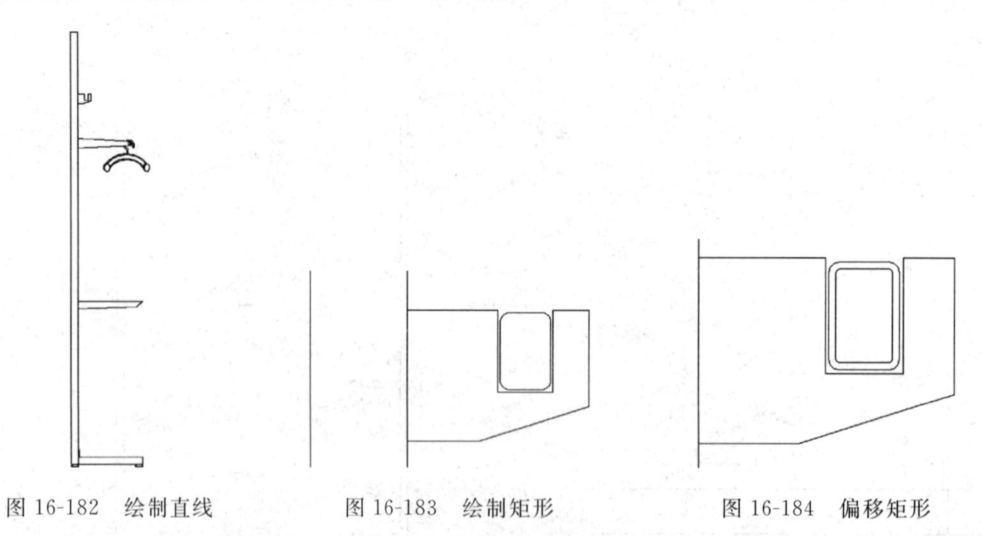

图 16-182　绘制直线　　图 16-183　绘制矩形　　图 16-184　偏移矩形

14. 单击“绘图”工具栏中的“矩形”按钮和“直线”按钮，在上步图形内绘制如图 16-185 所示的图形。

15. 单击“绘图”工具栏中“直线”按钮和“圆”按钮，完成剩余图形的绘制，如图 16-186 所示。

16. 单击“标注”工具栏中的“线性”按钮盒“连续”按钮，为图形添加标注，如图 16-187 所示。

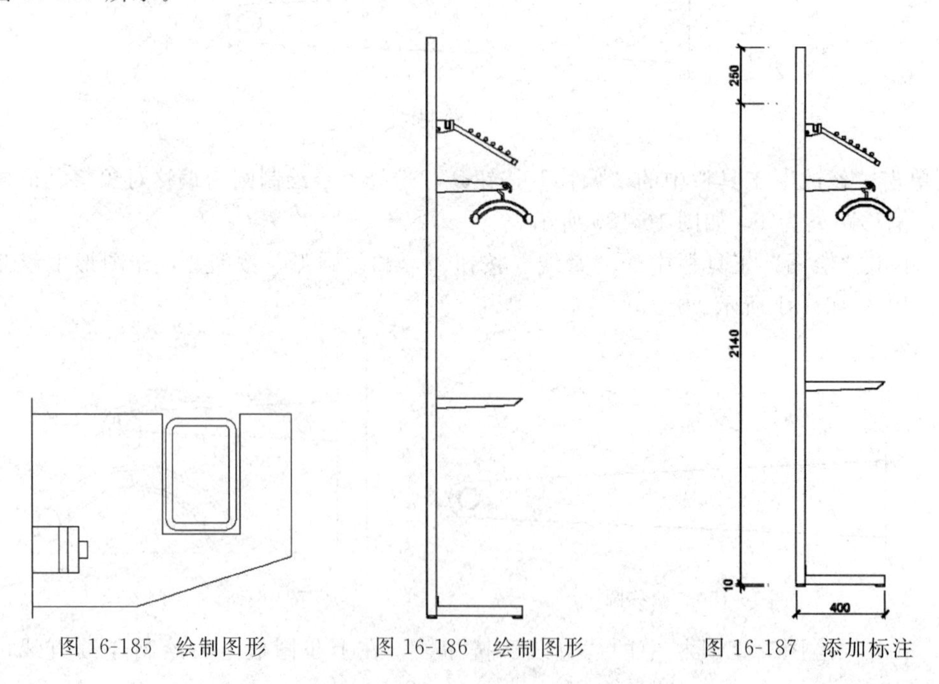

图 16-185　绘制图形　　图 16-186　绘制图形　　图 16-187　添加标注

17. 在命令行中输入“QLEADER”命令，为图形添加文字说明，如图16-188所示。

18. 单击“绘图”工具栏中的“直线”按钮和“多行文字”按钮，为图形添加总图文字说明，如图16-189所示。

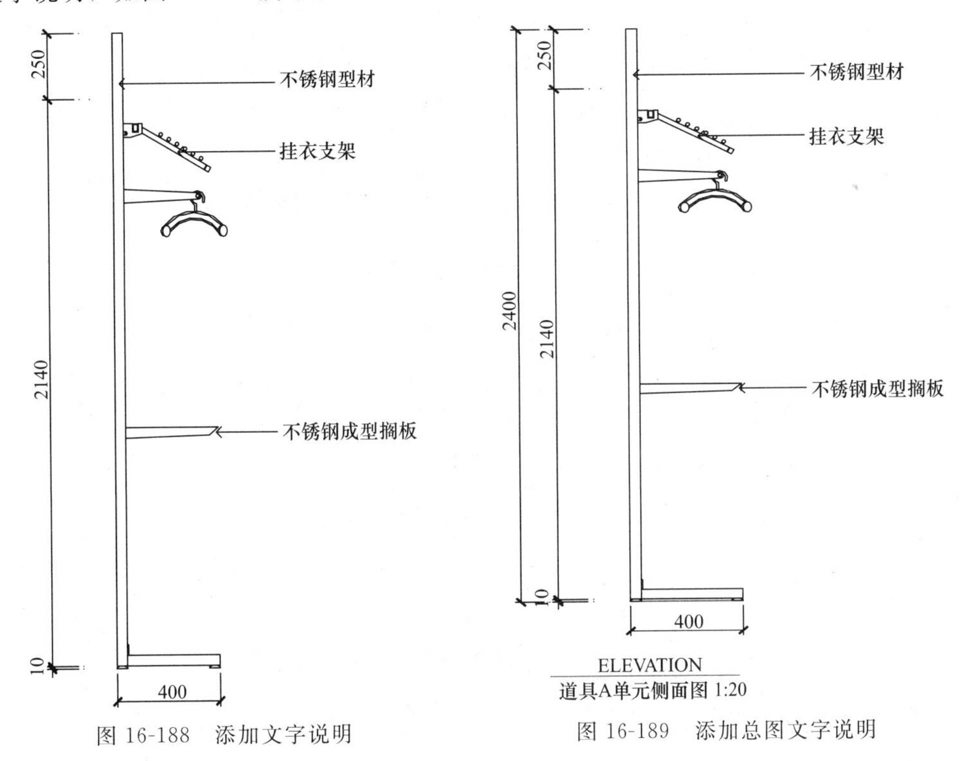

图16-188 添加文字说明

图16-189 添加总图文字说明

16.4.2 道具B单元立面图

利用上述方法完成道具B单元立面图的绘制，如图16-190所示。

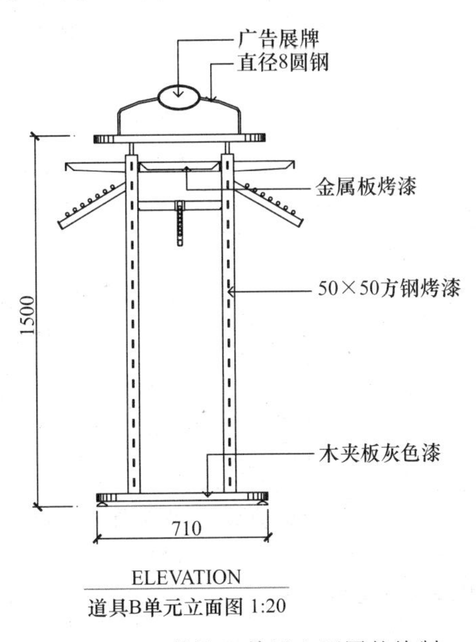

图16-190 道具B单元立面图的绘制

16.4.3　道具 C 单元侧面图

利用上述方法完成道具 C 单元侧面图的绘制，如图 16-191 所示。

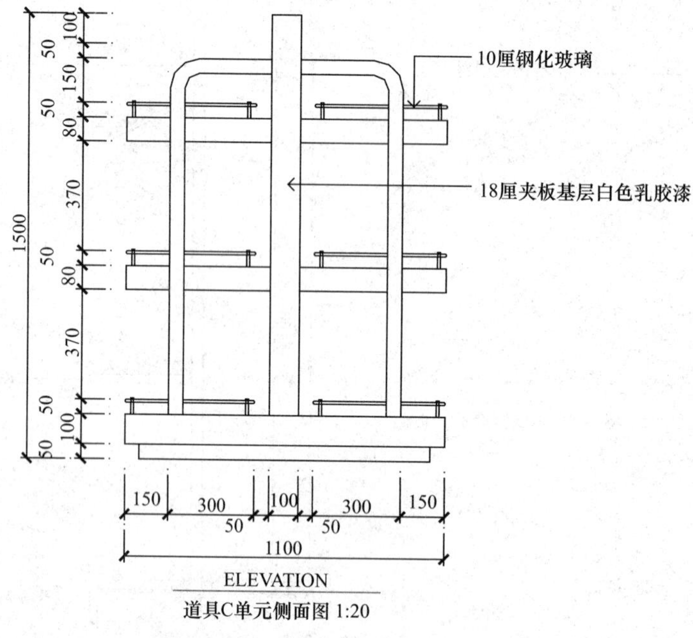

图 16-191　道具 C 单元侧面图的绘制

16.4.4　道具 C 单元立面图

利用上述方法完成道具 C 单元侧面图的绘制，如图 16-192 所示。

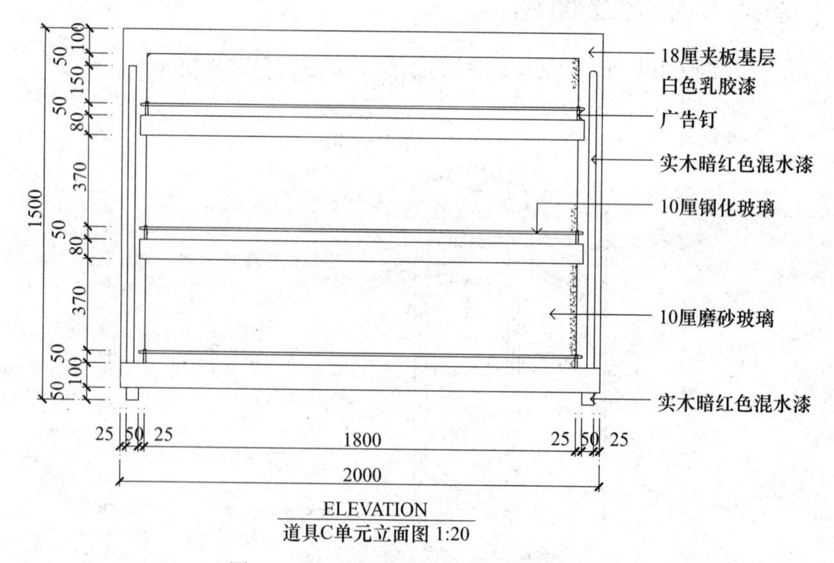

图 16-192　道具 C 单元侧面图的绘制

16.4.5　道具 D 单元侧面图

利用上述方法完成道具 D 单元侧面图的绘制，如图 16-193 所示。

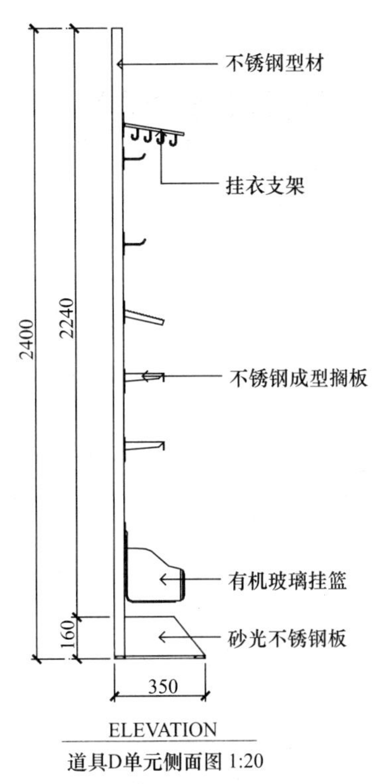

图 16-193　道具 D 单元侧面图的绘制

16.5　一层乒乓球室 A、B、C、D 立面图

利用上述方法完成一层乒乓球室的绘制。如图 16-194 所示。

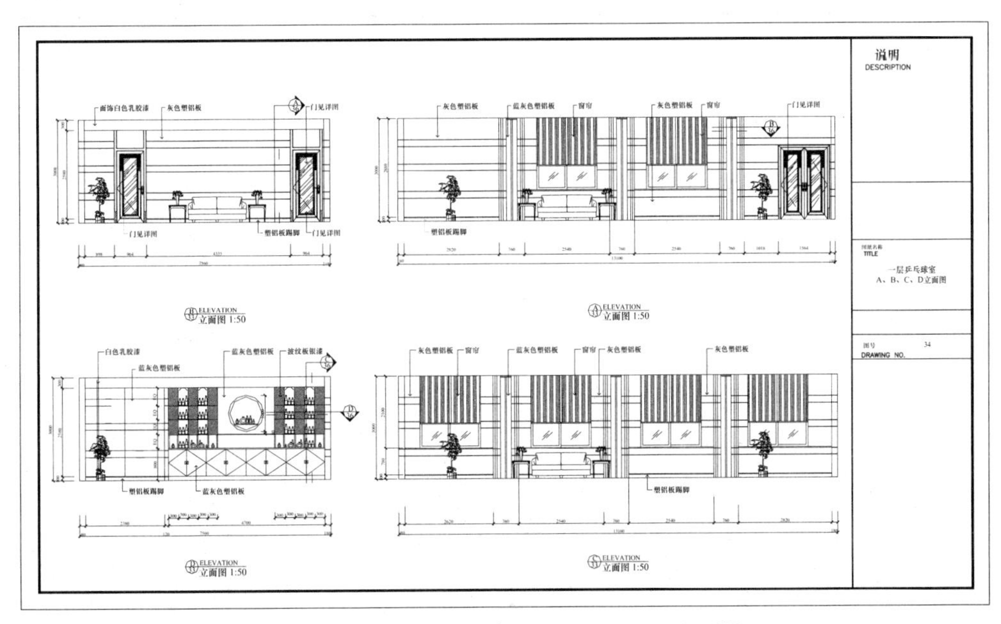

图 16-194　一层乒乓球室 A、B、C、D 立面图

16.6　一层台球室 02A、C 立面图

利用上述方法完成一层台球室 02A、C 立面图的绘制如图 16-195 所示。

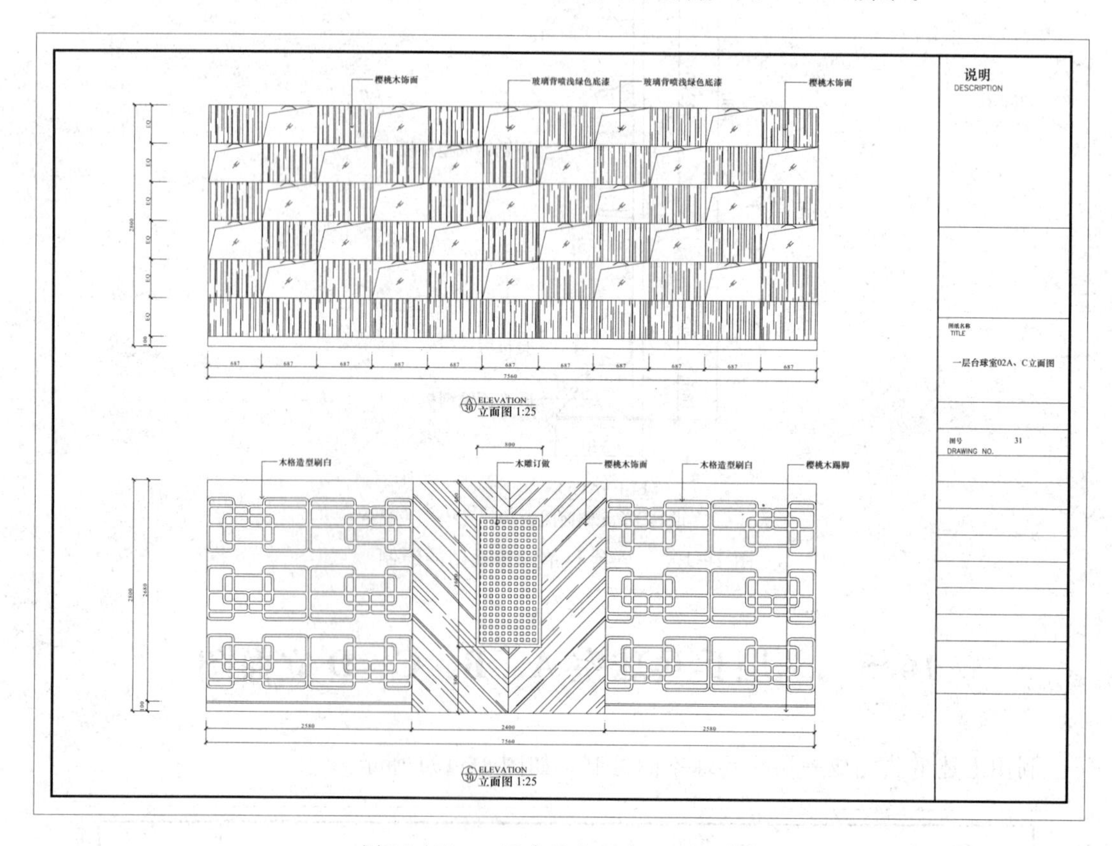

图 16-195　一层台球室 02A、C 立面图

洗浴中心剖面图和详图的绘制

建筑剖面图主要反映建筑物的结构形式、垂直空间利用、各层构造做法和门窗洞口高度等。建筑节点详图设计是建筑施工图绘制过程中的一项重要内容，与建筑构造设计息息相关。本章以洗浴中心剖面图和详图为例，详细论述建筑剖面图和详图的CAD绘制方法与相关技巧。

- 一层走廊剖面图
- 一层体育用品店剖面图
- 一层台球室 01D、E、H 剖面图
- 一层走廊节点详图

17.1 一层走廊剖面图

一层走廊剖面图如图 17-1 所示，下面讲述其中各个位置剖面图的绘制过程。

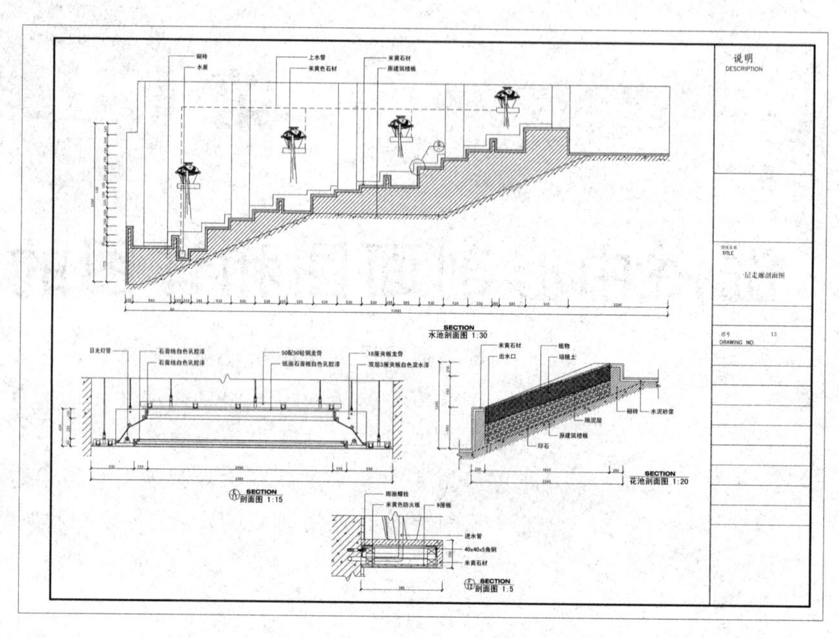

图 17-1 一层走廊剖面图

光盘\视频教学\第 17 章\一层走廊剖面图的绘制.avi

17.1.1 一层走廊 E 剖面

一层走廊 E 剖面图如图 17-2 所示，下面介绍其绘制过程。

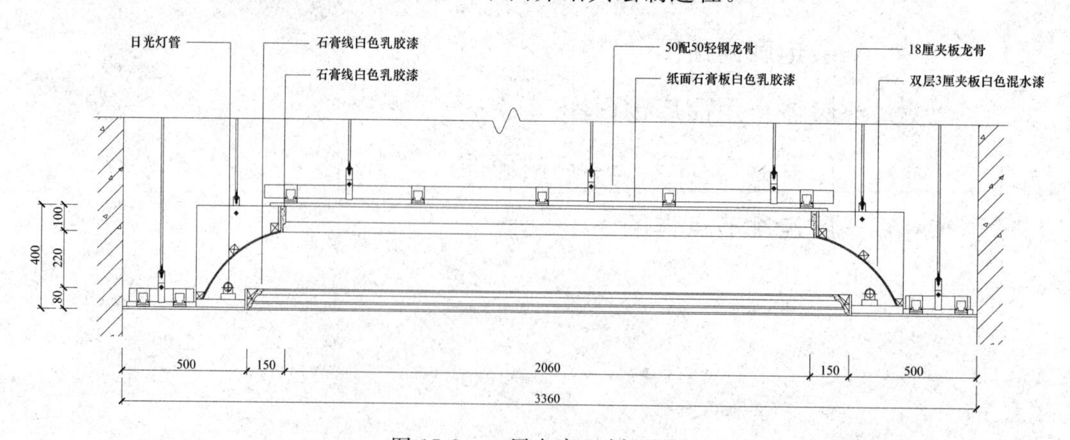

图 17-2 一层走廊 E 剖面图

1. 单击“绘图”工具栏中的“直线”按钮，在图形空白位置任选一点为直线起点绘制一条长度为1683的竖直直线，如图17-3所示。

2. 单击“修改”工具栏中的“偏移”按钮，选择上步绘制竖直直线为偏移对象将其向右进行偏移，偏移距离为232、6720、229，如图17-4所示。

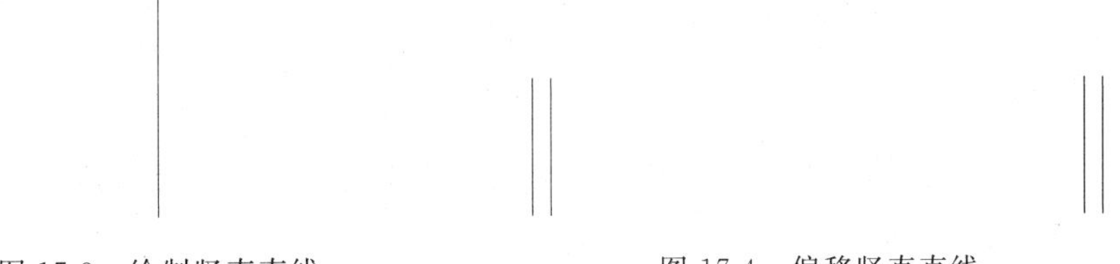

图17-3 绘制竖直直线 图17-4 偏移竖直直线

3. 单击“绘图”工具栏中的“直线”按钮，绘制上步两竖直直线的水平连接线，如图17-5所示。

4. 单击“绘图”工具栏中的“图案填充”按钮，系统打开“图案填充和渐变色”对话框。单击“图案”选项后面的按钮，系统打开“填充图案选项板”对话框，选择“ANSI31”图案类型，单击“确定”按钮退出。在“图案填充和渐变色”对话框右侧单击“添加：拾取点”按钮，选择填充区域单击确定按钮，设置填充角度为0，填充比例为30，系统回到“图案填充和渐变色”对话框，单击“确定”按钮完成图案填充，效果如图17-6所示。

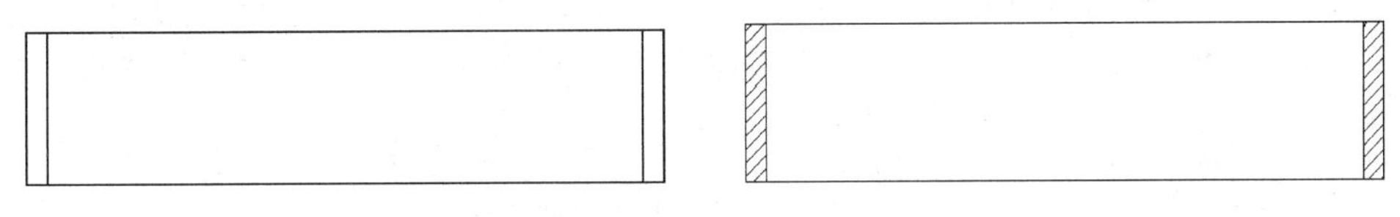

图17-5 绘制水平线段 图17-6 填充图形

5. 单击“绘图”工具栏中的“图案填充”按钮，系统打开“图案填充和渐变色”对话框。单击“图案”选项后面的按钮，系统打开“填充图案选项板”对话框，选择“AR-CONC”图案类型，单击“确定”按钮退出。在“图案填充和渐变色”对话框右侧单击“添加：拾取点”按钮，选择填充区域单击确定按钮，设置填充角度为0，填充比例为2，系统回到“图案填充和渐变色”对话框，单击“确定”按钮完成图案填充，效果如图17-7所示。

6. 单击“修改”工具栏中的“删除”按钮，选择左右两侧竖直边线为删除对象，将其删除。

7. 单击“修改”工具栏中的“偏移”按钮，选择底部水平直线为偏移对象将其向上进行偏移，偏移距离为211、18，如图17-8所示。

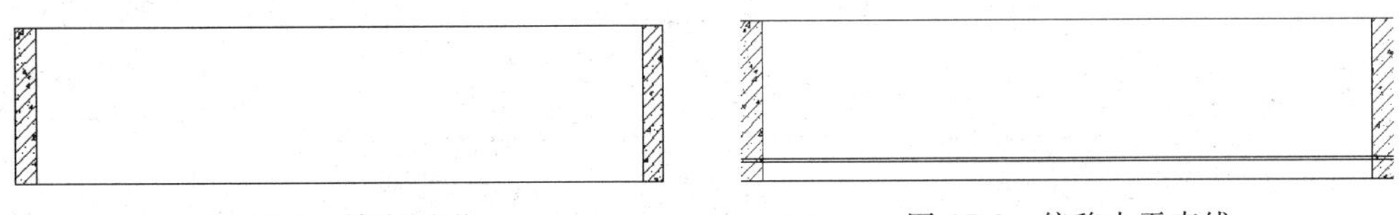

图17-7 填充图形 图17-8 偏移水平直线

8. 单击“修改”工具栏中的“删除”按钮，选择底部水平直线为删除对象，将其删除。

9. 单击“修改”工具栏中的“修剪”按钮，选择偏移的线段为修剪对象对其进行修剪处理，如图 17-9 所示。

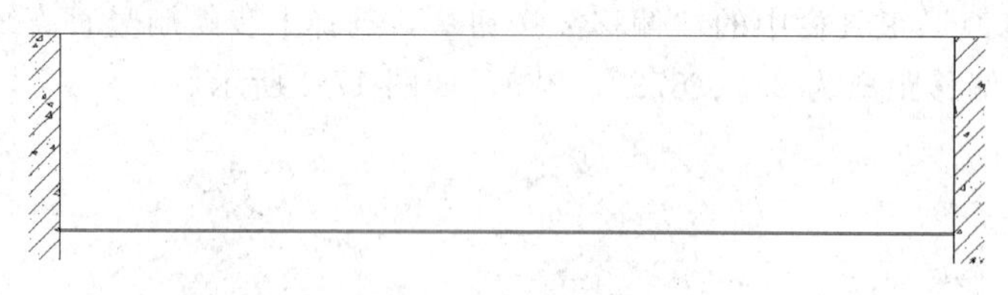

图 17-9 修剪线段

10. 单击“绘图”工具栏中的“矩形”按钮，在上步图形适当位置绘制一个“160×18”的矩形，如图 17-10 所示。

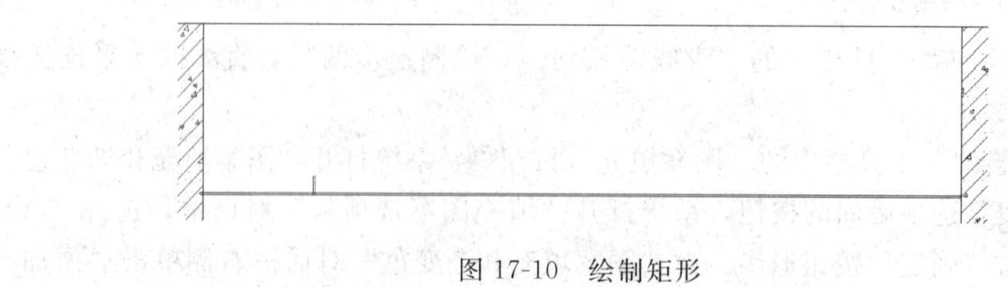

图 17-10 绘制矩形

11. 单击“绘图”工具栏中的“直线”按钮和“圆弧”按钮，在上步绘制矩形右侧绘制如图 17-11 所示的图形。

12. 单击“修改”工具栏中的“修剪”按钮，选择上步绘制图形为修剪对象对其进行修剪处理，如图 17-12 所示。

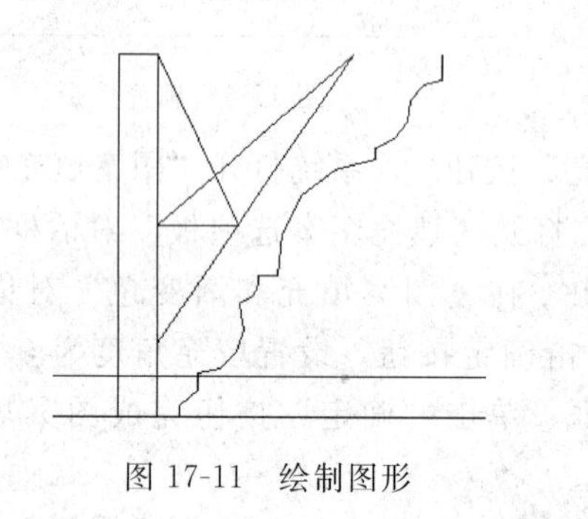

图 17-11 绘制图形

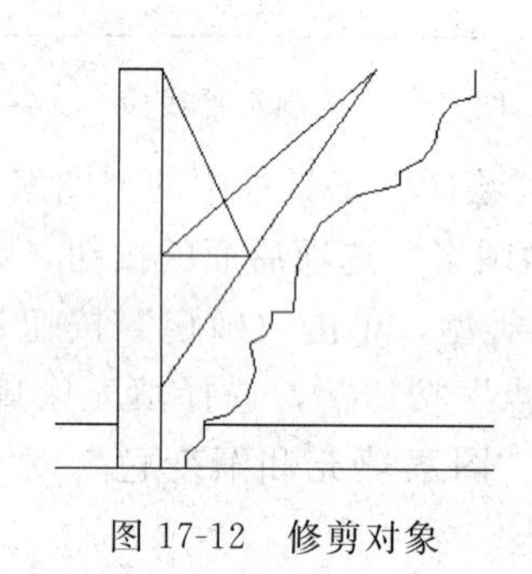

图 17-12 修剪对象

13. 单击“修改”工具栏中的“镜像”按钮，选择上步图形为镜像对象，以底部水平直线中点为镜像点对图形进行竖直镜像，如图 17-13 所示。

图 17-13 镜像对象

14. 单击“绘图”工具栏中的“直线”按钮，绘制上步镜像图形间的连接线，如图 17-14 所示。

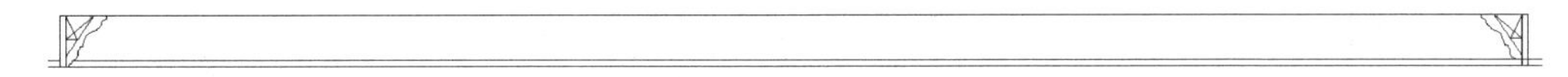

图 17-14 绘制直线

15. 单击“修改”工具栏中的“偏移”按钮，选择上步绘制的水平直线为偏移对象将其向下进行偏移，偏移距离为 11、35、51、13、12，如图 17-15 所示。

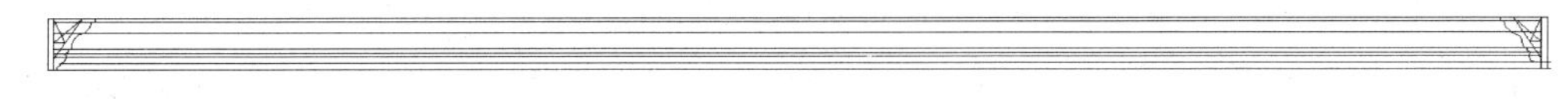

图 17-15 偏移直线

16. 单击“修改”工具栏中的“修剪”按钮，选择上步偏移线段为修剪对象，对其进行修剪处理，如图 17-16 所示。

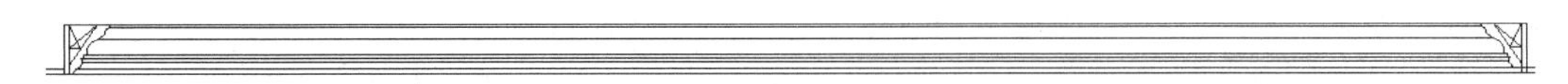

图 17-16 修剪对象

17. 单击“绘图”工具栏中的“多段线”按钮，在上步图形上侧，绘制连续直线，如图 17-17 所示。

图 17-17 绘制连续直线

18. 单击“绘图”工具栏中的“图案填充”按钮，系统打开“图案填充和渐变色”对话框。单击“图案”选项后面的按钮，系统打开“填充图案选项板”对话框，选择“AR-CONC”图案类型，单击“确定”按钮退出。在“图案填充和渐变色”对话框右侧单击“添加：拾取点”按钮，选择填充区域单击确定按钮，设置填充角度为 0，填充比例为 0.3，系统回到“图案填充和渐变色”对话框，单击“确定”按钮完成图案填充，效果如图 17-18 所示。

19. 单击“绘图”工具栏中的“直线”按钮，在图形底部绘制连续直线，如图 17-19 所示。

20. 单击“绘图”工具栏中的“圆弧”按钮，绘制上步两图形间的连接圆弧线，角度为 90°，如图 17-20 所示。

21. 单击“修改”工具栏中的“偏移”按钮，选择上步绘制的圆弧为偏移对象，对其进行偏移处理，偏移距离为 6、6，并结合延伸命令延伸对象，如图 17-21 所示。

22. 单击“绘图”工具栏中的“矩形”按钮，在上步绘制圆弧右侧绘制一个“120×45”的矩形，如图 17-22 所示。

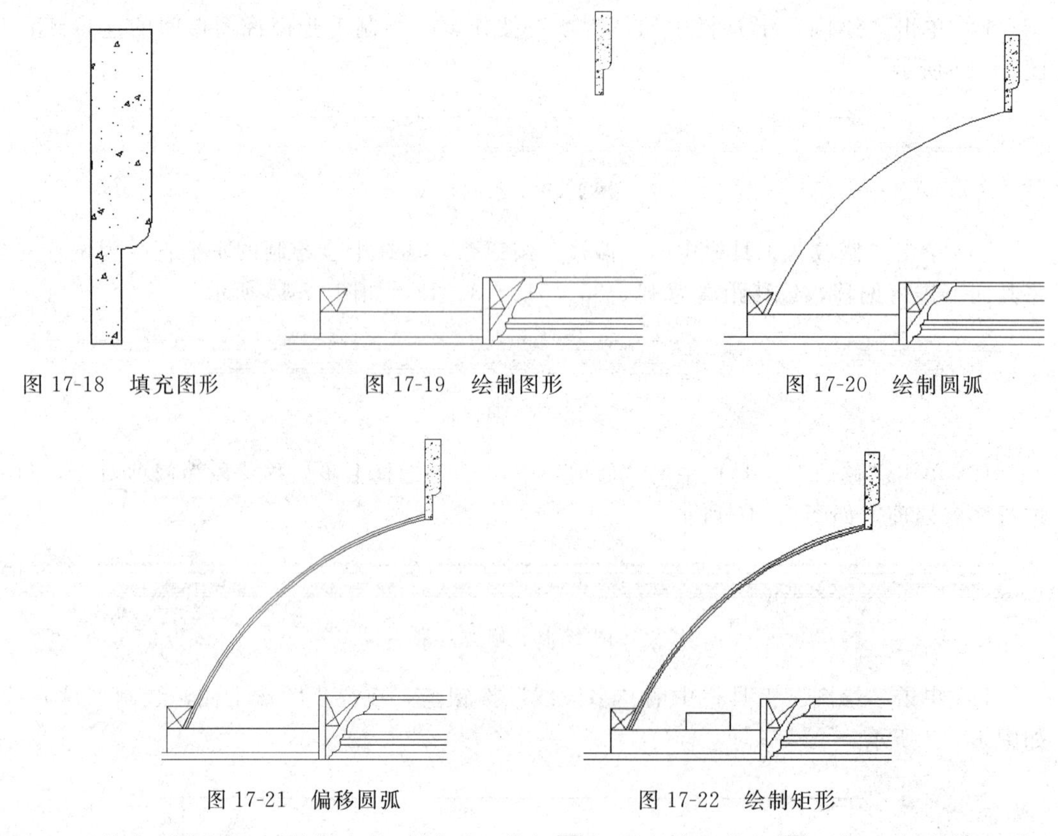

图 17-18 填充图形　　图 17-19 绘制图形　　图 17-20 绘制圆弧

图 17-21 偏移圆弧　　图 17-22 绘制矩形

23. 单击“绘图”工具栏中的“圆弧”按钮和“直线”按钮，在上步绘制矩形上部绘制如图 17-23 所示的图形。

24. 单击“绘图”工具栏中的“圆”按钮，以上步绘制的圆弧中心为圆心绘制一个适当半径的圆，如图 17-24 所示。

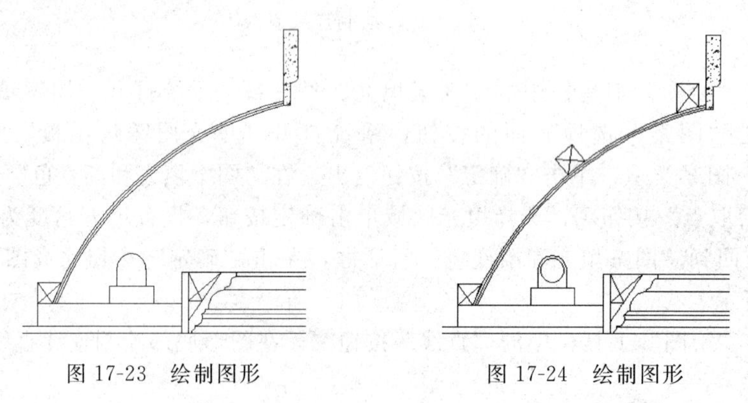

图 17-23 绘制图形　　图 17-24 绘制图形

25. 单击“绘图”工具栏中的“矩形”按钮和“直线”按钮，在上步图形外侧绘制图形，如图 17-24 所示。

26. 单击“修改”工具栏中的“镜像”按钮，选择上步图形为镜像对象，选择顶部水平直线中点为镜像起点向下确认一点为镜像终点，完成图形镜像，如图 17-25 所示。

27. 单击“绘图”工具栏中的“直线”按钮，绘制上步两图形间的连接线，如图 17-26 所示。

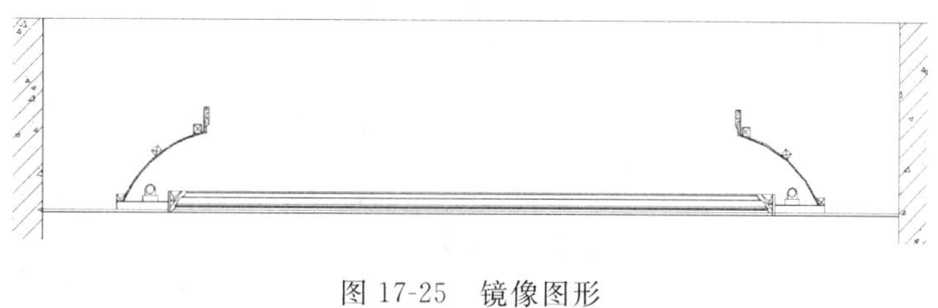

图 17-25　镜像图形

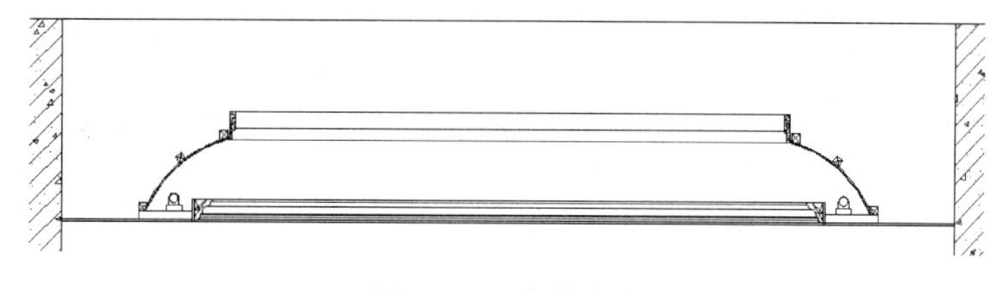

图 17-26　绘制直线

28. 单击"绘图"工具栏中的"矩形"按钮，在上步绘制矩形上方绘制两个矩形，如图 17-27 所示。

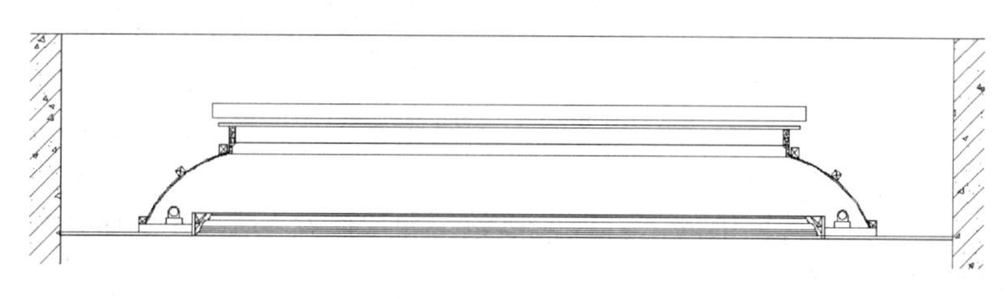

图 17-27　绘制矩形

29. 单击"绘图"工具栏中的"直线"按钮，在上步绘制矩形上绘制连续直线，如图 17-28 所示。

30. 单击"绘图"工具栏中的"多段线"按钮，在上步绘制连续直线外侧，绘制连续多段线，如图 17-29 所示。

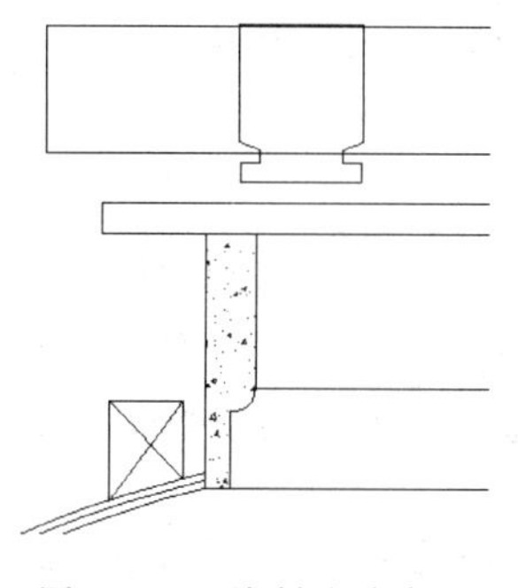

图 17-28　绘制连续直线

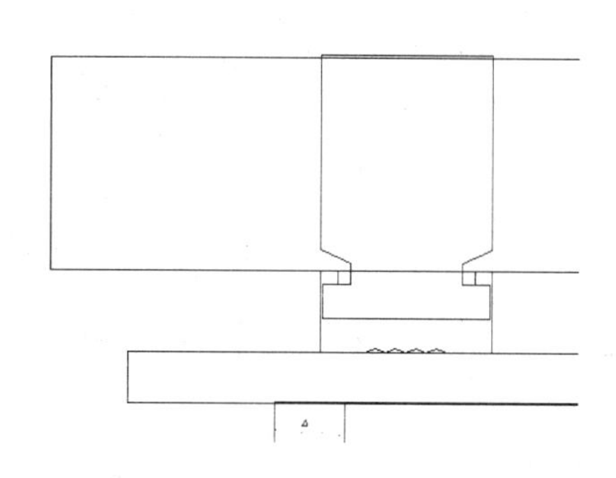

图 17-29　绘制连续多段线

31. 单击"修改"工具栏中的"偏移"按钮。选择上步绘制的连续多段线为偏移对象将其向内进行偏移，偏移距离为 1，如图 17-30 所示。

32. 单击"绘图"工具栏中的"直线"按钮，在上步图形内绘制连续直线，如图 17-31 所示。

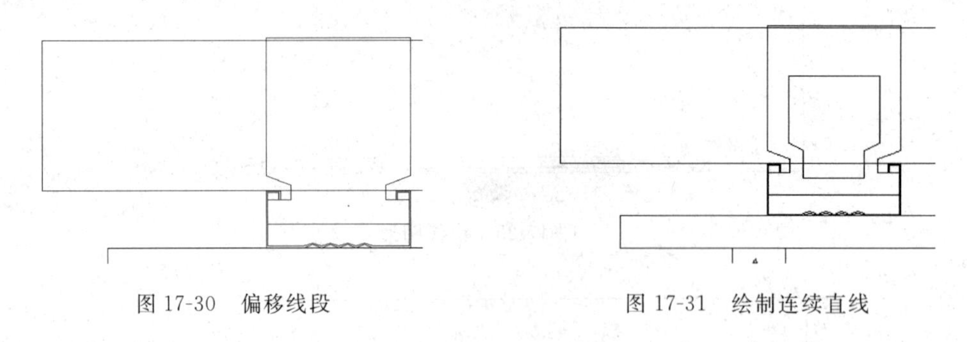

图 17-30 偏移线段　　　　图 17-31 绘制连续直线

33. 单击“修改”工具栏中的“复制”按钮，选择上步绘制图形为复制对象对其进行连续复制，如图 17-32 所示。

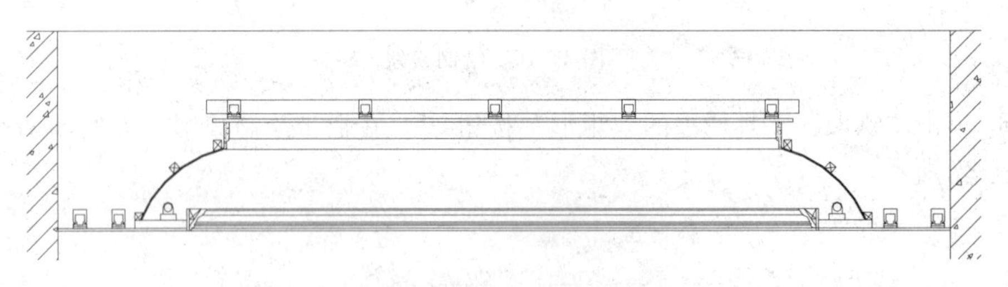

图 17-32 复制对象

34. 单击“绘图”工具栏中的“直线”按钮和“修改”工具栏中的“镜像”按钮，完成底部图形的绘制，如图 17-33 所示。

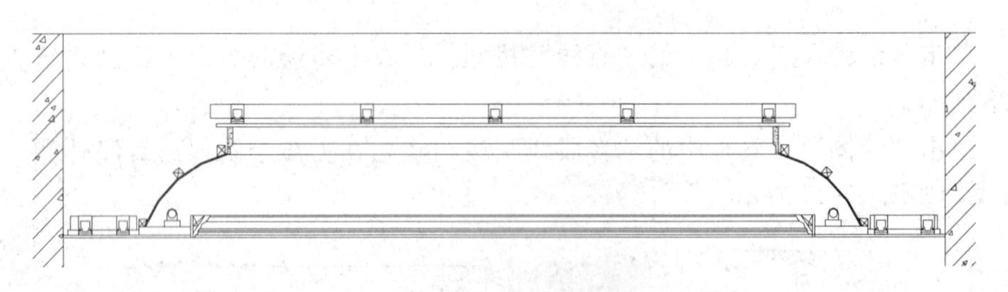

图 17-33 绘制图形

35. 单击“绘图”工具栏中的“矩形”按钮，在上步图形左侧绘制一个 50×240 的矩形，如图 17-34 所示。

36. 单击“修改”工具栏中的“分解”按钮，选择上步绘制矩形为分解对象回车确认对其进行分解。

37. 单击“修改”工具栏中的“删除”按钮，选择分解矩形内的多余线段为删除对象将其删除，如图 17-35 所示。

38. 单击“修改”工具栏中的“偏移”按钮，选择上步分解矩形的顶部水平边为偏移对象，将其向下进行偏移，偏移距离为 6、84，如图 17-36 所示。

39. 单击“绘图”工具栏中的“多边形”按钮，在上步偏移线段内绘制一个六边形，如图 17-37 所示。

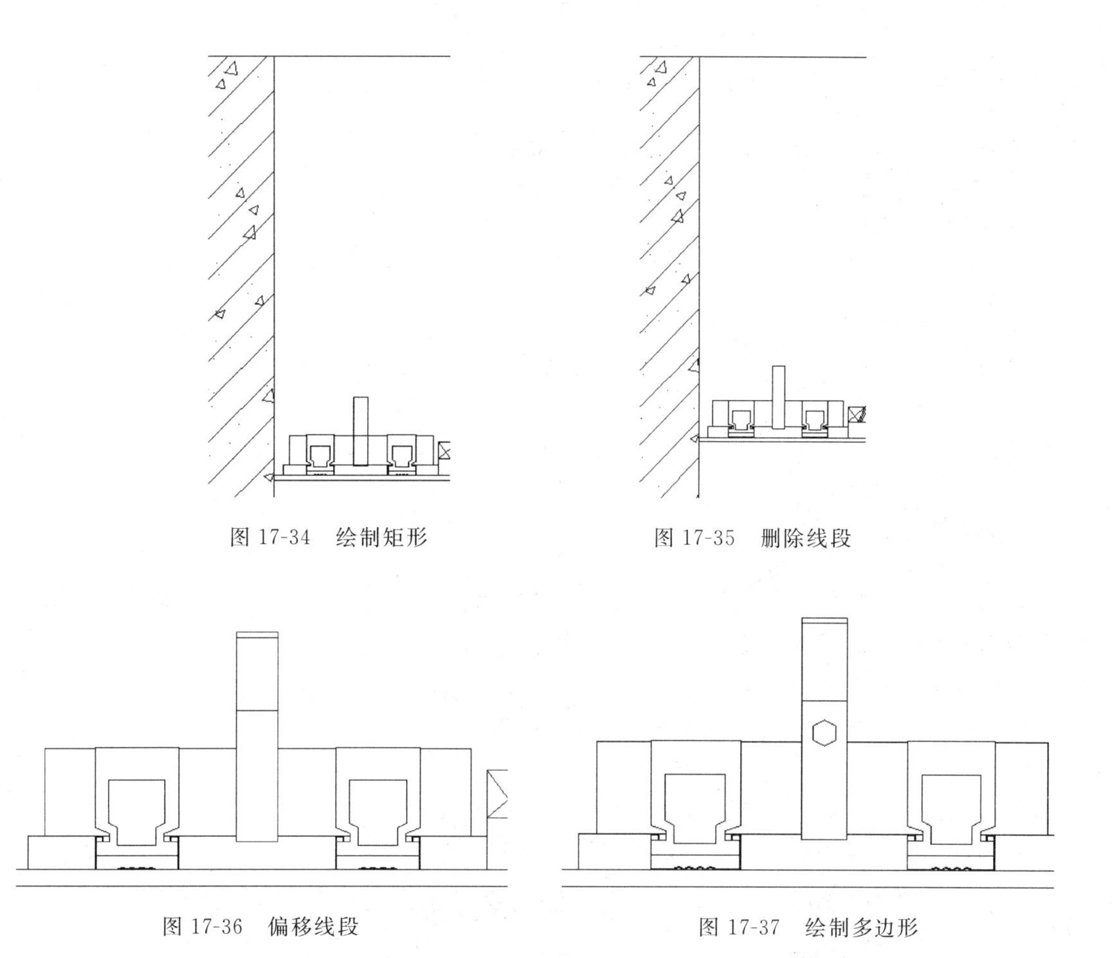

图 17-34 绘制矩形

图 17-35 删除线段

图 17-36 偏移线段

图 17-37 绘制多边形

40. 单击“绘图”工具栏中的“圆”按钮，以上步绘制多边形中心为圆心绘制一个适当半径的圆图形，如图 17-38 所示。

41. 单击“绘图”工具栏中的“直线”按钮，过上步绘制圆的圆心绘制十字交叉线，如图 17-39 所示。

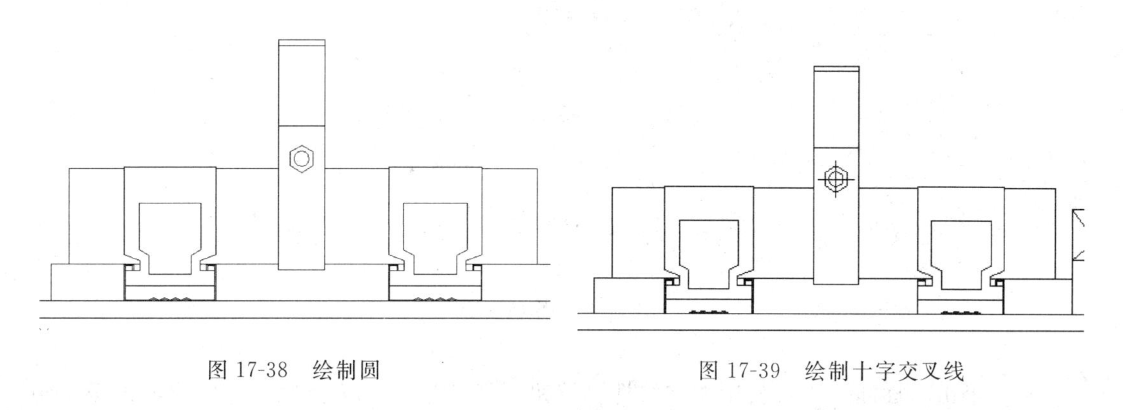

图 17-38 绘制圆

图 17-39 绘制十字交叉线

42. 单击“绘图”工具栏中的“直线”按钮，完成剩余部分图形的绘制，如图 17-40 所示。

43. 利用上述方法完成剩余图形的绘制，如图 17-41 所示。

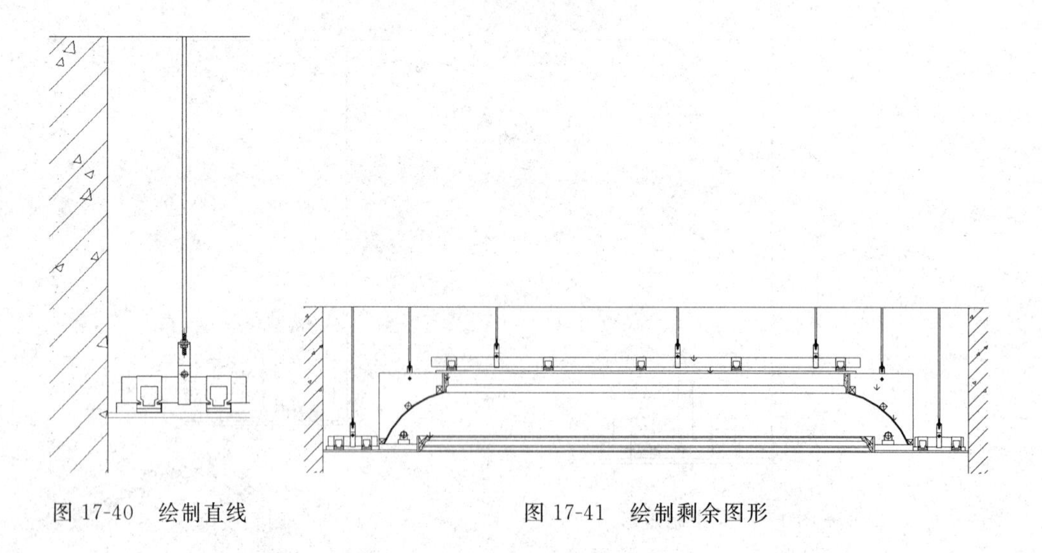

图 17-40 绘制直线　　图 17-41 绘制剩余图形

44. 单击“绘图”工具栏中的“直线”按钮和“修改”工具栏中的“圆角”按钮，在顶部水平线上绘制折弯线，如图 17-42 所示。

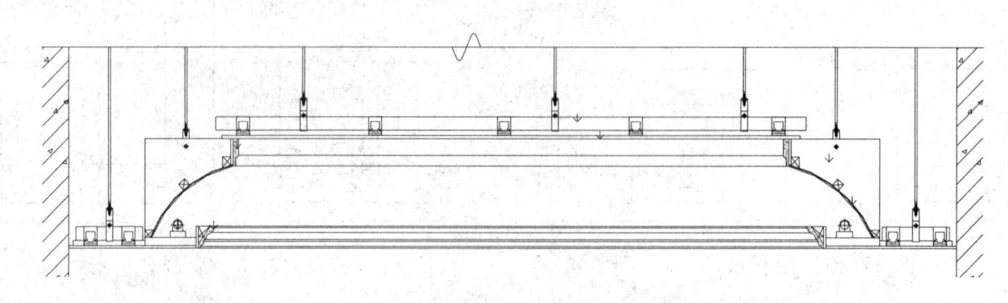

图 17-42 绘制折弯线

45. 单击“修改”工具栏中的“修剪”按钮，选择折弯线之间的线段为修剪对象对其进行修剪处理，如图 17-43 所示。

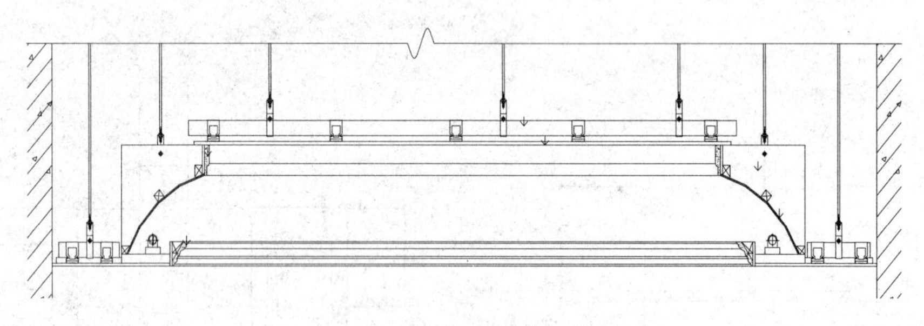

图 17-43 修剪图形

46. 单击“标注”工具栏中的“线性”按钮和“连续”按钮，为图形添加第一道尺寸标注，如图 17-44 所示。

47. 单击“标注”工具栏中的“线性”按钮，为图形添加总尺寸标注，如图 17-45 所示。

48. 在命令行中输入“QLEADER”命令为图形添加文字说明，如图17-46所示。

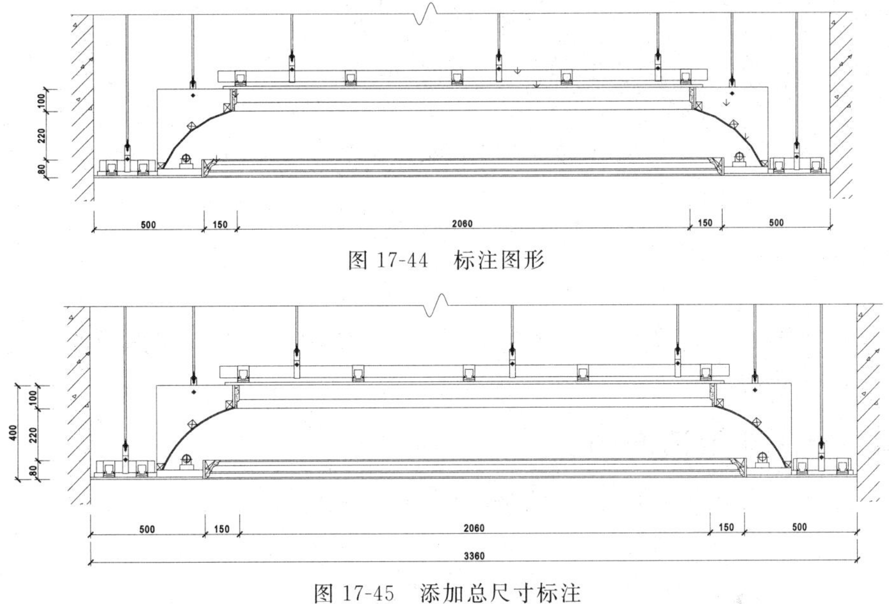

图17-44 标注图形

图17-45 添加总尺寸标注

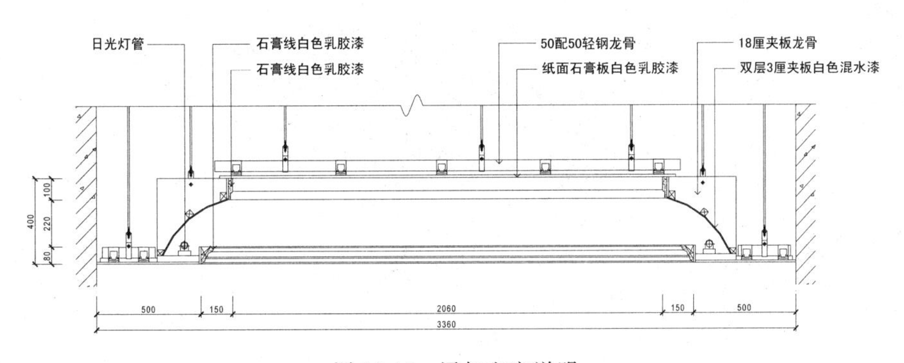

图17-46 添加文字说明

49. 单击“绘图”工具栏中的“直线”按钮，在上步图形下方绘制一条水平直线，如图17-47所示。

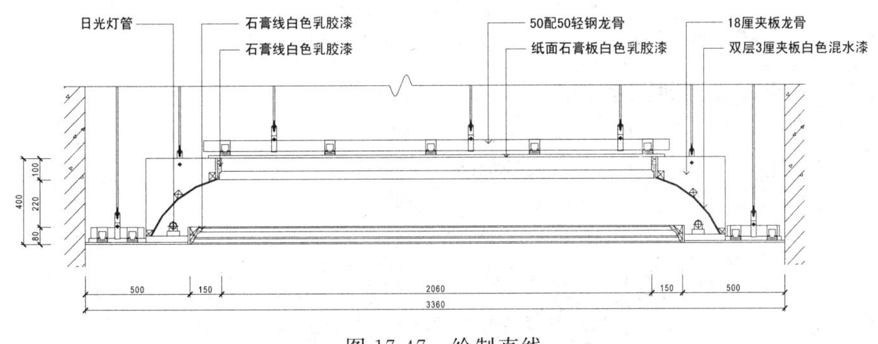

图17-47 绘制直线

50. 单击“绘图”工具栏中的“圆”按钮，在上步绘制水平直线上绘制一个适当半径的圆，如图17-48所示。

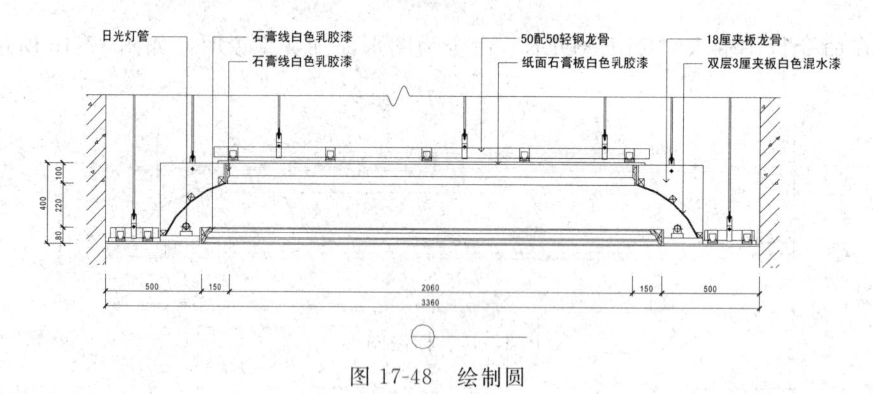

图 17-48　绘制圆

51. 单击“绘图”工具栏中的“多行文字”按钮A，在上步图形内添加文字，如图 17-2 所示。

17. 1. 2　一层花池剖面图

利用上述方法完成花池剖面图的绘制，如图 17-49 所示。

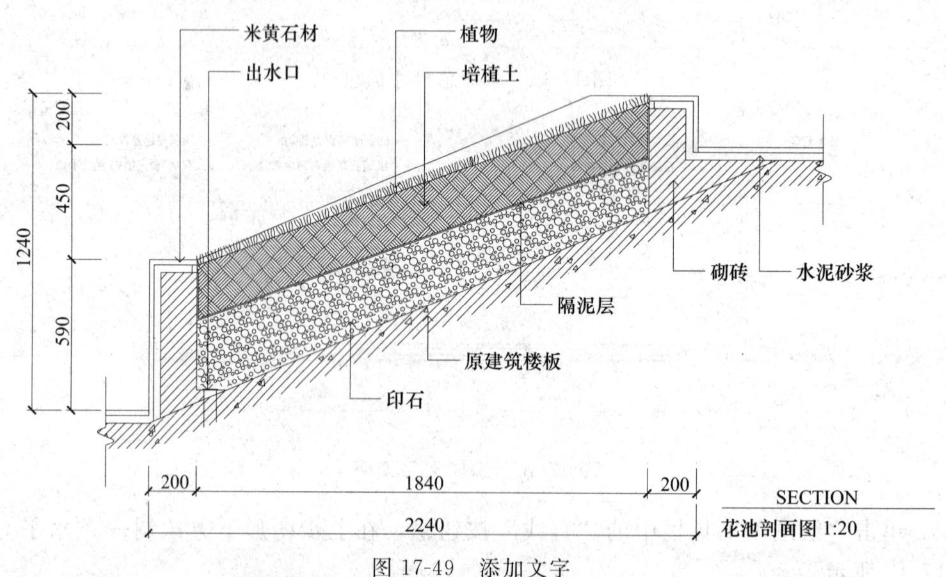

图 17-49　添加文字

17. 1. 3　一层 F 剖面图

利用上述方法完成剖面图 F 的绘制，如图 17-50 所示。

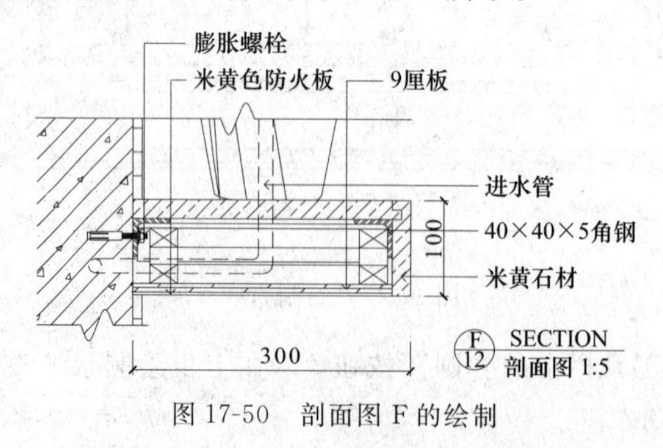

图 17-50　剖面图 F 的绘制

17.1.4 一层剖面图花池

利用上述方法完成花池剖面图的绘制，如图 17-51 所示。

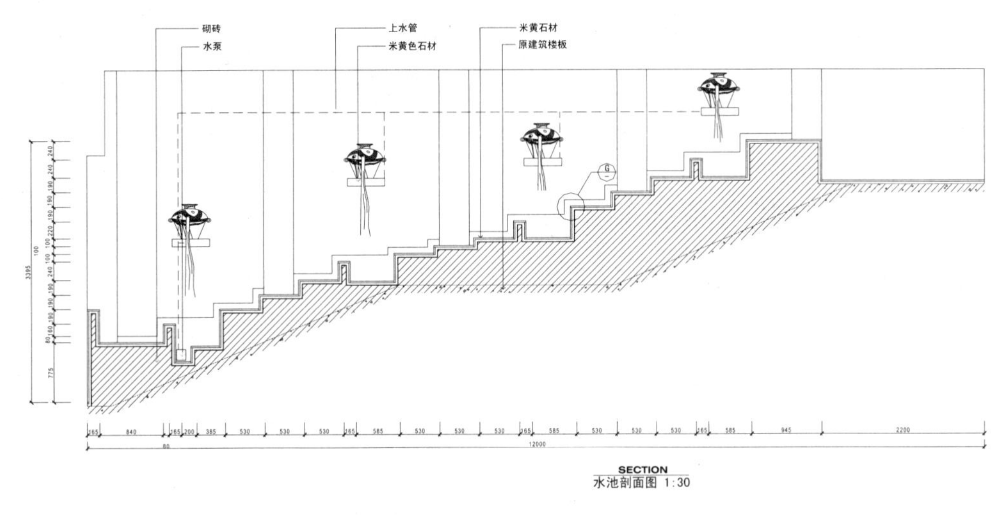

图 17-51 绘制花池剖面图

单击“绘图”工具栏中的“插入块”按钮，弹出“插入”对话框，选择定义的图框为插入对象，将其放置到绘制的图形外侧，最终完成一层走廊剖面图的绘制，如图 17-52 所示。

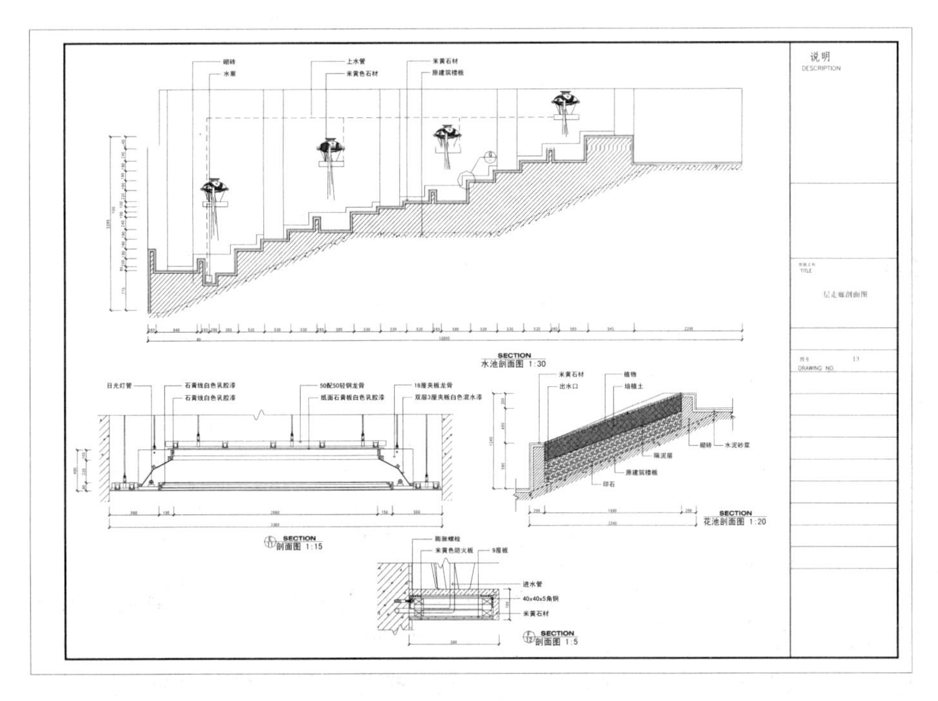

图 17-52 一层走廊剖面图的绘制

17.3　一层体育用品店剖面图

本节讲述一层体育用品店剖面图的具体绘制过程。

光盘\视频教学\第 17 章\一层体育用品店剖面图.avi

17.3.1　一层体育用品店 F 剖面图

一层体育用品店 F 剖面图如图 17-53 所示，下面介绍其绘制过程。

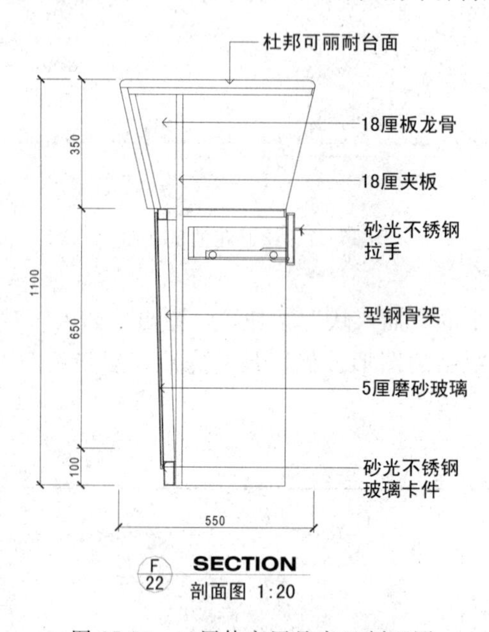

图 17-53　一层体育用品店 F 剖面图

1. 单击“绘图”工具栏中的“直线”按钮和“修改”工具栏中的“圆角”按钮，绘制台面，如图 17-54 所示。

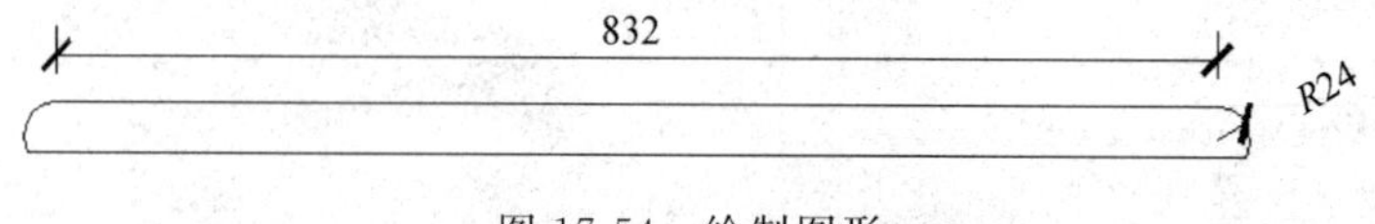

图 17-54　绘制图形

2. 单击“绘图”工具栏中的“直线”按钮，在上步图形下方绘制龙骨及夹板，如图 17-55 所示。

3. 单击“修改”工具栏中的“偏移”按钮，选择底部水平边为偏移对象将其向下进行偏移，偏移距离为 5、29、45、1166，如图 17-56 所示。

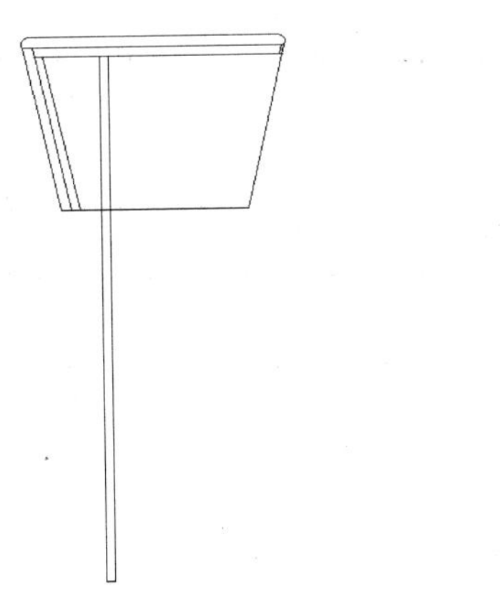

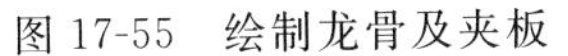

图 17-55 绘制龙骨及夹板

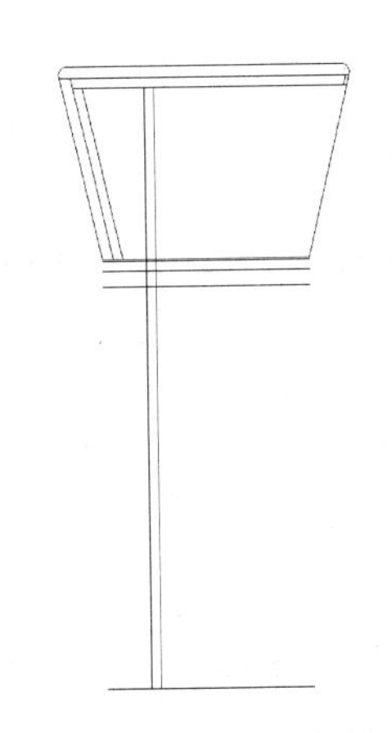

图 17-56 偏移线段

4. 单击“绘图”工具栏中的“直线”按钮，在偏移线段右侧绘制一条竖直直线，如图 17-57 所示。

5. 单击“修改”工具栏中的“修剪”按钮，选择竖直线段间的多余线段为修剪对象对其进行修剪处理，如图 17-58 所示。

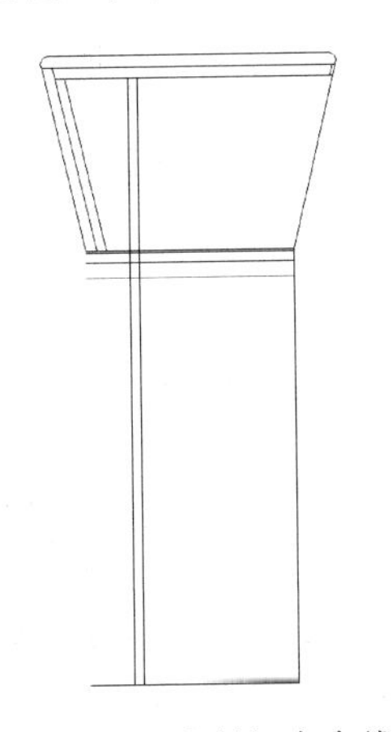

图 17-57 绘制竖直直线

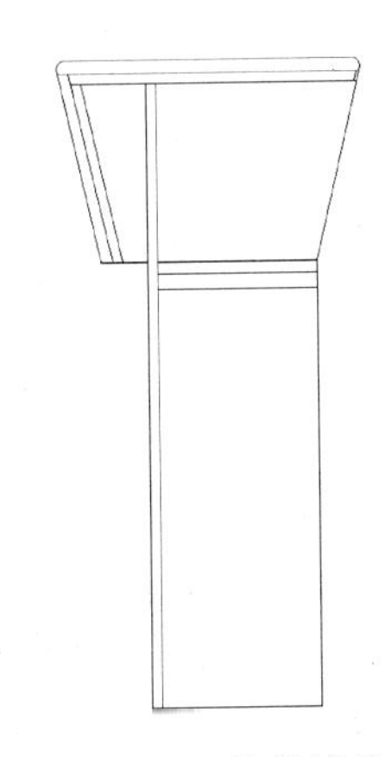

图 17-58 修剪线段

6. 单击“绘图”工具栏中的“直线”按钮，图形上部绘制一条竖直直线，如图 17-59 所示。

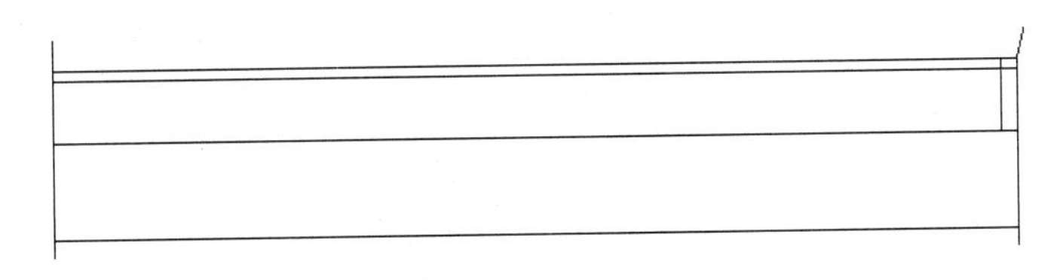

图 17-59 绘制竖直直线

7. 单击“修改”工具栏中的“修剪”按钮，选择上步绘制直线内的线段为修剪对象对其进行修剪处理，如图 17-60 所示。

8. 单击“绘图”工具栏中的“矩形”按钮。在上步图形内绘制一个 443×139 的矩形，如图 17-61 所示。

9. 单击“绘图”工具栏中的“矩形”按钮，在上步绘制矩形右侧绘制一个 34×224 的矩形，如图 17-62 所示。

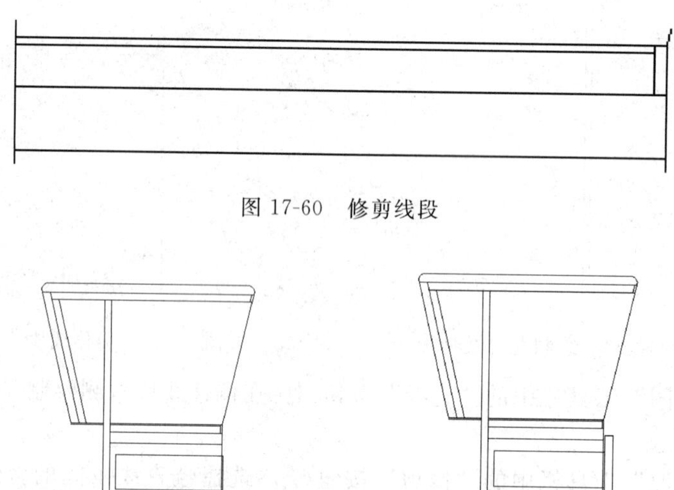

图 17-60　修剪线段

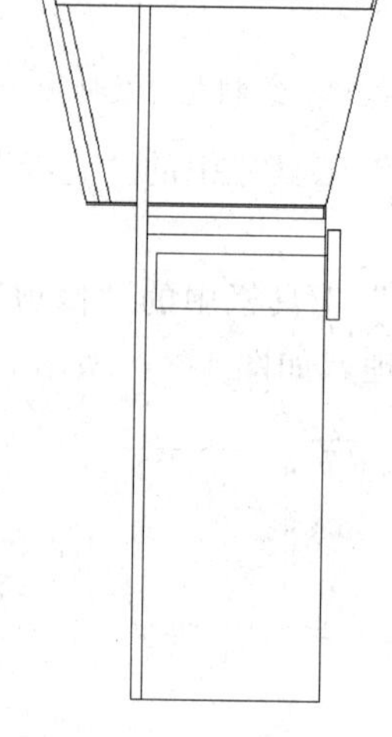

图 17-61　绘制矩形　　图 17-62　绘制矩形

10. 单击“绘图”工具栏中“直线”按钮，在上步图形内绘制直线，如图 17-63 所示。

11. 单击“修改”工具栏中的“修剪”按钮，选择上步绘制直线内的多余线段为修剪对象对其进行修剪处理，如图 17-64 所示。

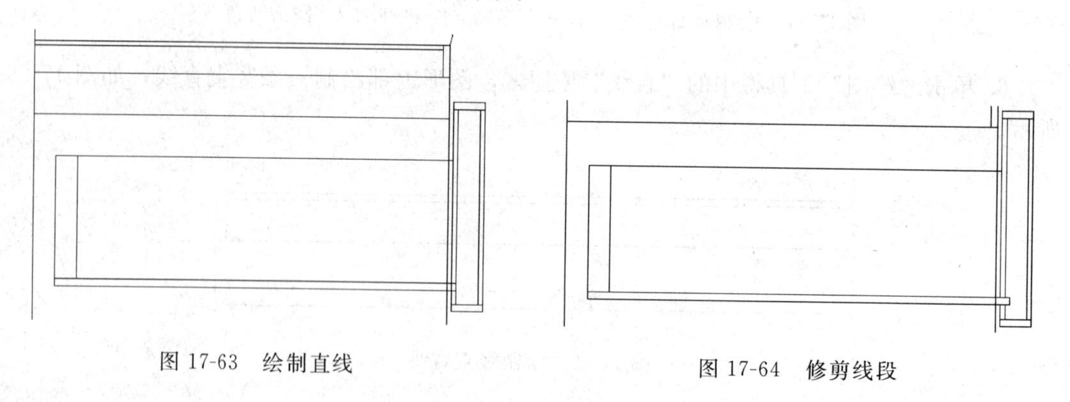

图 17-63　绘制直线　　图 17-64　修剪线段

12. 单击“绘图”工具栏中的“多段线”按钮，在上步图形内绘制连续多段线，如图 17-65 所示。

13. 单击“绘图”工具栏中的“圆”按钮，在上步绘制多段线内绘制一个半径为 17 的圆，如图 17-66 所示。

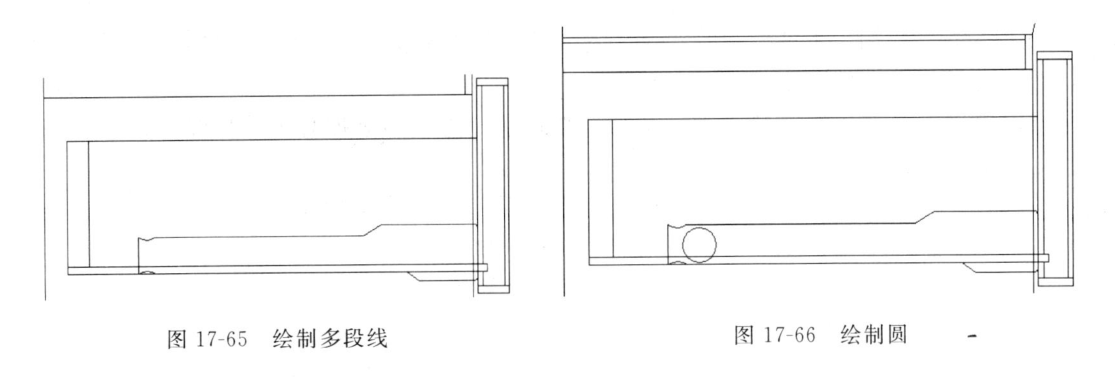

图 17-65　绘制多段线　　图 17-66　绘制圆

14. 单击“修改”工具栏中的“复制”按钮，选择上步绘制圆为复制对象，选择圆心为复制基点，设置复制间距为 276，对其进行复制操作。

15. 单击“绘图”工具栏中的“直线”按钮，在上步图形内绘制一条水平直线，如图 17-68 所示。

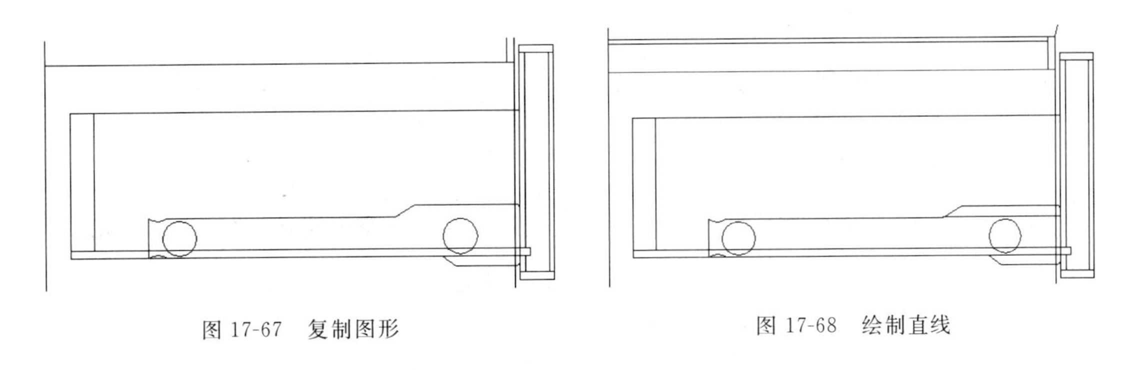

图 17-67　复制图形　　图 17-68　绘制直线

16. 单击“绘图”工具栏中的“多段线”按钮，在上步图形右侧绘制连续直线，如图 17-69 所示。

17. 单击“绘图”工具栏中的“直线”按钮和“矩形”按钮，完成剩余图形的绘制，如图 17-70 所示。

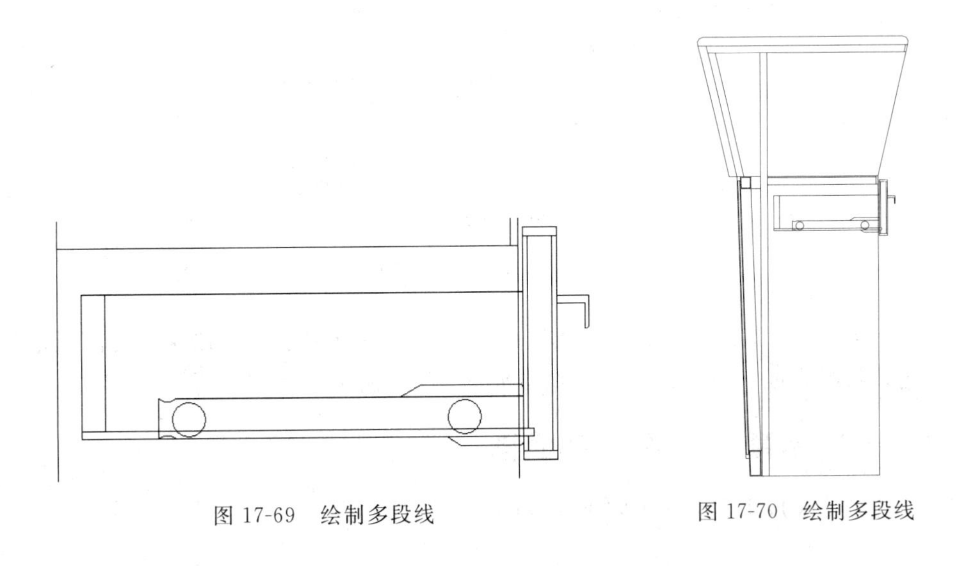

图 17-69　绘制多段线　　图 17-70　绘制多段线

18. 单击“绘图”工具栏中的“线性”按钮和“连续”按钮，为图形添加第一道尺寸标注，如图 17-71 所示。

19. 单击“标注”工具栏中的“线性”按钮，为图形添加总尺寸标注。如图 17-72 所示。

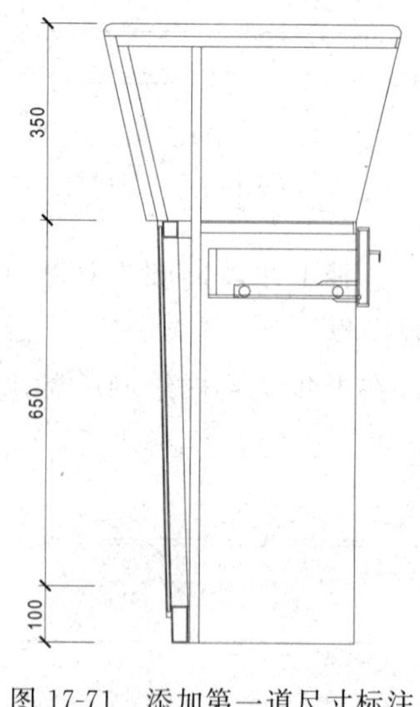

图 17-71　添加第一道尺寸标注

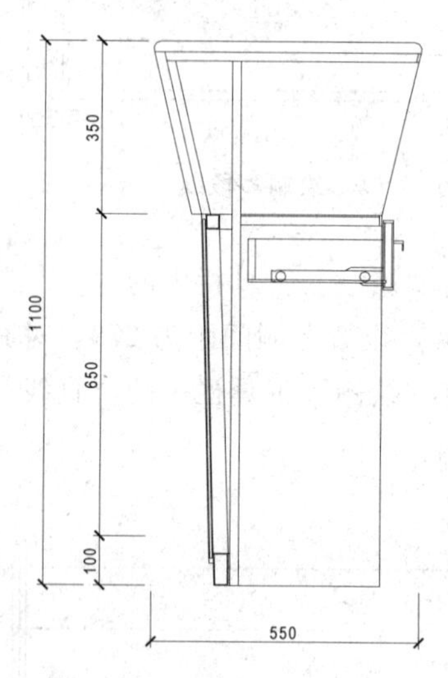

图 17-72　添加总尺寸标注

20. 在命令行中输入“QLEADER”命令，为图形添加文字说明，如图 17-73 所示。

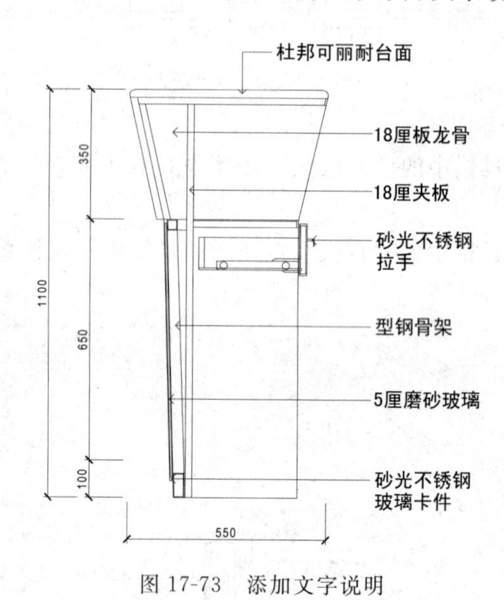

图 17-73　添加文字说明

21. 单击“绘图”工具栏中的“直线”按钮和“多行文字”按钮，为图形添加总图文字说明，最终完成 F 剖面的绘制，结果如图 17-53 所示。

17.3.2　一层体育用品店 E 剖面图

利用上述方法完成 E 剖面图的绘制，如图 17-74 所示。

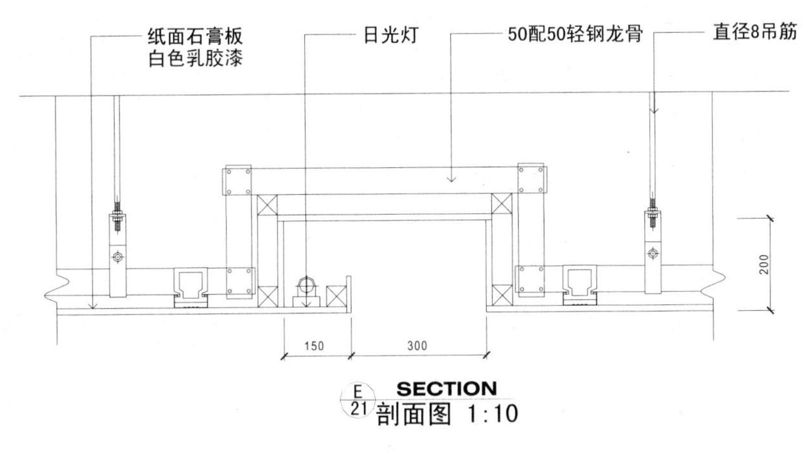

图 17-74 一层体育用品店 E 剖面图

17.4 一层台球室 01D、E、H 剖面图

一层台球室剖面图如图 17-75 所示，下面讲述其中各个位置剖面图的绘制过程。

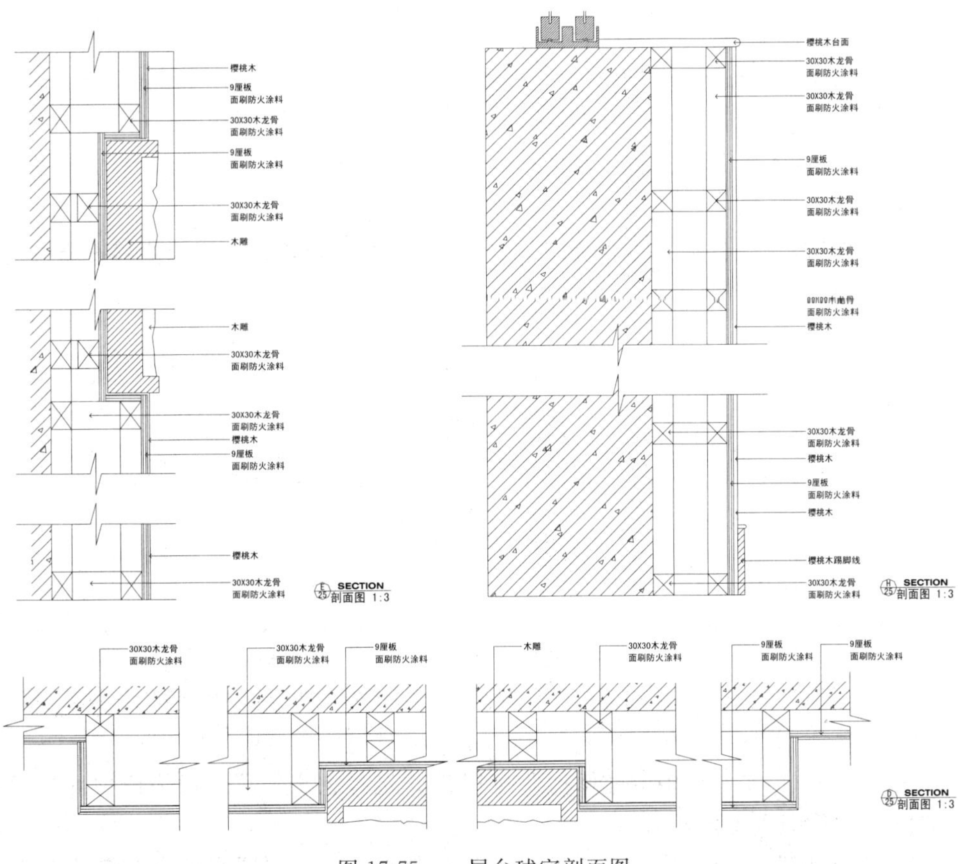

图 17-75 一层台球室剖面图

参见光盘　光盘\视频教学\第17章\一层台球室剖面图.avi

17.4.1 一层台球室E剖面图

【绘制步骤】

1. 单击“绘图”工具栏中“直线”按钮，在图形空白区域绘制一条长度为209的水平直线，如图17-76所示。

2. 单击“修改”工具栏中的“偏移”按钮，选择上步绘制直线为偏移对象将其向上进行偏移，偏移距离为54、40、87、40、75，如图17-77所示。

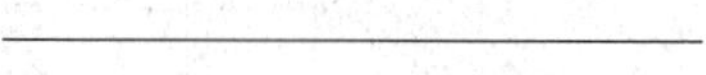

图17-76　绘制直线　　图17-77　偏移直线

3. 单击“绘图”工具栏中的“直线”按钮，在上步图形左侧绘制一条竖直直线，如图17-78所示。

4. 单击“修改”工具栏中的“偏移”按钮，选择左侧竖直直线为偏移对象将其向右进行偏移，偏移距离为29、30、70、30、50，如图17-79所示。

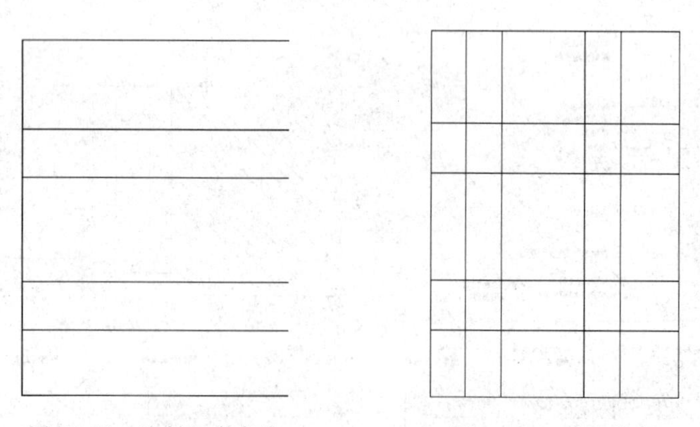

图17-78　绘制竖直直线　　图17-79　偏移线段

5. 单击“修改”工具栏中的“修剪”按钮，选择上步偏移线段为修剪对象对其进行偏移处理，如图17-80所示。

6. 单击“绘图”工具栏中的“图案填充”按钮，弹出“图案填充和渐变色”对话框，单击图案选项后面的按钮，弹出填充图案选项板，在弹出的选项板中选择图案“ANSI31”单击确定按钮，回到图案填充和渐变色对话框，选择上步绘制的连续多段线内部为填充区域，设置填充比例为 5，单击确定按钮，完成图案填充如图 17-81 所示。

7. 单击“绘图”工具栏中的“图案填充”按钮，弹出“图案填充和渐变色”对话框，单击图案选项后面的按钮，弹出填充图案选项板，在弹出的选项板中选择图案“AR-CONC”单击确定按钮，回到图案填充和渐变色对话框，选择上步绘制的连续多段线内部为填充区域，设置填充比例为 0.3，单击确定按钮，完成图案填充如图 17-82 所示。

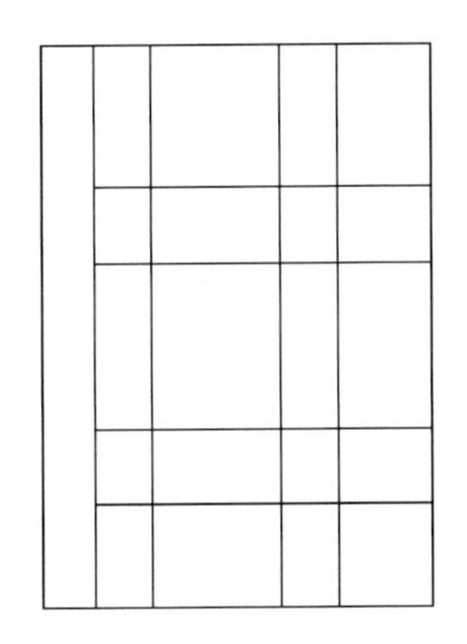
图 17-80 修剪处理

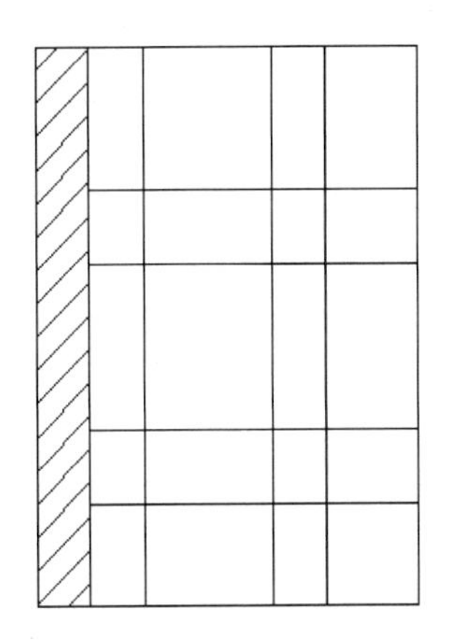
图 17-81 填充图形

8. 单击“绘图”工具栏中的“直线”按钮，在上步图形内绘制两条斜向直线，如图 17-83 所示。

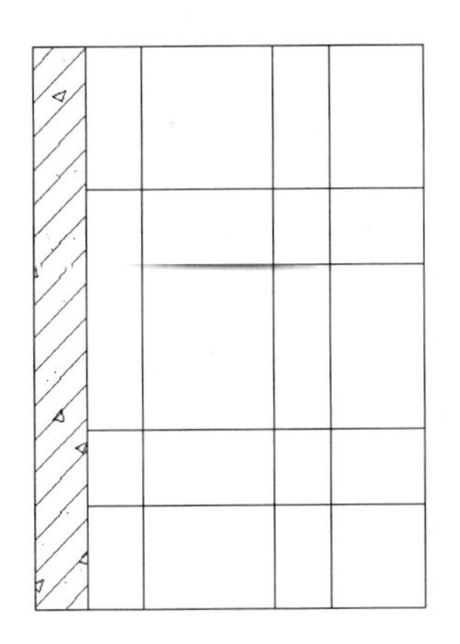
图 17-82 填充图形

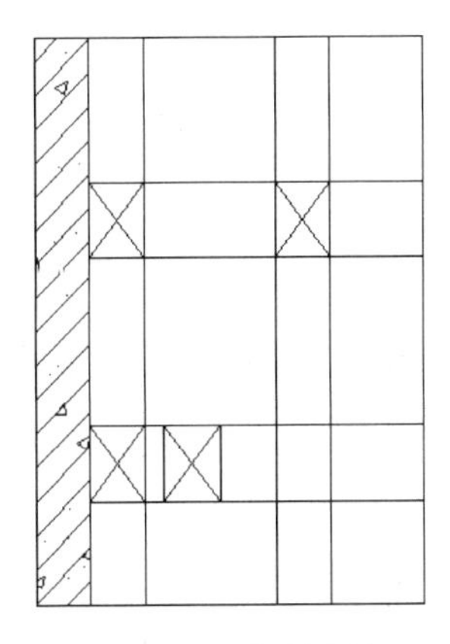
图 17-83 绘制直线

9. 单击“修改”工具栏中的“删除”按钮，选择左侧竖直直线为删除对象，将其删除。如图 17-84 所示。

10. 单击“绘图”工具栏中的“直线”按钮，在上步图形内绘制一条竖直直线，如图 17-85 所示。

11. 单击“修改”工具栏中的“偏移”按钮，选择上步绘制的竖直直线为偏移对象将其向右进行偏移，偏移距离为 3、4、3、3，如图 17-86 所示。

12. 单击“修改”工具栏中的“修剪”按钮，选择偏移线段间的竖直直线为修剪对象对其进行修剪处理，如图 17-87 所示。

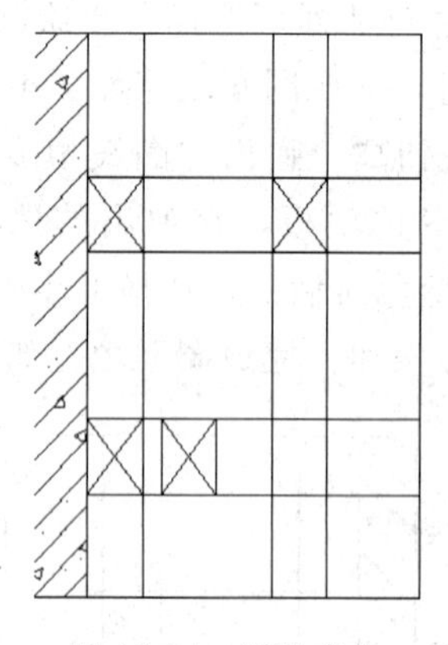

图 17-84　删除直线

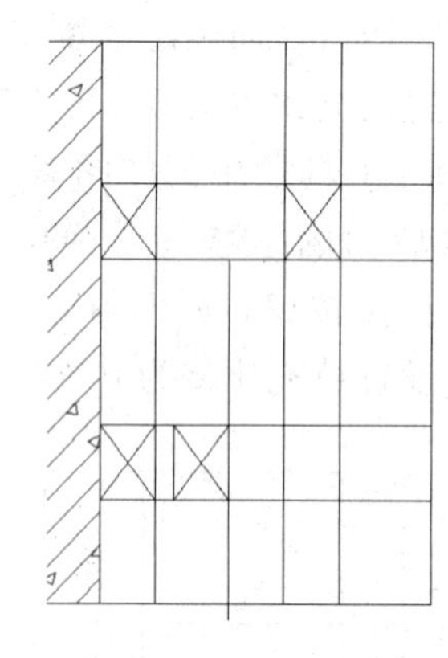

图 17-85　绘制直线

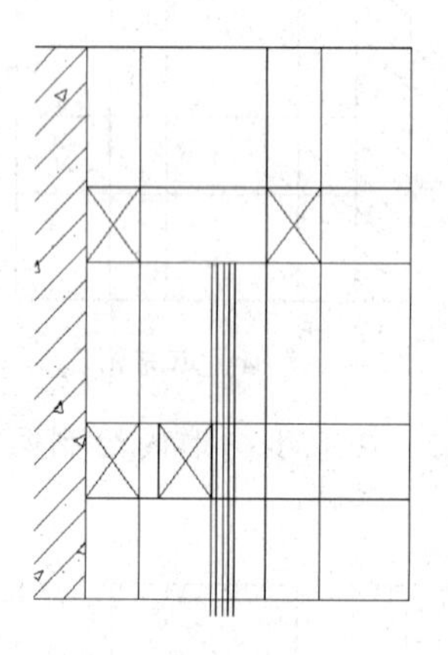

图 17-86　偏移直线

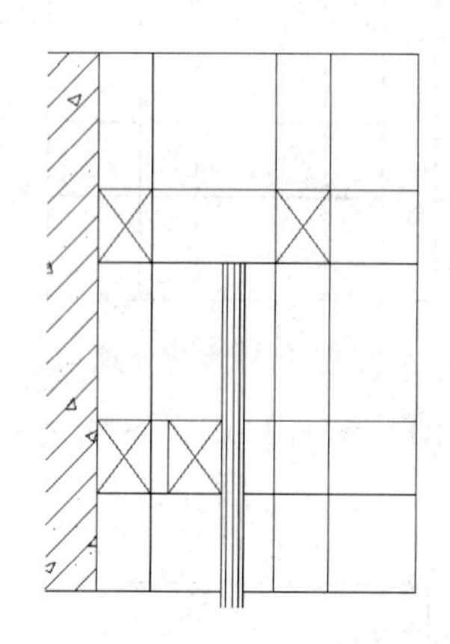

图 17-87　修剪线段

13. 单击“修改”工具栏中的“偏移”按钮，选择如图 17-87 所示的直线为偏移对象将其向下偏移，偏移距离为 3、4、2、3，如图 17-88 所示。

14. 单击“修改”工具栏中的“偏移”按钮，选择右侧竖直直线为偏移对象将其向左进行偏移，偏移距离为 38、3、2.5、3.8，如图 17-89 所示。

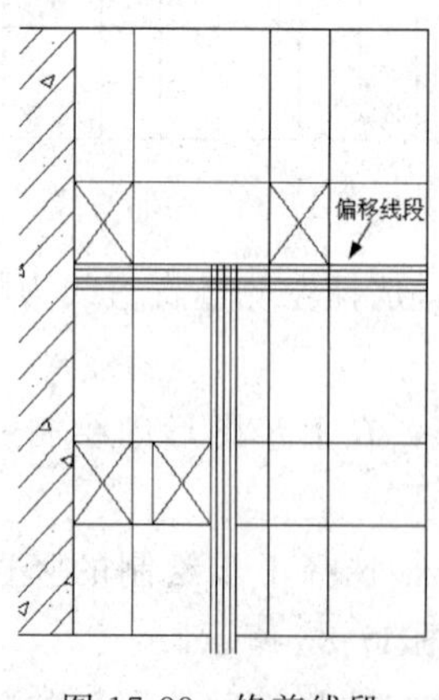

图 17-88　修剪线段

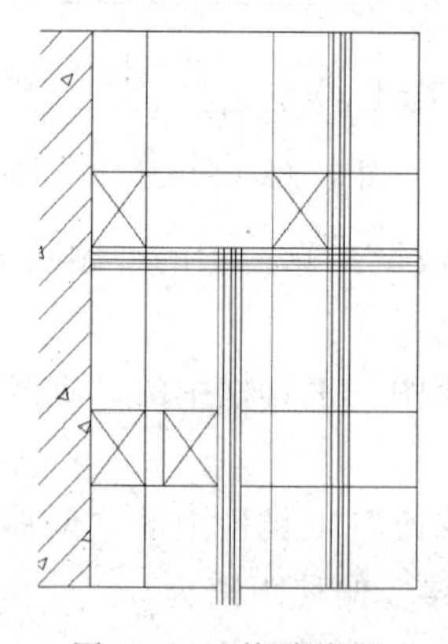

图 17-89　偏移线段

15. 单击“修改”工具栏中的“修剪”按钮，选择上步偏移线段为修剪对象对其进行修剪处理，如图 17-90 所示。

16. 单击“绘图”工具栏中的“直线”按钮，在上步图形右侧绘制连续直线，如图 17-91 所示。

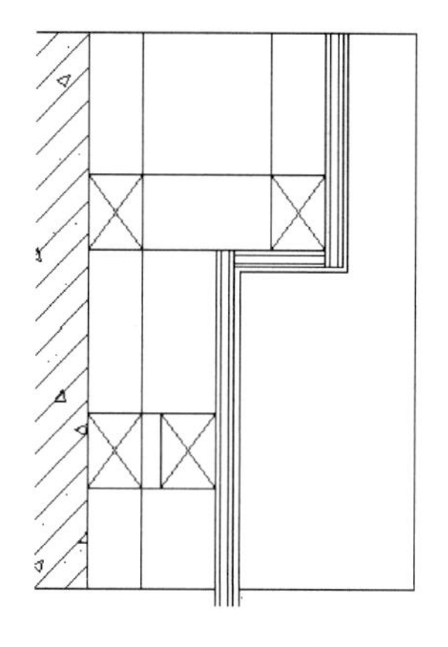

图 17-90 修剪线段

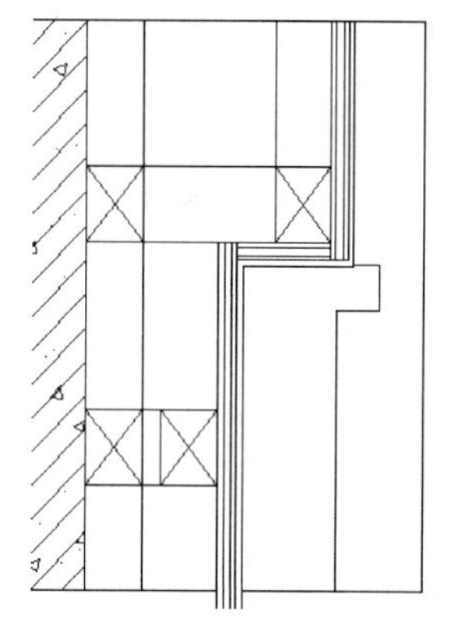

图 17-91 绘制线段

17. 单击“绘图”工具栏中的“直线”按钮，在上步图形下方绘制连续直线，如图 17-92 所示。

18. 鼠标选择顶部水平直线，拖到其夹点，使直线向左延长 21.5，同理延长下部水平直线，如图 17-93 所示。

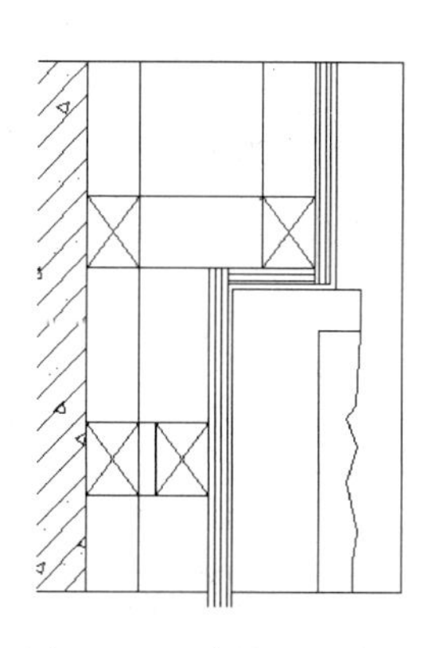

图 17-92 绘制连续直线

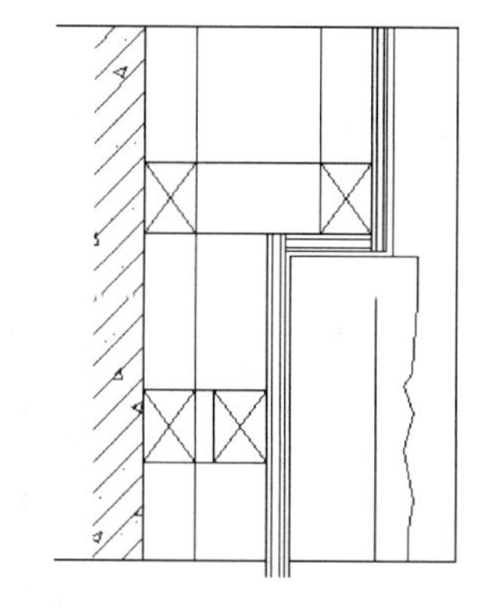

图 17-93 延长直线

19. 单击“绘图”工具栏中的“直线”按钮，在顶部水平线上绘制连续直线，如图 17-94 所示。

20. 单击“修改”工具栏中的“复制”按钮，选择上步绘制线段为复制对象将其放置到底部水平直线上，如图 17-95 所示。

21. 单击“修改”中的“延伸”按钮，选择底部水平直线为延伸对象将其向左侧进行延伸，如图 17-96 所示。

22. 单击“修改”工具栏中的“修剪”按钮，选择折弯线内的多余线段为修剪对象对其进行修剪处理，如图 17-97 所示。

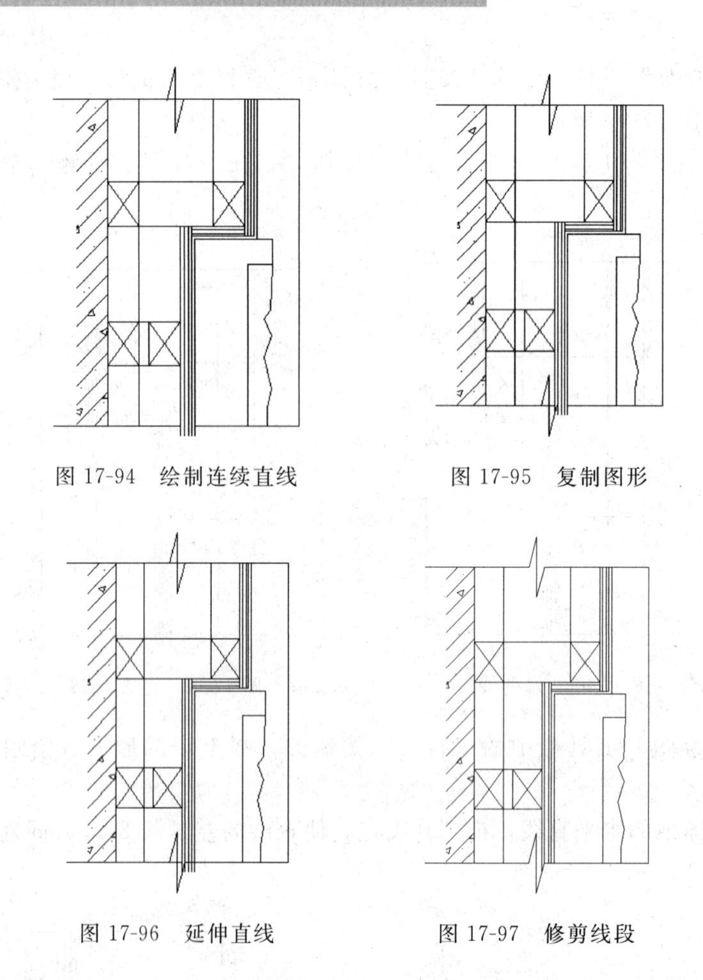

图 17-94　绘制连续直线　　图 17-95　复制图形

图 17-96　延伸直线　　图 17-97　修剪线段

23. 在命令行中输入“QLEADER”命令，为上步图形添加文字说明，如图 17-98 所示。

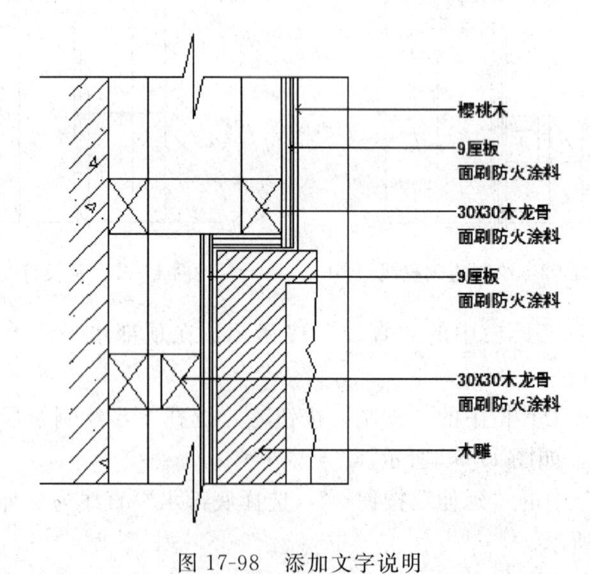

图 17-98　添加文字说明

24. 利用上述方法完成剩余部分图形的绘制，如图 17-99 所示。

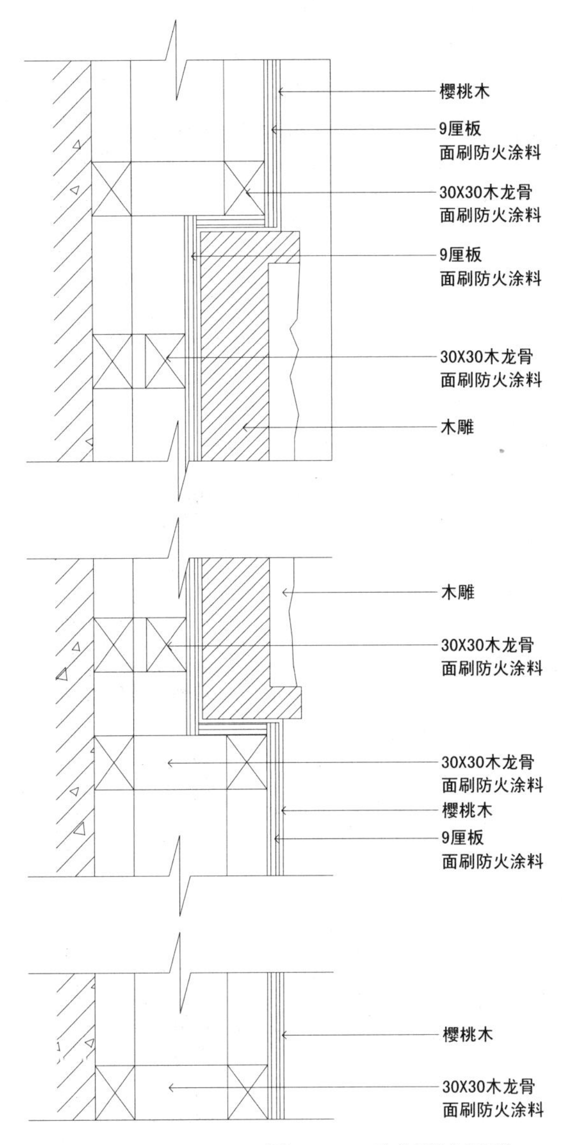

图 17-99 绘制剩余图形

17.4.2 一层台球室 D 剖面图

利用上述方法完成一层台球室 D 剖面图的绘制，如图 17-100 所示。

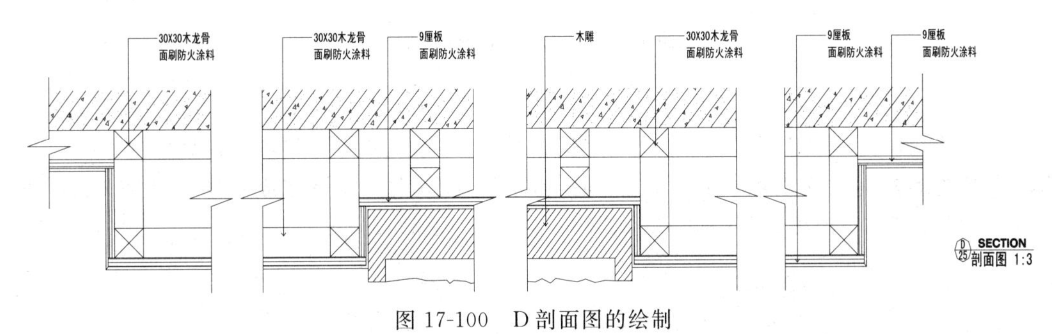

图 17-100 D 剖面图的绘制

17.4.3　一层台球室 H 剖面图

利用上述方法完成一层台球室 H 剖面图的绘制如图 17-101 所示。

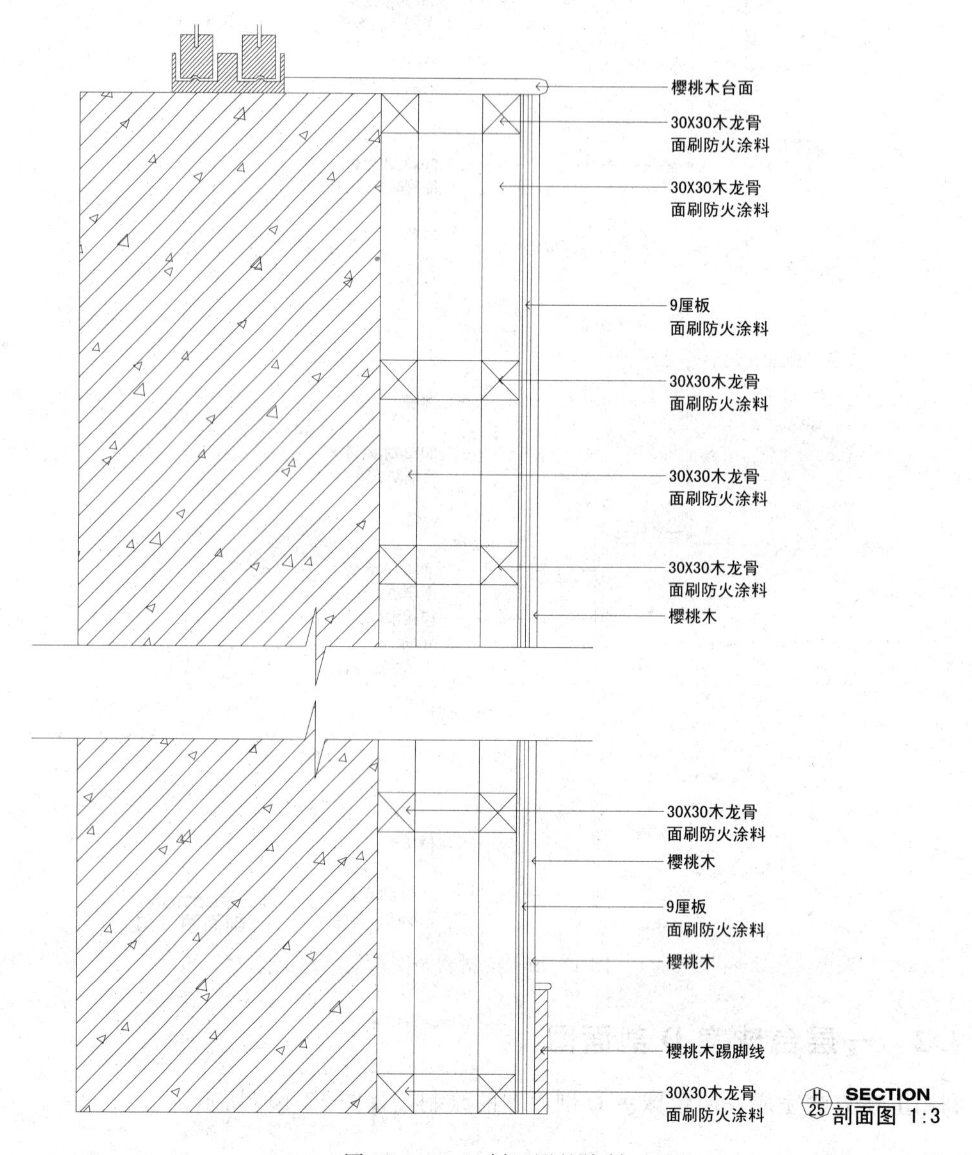

图 17-101　H 剖面图的绘制

单击“绘图”工具栏中的“插入块”按钮，弹出“插入”对话框，如图 1-101 所示。选择定义的图框为插入对象，将其放置到绘制的图形外侧，最终完成一层台球室 01D、E、H 剖面图的绘制，如图 1-102 所示。

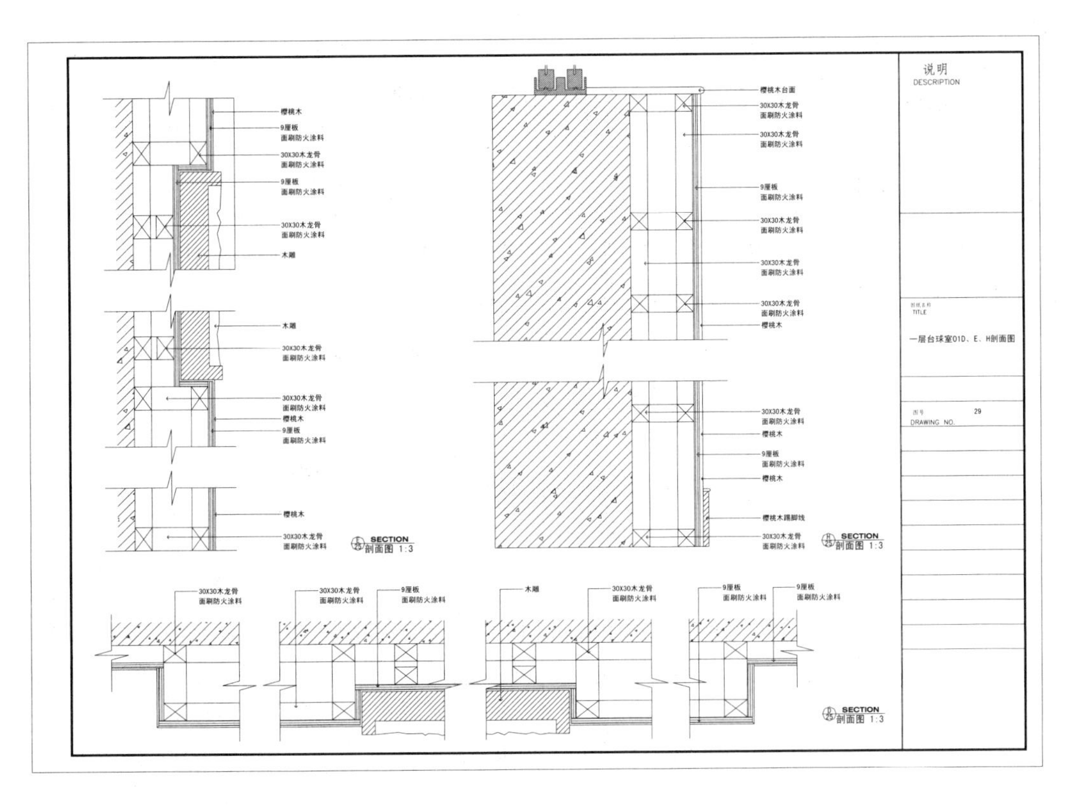

图 17-102　插入图框

17.5　一层走廊节点详图

节点详图是体现建筑结构细节的重要图形，本节将通过实例讲述其绘制方法。一层走廊节点详图如图 17-103 所示。

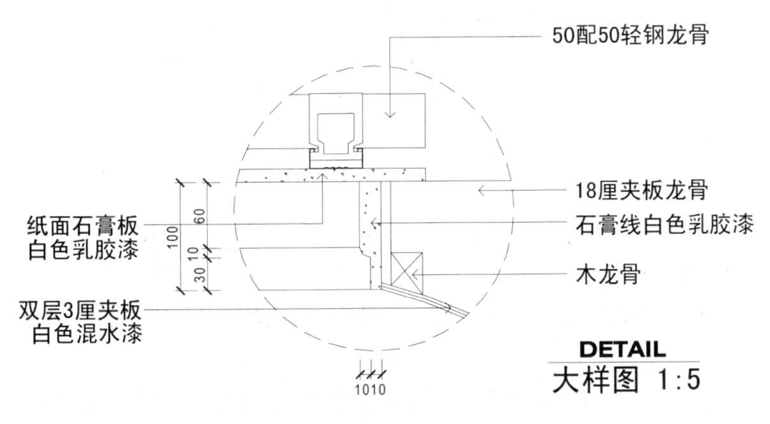

图 17-103　一层走廊节点详图 1

光盘\视频教学\第17章\一层走廊节点详图.avi

【绘制步骤】

1. 单击“修改”工具栏中的“复制”按钮，选择一层走廊剖面图中如图17-104所示的画圆部分为复制对象，将其复制到图纸空白处如图17-105所示。

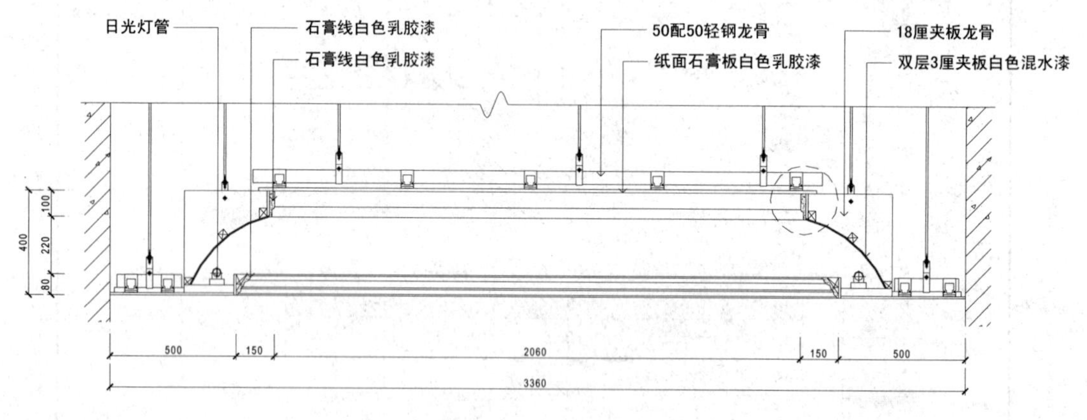

图17-104 一层走廊剖面图

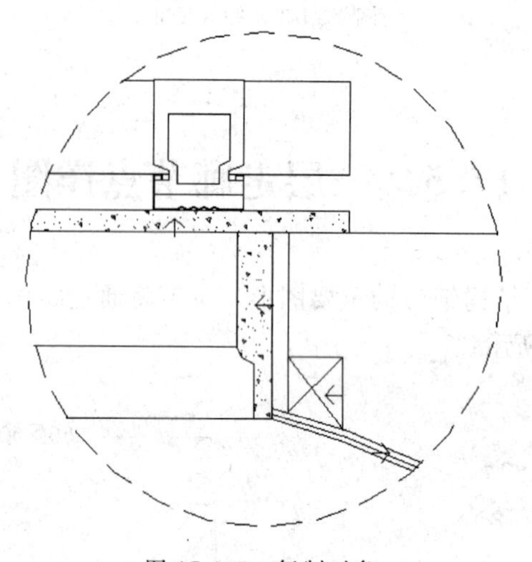

图17-105 复制对象

2. 单击“标注”工具栏中的“线性”按钮和“连续”按钮，为图形添加第一道尺寸标注，如图17-106所示。

3. 单击“标注”工具栏中的“线性”按钮，为图形添加总尺寸标注，如图17-107所示。

4. 在命令行中输入“QLEADER”命令，为图形添加文字说明，如图17-108所示。

5. 单击“绘图”工具栏中的“直线”按钮和“多行文字”按钮，为图形添加总图文字说明，最终完成节点详图的绘制，如图17-103所示。

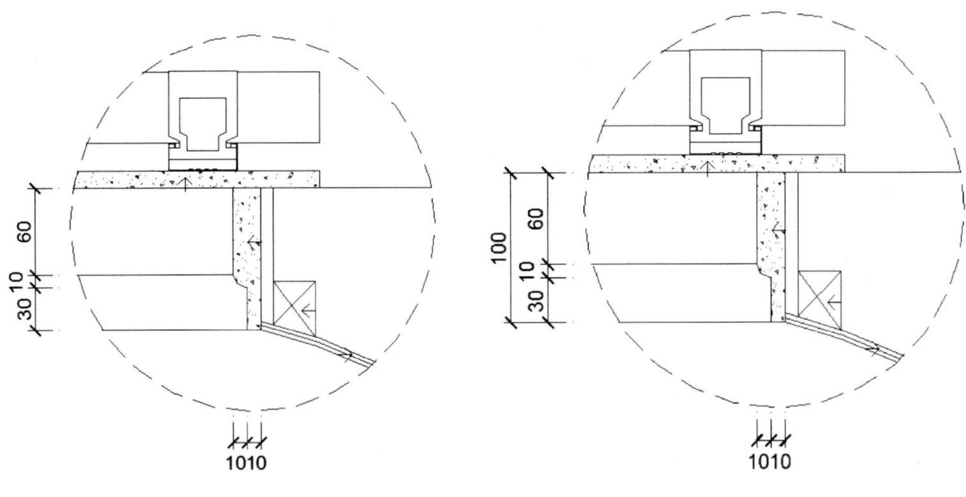

图 17-106　添加第一道尺寸标注　　　　图 17-107　添加总尺寸标注

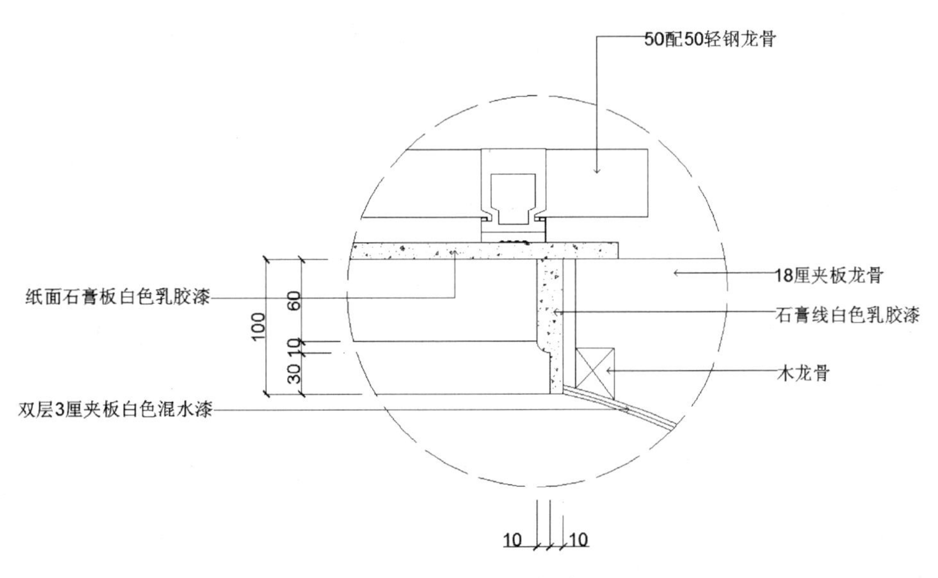

图 17-108　添加文字说明